Halbleiterbauelementeelektronik

Halbleiterbauelemente-elektronik

Ausgewählte Beiträge · Von einem Autorenkollektiv

Mit 285 Bildern und 31 Tabellen

AKADEMIE-VERLAG · BERLIN
1977

Studienmaterial für die Weiterbildung
Herausgeber: **H. G. Schneider**, Technische Hochschule Karl-Marx-Stadt
Federführender Autor: **R. Paul**, Hochschule für Verkehrswesen Dresden
Sachwortverzeichnis: H. Wiegand, Technische Hochschule Karl-Marx-Stadt

Erschienen im Akademie-Verlag, 108 Berlin, Leipziger Straße 3 – 4

Lizenznummmer: 202 · 100/442/76
Gesamtherstellung: VEB Druckerei „Thomas Müntzer“, 582 Bad Langensalza
Bestellnummer: 762 260 8 (6339) · LSV 3514
Printed in GDR
DDR 58–, M

Inhaltsverzeichnis

1. Einleitende Bemerkungen

Von *R. Paul* und *H. G. Schneider*

Die Diskussion der „Halbleiterbauelementeelektronik“, d. h. der inneren Elektronik von Halbleiterbauelementen, in der vorliegenden Form im 8. Band der Reihe „Studienmaterial für die Weiterbildung“, ist eine aktuelle Darstellung dieser Problematik anhand ausgewählter Beiträge.
Die Auswahl der Beiträge mit der sich daraus ergebenden Spezifik des Gesamtinhaltes resultiert, dem grundsätzlichen Anliegen der Weiterbildungsmethodik des Weiterbildungszentrums „Elektronische Bauelemente“ der Sektion Physik — Elektronische Bauelemente der Technischen Hochschule Karl-Marx-Stadt folgend, aus den Diskussionen und Fragestellungen des im Herbst 1973 durchgeführten Problemseminars sowie des im Juni 1974 abgehaltenen Kolloquiums gleicher Thematik.
Das Gesamtgebiet der Halbleiterbauelementeelektronik erfuhr in den letzen 20 Jahren eine Ausdehnung, an die zunächst wohl niemand glauben konnte. Nicht allein die Vielfalt der physikalischen Mechanismen war es, die diese Dynamik auslöste, sondern hauptsächlich ihre enge Kopplung mit elektronischen Prinzipien der Signalerzeugung, -verarbeitung und -speicherung. Heute stehen Festkörperbauelementelösungen für vielfältigste Aufgabenbereiche zur Verfügung. Wenn hier von Festkörperbauelementen gesprochen wird, so deswegen, weil in vielen neueren Bauelementen außer der bereichsweisen Verwendung von Halbleitermaterialien auch zunehmend Isolatoren und Metalle in das Wirkprinzip eingreifen. In praktisch allen Fällen dominiert aber ein Halbleiterbereich bezüglich des gesamten Wirkungsprinzips. Deswegen umfaßt natürlich der Titel „Halbleiterbauelementeelektronik“ auch solche Fragestellungen. Halbleiterbauelementeelektronik — dieser zugleich wenig und vielsagende Begriff — bezieht sich hier auf die physikalisch-elektronischen Grundvorgänge, Wirkprinzipien und Grundeigenschaften eben dieser Festkörperbauelemente. Die trotzdem übrigbleibende Vielfalt der bislang bekannten Bauelementewirkprinzipien erfordert — soll sie übersichtartig dargestellt werden — eine weitere Ordnung der Bauelemente nach ihren Grundaufgaben (*R. Paul*): Steuerung, Wandlung, Fortleitung, temporäre Unterbrechung und Speicherung von Energieflüssen und damit letztlich von Informationen. Aus dieser Sicht der begrenzt darstellbaren Themenbreite und Aktualität schien es geboten, den Inhalt des Bandes auf zwei Komplexe zu beschränken:

— elektrisch gesteuerte Halbleiterbauelemente
— nichtelektrisch gesteuerte Halbleiterbauelemente oder Wandler.

Stellte noch vor einigen Jahren in der Gruppe elektrisch gesteuerter Halbleiterbauelemente zweifelsohne der *pn*-Übergang die allein tragende Grundstruktur dar (die er heute für bipolare Bauelemente sehr wohl noch ist!), so gesellte sich ihm in letzter Zeit der MIS-Übergang als Grundstruktur feldeffektgesteuerter Bau-

elemente und eines darauf beruhenden Konzeptes integrierter Anordnungen als mindestens ebenbürtig hinzu. Dies war Grund genug, Fragen der MIS-Bauelemente innerhalb des ersten Komplexes mit gebührender Wichtung zu behandeln. Diese scheinbar einfachen aber technologisch und vor allem in der Isolator-Halbleiterphasengrenze tückenreichen Bauelemente erfuhren nach einer Phase euphorischer Wertung Ende der 60er Jahre und nachfolgenden, unausbleiblichen Fertigungsproblemen eine tiefgründige Durchdringung ihrer festkörperphysikalischen Problematik (*H. Lippmann*). Wertvolle Erkenntnisse konnten bis hin zur Halbleiterphysik und Halbleitermeßtechnik (*G. Pasztor*) gewonnen werden.
Parallel zu dieser noch keinesfalls abgeschlossenen, grundlagenorientierten Problemoffenlegung, vor allem der elektronischen Eigenschaften des Isolators, wurden in bauelementekonzeptioneller Sicht gerade in den letzten Jahren beachtliche Fortschritte erzielt (*H. Reimer, O. Beneš*). Sie betreffen Abmessungsverringerung, technologische Fortschritte und neue Anforderungen sowie Lösungen zur Erhöhung der Grenzfrequenz, Schaltgeschwindigkeit und Packungsdichte, aber auch die Ladungsspeicherung in Isolatorschichten (*W. Buff*) als Grundlage speichernder Feldeffekttransistoren. Die Entwicklung auf dem Gebiet der MIS-Bauelemente geht unaufhaltsam weiter, wie die vor 3 Jahren bekannt gewordenen ladungsgekoppelten Strukturen (*E. Köhler*) zeigen. Sie nutzen die zeitbegrenzte Speicherung von Minoritätsträgern im MIS-Kondensator aus. Zurück bleibt die Frage an den Informationstechniker nach neuen Möglichkeiten der Signalverarbeitung.
Wurde bisher der Isolator als Anordnung vorausgesetzt, die keinen Stromfluß unter statischen Bedingungen zuläßt, so kommt es bei dünnen Isolatorschichten durch Tunneleffekte sehr wohl zum Stromfluß. Auf ihm basiert die MIS-Tunneldiode (*J. Shewchun*). Wenn auch heute noch im Stadium der Grundlagenforschung befindlich, könnte daraus bei weiterer Verbesserung der Präparationstechnik für dünne Isolatorschichten durchaus eine interessante Bauelementefamilie entstehen.
Mit Rücksicht auf die breite Behandlung der MIS-Elemente wurden Problemkreise anderer elektrisch steuerbarer Halbleiterbauelemente nur sehr knapp aufgenommen. Sie beschränken sich auf einen Überblick zum gegenwärtigen Stand des Bipolartransistors (*K. Drescher, R. Paul*), auf Halbleiter-Heteroübergänge (*S. Pfüller*) mit ihrem — nach anfänglich größeren Erwartungen — verbliebenen Einsatz in der Optoelektronik, auf Einsatzprobleme von Halbleiterbauelementen in der Richtfunktechnik (*S. Bedöcs*) und die numerische Analyse der inneren Bauelementeelektronik (*H. Elschner* u. a.). Letztere hat sich heute dank des fortgeschrittenen Standes der Rechentechnik als sehr nützliches Hilfsmittel zur Untersuchung und zum Entwurf diskreter und integrierter Schaltungen eingebürgert.
Die große und heute in ihrer Bedeutung noch stark im Wachsen begriffene Familie der Wandlerbauelemente — dazu zählten thermoelektrische (einschließlich supraleitende), galvanomagnetische mechanoelektrische, und optoelektronische Elemente — bildet den Inhalt des zweiten thematischen Schwerpunktes dieses Bandes. Zunächst geht es dabei um eine Übersicht (*J. Auth, K. Herrmann*) und vorbereitende Vertiefung für optoelektronische Anordnungen (Empfänger, Sender). Spezielle Einzelbeiträge befassen sich mit Schaltungsempfängern im Infrarotbereich (*J. Auth*) sowie optoelektronischen Kopplern (*G. Zech, J. Puhlmann*). Gerade diese Bauelementegruppe konnte sich — trotz nicht überragender dynamischer Eigenschaften — eine Reihe von speziellen Anwendungsfällen sichern.
Thermoelektrische Halbleiterbauelemente (*K. Stecker, H. Süßmann*) gehören neben galvanomagnetischen schon fast zu den klassischen Wandlerelementen. So nimmt es nicht wunder, wenn sie heute einen beachtlichen Stand erreicht haben und dementsprechend vielfältige Einsatzangebote vorliegen. Im Gegensatz dazu befin-

den sich supraleitende Bauelemente (*G. Albrecht, H. J. Köhler*) noch in einem gewissen Experimentierstadium, was nicht zuletzt auf ihre Eigenart, Materialprobleme und die schwierige Präparationstechnik zurückzuführen sein dürfte.
Auf dem Gebiet der mechanoelektrischen Bauelemente kristallisierten sich nach einer Periode tastender Versuche die Dehnungsmeßstreifen (*B. Irrgang*) und akustoelektrische Lösungen (*H. Gruber*) als aussichtsreiche Prinzipien heraus. Während sich die erstgenannte Gruppe schon im Einsatzstadium befindet, ist die zweitgenannte im Begriff, ihre Brauchbarkeit in begrenzten Applikationsbereichen unter Beweis zu stellen.
Die Auswahl der Beiträge im vorliegenden Band umfaßt das Gebiet der Halbleiterbauelementeelektronik in keiner Weise erschöpfend. Eine solche umfassende Behandlung war auch nicht beabsichtigt, wie bereits in den einleitenden Sätzen indirekt festgestellt wurde. Der vorliegende Band soll mit seiner Themenauswahl und Beschränkung auf Schwerpunkte Fachleute der Bauelemente herstellenden und anwendenden Industrie ansprechen und helfen, über weitergesteckte Aufgaben der künftigen Entwicklung nachzudenken und nach neuen tragfähigen Lösungen zu suchen.

2. Elektrisch steuerbare Halbleiterbauelemente

2.1. Wirkprinzipien elektrisch gesteuerter Halbleiterbauelemente

Von *R. Paul*

Hochschule für Verkehrswesen „Friedrich List“, Dresden

2.1.1. Einführung

Die Vielzahl der in den letzten Jahren bekannt gewordenen und ständig durch neue Ideen weiter steigende Anzahl von Halbleiterbauelemente-Wirkprinzipien — derzeit etwa 400 — bietet eine solche Fülle von elektronisch-physikalischen Merkmalen, daß ein systematisches Verständnis nur mühevoll erarbeitet werden kann. Daher sind Überlegungen nützlich, durch die diese Fülle von diskreten Bauelementen auf ein überschaubares und vor allem physikalisch durchsichtiges System von Grundprinzipien, Beschreibungsgleichungen, Struktureigenschaften u. a. m. reduziert werden kann [1], [2], [3]. Ein *diskretes* Bauelement sei dabei eine Anordnung, die eine elektronische Grundfunktion realisiert und so für Datenangaben, Prüfung und Anwendung als unteilbar gilt. Enthält sie hingegen mehrere, zerstörungslos nicht weiter zu zerlegende und elektrisch zusammenwirkende Bauelemente, so liege ein *integriertes* Bauelement vor.

2.1.2. Arten von Bauelementen

2.1.2.1. Grundfunktionen und Grundtypen

Aus der Sicht des Wirkprinzips versteht man unter einem (diskreten) elektronischen Bauelement eine Anordnung, in der ein Primärenergiefluß durch einen zweiten, informationshaltigen Energiefluß gesteuert, gewandelt (Steuer- und Wandlerbauelemente, → aktive Bauelemente), fortgeleitet, temporär unterbrochen und gespeichert werden kann (Leitungs- und Kontaktbauelemente, Speicherbauelemente, → passive Bauelemente). Diese *Steuerung, Wandlung, Fortleitung* und *Speicherung* von Energieflüssen erfolgt mittels physikalischer Phänomene in einem mit dem Aggregatzustand Vakuum (Gas), Flüssigkeit, Plasma- oder Festkörper erfüllten Raum, dem *Steuerraum.* In ihm wirkt der steuernde Energiefluß (= Eingangsgröße) auf den zu steuernden Energiefluß (Ausgangsgröße) unter Ausnutzung elektrophysikalischer Effekte ein (Bild 1). Sowohl für den Steuerfluß wie den zu steuernden Fluß lassen sich heute prinzipiell vier technisch interessante Energieströmungen in die Betrachtung einbeziehen:

- *Elektronenstrom* (resp. Löcherstrom) als Transport elektrisch geladener Teilchen,
- *Photonenstrom* (elektromagnetischer Strahlungsstrom → optische Informationsverarbeitung),

— *Phononenstrom* (Schallquanten → akustoelektronische Informationsverarbeitung),
— *magnetischer Domänenstrom* (Magnetblasen → magnetische Informationsverarbeitung).

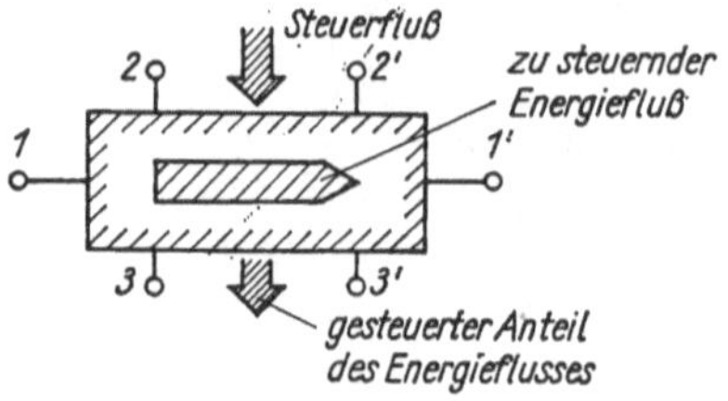

Bild 1. Grundprinzipien eines elektronischen Bauelementes

Kombiniert man die beiden, jeweils typischen Energieflüsse in einem Bauelement (Tab. 1), so entsteht ein System von Bauelementewirkprinzipien, das bereits eine erste Übersicht erlaubt. Hier wurde die etwa klassischere Einteilung (die dann Wärme- und Druckeffekte mit enthält) beibehalten, da sie bisher die üblichere war. Das System ist nicht vollständig, da einige, für die Bauelementetechnik heute noch nicht interessanten Energieformen weggelassen wurden.
Eine weitere Unterteilung in Richtung Steuer- und Wandlerelemente gelingt, weil das Wechselspiel zwischen der einen und anderen Energieform zunächst *direkt* erfolgen kann (Energiewandlung unter Beibehaltung einer Information; nach dem Erhaltungssatz ist somit keine Verstärkung, d. h. Energie*erhöhung* während des Wandlungsvorganges möglich). Ein *indirekter* Vorgang liegt vor, wenn die umzuformende Energie die Energieabgabe eines Generators (→ Hilfsenergiequelle) *steuert.* Hierbei kann sehr wohl ein Verstärkereffekt mitwirken.
Steuerung eines Energieflusses im allgemeinsten Sinne ist eine notwendige Funktion, um Informationsverarbeitung überhaupt zu ermöglichen. Steuerung bedeutet dabei eine Beeinflussung seiner Intensität und/oder Richtung. Ist dazu eine Energie kleiner als die gesteuerte Energie nötig, so spricht man von *Verstärkung.*
In einem Wandlerelement wird dagegen eine Energiewandlung nachweisbar sein; gelegentlich spricht man dann auch von *nichtelektrisch steuerbaren* Elementen. In allen anderen Fällen soll im engeren Sinne von steuerbaren Bauelementen die Rede sein. Dann gibt es insgesamt vier Gruppen von ihnen: *elektrisch,* durch *Photonen, Phononen* und *Magnetdomänen* steuerbare Anordnungen. Allen gemeinsam ist die Ausnutzung nichtlinearer Effekte: nichtlineare elektrische, optische, akustische und magnetische. Nachfolgend werden nur elektrisch steuerbare Bauelemente in nähere Betrachtung gezogen, da die Wandlerelemente in separaten Arbeiten innerhalb dieses Bandes zur Sprache kommen.
Energetisch muß einem steuerbaren Bauelement stets Energie — in den überwiedenden Fällen elektrische — zur Aufrechterhaltung z. B. des Primärenergieflusses, zugeführt werden. Damit durchsetzt ein dem Steuerfluß wesensgleicher Energiefluß stets den Steuerraum. Die Einwirkung des Steuerflusses auf den zu steuernden Energiefluß kann erfolgen:

— durch den zu steuernden Energiefluß selbst: *Eigensteuerung* (z. B. Halbleiterzweipolelemente),
— durch einen zusätzlichen Steuerfluß: *Fremdsteuerung* (z. B. Transistor, Thyristor, Feldeffekttransistor). Häufig ordnet man der ersten Kategorie die Bedeutung passives Bauelement zu, der letzten aktives Bauelement, obwohl diese Einteilung nicht ganz stichhaltig ist.

Tabelle 1. Steuer- und Wandlerprinzipien (ausgewählte Beispiele)

Eingangsgröße	Ausgangsgröße
elektr. Energie (Elektronenfluß)	**elektr. Energie** — eigen- und fremdgesteuerte Bauelemente
	mechan. Energie (Schallquantenströmung) — elektromechanische Schwinger (*d*) — piezoelektrische Wandler (*d*) — Magnetostriktion
	elektromagnetische Strahlung (Photonenstrom) — Strahlungsquellen aller Art (*d*), [Lumineszenz-Gasentladungs-, thermische-, Rekombinationsstrahler] — Leuchtdioden (*d*) — schwarze Strahlung (*d*) — Absorptionszentren (*i*) — Intensitätsänderung (*i*)
	Wärme — Peltier-Effekt (*d*) — Thomson-Effekt (*d*) — Ettinghausen-Effekt (*d*) — Joulsche Wärme (*d*) — thermomagn. Effekte (*i*)
mechan. Energie (Druck, Schall)	**elektr. Energie** — Piezoeffekt (*d*) — druckabh. Widerstand, *pn*-Übergang (*i*) — anisotyper Piezoeffekt (*i*) — akustoelektr. Verstärker (*d*)
	mechan. Energie — nichtlineare Akustik
	elektromagn. Strahlung — akustooptischer Modulator
Wärmeenergie	**elektr. Energie** — Thermoelement (*d*) — Thomson-Effekt (*d*) — Glühemission (*d*) — pyroelektr. Wandler (*d*) — Widerstandsänderung (*i*) — Supraleitung (*i*)
	elektromagn. Strahlung — Temperaturstrahlung
elektromagn. Strahlung (Photonenströmung)	**elektr. Energie** — Photoelement (*d*) (äußerer Photoeffekt) — PEM-Effekt (*d*) — Solarzelle (*d*) — innerer Photoeffekt (Photodiode) (*i*) — Widerstandsänderung (*i*) — photodielektrischer Effekt (*i*) — Kristallzähler (*i*) — nichtlin. Suszeptibilität (*i*)
	elektromagn. Strahlung — Anregung (Fluoreszenz, Phosphoreszenz) (*d*) — Streuung (Raman, Raleigh) (*d*) — äußerer Photoeffekt (*i*) — Lichtverstärkung (*i*) — Frequenzumsetzung (*i*)
magnetische Energie	**elektr. Energie** — Induktion (*d*) — Ettinghausen-Nernst-Effekt (*d*) — Hall-Effekt (*d*) — magn. Widerstandsänderung (*i*)
	magn. Energie — Transport magnetischer Blasen

Beachtet man weiter, daß sowohl die Steuerenergie als auch der zu steuernde Energiefluß elektrischer oder nichtelektrischer Natur sein können, so ergibt sich damit eine klare Abgrenzung der steuerbaren Bauelemente von denen unter Vermittlung einer Energiewandlung steuerbaren, gewöhnlich als Wandlerelementen bezeichneten Anordnungen (Bild 2). Im Sinne obiger Grundfunktionen existieren so folgende Grundtypen elektronischer Bauelemente:

1. Wandlerelemente. Bei ihnen wird eine Energieform analog in eine andere umgeformt, entweder *direkt* (*d*) oder *indirekt* (*i*), falls die umzuformende Energie die Energieabgabe eines Generators steuert. Tab. 1 brachte einige Beispiele. In der Bauelementetechnik zählen zu den Wandlerelementen insbesondere thermoelektrische, galvanomagnetische mechanoelektrische und optoelektronische Anordnungen.

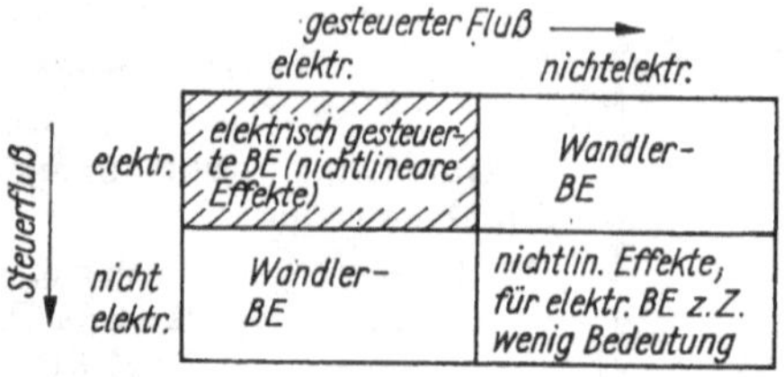

Bild 2. Einteilung elektrisch-nichtelektrisch gesteuerte Bauelemente

2. Speicherbauelemente. In ihnen wird eine Information als *Zustand* (meist in Form zweier diskreter Zustände (Digitalsystem)) zeitweilig oder beliebig lange aufrecht erhalten. Je nachdem, ob nach Eingabe der Information zur Zustandserhaltung keine, nur periodische oder dauernde Energiezufuhr nötig ist, spricht man von Struktur-, periodisch regenerierenden und Rückkopplungsspeichern. Vom Bauelementestandpunkt her gesehen wächst das Interesse besonders an struktur-speichernden Anordnungen. Speicher auf rein elektrischer und magnetischer Basis sind schon seit langem in verschiedensten Versionen bekannt und im Einsatz, in letzter Zeit gewinnen optische Prinzipien an Aufmerksamkeit (holographische Prinzipien mit Speicherung in elektro- und magnetooptischen Materialien u. a. m.). Eine direkte Speicherung von Phononenströmungen kennt man noch nicht; sie wird zur Zeit durchweg über das Magnetfeld (Band-, Trommelspeicher) sowie unter Ausnutzung des piezoelektrischen Effektes auf elektrischem Wege mittelbar oder in elektrischen Schaltungsspeichern unmittelbar vollzogen.

3. Leitungs- und Kontaktbauelemente. Sie dienen vornehmlich zur Fortleitung eines elektrischen Energieflusses und seiner temporären Unterbrechung. Dazu zählen für die Fortleitung des Elektronenflusses die elektrischen Leiter unterschiedlichster Art (Leitungen, linienhafte Leiter, dicke und dünne Leiterschichten), für die Photonenleitung optische Wellen- und Lichtleiter, für Phononenströme akustische Wellenleitung und für Magnetdomänenströme dünne ferromagnetische Schichten.
Da Leitungs-, Speicher- und Wandlerbauelemente den Informationsgehalt eines Energieflusses üblicherweise nicht ändern, heißen sie im Sprachgebrauch häufig nichtgesteuerte oder *passive Bauelemente.*

4. Steuerbare Bauelemente. Das sind in der hier getroffenen Festlegung Anordnungen, die eine Molulation ($\triangleq$ Informationsaufprägung) des Energieflusses durch einen artgleichen gestatten. Aus wohl historischen Gegebenheiten beschränkt man heute den Begriff „steuerbare Bauelemente“ auf elektrisch gesteuerte Elemente und faßt die Gruppe „nichtelektrisch gesteuerter“ Elemente generell unter Wandlerelementen zusammen. Steuerbare Elemente werden im Gegensatz zu passiven Bauelementen häufig *aktive* Elemente genannt, obwohl eine solche Bezeichnung aus der Sicht obiger vier Grundaufgaben nicht eindeutig ist.

2.1.2.2. Der Steuerraum

Die Grundfunktion des Bauelementes vollzieht sich in einem räumlich abgegrenzten Volumen, dem Steuerraum. Dem Materiezustand nach beurteilt kann er bestehen aus einem [4]:

- *Gas- bzw. Vakuumvolumen* (Gas-, Vakuumbauelemente) mit der Elektronenröhre als markantestem Vertreter. Die Erzeugung freier Ladungsträger, der Stromleitungsmechanismus in Gasen und Vakuum, allgemein also das Verhalten des freien Elektrons unter dem Einfluß elektrischer und magnetischer Felder, bilden seine physikalischen Grundlagen.
- *Plasmavolumen.* Das Plasma als „Gasgemisch" aus positiven und negativen Trägern so hoher Dichte, daß quasineutrale Verhältnisse herrschen, kommt sowohl in Gas- und Vakuumanordnungen wie auch Festkörpern unter speziellen Bedingungen vor: Plasmabauelemente. Feskörperplasmabauelemente scheinen in jüngster Zeit stärker an Bedeutung zu gewinnen.
- *Flüssigkeitsvolumen.* Wenn sich auch in dieser Gruppe bisher keine markanten Vertreter für die elektrische Technik präsentieren konnten — von fluidischen Bauelementen für die Steuerungstechnik abgesehen — so liegt das am Unvermögen der relativ langsamen Ionen, als Stromträger schnellen Steuervorgängen folgen zu können (→ Frequenzgrenze). Anders verhalten sich *flüssige Kristalle.* Auf diese Stoffzustandsform treffen wohl die äußeren Merkmale einer Flüssigkeit noch zu, mikroskopisch befindet sie sich aber in einem Ordnungszustand (gerichtete Moleküle), wie er für Festkörper typisch ist. Die daraus resultierende Abhängigkeit u. a. der Lichtreflexion und -streuung vom anliegenden Feld wird erfolgreich in der Optoelektronik ausgenutzt.
- *Festkörpervolumen.* Hierzu zählen Halbleiter, Isolatoren und Metalle, wenn auch letztere auf Grund ihrer hohen Trägerdichte gewöhnlich nicht als Steuerraum benutzt werden. Zufolge der stark strukturabhängigen elektronischen Eigenschaften (strukturlose, amorphe, polykristalline und einkristalline Materialien) ist eine weitere Differenzierung erforderlich. Heute stellen einkristalline Halbleiterbauelemente den Hauptteil der Festkörperbauelemente, doch werden amorphe Substanzen schon in beträchtlichem Maße — etwa als Isolatoren — verwendet. Ihre physikalische Grundlage bilden die elektronischen Eigenschaften der Halbleiter und Isolatoren, der Stromleitungsmechanismus sowie die elektronischen Vorgänge an Phasengrenzen zwischen Metallen, Halbleitern und Isolatoren [5], [6].

2.1.2.3. Klemmenpaare. Zwei- und Mehrpolbauelemente

Vom abstrahierten Wirkprinzip her gesehen besitzt ein Bauelement stets

- ein Klemmenpaar für den Steuerfluß (elektrische Steuerung) bzw. allgemeiner einen „*Wirkungseingang*", wenn die betreffende Einflußgröße etwa nichtelektrischer Natur ist (z. B. Lichteintrittsöffnung einer Photodiode),
- ein Klemmenpaar für den Energiefluß, der zur Aufrechterhaltung der inneren Vorgänge erforderlich ist,
- ein Klemmenpaar zur Abgabe des gesteuerten Energieflusses.

Unabhängig von der Steuerfunktion können einzelne Klemmenpaare zusammenfallen und mehrere Aufgaben übernehmen. So entstehen Zwei-, Drei-, Vierpolelemente usw. Zur Verwendung als Netzwerkelement in der Schaltung ist die Zahl

Tabelle 2. Grenzflächensysteme aus zwei unterschiedlichen Gebieten

	System 1	System 2	Bezeichnung	Anwendungen	Bemerkungen
1	Vakuum	Metall (M)	Halbleiter-oberfläche	– Begrenzung von Bauelementen – Testanordnung für Untersuchungen	meist störender Einfluß in Halbleiterbauelementen
2	Halbleiter[1]) $p(n)$	Halbleiter[1]) $n(p)$	(anisotyper) Homo-*pn*-Übergang	*pn*-Diode, Transistor, Thyristor, Impattdiode	dominierende Grundstruktur bipolarer Bauelemente
3	$p^{++}(n^{++})$	$n^{++}(p^{++})$	Tunnelüber-übergang	Tunneldiode	wie 2), jedoch mit entarteten Halbleitergebieten
4	$p(n)$	i	*pi*-, *ni*-Übergang	*pin*-Diode Starkstrom- und Mikrowellen-gleichrichter, Impattdiode	*pi*, *ni* nicht als selbstständige Struktur eingesetzt
5	p n	ν (schwach *n*-leitend) π (schwach *p*-leitend)	$p\nu$- bzw. $n\pi$-Übergang	$p\nu n$, $n\pi p$-Diode Starkstromgleichrichter, Impattdiode	wie 4)
6	$n^+(p^+)$	$n(p)$	(isotyper) Homo-Dichte-Übergang	– ohmscher Kontakt, – Lawinen-injektionsdiode	als Kontakt verbreitet, als Bauelement geringe Bedeutung
7	Halbleiter[2]) $p(n)$	Halbleiter[2]) $n(p)$	(anisotyper) Hetero-*pn*-Übergang	*pn*-Heterodiode (z. B. $p_{Si}n_{GaAs}$)	noch schwach verbreitet
8	$n(p)$	$n(p)$	(isotyper) Hetero-Dichte-Übergang	*nn*-, *pp*-Heterodiode (z. B. $p_{Si}p_{Ge}$)	noch schwach verbreitet
9	Metall	Halbleiter (p, n)	MS-Übergang	MS-, Schottky-Diode	verbreitetes System mit Gleichrichter- oder ohmscher Kennlinie
10	Metall	Isolator	MI-Übergang	MIS-Diode, MIS-Transistor	dominierende Grundstruktur von MIS-Bauelementen (Unipolarbauelemente)
11	Halbleiter	Isolator	SI-Übergang		

[1]) gleiche Kristallgitter
[2]) verschiedene Kristallgitter

der Klemmenpaare so wesentlich, daß sie gewöhnlich vor den vier Grundaufgaben dominiert. Daher erfolgt die Bauelementeeinteilung praktisch meist nach der Klemmenzahl und sekundär nach den Funktionsaufgaben.

2.1.2.3.4. Innere Funktionsprinzipien

Neben der unterschiedlichen äußeren Funktion eines Bauelementes interessiert sowohl für Konzeption, Dimensionierung, als auch Verständnis die Frage nach dem inneren Steuermechanismen, d. h. der Art und Weise der Beeinflussung eines Teilchens- oder Quasiteilchenstromes einschließlich der Wechselwirkungsvorgänge mit dem Materiezustand des Steuerraumes. So liegt es nahe, die Einflußgrößen auf Ladungsträger den Transportvorgängen, Trägererzeugungs- und -vernichtungsprozessen sowie den Phänomenen an Grenzflächen u. a. m. gegenüberzustellen. Der Versuch erweist sich aber sehr bald als unvollkommen, da zusätzliche Information über die Funktionsaufgabe des Bauelementes eingearbeitet werden muß. Zur Systematisierung unterteilt man daher besser nach denjenigen Bereichen im Steuerraum, in denen die Steuerung selbst stattfindet: *Grenzfläche* oder *Volumen* und trifft damit eine sehr praktische Einteilung.

Unter einer *Grenzfläche* (Phasengrenze) wird dabei eine Fläche verstanden, an der zwei Stoffsysteme unterschiedlicher elektronischer Eigenschaften miteinander in elektronischer Wechselwirkung stehen. Tabelle 2 enthält einfache Grenzflächensysteme als Kombination zwischen Metall (M), Isolator (I) und Halbleiter (S). In der Tat stellen derartige elektronische Grundstrukturen etwa zu 80% die Grundelemente aller Halbleiterbauelemente.

Vom Stromfluß her gesehen unterteilt man grenzflächengesteuerte Systeme weiter in

a) Stromfluß *senkrecht* zur Grenzfläche. Dann bestimmt die sich an der Grenzfläche aufbauende Potentialschwelle (→ Raumladungszone) den Stromfluß bzw. das „Stromaufkommen" der angrenzenden Bahngebiete. Von der Potential-

Tabelle 3. Grenzflächensysteme mit zwei und mehr Grenzflächen

Zahl der Grenzflächen	Anordnung	Bezeichnung	Beispiele
2	MSM	MSM-Sandwichstruktur	raumladungsbegrenzte Diode
	MIM	MIM-Sandwichstruktur	raumladungsbegrenzte Diode
	MIS	MIS-Sandwichstruktur	MIS-Diode, MIS-Transistor
	SMS		Metallbasistransistor
	SSS	Dreischichtfolge	*pnp*-Transistor *pin*, *pvn*-Diode n^+nn^+-Diode (Lawineninjektionsdiode)
3	SSSS	Vierschichtfolge	*pnpn* Vierschichtdiode, Thyristor, *pnip*-Transistor
4	SSSSS	Fünfschichtfolge	verschiedene Dünnfilmausführungen von Bauelementen

Tabelle 4. Beispiele ein- und mehrfachgrenzflächengesteuerter Zweipolbauelemente

Einflußgröße Zahl	Einflußgröße Art	Prinzip	Bauelement (Beispiel)
1	elektr. Feld	*pn*-Übergang	Diode, Varistor, Varactordiode
		pn-Übergang, Avalanche- oder Tunneldurchbruch	Zener-Diode
		pn-Übergang, hochdotiert	Backwarddiode
		pn-Übergang, Tunneleffekt	Tunneldiode
		pn-Übergang, waagrechter Stromfluß	Feldeffektdiode
		pn-Übergang, mäßige Dotierung, direkter Übergang, reflekt. Oberfläche	Injektionslaser
		pn-Übergang als Lichtquelle	Elektrolumineszenzdiode
		pnpn-Vierschichtanordnung	Shockley-Diode
		pin-Übergang	*pin*-Diode, Gleichrichter
		pin-Übergang, Mikrowellenerzeugung, Laufzeiteffekt	Impattdiode
		Metall-Halbleiter-Übergang	Schottky-Diode, Mott-Diode, Hotel-Elektrondiode
		Metall-Isolator-Halbleiterübergang	MIM-Tunneldiode, Dünnfilmdiode
		Halbleiter mit verschiedenen Gitterstrukturen und Bandabständen	Heterodiode (*nn*, *np*, *pp*)
		Metall-Isolator-Halbleiterdiode	MIS-Diode
2	$E, h \cdot \nu$	$S = f(E, h \cdot \nu)$	Photodiode
	$h \cdot \nu$	Photospannungseffekt	Photozelle
	E, grad T	Peltier-Effekt	Peltier-Kühlelement
	grad T	Seebeck-Effekt	thermoelektr. Generator

barriere hängen ab: die Trägerkonzentrationen an der Grenzfläche, die Stromemissionsfähigkeit (bei einseitiger thermischer Emission über die Barriere), der Tunnelstrom durch die Barriere. Ihre Ausdehnung bestimmt aber auch, ob der Stromfluß raumladungsbegrenzt erfolgt oder nicht, falls die Mechanismen in Neutralgebieten überwiegen.

b) Stromfluß *parallel* zur Grenzfläche. Jetzt erfolgt der Stromtransport entweder außerhalb oder innerhalb der Randschicht (Sperrschichtfeldeffekttransistor, MIS-Transistor).

c) Beim *volumengesteuerten* Stromfluß regeln elektronische Vorgänge im Volumen (z. B. Raumladung, Rekombination) den Trägertransport weitestgehend. Grenzflächeneffekte treten zurück. Dies setzt voraus, daß das Bauelement mindestens Abmessungen hat, die durch typische Grenzflächeneffekte bedingt werden. Als Beispiel dafür können Elemente auf Basis raumladungsbegrenzter Ströme, des Elektronentransfers, Hall-Effekt, Thermistor u. a. m. genannt werden.

Tabelle 3 enthält als Beispiel eine Reihe wichtiger auf Grenzflächeneffekten basierender Bauelemente. Ähnlich lassen sich auch volumengesteuerte Bauelemente klassifizieren [2]. Tabelle 4 gibt einige Beispiele für grenzflächengesteuerte Zweipolbauelemente.

2.1.3. Grundgleichungen

Die Grundfunktionen der Halbleiterbauelemente basieren aus elektronischer Sicht darauf, daß Mechanismen zur Erzeugung und Vernichtung von Störungen des thermodynamischen Gleichgewichtes in räumlich abgegrenzten Festkörpergebieten mit Mechanismen zur räumlich-zeitlichen Ausbreitung der Störungen durch Transporteffekte unter Wahrung der Erhaltungssätze zusammenwirken.
Bild 3 enthält die Grundgleichungen in phänomenologischer Darstellung, wie sie sich aus dem mikroskopischen Verhalten des Elektronenkollektivs im Festkörper begründen lassen. Es sind dies Material-, Transport- und Kontinuitätsgleichungen, dazu kommen die Maxwellschen Gleichungen einschließlich ihrer Nebenbedingungen, physikalische Rand- und Anfangswerte und Vorgänge, die den Ladungsträgerhaushalt generell bestimmen.
In sehr vielen Fällen sind Vereinfachungen möglich. So kann — von wenigen Sonderfällen (z. B. bei Halbleiterplasmaeffekten) abgesehen — gewöhnlich das *Eigen-*

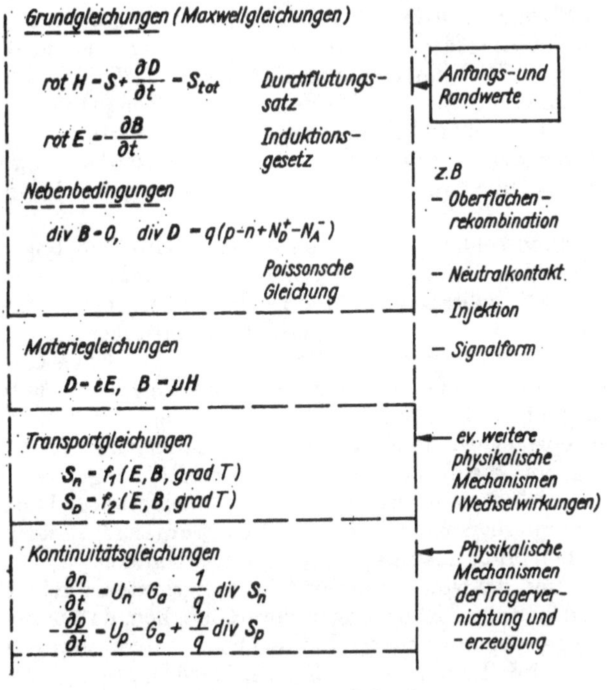

Bild 3. System der Halbleitergrundgleichungen

magnetfeld des Stromes vernachlässigt werden. Für statische und stationäre Strömungsfelder gilt zudem Wirbelfreiheit des elektrischen Feldes, m. a. W. ist die Eindringtiefe des Skineffektes bei üblichen Bauelementen noch groß gegen die Bauelementeabmessungen. Unter solchen — bei sehr vielen Bauelementen im technischen Frequenzbereich zulässigen Vereinfachungen — können Durchflutungs- und Induktionsgesetz sowie die Nebenbedingung div $\boldsymbol{B} = 0$ unberücksichtigt bleiben. Lediglich die Poissonsche Gleichung ist zu beachten, nimmt doch gerade sie in der Halbleiterelektronik eine zentrale Stellung ein. Da sie feste und bewegliche Ladungen von Trägern, Störstellen u. a. m. mit der Divergenz der Verschiebungsflußdichte und damit des elektrischen Feldes verkoppelt, kann der Stromtransport in Halbleitergebieten unter drei prinzipiellen Fällen erfolgen: *Neutralität* (die exakt nur in homogen dotierten Gebieten im thermodynamischen Gleichgewicht zutrifft), *Quasineutralität* (bei der sich die Nettoladungen fester und bewegter Ladungen annähernd kompensieren, m. a. W. das Raumladungsfeld klein gegen das äußere Feld ist) und *Raumladungsbegrenzung* (bei der ein erheblicher Unterschied zwischen fester und beweglicher Ladung herrscht, also das Raumladungsfeld gegen das äußere Feld überwiegt). Beispiele solcher Raumladungsgebiete sind der *pn*-Übergang, raumladungsbegrenzter Stromfluß, die Raumladungszone von Halbleiteroberflächen, Gunn-Domänen u. a. m. Grundsätzlich lassen sich sowohl die Materiegleichung als auch die Transportgleichung noch auf weitere Wechselwirkungsmechanismen erweitern, beispielsweise die mechanisch-elektrische Wechselwirkung. Darauf soll aber nicht näher eingegangen werden.
Von den Materiegleichungen des elektrostatischen und magnetischen Feldes mit isotropen oder anisotropen Eigenschaften spielt nur der (isotrope) Zusammenhang von $\boldsymbol{D}$ und $\boldsymbol{E}$ eine Hauptrolle, denn ferromagnetische Halbleiter kommen technisch noch nicht als Material für Bauelemente zum Einsatz. Die nicht genannte Materiebeziehung zwischen Stromdichte und Feldstärke im Strömungsfeld heißt *Transportgleichung*. Sie nimmt insofern eine Sonderstellung ein, als sie die *Wirkung* (→ Trägerströmung und Richtungsänderung) einer *Ursache* (elektrisches Feld, Magnetfeld, Trägerdichtegradient (→ Diffusionskraft), Temperaturgradient) auf bewegliche Ladungsträger beschreibt. Können äußere Magnetfelder und Temperaturgradienten sowie das Eigenmagnetfeld vernachlässigt werden, so gehen daraus die reduzierten Transportgleichungen hervor: Stromtransport durch Drift und Diffusion.
Die *Kontinuitätsgleichung* schließlich beschreibt als Bilanzgleichung eines Halbleitervolumenelementes das Gleichgewicht zwischen Rekombinationsrate, Generationsrate, Divergenz des Teilchenstromes und zeitlicher Dichteabnahme. Sie erfaßt im besonderen zeitliche und räumliche Trägerdichteänderungen im Zusammenwirken mit Rekombination und Generation. So stellt sie die einzige Gleichung dar, die im technischen Frequenzbereich das dynamische Verhalten (Frequenz- und Impulsverhalten) derjenigen Bauelemente bestimmt, bei denen die Störung des thermodynamischen Gleichgewichtes zu einer Dichteänderung „kalter Ladungsträger" führt. Dazu gehört die große Gruppe der Minoritätsträgerbauelemente.
Die dynamischen Eigenschaften der Bauelemente auf Basis „heißer Ladungsträger" (s. u.) werden von Energierelaxationszeiten (→ Streuvorgänge) bestimmt, die den Inhalt der (dynamischen) Boltzmann-Gleichung mitbestimmen.
Eine geschlossene Lösung des vorgenannten Gleichungssystems gelingt praktisch nicht. In vielen Fällen sind aber Näherungen derart möglich, daß der Trägertransport nur von einer Trägersorte dominierend unter Quasineutral- oder Raumladungsbedingungen getragen wird (Erfassung der Effekte erster Ordnung). Dazu gehören u. a. folgende Bauelementesysteme: *pn*-Übergang und Bipolartransistor, Thyristor,

Tabelle 5. (Eingeschränktes) Grundgleichungssystem für den quasineutralen Störhalbleiter ($\Delta n \approx \Delta p$)

Minoritätsträger	Majoritätsträger
$\boldsymbol{S}_p = -qD_p \operatorname{grad} p_n$ $\frac{1}{q} \operatorname{div} \boldsymbol{S}_p + \frac{\Delta p_n}{\tau_p} - G_a = -\frac{\partial \Delta p_n}{\partial t}$	$\boldsymbol{S}_n = q\mu_n u n_{n0} \boldsymbol{E} + qD_n \operatorname{grad} n_n$ $\boldsymbol{S} = \boldsymbol{S}_n + \boldsymbol{S}_p$ $-\frac{1}{q} \operatorname{div} \boldsymbol{S}_n + \frac{\Delta p_n}{\tau_p} - G_a = -\frac{\partial \Delta n_n}{\partial t}$ $\operatorname{div} \operatorname{grad} \varphi = \frac{q}{\varepsilon} (n_n - p_n - N_A^- + N_D^+)$ $\boldsymbol{E} = -\operatorname{grad} \varphi$
$\boldsymbol{S}_n = qD_n \operatorname{grad} n_p$ $-\frac{1}{q} \operatorname{div} \boldsymbol{S}_n + \frac{\Delta n_p}{\tau_n} - G_a = -\frac{\partial \Delta n_p}{\partial t}$	$\boldsymbol{S}_p = q\mu_p u p_{p0} \boldsymbol{E} - qD_p \operatorname{grad} p_{p0}$ $\boldsymbol{S} = \boldsymbol{S}_n + \boldsymbol{S}_p$ $\frac{1}{q} \operatorname{div} \boldsymbol{S}_p + \frac{\Delta n_p}{\tau_n} - G_a = -\frac{\partial \Delta n_p}{\partial t}$ $\operatorname{div} \operatorname{grad} \varphi = \frac{q}{\varepsilon} (n_p - p_p - N_A^- + N_D^+)$ $\boldsymbol{E} = -\operatorname{grad} \varphi$

MS-Übergang, MIS-Transistor, *pin*-Übergang, Heteroübergang, MIM-Übergang (teilweise), raumladungsbegrenzte Bauelemente, Elektronentransferelemente, Lawinenlaufzeitdiode. Bezieht man Wandlereffekte mit ein, so läßt sich die Aufzählung noch erweitern.

Beispielsweise entfällt in der so vereinfachten Lösungsstrategie eines *pn*-Überganges mit neutralen Bahngebieten (Störhalbleiter) die Raumladungsverkopplung (Bild 4). Die hohe Majoritätskonzentration verursacht vorrangig einen Majoritätsdriftstrom, der auf Grund des Dichteunterschiedes um Größenordnungen über dem Minoritätsfeldstrom liegt. So kann die Minoritätsdichte unabhängig von den Majoritätsträgern aus der Transportgleichung des Minoritätsdiffusionsstromes und der zugehörigen Kontinuitätsgleichung berechnet werden (Zweig ① im Bild ver-

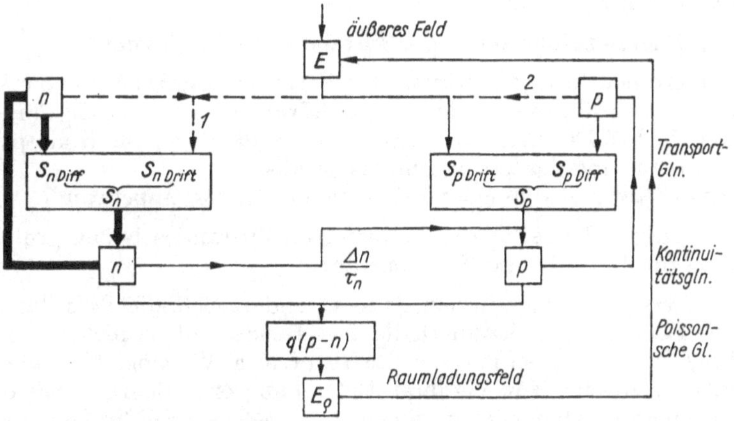

Bild 4. Verkopplung des Grundgleichungssystems beim *p*-Halbleiter unter Feldeinfluß

nachlässigt). Der Majoritätsstrom stellt sich dann im Halbleiter stets so ein, daß Quasineutralität herrscht. Damit bestimmen die Majoritätsträger zwar nicht das Verhalten der Trägerdichte, sondern sie neutralisieren die Minoritätsträger an jeder Stelle. Ist zusätzlich die Dichteströmung Δp klein gegen die Minoritäts- und Majoritätsdichte, so geht letztere nur mit dem Gleichgewichtswert p_0 in den Driftstrom ein. Auf diese Weise entfällt zusätzlich die Kopplung ② im Bild. Resultierend läßt sich so die Minoritätsdichte unabhängig von der Majoritätsdichte ermitteln und die Majoritätsdichte über den Feldstrom mit der Gleichgewichtsdichte verknüpfen.

2.1.4. Störungen des thermodynamischen Gleichgewichtes

2.1.4.1. Störungsursachen und ihre Wirkung

Aus der physikalischen Sicht stellen die Transportgleichungen die wichtigsten Beziehungen dar, denn letztlich durchsetzen das Bauelement im Betriebszustand Nettoströme und Strömungen. Somit erfolgt sein Betrieb prinzipiell im *Nichtgleichgewichtszustand* [7].

Die Strömungsursache sind anregende Mechanismen, denen rücktreibende Vorgänge ständig entgegenwirken und die — in einem sich selbst überlassenen Bauelement (z. B. Abschalten des Stromes) — schließlich den Gleichgewichtszustand wieder herbeiführen.

Prinzipiell verlangt eine Störung des Gleichgewichtszustandes Energie*zufuhr*, z. B. nur an Elektronen, an das Gitter, an eine bestimmte Ladungsträgersorte oder innerhalb eines bestimmten Energieintervalles. Durch *energieverzehrende* Vorgänge stellt sich dann ein stationärer Zustand ein.

Energieerhöhende Ursache können sein:

- das *elektrische Feld.* Dabei ändert sich für entartete Halbleiter und Metalle die Verteilungsfunktion besonders in Umgebung der Fermienergie. Je nach Höhe der Energiezufuhr spricht man von kalten, warmen oder heißen Ladungsträgern.
- *optische Strahlung,* die zur Interband- und Intrabandanregung führt,
- *Injektion,*
- *Druck* und *Temperatur.*

Der durch Energiezufuhr angeregte Zustand äußert sich zunächst

- für Elektronen in einer Störung der Verteilungsfunktion für die beeinflußten Bänder. Integral drücken sich solche Störungen dann aus als Trägerdichtestörungen in lokalisierten Energietermen, in Bändern, im Konzept des Quasiferminiveaus und der Trägertemperatur aus.
- für das Gitter global in einer Erhöhung der Gittertemperatur.

Drei ausgeprägte Sonderfälle des angeregten Zustandes haben große praktische Bedeutung für die Halbleiterbauelemente:

a) Die *Trägerkonzentration* in den Bändern ändert sich, die Verteilung der Träger auf die Energiezustände innerhalb eines Bandes jedoch nicht. Es herrscht also Gleichgewicht zwischen Trägern und Gitter. M. a. W. geben Nichtgleichgewichtselektronen, die im Moment ihrer Entstehung eine Energie weit oberhalb der Leitbandkante haben können, ihre Energie sehr schnell (in Zeiten $<10^{-9}$ s) ans Gitter ab und befinden sich dann während der größeren Zeit ihres Aufenthaltes im Leitband im Gleichgewicht mit dem Gitter. Folglich besitzen Gleichgewichts-

und Nichtgleichgewichtsträger gleiche Eigenschaften, also kinetische Koeffizienten, Beweglichkeit, Diffusionskonstante u. a. m. Eben für diesen Fall gelten speziell die Transportgleichungen der Gleichgewichtsträger

$$\boldsymbol{S}_n = qn\mu_n\boldsymbol{E} + qD_n \operatorname{grad} n$$

und die übrigen oben gegebenen Beziehungen. Ganz ohne Frage gehören zu dieser Gruppe so wichtige Phänomene wie Injektion und Rekombination, vor allem in der meist verwendeten Form nach *Shockley*, *Read* und *Hall*. Es finden sich also hier die klassischen Grundlagen der Minoritätsbauelemente wieder, sofern letztere nicht unter extremen Betriebsbedingungen betrieben werden.

b) Die *Trägerkonzentration* im Band bleibt unverändert, jedoch wird die *Trägerverteilung* auf die *Energiezustände* innerhalb eines Bandes oder zwischen Subbändern gegenüber dem Gleichgewicht geändert. Man spricht in solchen Fällen auch von „hochangeregten Trägern". Generell geht die gestörte Verteilungsfunktion als Lösung der Boltzmann-Gleichung hervor, wenn sich dies auch im Einzelnen als schwierig herausstellt. Da die Rückkehr in den Gleichgewichtszustand in der Regel durch Streuprozesse (mit zugeordneten, vom Prozeß abhängigen Energierelaxationszeiten erfolgt, wenn Energieverlust vorwiegend bei Übergängen innerhalb eines Bandes erfolgt), wirkt Rekombination nicht mit. Eine Ausnahme bilden nur Vorgänge zwischen Subbändern. Die Energierelaxationszeiten sind nun etwa 3 bis 4 Größenordnungen kleiner als die für Minoritätsträger typischen Rekombinationslebensdauern. Somit bieten Anordnungen auf Basis solcher Majoritätseffekte eine prinzipiell bessere Ausgangsbasis für Höchstfrequenzbauelementewirkprinzipien.

Zu den Vorgängen, die die Energieverteilung der Träger beeinträchtigen, gehören beispielsweise Trägeraufheizung durch hohe elektrische Felder (→ „heiße Elektronen") und in starken Mikrowellenfeldern, starke langwellige Lichteinstrahlung u. a. m. Erscheinungen wie etwa der Gunn-Effekt sowie der Photon-drag-Effekt basieren auf gestörten Energieverteilungen der Elektronen und Subbandeffekten.

c) Im allgemeinen Fall wird sowohl die Konzentration in den Bändern resp. lokalisierten Zuständen wie auch die Energieverteilung in den Bändern selbst geändert werden. Dann liegen heiße Ladungsträger vor, deren Konzentration sich im Band zusätzlich ändert. Hierzu gehört die Aufheizung von Trägern in starken elektrischen Feldern (Stoßionisation, wie sie in der Lawinendiode (→ Zener-Diode bei Durchbruchspannungen > 5 V), den Lawinenlaufzeitdioden, der Lawinenphotodiode u. a. m.) verwendet wird, ferner die Trägeraufheizung durch optische Einstrahlung. In diesem Falle „kühlen" sich die Träger nicht wie unter a) schon kurz nach ihrer Anregung so stark ab, daß sie anschließend als kalt betrachtet werden können und nur noch eine Dichtestörung übrig bleibt, sondern sie befinden sich nach Anregung bis zum Einsetzen der Rekombination nicht im Gleichgewicht mit dem Gitter: Rekombination heißer Träger. Derartige Phänomene treten bei der oszillierenden Photoleitung und beim PEM-Effekt auf.

Die Rückkehr ins Gleichgewicht erfolgt durch die eben erwähnte Rekombination entweder strahlungslos über Zentren, als Augerrekombination oder strahlend. Bemerkenswert ist, daß in solchen Fällen (z. B. für Zentren mit Coulomb-Abstoßung) der Rekombinationskoeffizient mit dem Feld wächst. Dadurch können Rekombinationsinstabilitäten eintreten: die Trägerkonzentration sinkt mit steigendem Feld und verursacht negative differentielle Leitfähigkeit, die — ebenfalls wie beim Gunn-Effekt — Anlaß zur Domänenbildung sein kann.

2.1.4.2. Rückkehr in den Gleichgewichtszustand

Die Rückkehr in den Gleichgewichtszustand nach Abschalten der Energiezufuhr, also die *Energieabgabe*, vollzieht sich entsprechend vorstehender Überlegungen nach verschiedenen Mechanismen:

a) durch Rekombination kalter Träger (direkt, indirekt), wenn nur die Konzentration, nicht ihre Energieverteilung geändert wurde. Dies ist der übliche Fall der Rekombinationstheorie. Sie liefert im Konzept der Lebensdauer zusammen mit der Kontinuitätsgleichung die dynamische Grenze (→ Frequenzbegrenzung) von Bauelementekonzeptionen, die auf Minoritätsträgern basieren,
b) durch Streuprozesse der Elektronen, wenn nicht die Trägerkonzentration, sondern nur die Energieverteilung geändert wurde. Dies trifft in der Regel auf Majoritätsbauelemente zu, für die dann die Energierelaxationszeit eine typische Frequenzbegrenzung setzt,
c) durch Rekombination heißer Träger, wenn Trägerdichte und Energieverteilung geändert werden.

Die überwiegende Anzahl von Bauelementen basiert — wie erwähnt — auf Phänomenen der Gruppe a). Darauf ist es auch zurückzuführen, daß verschiedene prinzipielle Fragen der Gruppen b) und c) heute noch nicht ausreichend geklärt sind.

2.1.5. Grenzen diskreter Halbleiterbauelemente

Die elektronischen Eigenschaften diskreter Halbleiterbauelemente werden bestimmt durch

— Stromfluß- und Steuermechanismen
— Geometrie und
— Materialeigenschaften.

2.1.5.1. Stromflußmechanismen

Hauptvorgänge in Halbleiterbauelementen sind *grenzflächen*gesteuerter und *raumladungs*gesteuerter uni- und bipolarer Stromfluß sowie *trägererzeugende* und *vernichtend Elementarprozesse.* Während erstere Vorgänge vornehmlich die Gleichstromeigenschaften bestimmen und so zunächst nicht direkt applikative Haupteigenschaften (Grenzfrequenz, Schaltgeschwindigkeit, Rauschen) festlegen, bestimmen letztere vorwiegend die dynamischen Eigenschaften (Frequenz, Schaltverhalten) der Bauelemente, Die dynamischen Vorgänge hängen ab von

a) der *dielektrischen Relaxationszeit* und den *Energierelaxationszeiten* bei vornehmlich auf Majoritätsträgereffekten (→ Raumladungsvorgängen) basierenden Elementen. Die Relaxationszeiten liegen in der Größe von $10^{-10} \dots 10^{-14}$ s und erlauben daher physikalische Grenzfrequenzen von 10^3 GHz und mehr. Der heute ausgeschöpfte Bereich liegt für frei laufende Raumladungswellen (Gunn-Effekt) bei etwa 100 GHz, bei Schottky-Dioden etwas höher. Vornehmlich das Material wird dann die weitere Entwicklung der Frequenzgrenze mitbestimmen.

Die typische Relaxationszeit ist weiterhin — in erster Näherung nicht, in zweiter nur über die Beweglichkeit — vom Ordnungszustand des Kristalls abhängig. Allerdings fordert z. B. die starke Abhängigkeit der Raumladungsdomänenform von Kristallinhomogenitäten etwa die gleichen geringen Kristallfehlordnungen, wie sie von bipolaren Bauelementen bekannt sind. Bauelementegrundstrukturen, bei denen die dielekrische Relaxationszeit eine tragende Rolle spielt (unabhängig von der zeitig möglichen geometrischen Begrenzung), basieren auf *unipolarem Trägertransport.* Dazu gehören Bauelemente auf Basis des gesteuerten und nichtgesteuerten Gunn-Effektes, bestimmte Feldeffektstrukturen, Metall-Halbleiterstrukturen, bestimmte Heteroübergänge und raumladungsbegrenzte Anordnungen (Dioden, Trioden) in Materialien mit kleiner Dielektrizitätskonstante für mittlere Frequenzen.

b) *Minoritätslebensdauern* bei vornehmlich auf Minoritätseffekten basierenden (bipolaren) Bauelementen. Die Lebensdauern liegen in der Größenordnung von $10^{-2} \cdots 10^{-6}$ s und erlauben Grenzfrequenzen zwischen $10^2 \cdots 10^6$ Hz, sofern nicht die Laufzeit des Signals durch Geometriebegrenzung (wie beim bipolaren Transistor) erheblich unter die Minoritätslebensdauer gesenkt werden kann. In diesem Fall hängt die erreichbare Grenzfrequenz stark von Geometrie ab.

Da Minoritätsinjektion stets injizierende Grenzflächen (→ Raumladungszone) erfordert im Gegensatz zu Volumeneffekten, bestimmt letztlich die Signallaufzeit durch die Raumladungszonen die prinzipiell höchste Frequenzgrenze solcher Strukturen. Sie beträgt bei Zugrundelegung physikalischer Grenzen der Raumladungszone, etwa 15 ··· 20 GHz. Dies stellt wohl eine prinzipielle obere Grenze grenzflächengesteuerter bipolarer Bauelemente dar. Um sie voll ausschöpfen zu können, ist eine weitere Reduktion der derzeit möglichen Minimalgeometrie um etwa den Faktor 10 erforderlich.

c) Zeiten, die *Elementarvorgänge* (Trägererzeugung und -vernichtung) benötigen. Hierbei ist beispielsweise gedacht an
   - Generation durch Vervielfachung (Hochfeldeffekt). Die typische Zeitkonstante des Stoßvorganges liegt bei Bruchteilen von Nanosekunden,
   - Generation durch Photonenabsorption. Die typische Zeitkonstante liegt in der Größenordnung von Nanosekunden.
   - Tunneleffekt mit abgeschätzten Relaxationszeiten von 10^{-16} s.
   - Energierelaxationsvorgänge, die den verschiedenen Streuvorgängen zugeordnet sind.

2.1.5.2. Geometriebegrenzungen der Bauelemente

Derzeit übliche Halbleiterbauelemente haben im wesentlichen eine zweidimensional-flächenhafte Geometrie. Die dritte Dimension (in Richtung des zu steuernden Energieflusses) wird gewöhnlich sehr klein gegen die flächenhafte Lineardimension (→ maßgebend für Stromdichte, Leistung) gehalten. Damit benötigt man materialmäßig grundsätzlich nur einen flächenhaften dünnen Halbleiterfilm zur Realisierung der Bauelementefunktion.

Die minimalen Grenzdimensionen von Halbleiterbauelementen werden somit durch zwei generelle Einflußgrößen bestimmt:

1. von den für die Funktionsweise spezifischen „physikalischen“ Längen (Weglänge der freien Elektronen, Debye-Länge, Diffusionlänge).
2. von applikativen Gesichtspunkten (Stromdichte, Leistung). Gearbeitet wird mit Leistungsdichten zwischen $10^6 \cdots 10^7$ W cm^{-3}, bei besonders intensiver Wärmeabfuhr auch zwischen $10^7 \cdots 10^8$ W cm^{-3}. Die Stromdichten betragen bis 10^4 A cm^{-2} bei hochbelasteten Strukturen und die Feldstärken können bis zur Durchbruchgrenze der Halbleiter ($\approx 10^6$ V cm^{-1}) erreichen.

Im folgenden sollen ausschließlich die physikalisch bedingten Grenzen näher betrachtet werden, da die applikativen Randbedingungen eine sehr große Variationsbreite ergeben.

Den meisten der bisher bekannt gewordenen Halbleiterbauelementen unterliegen Geometrien, die *groß* gegen die freie Elektronenlänge bzw. mit ihr vergleichbar sind (Dünnfilmbauelemente). *Weglängeneffekte* (Quantendimensionseffekte) mußten daher bislang nur vereinzelt in die Betrachtung einbezogen werden. Praktische Auswirkungen auf Bauelemente stehen noch aus, obwohl in jüngster Zeit verstärkt Aktivitäten wahrnehmbar sind.
Die *Debye-Länge* ist eine charakteristische Größe für das örtliche Abklingen von Raumladungsinhomogenitäten etwa an Grenzflächen (Größenordnung $<0{,}1\ \mu m$ in Störhalbleitern). Sie gibt somit die Mindestdicke, die ein Gebiet haben muß, wenn etwa Stromfluß über eine Grenzfläche in ein Neutralgebiet erfolgen soll (→ Grenze der Bahnlänge bipolarer Bauelemente, Grenze der Schichtdicke feldeffektgesteuerter Bauelemente).
Umgekehrt kann sie eine obere Grenze der Dicke von Strukturen (z. B. MIM-Struktur) bilden, die im Raumladungsbetrieb arbeiten.
Die *Diffusionslänge* kennzeichnet das örtliche Abhängen von Minoritätsstörungen (Größenordnung μm) in quasineutralen Bahngebieten. Sie fixiert die *Maximaldicke*, die ein Gebiet haben darf, wenn der bipolare Steuermechanismus und die Transfereigenschaften eines Bahngebietes ausgeschöpft werden sollen (z.B. Basis des bipolaren Transistors). Die Unterschreitung dieser Größe, d. h. die Herstellung von Bahngebieten kleinerer Dicke, ist vornehmlich ein technologisches Problem. Allein aus diesem Grund wird die erreichbare Minimalgrenze auch von derartigen Faktoren heute stark mitbestimmt.

2.1.5.3. Folgerungen für die Lateral- und Horizontalgeometrie der Bauelemente

Grundsätzlich ist zu unterscheiden zwischen Anordnungen mit Stromfluß senkrecht und parallel zur flächenhaften Ausdehnung.
Bauelemente mit senkrechtem Stromfluß. Zu dieser dominierenden Gruppe gehören z. B. Bipolartransistor, *pn*-Diode, MS-Diode, Gunn-Element und viele andere mehr. Hier hängt die Geometrieausdehnung in Stromflußrichtung meist eng mit dem Wirkprinzip zusammen, während die Flächenausdehnung über maximalen Strom, Verlustleistung und kapazitive Einflüsse entscheidet.
Wie erwähnt wird die minimal mögliche Dicke des Bahngebietes bei Bauelementen auf Basis bipolaren Stromflusses vorrangig durch technologische Prozesse bestimmt: Herstellung dünner, selektiv dotierter Schichten. Dann entscheiden Schichtwachstum, Dotierungsführung u. a. m. über die vernünftig realisierbare Schichtdicke. Die Mindestdicke eines von zwei Grenzschichten begrenzten Bahngebietes muß etwa zwei Debye-Längen L_D betragen, die Maximaldicke darf beim Transistor z. B. höchstens die Diffusionslänge sein (wobei ein solcher Transistor dann schon eine sehr geringe Stromverstärkung besitzt).
In Bauelementen mit *unipolarem Stromfluß* (z. B. raumladungsbegrenzte Anordnungen, Gunn-Element, MS-Diode) bestimmt die Dicke W des vom Strom durchsetzten Gebietes vornehmlich die dynamischen Eigenschaften. Sofern die Raumladung das gesamte Gebiet erfaßt, gilt $L_D \gg W$, im anderen Falle $L_D \ll W$ (z. B. Breite der Gunn-Domänen im Vergleich zur Bahnlänge, Breite der Raumladungszone in der Schottky-Diode).
Aus dynamische-applikativem Grund sollte die vom Strom durchsetzte Querschnittsfläche so klein, aus Leistungsgründen so groß als möglich sein. Während große Flächen im allgemeinen keine Probleme verursachen (abgesehen von thermischen Einschnüreffekten), wird die *Minimalabmessung* begrenzt:

– von der Minimaldimension, mit der selektiv dotierte und kontaktierte Gebiete erzeugt werden können. Die gegenwärtig übliche Herstellung mittels optischer Masken erlaubt Dimensionen zwischen 0,5 ··· 1 μm. Sie sollte sich bei Anwendung von Strahlverfahren bis an eine Auflösung von 0,1 μm bringen lassen;
– von der geforderten Strombelastung. Bei abnehmendem Flächenquerschnitt sinkt die Verlustleistung bei konstanter Stromdichte. Das Problem der Leistungsreduktion ist damit ein Wesenszug mikroelektronischer Bauelemente;
– konstruktiv von der Kontaktierungstechnik, Mit derzeitigen Mitteln lassen sich Dimensionen von 1 μm unter besonderen Maßnahmen noch kontaktieren. Der Einsatz der Strahltechnologie macht jedoch neue Kontaktierungstechniken erforderlich.

Bauelemente mit parallelem Stromfluß. Zu dieser Kategorie gehören der Lateraltransistor, vor allem aber die große Gruppe der Feldeffekttransistoren und CCD-Anordnungen.

Bipolarer Trägertransport: Bipolare Bauelemente nach diesem Konzept konnten sich bisher nur sehr begrenzt durchsetzen, wenn man etwa an den Lateraltransistor mikroelektronischer Anordnungen denkt. Es gelingt, wohl die „Länge" des Steuerraumes sehr kurz zu machen (abhängig vom technologischen Verfahren (zwischen 0,1 ··· 1 μm)) und den stromführenden Querschnitt (etwa durch flaches Einlegieren des Emitters) ebenfalls klein zu halten, allein die jetzt parallel zum Stromfluß liegende *Oberfläche* reduziert durch Oberflächenrekombination die Minoritätsträgerdichte erheblich und grenzt die praktische Anwendbarkeit solcher Strukturen ein. Damit dürften Strukturen mit horizontalem Stromfluß vorwiegend unipolaren Anordnungen vorbehalten bleiben.

Bauelemente mit *unipolarem* Stromfluß umgehen den eben erwähnten Nachteil grundsätzlich. Sie erlauben zudem neben der Ausschöpfung volumengesteuerter Raumladungseffekte (bislang noch kaum angewendet) eine elegante Ausnutzung des Feldeffektes. Damit sollten die für Majoritätsvorgänge prinzipiell höheren Grenzfrequenzen ausnutzbar sein, sofern die Länge des Steuerraumes (= Kanallänge des Transistors) hinreichend kurz ist und Materialien *hoher Elektronenbeweglichkeit* zum Einsatz kommen.

Mit den heutigen Technologien lassen sich Steuerraumlängen herab bis zu 1 μm realisieren. Die Reduktion um eine Größenordnung ist denkbar und reicht aus, um die von den Kontaktseiten (Dichte- bzw. MS-Übergänge) her gegebene Debye-Länge als Minimalkanallänge zu erreichen. Einher geht allerdings eine merkliche Reduktion der Leistung und maximalen Betriebsspannung.

Literaturverzeichnis

[1] *Sze, S. M.*: Physics of Semiconductor Devices. J. Wiley & Sons, New York 1969

[2] *Paul, R.*: Elektronische Festkörperbauelemente Bd. 2, VEB Verlag Technik Berlin, im Erscheinen; dto. Bd. 3: Transistoren, Feldeffekttransistoren, Thyristoren; dto. Bd. 4: Halbleitersonder- und -wandlerbauelemente

[3] *Köhler, E.*: Elektronische Bauelemente und integrierte Schaltngen, Feingerätetechnik 23 (1974), 447–454

[4] *Mierdel, G.*: Elektrophysik, VEB Verlag Technik, Berlin 1971

[5] *Kirejew, P. S.*: Physik der Halbleiter, Akademie-Verlag, Verlin 1974

[6] *Paul, R.*: Elektronische Festkörperbauelemente Bd. 1, Halbleiterphysik. VEB Verlag Technik, Berlin 1974

[7] *Genzow, D.*; *Herrman, K. H.*: Relaxation und Rekombination in Halbleitern. In: Grundlagen aktiver elektronischer Bauelemente (Autorenkollektiv), VEB Deutscher Verlag für Grundstoffindustrie, Leipzig 1972, S. 195

2.2. Festkörperphysikalische Einführung in die Problematik der MIS-Strukturen

Von *H. Lippmann*

Technische Hochschule Karl-Marx-Stadt, Sektion Physik / Elektronische Bauelemente

2.2.1. Einführung

Das eindrucksvolle Fortschrittstempo der integrierten Mikroelektronik, das seit etwas mehr als 5 Jahren speziell auf der Grundlage der Metall-Isolator-Halbleiter-Struktur (MIS) anhält und noch keine Sättigung zu erkennen gibt, ist zweifelsohne in erster Linie das Ergebnis einer intensiven Entwicklung der Technologie der Halbleitertechnik. In erheblich stärkerem Maße als in der Bipolartechnik rückten dabei die technologischen Anforderungen an die Halbleiteroberfläche in den Mittelpunkt des Interesses. Die beim Planarprozeß durch den Passivierungsschutz des thermischen Siliziumdioxides erzielten Fortschritte in der Stabilität und Zuverlässigkeit der *pn*-Bauelemente wirkten sich zugleich in einer durch hochgradige Konzentration der Vorlauf- und der angewandten Forschung erreichten Vervollkommnung und detaillierten Kennzeichnung der Phasengrenzfläche Si–SiO_2 aus, die in der erfolgreichen Realisierung des oberflächengesteuerten MOS-Feldeffekttransistors gipfelte (vgl. z. B. [1]). Trotz anfangs noch bedenklich erscheinender Stabilitätsprobleme konnten bereits Ende der 60er Jahre von den führenden Herstellern Zuverlässigkeiten von MOS-Bauelementen gewährleistet werden, die denen der bipolaren Transistoren und Dioden entsprechen.

Seit 5 Jahren entwickelt sich der Anteil der MIS-Bauelemente bei integrierten Schaltkreisen außerordentlich rasch. Dabei spielen Vereinfachungen des Entwurfs, Erleichterungen beim Übergang zu immer höheren Integrationsgraden, Flexibilität, Erhöhung der Frequenzgrenze und Herabsetzung des Leistungsverbrauches eine vorrangige Rolle, während zugleich neue Bauelementekonzeptionen, ausgehend von der MIS-Grundstruktur, neuartige Anwendungen erschließen. Von den letzteren Entwicklungstendenzen seien hier nur die Familien der ladungsgekoppelten Bauelemente erwähnt [2]. Bei dieser starken, hier nur in aller Kürze angedeuteten Dynamik der Entwicklung müssen erwartungsgemäß zahlreiche Probleme auftreten, die die Erweiterung der funktionellen Möglichkeiten der MIS-Technik, die Aufsuchung günstiger bzw. vereinfachter technologischer Realisierungsmöglichkeiten ebenso betreffen wie die Absicherung einer hohen Ausbeute und Zuverlässigkeit der MIS-Bauelemente. Zumeist ist die Natur dieser Probleme so komplex, daß diese nicht mehr eindeutig bestimmten Grundrichtungen zugeordnet werden können, sondern die enge Gemeinschaftsarbeit von Verfahrensentwickler, Entwurfsspezialist, Meßtechnikingenieur und Festkörperphysiker erfordern, um nur die wichtigsten Disziplinen zu nennen.

Dennoch existieren in zunehmendem Umfang Fragen, die es erforderlich machen, die festkörperphysikalische Bestimmung des in der MIS-Elektronik verwendeten

Problemkreises zu überdenken und daraus die für die Weiterentwicklung dieser Technik relevanten festkörperphysikalischen Zielstellungen herauszuarbeiten.
Eine Vorbereitung solcher Überlegungen sollte eines der Ziele des vorliegenden Beitrages sein, der sich in der Hauptsache mit der Zusammenstellung der festkörperphysikalischen und zugleich bauelementeelektronisch interessanten Bestimmungsgrößen der MIS-Grundstrukturen befaßt, ohne jedoch die Bezüge zu den gegenwärtigen MIS-Integrationstechniken im einzelnen durchzuführen. Das letztere ist weiteren Beiträgen dieses Bandes vorbehalten.
Geht man von derartigen Aspekten aus, so erweist sich folgende Gliederung der festkörperphysikalischen Grundlagen der MIS-Technik als zweckmäßig:
Zur Gewährleistung der statischen Parameter von MIS-Transistoren spielen die Schwellspannung, ihre Stabilität und technologisch bedingte Toleranz eine grundlegende Rolle. Daraus leiten sich folgende Problemkreise ab:

1. Ladungs- und Potentialverteilung in der als Heteroübergang aufgefaßten Halbleiter-Isolator-Struktur unter der Voraussetzung eines idealen Dielektrikums.
2. Feste Ladungen im Dielektrikum („Oxidladungen") und deren Einfluß auf die Eigenschaften des Heteroübergangs.

Das dynamische Verhalten ist, abgesehen von der durch die Trägerlaufzeit bedingten Grenze, d. h. bei gegebener Abmessung und Trägerbeweglichkeit, durch Umladevorgänge der Gatekapazität bestimmt, die in physikalischer Hinsicht durch

3. Grenzflächenzustände (GFZ), ihre energetische Verteilung und Wirkungsquerschnitte

determiniert sind.
Die Stabilität und Ausfallrate, zugleich aber die Sicherstellung eindeutiger Strom-Spannungs-Kennlinien können nachteilig modifiziert werden durch

4. Bewegliche Ionen in der Gateisolatorschicht sowie Volumenpolarisation in der letzteren,
5. Haftstellen in der Isolatorschicht.

Hierfür und zugleich für spezielle Varianten von MIS-Bauelementen, z. B. speichernde Anordnungen, aber auch für Fehlermechanismen und zur Beurteilung der physikalischen Grenzen, z. B. des Durchbruchverhaltens, sind diese Problemkreise zu ergänzen durch

6. Ladungsträgertransport in dünnen Isolatorschichten unter Berücksichtigung des Halbleiter- bzw. metallischen Charakters der Kontakte in der MIS-Struktur; Durchbruchverhalten dünner Isolatorschichten.

Als physikalische Grundlage für ein möglichst hohes Verstärkungs-Bandbreite-Produkt ist eine hohe Trägerbeweglichkeit im Inversionskanal Voraussetzung:

7. Transportprozesse der Ladungsträger im Inversionskanal.

Die unter 1 ··· 7 angedeuteten Problemkreise sind in unmittelbarer Weise mit den Struktureigenschaften der Isolatorschicht, der Phasengrenzfläche und der Halbleiterrandschicht verknüpft, wodurch sich die außerordentlich ausgeprägte Abhängigkeit der für die Bauelementeparameter relevanten Ladungs- und Transporteigenschaften von den Details der Herstellungsverfahren ergibt. Nicht zuletzt aus Gründen der Verallgemeinerungsfähigkeit der Aussagen erscheint es zweckmäßig, diese Seite der Problematik als eigenen, wenngleich nicht eigenständigen Aspekt zu formulieren:

8. Struktureigenschaften incl. festkörperchemischer Charakterisierung der Isolatorschicht, der Phasengrenzfläche und der Halbleiterrandschicht.

In der angewandten festkörperphysikalischen Forschung ist es zur Gewinnung von Aussagen für den bauelementeorientierten Vorlauf bzw. zur Klärung von Fehlermechanismen meistens erforderlich, mehrere der im vorigen getrennt fixierten Grundlagenprobleme in enger gegenseitiger Beziehung und Durchdringung zu untersuchen, wobei man sich in den meisten Fällen auf die in technologischer Hinsicht aussichtsreichsten und bauelementeelektronisch relevanten Bedingungen konzentriert. Dadurch ergibt sich eine wechselseitige Befruchtung und ein immer stärkeres Verlaufen der Grenzen zwischen den Problemkreisen.
Die nachfolgende Übersicht soll einerseits den in der Praxis der Technologie und des Entwurfes von MIS-Bauelementen tätigen Ingenieur mit dem derzeitig erreichten Stand der festkörperphysikalischen Charakterisierung der mit der MIS-Struktur verbundenen grundsätzlichen Problemstellung vertraut machen. Andererseits wird der in der festkörperphysikalischen Grundlagen- und Anwendungsforschung Tätige aus dem durchweg auf die technische Bedeutung des Objektes und seiner Teilprobleme orientierten Bericht Anregung beziehen. Der begrenzte Umfang läßt in keiner Weise Vollständigkeit zu, sondern nur eine Auswahl, die den nach Auffassung des Verfassers wichtigsten Aspekten für die gegenwärtigen Entwicklungstendenzen entspricht. Zur Erzielung einer besseren Übersicht wurde daher, abgesehen von erforderlichen Einzelbeispielen, bewußt auf die im speziellen Fall notwendige Gegenüberstellung von Meßergebnissen zu den verwendeten Herstellungsverfahren, ebenso wie auf die Darstellung der sich mit diesem Objekt gemeinsam entwickelnden Meßmethoden (vgl. z. B. [3]), verzichtet.
Aus ähnlichen Gründen kann auf die Erörterung der Problemkreise 6 und 8 in dieser Einführung nicht eingegangen werden, da dies den Rahmen der bezweckten Übersicht weitgehend sprengen würde. Hinsichtlich der Eigenschaften des SiO_2 sei auf die durch *Schmidt* [4] gegebene Zusammenfassung verwiesen.

2.2.2. Die MIS-Struktur mit idealem Dielektrikum

Es erscheint zweckmäßig, die MIS-Struktur zunächst in Verbindung mit einem idealen Dielektrikum zu charakterisieren. Infolge des bei Gültigkeit des Bändermodells als hinreichend groß vorausgesetzten Bandabstandes des Isolators werden die thermischen Ladungsträgerkonzentrationen im Leit- und Valenzband als Null angenommen. Ferner existieren keine Zustände im verbotenen Band (Störstellen, Haftstellen) und keine festen sowie beweglichen Ionen. Außerdem soll die Debyesche Relaxationszeit sehr klein gegen die Periode der verwendeten Wechselfelder sein, so daß auch Polarisationserscheinungen der Isolatorschicht vernachlässigt werden können. Schließlich soll durch angemessene Schichtdicke der Ladungsträgertransport durch den Isolator unterbunden sein.

2.2.2.1. Ideale MIS-Struktur

Werden zusätzlich zu diesen Voraussetzungen

a) die Austrittsarbeitsdifferenz zwischen Metall und Halbleiter und
b) die Grenzflächenzustände an der Halbleiter-Isolator-Phasengrenzfläche

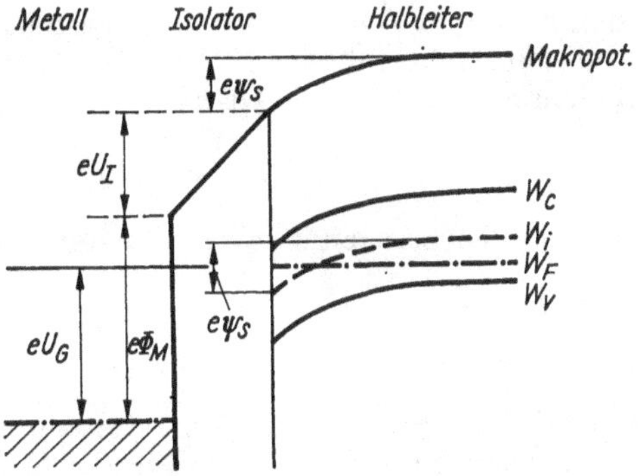

Bild 1. Bändermodell einer idealen MIS-Struktur im Falle der Inversion (p-Halbleiter)

vernachlässigt, so daß eine Bandverbiegung lediglich durch das von der Metallelektrode herrührende Feld entsteht, so ergibt sich das in Bild 1 dargestellte Bändermodell, welches den technisch interessanten Inversionsfall wiedergibt. Es folgt

$$U_G = U_I + \psi_S \,. \tag{1}$$

U_G — Spannung über der MIS-Struktur,
U_I — Spannungsabfall an der Isolatorschicht,
ψ_S — Bandverbiegungsspannung über dem Halbleiter.

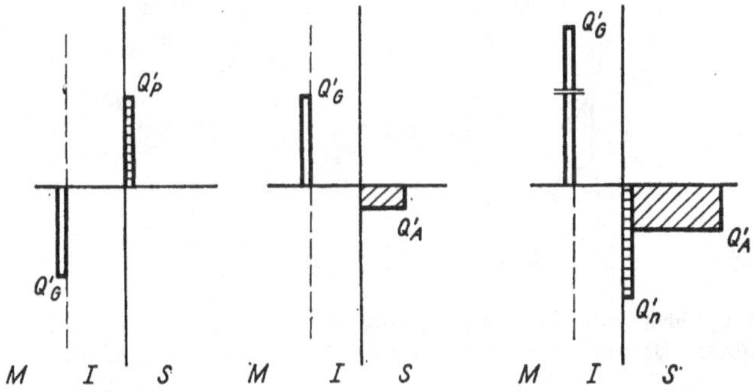

a) b) c)

Bild 2. Ladungsbilanz der idealen MIS-Struktur (p-Halbleiter)
a) mit Anreicherungs-,
b) mit Verarmungs-,
c) mit Inversionsrandschicht

Außerdem ergibt die Ladungsbilanz (Bild 2c)

$$Q'_G + Q'_n + Q'_A = 0 \,. \tag{2}$$

Q'_G — Flächenladung auf der Metallelektrode
Q'_n — flächenbezogene Ladung beweglicher Ladungsträger im Inversionskanal
Q'_A — flächenbezogene Ladung in der Verarmungsrandschicht des Halbleiters (Ladung in den Akzeptoren).

Ähnliche Beziehungen lassen sich für die in Bild 2a bzw. b dargestellten Fälle der Anreicherung -bzw. Verarmungsrandschicht aufstellen.
Durch Lösung der Poisson-Gleichung können die spannungabhängige flächenbezogene Substratladung

$$Q'_s = Q'_n + Q'_A \tag{3}$$

ebenso wie die zugeordnete differentielle Kapazität der Halbleiter-Raumladungszone

$$C'_{sc} \equiv \left|\frac{\partial Q'_s}{\partial \psi_s}\right| \tag{4}$$

berechnet werden, die von der Bandverbiegung, damit von der Spannung U_G, aber auch von der Substratdotierung abhängig ist. Für die technische Anwendung ist die differentielle Gesamtkapazität der MIS-Struktur

$$C' = \frac{C'_i C'_{sc}}{C'_i + C'_{sc}} \,. \tag{5}$$

C'_i — flächenbezogene Kapazität der Gateisolatorschicht,

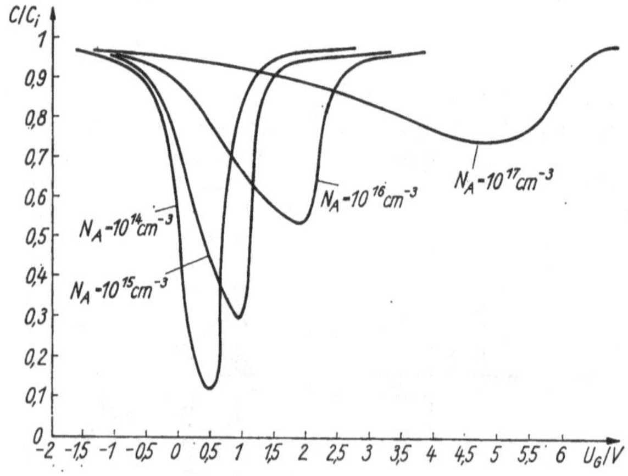

Bild 3. Differentielle Kapazitäts-Spannungskurve des idealen M–SiO_2–Si-Struktur. Parameter: Dotandenkonzentration des Substrates. Oxiddicke 100 nm

als Funktion von U_G von großer Bedeutung. Bild 3 zeigt derartige $C(U_G)$-Kurven mit der Substratdotandenkonzentration als Parameter für einen speziellen Beispielfall. Zur Kennzeichnung der Ladungssituation genügt es in vielen Fällen, die bei Bandverbiegung Null ($\psi_S = 0$) an die Metallelektrode anzulegende Spannung $U_G = U_{FB}$ („Flachbandspannung“) zu bestimmen. Für die ideale MIS-Struktur gilt

$$U_{FB} = 0 \,, \tag{6}$$

$$C'_{FB} = \frac{\varepsilon_i}{d + (\varepsilon_i/\varepsilon_s)\, L_D} \,. \tag{7}$$

ε_i, ε_s — relative Dielektrizitätskonstanten des Isolators bzw. Halbleiters

L_D — Debye-Länge des Halbleitersubstrates $= \sqrt{\frac{kT\varepsilon_i\varepsilon_s}{N_A e^2}}$ im Beispiel eines p-Halbleiters (N_A — Akzeptorkonzentration).

2.2.2.2. Einfluß der Grenzflächenzustände und der endlichen Austrittsarbeitsdifferenz

Grenzflächenzustände werden zusätzlich umgeladen, wenn beim Variieren der Bandverbiegung durch das Feld der Metallelektrode das Ferminiveau über die ihnen zugeordnete Energie hinwegstreicht, wobei entsprechend der modifizierten *Fermi-Dirac*-Verteilung der Umladecharakter dieser Zustände zu beachten ist. Der Ladung Q'_{ss} in den GFZ ist eine entsprechende Kapazität

$$C'_{ss} = \left|\frac{\partial Q'_{ss}}{\partial \psi_s}\right| \tag{8}$$

zugeordnet. Diese Kapazität, die im Ersatzschaltbild der MIS-Struktur (Bild 4) einen Parallelzweig zur Raumladungskapazität C_{sc} bildet, muß wiederum von der Spannung U_G sowie von der Konzentration und energetischen Verteilung der GFZ abhängen. Die letzteren können sehr unterschiedliche Einfangquerschnitte aufweisen und zeigen daher im allgemeinen ein Verhalten, das durch einen Serienwiderstand R_{ss} beschrieben werden kann und zur Frequenzabhängigkeit des

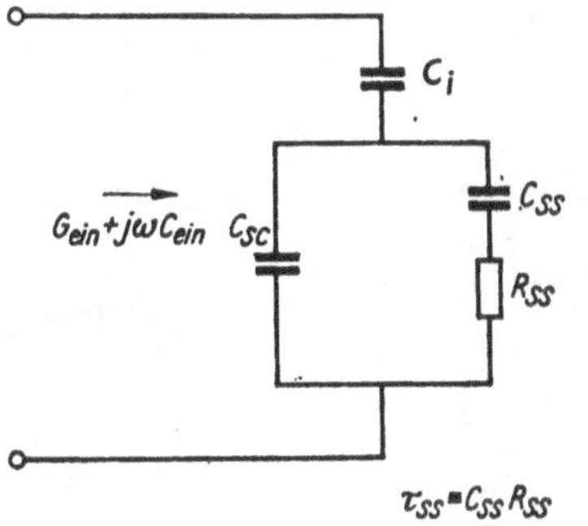

Bild 4.
Ersatzschaltbild der MIS-Struktur

Scheinwiderstandes der Halbleiteroberfläche führt. Infolgedessen ist auch der Einfluß der GFZ auf die differentielle *CU*-Kennlinie von der Wahl der Meßfrequenz relativ zur Umladegeschwindigkeit der GFZ abhängig. Im einfachsten Falle, wenn nämlich die GFZ dem Meßfeld nicht folgen können, sondern eine gegenüber dem Meßvorgang invariante Ladung Q'_{ss0} aufweisen, verursachen sie lediglich eine Verschiebung der *CU*-Kennlinie um

$$\Delta U_{FB,ss} = -\frac{Q'_{ss0}}{C'_i}, \tag{9}$$

während im allgemeinen Falle Verzerrungen der idealen Kennlinie auftreten.
Ein zweiter Effekt, insbesondere der schnellen GFZ, besteht in der erhöhten Oberflächenrekombinationsgeschwindigkeit und ist daher für alle Nichtgleichgewichtsprozesse und ihre Anwendungen in MIS-Bauelementen von Bedeutung.
Betrachten wir den Einfluß einer nicht vernachlässigbaren Austrittsarbeitsdifferenz Φ_{MS} zwischen Metall und Halbleiter, so haben wir in das Bändermodell (Bild 1)

$$\Phi_{MS} = \Phi_M - \left(\chi + \frac{W_g}{2e} \pm \Phi_F\right) \tag{10}$$

einzufügen. Das obere Vorzeichen gilt für p-, das untere für n-Leitung.

Φ_M — Metallaustrittsarbeit,
χ — Elektronenaffinität des Halbleiters,
W_g — Bandabstand des Halbleiters,
Φ_F — Fermi-Potential ((s. Gl. 17))

Für verschwindende Grenzflächenladung Q'_{ss} erhält man beispielsweise mit Al bzw. Au als Gatemetall Diagramme gemäß Bild 5a (n-Si) und 5b (p-Si), während die Dotierungsabhängigkeit von Φ_{MS} aus Bild 5c hervorgeht.
An Stelle der Gl. (1) hat man dann:

$$U_G - U_I - \psi_S = \Phi_{MS}\,, \tag{11}$$

d. h. im Flachbandfall ($\psi_S = U_I = 0$)

$$\Delta U_{FB,\,MS} = \Phi_{MS}\,. \tag{12}$$

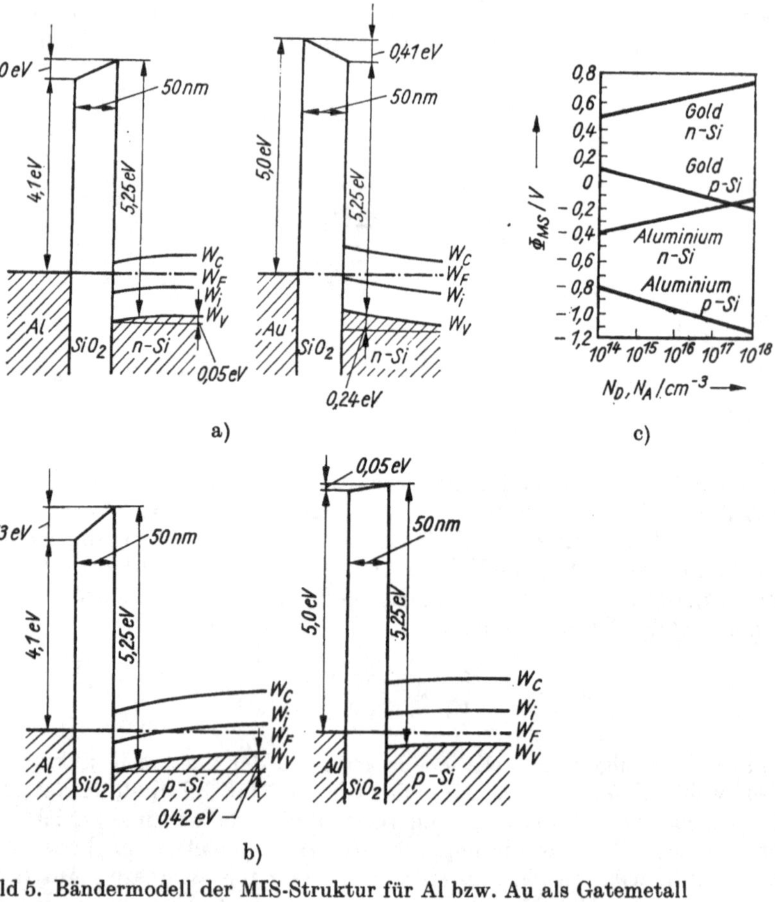

Bild 5. Bändermodell der MIS-Struktur für Al bzw. Au als Gatemetall

a) für n-Si ($N_D = 10^{16}$ cm^{-3}),
b) für p-Si ($N_A = 10^{16}$ cm^{-3})
c) Austrittsarbeitsdifferenz Φ_{MS} als Funktion der Dotandenkonzentration, nach [7]

2.2.3. Feste Oxidladungen

In der Natur sind die einleitend in Abschn. 2 angegebenen Voraussetzungen des idealen Dielektrikums nicht erfüllt. Eine für die MIS-Technik außerordentlich bedeutungsvolle Abweichung von diesen besteht in der Existenz fester Isolatorladungen, für oxidische Dielektrika, Oxidladungen genannt. Diese influenzieren Ladungen im Halbleitersubstrat, zusätzlich zu den in Bild 2 dargestellten. Wie sich mittels Lösung der Poisson-Gleichung für eine Raumladungsdichte $\varrho(x)$ in der Isolatorschicht der Dicke d ergibt, entsteht durch die Raumladung über der letzteren ein zusätzlicher Spannungsabfall U_{ox}, wobei, wenn der Nullpunkt in der Grenzfläche Metall-Isolator liegt,

$$U_{ox} \equiv \frac{Q'_{ox}}{C'_i} = \frac{1}{C'_i} \int_0^d \frac{x}{d} \varrho(x) \, \mathrm{d}x \,, \tag{13}$$

so daß sich eine Verschiebung der Flachbandspannung um

$$\Delta U_{FB,ox} = -\frac{Q'_{ox}}{C'_i} \tag{14}$$

ergibt. Am stärksten wirksam sind folglich Ladungsschichten unmittelbar in Nähe der Grenzfläche Isolator-Halbleiter. Es ist üblich, die invarianten Oberflächenladungen Q'_{ss0} und Q'_{ox} ,zumal sie die CU-Kennlinie im gleichen Sinne modifizieren, zu einer „effektiven Oxidladung" $Q'_{ox,\mathrm{eff}}$ zusammenzufassen, die wir im folgenden zur Vereinfachung wieder Q'_{ox} schreiben wollen. Die Einstellung der effektiven Oxidladung als einer der wichtigsten, die MIS-Struktur kennzeichnenden Bestimmungsgröße nimmt gegenwärtig einen breiten Raum der Verfahrensforschuung ein, da von ihr die Schwellspannung U_{Th} des MIS-Transistors maßgeblich beeinflußt wird.

Mit Gl. (6), (9), (12), (14), sowie mit der vereinbarten Schreibweise für die effektive Oxidladung erhält man die Flachbandspannung der MIS-Struktur im allgemeinen Fall

$$U_{FB} = \Phi_{MS} - \frac{Q'_{ox}}{C'_i}, \tag{15}$$

aus der die für den MIS-Transistor charakteristische Schwellspannung des p- und des n-Kanal-Transistors U_{Thp} bzw. U_{Thn} abzuleiten ist, welche die für den Eintritt starker Inversion and die Gateelektrode anzulegende Spannung angibt:

$$U_{Thp} = U_{FB} - 2|\Phi_F| - \frac{|Q'_s|}{C'_i} = \Phi_{MS} - 2|\Phi_F| - \frac{Q'_{ox} + |Q'_s|}{C'_i}, \tag{16a}$$

$$U_{Thn} = U_{FB} + 2|\Phi_F| + \frac{|Q'_s|}{C'_i} = \Phi_{MS} + 2|\Phi_F| - \frac{Q'_{ox} - |Q'_s|}{C'_i}. \tag{16b}$$

Dabei ist Φ_F das Fermi-Potential:

$$\Phi_F = \frac{W_F - W_{ib}}{e}, \tag{17}$$

Q'_s die Substratladungsdichte unter dem Eintritt von Inversion

$$Q'_s = (2e\varepsilon_s\varepsilon_0 \, |N_D - N_A| \cdot 2|\Phi_F|)^{1/2} \,, \tag{18}$$

die zusätzlich zu Q'_{ox} durch die Ladung auf der Gateelektrode zu kompensieren ist (vgl. z. B. [6]).
Es bezeichnen W_F die Fermi-Energie, W_{ib} die Energie der Mitte der Bandlücke im Halbleitervolumen, N_D die Donator-, sowie N_A die Akzeptorkonzentration.
Die Gln. (16a, b) machen die äquivalente Bedeutung der effektiven Oxidladungs- und Substratladungsdichte für die Einstellung der Schwellspannung sichtbar.
Daraus resultieren zahlreiche Bemühungen, die physikalische Ursache der Oxidladungen und ihre Abhängigkeit von den Parametern der MIS-Struktur sowie den die Herstellung kennzeichnenden Größen zu analysieren. Die meisten Ergebnisse liegen am System Si–SiO_2 mit positiven Oxidladungen vor, jedoch werden auch Materialien wie Si_3N_4 und Al_2O_3 in bestimmtem Umfang interessant, letzteres wegen seiner negativen Oxidladungen [7]. Die Möglichkeit, zu Schwellspannungen beiderlei Vorzeichens über eine Einstellung der Oxidladungsdichte zu gelangen, ist durch die Kombination verschiedener Isolatormaterialien gegeben. Eine zweite Möglichkeit bildet die Steuerung der Schwellspannung durch die Substrat-Dotandenkonzentration mit Hilfe der Ionenimplantationsmethode. In jedem Falle sind die Ursachen der Oxidladungen für die MIS-Technologie von außerordentlich großer Bedeutung, und sei es nur, um ihre Flächendichte auf hinreichend kleine Werte zu begrenzen.
Die Theorien zur Oxidladung am System Si–SiO_2 lassen sich gegenwärtig folgenderweise gliedern:

a) Modell der Gleichgewichtseinstellung im Felde der Austrittsarbeitsdifferenz Isolator-Halbleiter [8], [9].
Die Oxidladungen rühren von Störstellen her, die sich bei der Oxydations- bzw. Abscheidungstemperatur, sofern diese hoch genug ist, im Felde der zwischen der Isolatorschicht und dem Halbleiter bestehenden Austrittsarbeitsdifferenz Φ_{IS} als bewegliche Träger dem thermodynamischen Gleichgewicht entsprechend verteilen.
Bei der Abkühlung wird diese Verteilung eingefroren.
Unter der Voraussetzung eines Überschusses an Störstellen und der Nichtneutralisierung an der Grenzfläche Isolator-Halbleiter gelingt es mit diesem Modell, eine beachtliche Zahl von beobachteten Abhängigkeiten der effektiven Oxidladungsdichte zwanglos zu erklären, so z. B. diejenigen von der Oxiddicke d, der Wachstumsrate und -temperatur, der Abkühlungsgeschwindigkeit, der Substratdotandenkonzentration und der Kristallorientierung. Bild 6a zeigt für Si–SiO_2 die Ergebnisse für Q'_{ox} als Funktion von Φ_{IS} für zwei Werte der auf der äußeren Oxidoberfläche lokalisierten Flächenladungsdichte Q'_{ext}, Bild 6b die Abhängigkeiten von der Oxiddicke d nach verschiedenen Autoren, verglichen mit dem durch das Modell gelieferten $d^{-1/2}$-Gesetz. Die Unterschiede in den Absolutwerten zwischen verschiedenen Autoren sind nach den Vorstellungen dieses Modells auf die verschiedene Lage der Fermi-Kante im Oxid beim Wachstum zurückzuführen, für die unterschiedliche Eigenfehlordnungen eine Rolle spielen sollten.

b) Fehlordnungsmodell [10].
Ausgehend von der bei ultrareiner Prozeßführung realisierbar erscheinenden hochgradigen Perfektion der Grenzfläche Si–SiO_2, die man auf die relativ große Freiheit der Atomlagen im nichtkristallinen Oxid und die mögliche Absättigung der nichtabgesättigten Valenzen („dangling bonds") der Si-Oberfläche zurückführen kann, wurde insbesondere der Einfluß der Oxydationsbedingungen einschließlich der nachfolgenden Temperung auf die Fehlordnung der Phasen-

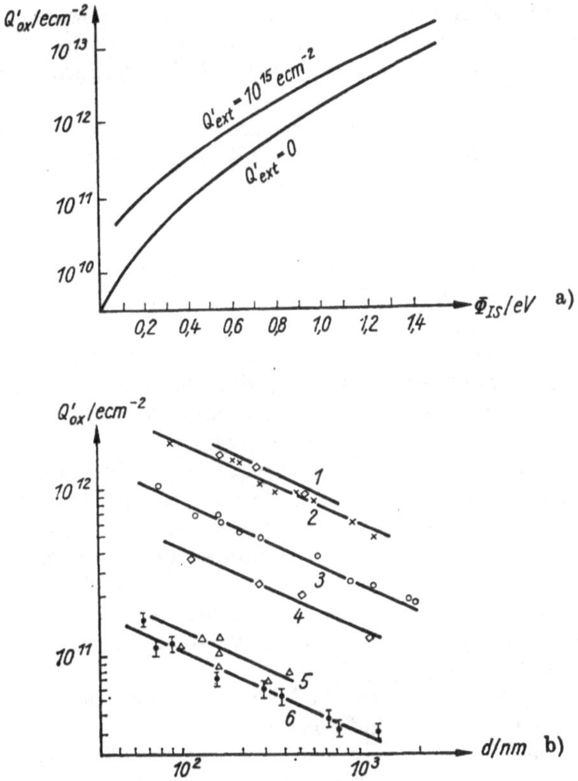

Bild 6. Effektive Oxidladungsdichte Q'_{ox}

a) als Funktion von Φ_{IS} für zwei Werte der Flächenladung auf der äußeren Oxidoberfläche Q'_{ext} [8],

b) als Funktion der Schichtdicke d der SiO_2-Schicht.

Experimentelle Ergebnisse verschiedener Autoren, verglichen mit dem vom Modell nach [8] gelieferten $d^{-1/2}$-Gesetz:

Kurve *1*: $T_{ox} = 1145$ °C, O_2 trocken [121]
Kurve *2*: $T_{ox} = 1100$ °C, O_2 trocken [11]
Kurve *3*: $T_{ox} = 1100$ °C, O_2 feucht, schnelle Abkühlung [8]
Kurve *4*: Temperung bei 450 °C, N_2 feucht [122]
Kurve *5*: $T_{ox} = 1100$ °C, O_2 trocken, sehr schnelle Abkülhung [123]
Kurve *6*: Temperung bei 250 °C, Luft [9]

grenzfläche untersucht. Da hierbei zunächst ein Ansteigen der effektiven Oxidladungsdichte mit der Oxydationsrate gefunden wurde, ordnete man diesen variablen Anteil Zuständen an der Phasengrenzfläche zu. Später zeigte sich indessen, daß die beobachtete Abhängigkeit bei auf gleiche Oxiddicke bezogenen Messungen nicht vorhanden war [11], [8], sondern auf einer hyperbolischen Abnahme der Ladungsdichte mit zunehmender Oxiddicke beruht.

c) Die Sauerstoffkonzentration nimmt, bedingt durch den Oxydationsprozeß über die Tiefe der SiO_2-Schicht, gemessen von der Si–SiO_2-Grenzfläche aus, zu. Für die Oxidladung werden entweder die 3 wertigen Si-Ionen oder die Sauerstoffleerstellen in einer etwa 20 nm tiefen Zone verantwortlich gemacht [12]. Dieses Modell ignoriert Effekte wie die Gewinnung „ladungsfreier“ Oxide unter ultrareinen Bedingungen [10] und den Alterungseinfluß der Quarzrohre des Oxydationsofens [13].

d) Von entscheidender Bedeutung soll nach einem weiteren Modell von *Kooi* [14] die Dichte gewisser Na-haltiger Komplexe (z. B. $Si^{4+}O^{2-}Na^{+}Si^{3+}$) sein, die sich in Abhängigkeit von der im Oxid vorhandenen Na-Menge in der Nähe der Grenzfläche Si–SiO_2 während der Oxydation bilden und als Donatoren wirken.
Die Existenz derartiger Komplexe beruht auf der Diffusion von Na-Kationen (in Verbindung mit negativen Sauerstoffionen) während der Oxydation bis zur Si-Grenzfläche, ihrer Reduktion und nachfolgender Rückdiffusion an die Oxidoberfläche oder in das Silizium hinein.
Neben der Bestimmung der Na-Verteilung in SiO_2 [15], [16] wurde in Übereinstimmung mit diesem Modell eine Erhöhung der Oxidladung bei gezielter Na-Verunreinigung beobachtet [17]. Die Raumladungsverteilung im Oxid [18] stimmt ebenfalls qualitativ mit den Erwartungen überein. Bedingt durch die mit zunehmender Oxiddicke abnehmende Oxydationsrate nimmt auch die Rate des durch die Na-Verunreinigung bestimmten komplexbildenden Prozesses ab, so daß die Oxidladungsdichte mit zunehmender Dicke abnehmen muß. Die Rateabhängigkeit steht allerdings im Gegensatz zu den oben mitgeteilten Erfahrungen [11]. Ferner konnten bei fast ladungsfreien Oxiden hohe Na-Gehalte festgestellt werden [10], und umgekehrt gibt es Hinweise, daß auch bei Vorhandensein hoher Oxidladungen nicht unbedingt starke Na-Verunreinigungen nachweisbar waren [12], [19], [20].
Andere Untersuchungen haben zum Nachweis eines gewissen Einflusses von Wasserstoff [21], [22] auf die Oxidladungsdichte geführt.

e) Ein linearer Zusammenhang zwischen der Oxidladungsdichte sowie der mechanischen Spannung auf der einen Seite, der Oxydationstemperatur auf der anderen Seite führte *Lane* [23] zu der Vermutung, daß die Oxidladung im kausalen Zusammenhang zur mechanischen Spannung stehen könnte. Nach unterschiedlichen Ergebnissen anderer Autoren [24], [25] wurde jedoch von *Brotherton* et al. [26] ein schlüssiger Beweis dafür geliefert, daß ein ursächlicher Zusammenhang der erwarteten Art nicht existiert. Bild 7 enthält die berechnete Span-

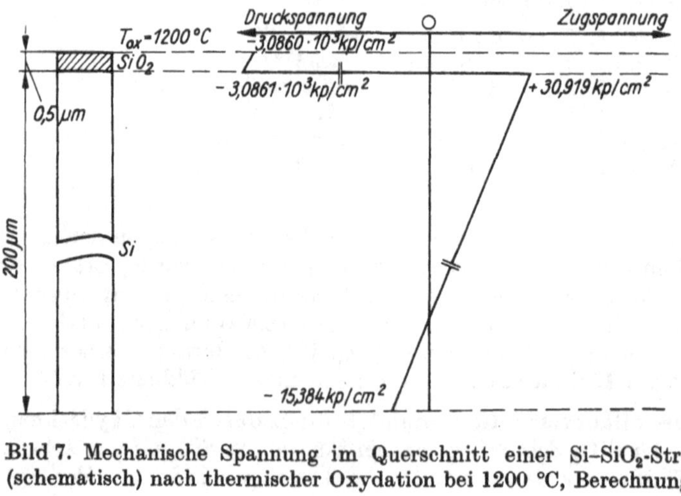

Bild 7. Mechanische Spannung im Querschnitt einer Si–SiO_2-Struktur (schematisch) nach thermischer Oxydation bei 1200 °C, Berechnung nach [26]

nungsverteilung über den Querschnitt einer (111)-Si-SiO_2-Anordnung für bestimmte Dicken und bei einer Oxydationstemperatur von 1200 °C. Die durch Röntgenstrahlgoniometrie für verschiedene Dicken und Oxydationstemperaturen gemessenen Spannungen lieferten die theoretisch zu erwartende Proportionalität zur Oxiddicke, aber etwas kleinere Werte [26]. Die Oxidladungsdichte zeigte nun in Abhängigkeit von der Dicke des benutzten Si-Substrates zwischen 0,2 und 2 mm keine Veränderung, obwohl die mechanische Spannung an der Si-Oberfläche etwa um den Faktor 10 variierte. Ähnliche Ergebnisse wurden hinsichtlich der Abhängigkeit von der Oxiddicke erhalten [26].

In jüngster Zeit wurden Einflüsse räumlich inhomogener Oxidladungsverteilungen auf die *CU*-Kennlinie untersucht [27], [28].

2.2.4. Grenzflächenzustände

Als Grenzflächenzustände (GFZ) im ursprünglichen Sinne sind alle an der Phasengrenzfläche Halbleiter-Isolator lokalisierten Elektronenzustände zu verstehen, gleichgültig, ob sie mit den Zuständen des Halbleitervolumens in energetischer Wechselwirkung stehen, d. h. eine Umladung erfahren können, oder nicht. Infolge der mehrere Atomlagen betragenden Tiefe der Zone, die eine spezielle „interface"-Struktur, abweichend von den Volumeneigenschaften des Halbleiters bzw. der Oxidschicht, aufweist, wurden früher „schnelle" und „langsame" Oberflächenzustände unterschieden, da einige Atomlagen tief in der Oxidschicht befindliche Zustände eine wesentlich längere Zeit für die Umladung benötigen, als die in der Grenzfläche Halbleiter-Isolator selbst lokalisierten Zustände [5].
Obwohl physikalisch eine strenge Abgrenzung zwischen den langsamen Grenzflächenzuständen und den festen Oxidladungen im Grunde nicht möglich ist, bewährt es sich im Hinblick auf Bauelementeeigenschaften, die letzeren von den GFZ deutlich zu unterscheiden. Wie wir in Abschnitt 2.2.3. dargelegt haben, bestimmen feste Oxidladungen die statischen Kenngrößen der MIS-Bauelemente über die Schwellspannung. Dagegen sind die GFZ für die Stabilität („langsame" GFZ) sowie für das dynamische Verhalten („schnelle" GFZ) verantwortlich, wobei hier prinzipiell ein kontinuierlicher Übergang möglich ist.
Für brauchbare MIS-Bauelemente müssen die Zustandsdichten der „langsamen" GFZ praktisch eliminiert werden, was durch die thermische Oxydation des Si generell erreicht werden kann. Eine der wichtigsten Voraussetzungen für die Entwicklung der bipolaren Festkörperschaltkreise war jedoch durch die Entdeckung geschaffen worden, daß sich am System Si-SiO_2 auch die schnellen GFZ auf eine Zustandsdichte von 10^{11} cm^{-2} und darunter gegenüber der Oberflächenzustandsdichte (OFZ) reiner Si-Oberflächen von etwa 10^{15} cm^{-2} reduzieren lassen [29], [5].
Generell lassen sich ferner die auf periodischen Kristalloberflächen einschließlich einer geordneten Adsorptionsschicht vorzufindenden nichtlokalisierten OFZ von den durch Störungen der Periodizität hervorgerufenen lokalisierten OFZ unterscheiden [30].
Die Natur und die Herkunft der GFZ konnte bisher nur zum Teil durch die festkörperphysikalische Berechnung der Elektronenstruktur der zweidimensionalen Oberfläche, besonders aber durch eine Vielzahl experimenteller Untersuchungen aufgeklärt werden, so daß in bezug auf den Einfluß besonders wichtiger technologischer Parameter des Oxidwachstums an Si-Oberflächen eine qualitative Übersicht über die energetische Lage und Zustandsdichte besteht [31]. Die Entwicklung

ist indessen so stark im Fluß, daß sich im Laufe der Zeit immer detailliertere Ergebnisse erwarten lassen, die für die Anwendung in der Entwicklung und Technologie der MIS-Bauelemente von nicht geringer werdender Bedeutung sind. Zur Unterscheidung der verschiedenen Entstehungsursachen ist folgendes zu beachten:

Ebenso wie die durch *Tamm* und *Shockley* quantenmechanisch errechneten OFZ der atomar reinen Kristalloberfläche [5] müssen auch GFZ als Folge der Störung des sonst symmetrischen Kristalls entstehen. Diese befinden sich als lokalisierte Zustände im allgemeinen in Energiebereichen, denen im Kristallvolumen keine nichtlokalisierten Zustände zugeordnet werden, d. h. im verbotenen Band.

Die Berechnung der GFZ-Verteilung ist bis in die Gegenwart ein durch das unvollkommene Verständnis der Natur der GFZ wesentlich erschwertes Problem. So konnten auch bereits die früher vermuteten Zusammenhänge zwischen den dangling bonds und den OFZ [32] erst allmählich herausgearbeitet werden [14], [33], [35], hinsichtlich der GFZ werden sie bisweilen in Frage gestellt [34].

In energetischer Hinsicht ist für das ungepaarte Elektron eines dangling bond zum Übergang in das Leitband des Kristalls ein geringerer Energieaufwand als für ein normales Valenzelektron erforderlich. Dadurch ist der entsprechende Zustand als lokalisiertes Donatorniveau wirksam. Andererseits kann auch die Aufnahme eines Elektrons aus dem Leitband unter Freisetzung des der Elektronenaffinität äquivalenten Energiebetrages erfolgen, was einer Akzeptorwirkung entspricht. Experimentelle Untersuchungen [36] ergaben in der Tat zwei nahezu symmetrisch zur Mitte der Bandlücke liegende Verteilungsmaxima von GFZ an der Grenzfläche Si-SiO_2 (Bild 8), während unter anderen Präparationsbedingungen teilweise stärkere Abweichungen von der Symmetrie auftraten [37]. *Flietner* [38] berechnete die

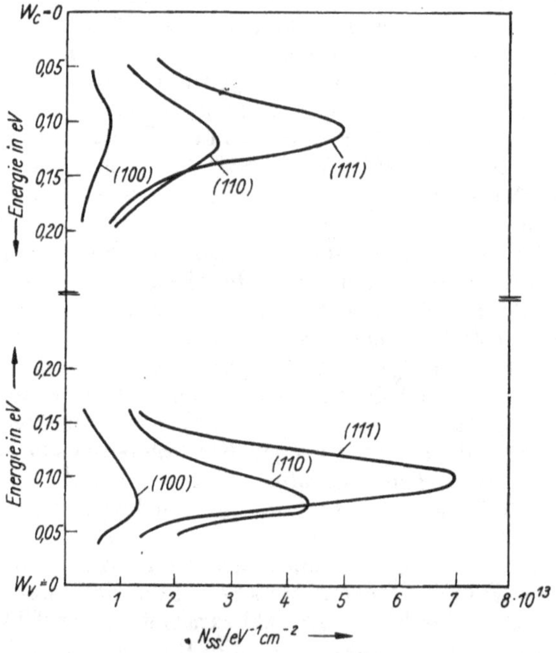

Bild 8. Grenzflächenzustandsdichte N'_{ss} einer Si–SiO_2-Struktur nach [36]. Oxydation in O_2 + 80 ppm H_2O bei 1000 °C

Dispersionsbeziehung $W(k)$ in der verbotenen Zone, d. h. für k-Werte mit Imaginärteil, durch analytische Fortsetzung aus den, reellen k-Werten entsprechenden, Bändern eines eindimensionalen Zweibändermodells mit gleichen effektiven Massen und erhielt einen zur Mitte der Bandlücke symmetrischen $W(k)$-Verlauf, der durch ungleiche effektive Massen ebenfalls eine Unsymmetrie annimmt. Die stärkste Lokalisierung besitzt die Wellenfunktion in der Mitte der Bandlücke mit etwa 12 ··· 17 Gitterperioden. Daraus folgt, daß für GFZ-Dichten von weniger als etwa 10^{13} cm^{-2} keine merkliche Überlappung der Zentren auftritt [38]. Weiterhin ergibt sich daraus nach *Flietner* [35] bei Annahme einer konstanten Zustandsdichte im dreidimensionalen Raum imaginärer Wellenzahlen ein in Bild 9 dargestellter Zu-

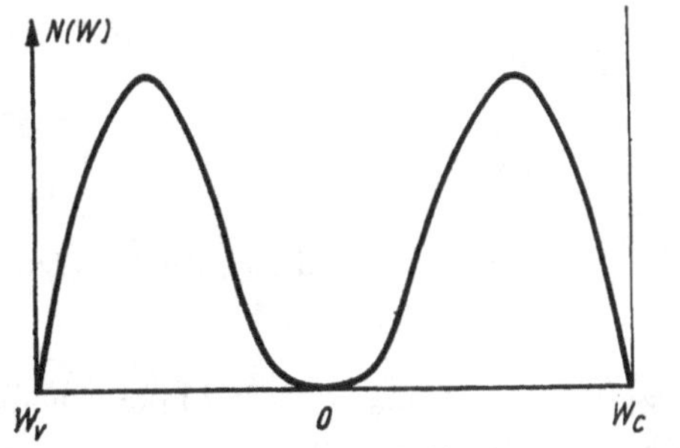

Bild 9. Zustandsdichte $D(W)$ im dreidimensionalen Raum imaginärer Wellenzahlen nach [35]

standsdichteverlauf $D(W)$, der für den erwähnten symmetrischen Fall Maxima im Abstand von 0,58 W_g besitzt. Durch starke Schwankungen des Oberflächenpotentials oder starke Streuung der Randbedingungen, wie sie am ausgeprägtesten in amorphen Systemen auftreten, kann es nach *Flietner* [35] zu derartigen Auffächerungen der Zustände im Raum der imaginären Wellenzahlen über einen bestimmten Bereich kommen. Abweichungen von dem berechneten Verlauf werden durch unterschiedliche effektive Massen im Valenz- und Leitband, durch Anisotropie der Dispersionsbeziehung $W(k)$ sowie bei indirekten Halbleitern durch den Einfluß weiterer Bänder hervorgerufen. Die GFZ sind nach dieser Theorie im wesentlichen intrinsike Eigenschaften des Systems, z. B. Si–SiO_2, ebenso wie dies für die OFZ der reinen Halbleiteroberfläche der Fall ist.

Nach einer anderen Theorie mit eindimensionalem Modell der Oxidschicht [39], [40] muß sich ein OFZ-Energieniveau der reinen Si-Oberfläche mit zunehmender Oxiddicke aus dem verbotenen Band heraus in das Valenzband verschieben und daher von einer kritischen Dicke an nicht mehr in Erscheinung treten. Diese Theorie, die für SiO_2 lediglich die Existenz einer Bandlücke vom Bindungstyp voraussetzt, ist nur sehr roh mit der experimentell gesicherten Erkenntnis in Übereinstimmung, nach der die thermische Oxydation des Si zu einer starken Herabsetzung der Zustandsdichte der OFZ reiner Si-Oberflächen führt.

Ein völlig anderer Ausgangspunkt für die Erklärung des Ursprungs von GFZ in MIS-Anordnungen ist nach *Goetzberger* et al. [41] in dem Zusammenhang mit geladenen Zentren in der Oxidschicht gegeben. Bild 10 veranschaulicht dieses Modell. Coulomb-Zentren, die sich innerhalb eines bestimmten Abstandes D von der Halbleiter-Isolator-Grenzfläche befinden, verursachen einen lokalisierten GFZ, der nach einem modifizierten Wasserstoffatommodell mit der Näherung der effektiven Masse (m^*) für flache Zustände eine Ionisierungsenergie

$$W_{\mathrm{GFZ}} = \left(\frac{2\varepsilon_s}{\varepsilon_i + \varepsilon_s}\right)^2 Z^2 \frac{m^*}{m_e} W_H \tag{19}$$

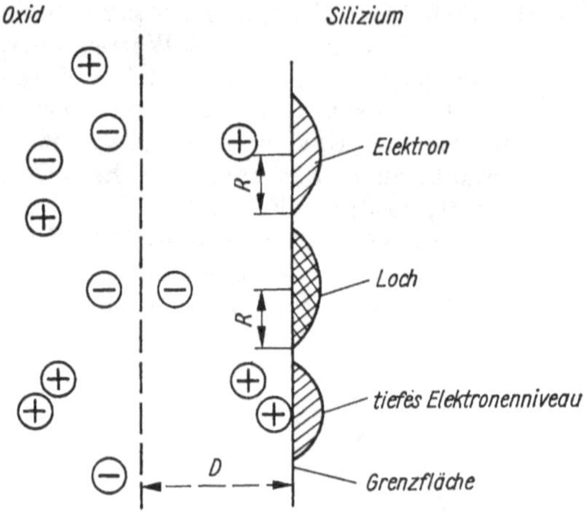

Bild 10. Modell der Korrelation zwischen GFZ und Coulomb-Zentren im Oxid nach [41]

besitzt. (W_H — Ionisierungsenergie des H-Atoms, Z — Zahl der Elementarladungen pro Zentrum.) Positive Coulomb-Zentren führen zu Zuständen wenig unterhalb der Leitbandunterkante, negative zu solchen wenig oberhalb der Valenzbandoberkante des Halbleiters. Mehrfach geladene Zentren liefern nach der Mitte der Bandlücke hin verschobene GFZ-Niveaus.
Neben der qualitativen Übereinstimmung mit den experimentellen Ergebnissen am System Si–SiO_2 (Bild 8) vermag diese Theorie die Erfahrungen zu interpretieren, nach denen

a) die Reduktion der Oxidladungen in ionenfreien Oxiden durch Temperung auch eine Reduktion der GFZ-Dichte bewirkt,
b) durch ionisierende Strahlung sowohl Oxidladungen als auch GFZ erzeugt werden und
c) Einbau von Elektronen oder von Löchern in das Oxid, verursacht durch den Effekt der Oberflächenlawinenerzeugung, zu proportionaler Erhöhung der Oxidladungs- wie der GFZ-Dichte führt [41].

Die Berücksichtigung der Bildkraft würde nach *Tefft* [42] W_{GFZ} allerdings auf so kleine Werte reduzieren, daß ihre Zuordnung zu den experimentellen GFZ-Spektren in Frage gestellt ist. Darüberhinaus scheinen experimentell ermittelte Korrelationen [23] zwischen der GFZ-Dichte und der mechanischen Druckspannung im thermischen SiO_2 auf Si in Abhängigkeit von der Oxydationstemperatur auf eine Mitwirkung der Leerstellenkonzentration auf die Bildung von GFZ hinzudeuten. Jedoch ergibt sich bisher keine quantitative Übereinstimmung mit der Theorie im Rahmen sinnvoller Annahmen über Bildungsenthalpie und den Abbaumechanismus infolge Druckspannung.
Von nicht geringem Interesse ist die durch *Goetzberger* et al. [43] an verschiedenartig präparierten MOS-Strukturen nachgewiesene Erzeugung neuer GFZ durch negativen Spannungs-Temperatur-Streß bei etwa $10^6 \frac{V}{cm}$ und 300 °C. Dabei entstehen proportional zu der Streßspannung und dem Logarithmus der Streßzeit GFZ, die in der unteren Hälfte der Bandlücke ein mehr oder weniger ausgeprägtes Ver-

teilungsmaximum zeigen. Mit Hilfe dieser Methode läßt sich ein sehr subtiles Verfahren zur Beurteilung der Stabilität von MIS-Strukturen begründen. Der genaue Mechanismus der Bildung von GFZ unter kombinierten Temperatur-Spannungs-Belastungen ist noch nicht geklärt.

2.2.5. Bewegliche Ionen, Polarisation

2.2.5.1. Bewegliche Ionen

In den ersten Jahren der Entwicklung der MIS-Technik spielte die Instabilität der Halbleiterraumladungsrandschicht, charakterisiert etwa durch die Flachbandspannung, eine sehr entscheidende Rolle, zumal sich das wegen seiner günstigen Eigenschaften der Halbleiter-Isolator-Grenzfläche prädestinierte thermische SiO_2 bei gegebenen Verunreinigungen als Ionenleiter verhält [17].
Die Verknüpfung von speziellen Analysentechniken mit Messungen an MIS-Strukturen gestattete es, die wichtigsten schnell driftenden Ionenarten zu identifizieren. Die bedeutendsten dieser Methoden sind der sogenannte Spannungs-Temperatur-Streß [44], [17], bei dem die Veränderung der Flachbandspannung nach kombiniertem Einwirken eines äußeren elektrischen Driftfeldes (10^6 V/cm) und einer erhöhten Temperatur (300 °C) bestimmt wird sowie die direkte Registrierung des Ionenstromes bei erhöhter Temperatur unter dem Einfluß einer Dreieckspannung [45]. Die Beeinflussung der Halbleiterraumladungszone erfolgt, hervorgerufen durch eine Raumladung beweglicher Ionen, entsprechend Gl. (13) und (14), wobei jedoch infolge der Driftbewegung der Ionen ein zeitliches Driften der Flachbandspannung entsteht. So werden positive Ionen bei positiver Streßspannung am Gate an die Halbleiter-Isolator-Phasengrenzfläche driften und, falls dort keine Neutralisation möglich ist, eine negative Verschiebung der Flachbandspannung ($\Delta U_{FB} < 0$) verursachen. (Auf einen anderen Mechanismus, der bei negativer Streßspannung beobachtet wird, kommen wir in Abschn. 2.2.6. zurück.) In derartigen Untersuchungen wurden unter Streßbedingungen auf beabsichtigt inkorporierte Na-Verunreinigungen zurückführbare ΔU_{FB}-Verschiebungen nachgewiesen [17] und erstere durch Tracertechnik unmittelbar als schnell bewegliche Kationen identifiziert [15], [16].
Die übergehende Ionenladung hat einen typischen Verlauf gemäß Bild 11, wenn anfangs eine positive, anschließend eine negative Streßspannung angelegt wird

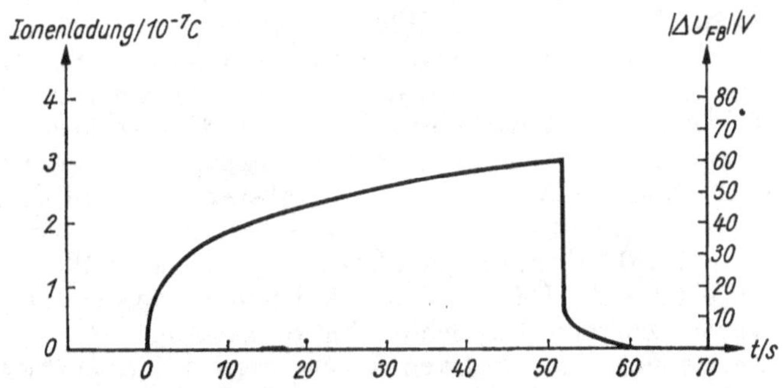

Bild 11. Bewegte Ionenladung in thermischem SiO_2 auf Si bei zunächst positivem Spannungs-Temperatur-Streß $\left(5 \cdot 10^5 \frac{V}{cm}, 100\ °C\right)$ und anschließendem negativen Streß nach [46]

[46]. Zur Deutung dieses Verlaufes ist neben einem elektrostatischen Ladungsmodell [17] von *Hofstein* [47] die Existenz von Ionenhaftstellen in Nachbarschaft der Phasengrenzfläche postuliert worden. Die geschwindigkeitsbestimmende Emissionsrate ist vor allem durch die energetische Lage der Haftstellenniveaus und durch die Temperatur bestimmt, die Laufzeit durch die Feldstärke. Der schnellere Übergang bei negativem Streß deutet auf merklich flachere Haftstellen in Nähe der Halbleiter-Oxid-Grenzfläche hin, so daß der Driftvorgang geschwindigkeitsbestimmend werden kann.
Gegenüber Alkalimetallionen tritt die Rolle von wasserstoffhaltigen Ionen mit einer C–H-Bindung offensichtlich in den Hintergrund [48]. Auch die weniger schnell beweglichen Schwermetallionen werden in ihrem Beitrag zur Instabilität in erster Linie durch die Alkaliionen überdeckt [46].

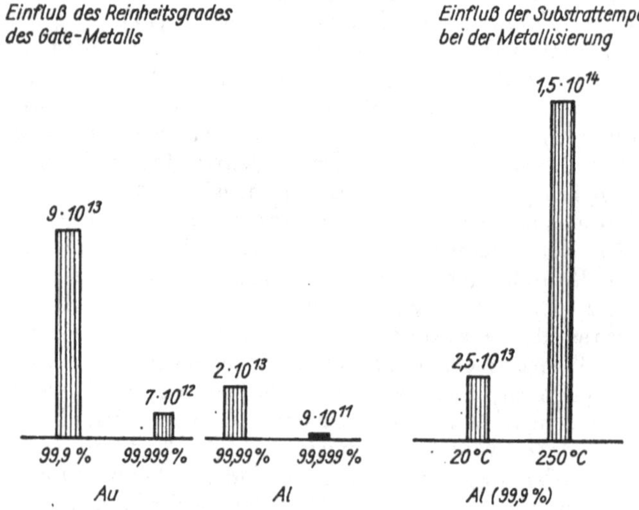

Bild 12. Einfluß verschiedener Gatemetalle und Substrattemperaturen bei deren Aufdampfung auf die übergehende Ionenmenge, nach [49]. Meßwerte in cm^{-2}

Die Beseitigung der ionenstrombedingten Instabilitäten machte es einerseits notwendig, die Reinheit der technologischen Einrichtungen und der Präparationsverfahren entscheidend zu verbessern. Bild 12 zeigt Ionenflächendichten, die bei der Gatemetallisierung mit Au und Al verschiedener Reinheit und Substrattemperatur anhand der Dreieckspannungsmethode bestimmt wurden [49]. Andererseits gelang es, die Ionendrift als Instabilitätsursache in MIS-Strukturen sehr stark einzuschränken bzw. praktisch zu eliminieren. Entweder wird hierzu eine als Na-Getter dienende Phosphorsilikatglasschicht als äußerer Abschluß der SiO_2-Gateisolation gebildet [50] oder zu anderen Isolatormaterialien mit verschwindender Ionenleitung wie Si_3N_4 [51] übergegangen, letzteres in solchen Fällen, in denen die geforderten Eigenschaften der MIS-Struktur die Verwendung eines Doppelschichtisolators mit einer thermischen SiO_2-Schicht auf Si gestatten [52].
Die Ladungsverschiebung der positiven Ionen unter positiver Streßspannung ohne Neutralisation an der Halbleiter-Isolator-Grenzfläche entspricht gemäß Bild 13 infolge der Influenzladungen der Entstehung eines Dipolmoments in der Isolatorschicht. Diese Erscheinung kann daher als „Grenzflächenpolarisation" bezeichnet werden [53]. In bestimmten abgeschiedenen Glasschichten ist dieser

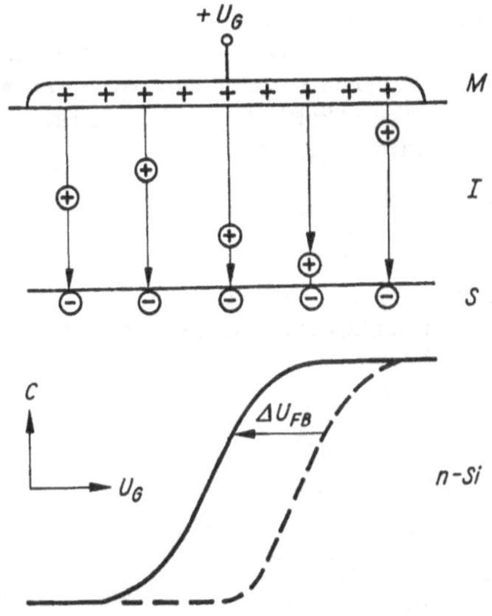

Bild 13.
Grenzflächenpolarisation infolge Ionenbewegung

Effekt im Gegensatz zu thermischem SiO_2 bei beiden Polaritäten der Streßspannung vorhanden [54]. Die Grenzflächenpolarisation wächst solange an, wie ein elektrisches Feld wirkt und verschiebbare Ladungsträger vorhanden sind.

2.2.5.2. Volumenpolarisation

In vielen dielektrischen Materialien, z. B. auch in Phosphorsilikatglas, findet man eine Volumenpolarisation, die sich in gleicher Weise als Hystereseeffekt auf die CU-Kennlinie auswirkt wie die Ionenbewegung [55], [56]. Da die Suszeptibilität polaritätsunabhängig ist, ergibt sich zwischen der Sättigungsverschiebung der Flachbandspannung $\Delta U_{FB,s}$ und der Streßspannung U_{st} in jedem Falle ein asymmetrischer Zusammenhang, wie er in Bild 14 dargestellt ist.

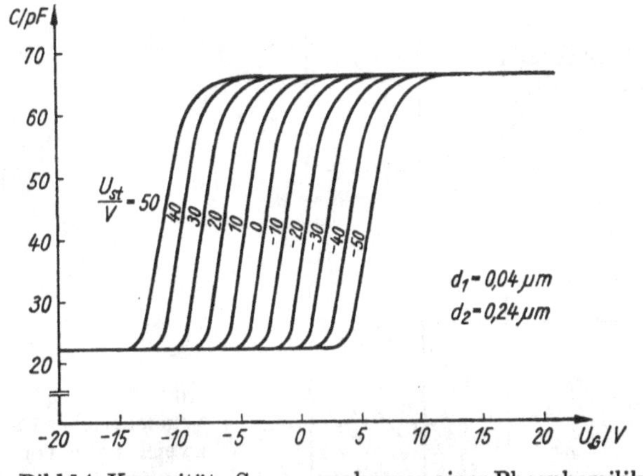

Bild 14. Kapazitäts-Spannungskurven einer Phosphorsilikatglas-SiO_2 (thermisch)-Si-Struktur nach jeweils bis zur Sättigungsverschiebung angelegter Streßspannung (als Parameter), nach [54]

Die Unterscheidung von Grenzflächen- und Volumenpolarisation setzt im allgemeinen Messungen von $\Delta U_{FB,s}$ an MIS-Strukturen mit doppelter Isolatorschicht voraus. Nach *Snow* et al. [55], [56] erhält man dann, wenn die Schichtfolge Bild 15 entspricht und nur der 2. Isolator (Dicke d_2, Dielektrizitätskonstante ε_2) Volumenpolarisation mit der Suszeptibilität χ_2 zeigt:

$$\Delta U_{FB,s} = -\frac{\varepsilon_1 d_2 \chi_2}{\varepsilon_2[(\varepsilon_2 + \chi_2)\, d_1 + \varepsilon_1 d_2]}\, U_{st}\,. \tag{20}$$

Bei Ionenleitung erhält man Ionenbewegung, solange eine endliche Feldstärke herrscht. Die Verschiebung der Flachbandspannung ergibt sich folglich aus Gl. (20)

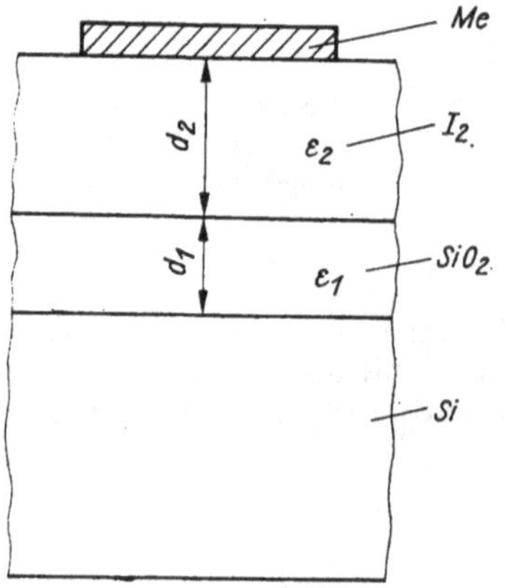

Bild 15. MIS-Struktur mit SiO_2-thermisch und einer Isolatorschicht mit Volumenpolarisation

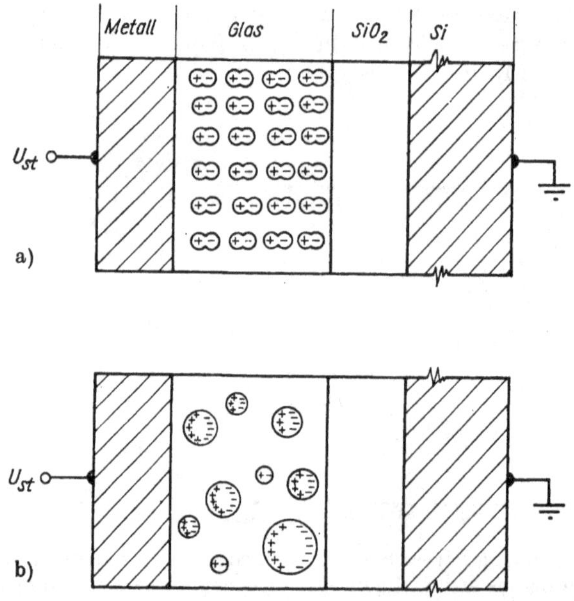

Bild 16.
Schematische Darstellung zweier Fälle von Volumenpolarisation
(vgl. hierzu Text), nach [54]

für $\chi_2 \to \infty$ zu

$$\Delta U_{FB,s} = -\frac{\varepsilon_1 d_2}{\varepsilon_2 d_1} U_{st} \,. \tag{21}$$

Hierbei werden gleichmäßig verteilte Ionen in der Schicht 2 vorausgesetzt.
Der Mechanismus der Volumenpolarisation ist nur mit Hilfe weitergehender Untersuchungen der Temperaturabhängigkeit und der Relaxationszeit zu analysieren. Bild 16 zeigt zwei Möglichkeiten,

a) die Einstellung permanenter Dipole im elektrischen Feld (Orientierungspolarisation),
b) Grenzflächenpolarisation, die auf der Ladungstrennung in eingeschlossenen leitfähigen Mikrobereichen innerhalb der dielektrischen Schicht beruht.

Sowohl die Ionenbewegung, als auch die Volumenpolarisation sind als störende Nebeneffekte in der MIS-Technik durch entsprechende technologische Maßnahmen oder Wahl geeigneter Materialkombinationen zu eliminieren.

2.2.6. Haftstellen im Gateisolator

Im allgemeinen weicht die dielektrische Gateisolatorschicht zusätzlich durch die Existenz von Haftstellen von einem idealen Dielektrikum ab. Sie können auf das Leitungsverhalten, die Durchbrucheigenschaften sowie auf die Stabilität der MIS-Anordnung von bedeutendem Einfluß sein. Darüberhinaus bestehen Bauelementekonzeptionen, bei denen die Speicherung von Ladungsträgern in der Isolatorschicht gezielt zur Informationsspeicherung ausgenutzt werden soll (Speicher-MIS-Feldeffekttransistor). Im letzteren Fall wird durch Übergang zu Doppelisolatorschichschichten mit einer hinreichend dünnen SiO_2-Zwischenschicht mit Vorteil eine Isolator-I—Isolator II-Phasengrenzfläche eingefügt, um eine örtlich konzentrierte und definierte Haftstellenkonzentration zu erzielen [57]. (MNOS z. B. [58]), Isolator II: Si_3N_4, MAOS z. B. [59] Isolator II: Al_2O_3). Im Mittelpunkt der Untersuchungen für dieses Anwendungsgebiet, auf das wir in dieser Einführung lediglich verweisen können, stehen die Transportvorgänge, die zum Einschreiben und Lesen der Information genutzt werden sowie diejenigen, die zum unbeabsichtigten Verlust der Speicherladung während der Speicherzeit führen.

Zur Kennzeichnung von Instabilitäten in normalen MIS-Strukturen dient die Verschiebung der CU-Kurve als Folge eines bereits bei Zimmertemperatur angewandten Vorspannungs-Stresses. Bild 17 zeigt den grundsätzlichen Prozeß, der in einer Injektion von Ladungsträgern über die Phasengrenzfläche und deren Einfang in Haftstellen besteht, die unweit der Phasengrenzfläche im Isolator lokalisiert sind. Infolge der durch Gl. (13) und (14) gekennzeichneten Influenzladungsdichte sind dabei nur Injektionen über die Halbleiter-Isolator-Grenzfläche relevant für die Änderung des Halbleiter-Oberflächenpotentials, d. h. für ein Driften der Flachbandspannung sowie der Schwellspannung von Transistoren. Wie man leicht bestätigt, hat ΔU_{FB} im Gegensatz zu den Effekten der Ionendrift und der Volumenpolarisation mit der Streßspannung gleichsinniges Vorzeichen.
Für das System Si-SiO_2 (thermisch) ist dieser Instabilitätseffekt, der, wie das Beispiel einer Si–Si_3N_4-Struktur (Bild 18) zeigt, für positive und negative Streßspannungen auftritt, nicht typisch. Er wurde demgegenüber meist an abgeschiedenen Isolatorschichten beobachtet und infolge des Fehlens der diesen Effekt überlagernden Ionenbewegung besonders am System Si–Si_3N_4 ausführlich studiert [60], [61], [62].

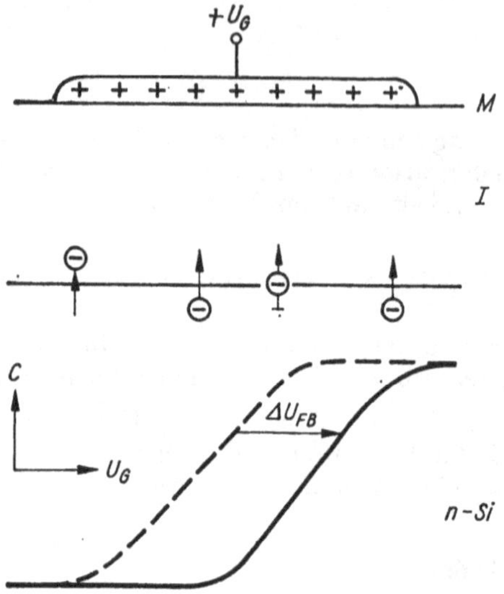

Bild 17. Verschiebung der *CU*-Kennlinie infolge Haftstelleneinfang an der Grenzfläche Isolator-Halbleiter

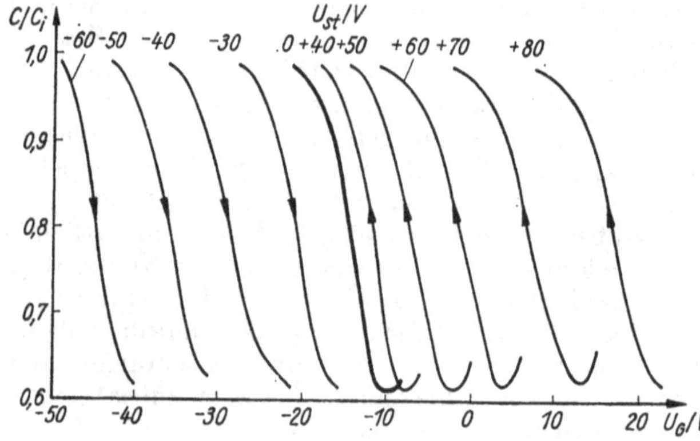

Bild 18. *CU*-Kurven bei Vorspannungs-Streß unter Zimmertemperatur an einer Metall-Si_3N_4-*p*-Si-Struktur als Beispiel für Haftstelleneinfang, nach [56]

Der Haftstelleneinfang setzt bei einer Nitriddicke von 200 nm bei etwa +40 bzw. −30 V ein. Beim zyklischen Durchlaufen der *CU*-Kurve ergibt sich eine breite Hysterese (Bild 19) der Flachbandspannung als Funktion der Streßspannung bei einem nur relativ geringen Einfluß der Streßtemperatur. Durch Einfügen einer etwa 100 nm dicken thermischen SiO_2-Schicht zwischen Silizium und Si_3N_4-Schicht verschwindet der Haftstelleneffekt, während er bei SiO_2-Schichtdicken von etwa 5 ··· 50 nm bei höheren Schwellwerten einsetzt.

Auf Grund der technisch bedeutungsvolleren MNOS-Struktur wurden in umfangreicherem Maße an der letzteren Untersuchungen der Transportprozesse vorgenommen [58], [64], [65].

Die experimentellen Ergebnisse hängen im Detail von den Herstellungsverfahren ab. Für Si_3N_4 aus chemischer Dampfabscheidung wurde für Zimmertemperatur ein Übergang von einem Transportmodell nach *Wallmark* und *Scott* [57], gültig für

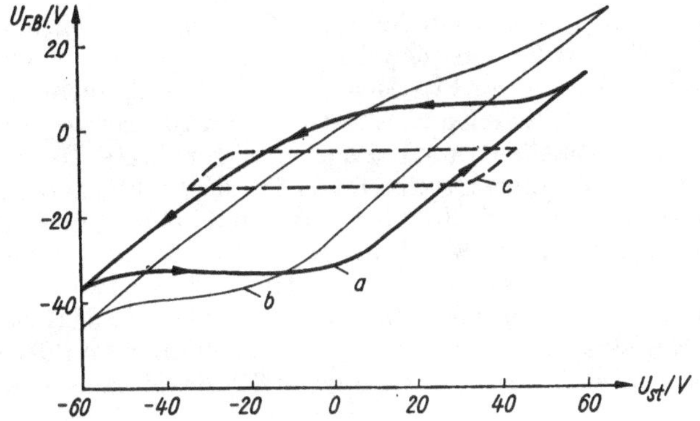

Bild 19. Hysterese der Flachbandspannung bei symmetrischer Durchsteuerung der Streßspannung U_{st} von
$a \pm 60$ V, 25 ··· 80 °C,
$b \pm 60$ V, 200 °C,
$c \pm 35$ V, 25 °C, nach [63]

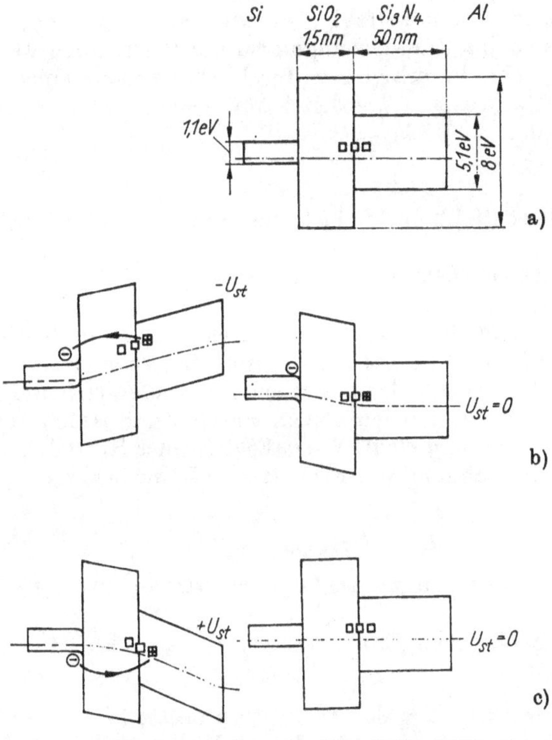

Bild 20. Bändermodell der Si–SiO_2–Si_3N_4–Al-Struktur

a) ohne Streßspannung,
b) während und nach Anlegen eines negativen Streßspannungsimpulses,
c) während und nach Anlegen eines positiven Streßspannungsimpulses, nach [57]

Oxidschichtdicken <3 nm zu einem Modell nach *Frohman-Bentchkowsky* [58] für Oxidschichtdicken >3 nm gefunden [64]. Im unteren Bereich der Oxidschichtdicke hat man danach bei positiver Streßspannung direkte Tunnelung von Elektronen aus dem Silizium in Haftstellen zu erwarten (Bild 20.) Bei negativer Streßspannung werden die Haftstellen durch umgekehrt gerichtete Durchtunnelung des Oxids wieder geleert. Die Einsatzspannungen für ΔU_{FB} differieren gerade um den Bandabstand des Si, da für die direkten Tunnelübergänge jeweils gerade die Zustände an der Kante des Si-Leit- bzw. Valenzbandes an den Haftstellen energiegleich sein müssen [64], [57]. Im oberen Bereich der Oxidschichtdicke ist dagegen das elektrische Feld in der Oxidschicht für die Umladung der Haftstellen maßgebend, so daß die Einsatzspannung für ΔU_{FB} stärker variiert und der Oxiddicke proportional ist. Der Strom wird durch Fowler-Nordheim-Emission begrenzt [64], [66].
Ähnliche Ergebnisse wurden am System Si–SiO_2–Al_2O_3 (MAOS) erzielt [67].
Auch für das System Si–SiO_2 (therm.) werden Instabilitäten beobachtet, die teilweise nicht auf Ionendrift und Volumenpolarisation zurückgeführt werden konnten. Die wichtigste dieser Erscheinungen ist der sog. „slow trapping effect", [68], [69], der ausschließlich auf negative Streßspannungen beschränkt ist. Der Effekt ist durch eine Kombination von geänderter Oxidladung (in der Richtung dem Haftstelleneffekt entsprechend) und einer Erhöhung der GFZ-Dichte charakterisiert und erfordert eine Streßtemperatur von 300 ··· 400 °C.
Ein weiterer langsamer Haftstelleneffekt [70] wird als Verschiebung der *CU*-Kurven bei der Abkühlung von Zimmertemperatur auf Werte um z. B. 77 K sichtbar, wobei der Betrag der Verschiebung durch Einwirkung eines Streßfeldes bei Zimmertemperatur stark erhöht werden kann. Dabei verhalten sich *n*- und *p*-Silizium sehr verschieden.

2.2.7. Effektive Beweglichkeit der Ladungsträger im Inversionskanal

2.2.7.1. Überblick über die theoretische Grundkonzeption[1])

Die theoretische Behandlung des Trägertransportes in der durch die Bandverbiegung $\psi(z)$ gekennzeichneten Oberflächen-Raumladungszone (RLZ) eines Halbleiters weist deutlich zwei verschiedene, zeitlich ineinandergreifende Abschnitte auf, die im folgenden umrissen werden sollen. Parallel zur Halbleiteroberfläche (Normale in z-Richtung) wirke ein elektrisches Feld E_x in x-Richtung.
Das Ziel besteht in der Berechnung einer effektiven Beweglichkeit μ_{eff}, definiert durch die Beziehung

$$I_n = Ne\mu_{n\,\text{eff}}E_x\,; \qquad I_p = Pe\mu_{p\,\text{eff}}E_x\,. \tag{22}$$

N, P – mittlere Elektronen- bzw. Löcherkonzentration pro cm^2 Halbleiteroberfläche
I_n, I_p – Strom der Elektronen bzw. Löcher, bezogen auf 1 cm Breite in y-Richtung.

Sie erweist sich für die Beschreibung der Transportprozesse in dünnen Halbleiterschichten als zweckmäßig, in denen die Mehrzahl der Ladungsträger an den Phasengrenzen gestreut wird. Zur Kennzeichnung dickerer Halbleiter definiert man

[1]) Eine Darstellung der Grundlagen der Theorie der Transportprozesse findet der Leser in den Monographien [5] und [74].

besser eine Oberflächenbeweglichkeit μ_s aus der Beziehung

$$\Delta G = e(\mu_{ns}\,\Delta N + \mu_{ps}\,\Delta P) \tag{23}$$

ΔG — Leitwertänderung (auch „Oberflächenleitfähigkeit" genannt) infolge Auftretens der Überschuß-Ladungsträger in der Oberflächen-RLZ

ΔN, ΔP — Überschußelektronen- bzw. -löcherzahl pro cm² Halbleiteroberfläche, d. h.

$$\Delta N = \int_0^d \bigl(n(z) - n_b\bigr)\,\mathrm{d}z\,; \qquad \Delta P = \int_0^d \bigl(p(z) - p_b\bigr)\,\mathrm{d}z\,, \tag{24}$$

n_b, p_b — Volumenkonzentration der Elektronen bzw. Löcher,

d — Dicke des Halbleiters.

a) In der älteren Theorie werden dimensionsbedingte Abweichungen des Trägertransportes („Size-Effekte") auf der Grundlage halbklassisch-kinetischer Überlegungen behandelt [71]. Hierbei wird die Natur des Streuprozseses der Ladungsträger an der Oberfläche durch eine solche Lösung der Boltzmannschen Transportgleichung für den stationären Fall ($\mathrm{d}f/\mathrm{d}t = 0$):

$$\left(\frac{\partial f}{\partial t}\right)_{\text{Stoß}} = \boldsymbol{v}\cdot\nabla_r f \mp e\boldsymbol{E}\cdot\nabla_p f\,, \tag{25}$$

$f(\boldsymbol{v}, \boldsymbol{r}, t)$-Verteilungsfunktion der Ladungsträger, charakterisiert, bei der die Stör-Verteilungsfunktion für den stationären Fall

$$f_1(\boldsymbol{v}, \boldsymbol{r}) = f(\boldsymbol{v}, \boldsymbol{r}) - f_0(\boldsymbol{v}, \boldsymbol{r}) \tag{26}$$

für diffuse Streuung an der Oberfläche der Bedingung

$$f_1(v_z)|_{z=0} = 0 \qquad \text{für} \qquad v_z > 0 \tag{27}$$

genügt im Vergleich zur spiegelnden Streuung, bei der

$$f_1(v_z)|_{z=0} = f_1(-v_z)|_{z=0}$$

zu setzen wäre.

Die Anwendung dieses Verfahrens auf Halbleiter mit einer Oberflächen-RLZ unter Benutzung der Relaxationszeit-Näherung

$$\left(\frac{\partial f}{\partial t}\right)_{\text{Stoß}} = -\frac{f - f_0}{\tau} \tag{28}$$

bei konstanter, d. h. energieunabhängiger Relaxationszeit τ und isotroper Bandstruktur erfolgte durch *Schrieffer* [72]. *Greene* et al. [73] führten die Diffusivität $\overline{p}$ als den Grad der diffusen Streuung als Verfeinerung in die Theorie ein. Mit $0 \leqq \overline{p} \leqq 1$ wird danach die Randbedingung für die Verteilungsfunktion statt Gl. (27):

$$f_1(v_z) = (1 - \overline{p})\,f_1(-v_z)\,. \tag{29}$$

Flietner [32] berechnete auf der Grundlage des geschilderten Verfahrens den Fall kleiner Bandverbiegungen, während *Pierret* und *Sah* [75] eine genaue Analyse der Feldstärke sowie die Betrachtung der Anisotropie der elliptischen Leitbandstruktur des Siliziums durchführten, wobei sich durch die letztere nur ein geringer Einfluß ergab. In einer neueren Arbeit von *Baccarini* und Mitarbeitern [76] wird die Theorie bis zum Entartungsfall erweitert, wobei für Temperaturen von 200…300 K bei hohen Feldstärken eine Abhängigkeit $\mu_{\text{eff}} \sim U^{-\alpha}T^{-\beta}$ ($\alpha = 0{,}64$; $\beta = 0{,}96 \cdots 1{,}6$) in guter Übereinstimmung zum Experiment gefunden wurde.

Eine Wiedergabe von Diagrammen auf Grund einer vereinfachenden Behandlung der Oberflächenbeweglichkeit von *Goldstein* und *Grover* findet sich in [5] und zwar sowohl für Anreicherungs- als auch für Inversionsrandschichten. Entscheidender Parameter ist dabei das Verhältnis λ/L_D, wobei λ die mittlere freie Weglänge, L_D die effektive Debye-Länge bedeuten. Bild 21 verdeutlicht den Zusammenhang. Je stärker in einer Anreicherungsrandschicht die Majoritäten, in einer Inversionsrandschicht die Minoritäten im Potentialwall der RLZ gebunden sind, um so geringer wird bei diffuser Reflexion die Oberflächenbeweglichkeit und zwar nach Maßgabe des Verhältnisses λ/L_D. Für $\lambda/L_D \approx 1$ wird der Beitrag der nicht gebundenen Träger in Nachbarschaft der Flachbandsituation merklich [73], der zu einer Erniedrigung der Oberflächenleitfähigkeit führt.

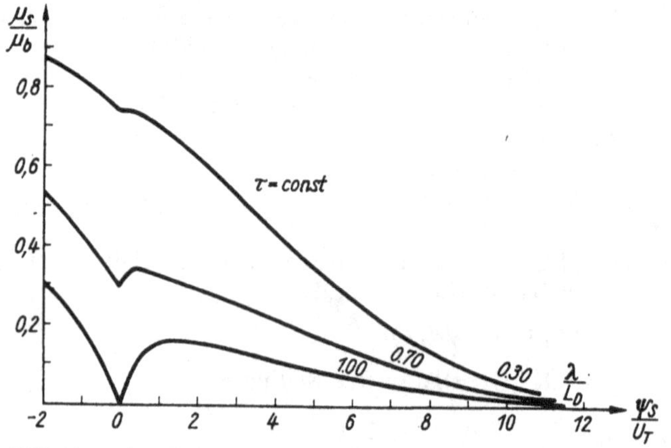

Bild 21. μ_s/μ_b als Funktion der normierten Bandverbiegung ψ_s/U_T mit λ/L_D als Parameter, $U_T = kT/e$, nach [77]

Die experimentellen Erfahrungen befinden sich nur in grober qualitativer Übereinstimmung mit dieser Theorie, während quantitativ Abweichungen verbleiben.
Genauere experimentelle Untersuchungen von *Leistiko* und Mitarbeitern [78] zeigten am System Si–SiO_2 (thermisch) eine bis zu Oberflächenfeldstärken von $1{,}5 \times 10^5$ V/cm konstante, für darüber hinaus wachsende Feldstärken langsam abnehmende Beweglichkeit der Träger in der Inversionszone und eine $T^{-3/2}$-Proportionalität für $T \approx -200° \cdots +200$ °C. Dagegen war der Einfluß der Substratdotierung im Bereich von $10^{15} \cdots 10^{16}$ cm^{-3} gering [78].
Bild 22 gibt den Vergleich derartiger Messungen mit der Theorie der diffusen Streuung wieder. Die effektive Beweglichkeit wird in Bild 22a relativ zur Volumenbeweglichkeit μ_b, in b jedoch relativ zur konstanten Beweglichkeit μ_0 bei niedrigen Feldstärken dargestellt.
Daraus ist nach *Leistiko* und Mitarbeitern [78] die Vorstellung herzuleiten, daß selbst bei Abwesenheit von diffuser Oberflächenstreuung etwa nur die Hälfte des Volumenwertes im Inversionskanal erreicht wird, was sie auf die gegenüber dem Volumenmaterial strukturgestörte grenzflächennahe Zone zurückführen. Nach Bild 22b wäre zu folgern, daß die Oberflächenstreuung selbst nur teilweise diffus erfolgt.
Ähnliche Ergebnisse erhielten *Pierret* und *Sah* [75]. Den Vergleich derselben mit der Theorie unter exakter Berechnung des Feldes zeigt Bild 23, in dem μ_{eff}/μ_b als Funktion des Oberflächenpotentials für p-Kanal-Anordnungen mit verschiedenen

Dotierungskonzentrationen dargestellt ist. Für große Bandverbiegungen werden größere, für kleine geringere effektive Beweglichkeiten als die theoretisch zu erwartenden gemessen. Die Abweichungen von der Theorie führen die Autoren auf die GFZ zurück, die im Betriebsbereich des Oberflächenpotentials des MOS-Transistors liegen, und deren Konzentration möglicherweise größer als die gemessene Konzentration der außerhalb dieses Bereiches liegenden GFZ sein kann.

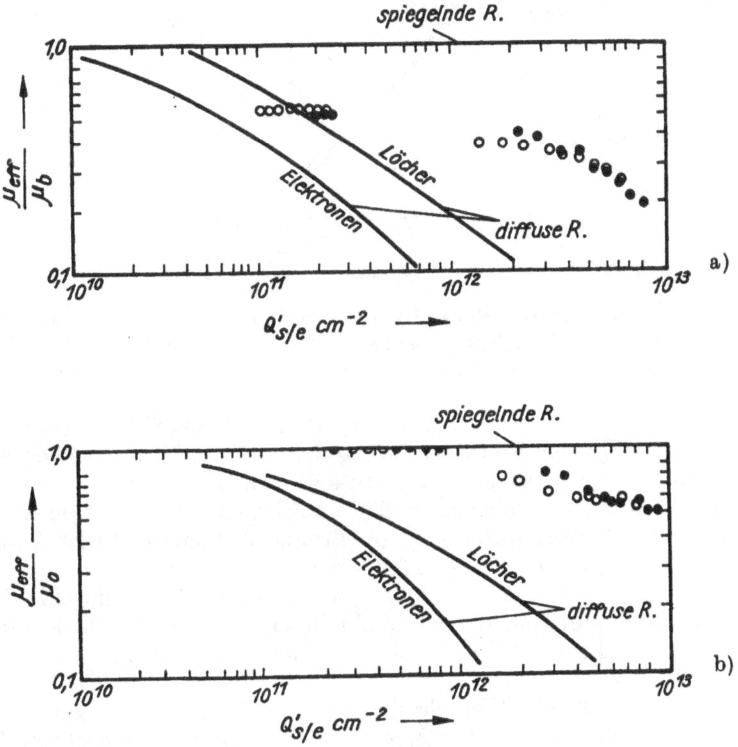

Bild 22. Vergleich zwischen experimentellen und nach der Theorie der diffusen Oberflächenstreuung berechneten Werten von

a) μ_{eff}/μ_b

b) μ_{eff}/μ_0 als Funktion der Substratladung Q'_s/e, nach [78]

(Vollkreise: Meßwerte für Elektronen, Leerkreise: Meßwerte für Löcher)

In Verarmungs- und Anreicherungsrandschichten des gleichen Systems wurden an Proben mit sehr geringer GFZ von 10^{10} cm^{-2} und guten Stabilitätseigenschaften sorgfältige Messungen der effektiven Beweglichkeit sowie der Feldseffektbeweglichkeit $\mu_{FE} = \mathrm{d}\Delta G/\mathrm{d}Q'_s$ durchgeführt [79], die für Elektronen und Löcher nur grob mit der Theorie der diffusen Streuung [73] übereinstimmende Ergebnisse zeigten. Beispielsweise ergaben sich unter Flachbandbedingungen zu kleine Werte. Im weiteren richteten sich die Bemühungen auf die Erklärung und Bestimmung der Diffusivität $\bar{p}$. Hierzu wurden geladene Fremdatome als Coulomb-Zentren sowie die Oberflächen-Elektron-Phonon-Wechselwirkung in Betracht gezogen [77]. Im letzteren Falle bewirkt für Volumen- bzw. Oberflächenwellen die Schwingung der Oberflächenatome eine Aufrauhung, der im Teilchenbild die Diffusivität entspricht.

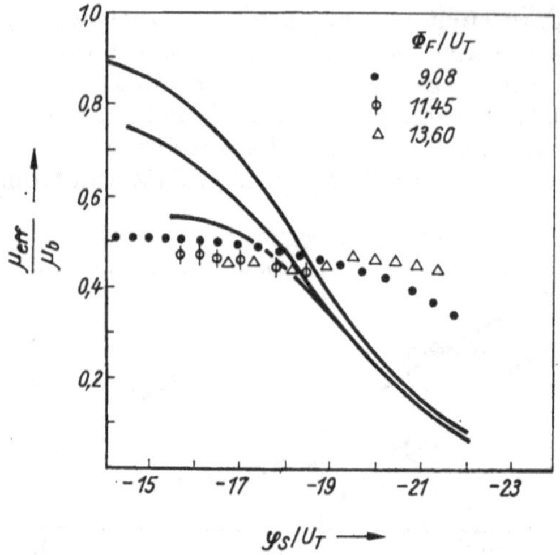

Bild 23. Effektive Beweglichkeit in p-Kanal-Inversionsschicht als Funktion des normierten Oberflächenpotentials φ_s/U_T nach [75] und theoretische Verläufe nach [73] (exakter Feldverlauf)

b) Die neuere Theorie des Trägertransportes insbesondere in Kanälen starker Inversion begründet sich im Gegensatz zu den meisten bisher erwähnten Arbeiten nicht auf rein feldtheoretischen Ansätzen und formal-statistischen Annahmen zum Prozeß der Streuung an Phasengrenzflächen. Sie geht vielmehr von einem, mindestens im Grenzfall „Kanalbreite $\lesssim$ de Broglie-Wellenlänge" der Ladungsträger relevanten, quantenmechanischen Modell aus [80].

Durch *Fowler* et al. [81] wurde die zweidimensionale Natur des Elektronengases bei nur einem besetzten elektrischen Subband auf (100)-Si-Oberflächen in Anwesenheit eines senkrecht zur Oberfläche liegenden Magnetfeldes experimentell bestätigt.

Eine quantenmechanische Theorie der Coulomb-Streuung an geladenen, in der Nähe der Oberfläche lokalisierten Zentren wurde von *Stern* und *Howard* [82] unter Berücksichtigung der abschirmenden Wirkung durch Ladungsträger entwickelt. Das Problem stellt sich dar als die selbst-konsistente Lösung der Schrödinger-Gleichung in der „effektiven Masse-Näherung":

$$\left[\frac{1}{2}\sum_{i,j} w_{ij}\left(-i\hbar\frac{\partial}{\partial x_i}\right)\left(-i\hbar\frac{\partial}{\partial x_j}\right) \mp e\varphi(z)\right]\psi = W\psi \tag{30}$$

und der Poisson-Gleichung

$$\nabla^2\varphi = -\frac{\varrho}{\varepsilon_s\varepsilon_0} \tag{31}$$

mit den Randbedingungen $\varphi \to 0$ für $z \to \infty$,

$$\psi(0) = 0 \quad \text{(Potentialbarriere an der Grenzfläche)}$$

und

$$\varepsilon_i \left.\frac{d\varphi}{dz}\right|_{z=-0} = \varepsilon_s \left.\frac{d\varphi}{dz}\right|_{z=+0}, \tag{32}$$

w_{ij} ist der Tensor der reziproken effektiven Masse im gewählten Koordinatensystem mit $z = 0$ als Halbleiter-Isolator-Grenzfläche.

Die Lösung führt auf elektrische Subbänder innerhalb des Leitbandes der betrachten n-Inversionsschicht, deren Energieeigenwerte der Trägerbewegung in z-Richtung (senkrecht zur Oberfläche) entsprechen, während in der xy-Ebene ein Kontinuum von Zuständen vorliegt.
Die Coulomb-Zentren beeinflussen die potentielle Energie in der Inversionsschicht, so daß sich die Träger umverteilen müssen. Unter der Voraussetzung hinreichend schwacher Störung des mittleren Oberflächenpotentials können die gebundenen Zustände für ein bestimmtes Modellpotential berechnet werden. Mit der Bornschen Näherungsmethode werden schließlich Streurate und Relaxationszeit erhalten [82]. *Gnädinger* und *Talley* [83] entkoppelten die Gleichungen (30) und (31) durch die Annäherung eines Dreieckspotentialverlaufes

$$\left.\begin{aligned} W_{\text{pot}} &= -e\varphi = eEz \qquad & z > 0 \\ W_{\text{pot}} &= \infty & z \leqq 0 \end{aligned}\right\} \tag{33}$$

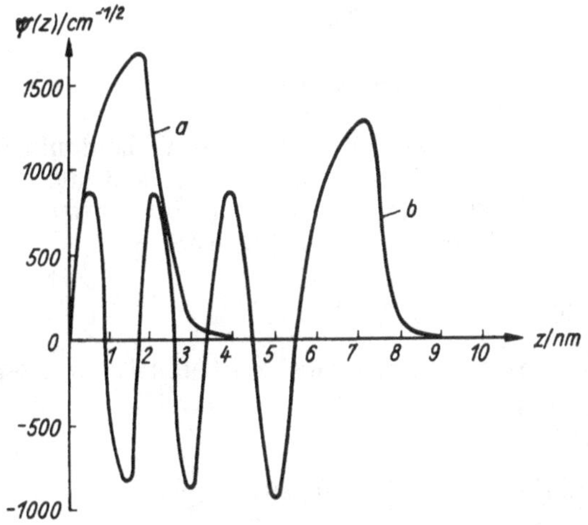

Bild 24. Normierte Wellenfunktion für Elektronen bei Dreieckpotential für Grundzustand (*a*) und 7. Niveau (*b*) nach [83] bei starker Inversion ($\psi_s = 2{,}705\Phi_F$, $n_A = 4 \cdot 10^{15}$ cm^{-3})

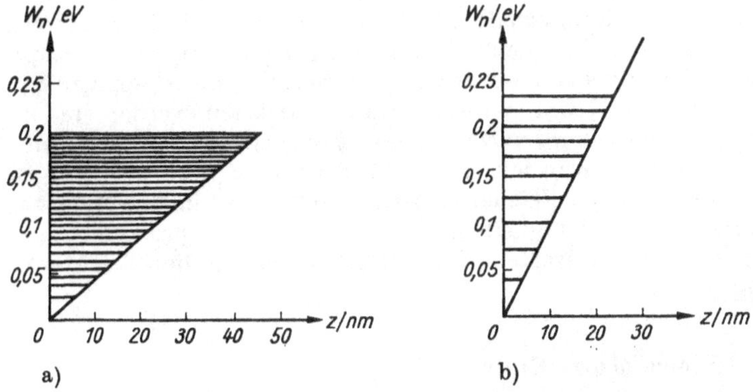

Bild 25. Energietermschema bei Dreieckpotential, nach [83]
a) für schwache Inversion ($\psi_s = 2{,}287\Phi_F$),
b) für starke Inversion ($\psi_s = 2{,}705\Phi_F$)

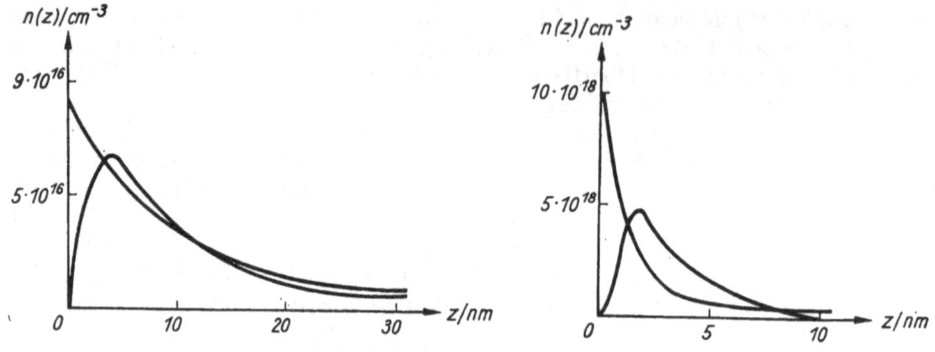

a) b)

Bild 26. Vergleich der Elektronendichte im Inversionskanal nach der quantenmechanischen und der klassischen Theorie für die beiden Fälle von Bild 25, nach [83]

a) schwache Inversion, b) starke Inversion

und erhielten dadurch analytische Lösungen für die Wellenfunktion und die Ladungsträgerdichte, die wir in Bild 24 für den Grundzustand und das 7. Niveau nach [83] wiedergeben. Bild 25 zeigt das Termschema für schwache und starke Inversion, das nach *Colman* et al. [84] durch die Eigenwerte

$$W_n = \left[\frac{eE\hbar}{(2m^*)^{1/2}}\right]^{2/3} \gamma_n + \frac{\hbar^2}{2m^*} k_{||}^2 \tag{34}$$

bestimmt ist; $\boldsymbol{k}_{||}$ ist der Wellenzahlvektor parallel zur Halbleiteroberfläche, γ_n sind die n^{ten} Wurzeln der Gleichung

$$Ai(\gamma) = 0\,. \tag{35}$$

$Ai(\gamma)$ ist die Airy-Funktion [84], [85]. Näherungsweise gilt

$$\gamma^{3/2} \approx \tfrac{3}{2}\pi\,(n + \tfrac{3}{4})\,. \tag{36}$$

Schließlich veranschaulicht Bild 26 für die beiden Fälle von Bild 25 die Elektronendichte im Inversionskanal [83].

Im Vergleich zur klassischen Behandlung treten bereits bei schwacher Inversion in den ersten ca. 3 nm unterhalb der Grenzfläche beträchtliche Abweichungen auf, was auf die stark einschränkende Randbedingung $\psi = 0$ für $z = 0$ zurückzuführen ist. Für stärkere Inversion werden gemäß Bild 25 immer weniger Subbänder besetzt sein, wodurch Quanteneffekte stärker wirksam werden und im gesamten Kanal größere Abweichungen vom klassischen Ergebnis auftreten müssen. Da die integrale Trägerkonzentration nicht stark vom zugrundegelegten Berechnungsprinzip abhängt, wie der Flächenvergleich der Kurven in Bild 26 zeigt, ist ein Einfluß auf die Kanalleitfähigkeit eher über solche Streuprozesse (und damit über die Beweglichkeit) zu erwarten, die durch den Abstand der Träger von der Grenzfläche bestimmt sind.

2.2.7.2 Einige neuere Ergebnisse

Wegen ihrer unmittelbaren Bedeutung für die Steilheit von MIS-Transistoren stellt sich das Problem, die in Inversionskanälen unter Betriebstemperaturen erreichbaren effektiven Beweglichkeiten, deren Feldstärke- und Temperaturabhängigkeit

sowie ihren Zusammenhang mit den technologisch beeinflußbaren Größen der MIS-Struktur zu bestimmen. Zu den letzteren sind zu rechnen Dotandenkonzentration und Orientierung des Substrates sowie Beschaffenheit der Phasengrenzfläche Halbleiter-Isolator und der angrenzenden Isolatorschicht.
Erst in jüngster Zeit werden in zunehmendem Maße Beweglichkeitsmessungen an solchen MOS-Strukturen durchgeführt, die auch in anderen Eigenschaften, wie der Oxidladungsdichte, der GFZ-Dichte usw. engtolerierte Werte besitzen. Auf diese Weise gelingt es unter Nutzung der technologischen Vervollkommnungen des Herstellungsprozesses schrittweise, die bei früheren Messungen infolge fehlender Vergleichsdaten oder vorhandener unbeabsichtigter Streuungen in wichtigen Parametern nicht auffindbaren Zusammenhänge mit den letzteren aufzuhellen.
Als Streumechanismen haben für die Transportbedingungen im Inversionskanal vorrangig folgende Prozesse Bedeutung:

a) Phononenstreuung an der Oberfläche,
b) Coulomb-Streuung an geladenen Zentren an oder in der Nähe der Grenzfläche Halbleiter-Isolator,
c) Streuung an Oberflächenrauhigkeiten.

a) *Phononenstreuung an der Oberfläche*

Arbeiten zur Phononenstreuung in Inversionskanälen wurden insbesondere von *Greene* [77], *Kawaji* und Mitarbeitern [86], [87] sowie *Demikhovskii* und *Tavger* [88] durchgeführt. *Kawaji* fand bei zweidimensionaler Behandlung der Inversionsschicht eine Abhängigkeit $\mu_{\text{eff}} \sim T^{-1}$. Danach sollte die Phononenstreuung nur bei relativ hohen Temperaturen überwiegenden Einfluß besitzen, bei denen $\mu_{\text{eff}} > \mu_b$ erwartet werden kann, da $\mu_b \sim T^{-3/2}$ [89] und damit stärker mit zunehmender Temperatur abnimmt als μ_{eff}. Ältere Untersuchungen an niedrigdotiertem Silizium [90] zeigten eine $T^{-5/2}$-Abhängigkeit von μ_b.
Im ganzen wird die Abhängigkeit der Beweglichkeit von der Temperatur und der Ladungsträgerdichte an der Oberfläche im Bereich von 200 ··· 300 K durch die Theorie richtig beschrieben, jedoch liegen die experimentellen Beweglichkeitswerte um den Faktor von etwa 10 unter den theoretisch zu erwartenden, sofern für das Deformationspotential und die effektiven Massen Volumenwerte eingesetzt werden [86].

b) *Coulomb-Streuung an geladenen Zentren an oder in der Nähe der Grenzfläche Halbleiter-Isolator*

Theoretische Arbeiten von *Greene* und *O'Donnell* [91], *Stern* und *Howard* [82], *Duke* [92], *Siggia* und *Kwok* [93] sowie *Chaplik* [94] gelangen zu einem Einfluß des Streueffektes der Ladungsträger an festen Ladungen im Inversionskanal auf die effektive Beweglichkeit, wobei aber entweder keine analytischen Ausdrücke oder für den Vergleich mit Experimenten zu komplexe Beziehungen resultieren. *Greene* und Mitarbeiter [95] errechneten durch die Oxidladungen verursachte Potentialfluktuationen. In experimentellen Untersuchungen verschiedener Autoren [96—99] wurde eine starke Korrelation zwischen Oberflächenbeweglichkeit und Oxidladungsdichte in n-Inversionskanälen gefunden. *Sah* und Mitarbeiter [100] überprüften diese Korrelationen an schwach invertierten n-Si-Oberflächen im Bereich von 30 ··· 300 K. Bild 27 zeigt den für verschiedene Orientierungen ermittelten einheitlichen Zusammenhang. Die Autoren schätzen $Q'_{ss} + Q'_t \leqq 0{,}1 Q'_{ox}$ ab und untersuchen demzufolge in erster Linie die Rolle der festen Oxidladungen. Die Temperaturabhängigkeit der Meßdaten enthält Bild 28. Unter den Annahmen, daß die Gesamtladung der Coulomb-Zentren in der Phasengrenzfläche lokalisiert

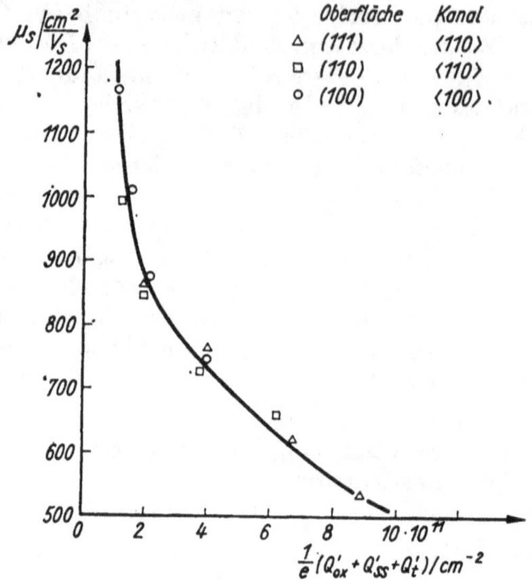

Bild 27. Oberflächenbeweglichkeit im n-Inversionskanal als Funktion der flächenbezogenen Konzentration geladener Zentren $(Q'_{ox} + Q'_{ss} + Q'_t)/e$ für verschiedene Orientierungen (Q'_t — Flächendichte langsamer Oxidtraps), $T = 25$ °C, nach [100]

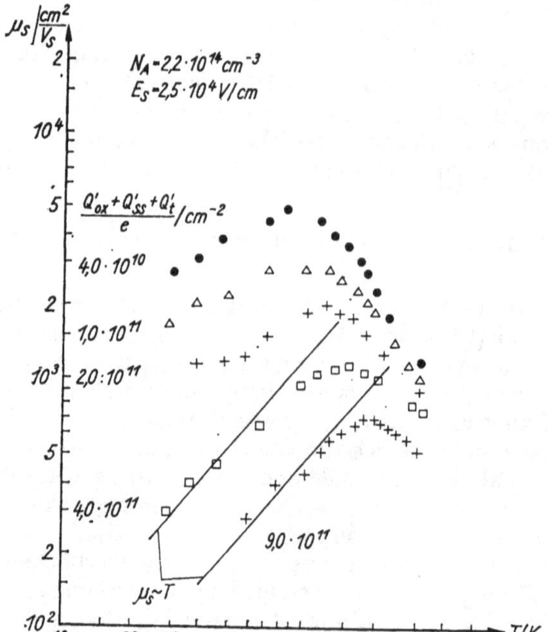

Bild 28. Temperaturabhängigkeit der Oberflächenbeweglichkeit im n-Inversionskanal nach Messungen von *Sah* und Mitarbeitern [100]

ist, die Elektronen ein zweidimensionales Gas mit sphärischer effektiver Masse darstellen und keine Abschirmung bewirken, erhalten *Sah* und Mitarbeiter [100] für die Oberflächenbeweglichkeit im n-Inversionskanal aus einer quantenmechanischen Rechnung die Beziehung

$$\mu_s = \frac{e}{m^*}\left(\frac{\varepsilon_s + \varepsilon_i}{2e^2}\right)^2 \frac{2\hbar^2 kT}{Q'_{ox}/e}, \tag{36}$$

die allerdings bei Einsetzen von Volumenwerten für m^* und ε_s, ε_i um 20fach geringere Werte liefert als experimentell gefunden werden. Die Autoren schließen jedoch aus den T-proportionalen Kurvenabschnitten in Bild 28 auf vorherrschende Coulomb-Streuung an Festladungen bei tiefen Temperaturen.

Ning und *Sah* [101] zeigten, daß vor allem durch die örtliche Korrelation der Oxidladungen die effektive Beweglichkeit beträchtlich erhöht, die Temperaturabhängigkeit dabei jedoch vermindert werden kann. Die Beweglichkeit wird zugleich durch die Verteilung der Oxidladungen über die Tiefe der Oxidschicht ebenso wie durch die dreidimensionale Struktur des Kanals der Elektronen gegenüber dem zweidimensionalen Modell erhöht, desgleichen die Temperaturabhängigkeit [101].

Kawaji und *Kawaguchi* [102] übertrugen unter Annahme einer Fermi-Dirac-Energieverteilung die Beziehungen der Conwell-Weisskopf-Theorie der Störstellenstreuung [103] auf die Oberfläche; in ähnlicher Weise wurde von *Rutledge* und *Armstrong* [104] unter Anwendung eines zweidimensionalen vereinfachten Rutherford-Streumodells bei Maxwell-Boltzmannscher Energieverteilung ein Zusammenhang $\mu_s \sim (Q'_{ox}T)^{-1/2}$ errechnet. Den letztgenannten Autoren gelingt es ebenfalls, den Einfluß der Oxidladungsdichte experimentell nachzuweisen und die dabei beobachtete Temperaturabhängigkeit durch Überlagerung von $T^{-5/2}$- (Gitterstreuung im Volumen) und $T^{-1/2}$-Anteilen zu deuten.

Schließlich untersuchten *Abul-Surur* und Mitarbeiter [105] den Einfluß eines Spannungs-Temperatur-Stresses auf die Oberflächenbeweglichkeit im Inversionskanal und erhielten unterschiedliche Hall-Beweglichkeiten im ursprünglichen Zustand, sofort nach dem Streß und nach der sich anschließenden Relaxation der Ionen.

c) *Streuung an Oberflächenrauhigkeiten im Inversionskanal*

Die ersten Hinweise auf die Rauhigkeit der Grenzfläche als Ursache für das Absinken der effektiven Beweglichkeit bei hohen Feldstärken senkrecht zur Oberfläche, die sich nicht unmittelbar auf das Modell der diffusen oder teilweise diffusen Oberflächenstreuung beziehen, stammen von *Greene* [106]. Andere Möglichkeiten, diesen Effekt auf den Trägerübergang aus einem niedrigeren in ein höheres Subband mit höherer effektiver Masse zurückzuführen [107], [108], würden nicht zu einer Abhängigkeit von der Herstellungsart führen, sondern eine Orientierungsabhängigkeit zur Folge haben [109—111].

Obwohl ein direkter Nachweis von Oberflächenrauhigkeiten von derjenigen Größenordnung, die bereits einen merklichen Streueffekt hervorrufen kann, wegen deren Kleinheit, nicht möglich sein dürfte, konnten *Cheng* und *Sullivan* [112] in überzeugender Weise die Relevanz eines derartigen Streueffektes nachweisen. Dies gelang ihnen, indem sie von drei verschiedenartigen Oxydationsarten als Quelle unterschiedlicher Grenzflächenmorphologie ausgingen, die Untersuchungen auf (100)- und (111)-Si erstreckten und vor allem gezielte Vorgabewerte für die Oxidladungsdichte Q'_{ox} mittels Driften beweglicher Ionen verwirklichten. Einige Ergebnisse zur Oberflächenbeweglichkeit im p-Inversionskanal aus Hall-Effektmessungen zeigt Bild 29. Bei niedrigen Trägerkonzentrationen und damit Feldstärken stimmen die Löcherbeweglichkeiten im Inversionskanal selbst bei verschiedenen Oxydationsarten überein, sofern die Q'_{ox}-Werte übereinstimmen; bei höheren Trägerkonzentrationen im Kanal und damit Feldstärken divergieren sie jedoch.

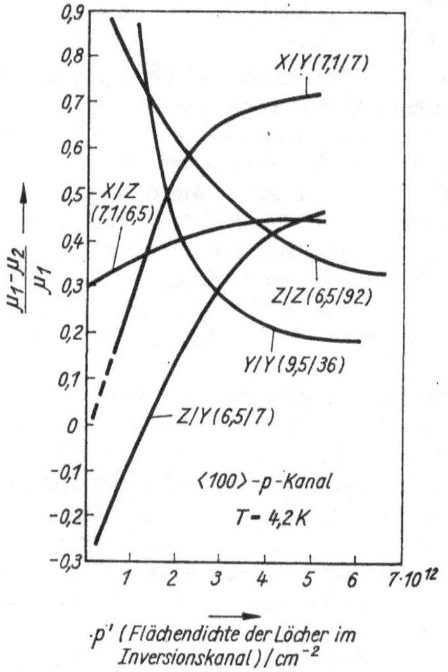

Bild 29. Abhängigkeit der effektiven Beweglichkeit von der Oxydationsart, der Oxidladungsdichte und der Löcherkonzentration im Inversionskanal nach [112].
Ordinate: $\frac{\mu_1 - \mu_2}{\mu_1}$ bezogen auf zwei Proben unterschiedlicher Oxydationsart (X/Y, X/Z, Z/Y) bzw. unterschiedlicher Oxidladungsdichten, z. B. Y/Y, Z/Z. Die Klammerwerte im letzteren Fall geben die Oxidladungsdichten der jeweils verglichenen Proben in 10^{10} ecm^{-2} an. Oxydationsarten:

X — Standardoxydation ohne Nachbehandlung, 1150 °C trocken, 110 nm
Y — Oxydation mit nachfolgender Phosphorglasbehandlung,
Z — Oxydationsatmosphäre mit 9% HCl-Gas

Proben gleicher Oxydationsart, aber verschiedener Q'_{ox}-Werte stimmen dagegen in der Oberflächenbeweglichkeit bei hohen Trägerkonzentrationen/Feldstärken überein und divergieren bei niedrigen. Mit zunehmenden Q'_{ox}-Werten nimmt für identische Oxydationsart die Beweglichkeit ab, solange niedrige Feldstärken herrschen. Damit ist die Relevanz der Coulomb-Streuung an Oxidladungszentren für den Bereich niedriger Feldstärken erneut erwiesen [112]. Demgegenüber scheint bei hohen Feldstärken, in denen der erwiesene schwächere Einfluß der Coulomb-Streuung Beweglichkeitszunahme erwarten ließe, nach der beobachteten Abnahme der zusätzliche Rauhigkeits-Streumechanismus relevant zu sein. Dieser ist im Vergleich zur Phononenstreuung im untersuchten Temperaturbereich von 4,2 bis 300 K nur schwach temperaturabhängig [112]. Anschaulich läßt sich die Streuung an Grenzflächenrauhigkeiten als Potentialschwankung deuten, die auf die Bahn des Elektrons Einfluß nimmt. Als Größenordnung der Rauhigkeit finden *Cheng* und *Sullivan* [112] die in Bild 30 eingetragenen Werte für die Korrelationslänge und die mittlere Rauhtiefe. Ein möglicher ähnlicher Einfluß durch Fluktuationen des Oberflächenpotentials auf Grund von zufälligen Schwankungen der Oxidladungsverteilung kann nach [112] infolge der Unabhängigkeit von Q'_{ox} jedenfalls bei hohen Feldstärken nicht als der wesentliche Mechanismus erachtet werden. *Nelson* [113] erhält theoretisch einen relevanten Einfluß solcher Fluktuationen bei geringen Feldstärken, während bei hohen Feldstärken die Streuung an Oberflächenrauhigkeiten überwiegen sollte.

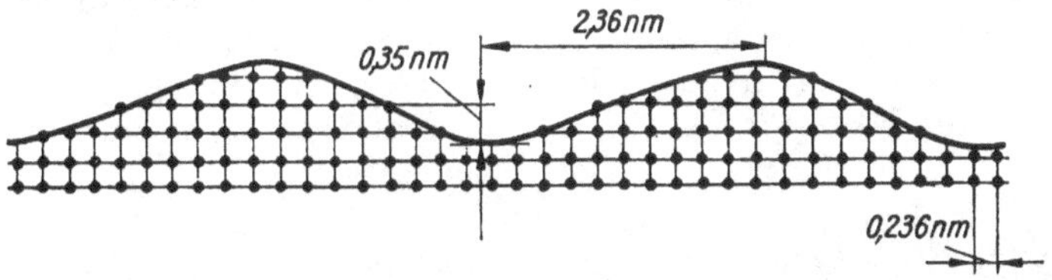

Bild 30. Beispiel für die aus Beweglichkeitsmessungen ermittelte Grenzflächenrauhigkeit nach [112]

Man entnimmt dieser Übersicht die Erkenntnis, daß die genauere Überprüfung insbesondere der Anteile der verschiedenen Streueffekte ohne detaillierte Untersuchung der Korrelationen zu anderen, die Grenzfläche Halbleiter-Isolator kennzeichnenden, strukturellen und elektrisch relevanten Parametern nicht möglich ist, wobei der derzeitig erreichte Stand der Präparation wesentliche Fortschritte erkennen läßt.

2.2.8. Einfluß der Kristallorientierung auf Ladungs- und Transportprozesse in MIS-Strukturen

Wenngleich die Einflüsse der Orientierung auf die GFZ-Dichte, die Oxidladungsdichte sowie die effektive Oberflächenbeweglichkeit im Verhältnis zu den bisher behandelten Problemen in relativ geringem Umfang untersucht worden sind, so dürfen sie dennoch für die technischen Anwendungen nicht als belanglos eingeschätzt werden.

Miura [114], *Gray* und *Brown* [36], *Abowitz* et al. [115] und andere Autoren berichteten übereinstimmend darüber, daß (100)-orientierte Si-Oberflächen unter allen niedrig indizierten die kleinsten, (111)-Oberflächen die größten Grenzflächenzustandsdichten Q'_{ss}/e im System Si-SiO_2 aufweisen. Später wurden ähnlich niedrige Werte wie in (100)- durch *Sato* und Mitarbeiter [116] in (311)-, (411)- und (811)-orientiertem Silizium gefunden. Durch *Deal* et al. [12] sowie *Ligenza* [117] konnte diese Erscheinung mit dem Einfluß der Kristallorientierung auf die Oxydationsrate in Zusammenhang gebracht werden.

Angaben über die der Oxidladungsdichte zuzuordnende influenzierte Oberflächenladungsdichte im Halbleiter in Verbindung mit den erwähnten Abhängigkeiten der GFZ-Dichte machen *Arnold* und Mitarbeiter [68] und finden einen korrelierten Zusammenhang. Dieser kann einerseits nach dem in Abschn. 2.2.4 behandelten Ladungsmodell der GFZ erwartet werden; er folgt ebenfalls aus den Ergebnissen des in Abschn. 2.2.3 beschriebenen Gleichgewichtsmodells für die Herkunft der Oxidladungen [8].

Verschiedene Arbeiten lieferten einen korrelierten Zusammenhang zwischen GFZ-Dichte und Niederfrequenzrauschen [118], [119].
Im Hinblick auf den Trägertransport im quantisierten Inversionskanal vom p-Typ berechneten *Colman* und Mitarbeiter [84] die Anisotropie auf der Grundlage des Tensors der effektiven Masse für niedrig indizierte Si-Oberflächen und erhielten für die Hall-Beweglichkeiten μ_H:

$$\mu_{H\,(110),\,\langle 011\rangle} > \mu_{H\,(110),\,\langle 001\rangle} > \mu_{H\,(111)} > \mu_{H\,(100)}\,.$$

Die Feldeffektbeweglichkeit μ_{FE} im p-Kanal bei Zimmertemperatur als Funktion von $U_G - U_{Th}$ zeigt Bild 31 nach Messungen von *Sato* und Mitarbeitern [116]. Da μ_{FE} bei starker Inversion für (100)-Orientierung am kleinsten ist, kommt ein Zusammenhang mit der Coulomb-Streuung an GFZ nicht in Betracht. Andererseits ergaben Messungen an n-Inversionskanälen [120], daß für die (100)-Orientierung gerade die größten Werte im Vergleich zu anderen Orientierungen erreicht werden.

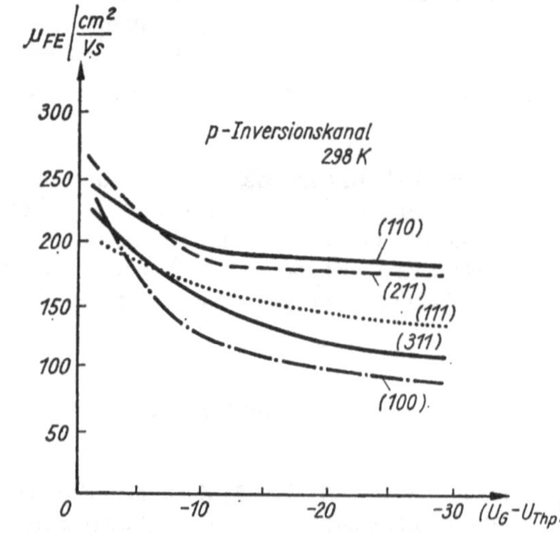

Bild 31. Abhängigkeit der Feldeffektbeweglichkeit μ_{FE} von der Gatespannung für verschiedene Orientierungen in der ⟨011⟩-Zone, bestimmt aus der Steilheit $S = \frac{\mu_{FE}}{L^2} C_{ox} U_D$ (L – Kanallänge, U_D – Drainspannung), nach [116]

Diese Ergebnisse lassen sich aus den Anisotropieeigenschaften der Tensoren der effektiven Löcher- bzw. Elektronenmasse unter Berücksichtigung der Quantisierung in Richtung der Normalen zur Oberfläche interpretieren [116], [120]. Die Anisotropie der Relaxationszeit in einer (110)-Silizium-Oberflächeninversionsschicht wurde neuerdings von *Nelson* [113] unter Berücksichtigung der Quantisierung berechnet.

2.2.9. Schlußbemerkungen

Mit den erhöhten Anforderungen an MIS-Bauelemente in der Mikroelektronik und den zu ihrer Realisierung entwickelten fortgeschrittenen Technologien wird die festkörperphysikalische Fundierung der MIS-Technik zu einem Anliegen, das über die Erkenntniserweiterung hinaus bis zum technisch-ökonomischen Bereich große

Bedeutung erlangt hat. Umgekehrt werden erst durch den technologischen Fortschritt Präzisionsstrukturen präparierbar, an denen Elementarvorgänge meßbar und auswertungsfähig gemacht werden können. Infolge der enormen Empfindlichkeit des Oberflächenpotentials von Halbleitern sowie der mit diesem gekoppelten Kanalleitfähigkeit in MIS-Transistoren haben sich MIS-Methoden zu einem der leistungsfähigsten Untersuchungsverfahren für die Halbleiter-Isolator-Phasengrenzfläche, die oberflächennahen Transportvorgänge in Halbleitern, aber auch für Elektronenzustände und Transportvorgänge in Isolatorschichten entwickelt. Besonders in diesen Gebieten entstand durch die Fortschritte der MIS-Technik ein bemerkenswerter Bedarf an festkörperphysikalischer Vertiefung und Erweiterung des bisherigen Erkenntnisstandes, von dessen allmählicher Erfüllung zweifelsfrei beträchtliche Impulse für die Weiterentwicklung der Materialwissenschaft, der Bauelementetechnologie, insbesondere für das Gebiet der integrierten Mikroelektronik ausgehen.

Literaturverzeichnis

[1] *Paul, R.*: Feldeffekttransistoren. VEB Verlag Technik, Berlin 1972

[2] *Tompsett, M. F.*: Charge transfer devices. J. Vac. Sci. Technol. 9 (1972) 1166

[3] *Paul, R.* und *Reimer, H.*: Physikalisch-elektronische Eigenschaften von Halbleiteroberflächen und Grenzschichten und ihre Bestimmung. Probleme der Festkörperelektronik, Herausg. Kombinat VEB Halbleiterwerk Frankfurt (Oder). Bd. 3. VEB Verlag Technik, Berlin 1971, S. 9–90

[4] *Schmidt, M.*: Eigenschaften des SiO_2 und ihre experimentelle Erfassung. In „Physik der Halbleiteroberfläche" 5. Arbeitstagung Binz, Veranstalter: Akademie der Wissenschaften der DDR, Zentralinstitut für Elektronenphysik, 1974, S. 22

[5] *Many, A.*, *Goldstein, Y.* und *Grover, N. B.*: Semiconductor Surfaces. North-Holland Publishing Co., Amsterdam 1965

[6] MOS Integrated Circuits. Edtrs.: *Penney, W. M.* and *Lau, L.*, Van Nostrand Reinhold Co., New York—Cincinnati—Toronto—London—Melbourne, 1972, Chapt. 2.3

[7] *Deal, B. E.*, *Snow, E. H.* und *Mead, C. A.*: Barrier energies in metal-silicon dioxide-silicon structures. J. Phys. Chem. Solids 27 (1966) 1873

[8] *Junghans, B.*: Zur theoretischen Interpretation und experimentellen Untersuchung von Isolatorladungen in MIS-Strukturen unter besonderer Berücksichtigung des Systems Si–SiO_2. Dissertation TH Karl-Marx-Stadt 1972

[9] *Lindmayer, J.*: Das System Metall-Oxid-Silizium. Dissertation TH Aachen, 1968.
—, Field-effect studies of the oxidized silicon surface. Solid-State Elektronics 9 (1966) 225

[10] *Revesz, A. G.* und *Zaininger, K. H.*: The Si–SiO_2 solid-solid interface system. RCA Rev. 29 (1968) 22

[11] *Badcock, F. R.* und *Lamb, D. R.*: Stability and surface charge in the MOS system. Int. J. Electronics 24 (1968) 1

[12] *Deal, B. E.*, *Sklar, M.*, *Grove, A. S.* und *Snow, E. H.*: Characteristics of the surface-state charge (Q_{ss}) of thermally oxidized silicon. J. Electrochem. Soc. 114 (1967) 266

[13] *Sandor, I. E.*: A model for the "fixed" charge at the Si/SiO_2 interface. Proc. IEEE 57 (1969) 1184

[14] *Kooi, E.*: The surface charge of oxidized silicon. Philips Res. Reports 21 (1966) 477
—, The surface properties of thermally oxidized silicon. In: „Festkörperprobleme", Herausgegeben von O. Madelung, Bd. VII. Akademie-Verlag, Berlin 1967, S. 132

[15] *Yon, E.*, *Ko, W. H.* und *Kuper, A. B.*: Sodium distribution in thermal oxide on silicon by radiochemical and MOS analysis. IEEE Trans. ED-13 (1966) 276

[16] *Buck, T. M.*, *Allen, F. G.*, *Dalton, J. V.* und *Struthers, E. B.*: Studies of sodium in SiO_2 films by neutron activation and radiotracer techniques. J. Electrochem. Soc. 114 (1967) 862

[17] *Snow, E. H.*, *Grove, A. S.*, *Deal, B. E.* und *Sah, C. T.*: Ion transport phenomena in insulating films. J. appl. Phys. 36 (1965) 1664

[18] *Laverty, S. J.* und *Ryan, W. D.*: The kinetics of oxide growth during thermal oxidation of silicon. Int. Electronics **26** (1969) 519
[19] *Grove, A. S., Deal, B. E., Snow, E. H.* und *Sah, C. T.*: Simple physical model for the space-charge capacitance of metal-oxide-semiconductor structures. Solid-State Electron. 8 (1965) 145
[20] *Goetzberger, A.*: Improved properties of silicon dioxide layers grown under bias. J. Electrochem. Soc. **113** (1966) 138
[21] *Hofstein, S. R.*: An investigation of instability and charge motion in metal-silicon oxide-silicon structures. IEEE Trans. ED-**13** (1966) 222
—, Proton and sodium transport in SiO_2 films. IEEE Trans. ED-**14** (1967) 785
[22] *Holmberg, G. L., Kuper, A. B.* und *Miraldi, F. D.*: Water contamination in thermal oxide on silicon. J. Electrochem. Soc. **117** (1970) 677
[23] *Lane, C. H.*: Stress at the Si–SiO_2 interface and its relationship to interface states. IEEE Trans. ED-**15** (1968) 998
[24] *Friedrich, H.*: Surface charges induced by mechanical stresses in the silicon-silicon oxide interface. Solid-State Electron. **14** (1971) 639
[25] *Whelan, M. V., Goemans, A. H.* und *Goosens, L. M. C.*: Residual stresses at an oxide-silicon interface. Appl. Phys. Letters **10** (1967) 262
[26] *Brotherton, S. D., Read, T. G., Lamb, D. R.* und *Willoughby, A. F. W.*: Surface charge and stress in the Si/SiO_2 system. Solid-State-Electron. **16** (1973) 1367
[27] *McNutt, M. J., Sah, C. T.*: Effects of spatially inhomogeneous oxide charge distribution on the MOS capacitance-voltage characteristics. J. appl. Phys. **45** (1974) 3916
[28] *Declerck, G., Van Overstraeten, R.* und *Broux, G.*: Discussion of the surface-potential flutuoations caused by oxide-charge fluctuations. J. appl. Phys. **45** (1974) 2593
[29] *Atalla, M. M., Tannenbaum, E.* und *Scheibner, E. J.*: Stabilization of silicon surfaces by thermally grown oxides. Bell Syst. Techn. J. **38** (1959) 749
[30] *Henzler, M.*: Über den Ursprung elektronischer Zustände an Halbleiteroberflächen. In „Festkörperprobleme“, herausg. von O. Madelung, Bd. XI. Akademie-Verlag, Berlin 1971, S. 187
[31] *Flietner, H.*: Elektronische Eigenschaften der Halbleiteroberfläche. In „Grundlagen aktiver elektronischer Baelemente“, herausgeg. von der Sektion Physik/Elektronische Bauelemente der TH Karl-Marx-Stadt. VEB Deutscher Verlag für Grundstoffindustrie, Leipzig 1972, S. 27
[32] *Flietner, H.*: Oberflächenleitfähigkeit unter Berücksichtigung der Streuung der Ladungsträger an der Oberfläche bei kleinen Bandverbiegungen. Ann. Physik 7 (1959) 414
[33] *Flietner, H.* und *Füssel, W.*: Charakteristische Eigenschaften von Grenzflächentermen gewöhnlicher und schichtbedeckter Halbleiteroberflächen. In: „Physik der Halbleiteroberfläche“. 5. Arbeitstagung Binz, Veranstalter: Akademie der Wissenschaften der DDR, Zentralinstitut für Elektronenphysik, 1974, S. 155
[34] *Cheng, Y. C.*: A model for interface states in silicon/silicon dioxide structure. Surf. Sci. **23** (1970) 432
[35] *Flietner, H.*: Spectrum and nature of surface states. Surf. Sci. **46** (1974) 251
[36] *Gray, P. V.* und *Brown,* D. M.: Density of SiO_2–Si interface states. Appl. Phys. Letters 8 (1966) 31
[37] *Fogels, E. A.* und *Salama, C. A. T.*: Characterization of surface states at the Si–SiO_2 interface using the quasi-static technique. J. Electrochem. Soc. **118** (1971) 2002
[38] *Flietner, H.*: The $E(k)$ relation for a two-band scheme of semiconductors and the application to the metal-semiconductor contact. phys. stat. sol. (b) **54** (1972) 201
[39] *Flores, F., Garcia-Moliner, F.* und *Rubio, J.*: The Green function method for the two-surface problem. Solid-State Commun. 8 (1970) 1069
[40] *Yandurin, F.* und *Rubio, J.*: Absence of surface states in oxidized Si. Phys. Rev. Letters **26** (1971) 138
[41] *Goetzberger, A., Heine, V.* und *Nicollian, E. H.*: Surface states in silicon from charges in the oxide coating. Appl. Phys. Letters **12** (1968) 95
[42] *Tefft, W. E.* und *Armstrong, K. R.*: Shallow donor surface impurity levels in Si and Ge. Surf. Sci. **24** (1971) 535

[43] *Goetzberger, A., Lopez, A. D.* und *Strain, R. J.*: On the formation of surface states during stress aging of thermal Si–SiO_2 interfaces. J. Electrochem. Soc. **120** (1973) 90
[44] *Kerr, D. R., Logan, J. S., Burkhardt, P. J.* und *Pliskin, W. A.*: Stabilization of SiO_2 passivation layers with P_2O_5. IBM J. Res. Devel. 8 (1964) 376
[45] *Yamin, M.*: Charge storage effects in silicon dioxide films. IEEE Trans. ED-**12** (1965) 88
[46] *Szedon, J. R.* und *Handy, R. M.*: Characterization, control, and use of dielectric charge effects in silicon technology. J. Vac. Sci. Technol. **6** (1969) 1
[47] *Hofstein, S. R.*: A model for the charge motion and instability in the MOS structure. IEEE Trans. ED-**13** (1966) 227
[48] *Hofstein, S. R.*: Proton and sodium transport in SiO_2 films. IEEE Trans. ED-**14** (1967) 749
[49] *Blechschmidt, F.*: Stabilitätsuntersuchungen an MOS-Strukturen unter besonderer Berücksichtigung des Gatemetalleinflusses. Diplomarbeit TH Karl-Marx-Stadt, Sektion Physik/Elektronische Bauelemente, 1973
[50] *McCaughan, D. V., Kushner, R. A.* und *Wagner, S.*: Complete removal of sodium from silicon dioxide films by formation of phosphosilicate glass. J. Electrochem. Soc. **121** (1974) 724
[51] *Burgess, T. E., Baum, J. C., Fowkes, F. M., Holmstrom, R.* und *Shim, G. A.*: Thermal diffusion of sodium in silicon nitride shielded silicon oxide films. J. Electrochem. Soc. **116** (1969) 1005
[52] *Nicollian, E. H.*: Surface passivation of semiconductors. J. Vac. Sci. Technol. **8** (1971) 39
[53] *Anderson, J. C.*: Dielectric and transport properties of insulating films. J. Vac. Sci. Technol. **9** (1972) 1
[54] *Snow, E. H.* und *Deal, B. E.*: Polarization phenomena and other properties of phosphosilicate glass films on silicon. J. Electrochem. Soc. **113** (1966) 263
[55] *Snow, E. H.* and *Dumesnil, M. E.*: Space-charge polarization in glass films. J. appl. Phys. **37** (1966) 2123
[56] *Snow, E. H.* und *Deal, B. E.*: Polarization effects in insulating films on silicon — a review. Trans. Met. Soc. AIME **242** (1968) 512
[57] *Wallmark, J. T.* und *Scott, J. H.*: Switching and storage characteristics of MIS memory transistors. RCA Rev. **30** (1969) 335
[58] *Frohman-Bentchkowsky* und *Lenzlinger, M.*: Charge transport and storage in metal-nitride-oxide-silicon (MNOS) structures. J. appl. Phys. **40** (1969) 3307
[59] *Chou N. J.* und *Tsang, P. J.*: Charge phenomena in Al-Al_2O_3-SiO_2-Si structures. Metall. Trans. **2** (1971) 659
[60] *Hu, S. M.*: Properties of amorphous silicon nitride films. J. Electrochem. Soc. **113** (1966) 693
[61] *Lamb, D. R.*: The application of silicon nitride in the MIS system. Int. Electronics **24** (1968) 481
[62] *Chen, P. C. Y.*: Interface instability of r.f. sputtered silicon nitride films on silicon. Thin Solid Films **21** (1974) 245
[63] *Hu, S. H., Kerr, D. R.* und *Gregor, L. V.*: Evidence of hole injection and trapping in silicon nitride films prepared by reactive sputtering. Appl. Phys. Letters **10** (1967) 97
[64] *Conti, M.* und *Vanin, A.*: Oxide and nitride conduction mechanisms in MNOS structures. Thin Solid Films **14** (1972) 211
[65] *Sanchez-Lassise, J. H.* und *Yeargan, J. R.*: Conduction mechanisms in very thin silicon nitride films. J. Electrochem. Soc. **120** (1973) 423
[66] *Lenzlinger, M.* und *Snow, J.*: Fowler-Nordheim tunneling into thermally grown SiO_2. J. appl. Phys. **40** (1969) 278
[67] *Salama, C. A. T.*: Conduction in Al_2O_3 films and charge storage in MAOS structures. J. Electrochem. Soc. **118** (1971) 1993
[68] *Arnold, E., Ladell, J.* und *Abowitz, G.*: Crystallographie symmetry of surface density in thermally oxidized silicon. Appl. Phys. Letters **13** (1968) 413
[69] *Nicollian, E. H.*: Surface passivation of semiconductors. J. Vac. Sci. Technol. 8 (1971) 39
[70] *Breed, D. J.* und *Kramer, R. P.*: Charge trapping in MOS systems. Thin Solid Films **13** (1972) 1

[71] *Fuchs, K.*: Proc. Cambridge Phil. Soc. **34** (1938) 100
Siehe auch: *Sondheimer, E. H.*: The mean free path of electrons in metals. Adv. Phys. **1** (1952) 1
[72] *Schrieffer, J. R.*: Effective carrier mobility in surface-space-charge layers. Phys. Rev. **97** (1955) 641
[73] *Greene, R. F., Frankl, D. R.* und *Zemel, J.*: Surface transport in semiconductors. Phys. Rev. **118** (1960) 967
[74] *Kirejew, P. S.*: Physik der Halbleiter. Akademie-Verlag, Berlin 1974
[75] *Pierret, B.* and *Sah, C. T.*: A MOS-oriented investigation of effective mobility theory· Solid-State Electron. **11** (1968) 279
[76] *Baccarini, G., Mazzone, A. M.* und *Morandi, C.*: The diffuse scattering model of effective mobility in the strongly inverted layer of MOS transitions. Solid-State Electron. **17** (1974) 785
[77] *Greene, R. F.*: Surface transport. Surf. Sci. **2** (1964) 101
[78] *Leistiko, O., Grove, A. S.* und *Sah, C. T.*: Electron and hole mobilities in inversion layers on thermally oxidized silicon surfaces. IEEE Trans. ED-**12** (1965) 248
[79] *Reddi, V. G. K.*: Majority carrier surface mobilities in thermally oxidized silicon. IEEE Trans. ED-**15** (1968) 151
[80] *Schrieffer, J. R.* in: „Semiconductor Surface Physics" edt. by R. H. Kingston, Univ. of Pennsylvania Press, Philadelphia, Pennsylvania 1957, S. 55
[81] *Fowler, A. B., Fang, F. F., Howard, W. E.* und *Stiles, P. J.*: Magneto-oscillatory conductance in silicon surfaces. Phys. Rev. Letters **16** (1966) 901
[82] *Stern, F.* und *Howard, W. E.*: Properties of semiconductor surface inversion layers in the electric quantum limit. Phys. Rev. **163** (1967) 816
[83] *Gnädinger, A. P.* und *Talley, H. E.*: Quantum mechanical calculation of the carrier distribution and the thickness of the inversion layer of a MOS field-effect transistor. Solid-State Electron. **13** (1970) 1301
[84] *Colman, D., Bate, R. T.* und *Mize, J. P.*: Mobility anisotropy and piezoresistance in silicon *p*-type inversion layers. J. appl. Phys. **39** (1968) 1923
[85] *Landau, L. D.* und *Lifschitz, I. M.*: Lehrbuch der theoretischen Physik III, Akademie-Verlag, Berlin 1974, S. 621
[86] *Kawaji, S., Ezewa, H.* und *Nakamura, K.*: Semiconductor inversion layers and phonons in halfspace. J. Vac. Sci. Technol. **9** (1972) 762
[87] *Kawaji, S.*: The two-dimensional lattice scattering mobility in a semiconductor inversion layer. J. Phys. Soc. Japan **27** (1969) 906
[88] *Demikhovskii, V. Ya.*, und *Tavger, B. A.*: Streuung von Elektronen mit akustischen Phononen in dünnen Halbleiterschichten (russ.). Fiz. Tverd. Tela **6** (1964) 960
[89] *Bardeen, J.* und *Shockley, W.*: Deformation potentials and mobilities in nonpolar crystals. Phys. Rev. **80** (1950) 72
[90] *Morin, F. J.* und *Maita, J. P.*: Electrical properties of silicon containing arsenic and boron. Phys. Rev. **96** (1954) 28
[91] *Greene, R. F.* und *O'Donnell, R. W.*: Scattering of conduction electrons by localized surface charges. Phys. Rev. **147** (1966) 599
[92] *Duke, C. B.*: Quantum theory of transport in narrow channels. Phys. Rev. **168** (1968) 816
[93] *Siggia, E. D.* und *Kwok, P. C.*: Properties of electrons in semiconductor inversion layers with many occupied electric subbands. I. Screening and imperity scattering. Phys. Rev. B **2** (1970) 1024
[94] *Chaplik, A. V.*: Zh. Eksperim. Teor. Fiz. **59** (1970) 2110
[95] *Greene, R. F., Bixler, D.* und *Lee, R. N.*: Semiconductor surface electrostatics. J. Vac. Sci. Technol. **8** (1971) 75
[96] *Arnold, E.* und *Abowitz, G.*: Effect of surface states on electron mobility in silicon surface-inversion layers. Appl. Phys. Letters **9** (1966) 344
[97] *Fang, F. F.* und *Fowler, A. B.*: Transport properties of electrons in inverted silicon surfaces. Phys. Rev. **169** (1968) 619
[98] *Kamins, T. I.* und *MacDonald, N. C.*: Measurements of the scattering of conduction electrons by localized surface charges. Phys. Rev. **167** (1968) 754

[99] *Dobrovolskii, V. N., Zharkikh, Yu. S.* und *Abessonova, L. N.*: Streuung von Ladungsträgern in Inversionskanälen von Metall-Oxid-Silizium-Strukturen (russ.). Fiz. Tekh. Poluprov. **5** (1971) 723
[100] *Sah, C. T., Ning, T. H.* und *Tschopp, L. L.*: The scattering of electrons by surface oxide charges and by lattice vibrations at the silicon-silicon dioxide interface. Surf. Sci. **32** (1972) 561
[101] *Ning, T. H.* und *Sah, C. T.*: Theory of scattering of electrons in nondegenerate-semiconductor-surface inversion layer by surface-oxide charges. Phys. Rev. B **6** (1972) 4605
[102] *Kawaji, S.* und *Kawaguchi, Y.*: Galvanometric properties of surface layers in indium arsenide. J. Phys. Soc. Japan. Supplement **21** (1966) 336
[103] *Conwell, E.* und *Weisskopf, V.*: Theory of impurity scattering in semiconductors. Phys. Rev. **77** (1950) 388
[104] *Rutledge, J. L.* und *Armstrong, W. E.*: Effective surface mobility theory. Solid-State Electron. **15** (1972) 215
[105] *Abul-Surur, M. A. M., Korschunov, A. B.* und *Nowotozkij-Wlasov, Yu. F.*: Einfluß einer Temperatur-Spannungs-Behandlung auf die Oberflächenstreuung von MIS-Strukturen (russ.). Mikroelektronika **3** (1974) 548
[106] *Greene, R. F.*: In: „Molecular Processes on Solid Surfaces". McGraw Hill, New York 1969, S. 239
[107] *Fang, F. F.* und *Howard, W. E.*: Negative field-effect mobility on (100) Si surfaces. Phys. Rev. Letters **16** (1966) 797
[108] *Murayama, Y., Kamagaki, Y.* und *Yamada, E.*: Jap. J. appl. Phys. Suppl. **41** (1972) 133
[109] *Sakaki, H.* und *Sugano, T.*: Jap. J. appl. Phys. Suppl. **41** (1972) 141
[110] *Sah, C. T., Edwards, J. R.* und *Ning, T. H.*: Observation of mobility anisotropy of electrons on (110) silicon surfaces at low temperatures. phys. stat. sol. (a) **10** (1972) 153
[111] *Sato, T., Takeishi, Y., Hara, H.* und *Okamoto, Y.*: Mobility anisotropy of electrons in inversion layers on oxidized silicon surfaces. Phys. Rev. B **4** (1971) 1950
[112] *Cheng, Y. C.*, und *Sullivan, E. A.*: On the role of scattering by surface roughness in silicon inversion layers. Surf. Sci. **34** (1973) 717
[113] *Nelson, A. R.*: Anisotropic relaxation time in quantized (110) silicon inversion layers. J. appl. Phys. **45** (1974) 2935
[114] *Miura, Y.*: Effect of orientation on surface charge density at silicon-silicon dioxide interface. Jap. J. appl. Phys. **4** (1965) 958
[115] *Abowitz, G., Arnold, E.* und *Ladell, J.*: Symmetry of interface charge distribution in thermally oxidized silicon. Phys. Rev. Letters **18** (1967) 543
[116] *Sato, T., Takeishi, Y.* und *Hara, H.*: Effects of crystallographic orientation on mobility,, surface state density, and noise in *p*-type inversion layers on oxidized silicon surfaces. Jap. J. appl. Phys. **8** (1969) 588
[117] *Ligenza, J. R.*: Effect of crystal orientation on oxidation rates of silicon in high pressure steam. J. Phys. Chem. **65** (1961) 2011
[118] *Sah, C. T.* und *Hielscher, F. H.*: Evidence on the surface origin of the $1/f$ noise. Phys. Rev. Letters **17** (1966) 956
[119] *Hsu, S. T., Fitzgerald, D. J.* und *Grove, A. S.*: Surface-state related $1/f$ noise in *p-n* junctions and MOS transistors. Appl. Phys. Letters **12** (1968) 287
[120] *Ohwada, A., Maeda, H.* und *Tanaka, K.*: Effect of the crystal orientation upon electron mobility at the Si–SiO_2 interface. Jap. J. appl. Phys. **8** (1969) 629
[121] *Revesz, A. G.* und *Zaininger, K. H.*: The influence of oxidation rate and heat treatment on the silicon surface potential in the Si-SiO_2-system. IEEE Trans. ED-**13** (1966) 246
[122] *Kooi, E.*: The surface properties of oxidized silicon. Philips Technical Library; Springer-Verlag, 1967
[123] *Lamb, D. R.* and *Badcock, F. R.*: The effect of ambient, temperature, and cooling rate on the surface charge at the silicon/silicon dioxide interface. Int. J. Electronics **24** (1968) 11

2.3. Fortschritte auf dem Gebiet des MIS-Transistors

Von *H. Reimer* und *O. Beneš*

Technische Hochschule Ilmenau, Sektion Physik und Technik elektronischer Bauelemente und Institut für Radioelektronik A. S. Popov, Prag

2.3.1. Einleitung

Charakteristisch für die gegenwärtig erkennbare Hauptrichtung der Entwicklung der Halbleitertechnik ist die immer bessere Ausnutzung der dem Silizium innewohnenden Leistungsgrenzen mit Hilfe der Planartechnik. Dabei geht es einerseits um die Erhöhung der Ökonomie der Bauelementefertigung, insbesondere durch Verringerung der mit den Herstellungsverfahren verbundenen Defekthäufigkeiten und andererseits um die Verbesserung der Eigenschaften von Einzelbauelementen und integrierten Schaltungen, wobei die Erhöhung der Grenzfrequenz bzw. Verringerung der Verzögerungszeit, Verringerung des Leistungsbedarfes und Erhöhung des Integrationsgrades (insbesondere im Hinblick auf die Realisierung von Halbleiterspeichern) wichtige Ziele darstellen.

Die herkömmlichen Bauelemente, Bipolartransistor und MOS-Feldeffekttransistor, bleiben im wesentlichen die Grundelemente der Festkörperelektronik für die Informationsverarbeitung, es ist jedoch erkennbar, daß beispielsweise in die Speichertechnik die Ladungsübertragungs-Bauelemente (CTD) und ihre Varianten eindringen werden. Bipolar- und MIS-Technologien entwickeln sich einerseits in enger Wechselwirkung zueinander, andererseits jedoch mit deutlichen Anzeichen gegenseitiger Konkurrenz. So hat das Vordringen der relativ kostengünstigen *P*-Kanal-MTOS-Technik die Entwicklung von Bipolartechnologien stimuliert, bei denen der Herstellungsprozeß gegenüber dem Standard-Verfahren (TTL, Serie 74) vereinfacht wurde. Ein Beispiel dafür ist die CDI-Technik.

Auf dem Gebiet der integrierten MIS-Technik konnten in den letzten Jahren bedeutende Fortschritte durch die Entwicklung von verbesserten *P*-Kanal-Technologien, von *N*-Kanal-Technologien und von Technologien für komplementäre Schaltkreise erreicht werden. Sie betreffen die Verzögerungszeit, den Leistungsbedarf, die Störsicherheit und den Flächenbedarf der integrierten Bauelemente. Mit einigen der neu- bzw. weiterentwickelten Technologien kann volle Kompatibilität bezüglich der Spannungspegel der logischen Signale und der Versorgungsspannungen zur bipolaren TTL-Technik erreicht werden.

2.3.2. Funktionsbestimmende Parameter des MIS-Transistors

Die Eigenschaften von integrierten MIS-Schaltkreisen werden durch einige Grundeigenschaften der MIS-Transistoren bestimmt. Sowohl der Typ des MIS-Transistors (Verarmung, Anreicherung) als auch die Signalpegel werden durch die Schwellspannung der integrierten MIS-Transistoren festgelegt. Auf ihre reproduzierbare

Einstellung bzw. Reduzierung und Sicherung ihrer Stabilität sind die Entwicklungen der MIS-Technologien insgesamt ausgerichtet. Von großer Bedeutung sind weiter die Steilheit und die Grenzfrequenz der Transistoren. Im folgenden werden die Haupteinflußgrößen für Schwellspannung, Steilheit und Grenzfrequenz dargestellt und hinsichtlich technologischer Verbesserungsmöglichkeiten diskutiert.

2.3.2.1. Grundtypen von MIS-Transistoren in MIS-Schaltkreisen

Ursprünglich wurden MIS-Transistoren ausschließlich in homogen dotiertem Substratmaterial realisiert. Diese Struktur ist vor allem dadurch gekennzeichnet, daß der durch die Gate-Elektrode steuerbare Kanal unmittelbar an der Phasengrenze Halbleiter—Isolator lokalisiert ist. In Bild 1 sind eine idealisierte Grundkonfiguration eines solchen Transistors und das dazugehörige Bändermodell im Kanal dargestellt. Dieses Bauelement wird im folgenden als SMIS-Transistor (S — surface) bezeichnet.
Mit Hilfe der Ionenimplantation wurde es möglich, die Kanalausbildung (und damit die Schwellspannung) durch phasengrenznah in den Halbleiter eingebaute Störstellen gezielt zu verändern. Von praktischem Interesse ist dabei vor allem die Schwellspannungsverringerung, die durch Implantation der Störstellen entgegengesetzten Typs, wie im Substrat vorhanden, entsteht. Dabei tritt ein PN-Übergang unter der Phasengrenze Halbleiter—Isolator auf, wodurch der gesteuerte Kanal sich zunächst in einiger Entfernung von der Phasengrenze ausbildet. Bild 2 zeigt wiederum Struktur und Bändermodell. Dieses Bauelement wird im folgenden als BMIS-Transistor (B — bulk) bezeichnet.

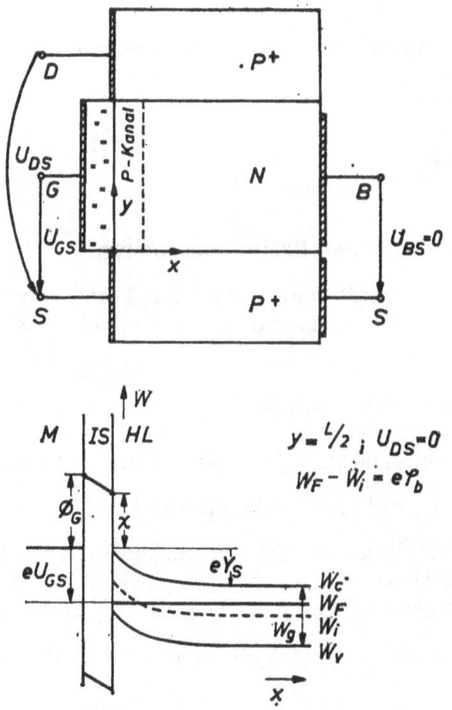

Bild 1.

a) Modellkonfiguration eines MIS-Transistors mit homogener Dotierung im Kanalgebiet (SMIS-Transistor)

b) Bändermodell des SMIS-Transistors ($|U_{GS}| > |U_{Ths}|$)

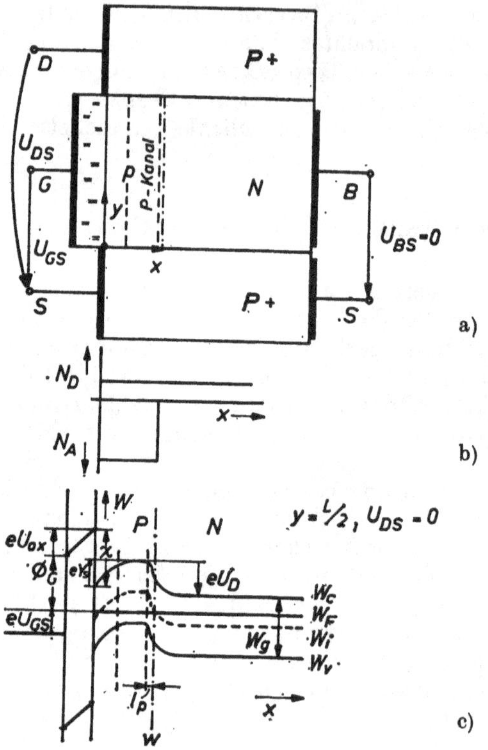

Bild 2.

a) Modellkonfiguration eines MIS-Transistors mit oberflächennahem *PN*-Übergang (BMIS-Transistor)

b) Verlauf der Störstellenkonzentration
   — N_D Substratdotierung
   — N_A Kanaldotierung

c) Bändermodell des BMIS-Transistors

2.3.2.2. Schwellspannung von SMIS- und BMIS-Transistoren

Für den *P*-Kanal-SMIS-Transistor erhält man unter der Voraussetzung kleiner Drain-Source-Spannung und starker Inversion für die beginnende Ausbildung des Kanals für die Schwellspannung U_{ThS}

$$U_{ThS} = \varphi_{GS} - \frac{1}{C'_I} (Q'_{ox} + Q'_b) - 2\varphi_b \,. \tag{1}$$

Dabei bedeuten: φ_{GS} das Spannungsäquivalent der Austrittsarbeitsdifferenz zwischen Gateelektrodenmaterial und Halbleitermaterial; $C'_I = \dfrac{\varepsilon_0 \cdot \varepsilon_{rI}}{d_I}$ die flächenbezogene Kapazität des Gateisolators; Q'_{ox} die flächenbezogene Ladung an der Phasengrenze Halbleiter—Isolator; $Q'_b = (4e \cdot N_D \varepsilon_0 \varepsilon_{rHL} \cdot \varphi_b)^{1/2}$ die flächenbezogene Ladung der Verarmungsraumladungszone zwischen Inversionsschicht und Halbleitervolumen; $\varphi_b = U_T \cdot \ln \dfrac{N_D}{n_i}$ das Volumenpotential des Halbleitersubstrates.

Die Schwellspannung kann also durch das Gateelektrodenmaterial (über φ_{GS}), durch Art und Dicke des Gateisolators (über C_I'), durch die Dotierung des Substrates (über Q_b' und φ_b) und durch die Phasengrenzladung Q_{ox}' beeinflußt werden. Die Phasengrenzladung der fast ausschließlich angewandten Phasengrenze thermisches SiO_2–Si liegt je nach Si-Orientierung und benutztem Oxydationsverfahren fest:

$$Q_{ox}' = 1{,}6 \cdots 10 \cdot 10^{-8}\ \mathrm{As/cm^2}\,.$$

Die Austrittsarbeitsdifferenz Φ_{GS} ergibt sich aus der Austrittsarbeit des Gatematerials Φ_G, der Elektronenaffinität χ und der Breite der verbotenen Zone W_g des Halbleiters zu

$$\Phi_{GS} = \Phi_G - \chi - \frac{W_g}{2} + e\varphi_b\,. \qquad (2)$$

Einige Werte für $\Phi_G - \chi_{Si}$ enthält Tab. 1.

Tabelle 1. Differenz zwischen Metallaustrittsarbeit und Elektronenaffinität des Siliziums [24]

Metall	$\Phi_G - \chi_{\mathrm{Si}}$ in eV
Au	0,82
Ag	0,73
Cu	0,63
Cr	−0,06
Al	−0,11
Sn	−0,82
Mg	−1,05
max. Fehler	+0,03 eV −0,06 eV

Für das häufig verwendete Gatematerial Aluminium ist der Beitrag der Austrittsarbeitsdifferenz zur Schwellspannung schwach abhängig von der Dotierung des Halbleitersubstrates

$$\frac{1}{e} \cdot \Phi_{\mathrm{Al/Si}} = -\,0{,}66\ \mathrm{V} + \varphi_b\,.$$

Bild 3 gibt eine Übersicht über die mit Aluminiumgate erreichbaren Schwellspannungen für N- und P-Kanal-Transistoren. Für P-Kanal-Transistoren wirken sowohl Isolatorladung als auch Verarmungsladung im Sinne einer Vergrößerung der Schwellspannung. Bei N-Kanal-Transistoren hat die Verarmungsladung das entgegengesetzte Vorzeichen von Q_{ox}', wodurch die zunächst negative Schwellspannung bei wachsender Dotierung verkleinert und später positiv wird. Im üblichen Dotierungsbereich ($N_I \leqq 10^{16}\ \mathrm{cm^{-3}}$) entstehen also Anreicherungs-P-Kanal- und Verarmungs-N-Kanal-Transistoren.
Mit stark P-dotierter polykristalliner Si-Schicht als Gatematerial läßt sich die Schwellspannung gegenüber Aluminium relativ stark beeinflussen. Die Austrittsarbeit von P^+–Si beträgt

$$\Phi_{P^+\text{–Si}} = \chi + W_g\,.$$

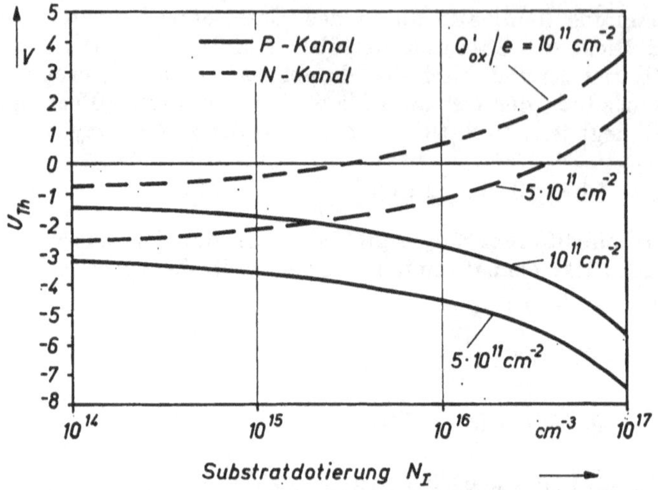

Bild 3. Schwellspannung von Al–SiO_2–Si–SMIS-Transistoren in Abhängigkeit von der Substratdotierung. Die Oxiddicke beträgt 0,1 μm. Parameter ist die feste Ladung im Isolator an der Si-SiO_2-Phasengrenze.

Damit wird die Austrittsarbeitsdifferenz zum Si-Substrat

$$\Phi_{P^+\text{-Si/Si}} = \frac{W_g}{2} + e\varphi_b$$

und die Schwellspannungsänderung

$$\Delta U_{ThP^+} = \frac{1}{e}(\Phi_{P^+\text{-Si/Si}} - \Phi_{\text{Al/Si}}) = \frac{W_g}{2e} + 0{,}66\ \text{V} = 1{,}2\ \text{V}\,. \tag{3}$$

Stark N-dotiertes polykristallines Si führt dagegen wegen

$$\Phi_{N^+\text{-Si}} = \chi$$

nur zu einer Schwellspannungsänderung von

$$\Delta U_{ThN^+} = \frac{1}{e}(\Phi_{N^+\text{-Si/Si}} - \Phi_{\text{Al/Si}}) = -\left(\frac{\Phi_{\text{Al}} - \chi}{e}\right) = 0{,}11\ \text{V}\,. \tag{4}$$

Beim Einsatz von poly-Si-Gateelektroden sind aus Bild 3 erhaltene Schwellspannungen um die dotierungsunabhängigen Werte ΔU_{ThP^+} bzw. ΔU_{ThN^+} zu korrigieren.

Mit P^+-Si-Gateelektroden sind bei $N_I = 10^{16}\ \text{cm}^{-3}$ sowohl P- als auch N-Kanal-Anreicherungstransistoren mit Schwellspannungen zwischen 1 und 2 V realisierbar.

Die Schwellspannung des P-Kanal-BMIS-Transistors erhält man für kleine Source-Drain-Spannung aus dem Bändermodell (Bild 2) unter Zugrundelegung eines einfachen Kastenprofils für die implantierten Akzeptoren zu

$$U_{ThB} = \varphi_{GS} + U_{ox} + \varphi_t - U_D\,. \tag{5}$$

Dabei bedeuten $U_{ox} = -\dfrac{Q'_{ox} + Q'_s}{C'_I}$ den Spannungsabfall über dem Isolator mit $Q'_s = -e(N_A - N_D)(w - l_p)$, $\varphi_t = \dfrac{e(N_A - N_D)}{2\varepsilon_0\varepsilon_{rHl}}(w - l_p)^2$ die Bandverbiegung

an der Halbleiter-Isolator-Phasengrenze im Abschnürfall und $U_D = U_T \ln \frac{N_D \cdot N_A}{n_i^2}$ die Diffusionsspannung am Kanal-Substrat-PN-Übergang.
Gegenüber einem im gleichen Substratmaterial realisierten SMIS-Transistor ergibt sich eine Schwellspannungsänderung ΔU_{Th} [13]

$$\Delta U_{Th} = U_{ThB} - U_{ThS} = \frac{1}{C_I'}(Q_b' - Q_s') + \varphi_t - U_D + 2\varphi_{bn} . \tag{6}$$

Mit $-U_D = \varphi_{bp} - \varphi_{bn}$ und $\varphi_{bn} = U_T \ln \frac{N_D}{n_i}$ sowie $\varphi_{bp} = -U_T \ln \frac{N_A}{n_i}$ wird

$$\Delta U_{Th} = \frac{1}{C_I'}(Q_b' - Q_s') + \varphi_t + U_T \ln \frac{N_D}{N_A} . \tag{7}$$

Unter der Voraussetzung $N_A \gg N_D$ erhält man durch Einsetzen von Q_s' und φ_t

$$\Delta U_{Th} = U_T \ln \frac{N_A}{N_D} + \frac{Q_b'}{C_I'} + \frac{eN_A(w - l_p)}{C_I'} + \frac{eN_A(w - l_p)^2}{2\varepsilon_0\varepsilon_{rHl}} . \tag{8}$$

Aus der Ladungsbilanz $Q_{bp}' = Q_{bn}'$ in der Raumladungszone des PN-Überganges folgt

$$e \cdot N_A \cdot l_p = e \cdot N_D \cdot l_n . \tag{9}$$

Die Verarmungsladung auf der N-Seite kann also als

$$Q_{bn}' = e \cdot N_D \left[\frac{2\varepsilon_0\varepsilon_{rHl}}{e} \cdot \frac{N_A}{N_D(N_A - N_D)} |U_D|\right]^{1/2} \tag{10}$$

mit

$$l_n = \left[\frac{2\varepsilon_0\varepsilon_{rHl}}{e} \frac{N_A}{N_A(N_A - N_D)} |U_D|\right]^{1/2}$$

aufgeschrieben werden. Die Verarmungsladung am PN-Übergang läßt sich mit der Verarmungsladung des SMIS-Transistors $Q_b' = (4\varepsilon_0\varepsilon_{rHl} \cdot e \cdot N_D \cdot \varphi_{bn})^{1/2}$ in Beziehung bringen (siehe Bändermodell Bild 1 und Bild 2).
Teilt man die Diffusionsspannung auf in $U_D = 2\varphi_{bn} + U_R$ mit $\varphi_{bn} = U_T \ln \frac{N_D}{n_i}$ und $U_R = U_T \ln \frac{N_A}{N_D}$, so wird mit $N_A \gg N_D$

$$Q_{bn}' = (4\varepsilon_0\varepsilon_{rHl} \cdot e \cdot N_D\varphi_{bn})^{1/2} \cdot \left(1 + \frac{U_R}{2\varphi_{bn}}\right)^{1/2} .$$

Damit läßt sich l_p unter Anwendung von (9) ausdrücken:

$$Q_{bn}' = Q_b' \cdot \left(1 + \frac{U_R}{2\varphi_{bn}}\right)^{1/2} = l_p \cdot eN_A . \tag{11}$$

Praktisch ist $U_R/2\varphi_{bn} < 1$, so daß die Wurzel genähert werden kann:

$$\left(1 + \frac{U_R}{2\varphi_{bn}}\right)^{1/2} \approx 1 + \frac{U_R}{4\varphi_{bn}} .$$

Setzt man den gewonnenen Ausdruck für l_p in die Beziehung (8) ein, erhält man

$$\Delta U_{Th} = \frac{1}{C_I'}\left(e \cdot N_A \cdot w + Q_b' \cdot \frac{U_R}{4\varphi_{bn}}\right) + \frac{e \cdot N_A \cdot w}{2C_s'}$$

$$\times \left[1 - \frac{Q_b'}{eN_A w}\left(1 + \frac{U_R}{4\varphi_{bn}}\right)\right]^2 + U_T \ln \frac{N_A}{N_D}. \qquad (12)$$

Dabei wurde $C_s' = \frac{\varepsilon_0 \varepsilon_{rHl}}{w}$ gesetzt.

In Bild 4 ist die berechnete Abhängigkeit der Schwellspannungsänderung über $N_A \cdot w$ aufgetragen.

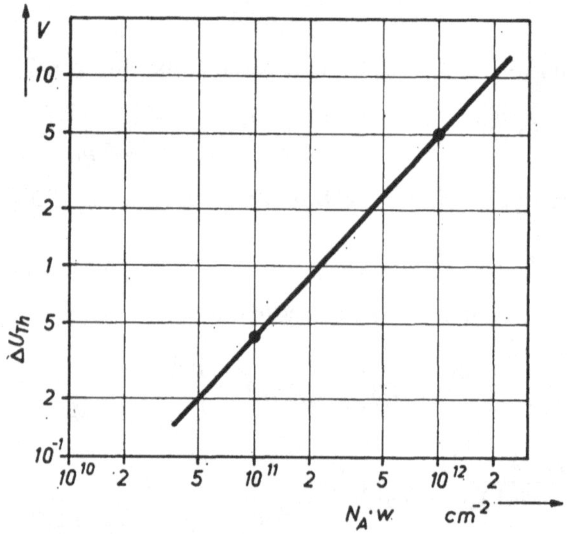

Bild 4. Änderung der Schwellspannung eines P-Kanal-BMIS-Transistors gegenüber der des SMIS-Transistors mit gleicher Substratdotierung ($N_D = 10^{15}$ cm^{-3}) in Abhängigkeit vom Produkt aus Kanaldotierung N_A und Eindringtiefe w (siehe Bild 2). Die Gateoxiddicke beträgt 0,1 μm. Für die Rechnung nach Gleichung (12) wurde $w = 0{,}1$ μm gesetzt

Näherungsweise ist das Produkt $N_A \cdot w$ die in den Halbleiter pro Flächeneinheit implantierte Akzeptoranzahl. Experimentelle Ergebnisse zur Schwellspannungseinstellung mittels Ionenimplantation stimmen befriedigend mit der berechneten Abhängigkeit (Bild 4) überein [13], wenn das Implantationsprofil im Silizium bekannt ist. Bild 5 zeigt das Implantationsprofil für den Fall, daß die Ionenimplantation wie üblich durch das Gateoxid hindurch vorgenommen wird. Eine reproduzierbare Schwellspannungseinstellung beim BMIS-Transistor gelingt, wenn der Ausgangswert der Schwellspannung bekannt ist und die Gateisolatordicke sehr genau ermittelt wurde. Die letzte Forderung ergibt sich daraus, daß bei der Ionenimplantation zwar die pro Flächeneinheit implantierte Ionenzahl sehr genau eingehalten werden kann, die Zahl der im Isolator „steckengebliebenen" Ionen jedoch von seiner Dicke abhängt. Darüberhinaus darf die Substratdotierung nur in engen Grenzen schwanken.

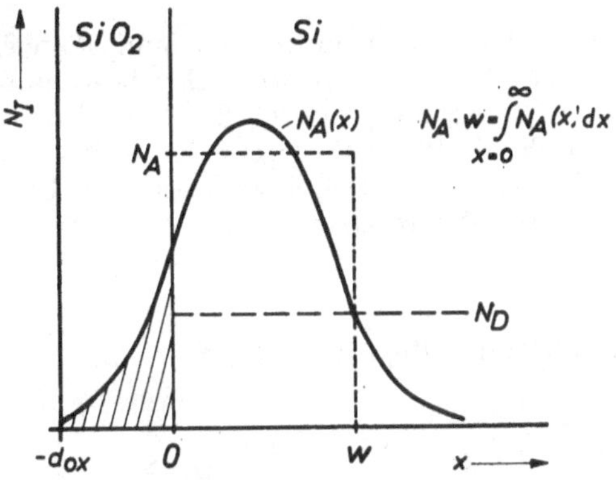

Bild 5. Implantationsprofil in einer SiO_2–Si-Schichtenfolge. Die schraffierte Fläche kennzeichnet die im SiO_2 „steckengebliebenen" Ionen

Ein besonderes Merkmal der Implantationsmethode zur Schwellspannungseinstellung besteht darin, daß durch relativ einfache Maskierungsverfahren (z. B. kann belichteter Fotolack als Implantationsmaske dienen), die Realisierung von MIS-Transistoren mit unterschiedlicher Schwellspannung auf einem Chip möglich ist. Dadurch lassen sich vorteilhafte Schaltungskonzepte durch gleichzeitige Verwendung von Verarmungs- und Anreicherungstransistoren anwenden.

2.3.2.3. Steilheit und Grenzfrequenz von MIS-Transistoren

Die Behandlung des HF-Verhaltens des MIS-Transistors kann unter der hier vorliegenden Zielstellung, Aussagen über die geometrischen Hauptfaktoren für das Frequenzverhalten zu finden, auf sehr einfache Weise erfolgen. Die Steilheit des MIS-Transistors ergibt sich aus der Kennliniengleichung für eine idealisierte Modellstruktur (Bild 6a) zu

$$g_{21} = \mu_K \cdot \frac{B}{L_K} \cdot C'_{\text{eff}}(U_{GS} - U_{Th})\,. \tag{13}$$

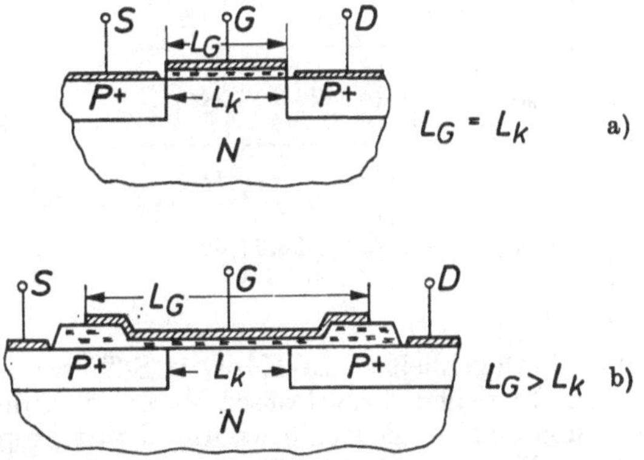

Bild 6.

a) Ideale MIS-Transistorstruktur

b) Reale MIS-Transistorstruktur mit Überlappung von Source- und Draingebieten durch die Gateelektrode

Dabei wurde vorausgesetzt, daß der Transistor im Sättigungsbereich arbeitet, d. h. daß $U_{DS} > (U_{GS} - U_{Th})$ ist. Die Steilheit wird also bestimmt durch die Beweglichkeit der Ladungsträger μ_K im Kanal, durch das Verhältnis von Kanalbreite B zu Kanallänge L_K, durch die flächenbezogene Kapazität C'_{eff} zwischen Steuerelektrode und Kanal und durch die Gate-Source-Spannung. Unter gleichen Betriebsbedingungen gilt für die Gate-Source-Kapazität

$$C_{GS} = \tfrac{2}{3}\, C'_{\text{eff}} \cdot L_K \cdot B\,. \tag{14}$$

Damit erhält man das Steilheits-Bandbreiteprodukt K zu

$$K = \frac{g_{21}}{2\pi \cdot C_{GS}} = \frac{3}{4\pi} \cdot \mu_K \cdot \frac{1}{L_K^2} (U_{GS} - U_{Th})\,. \tag{15}$$

Für den realen MIS-Transistor ergibt sich wegen der aus technologischen Gründen meist vorliegenden Gate-Source- und Gate-Drain-Überlappung (Bild 6b) ein wesentlich kleinerer Wert für K infolge der Wirkung insbesondere der Gate-Drain-Kapazität (Miller-Kapazität).
Tabelle 2 enthält eine Übersicht über die Steilheit und das Steilheits-Bandbreiteprodukt für verschiedene MIS-Transistorvarianten. Dabei wurde eine technologisch sicher beherrschte Kanallänge von $L_K = 5\,\mu\text{m}$ und als Gateisolator SiO_2 ($\varepsilon_{r0} = 4$) mit $d_I = 100$ nm angenommen. Die Tiefe des implantierten PN-Überganges für die BMIS-Transistorvarianten beträgt 100 nm. Die angegebenen Kanalbeweglichkeiten gelten für den BMIS-Transistor für kleine effektive Steuerspannungen $(U_{GS} - U_{Th})$, so daß der Kanal ausschließlich im Volumen existiert.

Tabelle 2. Vergleich der Eigenschaften von MIS-Transistorvarianten

MIS-Transistor-variante	μ_K in $\frac{\text{cm}^2}{\text{Vs}}$	C'_{eff} in $\frac{\text{nF}}{\text{cm}^2}$	$\frac{g_{21}}{B(U_{GS} - U_{Th})}$ in $\frac{\text{mA}}{\text{V}^2\text{cm}}$	$\frac{K}{U_{GS} - U_{Th}}$ in $\frac{10^8}{\text{s} \cdot \text{V}}$
P-Kanal-SMIS	$\mu_p^s = 200$	$C'_{\text{eff}} = C'_I = 35{,}5$	14,2	1,9
P-Kanal-BMIS	$\mu_p^b = 450$	$C'_{\text{eff}} = \frac{C'_I \cdot C'_s}{C'_I + C'_s} = 26{,}6$	24	4,26
N-Kanal-SMIS	$\mu_n^s = 580$	$C'_{\text{eff}} = C'_I = 35{,}5$	41,2	5,5
N-Kanal-BMIS	$\mu_n^b = 1300$	$C'_{\text{eff}} = \frac{C'_I \cdot C'_s}{C'_I + C'_s} = 26{,}6$	69	12,3

Die Tabelle zeigt deutlich die Überlegenheit von N-Kanal-MIS-Transistorvarianten gegenüber P-Kanal-Varianten. In realen Schaltkreisen wirken sich die Tabellenwerte in den Gatterverzögerungszeiten, die sich etwa umgekehrt proportional zu den K-Werten verhalten und im Flächenbedarf der Transistoren für eine bestimmte geforderte Steilheit, die sich in der Kanalbreite B ausdrückt, aus. Die erforderliche Kanalbreite verringert sich, bezogen auf den P-Kanal-SMIS-Transistor auf 0,59 für den P-Kanal-BMIS-, auf 0,345 für den N-Kanal-SMIS- und auf 0,205 für den N-Kanal-BMIS-Transistor.

2.3.3. Möglichkeiten zur Verringerung der Abmessungen von MIS-Transistoren in integrierten Schaltungen

Der Flächenbedarf von MIS-Transistoren in integrierten Schaltungen wird vor allem durch die Genauigkeit des verwendeten Verfahrens zur Realisierung der Lateralstruktur und damit durch die minimal beherrschte „Streifenbreite" bestimmt. Das heute allgemein eingesetzte Verfahren der Fotolithografie erlaubt Minimalabmessungen (im Sinne einer Grenze für die Anwendung üblicher Produktionsmittel) von etwa 3 µm. Daraus ergibt sich die normalerweise realisierte Kanallänge von $L_K \geqq 5$ µm für MIS-Transistoren. Sie ist nahezu unabhängig vom technologischen Gesamtablauf.
Eine Verringerung der Kanallänge würde eine Verkleinerung des Flächenbedarfes und eine Verbesserung der dynamischen Eigenschaften des Bauelementes ergeben. Zwei Wege werden dazu beschritten:

– Verkleinerung der herkömmlichen Bauelementekonstruktion unter Anwendung der „Ähnlichkeitsgesetze" für Äquipotentialflächen und Strombahnen [10] und
– Veränderung der Bauelementekonstruktion, wobei gleichzeitig Wert darauf gelegt wird, daß die Leistungsgrenzen der Fotolithografie nicht unterschritten werden. Beispiele für diesen Weg sind die Kurzkanal-MIS-Transistoren vom DMOS- [11] bzw VMOS- [8] Typ.

Der erste Weg zur Verringerung der Kanallänge von MIS-Transistoren geht davon aus, daß die den Kennlinienberechnungen des üblichen Transistors zugrundeliegenden Voraussetzungen, insbesondere die graduelle Channelnäherung, erhalten bleiben, wenn es gelingt, die Potential- und Feldverteilung im Kanal entsprechend den Ähnlichkeitsgesetzen zu gestalten. Neben der Reduzierung aller lateralen und vertikalen Abmessungen und der am Bauelement liegenden Spannungen um den Faktor $1/\alpha$, ist dazu die Erhöhung der Substratdotierung um den Faktor α erforderlich. Die erhöhte Substratdotierung sichert, daß die Breite der Raumladungszone w an Source- und Drain-pn-Übergängen um den Faktor $1/\alpha$ reduziert wird. Z. B. gilt am Drain:

$$w = \left[\frac{2\varepsilon_0\varepsilon_{rHl}}{e}\left(\frac{U_{DS}}{\alpha} + U_D\right)\cdot\frac{1}{\alpha N_I}\right]^{1/2} \approx \frac{w_0}{\alpha}.$$

w_0 ist die Breite der Raumladungszone am Originaltransistor. Die Schwellspannung des „verkleinerten" Transistors reduziert sich bei Vernachlässigung der Austrittsarbeitsdifferenz ebenfalls um $1/\alpha$. Da sich auch die Ströme durch den Transistor

Tabelle 3a. Verkleinerung von MIS-Transistoren unter Benutzung der „Ähnlichkeitsgesetze" für elektrische Felder [10]

Abmessungen bzw. Eigenschaft	Faktor
Kanallänge, -breite, Oxiddicke, $-L_K$, B, d_{ox}	$1/\alpha$
Substratdotierung $-N_I$	α
Spannungen am Bauelement	$1/\alpha$
Strom im Arbeitspunkt	$1/\alpha$
Gate-Kapazität $\frac{\varepsilon_0\varepsilon_{ro}\cdot L_K\cdot B}{d_{ox}}$	$1/\alpha$
Gatterverzögerungszeit	$1/\alpha$
Gatterverlustleistung	$1/\alpha^2$
Flächenbedarf	$1/\alpha^2$
Leistungsdichte – W/cm²	1

Tabelle 3b. **Auswirkung der Verkleinerung von MIS-Transistoren auf Verbindungsleitungen**

Abmessungen bzw. Eigenschaft	Faktor
Leiterbahnlänge, -breite, -dicke, $-L, B, t$	$1/\alpha$
Widerstand $- R_L = \frac{\varrho \cdot L}{B \cdot t}$	α
Spannungsabfall $- I \cdot R_L$	1
Stromdichte $- I/B \cdot t$	α

um den gleichen Faktor $1/\alpha$ verringern, bleibt der spezifische Leistungsumsatz bezogen auf die Bauelementefläche konstant. Die Verzögerungszeit eines Gatters reduziert sich um $1/\alpha$, die Gatterverlustleistung um $1/\alpha^2$, so daß sich für das Verzögerungs-Leistungsprodukt eine Verringerung um $1/\alpha^3$ ergibt. Tabelle 3 stellt die Ergebnisse der Verkleinerung der Abmessungen von MIS-Transistoren zusammen-

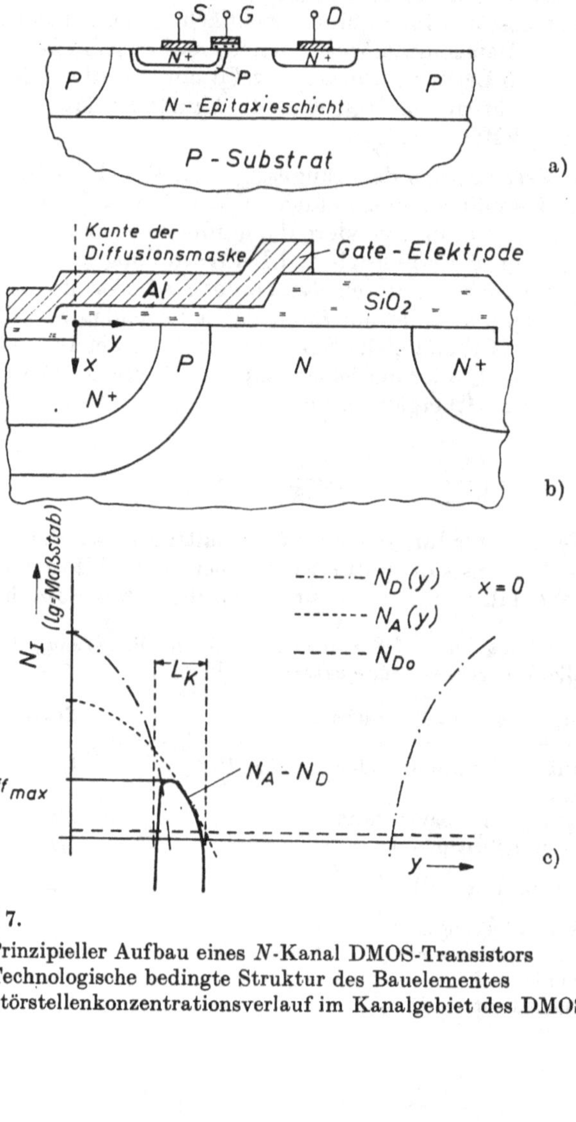

Bild 7.

a) Prinzipieller Aufbau eines N-Kanal DMOS-Transistors
b) Technologische bedingte Struktur des Bauelementes
c) Störstellenkonzentrationsverlauf im Kanalgebiet des DMOS-Transistors

gefaßt dar. Dort wird auch gezeigt, welche Auswirkungen durch die verkleinerten geometrischen Abmessungen bei Verbindungsleitungen entstehen. Die Aussagen der „Verkleinerungsmodelle“ sind erfolgreich experimentell überprüft worden [25].
Hauptnachteil dieses Weges zur Kanallängenreduzierung ist die Tatsache, daß seine Realisierung nur mit neuen Verfahren zur Verwirklichung der Lateralstruktur der Bauelemente erfolgen kann. Als aussichtsreich sind Elektronenstrahlverfahren zur „Belichtung“ von Lackhaftmasken anzusehen.
Der zweite Weg zur Verringerung der Kanallänge besteht darin, daß die Bauelementekonstruktion gegenüber der herkömmlichen völlig verändert wird. So wird beim DMOS-Transistor das Kanalgebiet durch Diffusion aus dem Sourcegebiet erzeugt. Bild 7a zeigt den prinzipiellen Aufbau eines N-Kanal-DMOS-Transistors, Bild 7b Einzelheiten der Bauelementekonstruktion und Bild 7c den Störstellenkonzentrationsverlauf im Kanalgebiet. Die Schwellspannung dieses Bauelementes wird durch die maximale Kanaldotierung $N_{A\,\mathrm{eff\,max}}$ bestimmt, es ist also notwendig, diesen durch Diffusionsprozesse erreichten Wert reproduzierbar einzustellen. Besonders kritisch ist daher die Realisierung der Diffusionsquellen für Source und Kanal durch Vorbelegung. Bei Anwendung der Ionenimplantation

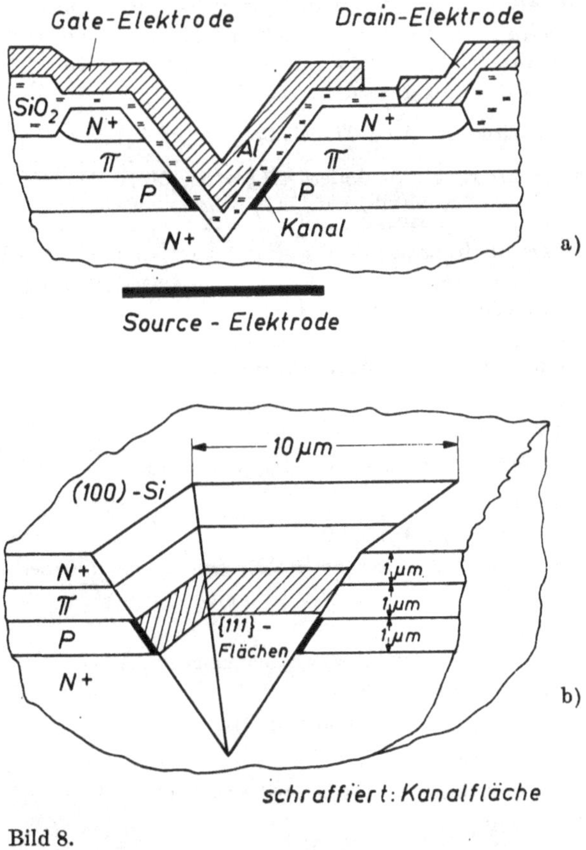

Bild 8.
a) Prinzipieller Aufbau eines N-Kanal-VMOS-Transistors
b) Schichtenfolge in der durch ⟨111⟩-Flächen begrenzten Ätzgrube auf (100)-Si

zur Vorbelegung läßt sich die Schwellspannung auf etwa $\pm 5\%$ genau reproduzieren [11]. Die Kanallängenreduzierung wird beim DMOS-Transistor bei Steilheit und Bandbreite wirksam. Zusätzlich lassen sich hohe Drain-Substrat- und Drain-Source-Durchbruchspannungen erreichen. Das niedrig dotierte Gebiet zwischen Kanal und Drainelektrode verhindert die Rückwirkung der Drainspannung auf die Schwellspannung und bewirkt damit, daß die Steilheit linear von der Gatespannung abhängt. Gleichzeitig wird die Wirkung der Gateelektroden-Drain-Überlappungskapazität reduziert. Die durch die Kanalverkürzung erzielbare Verringerung des Flächenbedarfes kommt beim DMOS-Transistor nicht voll zur Geltung, da zwar die Bauelementebreite kleiner wird, jedoch durch Beibehaltung der Fotolithografie die Abmessungen für Source-, Drain- und Gateelektroden nicht gegenüber üblichen Transistorkonstruktionen mit Selbstjustage reduziert werden können. Der technologische Aufwand zur Realisierung von DMOS-Schaltkreisen ist etwa mit dem für CMOS-Schaltkreisen vergleichbar.
Eine andere Variante der Bauelementekonstruktion für Kanallängen von $L_K \approx 1$ µm ist der VMOS-Transistor. Bei diesem Bauelement ergeben sich die bereits beim DMOS-Transistor genannten Vorteile. Zusätzlich wird eine erhebliche Reduzierung des Flächenbedarfes erreicht. Bild 8 zeigt den prinzipiellen Aufbau des VMOS-Transistors. Das Kanalgebiet entsteht wiederum durch Diffusion aus einer Vorbelegungsquelle in eine niedrigdotierte Epitaxieschicht. Durch Anwendung der selektiven Si-Ätztechnik wird das Kanalgebiet freigelegt und damit der Feldsteuerung zugänglich gemacht. In Tab. 4 sind die wichtigsten Schritte zur Realisierung des VMOS-Transistors aufgezählt.

Tabelle 4. Herstellungsschritte für VMOS-Transistoren [8]

Ausgangsmaterial: N^+-Si, Sb-dotiert ($N_D \approx 5 \cdot 10^{18}$ cm^{-3}), (100)-Orientierung, Ausrichtung auf {111}-Schnittkanten

1. Großflächige Bordiffusion mit $N_{A0} \approx 10^{17}$ cm^{-3} als Quelle für Kanaldotierung
2. Epitaxie von niedrigdotiertem P–Si, $N_A \approx 10^{15}$ cm^{-3}, Dicke der Epitaxieschicht 3 µm (Silanepitaxie, $T_E \approx 1025$ °C)
3. Thermische Oxydation, Oxiddicke 0,1 µm
   Abscheidung von Si_3N_4, Schichtdicke 0,1 µm

   A-Fotoschablone

   Strukturierung der Si_3N_4/SiO_2-Schicht
4. Selektive Oxydation, Realisierung des Feldoxides

   B-Fotoschablone

   Öffnen der Fenster für Draindiffusion
5. Phosphordiffusion, Realisierung der N^+-Draingebiete, dabei erneute thermische Oxydation

   C-Fotoschablone

   Öffnen der Fenster für orientierungsabhängiges Si-Ätzen
6. Si-Ätzen mit Strukturätzmittel
7. Thermische Oxydation, Erzeugung des Gateoxides, Oxiddicke 0,1 µm

   D-Fotoschablone

   Öffnen der Kontaktfenster für Drainelektroden
8. Al-Bedampfung

   E-Fotoschablone

   Strukturierung des Aluminiums

Bild 9 gibt einen Überblick über Verzögerungszeit und Leistungsbedarf für Gatter, die mit verschiedenen MIS-Techniken realisiert werden [8]. Zum Vergleich wurden Werte für TTL-Gatter (mit Schottky-Barriere zur Verringerung der Verzögerungszeit) und I^2L-Gatter mit eingetragen.

Obwohl die VMOS-Technologie relativ kompliziert ist, sind die bei ihrer Anwendung erreichbaren Ergebnisse bezüglich der Bauelementeeigenschaften und des Flächenbedarfes so gut, daß dieser Weg möglicherweise stark ausgebaut werden wird. Gegenüber einer N-Kanal-MIS-Technik mit einer Kanallänge von $L_K = 5$ µm und entsprechenden Anforderungen an die Fotolithografie kann sich beispielsweise der Flächenbedarf für ein Volladder in VMOS-Technik auf die Hälfte verringern, wobei die Anforderungen an die Fotolithografie sogar noch entschärft werden.

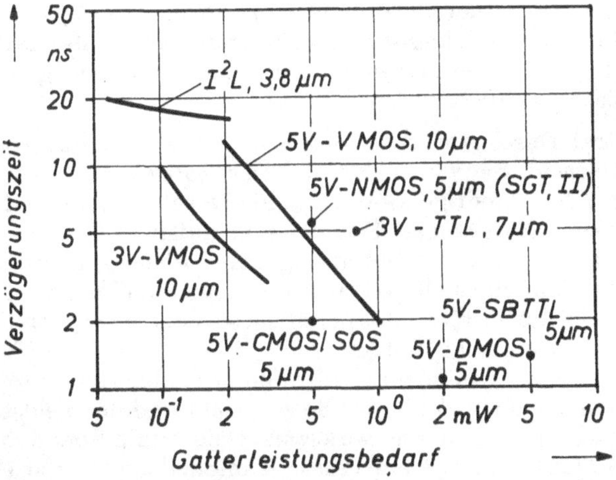

Bild 9. Gatterverzögerungszeit und Gatterleistungsbedarf für integrierte MIS-Bauelemente. Unter der Bauelementefamilie ist angegeben, welche Streifenbreite bei der technologischen Realisierung beherrscht werden muß. Die N-Kanal-MOS-Gatter (5 V-NMOS) sind mit polykristallinen Si-Gaterelektroden (SGT) und Ionenimplantation für den Kanalanschluß (II) realisiert worden (siehe Bild 11c)

Von Interesse ist noch die Beantwortung der Frage nach den theoretischen Grenzen der Verringerung der Abmessungen des MIS-Transistors. Auf diesem Wege werden Aussagen über die erreichbare Bauelementdichte in integrierten Schaltungen und damit letztlich über die Grenzen der heute ablaufenden Entwicklung der Mikroelektronik möglich. Bei der Behandlung der Frage, welche minimalen Abmessungen ein MIS-Transistor erreichen kann, sind einige elektrophysikalische Grenzen zu beachten:

— Im gesamten Aussteuerbereich des Bauelementes muß die Feldstärke im Gateisolator kleiner als die Durchbruchfeldstärke des verwendeten Isolators sein. Aus vorliegenden Erfahrungen in der MOS-Technik sind für SiO_2 Feldstärken von $2 \cdots 3 \cdot 10^6$ V/cm bei ausreichender Bauelementezuverlässigkeit zulässig. Es erscheint als möglich, diesen Feldstärkewert auch auf Fälle anzuwenden, bei denen die Gateisolatordicke wesentlich verringert wird [17]. Die klassischen Funktionsmerkmale des MIS-Transistors sind zu erwarten, solange kein merklicher Tunnelstrom über den Gateisolator fließt. Dadurch ist die minimal mögliche Isolatordicke zu $d_I = 5$ nm bestimmt [16].

— Bei maximaler Drain-Source-Spannung darf die Sperrschicht des Drain-*pn*-Überganges die Sperrschicht des Source-*pn*-Überganges nicht berühren (punch-through-effect). Dabei ist die Ausdehnung der Sperrschicht l an der Halbleiter-Isolator-Phasengrenze von Interesse, die durch Dotierungsinhomogenitäten, feste Ladungen im Isolator und den Krümmungsradius des *pn*-Überganges (bedingt durch die Eindringtiefe) beeinflußt wird. Die Ausdehnung der Sperrschicht bei gegebener Betriebsspannung U_B des Bauelementes bestimmt die minimale Kanallänge $L_{K\,\min}$. Unter Vernachlässigung von Phasengrenzeffekten gilt

$$L_{K\,\min} > l = \left[\frac{2\varepsilon_0\varepsilon_{rHl}(U_B + U_D)}{e \cdot N_I}\right]^{1/2}.$$

Kleine Kanallängen erfordern also eine hohe Dotierung N_I des Substrates. Die maximale Substratdotierung wird dadurch festgelegt, daß mit der maximal zulässigen Isolatorfeldstärke noch eine Inversionsschicht erzeugt werden muß. Sie ergibt sich zu $N_I \approx 10^{19}$ cm^{-3}.

— Die Drain-Substrat-Durchbruchspannung muß größer als die Betriebsspannung des Bauelementes sein. Sie wird durch die Dotierungskonzentration des Substrates bestimmt. Für niedrige Dotierung überwiegt Avalanche-Durchbruch, während bei hohen Dotierungen Feldemission auftritt. Die Drain-Substrat-Durchbruchspannung ist unter Beachtung der vorher behandelten Grenzen für die Konstruktion eines MIS-Transistors mit minimalen Abmessungen immer größer als die punch-through-Spannung, so daß keine neuen Forderungen an die Substratdotierungen auftreten.

— Die an der gateseitigen Drainkante auftretende Feldstärke kann näherungsweise als Summe der Feldstärke in der Sperrschicht und der Feldstärke an der Siliziumoberfläche, die durch die wirksame Gate-Drain-Spannung entsteht, aufgefaßt werden [15]. Überschreitet diese Kantenfeldstärke die Durchbruchfeldstärke des Siliziums, tritt ein lokaler Durchbruch auf, der die Bauelementefunktion stört. Der Kantendurchbruch tritt jedoch nicht störend in Erscheinung, wenn die Bedingungen für Gateisolatorfeldstärke und punch-through-Spannung eingehalten werden.

— Die bei der Verringerung der Abmessungen des MIS-Transistors notwendige Reduzierung der Betriebsspannung erfordert eine möglichst kleine Schwellspannung. Die Anwendung der im Kapitel 2 dieser Arbeit enthaltenen Zusammenhänge liefert Schwellspannungen von 0,1 ··· 0,3 V für *N*-Kanal-MIS-Transistoren mit polykristalliner Si-Gate-Elektrode.

Unter Berücksichtigung der genannten Grenzen ist von *Hoeneisen* und *Mead* [12] die Dimensionierung eines Inverters mit minimalem Flächenbedarf vorgenommen worden. Bild 10a enthält die minimale Kanallänge für Last- und Treibertransistor des Bildes 10b in Abhängigkeit von der Betriebsspannung. Als Dimensionierungskriterium ist eine maximale Isolatorfeldstärke von $3 \cdot 10^6$ V/cm für den Lasttransistor zugrundegelegt worden. Zu dieser Bedingung gehören die in Bild 10a angegebenen Werte für Isolatordicke (gültig für SiO_2) und Substratdotierung. Es ergeben sich folgende minimale Kanallängen für z. B. 2 V Betriebsspannung:

$$\text{Treibertransistor} \quad T1 - L_{K\,\min} = 0{,}24\,\mu\text{m}\,,$$
$$\text{Lasttransistor} \quad T2 - L_{K\,\min} = 0{,}41\,\mu\text{m}\,.$$

Die Gateoxiddicke beträgt dabei 0,014 µm und die Substratdotierung für den Lasttransistor $9{,}2 \cdot 10^{16}$ cm^{-3} und für den Treibertransistor $2{,}7 \cdot 10^{17}$ cm^{-3}.

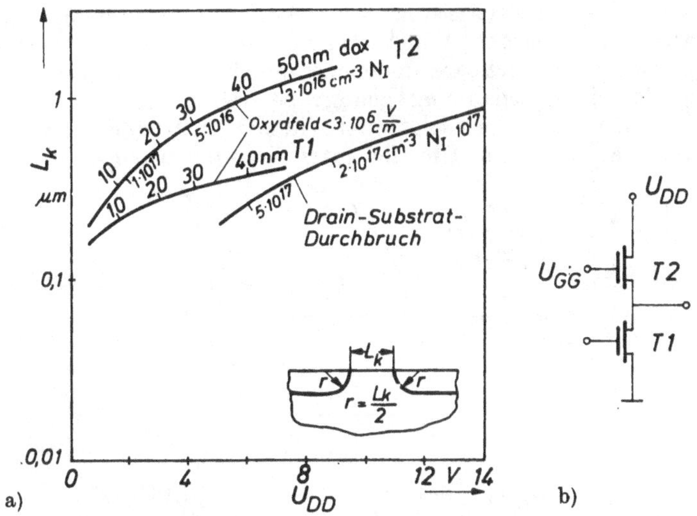

Bild 10. Minimale Abmessungen (a) der Transistoren eines Inverters (b) in Abhängigkeit von der Spannung U_D

Die bereits erwähnte erfolgreiche Realisierung von MIS-Transistoren mit $L_K = 1$ µm und $d_I = 0{,}02$ nm [25] läßt erwarten, daß die Abmessungen von MIS-Transistoren, wie sie aus der Arbeit von *Hoeneisen* und *Mead* [12] folgen, erreichbar sind. Eine neue technologische Qualität ist dabei für die Verwirklichung der Lateralgeometrie erforderlich. Entsprechende Verfahren stehen heute bereits im Labor zur Verfügung (Elektronenstrahllithografie).

2.3.4. Technologische Entwicklungen

2.3.4.1. *P*-Kanal-MIS-Technologie

Auf der Grundlage der Planartechnik mit Aluminium als Kontakt- und Leiterbahnmaterial hat sich die heute mit „Hochvolt-*P*-Kanal-MOS-Technik" bezeichnete Realisierungsvariante für MOS-Schaltkreise entwickelt. Bedingt durch die physikalischen Eigenschaften des Al–SiO_2–Si-Systems beträgt die Schwellspannung $U_{Th} = -(3 \cdots 5)$ V. Die Transistoren sind vom Anreicherungstyp.
Für digitale MOS-Schaltkreise ergeben sich aus der Schwellspannung der verwendeten Transistoren die Betriebsspannung und die logischen Pegel am Ein- und Ausgang: Für die Standard-MOS-Technik liegen die Werte bei $U_B = -27$ V; $U_0 - 1$ V; $U_L - 10$ V. Diese Spannungspegel erlauben keine einfache Zusammenschaltung von MOS- mit bipolaren TTL-Schaltkreisen.
Die Realisierung von MOS-Schaltkreisen mit Standard-MOS-Transistoren erfolgt im allgemeinen in einer MTOS-Variante, bei der durch drei thermische Oxydationsprozesse im Herstellungsablauf die für die Funktion bestimmende Abstufung der Oxidschichtdicken über dem Kanal der Transistoren und über den zur Leiterbahnführung vorgesehenen Gebieten realisiert wird (Bild 11a). Die Standard-MOS-Technik erlaubt die Realisierung von MOS-Transistoren mit einer Kanallänge von $L_K \approx 8$ µm und führt zu erheblichen parasitären Kapazitäten, da eine „Selbstpositionierung" der Gate-Elektroden nicht durchgeführt werden kann. Der relativ

große Flächenbedarf des Einzeltransistors sowie die bei hohen Spannungspegeln erforderlichen Abstände zwischen Bauelementen zur Vermeidung parasitärer Transistoren begrenzen die erreichbare Bauelementedichte auf etwa $10^4\,cm^{-2}$. Die Reduzierung der Schwellspannung gelingt bei der P-Kanal-MIS-Technik gemäß Gl. (1) durch Erhöhung der Isolatorkapazität C'_I, z. B. durch Anwendung eines geschichteten Gate-Isolators. Um die guten Phasengrenzeigenschaften des

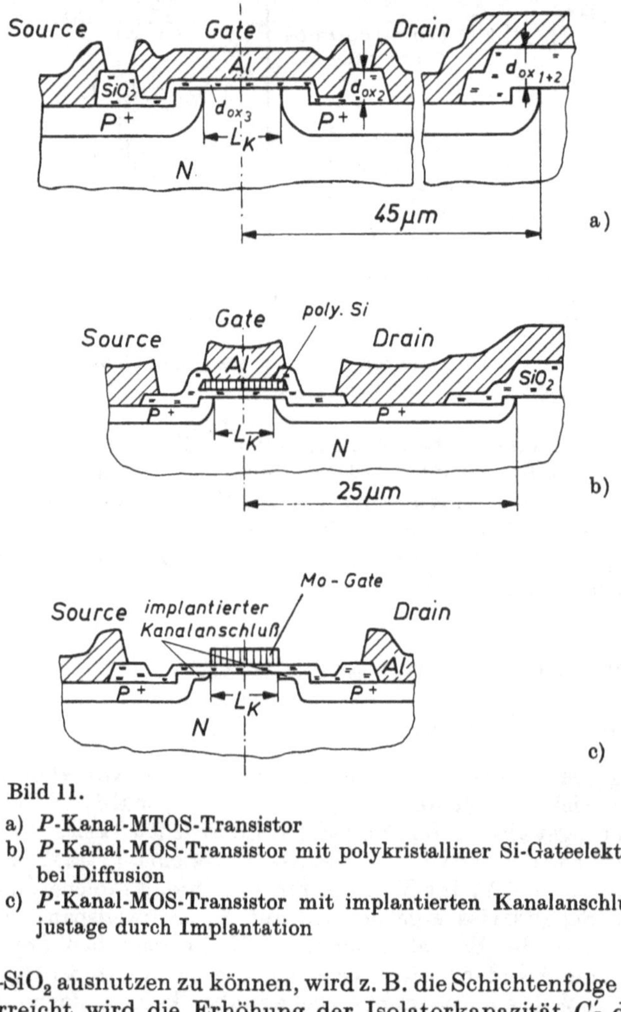

Bild 11.

a) P-Kanal-MTOS-Transistor

b) P-Kanal-MOS-Transistor mit polykristalliner Si-Gateelektrode, Selbstjustage bei Diffusion

c) P-Kanal-MOS-Transistor mit implantierten Kanalanschlußgebieten, Selbstjustage durch Implantation

Systems Si–SiO_2 ausnutzen zu können, wird z. B. die Schichtenfolge Si–SiO_2–Si_3N_4–Al benutzt. Erreicht wird die Erhöhung der Isolatorkapazität C'_I durch die höhere Dielektrizitätskonstante des Si_3N_4 gegenüber dem SiO_2 ($\varepsilon_{r,\,SiO_2} = 4$; $\varepsilon_{r\,Si_3N_4} = 6$). Um den Einfluß von Ladungsspeichervorgängen auf den Halbleiter gering zu halten, ist eine Mindestdicke der SiO_2-Schicht von $d_{ox} = 30$ nm erforderlich [7], [5], [6]. Bei üblichen MNOS-Anordnungen beträgt mit der Dicke der Si_3N_4-Schicht $d_N = d_{ox}$ die Isolatorkapazität

$$C'_I = \frac{\varepsilon_{ox}\varepsilon_N}{d_{ox}\varepsilon_N + d_N\varepsilon_{ox}} = \frac{\varepsilon_{ox}\varepsilon_N}{d(\varepsilon_N + \varepsilon_{ox})} = 2C'_{ox\,0} \cdot \frac{\varepsilon_N}{\varepsilon_N + \varepsilon_{ox}}\,,$$

$$C'_I = 1{,}2C'_{ox\,0}\,,$$

wenn für die Vergleichsanordnung eine Oxiddicke von $d_N + d_{ox}$ angesetzt wird (C'_{ox0}). Unter Voraussetzung gleicher Oxidladungen und gleicher Dotierung wie bei der P-Kanal-Standardtechnologie reduziert sich die Schwellspannung auf Werte um $U_{Th} = -2{,}5$ V. Damit sind Betriebsspannungen von $U_B = -17$ V möglich.
Die MNOS-Technik entspricht im übrigen weitgehend der MTOS-Technik. Infolge der niedrigen Spannungspegel und geringer Oberflächenleitfähigkeit des Si_3N_4 können die MIS-Transistoren auf dem Halbleiterchip „dichter gepackt" werden, d. h. der mögliche Integrationsgrad erhöht sich gegenüber der Standardtechnik auf etwa $2{,}5 \cdot 10^4$ Transistoren pro cm^2. Typisches Erzeugnis dieser Technologie ist der Schaltkreis U 820 D für den Einchip-Taschenrechner Minirex mit ca. 8000 Transistoren auf einer Chipfläche von 6×6 mm^2.
Eine weitere Verringerung der Schwellspannung gelingt durch Ausnutzung geeigneter Gate-Substrat-Austrittsarbeitsdifferenzen φ_{GS}, d. h. durch Übergang zu Elektrodenmaterialien mit größerer Austrittsarbeit als Al. Durchgesetzt hat sich relativ hoch p-dotiertes Silizium als Gateleektrodenmaterial. Infolge seiner hohen Austrittsarbeitsdifferenzen zum N–Si-Substrat werden Schwellspannungen von $U_{Th} = -1{,}5$ V erreicht. Die Silizium-Tor-Technologie ermöglicht gegenüber der Al-Technologie eine bedeutende Verringerung des Flächenbedarfes des einzelnen Transistors, da durch Diffusion der Source- und Draingebiete nach der Strukturierung der polykristallinen Si-Tor-Elektroden eine „Selbstjustage" verwirklicht wird (Bild 11b) und damit die schädlichen Gate-Source- und Gate-Drain-Kapazitäten wesentlich kleiner werden. Die letzte Tatsache führt zu verbesserten dynamischen Eigenschaften. Mittels der P-Kanal-Silizium-Tor-Technologie lassen sich bezüglich der logischen Pegel TTL-kompatible MIS-Schaltkreise realisieren. Die Betriebsspannung liegt jedoch mit $U_B = -13$ V über der üblicher TTL-Schaltkreise ($U_B = 5$ V). Die Verringerung der Transistor-Abmessungen und die kleineren Spannungspegel erlauben eine weitere Erhöhung des Integrationsgrades bis zu etwa 10^5 Transistoren pro cm^2. Die P-Kanal-Si-Tor-Technologie ist geeignet für komplexe Rechnerschaltkreise (z. B. Mikroprozesser CPU) und statische bzw. dynamische Halbleiterspeicher bis zu etwa 4096 Bit mit mittleren dynamischen Eigenschaften.
Durch Einsatz der Ionenimplantation lassen sich weitere Verbesserungen erzielen. Durch Akzeptorimplantation im Kanalgebiet kann z. B. für MNOS-Transistoren die Schwellspannung weiter verringert und genau eingestellt werden (→ BMOS-Transistor). Durch Donatorimplantation in den Feldbereichen kann die Feldschwellspannung so weit erhöht werden, daß parasitäre Transistoren mit Sicherheit nicht auftreten. Damit werden geringere Abstände der integrierten Transistoren möglich (Integrationsgrad steigt).
Den höchsten qualitativen Gewinn bringt der Einsatz der Ionenimplantation bei der P-Kanal-Si-Tor-Technologie [4]. Durch implantierte Kanalanschlußgebiete von *Source* und *Drain* (Bild 11c) wird eine nahezu ideale Bauelementestruktur im Gate-Kanal-Bereich realisiert. Die dynamischen Eigenschaften der Schaltkreise verbessern sich weiter. Implantierte Donatoren im Feldbereich ermöglichen hohe Packungsdichte.

2.3.4.2. *N*-Kanal-MIS-Technologie

Der N-Kanal-MIS-Transistor besitzt bei gleichen geometrischen Abmessungen wegen der etwa um den Faktor 3 höheren Elektronen- gegenüber der Defektelektronenbeweglichkeit wesentlich bessere statische und dynamische Eigenschaften als

das P-Kanal-Bauelement: Höhere Grenzfrequenz, geringerer Leistungsbedarf und kleinere benötigte Bauelementefläche sind das Ergebnis. Die technologische Realisierung von N-Kanal-MIS-Transistoren ist vor allem deshalb schwierig, weil die Schwellspannung durch das entgegengesetzte Vorzeichen der Ladung im SiO_2 (positiv) und der durch Akzeptoren getragenen Verarmungsladung im Si (negativ) bestimmt wird und damit als Differenz zweier relativ großer Spannungen $+Q'_{ox}/C'_I$ und $-Q'_b/C'_I$ vorliegt. Die reproduzierbare Einstellung von V_T setzt eine sehr genau beherrschte Technologie voraus, insbesondere bezüglich der Prozeßschritte, durch die Q'_{ox} bestimmt wird.
Andererseits ist es mit Hilfe der N-Kanal-Technik möglich, vorzugsweise Schwellspannungen um Null Volt zu realisieren, d. h. MIS-Transistoren vom Verarmungstyp ($U_{Th} \approx -1$ V) und vom Anreicherungstyp ($U_{Th} \approx +1$ V). In jedem Falle ist es notwendig, parasitäre Kanäle an der Phasengrenze Feldoxid-Si durch zusätzliche technologische Maßnahmen zu verhindern. Die volle Nutzung der Möglichkeiten der N-Kanal-Technik für hochintegrierte MIS-Schaltkreise ist deshalb nur gegeben, wenn Verfahren dazu zur Verfügung stehen. Besondere Bedeutung besitzt dabei die selektive Oxydation von Si unter Einbeziehung der Ionenimplantation von Akzeptoren in den Feldbereichen. Um die Bauelementeabmessungen möglichst klein zu halten, sind selbstjustierende Verfahren für das Gategebiet üblich. Angewandt werden dabei sowohl polykristallines Si als auch Metall (Mo, W) und Diffusion oder Ionienimplantation, wie bei P-Kanal-Technologien dargestellt. Bild 12 zeigt eine Variante der N-Kanal-Technologie [14].

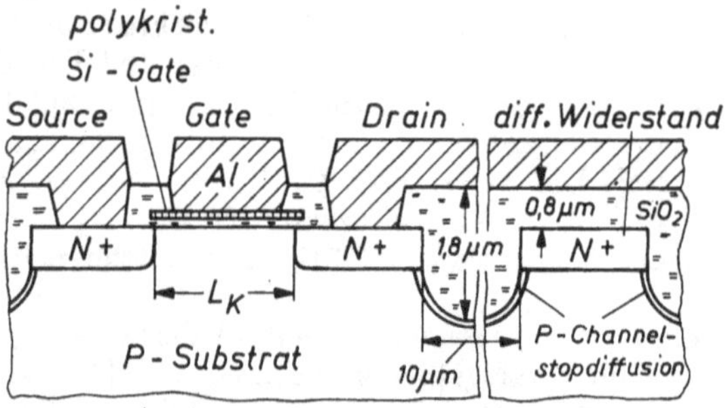

Bild 12. N-Kanal-MOS-Transistor. COPLAMOS-Technologie mit selektiver Oxydation zur Realisierung des Feldoxides, Channelstopdiffusion zur Vermeidung von parasitären Transistoren und polykristallinen Si-Gateelektroden.

N-Kanal-MIS-Schaltkreise können voll TTL-kompatibel realisiert werden, d. h. nicht nur die logischen Pegel, sondern auch die Betriebsspannung ($U_B = 5$ V) stimmen überein [1]. Sie erlauben den höchsten Integrationsgrad aller MIS-Varianten: ca. $5 \cdot 10^5$ Transistoren pro cm^2 erscheinen als möglich. Die dynamischen Eigenschaften von N-Kanal-MIS-Gattern sind mit Standard-TTL-Gattern vergleichbar.
Die N-Kanal-Technik ist geeignet für hochintegrierte Schaltungen mit guten dynamischen Eigenschaften (CPU, stat. und dynamische Speicher).

2.3.4.3. Komplementäre MIS-Technologien (CMOS)

Die Realisierung von P- und N-Kanal-MIS-Transistoren auf einem Halbleiterchip ermöglicht insbesondere Digital-Schaltungen mit interessanten Eigenschaften [3].

Am Beispiel des Inverters mit der dazugehörigen Übertragungs-Kennlinie (Bild 13) läßt sich zeigen,

- daß Auf- und Entladen der Eingangskapazität der folgenden Stufe über den kleinen Widerstand des jeweils eingeschalteten *P*- bzw. *N*-Kanal-Transistors erfolgt und
- daß in jedem stationären Zustand praktisch kein Strom durch den Inverter fließt.

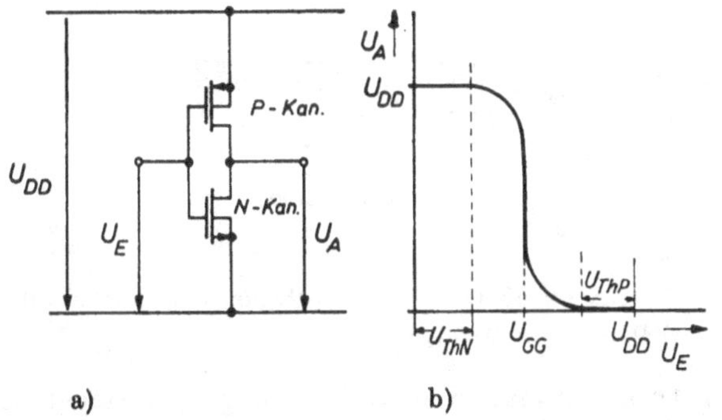

Bild 13.
a) Inverter in komplementärer MOS-Technik (CMOS)
b) Übertragungskennlinie des CMOS-Inverters

Daraus ergeben sich hohe Arbeitsgeschwindigkeiten und kleiner Leistungsbedarf. Weitere für die Anwendung wichtige Eigenschaften von CMOS-Schaltkreisen sind:

- Großer Betriebsspannungsbereich, die minimale Betriebsspannung kann gleich der Summe der Schwellspannungen der *P*- und *N*-Kanal-Transistoren sein;
- hohe Festigkeit gegen Störspannungen;
- große Temperaturstabilität (besser als bei TTL-Schaltkreisen).

Aus diesen Eigenschaften ergibt sich der Anwendungsbereich von CMOS-Schaltkreisen. Sie sind mit relativ niedrigen Integrationsgraden interessant als Ergänzung bzw. Ersatz von Standard-TTL-Schaltungen. Dabei werden gute dynamische Eigenschaften erreicht (z. B. Verzögerungszeit für ein Gatter 50 ns gegenüber 13 ns für Standard-TTL-Gatter), der Leistungsbedarf ist wesentlich geringer, es besteht keine Notwendigkeit, die Betriebsspannungen zu stabilisieren und man erhält eine hohe Störsicherheit.

Typische Einsatzbereiche sind:

Mobile Geräte, KFZ-Elektronik, Haushaltsgeräte, Uhren.

Als CMOS-Varianten sind Halbleiterspeicher mit geringen Zugriffszeiten und mit hohen Speicherkapazitäten realisierbar. Auch CPU-Schaltkreise wurden bereits hergestellt.
Die Realisierung von CMOS-Schaltkreisen erfolgt allgemein in einem *N*-leitenden Substrat, in das zunächst *P*-Wannen zur Aufnahme der *N*-Kanal-MOS-Transistoren eingebracht werden. Ein wesentliches technologisches Problem besteht dabei darin, daß die Oberflächenkonzentration der *P*-Wanne einen genau definierten Wert ($\approx 10^{16}$ cm^{-3}) aufweisen muß, damit die Schwellspannung U_{ThN} gleich dem Betrag der Schwellspannung U_{ThP} der im Substrat erzeugten *P*-Kanal-Transistoren

wird. Als geeignete Diffusionsquelle für diesen kritischen Diffusionsschritt haben sich dotierte Oxidschichten oder implantierte Akzeptoren erwiesen. Die übrigen Schritte der CMOS-Technologie lassen sich aus den dargelegten *P*- und *N*-Kanal-Technologien ableiten. Bild 14 zeigt eine Variante. Im Interesse geringen Flächenbedarfes der Transistoren wird häufig die Si-Tor-Technologie und die Ionenimplantation angewandt.

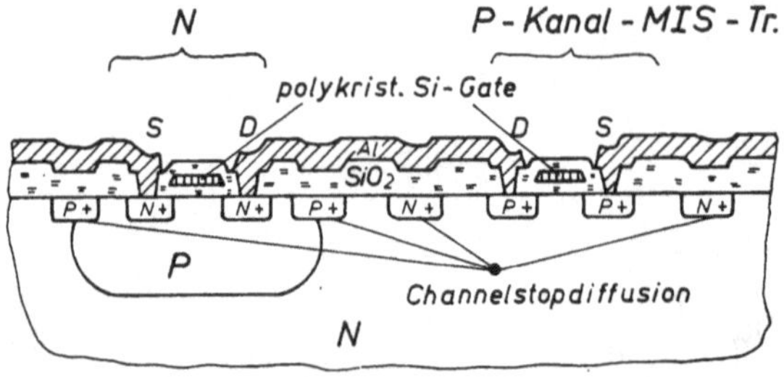

Bild 14. CMOS-Struktur mit Channelstopdiffusion und polykristallinen Si-Gateelektroden

Der Flächenbedarf für Transistoren in CMOS-Schaltungen verringert sich bis auf den der *N*-Kanal-Technik, wenn *N*- und *P*-Gebiete in einer dünnen einkristallinen Silizium-Schicht auf Saphir oder Spinell als Substrat realisiert werden (SOS-Technik). Durch Verbesserungen des Substratmaterials und der Epitaxieverfahren ist es heute möglich, derartige Si-Schichten mit niedrigen Dotierungen ($\approx 10^{15}$ cm^{-3}) und nahezu Volumeneigenschaften (z. B. Beweglichkeit der Ladungsträger in der Schicht $\approx$80% des Volumenwertes) bei Schichtdicken von 0,5 ··· 1 µm herzustellen. Durch Anwendung von Ionenimplantation, selektiver Oxydation, orientierungsabhängigen Ätzverfahren für Si, Ionenimplantation und polykristallinen Si-Schichten entsteht die CMOS-Schaltung (Bild 15) [26].
Die Anwendung dieser Technik wird im Moment noch durch hohe Kosten für das Substrat gebremst. Jedoch sind die erreichbaren technischen Parameter z. B. von Halbleiterspeichern so gut, daß damit zu rechnen ist, daß sie sich als Ergänzungstechnik zu den übrigen Technologien für hochintegrierte MIS-Schaltkreise durchsetzen wird.
Als Beispiel für den im Labor erreichten Stand sei hier ein 4 kBit RAM der Firma Siemens genannt. Durch Anwendung der SOS-Technik mit einem Si-Film von nur

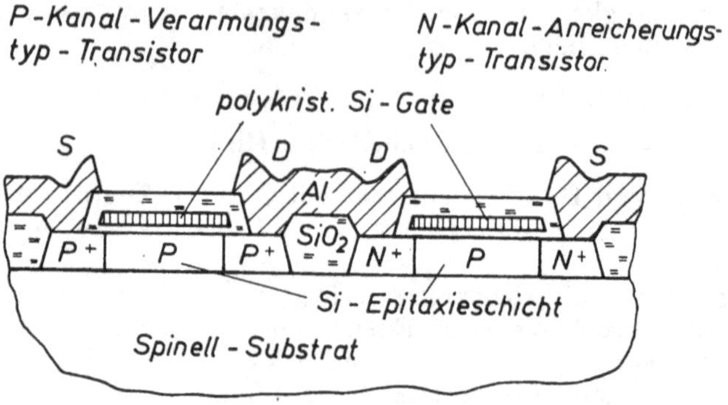

Bild 15. Realisierung von CMOS-Schaltkreisen in einkristallinen Si-Schichten auf Spinell oder Saphir

0,6 μm Dicke ist die Realisierung von N-Kanal-Anreicherungs- und P-Kanal-Verarmungs-MIS-Transistoren möglich. Die Schwellspannungen der Transistoren beträgt dabei 0,5 V bzw. −0,5 V. Eine Speicherzelle, die neben den beiden komplementären Transistoren noch zwei Widerstände und eine Diode enthält, benötigt eine Fläche von 1500 μm^2. Das Saphirchip für das 4 kBit-RAM hat die Abmessungen von $4{,}2 \times 3{,}5\ mm^2$.
Eine Abschätzung [9] zeigt, daß das Verzögerungszeit-Leistungsprodukt einer SOS-CMOS-Inverterstufe in Abhängigkeit von der Kanallänge der Transistoren

$$P_s \cdot t_{ds} \approx 0{,}081\ \mathrm{pJ} \cdot \mu\mathrm{m} \cdot \frac{L_K}{\mu\mathrm{m}}$$

wird. Es lassen sich 0,5 pJ bei einer Taktfrequenz von 250 MHz und einer Kanallänge von 2,5 μm erreichen.

2.3.5. Programmierbare Festwertspeicher (*p*ROM)

Für viele Anwendungsfälle sind Speicher interessant, die vom Anwender selbst programmierbar sind, deren Speicherinhalt von Zeit zu Zeit geändert werden kann, bei denen die Zugriffszeit zu gespeicherter Information klein ist und deren Speicherinhalt nichtflüchtig ist, d. h. auch ohne Versorgungsspannung erhalten bleibt. Besonders attraktiv wären dabei Bauelemente, deren Speicherinhalt mit elektrischen Impulsen geändert werden kann, wobei die erforderliche Impulslänge und -amplitude Werte annehmen sollte, die den normalen Betriebsbedingungen des Gerätes entsprechen (Umprogrammierung im Maschinenzyklus).
In den letzten Jahren sind einige *p*ROM-Varianten auf der Grundlage der MIS-Technik entwickelt worden, die z. T. die genannten Forderungen erfüllen. Die nichtflüchtige Speicherung von Ladungen gelingt in der MIS-Struktur entweder an der Grenzfläche zwischen zwei Isolatorschichten — wie beim MNOS-Transistor [18] mit dünner SiO_2-Schicht — oder auf leitenden Elektroden (vorwiegend aus polykristallinem Silizium), die vollständig in SiO_2 eingebettet sind. Das letztgenannte Prinzip wird im Floating-Gate-Transistor [18], [19] angewandt.
Unter Verwendung des Prinzips des Floating-Gate-Transistors befinden sich *p*ROM-Bauelemente seit 1971 auf dem Markt (Intel 1601). Die Zugriffszeit zur gespeicherten Information liegt unter einer Mikrosekunde, die Programmierung erfolgt dadurch, daß die Drain-Substrat-Diode der Transistoren für 1 ms mit 50 V in Sperrrichtung belastet werden, wobei der Strom 5 mA beträgt. Der ausgelöste Avalanche-Durchbruch der Diode liefert heiße Elektronen, die im SiO_2 eine so große Reichweite besitzen, daß die Floating-Elektrode umgeladen werden kann. Die erreichbare Ladungsänderung der Gate-Elektrode entspricht einer Gatespannungsänderung von 10 V, sie besitzt eine Standzeit von einigen Jahren selbst bei 125 °C. Der Speicherinhalt des *p*ROM kann durch Bestrahlung mit UV- bzw. Röntgenstrahlen gelöscht werden, worauf eine erneute Programmierung des *gesamten* Speichers möglich ist. Die Zahl der Programmierungs-Lösch-Zyklen ist auf 10 bis 20 begrenzt, da irreversible Strukturänderungen während der Programmierung und des Löschvorganges die Standzeit der gespeicherten Ladung verringern. Sowohl das Programmieren als auch das Löschen sind nur außerhalb des Gerätes, in dem das *p*ROM eingesetzt ist, möglich.
Bild 16 zeigt einen Floating-Gate-Transistor mit einem zusätzlichen Hilfsgate [20], mit dessen Hilfe die Parameter des Speicherbauelementes wesentlich verbessert werden. Die Ladungseinspeicherung erfolgt jetzt in 20 μs mit Spannungsimpulsen

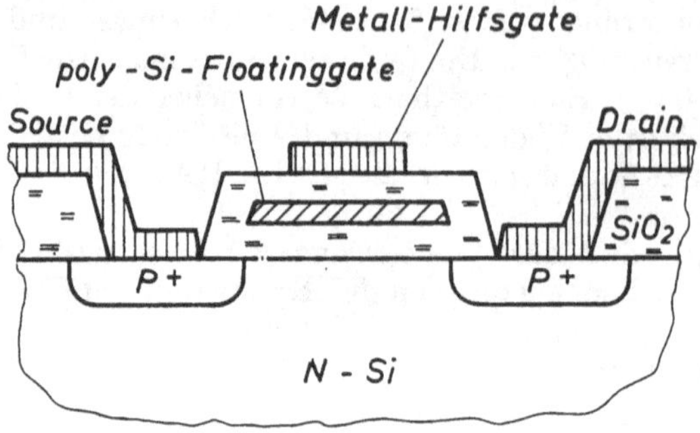

Bild 16. Elektrisch umprogrammierbarer Floating-Gate-Transistor mit Hilfsgate

von 30 V am Hilfsgate und −40 V an der Draindiode, und die Information kann mit einer Spannung von 90 V an der Hilfselektrode in einigen Sekunden selektiv gelöscht werden. Dieses Bauelement verträgt eine wesentlich größere Zahl von Programmierungs-Lösch-Zyklen als das vorher beschriebene.

2.3.6. Feldeffekttransitor für UHF (MESFET)

Ein aussichtsreicher Weg zu Transistoren mit Grenzfrequenzen um 30 GHz und zu integrierten Schaltungen mit Gatterverzögerungszeiten um 100 ps besteht darin, das Prinzip des Feldeffekttransistors mit Schottky-Barriere zwischen Gate-Elek-

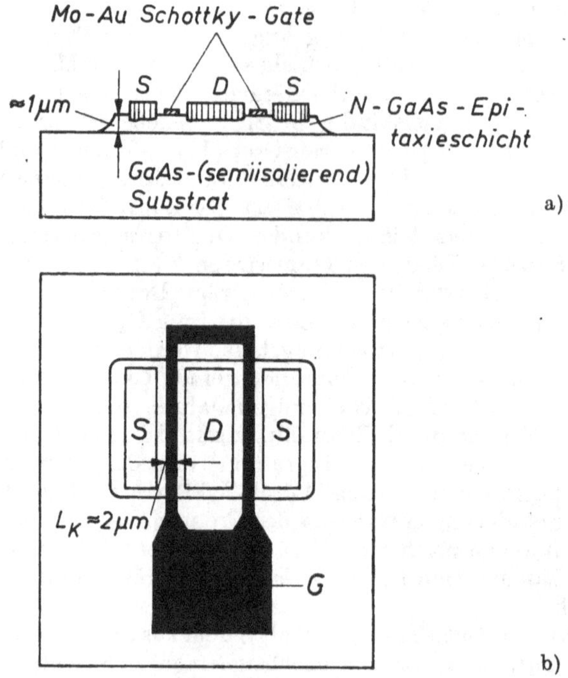

Bild 17. GaAs-UHF-MES-Feldeffekttransistor

trode und Substrat auf Galliumarsenid (GaAs) zu verwirklichen [21], [22], [23]. Bild 17 zeigt als Beispiel einen Mikrowellentransistor. Schwierig ist z. Z. noch die Realisierung der benötigten hochohmigen dünnen GaAs-Epitaxieschicht. Die Lateralgeometrie mit Gatelängen von $L_K \approx 2\,\mu m$ kann mittels Fotolithografie gerade noch verwirklicht werden.

Literaturverzeichnis

[1] *Abbott, R., Gopen, H., Rowe, T.* und *Bryson, D.*: N-channel goes to work with TTL. Electronics **45** (1972) 8. Mai, 107–110

[2] *Blandard, R. A., Gargini, P. A., May, G. A.* und *Melen, R. D.*: High-voltage simultaneous diffusion silicon-gate CMOS. IEEE Journ. of Solid State Circuits **9** (1974) 103–108

[3] *Wolf, H.-P.*: Technologie und Wirkungsweise von CMOS-Schaltungen. Elektronik-Anzeiger **6** (1974) Heft 2, 27–30; Heft 3, 59–65

[4] *Mai, C. C., Hswe, M.* und *Palmer, R. B.*: Ion implantation combined with silicon-gate technology. IEEE Transactions on Electron Devices 19 (1972) 1219–1221

[5] *Barile, C. A., Dockerty, R. C.* und *Nagarajan, A.*: Insulator charge and V_{FB} stability of SNOS capacitors. J. Electrochem. Soc. **121** (1974) 8, 907–911

[6] *Masahiro Maekawa*: Electrical characteristics of polycristalline silicon-silicon nitride-silicon dioxide-silicon structures. Jap. Journ Appl. Phys. **11** (1972) 1251–1258

[7] *Hezel, R.*: Austrittsarbeitsdifferenz und Ladungsdichten an MIS-Strukturen mit Si_3N_4– und SiO_2–Si_3N_4-Isolatorschichten. Siemens Forsch. -und Entwickl. Bericht Bd. 1, Nr. 1/72, 153–156

[8] *Rodges, T. J.* und *Meindel, J. D.*: VMOS: High-speed TTL compatible MOS-logic. IEEE J. of Solid State Circuits **9** (1974) 239–250

[9] *Pomper, M.* und *Tihanyi, J.*: Ionimplanted ESFI MOS devices with short switching time. IEEE J. of Solid State Circuits **9** (1974) 250–256

[10] *Dennard, R. H.* u. a.: Design of ion-implanted MOSFET's with very small phys. dimensions. IEEE J. of Solid State Circuits **9** (1974) 256–267

[11] *Pocha, M. D., Gonzalez, A. G.* und *Dutton, R. W.*: Threshold voltage controllability in double-diffused MOS-transistors (DMOS). IEEE Transaction on Electron Decives **21** (1974) 778–784

[12] *Hoeneisen, B.* und *Mead, C. A.*: Fundamental limitations in microelectronics. I. MOS-technology. Solid State Electronics **15** (1972) 819–829

[13] *Sigmon, T. W.* und *Swanson, R.*: MOS threshold shifting by ion implantation. Solid State Electronics **16** (1973) 1217–1232

[14] *Richman, P.* und *Hayes, J. A.*: Coplamos keeps *n*-channel in line. Electronics **45** (1972) 8. Mai, 111–114

[15] *Grove, A. S., Leistiko, O.* und *Hooper, W. W.*: Effect of surface fields on the breakdown voltage of planar silicon *p-n* junctions. IEEE Transactions ED **14** (1967) 157–162

[16] *Kar, S.* und *Dahlke, W. E.*: Interface states in MOS-structures with 20–40 Å thick SiO_2-films on nondegenerated Si. Solid State Electronics **15** (1972) 221–237

[17] *Lenzlinger, M.* und *Snow, E. H.*: Fowler-Nordheim-Tunneling into thermally grown SiO_2. J. Appl. Phys. **40** (1969) 278–281

[18] *Buff, W., Greiner, H.* und *Straßburg, J.*: „Transport und Speicherung von Ladungsträgern in MIS-Anordnungen". Dissertation, TH Ilmenau 1973

[19] *Frohmann-Bentchkowsky, D.*: FAMOS — A new semiconductor charge storage device. Solid State Electronics **17** (1974) 517–529

[20] *Iizuka, H.*: Stacked-gate-avalanche-injection type MOS memory. Proc. 4th Conf. Solid State Dev. Tokyo 1972, 158–166

[21] *Asai, S.*: Effects of deep centers in microwave frequency characteristics of GaAs barrier gate FET. Proc. 4th Conf. Solid State Dev. Tokyo 1972, 71–77

[22] *Baechthold, W., Walter, W.* und *Wolf, P.*: *X*- and *K*-Band GaAs-MESFET. Electronics Letters 8 (1972) 35–37
[23] *van Tuyl, R. L.* und *Liechti, C. A.*: High-speed integrated logic with GaAs MESFETs. IEEE Journ. Solid-State Circuits 9 (1974) 269–276
[24] *Kar, S.*: Determination of Si-Metal work function differences by MOS capacitance technique. Solid State Electronics 18 (1975) 169–181
[25] *Broers, A. N.* und *Dennard, R. H.*: Impact of electron beam technology on silicon device fabrication. Semicond. Silicon 1973, The Electrochem Soc. Princeton 1973, 820–841
[26] *Goser, K., Pomper, M.* und *Tihanyi, J.*: High-density static ESFI-memory cell. IEEE Journ. of Solid State Circuits SC 9 (1974) 242–249

2.4. Die nichtentartete MIS-Tunneldiode

Von *J. Shewchun*

Department of Engineering Physics and Institute for Materials Research,
McMaster University, Hamilton, Ontario, Kanada

Teil I. Theorie

Wenn die isolierende Schicht in einer Metall-Isolator-Halbleiter (MIS)-Diode sehr dünn ist ($<$ 6 nm für Al–SiO_2–Si-Bauelemente), kann zwischen Metall und Halbleiter ein meßbarer Tunnelstrom fließen. Solche MIS-Tunneldioden besitzen Stromvervielfachungseigenschaften, die sie für neue Transistorstrukturen interessant machen. Sie sind ferner leistungsfähige direkte Energieumwandlungselemente. Diese Arbeit bringt eine umfassende Diskussion der theoretischen Merkmale dieser Bauelemente. Es wird ein ausführliches Modell angegeben, um die Eigenschaften von MIS-Tunneldioden zu beschreiben, bei denen Parameter wie Austrittsarbeit des Metalls, Isolatordicke, Dotierungsdichte, Eigenschaften der Oberflächenzustände und die Temperatur variiert werden. Experimentelle Messungen, die im Teil II mitgeteilt werden, bestätigen die Voraussagen dieser theoretischen Betrachtungen.

2.4.1. Einleitende Bemerkungen

Die Metall-Isolator-Halbleiter (MIS)-Struktur (Bild 1a) hat sich als eine der wichtigsten Strukturen in der Technik der elektronischen Bauelemente erwiesen. Die gegenwärtige Entwicklungsarbeit weist darauf hin, daß sie diese Stellung auch in der Zukunft noch einige Zeit innehaben wird. Bei technischen Ausführungsformen ist die Isolatorschicht mehrere hundert Nanometer dick und der Gleichstromfluß zwischen Metall und Halbleiter gewöhnlich sehr gering. Diese Arbeit befaßt sich mit den elektrischen Eigenschaften von MIS-Bauelementen mit so dünner Isolatorschicht ($<$ 6 nm), daß durch Tunnelprozesse zwischen diesen Bereichen ein meßbarer Strom fließen kann ohne allzu große Isolatorfelder.
Der Tunnelmechanismus wurde in dieser Struktur zuerst experimentell von *Gray* untersucht [1], der nichtentartete dotierte Halbleiter verwendete. Diese Arbeit beschränkt sich auch auf den nichtentarteten Fall, da Bauelemente mit entartet dotierten Halbleiterbereichen wesentlich andere Eigenschaften besitzen [2]. Der Tunnelprozeß für den nichtentarteten Fall wurde von mehreren Gruppen untersucht [1], [3—11]. Bei dünneren Isolatorbauelementen bestand die Tendenz, Gleichstromflüsse mittels der Schottky-Diodentheorie zu interpretieren, wobei sie so verändert wurde, daß Abweichungen vom Idealfall, die durch die isolierende Schicht hervorgerufen worden, mit eingeschlossen wurden [3], [7], [8]. Die jüngsten experimentellen Arbeiten von *Clarke* und *Shewchun* [5] haben jedoch bestätigt,

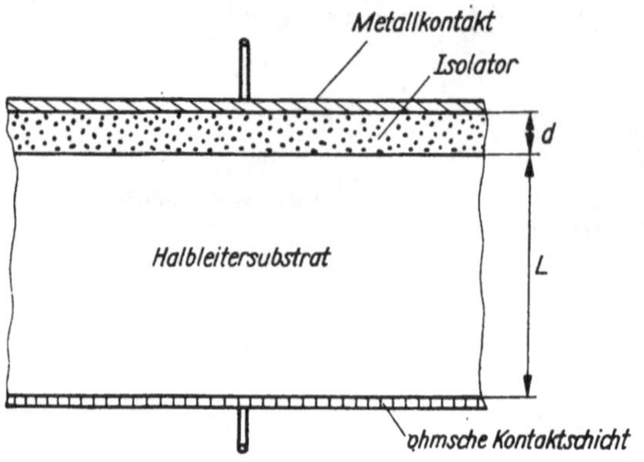

a)

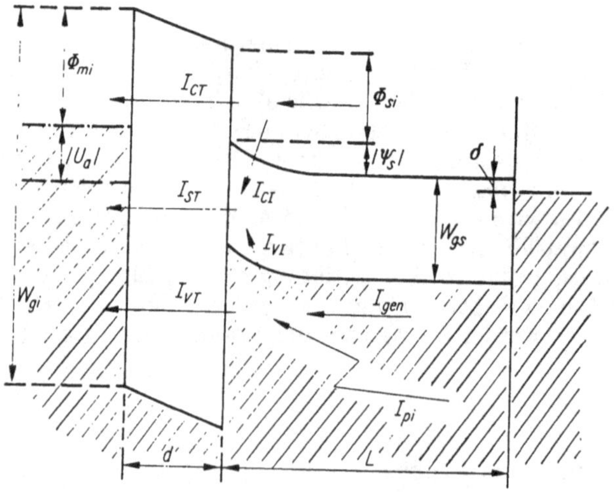

b)

Bild 1.

a) Schematische Darstellung der Metall-Isolator-Halbleiter-Diode (MIS-Diode). d ist die Dicke der Isolatorschicht und L die des Halbleitersubstrates.

b) Energiebandschema des MIS-Tunneldiodensystems mit p-leitendem Halbleiterbereich, mit Angabe der Hauptstromkomponenten im Oberflächenbereich. Der Halbleiter ist gegen den Metalldeckkontakt mit einer positiven Spannung U_a vorgespannt

daß diese dünnen Isolatordioden eine besondere Diodenklasse darstellen. Nachfolgende Arbeiten haben die Eigenschaften dieser neuen Diodenklasse in neuen Transistorstrukturen [12] und in leistungsfähigen direkten Energieumwandlungselementen [11] ausgenutzt. Diese Arbeit bietet eine zusammenfassende Analyse der theoretischen Eigenschaften der neuen Bauelemente. Es wurde eine breite theoretische Vorbereitung durchgeführt, um die Abhängigkeit der Diodeneigenschaften von den Metall-, Isolator- und Halbleiterparametern zu beschreiben. Die Eigenschaften experimenteller Metall-Siliziumdioxid-Silizium-Bauelemente, von denen in Teil II berichtet wird, bestätigen die Ergebnisse dieser theoretischen Betrachtungen.

Bild 1b zeigt ein schematisches Bändermodell der MIS-Tunneldiode. Die Isolatorschicht ist so dünn (< 6 nm), daß die dargestellten Ströme durch Tunnelprozesse zwischen Metall und Halbleiter fließen können. Es wird ein p-Halbleiter angenommen, der bezüglich des Deckmetallkontaktes mit einer Spannung U_a positiv vorgespannt ist. Bei dieser Vorspannung treten die Nettostromflüsse I_{CT} und I_{VT} vom Leitungs- bzw. Valenzband des Halbleiters zum Metallkontakt auf, deren Ursache Elektronentunnelübergänge zwischen Zuständen im Metall und in diesen Bändern ist. Analog fließt ein Nettostrom I_{ST} von Oberflächenzuständen an der Isolator-Halbleiter-Grenzfläche zum Metall. I_{CI} und I_{VI} sind effektive Stromflüsse zufolge des Ladungsaustausches zwischen dem Leitungs- und dem Valenzband des Halbleiters und dieser Zustände durch Rekombinations-Generations-Prozesse.

In dieser Arbeit wird eine Diode als Majoritätsträgerdiode, Oberflächenzustandsdiode oder Minoritätsträgerdiode bezeichnet, je nachdem, ob der Hauptanteil des Diodenstroms bei einer Vorspannung nahe Null zwischen Metall und dem Energieband der Majoritätsladungsträger im Halbleiter, zwischen Metall und den Oberflächenzustandsniveaus oder zwischen Metall und dem Band der Minoritätsladungsträger fließt, d. h. je nachdem, welcher der Ströme I_{VT}, I_{ST} und I_{CT} bei einer Vorspannung nahe Null dominiert. Außerdem wird zwischen Gleichgewichts- und Nichtgleichgewichtsdioden unterschieden. Gleichgewichtsdioden sind Dioden mit einer relativ dicken Isolatorschicht ($d_{cr} < d < 6$ nm), wo die Ströme im interessanten Vorspannungsbereich (gewöhnlich $\pm 2{,}0$ Volt für Metall-SiO_2-Si-Systeme) so klein sind, daß sie leicht durch den Halbleiter gelangen. Der Halbleiter bleibt im wesentlichen im thermischen Gleichgewicht und die Elektronen- und Löcherkonzentrationen können durch ein einziges Fermi-Niveau beschrieben werden. Es ist in erster Näherung im Halbleiterbereich konstant. Nichtgleichgewichtsdioden haben dünnere Isolatorschichten ($d < d_{cr}$). Folglich stören Stromflüsse das thermische Gleichgewicht des Halbleiters und es sind Elektronen- und Löcherquasiferminiveaus erforderlich, um die Ladungsträgerverteilung zu beschreiben. Sie ändern sich im Halbleiter. Nichtgleichgewichtsverhalten kann man in herkömmlichen MIS-Dioden mit dicker Isolatorschicht beim Betrieb mit hoher Vorspannung erreichen [13] oder unter nichtstationären Bedingungen, wie sie in ladungsgekoppelten Bauelementen ausgenutzt werden [14]. In dieser Arbeit wird jedoch der Begriff „Nichtgleichgewicht" nur benutzt, um Effekte zu beschreiben, die aus dem Gleichstromfluß bei einer Vorspannung nicht größer als ungefähr 2 Volt herrühren.

In den folgenden Abschnitten werden die Bauelementeigenschaften berechnet, wobei anfangs die Oberflächenzustände vernachlässigt werden. Ihre Einflüsse auf diese idealisierte Beschreibung enthält Abschnitt 2.4.4. Betrachtet wird das Metall-SiO_2-Si-System, weil dafür die experimentellen Bedingungen am besten sind. Für dieses System tritt der Übergang vom Gleichgewichts- zum Nichtgleichgewichtszustand bei einer Isolatordicke $d_{cr} \approx 3$ nm bei Zimmertemperatur auf. Für größere Isolatordicken bleibt das Halbleitergebiet über dem interessanten Vorspannungsbereich im wesentlichen im thermischen Gleichgewicht. Anfangs werden die Eigenschaften von einfacheren Gleichgewichtsbauelementen gestreift, um einen Einblick in das Verhalten der MIS-Tunneldiode zu gewinnen. Die Isolatordicke wird dann verringert und die Eigenschaften der sich ergebenden Nichtgleichgewichtsbauelemente werden dann unter Stützung auf Erkenntnisse diskutiert, die für den Gleichgewichtsfall gefunden wurden.

Die theoretischen Bauelementeigenschaften berechnet man durch numerische Simulierung der MIS-Tunneldiode (2.4.7.). Die Halbleiterzone der Diode ist so charakterisiert, wie für Halbleiterbauelemente üblich [15]. Ihre Eigenschaften werden durch die Poisson- und Kontinuitätsgleichungen für Elektronen und Löcher in Verbindung mit der Boltzmannschen Transportgleichung beschrieben, die in ihrem üblichen Näherungsgrad verwendet wurde [15], um die Elektronen-

und Löcherströme zu beschreiben. Ferner wurde die Shockley-Read-Hall-Statistik (SHR) verwendet, um die Rekombinations-Generations-Prozesse einzubeziehen, von denen man annimmt, daß sie an einzelnen Haftzentren auftreten. Der Tunnelvorgang zwischen Metall und Halbleiter wird durch das unabhängige Elektronenverfahren nach *Harrison* [16], analysiert, der eine spiegelsymmetrische, elastische Übertragung annahm. Für die Besetzung von Oberflächenzuständen und die Rekombinations-Generations-Prozesse wurden Modelle mittels der SHR-Kinetik aufgestellt. Die SHR-Kinetik war so modifiziert, daß sie die Auswirkungen von Tunnelvorgängen zwischen dem Metall und diesen Zuständen einschloß. Dieser letztere Prozeß wird einfach mittels effektiver Einfangquerschnitte charakterisiert [17]. Verteilungen von Oberflächenzuständen in der verbotenen Zone des Halbleiterbandes werden modellmäßig als eine große Anzahl von unabhängigen Oberflächenzuständen aufgefaßt. Die genaue Form der Gleichungen, die bei dieser Simulierung verwendet wurden sowie das Verfahren, das benutzt wurde, um die sich ergebenden Systeme nichtlinearer Gleichungen numerisch zu lösen, sind in Anhang A gegeben.

Bei Verwendung des obigen Simultationsverfahrens erhält man sowohl die Wechselstrom- als auch die Gleichstromkleinsignaleigenschaften der MIS-Tunneldiode. Die in dieser Arbeit am meisten interessierenden Bauelementeeigenschaften sind die Strom-Spannungs-(I-U-Kennlinie) und die Kapazitäts-Spannungs-Kennlinie (C-U-Kennlinie). Die Leitwert-Spannungs-Kennlinien (G-U-Kennlinien) werden bei der C-U-Berechnung ebenfalls berechnet, aber sie sind für unsere Zwecke nicht brauchbar und werden im allgemeinen nicht beschrieben.

2.4.2. Gleichgewichtsdioden

2.4.2.1. C-U-Kennlinien

Es wurde theoretisch vorausgesagt, daß man durch Variieren der Austrittsarbeit des Metallkontaktes die Isolator-Halbleiter-Grenzfläche bei einer Vorspannung von Null von der Anreicherung bis zur Inversion verändern kann [11]. Dies geht aus C-U-Kurven für Gleichgewichtsbauelemente hervor, die aus dem numerischen Simulierungsprogramm (Abschn. 2.4.7. Anhang) berechnet wurden. Diese Kurven unterscheiden sich nicht wesentlich von denen konventioneller MIS-Kondensatoren. Sie bestehen aus frequenzunabhängigen Bereichen (Vernachlässigung der Oberflächenzustände), die einer Verarmung oder Anreicherung an der Isolator-Halbleiter-Grenzfläche entsprechen, und einem frequenzabhängigen Bereich, der der Inversion entspricht. Die frequenzunabhängigen Teile dieser Kurven sind für Dioden mit einer SiO_2-Dicke von 3,4 nm in Bild 2 gezeigt, wobei die SiO_2-Schicht den Metallkontakt vom p-Siliziumsubstrat mit einer Dotierungsdichte von 7×10^{21} m^{-3} (2 Ωcm) trennt. Andere Systemparameter, die bei der Berechnung verwendet wurden, sind in Tabelle 1 gegeben. Die Kurven zeigen den Übergang von der Inversion zur Anreicherung bei der Vorspannung Null, wenn sich die Austrittsarbeit vom Metall zum Isolator Φ_{mi} (Bild 1b) von 3,0 auf 4,4 eV vergrößert.

2.4.2.2. *I*-*U*-Kennlinien

Die I-U-Kennlinien der Dioden mit p-Substrat aus Bild 2 werden in den Bildern 3a) und 3b) gezeigt. Die Eigenschaften dieser Kurven sind an anderer Stelle beschrieben worden [11], [18]. Es hat sich gezeigt, daß der relative Anteil des Tunnel-

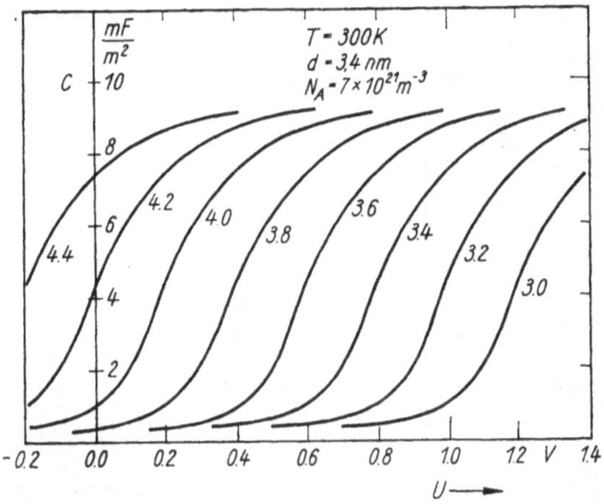

Bild 2. Berechnete C-U-Kennlinien für p-Substrat „Gleichgewichts"-MIS-Tunneldioden mit einer 3,4 nm dicken SiO_2-Schicht, die den Metallkontakt von einem 2 Ωcm (100)-Siliziumsubstrat ($N_A = 7 \times 10^{21}$ m^{-3}) trennt. Andere Halbleiter- und Tunnelparameter sind in Tabelle 1 gegeben. Parameter ist die Barrierenhöhe zwischen Metall und Isolator Φ_{mi} (Oberflächenzustände wurden vernachlässigt)

Tabelle 1. Numerische Werte der Parameter des Metall-Siliziumdioxid-Silizium-Systems

$\varphi_{Si} = 3.2$ eV	$\tau_{n0}, \tau_{p0}^{+} = 10^5$ secs.
$W_{gi} = 8.0$ eV	$n_1, p_1 = n_i$
$W_{gs} = 1.1$ eV	$m_i, m_{Ti}, m_{Ts} = 0.65 m_0$
$n_i = \begin{cases} 1.5 \times 10^{16}\ \text{m}^{-3}\ (300\ \text{K}) \\ 2.0 \times 10^{11}\ \text{m}^{-3}\ (2000\ \text{K}) \end{cases}$	$\sigma_{c0} = 10^{-19}$ m^2 $\sigma_{T0} = 4 \times 10^{-21}$ m^2
$N_C/N_V = 1.73$	
$\varepsilon_i = 3.82 \varepsilon_0$	$v_{Th} = \begin{cases} 10^5\ (300\ \text{K}) \\ 8 \times 10^4\ (200\ \text{K}) \end{cases}$
$\varepsilon_s = 11.7 \varepsilon_0$	$L = 2.5 \times 10^{-4}$ m
$\mu_n = \begin{cases} 0.13\ \text{m}^2\ \text{v}^{-1}\ \text{s}^{-1}\ (300\ \text{K}) \\ 0.40\ \text{m}^2\ \text{v}^{-1}\ \text{s}^{-1}\ (200\ \text{K}) \end{cases}$	
$\mu_p = \begin{cases} 0.045\ \text{m}^2\ \text{v}^{-1}\ \text{s}^{-1}\ (300\ \text{K}) \\ 0.150\ \text{m}^2\ \text{v}^{-1}\ \text{s}^{-1}\ (200\ \text{K}) \end{cases}$	

Es wurde ein Grenzfall unter der Annahme behandelt, daß sich die Haftstellendichte N_{TT} Null nähert, die Einfangquerschnitte c_n und c_p gegen Unendlich gehen und die Lebensdauern τ_{n0} und τ_{p0} die angegebenen Werte annehmen.

stroms, der im Vorspannungsbereich um Null herum zum Leitungs- bzw. Valenzband fließt, in erster Linie von den relativen Elektronen- und Löcherkonzentrationen in den Grenzflächenbereichen zwischen Isolator und Halbleiter abhängt. Bei p-Substrat- Bauelementen nach Bild 3 zeigt die Isolator-Halbleiter-Grenzfläche für den niedrigeren Bereich von Φ_{mi}-Werten ($<$ 3,6 eV) (siehe Bild 3a) die Tendenz zur Inversion bei einer Vorspannung nahe Null. Die vorherrschende Stromkomponente bei einer Vorspannung nahe Null ist I_{CT} (oder I_{TC}), der Minoritätsladungsträgerbandstrom. Für höhere Φ_{mi}-Bereiche ($>$ 3,8 eV) (Bild 3b) neigt die Isolator-Halbleiter-Grenzfläche bei verschwindender Vorspannung zur

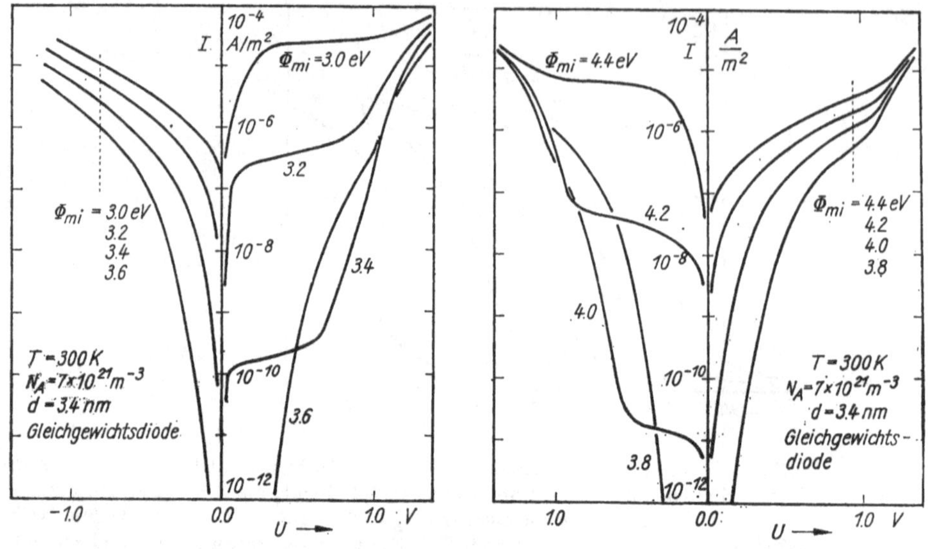

Bild 3. Berechnete Tunnelströme für p-Substrat „Gleichgewichts"-Dioden mit den Halbleiter- und Isolatorparametern nach Abb. 2. Der variable Parameter ist die Barrierenhöhe zwischen Metall und Halbleiter Φ_{mi}.

a) I-U-Kennlinien für niedrige Φ_{mi}-Werte (<3,6 eV), wo bei kleinen Vorspannungen der Minoritätsträgerstrom dominiert.

b) I-U-Kennlinien für höhere Φ_{mi}-Werte (>3,8 eV), wo bei kleinen Vorspannungen der Majoritätsträgerfluß dominiert

Anreicherung. Folglich dominiert bei dieser Vorspannung der Majoritätsträgerbandstrom I_{VT} (oder I_{TV}). Der Wert von Φ_{mi}, der die Minoritätsträgerdioden von Majoritätsträgerdioden trennt, ergibt sich ungefähr aus [18]

$$\Phi'_{mi} \approx \Phi_{\text{Si}} + \frac{W_{g_1}}{2}. \tag{1}$$

Das auffallende Merkmal der Kurven aus Bild 3a) und 3b) ist der relativ flache Bereich nahe der Vorspannung Null. Er wird als Verarmungsplateau bezeichnet, weil er dem Vorspannungsbereich entspricht, in dem die Isolator-Halbleiter-Grenzfläche verarmt ist. Der Strom wächst in diesem Bereich langsam mit der Vorspannung an, da Veränderungen der Vorspannung „an der Halbleiterverarmungszone absorbiert" werden und nicht am Isolator. Merklicher Spannungsabfall am Isolator tritt auf, wenn die Isolator-Halbleiter-Grenzfläche invertiert oder angereichert ist.

Die Minoritätsträgerdioden aus Bild 3a) neigen zur Inversion an der Isolator-Halbleiter-Grenzfläche bei einer Vorspannung nahe Null. Mit Erhöhung der negativen Vorspannung am Halbleiter wächst der Inversionsgrad. Der Strom I_{TC}, der bei Vorspannungen um Null herum dominiert, dominiert im gesamten Sperr- und Inversionsvorspannungsbereich für niedrigere Φ_{mi}-Werte. Bei positiver oder Anreicherungsvorspannung geht die Isolator-Halbleiter-Grenzfläche von der Inversion über Verarmung zur Anreicherung über. Bei den kleinsten Φ_{mi}-Werten (3,0; 3,2 eV) dominiert I_{CT} über den gesamten Vorspannungsbereich. Dem Ver-

armungsplateau folgt dann ein Anstieg, wenn die Isolator-Halbleiter-Grenzfläche angereichert wird. Für höhere Φ_{mi}-Werte (3,4; 3,6 eV) sind in den Vorspannungsbereich 0,5—1,0 V zusätzliche Strukturen eingefügt (Bild 3a), wo I_{VT}, der Verarmungsplateaustrom vorherrscht.
Die Majoritätsträgerdioden aus Bild 3b) haben ähnliche Kennlinien, aber sie liegen spiegelsymmetrisch zur Stromachse. Dies ist eine Folge der Symmetrie zwischen Leitungs- und Valenzband sowie zwischen Anreicherung und Inversion. I_{VT} dominiert bei Durchlaßspannungen größer als ein Volt und das Verarmungsplateau tritt bei Sperr- oder Inversionsvorspannungen auf. Dann kommt es zu einer Anhebung zufolge der Inversionsschicht und für die niedrigeren Φ_{mi}-Werte (3,8; 4,0 eV) tritt bei Sperrvorspannung eine zusätzliche Struktur auf, weil für einen kleinen Sperrspannungsbereich I_{TC} größer als I_{TV} wird. Die obige Beschreibung wird durch Isolatorladung und Oberflächenzustände beeinflußt. Diese Einflüsse werden in Abschnitt 2.4.4. behandelt.

2.4.2.3. Die Dualität von *n*- und *p*-Substrat-Dioden

Wegen der Ähnlichkeit zwischen Anreicherung und Inversion sind sich die Strom-Spannungs-Kennlinien von *n*- und *p*-Substrat-Gleichgewichtsdioden sehr ähnlich. Diese Kennlinien werden für Me–SiO_2–Si-Bauelemente mit $\Phi_{mi} = 3{,}2$ eV, $d = 3{,}4$ nm und einem Bereich von Substratdotierungsdichten in Bild 4 gezeigt. Bei schwach dotierten Substraten sind die Strom-Spannungs-Kurven fast identisch. Da in jedem Fall der gleiche Strom durch Band-Band-Tunnelung dominiert, kann man die folgende Beobachtung machen: Wenn eine *p*-Substrat-Diode ein Minoritäts- oder Majoritätsträgerbauelement ist, wird die *n*-leitende Diode mit dem gleichen Metallkontakt ein Majoritätsträger- bzw. ein Minoritätsträgerbauelement sein.

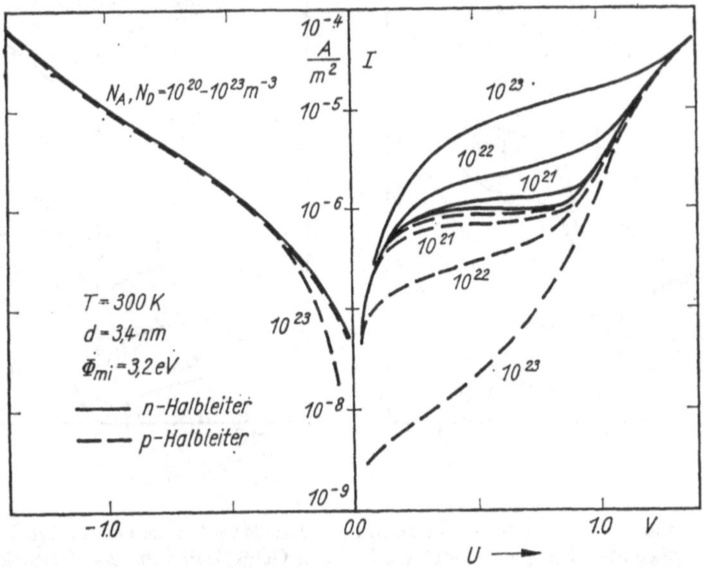

Bild 4. Berechnete *I*-*U*-Kennlinien für *n*- und auch *p*-Substrat „Gleichgewichts"-MIS-Tunnel-Dioden, wenn sich die Dotierungsdichte im Halbleiter zwischen 10^{20} und 10^{23} m^{-3} ändert. Die Kurven wurden mit $\Phi_{mi} = 3{,}2$ eV berechnet. Die anderen Bauelementparameter entsprechen denen des Bildes 2

Dieses Ergebnis kann durch große Oberflächenzustandsdichten beeinträchtigt werden (Abschnitt 2.4.4).
Wenn die Isolatordicke verringert wird, nehmen die Tunnelströme rasch zu. Sie werden schließlich so groß, daß sie das thermische Gleichgewicht des Halbleiters merklich stören. In Majoritäts- und Minoritätsträgerdioden kommt es dann zu Veränderungen, die dafür verantwortlich sind, daß sich die Kennlinien von n- und p-Substrat-Nichtgleichgewichtsdioden mit gleichem Metallkontakt unterscheiden. Diese Veränderungen werden jetzt diskutiert.

2.4.3. Nichtgleichgewichtsdioden

2.4.3.1. Einfluß der Isolatordicke

Die Ergebnisse der Isolatordickenverminderung zeigt Bild 5a) und 5b) für typische Minoritäts- bzw. Majoritätsdioden, wo die I-U-Kennlinien für p-Substrat-Dioden ($N_A = 7 \times 10^{21}$ m^{-3}) für verschiedene d-Werte dargestellt sind. Zunächst wird das Verhalten der p-leitenden Majoritätsdiode mit $\Phi_{mi} = 4{,}2$ eV (Bild 5b) beschrieben. Bei positiver Vorspannung nimmt der Stromfluß bei einer gegebenen Vorspannung exponentiell mit der Isolatordicke zu. Dieses Verhalten erwartet man, wenn der Diodenstrom durch die Geschwindigkeit begrenzt ist, mit der die Ladungsträger zwischen Metall und Halbleiter tunneln. Den gleichen Effekt beob-

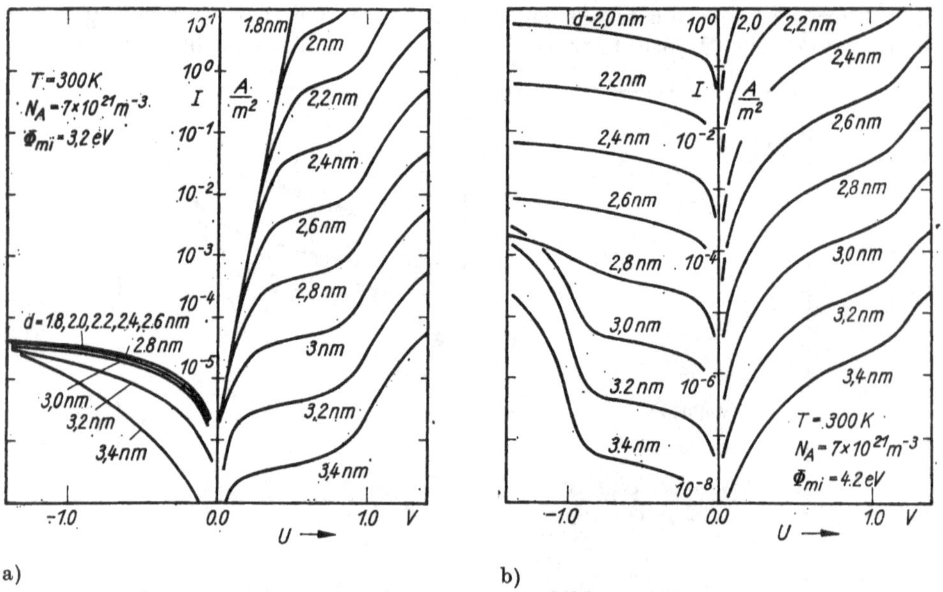

Bild 5. Berechnete I-U-Kennlinien von MIS-Tunneldioden, die „Nichtgleichgewichts"-Effekte zeigen. Substrat 2 Ωcm-p-Silizium der Orientierung (100). Parameter Isolatorschichtdicke d. Übrige Parameter s. Tabelle 1. (Oberflächenzustände wurden als vernachlässigbar angenommen).

a) Bei $\Phi_{mi} = 3{,}2$ eV entsteht Minoritätsträger-MIS-Tunneldiodenverhalten
b) Bei $\Phi_{mi} = 4{,}2$ eV entsteht Majoritätsträgerdiodenverhalten

achtet man bei Sperrvorspannungen bis etwa −0,8 V. Dann tritt ein deutlicher Nichtgleichgewichtseffekt der Majoritätsträger auf. Die bei dickeren Bauelementen vorhandene Anhebung verschwindet. Wie im vorhergehenden Abschnitt erläutert wurde, entsteht diese Anhebung dadurch, daß Inversion einsetzt. Ihr Fehlen bedeutet somit Nichtvorhandensein einer solchen Inversion. Der Übergang vom Gleichgewichts- zum Nichtgleichgewichtsverhalten tritt bei einem d-Wert von ungefähr 2,8 nm auf.

Obwohl die Bauelemente in Bild 5b) Majoritätsdioden sind, wird der Grund für das Verschwinden der Inversionsschicht klar, wenn man den Stromfluß der Minoritätsladungsträger betrachtet. In diesem Vorspannungsbereich hängt der Tunnelstrom der Minoritätsträger (I_{CT}) von der Elektronenkonzentration an der Isolator-Halbleiter-Grenzfläche ab [19]. Wenn die Dicke abnimmt, wächst die Größe dieses Stromes exponentiell an. Die Geschwindigkeit, mit der die Minoritätsträger vom Halbleiter geliefert werden können, ist jedoch auf die Geschwindigkeit begrenzt, mit der sie im Halbleiter gebildet werden. Diese Bildung ist bei der vorliegenden Sperrvorspannung an der Isolator-Halbleiter-Grenzfläche begrenzt. Da die beiden Ströme übereinstimmen müssen, ist auch I_{CT} begrenzt. Damit ist auch die Elektronenkonzentration an der Isolator-Halbleiter-Grenzfläche begrenzt. Unter diesem Gesichtspunkt gilt das nachfolgende Modell für dünnere Isolatorbauelemente. Bei einer Vorspannung von Null neigt die Isolator-Halbleiter-Grenzfläche zur Anreicherung. Wenn eine Sperrvorspannung angelegt wird, kommt es zur Verarmung und die Minoritätsträgerkonzentration baut sich bis zu ihrem Grenzwert auf. Bis zu diesem Stadium verhalten sich die Nichtgleichgewichtsbauelemente wie Gleichgewichtsbauelemente. Danach fällt jede zusätzliche anliegende Spannung hauptsächlich an der Verarmungszone ab, was zur Ausdehnung der Verarmungszone mit der Vorspannung führt. Ein kleiner Teil der Spannung fällt am Isolator ab. Dadurch erklärt sich die fast vollständige Sättigung von I_{VT}. Wenn jedoch durch äußere Prozesse, wie zum Beispiel Bestrahlung mit Licht oder Injektion, aus einem dritten Kontakt zusätzliche Minoritätsladungsträger geliefert werden, kann die Anhebung in I_{VT} erneut entstehen. Dies bildet die Grundlage eines Stromvervielfachungsprozesses, der an anderer Stelle beschrieben wurde [19].

Das Nichtgleichgewichtsverhalten dieser Majoritätsträgerbauelemente beeinflußt die Kapazitäts-Spannungs-Kennlinien bei hohen Frequenzen (100 kHz), wie in Bild 6b) für den Dickenbereich von Bild 5b) gezeigt wurde. Bei dickeren Gleichgewichtsbauelementen besitzen die Kennlinien die normalen MIS-Merkmale einschließlich einer nahezu konstanten Kapazität im Bereich der Inversionsvorspannung. Bei dünneren Isolatorbauelementen ist dieses Verhalten durch eine Verarmungskennlinie ($1/C^2 \sim U$) ersetzt. Im gesamten Dickenbereich wurde nur bei Frequenzen unter 100 kHz eine Frequenzdispersion der Kurven bei Sperrvorspannung bei den dickeren Bauelementen gefunden, wo bei sehr niedrigen Frequenzen, wie bei normalen MIS-Dioden, die Kennlinie der Inversionsschicht sichtbar wird.

Minoritätsbauelemente zeigen ein ganz anderes Verhalten, wenn die Isolatordicke verringert wird (Bild 5a). Bei großen Durchlaßvorspannungen ($> 0,4$ V) nimmt der Diodenstrom mit abnehmender Isolatordicke rasch zu, wie von einem durch Tunnelleitung begrenzten Prozeß erwartet wird. Bei Sperrvorspannungen und kleinen Durchlaßvorspannungen ($< 0,4$ V) besteht jedoch für den Stromfluß bei einer gegebenen Vorspannung eine deutlich ausgeprägte obere Grenze, gleichgültig wie dünn der Isolator gemacht wird. Der Diodenstrom wird in diesem Vorspannungsbereich nicht, wie man erwarten könnte, durch die Geschwindigkeit

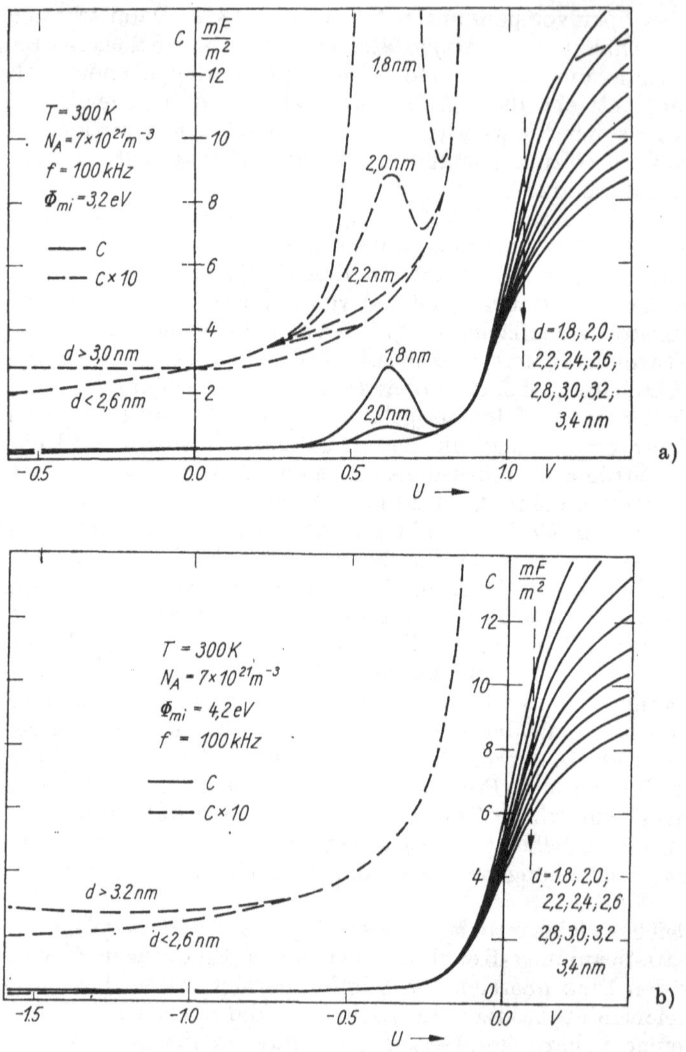

Bild 6. Berechnete C-U-Kurven, die den I-U-Kurven der p-Substrat Tunneldioden aus Bild 5 entsprechen. Die Kurven wurden alle bei der relativ hohen Frequenz von 100 kHz berechnet. Parameter Isolatorschichtdicke d.

a) Bei $\Phi_{mi} = 3{,}2$ eV entstehen „Nichtgleichgewichts"-Effekte für Minoritätsträgerbauelemente.

b) Bei $\Phi_{mi} = 4{,}2$ eV entstehen „Nichtgleichgewichts"-Effekte für Majoritätsträgerbauelemente

begrenzt, mit der die Ladungsträger durch den Isolator tunneln können, sondern durch ihre Transporteigenschaften im Halbleiter.

Wie in Bild 2 gezeigt wurde, tritt bei den hier diskutierten Minoritätsdioden eine Inversion der Isolator-Halbleiter-Grenzfläche bei Vorspannungen in der Nähe von Null auf. Dieser Inversionszone folgt eine Verarmungszone, und schließlich wird näherungsweise ein neutrales Raumladungsgebiet wie im Volumenhalbleiter erreicht. Bei Sperrspannung ist die Rate, mit der die Minoritätsladungsträger zur Isolator-Halbleiter-Grenzfläche gelangen, durch das Aufkommen begrenzt, mit dem sie in der Verarmungsschicht für alle Halbleiter mit schmaler verbotener Zone gebildet werden können. Diese Rate wird durch den Stromfluß nach Bild 5a) bei dünneren Isolatorbauelementen und Sperrvorspannung dargestellt. Bei Durchlaßspannung können sehr viele Minoritätsladungsträger durch den Tunnelprozeß zur Isolator-Halbleiter-Grenzfläche gelangen, aber diese Ladungsträger müssen in der Lage sein, durch den Halbleiter zu fließen. Die maximale Rate für einen derartigen Fluß ist durch die Summe aus Rekombinationsgeschwindigkeit in der Verarmungszone und Diffusionsgeschwindigkeit der Minoritätsladungsträger durch das Halbleitervolumen gegeben. Die Gesamtrate ist in Bild 5a) durch die asymptotische Kurve für an dünnen Isolatoren gewonnene Werte bei einer kleinen Durchlaßvorspannung dargestellt.

Eine detailliertere Beschreibung der Minoritätsgleichgewichtsdioden wird an anderer Stelle gegeben [11], wo gezeigt wird, daß die asymptotische Kurve aus Bild 5a) mit der übereinstimmt, die man für den Stromfluß im n^+p-Übergang berechnen würde. Dies überrascht in Anbetracht der obigen Diskussion nicht. Ein erstaunlicheres Ergebnis findet man, wenn man das Verhalten der Inversionsschicht bei einer Vorspannung Null betrachtet. In [11] wird auch gezeigt, daß diese Schicht während des gesamten Vorspannungsbereiches bestehen bleibt, solange der Bauelementestrom durch den Halbleiter begrenzt wird. Änderungen der angelegten Spannung werden in derartigen Vorspannungsbereichen von der Verarmungsschicht abgefangen. Bei hohen Durchlaßvorspannungen, wo der Strom zu einem durch Tunnelung begrenzten Strom übergeht, verschwindet schließlich die Inversionsschicht.

Das obige Verhalten spiegelt sich in den Kapazitäts-Spannungs-Kurven bei hoher Frequenz (100 kHz), die für solche Minoritätsträgerdioden in Bild 6a) gezeigt werden, wider. Die Kurven für Dioden mit dickerer Isolatorschicht ($>$2,8 nm) sind die gleichen wie für herkömmliche MIS-Dioden. Bei einer Vorspannung von Null hat die Kapazität unabhängig von der Isolatordicke fast den gleichen Wert. Der Unterschied zwischen Gleichgewichts- und Nichtgleichgewichtsbauelementen wird jedoch bei Sperrspannung deutlich. Die Breite der Verarmungszone nimmt im letzteren Fall zu, wodurch die Kapazität des Bauelementes gemäß $1/C^2 \sim U$ sinkt. Bei Durchlaßvorspannung nimmt diese Breite bei dünner Isolatorschicht ab. Man beachte dazu die ausgeprägten Anhebungen bei mäßigen Durchlaßvorspannungen (0,4 bis 0,8 V), die in ihrer Größe zunehmen, wenn die Isolatordicke abnimmt. Diese Anhebungen sind eine Folge der Inversionsschichteigenschaften. Wie oben erwähnt wurde, bleibt die Inversionsschicht an der Isolator-Halbleiter-Grenzfläche erhalten, bis der Bauelementestrom durch Tunnelung begrenzt wird, wo diese Schicht mit wachsender Vorspannung verschwindet [11]. Ihr Frequenzgang wird durch die großen Mengen an Minoritätsträgern stark erhöht, die durch den Tunnelkontakt injiziert werden. Die Situation ähnelt der in herkömmlichen MIS-Bauelementen, wenn große Mengen solcher Ladungsträger durch Bestrahlung geliefert werden (siehe z. B. [20]). Bei hoher Durchlaßvorspannung zeigen die Gleichgewichts- und Nichtgleichgewichtsbauelemente Kennlinien, die sich nur im Wert ihrer Anreicherungskapazität unterscheiden.

Die Anreicherungskapazität experimenteller Bauelemente erlaubt eine Abschätzung der Isolatordicke. Bild 6a) zeigt jedoch, daß diese Abschätzung bei Dicken unter 2 nm für Minoritätsdioden nicht geeignet ist. Außer experimentellen Schwierigkeiten beim Messen dieser Kapazität, die durch den hohen Stromfluß bei so geringer Dicke auftreten, würde der Wert für eine 1,8 nm dicke Isolatorschicht ungenaue

Ergebnisse liefern. Der verkleinerte Wert der Anreicherungskapazität wird in diesem Fall auf einen induktiven Beitrag des Halbleitervolumens durch Änderung der Leitfähigkeit bei dieser starken Minoritätsladungsträgerinjektion zurückgeführt [21].

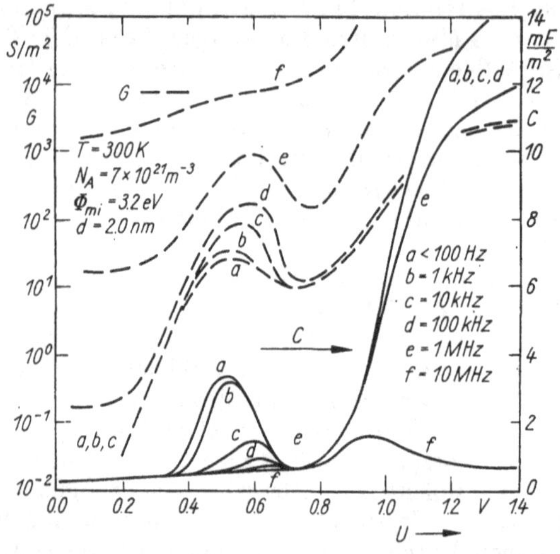

Bild 7. Darstellung von Frequenzdispersionseffekten in sowohl C-U- als auch G-U-Kurven für „Nichtgleichgewichts"-Minoritätsträgerbauelemente. Einflüsse von Oberflächenzuständen nicht eingeschlossen. Die Kurven gelten für (100)-Silizium ($N_A = 7 \times 10^{21}$, $d = 2$ nm, $\Phi_{mi} = 3{,}2$ eV, andere Parameter siehe Tabelle 1)

Die Frequenzabhängigkeit der durch die Kapazität der Inversionsschicht hervorgerufenen Anhebung zeigt Bild 7 für die p-leitende Diode mit einer Isolatorschichtdicke von 2 nm aus Bild 6a). Man beachte die Streuung in den Leitwert-Spannungs-Kennlinien, die ebenfalls dargestellt werden. Der Frequenzbereich, in dem die Anhebung auftritt, hängt von der Isolatordicke und der Austrittsarbeit des Metalls ab. Bei geringen Austrittsarbeiten erstreckt sich die Anhebung über einen großen Spannungsbereich. Bei sehr dünnen Isolatorschichten oder niedrigen Austrittsarbeiten kann die durch die Minoritätsladunsgträger im Diodeninneren erzeugte Diffusionskapazität [22] zum Anfangsteil der Anhebung beitragen.

2.4.3.2. Einflüsse der Austrittsarbeit des Metalls

Der Einfluß der Metallaustrittsarbeit auf die Strom-Spannungs-Kurven von Majoritäts-Nichtgleichgewichtsdioden läßt sich einfach berechnen, da der hauptsächlichste Nichtgleichgewichtseffekt die Beseitigung der Inversionsschicht ist. Ein Vergleich der I-U-Kennlinien von Nichtgleichgewichtsmajoritätsdioden würde ähnlich ausfallen wie für Gleichgewichtsbauelemente nach Bild 3b), nur mit dem Unterschied, daß die Anhebung, die jetzt bei Sperrvorspannung auftritt, nicht vorhanden wäre. Bei Minoritätsdioden ist der Einfluß auffallender. Wie aus Bild 8a hervorgeht, hängt der Stromfluß bei Sperrspannung und kleiner Durchlaßspannung nicht von der Austrittsarbeit des Metalls ab. Dabei ist zu beachten, daß sowohl Minoritäts- als auch Majoritätsdioden im Nichtgleichgewichtsfall Sperrkennlinien mit einem nahezu Sättigungsverhalten besitzen. Während jedoch diees Kennlinie bei Minoritätsdioden vollständig von den Halbleitereigenschaften abhängt, wird sie

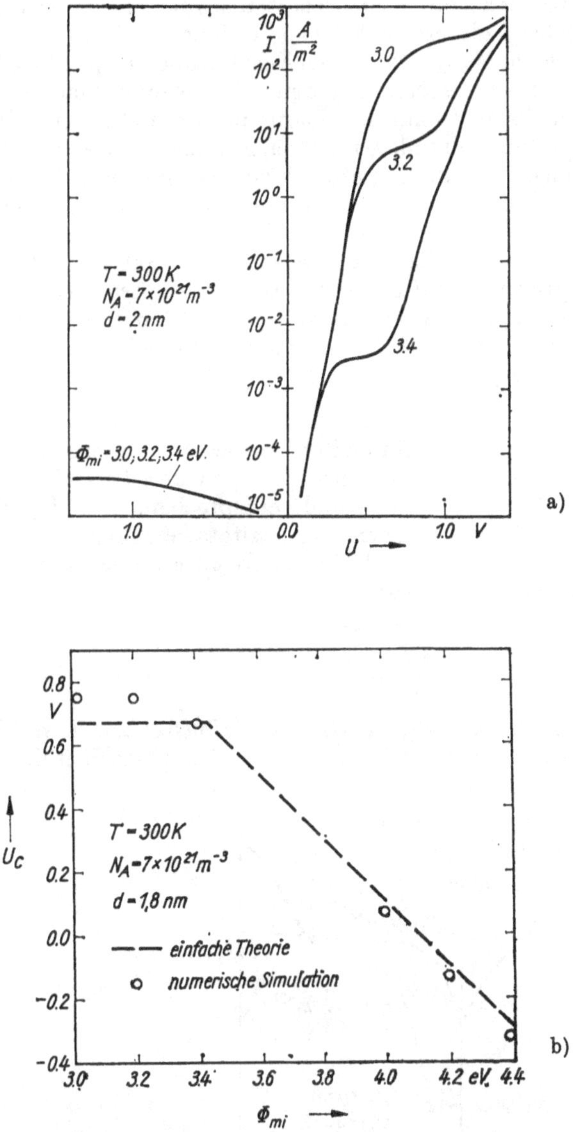

Bild 8.

a) Berechnete I-U-Kurven für p-Substrat „Nichtgleichgewichts"-Minoritätsträger-MIS-Tunneldioden mit Φ_{mi} als Parameter. Die restlichen Parameter stimmen mit Bild 7 überein.

b) Abhängigkeit von U_C (Abschnitt des linearen Teils $1/C^2(U)$ der C-U-Kennlinien auf der Spannungsachse) von Φ_{mi}. Die gestrichelte Kurve zeigt die Ergebnisse einer einfachen Analyse [11], während die Kreise die Ergebnisse der komplizierteren numerischen Analyse darstellen. Bauelementparameter vgl. Bild 8a), jedoch $d = 1{,}8$ nm

für Majoritätsdioden von den Tunneleigenschaften des Bauelementes bestimmt und wächst mit abnehmender Isolatorschichtdicke rasch an (Bild 5b).
Sowohl Minoritäts- als auch Majoritätsdioden besitzen auch Kapazitäts-Spannungs-Kennlinien, die unter Sperrvorspannung dem „Verarmungs“modus ($1/C^2 \sim U$) gehorchen. Der Achsenabschnitt auf der Spannungsachse (U_C) ist in der Darstellung $1/C^2$ über U eine interessierende Größe, da sie experimentell leicht zugänglich ist. Unter der Annahme, daß die Isolatorschicht so dünn ist, daß die Isolator-Halbleiter-Phasengrenze nicht zur Inversion kommt, ist bei Majoritätsdioden U_C proportional der Austrittsarbeit des Metalls. Bei Minoritätsdioden jedoch neigt U_C dazu, mit wachsender Metallaustrittsarbeit einem Sättigungswert zuzustreben, wie in [11] analytisch diskutiert wird. Die Ergebnisse dieser Betrachtung werden in Bild 8b) mit der exakten theoretischen Behandlung verglichen. Für eine gute Näherung gilt für U_C (vgl. Definition der Symbole Bild 1b):

$$\begin{aligned} U_C &= \Phi_{\text{Si}} - \Phi_{mi} + \delta \qquad & U_C &< \psi_{\sin v} \\ &= \psi_{\sin v} & U_C &\nless \psi_{\sin v} \end{aligned} \tag{2}$$

wobei $\psi_{\sin v}$ das zur Inversion der Halbleiteroberfläche erforderliche Oberflächenpotential ist. In Anbetracht des oben gesagten und der Tatsache, daß die Anreicherungsanteile der Kapazitätskurven alle entsprechend den Φ_{mi}-Werten verschoben sind, kann die Ausdehnung der Kapazitätsanhebung bei niederen Frequenzen, die für Minoritätsdioden bei Durchlaßvorspannung beobachtet wurde, näherungsweise berechnet werden zu:

$$\delta U_H \approx \Phi_{\text{Si}} - \Phi_{mi} + \delta - \psi_{\sin v} \tag{3}$$

$$\approx \Phi_{\text{Si}} - \Phi_{mi} + \frac{kT}{q} \ln \frac{N_C}{N_A}\,. \tag{4}$$

Die Anhebung erscheint, sobald die Diode von Halbleiter zur Tunnelbegrenzung umschaltet. Dieser Spannungspunkt hängt von der Austrittsarbeit des Metalls und der Isolatordicke ab.

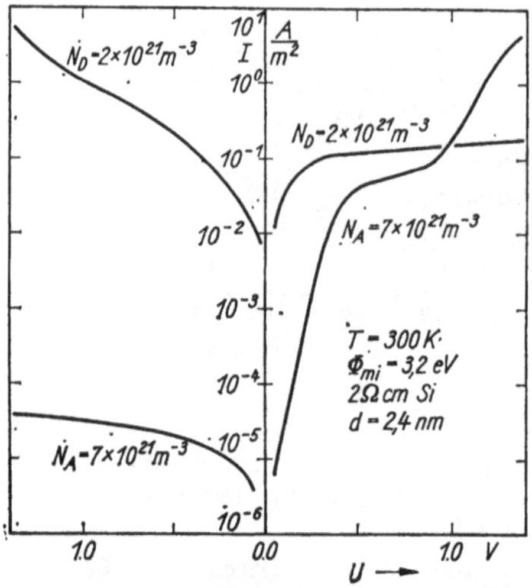

Bild 9. Vergleich der berechneten I-U-Kennlinien für zwei „Nichtgleichgewichts“-Bauelemente mit gleichem Metallkontakt ($\Phi_{mi} = 3{,}2$ eV), aber einmal mit n- und das andere Mal mit p-leitendem Substrat. Der spezifische Widerstand des Substrats beträgt in jedem Fall etwa 2 Ωcm ($N_A = 7 \times 10^{21}$ m^{-3}, $N_D = 2 \times 10^{21}$ m^{-3}), die Oxiddicke 2,4 nm

2.4.3.3. Komplementäre *n*- und *p*-Substrat-Dioden

Für ein gegebenes Metall erzeugen *n*- und *p*-leitende Substrate Dioden, die zu verschiedenen Klassen gehören. Die Strom-Spannungs-Kennlinien unterscheiden sich deshalb im Nichtgleichgewichtsfall. Dies wird in Bild 9 gezeigt. Anteile, die durch Nichtgleichgewichtseffekte aus der Kurve der *p*-Substrat-Diode entfernt worden sind, treten in der Kurve für die *n*-Substrat-Diode unverändert auf. Die aus der Kurve für die *n*-Substrat-Diode durch diese Effekte verschwundene Anhebung bleibt in der Kurve für die *p*-Substrat-Diode erhalten. Man könnte aus einem derartigen Paar sich ergänzender Nichtgleichgewichtskurven die Gleichgewichtskennlinien näherungsweise bestimmen.

2.4.4. Einflüsse von Oberflächenzuständen

2.4.4.1. Einleitung

Oberflächenzustände, die an die Isolator-Halbleiter-Grenzfläche gebunden sind, können Abweichungen von vorgenannter Theorie hervorrufen. Diese Abweichungen entstehen durch folgende Eigenschaften der Oberflächenzustände:

a) sie sind Ladungsspeicherzentren, wobei die Menge der gespeicherten Ladung von den Vorspannungsbedingungen abhängt;
b) sie bilden einen räumlich konzentrierten Bereich von Rekombinations-Generations-Zentren;
c) sie bilden zusätzliche Tunnelpfade zwischen Metall und Halbleiter.

Alle diese Eigenschaften wurden selbstkonstistent in dem Modell berücksichtigt, das zur Kennzeichnung dieser Zustände verwendet wurde (Anhang 2.4.7.). Dabei wurde in diesem Abschnitt eine Normalverteilung von Oberflächenzuständen benutzt. Diese Verteilung wird in Bild 10 gezeigt und baut sich auf experimentellen Messungen an Me–SiO_2–Si-Bauelementen mit dicker Isolatorschicht auf [23]. Es ergeben sich eine mittlere bis große Oberflächenzustandsdichte für solche Bauelemente.

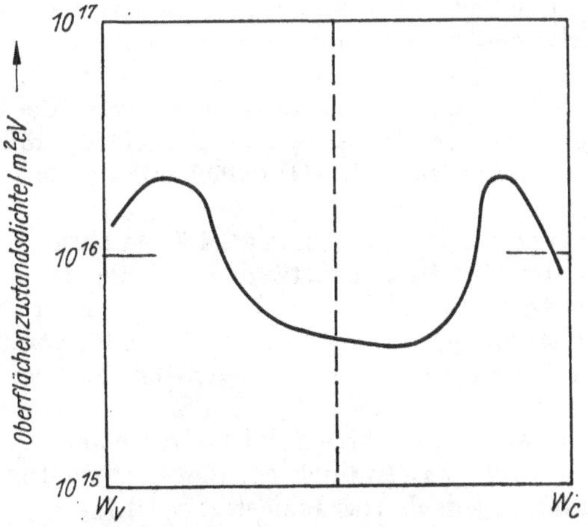

Bild 10. Angenommene Verteilung der Oberflächenzustände über der Energie. Die Zustände unter der Bandmitte wurden als Donatorniveaus behandelt, die über der Bandmitte als Niveaus mit Akzeptoreigenschaften betrachtet wurden

In diesem Abschnitt wird auch der Einfluß fester Ladung im Isolator behandelt. Man fand, daß ihre Wirkung kaum von der einer Veränderung der Barrierenhöhe zwischen Metall und Isolator Φ_{mi} zu unterscheiden ist. Der Einfluß der Isolatorladung und der Oberflächenzustände bei der Ladungsspeicherung können qualitativ beschrieben werden, indem man einen effektiven Φ_{mi}-Wert gemäß

$$\Phi''_{mi} = \Phi_{mi} - q(Q_{ss} + Q_i)\,\frac{di}{\varepsilon_i} \tag{5}$$

annimmt, wobei Q_i die effektive Ladung an der Isolator-Halbleiter-Grenzfläche und Q_{ss} die Ladung in den Oberflächenzuständen ist.

Oberflächenzustände sind stark mit Elektronen besetzt, wenn die Elektronenkonzentration im Oberflächenbereich groß ist [11]. Unter solchen Bedingungen hat die Summe aus den Ladungen der Oberflächenzustände und den Isolatorladungen ihren negativsten Wert, der mit Q_{ss}^- bezeichnet werde. Umgekehrt hat sie ihren mit Q_{ss}^+ bezeichneten positivsten Wert, wenn die Löcherkonzentration an der Isolator-Halbleiter-Grenzfläche groß ist. Unter dieser Beachtung kann man eine Folgeerscheinung der Ladungsspeichereigenschaften von Oberflächenzuständen beschreiben. Hohe Metallaustrittsarbeiten ziehen bei einer Vorspannung von Null Löcher zur Isolator-Halbleiter-Grenzfläche, während niedrigere Werte Elektronen anziehen (Bild 2). Dies tendiert zur Verringerung des Unterschiedes zwischen den effektiven Φ_{mi}-Werten. Dieser Effekt ist jenem äquivalent, der gewöhnlich herangezogen wird, um die analogen Vorgänge in Metall-Halbleiter-Kontakten zu erklären [15]. Dieser Effekt war jedoch, zumindest bei den Dioden, die in dieser Arbeit beschrieben werden, auf Spannungen unterhalb etwa 0,3 V begrenzt (siehe Teil II).

2.4.4.2. Einflüsse auf Gleichgewichtsdioden

Die Oberflächenzustände haben, wie man nach den Kurven Bild 3 erwarten könnte, den merklichsten Einfluß auf Bauelemente mit einem Φ_{mi}-Wert zwischen Φ_{Si} und $\Phi_{\mathrm{Si}} + W_{gs}$ in der Nähe des durch Gleichung (1) gegebenen Wertes Φ'_{mi}. Für solche Bauelemente liegt das Fermi-Niveau des Metalls bei einer Vorspannung von Null auf der gegenüberliegenden Seite der verbotenen Zone des Halbleiters und nicht an den Bandkanten. Dies macht die Band-Ströme sehr klein und erhöht die Tunnelströme der Oberflächenzustände so, daß sie dominieren. Bei Bauelementen, bei denen sich der Φ_{mi}-Wert vom Wert Φ'_{mi} unterscheidet, müßten die zugeordneten Bandströme dominieren, falls die Oberflächenzustandsdichten nicht zu hoch sind.

In Bild 11a) wird unter Verwendung der in Anhang 2.4.7. beschriebenen Berechnungsmethode der Einfluß von Oberflächenzuständen auf Bauelemente gezeigt, deren Φ_{mi}-Werte in der Nähe von Φ'_{mi} (Gleichung (1)) liegen, und zwar für verschiedene Oberflächenzustandsbehandlungen. Dargestellt ist die p-Substrat-Diode aus Bild 3a) mit einem Φ_{mi}-Wert von 3,6 eV. Im einfachsten Fall werden Oberflächenzustände vernachlässigt ($N_{ss} = 0$, $\sigma_T = 0$). Die Kurve stimmt in diesem Fall mit Bild 3a) überein. Der nächst einfachste Fall ist der, bei dem die Verteilung der Oberflächenzustände aus Bild 10 zugrundeliegt, die Tunnelleitung zwischen Metall und Oberflächenzuständen jedoch vernachlässigt wird ($\sigma_T = 0$). Die restlichen beiden Fälle zeigen Ergebnisse mit vergrößerten Tunneleinfangquerschnittswerten der Zustände. Als Ergebnis von Bild 11a) folgert man, daß die dominierende Komponente des Bauelementestromes bei einer Vorspannung nahe Null wahr-

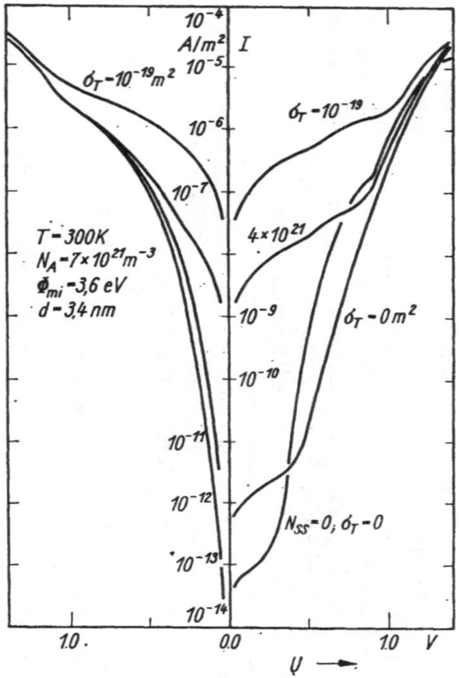

a)

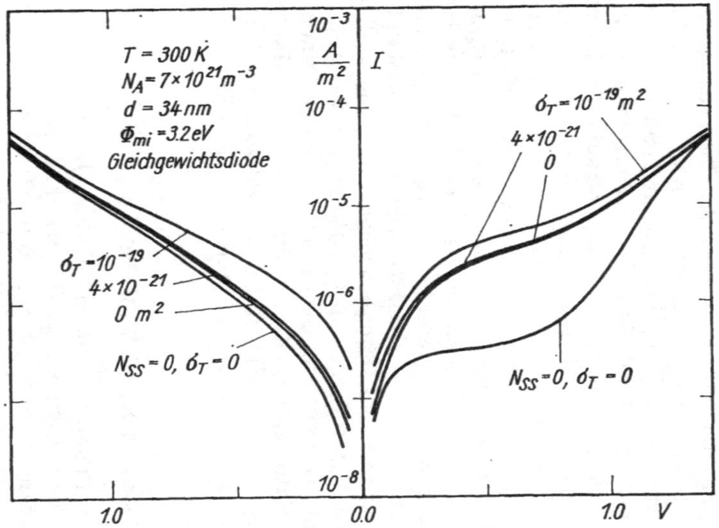

b)

Bild 11. Berechnete Einflüsse von Oberflächenzuständen auf die *I-U*-Kennlinien von *p*-Substrat „Gleichgewichts"-MIS-Tunneldioden. Es werden verschiedene Behandlungen der Oberflächenzustände gezeigt. Im einfachsten Fall ($N_{ss} = 0$, $\sigma_T = 0$) werden Oberflächenzustände und Oxidladung als vernachlässigbar angenommen, und die Kurven entsprechen denen des Bildes 3a). In den anderen Fällen wird außer einer Oxidladung $Q_{ox} = 5 \times 10^{15}\ \mathrm{m^{-2}}$ die Verteilung der Oberflächenzustände aus Bild 10 angenommen. Die Einfangquerschnitte für Elektronen und Löcher (σ_n und σ_p) haben den Wert σ_{c0} (Tabelle 1). Der Tunneleinfangquerschnitt ist veränderlicher Parameter.

a) *I-U*-Kennlinien für einen mittleren Φ_{mi}-Wert (3,6 eV).
b) *I-U*-Kennlinien für einen niedrigen Φ_{mi}-Wert (3,2 eV)

scheinlich vom direkten Stromfluß zwischen dem Metall und den Niveaus der Oberflächenzustände bei diesen Φ_{mi}-Werten herrührt. Derartige Bauelemente werden als Oberflächenzustandsdioden bezeichnet. Der Tunnelstrom durch Oberflächenzustände (I_{ST}) tritt in Gebieten kleinen Stromflusses bei einer Vorspannung nahe Null auf. Da dieser Strom durch Oberflächenzustände nicht so vorspannungsabhängig ist wie die Tunnelströme durch Band-Band-Tunnelung, verliert er seine dominierende Rolle schließlich, wenn es an der Isolator-Halbleiter-Grenzfläche zur Anreicherung oder Inversion bei großer Diodenvorspannung gekommen ist.
Bei Bauelementen mit Φ_{mi}-Werten, die sich stärker von Φ'_{mi} unterscheiden, haben die Oberflächenzustände einen weit geringeren unmittelbaren Einfluß. Dies geht aus Bild 11b) hervor, die *I-U*-Kennlinien für einen relativ niedrigen Φ_{mi}-Wert (3,2 eV) wieder bei verschiedenen Behandlungen der Oberflächenzustände enthält. Jetzt spielen Oberflächenzustände hauptsächlich die Rolle von Ladungsspeicherzentren. Vergleicht man den Fall vernachlässigter Oberflächenzustände ($N_{ss} = 0$, $\sigma_T = 0$) mit dem Fall, wo sie nur als Ladungsspeicher wirken ($\sigma_T = 0$), sieht man, daß sie hauptsächlich eine Vergrößerung des Anstiegs des Verarmungsplateaubereiches der *I-U*-Kennlinie verursachen. Sie vergrößern nur den Anteil der Spannungsänderung, die am Isolator abfällt. Erst wenn der Tunneleinfangquerschnitt sehr hohe Werte erreicht ($\sigma_T = 10^{-19}\ \mathrm{m}^2$) liefert der direkt zwischen Metall und den Oberflächenzustandniveaus fließende Strom einen beträchtlichen Beitrag zum gesamten Bauelementstrom.

2.4.4.3. Einflüsse auf Nichtgleichgewichtsdioden

Die Strom-Spannungs-Kennlinien für ein *p*-Substrat Bauelement mit dünner Isolatorschicht (2 nm) werden in Bild 12a) für den Fall gezeigt, daß zwischen Metall und Oberflächenzuständen große Ströme durch Tunnelung fließen können. Der Haupteffekt ist bei Minoritäts- und Majoritätsdioden ein vergrößerter Anstieg des Verarmungsplateaubereiches der Kurven. Bei Sperrvorspannung und kleiner Durchlaßvorspannung behalten Minoritätsträgerdioden ihr n^+p-Verhalten bei. Eine oberflächliche Analyse könnte zu der Annahme führen, daß, da Oberflächenzustände zusätzliche Rekombinations-Generations-Zentren liefern, zum n^+p-Diodenstrom eine zustätzliche Komponente auftreten würde.
Die Isolator-Halbleiter-Grenzfläche wird jedoch im Inversionsbereich gehalten, in dem der Strom durch den Halbleiter begrenzt wird. Die Anwesenheit einer Inversionsschicht unterdrückt bekanntlich solche Rekombinations-Generations-Prozesse [24]. Bei Majoritätsdioden bilden die Oberflächenzustände eine zusätzliche Bahn, auf der bei Sperrvorspannung Minoritätsträger aus der Oberflächenschicht abfließen können, und sie erhöhen den vorher beschriebenen Nichtgleichgewichtseffekt für diese Bauelemente. Sie üben auch einen starken Einfluß auf den Vervielfachungsprozeß aus, der mit diesem Effekt verknüpft ist [19].
Zwischen den Eigenschaften von Oberflächenzustandsdioden und Minoritäts- oder Majoritätsdioden besteht kein scharfer Übergang. Oberflächenzustandsdioden besitzen Eigenschaften, die von denen der Minoritätsdioden bis zu denen der Majoritätsdioden reichen. Dieser Bereich von Eigenschaften entspricht der Variation der Isolator-Halbleiter-Grenzfläche von nahezu Inversionsverhalten bis zur Anreicherung in dem Vorspannungsbereich um Null herum. In Dioden mit quasi Minoritätseigenschaften bildet die Tunnelleitung über Oberflächenzustände einen zusätzlichen Weg zwischen dem Metall und Majoritätsträgerband im Halbleiter. Der Strom, der über diesen Weg fließt, dominiert über den beschränkten Minoritätsträgerstrom für Nichtgleichgewichtsbauelemente aus Bild 12a). Die sich

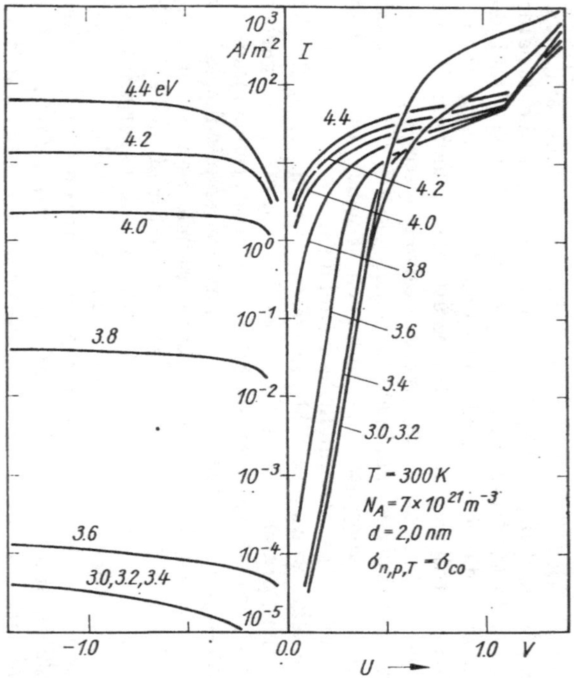

a)

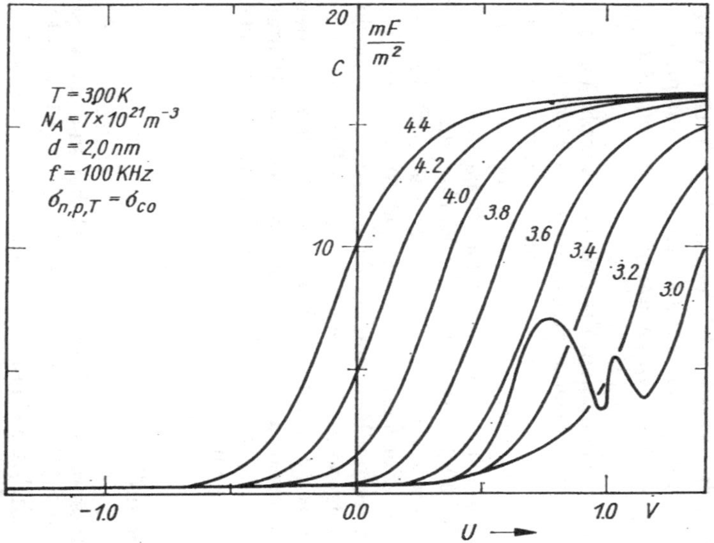

b)

Bild 12. Berechnete Einflüsse von Oberflächenzuständen auf die *I-U-* und *C-U*-Kennlinien von „Nichtgleichgewichts"-Dioden mit der Metall-Isolator- Barrierenhöhe als Parameter. Die Substrate sind *p*-leitendes 2 Ωcm (100)-Silizium ($N_A = 7 \times 10^{21}$ m^{-3}), das Oxid ist 2 nm dick, die Oberflächenzustände haben die Verteilung von Bild 10, und die Oxidladung Q_{ox} hat den Wert 5×10^{15} m^{-2}. Alle Oberflächenzustandseinfangquerschnitte besitzen den Wert σ_{c0} (Tabelle 1).

a) *I-U*-Kennlinien.

b) Hochfrequenz-*C-U*-Kennlinien ($f = 100$ kHz)

ergebenden Strom-Spannungs-Kennlinien sind Kurven, die Φ_{mi}-Werten von 3,4 und 3,6 eV entsprechen. Bei Dioden mit quasi Majoritätsverhalten bildet sich wieder unter Sperrvorspannung keine Inversionsschicht, was man daraus erkennt, daß alle Kurven bei Sperrvorspannung am Halbleiter ein Sättigungsverhalten zeigen.

Die Kapazitäts-Spannungs-Kennlinien, die den *I-U*-Kennlinien in Bild 12a) entsprechen, werden in Bild 12b) für eine Frequenz von 100 kHz dargestellt. Obwohl das aus Bild 12b) nicht allzu sichtbar hervorgeht, besitzen alle Bauelemente bei Sperrvorspannung Verarmungskennlinien. Hier bildete sich durch Oberflächenzustände in Nähe der Anreicherungsanhebung eine zusätzliche frequenzabhängige Struktur. Für Φ_{mi} größer als 3,4 eV haben alle Kurven die gleiche Form, sie sind nur auf der Spannungsachse verschoben. Für kleinere Φ_{mi}-Werte haben die Kurven deutlich unterschiedliche Formen. Besonders die $\Phi_{mi} = 3{,}0$ eV entsprechende Kurve in Folge der verzögerten Reaktion der Diodeninversionsschicht eine charakteristische Anhebung. Der zweite Peak wird durch die Reaktion der Oberflächenzustände verursacht. Diese Kurven machen deutlich, daß die Berechnung der Oberflächenzustandsparameter aus den *C-U*-Kennlinien von Nichtgleichgewichtsbauelementen nicht einfach ist. Das Gleichgewichtsbauelement scheint für diese Anwendung geeigneter zu sein.

2.4.5. Temperatureinflüsse

Die Stromflüsse in nichtentarteten MIS-Tunneldioden sind im allgemeinen nicht temperaturunempfindlich. Temperaturabhängigkeiten sind sowohl bei Gleichgewichts- als auch bei Nichtgleichgewichtsbauelementen vorhanden. Bei Gleichgewichtsbauelementen sind die Ströme I_{CT} und I_{VT} durch Band-Band-Tunnelung dann sehr temperaturempfindlich, wenn alle Quasi-Fermi-Niveaus des Halbleiters und Fermi-Niveaus des Metalls bei Energiewerten liegen, die der verbotenen Zone des Halbleiters entsprechen. Dies tritt am wahrscheinlichsten dann auf, wenn der Φ_{mi}-Wert zwischen Φ_{Si} und $\Phi_{Si} + W_{gs}$ liegt, wenn sich also die Isolator-Halbleiter-Grenzfläche im Zustand der Verarmung befindet. Folglich sind die Bereiche der *I-U*-Kennlinien, die einem Inversions- und Anreicherungsverhalten entsprechen, in Gleichgewichtsdioden relativ temperaturunempfindlich. Die gesamten Kurven für hohe und niedrige Φ_{mi}-Werte besitzen diese Eigenschaft. I_{ST} ist unter Bedingungen, bei denen maximale Empfindlichkeit für Band-Band-Tunnelströme herrschen, sehr temperaturunempfindlich. Folglich haben Oberflächenzustandsdioden temperaturunempfindliche Kennlinien.

Die Folgen der obigen Effekte werden in Bild 13a) gezeigt, wo für einen Bereich von Φ_{mi}-Werten die Strom-Spannungs-Kennlinien bei 200 und 300 K verglichen werden. Für niedrige Φ_{mi}-Werte (3,0 eV) ist die Kurve temperaturunempfindlich. Mit wachsenden Φ_{mi} (3,0–3,4 eV) erhöht sich die Temperaturempfindlichkeit im Verarmungsplateau, bis im Bauelement Oberflächenzustände dominieren. Die Bauelement-Kennlinien hängen dann nicht von der Temperatur ab (3,6 eV). Die obigen Temperatureffekte liefern ein mögliches Verfahren zum experimentellen Unterscheiden von Dioden, in denen Oberflächenzustände vorherrschen.

Bei Nichtgleichgewichtsdioden beeinflußt die Temperatur die Geschwindigkeiten der Minoritätsträgerflußrate durch den Halbleiter stark. Der Stromfluß hängt in Minoritätsträgerdioden in dem Bereich, in dem Strombegrenzung durch den Halbleiter erfolgt, sehr von der Temperatur ab ähnlich den Vorgängen in *pn*-Übergängen. In den durch Tunnelleitung strombegrenzten Bereichen entspricht die

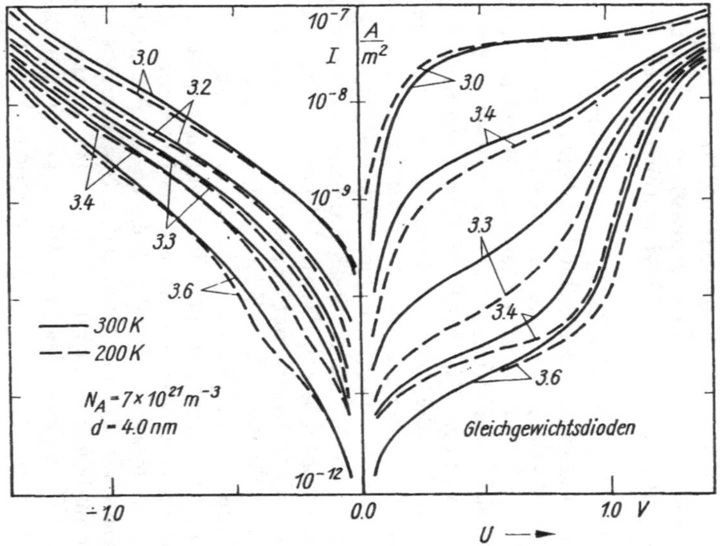

a)

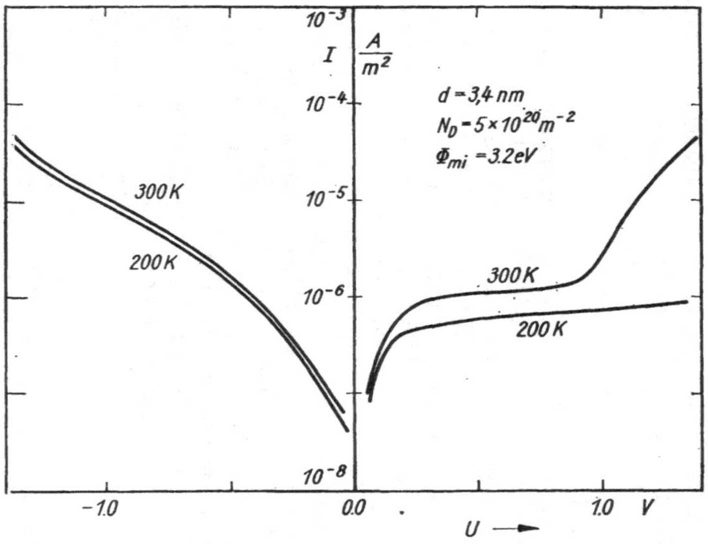

b)

Bild 13.

a) Berechnete Einflüsse der Temperatur auf die I-U-Kennlinien von „Gleichgewichts"-MIS-Tunneldioden. Der Halbleiter ist p-leitend ($N_A = 7 \times 10^{21}\,\mathrm{m^{-3}}$), die Isolatordicke beträgt 4 nm, die Oberflächenzustandsverteilung ist die aus Bild 10, und Q_{ox} hat den Wert $5 \times 10^{15}\,\mathrm{m^{-2}}$. Die Oberflächeneinfangquerschnitte für Elektronen und Löcher haben den Wert σ_{c0}, während der Tunneleinfangquerschnitt den Wert σ_{T0} besitzt (Tabelle 1). Parameter ist Φ_{mi} (eV). Die ausgezogene Kurve entspricht 300 K, während die gestrichelte Kurve einer Temperatur von 200 K entspricht.

b) Einflüsse der Temperatur auf die I-U-Kennlinien einer n-leitenden MIS-Tunneldiode ($N_D = 5 \times 10^{20}\,\mathrm{m^{-3}}$) mit einer Oxiddicke von 3,4 nm und Φ_{mi} von 3,2 eV. Der Übergang vom Gleichgewichts- zum Nichtgleichgewichtsverhalten zeigt sich, wenn man die Temperatur von 300 auf 200 K ändert. Die Einflüsse der Oxidladung und der Oberflächenzustände wurden vernachlässigt

Temperaturabhängigkeit der, die für Gleichgewichtsbauelemente beschrieben wurde. Bei Majoritätsträgernichtgleichgewichtsbauelementen tritt die hauptsächliche Temperaturabhängigkeit in Bereichen der *I-U*-Kennlinien auf, die der Verarmung an der Isolator-Halbleiter-Grenzfläche entsprechen, wie es in Gleichgewichtsbauelementen der Fall ist.
Ein zusätzlicher Einfluß der sich ändernden Bauelementtemperatur ergibt sich aus der damit verbundenen Änderung der Geschwindigkeiten der Minoritätsladungsträger im Halbleiter. Man kann beobachten, wie bei einer Diode ein Übergang vom Gleichgewichts- zum Nichtgleichgewichtszustand nur dadurch erfolgt, daß die Bauelementtemperatur geändert wird. Dies wird in Bild 13b) gezeigt, wo die *I-U*-Kennlinie einer *n*-leitenden Diode mit einer Dotierungsdichte von $2 \times 10^{21}\ m^{-3}$ und einer Oxidschichtdicke von 3,4 nm für 200 und 300 K dargestellt sind. Bei 300 K ist die Geschwindigkeit, mit der Minoritätsträger geliefert werden, bei Inversionsvorspannung (positive am *n*-leitenden Halbleiter) hoch genug, um die Inversionsschicht aufrechtzuerhalten. Dann hat das Bauelement Gleichgewichtskennlinien. Bei 200 K ist die Lieferungsgeschwindigkeit beträchtlich kleiner und die Inversionsschicht kann nicht aufrechterhalten werden. Folglich zeigt das Bauelement Nichtgleichgewichtskennlinien.
In Teil II wird gezeigt werden, wie die Temperaturabhängigkeit des Diodenstromes im Verarmungsbereich der *I-U*-Kennlinien verwendet werden kann, um die Bauelementparameter für den Fall des dominierenden Bandstromes zu berechnen.

2.4.6. Zusammenfassung

Die Arbeit bot einen breiten theoretischen Rahmen für die Interpretierung der Eigenschaften von MIS-Tunneldioden bei Variation der Bauelementparameter. Besondere Betonung wurde auf das Me–SiO_2-System gelegt, obwohl die beschriebenen allgemeinen Tendenzen und erreichten Schlußfolgerungen auch auf andere Systeme anwendbar sein sollten.
Von zentraler Bedeutung für die Diskussion ist die Unterteilung von Dioden in Majoritäts-, Oberflächenzustands- und Minoritätsbauelemente. Obwohl diese Klassen mittels der Energieverteilung des Stromes zwischen Metall und Halbleiter definiert wurden, zeigt sich, daß es für die jeweilige Bauelement-Kategorie davon abhängt, ob sich die Isolator-Halbleiter-Grenzfläche bei einer Vorspannung Null im Anreicherungs-, Verarmungs- oder starkem Inversionszustand befindet. Die Metall-Isolator-Barrierenhöhe (die mit der Austrittsarbeit des Metalls zusammenhängt) ist der wichtigste Systemparameter für den Zustand dieser Grenzfläche bei einer Vorspannung Null. Die Einteilung des Me–SiO_2–Si-Systems in diese Klassen wird in Bild 14 als Funktion dieser Parameter gezeigt. Die Unschärfe in der Grenze zwischen benachbarten Klassen ist die Folge ihrer Abhängigkeit von Oberflächenzustandsparametern, der Bauelementtemperatur und der Isolatordicke, die hier in der Reihenfolge ihrer Wichtigkeit genannt sind.
Jede Klasse ist je nach Stromfluß in Gleichgewichts- und Nichtgleichgewichtsdioden unterteilt. Der Strom selbst hängt in erster Linie von der Isolatordicke ab. Gleichgewichtsdioden zeigen Kapazitäts- und Spannungs-Kennlinien, die denen von herkömmlichen MIS-Kondensatoren ähneln. Folglich ist das auffallendste Merkmal der Anreicherungshöcker. Im interessierenden Spannungsbereich stellt der Höcker in der *U-I*-Kennlinie das wichtigste Merkmal dar. Er tritt auf, wenn es an der Isolator-Halbleiter-Grenzfläche bei Minoritätsdioden zur Anreicherung und Majoritätsdioden zur Inversion kommt. Nichtgleichgewichtsdioden sind wegen

ihrer Anwendungsmöglichkeiten recht interessant [11], [19]. In Majoritätsnichtgleichgewichtsbauelementen bildet sich die Inversionsschicht an der Isolator-Halbleiter-Grenzfläche niemals ohne irgendeine äußere Anregung infolge der Begrenzungen der Geschwindigkeit, mit der der Halbleiter Minoritätsträger liefern kann. Dieser Nichtgleichgewichtseffekt erzeugt einen Vervielfachungsmechanismus, der an anderer Stelle beschrieben wurde [19]. Minoritätsnichtgleichgewichtsdioden haben Kennlinien, die mit denen von Dioden mit *pn*-Übergang bei Sperrvorspannung und kleiner Durchlaßvorspannung identisch sind [11]. Ursache dafür ist, daß in jedem Fall der Transport von Minoritätsladungsträgern durch die Halbleiterbereiche den Strom begrenzt. Solche Dioden sind für die direkte Energieumwandlung gut geeignet [11].

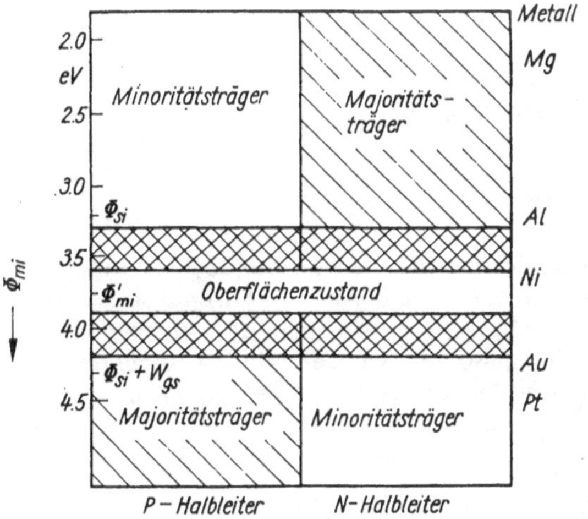

Bild 14. Schematische Unterteilung der MIS-Tunneldiode in Minoritäts-, Oberflächenzustands- und Majoritätsträgerdioden in Abhängigkeit von Φ_{mi} (Metall-Isolator-Barrierenhöhe) für sowohl *n*- als auch *p*-Substrate. Die durch Karo gekennzeichneten Gebiete stellen den wahrscheinlichen Übergangsbereich zu Oberflächenzustandsdioden dar. Der Φ_{mi}-Wert, bei dem dieser Übergang auftritt, hängt stark von der Oberflächenzustandsdichte ab.

Oberflächenzustandsnichtgleichgewichtsdioden haben Eigenschaften, die von jenen ähnlich der Minoritätsdioden bis zu solchen reichen, die Majoritätsdioden ähnlich sind. Alle Nichtgleichgewichtsbauelemente zeigen Kapazitäts-Spannungs-Kennlinien gemäß $1/C^2 \sim U$. Minoritätsträgernichtgleichgewichtsdioden weisen auch bei mäßigen Durchlaßvorspannungen bis zu sehr hohen Frequenzen eine Art Inversionsschichtverhalten auf, das einen großen frequenzabhängigen Höcker in den Kapazitäts-Spannungs-Kennlinien hervorruft.

2.4.7. Anhang: Computersimulation der MIS-Tunneldiode

Zur Beschreibung der MIS-Tunneldiode wurde das folgende System nichtlinearer Gleichungen verwendet. Die Gleichungen wurden unter Wechselstrom- und Gleichstrombedingungen unter Verwendung von Kleinsignalersatzschaltungen nach [25] gelöst. Dieses Verfahren gestattete, theoretische Bauelementklemmeneigenschaften mit einer Genauigkeit von 0,5% zu berechnen und ergab Ergebnisse, die mit den nach einem früheren Verfahren [19] gewonnenen übereinstimmten. Eine detailliertere Diskussion der Gleichungen und des Lösungsverfahrens findet man in [18].

2.4.7.1. Beschreibende Gleichungen des Halbleiterbereiches

Der Halbleiterbereich der Diode wurde durch die folgenden Differentialgleichungen in der Schreibweise nach *Sah* [26] beschrieben.

$$\frac{\partial^2 v_I}{\partial x^2} - \frac{q}{\varepsilon}\left(n - p + \sum_i n_{Ti} - \sum_j N_{TTj}\right) = 0\,, \tag{A1}$$

$$\frac{\partial n}{\partial t} - \frac{1}{q}\,\frac{\partial j_N}{x} + r_{CN} = 0\,, \tag{A2}$$

$$\frac{\partial p}{\partial t} + \frac{1}{q}\,\frac{\partial j_P}{x} + r_{CP} = 0\,, \tag{A3}$$

$$\sum_i \frac{\partial n_{Ti}}{\partial t} - r_{CN} + r_{CP} = 0\,. \tag{A4}$$

Der Index i bezieht sich auf Haft- und Verunreinigungsniveaus (sowohl Donator- als auch Akzeptorniveaus) während sich j nur auf Donatorniveaus bezieht. Gleichung (A1) ist die Poisson-Gleichung, während die anderen drei Kontinuitätsausdrücke sind. Zusätzlich verwendet wurden die Stromdichtegleichungen, ausgedrückt über die Gradienten der Quasi-Fermi-Niveaus [18], [26].

$$j_N = -\, q\mu_N n \frac{\partial v_N}{\partial x}\,, \tag{A5}$$

$$j = -\, q\mu_P p \frac{\partial v_P}{\partial x}\,. \tag{A6}$$

Betrachtet man nur eine einzelne Haftstelle und verwendet das SHR-Modell der Rekombinations-Generations-Prozesse, so lauten die Ausdrücke für die Nettoeinfanggeschwindigkeiten r_{CN} und r_{CP} [26]

$$r_{CN} = c_N[nN_{TT} - (n + n_1)\, n_T]\,, \tag{A7}$$

$$r_{CP} = c_P[(p + p_1)\, n_T - p_1 N_{TT}]\,. \tag{A8}$$

Da die Elektronen- und Löcherkonzentrationen n und p unter den interessierenden Bedingungen nicht entartet sind, werden sie mit Verwendung der Boltzmann-Statistik berechnet.

2.4.7.2. Ausdrücke für die Band-Band-Tunnelströme

Die Tunnelleitung zwischen den Metall- und Halbleiterbändern wurde mit der unabhängigen Elektronennäherung nach *Harrison* beschrieben [16]. Nimmt man an, daß sowohl Energie als auch Querimpuls während der Tunnelübergänge zwischen dem Metall und dem Halbleiter erhalten bleiben (elastisches, spiegelsymmetrisches Tunneln), eine WKB-Näherung zutrifft und die Harrisonschen Ergebnisse in der Art nach [11], [18], [19] zutreffen, erhält man für die Elektronentunnelstromdichte zwischen Metall und Halbleiterleitband den folgenden Ausdruck:

$$I_{CT} = 4\pi q \frac{m_{Ti}}{h^3} \int\limits_0^{E_{max}} dE(f_m - f_s) \int\limits_0^{\frac{m_{Ts}}{m_{Ti}} E} dE_T \, e^{-\eta} , \tag{A9}$$

mit

$$\eta = \frac{2}{h} (2m_{Ti})^{1/2} \int\limits_{x_a}^{x_b} \{E_T - (E - \varphi_{CB}) [1 + (E - \varphi_{CB})/E_{gi}]\}^{1/2} \, dx . \tag{A10}$$

Die Leitbandkante des Halbleiters stellt die Bezugsenergie dar. Eine ähnliche Beziehung ergibt sich für den Stromfluß zwischen Metall und Halbleitervalenzband. Die Annahmen, die bei der Herleitung dieser Ausdrücke gemacht wurden, beschränken die Anwendbarkeit dieser Formulierung. Sie ist zum Beispiel auf Tunnelung in (100)-Silizium anwendbar, jedoch nicht in (111)-Silizium [18], [19].
Außer diesen Tunnelgleichungen gibt es einen zusätzlichen Ausdruck, der sich auf den Isolatorbereich bezieht und die angelegte Spannung U mittels der Spannung am Isolator U_{ins}, des Halbleiteroberflächenpotentials ψ_s, der Barrierenhöhen Φ_{mi} und Φ_{Si} und dem Abstand des Fermi-Niveaus im Halbleitervolumen von der Kante des Halbleiterleitungsbandes (δ) beschreibt.
Aus Bild 1b) gilt die folgende Beziehung

$$U_a = \psi_s + U_{ins} + \Phi_{mi} - \Phi_{Si} - \delta . \tag{A11}$$

2.4.7.3. Gleichungen der Oberflächenzustände

Die an der Isolator-Halbleiter-Grenzfläche auftretenden Oberflächenzustände werden mittels der SRH-Kinetik charakterisiert. Sie wurde modifiziert, um die Auswirkungen des Tunnelvorganges zwischen diesen Zuständen und dem Metall mit einzuschließen. Diese Formulierung gaben *Freeman* und *Dahlke* an [17]. Für einen einzelnen Oberflächenzustand lautet die Differentialgleichung für die Besetzung des Zustandes f_{ss}

$$N_{ss} \frac{df_{ss}}{dt} = U_{cn}^* - U_{cp}^* + \frac{S_{ss}}{q} , \tag{A12}$$

wobei N_{ss} die Oberflächenzustandsdichte und S_{ss} die Stromdichte durch Tunnelleitung vom Metall zu diesen Zuständen und U_{cn}^* die Nettogeschwindigkeit für den Elektroneneinfang im Leitungsband sind. U_{cp}^* ist der entsprechende Term für Löcher im Valenzband. U_{cn}^* und U_{cp}^* können über Einfang- und Emissionsterme wie im gewöhnlichen SRH-Verfahren ausgedrückt werden, so daß sich ergibt:

$$U_{cn}^* = s_n [(1 - f_{ss}) n_s - f_{ss} n_1] , \tag{A13}$$

$$U_{cp}^* = s_p [f_{ss} p_s - (1 - f_{ss}) p_1] . \tag{A14}$$

s_n und s_p sind die Oberflächenrekombinationsgeschwindigkeiten, gegeben durch

$$s_{n,p} = \sigma_{n,p} v_{th} N_{ss} . \tag{A15}$$

σ_n und σ_p sind die Einfangquerschnitte, v_{th} die thermische Geschwindigkeit der Elektronen. n_1 und p_1 sind übliche SRH-Parameter, n_s und p_s Elektronen- bzw. Löcherkonzentration im Halbleiter an der Isolator-Halbleiter-Grenzfläche. S_{ss}

wurde unter Verwendung von

$$S_{ss} = \sigma_T N_{ss} A (f_m - f_{ss}) \tag{A16}$$

berechnet [17], wobei σ_T ein effektiver Tunneleinfangquerschnitt ist und A von der Haftstellenenergie und den Vorspannungsbedingungen abhängt.
Die kontinuierliche Verteilung von Oberflächenzuständen wurde im Modell als große Zahl ($\leqq 20$) einzelner, einander unabhängiger Oberflächenzustandsniveaus berücksichtigt. Deshalb tauscht jedes Niveau Ladungsträger mit den Halbleiterbändern schneller aus als mit einem anderen Niveau. Die obige Theorie kann auf jedes Niveau der Reihe nach angewendet werden.
Durch Anwendung des Gaußschen Gesetzes an der Isolator-Halbleiter-Grenzfläche ergibt sich eine zusätzliche Beziehung für die Oberflächenzustände

$$\varepsilon_i E_{ins} - \varepsilon_s E_s + q(Q_{ss} + Q_i) = 0\,. \tag{A17}$$

E_{ins} und E_s sind die Felder im Isolator bzw. im Halbleiter, Q_{ss} der positive Beitrag, der von den Oberflächenzuständen herrührt, und Q_i die effektive Ladung an der Isolator-Halbleiter-Grenzfläche, die die feste Ladung im Isolatorbereich darstellt.

Teil II. Experimente

2.4.8. Einleitende Bemerkungen

Dieser Teil berichtet über die experimentellen Ergebnisse an Metall-Isolator-Halbleiter-Tunneldioden. In Teil I ist gezeigt worden, daß eine Diode in Abhängigkeit von der Metall-Isolator-Austrittsarbeit Φ_{mi}, der Isolatordicke d, den Oberflächenzustandseigenschaften und abhängig davon, ob der Halbleiter n- oder p-leitend ist, natürlicherweise in eine von drei Klassen fällt. Ob eine Diode als Minoritäts-, Oberflächenzustands- oder Majoritätsdiode betrachtet wird, hängt davon ab, welche Komponente des Diodentunnelstromes dominiert: der Strom zwischen dem Metall und dem Minoritätsträgerband, den Oberflächenzuständen oder dem Majoritätsträgerband im Halbleiter. Jede dieser Klassen ist weiter in Unterklassen unterteilt, die durch „Gleichgewicht“ oder „Nichtgleichgewicht“ gekennzeichnet sind. Das hängt davon ab, ob die Ströme klein genug sind, damit der Halbleiter im interessierenden Vorspannungsbereich im thermischen Gleichgewichtszustand verbleibt oder nicht. Es werden Daten vorgelegt, die das Verhalten der Metall-Siliziumdioxid-Silizium-Tunneldioden zeigen, wenn der Metallkontakt, die Isolatordicke bzw. der Dotierungstyp im Halbleitersubstrat geändert werden. Das im Teil I „Theorie“ dargestellte Verhalten bestätigt sich. Außerdem werden die Temperaturmessungen der Diodenströme beschrieben, die eine zusätzliche Unterstützung für Theorie aus Teil I bieten.

2.4.9. Diodenherstellung und Messung

Dünne Oxidschichten (1,5–6 nm) wurden in Wasserdampf bei Temperaturen im Bereich von 700–900 °C auf chemisch präparierten n- und p-leitenden Scheiben aus (111)- und (100)-orientiertem Silizium, das von Monsanto erhalten wurde, erzeugt. Metalldeckkontakte wurden in einem Muster durch eine Metallmaske in einem Vakuumverdampfungssystem mit einer Kühlfalle für flüssigen Stickstoff bei einem Grunddruck von $\sim 10^{-7}$ Torr aufgedampft. Nach dem Entfernen des Oxids von der nichtpolierten Unterseite der Si-Scheibe wurde auf diese Aluminium zur Erzeugung großflächiger ohmischer Grundkontakte gedampft. Wegen der unregelmäßigen Natur der Scheibenoberfläche auf ihrer nichtpolierten Seite und der daraus folgenden großen Dichte von Rekombinationszentren in diesem Bereich besitzen solche Kontakte ausreichend ohmsche Eigenschaften für die relativ kleinen interessierenden Stromdichten.

Bauelemente, die durch ein solches Verfahren hergestellt wurden, neigen dazu, Elektronen zur Isolator-Halbleiter-Grenzfläche zu ziehen, die vom Metalldeckkontakt abgewandt liegen, und zwar wahrscheinlich infolge der positiven Ladung im Oxid. Dies führte im Bauelement zu einer der sechs möglichen lateralen Verteilungen der Oberflächenladung, die in Bild 15 gezeigt werden. Von den Konfigurationen „2“ und „6“ ist bekannt, daß sie die Eigenschaften von Schottky- [27] bzw. herkömmlichen MIS-Dioden [28] beeinflussen. Falls gewünscht, kann dieser Effekt durch zusätzliche Bearbeitung stark verringert werden. Das einfachste Verfahren bestand darin, die Diode mehrere Stunden lang einer Zimmeratmosphäre auszusetzen. Man könnte diesen Prozeß beschleunigen, indem man in einer

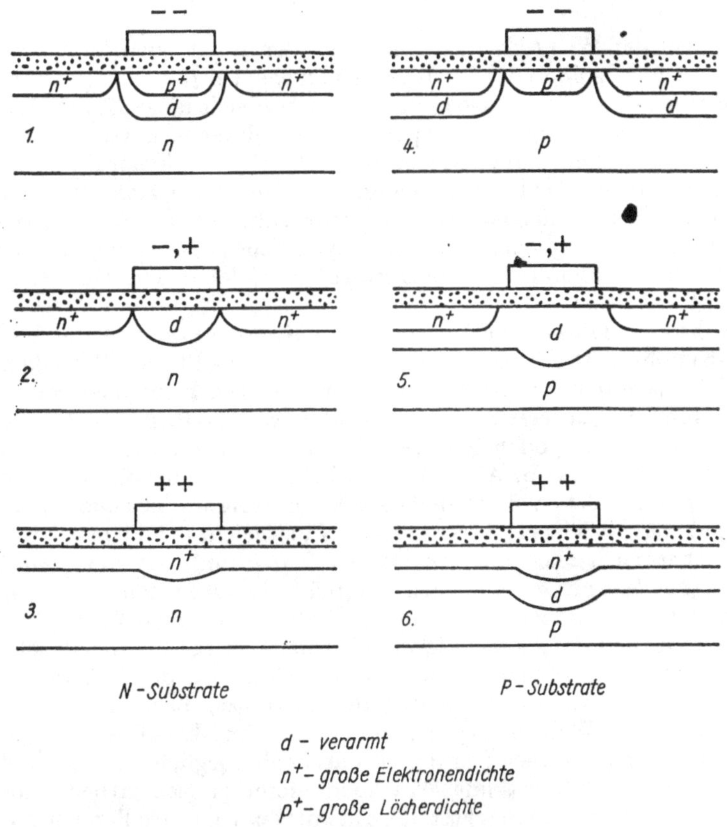

Bild 15. Schematische Darstellung der sechs möglichen lateralen Verteilungen der Ladung im Halbleiter entlang der Isolator-Halbleiter-Grenzfläche für *n*- sowie *p*-Substrat-MIS-Bauelemente

solchen Atmosphäre 10 Minuten auf 100 °C erwärmt. Eintauchen der Diode in eine schwache Natriumdichromatlösung und Erwärmen auf 60 °C, nachdem sie aus dieser Lösung herausgenommen worden war, war auch wirkungsvoll [29].
Die Dicke der Oxidschicht wurde entweder durch Ellipsometrie oder bei Bauelementen mit dickerer Oxidschicht durch Messen der Anreicherungskapazität des Bauelementes bestimmt. Die mit beiden Verfahren erzielten Ergebnisse stimmten mit einer Genauigkeit von 0,2 nm überein. Der spezifische Widerstand des Halbleiters und die untere Grenze für die Lebensdauer der Minoritätsladungsträger wurden vom Lieferanten festgelegt. Messungen der letzteren Größe nach der Bearbeitung bei der Verwendung von Minoritätsdioden, die in [11] beschrieben wurde und die Schaltmessung von *Lederhandler* und *Giacoletto* [30] ergaben Werte zwischen 2 und 10 μs. Die Kapazitäts-Spannungs-Kennlinien (*C*-*U*-Kennlinien) der Bauelemente wurden kontinuierlich über den interessierenden Spannungsbereich mit einem phasenempfindlichen Detektorsystem [31] ermittelt. Die Strom-Spannungs-Kennlinien (*I*-*U*-Kennlinien) wurden Punkt für Punkt mit einem Keithley-Pikoamperemeter (Meßbereich $10^{-13}-10^{-2}$ A) ermittelt.

2.4.10. Grenzflächenkonzentration bei einer Vorspannung Null

In Anbetracht der Wichtigkeit, die in Teil I den Elektronen- und Löcherkonzentrationen an der Isolator-Halbleiter-Grenzfläche bei der Vorspannung Null zugeschrieben wurde, ist es günstig, zu zeigen, wie sich diese Konzentrationen mit der Wahl des Metallkontaktes in experimentellen Bauelementen ändern. Es ist gut bekannt [15], daß sich in der verwandten Schottky-Diodenstruktur relativ wenig Änderung zeigen. Tatsächlich ist die Kontrolle über diese Konzentrationen, die in MIS-Tunneldioden möglich ist, einer von zwei Faktoren, die zu der großen Vielfalt von Eigenschaften, verglichen mit Schottky-Dioden, beitragen (der andere Faktor hängt von der Spannungsverteilung zwischen Isolator und Halbleiter im MIS-Bauelement ab).
Das einfachste Verfahren, mit dem man diese Kontrolle zeigen kann, besteht darin, die *C*-*U*-Kennlinie für Bauelemente mit unterschiedlichen Metallkontakten zu messen. Die Lage der Anreicherungshöcker in diesen Kennlinien kann dann verwendet werden, um zu bestimmen, ob an der Isolator-Halbleiter-Grenzfläche Anreicherung, Verarmung oder Inversion bei der Vorspannung Null vorhanden ist. Man beachte dabei (s. z. B. Abb. 6), daß die Spannung, bei der sich der Anreicherungshöcker von selbst einstellt, nicht stark von Isolatordicke oder davon abhängt, ob die Diode ein Gleichgewichts- oder ein Nichtgleichgewichtsbauelement ist.
Der Anreicherungsbereich der gemessenen *C*-*U*-Kennlinien von Me–SiO_2–Si-Bauelementen mit sowohl *n*- als auch *p*-(100)-Substraten mit einem spezifischen Widerstand von 1–3 Ωcm und einer Oxiddicke zwischen 2 und 5 nm wird in Bild 16 gezeigt. Aus der Lage der Anreicherungsanstiege kann man sehen, daß die Isolator-Halbleiter-Grenzfläche sowohl von *n*- als auch von *p*-Substrat Bauelementen bei einer Vorspannung Null über den gesamten Bereich von Anreicherung bis Inversion durch Wahl eines geeigneten Metallkontaktes geändert werden kann. Ein anderes Merkmal dieser Kurven ist das Fehlen jeglicher grober Deformierungen durch Oberflächenzustände. Während dieser ganzen Arbeit wurden Oberflächenzustandsdichten beobachtet, die am unteren Ende des Bereiches von Werten lagen, die in [7], [32], [33], [34] für ähnliche Bauelemente berichtet wurden. Dies wird darauf zurückgeführt, daß vorrangig (100)-orientiertes Silizium und nicht (111)-Silizium verwendet wurde. Frühere Messungen an Bauelementen mit

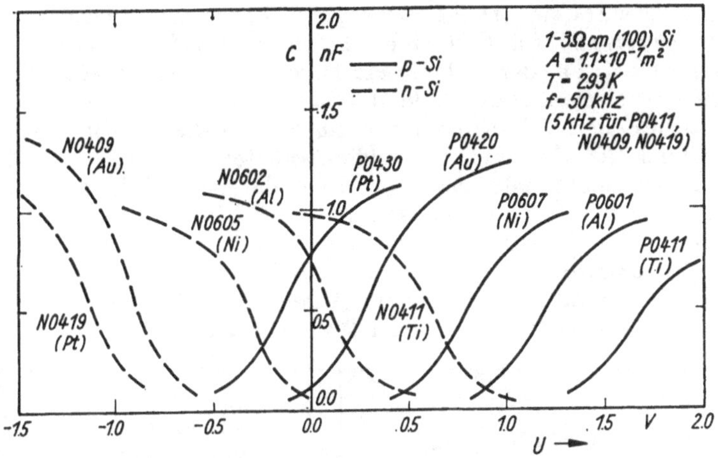

Bild 16. Experimentelle C-U-Kurven für Me–SiO_2–Si-Bauelemente ((100)-Si) mit Ti-, Al-, Ni-, Au- and Pt-Kontakten. Die durchgezogenen Linien zeigen die Anreicherungsbereiche der Kurven für p-Substrate (1 Ωcm) und die gestrichelten für n-Substrate (1—3 Ωcm). Die Meßfrequenz beträgt entweder 50 kHz oder 5 kHz, wie angegeben. Die Oxiddicke liegt in jedem Fall zwischen 2 und 4 nm

dickerer Isolatorschicht weisen für die entsprechende Orientierung geringere Dichten auf [15] als Messungen an Tunnelbauelementen, die den hier vorgestellten ähneln [5]. Die relativ kleinen Oberflächenzustandsdichten gestatten, daß die Metall-Isolator-Austrittsarbeit recht genau aus der Lage der Anreicherungshöcker sowohl für n- als auch für p-Substrat-Bauelemente abgeschätzt werden kann. Die auf diese Weise geschätzten Werte wurden in Tabelle 2 mit den Werten verglichen, die aus der Vakuumaustrittsarbeit des Metalls berechnet wurden. Ähnliche Auswertungen sind vor kurzem von *Kar* und *Dahlke* für andere Metalle durchgeführt worden [7].

Tabelle 2. Metall-Isolatorbarrierenhöhen für Ti, Al, Ni, Au und Pt

Metall	Mittelwert aus den C-U-Kurven (eV)	Wert, berechnet aus der Vakuumaustrittsarbeit
Ti	2,7	3,0
Al	3,2	3,3
Ni	3,6	3,6
Au	4,2	3,9
Pt	4,5	4,4

Erhalten durch Abzug der Elektronenaffinität von SiO_2 (0,9 eV) von der Vakuumaustrittsarbeit, wie in [10] angegeben.

2.4.11. Vergleich von n- und p-Substrat-Bauelementen (Gleichgewichts- und Nichtgleichgewichtsfälle)

Eine wichtige Voraussage von Teil I war, daß Gleichgewichtsbauelemente mit dem gleichen Metallkontakt und ähnlichen Isolatordicken qualitativ ähnliche I-U-Kennlinien haben müßten, unabhängig davon, ob das Substrat n- oder p-leitend ist, da in jedem Fall der gleiche Tunnelstrom vorherrscht. Dies gilt, falls das Substrat nicht zu stark dotiert ist (siehe z. B. Bild 4). Das obige Merkmal wurde besonders hervorgehoben, da dann ein Bauelement auf der einen Substratart ein Majoritätselement, auf der anderen ein Minoritätselement sein muß. Dieses Verhalten wird experimentell durch die durchgezogenen Kurven von Bild 17 gezeigt, die die gemessenen *I*-*U*-Kurven für ein Paar Al–SiO_2–Si-Bauelemente zeigen, eines *n*-leitend (NO511) und das andere *p*-leitend (PO511). Die *C*-*U*-Kurven für diese Bauelemente findet man in Bild 4c), die später diskutiert wird. Die Bauelemente haben relativ dicke Oxidschichten (3,7 bzw. 3,9 nm) und zeigen Gleichgewichtskennlinien. Das auffallendste Merkmal ist der Anstieg, der auftritt, wenn eine Vorspannung von ungefähr 1 V am Halbleiter liegt, bei der es an der Oberfläche des *p*-Substrat-Bauelements zur Anreicherung (Bild 4c) und an der Oberfläche des *n*-Substrat-Bauelements zur Inversion kommt.

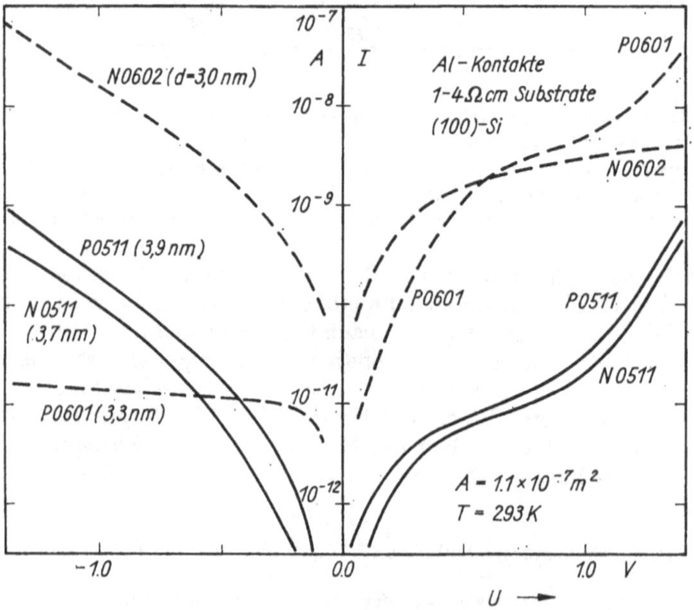

Bild 17. Experimenteller Vergleich der *I*-*U*-Kennlinien eines *n*- und eines *p*-Substrat-Bauelements mit Al-Kontakten. Die durchgezogenen Kurven geben die Gleichgewichtskennlinien wieder, während die gestrichelten Kurven den Nichtgleichgewichtskennlinien entsprechen

Die gestrichelten Kurven in Bild 17 zeigen die Kennlinien für ein anderes Paar von Bauelementen mit Al-Kontakten (NO 602 und PO 601), wo in beiden Fällen die Oxiddicke um etwa 0,6 nm verringert war. Diese relativ kleine Änderung hat deutliche Änderungen in den *I*-*U*-Kennlinien hervorgerufen. Bei Sperrvorspannung am Halbleiter und Durchlaßvorspannung bis etwa 0,8 V hat die Kurve für das *n*-Substrat-Bauelement (NO 602) die gleiche Form wie bei den vorhergehenden Gleichgewichtsbauelementen, aber die Stromdichten liegen 2—3 Größenordnungen höher. Oberhalb 0,8 V ist der Höcker vollständig verschwunden. Dies ist der in Teil I vorausgesagte Nichtgleichgewichtseffekt für Majoritätsbauelemente. Die Lieferung von Löchern zur Isolator-Halbleiter-Grenzfläche ist bei dieser Inversionsvorspannungsrichtung für das *n*-leitende Bauelement begrenzt, und Löcher tunneln, indem sie versuchen, eine Inversionsschicht zu bilden, rasch zum Metall,

entweder direkt oder über Oberflächenzustände. Die Veränderung im Verhalten bei dem *p*-Substrat-Bauelement (PO 601) ist sogar noch auffallender. Der Strom zeigt bei Sperrvorspannung keine Verwandtschaft mit den vorherigen Kurven. Er spiegelt tatsächlich nur den Strom wider, der im Verarmungsbereich des Bauelementes bei solchen Vorspannungen erzeugt werden kann. Er wird vollständig durch die Eigenschaften des Halbleiters bestimmt. Bei Durchlaßvorspannung tritt ein ähnlicher Effekt auf. Für kleine Durchlaßvorspannungen ist das Bauelement in diesem Fall auch durch die Rekombinationsrate im Halbleiterverarmungsbereich [11] halbleiterbegrenzt. Wenn die Diodenvorspannung anwächst, nimmt diese Rate rasch zu. Folglich ist der Bauelementstrom bei etwa 0,5 V wieder vollkommen tunnelbegrenzt wie in der Gleichgewichtsdiode. Deshalb tritt hier der deutlich ausgeprägte Anstieg durch Anreicherung an der Isolator-Halbleiter-Grenzfläche auf. Diese Ergebnisse entsprechen denen, die in Teil I für Majoritätsbauelemente vorausgesagt wurden. Es müssen nun noch einige zusätzliche Bemerkungen über den Stromfluß bei Sperrvorspannung für derartige *p*-Substrat Al-Bauelemente im folgenden Abschnitt gemacht werden.
Zusammenfassend zeigen die Kurven in Bild 17 zwei wichtige Merkmale, die in Teil I vorausgesagt wurden. Zuerst wird die Ähnlichkeit zwischen den *I*-*U*-Kennlinien von *n*- und *p*-Substrat Bauelementen mit dem gleichen Metallkontakt im Gleichgewichtsfall bewiesen. Zweitens zeigen die Kurven sowohl für Majoritäts- als auch für Minoritätsträger die wichtigen Nichtgleichgewichtseffekte. Dies sind das Verschwinden des Inversionsanstieges bei Majoritätsträgerbauelementen und die halbleiterbegrenzte Natur des Bauelementstroms bei Sperrvorspannung und kleiner Durchlaßvorspannung für Minoritätsbauelemente. Außerdem stimmt die allgemeine Form der Kennlinien gut mit den theoretischen Erwartungen überein. Dies wird durch Vergleiche zwischen Theorie und Experiment gezeigt, die im nächsten Abschnitt enthalten sind, wo die Hauptaufgabe die Erforschung der experimentellen Konsequenzen des Veränderns der Austrittsarbeit des Metalldeckkontaktes ist.

2.4.12. Einfluß der Metallaustrittsarbeit

Die Möglichkeit, Minoritäts- und Majoritätsdioden durch Auswahl eines *p*- oder *n*-Substrats zu erzeugen, ist im vorangegangenen Abschnitt gezeigt worden. In diesem Abschnitt wird gezeigt, daß man eine ähnliche Transformation der Eigenschaften erhalten kann, wenn der Metallkontakt von einem mit relativ niedriger Austrittsarbeit (zum Beispiel Al) zu einem mit hoher Austrittsarbeit verändert wird (zum Beispiel Au). Das Verfahren hat das Ziel, die Eigenschaften des Al–SiO_2–Si-Systems zu beschreiben, indem es die gemessenen Kennlinien einer Anzahl dieser Bauelemente auf sowohl *n*- als auch *p*-Substraten mit einem Bereich von Oxiddicken beschreibt. Diese Eigenschaften werden mit jenen verglichen, die auf ähnliche Weise für das Au–SiO_2–Si-System erhalten wurden. Schließlich werden noch die Eigenschaften anderer Bauelemente mit Metallkontakten niedriger (Mg, Ti) oder hoher Austrittsarbeit (Pt) beschrieben.
Bild 18 enthält die gemessenen Kennlinien einer Anzahl von Bauelementen mit Al-Kontakten mit niedriger Austrittsarbeit für Oxidschichtdicken von 2,3 bis 3,9 nm. Bild 18a) zeigt die *I*-*U*-Kennlinien für *p*-, b) für *n*-Substrate, und c) zeigt die *C*-*U*-Kennlinien für Bauelemente aus a) und b). Die gestrichelten Kurven sind stets theoretische Kurven, die unter Verwendung des in Teil I beschriebenen numerischen Simulierungsverfahrens und den typischen Werten für die Bauelementparameter (entnommen aus Bildern oder in Tabelle 1) berechnet wurden.

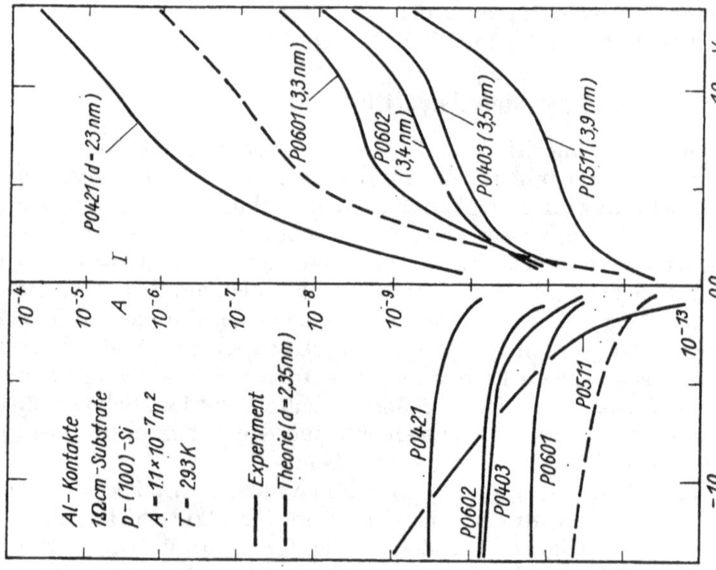

Al-Kontakte
1Ωcm-Substrate
p-(100)-Si
A = 1.1×10^-7 m^2
T = 293 K
Experiment
Theorie (d = 2,35 nm)
P0421 (d = 23 nm)
P0601 (3,3 nm)
P0602 (3,4 nm)
P0403 (3,5 nm)
P0511 (3,9 nm)
P0421
P0602
P0403
P0601
P0511
I
A
U
V
-1.0
0.0
1.0
10^-4
10^-5
10^-6
10^-7
10^-8
10^-9
10^-13

a)

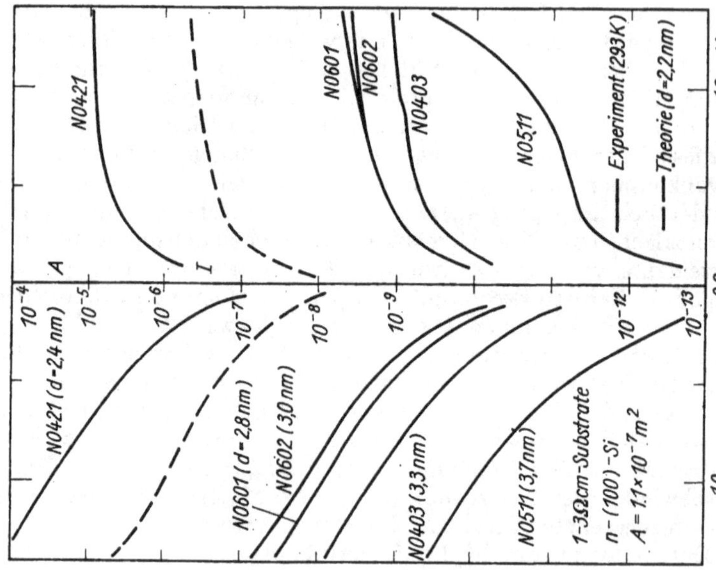

N0421 (d = 2,4 nm)
N0601 (d = 2,8 nm)
N0602 (3,0 nm)
N0403 (3,3 nm)
N0511 (3,7 nm)
1-3Ωcm-Substrate
n-(100)-Si
A = 1.1×10^-7 m^2
N0421
N0601
N0602
N0403
N0511
Experiment (293 K)
Theorie (d = 2,2 nm)
I
A
U
V
1.0
0.0
10^-4
10^-5
10^-6
10^-7
10^-8
10^-9
10^-12
10^-13

b)

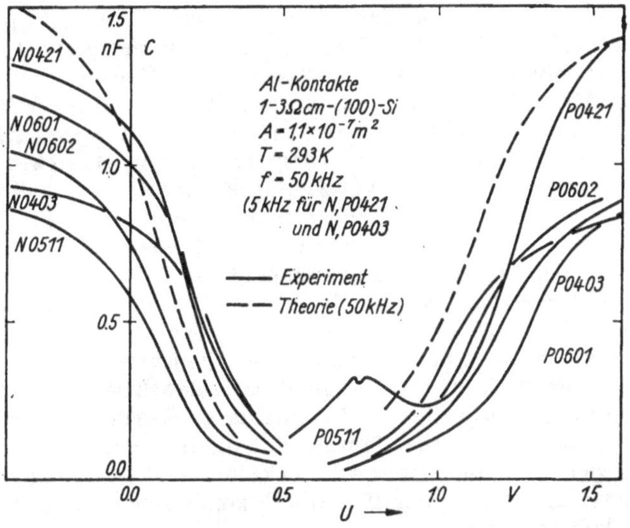

c)

Bild 18. Experimentelle *I-U*- und *C-U*-Kennlinien für Al–SiO_2–Si-Bauelemente ((100)-Si) mit einer Oxiddicke zwischen 2,3 und 3,9 nm. Die gestrichelten Kurven sind theoretische Kurven.

a) Gemessene *I-U*-Kurven für *p*-Substrat Bauelemente (1 Ωcm). Die gestrichelte theoretische Kurve wurde berechnet mit $d = 2{,}35$ nm, $N_A = 7 \times 10^{21}\,m^{-3}$, $\Phi_{mi} = 3 \times 10^{15}\,m^{-2}$ und der in Teil I gegebenen Verteilung der Oberflächenzustände

b) Gemessene *I-U-K*urven für *n*-Substrat Bauelemente (1—3 cm). Die theoretische gestrichelte Kurve wurde mit den gleichen Parametern berechnet wie in a), nur d hatte den Wert 2,2 nm und $N_D = 2 \times 10^{21}\,m^{-3}$.

c) Gemessene *C-U*-Kurven für die *p*- und *n*-leitenden Bauelemente aus a) und b). Die Meßfrequenz beträgt entweder 50 kHz oder 5 kHz, wie angegeben. Die gestrichelten Kurven sind bei 50 kHz unter Benutzung der gleichen Parameter berechnet, die in a) und b) für das *p*- bzw. *n*-Substrat Bauelement angegeben sind

Die *p*-leitenden Bauelemente aus Bild 18 werden zuerst betrachtet. Die Reihe theoretischer Kurven, die das erwartete Verhalten dieser Bauelemente am besten wiedergibt, sind die Kurven der Minoritätsbauelemente aus Bild 5a). Bei mäßiger bis großer Durchlaßvorspannung sollte der Diodenstrom mit abnehmender Isolatordicke rasch anwachsen, wie für durch Tunnelleitung begrenzte Prozesse zu erwarten ist. Bei Sperrvorspannung und kleineren Durchlaßvorspannungen sollten in Nichtgleichgewichtsbauelementen mit dünnerer Isolatorschicht halbleiterbegrenzte Effekte sichtbar werden. Nichtgleichgewichtsbauelemente unterscheiden sich von Gleichgewichtsbauelementen dadurch, daß bei ihnen die Sperrströme klein im Vergleich zu den Durchlaßströmen sind.
Auf dieser Grundlage zeigen die Bauelemente PO 421 (2,3 nm) und PO 601 (3,3 nm) sowie die theoretische Kurve (2,3 nm) Nichtgleichgewichtskennlinien. Die Bauelemente PO 602 (3,4 nm) und PO 403 (3,5 nm) liegen im Übergangsbereich zwischen Gleichgewichts- und Nichtgleichgewichtsverhalten, während das Bauelement PO 511 (3,9 nm) Gleichgewichtskennlinien zeigt. Die auffallendste Abweichung der experimentellen Kurven von den erwarteten trat bei Sperrvorspan-

nung auf. Die Theorie sagt voraus, daß alle diese Bauelemente bei Sperrvorspannung Strom haben sollten, die kleiner oder gleich denen der gestrichelten Kurve sind, die die Generationsrate im Verarmungsbereich des Halbleiters widerspiegelt. Die beobachtete Abweichung wird auf laterale Effekte zurückgeführt, die in Abschnitt 2.4.9 beschrieben und nicht in der theoretischen Analyse enthalten sind. Die entsprechende Konfiguration bei der Vorspannung Null ist entweder „5“ oder „6“ aus Bild 15. In jedem Fall ist der Verarmungsbereich des Halbleiters beträchtlich größer als der, der bei der theoretischen Analyse angenommen wurde, was höhere Generationsraten zuläßt. Außerdem wurde gefunden, daß die Oberflächeninversionsschicht bei der lateralen Konfiguration „6“ eine Gleichstromwiderstandsbahn für Minoritätsträger zurück zum Grundkontakt bilden kann. Dies erklärt, warum die Ströme in Bauelement PO 511 relativ große Werte bei Sperrvorspannung annehmen können, ohne daß sie halbleiterbegrenzt werden. Zu den obigen Schlußfolgerungen bezüglich der Wichtigkeit lateraler Effekte führten experimentelle Beobachtungen, wonach der Sperrstrom in diesen p-Substrat Al-Bauelementen dadurch verändert werden konnte, daß die Bedingungen der „lateralen“ Bereiche mittels der in Abschnitt 2.4.10 erwähnten Behandlungen verändert wurden. Durch laterale Effekte steigen ja die Rekombinationsraten im Halbleiter bei kleiner Durchlaßvorspannung.

Wenn man den obigen Effekt berücksichtigt, stimmen die experimentellen Kurven gut mit der Theorie überein. Die Bauelemente mit den dünnsten Oxidschichten zeigen halbleiterbegrenzte Effekte bei Sperrvorspannung und kleiner Durchlaßvorspannung und einen tunnelbegrenzten Stromfluß bei mittlerer und großer Durchlaßvorspannung. Alle Bauelemente besitzen bei Durchlaßvorspannung das Verarmungsplateau und den Anreicherungshöcker. Dabei ist zu beachten, daß bei den Standardtunnelparametern, die für alle theoretischen Berechnungen in dieser Arbeit verwendet wurden (Tabelle 1) nur eine qualitative Übereinstimmung zwischen den vorausgesagten und den beobachteten Stromdichten bei gegebener Oxiddicke in den Bereichen besteht, in denen Bauelementstrom durch Tunnelleitung begrenzt wird. Von Bauelementen, bei denen die oben erwähnten lateralen Effekte durch zusätzliche Bearbeitung kleingemacht worden sind, können individuelle experimentelle Kurven ausgewählt werden, mit denen durch geeignete Wahl der theoretischen Bauelementparameter eine genaue Anpassung an die möglich ist. Eine solche Methode wurde bereits gezeigt [16], [18], wo die I-U- und die C-U-Eigenschaften eines experimentellen Bauelementes durch das Bauelementsimulierungsprogramm mit einem höheren Genauigkeitsgrad erzeugt wurden.

Die n-leitenden Bauelemente aus Bild 18b) zeigen auch Kennlinien, die von Gleichgewichts- bis Nichtgleichgewichtsverhalten reichen. Bauelement NO 421 (2,4 nm) besitzt typische Majoritätsträgernichtgleichgewichtskennlinien, Bauelement NO 403 (3,3 nm) stellt einen Übergang zwischen Gleichgewichts- und Nichtgleichgewichtsverhalten dar, wo der Inversionshöcker gerade zu verschwinden beginnt, während Bauelement NO 511 (3,7 nm) Gleichgewichtskennlinien mit Inversionshöcker zeigt. Bei negativer Vorspannung am Halbleiter ist die Form der I-U-Kurve vom optischen Eindruck her gesehen die gleiche, unabhängig von der Isolatordicke. Diese Form wird durch die theoretische, gestrichelte Kurve gut beschrieben, da sie prinzipielle Kennlinien der Nichtgleichgewichtsbauelemente bei positiver Vorspannung darstellt. Es ist zu beachten, daß das Bauelement NO 601 mit einer im Durchschnitt geringeren Oxiddicke als das Bauelement NO 602 über den negativen Vorspannungsbereich etwas niedrigere Ströme aufweist. Dies rührt möglicherweise von dem hier gleichmäßigeren Oxid her, so daß beide Bauelemente ähnliche Tunneldicken haben.

Die C-U-Kurven von Bild 18c) unterscheiden sich von den erwarteten Kurven insofern, als eine Spreizung derjenigen Spannungen erfolgt, bei denen der Anreicherungsanstieg erscheint. Diese Streuung wird entweder durch Änderungen der Metallaustrittsarbeit, der Barrierenhöhe zwischen Halbleiter und Isolator, der Ladungsmenge im Oxid oder der Oberflächenzustandsdichten hervorgerufen. Die experimentellen Ergebnisse zeigen, daß ein großer Teil der beobachteten Spreizung eine Folge des ersten Effektes ist. Unter Anreicherungsbedingungen ergibt die Kombination von Oberflächenzuständen und Oxidladung ihren maximalen oder minimalen Beitrag (Q_{ss}^+, Q_{ss}^-) für p- bzw. n-Substrat Bauelemente. Durch die Festlegung

$$\Phi_{ms} = \Phi_{mi} - \Phi_{\mathrm{Si}} \tag{6}$$

und Anpassung der Lage des Anreicherungsanstiegs an die Theorie, wird für die gemessenen p-Substrat Al-Bauelemente die folgende Beziehung erhalten

$$\Phi_{ms} - \frac{qd}{\varepsilon_i} Q_{ss}^+ = -\,0{,}15 \pm 0{,}10\,\mathrm{eV}\,. \tag{7}$$

Für n-Substrat Al-Bauelemente wurde eine ähnliche Beziehung gefunden

$$\Phi_{ms} - \frac{qd}{\varepsilon_i} Q_{ss}^- = -\,0{,}10 \pm 0{,}10\,\mathrm{eV}\,. \tag{8}$$

Veränderungen in der Lage der C-U-Anreicherungsanstiege entsprechen Veränderungen in den I-U-Kennlinien. Zum Beispiel neigt für die n-Substrat Majoritätsträgerbauelemente aus Bild 18b) der Wert des Verarmungsplateaustroms (Strom bei mäßiger positiver Vorspannung) dazu, im Verhältnis zum Strom bei negativer Halbleitervorspannung anzuwachsen, wenn Φ_{ms} negativer wird. Ein anderes Merkmal der C-U-Kurven ist der große Anstieg für die Bauelemente mit der dünnsten Oxidschicht PO 421, der bei etwa +0,7 V liegt. Bevor diese Arbeit durchgeführt wurde, hätte man diesen Anstieg als Folgeerscheinung von Oberflächenzuständen interpretiert, die in der Mitte der verbotenen Zone ein Maximum in ihrer Verteilung hätten. Während zu diesem Anstieg zu einem gewissen Grad die Oberflächenzustände beitrugen, würde er auf der Grundlage von Teil I zum größten Teil als Folge des verzögerten Verhaltens der Inversionsschicht interpretiert. Eine auffallendere Demonstration dieses Effekts wird in Abschnitt 2.4.15 gegeben.

Im Gegensatz zu Bauelementen mit Kontakten relativ niedriger Austrittsarbeit wie zum Beispiel Al, wurde vorgeschlagen, daß Bauelemente mit Kontakten und großer Austrittsarbeit auf p-Substraten Majoritätseigenschaften und auf n-Substraten Minoritätseigenschaften zeigen sollten. Gold ist eines der relativ wenigen Metalle mit einer Austrittsarbeit, die hoch genug ist, um diesen Effekt zu zeigen. In einer Darstellung, die der von Bild 18 ähnelt, werden die gemessenen Kennlinien einer Anzahl von Au-Bauelementen in Bild 19 für Oxiddicken zwischen 2,1 nm und 3,4 nm gezeigt.

Die I-U-Kennlinien für Au-Bauelemente mit p-leitenden Substrat werden in Bild 19a) gezeigt. Im dargestellten Oxiddickenbereich zeigen alle Bauelemente ein Nichtgleichgewichtsverhalten. Sie weisen Merkmale auf, die denen der n-leitenden Majoritätsbauelemente aus Bild 18b) ähneln, liegen aber bezüglich der Stromachse spiegelsymmetrisch. Bei positiver Halbleitervorspannung sind die Kurvenformen einander ähnlich; sie sind lediglich bei dünneren Oxidschichten zu höheren Stromwerten verschoben. Bei Sperrvorspannung zeigen alle Sättigungseigenschaften. Sie sind zu dünn, als daß der Inversionshöcker auftreten könnte. Wenn man jedoch

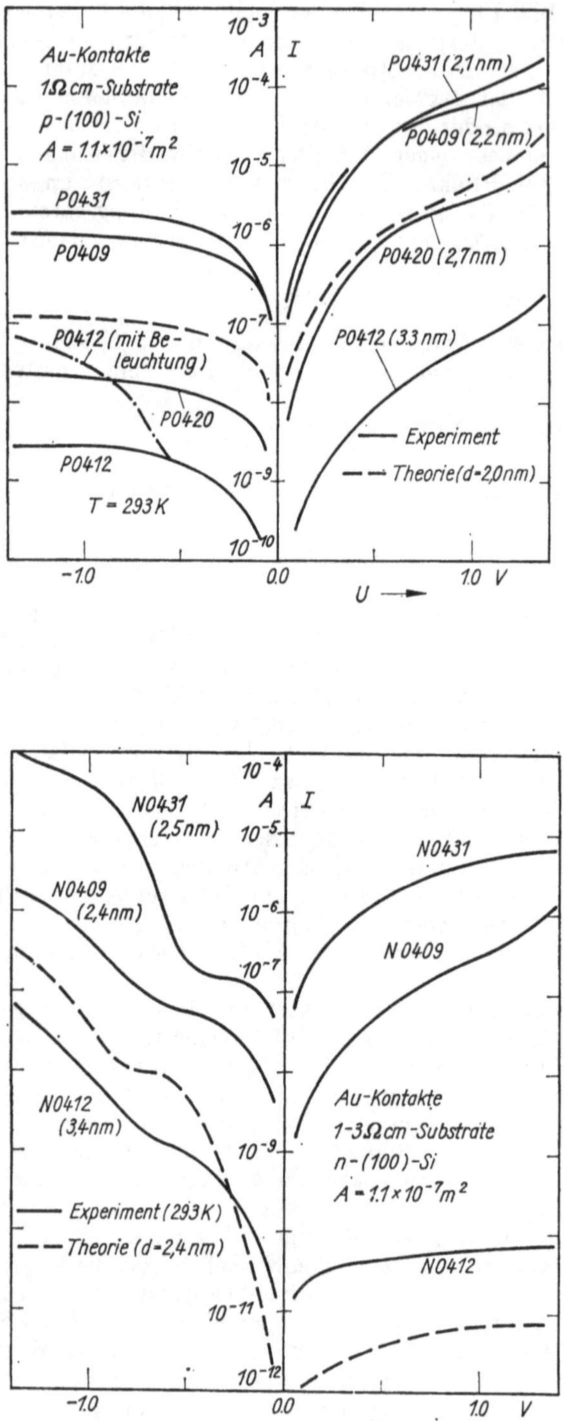

10^-3 A I
Au-Kontakte
1Ω cm-Substrate
p-(100)-Si
A = 1.1×10^-7 m^2
10^-4
10^-5
10^-6
10^-7
10^-9
10^-10
P0431 (2,1 nm)
P0409 (2,2 nm)
P0420 (2,7 nm)
P0412 (3.3 nm)
P0431
P0409
P0412 (mit Beleuchtung)
P0420
P0412
T = 293 K
Experiment
Theorie (d=2,0 nm)
-1.0
0.0
1.0 V
U
10^-4 A I
N0431 (2,5 nm)
10^-5
10^-6
10^-7
10^-9
10^-11
10^-12
N0409 (2,4nm)
N0412 (3,4nm)
Experiment (293 K)
Theorie (d=2,4 nm)
N0431
N 0409
Au-Kontakte
1-3Ω cm-Substrate
n-(100)-Si
A = 1.1 × 10^-7 m^2
N0412
-1.0
0.0
1.0 V
U

a)

b)

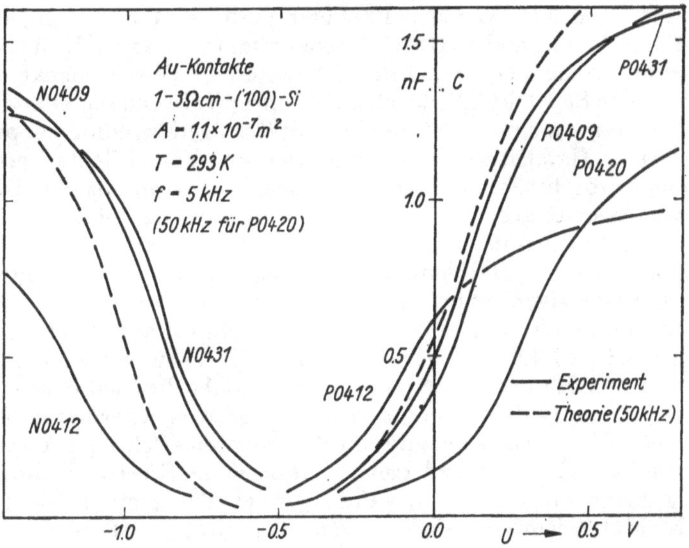

c)

Bild 19. Experimentelle I-U- und C-U-Kurven für Au–SiO_2–Si-Bauelemente ((100)-Si) für Oxiddicken zwischen 2,1 und 3,5 nm. Die gestrichelten Kurven sind theoretische Kurven.

a) Gemessene I-U-Kurven für p-Substrat Bauelemente (1 Ωcm). Die Strich-Punkt-Kurve stellt die gemessenen Kennlinien für das Bauelement PO 412 bei Lichtbestrahlung dar. Die gestrichelte Kurve ist mit $d = 2$ nm, $\Phi_{mi} = 4{,}2$ eV und für die anderen Parameter mit genau den gleichen Werten wie in Abb. 18a berechnet.

b) Gemessene I-U-Kurven für n-leitende Bauelemente (1—3 Ωcm). Die theoretische Kurve (gestrichelt) ist mit $d = 2{,}4$ nm, $\Phi_{mi} = 4{,}35$ eV und mit den gleichen Werten für die anderen Parameter wie in Bild 18b berechnet.

c) Gemessene C-U-Kurven für die p- und n-leitenden Bauelemente aus a) und b). Die Meßfrequenz beträgt entweder 5 kHz oder 50 kHz, wie angegeben. Die gestrichelten Theoriekurven wurden bei 50 kHz unter Verwendung der gleichen Parameter, die in a) und b) für das p- bzw. n-Substrat Bauelement gegeben sind, berechnet

mit Licht bestrahlt, wird die Bildung von Minoritätsträgern vergrößert, und die Inversionsschicht kann gebildet werden. Dadurch entsteht der charakteristische Anstieg, was durch die Strich-Punkt-Linie für Bauelement PO 412 gezeigt wird. Die Veränderung der effektiven Werte der Metallaustrittsarbeit, die aus den C-U-Kurven von Bild 19c) hervorgeht, spiegelt sich in den I-U-Kurven wider. Je größer die effektive Austrittsarbeit ist — bestimmt durch die Lage des Anreicherungshöckers in den C-U-Kurven —, um so höher ist der Verarmungsplateaustrom, verglichen mit dem Strom bei Durchlaßvorspannung. Diesen Effekt kann man gut zeigen, wenn die I-U-Kennlinien für die extremen Fälle von PO 412 und PO 420 verglichen werden. Die experimentellen Kurvenformen werden wieder durch die gestrichelten theoretischen Kurven gut beschrieben.

Die I-U-Kurven für den n-leitenden Typ dieser Au-Bauelemente werden in Bild 19b) gezeigt. Ihre Kennlinien ähneln bei negativer Halbleitervorspannung denen der p-Substrat Al-Bauelemente (Bild 18a) bei entgegengesetzter Vorspannung. Während NO 413 bei positiver Halbleitervorspannung halbleiterbegrenztes Verhalten zeigt, ist NO 409 über den gesamten Vorspannungsbereich

tunnelbegrenzt, und NO 431 nur bei höheren positiven Vorspannungen halbleiterbegrenzt. Die entsprechenden Oberflächenkonfigurationen sind „2" und „3" aus Bild 15. *Yu* und *Snow* [27] haben die Effekte dieser Oberflächenkonfigurationen für die verwandte Schottky-Diodenstruktur unter Verwendung eines Schutzringes untersucht. Sie fanden einen erhöhten Minoritätsträgerstromfluß bei positiver oder kleiner negativer Halbleitervorspannung. Der für diese Effekte verantwortliche Mechanismus wurde beschrieben und hier nicht weiter untersucht. Die Spreizung der effektiven Austrittsarbeit, die aus den C-U-Kurven deutlich wird, kommt auch in den I-U-Kennlinien zum Ausdruck, wie an p-leitenden Bauelementen beobachtet wurde. Bei negativer Halbleitervorspannung hat das Bauelement NO 431 mit der niedrigsten effektiven Austrittsarbeit oberhalb $-0{,}5$ V eine zusätzliche Struktur, von der man glaubt, daß sie eine Folge von Majoritätstunnelströmen sei, wie bezüglich der 3,8 und 4,0 eV Kurven aus Bild 3b) diskutiert wurde. Bei mäßiger bis hoher negativer Halbleitervorspannung beschreibt die theoretische gestrichelte Kurve das Verarmungsplateau und den Anreicherungshöcker der experimentellen I-U-Kennlinien für die Bauelemente mit den höheren effektiven Austrittsarbeiten (NO 409 und NO 412) genügend genau. Da laterale Effekte in die theoretische Simulierung nicht eingeschlossen wurden, zeigt die gestrichelte Theoriekurve typische Nichtgleichgewichtseffekte von Minoritätsbauelementen, wobei die experimentell beobachteten Kurven bei positiver und kleiner negativer Halbleitervorspannung unterschätzt wurden.
Die C-U-Kurven zeigen wieder die bei Al-Bauelementen beobachtete Spreizung. Für p-Substrat Au-Bauelemente gilt

$$\Phi_{ms} - \frac{qd}{\varepsilon_i} Q_{ss}^{+} = 0{,}95 \pm 0{,}15 \text{ eV} \tag{9}$$

und für n-Substrat Bauelemente

$$\Phi_{ms} - \frac{qd}{\varepsilon_i} Q_{ss}^{-} = 1{,}05 \pm 0{,}2 \text{ eV}\,. \tag{10}$$

Ein großer Teil der Änderungen dieser Größen wird auf Unterschiede in der Austrittsarbeit in der Metallschicht zurückgeführt. Beispielsweise könnten die hohen effektiven Austrittsarbeiten für die Bauelemente NO 412 und PO 4012 dadurch entstanden sein, daß bei beiden die Kontakte wesentlich dünner als die der anderen Bauelemente aus Bild 19c) waren.
Wenn man die Spiegelung der Kennlinien an der Stromachse vernachlässigt, besteht wenig Zweifel daran, daß die Au-Bauelemente diejenigen Eigenschaften zeigen, die mit denen der p-Substrat Al-Bauelemente aus Bild 18a) am stärksten verwandt sind und n-Substrat Au-Bauelemente aus Bild 19b) sind. Die typischen Eigenschaften der n-Substrat Al-Bauelemente aus Bild 18b) entsprechen denen der p-Substrat Au-Bauelemente aus Bild 19a). Dies ist eine experimentelle Unterstützung der theoretischen Voraussage, daß die Bauelemente durch eine geeignete Wahl eines Metalls mit hoher oder niedriger Austrittsarbeit für den Deckkontakt von Minoritäts- zu Majoritätsbauelementen verändert werden können. Dieses Ergebnis wird außerdem noch durch experimentelle Eigenschaften von Bauelementen unterstützt, die mit Deckkontakten aus anderen Metallen hergestellt wurden.
Bild 20 vergleicht die experimentell beobachteten I-U-Kennlinien von Bauelementen mit Pt-, Au-, Al- und Ti-Kontakten. Die Kurven für p-Substrat Bauelemente werden in Bild 20a), die für n-Substrat Bauelemente in Bild 20b) gezeigt.

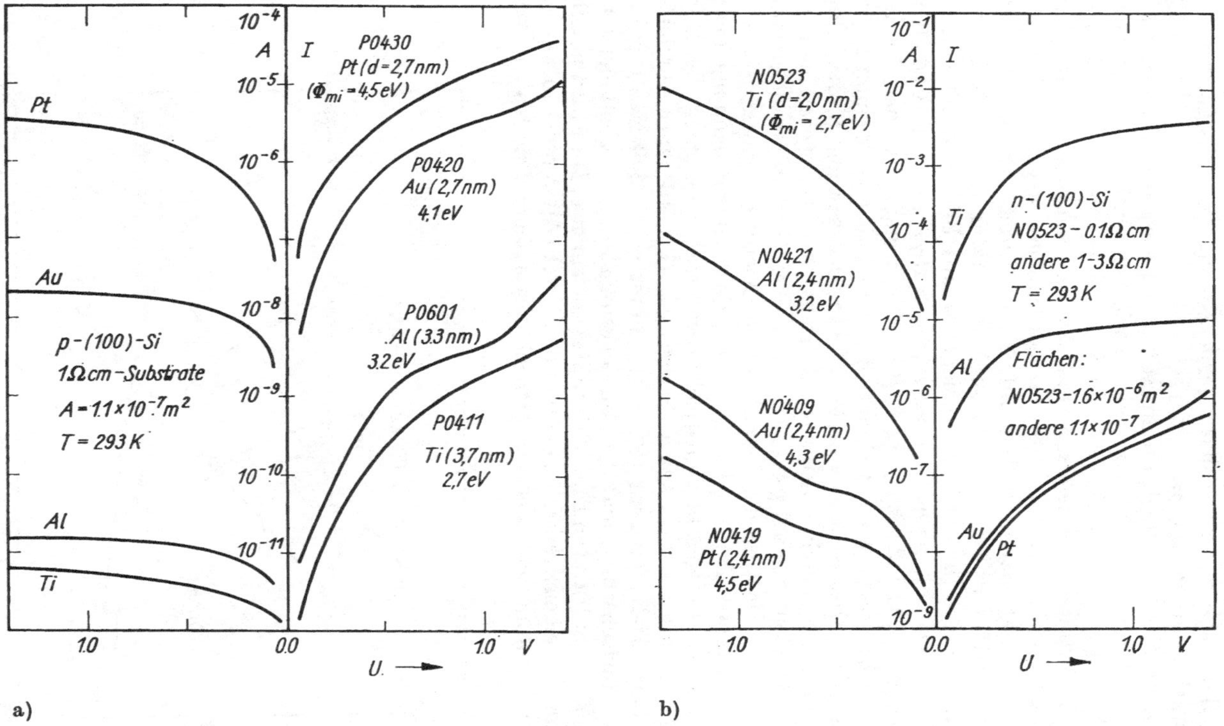

Bild 20. Experimenteller Vergleich der I-U-Kennlinien von Me–SiO_2–Si-Bauelementen ((100)-Si) für Ti-, Al-, Au- und Pt-Bauelemente.

a) Gemessene I-U-Kennlinien für p-Substrate (1 Ωcm).

b) Gemessene I-U-Kurven für n-Substrate mit einem spezifischen Widerstand zwischen 0,1 und 3 Ωcm

Die C-U-Kennlinien für die Bauelemente findet man in Bild 16, 18c) oder 19c) mit Ausnahme der Kennlinien des Bauelements NO 523, wo die Ströme zu hoch waren, um die Messung der Kapazität über einen beträchtlichen Vorspannungsbereich zuzulassen. Die in Bild 20 dargestellten Werte der Metall-Isolator-Austrittsarbeiten wurden aus der Lage des Anreicherungshöckers in den C-U-Kurven für diese speziellen Bauelemente geschätzt.

Pt hat eine hohe Austrittsarbeit, die im Mittel um etwa 0,3 eV höher als für Au liegt. Pt-Bauelemente auf p-Substrat zeigen, wie man durch Vergleich der Kennlinien der Nichtgleichgewichtsbauelemente PO 430 und PO 420 in Bild 20a) sehen kann, Majoritätskennlinien. Sie ähneln denen von Gold, weisen aber einen höheren Verarmungsplateaustrom (Strom bei mäßiger negativer Vorspannung) bei diesen p-Substrat Bauelementen auf. Dies stimmt mit den theoretischen Erwartungen überein. Pt-Bauelemente auf n-Substraten ergeben Kennlinien, die denen entsprechen, die für die Goldbauelemente aus Bild 19b) mit den höheren effektiven Austrittsarbeiten beobachtet wurden. Dies geht aus Bild 20 hervor, wo die Bauelemente NO 419 (Pt) und NO 409 (Au) verglichen werden. Beide zeigen trotz der Tatsache, daß die Oxidschicht in jedem Fall relativ dünn ist, Gleichgewichtskennlinien. Dies ist auf laterale Effekte zurückzuführen, die in der Diskussion von Bild 19b) beschrieben wurden. Ti hat eine geringere Austrittsarbeit als Al und Ti-Bauelemente auf p-Substraten ergeben Minoritätsbauelemente. Dies wird in Bild 20a) gezeigt, wo die Kennlinien der Nichtgleichgewichtsbauelemente PO 411 (Ti) und PO 601 (Al) verglichen werden. Bei Sperrvorspannung und kleiner Durchlaßvorspannung zeigen beide halbleiterbegrenzte Kennlinien. Bei Durchlaßvorspannung oberhalb 1 V weist das Al-Bauelement (PO 601) einen Anreicherungshöcker auf. Beim Ti-Bauelement (PO 411) kommt es bei höherer Durchlaßvorspannung zur Anreicherung, und der Anreicherungshöcker beginnt bei 1,4 V. Ti-Bauelemente auf n-Substraten sind Majoritätsbauelemente. Dies wird in Bild 20b) gezeigt, wo die Bauelemente NO 523 (Ti) und NO 421 (Al) verglichen werden. Der vergrößerte Verarmungsplateaustrom (Strom bei mäßiger Durchlaßvorspannung

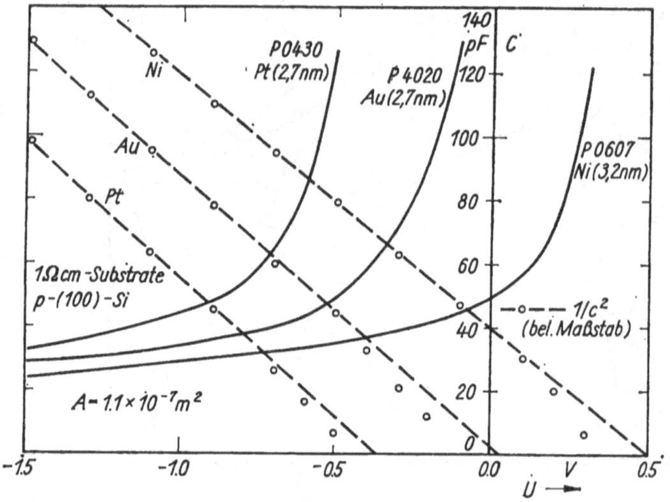

Bild 21. Experimentelle Darstellung des Bereiches, für den $1/C^2 \sim U$, gilt, in den C-U-Kennlinien von Me–SiO_2-Si–Nichtgleichgewichtsbauelementen ((100)-Si) mit Pt-, Au- und Ni-Kontakten

für diese n-Substrat Bauelemente) wird bei dem Ti-Bauelement sichtbar. Es wurden auch Mg- und Al-Bauelemente auf p-Substraten verglichen [11].
Mg hat eine sehr niedrige Austrittsarbeit. Daher stellen sich, wie theoretisch zu erwarten, Minoritätskennlinien ein.
Obwohl das C-U-Verhalten im Anreicherungsbereich für mehrere Bauelemente in Bild 16, 18c)und 19c) beschrieben wurde, steht die Diskussion der Bauelementkapazität außerhalb dieses Bereiches noch aus. Wie theoretisch postuliert, entstehen im Gleichgewichtsfall herkömmliche MIS-Kennlinien, während im Nichtgleichgewichtsfall in der der Anreicherung entgegengesetzten Vorspannungsrichtung die lineare Beziehung $1/C^2(U)$ gilt. Beispiele für dieses Verhalten sind in Bild 21 für Pt-, Au- und Ni-Bauelemente gegeben, zusätzliche Beispiele für Mg-, Al- und Au-Bauelemente finden sich in [11]. Eine Zusammenfassung der Messungen an p-Substrat Nichtgleichgewichtsbauelementen befindet sich für diesen Bereich von Metallen in Tabelle 3. Die Ergebnisse für den Abschnitt auf der Spannungsachse U_c stimmen gut mit den theoretischen Erwartungen überein.

Tabelle 3. Zusammenfassung der Sperr-C-U-Kennlinien für p-substant Bauelemente mit Mg, Ti, Al, Ni, Au, Pt-Kontakten

Metall	Bauelement-Nr Nr.	Orientierung	Spez. Widerstand [Ω cm]	N_A (aus dem Anstieg) [m^{-3}]	U_c [V]
Mg	P1309M	⟨111⟩	5–10	1.3×10^{21}	0.84
Ti	P1043	⟨111⟩	5–10	2.5×10^{21}	0.73
Al	P1309A	⟨111⟩	5–10	1.4×10^{21}	0.74
	P1045	⟨111⟩	5–10	2.0×10^{21}	0.64
	P0224	⟨100⟩	2	6.0×10^{21}	0.70
	P0301	⟨100⟩	2	8.0×10^{21}	0.70
	P0302	⟨100⟩	5	3.0×10^{21}	0.74
Ni	P0607	⟨100⟩	1	1.3×10^{22}	0.50
Au	P1024	⟨111⟩	5–10	1.9×10^{21}	−0.07
	P0408	⟨100⟩	1	1.9×10^{22}	0.02
	P0420	⟨100⟩	1	1.2×10^{22}	0.01
Pt	P0430	⟨100⟩	1	1.2×10^{22}	−0.36

2.4.13. Temperatureinfluß

Wie theoretisch gezeigt, ist die Änderung der Diodentemperatur bei der Untersuchung von MIS-Tunnelbauelementen von großem Wert. In Gleichgewichtsbauelementen gibt sie einen Hinweis auf den dominierenden Tunnelvorgang. Sie kann auch verwendet werden, um den Übergang vom Gleichgewichts- zum Nichtgleichgewichtsverhalten zu zeigen, was die Darstellung von Bild 17 vervollständigt, wo die Isolatordicke variiert wird.
Die I-U-Kennlinien sind sowohl für Minoritäts- als auch für Majoritätsgleichgewichtsbauelemente relativ temperaturunempfindlich, wenn an der Isolator-Halbleiter-Grenzfläche Anreicherung oder starke Inversion vorliegt. Ist die Grenzfläche verarmt, zeigen diese Bauelemente in den I-U-Kurven das Verarmungsplateau. Ein einfacher analytischer Ausdruck aus der in [18], [19] dar-

gestellten Analyse beschreibt die Temperaturabhängigkeit dieses Verarmungsplateaustroms. Unter der Annahme, daß das Argument des Fermi-Dirac-Integrals F_1 keine große positive Zahl ist, liegt die Temperaturabhängigkeit durch [18], [19]

$$T^2 F_1\left(\frac{-qW_d}{kT}\right) \approx \begin{cases} \text{const} & \text{für} \quad W_d < 0 \\ T^2 & \text{für} \quad W_d = 0 \\ T^2 \exp\dfrac{-W_d}{U_T} & \text{für} \quad W_d > 0 \end{cases} \tag{11}$$

fest, wo besonders für Bauelemente mit niedriger Austrittsarbeit ($\Phi_{mi} < \Phi_{si} + W_{gs}/2$)

$$W_d = \Phi_{ms} - \frac{qdQ_{ss}^0}{\varepsilon_i} \qquad (Q_{ss}^- < Q_{ss}^0 < Q_{ss}^+) \tag{12}$$

und für Bauelemente mit hoher Austrittsarbeit

$$W_d = W_{gs} = \Phi_{ms} + \frac{qd\Phi_{ss}^0}{\varepsilon_i} \tag{13}$$

gilt. Wenn die Bauelementtemperatur verringert wird, müßten die Bauelemente schließlich einen Übergang vom Gleichgewichts- zum Nichtgleichgewichtszustand zeigen. Nichtgleichgewichtsminoritätsbauelemente sollten in den halbleiterbegrenzten Vorspannungsbereichen sehr starke Temperaturabhängigkeiten zeigen, ähnlich *p-n*-Übergängen. Im durch Tunnelleitung begrenzten Bereich müßte die Temperaturabhängigkeit die gleiche sein wie in Gleichgewichtsbauelementen. Nichtgleichgewichtsmajoritätsbauelemente haben die gleiche Temperaturabhängigkeit wie Gleichgewichtsbauelemente. Es erstreckt sich lediglich die Temperaturabhängigkeit infolge der Inversion über den gesamten Inversionsvorspannungsbereich.

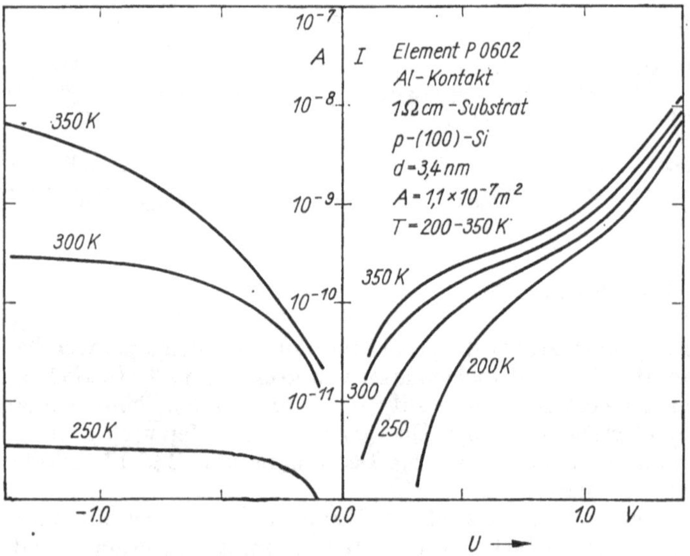

Bild 22. Experimentelle Messung der Einflüsse der Temperatur auf die *I-U*-Kennlinien des Minoritätsträgerbauelementes PO 602 (Al–SiO_2 (3,4 nm)-Si (*p*-leitend), (100))

Es werden zuerst die experimentell beobachteten Temperatureffekte für Minoritätsbauelemente beschrieben. Bild 22 zeigt die I-U-Kennlinien für ein p-Substrat Al-Bauelement (PO 602) für Temperaturen zwischen 200 und 350 K. Bei Zimmertemperatur befindet sich das Bauelement im Übergang vom Gleichgewichts- zum Nichtgleichgewichtsverhalten. Bei 350 K fließen die Minoritätsträger im Ergebnis der Tunnelbedingungen leicht in den Halbleiter und das Bauelement zeigt über den gesamten Vorspannungsbereich, außer bei der höchsten negativen Halbleitervorspannung, Gleichgewichtsverhalten. Die 350 K Kurve ähnelt derjenigen früher an n- und p-leitenden Gleichgewichtsbauelementen ermittelten (Bild 17). Wenn die Temperatur auf 300 K abnimmt, werden bei Sperrvorspannung Nichtgleichgewichtseffekte sichtbar. Das Bauelement bleibt bei kleiner Sperrvorspannung und im gesamten Durchlaßvorspannungsbereich im thermischen Gleichgewicht. Die Temperaturabhängigkeit ist bei großer Durchlaßvorspannung wie erwartet am geringsten, da die Isolator-Halbleiter-Grenzfläche bei dieser Vorspannung angereichert ist. Bei 250 K treten im gesamten Sperrvorspannungsbereich und bei kleiner Durchlaßvorspannung Nichtgleichgewichtseffekte auf. Bei 200 K ist die Rekombinations-Generations-Rate im Halbleiter so weit abgesunken, daß kein Teil der Kurve unter 0,3 V Durchlaßvorspannung liegt. Oberhalb dieser Vorspannung geht die I-U-Kurve in die erwartete Gleichgewichtskennlinie über. Ab 0,8 V ändert sich der Strom nur wenig, wenn die Temperatur von 350 auf 200 K sinkt. Beim größten gezeigten Sperrvorspannungswert (−1,4 V) ändert sich der Strom rasch mit der Temperatur gemäß exp $(-W_a/kT)$. Der Wert der Aktivierungsenergie E_a wurde experimentell mit 0,57 eV bestimmt. Dies ist eine gute Übereinstimmung mit dem Wert $W_{gs}/2$, der erwartet wurde, weil der Generationsstrom proportional zur Eigenleitungskonzentration n_i ist. Der Strom im Bereich des Verarmungsplateaus (mäßige positive Vorspannung für das p-Substrat Bauelement) ist relativ temperaturunempfindlich. Er ändert sich etwa mit T^2 bei der Vorspannung 0,8 V, was einen W_d-Wert (Gleichung (12)) von etwa Null ergibt.
In Bild 23a) werden Messungen über den gleichen Temperaturbereich an einem p-Substrat Au-Si-Majoritätsträgerbauelement (PO 420) gezeigt. Das Bauelement ist bei Zimmertemperatur eine Nichtgleichgewichtsdiode. Es fällt die sehr geringe Änderung mit der Temperatur über den gesamten Durchlaßvorspannungsbereich auf. Die Temperaturvariation ist bei Sperrvorspannung (Inversion) auch viel geringer als die, die bei dem vorherigen Bauelement (PO 602) beobachtet wurde. Wenn man Gleichung (11) zur Analyse der Temperaturabhängigkeit bei −0,5 V verwendet, erhält man eine Aktivierungsenergie W_d von 0,11 eV. Dies entspricht

$$\Phi_{ms} - \frac{qdQ_{ss}^0}{\varepsilon_i} = 1 \text{ eV} \tag{14}$$

in guter Übereinstimmung mit dem Wert 0,9 eV, der für dieses spezielle Bauelement aus Tabelle 3 unter Verwendung der passenden, oben dargelegten Theorie erhalten wurde. Dieser Wert stimmt auch mit der Beziehung überein, die man aus der Lage des Anreicherungsanstieges für dieses Bauelement (Bild 19c)) erhält:

$$\Phi_{ms} - \frac{qdQ_{ss}^+}{\varepsilon_i} = 0{,}8 \text{ eV}\,. \tag{15}$$

Der erhöhte Anstieg der I-U-Kennlinien im Sperrvorspannungsbereich bei niedriger Temperatur stimmt auch mit der Theorie überein [19]. Der bei hohen Temperaturen bei negativer Vorspannung erwartete Inversionsanstieg trat bei 350 K nicht auf. In Bild 19b) werden ähnliche Kurven für ein anderes Majoritätsträgersystem

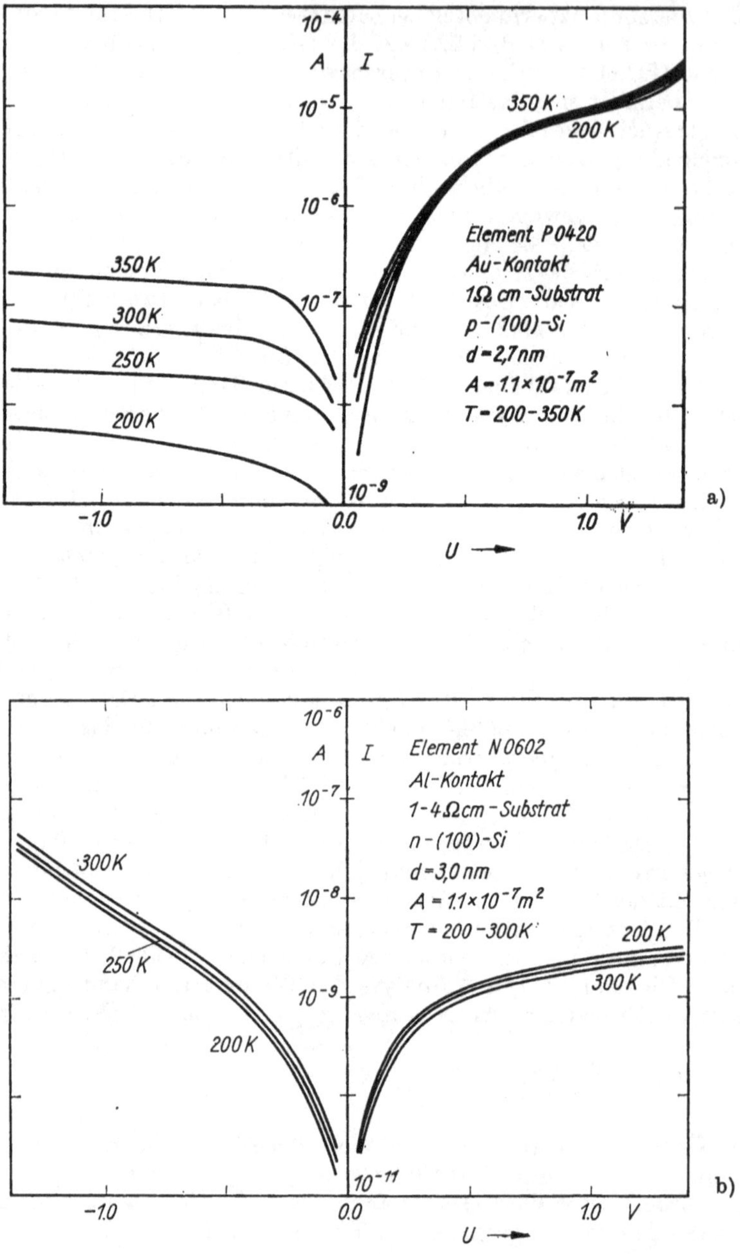

Bild 23. Experimentelle Messung der Einflüsse der Temperatur auf die *I*-*U*-Kennlinien von Majoritätsträgerbauelementen.

a) Bauelement PO 420 (Au-SiO_2 (2,7 nm)-Si (*p*-leitend, (100))).
b) Bauelement NO 602 (Al-SiO_2 (3 nm)-Si (*n*-leitend, (100)))

(Al auf n-Si, Bauelement NO 602) gezeigt. Es gibt wieder nur eine geringe Temperaturabhängigkeit bei Anreicherungsvorspannung (in diesem Fall negative Vorspannung am Halbleiter). Bei entgegengesetzter Vorspannung nimmt der Strom geringfügig zu, wenn die Temperatur von 300 auf 250 K sinkt, und er steigt noch weniger an, wenn die Temperatur weiter auf 200 K fällt. Für die Analyse werden diese Inversionsvorspannungs-Kennlinien als temperaturunempfindlich betrachtet. Damit folgt aus Gleichung (11) eine Beziehung in der Form von Gl. (14), wo die rechte Seite negativer als einige kT, d. h. —0,05 eV ist. Dies stimmt mit der Beziehung aus der C-U-Kurve aus Bild 18c) überein

$$\Phi_{ms} - \frac{qdQ_{ss}^{-}}{\varepsilon_i} = -0{,}05\ \text{eV}\,. \tag{16}$$

Die Austrittsarbeit von Nickel liegt zwischen der von Au und Al. Temperaturmessungen an Bauelementen mit Ni-Kontakten sind interessant, weil dies als ideale Situation für den Nachweis von Oberflächenzustandstunnelströmen betrachtet wird. Von den Bandströmen wird erwartet, daß sie sehr klein und im Vorspannungsbereich um Null herum stark temperaturabhängig sind. Für Bauelemente mit Gleichgewichtsverhalten müßten die Bauelementekennlinien in diesem Vorspannungsbereich sehr temperaturempfindlich sein, wenn die Bandströme dominieren. Es wurde jedoch oben gezeigt, daß Tunnelströme zwischen Oberflächenzuständen in diesem Vorspannungsbereich temperaturunempfindlich sind. Deshalb sollten sich die Kennlinien von experimentellen Bauelementen mit Gleichgewichtsverhalten bei vorherrschenden Oberflächenzustandsströmen im Vorspannungsbereich um Null nicht mit der Temperatur ändern.
Die I-U-Kennlinien für ein p-Substrat Bauelement (PO 607) werden im Temperaturbereich zwischen 200 und 400 K in Bild 24a) gezeigt, die für ein n-Substrat Bauelement (NO 605) in Bild 24b) und die C-U-Kennlinien in Bild 24c). Beide Bauelemente zeigen bei Zimmertemperatur Nichtgleichgewichtsverhalten. Die C-U-Kurven bestätigen, daß die Isolator-Halbleiter-Grenzfläche bei einer Vorspannung von Null verarmt ist. Aus der Lage des Anreicherungsanstieges erhält man für das p-Substrat Bauelement (PO 607) eine ähnliche Gleichung wie Gl. (15), bei der die rechte Seite 0,25 eV beträgt, sowie eine Beziehung für das n-Substrat Bauelement (NO 605), die Gl. (16) ähnelt, deren rechte Seite 0,4 eV beträgt. Bei dem p-Substrat Bauelement zeigen die I-U-Kennlinien bei 400 K über den gesamten positiven Halbleitervorspannungsbereich und den größten Teil des negativen Vorspannungsbereiches Gleichgewichtsverhalten. Bei den Kurven bei 350 K herrscht dieses Verhalten über den gesamten positiven Vorspannungsbereich sowie im Anfangsbereich der negativen Vorspannung vor. Das wichtige Merkmal ist die geringe Temperaturabhängigkeit des Diodenstromes im Vorspannungsbereich nahe Null, wo sich das Bauelement im Gleichgewichtszustand befindet. Dies kann durch dominierenden Bandstrom nicht erklärt werden. Die Merkmale der Diode bei niedrigeren Temperaturen sind meist mit denen des Minoritätsbauelements nach Bild 22 verwandt. Auf dieser Grundlage kann man das Bauelement als eine Diode, bei der die Oberflächenzustände den Stromfluß bestimmen, mit Minoritätseigenschaften interpretieren. Analog ist der Strom beim n-Substrat Bauelement (NO 605) und hohen Temperaturen im Vorspannungsbereich um Null relativ temperaturempfindlich. Auch das widerspricht dominierenden Bandströmen. Das n-Substrat Bauelement wird als Bauelement interpretiert, bei dem die Oberflächenzustände den Stromfluß bestimmen und welches Eigenschaften besitzt, die meist denen von Majoritätsbauelementen entsprechen.

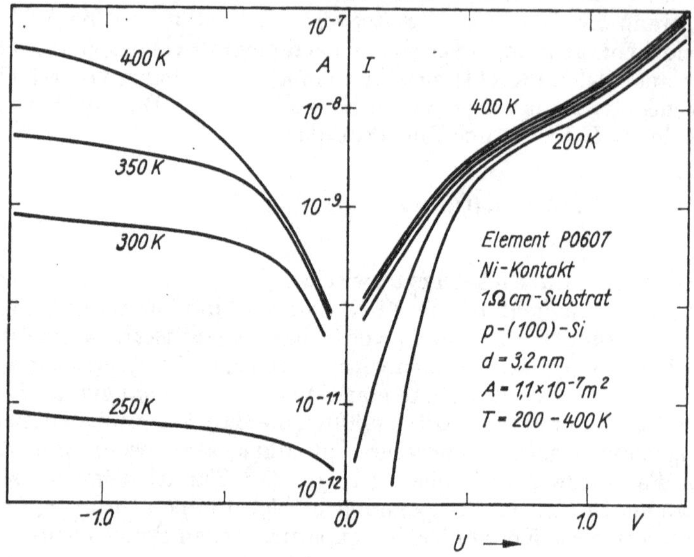

10^-7
A
I
400 K
350 K
300 K
250 K
10^-8
10^-9
10^-11
10^-12
400 K
200 K
Element P0607
Ni-Kontakt
1Ω cm-Substrat
p-(100)-Si
d = 3,2 nm
A = 1,1 × 10^-7 m^2
T = 200 - 400 K
-1.0
0.0
1.0
V
U →

a)

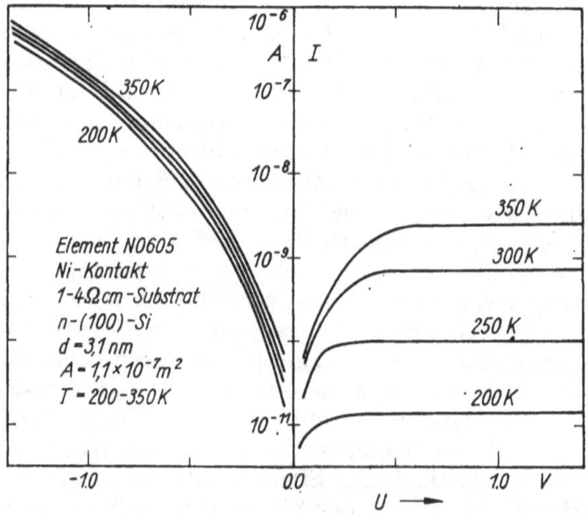

10^-6
A
I
10^-7
10^-8
10^-9
10^-11
350 K
200 K
Element N0605
Ni-Kontakt
1-4Ω cm-Substrat
n-(100)-Si
d = 3,1 nm
A = 1,1 × 10^-7 m^2
T = 200-350 K
350 K
300 K
250 K
200 K
-1.0
0.0
1.0
V
U →

b)

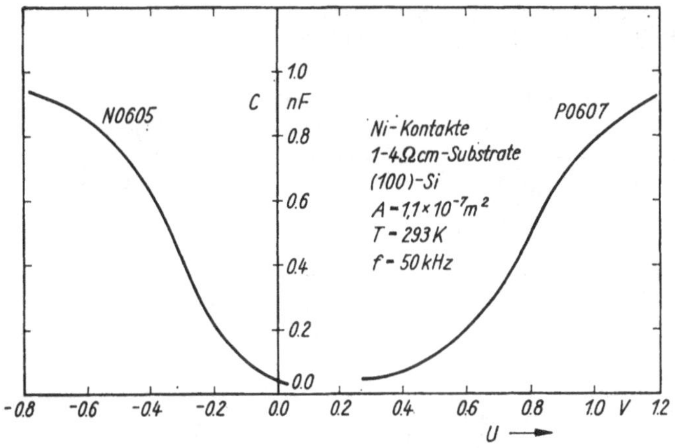

c)

Bild 24. Experimentelle Messung der Einflüsse der Temperatur auf die *I-U*-Kennlinien von Ni–SiO_2–Si-Bauelementen ((100)-Si).

a) Bauelement PO 607 mit einem *p*-leitenden Substrat (1 Ωcm, $d = 3{,}2$ nm).
b) Bauelement NO 605 mit einem *n*-leitenden Substrat (1—4 Ωcm, $d = 3{,}1$ nm).
c) *C-U*-Kurven für die Bauelemente PO 607 und NO 605 bei 50 kHz und 293 K

2.4.14. Vergleich mit vorherigen experimentellen Arbeiten

In Tabelle 4 wird eine Zusammenfassung veröffentlichter Versuche an nichtentarteten Me–SiO_2–Si-Tunneldioden gegeben. Wie sich zeigt, haben sich nur wenige Gruppen mit den *I-U*-Kennlinien des Bauelements befaßt, die in dieser Arbeit von Interesse sind. Aus den im vorherigen Abschnitt beschriebenen Arbeiten geht hervor, daß Temperaturmessungen des Bauelementstroms zusammen mit *C-U*-Messungen sehr brauchbar sind, wenn es um die Erklärung des physikalischen Verhaltens des Bauelements geht. Nur in der Arbeit von *Clarke* und *Shewchun* [5] wird eine Temperaturmessung des Diodenstromes erwähnt. *Kar* und *Dahlke* [7] haben jedoch detaillierte *I-U-C-U-* und *G-U*-Messungen an einem Mg–SiO_2–Si-Bauelement mit *p*-leitendem (111)-Siliziumsubstrat bei Zimmertemperatur beschrieben. Dieser Abschnitt beschränkt sich auf einen Vergleich der Ergebnisse dieser beiden Gruppen mit der Theorie, da sie allein ausreichend Daten liefern, die eine vertretbar eindeutige Interpretation zuzulassen.
Die experimentellen Arbeiten in [5] beschränken sich auf das *n*-leitende Al–SiO_2–Si-System, und die erhaltenen Ergebnisse ähneln denen, die hier für dieses System beschrieben wurden. Es wurden an einem Bauelement (Nummer 1048) Temperaturmessungen durchgeführt. Die Analyse dieser Ergebnisse in der im vorigen Abschnitt für Majoritäts-Bauelemente dargestellten Weise liefert eine Beziehung für Φ_{ms}, die Gl. (14) ähnelt, deren rechte Seite aber gleich $-0{,}01$ eV ist. Dies stimmt mit den Daten überein, die zum Beschreiben der *C-U*-Kennlinien geliefert wurden, wodurch eine der Gl. (16) ähnliche Beziehung entsteht, deren rechte Seite allerdings 0,02 eV beträgt.
Die gemessenen Kennlinien des Mg-Bauelementes, nach *Kar* und *Dahlke* [7], werden in Bild 25a und b) gezeigt. Ein zusätzlicher Teil von Daten wurde bei negativer Halbleitervorspannung geliefert. Das Bauelement gehorchte einer Beziehung $1/C^2 \sim U$ mit einem *U*-Achsenabschnitt U_C von ungefähr 0,8 eV. Die *C-U*- und

Tabelle 4. Zusammenfassung der vorher veröffentlichten Messungen an nichtentarteten Metall–Siliziumodxid–Silizium–MIS-Tunneldioden

Metall	Isolatordicke [Å]	Halbleiterart	Temperatur [K]	Kennlinien			Literatur
				I-*U*	*C*-*U*	*G*-*U*	
Al	~55	*p*, *n*	77, 300		×	×	[16]
Al	45–70	*p*⟨100⟩, *n*⟨100⟩	77, 300		×	×	[17]
Cr/Au	~20	*p*⟨100⟩	300	×			[18]
Al	26–33	*n*⟨100⟩, *n*⟨111⟩	100, 300	×	×		[13]
Mg	28	*p*⟨111⟩	RT*)	×	×	×	[9]
Au	24	*n*⟨100⟩	RT	×		×	
Mg, Al	~ 10	*p*⟨111⟩	RT			×	
Cr, Cu	21–37	*p*⟨111⟩	RT		×	×	
Au	8–45	*n*⟨111⟩	RT	×	×		[19]
Au	10–100	*n*⟨111⟩	RT	×		×	[20,] [21]
Cr/Au	35–60	*p*⟨111⟩	130, 297		×	×	[10–12]
Al, Ti, Mg, Au	15–25	*p*⟨100⟩, *p*⟨111⟩	RT	×	×		[5]

*) RT = Zimmertemperatur

G-*U*-Kennlinien bei Durchlaßvorspannung werden für einen Bereich von Frequenzen in Bild 25a) gezeigt. Sofort fällt der extrem große Anstieg in den *C*-*U*-Kurven auf, der sich bei niedrigen Frequenzen über einen Bereich von 1,5 V erstreckt. Beim Fehlen einer geeigneten Theorie wurde dies natürlich als Folge einer großen Oberflächenzustandsdichte mit einem Peak ungefähr in der Mitte der verbotenen Zone interpretiert. Wenn man jedoch mit theoretischen Kurven aus Bild 7 vergleicht, kann man sehen, daß die experimentellen *C*-*U*- und *G*-*U*-Kurven die gleiche Form haben und das gleiche allgemeine Frequenzverhalten zeigen, wie die mit verzögertem Inversionsschichtverhalten. Die nachfolgende Erklärung des Kapazitätshöckers ist wahrscheinlicher als durch Oberflächenzustände. An der Isolator-Halbleiter-Grenzfläche besteht bei einer Vorspannung Null Volt eine starke Inversion. Die Inversionsschicht befindet sich bei Sperrvorspannung und kleinen Durchlaßvorspannungen an der Isolator-Halbleiter-Grenzfläche aus den Gründen, die in [11], [18] erklärt wurden und die mit dem halbleiterbegrenzten Stromfluß verknüpft sind. Bei mäßiger Durchlaßvorspannung ist der Stromfluß nicht länger halbleiterbegrenzt und die Inversionsschicht an der Isolator-Halbleiter-Grenzfläche beginnt sich loszulösen, was in üblicher Weise zur Bauelementkapazität beiträgt. Die Lieferung von Minoritätsträgern zur Isolator-Halbleiter-Grenzfläche mittels Tunnelung durch die Oxidschicht ist zu dem Zeitpunkt, bei dem dieser Vorspannungsbereich erreicht ist, sehr groß. Dann liegt der Frequenzgang der Schicht viel höher als der, der normalerweise mit der Inversionsschicht verknüpft ist. Für das Mg-Bauelement kann man eine Beziehung für Φ_{ms} aus der Lage des Anreicherungshöckers erhalten, die Gleichung (13) ähnelt und deren rechte Seite −1,1 eV beträgt. Das Ausmaß des Inversionsschichtverhaltens infolge der vorhergehenden Prozesse

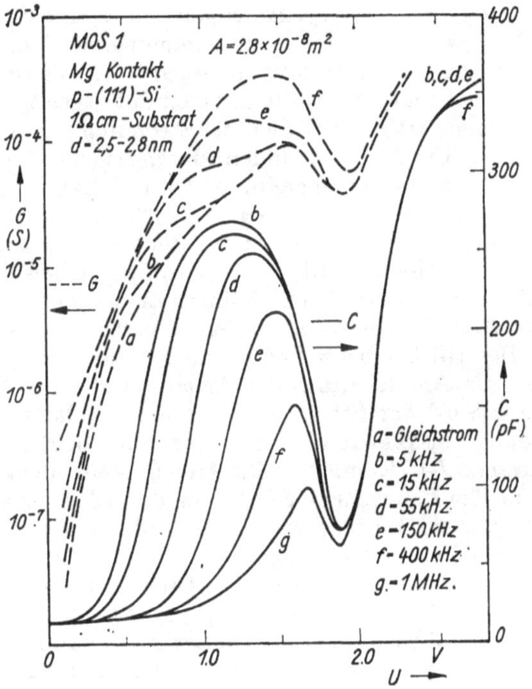

a)

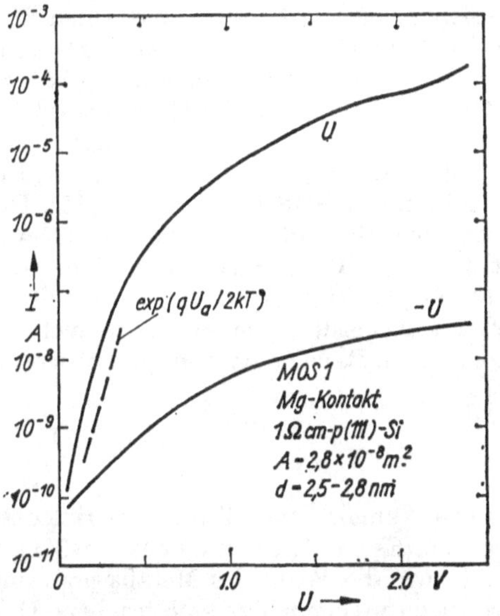

b)

Bild 25. *C*-*U*-, *G*-*U*- und *I*-*U*-Kennlinien eines *p*-Substrat Mg–SiO_2–Si-Bauelementes ((111)-Si), wie sie von *Kar* und *Dahlke* [7] gemessen wurde.

a) Gemessene *C*-*U*-Kurven (durchgezogene Linie) und *G*-*U*-Kurven (gestrichelt) für Frequenzen, die von Gleichspannung bis 1 MHz reichten.

b) Gemessene *I*-*U*-Kurve

wird in Teil I ungefähr angegeben. Im gegenwärtigen Fall liefert diese einfache Theorie den Wert von 1,3 eV, was in guter Übereinstimmung mit dem experimentellen Wert von 1,5 eV steht. Die kleine Diskrepanz ist größtenteils eine Folge der Tatsache, daß die theoretische Schätzung auf dem Stromfluß basiert, bei dem der Höcker zuerst auftritt. Im gegenwärtigen Fall liegt der Stromfluß bei verschwindendem Höcker bedeutend höher. Die *I-U*-Kennlinien (durchgezogene Kurve in Bild 25b) stimmen mit dieser Interpretation überein. In Durchlaßrichtung zeigen sie halbleiterbegrenzte Effekte, die mit ungefähr exp $(-qU_a/2kT)$ anwachsen. Dieses Verhalten ist typisch für einen Stromfluß, der durch Rekombinationsprozesse im Halbleiterverarmungsbereich bestimmt wird. Im gegenwärtigen Beispiel wird das Ausmaß des Verarmungsbereiches wahrscheinlich durch die lateralen Effekte vergrößert, die in Abschnitt 2.3.9 beschrieben wurden. Oberhalb 0,3 V zeigen sie tunnelbegrenzte Effekte. Der Höcker bei ungefähr 2,0 V Vorspannung entspricht dem Zustand, in dem es zur Anreicherung der Isolator-Halbleiter-Grenzfläche kommt. Bei Sperrspannung wird der Strom wieder durch die lateralen Effekte beeinflußt, die in Verbindung mit Bild 18a) beschrieben wurden. *Kar* und *Dahlke* [7] beschreiben auch gemessene *I-U*-Kennlinien für Au auf *n*-leitendem Si. Sie sind mit den Kennlinien, die für das Bauelement NO 431 in Bild 19b) gezeigt werden, nicht verwandt. Dabei haben sie Eigenschaften, die Teil I ähneln, wenn man annimmt, daß Φ_{mi} zwischen 3,8 und 4,0 eV liegt.
Dieser Abschnitt soll mit einigen Bemerkungen über Oberflächenzustandsdichten in MIS-Tunnelbauelementen abschließen. Obwohl in [7] über relativ große Dichten berichtet wurde, entsprechen diese Dichten in allen außer einem Fall Bauelementen, die gealtert worden sind. Man hat gefunden, daß dies zur Entartung der Diodeneigenschaften führt. Von fünf nichtgealterten Bauelementen, die gemessen wurden, zeigte nur eines eine maximale Oberflächenzustandsdichte $1,3 \times 10^{16}$ m^{-2} eV^{-1}, eine Gesamtoberflächenzustandsdichte $3,9 \times 10^{-15}$ m^{-2} und einen Einfangquerschnitt außerhalb des Bereiches 10^{-20} und 10^{-19} m^2. Andere Arbeiten [33], [34] haben Spitzendichten angegeben, die bis zu einer Größenordnung höher lagen und Einfangquerschnitte, die in der Größenordnung von 10^{-18} m^2 lagen. Diese Messungen wurden an (100)-orientiertem Silizium durchgeführt. Es gibt einige experimentelle Unterstützungen [5] für die Annahme, daß (100)-Bauelemente geringere Oberflächendichten haben als herkömmliche MIS-Bauelemente [15]. Da selbst bei der relativ kleinen Zahl von Tunnelbauelementen, die hergestellt worden sind, Dichten mit einem Spitzenwert von 5×10^{15} m^{-2} eV^{-1} und einer Gesamtdichte von $1,2 \times 10^{15}$ m^{-2} gefunden wurden [7], ist zu erwarten, daß weitere Arbeiten Werte für diese Größen hervorbringen werden, die sich noch mehr den besten Werten nähern, wie sie für herkömmliche Bauelemente mitgeteilt wurden.

2.4.15. Zusammenfassung

In diesem Artikel sind die Hauptmerkmale von Teil I experimentell für das Me–SiO_2–Si-System untersucht worden. Es wurde die Existenz von Majoritäts- und Minoritätsdioden gezeigt und auch, wie die Wahl des Metalls und eines *n*- oder *p*-leitenden Substrats bestimmt sowie zu welchem Typ eine gegebene Diode gehört. Es wurde der Übergang von Minoritäts- und Majoritätsträgerbauelementen vom Gleichgewichts- zum Nichtgleichgewichtsverhalten auf zwei Weisen gezeigt: durch Verändern der Isolatordicke und der Bauelementtemperatur. Erwähnt wurde, daß diese Temperaturabhängigkeit des Stromes eine große Hilfe beim Bestimmen des dominierenden Tunnelstromes ist. Auf diese Weise lieferten Temperaturmessungen an Bauelementen mit Ni-Kontakten den experimentellen Beweis für einen Tunnelstrom zwischen dem Metall und Oberflächenniveaus. Obige und andere experimentelle Ergebnisse bestätigen die Allgemeingültigkeit der Beschreibung der MIS-Tunneldioden, die in Teil I angegeben wurde, und die Allgemeingültigkeit der Ergebnisse, die aus dieser Beschreibung hervorgingen.

Literaturverzeichnis

[1] *Gray, P. V.*: Phys. Rev. **140** (1965) A179

[2] *Esaki, L.* und *Stiles, P. J.*: Phys. Rev. Letters **16** (1966) 1108

[3] *Dahlke, W. E.* und *Sze, S. M.*: Solid-State Electronics **10** (1967) 865

[4] *Shewchun, J.*, *Waxman, A.*, and *Warfield, G.*: Solid-State Electronics **10** (1967) 1165
Waxman, A., *Shewchun, J.* and *Warfield, G.*: Solid-State Electronics **10** (1967) 1187

[5] *Clarke, R. A.* and *Shewchun, J.*: Solid-State Electronics **14**, (1971) 957

[6] *Kar, S.* and *Dahlke, W. E.*: Appl. Phys. Letters **18** (1971) 401.

[7] *Kar, S.* and *Dahlke, W. E.*: Solid-State Electronics **15** (1972) 221; **15** (1972) 869.

[8] *Card, H. C.* and *Rhoderick, E. H.*: J. Phys. D: Appl. Phys. **4** (1971) 1589

[9] *Card, H. C.* and *Rhoderick, E. H.*: Solid-State Electronics **15** (1972) 993

[10] *Card, H. C.* and *Rhoderick, E. H.*: Solid-State Electronics **16** (1973) 365

[11] *Green, M. A.*, *King, F. D.* and *Shewchun, J.*: Solid-State Electronics **17** (1974) 551
Shewchun, J., *Green, M. A.* and *King, F. D.*: Solid-State Electronics **17** (1974) 563

[12] *Shewchun, J.* and *Clarke, R. A.*: Solid-State Electronics **16** (1973) 213

[13] *Hielscher, F. H.* and *Preier, H. M.*: Solid-State Electronics **12** (1969) 527

[14] *Boyle, W. S.* and *Smith, G. E.*: Bell Syst. Tech. J. **49** (1970) 587

[15] *Sze, S. M.*: Physics of Semiconductor Devices, Verlag Wiley, New York 1969

[16] *Harrison, W. A.*: Phys. Rev. **123** (1961) 85

[17] *Freeman, L. B.* and *Dahlke, W. E.*: Solid-State Electronics **13** (1970) 1483

[18] *Green, M. A.*: Properties and Applications of the MIS Tunnel Diode, Ph.D. Thesis, McMaster University (1974)

[19] *Green, M. A.* and *Shewchun, J.*: Solid-State Electronics **17** (1974) 349

[20] *Temple, V. A. K.* and *Shewchun, J.*: Solid-State Electronics **16** (1973) 93

[21] *Misawa, T.*: J. Phys. Soc. Japan **12** (1957) 883

[22] *Shockley, W.*: Electrons and Holes in Semiconductors, Van Nostrand, New Jersey 1950, S. 316

[23] *Nicollian, E. H.* and *Goetzberger, A.*: Bell Syst. Tech. J. **46** (1967) 1155

[24] *Grove, A. S.* and *Fitzgerald, D. J.*: Solid-State Electronics **9** (1966) 783

[25] *Green, M. A.* and *Shewchun, J.*: "Application of the Small Signal Transmission Line to the AC, DC, and Transient Analysis of Semiconductor Devices", Solid-State Electronics, accepted for publication.

[26] *Sah, C. T.*: Solid-State Electronics **13** (1970) 1547

[27] *Yu, A. Y. C.* and *Snow, E. H.*: J. appl. Phys. **39** (1968) 3008

[28] *Nicollian, E. H.* and *Goetzberger, A.*: IEEE Trans. Electron. Devices **ED-12** (1965) 108

[29] *Buck, T. M.* and *McKim, F. S.*: J. Electrochem. Soc. **105** (1958) 709

[30] *Lederhandler, S. R.* and *Giacoletto, L. J.*: Proc. IRE **43** (1955) 477

[31] *Shewchun, J.* and *Waxman, A.*: Rev. Scient. Instr. **37** (1966) 1195

[32] *Hunter, W. R.*, *Eaton, D. H.* and *Sah, C. T.*: Appl. Phys. Letters **17** (1970) 211

[33] *Katto, H.* and *Sah, C. T.*: phys. stat. sol. (a) **13** (1972) 417

[34] *Ma, T. P.* and *Barber, R. C.*: J. appl. Phys. **45** (1974) 317

[35] *Formenko, V. S.*: Handbook of Thermionic Properties, edited by *G. V. Samsonov*, Plenum Press, New York 1966

2.5. Wirkungsweise und Anwendung von Ladungsverschiebebauelementen

Von *E. Köhler*

Technische Hochschule Ilmenau, Sektion Physik und Technik elektronischer Bauelemente

2.5.1. Einleitung

In den letzten fünf Jahren haben sich die Halbleiterspeicher einen festen Platz auf dem Speichermarkt erobert und magnetische Kern- oder Filmspeicher auf bestimmten Gebieten schon ersetzt. Halbleiterspeicher zeichnen sich durch geringeren Raumbedarf, also viel höhere Bitdichte, und kürzere Schreib- und Lesezeiten aus. Die Speicherzelle ist bei statischen Schreib-Lese-Speichern (RAM) in Matrix- oder Registerform ein Bipolar- oder MOS-Flip-Flop mit bis zu sechs Transistoren pro Flip-Flop, bei Nur-Lese-Speichern (ROM) ein einzelner MOS-Feldeffekt- oder ein Mehremitterbipolartransistor. Auch die dynamischen Matrixspeicher (dynamische RAM) oder dynamischen Schieberegister benötigen mindestens einen vollständigen MOS-Transistor und einen MOS- oder Sperrschichtkondensator (dynamische Eintransistorzelle) pro Speicherzelle. Ein Halbleiterspeicher enthält die Speicherzellen und die zugehörigen Schaltungen zum Adressieren der Speicherzellen, zum Einschreiben, Lesen und Löschen der Informationen bzw. nur zum Lesen der Information. Bei den dynamischen Speichern kommen noch die Taktgeneratoren zur Auffrischung der Kondensatorladungen bzw. zum Verschieben der Ladungen hinzu.

Ein MOS-Feldeffekttransistor-Flip-Flop nimmt ungefähr 10^{-2} mm², die kleinste 1975 bekannte dynamische Eintransistorzelle $20 \times 30\ \mu m^2 = 6 \cdot 10^{-4}$ mm², Fläche auf dem Siliziumplättchen ein. Die Kosten pro Speicherplatz sind proportional der benötigten Fläche, so daß Speicherzellen mit noch kleinerer Fläche eine weitere Verbilligung der Halbleiterspeicher bringen würden. Wie noch deutlich werden wird, kommt die Speicherzelle eines Ladungsverschiebespeichers in die Größenordnung der dynamischen Eintransistorspeicherzelle. In den letzten Jahren sind mehrere neue Halbleiterspeicherkonzepte aufgekommen, die zu kleineren Flächen pro Speicherzelle, dadurch zu niedrigeren Kosten und anderen Vorteilen führen:

Die Feldeffekttransistoren mit Speicherfeldelektrode, die den Vorteil haben, bei Netzausfall ihren Speicherzustand zu halten, und die Ladungsverschiebebauelemente (CTD charge transfer devices), die zwar den genannten Vorteil nicht besitzen, sich aber durch eine sehr einfache Herstellung, geringen Platzbedarf pro Speicherzelle und — was als wichtigster Entwicklungsantrieb erscheint — durch Anwendbarkeit für die elektronische Bildaufnahme und für die Verarbeitung analoger Signale auszeichnen. Zu den Ladungsverschiebebauelementen gehören die ladungsgekoppelten Bauelemente (charge coupled devices CCD) und die Eimerkettenbauelemente (bucket brigade devices BBD). Beide haben als Grundbaustein entweder den Metall-Oxid-Halbleiter (MOS)- oder den Polysilizium-Oxid-Halbleiter (SOS)-Kondensator, die auch der wesentliche Bestandteil des altbekannten MOS- bzw. SOS-Feldeffekttransistors sind.

2.5.2. Der MOS-Kondensator und sein elektrisches Verhalten

2.5.1.2. Aufbau und grundsätzliche Erscheinungen

Beim Metallplattenkondensaton spannt sich der Verschiebungsfluß zwischen im wesentlichen an der Oberfläche sitzenden Ladungsträgern aus. Die „Eindringtiefe" des elektrischen Feldes ist äußerst gering (<1 nm), da sich wegen der sehr guten Leitfähigkeit des Metalls ein praktisch unendlich steiler Ladungsberg ausbilden kann, denn bei großer Leitfähigkeit bildet sich bei gegebener Feldstärke eben auch ein großer, den Diffusionsstrom aufhebender Leitungsstrom aus. Die Anordnung von beweglichen Ladungen im Halbleiter, deren Energie einer Boltzmann-Verteilung gehorcht, regelt sich bekanntlich nach der Poisson-Boltzmann-Gleichung und die charakteristische Länge, in der das Potential innerhalb des Ladungshaufens auf den $1/e$ ten Teil abfällt ist die Debye-Länge

$$L_D = \sqrt{\frac{\varepsilon k T}{2e^2 n}},$$

ε Dielektrizitätskonstante,
kT/e Temperaturspannung,
n Elektronendichte.

Im Halbleiter, wo n bzw. p (die Löcherdichte) vier bis acht Zehnerpotenzen kleiner ist, erstreckt sich die Ladungsanhäufung etwa um zwei bis vier Zehnerpotenzen weiter in die „Halbleiterplatte" hinein. Im Metall beträgt die Eindringtiefe <1 nm, im Halbleiter bis zu 10 µm. Außerdem hat die „Halbleiterplatte" als Bestandteil eines Kondensators noch die Eigenart, daß als Kondensatorladung auch die ionisierten Störstellen wirksam sein können, wenn die Polarität der anliegenden Kondensatorspannung eine Verarmung an Majoritätsträgern verlangt. Diese ionisierten Störstellen liegen in Dichten von 10^{14} bis 10^{18} cm^{-3} vor im Vergleich zur Elektronen- bzw. Atomrumpfdichte im Metall von 10^{22} cm^{-3}.
Im spannungslosen Zustand des Kondensators liege der sog. Flachbandfall vor. Die Energiebänder des Halbleiters verlaufen dabei waagerecht — flach — bis an die Halbleiteroberfläche. Das ist dann der Fall, wenn die Austrittsarbeiten beider Kondensatorplatten gleich groß sind. Dann findet kein Ladungsaustausch bis zur Nivellierung der Fermi-Niveaus statt, weil beide Fermi-Niveaus schon den gleichen Abstand zur Vakuumkante haben. Flachbandfall bedeutet also Kontaktspannung gleich Null. Seine Einstellung erfordert weiterhin, daß im Oxid keine Ladung vorhanden und der Halbleiter bis zur Grenzschicht mit dem Oxid homogen dotiert ist. Man kann in diese Forderung auch die Grenzschicht in dem Sinne einbeziehen, daß jegliche Oberflächenzustände fehlen. Diese Annahmen werden bei der Berechnung des Potentialverlaufs üblicherweise gemacht, obwohl in praktischen Anordnungen weder die Austrittsarbeitsdifferenz Null ist noch Oxidladungen und Oberflächen- bzw. Grenzflächenzustände sich gänzlich vermeiden lassen. Während die durch Austrittsarbeitsdifferenzen und Oxid- und Grenzflächenladungen verursachten Potentialdifferenzen in der MOS-Schichtenfolge in der Größenordnung von 1 V liegen, liegen an den MOS-Kondensatoren Spannungen von der Größenordnung 10 V, so daß erstere nicht ins Gewicht fallen. Bei der Betrachtung der dynamischen Vorgänge, also der Spannungs- und Ladungsveränderungen auf dem MOS-Kondensator müssen aber die umladbaren Oberflächenzustände wegen ihrer Dotierungs-, Rekombinations- und Verhaftungswirkung berücksichtigt werden.

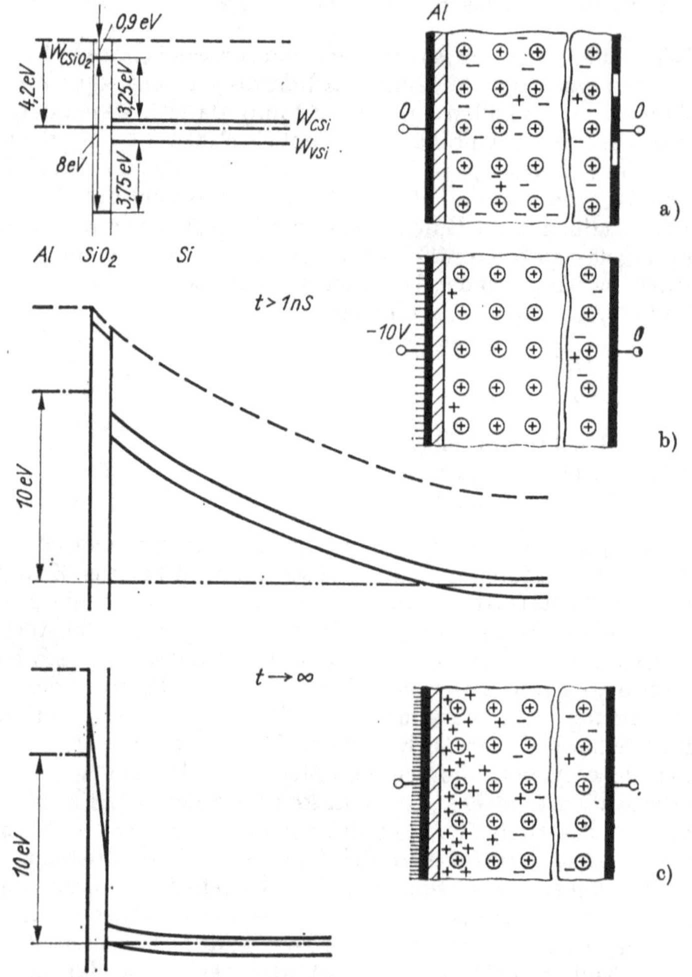

Bild 1. Bänderverlauf und Korpuskelmodelle zu verschiedenen Zeiten vor und nach Anlegen eines Spannungssprunges von $U_{MS} = -10$ V an einen MOS-Kondensator

a) Vor dem Spannungssprung. Es soll der Flachbandfall vorliegen, und keine Oberflächenzustände sollen vorhanden sein.

b) Unmittelbar nach Anlegen der Spannung. Die Raumladungszone dringt bei $N_D = 10^{15}$ cm^{-3} etwa 5 µm tief ein. Über der Raumladungszone fallen mehr als 9 V Spannung ab, über der Oxidschicht weniger als 1 V (C_{sc}: $C_{ox} \approx 0{,}1$).

c) Nach unendlicher Zeit (praktisch nach einigen Sekunden) hat sich die Inversionsschicht aufgebaut. Die Raumladungszone besteht jetzt aus einer Löcherschicht und einer darauffolgenden Schicht von Donatoren. Gesamtbreite etwa 1 µm [1]

2.5.2.2. Die tiefe Verarmung der Halbleiterplatte

Liegt an einem MOS Kondensator mit einem Flachbandhalbleiter (Bild 1a) — vom n-Typ — eine Spannung U_{MS} von -10 V an, so werden die Elektronen der Halbleiterplatte in einem Strom, dessen Zeitverlauf etwa nach einer Exponentialfunktion mit der Zeitkonstanten $C \cdot R$ geht, auf die Metallplatte transportiert. Typische Abmessungen eines MOS-Kondensators, wie er in CCD vorkommt, betragen: Metallplattenfläche $10 \times 50\ \mu m^2$, Oxiddicke 100 nm, Halbleitersubstratdicke $100 \cdots 200\ \mu m$. Das führt auf etwa 5 kΩ Widerstand des Halbleiterbahngebietes und eine rein geometrische Kapazität von etwa 1 pF, was eine Zeitkonstante von 5 ns ergibt. Nach etwa 25 ns ist also die Aufladung des MOS-Kondensators beendet. Das ist eine Näherungsbetrachtung, denn die positiven Gegenladungen auf der Halbleiterplatte werden zunächst von den positiven Donatorrümpfen gestellt und diese sind — je nach Dotierung — in geringerer Dichte vorhanden als auf der Metallplatte. Im Verlauf des Ausgleichsvorgangs dringt das elektrische Feld immer weiter in die „Halbleiterplatte" ein, bis der Endzustand erreicht ist, der eine kleinere Kapazität besitzt als die geometrische oder Oxidkapazität. Der in Bild 1b gezeigte Zustand der sog. tiefen Verarmung wird also in Pikosekunden bis Nanosekunden erreicht. Der genaue Potentialverlauf läßt sich nach bekannten Gesetzen (Laplace- und Poisson-Gleichung unter Beachtung der Randbedingungen an der Grenze Oxid-Halbleiter) berechnen (z. B. in [1], [2]). Im Fall der tiefen Verarmung gestaltet sich die Rechnung besonders einfach. Dann kann man mit einer Raumladungsdichte im Halbleiter rechnen, deren Verlauf durch die Dotierung des Halbleiters vorgegeben ist. Das Raumladungsgebiet ist ja völlig von Majoritätsträgern entblößt, und die Minoritätsträgerdichte, auch wenn sie durch das herrschende elektrische Feld nach der Halbleiteroberfläche hin erhöht ist, fällt gegenüber der Dichte der ionisierten Dotierungsatome nicht ins Gewicht.
Der Zustand der tiefen Verarmung ist nicht beständig, da wegen $np = 0 \ll n_i^2$ die Nettorekombinationsrate negativ ist, einen hohen Betrag besitzt und die Minoritätsträger an der Grenze zwischen Raumladungs- und Neutralgebiet einen Konzentrationsgradient aufweisen. Er verursacht einen Diffusionsstrom von Löchern (Bild 1b) zur Raumladungszone hin. Dort werden die Löcher vom elektrischen Feld, das auf die Oberfläche hin gerichtet ist, erfaßt und zur Oberfläche transportiert. Durch das Wirken dieser beiden Vorgänge — thermische Generation und Diffusion — stellt sich der Gleichgewichtszustand der Inversion ein (Bild 1c). In diesem Zustand ist wieder überall $n \cdot p = n_i^2$. Die Kapazität steigt dabei an auf ihren Maximalwert. Im C-U-Diagramm kann man diesen Ausgleichsvorgang von der Minimalkapazität bei tiefer Verarmung über die HF-Kapazität zur Maximalkapazität (NF-Kapazität) verfolgen.

2.5.2.3. Die Speicherung von Ladungspaketen in den Potentialmulden

Der Ausgleichsvorgang dauert einige 100 Millisekunden bis einige Sekunden. In den ersten µs nach Anlegen der Kondensatorspannung kann man daher eine praktisch leere Potentialmulde erwarten (Bild 2a), die sich nach der erwähnten Zeit mit Löchern anfüllt (Bild 2b). Wenn man in der Nähe einer solchen Potentialmulde einen Emitter anbringt, der einen starken Löcherstrom zu liefern imstande ist, kann die Mulde mit einer bestimmten, gewünschten Menge von Löchern in wenigen Nanosekunden gefüllt werden. Das Auffüllen ist auch möglich, indem man Licht einstrahlt, wodurch die Generationsrate mehr oder weniger weit über

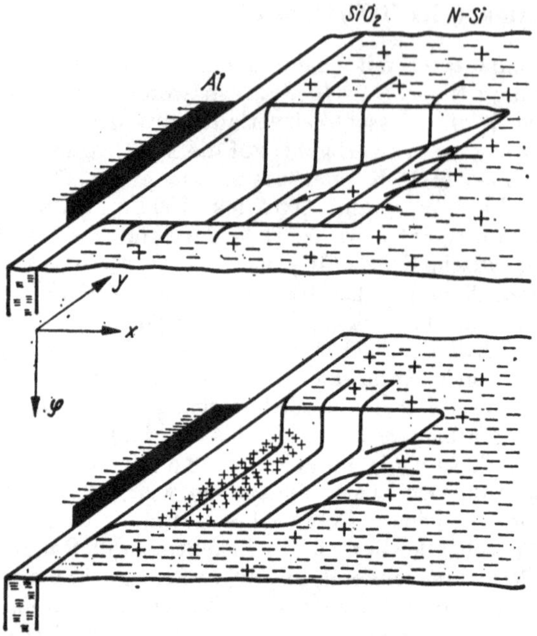

Bild 2. Perspektivische Darstellung des Potentialgebirges im Halbleiter unter einer Aluminiumelektrode.

a) unmittelbar nach Anlegen der Kondensatorspannung (entspricht Bild 1b)
b) nach einigen Sekunden (entspricht Bild 1c)

die thermische hinaus gesteigert werden kann. In einer fiktiven Anordnung (Bild 3) sind diese Vorgänge veranschaulicht. Fiktiv ist die Anordnung insofern, als die Emitter wie beim Transistor sehr nahe an den Kollektor herangebracht werden müssen, um den Transportfaktor hoch zu machen. Das ist aber von der Rückseite des Siliziumplättchens her nicht möglich. Die Anordnung nach Bild 3 ist für die Anschaulichkeit am geeignetsten.
Damit die den Ladungspaketen zugeordnete Information erhalten bleibt, müssen diese in eine benachbarte leere Mulde verschoben werden, bevor die Ladungspakete ihrer Größe nach durch die thermische Generation und Eindiffusion verändert werden.

2.5.2.4. Der Transport der Ladungspakete

Der Weitertransport der Ladungspakete erfolgt auf Grund der thermischen Diffusion, der inneren Feldstärke des Ladungspaketes und eines — von außen erzeugten — elektrischen Feldes. Diese Ursachen können sich auswirken, wenn man neben der mit einem Ladungspaket versehenen Mulde eine frische bildet. Dann fehlt das das Ladungspaket zusammenhaltende muldenförmige Potential. Diffusion und inneres Feld können sich auswirken. Außerdem entsteht ein Potentialgefälle zwischen der zuerst gebildeten Mulde und der benachbarten neuen Potentialmulde (Bild 4). Die Schwierigkeit bei diesem Ladungsverschiebevorgang besteht darin, daß zwar am Anfang große Transportkräfte wirken, daß aber gegen Ende des Ver-

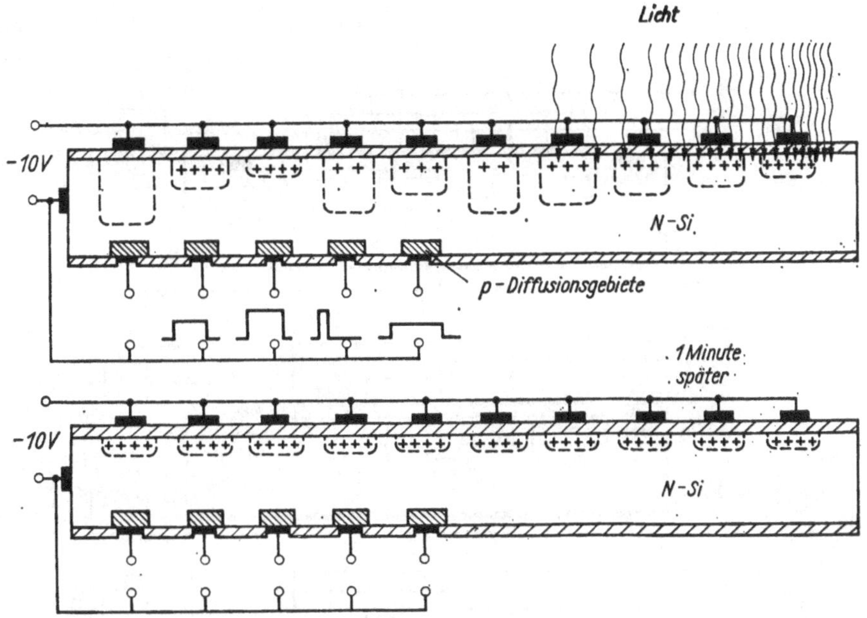

Bild 3. Beladung der Potentialmulden mit Löchern von Emittergebieten her, an die verschieden lange und verschieden hohe Spannungsimpulse gelegt werden, oder durch Bestrahlung mit Licht, das unter den lichtdurchlässigen Elektroden verschiedene Beleuchtungsstärken verursacht und demzufolge nach einer bestimmten Integrationszeit (in der Fernsehtechnik z. B. etwa 20 ms) unterschiedliche Ladungspakete in den Mulden erzeugt

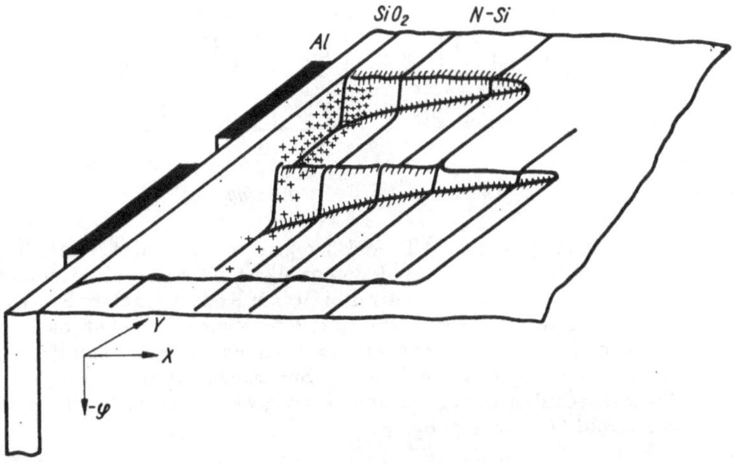

Bild 4. Perspektivische Darstellung des Ladungspakettransports von einer Mulde in eine benachbarte, frisch gebildete Potentialmulde

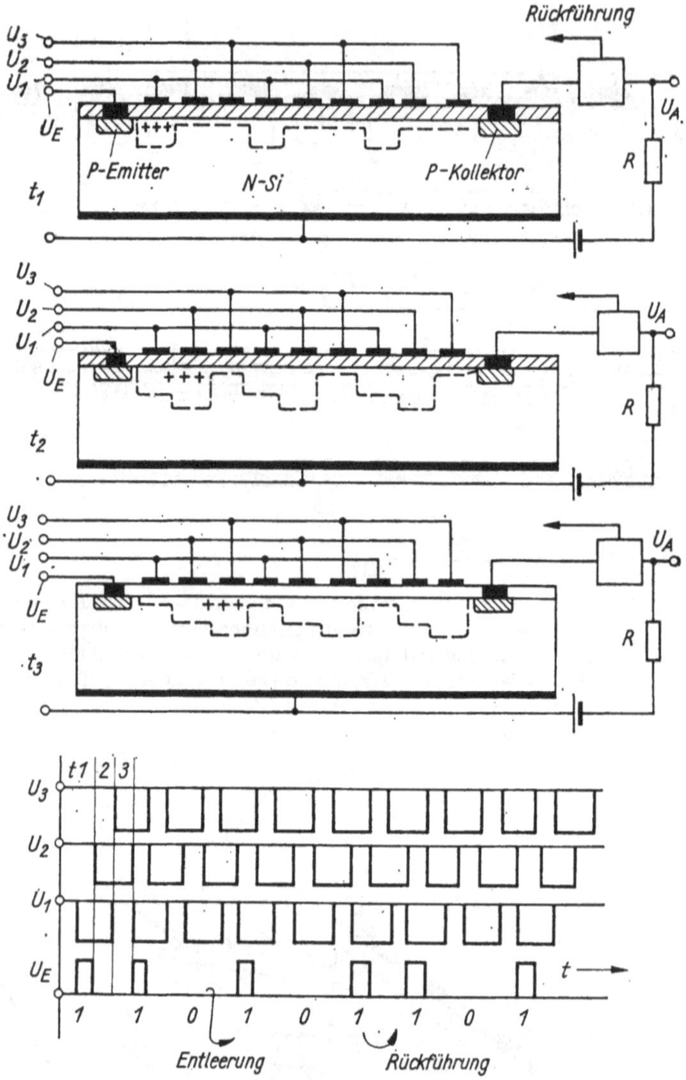

Bild 5. Prinzip eines CCD-Schieberegisters mit zugehörigen Taktspannungsverläufen. Der Ladungs- und Potentialzustand an drei Zeitpunkten t_1 bis t_3 ist dargestellt. Wenn das erste der drei Bit am Kollektor ankommt, muß entschieden werden, ob das Schieberegister entleert (gelöscht) oder ob das Informationsbit auf den Eingang zurückgeführt werden und weiter umlaufen soll. Statt der Impulsspannungen können auch Sinusspannungen verwendet werden. Die Potentialschulter bewegt sich dann stetig weiter und nicht ruckweise wie hier bei der Impulsbeaufschlagung

schiebevorgangs die Kräfte kleiner werden, so daß ein Kompromiß zwischen Ladungsverlust und Verschiebegeschwindigkeit eingegangen werden muß. Da man die Ladungspakete nur speichern kann, wenn man sie ständig weiterbewegt — CCD haben eine untere Grenzfrequenz — kommt als Speicher nur ein Serienspeicher, ein Schieberegister, in Betracht. Damit die Zugriffszeit bei großer Speicherkapazität klein wird, muß die Verschiebefrequenz hoch gemacht werden (10 bis 100 MHz).
In Bild 5 ist ein dreiphasiges Ladungsverschieberegister dargestellt. Zu einer Speicherzelle gehören hierbei jeweils drei MOS-Kondensatoren. Durch die zeitliche Reihenfolge der Spannungsimpulse entstehen von links nach rechts laufende Potentialschultern, die die Ladungspakete vor sich her schieben. Der Emitter für die Eingabe der Ladungspakete liegt neben dem ersten MOS-Kondensator. Diese Anordnung ist grob vergleichbar mit einem Lateraltransistor.

2.5.3. Ausführungsformen von CCD

2.5.3.1. Die Oberflächen-CCD-Varianten

Bisher galten die Anstrengungen der Erhöhung des Übertragungswirkungsgrades bzw. der Senkung der Übertragungsverluste, der Erhöhung der Übertragungsgeschwindigkeit und der Verringerung der Abmessungen der CCD-Zelle. Dazu war es nötig, den Potentialverlauf unter einer Reihe benachbarter MOS-Kondensatoren zu berechnen und durch geeingete Gestaltung der Kondensatoren für die oben genannten Ziele zu optimieren. Gleichzeitig mit der Transportverbesserung durch geeignete Potentialverläufe kam man auf den Gedanken, den schädlichen Einfluß der Grenzflächenzustände zwischen Oxid und Silizium dadurch zu vermeiden, daß man das Ladungspaket nicht direkt an der Oberfläche anliegend verschiebt, wie in Bild 4 gezeigt, sondern in Potentialmulden, die ihre tiefste Stelle im Volumen haben. Dadurch kommt das Ladungspaket gar nicht mehr mit der Oberfläche in Berührung. Demzufolge unterscheidet man heute die Ladungsverschiebevorrichtungen nach der Zahl der Taktspannungen, die für die Verschiebung um einen Speicherplatz nötig sind: Zwei-, Drei- und Vierphasen-CCD, und nach der Lage der Ladungspakete im Halbleiter: Oberflächen- und Volumen-CCD.
Ins einzelne gehende Darstellungen der Systematik der CTD-Familie (CTD charge transfer device) finden sich häufig in der Literatur (z. B. [3] bis [5]).
Bei den Zweiphasen-CCD wird die Potentialschulter, wie sie in Bild 5 zu sehen ist, mit nur zwei statt drei Taktspannungen erreicht, und zwar dadurch, daß aufeinanderfolgende MOS-Kondensatoren verschieden dicke Oxidschichten als Dielektrikum haben. Die mit dünnem Dielektrikum — große Kapazität — haben eine obere Kondensatorplatte aus polykristallinem Silizium und die mit dickem Dielektrikum einen Aluminiumbelag (Bild 6b). Für die Herstellung solcher CCD ist also die Beherrschung der Siliziumtortechnologie neben der üblichen Aluminiumtortechnologie nötig. Am Schieberegister entlang brauchen hierbei nur zwei Taktleitungen zu laufen im Vergleich zu dreien bei der Dreiphasentechnik (Bild 6a). Bei letzterer ergibt sich dadurch die Schwierigkeit der Leitungskreuzungen. Eine Platzersparnis ist mit der Zweiphasentechnik nicht verbunden. Die Potentialschulter erstreckt sich über vier MOS-Kondensatoren, d. h. zu einer Speicherzelle gehören vier MOS-Kondensatoren. Bei der Zweiebenenmetallisierung entfällt jedoch die Schwierigkeit der Einstellung sehr kleiner Abstände, da die Al-Elektroden auf eine mittels eines CVD (chemical vapor deposition)-Prozesses abgelagerten SiO_2-Schicht

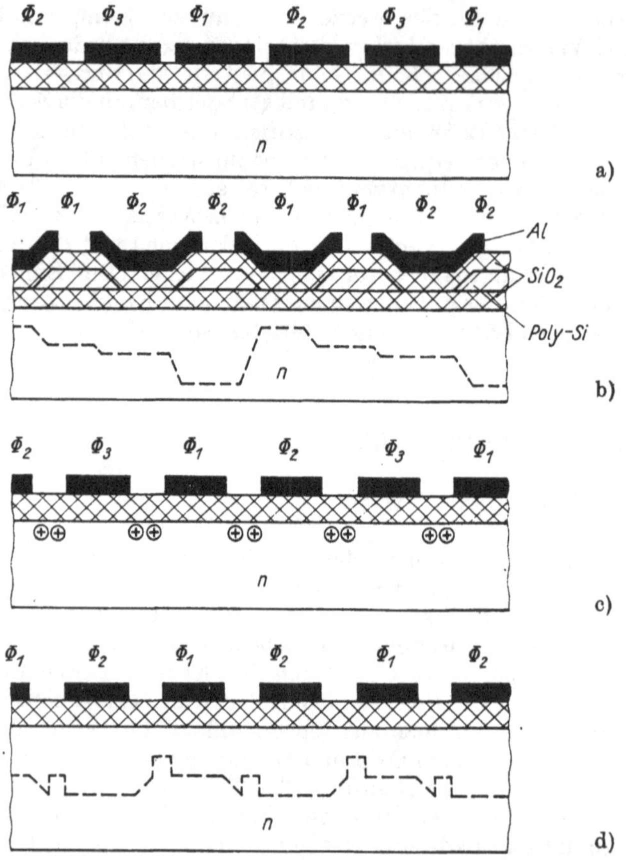

Bild 6. CCD-Arten

a) Einebenen-Dreiphasentechnik
b) Zweiebenen-Zweiphasentechnik
c) Einebenen-Dreiphasentechnik, die größere Spalte (>7 μm) erlaubt als die Einebenen-Dreiphasentechnik nach a) für gleichen Übertragungswirkungsgrad
d) Einebenen-Zweiphasen-Technik; implantierte n^+-Gebiete verhindern das Rückfließen in den Zeiten, wo die rechte Mulde „flacher" ist als die linke, d. h. ein kleineres Potential hat als die rechte (die Löcher des Ladungspaketes streben immer nach dem Ort kleinsten Potentials). Die Halbleitersubstratdotierung liegt zwischen 10^{14} und 10^{15} cm^{-3}

aufgedampft werden und die unter dieser Schicht liegenden Poylsiliziumelektroden überlappen.

Die Spalten zwischen den Elektroden bewirken, daß sich die Felder zweier benachbarter Elektroden nur so weit überlagern, daß noch Potentialwälle (s. Bild 5) stehen bleiben, die ein vollständiges Abfließen des Ladungspaketes in die nächste Potentialmulde verhindern. Ladungsverlustfaktoren von 10^{-2} (1%) und kleiner sind nur mit Elektrodenabständen von 3 μm und darunter zu erreichen. Abstände von 7 μm kann man sich leisten, wenn in die n-Halbleitergebiete zwischen den Elektroden Borionen implantiert werden [6] (Bild 6c). Dadurch wird die Potentialmauer zwischen den beiden Mulden um etwa 1 eV (bei starker Dotierung) erniedrigt und die Übertragungsverluste gehen auf 0,2% zurück.

Ein Zweiphasenbetrieb mit Einebenen-CCD ist möglich, wenn in die Elektrodenzwischenräume zusätzlich Phosphorionen implantiert werden (n^+-Gebiete) [7]. Dadurch entsteht ein Potentialverlauf, der das Fließen der Ladungen von links nach rechts wenig behindert — die in der kleinen Zacke eingeschlossenen Ladungen können nicht weiterfließen — aber den Rückfluß ganz unterbindet: Die *n*-Mauer ist ein Ort hohen Potentials. Hier besteht die Speicherzelle aus zwei Kondensatoren (Bild 6d).

Der größte Fortschritt war die Einführung der Volumen-CCD-Technik, auch CCD mit begrabenem Kanal (buried channel- oder bulk-CCD = BCCD) genannt. Im Gegensatz zu den Oberflächen-CCD-Arten (surface-CCD = SCCD) der Bilder 6a bis d liegen die Potentialminima nicht mehr an der Grenzschicht zwischen Oxid und Silizium, wo das Ladungspaket in seiner ganzen — gewissermaßen — „Längsseite" der Haft- und Rekombinationswirkung der Grenzschichtzustände ausgesetzt ist, sondern die Potentialmulden liegen im Inneren einer dünnen Schicht, die sich zwischen Substrat und Oxidschicht befindet (Bild 7). Die Herstellung dieser Zwischenschicht kann durch Epitaxie oder durch Ioneninplantation mit anschließender Diffusion erfolgen [8].

2.5.3.2. Volumen-CCD

Der Grundgedanke beim Entwurf des BCCD ist folgender: Der *pn*-Übergang (Bild 7) wird von der Ausgangselektrode her soweit in Sperrichtung vorgespannt, daß das *n*-Gebiet völlig von Elektronen entblößt ist. Das *n*-Gebiet ist dabei gemeinsame Elektrode für den MOS- und den Sperrschichtkondensator. Bei den angegebenen Dotierungen reichen etwa +10 V (bezogen auf das *p*-Substrat mit dem Potential 0) aus, um die völlige Entblößung zu bewirken, und zwar auch noch, wenn das Transportgate die höchste positive Spannung von +5 V erhält. Die sich dabei

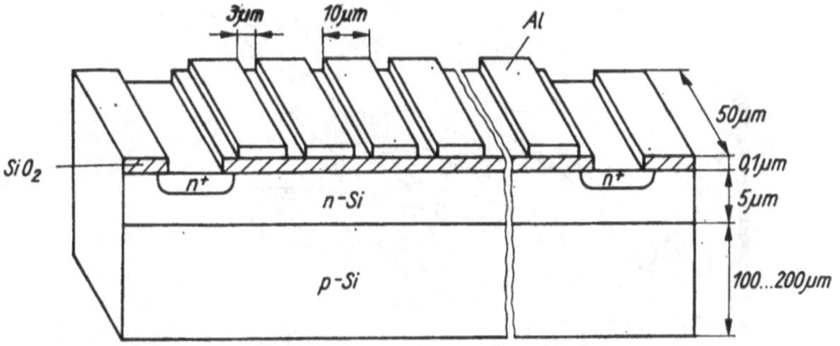

Bild 7. Schematische Darstellung eines Vierphasen-Volumen-CCD einschließlich Ein- und Ausgabeelektrode mit Angabe üblicher Abmessungen. Auch die umgekehrte Schichtenfolge, *n*-Substrat und *p*-Epitaxieschicht, ist möglich. Die Dotierung der Epitaxieschicht liegt zwischen $7 \cdot 10^{14}$ und $2 \cdot 10^{15}$ cm^{-3} [2], [4], die des Substrats zwischen 1 und $2 \cdot 10^{-14}$ cm^{-3}. Die Epitaxieschicht kann inhomogen dotiert sein, um den Ladungstransport zu verbessern. Die inhomogen dotierte Schicht ist 0,6 bis 1 µm dick, die Dotierungskonzentration nimmt von $1{,}5 \cdot 10^{16}$ cm^{-3} an der Oberfläche bis auf $2 \cdot 10^{14}$ cm^{-3} beim Übergang in die dann weiter gleichmäßig dotierte Epitaxieschicht ab [4]

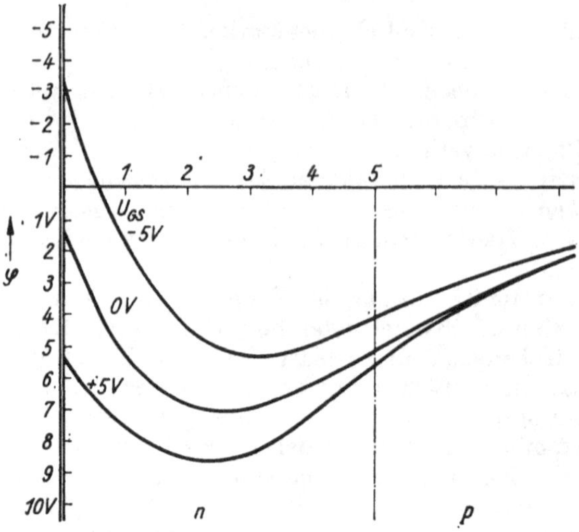

Bild 8. Potentialverläufe in einem Volumen-CCD bei verschiedenen Gate-Substratspannungen U_{GS} und bei völliger Entblößung des n-Gebietes (Potential des Kontakts an das p-Substrat 0 V)

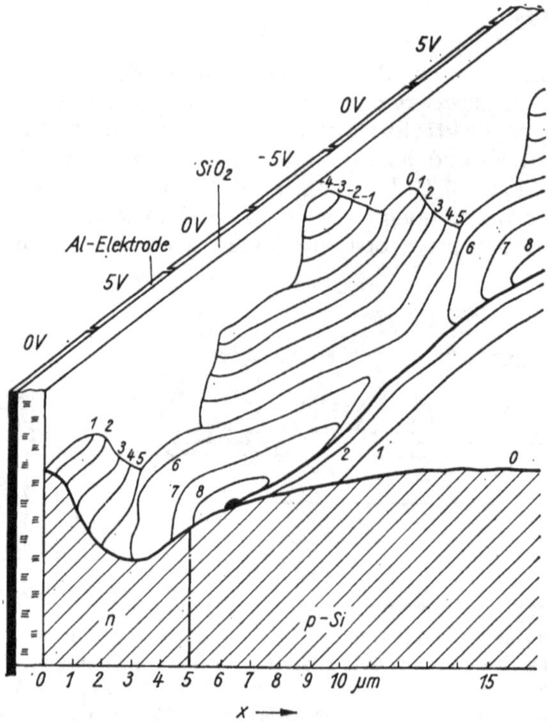

Bild 9. Potentialgebirge eines Vierphasen-Volumen-CCD in Oberflächennähe. Die n-Schicht ist 5 µm dick mit $7{,}5 \cdot 10^{14}$ Donatoren/cm³ dotiert. Die p-Schicht ist ungefähr 100 µm dick und mit $2 \cdot 10^{14}$ Akzeptoren dotiert. Das n-Gebiet ist völlig von Elektronen entblößt. Das Bild wurde an Hand eines Äquipotentiallinienbildes aus [4] gezeichnet

einstellenden Potentialverläufe unter Gateleektroden mit verschiedenen Spannungen U_{GS} sind in Bild 8 (nach [9]) gezeigt. Signalladungen sind nicht vorhanden. Eine bessere Vorstellung von dem Potentialgebirge erhält man, wenn man es perspektivisch darstellt. Die Bilder 9 und 10 zeigen Potentialgebirge von Volumen-CCD. Bild 9 gilt für eine homogen dotierte n-Schicht und Bild 10 für eine inhomogen dotierte. Es ist gut zu erkennen. daß die Potentialrinne, der Kanal, 2 bis 3 μm von der Oberfläche entfernt ist. Die Beladung der Anfangsmulde erfolgt aus einem n^+-Emittergebiet, das neben der ersten Transportelektrode angebracht ist. Der Emitter erhält eine gegenüber der ersten Transportelektrode, die zur Aufnahme an +5 V gelegt werden muß, negative Spannung und injiziert dadurch Elektronen in die Mulde. Weitere Berechnungswege — analytische und numerische — für Potential- und Feldverläufe in Volumen-CCD finden sich in [10] und [11]. Die Volumen-CCD vermeiden nicht nur das Eingefangenwerden der Ladungen des Ladungspaketes durch Oberflächenzustände, sondern sie haben noch den Vorteil der höheren Ladungsträgerbeweglichkeit und stärkerer Streufelder vor allem gegen Ende des Transportvorgangs von einer Elektrode zur anderen. Der letzte Rest des Ladungspaketes unter der Ausgangselektrode befindet sich dabei noch in einem Gebiet großen Potentialgefälles, während beim Oberflächen-CCD dieser Rest mit dem

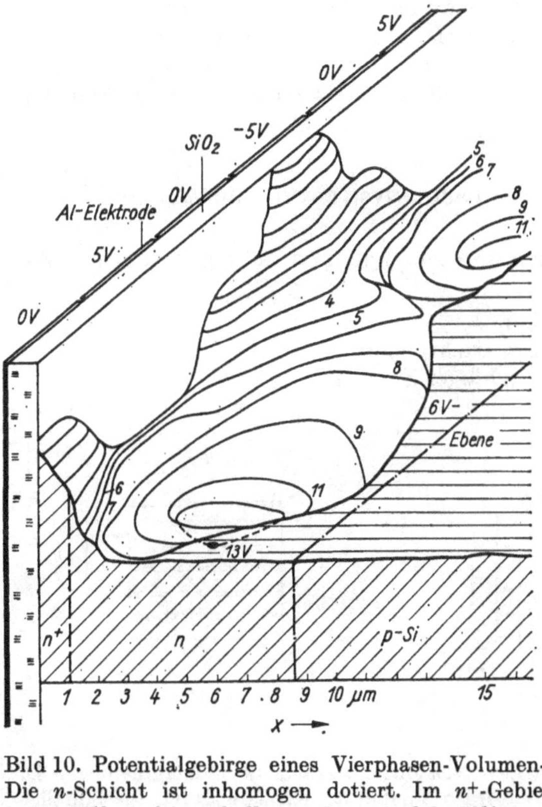

Bild 10. Potentialgebirge eines Vierphasen-Volumen-CCD in Oberflächennähe. Die n-Schicht ist inhomogen dotiert. Im n^+-Gebiet fällt die Dotierung von $1{,}5 \times 10^{16}$ cm^{-3} innerhalb von 1 μm auf $2 \cdot 10^{14}$ cm^{-3}, die restlichen 4 μm des n-Gebietes sind homogen dotiert. Das p-Substrat ist homogen mit $2 \cdot 10^{14}$ cm^{-3} dotiert und 100 μm dick. Das n-Gebiet ist völlig von Elektronen entblößt. Das Bild wurde an Hand eines Äquipotentiallinienbildes aus [4] gezeichnet

schwachen Diffusionsantrieb weiterbewegt wird. Die Potentialmulde verformt sich im Volumen-CCD besonders bei inhomogener Dotierung der Oberflächenschicht, bei ihrer Weiterbewegung ähnlich wie der Darm bei der Weiterbewegung des Speisebreis. Diese Bewegungsform nennt man Peristaltik, und man bezeichnet diese CCD-Art auch als Peristaltik-CCD [12], [13]. Oberflächen-CCD kommen wegen des beschriebenen Nachteils kaum über 10 MHz Taktfrequenz hinaus.

Die Wirkung der Oberflächenzustände ist von der Frequenz abhängig. Selbst bei tiefen Frequenzen und 10^{11} Oberflächenzuständen/cm^2, was bereits die Anwendung einer ausgeklügelten Technik für die Herstellung der Oxidschicht bedeutet, sind die Ladungsverluste so groß, daß nach 100 Verschiebungen eine Erneuerungsstufe eingeschaltet werden muß. Diese braucht Platz auf der Siliziumscheibe, der dem eigentlichen Speicher verlorengeht.

Bei gleicher Gatespannung und vergleichbaren Abmessungen ist die Ladungstragfähigkeit der Volumen-CCD nur ein Zehntel der der Oberflächen-CCD. *R. H. Walden* et al. [8] geben für die BCCD $4 \cdot 10^{-8}$ C/cm^2 und für die SCCD $3 \cdot 10^{-7}$ C/cm^2 an. Die Ladungstragfähigkeit einer Potentialmulde wird aus dem Gleichgewicht berechnet, das zwischen den die Elektronen- bzw. Löcherwolke auseinandertreibenden Kräfte der thermischen Diffusion und des eigenen elektrischen Potentials einerseits und der zusammenhaltenden Kraft der auf den „tiefsten“ Punkt der Potentialmulde hingerichteten elektrischen Feldstärke andererseits herrscht. Trotz der kleineren Ladungstragfähigkeit erwartet man wegen der günstigen Transportwirkung, daß Verschiebebetten von wenigstens 1000 Stufen ohne Regenerierung möglich sind und daß Verschiebefrequenzen bis zu 1 GHz erreicht werden können [12], [14].

2.5.4. Anwendung der Ladungsverschiebebauelemente

Auf drei Gebieten werden Eimerketten- und ladungsgekoppelte Elemente angewandt:

Umlaufspeicher,
Bildaufnahmevorrichtungen,
Verarbeitung analoger Signale.

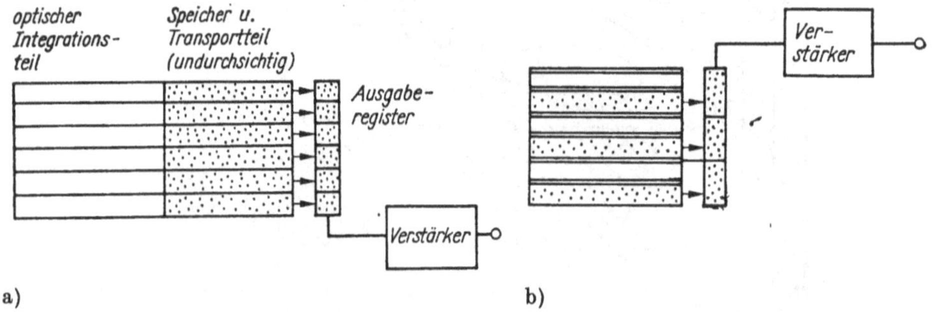

Bild 11. Die beiden Ausführungsformen der Bildaufnahme-CCD. Im optischen Integrationsteil werden Ladungsträgerpaare durch die einfallenden Photonen gebildet und füllen die Potentialmulden entsprechend der Beleuchtungsstärke

a) Bildübertragungsmethode
b) Zwischenzeilenübertragungsmethode

1974 wurden Bildaufnahmezeilen mit 1600 Elementen und Bildaufnahmematrizen mit 500 Zeilen zu je 500 Elementen hergestellt. Im optischen Integrationsteil (Bild 11) werden einige Millisekunden lang Ladungen je nach Beleuchtungsstärke am betreffenden Bildpunkt angehäuft. Danach wird der Integrationsteil durch Anlegen von Taktspannungen in kurzer Zeit (Mikrosekunden) „ausgeräumt“. Das Ladungsmuster wird in einen lichtundurchlässigen Teil des Schieberegisters transportiert und kann dort manipuliert werden, z. B. in der für das öffentliche Fernsehen vorgeschriebenen Frequenz auf einen Sender gegeben werden oder nur die Differenzen werden übertragen, was zur Einschränkung der benötigten Übertragungsbandbreite führt.
Der Abstand von der Fernsehnorm (hinsichtlich Bildpunktzahl) ist nicht mehr groß und dürfte in den nächsten Jahren ganz verschwinden. Solche CCD-Fernsehkameras werden leicht, billig, lichtempfindlich und streufeldunempfindlich sein. Für die Bildtelephonie und alle Formen der Videographie eröffnen sich damit neue günstige Möglichkeiten der breiten Einführung.
Bei den Speichern sind zwei grundsätzliche Ausführungsformen anzutreffen, die in Bild 12 abgebildet sind. Von einem auf dem Markt befindlichen Schieberegisterspeicher [15] sind folgende Einzelheiten bekannt: Es handelt sich um 9 parallele Volumen-CCD-Schieberegister, die jeweils 1024 bit lang und jeweils serpentinenförmig angeordnet sind. Nach jeweils 128 bit findet eine Bitregenerierung statt.

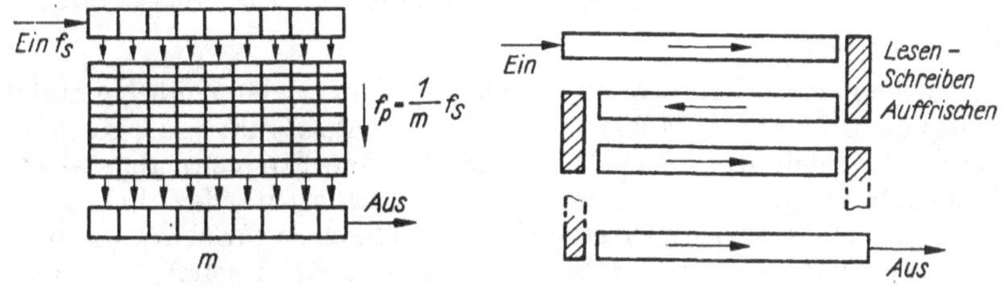

a) b)

Bild 12. CCD-Schieberegister

a) Serien-Parallel-Register

b) Serpentinenregister (ein 16 K-Bit kostet soviel wie ein dynamischer 4 Kilobit-Speicherbaustein mit wahlfreiem Zugriff (4 K-RAM))

Die MOS-Kondensatoren sind spaltfrei gekoppelt. Für die Oberflächendotierung wurde die Ionenimplantation und für die Gateherstellung die Siliziumtortechnik angewandt. Die Pegelumsetzung CCD-TTL ist integriert. Beim Schreiben und Lesen werden 250 mW verbraucht, bei langsamem Umlauf 30 mW. Die Datenrate kann mit der Taktfrequenz zwischen 50 kHz und 3 MHz eingestellt werden. Die Zugriffszeit liegt zwischen 168 und 340 µs.
Viele Halbleiterhersteller gehen daran, CCD-Speicher für 32000 bit zu bauen. Damit lägen Speicherbausteine vor, mit denen sich Haupt- und Massespeicher kostengünstig aufbauen ließen. Wie die CCD-Speicher in die heute bekannten Speicherarten einzuordnen sind, zeigt Bild 13 [16].
Die Grundvorgänge bei der Bearbeitung analoger Signale sind die Zeitverzögerung, die Vielfachausnutzung von Übertragungswegen (Multiplexbetrieb, Multiplexing) und die Filterung. Das Grundelement für alle diese Funktionen ist die Verzögerungsleitung. In sie wird das analoge Signal hineingegeben, indem das Sampling-

verfahren angewandt wird. Während eines Bruchteils der Periodendauer der höchsten im Analogsignal enthaltenen Frequenz, während einer Probeentnahmedauer, bildet man ein Ladungspaket, dessen Größe der Samplingzeit und der mittleren Spannung während der Samplingzeit proportional ist. Dann wird dieses Ladungspaket weitergeschoben. Während dieser Zeit findet keine Probenentnahme statt. Dann folgt die Entnahme der nächsten Probe entweder aus dem gleichen Signalzug

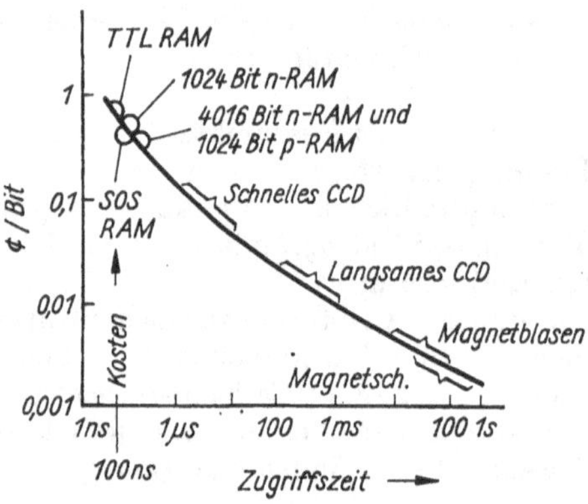

Bild 13. Kosten-Zugriffszeit-Diagramm für neuere Speicherarten [15]

oder aus einem anderen, womit gleich das Prinzip der Zeitschachtelung, des Zeitmultiplexverfahrens erläutert wäre. Das Analogsignal muß gemäß dem Abtasttheorem mit dem doppelten Wert der höchsten Frequenz abgetastet und demzufolge auch mit dieser Frequenz weitertransportiert werden. Bei einer erreichbaren Größe von $20 \times 50\,\mu m^2$ für eine CCD-Speicherzelle braucht man für die Verzögerung eines Videosignals (5 MHz; 10 MHz Abtastfrequenz) um 100 μs 1000 CCD-Zellen und damit eine reine Bauelementfläche von $1\,mm^2$. Für den Platz zur Leitungsführung und zu den Ein- und Ausgabeschaltungen braucht man noch einmal etwa $1\,mm^2$, so daß die Gesamtfläche etwa $2\,mm^2$ ausmachen würde. Auf dieser winzigen Fläche liegt ein Signalzug von 100 μs Dauer räumlich ausgebreitet vor, und man kann sich vorstellen, welche Möglichkeiten sich zur Manipulierung des Signals ergeben, wenn man noch bedenkt, daß zu jeder CCD-Speicherzelle elektronisch Zugang geschaffen werden kann, daß also die Verzögerungsleitung angezapft werden kann. Die Nachrichtentechniker prüfen zur Zeit gerade emsig, was man mit diesen neuen Elementen anfangen kann [16]. Für die Verarbeitung analoger Signale bietet nur die Akustoelektronik, die Technik elastischer Oberflächenwellen eine Alternative. Im Wettbewerb mit dieser Technik wird sich die Anwendung der CCD-Elemente auf dem Gebiet der Analogtechnik weiterentwickeln.

Literaturverzeichnis

[1] *Paul, R., Reimer, H.*: Physikalisch-elektronische Eigenschaften von Halbleiteroberflächen und Grenzschichten und ihre Bestimmung. Probleme der Festkörperelektronik Bd. 3. VEB Verlag Technik, Berlin 1970

[2] *Boyle, W. S., Smith, G. E.*: Charge-coupled semiconductor devices. Bell. Syst. Tech. Journ. 49 (1970) 587–593

[3] *Goser, K., Pfleiderer, H.-J.*: Ladungsverschiebeschaltungen. Elektronik 23, H. 1 (1974) 3–8

[4] *Schoppnies, E.*: Ladungsverschiebungsschaltungen. radio fernsehen elektronik **24**, H. 7 (1975) 210–214
[5] *Chemnitz, J., Paul, R., Reimer, H.*: Ladungsgekoppelte Bauelemente. Probleme der Festkörperelektronik Bd. 9, VEB Verlag Technik Berlin (in Vorbereitung)
[6] – Ionenimplantation verbessert Wirkungsgrad von CCD-Elementen. Elektronik **22**, Nr. 1 (1973) 2
[7] *Krambeck, R. H., Walden, R. H., Pickar, K. A.*: A doped surface two-phase CCD. BSTJ **51**, Nr. 8 (Okt. 1972) 1849–1866
[8] *Walden, R. H., Krambeck, R. H., Strain, R. J., McKenna, J., Schryer, N. L., Smith, G. E.*: The buried channel charge coupled device. BSTJ **51**, Nr. 7 (Sept. 1972) 1635–1640
[9] *Hannemann, H. W., Esser, L. J. M.*: Field and potential distributions in charge-transfer devices. Philips Res. Rep. **30**, Nr. 1 (Febr. 1975) 56–72
[10] *McKenna, J., Schryer, N. L.*: The potential in a charge-coupled device with no mobile minority carriers. Bell Syst. Tech. Journ. **52**, Nr. 10 (Dez. 1973) 1765–1793
[11] *El-Sissi, H., Cobbold, R. S. C.*: One -dimensional study of buried-channel charge coupled devices. IEEE Trans. ED-**21**, Nr. 7 (Juli 1974) 437–447
[12] *Esser, L. J. M.*: Peristaltic charge-coupled device: a new type of charge-transfer device. Electronics Letters **8**, Nr. 25 (14. Dez. 1972) 620–621
[13] *Collet, M. G., Vliegenthart, A. C.*: Calculations on potential and charge distributions in the peristaltic charge-coupled device. Philips Res. Rep. **29**, Nr. 1 (Febr. 1974) 25–344
[14] – Von CCD- zu PCCD-Schaltungen. Elektronik **23**, H. 1 (1974) 2
[15] – Firmenunterlagen der Firma Fairchild
[16] *Altman, L.*: Charge-coupled devices move in on memories and analog signal processing. Electronics 8 (Aug. 1974) 91–101

2.6. Ladungsträgertransport und Ladungsspeicherung in Isolatorschichten als Grundlage für speichernde Feldeffekttransistoren

Von *W. Buff*

Technische Hochschule Ilmenau, Sektion Physik und Technik elektronischer Bauelemente

2.6.1. Einführung

In der heutigen Informationstechnik kennt man eine ganze Reihe von verschiedenen Speichermedien. Neben den gegenwärtig noch am häufigsten benutzten magnetischen Werkstoffen erlangen die Halbleiter in zunehmendem Maße an Bedeutung. Dies rührt daher, daß insbesondere bei Klein- und Kleinstrechnern der Einsatz von magnetischen Speichern mit Nachteilen verbunden ist. Hier bietet die Halbleitertechnik durch die Mikroelektronik einen Ausweg. Es gelingt dadurch, kleine, zuverlässige, billige und wenig Leistung verbrauchende Speicher zu bauen.
In der Bipolartechnik arbeitet man bei digitaler Anwendung vorwiegend mit Flip-Flop-Systemen. Nachteilig wirkt sich dabei aus, daß die Information bei Ausfall der Versorgungsspannung zerstört wird.
Auch bei der Verwendung von Unipolartransistoren arbeitet man mit Flip-Flop-Anordnungen. Darüber hinaus ergeben sich hier jedoch noch andere Möglichkeiten (z. B. dynamischer Betrieb, Speicher mit nichtflüchtigem Inhalt usw.).
Bei Verwendung von MIS-Strukturen lassen sich Transistoren herstellen, die in der Lage sind, ein bit zu speichern. An solche Transistoren müssen wie an Speicher allgemein einige grundlegende Forderungen gestellt werden [1]:

a) Das Element muß zwei eindeutig reproduzierbare Zustände besitzen, die durch definierte äußere Bedingungen eingestellt werden können (Einschreiben bzw. Löschen).
b) Die Zustände müssen über einen bestimmten Zeitraum stabil sein, d. h. es muß sich um echte oder gehemmte thermodynamische Gleichgewichtszustände handeln.
c) Die Zustände müssen während des Wiedergabevorganges (Lesen) bei Zuführung einer Mindestenergie abfragbar und dabei unterscheidbar sein.

Darüber hinaus muß gefordert werden, daß die Zustände durch den Abfragevorgang (Lesen) nicht verändert werden.

2.6.2. MIS-Transistoren als digitale Speicherbauelemente

Die Schwellspannung U_{Th} eines MIS-Transistors ist bei gegebener Austrittsarbeitsdifferenz und Temperatur eine Funktion der Isolatordicke d_I, der Dielektrizitätskonstanten des Isolators ε_I, der effektiv auf die Oberfläche wirkenden Ladung Q_{eff} und der Substratdotierung N_D bzw. N_A

$$U_{Th} = f(d_I, \varepsilon_I, Q_{\text{eff}}, N_A\,[\text{bzw. } N_D]) \,. \tag{1}$$

Ein MIS-Transistor kann dann zum Informationsspeicher werden, wenn es gelingt, die Schwellspannung und damit seine U-I-Kennlinie in zwei stabile Zustände zu verschieben. Untersucht man die Einflußgrößen auf ihre Eignung, speichernde Bauelemente zu verwirklichen, so scheinen gegenwärtig die Isolatordicke d_I und die effektiv auf die Oberfläche wirkende Ladung Q_{eff} am günstigsten zu sein.
Beide Möglichkeiten werden in Speicheranordnungen ausgenutzt. Verwendet man auf einem Halbleiterchip in einer Matrixanordnung MOS-Transistoren mit unterschiedlich dickem Gateoxid, so wird beim Anlegen einer bestimmten geeigneten Spannung zwischen Drain und Source sowie Gate und Source in den Transistoren mit dünnem Oxid ein Strom fließen und in den Transistoren mit dickem Oxid nicht. Man spricht in diesem Fall von „maskenprogrammierten Festwertspeichern".
Die effektiv auf die Oberfläche des Halbleiters wirkende Ladung Q_{eff} setzt sich aus einem Teil Q_{ss}, der von den Oberflächenzuständen herrührt, und der effektiven Isolatorladung $Q_{I\,eff}$ zusammen.

$$Q_{eff} = Q_{ss} + Q_{I\,eff}\,. \tag{2}$$

Die Ladung in den Oberflächenzuständen soll möglichst gering und nach der Herstellung des Bauelementes nicht mehr veränderbar sein. Damit verbleibt als beeinflußbare Größe die effektive Isolatorladung $Q_{I\,eff}$, die sich am besten durch Injektion von Elektronen bzw. Löchern in mikroskopische Haftstellen des Isolators (MNOS-Speicherfeldeffekttransistor) oder auf ein eingebettetes Gate (Floating-Gate-Transistor) verändern läßt.

2.6.3. MNOS-Speicherfeldeffekttransistor

Beim MNOS-Speicherfeldeffekttransistor ist der Gateisolator als Doppelschicht ausgeführt. Unmittelbar auf dem Halbleiter (S) befindet sich eine Schicht aus SiO_2 (O), darüber eine Schicht aus Si_3N_4 (N) und die Metallschicht (M) (Bild 1). Geht man hierbei von realen Isolatoren aus, die im Gegensatz zu idealen Isolatoren einen Stromfluß zulassen, so kommt es nach Anlegen einer genügend hohen Spannung zu einer Ladungsanhäufnug an der Grenzschicht zwischen beiden Isolatoren.

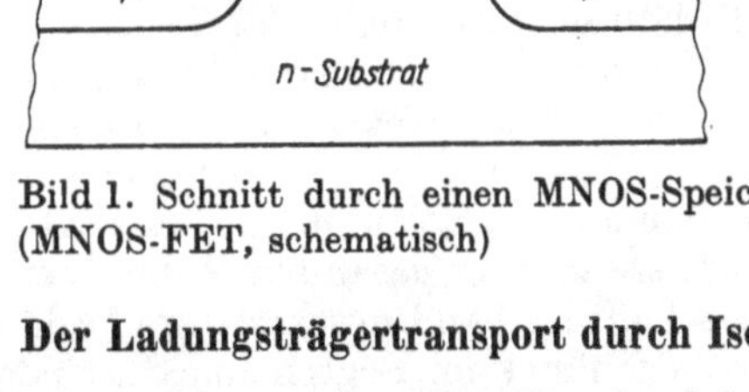

Bild 1. Schnitt durch einen MNOS-Speicherfeldeffekttransistor (MNOS-FET, schematisch)

2.6.3.1. Der Ladungsträgertransport durch Isolatoren

Dielektrische Schichten haben in der Regel polykristallinen oder amorphen Charakter. Das führt dazu, daß es keine ausgeprägte und genau definierte verbotene Zone wie beim einkristallinen Festkörper gibt. Es existiert besonders bei den amorphen Schichten auch unterhalb des Leitungsbandes bzw. oberhalb des Valenzbandes eine beträchtliche Dichte von lokalisierten Zuständen, die von Ladungsträgern besetzt werden können. Diese Ladungsträger sind jedoch nicht mehr frei beweglich, man spricht deshalb von einer Beweglichkeitslücke (Bild 2). Angenähert kann man diese Beweglichkeitslücke durch scharfe Kanten W_{CI} und W_{VI} (Beweglichkeitskanten) kennzeichnen [2], [3]. So erhält man für den Isolator eine analoge Darstellungsweise wie für den kristallinen Festkörper [4]. Diese Art der Betrachtung ist dem Bauelementeingenieur geläufig und erleichtert das Verständnis für die Vorgänge im Isolator.

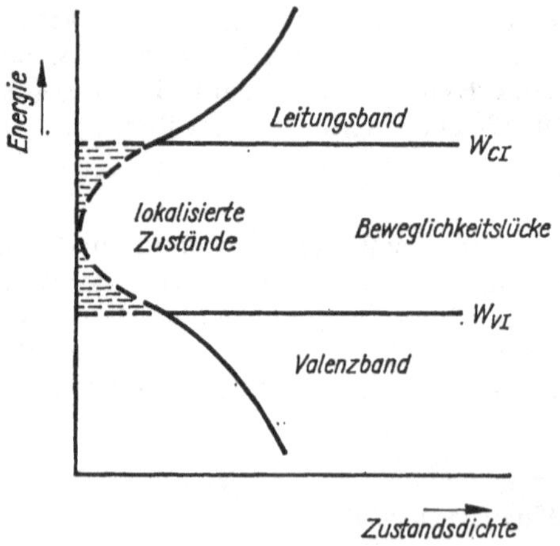

Bild 2. Zustandsdichte bei amorphem Dielektrikum

In direktem Zusammenhang mit der Größe der Beweglichkeitslücke stehen die Barrierenhöhen an den Grenzflächen von Isolatorschichten. Sie beeinflussen die Transportvorgänge von Ladungsträgern durch die Isolatorschicht wesentlich.
Leitungsprozesse durch Isolatoren können prinzipiell in volumenbegrenzte und grenzflächenbegrenzte Mechanismen unterteilt werden. Der für die jeweilige Anordnung entscheidende Prozeß hängt von verschiedenen äußeren Bedingungen und inneren Eigenschaften ab. Die wesentlichsten Eigenschaften bei MIS-Strukturen sind Beweglichkeitslücke des Isolators, Barrierenhöhe zum Kontaktmetall und zum Halbleiter, Art, Dichte und energetische Lage der Haftstellen des Dielektrikums sowie Leitungscharakter des Elektrode-Dielektrikum-Überganges.
Der Leitungscharakter des Überganges von einer Elektrode zum Dielektrikum wird von den energetischen Verhältnissen an der Grenzfläche bestimmt. In Bild 3 sind die Kontakte für unterschiedliche Isolatoren dargestellt. Bei einem idealen Isolator können nur Elektronen im Leitungsband zur Leitfähigkeit beitragen. Sie müssen dazu die volle Differenz zwischen dem Fermi-Niveau des Metalls W_{FM} und der Leitungsbandkante des Isolators W_{CI} überwinden. Bei verhältnismäßig dicken Schichten mit einer hohen Störstellenkonzentration in der Beweglichkeitslücke müssen die Elektronen nicht die Barriere in ihrer gesamten Höhe überwinden. Sie gelangen über die Störstellen in das Leitungsband des Isolators (Bild 3b). Dabei ist die Wirkung der Kontaktbarriere gegenüber der Begrenzung durch das Volumen vernachlässigbar. Bei Stromfluß durch ein Volumen kann dieses selbst neutral bleiben oder eine bestimmte Ladung aufnehmen. Wenn das Volumen neutral bleibt, sind die Bandkanten gestreckt. Beim Aufbau einer Raumladung kommt es zu einer Wölbung der Grenzen der Beweglichkeitslücke im Isolator. Das Potential

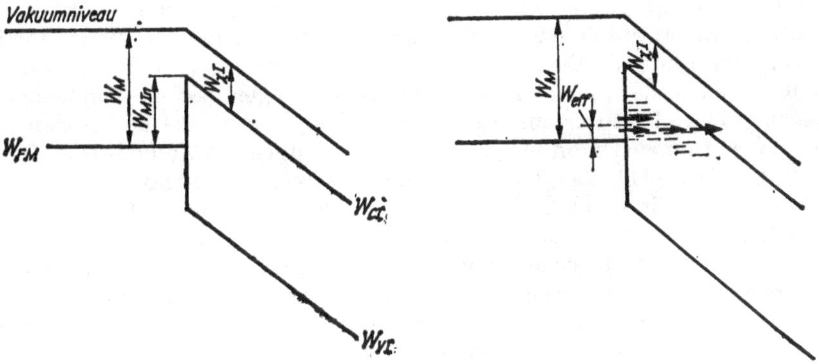

a) b)

Bild 3. Kontakt zwischen Metall und neutralem Isolator

a) Kontakt bei idealem Isolator

b) Kontakt bei hoher Störstellendichte

verläuft dann nicht mehr linear, die Feldstärke wird eine Funktion des Ortes. Geht sie dabei an der injizierenden Elektrode gegen Null, so wird der Strom durch die Raumladung begrenzt.

Neutrales Volumen und Raumladungsbegrenzung stellen die beiden Grenzfälle für volumenbegrenzte Ströme dar. Dazwischen liegt die Möglichkeit, daß der Strom durch die Raumladung zwar nicht begrenzt, aber doch beeinflußt wird.

2.6.3.2. Stromdurchgang durch SiO_2

Der Ladungsträgertransport durch SiO_2 soll an einer MOS-Anordnung erläutert werden. Das Bändermodell dieser Anordnung mit Aluminium als Feldelektrode und n-Silizium ($N_D = 10^{15}$ cm^{-3}) ist in Bild 4 gezeigt. Die Angaben über die energetischen Verhältnisse im SiO_2, Si und Al sind den Arbeiten von *Williams* [5] und *Deal* u. a. [6] entnommen.

Auf Grund der relativ niedrigen Störstellendichte im Volumen des Dielektrikums und der großen Barrierenhöhen ist in MIS-Strukturen mit SiO_2 als Dielektrikum

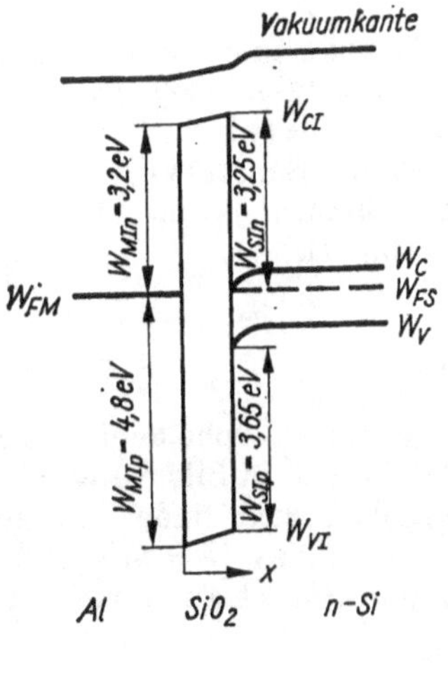

Bild 4.
Bändermodell ohne äußere Spannung ($U_{MS} = 0$)

vorwiegend mit grenzflächenbegrenzten Strömen zu rechnen. Dabei können die Ladungsträger durch oder/und über die Barriere fließen. Beim dominierenden Stromfluß durch die Barriere muß eine entsprechend große Tunnelwahrscheinlichkeit bestehen, d. h. neben anderen Voraussetzungen darf die Tunneldicke des SiO_2 nicht größer als etwa 4 nm sein. Je nachdem, von wo die Elektronen starten und wohin sie tunneln, kann man verschiedene Anteile am Tunnelstrom definieren [7], [8], [9], [10], [11]. Die Tunnelung kann sowohl durch eine rechteckige Barriere (direkte Tunnelung) als auch durch eine dreieckige Barriere erfolgen. Die Tunnelung durch eine dreieckige Barriere, auch Fowler-Nordheim-Tunnelung genannt, wird bei größeren Schichtdicken und hohen Spannungen wirksam [12]. Ladungsträger können die Barriere dann durchtunneln, wenn infolge der angelegten Spannung die wirksame Tunneldicke an der Leitbandunterkante des Halbleiters oder bei entgegengesetzter Polung am Fermi-Niveau des Metalls geringer als 4 nm wird. Der prinzipielle Vorgang ist in Bild 5 veranschaulicht. Bei Tunneldicken über 5 nm überwiegt bei Stromfluß der Ladungsträgertransport über die Barriere.

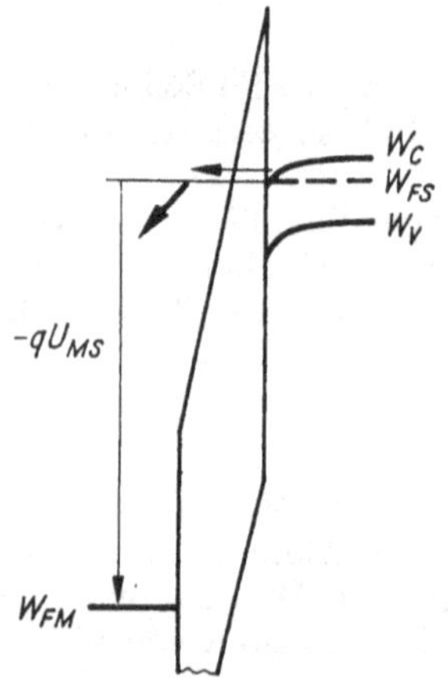

Bild 5. Bändermodell bei Fowler-Nordheim-Tunnelung (FNT)

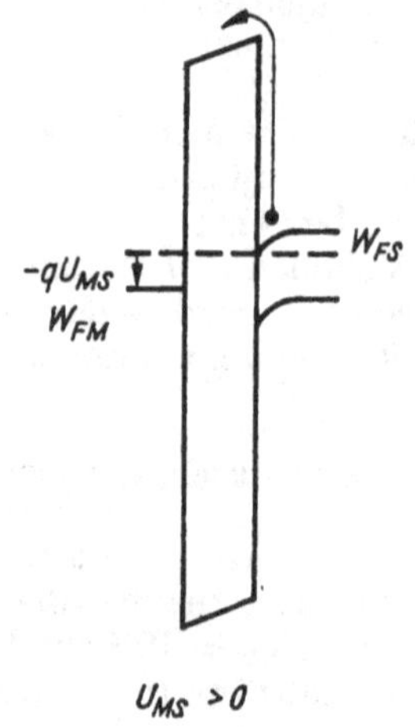

Bild 6. Einfache thermische Emission (ETE)

Bei Stromfluß über die Barriere können die Elektronen die Anregungsenergie entweder in Form von thermischer Energie oder als Lichtenergie aufnehmen. In Bild 6 sind die Verhältnisse für thermische Anregung dargestellt.
Bei großen elektrischen Feldstärken macht sich der Schottky-Effekt(Erniedrigung der Potentialbarriere bei Berücksichtigung der Bildkraft) bemerkbar. Die Emission wird durch das elektrische Feld unterstützt (Bild 7).

2.6.3.3. Der Stromdurchgang durch Si_3N_4

Siliziumnitrid ist ein Isolator, der in der Regel als amorphe Schicht abgeschieden wird. Die Bandstruktur für Si_3N_4 nach *Kendall* [13] ist in Bild 8 angegeben. Für die Beweglichkeitslücke, die hier mit 4,0 eV angegeben wird, findet man unterschiedliche Werte in der Literatur. Sie liegen zwischen 4,0 eV (*Kendall* [13]) und 5,1 eV (*Goodman* [14]). Die Leitfähigkeit von Siliziumnitrid ist auf verschiedene Mechanismen zurückzuführen [15]. Der Gesamtstrom setzt sich dabei aus drei Anteilen zusammen

$$G_{ges} = G_{PFM} + G_{FE} + G_{H} \,. \tag{3}$$

Der Stromanteil infolge des Poole-Frenkel-Mechanismus G_{PFM} [16] überwiegt bei hohen Temperaturen und hohen Spannungen. Es handelt sich hierbei darum, daß Elektronen aus ihren donatorischen Haftstellen durch thermische Energie angeregt und vom elektrischen Feld unterstützt in das Leitungsband des Si_3N_4 gelangen. Das elektrische Feld erniedrigt den Energiewall der Höhe W_{PFM} um die Haftstelle herum an einer Seite. Im Bild 9 ist diese Erniedrigung um ΔW gezeigt. Sie

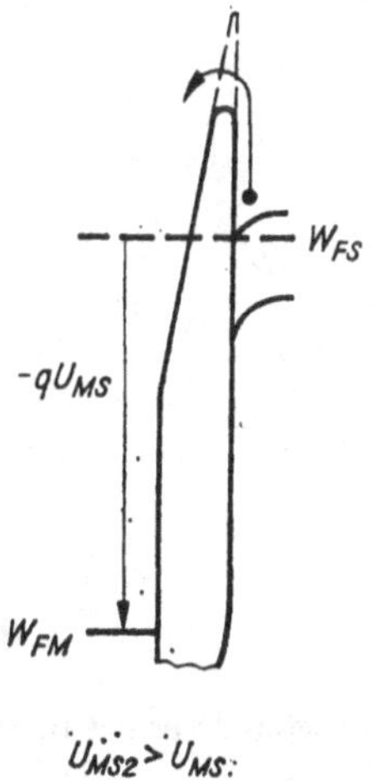

Bild 7. Felduntersützte thermische Emission (FTE)

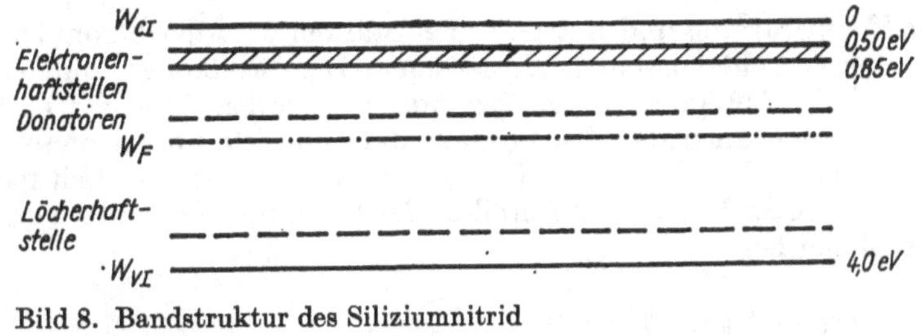

Bild 8. Bandstruktur des Siliziumnitrid

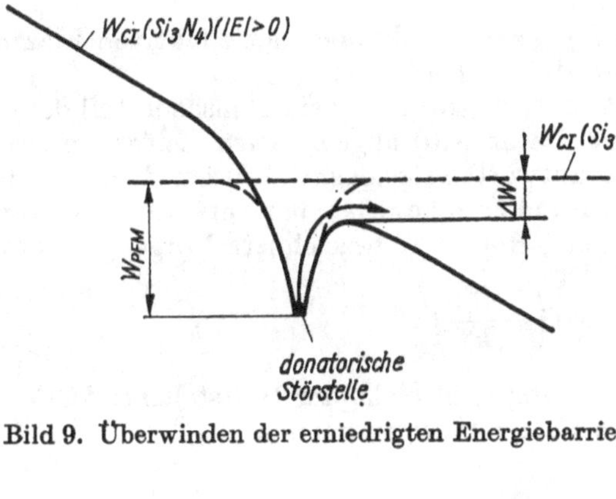

Bild 9. Überwinden der erniedrigten Energiebarriere durch Elektronen (PFM)

ist der Quadratwurzel der Feldstärke proportional. Damit beträgt die Stromdichte

$$G_{PFM} = K_{PFM} \cdot E \cdot \exp\left[-\frac{1}{kT}(W_{PFM} - \beta_{PFM} \cdot E^{1/2})\right]. \quad (4)$$

Die Proportionalitätskonstante K_{PFM} ist eine Funktion der Haftstellendichte [15], β_{PFM} die Frenkel-Konstante

$$\beta_{PFM} = \left(\frac{q}{\pi \cdot \varepsilon_r \varepsilon_0}\right)^{1/2}. \quad (5)$$

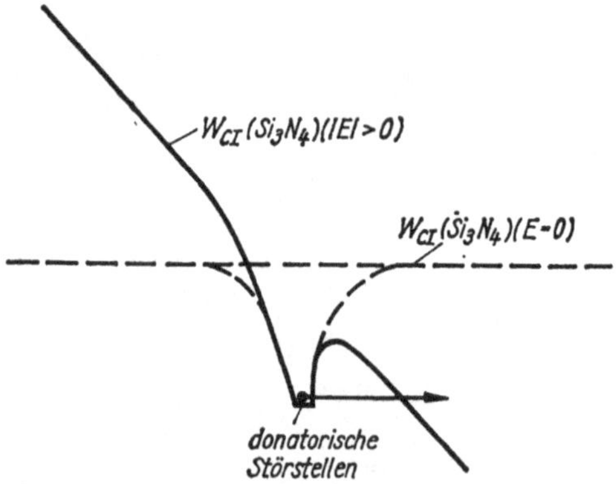

Bild 10. Durchtunneln der in der Dicke verringerten Energiebarriere durch Elektronen (FE)

Bei tiefen Temperaturen und mittleren Feldstärken wird der Strom hauptsächlich von der inneren Feldemission (*FE*) getragen. Die Elektronen können nicht nur durch thermische Anregung in die Lage versetzt werden, ihre Haftstellen zu verlassen. Sie können auch den Energiewall durchtunneln, wenn dieser durch das äußere Feld hinreichend dünn ist und auf diese Weise in das Leitungsband des Si_3N_4 gelangen (Bild 10). Dieser Anteil in der Gesamtstromdichte wird durch folgende Beziehung beschrieben:

$$G_{FE} = K_{FE1} \cdot E^2 \cdot \exp\left(-\frac{K_{FE2}}{E}\right). \quad (6)$$

Die Konstanten K_{FE1} und K_{FE2} sind Funktionen der effektiven Elektronenmasse, der Haftstellentiefe und der Haftstellendichte.

Bei sehr geringen Feldstärken wird sehr häufig ein ohmscher Teil der Strom-Spannungs-Kennlinie beobachtet. Dafür wird allgemein ein Leitungsprozeß innerhalb der Beweglichkeitslücke verantwortlich gemacht [15], bei dem sich die Ladungsträger von einer Störstelle zur anderen bewegen, ohne erst in das Leitungsband des Si_3N_4 zu gelangen. Dieser mit „Hopping" bezeichnete Vorgang liefert den Anteil

$$G_H = K_H \cdot E \cdot \exp\left(-\frac{W_H}{kT}\right). \quad (7)$$

Die Aktivierungsenergie W_H entspricht nicht der Haftstellentiefe, da die Elektronen nicht erst in das Leitungsband gelangen müssen.

Besonders bei niedrigen Feldstärken macht sich der Einfluß gespeicherter Ladungsträger auf den Potentialverlauf innerhalb der Schichten bemerkbar. Hierdurch kommt es zu Abweichungen vom rein ohmschen Verhalten [7] infolge des Aufbaus einer Raumladung in der Schicht.

2.6.3.4. Funktionsweise des MNOS-Transistors

Zwei mögliche Strom-Spannungs-Kennlinien für SiO_2 und Si_3N_4 sind in Bild 11 angedeutet. Beim Anlegen einer Spannung an eine MNOS-Struktur stellen sich die Feldstärken über den Schichten zunächst entsprechend den elektrostatischen Bedingungen ein. Sie hängen damit vom Verhältnis der Dielektrizitätskonstanten ab.

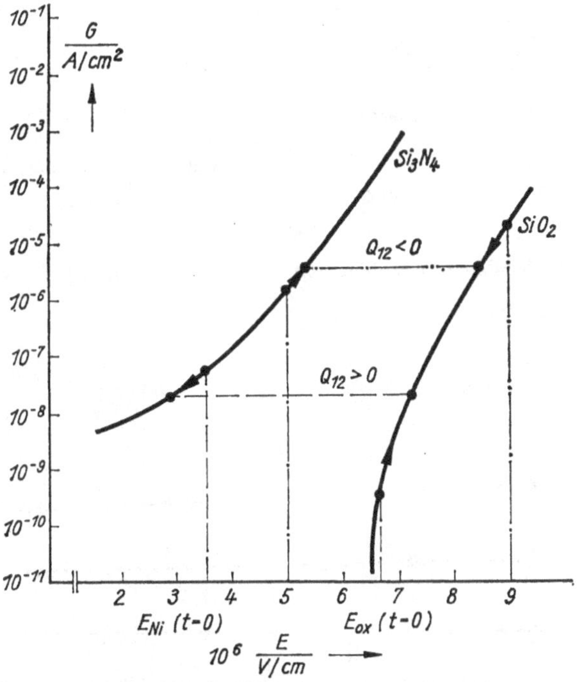

Bild 11. Schematische Darstellung der Strom-Spannungs-Kennlinie von SiO_2 und Si_3N_4

Durch die elektrischen Felder in den Schichten wird ein Stromfluß hervorgerufen, der zunächst durch beide Schichten ungleich ist. Damit werden aber die Bedingungen des nunmehr vorhandenen elektrischen Strömungsfeldes verletzt. Um zu einer gleichen Stromdichte durch beide Schichten zu kommen, muß eine Ladungsanhäufung an der Grenzschicht zwischen beiden Isolatoren erfolgen. Die Feldstärken für diesen Fall sind vom Verhältnis der spezifischen Leitfähigkeiten abhängig. Durch die hohe Haftstellenkonzentration an der Grenzschicht zwischen beiden Isolatoren können die Ladungsträger dort festgehalten werden. Sie bewirken eine dauernde Verschiebung der Flachbandspannung an der Halbleiteroberfläche und damit eine Verschiebung der Schwellspannung von MNOS-Transistoren.

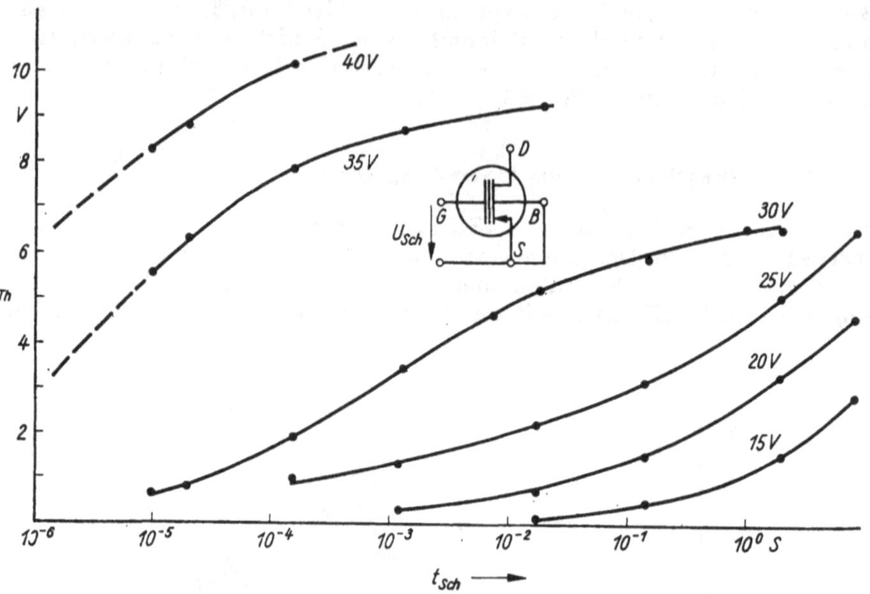

Bild 12. Einschreibkennlinienfeld von MNOS-Transistoren bei pos. Einschreibspannungen

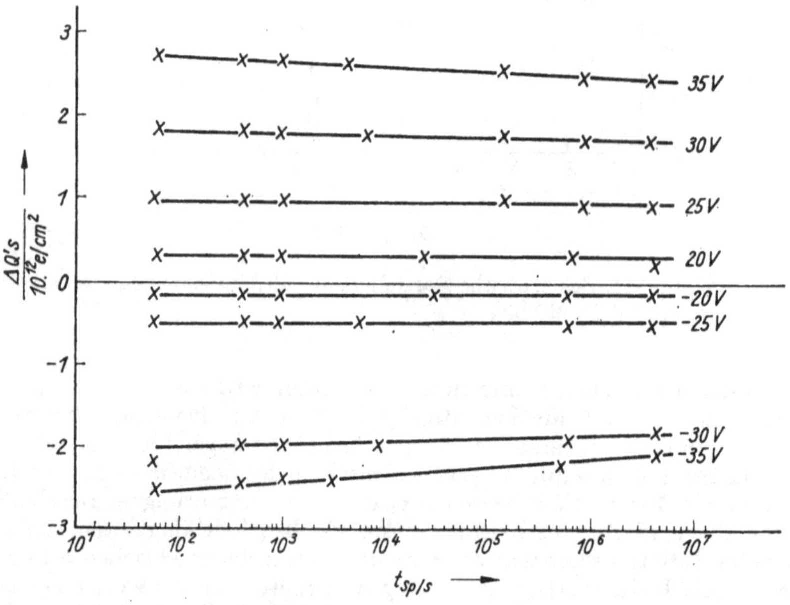

Bild 13. Abbau gespeicherter Ladungen in MNOS-Strukturen; $d_{ox} = 1{,}8$ nm, $d_{Ni} = 75$ nm; Parameter Einschreibspannungen

Bild 12 zeigt das Einschreibkennlinienfeld und Bild 13 den Abbau der gespeicherten Ladungen an MNOS-Strukturen. Die Dicke der Oxidschicht betrug dabei 1,8 nm und die Dicke der Siliziumnitridschicht 75 nm.
Dieses Verhalten ist stark von den Dickenverhältnissen abhängig. Bei dünnem Oxid ist das Einschreiben leichter, die Speicherzeit wird jedoch auch geringer. Das führt auf ein Optimierungsproblem. Gute Ergebnisse können erzielt werden, wenn die Oxidschicht so dünn gemacht wird, daß sie von Elektronen durchtunnelt werden kann [17]. Das Entfernen der Ladung und damit das Löschen der Information erfolgt durch das Anlegen einer Spannung entgegengesetzter Polarität.

2.6.4. Floating-Gate-Transistor

Beim Floating-Gate-Transistor werden andere Erscheinungen als beim MNOS-Transistor zum Einschreiben und Speichern von Informationen benutzt. Bild 14 zeigt den Aufbau dieses Bauelementes. Die Gateelektrode besteht aus polykristallinem Silizium und ist völlig in SiO_2 eingebettet.

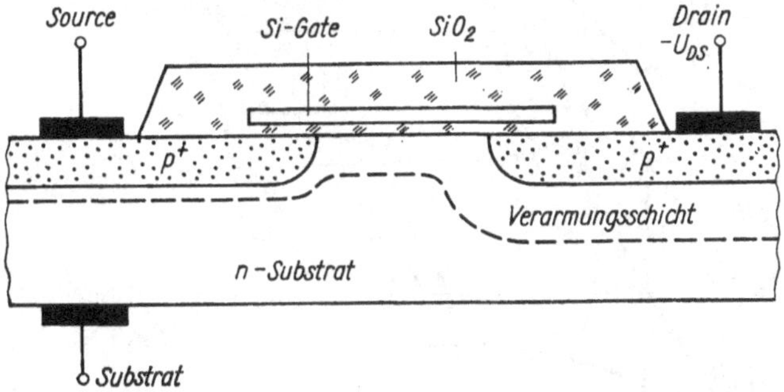

Bild 14. Schnitt durch einen Floating-Gate-Transistor

2.6.4.1. Der Ladungsträgertransport durch eine SiO_2-Schicht aus einem in Sperrichtung gepolten *pn*-Übergang heraus

Wird an einen *pn*-Übergang, der von einer Isolatorschicht (SiO_2) und einem leitenden oder Halbleitergate bedeckt ist, eine Sperrspannung angelegt, entstehen die im Bild 15 [18] qualitativ dargestellten energetischen Verhältnisse. In z-Richtung bildet sich im Volumen des Halbleiters auf Grund der Sperrspannung eine Raumladungszone aus. Es kommt zu einer erheblichen Bandverbiegung an der Halbleiteroberfläche. Im Bereich des *pn*-Überganges werden alle durch Generation entstehenden Ladungsträger sofort durch das starke Feld abgesaugt. Es muß hier mit einem permanenten Nichtgleichgewicht, dem Fall der tiefen Verarmung, gerechnet werden [7].
Prinzipiell sind entsprechend den energetischen Bedingungen mehrere Ströme möglich. Im Bereich des stöchiometrischen *pn*-Überganges ist ein Elektronenstrom von der Raumladungszone zur Gateelektrode möglich (Bild 16). Elektronen, die sich im Leitungsband in der Raumladungszone befinden, können in den Wirkungsbereich des Oberflächenfeldes gelangen und sich zur Oberfläche hin bewegen. Auf Grund ihrer freien Weglänge besteht für diese Elektronen eine endliche Wahrscheinlichkeit, die Potentialrinne zu überwinden und das Leitungsband des SiO_2 zu errei-

chen. Von hier aus gelangen sie zur Gateelektrode. Die weitaus größte Zahl überwindet jedoch die Potentialrinne nicht. Diese Elektronen fließen zum n-Gebiet ab. Wird die Sperrspannung am pn-Übergang vergrößert, wird die Bandverbiegung größer, und es gelangen mehr Elektronen in den Bereich des Oberflächenfeldes. Da außerdem die Potentialrinne schmaler wird, steigt der Strom stark an.

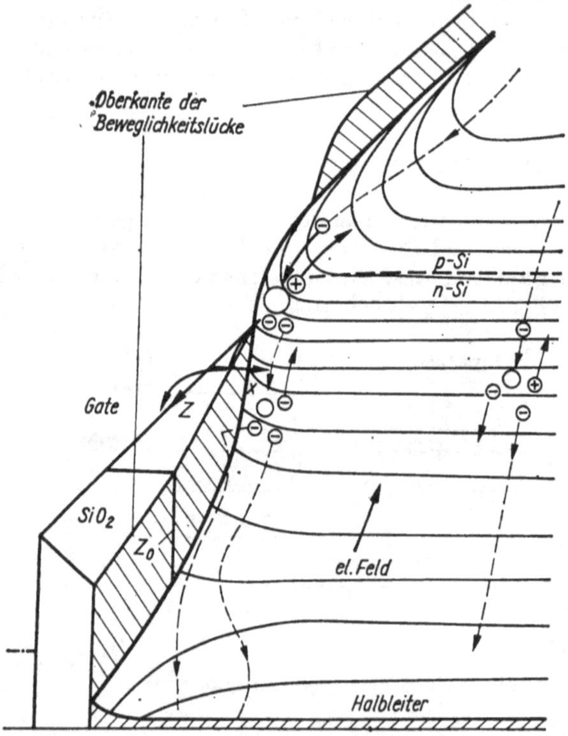

Bild 15. Perspektivische Darstellung der Potentialverhältnisse am Drain-Substrat-pn-Übergang

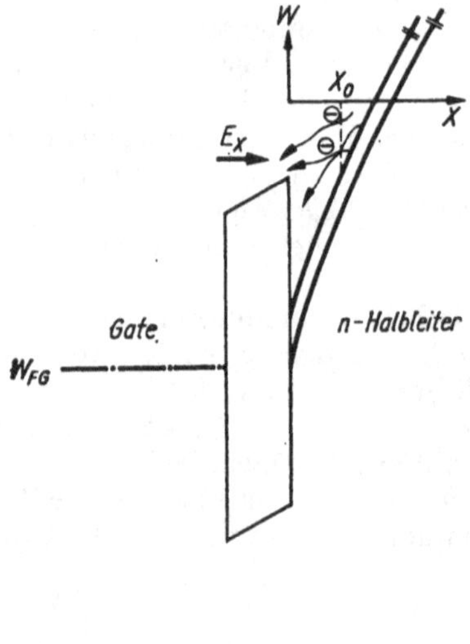

Bild 16.
Bändermodell am Ort des pn-Überganges

Mit direkter Tunnelung aus der Raumladungszone des Halbleiters durch die Isolatorschicht zum Gategebiet ist bei sehr dünner Isolatorschicht zu rechnen. Bei dickeren (nicht durchtunnelbaren) Schichten kann bei hohen Spannungen Fowler-Nordheim-Tunnelung auftreten.
Besonders bei kleinen Spannungen können Oberflächenströme über die SiO_2-Oberfläche vom Gate zum *pn*-Übergang einen merklichen Einfluß ausüben [7].

2.6.4.2. Funktionsweise des Floating-Gate-Transistors

Wird zwischen Source und Drain so eine Spannung angelegt, daß der Drain-Substrat-*pn*-Übergang in Sperrichtung gepolt ist, stellt sich die in Bild 17 dargestellte Feldverteilung ein. Das System kann als kapazitiver Spannungsteiler aufgefaßt

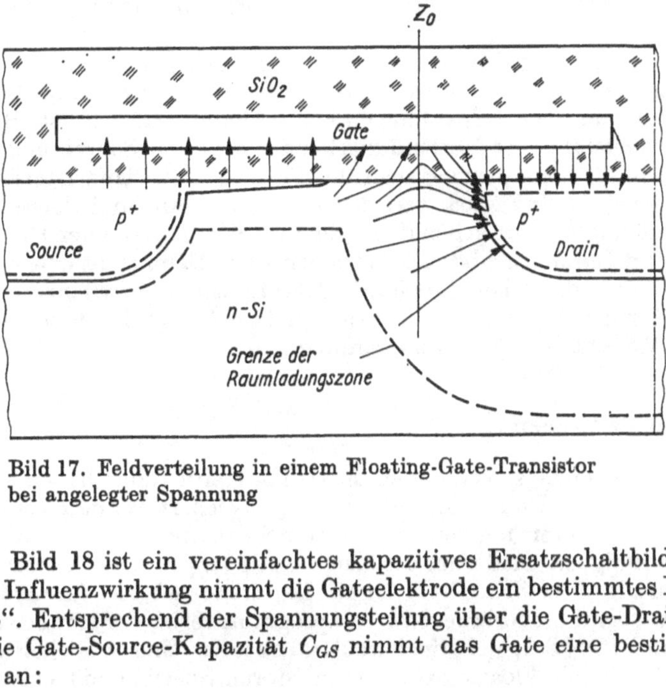

Bild 17. Feldverteilung in einem Floating-Gate-Transistor bei angelegter Spannung

werden. In Bild 18 ist ein vereinfachtes kapazitives Ersatzschaltbild dargestellt. Infolge der Influenzwirkung nimmt die Gateelektrode ein bestimmtes Potential an, sie „floatet". Entsprechend der Spannungsteilung über die Gate-Drain-Kapazität C_{GD} und die Gate-Source-Kapazität C_{GS} nimmt das Gate eine bestimmte Spannung U_{GSF} an:

$$U_{GSF} = \frac{C_{GD}}{C_{GS} + C_{GD}} \cdot U_{DS} . \tag{8}$$

Als Grenze zwischen C_{GS} und C_{GD} kann die Stelle z_0 angesehen werden, an der die Feldstärke über dem SiO_2 Null ist (s. Bild 17). Wird die Spannung U_{DS} zwischen

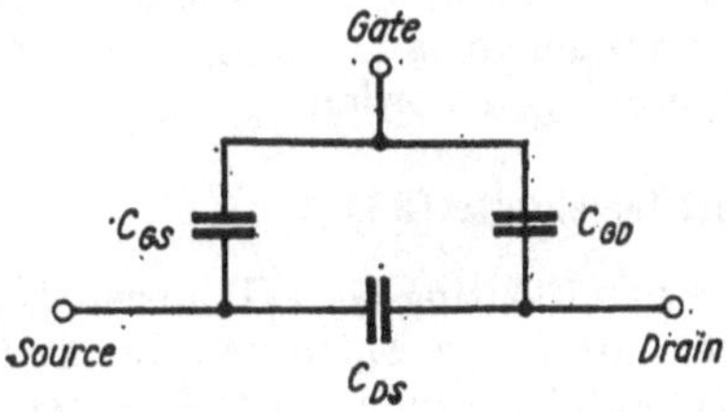

Bild 18. Vereinfachtes kapazitives Ersatzschaltbild des Floating-Gate-Transistors

Drain und Source von Null ausgehend erhöht, so beginnt bei einer bestimmten Spannung ein merklicher Drainstrom zu fließen. Die äquivalente Gate-Source-Spannung U_{GSF} hat einen größeren Wert als die Schwellspannung des Transistors angenommen.
Haben sich die Potentialverhältnisse auf Grund der Influenzwirkung eingestellt, beginnen Ströme zur Gateelektrode und zum Transistor-Substrat zu fließen. Dieser Ladungstransport verändert das Potential der Gateelektrode solange, bis der zum Gate fließende gleich dem vom Gate wegfließenden Strom ist, oder bis der Zustrom zum Gate durch die veränderten Potentialverhältnisse überhaupt unterbunden wird.
Nach dem Abschalten der Drain-Source-Spannung verbleiben die Ladungen auf dem Gate. Das hierdurch hervorgerufene innere elektrische Feld ist so gering, daß die Ladungsträger die Barriere des SiO_2 praktisch nicht überwinden können. Hierdurch kommen sehr lange Standzeiten für die Speicherladungen bei Raumtemperatur zustande.
Wenn die Dichte der gespeicherten Ladungsträger genügend hoch ist, kann in dem Gebiet zwischen Drain und Source ein Kanal induziert werden, so daß schon bei sehr geringen Drain-Source-Spannungen ein Stromfluß möglich ist. Hochohmiger oder leitender Zustand des Verbindungskanals zwischen Source und Drain sind damit Ausdruck für den Speicherinhalt des Floating-Gate-Transistors.
Die Einschreibzeiten sind stark von der zwischen Drain und Source angelegten Spannung abhängig und erreichen dann günstige Werte, wenn der Drain-Substrat-*pn*-Übergang im Durchbruchbereich betrieben wird. Dann steht eine große Anzahl von Elektronen für das Überwinden der Potentialbarriere zwischen Substrat und Gate zur Verfügung. Das Löschen der Information erfolgt durch hochenergetische Strahlung (UV-Licht oder Röntgenstrahlung).

2.6.5. Sonderformen

Die hier beschriebenen speichernden Feldeffekttransistoren haben den Vorteil, daß auf sehr kleinem Raum Informationen gespeichert werden können. Wegen der zum Programmieren notwendigen hohen Spannungen und im Vergleich zur Rechengeschwindigkeit moderner Rechenanlagen langen Einschreibzeiten eignen sie sich kaum als Lese-Schreib-Speicher. Dagegen sind sie für außerhalb der Rechenanlage programmierbare bzw. umprogrammierbare Festwertspeicher gut einsetzbar. Mit MNOS-Speicherfeldeffekttransistoren sind Speicher mit 256 bit pro Chip [20] und mit Floating-Gate Transistoren Speicher mit einer Kapazität von 2048 bit (256 Worte zu 8 bit) [21] erfolgreich gebaut worden.
Beide Bauelementekonzeptionen haben jedoch auch erhebliche Nachteile. Die Information kann beim MNOS-Transistor nur durch Anlegen einer Spannung gelöscht werden, die die entgegengesetzte Polarität der Einschreibspannung hat. Durch das Löschen mit hochenergetischer Strahlung kann der Speicher mit Floating-Gate-Transistoren nur insgesamt gelöscht werden. Ein selektives Löschen ist nicht möglich. Um diese Nachteile zu umgehen, sind einige Sonderformen für speichernde Feldeffekttransistoren vorgeschlagen worden.

2.6.5.1. Floating-Gate-Transistor mit Löschgate [22]

Bild 19 zeigt schematisch den Aufbau eines Floating-Gate-Transistors mit Löschgate. Der Löschvorgang wird hier nicht durch das Entfernen der Ladungsträger bewirkt, sondern die gespeicherten Defektelektronen rekombinieren mit Elek-

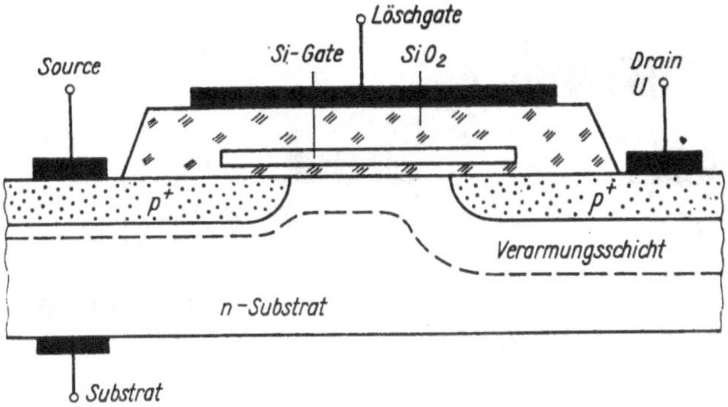

Bild 19. Schnitt durch einen Floating-Gate-Transistor mit Löschgate

tronen, die über die Barriere des SiO_2 zum Gate gebracht werden. Die Injektion von heißen Löchern aus dem Drain-Substrat-pn^+-Übergang beim Einschreiben, die sehr schwierig ist, wird durch eine negative Spannung am Löschgate unterstützt. Beim Löschen ist diese Spannung positiv, so daß Elektronen aus dem Kanal zum Gate fließen können.

2.6.5.2. Floating-Gate-Transistoren mit zwei injizierenden *pn*-Übergängen [22]

Der Aufbau eines Floating-Gate-Transistors mit zwei injizierenden *pn*-Übergängen ist schematisch in Bild 20 dargestellt. Das Einschreiben erfolgt genau so wie bei normalen Floating-Gate-Transistoren. Auf dem Gate werden Elektronen gespeichert. Beim Löschen wird der zusätzliche *pn*-Übergang unter dem Gate wirksam. Durch eine große negative Spannung am Löschgate gelangen heiße Löcher aus dem *pn*-Übergang in das Valenzband des SiO_2 und fließen dann zum Gate. Dort kompensieren sie die gespeicherten Elektronen. Im Vergleich zum einfachen Floating-Gate-Transistor mit Löschgate wird dadurch der Löschvorgang beschleunigt.

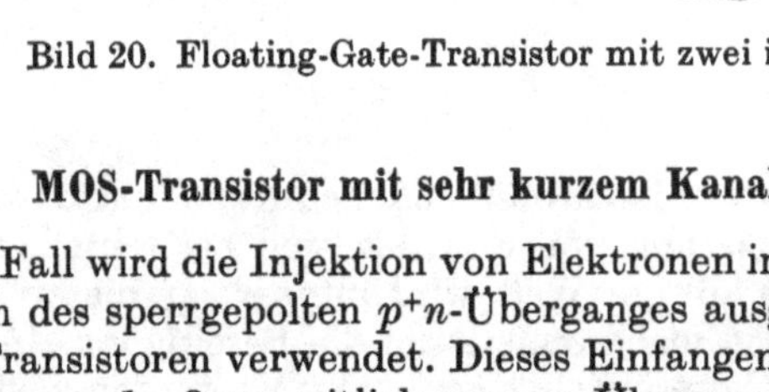

Bild 20. Floating-Gate-Transistor mit zwei injizierenden *pn*-Übergängen

2.6.5.3. MOS-Transistor mit sehr kurzem Kanal [23]

In diesem Fall wird die Injektion von Elektronen in Haftstellen des SiO_2-Volumens im Bereich des sperrgepolten p^+n-Überganges ausgenutzt (Bild 21). Dazu werden *p*-Kanal-Transistoren verwendet. Dieses Einfangen von Elektronen ist bis zu einer Entfernung von 1—2 µm seitlich vom *pn*-Übergang möglich. Wenn die Kanallänge nur etwa 2 µm beträgt, kann das Oberflächenpotential des gesamten Kanalgebietes

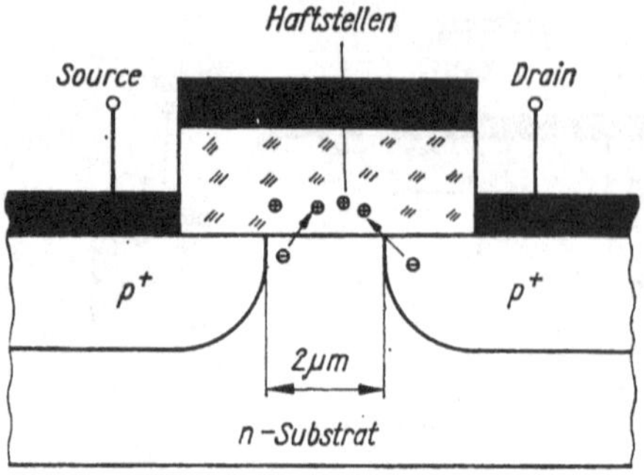

Bild 21.
Schnitt durch einen MOS-Transistor mit kurzem Kanal

geändert werden. Dabei werden Elektronen sowohl vom Drain-Substrat- als auch vom Source-Substrat-Übergang injiziert. Zum Löschen der eingespeicherten Ladung wird die Gateelektrode benutzt.

2.6.5.4. MNOS-Transistor mit sehr kurzem Kanal

Der Aufbau dieses Transistors ähnelt dem des MOS-Transistors mit sehr kurzem Kanal (Bild 22). Der Gateisolator besteht wie beim normalen MNOS-Speicherfeldeffekttransistor aus zwei Schichten (SiO_2 und Si_3N_4). Die Kanallänge beträgt etwa 2 μm. Durch eine negative Spannung am Gate wird an die Grenzschicht zwischen Siliziumdioxid und Siliziumnitrid eine positive Ladung gebracht und dort gespeichert. Das Löschen erfolgt durch heiße Elektronen, die aus dem Drain-Substrat-Übergang zur Grenzfläche SiO_2-Si_3N_4 injiziert werden und die positive Ladung kompensieren.

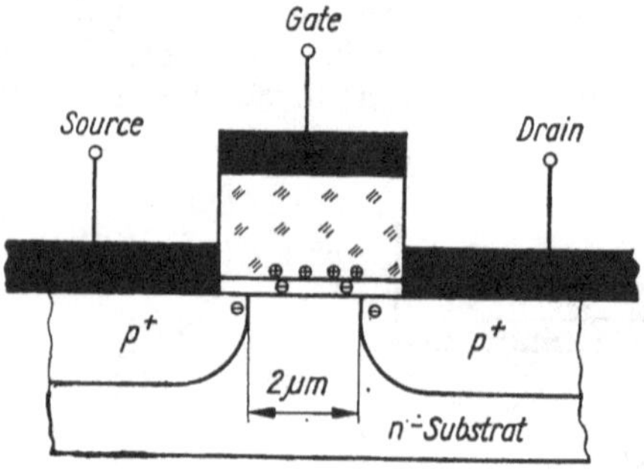

Bild 22.
MNOS-FET mit kurzem Kanal

2.6.6. Schlußbetrachtungen

Die Arbeiten über Eigenschaften von Isolatoren und die Anwendung der Ergebnisse für die Verarbeitung und Speicherung von Signalen sind bei weitem noch nicht abgeschlossen. An vielen Stellen auf der Welt wird intensiv an diesen Problemen gearbeitet. Die Bestrebungen sind insbesondere auf die Beseitigung einiger Nachteile der MNOS- und Floating-Gate-Speicher gerichtet. So werden z. B. Anstrengungen unternommen, um die Schreibgeschwindigkeit zu erhöhen, die Zugriffszeiten zu verkürzen, ein selektives Löschen der Information zu erreichen, nur eine Polarität der Spannung zum Einschreiben und Löschen zu verwenden, die Spannungen an die normalerweise in Rechenanlagen zur Verfügung stehenden Spannungen anzugleichen usw. Dabei müssen immer wieder Grundlagenuntersuchungen durchgeführt werden, die eine Bereicherung des Wissens über Isolatoren allgemein zur Folge haben.

Der hier beschriebene Einfluß von gespeicherten Ladungen auf den Kanal eines Feldeffekttransistors ist nicht die einzige Möglichkeit zum Aufbau von Speicherbauelementen. Auch andere Eigenschaften elektronischer Bauelemente wie z. B. die Durchbruchspannung von in Sperrichtung gepolten *pn*-Übergängen wird durch das Oberflächenpotential beeinflußt und eignet sich als Maß für eingeschriebene Ladungsträger [24] und damit zur Kontrolle einer gespeicherten Information. Darüber hinaus werden andere Möglichkeiten der Beeinflussung des Oberflächenpotentials gesucht. So eignen sich zum Beispiel auch Ferroelektrika [25] zum Aufbau von Speicherbauelementen.

Literaturverzeichnis

[1] *Straubel, R.*: Physikalische Grenzen der Güte von Informationsspeichern im Speicherzustand. Nachrichtentechnik **20** (1970) 12, 477—479

[2] *Simmons, J. G.*: Conduction in thin dielectric films. J. Phys. Appl. Phys. **4** (1971) 613—657

[3] *Brenig, W.*: Theorie elektronischer Eigenschaften amorpher Substanzen. Festkörperprobleme XI, S. 175—186. Akademie-Verlag, Berlin 1971

[4] *Mott, N. F.*: Charge transport in non-crystalline semiconductors. Festkörperprobleme IX, S. 22—49. Akademie-Verlag, Berlin 1969

[5] *Williams, R.*: Photoemission of electrons from silicon into silicon dioxide, effects of ion migration in the oxide. J. Appl. Phys. **37** (1966) 1491—1494

[6] *Deal, B. E.* u. a.: Barrier energies in metal-silicon dioxide structures. J. Phys. Chem. Sol. **27** (1966) 1873—1879

[7] *Buff, W., Greiner, H., Straßburg, J.*: Transport und Speicherung von Ladungsträgern in MIS-Anordnungen mit Siliziumdioxid und Siliziumnitrid sowie die Anwendung beim MNOS- und Floating-Gate-Transitor. Dissertation, TH Ilmenau 1973

[8] *Dahlke, W. E., Sze, S. M.*: Tunneling in Metal-oxide-Silicon Structures. Solid-State Electronics **10** (1967) 855—873

[9] *Shewchun, J., Waxman, A., Warfield, G.*: Tunneling in MIS Structures, I. Theory. Solid State Electronics **10** (1967), 12, 1165—1186

[10] *Waxman, A., Shewchun, J., Warfield, G.*: Tunneling in MIS Structures, II. Experimental Results on M–SiO_2–Si. Solid State Electronics **10** (1967) 12, 1187—1198

[11] *Freeman, L. B., Dahlke, W. E.*: Theory of tunneling into interface states. Solid states Electronics **13** (1970), 13, 1483—1503

[12] *Lenzlinger, M., Snow, E. H.*: Fowler-Nordheim-Tunneling into thermally grown SiO_2. J. Appl. Phys. **40** (1969) 278

[13] *Kendall, E. J. M.*: The conduction processes in silicon nitride. Canadian Journal of Physics **46** (1968) 22, 2509—2516

[14] *Goodman, A. M.*: Photoemission of electrons and holes into silicon nitride. Appl. Phys. Letters **13** (1968) 275—277

[15] *Sze, S. M.*: Current Transport and Maximum Dielectric Strength of silicon Nitride Films. J. Appl. Phys. **38**, (1967) 2951—2956

[16] *Frenkel, J.*: Techn. Phys. (UdSSR) **5** (1938) 685

[17] *Wallmark, J. T., Scott, J. M.*: Switching and storage characteristics of MIS memory transistors. RCA review **30** (1969) 2, 335

[18] *Köhler, E., Straßburg, J., Greiner, H., Buff, W.*: Der Floating-Gate-Transistor — eine neue elektrisch programmierbare Speicherzelle. XVII. Internationales Wiss. Kolloquium TH Ilmenau, 1972

[19] *Winkler, E., Hartmann, U.*: Das Verhalten der speichernden gategesteuerten Diode (SGGD) und ihr Einsatz in Halbleiterspeichern. Nachrichtentechnik —Elektronik **23** (1973) H. 12, 459—460

[20] *Frohman-Bentchkowsky, D.*: An Integrated Metal–Nitride–Oxide-Silicon Memory. Proc. IEEE **57** (1969) 1190—1192

[21] *Frohman-Bentchkowsky, D.*: A fully decoded 2048-bit electrically programmable FAMOS read-only memory. IEEE Journal of solid state circuits **6** (1971) 5, 301—306

[22] *Tarui, A., Hayashi, Y., Nagai, K.*: Electrically Programmable Nonvolatile Semiconductor Memory. J. of Solid-state circuits SC **7** (1972) 5, 369—375

[23] *Tarui, A., Hayashi, Y., Nagai, K.*: MOS memories can be reprogrammed electrically and fabricated with simpler structure. Electronics **44** (1971) 20, 112—113

[24] *Pasch, L.*: Ein Beitrag zur Anwendung des MNOS-Speichereffektes zum Aufbau bipolarer Speicherelemente. Dissertation TU Dresden, Fakultät für Datenverarbeitung, Dresden 1972

[25] *Shu-Yan Wu*: A New Ferroelectric Memory Devices, Metal-Ferroelectric-Semiconductor Transistor. IEEE Transactions on Electron Devices, Vol. ED-**21** (8. Aug. 74) 499—504

2.7. Bestimmung der Oberflächenzustandsdichte anhand von MOS-Transistormessungen im schwachen Inversionsbereich

Von *Gy. Pásztor*

Forschungsinstitut für Nachrichtentechnik (HIKI), Budapest

2.7.1. Einleitung

Bekanntlich steht der Kanalstrom im schwachen Inversionsbereich in exponentiellem Zusammenhang mit der Gatespannung [1]. So ergibt sich in logarithmischem Maßstab für die Strom-Spannungskennlinie eine Gerade, deren Steilheit eine Funktion der Oberflächenzustandsdichte darstellt. Aus der Messung dieser Steilheit kann auf die im Transistor herrschende Grenzflächenzustandsdichte geschlußfolgert werden. Im folgenden Beitrag soll eine Meßmethode beschrieben werden, die die unmittelbare Messung bzw. Registrierung mit einem x-y-Schreiber der Abhängigkeit dieser Steilheit von der Gatespannung erlaubt. Die Meßergebnisse werden mit den errechneten Werten verglichen.
Bei der Berechnung wurde die Methode von *M. B. Barron* [2] und *Van Overstraeten* [3] zugrunde gelegt. Beide Autoren sind in ihren Arbeiten von der gleichen theoretischen Grundlage ausgegangen. Sie bestand im Grunde genommen darin, daß Diffusionsströme bestimmt worden sind, und dazu im bezug auf die Minoritätsladungsträgerkonzentration das Quasi-Fermi-Niveau eingeführt worden war, bezüglich der Majoritätsladungsträgerkonzentration aber das Fermi-Niveau (im Gleichgewicht) verwendet wurde. Dies resultierte aus der Tatsache, daß kein Majoritätsladungsträgerstrom fließt. Beide Autoren sind aber unterschiedlicher Auffassung hinsichtlich der Frage, bis zu welchem Energieniveau die Oberflächenzustände als geladen angesehen werden können. *Barron* setzte für dieses Niveau das Fermi-Niveau im Gleichgewicht, *Van Overstraeten* aber das Quasi-Fermi-Niveau der Minoritätsladungsträger an. Zur Klärung dieser Frage wurde mit Hilfe des SRH-Modells die Energie bestimmt, bei der die Besetzungswahrscheinlichkeit eines Oberflächenzustandes 1/2 beträgt. Diese Energie wurde als Funktion des Oberflächenpotentials untersucht. Es ergab sich, daß sie im schwachen Inversionsbereich beim Fermi-Niveau (im Gleichgewicht) liegt und sich eine Abweichung lediglich bei starker Inversion nachweisen läßt.

2.7.2. Berechnung des Kanalstromes

Das Potential- und Energiebild der Grenzfläche Silizium–Siliziumdioxid ist in Bild 1 im Flachbandfall zu sehen. Die Elektronenenergien wurden an der rechten, die Potentiale an der linken Bildseite aufgetragen. Das Quasi-Fermi-Niveau für Löcher liegt um die Energie $kT\xi$ höher als das Fermi-Niveau W_F im Gleichgewicht

$$W_{Fp} = W_F + kT\xi \,. \tag{1}$$

Die energetische Lage der Traps wird durch die Energie E_{Ft} bestimmt (Besetzung 1/2). Sie liegt um $kT\eta$ höher als das Fermi-Niveau W_F

$$W_{Ft} = W_F + kT\eta \,. \tag{2}$$

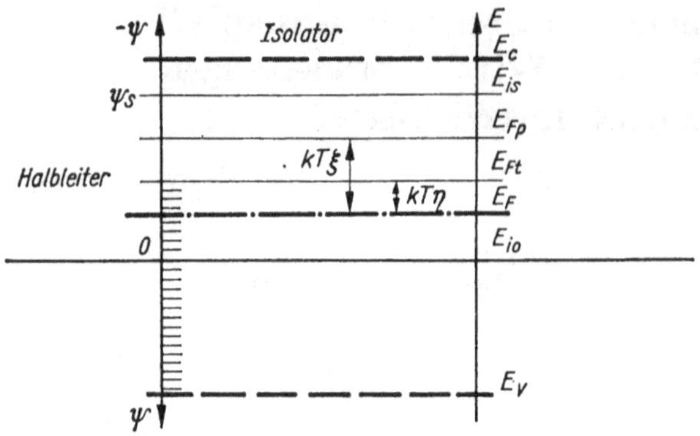

Bild 1. Darstellung der Energien und Potentiale an der Halbleiteroberfläche

Die untersuchte Transistorstruktur zeigt Bild 2. Der Source-Substrat-Übergang ist kurzgeschlossen, am Drain-Substrat-Übergang liegt die Sperrspannung U_D an. Deshalb fließt im Kanal ein Lochstrom. So liegt kein Gleichgewicht vor, und das Fermi-Niveau der Löcher und Traps weicht vom Gleichgewicht ab. Elektronenstrom fließt infolge des gesperrten Drainüberganges nicht. Somit verschwindet der Gradient des Quasi-Fermi-Niveaus für Elektronen. Da der linke Source-Übergang nicht vorgespannt ist, herrscht dort Gleichgewicht, und das Quasi-Fermi-Niveau von Elektronen stimmt mit dem Gleichgewichtswert überein. Dieser letzten Feststellung zufolge sollte das für den gesamten Kanal gelten. *Barron* und *Overstraeten* lassen im Kanal nur einen Diffusionsstrom fließen, das Oberflächenpotential (Ψ_S) ist so bei schwacher Inversion unabhängig von y gleich konstant. So hängen schließlich nur W_{Fp} und W_{Ft} von y ab.

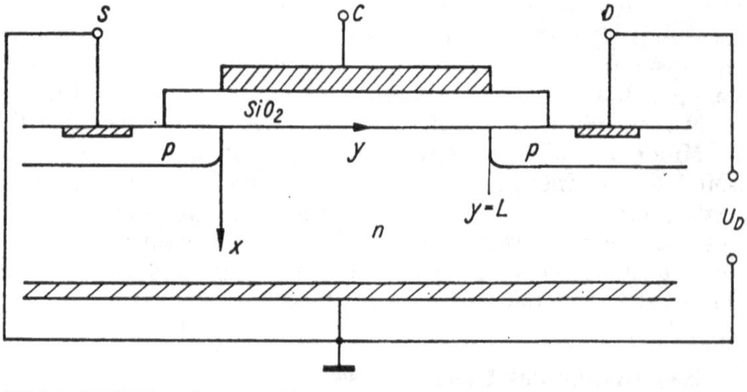

Bild 2. MIS-Transistorstruktur

Die Bestimmung des W_{Ft}-Wertes erfolgt nach *Sah* [4] mittels der Shockley-Read-Hall-Theorie. Danach gilt für die Besetzung der Traps im stationären Fall

$$\frac{n_T}{N_{SS}} = \frac{C_n n + C_p p_1}{C_n(n + n_1) + C_p(p + p_1)}\,, \tag{3}$$

wobei mit n_T die Dichte der von Elektronen besetzten Traps, mit N_{SS} die Gesamtdichte der Traps, mit C_n und C_p die Einfangsquerschnitte für Elektronen und

Löcher, mit p_1 und n_1 die für die Energie der Traps charakteristischen Konstanten bezeichnet werden:

$$p_1 = n_i \exp\left[\frac{W_{is} - W_t}{kT}\right], \tag{4}$$

$$n_1 = \frac{n_i^2}{p_1}. \tag{5}$$

Die Trapsverteilung ergibt über der Energie ein stetiges Spektrum. Gemäß Festlegung werden Traps unter der Energie als besetzt angesehen, bei der die durchschnittliche Besetzung 1/2 beträgt. Diese Durchschnittsbesetzung gibt Gl. (3) an. Im Gleichgewichtsfall hat dieser Quotient den Wert von 1/2, für $W_{Ft} = W_F$. Im Nichtgleichgewicht weicht W_{Ft} von W_F ab, da sich der Wert von p auch vom Gleichgewichtsbetrag unterscheidet.
Werden die Konzentrationswerte n, n_1, p, p_1 in Gl. (3) durch Energieausdrücke ersetzt, gilt:

$$\begin{aligned} 2n_i\left(\frac{C_m}{C_p}\exp\left[\frac{W_F - W_{is}}{kT}\right] + \exp\left[\frac{W_{is} - W_F}{kT}\right]\right. \\ = n_i\frac{C_n}{C_p}\left(\exp\left[\frac{W_F - W_{is}}{kT}\right] + \exp\left[\frac{W_F - W_{is}}{kT} + \eta\right]\right) \\ + n_i\left(\exp\left[\frac{W_{is} - W_F}{kT} + \xi\right] + \exp\left[\frac{W_{is} - W_F}{kT} - \eta\right]\right). \end{aligned} \tag{6}$$

Nach Bild 1 kann von Energiewerten zu Potentialen übergegangen werden:

$$W_{is} - W_{i0} = -q\psi_S = -\,kT\,u_S\,. \tag{7}$$

Mit

$$a = \frac{C_n}{C_p}\cdot\frac{n_0}{n_i} \quad \text{und} \quad b = \frac{p_0}{n}$$

ist ferner

$$\begin{aligned} e^\eta = \frac{1}{2}\left[1 - \frac{b}{a}e^{-2u_s}(2 - e^\xi)\right] \\ + \sqrt{\frac{1}{4}\left[1 - \frac{b}{a}e^{-2u_s}(2 - e^\xi)\right]^2 + \frac{b}{a}e^{-2u_s}}\,. \end{aligned} \tag{8}$$

In differentieller Form aufgeschrieben lautet die Ladungsgleichung:

$$\delta Q_B - q\delta n_t = (\delta\psi_S - \delta U_G)\,C_0\,, \tag{9}$$

wobei Q_B die Gesamtvolumenladung bedeutet.
Die Veränderung von qn_t ist der Veränderung des Oberflächenpotentials und des Quasi-Fermi-Niveaus für Traps zuzuschreiben.

$$q\delta n_t = qN_{SS}\delta\psi_{SS} + qN_{SS}U_T\frac{d\eta}{d\psi}\delta\psi_S = qN_{SS}\left(1 + \frac{d\eta}{du_S}\right)\delta\psi_S\,. \tag{10}$$

Die Veränderung des Quasi-Fermi-Niveaus von Traps zeigt einen merklichen Einfluß, wenn der Quotient $d\eta/du_S$ mit 1 zu vergleichen ist. Wird $d\eta/du_S$ berechnet, und als Funktion von u_S aufgetragen, ergibt sich die Kurvenschar in Bild 3. Hierbei

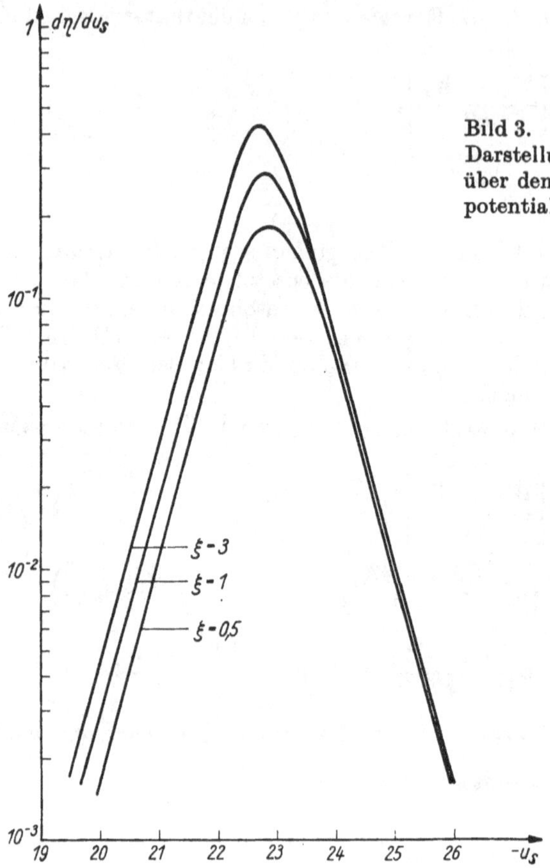

Bild 3.
Darstellung des Verlaufes $d\eta/du_S$ über dem normierten Oberflächenpotential u_S

liegt für C_n/C_p der von *Nicollian* und *Goetzberger* [5] gemessene Wert zugrunde ($C_n/C_p = 2{,}68 \cdot 10^{10}$ und $N_D = 1 \cdot 10^{15}$ cm^{-3} (3,3 Ohm cm)). Mit diesen Daten lautet $b/a = 8{,}396 \cdot 10^{-21}$.

Wie aus dem Bild hervorgeht, besitzt $d\eta/du_S$ über u_S ein Maximum. Dieses Maximum liegt beim Oberflächenpotential $u_S = -23$. Da für den schwachen Inversionsbereich $u_S > -21$ beträgt, kann es in diesem Bereich im Verhältnis zu 1 überall vernachlässigt werden, und damit auch die Abweichung des Quasi-Fermi-Niveaus der Traps von dem Fermi-Niveau im Gleichgewicht.

Die im Kanal fließende Stromdichte kann mit dem Quasi-Fermi-Niveau wie folgt dargestellt werden:

$$S_p = -qD_p p \frac{d\xi}{dy}. \tag{11}$$

Ist die Abmessung des Kanals senkrecht zur Bildebene in der Struktur von Bild 2 gleich z, dann gilt für den Gesamtstrom

$$I_p = I_S = -qD_p z \frac{d\xi}{dx} \int_0^{x_b} p \, dx\,. \tag{12}$$

x_b kennzeichnet den Abstand, bis zu dem das Isolatorfeld in den Halbleiter hineingreift.
Wird Ladungsträgergeneration vernachlässigt, kann I_S als unabhängig von y angenommen werden. Im Kanal gilt dann

$$\int I_S \, dy = I_S L = - q D_p z \int_0^{U_D/U_T} \int_0^{x_b} p \, dx \, d\xi \,. \tag{13}$$

Das Integral von p über x kann durch die übliche Umformung mittels der Poissonschen Gleichung ins Integral nach u überführt werden:

$$\frac{d^2u}{dx^2} = - \frac{1}{U_T \varepsilon_S} \varrho(x) = \frac{q}{U_T} \cdot \frac{p_0}{\varepsilon_S} \left[e^{-u+\xi} - 1 + \frac{n_0}{p_0} (1 - e^u) \right]. \tag{14}$$

Daraus folgt

$$\frac{du}{dx} = \sqrt{\frac{q}{U_T} \cdot \frac{2p_0}{\varepsilon_S}} \cdot \sqrt{e^\xi (e^{-u} - 1) + u + \frac{n_0}{p_0} (e^u - u - 1)} = \frac{2}{\lambda_p} F(u, \xi) \cdot \tag{15}$$

Damit lautet die Stromdichte schließlich

$$I_S = - \frac{q D_p z}{L} \lambda_p p_0 \int_0^{U_D/U_T} \int_0^{u_S} \frac{e^{-u+\xi}}{F(u, \xi)} du \, d\xi \,. \tag{16}$$

Die Steilheit $\frac{d(\ln I_S)}{dU_G} = \frac{1}{I_S} \frac{dI_S}{dU_G}$ kann mittels der später zu schildernden Meßmethode direkt gemessen werden. Die Berechnung hat also das Ziel, sie zu bestimmen. Zur Berechnung von dI_S/dU_G muß bekannt sein, wie u_S und ξ in die Terme I_S und U_G eingehen. Bekanntlich sind I_S und u_S unabhängig von y. Wird also der Wert von dI_S/dU_G an der Stelle $y = 0$ errechnet, so gilt er für den ganzen Kanal. Dort ist aber $\xi = 0$. Somit gilt

$$\frac{dI_S}{dU_G} = \frac{dI_S}{du_S} \cdot \frac{du_S}{dU_G} = \frac{q D_p z}{L} \lambda_p p_0 \int_0^{U_D/U_T} \frac{e^{-u_S+\xi}}{F(u_S, \xi)} d\xi \cdot \frac{du_S}{dU_G} \,. \tag{17}$$

Der Ausdruck für du_S/dU_G kann anhand von Gl. (9) angegeben werden, wobei $d\eta/du_S$ vernachlässigt wird. In Gl. (9) kann die Gesamtvolumenladung mittels der Oberflächenfeldstärke ausgedrückt werden.

$$Q_B = \frac{2\varepsilon_S}{\lambda_p} U_T F(u_S) \,. \tag{18}$$

Daraus folgt

$$\frac{du_S}{dU_G} = \frac{\dfrac{C_0}{U_T}}{-\dfrac{2\varepsilon_S}{\lambda_p} \cdot \dfrac{dF(u_S)}{du_S} + q N_{SS} + C_0} \,, \tag{19}$$

und so schließlich die gesuchte Steilheit:

$$\frac{1}{I_S}\cdot\frac{\mathrm{d}I_S}{\mathrm{d}U_G}=\frac{\left[\int\limits_0^{U_D/U_T}\frac{e^{-u_S+\xi}}{F(u_S,\,\xi)}\right]\cdot\frac{C_0}{-\frac{kT}{q}\cdot\frac{2\varepsilon_S}{\lambda_p}\cdot\frac{\mathrm{d}F(u_S)}{\mathrm{d}u_S}+U_T(qN_{SS}+C_0)}}{\int\limits_0^{U_D/U_T}\int\limits_0^{u_S}\frac{e^{-u+\xi}}{F(u,\,\xi)}\,\mathrm{d}u\,\mathrm{d}\xi}\,. \tag{20}$$

2.7.3. Beschreibung des Meßverfahrens

Zur Messung des gesuchten Zusammenhanges wurde eine Kleinsignal-Wechselstrom-Messung geringer Frequenz durchgeführt. Der Meßaufbau ist Bild 4 zu entnehmen. Die Drain-Spannung des zu messenden Transistors wird mit dem Potentiometer P eingestellt. Dieser Pegel wird vom Operationsverstärker im Laufe der ganzen Messung unabhängig vom Laststrom durch den Transistor konstant

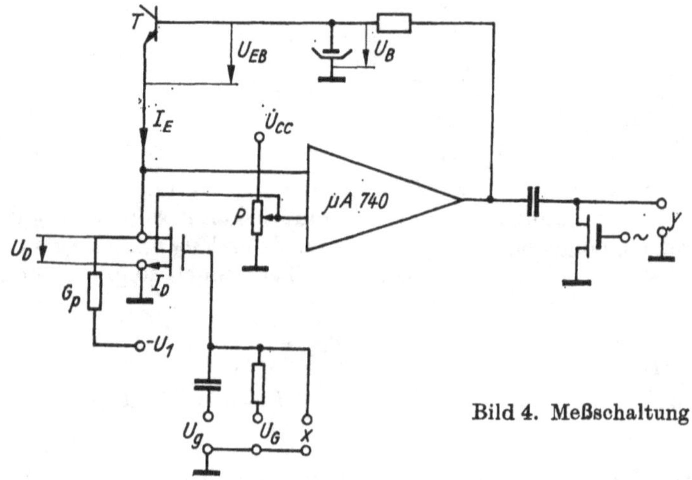

Bild 4. Meßschaltung

gehalten. Die Ausgangswechselspannung kommt im nachfolgenden Schaltkreis mit Feldeffekttransistor-Eingang zur Verstärkung und gelangt nach einer Synchrongleichrichtung an den x-y-Schreiber. Die Synchrongleichrichtung wird mit dem gleichen Wechselstromsignal gespeist, das auch nach Teilung die Spannung U_G des zu messenden Transistors bildet. Somit kann die Störwirkung unterschiedlicher Wechselstromsignale in großem Maße vermindert werden.
Zur Erklärung des Meßprinzips sei das Kleinsignal-Wechselstrom-Ersatzschaltbild des Meßschaltkreises angegeben. Die Gleichspannung U_D wird so niedrig eingestellt (ihr Wert beträgt bei den Messungen 0,1 V), daß die Strom-Spannungskennlinie des zu analysierenden Transistors durch eine Gerade ersetzt werden kann. Sie

besitze die Steilheit G.

$$\frac{dI_D}{dU_D} = G, \qquad I_E = U_D(G + G_p) + U_1 G_p, \tag{21}$$

$$U_D + U_{EB} = U_B. \tag{22}$$

Die Basis des Transistors T wird durch einen Elektrolytkondensator wechselstrommäßig kurzgeschlossen. Wird also G mit einem Wechselstromsignal gesteuert, wird sich U_B nicht ändern. Nach der Differentiation von Gl. (21) nach G ergibt sich Gl. (23), und von Gl. (22) die Gleichung (24):

$$\frac{dU_D}{dG}(G + G_p) + U_D = \frac{dI_E}{dG}, \tag{23}$$

$$\frac{dU_D}{dG} + \frac{dU_{EB}}{dG} = 0. \tag{24}$$

Aus der Basisspannungs-Kollektorstrom-Kennlinie des Transistors folgt:

$$U_{EB} = nU_T \ln \frac{I_E}{\text{const}}, \tag{25}$$

$$\frac{dU_{EB}}{dG} = \frac{dU_{EB}}{dI_E} \cdot \frac{dI_E}{dG} = \frac{nU_T}{I_E}\left[\frac{dU_D}{dG}(G + G_p) + U_D\right] = -\frac{dU_D}{dG}. \tag{26}$$

Diese letzte Gleichung kann nach dU_D/dG umgestellt werden und ergibt

$$\frac{dU_D}{dG} = -\frac{\frac{nU_T}{I_E} \cdot U_D}{\frac{nU_T}{I_E}(G + G_p) + 1}. \tag{27}$$

Wird die am Emitter des Transistors erscheinende Wechselspannung mit U_e benannt, so gilt:

$$U_e = \frac{dU_D}{dG} \cdot \frac{dG}{dU_G} \cdot U_g \tag{28}$$

und daraus

$$U_e = -\frac{\frac{nU_T}{I_E} \cdot \frac{dI_E}{dU_G}}{\frac{nU_T}{U_e} + 1} \cdot U_g. \tag{29}$$

Ersatzschaltbildmäßig stellt diese Spannung eine Leerlaufspannung dar, da der Laststrom unberücksichtigt gelassen wurde. Analog läßt sich der Kurzschlußwechselstrom I_{rz} bestimmen.

$$I_{rz} = U_D \frac{dG}{dU_G} \cdot U_g. \tag{30}$$

Aus Leerlaufspannung und Kurzschlußstrom folgt der Kleinsignalinnenwiderstand:

$$\frac{1}{R_b} = G + G_p + \frac{qI_E}{nkT} = G\left(1 + \frac{U_D}{nU_T}\right) + G_p\left[1 + \frac{1}{nU_T}(U_1 + U_D)\right]. \tag{31}$$

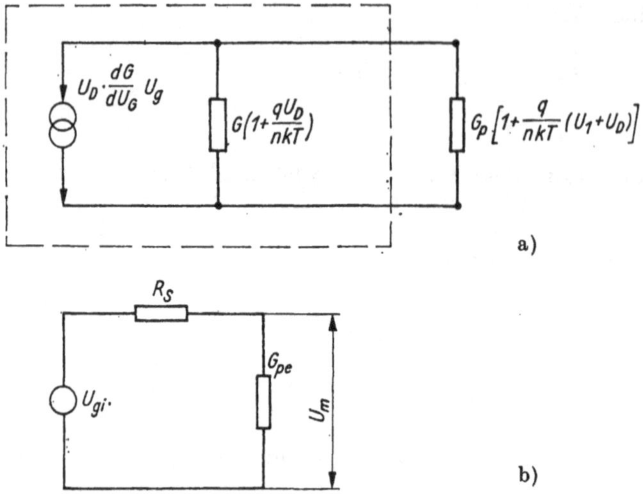

Bild 5. Ersatzschaltung der Meßschaltung
a) Meßschaltung
b) umgeformte Anordnung

Das Kleinsignalersatzschaltbild der zu messenden Schaltung hat somit die in Bild 5 angegebene Form.

Der mit gestrichelter Linie umrandete Teil kann zu einem Spannungsquellenersatzschaltbild umgeformt werden. Gleichzeitig wird $V_D \cdot G = I_D$ berücksichtigt. Damit ergibt sich das Ersatzschaltbild in Bild 5b.

Das zu messende Signal wird vom Spannungsgenerator U_{gi} geliefert:

$$U_{gi} = \frac{U_D}{1 + \frac{U_D}{nU_T}} \cdot \frac{1}{I_D} \cdot \frac{\mathrm{d}I_D}{\mathrm{d}U_G} \cdot U_g \tag{32}$$

und durch einen Spannungsteiler geteilt. Der Serienwiderstand R_S sinkt mit ansteigendem Strom ab:

$$R_S = \frac{U_D}{I_D} \cdot \frac{1}{1 + \frac{U_D}{nU_T}} U_D\,, \tag{33}$$

der Leitwert G_{pe} bleibt aber konstant:

$$G_{pe} = G_p \left[1 + \frac{1}{nU_T} (U_D + U_1)\right]. \tag{34}$$

Im Laufe der Messung wird die Spannung U_m bestimmt:

$$U_m = \frac{U_{gi}}{R_S G_p + 1}\,, \qquad U_g = \frac{U_D}{1 + \frac{U_D}{U_T}}\,, \qquad y_i = \frac{1}{I_D} \cdot \frac{\mathrm{d}I_D}{\mathrm{d}U_G}\,. \tag{35}$$

Es ist zweckmäßig, die Messung so durchzuführen, daß der aus der Emitterstrom-Basisspannungskennlinie des Transistors T resultierende n-Wert stets gleich 1 wird.

Dies ist für einen Emitterstrom oberhalb eines kritischen Wertes der Fall. Beim verwendeten Transistor beträgt er 1 mA. Um die Bedingung $n = 1$ ständig zu erfüllen, wurde im Meßschaltkreis ein Parallelwiderstand $G_p^{-1} = 1\,\text{G}\Omega$ vorgesehen. Der Messung geht ein Eichvorgang parallel. Dabei wird U_g so eingestellt, daß die untere Bedingung zutrifft:

$$U_g = \frac{U_D}{1 + \dfrac{U_D}{U_T}} \,. \tag{36}$$

Gelangt diese Spannung unmittelbar an den Eingang des Operationsverstärkers, so kann die Empfindlichkeit des x-y-Schreibers derart eingeregelt werden, daß sich gerade ein Bezugsausschlag ergibt. Nach dem Eichen werden die erhaltenen y-Werte mit y_n bezeichnet.

2.7.4. Erläuterung der Meßergebnisse

Aus Gl. (20) lassen sich die zu den Generatorspannungswerten U_{si} gehörenden Ausschläge y_i bei verschiedenen N_{SS}-Werten errechnen:

$$y_i = \frac{1}{I_D} \cdot \frac{\mathrm{d}I_D}{\mathrm{d}U_G} \,. \tag{37}$$

Solche Kurven wurden in Bild 6 als Funktion des Oberflächenpotentials dargestellt. Daraus geht hervor, daß diese Funktionen ein Maximum besitzen. Es steht mit der Oberflächenzustandsdichte in einfacher Beziehung. Wird mit y_{i0} der zu $N_{SS} = 0$ gehörende normierte Ausschlag, mit $y_{i\,\max}$ der gemessene maximale

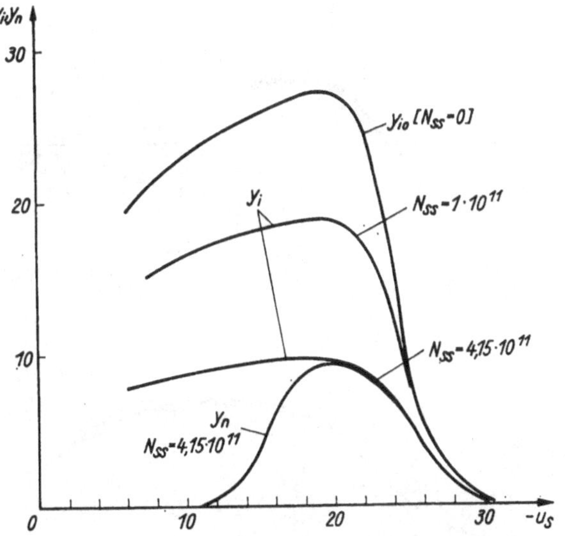

Bild 6. Zusammenhang zwischen Indikatorausschlag und normiertem Oberflächenpotential. Parameter Oberflächenzustandsdichte

y_n-Wert bezeichnet, dann folgt nach Gl. (20) als Differenz

$$[y_{i\,\max}]^{-1} - [y_{i0}]^{-1} = U_T \cdot \frac{qN_{SS}}{C_0} \frac{\int\limits_0^{U_D/U_T} \int\limits_0^{u_S} \frac{e^{-u+\xi}}{F(u,\,\xi)} \mathrm{d}u\,\mathrm{d}\xi}{\int\limits_0^{U_D/U_T} \frac{e^{-u_S+\xi}}{F(u,\,\xi)} \mathrm{d}\xi} \,. \tag{38}$$

Der Quotient der Integrale an der rechten Seite ist sehr schwach von u_S abhängig und kann daher mit guter Näherung gleich 1 (1,02) gesetzt werden. Damit erhält man aus gemessenen und errechneten Maximalwerten die gesuchte Oberflächenzustandsdichte.

Bei kleiner Oberflächenzustandsdichte geht der gemessene $y_{n\,\max}$-Wert gegen Null, ein Ergebnis der Spannungsunterteilung in Bild 6. Die Unterteilung läßt sich mittels des durch die Gleichungen (17) und (19) bestimmten I_D-Wertes berechnen. Die Berechnung wurde für eine Transistorstruktur mit folgenden Parametern vorgenommen:

$$Z/L = 240\,, \qquad N_D = 1 \cdot 10^{15}\,\mathrm{cm}^{-3}\,, \quad x_0 = 120\,\mathrm{nm}\,.$$

Zur Berechnung wurde $D_p = 5\,\mathrm{cm}^2/\mathrm{s}$ angenommen. Um errechnete und gemessene Werte gut vergleichen zu können, wurde mit einem N_{SS}-Wert gerechnet, der aus dem Maximum der gemessenen y_n-Kurve in Bild 7 nach Gl. (38) bestimmt wurde. Man erhält dem Betrage nach $N_{SS} = 4{,}15 \cdot 10^{11}\,(\mathrm{cm} \cdot \mathrm{eV})^{-1}$. Die hiermit errechnete y_n-Funktion ist in Bild 6 aufgetragen. Die Maxima der Kurven y_i und y_n fallen gut zusammen. Dies bestätigt die Durchführbarkeit des erwähnten Weges.

Bild 7 enthält eine gemessene Kurve, desgleichen die nach vorliegendem Verfahren errechnete. Dazu mußte vom Oberflächenpotential zur Gatespannung übergegan-

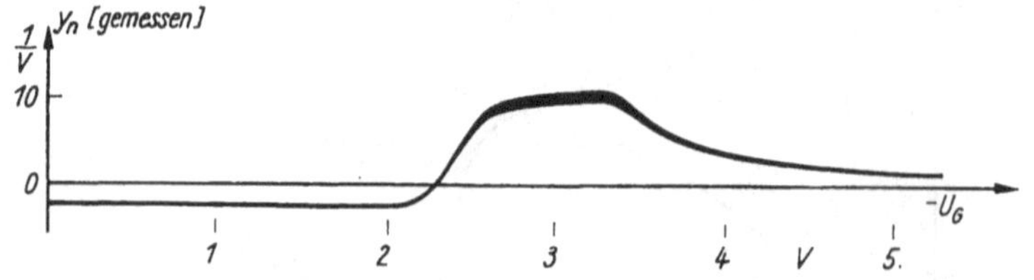

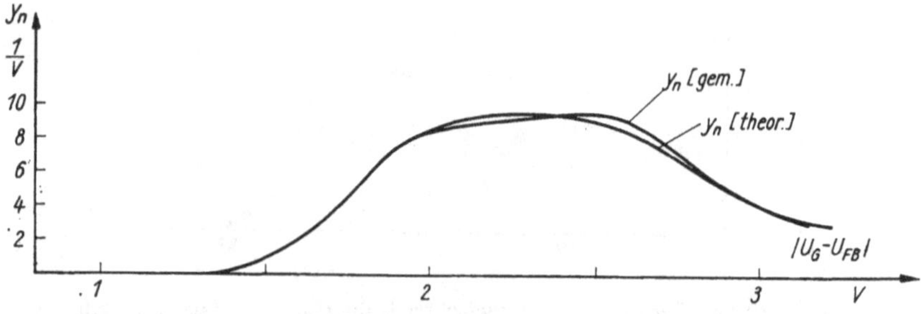

Bild 7. Vergleich zwischen gemessenen und berechneten y_n-Werten

gen werden, was durch Integration von Gl. (19) möglich ist:

$$U_G - U_{FB} = -\frac{U_T}{C_0} \cdot \frac{2\varepsilon_S}{\lambda_p} F(u_S) + \left(\frac{qN_{SS}}{C_0} + 1\right) u_S U_T , \tag{39}$$

wobei U_{FB} die Flachbandspannung bezeichnet.

2.7.5. Zusammenfassung

Es wurde eine Meßmethode angegeben, die die unmittelbare Aufzeichnung der Funktion $\mathrm{d}(\ln I_D)/\mathrm{d}U_G$ ermöglicht. Anhand eines Vergleiches des Maximums der gemessenen Kurve mit der berechneten ($N_{SS} = 0$) kann aus der reziproken Differenz beider die Oberflächenzustandsdichte N_{SS} rechnerisch ermittelt werden. Die Genauigkeit des Meßverfahrens ist etwa mit der von *C*-*U*-Messungen niedriger Frequenz vergleichbar. Die Meßergebnisse gestatten nur Rückschluß auf die Oberflächenzustandsdichte eines schmalen Energiebereiches. Theoretisch wurde untersucht, wie weit das Quasi-Fermi-Niveau bei Vorhandensein von Trapszentren unter den im Transistor bestehenden Nicht-Gleichgewichtsverhältnissen vom Fermi-Niveau im Gleichgewicht abweicht. Im Ergebnis kann die Abweichung bei schwacher Inversion vernachlässigt und deshalb das Verfahren nach *M. B. Barron* [2] angewendet werden. Bei starker Inversion ist diese Abweichung beträchtlich, und es bedarf einer Korrektur dieser Methode.

Mein herzlicher Dank gilt Herrn Dipl.-Phys. *Péter Schwán* für seine erfolgreiche Mitwirkung bei der Messung und Auswertung.

Literaturverzeichnis

[1] *Kassabov, J., Klieva, M.*: Rapid Technique for Determination of Surface State Density and Energy Distribution by MOST Structures. Comp. Rend. Acad. Bulb. Sci. **23**, 1 (1970) 33

[2] *Barron, M. B.*: Low Level Currents in Insulated Gate Field Effect Transistors. Sol. St. El. **15** (1972) 293—302

[3] *Van Overstraeten, R., Declerck, G., Broux, G. L.*: Inadequacy of the Classical Theory of the MOS Transistor Operating in Weak Inversion. IEEE Trans on El. Dev. **20**, 12 (1973) 1150

[4] *Sah, C. T.*: The Equivalent Circuit Model in Solid State Electronics. Part I. The Single Energy Level Defect Center. Proc. IEEE **55**, 5 (1967) 654—671

[5] *Goetzberger, A., Sze, S. M.*: Metal-Insulator-Semiconductor (MIS) Physics. Applied Sol. State Science. Vol. 1. Academic Press, New York 1969, p. 154

2.8. Der Bipolartransistor

Von *K. Drescher* und *R. Paul*

Technische Hochschule Karl-Marx-Stadt, Sektion Physik/Elektronische Bauelemente
und Hochschule für Verkehrswesen „Friedrich List", Dresden

2.8.1. Das bipolare Transistorkonzept

2.8.1.1. Historische Entwicklung

Mit der Erfindung des Bipolartransistors und seiner offiziellen Vorstellung am 30. 6. 1948 wurde die in der Elektronik wohl seither spektakulärste Entwicklung mit breitester industrieller Nutzung eingeleitet. Ausgehend von der damaligen Zielstellung, das Fernmelderelais durch eine elektronische Anordnung zu ersetzen, stehen heute im Ergebnis weltweiter langjähriger Forschung und Entwicklung z. B. hochintegrierter Schaltungen mit mehreren 10000 Bauelementen auf einer Fläche von 40 mm² und weniger zur Verfügung, sind Leistungsbauelemente mit Durchlaßströmen bis zu 1000 A und Sperrspannungen von mehreren kV verfügbar, gibt es Halbleiterbauelemente, die noch Frequenzen im 100 GHz-Bereich und höher zu verarbeiten gestatten, beträgt heute der jährliche Weltumsatz an Halbleiterbauelementen mehrere Milliarden Mark. Heute werden in entwickelten Industrieländern im Durchschnitt jährlich etwa 10 Halbleiterbauelemente pro Kopf der Bevölkerung hergestellt. Diese gesamte Entwicklung gruppiert sich hauptsächlich um ein Bauelement bzw. empfing von ihm die wesentlichsten Impulse: den bipolaren Transistor. Seine Entwicklung vollzog sich international in etwa 5 Etappen:

1. In die Zeit um 1939/40 fällt die technische Konzeption des Metall-Halbleiterüberganges als Si-Spitzendiode, ab 1945 etwa die des Ge-Spitzengleichrichters und 1945—48 die Hochreinigung von Ge. Diese erste Etappe schaffte mehr oder weniger sporadische Grundlagen der Halbleitertechnik, kaum darauf gerichtet, die Elektronenröhre als Bauelement abzulösen.
2. Die zweite Phase wurde mit der Entdeckung des Transistoreffektes im Jahre 1948 (Spitzentransistor anläßlich Oberflächenuntersuchungen), der Theorie des flächenhaften *pn*-Überganges (1948) und des Flächentransistors (1951) eingeleitet. Die Legierungstechnologie kam auf. 1952 gelang die Herstellung von Si-Einkristallen und mit dem Konzept des Drifttransistors (1953) der generelle Durchbruch zu höheren Frequenzen. Eine Bauelementeproduktion größeren Stils setzte ab 1951—53 ein, hinzu kam das Zonenfloating-Verfahren 1955.
3. In die dritte Phase fallen die Kombination von Legierungs- und Diffusionstechnik sowie die Mesatechnik und damit die technologische Erschließung des Frequenzbereiches um 100 MHz und höher. Die Epitaxie (1955—57) gestattete eine prinzipielle Eigenschaftsverbesserung der Tiefenstruktur im μm-Bereich Ende der 50er Jahre. Typisch ist für diese dritte Phase der sich immer mehr durchsetzende kollektive Bearbeitungsprozeß mit seinen beiden Bestandteilen: Scheiben- und Montagezyklus. Noch nicht beherrscht wird die Lateralstruktur mit Abmessungen im μm-Bereich.

4. Die vierte Phase ab Ende der 50er Jahre (1957–59) ist gekennzeichnet durch intensive Untersuchungen zum thermisch gewonnenen SiO_2, seine diffusionshemmende Wirkung und die selektive Diffusion und krönt in der Planartechnik als weitgehend ebener Bauelementestruktur mit Überwindung prinzipieller Probleme der Mesatechnik. Es kam die Haftmaskentechnik auf, die schließlich Lateralstrukturen mit Abmessungen im µm-Bereich zu beherrschen gestattete. Mit diesem Durchbruch begann Silizium immer mehr zum dominierenden Halbleitermaterial zu werden. Im Weltmaßstab beträgt heute der Einsatz von Halbleitermaterialien bei Si etwa 93% und Ge etwa 3%. Der Rest entfällt auf A^{III}-B^{V}-Verbindungen und andere Halbleiter. Die Ursachen dafür lassen sich leicht nennen:
   - ausreichend hohe Beweglichkeit für HF-Bauelemente,
   - ausreichender Bandabstand für Leistungsbauelemente,
   - natürlicher Oberflächenschutz durch eine SiO_2-Schicht mit den heute weitgehend beherrschten elektronischen Verhältnissen an der Oberfläche,
   - relativ rein und perfekt mögliche Einkristallherstellung, da Si zu den Elementhalbleitern zählt.

   Die hohen finanziellen Aufwendungen, die weltweit für die Si-Technologie erbracht wurden, dürften diese Technik und damit das Material Si noch einige Zeit im Einsatz belassen.
5. Die fünfte Phase ab 1962/63 schließlich führte zum inhaltlich neuen Prinzip der integrierten Schaltung, deren konzeptionelle Idee allerdings ins Jahr 1953/54 zurückreicht.
   Aus heutiger Sicht führte die Entwicklung dieses Bauelementezweiges der Elektronik wechselwirkend zu intensiven Grundlagenerweiterungen der Festkörper- und Halbleiterphysik, der Werkstoffwissenschaften, vor allem Kristallzüchtungsverfahren und Werkstoffanalyse, einer Präzisionstechnologie verbunden mit wesentlichen Impulsen für den wissenschaftlichen Gerätebau, mehreren 100 neuen Halbleiterbauelemente-Konzeptionen mit einer Vielzahl neu aufgeworfener festkörperelektronischer Probleme, zu gänzlich neuen Konzeptionen der Schaltungstechnik und vor allem mit der Idee der integrierten Schaltung zu einer Übergabe eines wesentlichen Aufgabenteiles des bisherigen Schaltungsentwicklers in die Hand des Bauelementeherstellers. Die so möglich gewordene Kollektivbearbeitung der Schaltungen brachte einen ganz erheblichen Rationalisierungseffekt in der elektronischen Industrie, man denke etwa an einen Rechnerschaltkreis mit etwa 10000 Transistoren im Vergleich zur diskreten Schaltung.

Was lehrt diese Enwicklung? Die Entdeckung eines halbleiterphysikalischen Effektes ist gewiß eine wissenschaftlich faszinierende Angelegenheit; zu einer tragenden Umwälzung führt sie nur, wenn der Effekt wesentliche merkmalsverbessernde Eigenschaften eines Bauelementes zur Folge hat, erhebliche ökonomische Vorteile und/oder technische Vereinfachungen bringt oder generell in technischer Ausführung eine wesentliche Bedarfslücke zu decken in der Lage ist. Beispielsweise kennt man die Idee des MIS-Transistors seit 40 Jahren; erst seit etwa 10 Jahren wird sie technisch in größerem Rahmen ausgenutzt. Selbst für die hohe Elektronenbeweglichkeit von InSb z. B., die seit über 20 Jahren bekannt ist, gibt es bis heute nur begrenzte Einsatzgebiete, obwohl diese Beweglichkeit für sich gesehen durchaus etwas Überraschendes bietet.
Die Entdeckung des Transistorprinzips überwand gleichzeitig mehrere Grundnachteile der bis dahin benutzten Elektronenröhren und eben darin lag das Ge-

heimnis des Siegeszuges. Wer noch den Umgang mit dem um 1950 üblichen Spitzentransistor kennt, wird wissen, daß es sich um ein äußerst störanfälliges und eigenwilliges Bauelement handelte. Seine Vorteile waren jedoch so bestechend, daß unermüdlicher Forschergeist bald zur Konzeption des Flächentransistors und damit eines brauchbaren Bauelementes führte. Die heutige Stellung des Bipolartransistors läßt sich etwa durch Bild 1 wiedergegeben.

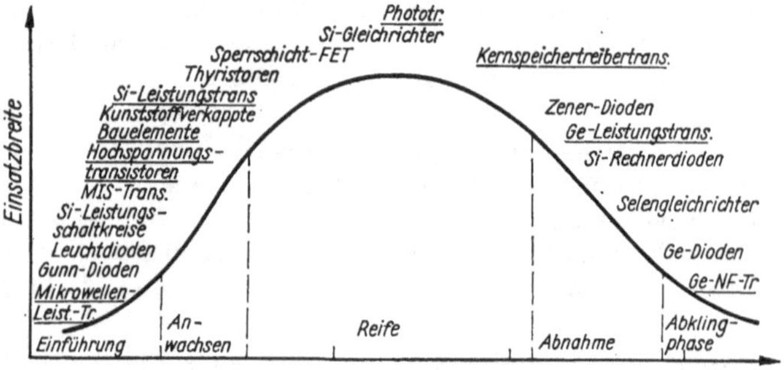

Bild 1. Lebenserwartung von Bauelementen

2.8.1.2. Forderungen an den Transistor und generelle elektronische Eigenschaften

Der Schaltungstechniker stellt an den Transistor — je nach Verwendungszweck — sehr unterschiedliche Forderungen. Nicht immer sind diese gleichzeitig erfüllbar, häufig müssen Kompromißlösungen gefunden werden. Trotz der ständigen Verbesserung der Transistorparameter stiegen auch laufend die Anforderungen, von denen die wichtigsten lauten:

— hohe Stromverstärkung, auch bei sehr geringen bzw. hohen Strömen,
— Unabhängigkeit der Stromverstärkung vom Kollektorstrom,
— hohe Grenzfrequenzen,
— geringe Schaltzeiten,
— niedrige Sättigungsspannung,
— geringe Sperrströme,
— niedriger Rauschfaktor,
— hoher maximal zulässiger Kollektorstrom,
— hohe Kollektorsperrspannung,
— große Verlustleistung,
— geringe Temperaturabhängigkeit aller Parameter,
— hohe Zuverlässigkeit (beispielsweise auch unter Extrembedingungen im Kosmos),
— mechanische und thermische Robustheit,
— verarbeitungsgerechte Bauform.

Die Vielzahl dieser Eigenschaften hängt generell von vier Faktoren ab: Materialeigenschaften, Dimensionen, innerelektronischen Vorgängen sowie den Prozeßschritten, die vorgenannte Gruppen wechselseitig beeinflussen.
Vom *Material* her gesehen kommt heute durchweg Silizium (s. o.) zum Einsatz mit einem Dotierungsspielraum zwischen Eigenleitung und Entartungsgrenze. Letztere liegt praktisch nur durch die Löslichkeitsgrenze der Dotanten fest. International halten sich Meinungen, dieses Material bis 1980 dominierend beizubehalten und vorwiegend an seiner Perfektionierung zu arbeiten (Scheibendurchmesser

von 100—125 mm, bessere Flächennutzung durch Abmessungsverringerung der Bauelemente, verstärkter Einsatz von CVD-Schichten, stärkeren Einsatz von Si-Epitaxiefilmen auf orientierten Substraten, Vervollkommnung flächenhafter Heteroschichten, Herabsetzung der Dotierungsschwankungen auf der Scheibe von z. Z. 25% auf weniger als 5%). Intensiv wird nach wie vor an der elektronischen Qualitätsverbesserung gearbeitet, vor allem der Beherrschung aktiver Strukturdefekte (Swirle, Stiratrons, Versetzungen), Kenntnis der Versetzungsbildung, Ausnutzung von Ausscheidungs- und Gettervorgängen [1].

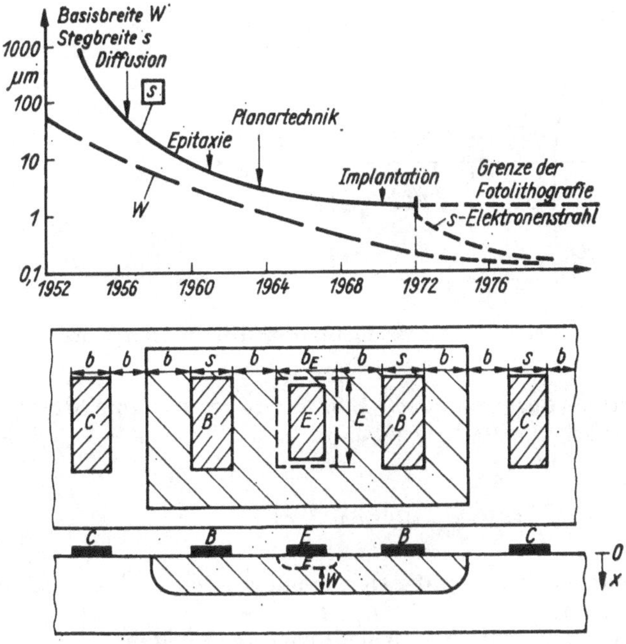

Bild 2. Geometrie eines Zweistufentransistors mit zeitlicher Entwicklung der Hauptabmessungen

Die Entwicklung der *Transistorhauptabmessungen* (Bild 2) erstreckt sich auf möglichst kleine Streifenbreiten *s* und Basisdicken *W*. Die minimale Emitterstreifenbreite liegt durch die begrenzte Positioniergenauigkeit und das Auflösevermögen der Fotolithographie fest. Streifenabmessungen im 1 µm-Bereich bewegen sich an der unteren Grenze optischer Verfahren, Streifenbreite und Abstände um 0,6 µm sowie Positioniergenauigkeit von ±0,25 µm lassen sich mittels Elektrostrahllithographie noch technisch beherrschen [2], [4]. Die Minimalgröße eines Transistors hängt aber nicht nur von den kleinsten einstellbaren Abmessungen ab, sondern wird z. T. durch elektronische Anforderungen bestimmt (s. u.).
Die minimale *Basisbreite* liegt gegenwärtig bei 0,1 µm, wenn mit genau steuerbaren Dotierungsverfahren gearbeitet wird [3]. Ihre untere Grenze, die die Transistorgrenzfrequenz entscheidend mitbestimmt, hängt sowohl von technologischen wie elektronischen Faktoren ab. Technologisch setzt z. B. der Emitter-Dip-Effekt (s. 2.8.3.2.2.), wie er an phosphordotierten Emittern auftritt, eine untere Grenze, elektronisch die Durchgreifspannung (s. 2.8.2.3.1.). Beispielsweise führt eine Basis-

randkonzentration $N_B(0) \approx 10^{18}\,\text{cm}^{-3}$ auf eine Emitter-punch-through-Spannung von 5 V bei $W = 0{,}1\,\mu\text{m}$, mit $N_B \approx 10^{16}\,\text{cm}^{-3}$ würde sich nur 0,5 V einstellen. Die Basisbreite W wird daher konzeptionell bestimmt durch

— den Vorgabewert der *Emitterdotierung* N_E, die so hoch wie möglich sein soll. Grenzen sind die metallurgische Löslichkeit ($\gtrsim 10^{20}\,\text{cm}^{-3}$) und Materialentartung. Dann werden die Störstellen nur teilweise ionisiert; es tritt Beweglichkeitsabnahme (Anstieg des Emitterbahnwiderstandes) ein.

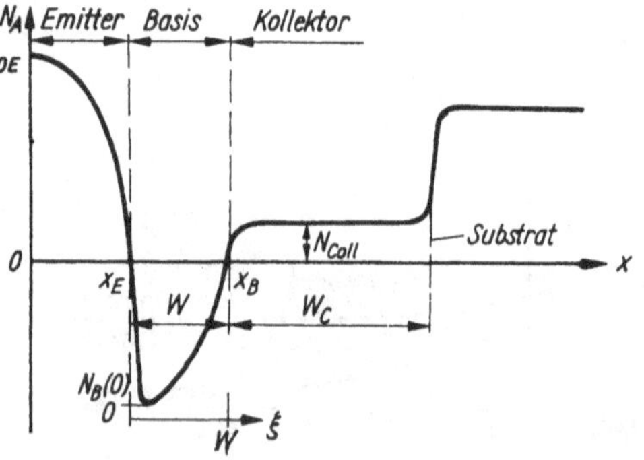

Bild 3. Störstellenprofil eines doppeldiffundierten Transistors

— die emitterseitige *Basisdotierung* (Bild 3), die vorranging durch angestrebt hohen Emitterwirkungsgrad γ_E festliegt (s. u.). Für $\gamma_E \to 1$ soll $N_B(0) \ll N_E$ gelten, also

$$N_B(0) \approx \frac{N_E}{100} \approx 10^{18} - 10^{19}\,\text{cm}^{-3}\,. \tag{1}$$

— die *Kollektorraumladungszone*, die sich möglichst ins Kollektorbahngebiet ausbreiten soll: Forderung nach einer Epitaxieschicht.
Aus der Bedingung gleicher Flächenladungen muß gelten:

$$N_B'' = \int_0^W N_B(\varrho)\,d\varrho \geqq N_{\text{coll}} W_C\,. \tag{2}$$

Für den daraus resultierenden Mindestwert der Kollektorbreite W_C folgt z. B. bei exponentiellem Störstellenprofil gemäß

$$N_B(\varrho) = N_B(0) \exp\frac{-\varrho}{L^*} \quad \text{mit} \quad L^* = \frac{W}{m}\,, \tag{3}$$

m Driftfaktor,

$$N_B'' = L^* N_B(0)\,(1 - e^{-W/L^*}) \approx \frac{W}{m} N_B(0)\,, \quad \text{für} \quad N_B(0) \approx 10^{18}\,\text{cm}^{-3}\,,$$

$m = 10$ (Si), $W = 0{,}1\,\mu\text{m}$ sowie $N_{\text{coll}} = 10^{15}\,\text{cm}^{-3}$, $W_C < 10\,\mu\text{m}$. Umgekehrt wird bei Vorgabe einer Kollektorbreite $W_C = 3\,\mu\text{m}$ etwa $W > 0{,}03\,\mu\text{m}$ als unterer Grenzwert der Basisbreite eintreten.

— Schließlich bedingt die *Debye-Länge* L_{De}, L_{Dc} der emitter- und kollektorseitigen Raumladungszone — als die typische Abklinggröße einer Raumladungsstörung — einen Beitrag zur Mindestbreite. Für Si gilt $L_{D\,\text{Si}} \approx 0{,}04\,\mu\text{m}$ bei

$N = 10^{16}\,\text{cm}^{-3}$, $L_{D\,\text{Si}} \approx 0{,}004\,\mu\text{m}$ bei $N \approx 10^{18}\,\text{cm}^{-3}$. Generell erlischt das Funktionsprinzip des Bipolartransistors, wenn sich beide Raumladungszonen ohne externe Spannungen berühren, also für

$$W_{\min} \lessgtr L_{De} + L_{Dc} \approx L_{Dc} \approx 0{,}04\,\mu\text{m}\,. \tag{4}$$

Der heute erreichbare Unterschied der minimalen Basisbreite zu dieser Strukturgrenze beträgt also nur eine halbe Größenordnung! Abgesehen von der unteren Begrenzung der Basisbreite durch die Durchgreifspannung (s. u.) sind auch aus letztgenannten Gründen Basisbreiten unter 0,1 µm nicht sinnvoll.

Die hauptsächlichsten Eigenschaften des Bipolartransistors kommen im Abschnitt 2 zur Sprache; auf Prozeßeinflüsse wird, soweit das die Komplexiztät des Themas erlaubt, im Abschnitt 2.8.3. eingegangen.

2.8.2. Elektronische Eigenschaften und Grenzwerte des Bipolartransistors

Die elektronischen Eigenschaften des Transistors und ihre Grenzen lassen sich unter dem Gesichtspunkt der Belastung in folgende Gruppen einteilen:

a) Merkmale, die mit einer unteren Belastungs- bzw. Anwendungsgrenze einhergehen (z. B. Verstärkung, minimale Betriebstemperatur, Rauschen),
b) Merkmale, die obere Belastungsgrenzen (z. B. Strom-, Spannungs-, Leistungsbelastung) fixieren,
c) dynamische Grenzen (HF- und Schaltverhalten, Rauschen).

Gemeinsamkeit der Gruppe a) ist, daß die elektronischen Eigenschaften vorwiegend mit der Shockleyschen Niederinjektionstheorie beschrieben werden können: Trägerbewegung im Basisraum ausschließlich durch Diffusion und eingebautes Driftfeld, Bahnspannungsabfälle und vor allem Leitfähigkeitsmodulation vernachlässigbar, vorwiegend eindimensionale Bewegungsvorgänge, lineare Eigenschaften des Transistors bei Aussteuerung. Diese Voraussetzungen werden im modernen Transistor nicht im Normalzustand, geschweige denn im Bereich der oberen Grenzbelastungen nur annähernd erfüllt. Es treten vielmehr ausgeprägte Hochbelastungseffekte auf, die sowohl auf innere Belastung (Hochinjektion) wie auch äußere zurückzuführen sind.
Zur Gruppe c) schließlich gehören sowohl Merkmale von a) wie auch b), abhängig davon, welche Eigenschaften betrachtet werden. Bild 4 enthält eine Zusammenstellung typischer Effekte.
Im Falle hoher Injektion, wenn also die injizierte Minoritätsdichte groß oder vergleichbar mit der Majoritätsdichte ist, erfolgt eine Modulation der Leitfähigkeit der Bahn- und Basisgebiete [7], [8]. Die Bahnwiderstandsmodulation bedingt ein Absinken des Emitterwirkungsgrades und Transportfaktors, Abnahme der Lebensdauer und Minoritätsbeweglichkeit, Grenzfrequenz und Steigerung der Schaltzeiten. Auch die Raumladungszone wird beeinträchtigt sowie die Kleinsignaleigenschaften generell.
Bei hoher *Strombelastung* treten vorrangig Spannungsabfälle in den Bahngebieten auf. Querspannungsabfall im Basisraum verursacht dabei die Emitterrandverdrängung, eine Rückläufigkeit der I_{CBK}-Kennlinie und wirkt am zweiten Durchbruch mit. Der Spannungsabfall am Kollektorwiderstand führt u. a. zur Beeinträchtigung der Kollektorrestspannung.
Hohe *Spannungsbelastung* verursacht Lawinenmultiplikationseffekte, vor allem in der Kollektorraumladungszone, Durchgreif- und Durchreicheffekte (Bild 5).

Aussteuergrenzen			
I. Injektionsbelastung	II. Strombelastung	III. Spannungsbelastung	IV. Leistungsbelastung
Hohe Injektion ($p_n \gtrapprox n_n$) kleine Signale ($U_{e'b'} \ll U_T$)	Merkliche Spannungsabfälle in den Bahngebieten	Begrenzung der maximal zulässigen Spannungen, Multiplikationseffekte	Hohe Verlustleistung wesentliche thermische Belastung
1. Widerstandsmodulation des Basisraumes a) Veränderungen der Kleinsignalparameter, teilweise induktives Verhalten b) Herabsetzung von Injektionswirkungsgrad und Transportfaktor, Beeinflussung der Stromverstärkung c) Beeinflussung gewisser Multiplikationseffekte d) Herabsetzung von Lebensdauer und Beweglichkeit der Minoritäten e) Herabsetzung des eingebauten Driftfeldes 2. Beeinflussung der Bahngebiete und Raumladungszonen bei Hochfrequenztransistoren a) Beeinträchtigung der Grenzfrequenz durch Geschwindigkeitsbegrenzung bei Mesatransistoren b) Beeinträchtigung der Durchbruchspannung durch Geschwindigkeitsbegrenzung c) Beeinträchtigung der Schalteigenschaften d) Rückinjektion am Kollektor	1. Spannungsabfall am Basiswiderstand a) Randverdrängung am Emitter (Frinching-Effekt) b) Rückläufigkeit bestimmter Durchbruchskennlinien c) Herabsetzung der tatsächlich wirkenden Sperrschichtspannungen, Verkopplung von Eingangs- und Ausgangskreis bei Signalübertragung 2. Spannungsabfall am Kollektorbahnwiderstand bei manchen Drift- und Mesatransistoren a) Vergrößerung der Kollektorrestspannung b) Volumenmultiplikationseffekt (thermische Instabilität) c) Kollektorsperrschichtmodifikation	1. Modulation der Sperrschichtbreite (Earlyeffekt) Punch-through-Spannung 2. Trägermultiplikation in Sperrschichten, die mit hohen Feldstärken betrieben werden (erster Durchbruch) 3. Zenereffekt 4. Einschnüreffekt (Pinch-in-Effekt, zweiter Durchbruch)	1. Überschreiten einer Grenzsperrschichttemperatur 2. Thermische Effekte in verschiedenen Betriebsarten a) statisch: Kennlinienfelder b) dynamisch: Veränderung der Verstärkereigenschaften c) Verkopplung von Sperrschichttemperatur und Zeitfunktion der elektrischen Leistung (Mitlaufeffekt) d) Äußere thermische Stabilität; schaltungsabhängig e) Innere thermische Stabilität in Zusammenhang mit dem zweiten Druchbruch f) Thermische Stabilisierung

Bild 4. Zusammenstellung typischer Transistoreffekte bei Grenzbelastung

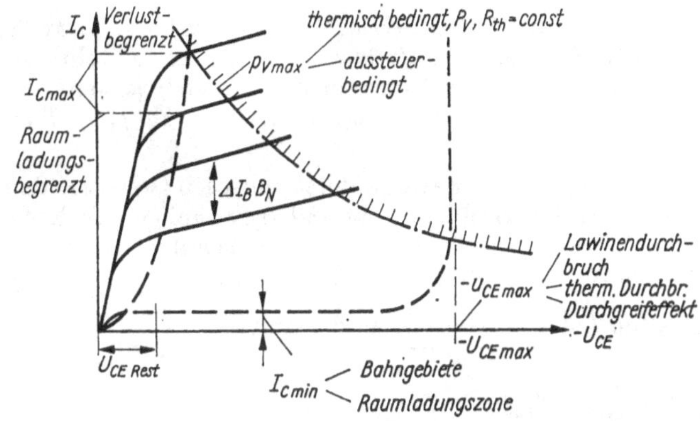

Bild 5. Aussteuergrenzen im Kennlinienfeld

Die *Leistungsbelastung* schließlich liegt durch die maximal zulässige Sperrschichttemperatur fest; sie steht andererseits mit der thermischen Stabilität in Zusammenhang.

2.8.2.1. Leistungsbelastung

Die maximale Leistungsbelastung eines Transistors wird allgemein durch die Verlustleistung P_V und damit wegen

$$P_{V\,\max} R_{th} = T_{j\,\max} - T_U = \text{const (materialabhängig)} \tag{5}$$

durch konstruktiven Aufbau, die Wärmeableitungsbedingungen und vor allem die materialabhängigen Temperaturdifferenzen $T_{j\,\max} - T_U$ bestimmt. Die maximale Sperrschichttemperatur $T_{j\,\max}$ liegt generell durch den Übergang von der Stör- zur Eigenleitung des Halbleiters, mehr aber noch durch einen gewissen Sicherheitsabstand fest, der bestimmt wird durch:

- irreversible chemische Änderungen, die an der Halbleiteroberfläche auftreten. Für Ge geht man heute bis 100 °C, Si bis 200 °C.
- die eutektischen Schmelzpunkte der Lötverbindungen, z. B. In–Sn-Legierungen 125 °C, Au–Si bei 370 °C.
- durch einsetzende Rückinjektion vom Kollektorbahngebiet mit steigender Temperatur. Dadurch tritt Instabilität ein. Das Verhältnis des Rückinjektionsstromes I_R zum Kollektorstrom I_C soll kleiner als 1/100 bleiben. Gilt $W_C \gg L_{\text{Diff}}$, so muß $N_{\text{coll}} < 10 n_i$ bei der maximalen Temperatur betragen. Gilt hingegen $W_C \ll L_{\text{Diff}}$ und liegt die Schicht auf einem stark dotierten Bahngebiet ($\rightarrow N_C^* \approx 10^{17}$ cm^{-3}), so ist $n_i \approx \frac{N_C^*}{10}$ zulässig. Man erhält folgende Temperaturzuordnungen zur Intrinsicdichte:

n_i/cm^{-3}	Ge T_j/°C	Si T_j/°C	GaAs T_j/°C
10^{13}	12	140	306
10^{14}	54	192	407
10^{15}	115	268	558
10^{16}	197	360	

Eine weitere Grenze ist durch die Gefahr thermischer Instabilität gegeben, die von einer gewissen Temperaturdifferenz $T_j - T_U$ an besteht, sofern diese nicht durch Stabilisierungsmaßnahmen in den Bereich jenseits der aus vorgenannten Gründen bestimmten maximalen Differenz $T_{j\max} - T_U$ verschoben wird.

Denkt man sich im Idealfall eines wärmewiderstandslosen Gehäuses den gesamten Wärmewiderstand durch das Halbleitermaterial (gewöhnlich das Kollektorbahngebiet einschließlich Substrat, Dicke d, Querschnitt A) aufgebracht, so beträgt der Wärmewiderstand bei Annahme von Wärmeleitung als einzigem Transportmechanismus im linienhaften Falle: $R_{th} = \frac{d}{A\varkappa_w}$ und damit

$$P_{V\max} = \frac{A}{d} \underbrace{\varkappa_w(T_{j\max} - T_U)}_{\text{Materialgröße}} . \tag{6}$$

	Ge	Si	GaAs	GaP
$T_j - T_u$/grd	60	150	400	400
$\varkappa_W / \frac{W}{grd\,cm}$	0,6	1,5	0,5	1,1
$\varkappa_W(T_j - T_u) / \frac{W}{cm}$	36	225	200	440

Bild 6. Produkt $\varkappa_w(T_{j\max} - T_U)$ für verschiedene Halbleitermaterialien

Bild 6 enthält das Produkt $\varkappa_w(T_{j\max} - T_U)$ typischer Halbleiter. Danach liegen GaAs und Si etwa um einen Faktor 5 besser als Ge; prognostisches Material könnte GaP mit noch erheblich besseren Werten sein. Der Übergang zu breitbandigeren Halbleitern gestattet also eine Erhöhung der Verlustleistung. Beispielsweise resultiert für $P_{V\max} = 1\,\mathrm{W}$ und eine Plättchendicke $d = 100\,\mu\mathrm{m}$ für Si $A \approx (70 \times 70)\,\mu\mathrm{m}^2$.

Der etwa gleichrangige Einfluß auf die Verlustleistung zwischen Si und GaAs verschiebt sich allerdings zugunsten des GaAs, wenn die Betriebstemperatur des Bauelementes maximal sein soll und die Verlustleistung $P_{V\max}$ nicht ausgeschöpft wird.

An zusätzlichen Maßnahmen zur Erhöhung des $\varkappa_w(T_j - T_U)$-Produktes kommen in Frage:

a) Steigerung der Materialwärmeleitfähigkeit durch möglichst hohe Dotierung des Kollektorgebietes bzw. des Substrates. Die Wärmeleitfähigkeit besteht bekanntlich aus dem Gitteranteil und elektronischen Beitrag, von denen letzterer mit Zunahme der elektrischen Leitfähigkeit steigt.

b) Steigerung von $T_j - T_U$ durch hohe Sperrschichttemperatur $T_{j\max}$ (Material mit hoher Bandbreite) und niedrige Umgebungstemperatur.

c) Zusätzliche wärmeableitende Maßnahmen, etwa
   - Ausnutzung des Peltier-Effektes (Abtransport der Wärme aus der Kollektorraumladungszone ans Gehäuse durch den Kollektorstrom),
   - Anwendung des Schottky-Kollektors, also eines Metall-Halbleiterüberganges anstelle des Halbleiterkollektorüberganges. Abgesehen von konstruktiven

Problemen führt die gute Wärmeleitfähigkeit eines Metalles (z. B. $\varkappa_w = 4$ W/grd cm) auf das etwa Dreifache $\varkappa_w(T_j - T_U)$-Produkt gegenüber Si! [5].

Falls die Verlustleistung den maximalen Kollektorstrom begrenzt (Bild 5), gilt etwa bei der Kollektorrestspannung

$$P_V = I_{C\,\max} U_{C\,\mathrm{Rest}} = A S_{C\,\max} U_{C\,\mathrm{Rest}} = \frac{A}{d} \varkappa_w (T_{j\,\max} - T_U)$$

und damit

$$S_{C\,\max} = \frac{\varkappa_w (T_{j\,\max} - T_U)}{d\, U_{C\,\mathrm{Rest}}} \,. \tag{7}$$

Mit $d = 100\ \mu$m, $U_{C\,\mathrm{Rest}} = 1$ V, $\varkappa_w(T_{j\,\max} - T_U)$ s. o., folgt für Si

$$S_{C\,\max} = 2{,}25 \cdot 10^4 \text{ A cm}^{-2} \,.$$

Diese Grenze wird meist nicht ausgeschöpft, weil die Emitterrandverdrängung bereits bei tieferen Stromdichten einsetzt.

2.8.2.2. Maximale Strombelastung

Der maximale Kollektorstrom eines Transistors kann durch mehrere Faktoren bestimmt sein:

a) verlustleistungsbegrenzt (s. o.)
b) die Emitterrandverdrängung
c) den Kirk-Effekt (Abbau eines Teiles der festen Kollektorraumladung durch die stromgeführte Ladung)
d) zu starke Abnahme der Stromverstärkung durch Hochinjektionsverhalten.

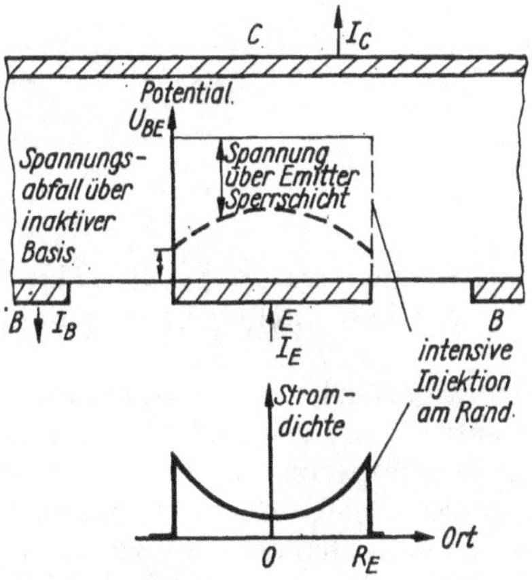

Bild 7. Emitterrandverdrängung

Emitterrandverdrängung. Bedingt durch den Basisstrom parallel zur Emittersperrschicht (Bild 7) entsteht ein lateraler Spannungsabfall über dem Basisgebiet, der zu einer nach den Randbezirken des *pn*-Überganges hin zunehmenden Sperrschichtspannung führt [10].

So injizieren vorrangig nur die Außenbezirke des *pn*-Überganges. Von der gesamten Emitterfläche A eines Kreisemitters (Radius R_E) wird dann nur der Teil

$$\frac{A_{\text{eff}}}{A} \approx \frac{2L_{Bp}}{R_E} \sqrt{\frac{D_n + D_p}{D_p}} \tag{8}$$

vom Strom durchflossen (*pnp*-Transistor mit Diffusionslänge L_{Bp} der Basis). Analoge Beziehungen lassen sich für die Streifenstruktur herleiten.
Die Emitterrandverdrängung steigt mit der Stromdichte, dem spez. Widerstand der Basis sowie mit kleiner werdender Basisbreite und Stromverstärkung. Dadurch betrifft sie besonders HF-Leistungstransistoren.
Konstruktive Folgerungen aus diesem Effekt führen dazu, die vorhandene Emitterfläche möglichst gut zu nutzen, also bei gegebener Fläche einen möglichst großen Umfang bzw. Emitterrand in geringem Abstand zum Basisanschluß herzustellen. So ergeben sich Streifen-, Kamm-, Stern- oder Ringstrukturen (vgl. 2.8.3.5.1.).
Nicht unerwähnt soll der steigende Einfluß der Oberflächen-Rekombination auf die Stromverstärkung mit steigender Randverdrängung bleiben.

Kirkeffekt [6], [9]. Im Verarmungsfall beträgt die Raumladung des Kollektor-*pn*-Überganges $\varrho = qN(x)$, besteht sie also nur aus der ortsfesten Ladung der Störstellen. Durch den Kollektorstrom, dessen Träger sich mit der Grenzgeschwindigkeit v_{th} bewegen mögen, tritt zusätzlich der Beitrag $\frac{S}{qv_{th}}$ hinzu. Damit vergrößert sich die Raumladungsdichte auf

$$\varrho = q\left(N(x) + \frac{S_p}{qv_{th}}\right). \tag{9}$$

Werden bewegliche und feste Ladung als miteinander vergleichbar angesetzt, so entsprechen typischen Störstellenkonzentrationen folgende Stromdichten:

N/cm^{-3}	$S_p/\text{A cm}^{-2}$
10^{13}	10
10^{14}	10^2
10^{15}	10^3
10^{16}	10^4

Im üblichen Dotierungsbereich $10^{15} \cdots 10^{16}\ \text{cm}^{-3}$ treten damit technisch typische Stromdichten auf, m. a. W., der Beitrag der beweglichen Ladung kann nicht vernachlässigt werden.
Nach Bild 8 addiert sich die vom Strom geführte Minoritätsladung (Löcher bei *pnp*-Struktur) auf der Basisseite und subtrahiert sich auf der Kollektorseite des *np*-Überganges. Da bei der gleichen Kollektorsperrspannung das Ladungsmoment beiderseits des metallurgischen Überganges gleich sein muß, verschiebt sich die Ausdehnung der Raumladungszone insgesamt nach rechts: Verbreiterung der Basis. Ist der Kollektor sehr hoch gegen die Basis dotiert, so kann diese Verschiebung basisseitig bis an die metallurgische Grenze erfolgen. Transistoren mit diffundiertem Kollektor, also geringer Dotierung in Nähe des *pn*-Überganges, erleiden somit eine stromabhängige Verschiebung der gesamten Raumladungszone ins Kollektorgebiet. Dieser Effekt wirkt auch auf die Durchbruchspannung: bei hochdotierter Basis steigt sie, im entgegengesetzten Fall sinkt sie.

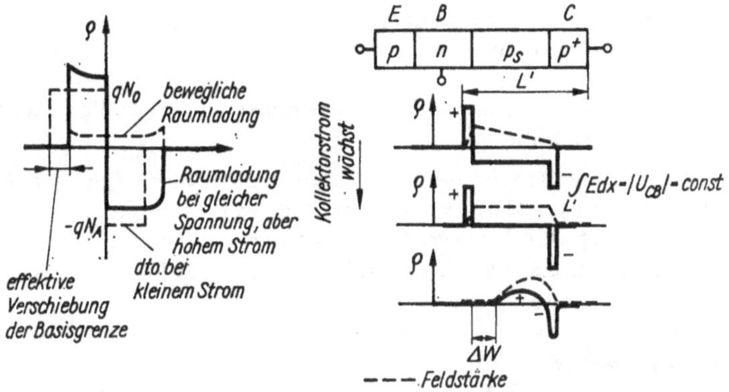

Bild 8. Modifikation der Kollektorsperrschichtbreite bei hoher Strombelastung

Zu den weiteren strombegrenzenden Effekten zählen:

– die Kennlinienrückläufigkeit bei nicht sperrfreier Kollektorkontaktierung. Bei hohen Strömen kommt es dann zu einer so hohen Injektion dieses zusätzlichen Kontaktes, daß – ähnlich der Thyristorkennlinie – ein Durchschalten erfolgt. Die heutigen Leistungstransistoren werden von diesem Effekt kaum noch betroffen.
– Die Rückläufigkeit der Durchbruchskennlinie, auf die im nächsten Abschnitt eingegangen wird.
– Der Basisspannungsabfall, der die Steuerspannung U_{EB} in bekannter Weise reduziert.

2.8.2.3. Maximale Spannungsbelastung

Die maximale Spannungsbelastung des Transistors – sowohl emitter- wie auch vor allem kollektorseitig – wird durch drei prinzipielle Effekte begrenzt (Bild 9):

a) *Durchgreifeffekt*, d. h. eine solche Verbreitung der Emitter- und/oder Kollektorraumladungszone mit steigender Sperrspannung auf Kosten des Basisraumes, bis sich beide Raumladungszonen berühren.

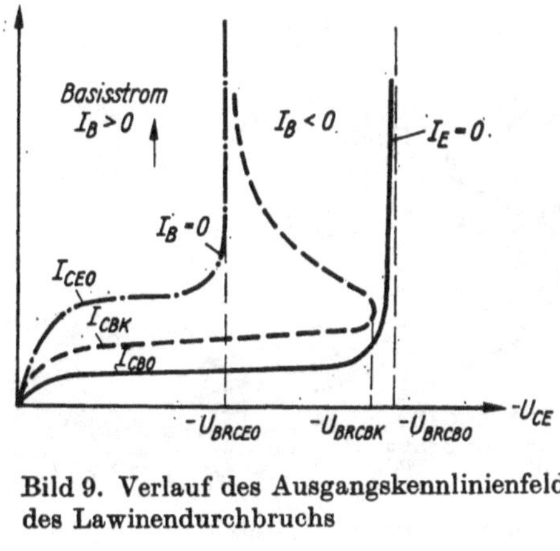

Bild 9. Verlauf des Ausgangskennlinienfeldes $I_C = f(U_{CE})$ im Bereich des Lawinendurchbruchs

b) *Lawineneffekt*, der zum Lawinendurchbruch einer Raumladungszone (meist der Kollektorzone) von einer gewissen Sperrspannung an führt; man spricht vom ersten Durchbruch.
c) *thermischer Durchbruch* eingeleitet durch Verletzung der thermischen Stabilitätsbedingung des Transistors.

Während Effekt c) stets irreversibel ist und mit der Zerstörung des Transistors endet, sind die Effekte a) und b) dann reversibel, wenn ein gleichzeitig möglicher thermischer Durchbruch durch geeignete Schaltungswahl verhindert wird.
Zur maximalen Spannungsbelastung zählt man gewöhnlich auch den zweiten Durchbruch.

2.8.2.3.1. Durchgreifeffekt

Die Breite der Raumladungszone eines *pn*-Übergangs hängt u. a. vom Störstellenprofil und der anliegenden Sperrspannung ab [3]. Sie wächst mit steigender Sperrspannung vorrangig in den hochohmigeren Teil der beiden Bahngebiete, also z. B. bei hochohmiger Basis vom Kollektorübergang aus in Richtung auf den Emitterübergang. Von einer bestimmten Kollektorspannung an, eben der Durchgreifspannung U_{p}, erreicht die Kollektorraumladungszone den Emitterbereich, und die neutrale Basis ist verschwunden. Diese Spannung U_{pt} hängt u. a. vom Störstellenprofil des Kollektorüberganges und Basisraumes ab. Beim abrupten, stark unsymmetrischen *pn*-Übergang gilt:

$$-U_{pt} = \frac{W^2}{2\varepsilon\mu_p\varrho_B} \sim \frac{W^2}{\varrho_B}. \tag{10}$$

So ergibt eine Basisbreite $W = 6\,\mu\text{m}$ in Ge: $-U_{pt} = 18\,\text{V}$, die doppelte Basisbreite hingegen bereits 72 V, übliche Dotierung angenommen.
Bild 10 enthält $|U_{pt}|$ über N_B mit der Basisbreite W als Parameter dargestellt. Die geringen Unterschiede zwischen Ge und Si resultieren aus den verschiedenen ε- und μ-Werten.
Die heute üblichen Basisbreiten $W \lesseqgtr 1\,\mu\text{m}$ — wie sie verbreitet in HF-Transistoren Anwendung finden — ergeben mit üblichen N_B-Werten ($\approx 10^{16}\,\text{cm}^{-3}$) relativ kleine Durchgreifspannungen. Dann muß generell $N_B \gg N_C$ gewählt werden, also die

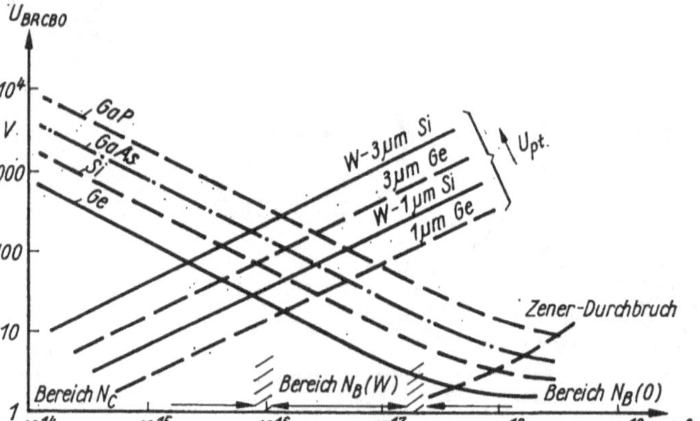

Bild 10. Durchbruch- und Durchgreifspannung des abrupten *pn*-Überganges

Hauptausdehnung der Raumladungszone in die Epitaxieschicht erfolgen. Dies wird mit üblichen Diffusionstechniken erreicht (vgl. Bild 23).
Etwas verschieden vom Durchgreifeffekt (punch-through-effect) ist der Durchreicheffekt (reach-through-effect) [16], wie er für kollektorseitige *pn*-Übergänge mit Epitaxieschicht üblich ist.
Im Prinzip handelt es sich dabei darum, daß die Raumladungszone bei einer bestimmten Sperrspannung die gesamte dünne hochohmige Epitaxieschicht erfaßt und das n^+-Gebiet erreicht (Bild 11). Man erhält für abrupte Übergänge

$$U_{rth} = E_{\max} W_C - \frac{qN_D W_C^2}{2\varepsilon}.$$

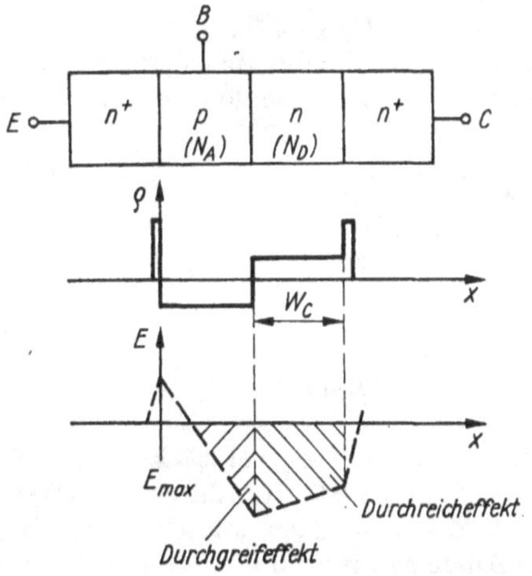

Bild 11.
Zur Erläuterung des Durchgreif- und Durchreicheffektes

Ist nun zusätzlich noch der Durchgreifeffekt möglich, so beträgt die resultierende Spannung

$$U_{ppt} = E_{\max} W_C - \frac{qN_D W_C^2}{2\varepsilon} + \frac{qN_A W^2}{2\varepsilon} \tag{11}$$

mit $E_{\max} = \frac{qN_A W}{\varepsilon}$. Sie wird für $W_C = \frac{W N_A}{N_D}$ optimal:

$$U_{ppt} = \frac{qW_t^2}{2\varepsilon}\left(\frac{N_A}{N_D} + 1\right) N_A,$$

ist also um den Faktor $\left(1 + \frac{N_A}{N_D}\right)$ größer als ohne Epitaxieschicht.
Die emitterseitigen U_{pt}-Werte liegen bei Annahme von $N_B(0) \approx 10^{18}\,\text{cm}^{-3}$ selbst bei Basisbreiten $W \approx 0{,}1\,\mu\text{m}$ noch im Bereich einiger Volt und werden wegen der hohen Dotierungen beiderseits des Emitterüberganges bereits vom Zenermechanismus beeinträchtigt.

2.8.2.3.2. Lawinendurchbruchspannung U_{BR}

Die Lawinendurchbruchspannung U_{BR} eines ebenen *pn*-Überganges mit unendlicher Flächenausdehnung hängt u. a. vom Multiplikationsfaktor, den Feldverhältnissen und damit vom Störstellenprofil und der Störstellenkonzentration ab (sog. Volumenwert der Durchbruchspannung). Zusätzliche Geometrieeinflüsse treten für gekrümmte *pn*-Übergänge, die Randkrümmung beim Planar-*pn*-Übergang sowie durch das Randstreufeld auf (s. u.) und führen zur allgemeinen Durchbruchspannung $U_{BR} < U_{BR\,\mathrm{Vol}}$ der Sperrschicht. Analytische und numerische Ergebnisse liegen für die wichtigsten Fälle vor.

Erhebliche Verbesserungen der Durchbruchspannungen konnten mit einer Feldelektrode über dem Basis-Kollektorübergang erzielt werden [14]. Damit gelang es schon, Durchbruchspannungen von 900 V an Planar-*pn*-Übergängen zu erzielen. Neuerdings gestatten Feldelektroden aus polykristallinem Si eine Erhöhung der Durchbruchspannung auf 2 kV. Auch Verbesserungen der Scheibenvorbehandlung bei der Si-Homoepitaxie brachten Erhöhungen dieses kritischen Transistorparameters.

Ausgehend von den Durchbruchspannungen U_{BRCBO} bzw. U_{BREBO} des gesperrten Kollektor- bzw. Emitterüberganges (bei leerlaufender Basis), die nur Eigenschaften des betreffenden *pn*-Überganges sind, hängen die beiden Durchbruchspannungen

$$U_{BRCEK} \approx U_{BRCBO} \sqrt[n]{1 - \frac{A_N(I_E)}{1 + \frac{r_d}{r_B}}} = f(I_E) \tag{12}$$

und

$$U_{BRCEO} \approx U_{BRCBO} \sqrt[n]{1 - A_N} \approx \frac{U_{BRCBO}}{\sqrt[n]{B_N(I_E)}}$$

noch von weiteren Transistorgrößen, vor allem Stromverstärkung und Strom ab.

Der Einfluß des Störstellenprofils auf U_{BRCBO} ist für zahlreiche Störstellenprofile und Materialien untersucht worden. Bild 10 zeigt Ergebnisse für den abrupten np^+-Übergang. Generell sinkt die Durchbruchspannung mit wachsender Dotierung. Im Bereich um $N \approx 10^{15}\ \mathrm{cm}^{-3}$ – wie für die Epitaxieschicht des Kollektorgebietes typisch – beträgt sie mehrere 100 V und steigt in der Richtung Ge, Si, GaAs, GaP. Abweichungen vom Lawinendurchbruch gibt es für relativ hohe Störstellenkonzentrationen ($N > 10^{18}\ \mathrm{cm}^{-3}$) durch aufkommenden Zener-Durchbruch.

Die Werte für GaAs sind nicht um Größenordnungen verschieden ($\varepsilon_{\mathrm{GaAs}} \approx 10{,}9$ $\varepsilon_{\mathrm{Si}} \approx 11{,}7\ \mu_{p|\mathrm{GaAs}} \approx \mu_{p|\mathrm{Si}}$). *n*-Si hat gegenüber *p*-Si eine höhere Ionisierungsrate, d. h. kleinere Durchbruchspannung. Besonders günstig liegt GaP wegen des besonders kleinen Ionisierungsfaktors, wenn auch die Beweglichkeiten ($\mu_{p,(n)}$ 75(110) cm²/Vs) zu wünschen übrig lassen. Da die kleinere Beweglichkeit die Durchgreifspannung U_{pt} bei sonst gleichen Daten um etwa 1 Größenordnung gegenüber U_{pt}/Si erhöht, kann in diesem Beispiel die Dicke der Epitaxieschicht um den Faktor $\sqrt{10}$ kleiner gewählt werden, was das Bahnwiderstandsverhalten verbessert.

Transistoren für hohe Sperrspannung benötigen damit eine *i*-Zone im Kollektorgebiet, mit der $U_{BR} \approx 4 \cdots 6$ kV (Grenzwert für Silizium) möglich wird. Dies setzt allerdings voraus, daß die felderhöhenden Randbereiche des *pn*-Überganges wirkungslos gemacht werden (s. Abschn. 2.8.3.6.). Abwandlungen ergeben sich in der Durchbruchspannung U_{BRCBO} durch die normalerweise vorhandene Epitaxieschicht [17]. Bei einer $npnn^+$-Struktur sind dann am Kollektorübergang drei Fälle möglich:

1. Lawinendurchbruch setzt ein, bevor die Kollektorraumladungszone den Emitter oder nn^+-Übergang erreicht hat. Hier gilt die Lawinendurchbruchspannung in obigem Sinn.

2. Die Kollektorraumladungszone erreicht den nn^+-Übergang, bevor die Lawinendurchbruchspannung nach 1. erreicht ist; es handelt sich um den Durchreicheffekt.
3. Der basisseitige Teil der Kollektorraumladungszone erreicht die Emitterraumladungszone, bevor Durchbruch nach 1) einsetzt.

Überschlägig wird bei gegebener Dicke W_C der Epitaxieschicht als Richtwert für möglichst hohe Durchbruchspannung diejenige Konzentration gewählt, die sich aus dem Schnittpunkt von Durchgreif- und Durchbruchspannung (Bild 10) ergibt. Dies führt z. B. für $W_C \approx 5\ \mu\text{m}$ auf U_{BRCBO} von 100 bis 300 V in Silizium.
Die Durchbruchspannung U_{BRCEO}, die definitiv an den Verlauf des Reststromes

$$I_{CEO} = \frac{I_{CBO}M}{1 - A_N M}$$

bei offener Basis geknüpft ist, führt auf

$$U_{BRCEO} = U_{BRCBO} \sqrt[n]{1 - A_N(I_E)}\,.$$

Im Faktor n (≈ 3 bei Ge-*pnp*, $\approx 3{,}5$ bei Si-*npn*-Transistoren) stecken — zumindest empirisch — Dotierung, Störstellenprofil u. a. m. Zur Kritik muß allerdings erwähnt werden, daß der Multiplikationsfaktor M mit konstantem n wohl auf Ge-Übergänge anwendbar ist, nicht aber auf Si-Übergänge, bei denen für Elektronen und Löcher verschiedene Ionisationskoeffizienten gelten [18]. Auf diesbezügliche Konsequenzen soll im Rahmen dieser Übersicht verzichtet werden.
Generell stellt U_{BRCEO} die kleinste der Kollektordurchbruchspannungen dar. Sie sollte mit U_{BRCBO} über die Stromverstärkung in festem Verhältnis stehen; wegen der Stromabhängigkeit von $A_N(I_E)$ ergibt sich jedoch eine gewisse Kennlinienrückläufigkeit. Von kleinen Strömen an steigt die Stromverstärkung A_N, sinkt also U_{BRCEO} bis zu einem Punkt, an dem A_N das Maximum erreicht. Der daran anschließende Wiederanstieg von U_{BRCEO} wird häufig nicht beobachtet.
Die Durchbruchspannung U_{BRCES}

$$U_{BRCES} = U_{BRCBO} \cdot \sqrt[n]{\frac{1 - A_N(I_E)}{1 + \dfrac{U_T}{I_E r_B}}}\,, \qquad r_d = \frac{U_T}{I_E}$$

die sich aus einer einfachen Gleichstromersatzschaltung und dem multiplikationsvervielfachten Reststrom I_{CBO} ableiten läßt, erhält durch den Basisspannungsabfall eine gewisse Rückläufigkeit. Bei kleinen Strömen ist der Emitterdiffusionswiderstand groß gegen r_B, folglich gilt $U_{BRCES} \approx U_{BRCBO}$. Mit zunehmendem Strom sinkt r_d und wächst A_N. Daher sinkt der Einfluß des Basiswiderstandes ab und die Durchbruchspannung nähert sich U_{BRCEO}. Die Rückläufigkeit der Spannung U_{BRCES}, d. h. für $U_{EB} = \text{const}$, ist auch innerelektronisch leicht zu erklären, z. B. beim *pnp*-Transistor. Die am Kollektor vom Emitter ankommenden Löcher erzeugen durch Vervielfachung in der Kollektorraumladungszone Loch-Elektronenpaare, von denen die Elektronen in den Basisraum strömen. Andererseits fließen über den Basiskontakt Elektronen dorthin zur Unterhaltung der Rekombination. Der dadurch entstehende Spannungsabfall am Basiswiderstand ist so gerichtet, daß die innere Spannung $U_{E'B'}$ kleiner als die Klemmenspannung U_{EB} bleibt.
Übertrifft nun der im Kollektor erzeugte Elektronenabfluß den Elektronenzufluß über den Basiskontakt, so kehrt sich das Vorzeichen von I_B um; es wird bei gegebener Spannung U_{EB}, $U_{E'B'}$ größer als U_{EB}. Dadurch wächst der Emitterstrom weiter an, folglich auch I_C und I_B usw.: der Prozeß neigt von einem kritischen Basisstrom

an zur Instabilität. Dieser kritische Basisstrom hängt nur vom Basisflächenwiderstand $r_{\square B}$ unter dem Emitter und der Emitterstruktur ab. Es gilt z. B. für die Zweistreifenstruktur (Emitterbreite b_E, Länge L) [13]

$$I_{Bi}^0 \approx \frac{U_T\,8L}{r_{\square B} b_E}\,.$$

Die Emitter-Basisdurchbruchspannung des doppelt-diffundierten Transistors wird auf Grund der hohen Dotierung vom Lawinen- und Zener-Effekt bestimmt. Lösungen liegen vor [11]. Man erhält bei üblichen Emitterdotierungen Durchbruchspannungen von einigen Volt bis etwa 15 V, abhängig von Dotierung und Eindringtiefe.

Generell ist in diesem Zusammenhang bekannt [12], daß nach einem Emitter-Basisdurchbruch die Stromverstärkung besonders bei niedrigen Strömen abgenommen hat, offenbar durch Zunahme der Rekombinationszentren an der Halbleiter-Isolator-Phasengrenze infolge Auftreffens der beim Durchbruch erzeugten heißen Träger. Dadurch steigt naturgemäß der Basisstrom. Der Effekt läßt sich durch drei Maßnahmen vermeiden:

- Verhinderung des Anwachsens der Rekombinationszentren in der Grenzfläche,
- konstruktive Abänderung des Emitterüberganges so, daß der Durchbruch die Oberfläche nicht erreichen kann,
- konstruktive Änderung so, daß die in Flußrichtung injizierten Träger nicht an der Halbleiteroberfläche rekombinieren können.

Die einfachste Lösung zur Vermeidung dieses Problems scheint eine Feldplatte über dem Emitter-Basis-Übergang zu sein, die mit dem Emitter verbunden wird.

2.8.2.3.3. Thermischer Durchbruch

Bedingt durch die Temperaturabhängigkeit der Restströme, besonders der Kollektorsperrschicht, hängt die Verlustleistung von der Sperrschichttemperatur ab. Diese wiederum bestimmt den Reststrom, damit die Verlustleistung usw. Abhängig von den Wärmeabfuhrverhältnissen stellt sich dann eine Sperrkennlinie zufolge thermisch-elektrischer Wechselwirkung ein (Bild 12), die sich äußerlich vom üb-

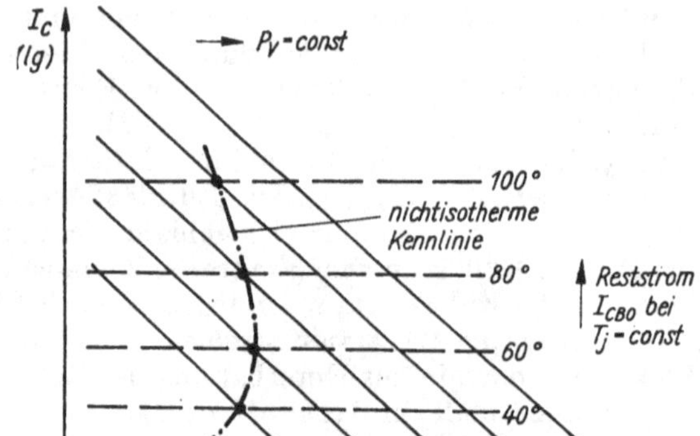

Bild 12. Zustandekommen des thermischen Durchbruchs im Ausgangskennlinienfeld

lichen Durchbruchsverlauf nicht unterscheidet. Für den Durchbruchspunkt U_m, I_m ergibt sich mit einem exponentiell temperaturabhängigen Reststrom $I_{CO}(T_0)$ bei der Bezugstemperatur T_0 (z. B. Umgebungstemperatur T_U)

$$|U_m| = \frac{1}{ec_I R_{th} I_{CO}(T_0)}\,; \qquad I_m = eI_{CO}(T_0)$$

mit der Verlustleistung

$$P_V = U_m I_m = \frac{1}{c_I R_{th}}$$

bzw.

$$P_V R_{th} \approx \frac{1}{c_I} = \begin{cases} 12\,\text{grd (Ge, } c_I = 8\%/\text{grd)} \\ 16\,\text{grd (Si, } c_I = 6\%/\text{grd)}\text{, praktischer Wert)} \end{cases} \tag{13}$$

Damit liegt der Punkt U_m, I_m – von dem an die Kennlinie durchbricht $\left(\text{d. h. } \frac{dU_m}{dI_m} \to 0\right)$ – durch das Halbleitermaterial fest.

Setzt man als Reststromursache dominierende Generation in der Raumladungszone an (wie auf Si-Übergänge zutreffend), also

$$I_{CO} = \frac{qn_i W_S(U)\,A}{2\tau}\,,$$

und für den Wärmewiderstand das Modell des linienhaften Wärmeleiters, so gilt schließlich

$$U_m = \frac{\varkappa_w}{qec_I \dfrac{d}{A} \dfrac{A_q W_S n_i}{2\tau}}\,.$$

Mit den oben gegebenen Richtwerten für n_i und $\varkappa_w$ steigt die für thermischen Durchbruch maßgebende Spannung U_m von Ge über Si nach GaAs drastisch an, so daß sich das Problem des thermischen Durchbruchs für Ge-Elemente am schärfsten stellt. Beispielsweise würde für einen 1-W-Si-Transistor mit $T_j - T_U = 150$ K, $I_{CO} = 10\,\mu$A und $c_I = 6\%$/grd gelten

$$U_m = \frac{P_V}{ec_I(T_j - T_U)\,I_{CO}} \approx 4\,\text{kV}\,,$$

bei $I_{CO} = 1$ mA (etwa für die Emitterschaltung) dagegen nur $U_m \approx 40$ V. Gl. (13) kann wegen $T_j - T_U = P_V R_{th} = \frac{1}{c_I}$ auch verstanden werden als diejenige Temperaturdifferenz, bei deren Überschreitung thermische Instabilität einsetzt. Sie ist für die hier durchgeführte Abschätzung erheblich kleiner als die maximale Sperrschichttemperaturdifferenz. Durch Stabilisierungsmaßnahmen (z. B. Emitterwiderstände) läßt sich das Problem jedoch einengen [19].

Die Temperaturdifferenz bzw. die Verlustleistung nach Gl. (13) grenzt den thermisch stabilen vom instabilen Bereich im Kennlinienfeld durch eine Grenzverlustleistungshyperbel ab.

2.8.2.3.4. Zweiter Durchbruch

Im Gegensatz zu dem über alle Grenzen ansteigenden Strom beim Lawinendurchbruch weist der zweite Durchbruch einen Spannungsrückgang auf etwa 10 bis 30 V bei höherem Strom auf. Die Ausgangspunkte für den zweiten Durchbruch liegen etwa im Bereich $\frac{U_{BRCEO}}{2} < U < U_{BRCBO}$ (Bild 13). Im Betrieb mit niedrigen Lastwiderständen leitet der zweite Durchbruch meist thermische Überlastung ein, aber auch im thermisch zulässigen Bereich ist er möglich. So beschränkt er den Einsatzbereich des Bauelementes merklich.

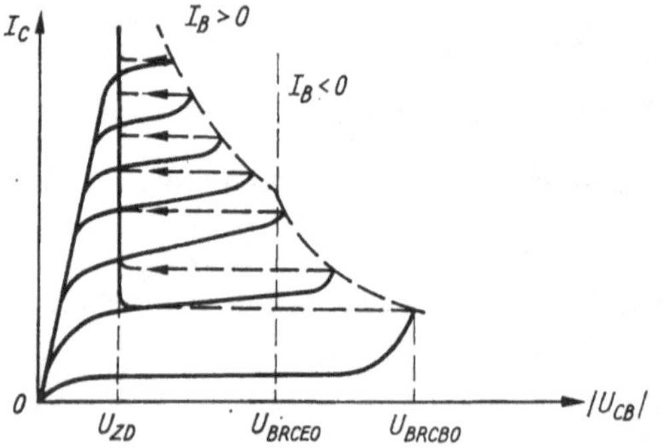

Bild 13. Ausgangskennlinienverlauf beim zweiten Durchbruch

Generell ist der zweite Durchbruch mit ungleicher Strom- und damit Temperaturverteilung im Transistor verbunden. Flächenaufteilung und Emittervorwiderstände waren daher ein wirksames Mittel zu seiner Vermeidung [31]. Die Erklärungsmodelle gingen anfangs vom Zusammenhang mit dem Lawinendurchbruch aus, bezogen später thermische Instabilität ein (weil der heißeste Punkt am Emitter auf Grund des negativen *TK* der Emitterbasisspannung am stärksten injiziert und das Bauelement damit noch weiter aufheizt). Später nahm man die örtliche hohe Stromdichte als Durchbruchsgrund an und nicht die damit zwangsläufig verbundene Temperatur. Diese Vorstellung wird heute noch gehalten. Die hohe Trägerdichte ändert den Feldverlauf so, daß auch bei geringen Spannungen ein einleitender Lawinendurchbruch möglich ist.

Im Spannungsbereich $U < U_{BRCEO}$ kommt die hohe Stromdichte durch Spannungsabfall an den Emitterkontaktierungen bzw. durch Randverdrängung bei hohem Basiswiderstand oder thermische Instabilität zustande. Abhilfe schaffen dicke Aufdampfungsschichten, Mehrfachkontaktierung und dicke, hochdotierte Basisgebiete. Thermischer Instabilität wird durch kleine Flächenabmessungen und gute Wärmeableitung begegnet sowie durch die schon erwähnten Emittervorwiderstände (Flächenaufteilung bei Leistungstransistoren). So gelingt es, den zweiten Durchbruch im Gebiet $U < U_{BRCEO}$ praktisch zu verhindern.

Im Gebiet $U > U_{BRCEO}$ wird die hohe Stromdichte durch Einschnürung der Emitterinjektion bei konstantem Basistroms verursacht. Der Durchbruch der Emitter-Basisdiode ist schließlich dafür verantwortlich, daß sich im zweiten Durchbruch etwa stets der gleiche Kennlinienast einstellt unabhängig davon, ob vor dem Durchbruch I_E, I_B oder U_{EB} eingeprägt war.

Der zur Einschnürung kritische Basisstrom läßt sich durch breite, hochdotierte Basis und Emittergebiete zwar erhöhen, die Einschnürung aber nicht beseitigen. Das wäre nur durch Aufteilung der Kollektorfläche und Kollektorvorwiderstände möglich [32].

Der elektrische (reversible!) zweite Durchbruch ist allgemein die Vorstufe zum thermischen Durchbruch; nach Zeiten von einigen µs setzt thermischer Durchbruch (Aufbau eines Schmelzkanals) ein.

2.8.2.4. Stromverstärkungen B_N, B_I

Die Stromverstärkung $A_N = \gamma_E \beta$, abhängig von Emitterwirkungsgrad und Basistransportfaktor, bestimmt wesentlich die Stromverstärkung $B_N = \frac{A_N}{1 - A_N}$ und damit die Verstärkungswirkung des Transistors. Das Ziel aller Transistorentwürfe besteht dann darin,

- die Stromverstärkung A_N durch geeignete Wahl von γ_E und β an 1 zu bringen,
- die Stromabhängigkeit $A_N(I_E)$ nach kleinen und großen Strömen möglichst gering zu halten.

Der *Emitterwirkungsgrad* γ_E eines *npn*-Transistors z. B.

$$\gamma_E = \frac{I_{ESn}}{\underbrace{I_{ESn} + I_{ESp}}_{\substack{I_{ES} \\ \text{ohne Rekombination}}} + I_{ERG}} \approx \frac{I_{ESn}}{I_{ES} + \frac{q n_i W_S}{2\tau} \frac{e^{-U/2U_T}}{1 + e^{-U/2U_T}}}, \tag{14}$$

wird vom Injektionsstrom I_{ESp} ins Emittergebiet mitbestimmt, wesentlich jedoch vom Rekombinationsverlust I_{ERG} in der Emittersperrschicht selbst (s. Abschn. 2.8.3.2.2.). Hinsichtlich seiner Spannungsabhängigkeit (Bild 14) soll der Anteil I_{ERG} möglichst schon bei kleinen Spannungen abgeklungen sein. Dies erfordert prinzipiell kleine $\frac{q n_i W_S}{2}$-Werte [25], also

- eine schmale Emitterraumladungszone durch beiderseits hohe Dotierungen und einen möglichst abrupten Emitterübergang,
- kleine Intrinsicdichte, die zur Konzeption des Heteroemitters führt,
- große Lebensdauern τ in der Raumladezone.

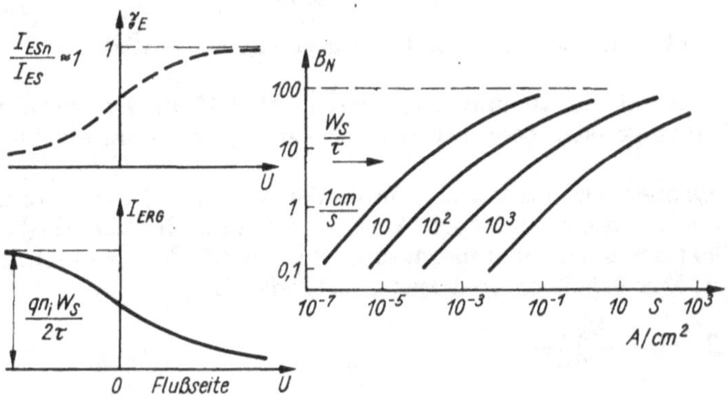

Bild 14. Emitterwirkungsgrad und Stromverstärkung B_N über der Emitterstromdichte

Genauere Analysen zeigen nun, daß der Halbleiter wegen der hohen Emitterdotierung im Entartungszustand anzusetzen ist [24] und insbesondere die Abnahme der Bandbreite durch die hohe Dotierung nicht mehr vernachlässigt werden kann. Dadurch weicht die effektive, d. h. elektronisch wirksame, Emitterdotierung von der „Profildotierung" ab; erstere ist etwas kleiner [22], [23]. Interessanterweise resultiert daraus eine optimale Emitterdotierung in der Gegend von 10^{20} cm^{-3} für As-Dotierung, also dort, wo der Bandabstand meßbar abnimmt. Die Änderung des Emitterwirkungsgrades pro Änderung der Dotierungskonzentration bleibt dabei für implantierte Emitter generell kleiner. Deswegen haben sich heute Bipolartransistoren mit flachem As-Emitter für Mikrowellenzwecke durchgesetzt [36], teilweise bereits in Implantationstechnik [37]. Auch auf die Lebensdauer haben solche Hochdotierungseffekte Einfluß [23], [24].

Der *Basistransportfaktor* wurde für die wichtigsten technischen Störstellenprofile unter Nieder- und Hochinjektionsbedingungen analysiert [26]. Dabei ergab sich, abhängig vom Profil eine optimale Dotierung, für die der Basistransportfaktor und vor allem die Grenzfrequenz ein Maximum wird [27].

Die Stromverstärkung B_N bzw. ihr Reziprokwert (*pnp*-Transistor)

$$\frac{I_B}{I_C} \approx \frac{1}{B_N} \approx \underbrace{\frac{1}{2}\left(\frac{W}{L_p}\right)^2}_{\text{Transport-Basis}} + \underbrace{\frac{N_{DB}W}{D_{pB}} \cdot \frac{D_{nE}}{N_{AE}W_E}}_{\text{Injektion Emitter}} + \underbrace{\frac{N_{DB}W}{D_{pB}} \cdot \frac{W_E}{\tau 2 n_i \exp \frac{U}{2U_T}}}_{\text{Rekombination}} \tag{15}$$

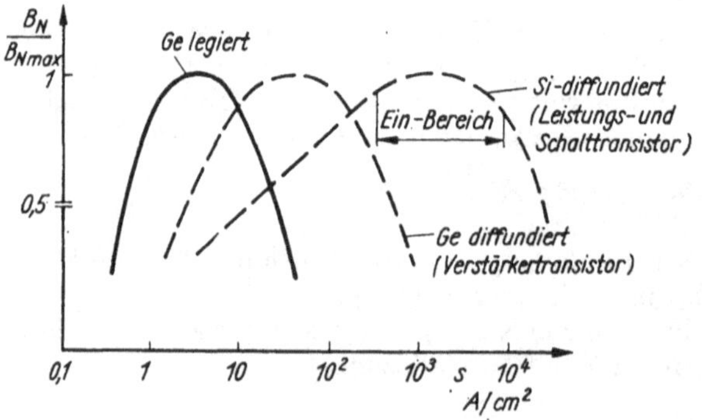

Bild 15. Stromabhängigkeit der normierten Stromverstärkung

hängt stark vom Strom ab und zeigt den in Bild 15 dargestellten Verlauf. Je nachdem, ob geringe oder hohe Ströme vorliegen, gibt es unterschiedliche Einflußgrößen.

Bei kleinen Strömen sind im Basisstrom (außer dem Anteil zur Unterhaltung der Rekombination im Basisraum) noch Anteile enthalten, die laterale Basisbereiche und den Kollektorstrom nicht steuern, sowie der Oberflächenrekombinationsstrom, der überwiegt. Man erhält unter diesen Umständen [28]

$$B_N = \frac{B_{NO}}{1 + \dfrac{B_{NO}c_1}{\sqrt{I_C}}} \tag{16}$$

(B_{NO} Wert bei großem Strom, c_1 Konstante) .

Eine weitere Ursache der Abnahme von B_N bei kleinen Strömen ist auf Ionenverunreinigung im Oxid zurückzuführen [29].
Bei hohen Strömen bestimmen Emitterrandverdrängung, Hochinjektion im Basisraum und der Kirk-Effekt als wichtigste Einflußgrößen das Stromverhalten und bedingen den Abfall. Auf genauere Einzelheiten soll dabei verzichtet werden [28].
Schließlich sinkt B_N nach Durchbrüchen der Emitter-Basis-Diode (s. o.). Neuerdings wurden ähnliche, damit einhergehende Anreicherungserscheinungen von Rekombinationszentren an der Si–SiO_2-Phasengrenze auch beim Kollektordurchbruch festgestellt [30].

2.8.2.5. Verstärkung, HF-Verhalten

Die verfügbare Leistungsverstärkung des Transistors führt unter Beachtung der Effekte erster Ordnung auf

$$v_{pt} = \frac{\alpha \omega_\alpha}{4 r_b c_{cs} \omega^2}, \tag{17}$$

mündet somit in der Forderung nach

- hoher Grenzfrequenz, d. h. schmaler Basiszone,
- kleinem Basiswiderstand, also großem Querschnitt für den Stromfluß und kurzem Weg der Strömungslinien,
- kleiner Kollektorkapazität durch breite Kollektorraumladungszone.

Wenn sich auch die Forderungen nach schmaler Basis und großem Querschnitt teilweise widersprechen, so erlaubt doch die Zweistreifengeometrie (Bild 2) mit dicht an den Emitterstreifen angesetzten Basiselektroden einen gewissen Kompromiß.
In die Grenzfrequenz f_α bzw. Laufzeit $\tau_{EC} \sim \frac{1}{f_\alpha}$ gehen an Einflußgrößen ein:

– die *Emitterladezeit*

$$\tau_e = c_{es} r_d = \frac{U_T A_E}{I_E} \left(\frac{\varepsilon^2 q \varepsilon}{12 U} \right)^{1/3}. \tag{18}$$

Ihre untere Grenze liegt durch die höchste Stromdichte fest ($\rightarrow S_E \approx 10^3$ A cm^{-2}); der Absolutwert durch Forderung nach kleiner Emitterfläche. Für gängige HF-Transistoren kann τ_e mit 5 ··· 10 ps angesetzt werden.

– die *Basiszeitkonstante*

$$\tau_b \approx \frac{1}{\omega_\alpha} = \frac{W^2}{2Dm} \approx 1 \cdots 5 \text{ ps} \tag{19}$$

mit dem Driftfaktor $m \approx 0{,}22 + 0{,}1 \ln \frac{N_B(O)}{N_B(W)}$ für exponentielles Störstellenprofil. Bei allgemein gegebenem Basisstörstellenprofil $N(x)$ lautet τ_b

$$\tau_b = \frac{1}{D_B} \int_0^W \frac{1}{N(x)} \left[\int_W^x N(x)\, dx \right] dx .$$

Starken Einfluß auf die Basiszeitkonstante hat das Störstellenprofil. Bei der Doppeldiffusion entsteht am Emitterübergang ein Bremsfeld, das in Verbindung mit der Beweglichkeitsabnahme bei hohen Störkonzentrationen zu einer optimalen endseitigen Emitterkonzentration ($N_E \approx 10^{17}-10^{18}\,\text{cm}^{-3}$) für maximale Grenzfrequenz [33] mit grenzfrequenzerhöhender Tendenz [34], [35] führt. Bei hinreichend starkem Driftfeld und Basisbreiten um 1 μm kann der Beitrag von τ_b zu τ_{EC} gewöhnlich vernachlässigt werden.

— die *Kollektorlaufzeit*

$$\tau_{CC} = \frac{W_{SC}}{2v_{th}} \approx 10\ \text{ps}\,, \tag{20}$$

d. h. die Zeit zum „Passieren" der Kollektorraumladungszone.

— die *Kollektorladezeit*

$$\tau_s = r_{cc}c_{sc} + r_b c_{sc} = \frac{W_C}{\varkappa_c}\left[\frac{q\varepsilon N_C}{2|U|}\right]^{1/2} + r_b c_{sc} \approx 1 \cdots 5\ \text{ps}\,, \tag{21}$$

deren erster Anteil unabhängig von der Kollektorfläche bleibt. Geringe Dotierung des Kollektorbahngebietes, kleine Bahnlänge und große Sperrspannung halten diesen Anteil klein.

Auf moderne HF-Transistoren trifft etwa

$$\tau_{EC} \approx \tau_e + \tau_{cc}$$

zu, d. h. Emitterladezeit und Kollektorlaufzeit bestimmen sein Frequenzverhalten. Bild 16 enthält konzeptionelle und realisierte Werte. Während Ge- und Si-Bauelemente schon nahe dieser Grenze realisiert wurden, gestattet GaAs wegen der noch zu kleinen Lebensdauer keine Erreichung dieser Grenze. Mit den heute erzielten Grenzfrequenzen im 10 GHz-Gebiet versagt allerdings die Beschreibung des Transistors als konzentriertes Bauelement mehr und mehr. Daher gibt es folgerichtig Ansätze, ihn als verteiltes Bauelement zu behandeln [38].

		Ge	Si	GaAs
$\frac{1}{\tau_{EC}}$ (GHz)	npn	10,7 (>7)	8,6 (>8)	18,5 (>2)
	pnp	6,7 (>6)	5,2 (>5)	5 (>1)

Bild 16. Werte der reziproken Zeitkonstante τ_{EC}

Die oben erhobene Forderung nach einem kleinen $r_b c_{sc}$-Produkt führt für den Streifentransistor wegen

$$r_b = r_\square \frac{W}{L}\,, \qquad W\ \text{Basisdicke}$$

$$r_\square = \frac{1}{\varkappa_B W}\,, \qquad c_0'' = f\ \text{(Halbleiterdaten)} \qquad c_{sc} = c_0'' WL$$

auf

$$r_b c_{sc} = W^2 r_\square c_0''\,,$$

d. h. möglichst schmale Emitterstreifen. Die Grenze liegt bei etwa $W \approx 1$ μm.

2.8.2.6. Strom-, Spannungs-, Leistungsgrenzen

Aus den dargelegten Begrenzungen und Effekten lassen sich folgende Schlüsse für die prinzipiellen Grenzen des Transistors ziehen:
Die *Spannungs-Frequenzgrenze* wird im Prinzip durch die Emitter-Kollektor-Laufzeit τ_{EC} bestimmt. In modernen Transistoren mit Basisbreiten um 1 µm steuert die Kollektorlaufzeit $\tau_{CC} = \frac{W_{SC}}{2v_{th}}$ den größten Beitrag bei. In der Kollektorraumladungszone bewegen sich die Träger maximal mit der Sättigungsgeschwindigkeit (Ge: $v_{th} \approx 6 \cdot 10^6$ cm/s, Si, GaAs: $v_{th} \approx 10^7$ cm/s), sofern die Feldstärke E mehr als 10^4 V/cm beträgt. Eine hohe Grenzfrequenz $f_{cc} = \frac{1}{2\pi\tau_{CC}}$ würde dann kleine Raumladungszonenbreiten verlangen. Bei gegebener Spannung $|U_{CB}|$ muß jedoch $\frac{|U_{CB}|}{W_{SC}}$ größer als die Durchbruchsfeldstärke (Ge: $E_{BR} \gtrsim 10^5$ V/cm, Si: $E_{BR} > 2 \times 10^5$ V/cm, GaAs: $E_{BR} > 4 \cdot 10^5$ V/cm) sein. Dann gilt für die maximale Kollektorspannung U_{CBm}

$$|U_{CBm}|\, f_{cc} = \frac{E_{BR} v_{th}}{2} = \begin{cases} 1 \cdot 10^{11}\ \text{V/s} & \text{Ge} \\ 2 \cdot 10^{11}\ \text{V/s} & \text{Si} \\ 6 \cdot 10^{11}\ \text{V/s} & \text{GaAs} \end{cases} \tag{22}$$

unabhängig von der Geometrie. Bild 17 zeigt diese Grenze, gleichzeitig den Bereich bisher erreichter Werte. Ursache für die real kleineren Werte sind Feldinhomogenitäten in der Raumladungszone, Beitrag des Basisraumes und der Emittersperrschichtkapazität zu τ_{EC} sowie Betrieb des Transistors mit kleinerer Kollektorspannung aus Sicherheitsgründen. Die untere Grenze von U_{CB} leitet sich aus der Forderung nach totaler Sperrung des Kollektorüberganges her. Setzt man $U_{CB} = 1$ V als Mindestwert an, so folgt $f_{cc} \approx 100$ GHz (Ge) bzw. 200 GHz (Si). Für eine Betriebsspannung von $U_{CB} = 10$ V gilt damit $f_{cc} = 20$ GHz bei Si.
Die *Strom-Frequenz-Grenze* wird durch die vom Strom geführte (bewegte) Ladung Q_{bew} bestimmt. Kompensiert sie einen Teil der festen Kollektorraumladung Q_{SC}, so wirkt dies quasi wie eine Erweiterung der Basisbreite. Sie setzt merklich ein,

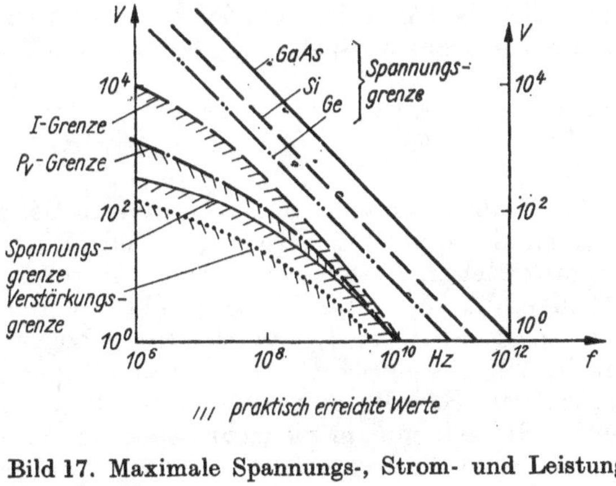

Bild 17. Maximale Spannungs-, Strom- und Leistungsbelastung über der Frequenz

wenn feste und bewegliche Ladung übereinstimmen, etwa bei der Maximalspannung U_{CBm}:

$$|U_{CBm}|\, Q_{SC} = c_{sc}\, |U_{CBm}| = Q_{\text{bew}} = I_{\max}\tau_{CC}\,.$$

Daraus folgt

$$I_{\max} = \frac{c_{sc}}{\tau_{CC}}\, |U_{CBm}| \tag{23}$$

und mit $\omega_{cc} \approx \frac{1}{\tau_{EC}}$, $X_{cs} = \frac{1}{\omega_{cc} c_{sc}}$:

$$I_{\max} X_{cs} f_{cc} = \frac{E_{BR} v_{th}}{2\pi}\,.$$

Unabhängig von der Geometrie läßt sich beim Transistor maximale Strombelastbarkeit gegen Frequenz eintauschen (Bild 17)! Praktisch wurde diese Grenze schon erreicht; Begrenzungen gibt es lediglich durch die Emitterrandverdrängung.
Leistungs-Frequenz-Grenze. Aus dem Produkt der Gln. (21), (22) folgt

$$\sqrt{P_{V\max} X_{cs}}\, f_{cc} = \frac{E_{BR} v_{th}}{2\pi} \tag{24}$$

mit der Grenzleistung $P_{V\max} = I_{\max}\, |U_{CBm}|$. Stets bedeutet steigende Grenzfrequenz sinkende Leistung und umgekehrt. Gegenwärtig begrenzt das Spannungs-Frequenz-Produkt noch die praktisch erreichbare Leistung. Sie steigt, wenn die Impedanz X_{cs} klein gewählt, also mit hohen Strömen gearbeitet wird. Dies führte zur Beherrschung der Emitterrandverdrängung (s. o.) zum Prinzip des Vielemittertransistors.
Verstärkungs-Frequenz-Grenze. Aus Gl. (17) folgt nach kurzer Umformung für die maximale Leistungsverstärkung (r_d Diffusionswiderstand)

$$v_{pa\max} \approx \left(\frac{\omega_1}{\omega}\right)^2 \cdot \frac{r_d}{r_b} \cdot \frac{c_{ed}}{c_{cs}} \approx \left(\frac{\omega_1}{\omega}\right)^2 \cdot \frac{r_d}{r_b} \cdot \frac{2}{3} \cdot \frac{U_{CBm}}{U_T \omega_1 \tau_{CC}} \approx \left(\frac{\omega_1}{\omega}\right)^2 \cdot \frac{|U_{CBm}|}{U_T}\,. \tag{25}$$

Dabei wurde $r_d \approx r_b$ sowie $\omega_1 \tau_{CC} \approx 1$ gesetzt, was größenordnungsmäßig zutrifft. Die maximale Leistungsverstärkung hängt damit außer von der Grenzfrequenz ω_1 auch von der maximal zulässigen Kollektorspannung ab:

$$\sqrt{v_{pa\max} U_T\, |U_{CBm}|} \cdot f = \frac{E_{BR} v_{th}}{2\pi}\,.$$

Frequenz und maximale Spannung lassen sich somit austauschen. Der gegenwärtig ausgeschöpfte Bereich liegt erheblich unter dieser Grenze (Bild 17).
Insgesamt erreichen die heute erzielten Werte schon merklich die prinzipielle physikalische Grenze. Bedenkt man, daß die Werte der Realstruktur stets unter diesen Prinzipgrenzen liegen müssen, so wird der Bipolartransistor jetziger Konzeption immer mehr zu einem Bauelement, das hinsichtlich der weiteren Entwicklung seiner elektrischen Grundeigenschaften (Bild 18) zukünftig keine übertriebenen Hoffnungen mehr erfüllen dürfte. Heute kommt es vielmehr darauf an, die Zuverlässigkeit weiter zu erhöhen, den Fertigungsprozeß noch mehr zu verbilligen und den Materialeinsatz zu senken.

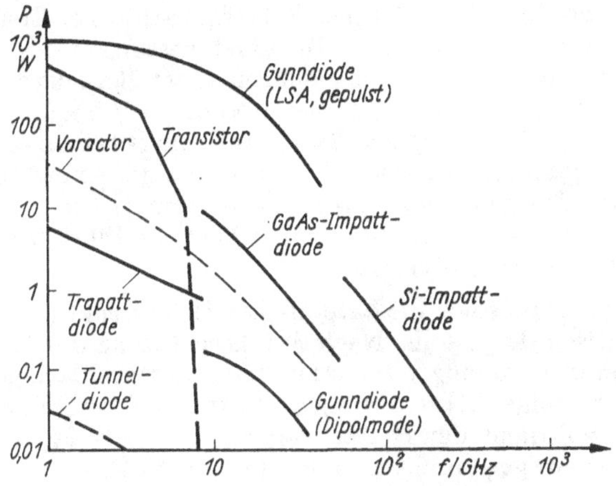

Bild 18. Zusammenhang Leistung—Frequenz für verschiedene Halbleiterbauelemente

2.8.3. Technologie des Bipolartransistors

Mit der Entwicklung der Halbleitertechnik wurden sowohl Entwurf und Gestaltung der Transistorsysteme als auch die im Fertigungsprozeß genutzten Verfahren sowie deren harmonisches Zusammenspiel auf einen hohen Stand gebracht. Dennoch ist es noch nicht möglich, die aufgezeigten theoretischen Grenzen zu erreichen. Es bestehen also noch Möglichkeiten, durch Einführung neuer oder Optimierung bekannter Verfahren sowie Konzeption neuartiger Strukturen die gegenwärtigen technologischen Grenzen auszudehnen. Im folgenden Kapitel sollen die neuesten Ergebnisse sowie einige Probleme der Technologie dargestellt werden.

2.8.3.1. Herstellungsverfahren

Für die Herstellung bipolarer Transistoren wird in überwiegendem Umfang die Planartechnik, in weit geringerem Maße die Mesatechnik angewandt. Alle anderen legierten, diffundierten und diffusionslegierten Transistoren verlieren zunehmend an Bedeutung bzw. werden bereits nicht mehr hergestellt.

2.8.3.1.1. Mesatransistor

Die Einführung der Mesatechnik [39], [40], [41] stellte den entscheidenden Schritt zur Massenfertigung von Bipolartransistoren für hohe Frequenzen dar. Sie unterscheidet sich von den bis dahin fast ausschließlich verwendeten Legierungs- und Diffusionslegierungstechniken durch folgende technologische *Merkmale*:

1. Es werden die Vorzüge der Diffusion, nämlich
   - die Reproduzierbarkeit,
   - die geringe Eindringtiefe,
   - das Konzentrationsprofil und das damit verbundene Driftfeld in der Basis sowie
   - die Ebenheit des *pn*-Überganges

   für die Herstellung des Basisgebietes genutzt.

2. Die Diffusion erfolgt großflächig bei ebener Substratoberfläche. Erst durch die spätere Mesaätzung werden die geringen Lateralabmessungen des Transistorsystems erzeugt, wobei sich die Chipabmessungen unter Berücksichtigung der Weiterverarbeitung (Montage) beliebig wählen lassen.
3. Es wurde der vollständige Übergang zur Bearbeitung im Scheibenverband vollzogen, womit der Fertigungsprozeß eine völlig neue Qualität erreichte. Dadurch stiegen Produktivität, Chargenhomogenität und Ausbeute.
4. Die Anwendung der epitaktischen Schichtabscheidung führt zur weiteren Verbesserung der Transistoreigenschaften.

In Bild 19 sind der Prozeßablauf sowie die Lateral- und Tiefenstruktur des Epitaxie-Mesatransistors schematisch dargestellt. Nach der Abscheidung der hochohmigen Epitaxieschicht auf dem niederohmigen Substrat findet die großflächige Diffusion der Basisschicht statt. Es folgen Abscheidung und Strukturierung zweier Metallschichten. Das eine Metall dient der Herstellung des Emitters. Es wird Al (für p^+-Emitter) oder eine den gewünschten Dotanten enthaltende Au-Legierung gewählt. Das zweite Metall ist als Kontakt an die Basis vorgesehen, wofür Au oder eine Au-Legierung zur Anwendung kommen. Dem Legierungsprozeß, der der Bildung des Emitter-Basis-Überganges und der niederohmigen Metall-Halbleiter-Kontakte dient, folgt die Mesaätzung, wofür eine geeignete Maskierung vorgenom-

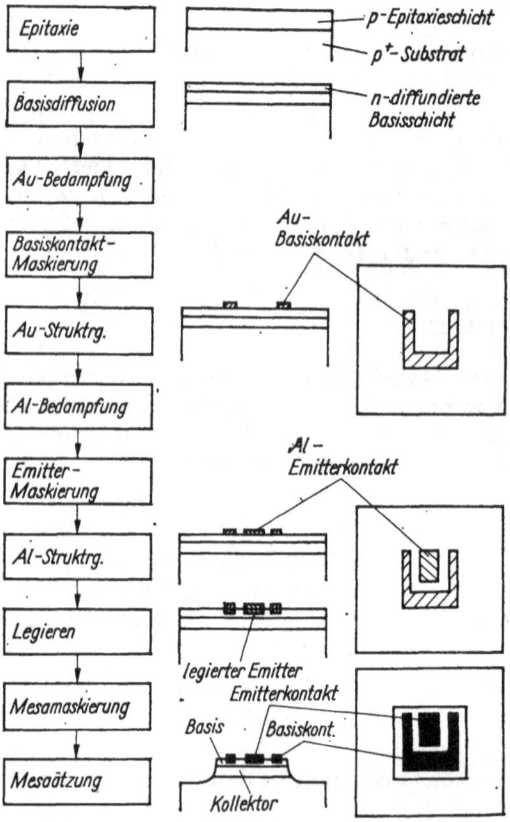

Bild 19. Fertigungsablauf eines *pnp*-Epitaxie-Mesatransistors einschließlich seiner Tiefen- und Lateralstruktur in verschiedenen Bearbeitungszuständen

men werden muß. Sowohl die Maskierung der beiden Metallschichten als auch der Mesas erfolgt mit Hilfe der Fotolithographie.
Außer dem dargestellten Prozeßablauf kommen auch andere Varianten zum Einsatz. Beispielsweise können nach Diffusion und Mesaätzung die Oberfläche mit einer Oxidschicht bedeckt, diese diffusionshemmende Schicht strukturiert und der Emitter eindiffundiert werden [42]. Es ist auch möglich, die Oxidmaske für das lokale Legieren des Emitters zu nutzen. In beiden Fällen werden also bereits typische Verfahrensschritte der Planartechnik verwendet.

Vorteile der Mesatechnik:

1. Es können alle Halbleiterwerkstoffe verwendet und damit deren Vorzüge genutzt werden.
2. Die Fertigung der Transistorsysteme erfolgt als Kollektivbearbeitung im Scheibenverband. Dadurch lassen sich hohe Produktivität und Stabilität des Fertigungsprozesses erreichen.
3. Der Kollektor-Basis-Übergang ist völlig eben, weist also nicht die für die Planartechnik typische Randkrümmung auf.
4. Die Herstellung von Mesatransistoren ist einfacher als die Fertigung von Planartransistoren.

Nachteile der Mesatechnik:

1. Sowohl der Kollektor-Basis-Übergang als auch der Emitter-Basis-Übergang schneiden die freie, ungeschützte Halbleiteroberfläche. Mesatransistoren weisen deshalb eine geringere Zuverlässigkeit auf als Planartransistoren.
2. Die Mesaabmessungen werden durch die Montagetechnik begrenzt; denn auf den einlegierten Emitter- und Basiskontaktflächen müssen die Bonddrähte befestigt werden. Aus diesem Grunde sind die in der Planartechnik erzielbaren geringen Abmessungen des Kollektor-Basis-Überganges nicht erreichbar.

Als Beispiel seien einige technologische Parameter des Ge-Mesatransistors AF 239 genannt [43]:

Kollektor-Basis-Übergang:	$x_{jc} = 1{,}4\ \mu m$
Emitter-Basis-Übergang:	$x_{jE} = 0{,}6\ \mu m$
Emitterbreite:	$b_E = 14\ \mu m$
Au-Bonddrahtdurchmesser:	$d = 5 \cdots 7\ \mu m$

2.8.3.1.2. Planartransistor

Mit der Entwicklung der Planartechnik gelang der entscheidende Durchbruch zu kleinsten Systemabmessungen und höchster Zuverlässigkeit. Im Gegensatz zur Mesatechnik werden alle *pn*-Übergänge von vornherein mit ihren geforderten Abmessungen durch selektive Diffusion hergestellt und die Legierungstechnik aus dem Fertigungsprozeß eliminiert [44]. Die Planartechnik weist folgende charakteristische *Merkmale* auf:

1. Die Vorzüge der Diffusionstechnik lassen sich für die Herstellung beider *pn*-Übergänge nützen.
2. Die Diffusion erfolgt unter Verwendung der Haftmaskentechnik nur an den für die Dotierung vorgesehenen Stellen (selektive bzw. lokale Diffusion). Eine nachträgliche Veränderung der *pn*-Flächen durch Materialabtragung entfällt.
3. Als Voraussetzung für die Wirksamkeit der Planartechnik ist die thermische Oxydation des Siliziums zu betrachten. Die dabei entstehende SiO_2-Schicht

dient der Herstellung der Diffusionsmasken und wirkt schließlich als Passivierungsschicht, deren Funktion in der Stabilisierung der Transistorparameter besteht.

4. Die Vorteile der Fotolithographie werden bis an die Grenze des Auflösungsvermögens konsequent genutzt.
5. Der Fertigungsprozeß beruht ebenfalls auf der Kollektivbearbeitung im Scheibenverband, wobei die Scheiben während der meisten Bearbeitungsschritte zu Chargen zusammengefaßt sind.
6. Wie bei der Mesatechnik werden auch hier die Transistorparameter durch Anwendung des Epitaxieverfahrens erheblich verbessert.
7. Halbleiterscheibe und damit auch Chip weisen eine ebene Oberfläche auf, wobei die Stufenhöhen $\lesssim 1\ \mu m$ betragen.

Das Schema des Planarprozesses sowie die jeweilige Lateral- und Tiefenstruktur zeigt Bild 20. Nach Abscheidung der Epitaxieschicht auf dem niederohmigen Substrat erfolgt die thermische Oxydation der Oberfläche. Nach Maskierung mit Hilfe der Fotolithographie werden Fenster in die entstandene SiO_2-Schicht geätzt, die der lokalen Diffusion des Basisgebietes dienen. Während des Diffusionsprozesses schließen sich die Fenster wieder mit einer SiO_2-Schicht bzw. Silikatglasschicht. Die

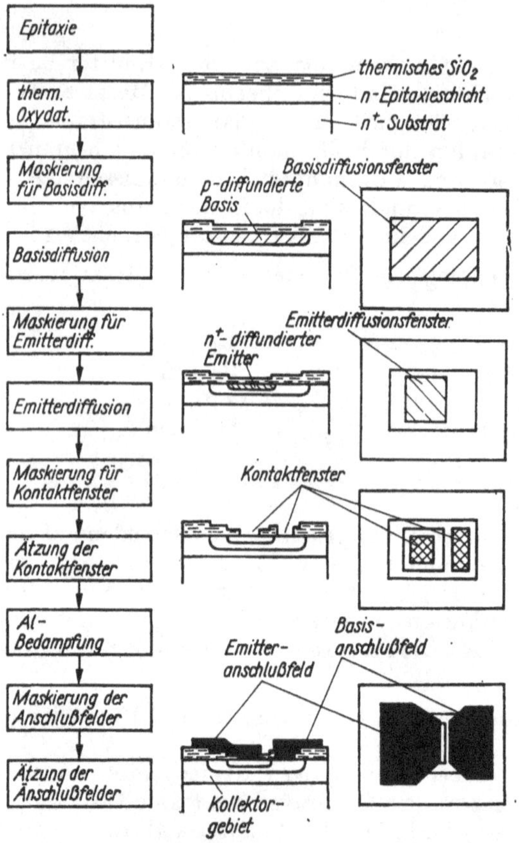

Bild 20. Fertigungsablauf eines *npn*-Epitaxie-Planartransistors einschließlich seiner Tiefen- und Lateralstruktur in verschiedenen Bearbeitungszuständen

gleiche Prozeßfolge, nämlich Maskierung, Diffusion, Oxydation zum Schließen der Diffusionsfenster, wiederholt sich bei der Herstellung des Emitters. Nach Maskierung und Freilegung der Kontaktfenster für Basis- und Emittergebiet wird die Oberfläche mit Aluminium bedampft. Nach dem vierten Maskierungsprozeß schließlich strukturiert man die Al-Schicht, wobei die Kontakte zum Silizium und die Anschlußfelder für die Drahtkontaktierung entstehen.

Vorteile der Planartechnik:

1. Planartransistoren besitzen hohe Zuverlässigkeit.
2. Es werden die geringsten Lateralabmessungen und Eindringtiefen erzielt.
3. Die Planartechnik ist die Basis der Schaltungsintegration und befindet sich deshalb in ständiger Weiterentwicklung.
4. Alle Bearbeitungsprozesse finden im Scheibenverband statt.

Nachteile der Planartechnik:

1. Ein praktikabler Planarprozeß setzt die thermische Oxydation voraus. Deshalb ist die Planartechnik auf Silizium beschränkt.
2. Der Kollektor-Basis-Übergang besitzt eine Randkrümmung, die sich nachteilig auf Durchbruchsverhalten und Kapazität auswirkt. Diese Randkrümmung wurde allerdings durch die Entwicklung spezieller Varianten der Planartechnik (z. B. LOCOS-Verfahren [45]) eliminiert.
3. Das Konzentrationsprofil im Bereich des Emitter-Basis-Überganges und innerhalb des Basisgebietes ist bezüglich der Stromverstärkung etwas ungünstiger als beim Mesatransistor.

Da der Planartransistor gegenwärtig die technisch entscheidende Rolle spielt, werden wir uns in den nachfolgenden Kapiteln auf die Ergebnisse und Nutzung der Planartechnik konzentrieren.

2.8.3.2. Systemabmessungen

Die Eigenschaften des Transistors hängen ab von

- Lateralstruktur,
- Vertikal- oder Tiefenstruktur und
- Gestaltung und Güte des Fertigungsprozesses.

Die *Lateralstruktur*, d. h. die auf die Oberfläche projizierten Formen und Abmessungen der diffundierten Gebiete, Kontaktflächen und Anschlußfelder, beeinflußt insbesondere die

- Sperrschichtkapazitäten,
- Stromdichten bzw. den maximalen Kollektorstrom,
- Sperrströme,
- Kontaktwiderstände und
- Verlustleistung.

Die *Tiefenstruktur*, d. h. die Verteilung der Dotanten normal zur Oberfläche, bestimmt maßgeblich die

- Stromverstärkung,
- Durchbruchspannungen beider *pn*-Übergänge,
- Sättigungsspannung,
- Bahnwiderstände und
- Sperrschichtkapazitäten.

Da die Grenzfrequenzen und Schaltzeiten von den Sperrschichtkapazitäten und den Bahnwiderständen abhängen, erreicht man hohe Frequenzen nur durch minimale Lateralabmessungen und optimale Tiefenstruktur.

2.8.3.2.1. Lateralstruktur

Ein Transistor kann nur dann funktionsfähig sein, wenn die Lateralstruktur folgende Bedingungen erfüllt (vgl. Bild 21 und 22):

1. Das Emitterdiffusionsfenster muß vollständig innerhalb des Basisdiffusionsfensters liegen, bzw. muß das diffundierte Basisgebiet das diffundierte Emittergebiet einschließlich eines entsprechenden Sicherheitsabstandes (Sperrschichtberührung!) allseitig umgeben.
2. Die Kontaktfenster müssen eindeutig innerhalb der diffundierten Bereiche von Emitter und Basis liegen, andernfalls entsteht Emitter-Basis- bzw. Kollektor-Basis-Kurzschluß.
3. Emitter- und Basiskontaktstreifen müssen die zugehörigen Kontaktfenster vollständig bedecken, um geringste Kontaktwiderstände zu erzielen. Diese Forderung gilt insbesondere für den Emitter.
4. Die Kontaktstreifen dürfen nicht zu schmal sein, da sonst die Gefahr der Unterbrechung an den Rändern der Kontaktfenster besteht (Ausbeute, Zuverlässig-

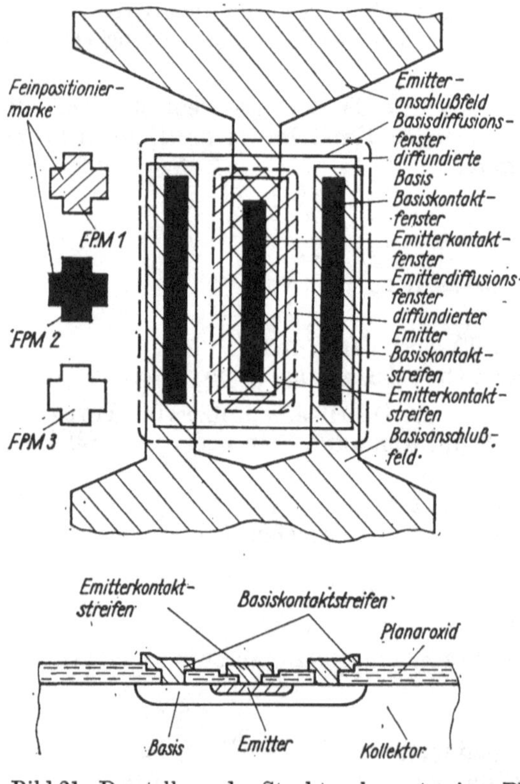

Bild 21. Darstellung der Strukturelemente eines Planartransistors einschließlich der Feinpositioniermarken. Die verschiedenen Strukturebenen sind ohne Überdeckungsfehler dargestellt, wie auch aus dem Querschnitt ersichtlich ist

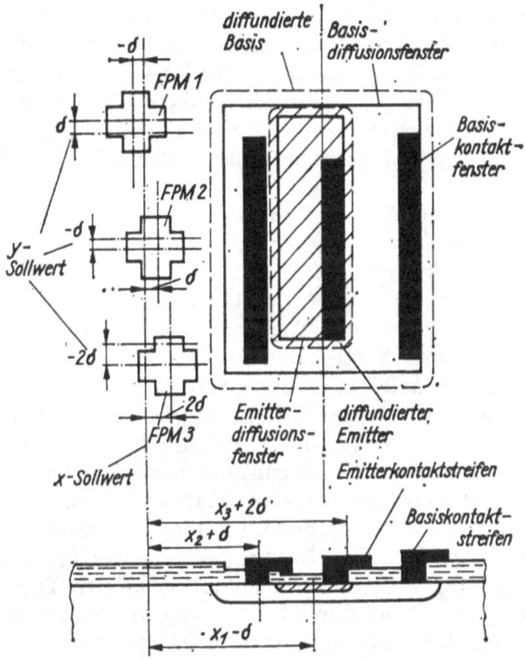

Bild 22. Darstellung der möglichen Zuordnungsfehler eines fehlerlosen Schablonensatzes in Aufsicht und Querschnitt

keit). Emitter- und Basiskontaktstreifen müssen ausreichenden Abstand haben, um die Möglichkeit der Brückenbildung auszuschließen.

Das Streben nach minimalen Strukturabmessungen wird begrenzt durch

- das Auflösungsvermögen der für die Herstellung des Schablonensatzes sowie der für die Übertragung der Strukturen von den Schablonen auf die Substrate verwendeten Einrichtungen (Reduktionskamera, Photorepeater, Elektronenstrahlkoordinatograf, Projektionsbelichtungseinrichtung);
- das Auflösungsvermögen des Plattenmaterials und des Fotolackes;
- die Überdeckungsfehler innerhalb des Schablonensatzes;
- die Zuordnungsfehler bei der Übertragung der Strukturen von der Schablone auf die Halbleiterscheibe;
- die Fehler des fotolithographischen Prozesses, d. h. durch die Toleranzen der Strukturabmessungen bei der Herstellung der Lackhaftmaske;
- die Toleranzen der chemischen Oberflächenstrukturierung (z. B. Unterätzung der Lackhaftmaske) und
- die Toleranzen der Unterdiffusion, d. h. der Diffusion der Dotanten unter den Rand der Fenster in der jeweiligen Diffusionsmaske.

Besondere Bedeutung für den gesamten Fertigungsprozeß haben die Überdeckbarkeit des Schablonensatzes, die kleinste zu erzeugende Stegbreite und die Zuordnungsgenauigkeit. Die Überdeckbarkeit ist ein Ausdruck für die Güte eines zusammengehörigen Schablonensatzes und charakterisiert die Positionsabweichungen aller Strukturelemente bezüglich ihrer Sollposition im absoluten Koordinatensystem. Diese Toleranzen haben teils systematischen Charakter(z. B. resultierend aus Verdrehfehlern beim Einlegen der Zwischenschablonen in die Projektionseinrichtung des Photorepeaters), teils statistischen Charakter (z. B. Positionierfehler beim „step-and-repeat"-Prozeß im Photorepeater). Die Überdeckbarkeit des Schablonensatzes, der den lateralen Informationsspeicher darstellt, ist eine kritische Randbedingung des Fertigungsprozesses, deren Auswirkung auf die Fertigungsausbeute durch Korrekturen im technologischen Ablauf kaum beeinflußt werden kann.

Die Reduzierung der kleinsten Stegbreite erfordert nicht nur eine Steigerung der Auflösung bei der Herstellung des Schablonensatzes, sondern verschärft auch sehr wesentlich die Probleme der Fotolithographie und der chemischen Strukturierung. Somit hat die kleinste Stegbreite dann entscheidenden Einfluß auf die Fertigungsausbeute, sobald sie sich der für die jeweilige Technologie geltenden Grenze nähert. Gegenwärtig sind mit lichtoptischen Mitteln und den technologischen Standardverfahren kleinste Stegbreiten von ca. 2 μm bei akzeptabler Ausbeute realisierbar.

Mit dem ersten Maskierungsprozeß, also der Erzeugung der Basisdiffusionsmaske, wird auf dem Substrat ein Koordinatensystem festgelegt. In dieses müssen während der nachfolgenden mindestens drei Maskierungsprozesse die übrigen Strukturelemente eingeordnet werden. Diesem Zweck dienen Feinpositioniermarken (FPM), die eine für den Zuordnungsprozeß günstige Form besitzen und neben der Transistorstruktur angeordnet sind (vgl. Bild 21). Sofern nur eine geringe Zuordnungsgenauigkeit gefordert wird, genügt eine Feinpositioniermarke pro Transistor. Die Grenzen der Zuordnungsgenauigkeit bei der Übertragung der Strukturen auf das Substrat lassen sich nur durch Verwendung mehrerer Feinpositioniermarken und unter Berücksichtigung folgender Aspekte erreichen:

1. Wird nur eine FPM verwendet, dann müssen die Abmessungen dieser Marken unter Beibehaltung von Form und Schwerpunkt in der Reihenfolge der Verwendung der Schablonen in Stufen von wenigen μm verringert werden. Auf diese Weise ist eine deutlich erkennbare Schachtelung möglich.
2. Es ist am günstigsten, mit der Strukturierung der Basisfenster gleichzeitig zwei Feinpositioniermarken herzustellen (FPM1 und FPM2). Während FPM1 für die Zuordnung der Emitterdiffusionsfenster verwendet wird, dient FPM2 der Zuordnung der Kontaktfenster zu Basisgebiet bzw. Emittergebiet. Die Emitterdiffusionsschablone enthält nur FPM1, die Kontaktfensterschablone dagegen nur FPM2. Wenn man die Summe aller zum Überdeckungsfehler einer Transistorstruktur beitragenden maximalen Toleranzen, die bei einem Überdeckungsprozeß wirksam werden, mit δ bezeichnet, dann können die zweite und dritte Maske in jeder Koordinatenrichtung um jeweils $\pm\delta$ falsch positioniert sein. Die Kontaktfenstermaske kann also einen maximalen Lagefehler von 2δ gegenüber der Emitterdiffusionsmaske aufweisen, wie im Bild 22 dargestellt ist. Selbst in diesem ungünstigsten Fall sollen die am Anfang des Kap. 2.8.3.2.1. genannten Bedingungen erfüllt sein.
3. Die Kontaktstreifen müssen den Kontakt zum Silizium innerhalb der Kontaktfenster herstellen. Somit sind sie also lediglich der Kontaktfenstermaske, nicht aber der Emitter- und Basisdiffusionsmaske zuzuordnen. Man erhält dafür optimale Bedingungen, wenn man mit der dritten Schablone eine neue Feinpositioniermarke FPM3 erzeugt, die gegenüber dem ursprünglichen Koordinatensystem um $\leqq \pm\delta$ verschoben ist. Bezüglich der Kontaktfenster können nun die Emitterkontaktstreifen beim vierten Maskierungsprozeß wiederum maximal um $\pm\delta$ verschoben sein, wenn man die Zuordnung mit FPM3 vornimmt. Wird dagegen die vierte Maske auf das Koordinatensystem der ersten Maske bezogen,

dann beträgt der maximale Zuordnungsfehler zu den Kontaktfenstern $\pm 2\delta$, was bei der Dimensionierung der Kontaktstreifen bereits zu berücksichtigen ist.

Unter den Voraussetzungen

minimale Streifenbreite: 2 µm bzw. 1 µm
max. Überdeckungsfehler: ±1 µm bzw. ±0,5 µm

lassen sich etwa die in der nachfolgenden Tabelle zusammengestellten Minimalabmessungen für einen Transistor mit der in Bild 21 dargestellten Struktur erzielen:

	Var. I	Var. II	Var. III	Einheit
δ	±1	±1	±0,5	µm
Emittereindringtiefe x_{jE}	1,4	1,4	0,8	µm
Basiseindringtiefe x_{jB}	2,0	2,0	1,2	µm
Emitterkontaktfenster	2 × 16	2 × 8	1 × 6	µm²
Emitterdiffusionsfenster	6 × 20	6 × 12	3 × 8	µm²
diff. Emitterbereich	8 × 22	8 × 14	4 × 9	µm²
Basiskontaktfenster	2 × 20	2 × 12	1 × 8	µm²
Basisdiffusionsfenster	18 × 24	18 × 16	11 × 10	µm²
diff. Basisgebiet	21 × 27	21 × 19	13 × 12	µm²
Fläche des Koll.-Basis-Überganges	570	400	156	µm²

Da der mittlere Überdeckungsfehler kleiner als der maximale Überdeckungsfehler δ ist, können die Strukturabmessungen bei konstantem δ verringert werden, wenn man eine Verringerung der Fertigungsausbeute in Kauf nimmt.

2.8.3.2.2. Tiefenstruktur

Eine Verringerung der Lateralabmessungen ist nur bei gleichzeitiger Reduzierung der Basis- und Emittereindringtiefe möglich. Bild 23 zeigt die Konzentrationsverteilung (Tiefenstruktur) des diffusionslegierten Mesatransistors und des doppel-

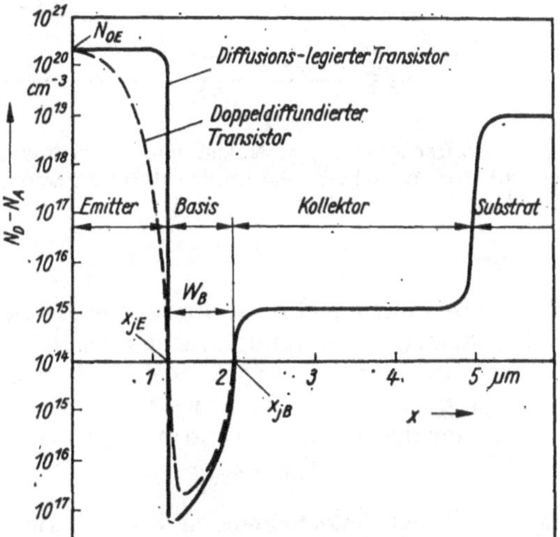

Bild 23. Vergleich der Dotantenverteilungen eines diffusionslegierten Mesatransistors und eines doppeldiffundierten Planartransistors

diffundierten Planartransistors. Sie unterscheiden sich nur im Bereich des Emitters und des emitternahen Basisbereiches, woraus die günstigeren Parameter des Mesatransistors resultieren.
Bei der Optimierung des Emitter-Basis-Gebietes sind folgende Probleme zu beachten:

1. *Emitter-Dip-Effekt*

   Grundsätzlich werden hohe Emitterkonzentration N_{0E} und möglichst geringe Basisweite W_B angestrebt. Als Emitterdotant wird üblicherweise Phosphor verwendet. Dabei beobachtet man, daß der Kollektor-Basis-Übergang unter dem Emitterübergang unter dem Einfluß der Emitterdiffusion stärker als in der Umgebung des Emitters in die Epitaxieschicht eindringt (Bild 24). Wegen dieser, als Emitter-Dip-Effekt bezeichneten Diffusionsanomalie ist die Erzielung sehr geringer Basisweiten durch Doppeldiffusion nicht möglich [46], [47], [48]. Dieser Effekt läßt sich eliminieren durch Übergang zum Arsen als Emitterdotant [49], [36], Verwendung von dotiertem SiO_2 als Diffusionsquelle [50] oder Diffusion des Emitters aus dotiertem polykristallinem Silizium (DO-POS-Verfahren [51]).

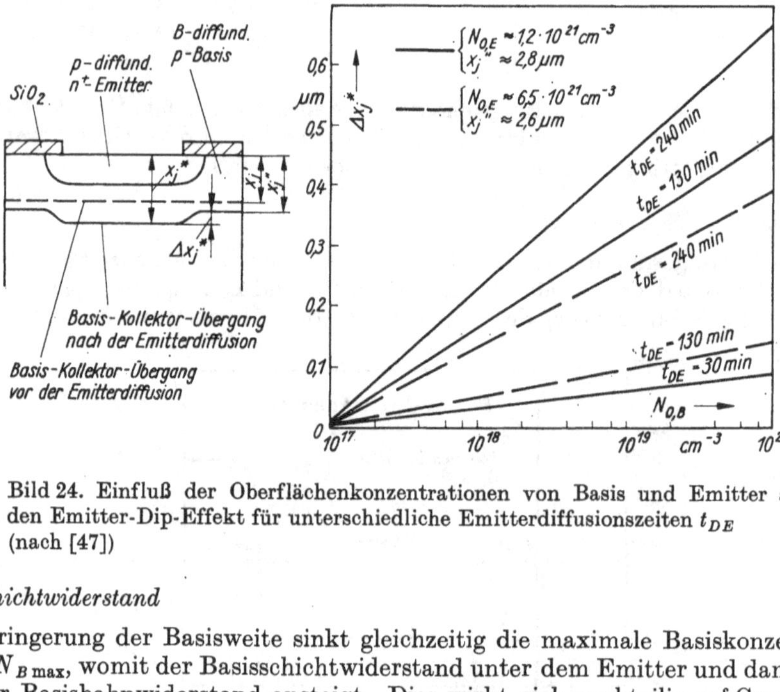

Bild 24. Einfluß der Oberflächenkonzentrationen von Basis und Emitter auf den Emitter-Dip-Effekt für unterschiedliche Emitterdiffusionszeiten t_{DE} (nach [47])

2. *Basisschichtwiderstand*

   Bei Verringerung der Basisweite sinkt gleichzeitig die maximale Basiskonzentration $N_{B\,max}$, womit der Basisschichtwiderstand unter dem Emitter und damit auch der Basisbahnwiderstand ansteigt. Dies wirkt sich nachteilig auf Grenzfrequenz und Stromverdrängung bei hohen Emitterströmen aus. Eine echte Lösung dieses Problems bietet nur die Ionenimplantation (vgl. Kap. 2.8.3.4.2.).

3. *Optimales Emitterprofil*

   Das Emitterkonzentrationsprofil hat entscheidenden Einfluß auf den Emitterwirkungsgrad und damit auch auf die Stromverstärkung und deren Temperaturabhängigkeit [52], [24], [22], [53]. Der Emitterwirkungsgrad steigt mit der Oberflächenkonzentration N_{0E} zunächst an und sinkt schließlich wieder.

Außerdem ändert sich infolge der zunehmenden Gitterdeformation mit steigender Dotantenkonzentration der Bandabstand geringfügig, woraus eine Temperaturabhängigkeit des Stromverstärkungsfaktors resultiert. Da sich die Temperaturabhängigkeit bereits vor Erreichen des maximalen Stromverstärkungsfaktors bemerkbar macht, muß ein Kompromiß gewählt werden. Die daraus folgende optimale Emitterdotierung erhält man für $N_{0E} \approx 10^{20}\ cm^{-3}$.

2.8.3.3. Probleme des *pnp*-Planartransistors

Es ist bemerkenswert, daß der *pnp*-Planartransistor erst einige Jahre nach dem *npn*-Typ auf dem Markt erschien. Ursache waren die zeitlichen Instabilitäten, die sich einstellten, als man einfach Struktur und Fertigungsmethoden des *npn*-Planartransistors auf den *pnp*-Typ übertrug. Man erhielt zwar zunächst mit relativ hoch dotierten Kollektoren funktionsfähige Transistoren, beobachtete aber bei Lebensdauertests bereits nach kurzer Zeit Ausfälle durch Anstieg des Kollektorreststromes I_{CBO} um 4 bis 5 Größenordnungen, wie in Bild 25 dargestellt ist [54].

2.8.3.3.1. Entstehung und Wirkung von Inversionsschichten

Der Anstieg des Kollektorreststromes ist durch die Bildung einer Inversionsschicht in der Nähe der Phasengrenze Si/SiO_2, die den Leitungstyp der Basis besitzt und die gesamte Chipfläche einnimmt, zu erklären. Diese Inversionsschicht erhöht Reststrom und Sperrschichtkapazität des Kollektor-Basis-Überganges. Die Flächenzunahme

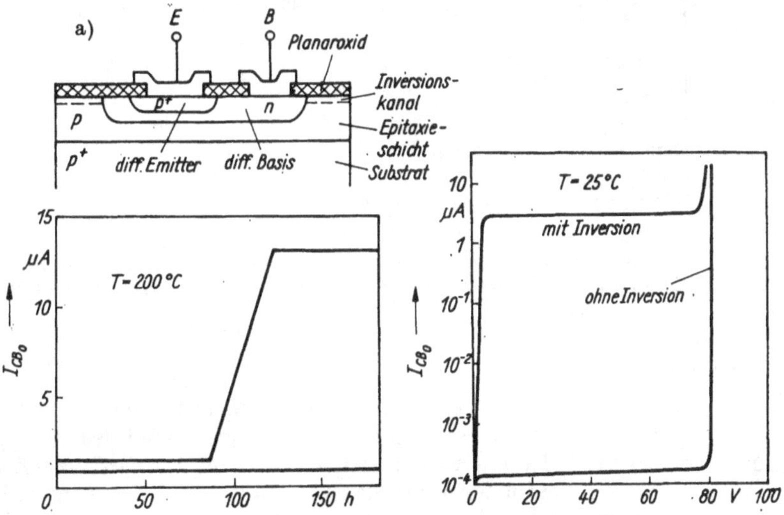

Bild 25. Struktur und Verhalten eines *pnp*-Epitaxie-Planartransistors mit einer dem *pnp*-Typ analogen Struktur und Technologie

a) Tiefenstruktur des *pnp*-Typs;
b) Schematische Darstellung der Zeitabhängigkeit des Kollektorreststromes während des Lebensdauertests bei $T = 200\ °C$;
c) Spannungsabhängigkeit des Kollektorreststromes vor und nach dem Lebensdauertest

allein würde aber nur eine Reststromerhöhung um etwa eine Größenordnung verursachen. Der wesentliche Beitrag zum Reststrom entsteht dadurch, daß der ursprünglich durch das Planaroxid geschützte *pn*-Übergang nun am Rand des Chips die Kristalloberfläche schneidet. Dort ist keine Schutzschicht vorhanden. Vielmehr ist die Oberfläche infolge des Zerlegens durch Ritzen und Brechen sogar hochgradig gestört.
Für Entstehung und Beseitigung dieser Inversionsschicht sind folgende Effekte in Betracht zu ziehen [54], [55], [56].

1. Umverteilung bei thermischer Oxydation

Da sich die Löslichkeit der Dotanten in Si von der Löslichkeit im SiO_2 unterscheidet, erfolgt bei der thermischen Oxydation eines mit der Grunddotierung N_s versehenen Substrats eine Umverteilung der Dotantenatome im Bereich der Si-SiO_2-Grenzfläche. Die Löslichkeit des Bors ist im SiO_2 größer als im Si, weshalb es sich im SiO_2 anreichert, während sich im Si-Substrat eine Verarmungszone bildet. Dagegen ist die Löslichkeit der Donatoren P, As und Sb in SiO_2 geringer als in Si. Sie reichern sich deshalb an der Si-Oberfläche an. Unter dem gleichzeitigen Einfluß der Diffusion ergeben sich schließlich die in Bild 26 dargestellten Konzentrationsprofile.

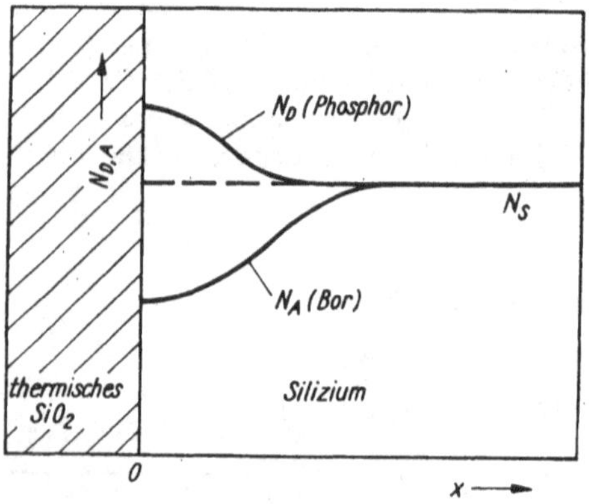

Bild 26. Schematische Darstellung des Konzentrationsprofils in der Nähe der Grenzfläche SiO_2/Si nach thermischer Oxydation eines homogen mit N_s dotierten Si-Substrats

2. Feste Oxidladungen

Während der thermischen Oxydation bildet sich eine etwa 20 nm dicke Übergangszone aus, innerhalb der der Übergang vom Bindungszustand des einkristallinen Si zum Bindungszustand des amorphen SiO_2 stattfindet. Die Grenzflächenzustände, die infolge der unterschiedlichen Bindungsverhältnisse in dieser dünnen Übergangszone entstehen, sowie andere feste Oxidladungen, die über die gesamte Oxidschicht verteilt sind, influenzieren an der Halbleiteroberfläche Raumladungen. Die Flächendichte Q_{ss} aller festen Oxidladungen sinkt mit der Oxiddicke, wird aber durch Oxydationsbedingungen, Kristallorientierung und Nachbehandlung maßgeblich beeinflußt.

3. *Bewegliche Ionen im SiO_2*

In das SiO_2 sind positive Ionen eingelagert, vorzugsweise Na^+-Ionen, deren Beweglichkeit mit der Temperatur steigt. Unter dem Einfluß elektrischer Felder führen sie bei höheren Temperaturen gerichtete Bewegungen im SiO_2 aus.

Umverteilung und feste Oxidladungen wirken sich bereits nach der technologischen Fertigstellung des Transistors aus. Die Gefahr, daß beide Effekte gemeinsam eine Inversionsschicht erzeugen, steigt mit dem spezifischen Widerstand des Substrats, d. h. mit der geforderten Kollektorsperrspannung. Die beweglichen Ionen führen dagegen erst unter verschärften Betriebsbedingungen zur Drift der elektrischen Parameter.

Die Prinzipien der Inversionsschichtbildung veranschaulicht Bild 27. Im gerade fertiggestellten, noch nicht elektrisch belasteten *pnp*-Transistor sind die unbeweglichen Ladungen unmittelbar in der Si/SiO_2-Grenzfläche angeordnet, während die beweglichen Ladungsträger über das gesamte SiO_2 verteilt sind. Das *p*-leitende Substrat ist im Oberflächenbereich verarmt, doch genügen die Bedingungen noch nicht einer Inversion (vgl. Bild 27a). Unter dem Einfluß der Betriebsspannung und hoher Betriebstemperatur bewegen sich die positiven Ionen im elektrischen

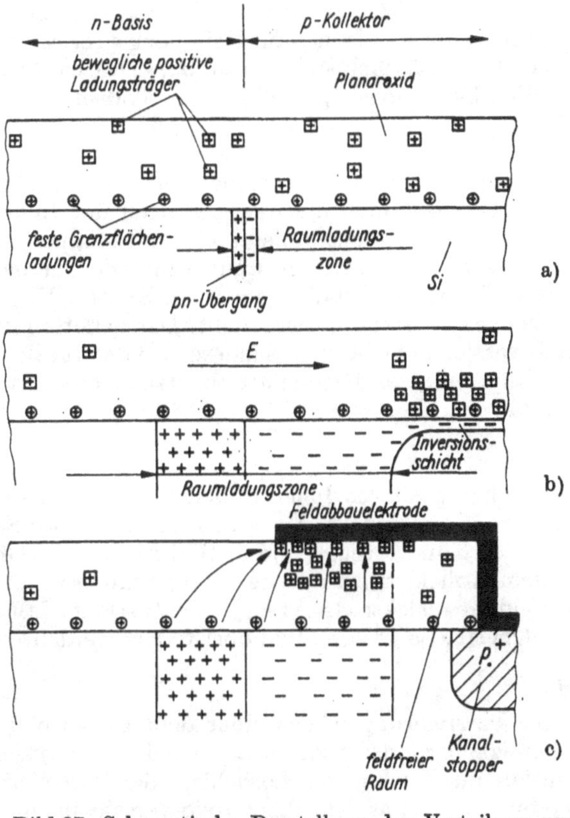

Bild 27. Schematische Darstellung der Verteilung und Bewegung der in der thermischen Oxidschicht enthaltenen positiven Ladungsträger im Bereich eines *pn*-Überganges

a) Statistische Verteilung der festen Grenzflächenladungen sowie der beweglichen positiven Ionen über einem spannungsmäßig noch nicht belasteten *pn*-Übergang;
b) Umverteilung der beweglichen Ionen unter dem Einfluß des in Sperrichtung vorgespannten *pn*-Überganges bei erhöhter Temperatur;
c) Einfluß der Feldabbauelektrode auf die Ionenbewegung im SiO_2

Feld der Raumladungszone aus dem Bereich über der Basis in den Bereich über dem Kollektor, sammeln sich dort in der SiO_2-Si-Grenzfläche an und bewirken, wie in Bild 27b dargestellt ist, die Bildung einer Inversionsschicht.

2.8.3.3.2. Beseitigung der Inversion

Durch eine Reihe technologischer und konstruktiver Maßnahmen gelingt es, die Inversionsgefahr zu beseitigen und somit funktionssichere und zuverlässige *pnp*-Planartransistoren herzustellen.

1. Reinheit im Fertigungsprozeß

Nicht nur während der Scheibenprozesse (Zyklus I), sondern auch während der Vormontage und Montage der Chips (Zyklus II) sind höchste Reinheitsforderungen zu erfüllen. Verunreinigungen, die hierbei auf das Chip gelangen und bei *npn*-Typen keine Störungen zur Folge haben, können sich bei den *pnp*-Typen katastrophal auswirken. Besondere Aufmerksamkeit ist den für Reinigungsprozesse verwendeten Flüssigkeiten zu widmen. Grundsätzlich stellen also *pnp*-Transistoren wesentlich höhere Forderungen an die „Fertigungshygiene" als *npn*-Transistoren.

2. Schutzring

Die Inversionsgefahr verringert sich mit steigender Dotantenkonzentration im Kollektorbereich. Folglich beseitigt man die Auswirkungen der Inversion durch einen p^+-Schutzring, der auch als Kanalstopper („channel stopper"oder „guard ring") bezeichnet wird. Dieser ist ein mit der Emitterdiffusion hergestellter p^+-dotierter Streifen, der in geeignetem Abstand vom Basis-Emitter-Übergang angeordnet ist und das Basisgebiet vollständig umschließt. Der Schutzring trennt den peripheren Bereich der Inversionsschicht, insbesondere also den für den Kollektorreststrom maßgeblichen Chiprand, vom Basisgebiet ab. Damit reduziert er in jedem Falle den Reststrom auf akzeptable Werte.

3. Feldabbauelektrode

Der Transport der beweglichen positiven Ionen in den Kollektorbereich läßt sich durch eine Feldabbauelektrode verhindern. Sie wird im Bereich des Schutzringes mit dem Kollektor kontaktiert und erzeugt, wie in Bild 27c dargestellt ist, einen feldfreien Raum über dem Kollektor jenseits der Raumladungszone. Insgesamt bewirkt der durch die Feldabbauelektrode erzeugte Feldverlauf, daß die beweglichen Ionen an die SiO_2-Oberfläche gezogen und dort fixiert werden.

4. Passivierungsschicht

Durch Abscheidung einer Passivierungsschicht über dem Planaroxid kann man sowohl eine Getterung beweglicher Ionen erzielen als auch deren Diffusion hemmen. Die Getterwirkung resultiert aus der höheren Löslichkeit der Passivierungsschicht bezüglich der Ionen, wodurch diese aus dem Planaroxid verschwinden. Auf Grund eines niedrigen Diffusionskoeffizienten wirkt die Passivierungsschicht als Diffusionsbarriere und verhindert das Eindringen der Ionen aus der Umgebung in die Isolatorschicht (z. B. Si_3N_4).
Die beschriebenen Maßnahmen garantieren volle Funktionsfähigkeit und Zuverlässigkeit der *pnp*-Planartransistoren. Außer der Abscheidung der Passivierungsschicht benötigt man im Vergleich zum *npn*-Planartransistor keine zusätzliche Prozeßschritte. Die endgültige Struktur des *pnp*-Epitaxieplanartransistors zeigt Bild 28.

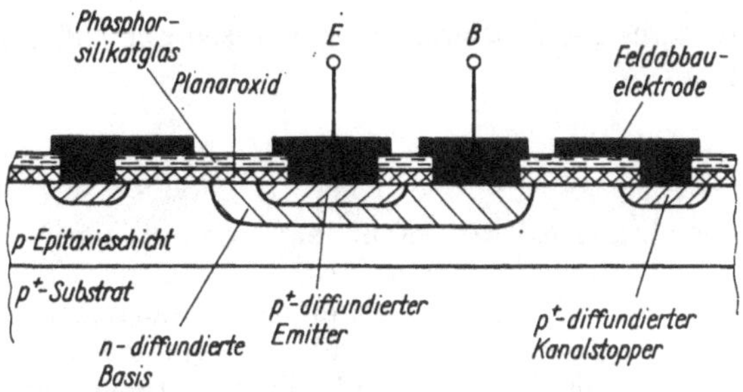

Bild 28. Struktur eines *pnp*-Epitaxier-Planartransistors höchster Zuverlässigkeit mit Schutzring (Kanalstopper), Oberflächenstabilisierung und Feldabbauelektrode

Ein nicht vernachlässigbares Problem stellt die Kontaktierung des n-leitenden Basisgebietes mit Al dar. Um der Bildung einer Sperrschicht mit Sicherheit vorzubeugen, ist es zweckmäßig, die Basisoberfläche im Kontaktbereich mit einer dünnen n^+-Schicht zu dotieren. Hierfür sind allerdings eine zusätzliche Maskierung und eine Donatorendiffusion erforderlich.

2.8.3.4. Planartransistoren für höchste Frequenzen

Eines der entscheidenden Ziele der Transistorentwicklung ist zweifellos die ständige Steigerung der Grenzfrequenz, um mit dem Transistor sowohl die Verstärkungs- als auch die Schwingungserzeugungsprobleme im Mikrowellenbereich lösen zu können. In Kap. 2.8.3.2. wurde bereits gezeigt, daß nur durch Verringerung der lateralen Abmessungen und durch Optimierung der Tiefenstruktur höhere Frequenzen zu erzielen sind. *Dhaka* [57] demonstrierte experimentell den Zusammenhang zwischen Frequenz, Lateralabmessungen und Tiefenstruktur sehr anschaulich

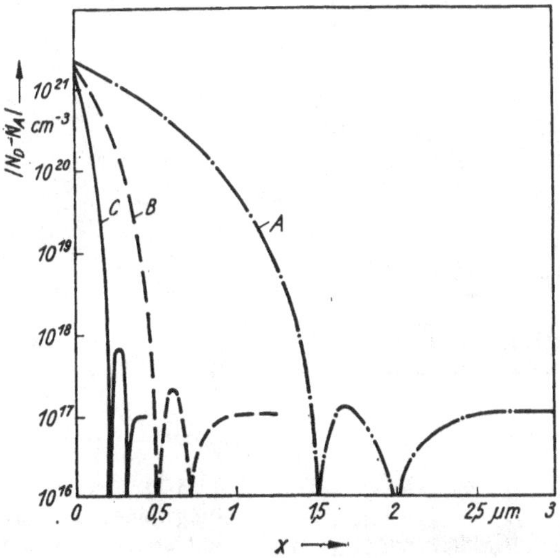

Param.	A	B	C	Einheit
b_E	7,5	2,5	1,8	µm
A_E	620	212	98	µm²
A_B	2700	1350	600	µm²
x_{jE}	1,5	0,5	0,20	µm
x_{jB}	2,0	0,7	0,32	µm
W_B	0,5	0,2	0,12	µm
C_{EB}	1,16	0,73	0,29	pF
C_{CB}	1,4	0,8	0,58	pF
f	0,95	2,4	7,15	GHz

Bild 29. Konzentrationsprofile, konstruktive Daten und einige elektrische Parameter von Planartransistoren für hohe Frequenzen (nach *Dhaka* [57])

(vgl. Bild 29). Einige Probleme der Höchstfrequenztransistoren sollen nachfolgend dargestellt werden.

2.8.3.4.1. Selbstpositionierung

Die Reduzierung der Zuordnungstoleranzen ist eine wesentliche Voraussetzung für die Verringerung der lateralen Bauelementeabmessungen. Während in den letzten Jahren bei der Entwicklung neuer Verfahren der Unipolartechnik die Selbstpositionierungsprinzipien ganz eindeutig in den Vordergrund gerückt wurden (vgl. [58] bis [67]), spielte in der Bipolartechnik die Selbstpositionierung bisher keine Rolle. Nachfolgend soll an zwei einfachen Beispielen gezeigt werden, daß sie auch hier Vorteile bringen könnte [68], [69].

Voraussetzung für die Selbstpositionierung ist die Verwendung zweier Isolatorschichten mit unterschiedlichem Ätzverhalten. In die obere Isolatorschicht werden mit Hilfe der ersten Schablone Strukturen übertragen, die während mehrerer nachfolgender Bearbeitungsprozesse wirksam werden. Die weiteren Schablonen des Schablonensatzes, die relativ große Überdeckungsfehler aufweisen können und nur mit geringer Genauigkeit den bereits auf dem Substrat fixierten Strukturen zugeordnet werden müssen, dienen lediglich der Auswahl der gerade benötigten Strukturen. Sie beeinflussen aber nicht die Genauigkeit der Lateralstruktur, sofern bestimmte Grenzwerte der Überdeckungs- und Zuordnungstoleranzen nicht überschritten werden.

Bild 30 zeigt einen Bipolartransistor, bei dem die beiden Kontaktfenster dem Emittergebiet selbsttätig zugeordnet sind [68]. Das in üblicher Weise mit Basis-

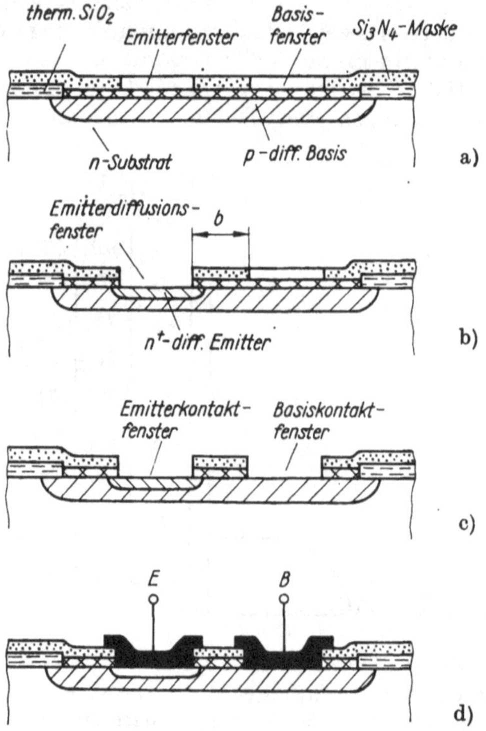

Bild 30. Schema der Herstellung eines Planartransistors mit selbstpositionierten Kontaktfenstern

gebieten versehene und mit Planaroxid bedeckte Substrat wird mit einer Si_3N_4-Maske maskiert, die Kontaktfenster für Basis und Emitter enthält (Bild 30a). Während der nachfolgenden Lackmaskierung für die Herstellung der Emitterdiffusionsmaske muß lediglich gewährleistet sein, daß das Emitterkontaktfenster frei bleibt, das Basiskontaktfenster dagegen vollständig bedeckt ist. Wenn man eine ideale Überdeckbarkeit innerhalb des Schablonensatzes annimmt, wäre also ein Zuordnungsfehler zulässig, der kleiner als die halbe Stegbreite zwischen Basis- und Emitterfenster ist. Durch Übertragung des Emitterkontaktfensters von der Si_3N_4-Maske in die SiO_2-Schicht entsteht die Emitterdiffusionsmaske (Bild 30b). Hierbei wird die Strukturgenauigkeit lediglich durch die Konturen in der Si_3N_4-Maske, nicht aber durch die der gleichzeitig wirksamen Lackhaftmaske bestimmt.
Nach der Emitterdiffusion werden sowohl das Emitterfenster (washed-out-Emitter [73]) als auch das Basiskontaktfenster von SiO_2 befreit, wobei wiederum die Si_3N_4-Maske Lage und Form der Kontaktfenster bestimmt (Bild 30c).
Bei diesem Herstellungsverfahren ordnet man also die kleinsten Strukturelemente des Transistors, nämlich Emittergebiet und beide Kontaktfenster, von vornherein durch eine Schablone und einen Maskierungsprozeß einander zu. Dennoch werden, wie für den Planartransistor ohne Selbstpositionierung auch, nur vier Schablonen benötigt. Die als Hilfsmaske verwendete Si_3N_4-Maske kann als Passivierungsschicht genutzt werden, und trägt somit zur Steigerung der Ausbeute und Zuverlässigkeit bei.
Bei der in Bild 31 dargestellten Transistorstruktur sind, ausgehend von einem von *Dahlberg* [69] angegebenen Prinzip, sowohl der Emitter zur Basis als auch die

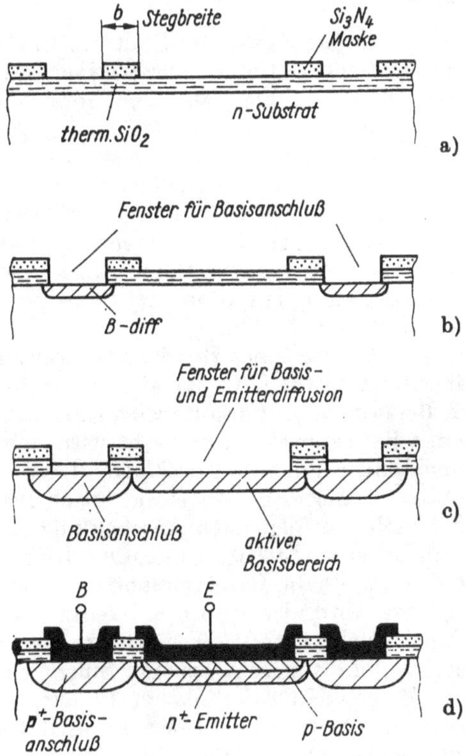

Bild 31. Schema der Herstellung eines Planartransistors mit Selbstpositionierung des Emitters zur Basis und der Kontaktfenster zu Basis und Emitter

Kontaktfenster zu Basis und Emitter selbsttätig positioniert. Auf einem thermisch oxydierten Substrat wird zunächst eine Si_3N_4-Schicht abgeschieden und danach als Hilfsmaske struktuiert. Diese enthält ein Fenster, durch das sowohl Basisgebiet als auch Emittergebiet diffundiert werden, und ein zweites Fenster, das der Diffusion des Emitteranschlusses dient (Bild 31a). Mit Hilfe der zweiten Lackhaftmaske wird nur im Basisanschlußbereich die SiO_2-Schicht entfernt, wobei die Fensterkonturen der Diffusionsmaske wiederum eindeutig durch die Si_3N_4-Hilfsmaske festgelegt sind (Bild 31b). Nach der Diffusion des Basisanschlußbereiches (p^+-dotiert) wird auch die Oxidschicht im Fenster für die Basis- und Emitterdiffusion entfernt (Bild 31c) und die Basisdiffusion (p-Dotierung) ausgeführt. Durch das gleiche Fenster wird schließlich der n^+-Emitter mit geringerer Eindringtiefe diffundiert (Bild 31d). Hierbei sind die Eindringtiefen der Stegbreite so anzupassen, daß sich Basis und Basisanschluß unter dem Steg überlappen.
Bei Verzicht auf eine p^+-Dotierung im Basisanschlußbereich ist es möglich, Basis und Basisanschluß gleichzeitig zu diffundieren und damit einen Maskierungsprozeß einzusparen. In diesem Falle werden insgesamt nur drei Maskierungen benötigt, also sogar eine weniger als beim Standard-Planarprozeß gemäß Bild 20.
Die Selbstpositionierung garantiert trotz relativ großer Überdeckungstoleranzen im Schablonensatz und beträchtlicher Zuordnungsfehler bei den Maskierungsprozessen selbst für sehr kleine Strukturelemente eine hohe Präzision der gesamten Transistorstruktur. Dies muß durch eine zusätzliche Si_3N_4-Schicht und unter Umständen durch einen zusätzlichen Maskierungsprozeß erkauft werden.

2.8.3.4.2. Anwendung der Ionenimplantation

Die Ionenimplantation wird entweder zur Erzeugung des Emitters und des aktiven Basisgebietes [70], [71], [72] oder nur zur Dotierung des aktiven Basisgebietes [49], [73], [37] genutzt. Das inaktive Basisgebiet, also der Bereich des Basiskontaktes, wird entweder diffundiert oder durch einen zusätzlichen Implantationsprozeß mit einem geeigneten Dotantenprofil versehen. Obgleich sich die Ionenimplantation für die Anwendung der Selbstpositionierungsprinzipien noch besser als die Doppeldiffusionstechnik eignet, wird dies bisher nicht konsequent berücksichtigt. Hinsichtlich der Tiefenstruktur besteht der Vorteil der Ionenimplantation darin, daß günstigere Basiskonzentrationsprofile als mit der Doppeldiffusionstechnik zu erzielen sind. Die Kombination von Ionenimplantation und Selbstpositionierung soll am nachfolgenden Beispiel demonstriert werden.
Bild 32 zeigt zwei Varianten der Herstellung eines Bipolartransistors mit ionenimplantierter Basis und diffundiertem Emitter [73], der als IBT (Ion-Implanted Base Transistor) bezeichnet wird. Bei der ersten Variante wird zunächst der Basisanschlußbereich, an dem später der Basiskontakt angebracht wird, mit Hilfe der Diffusion aus dotierten Oxidschichten hergestellt. Anschließend entsteht durch Implantation von Borionen das aktive Basisgebiet, wobei die dotierte Oxidschicht als Implantationsmaske dient. Schließlich erfolgt nach Abscheidung einer mit Ge und As dotierten SiO_2-Schicht die Diffusion des Emitterbereiches (vgl. Kap. 2.8.3.2.2.) durch das gleiche Fenster, durch das bereits die Basis implantiert wurde.
Bei der zweiten Herstellungsvariante wird das gesamte Basisgebiet aus einer B-dotierten SiO_2-Schicht diffundiert. Nach Öffnen des Emitterdiffusionsfensters und Abscheidung einer Ge- und As-dotierten SiO_2-Schicht findet die Emitterdiffusion statt. Da sich diese Prozeßfolge nicht vom üblichen Planarprozeß unterscheidet, ist nur eine geringe Basiskonzentration zu erzielen. Es wird deshalb nach Entfernen der As-dotierten Germanosilikatschicht eine Implantation mit Borionen

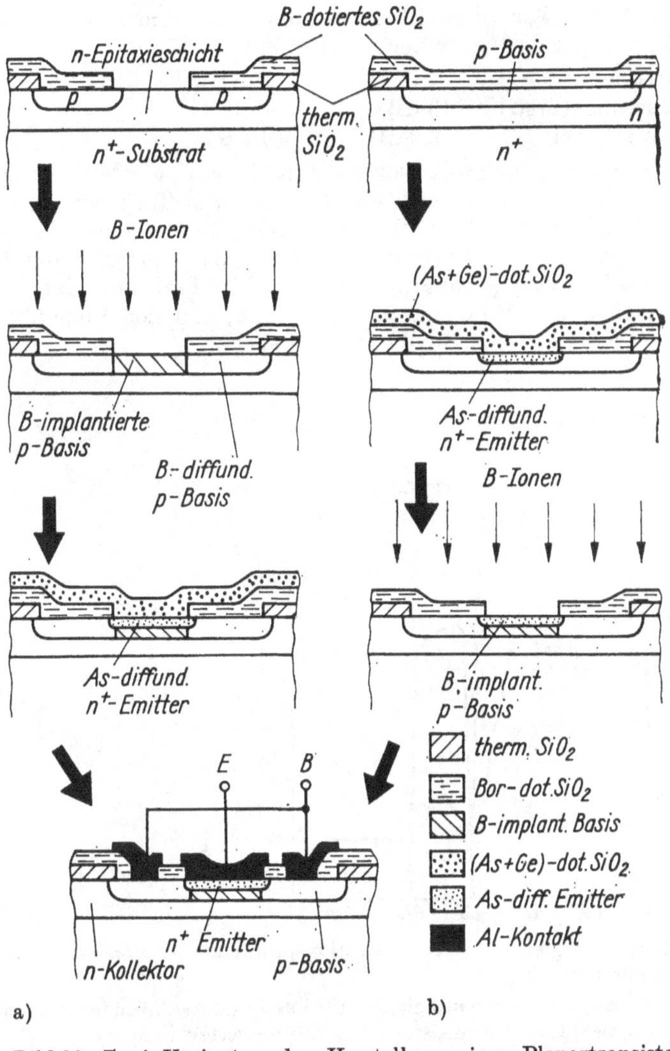

Bild 32. Zwei Varianten der Herstellung eines Planartransistors mit ionenimplantierter Basis (IBT)

a) Implantation von B-Ionen durch das Emitterdiffusionsfenster vor der As-Emitterdiffusion, wobei die Basiszone erzeugt wird;

b) Implantation der B-Ionen nach der Emitterdiffusion durch das Emitterdiffusionsfenster, wobei das Konzentrationsprofil der bereits vorhandenen aktiven Basiszone verändert wird

vorgenommen und somit das Basiskonzentrationsprofil in geeigneter Weise korrigiert.

Der Vergleich der Konzentrationsprofile des IBT und des doppeldiffundierten Planartransistors (Bild 33) läßt für den IBT bessere HF-Eigenschaften erwarten. Dazu tragen insbesondere die geringe Basisweite und die hohe maximale Basiskonzentration bei. Für den IBT werden bei Emitterabmessungen von 1,5 µm × 2,5 µm folgende Parameter genannt [73]:

Frequenz:	2 GHz	4 GHz
Leistungsverst.:	13 dB	8 dB
Rauschzahl:	2,2 dB	4 dB

Auch für die doppelt-ionenimplantierten Transistoren wurden Grenzfrequenzen $f_T > 5$ GHz gemessen, wie sie sich aus Lateral- und Tiefenstruktur berechnen lassen [70], [71]. Sehr unterschiedliche experimentelle Ergebnisse hinsichtlich des Stromverstärkungsfaktors [71] deuten darauf hin, daß bezüglich der Beseitigung der Strahlenschäden (Temperung für Rekristallisation) und der Oberflächenpassivierung noch einige Probleme zu lösen sind, ehe der Ionenimplantationstransistor seine technologische Reife erreicht hat.

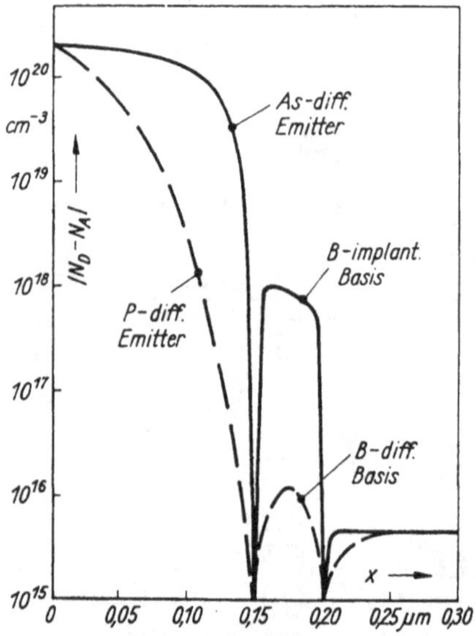

Bild 33. Vergleich der Konzentrationsprofile zweier *npn*-Transistoren für hohe Frequenzen:

a) Transistor mit ionenimplantierter Basis und As-diffundiertem Emitter;
b) Doppeldiffusionstransistor mit *P*-diffundiertem Emitter

2.8.3.4.3. Integrierte Schirmung

Mit der Verringerung der Basisfläche sinkt die Kollektor-Basis-Kapazität c_{CB}, womit die Leistungsverstärkung steigt. Beim heutigen Stand der Schablonentechnik und der Fotolithografie lassen sich Kontaktfenster solcher Abmessungen herstellen, daß eine Drahtkontaktierung nicht mehr möglich ist. Demzufolge müssen die Anschlußfelder für die Befestigung der Zuleitungsdrähte über die Emitter- bzw. die Basisfläche hinausragen, wie in Bild 34 dargestellt ist. Es wird also zwar die Kapazität der *pn*-Übergänge verringert, doch entsteht eine zusätzliche Kapazität durch die große Fläche der Anschlußfelder. Insgesamt setzt sich c_{CB} gemäß Bild 34a aus folgenden drei Anteilen zusammen:

c_1 Kapazität des *pn*-Überganges,
c_2 MIS-Kapazität des Anschlußfeldes,
c_3 Gehäusekapazität.

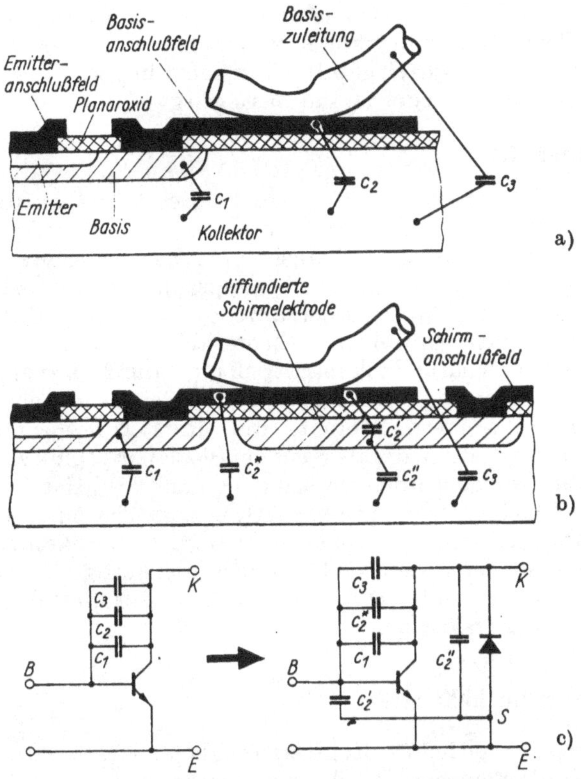

Bild 34. Prinzip der integrierten Schirmung
a) kleinflächiges Transistorsystem mit „Overlay"-Basisanschlußfeld;
b) Transistorsystem mit diffundierter Schirmelektrode unter dem Basisanschlußfeld;
c) Änderung der Systemkapazitäten durch Einführung der Schirmelektrode

Durch Einführung einer „integrierten Schirmelektrode" kann man die schädliche Kapazität c_2 im wesentlichen eliminieren [74], [75]. Als Schirmelektrode fungiert ein mit der Basisdiffusion unter dem Basisanschlußfeld hergestelltes p-leitendes Gebiet, das separat kontaktiert ist (Bild 34b). Die Kapazität c_2 des Anschlußfeldes gegenüber dem Kollektor reduziert sich damit auf den Wert c_2^*, der durch den Abstand der Basis von der Schirmelektrode, also die maximale Breite der Raumladungszone bestimmt wird. Der größte Anteil von c_2 wird jedoch in die Kapazitäten c_2' zwischen Anschlußfeld und Schirmelektrode sowie c_2'' zwischen Schirmelektrode und Kollektor transformiert.
Bei Transistoren, die ausschließlich für den Einsatz in Emitterschaltung vorgesehen sind (z. B. SF 225, BF 167, BF 168), wird die Schirmelektrode intern mit dem Emitter verbunden. Dadurch teilt man die ursprüngliche Rückwirkungskapazität c_2 fast vollständig in die Eingangskapazität c_2' und die Ausgangskapazität c_2'' der Verstärkerstufe auf (vgl. Bild 34c), die sich schaltungstechnisch weniger nachteilig auswirken. Transistoren für den Einsatz in Basisschaltung versieht man unter dem Emitteranschlußfeld mit einer p-leitenden Abschirmelektrode, die intern mit dem Basiskontakt verbunden ist (z. B. SF 235). Der Transistor BF 121

enthält sowohl unter dem Emitter- als auch unter dem Basisanschlußfeld je eine Abschirmelektrode. Beide sind miteinander verbunden und über einen vierten Anschluß nach außen geführt. Je nach gewünschter Schaltung wird dieser Anschluß extern entweder an den Emitter oder an die Basis gelegt [74].

2.8.3.4.4. Ge-Planartransistor

Aufgrund der höheren Beweglichkeit der freien Ladungsträger im Ge ist zu erwarten, daß Ge-Transistoren bei gleicher Lateral- und Tiefenstruktur etwa um den Faktor 3 bis 4 schneller sind als Si-Transistoren. Man versuchte deshalb, die Vorteile der Planartechnik auf das Ge zu übertragen und sowohl doppeldiffundierte Ge-Planartransistoren [76] als auch diffundiert-legierte „Quasi"-Planartransistoren [77] herzustellen. Obwohl die theoretischen Voraussagen bestätigt wurden, setzte sich die Ge-Planartechnik industriell nicht durch. Der entscheidende Grund dafür ist, daß GeO_2 nicht so einfach wie SiO_2 durch thermische Oxydation hergestellt werden kann, sondern kompliziertere Herstellungsbedingungen erfordert. Die thermische Oxydation, die als Basis der Si-Planartechnik zu betrachten ist, kann also nicht angewandt werden. Demzufolge muß vor jeder Diffusion eine diffusionshemmende Schicht — vorzugsweise SiO_2 — entweder mittels chemischer Dampfabscheidung abgeschieden oder aufgestäubt werden. Dies kompliziert nicht nur den Planarprozeß, sondern beeinträchtigt auch die Fertigungsausbeute und die Eigenschaften der Bauelemente. Denn abgeschiedene SiO_2-Schichten erreichen nicht die Güte thermischer Oxidschichten.

2.8.3.5. Transistoren für hohe Ströme

Planartransistoren zeigen bei hohen Emitterstromdichten einen starken Abfall der Stromverstärkung als Folge des Randverdrängungseffekts. Denn zum Kollektorstromfluß trägt vorzugsweise der Emitterrand, in abnehmendem Maße die ebene Emitterfläche bei ([79] bis [82]). Die Randverdrängung wirkt sich um so stärker aus, je geringer Basisweite und Basisdotierung sind. Bei HF-Leistungstransistoren, wo diese Bedingungen besonders zu berücksichtigen sind, wird deshalb ein möglichst großes Verhältnis von Emitterrandlänge zu Emitterfläche angestrebt. Dies führte zur Entwicklung spezieller Lateralstrukturen, die nachfolgend betrachtet werden sollen.

2.8.3.5.1. Lateralstrukturen der Leistungstransistoren

Für die Herstellung von HF-Leistungstransistoren werden die in Bild 35 dargestellten Strukturvarianten

- Kammstruktur
- Emittergrid-Struktur
- Overlay-Struktur

verwendet. Alle sind bei ausreichend kleinen Abmessungen der Strukturelemente geeignet, die Forderungen nach großer Emitterrandlänge zu erfüllen.
Die Kammstruktur (Bild 35b) besteht aus einem großflächigen Basisgebiet, in das schmale Emitterstreifen eindiffundiert sind. Zwischen den streifenförmigen Emitterkontakten sind ebensolche Basiskontakte angeordnet. Die projizierten Basisstrombahnen verlaufen etwa senkrecht zu den Strukturkanten.
Bei der Emittergrid-Struktur ist in das Basisgebiet ein Emitter diffundiert, der rasterförmig angeordnete, kreisförmige Aussparungen enthält (Bild 35a), durch

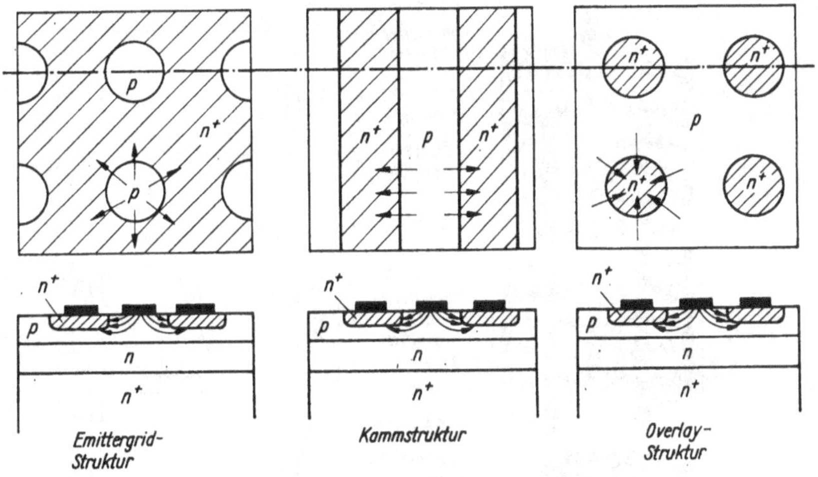

a) b) c)

Bild 35. Lateral- und Tiefenstruktur der drei Varianten von Transistoren für hohe Kollektorströme

a) Emittergrid-Struktur
b) Kammstruktur
c) Overlay-Struktur

die die Basis an die Oberfläche gelangt und kontaktiert wird. Der Basisstrom fließt radial aus der kreisförmigen Basisfläche unter den Emitterrand. Auf Grund der Divergenz der Strombahnen ist der Basisbahnwiderstand — bezogen auf gleiche Emitterrandlänge — geringer als bei der Kammstruktur. Infolgedessen wirkt sich die Stromverdrängung weniger aus und die Abhängigkeit des Stromverstärkungsfaktors vom Emitterstrom ist geringer.
Von Overlay-Struktur spricht man, wenn gemäß Bild 35c in das Basisgebiet eine Anzahl kleinflächiger, kreisförmiger Emitter eindiffundiert ist. Auch hier sind die Strukturelemente rasterförmig innerhalb des Basisgebietes angeordnet. Der Basisstrom verdichtet sich unter dem Emitter, wodurch der Randverdrängungseffekt eher als bei Emittergrid- und Kammstruktur einsetzt.
Ein Vergleich der Emitterflächen bei gleicher Basisfläche und gleicher Emitterrandlänge ergibt für die Overlay-Struktur den geringsten, für die Emittergrid-Struktur den größten Emitterflächenbedarf. Da die Emitterfläche die Kapazität c_{EB} bestimmt und diese wiederum in die Leistungsverstärkung eingeht, wird also die Emittergrid-Struktur die schlechteste Leistungsverstärkung bei hohen Frequenzen aufweisen [81].

2.8.3.5.2. Homogenisierung der Stromverteilung

Ein besonderes Problem der Konstruktion von HF-Leistungstransistoren, die bis an die Grenze der zulässigen Stromdichte ausgesteuert werden, ist die Vermeidung lokaler Überhitzungen (hot spots). Diese resultieren aus ungleichmäßiger Stromverteilung innerhalb des Transistors, die wiederum eine Folge von Inhomogenitäten der Tiefenstruktur ist. Demzufolge muß der Homogenisierung der Stromverteilung durch geeignete Formgebung besondere Aufmerksamkeit geschenkt werden. An

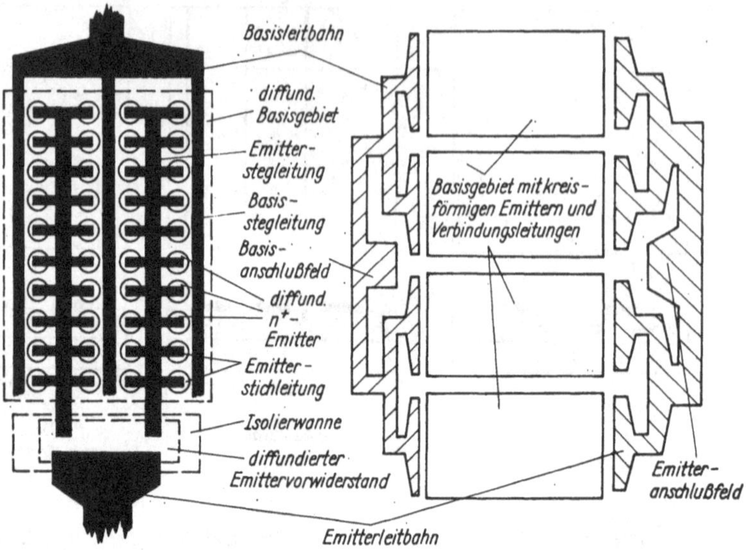

Bild 36. Schema der Lateralstruktur eines Overlay-(Multiemitter-)Transistors

a) Anordnung der Basis- und Emitterleitbahnen sowie des diffundierten Emittervorwiderstandes;

b) Aufgliederung des gesamten Transistorsystems in abgeschlossene Teilsysteme gemäß a) und symmetrische Gestaltung der Emitter- und Basisleitbahnen

Hand einer in Bild 36 schematisch dargestellten Overlay-Struktur (Multiemitter-Transistor) sollen verschiedene konstruktive Möglichkeiten erläutert werden.

1. Die einzelnen kreisförmigen Emitter werden mittels kurzer Stichleitungen an eine Emitterstegleitung angekoppelt (vgl. Bild 36a).
2. Die Stichleitungen werden aus einer NiCr-Legierung hergestellt und als Vorwiderstände genutzt. Diese bewirken eine Stromgegenkopplung und sorgen für eine gleichmäßige Verteilung des gesamten Stromes auf die einzelnen Emitter.
3. Die verschiedenen Emitterstegleitungen werden durch Emitterleitbahnen mit dem Emitteranschlußfeld verbunden. Durch geeignete Formgebung muß gewährleistet werden, daß alle Einzelemitter über den gleichen Bahnwiderstand mit dem Anschlußfeld verbunden sind und auf gleichem Potential liegen. Gleiche Gesichtspunkte gelten auch für die Gestaltung der Basisleitbahnen (Bild 36b).
4. Die Emitterstegleitungen werden nicht direkt, sondern unter Zwischenschaltung diffundierter Widerstandsbahnen mit den Emitterleitbahnen verbunden (Bild 36a). Hierdurch ergibt sich eine gemeinsame Stromgegenkopplung für alle an einer Emitterverbindungsleitung angehängten Emitter.
5. Es wird nicht nur ein einziges, dem geforderten Kollektorstrom angepaßtes Basisgebiet verwendet, sondern die Basis wird in mehrere kleinere Flächen unterteilt, die dann parallel geschaltet werden (Bild 36b).
6. Die Basisstegleitung wird analog zur im Pkt. 4 dargelegten Maßnahme über einen diffundierten Widerstand mit der Basisleitbahn verbunden.
7. In das Basisgebiet werden hochdotierte Streifen eindiffundiert, die eine wesentliche Verringerung des Basisbahnwiderstandes bewirken (vgl. Bild 37).

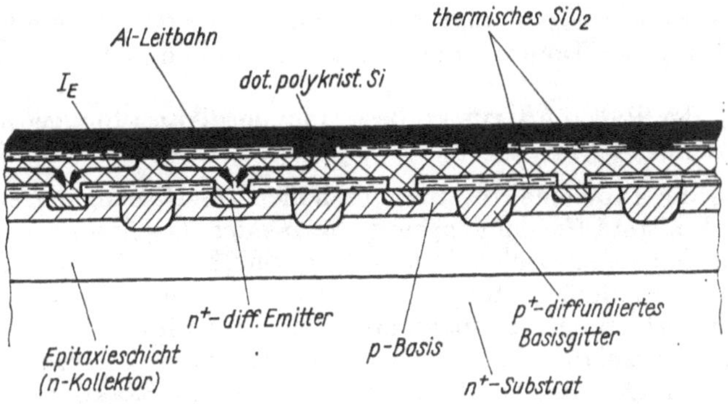

Bild 37. Overlay-Struktur mit einer polykristallinen Siliziumschicht für die Emittergegenkopplung (nach [83])

Im allgemeinen werden nicht alle dieser hier geschilderten technischen Möglichkeiten gleichzeitig genutzt und dennoch eine ausreichend gleichmäßige Stromverteilung erzielt. Dies läßt sich durch pyrometrische Messung der Temperaturverteilung gut nachprüfen.

2.8.3.5.3. Leitbahnprobleme

Als Leitbahnen für die Verbindung der einzelnen Emitter mit den Anschlußfeldern dienen vorwiegend Al-Streifen von ca 1 μm Dicke. Bei den hierin herrschenden Stromdichten besteht die Gefahr der Elektromigration, d. h. des Transports der Metallatome infolge der Strombelastung, was schließlich zur Unterbrechung der Leitungszüge führt. Durch Abscheidung einer SiO_2-Schicht über den Al-Streifen wird die Aktivierungsenergie der Elektromigration erhöht und damit auch die Zuverlässigkeit gesteigert [83]. Eine entscheidende Verringerung der Elektromigration erreicht man durch Mehrlagenmetallschichten, beispielsweise durch die Schichtfolge Si–Ti–Pt–Au.
Ein weiteres Problem stellen die Unterbrechungen der Leitungszüge an den Rändern der Kontaktfenster dar. Insbesondere bei den Kammstrukturen nimmt die Gefahr der Unterbrechung mit der Verringerung der Streifenbreite zu, sofern die Leitungszüge in Richtung der Emitterkontaktfenster verlaufen. Beträchtliche Verbesserungen erzielt man, wenn man die Leitungszüge senkrecht zu den Emitterstreifen anordnet, wodurch man sie wesentlich verbreitern und damit zuverlässiger gestalten kann [84].

2.8.3.5.4. Anwendung polykristallinen Siliziums

Ein von RCA beschriebener HF-Leistungstransistor mit Kammstruktur [83] ist in Bild 37 schematisch dargestellt. In das großflächige Basisgebiet sind parallel verlaufende hochdotierte p^+-Basisstreifen (Basisgitter) eindiffundiert, die der Verringerung des Basisbahnwiderstandes dienen. Dazwischen befinden sich die n^+-Emitterstreifen, die durch Diffusion aus einer dotierten polykristallinen Si-Schicht (PSL) hergestellt werden. Die PSL-Abscheidung erfolgt nach dem Öffnen der Emitterdiffusionsfenster. Nach thermischer Oxydation der PSL-Oberfläche werden die Emitterkontaktfenster, die parallel zu den Emitterstreifen und jeweils zwischen diesen angeordnet sind, strukturiert. Es ergibt sich damit der in Bild 37 skizzierte Verlauf der Strombahnen vom Emitterkontakt zum Emitter, wobei die

PSL-Schicht als Emittergegenkopplungswiderstand wirkt. Der Grad der Gegenkopplung hängt von der Dotantenkonzentration und den Abmessungen der PSL ab.
Die Anwendung der PSL führt zur Verbesserung der Transistoreigenschaften und der Fertigung, denn

1. eliminiert sie die Probleme, die mit der hohen Oberflächenkonzentration bei der üblichen Emitterdiffusion (Vorbelegung aus der Gasphase) verbunden sind;
2. bildet sie eine Barriere zwischen Si und Al, wodurch die Möglichkeit des Durchlegierens als Folge der Bildung intermetallischer Si–Al-Phasen bei lokaler thermischer Überhitzung (hot spots) ausgeschlossen wird;
3. verringert sie die Gefahr von Kurzschlüssen zwischen Al-Leitbahnen und Si, die sich bei dünnen Planaroxidschichten infolge von Reaktionen des Al mit dem SiO_2 einstellen und
4. bildet sie die Gegenkopplungswiderstände, die der Homogenisierung der Stromverteilung dienen.

Als Beispiel seien einige konstruktive Parameter eines HF-Leistungstransistors in Emittergrid-Technik [81] genannt:

Chipabmessungen	$2{,}0 \times 3{,}0\ mm^2$,
Gesamtbasisfläche	$2{,}4\ mm^2$,
Zahl der kreisförmigen Basiskontaktflächen	800,
Gesamtemitterrandlänge	88 mm.

Nachfolgende Zusammenstellung gibt einen Überblick über den gegenwärtigen Stand der Technik:

Typ	Nutzleistung [W]	Leistungsverstg. [dB]	bei Frequenz [GHz]
2 N 6093	75	13	0,03
2 N 5643	40	7,6	0,175
T A 8695	30	8	1,3
2 N 6267	10	7	2
40899	6	6	2,3
RCA 3005	4,5	5	3

2.8.3.6. Transistoren für hohe Betriebsspannung

Transistoren für hohe Betriebsspannungen sollen üblicherweise auch die Forderungen nach hoher Ausgangsleistung und günstigen Schalteigenschaften erfüllen. Da die einfachen Technologien, wie Hometaxialtechnik (z. B. 2 N 3055) und Epitaxialbasistechnik [85] die technologischen Grenzen bald erreichten, wurden einige spezielle Verfahren für hochspannungsfeste Transistoren entwickelt.

2.8.3.6.1. Planartransistor

Die Herstellung von Transistoren für hohe Spannungen nach dem üblichen Planarverfahren stößt auf folgende Schwierigkeiten:

1. Infolge der Umverteilung bei der thermischen Oxydation und durch den Einfluß der positiven Oxidladungen (vgl. Kap. 2.8.3.3.1.) bildet sich bei *npn*-Typen in der Nähe der Si/SiO_2-Grenzfläche des *n*-leitenden Kollektors eine Anreicherungsrandschicht. Diese verursacht eine Verringerung der Breite der Raumladungs-

zone, d. h. eine Feldstärkeerhöhung und damit Herabsetzung der Durchbruchspannung des Kollektor-Basis-Überganges. Dieser Einfluß steigt mit der Zunahme des spezifischen Widerstandes der epitaktischen Kollektorschicht (vgl. Bild 38a).

2. Aufgrund der Randkrümmung des diffundierten Kollektor-Basis-Überganges entsteht im gekrümmten Bereich eine beträchtliche Feldstärkeüberhöhung, die zum vorzeitigen Durchbruch führt. Die Durchbruchspannung wird dadurch auf einen Wert von ca. 30 bis 50% der durch den spezifischen Widerstand vorgegebenen Volumendurchbruchspannung herabgesetzt. Sie verringert sich um so mehr, je kleiner der Krümmungsradius, d. h. je geringer die Eindringtiefe der Diffusionsfront ist.

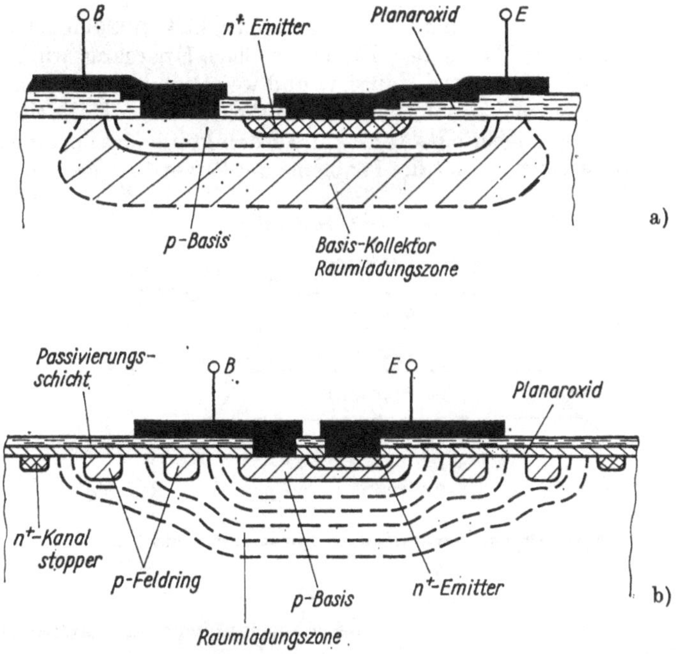

Bild 38. Planartransistor für hohe Betriebsspannungen

a) Schematische Darstellung der Verformung der Raumladungszone im Randbereich eines üblichen npn-Planartransistors;

b) Schematische Darstellung des Verlaufes der Äquipotentiallinien in der Basis-Kollektor-Raumladungszone eines Planartransistors mit Feldringen

Bild 38b zeigt eine Planarstruktur, bei der die genannten Nachteile teilweise eliminiert sind. Konzentrisch um das Basisgebiet sind in vorgegebenen Abständen gleichzeitig mit der Basisdiffusion sogenannte „Feldringe“ eindiffundiert worden [87]. Unter der Voraussetzung, daß der Abstand der Feldringe dem spezifischen Widerstand der Epitaxieschicht, den Diffusionsbedingungen, der Oxidladungsdichte usw. angepaßt wurde, stößt mit wachsender Kollektor-Basis-Sperrspannung die Raumladungszone an dem der Basis benachbarten Feldring an (punch through), noch ehe der Durchbruch in Grenzflächennähe bzw. im gekrümmten Randbereich erfolgt. Da der Feldring eine Äquipotentialfläche darstellt, wird bei weiterer Spannungserhöhung die Raumladungszone durch den Feldring nach außen ge-

drängt, während die Feldstärke zwischen Basis und Feldring konstant bleibt. Bei richtiger Dimensionierung berührt die Raumladungszone noch vor Erreichen der Durchbruchfeldstärke bereits den zweiten Feldring.
Durch geeignete Zahl und Anordnung der Feldringe kann also der Einfluß der Si–SiO_2-Grenzfläche auf die Durchbruchspannung beseitigt werden. Da aber die Feldringe außerdem die Form der Raumladungszone verändern (vgl. Bild 38b), wird auch der Einfluß der Randkrümmung wesentlich verringert.
Die Herstellung dieser Transistorstruktur erfordert keine zusätzlichen Prozeßschritte. Nachteilig ist das ungünstige Verhältnis der Flächen von Kollektor- und Emitter-*pn*-Übergang, das sich auf die Grenzfrequenzen auswirkt.

2.8.3.6.2. Mesatransistor

Die beim Planartransistor behandelten Probleme (vgl. Kap. 2.8.3.6.1.) treten beim Mesatransistor nicht auf. Denn der Kollektor-Basis-Übergang wird großflächig, d. h. nicht durch Maskenfenster, diffundiert und weist somit keine Randkrümmung auf. Er tritt auch nicht im Bereich thermischen Oxids an die Halbleiteroberfläche, so daß keine Umverteilungseffekte wirksam werden können. Allerdings ist der *pn*-Übergang nicht passiviert, womit die Probleme der Zuverlässigkeit zu lösen sind.

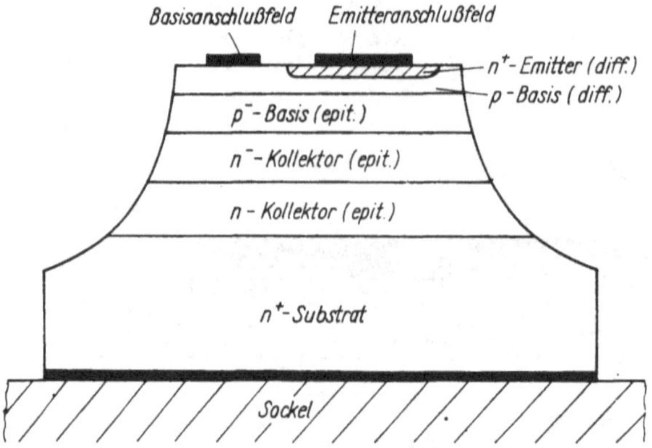

Bild 39. Querschnitt durch einen doppeldiffundierten Dreifachepitaxie-Mesatransistor

Bewährt haben sich für hohe Spannungsfestigkeiten doppeldiffundierte Mehrfachepitaxie-Transistoren [88], [85]. Hierbei werden auf einem n^+-Substrat epitaktische Schichten der Folge n-n^--p^- bzw. n^--p^- abgeschieden, worauf in die p^--Epitaxieschicht eine p-Basis und in diese wiederum ein n^+-Emitter diffundiert werden (Bild 39). Durch geeignete Wahl der Dickenverhältnisse der Epitaxieschichten, der Schichtdicke selbst und der Dotantenkonzentrationen kann das Durchbruchverhalten optimiert werden. Mit dieser Technik sind Betriebsspannungen von $U_{CEO} \lesssim 400$ V erzielbar. Auch dieser Wert liegt weit unter dem theoretischen und wird durch den Oberflächendurchbruch bestimmt.

2.8.3.6.3. Diffundierter Transistor mit Fase

Um die Probleme des Oberflächendurchbruches zu lösen, wurden die Erfahrungen der Herstellung hochsperrender Gleichrichter und Thyristoren auf die Transistortechnologie übertragen. Bei jenen Elementen wird nämlich der Festkörperoberfläche im Bereich der Raumladungszone eine solche Form gegeben, daß dort die Feldstärke beträchtlich vermindert wird. Durch Abschrägen [89] des Plättchenrandes gemäß Bild 40 kann man die Raumladungszone an der Oberfläche verbreitern und somit die Oberflächendurchbruchspannung unter die Volumendurchbruchspannung senken.

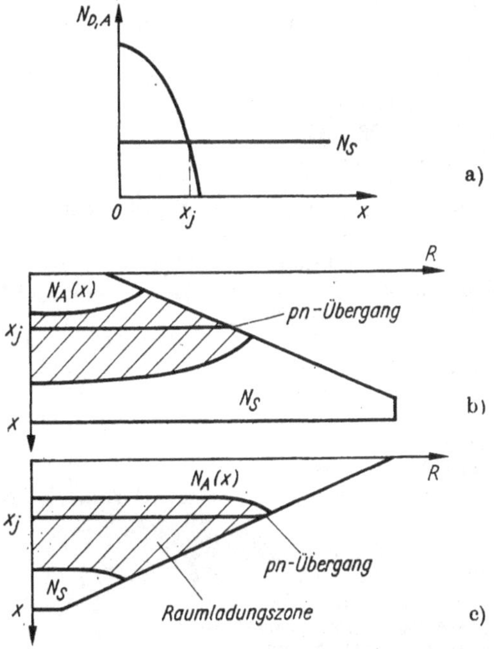

Bild 40. Schematische Darstellung des Einflusses der Fase auf die Breite der Raumladungszone im Oberflächenbereich

a) Konzentrationsprofil;
b) Plättchenrand mit negativem Fasenanschliff;
c) Plättchenrand mit positivem Fasenanschliff

Für die Optimierung der Randschräge (Fase) sind

- Dotierungsprofil,
- Oberflächenladungen,
- Einfluß der nachträglich anzubringenden Passivierungsmittel,
- Flächenverhältnisse und
- Montage des Plättchens im Gehäuse

zu berücksichtigen. Die Fase erhält eine Neigung $\alpha \lesssim 50$ Grad und wird durch mechanisches Schleifen oder durch Ultraschallbearbeitung hergestellt. Der Schliffwinkel kann, wie Bild 40 zeigt, positiv oder negativ sein, wobei als positiv eine Verringerung des Kristallquerschnittes in Richtung abnehmender Dotantenkonzentration definiert ist. Für Transistoren sind positive Schliffwinkel vorteilhaft.

Während der Kollektor-Basis-Übergang großflächig diffundiert wird, erzeugt man nach thermischer Oxydation der Halbleiterscheibe den Emitter-Basis-Übergang durch selektive Diffusion unter Verwendung der Methoden der Planartechnik. Die mit dieser Technik hergestellten Transistoren BU 206 und BU 209 sind für $U_{CEO} = 1700$ V ausgelegt.

Literaturverzeichnis

[1] Semiconductor Silicon 1973. The Electrochemical Soc. Inc., Washington 1973
[2] Ebenda, S. 1–16
[3] *Hoeneisen, B., Mead, C. A.*: Sol. State El. **15** (1972) 891–899
[4] *Thornley, R. F., Hatzakis, M., Dhaka, V. A.*: IEEE Trans. ED-**17** (1970) 961–964
[5] *May, G. A.*: Sol. State El. **11** (1968) 613–620
[6] *Bowler, D. L., Lindholm, F. A.*: IEEE Trans. ED-**20** (1973) 257–263
[7] *van Vliet, K. M., Min, H. S.*: Sol. State El. 17 (1974) 267–284
[8] *Manck, O., Heimeier, H., Engl, W.*: IEEE Trans. ED-**21** (1974) 403–409
[9] *Clark, L. E.*: IEEE Trans. ED-**16** (1969) 113–116
[10] *Hauser, J. R.*: IEEE Trans. ED-**11** (1964) 238
[11] *Wilson, P. R.*: Sol. State El. **17** (1974) 465–467
[12] *Verwey, J. F.*: Sol. State El. **14** (1971) 775–782
[13] *Rein, H. M., Schad, T., Zühlke, R.*: Sol. State El. **15** (1972) 481–500
[14] *Conti, F., Conti, M.*: Sol. State El. **15** (1972) 93–106
[15] *Bulucea, C., Rusu, A., Postolache, C.*: Sol. State El. **17** (1974) 881–888
[16] *Hewlett, F. W., Lindholm, F. A., Brodersen, A. J.*: Sol. State El. **17** (1974) 179–183
[17] *Wilson, P. R.*: Sol. State El. **17** (1974) 179–183
[18] *Moll, J. L., Su, J. L., Wang, A. C.*: IEEE Trans. ED-**17** (1970) 420–423
[19] *Spitzer, S. M.*: Sol. State El. **12** (1969) 433–437
[20] *Hower, P. L., Govil, P. K.*: IEEE Trans. ED-**21** (1974) 617–623
[21] *Gaur, S. P., Vavon, D. H., Teerlinck, R. W.*: IEEE Trans. ED-**20** (1973) 527–533
[22] *Fair, R. B.*: IEEE Trans. ED-**20** (1973) 642–646
[23] *Mock, M. S.*: Sol. State El. **17** (1974) 819–824
[24] *Mertens, R. P., DeMan, H. J., van Overstraeten, R. J.*: IEEE Trans. ED-**20** (1973) 772 bis 778
[25] *Choo, S. C.*: Sol. State El. **15** (1972) 11–20
[26] *Yang, E. S.*: Sol. State El. **12** (1969) 399–405
[27] *Lo, T. Ch.*: IEEE Trans. ED-**18** (1971) 243–248
[28] *Rey, G., Bailbe, J. P.*: Sol. State El. **17** (1974) 1045–1057
[29] *McDonald, B. A.*: Sol. State El. **14** (1971) 17–28
[30] *Wang, A. C., Kakihana, S.*: IEEE Trans. ED-**21** (1974) 667–674
[31] *Stolnitz, D.*: IEEE Trans. ED-**13** (1966) 643–648
[32] *Nienhuis, R. J.*: IEEE Trans. ED-**13** (1966) 655–662
[33] *Daw, A. N., Choŭdry, K. D.* u. a.: Sol. State El. **16** (1973) 669–673
[34] *Basavaraj, T. N., Bhattacharyya, A. R.*: Sol. State El. **16** (1973) 921–929
[35] *El-Shandwily, M. E.*: Sol. State El. **17** (1974) 507–510
[36] *Archer, J. A.*: Sol. State El. **15** (1972) 249–258
[37] *Archer, J. A.*: Sol. State El. **17** (1974) 387–393
[38] *Wahl, J. A.*: IEEE Trans. ED-**21** (1974) 40–49
[39] *Nelson, J. T., Iverson, J. E., Keywall, F.*: Proc. IRE **47** (1958) 1209
[40] *Clarck, M. A.*: Proc. IRE **47** (1958) 1185
[41] *Jochems, P. J. W., Memelink, O. W., Tummers, L. J.*: Proc. IRE **47** (1958) 1161
[42] *Cohen, R. A., Mountain, R. W.*: IEEE Trans. ED-**18** (1971) 54
[43] *Rebstock, H., Rüchardt, H.*: Siemens-Z. **40** (1966) 322
[44] *Renner, H., Liebscher, G.*: SEL-Nachrichten **11** (1963) 36
[45] *Appels, J. A., Paffen, M. M.*: Philips Res. Repts. **26** (1971) 157
[46] *Hu, S. M., Schmidt, S.*: J. Appl. Phys. **39** (1968) 4272
[47] *Hu, S. M., Yeh, T. H.*: J. Appl. Phys. **40** (1969) 4615
[48] *Henning, W., Hargasser, H., Glawischnig, H.*: Z. angew. Phys. **27** (1969) 89
[49] *Abe, T., Fujinuma, K., Sakamoto, T., Sato, K., Yata, K., Ohmura, Y.*: Toshiba Rev. **47** (1970) March, 1
[50] *Fisher, A. W., Amick, J. A., Hyman, H., Scott, J. H.*,: RCA Rev. **29** (1968) 533
[51] *Kamioka, H., Ishii, K., Tagaki, M.*: Fujitsu Sci. Techn. J. 8 (1972) 147
[52] *De Man, H. J. J.*: IEEE Trans. ED-**18** (1971) 833

[53] *Kannam, P. J.*: IEEE Trans. ED-**20** (1973) 845
[54] *Jones, O.*: Microelektronics Reliab. **6** (1967) 277
[55] *Coppen, P.*: Sol.-State Techn. **8** (1965) No. 7, 20
[56] *Arlt, M., Gückel, H.*: Siemens-Z. **44** (1970) 688
[57] *Dhaka, V. A.*: IBM J. Res. Develop. **12** (1968) 476
[58] *Brown, D. M.*: Solid-State Technol. **15** (1972) No. 4, 33
[59] *Faggin, F., Klein, T.*: Solid-State Electr. **13** (1970) 1125
[60] *Gosney, W. M., Hall, L. H.*: IEEE Trans. ED-**20** (1973) 469
[61] *Blanchard, R. A., Gargini, P. A., May, G. A., Melen, R. D.*: IEEE J. SC-9 (1974) 103
[62] *Brown, D. M., Cady, W. R., Sprague, J. W., Salvagni, P. J.*: IEEE Trans. ED-**18** (1971) 931
[63] *Peltzer, D., Herndon, B.*: Electronics **44** (1971, 1. März) 53
[64] *Kooi, E., van Lierop, J. G., Verkuylen, W. H. C. G., de Werdt, R.*: Phil. Res. Repts. **26** (1971) 157, 166
[65] *Brandt, B. M. M., Steinmaier, W., Strachan, A. J.*: L'onde electrique **54** (1974) 27
[66] *Mai, C. C., Chan, T. C., Palmer, R. B.*: IEEE Trans. ED-**20** (1973) 1162
[67] *Lin, H. C., Jones, W. N.*: IEEE Trans. ED-**20** (1973) 275
[68] *Drescher, K.*: WP 88. 607
[69] *Dahlberg, R.*: DOS 1. 811. 136
[70] *Reddi, V. G. K., Yu, A. Y. C.*: Solid -State Technol. **15** (1972) No. 10, 35
[71] *Barnowski, M. K., Loper, D. D.*: Solid-State Electronics **16** (1973) 433, 441
[72] *Shackle, P. W., Payne, R. S.*: J. Vac. Sci. Technol. **10** (1973) 1090
[73] *Fujinuma, K., Sakamoto, T., Abe, T., Sato, K., Ohmura, Y.*: Suppl. Jap. J. Appl. Phys. **39** (1970) 71
[74] *Dietrich, B.*: Funktechnik **22** (1967) 697
[75] Valvo Brief (1965, April) 3
[76] *Gansauge, P.*: IEEE Trans. ED-**15** (1968) 728
[77] *Beadle, W. E., Daburlos, K. E., Eckton, W. H.*: IEEE Trans. ED-**16** (1969) 125
[78] *Kuisl, M.*: Solid-State Electronics **15** (1972) 595
[79] *Carley, D. R., McGeough, P. L., O'Brien, J. F.*: Electronics **38** (1965) No. 17, 71
[80] *Hargasser, H., Henning, W.*: Siemens-Z. **40** (1966) 320
[81] *Andeweg, J., van den Hurk, Th. H. J.*: IEEE Trans. ED-**16** (1969) 39
[82] *Slotboom, J. W.*: IEEE Trans. ED-**20** (1973) 669
[83] RCA — Firmenschrift MPT-700A/SUN-501A
[84] *Eichler, B., Wolf, J.*: DOS 1. 921. 597
[85] RCA: „Power Transistors", Technical Series PM-81
[86] *Sirsi, R. M., Boothroyd, A. R., Thomas, R. E.*: IEEE Trans. ED-**20** (1973) 878
[87] *Dathe, J., Schrenk, H.*: Siemens-Z. **44** (1970) 691
[88] *Denning, R., Moe, D. A.*: IEEE Trans. ED-**17** (1970) 711
[89] *Bakowski, M., Lundström, K. I.*: IEEE Trans. ED-**20** (1973) 550

2.9. Numerische Analyse der inneren Elektronik von Halbleiterbauelementen

Von *H. Elschner/A. Möschwitzer* und *P. Seifert/K. Vetters*

Technische Universität Dresden, Sektion Informationstechnik und Sektion Mathematik

2.9.1. Einführung

Die numerische Analyse und Optimierung hat in der Halbleitertechnik im vergangenen Jahrzehnt wesentlich an Bedeutung gewonnen. Maßgebend für diese Entwicklung war neben der Schaffung der technischen Voraussetzungen (Fortschritte der Rechentechnik hinsichtlich Geschwindigkeit, Rechnerkosten, Speicherkapazität, problemorientierter Programmiersprachen und anderer Erleichterungen der Kommunikation mit dem Rechner) die folgende neue Situation, die durch die moderne Festkörperelektronik (Halbleiterelektronik) entstanden ist:

— Da die innere Elektronik der halbleiterelektronischen Strukturen durch gekoppelte nichtlineare partielle Differentialgleichungen (PDG) beschrieben wird, sind geschlossene analytische Lösungen nur durch starke Vereinfachungen von Fall zu Fall möglich. Das birgt die Gefahr in sich, daß nichttriviale Lösungen falsche Ergebnisse liefern. Das trifft insbesondere für moderne Bauelemente, z. B. die der Gunnelektronik, zu.

— Da bei großen integrierten Komplexen die Anzahl der unabhängigen Variablen und damit die anfallende Datenmenge so groß ist, daß sie „von Hand" nicht bewältigt werden kann (eine Optimierung „von Hand" ist also ausssichtslos) und sich infolge der hohen Vorbereitungskosten für die Herstellung integrierter Halbleiterstrukturen (integrierter Schaltungen) „Herumprobieren", wie das bei der klassischen Schaltungstechnik durch Brettschaltungen möglich war, hier von vornherein verbietet, ist die Analyse und Optimierung nur mit dem Rechner möglich.

— Da es meistens auch nicht möglich ist, zum Zwecke der Fehlersuche oder Detailoptimierung Messungen von Einzelbauelementen oder Substrukturen im Verband der großintegrierten Halbleiterstrukturen zu machen (diese sind nur über die Anschlüsse des Gesamtkomplexes zur Außenwelt zugängig und stehen in einer komplizierten inneren Wechselwirkung mit den übrigen Bestandteilen), kommt im ganzen der numerischen Analyse und Optimierung die unbedingte Aufgabe zu, eine weitestgehend produktionsreife Struktur zu liefern, an der nur noch nach Testungen Detailkorrekturen durchzuführen sind.

— Hinzu kommen meßtechnische Schwierigkeiten bei sehr schnellen Bauelementen (z. B. bei Gunn-Elementen mit Schaltzeiten unter 100 ps).

— Obwohl auch in Zukunft die Intuition des Elektronikingenieurs beim prinzipiellen Strukturentwurf und bei der Erfindung neuer Bauelementeprinzipien eine wichtige Rolle spielt, gibt es schon eine Reihe von Strukturen und Betriebsmoden, die vom Rechner „erfunden" wurden, dazu zählt z. B. der LSA-Modus.

Absolutes Gesamtziel der numerischen Analyse und Optimierung in der Halbleitertechnik ist es, ausgehend von einer vorgegebenen Systemfunktion die optimalen Struktur- und Prozeßparameter der integrierten Halbleiterstruktur (speziell der integrierten Schaltungen) zu ermitteln und Steuergrößen (z. B. auf einem Steuerlochstreifen) für die technologischen Apparaturen der Herstellung zu erzeugen.
Die Lösung dieser Aufgabe im ganzen ist in absehbarer Zeit nicht möglich. Deshalb wird sie in 3 Komplexe aufgeteilt:

A) Analyse der inneren Elektronik

Ziele:

a) Ermittlung der elektronischen Eigenschaften von Einzelbauelementen und Substrukturen in Abhängigkeit von den Steuergrößen und den Struktur- und Prozeßparametern (Physikalisches Modell). In diesen Bereich fällt die Erarbeitung von Prinziplösungen, Erfindung neuer Bauelementestrukturen, die Optimierung der Struktur- und Prozeßparameter für die Herstellung.

b) Schaffung von Netzwerkmodellen (Ersatzschaltbilder) und Berechnung der (meist nichtlinearen) Ersatzschaltbildelemente. Um gute quantitative Übereinstimmung mit den praktischen Werten zu erhalten, ist es oft günstig, diese Berechnungen mit gezielten Messungen kritischer Parameter zu koppeln (semiempirisches Modell), um Sicherheit über sehr unbestimmte und stark schwankende Parameter zu bekommen, die einen großen Einfluß haben, (z. B. läßt sich zwar der Stromverstärkungsfaktor von Bipolartransistoren auf numerischem Wege ziemlich exakt berechnen, jedoch ist dieser von den (meist zahlenmäßig sehr unsicheren) von Fall zu Fall stark schwankenden Minoritätsträgerlebensdauern abhängig).

Mathematisches Problem:

Numerische Lösung partieller (in Sonderfällen gewöhnlicher) Differentialgleichungen.

Die Ergebnisse können zum Zwecke einer mehrfachen Nutzung in einer Bauelementebibliothek abgespeichert werden.

B) Nichtlineare Netzwerkanalyse und logische Simulation

Ziele:

a) Berechnung der Zweigströme und Spannungen in einem komplexen Netzwerk, welches mit den nichtlinearen Modellen (Ersatzschaltbildern) der integrierten Bauelemente aufgebaut ist und welches an einer oder mehreren Stellen mit elektrischen Störgrößen (z. B. Strom- und Spannungssprünge) beaufschlagt wird.

b) Ermittlung der logischen Signalverarbeitung eines entworfenen Schaltnetzwerkes bei bestimmten Belegungen für die logischen Variablen.

Mathematisches Problem:

Numerische Lösung nichtlinearer algebraischer bzw. nichtlinearer gewöhnlicher Differentialgleichungen. Boolesche Algebra.

C) Automatischer Layoutentwurf

Dieses Problem zerfällt seinerseits in die Teilaufgaben:

- Positionierung und Partitionierung (kreuzungs- und laufzeitminimale Anordnung der Bauelemente und Bauelementegruppen)
- Flächenoptimierung
- Trassierung

Wir beschäftigen uns hier nur mit Punkt A).
Zum Schluß dieses einführenden Abschnittes sei in Bild 1 noch der vereinfachte Ablaufplan der Entwicklung integrierter Schaltkreise gezeigt.

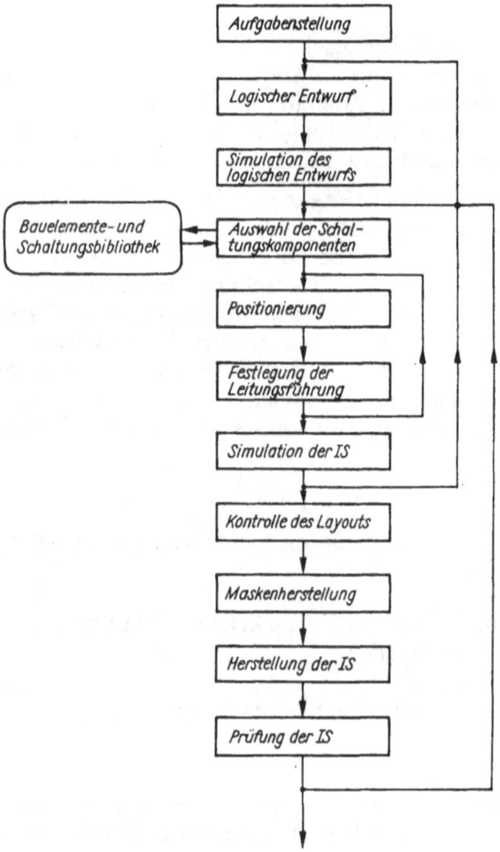

Bild 1. Grober Überblick über die einzelnen Etappen beim Entwurf integrierter Halbleiterstrukturen

2.9.2. Übersicht

Die elektronischen Eigenschaften von Halbleiterbauelementen werden im klassischen Sinn durch die folgenden phänomenologischen Grundgleichungen beschrieben:

Poisson-Gleichung

$$\operatorname{div} \boldsymbol{E} = \frac{e}{\varepsilon_H} \left(p - n - N(\boldsymbol{r})\right)$$

mit

$$N(\boldsymbol{r}) = \sum_{\nu=1}^{M} N_{A\nu}^{-} - \sum_{\mu=1}^{L} N_{D\mu}^{+} \tag{1}$$

und

$$\boldsymbol{E} = -\operatorname{grad} \varphi \,, \tag{2}$$

Kontinuitätsgleichungen

$$-e\frac{\partial n}{\partial t} = -\operatorname{div} \boldsymbol{S}_n + eR(n, p) - eG(n, p, E) + eT_n(n, p, E, N_{A\nu}^{-}, N_{D\mu}^{+}) \,, \tag{3}$$

$$e\frac{\partial p}{\partial t} = -\operatorname{div} \boldsymbol{S}_p - eR(n, p) + eG(n, p, E) - eT_p(n, p, E, N_{A\nu}^{-}, N_{D\mu}^{+}) \,, \tag{4}$$

Stromdichtegleichungen

$$\boldsymbol{S}_n = -e\boldsymbol{v}_n(\boldsymbol{E})\, n + e \operatorname{grad} D_n n \,, \tag{5}$$

$$\boldsymbol{S}_p = e\boldsymbol{v}_p(\boldsymbol{E})\, p - e \operatorname{grad} D_p p \,, \tag{6}$$

$$\boldsymbol{S} = \boldsymbol{S}_n + \boldsymbol{S}_p + \varepsilon_H \frac{\partial \boldsymbol{E}}{\partial t} \tag{7}$$

($\boldsymbol{v}_n, \boldsymbol{v}_p$ — Elektronen- bzw. Löchergeschwindigkeit; $N_{D\mu}^{+}, N_{A\nu}^{-}$ — Dichte der geladenen Donator- bzw. Akzeptorniveaus; R, G — Rekombinations- bzw. Generationsrate; T_n, T_p — Traprate der Elektronen bzw. Löcher).

Unter T_n bzw. T_p wird die pro Zeiteinheit getrapte Elektronen- bzw. Löcherdichte verstanden, die sich aus der Differenz von Ab- und Zustrom pro Zeiteinheit vom Leitband zu den Traps bzw. vom Valenzband zu den Traps ergibt. Demzufolge erfordert eine vollständige phänomenologische Beschreibung zusätzlich zu den Kontinuitätsgleichungen i. a. $M + L$ Bilanzgleichungen für die Besetzung der Trapniveaus. Sie sind im allgemeinen erster Ordnung bezüglich der Zeit. Für ihre numerische Behandlung gelten ähnliche Überlegungen wie für die Kontinuitätsgleichungen. Um die folgende Betrachtung zu vereinfachen, wird $T_n = T_p = 0$ vorausgesetzt.

Als Generationsprozesse (Erzeugung eines Elektron-Lochpaars im Leit- bzw. Valenzband) sind außer der thermischen Generation die Generation durch Stoßionisation und Licht noch von technischer Bedeutung. Durch die Gleichung (2) wird $\boldsymbol{E}$ als Potentialfeld festgelegt, d. h. die Wellenausbreitung wird vernachlässigt. Demnach dürfen sich die Elektrodenpotentiale, Ladungsträgerdichten bzw. Stromdichten in einem Zeitraum

$$\Delta t = \frac{L}{c}\sqrt{\varepsilon\mu} = 3{,}3\sqrt{\varepsilon_r\mu_r}\cdot\frac{L}{\text{mm}}\,\text{ps}$$

nur unwesentlich ändern. Dabei ist L die größte Abmessung innerhalb der untersuchten Anordnung.

Die Gleichungen (1) bis (7) bilden ein System nichtlinearer partieller Differentialgleichungen. Eine analytische Lösung ist selbst für örtlich eindimensionale statische Einträgerprobleme nur unter vereinfachenden Voraussetzungen möglich. Bei der numerischen Analyse werden φ, $\boldsymbol{E}$, p, n, $\boldsymbol{S}_n$, $\boldsymbol{S}_p$ und $\boldsymbol{S}$ oder auch ein Teil dieser Größen an diskreten Punkten des Orts-Zeitraums näherungsweise bestimmt. Der Orts-Zeitraum ist im allgemeinen Fall vierdimensional oder anschaulich ausgedrückt: Es wird ein dreidimensionales räumliches Gitter zu diskreten Zeitpunkten betrachtet. Ohne Einschränkung der Allgemeinheit der Aussagen werden im folgenden örtlich ein- oder zweidimensionale Probleme vorausgesetzt, falls es nicht

ausdrücklich anders angegeben wird. Bei Annahme eines kartesischen Koordinatensystems für den Ort ist ein Gitter als Schnitt im Bild 2 dargestellt.
Die Koordinaten des Gitterpunktes werden mit

$$x_i \quad (i = 0, 1, 2, \ldots, N-1, N),$$
$$y_j \quad (j = 0, 1, 2, \ldots, M-1, M),$$
$$t_k \quad (k = 0, 1, 2, \ldots, K-1, K)$$

bezeichnet. Sie sind nur in Sonderfällen äquidistant.

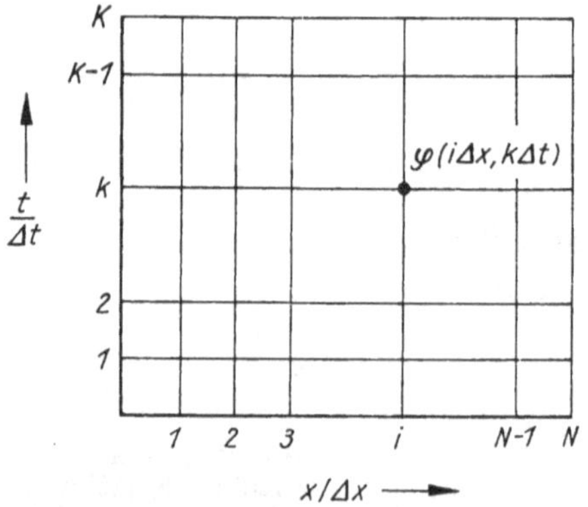

Bild 2. Diskretisierung eines Halbleitergebietes durch ein Gitternetz (zweidimensional)

Die abhängigen Größen werden auch durch Indizes gekennzeichnet. Als Beispiel sei

$$n(x_i, y_j, t_k) = n_{i,j,k} \tag{8}$$

genannt. Wie im Abschnitt 2.9.4.1. nachgewiesen werden wird, kann es übrigens durchaus vorteilhaft sein, die Ortsgitter für $\boldsymbol{E}$ und φ, p, n auf Lücke zu setzen.
Um die Rechenzeit und den benötigten Speicherplatz klein zu halten, bemüht man sich, durch Elimination von Größen bereits im Ansatz die Zahl der Unbekannten zu reduzieren. Bei Einträgerproblemen (z. B. n-Leitung) muß lediglich eine Größe an jedem inneren Gitterpunkt des Ortsraums berechnet werden, und zwar φ oder E_x oder n bei örtlich eindimensionalen Problemen und φ bei örtlich mehrdimensionalen Problemen.
Alle anderen Größen lassen sich dann nach Bedarf berechnen, ohne daß ein gekoppeltes Gleichungssystem zu lösen ist. Bei Zweiträgerproblemen müssen an jedem inneren Punkt des Ortsraumes mindestens zwei Unbekannte berechnet werden, und zwar

(φ, p) oder (φ, n) oder (E_x, p) oder (E_x, n) oder (p, n)
im örtlich eindimensionalen Fall

und

(φ, p) oder (φ, n) oder (p, n)
im örtlich mehrdimensionalen Fall.[1])

Natürlich ist es z. B. im letzten Fall auch möglich, E_x, E_y und p als Unbekannte einzuführen, wenn man vom Rand absieht. Man braucht dann aber nicht nur $2(N-1)(M-1)$, sondern $3(N-1)(M-1)$ unabhängige Gleichungen und muß anstelle von Gl. (2) rot $\boldsymbol{E} = 0$ berücksichtigen.

---

[1]) Aus numerischen Gründen kann es aber auch vorteilhaft sein, auf die Elimination einer Variablen zu verzichten und bei Einträgerproblemen mit zwei Variablen und bei Zweiträgerproblemen mit drei Variablen zu rechnen.

Werden die Randbedingungen (z. B. die Potentiale am Rand) nicht vorgegeben, sondern durch eine Beschaltung des untersuchten Bauelements mit anderen konzentrierten Bauelementen in Wechselwirkung mit den Vorgängen im Inneren bestimmt, so müssen zusätzlich zu den Gln. (1) bis (7) die Kirchhoffschen Gesetze und Strom-Spannungsbeziehungen für den äußeren Schaltkreis berücksichtigt werden, wodurch sich auch die Zahl der von vornherein einzuführenden bzw. abzuspeichernden Unbekannten im Inneren des Halbleiterbauelements erhöhen kann (z. B. **S**-Berechnung).
Um ein partielles Differentialgleichungssystem numerisch zu lösen, können verschiedene Methoden angewendet werden, deren Zweckmäßigkeit oder Anwendbarkeit vom Gleichungstyp abhängt. Bei der Poissonschen Gleichung handelt es sich um den Prototyp einer elliptischen partiellen Differentialgleichung, für den gut ausgearbeitete Lösungsverfahren bereitstehen (s. Abschnitt 3.3). Die Kontinuitätsgleichungen weisen zwar eine gewisse Verwandtschaft mit dem parabolischen Differentialgleichungstyp [1] auf, sind ihm aber nicht unmittelbar zuzuordnen. Bei der Lösung des partiellen Differentialgleichungssystems der inneren Halbleiterelektronik kann man zwischen *Verfahren mit aufeinanderfolgender (sukzessiver) und Verfahren mit simultaner Abarbeitung der Poisson-Gleichung und der Kontinuitätsgleichung(en)* unterscheiden [2].
Bei diesen Verfahren können wiederum explizite und implizite Verfahren für die Integration unterschieden werden (s. Abschnitt 2.9.3.1. und 2.9.3.2). Es ist aber zu beachten, daß das simultane Verfahren (s. Abschnitt 2.9.4.) mit expliziter Integrationsformel stets auch die sukzessive Abarbeitung ermöglicht. Bei den sukzessiven Verfahren und den aus der Literatur bekannten simultanen Verfahren wird stets aus den bekannten Werten zu einem oder auch mehreren vorausgehenden Zeitpunkten auf die Werte für den nächsten Zeitpunkt geschlossen, d. h. die Berechnung der Unbekannten zu K Zeitpunkten erfordert die K-malige Wiederholung der Rechnung. Es ist aber auch ein total simultanes Verfahren denkbar, bei dem die gesuchte Werte für K Zeitpunkte nicht nacheinander bestimmt werden, sondern durch einen geeigneten Ansatz ein Gleichungssystem aufgestellt wird, in dem die Werte im Orts-Zeitraum verknüpft sind, so daß eine einmalige Rechnung die Werte für alle interessierenden Zeitpunkte oder zumindestens mehrere Zeitpunkte liefert.
Die Unterscheidung der Lösungsverfahren soll noch einmal am Beispiel des Ansatzes für die Berechnung der (unbekannten) Elektronendichte $n_{i,j,k+1}$ in einem örtlich zweidimensionalen Gitter erläutert werden. Aus den Gln. (1) bis (7) folgt unter Berücksichtigung der Diskretisierung als allgemeiner Ansatz

$$n_{i,j,k+1}^{(q)} = f\,(\varphi_{\nu_1,\mu_1,\gamma_1}^{(q_1)};\, n_{\nu_2,\mu_2,\gamma_2}^{(q_2)};\, p_{\nu_3,\mu_3,\gamma_3}^{(q_3)}) \tag{9}$$

mit

$$1 \leqq i \leqq N-1\,, \quad 1 \leqq j \leqq M-1\,, \qquad 1 \leqq k \leqq K\,.$$

q, q_1, q_2 und q_3 kennzeichnen den jeweiligen Iterationsindex, $q_1 = 2$ kennzeichnet die 2. Iterierte für $\varphi_{\nu_1,\mu_1,\gamma_1}$. Meist gilt $q_2 = q_3$. Die Bedeutung der Indizes ν, μ, γ ist z. B. aus

$$\varphi_{\nu_1,\mu_1,\gamma_1} \approx \varphi(x_{\nu_1}, y_{\mu_1}, t_{\gamma_1})$$

ersichtlich.
Die Werte von ν und μ hängen von der Ortsdiskretisierung ab. Ersetzt man dabei die Differentialquotienten durch zentrale Differenzenquotienten, d. h. z. B.

$$\frac{\partial n}{\partial x}(x_i, y_i, t_k) \approx \frac{n_{i+1,j,k} - n_{i-1,j,k}}{2\Delta x} \tag{10}$$

und

$$\frac{\partial^2 n}{\partial x^2}(x_i, y_i, t_k) \approx \frac{n_{i+1,j,k} - 2n_{i,j,k} + n_{i-1,j,k}}{\Delta x^2}, \tag{11}$$

so kann man aus den Gln. (1) bis (7), (9), 10 und (11)) schließen, daß als typische Werte vor allem

$$\nu = i - 1, i, i + 1$$

und

$$\mu = j - 1, j, j + 1$$

anzusehen sind. *Entscheidend* für die Unterscheidung der Verfahren sind aber die Werte, die die Indizes γ_1, γ_2 und γ_3 annehmen. Folgendes wird für $q = q_1 = q_2 = q_3$ definiert:

	γ_1	γ_2	γ_3
1. Sukzessive Verfahren			
a) explizit	$\leqq k$	$\leqq k$	$\leqq k$
b) implizit	$\leqq k$	$\leqq k + 1$	$\leqq k + 1$
2. Simultane Verfahren			
a) implizit simultan (für einen Zeitpunkt)	$\leqq k + 1$	$\leqq k + 1$	$\leqq k + 1$
b) total simultan	$\leqq r$ mit $r \geqq k + 2$	$\leqq r$ mit $r \geqq k + 2$	$\leqq r$ mit $r \geqq k + 2$

Für $q \neq q_1$ bzw. q_2 bzw. q_3 modifizieren sich die angegebenen Bedingungen. So liegt z. B. auch für $\gamma_1 \leqq k + 1$ noch ein sukzessives Verfahren vor, falls für $\gamma_1 = k + 1$ die Bedingung $q_1 \leqq q - 1$ erfüllt ist. Entscheidend für die Einordnung sind also jeweils die Näherungen q-ter Ordnung auf der rechten Seite von Gl. (9). Auf weitere Einzelheiten soll hier nicht eingegangen werden.

Es folgen nun einige Gedanken zur Lösungsstrategie. Angestrebt wird im allgemeinen eine Überführung in ein gewöhnliches Differentialgleichungssystem mit gut ausgearbeiteten Lösungsmethoden oder in ein nichtlineares oder lineares Gleichungssystem. Da die Lösungsmethoden für gewöhnliche Differentialgleichungssysteme meist wieder auf die Lösung gewöhnlicher Gleichungen führen und da auch die Lösungsstrategie bei nichtlinearen Gleichungen meist auf der Lösung linearer Gleichungen beruht, stehen diese Methoden im Zusammenhang und sind z. T. ineinander überführbar.

Die Überführung der partiellen Dgln. in gewöhnliche Dgln. oder gewöhnliche Gln. kann z. B. durch

— Ersetzung von Differential- durch Differenzenquotienten
— Anwendung von Integrationsformeln
— Reihenansätze (mit zu bestimmenden unbekannten Koeffizienten)

erfolgen, wobei auch diese Verfahren teilweise miteinander verwandt sind. Es ist möglich, zuerst eine Ortsdiskretisierung (Zeitdiskretisierung) durchzuführen und dann nach Lösungsmethoden für das entstehende Gleichungssystem zu suchen, in dem nur noch Differentialquotienten nach der Zeit (nach dem Ort) auftreten. Die weitere numerische Lösung führt aber auf jeden Fall, genauso wie bei einer Orts- *und* Zeitdiskretisierung von Anfang an, auf ein in Ort und Zeit diskretisiertes

System. Wird eine Ortsdiskretisierung durch Anwendung geeigneter Differenzenquotienten (s. Gl. (10) u. (11)) durchgeführt, so sind gegenüber einer Zeitdiskretisierung zwei Vorteile erkennbar:

1) Es entsteht auch bei örtlich mehrdimensionalen Problemen ein gewöhnliches Differentialgleichungssystem.
2) Das Gleichungssystem läßt sich als (nichtlineares) explizites Differentialgleichungssystem 1. Ordnung darstellen, also in der Form

$$\dot{\boldsymbol{y}} = \boldsymbol{F}(\boldsymbol{y}, t) \tag{12}$$

mit z. B.

$$\boldsymbol{y} = (p_{ij}, n_{ij}, t)\,. \tag{13}$$

Die explizite Zeitabhängigkeit von F kann z. B. über die Randbedingungen entstehen. Für solche Anfangswertprobleme sind vielfältige Lösungsverfahren bekannt (s. auch [29], [30], [32]):

a) Einschrittverfahren
   - a 1) Methode der Taylor-Entwicklung,
   - a 2) Methoden vom Runge-Kutta-Typ (explizit, implizit, semiimplizit),
   - a 3) Methoden, die mit höheren Ableitungen arbeiten (z. B. Verfahren von *Fehlberg* und von *Liniger-Willoubghy*),

b) Mehrschrittverfahren

   als Prediktor-Korrektor-Verfahren angewandt
   (z. B. Verfahren von *Adams, Stetter, Krogh* und *Gear*),

c) Extrapolationsverfahren

   (z. B. Verfahren von *Gragg—Bulirsch—Stoer*).

2.9.3. Sukzessive Lösung

2.9.3.1. Sukzessives explizites Verfahren

Die Darstellung erfolgt an Hand eines örtlich mehrdimensionalen Beispiels.

Vorgegeben seien:

$\mu_n(E)$, $\mu_p(E)$, $D_n(E)$, $D_p(E)$, $N(\boldsymbol{r}) = -\sum_{\mu=1}^{L} N_{D\mu}^{+}(\boldsymbol{r}) + \sum_{\nu=1}^{M} N_{A\nu}^{-}(\boldsymbol{r})$, $p(\boldsymbol{r}, t_0)$, $n(\boldsymbol{r}, t_0)$ und die Randbedingungen.

Schrittfolge:

A. Das Potential $\varphi(\boldsymbol{r}, t_0)$ wird durch Lösung der Poissonschen Gleichung

$$\Delta\varphi(\boldsymbol{r}, t_0) = -\frac{e}{\varepsilon_H}[p - n - N]_{t=t_0} \tag{14}$$

bestimmt (s. Abschnitt 2.9.3.3.).

B. Bei bekanntem Potential kann die Feldstärke

$$\boldsymbol{E}(\boldsymbol{r}, t_0) = -\text{grad}\,\varphi(\boldsymbol{r}, t_0) \tag{15}$$

berechnet werden.

C. Die Stromdichten folgen aus den Transportgleichungen:

$$\boldsymbol{S}_n(\boldsymbol{r}, t_0) = [en\mu_n\boldsymbol{E} + e \operatorname{grad} (D_n n)]_{t=t_0}, \tag{16}$$

$$\boldsymbol{S}_p(\boldsymbol{r}, t_0) = [ep\mu_p\boldsymbol{E} - e \operatorname{grad} (D_p p)]_{t=t_0}. \tag{17}$$

D. Aus den Kontinuitätsgleichungen können

$\frac{\partial n}{\partial t}(\boldsymbol{r}, t_0)$ und $\frac{\partial p}{\partial t}(\boldsymbol{r}, t_0)$ bestimmt werden:

$$-e\frac{\partial n}{\partial t}(\boldsymbol{r}, t_0) = [-\operatorname{div} \boldsymbol{S}_n + eR - eG]_{t=t_0}, \tag{18}$$

$$e\frac{\partial p}{\partial t}(\boldsymbol{r}, t_0) = [-\operatorname{div} \boldsymbol{S}_p - eR + eG]_{t=t_0}. \tag{19}$$

E. Um aus den bekannten Funktionswerten und Zeitableitungen von n und p zum Zeitpunkt t_0 die Funktionswerte zum Zeitpunkt $t_0 + \Delta t$ zu ermitteln, wird z. B. ein explizites Integrationsverfahren 2. Fehlerordnung, das Einschrittverfahren von *Heun*, angewendet:

E.1.

$$n^{(1)}(\boldsymbol{r}, t_0 + \Delta t) \approx n(\boldsymbol{r}, t_0) + \Delta t\frac{\partial n}{\partial t}(\boldsymbol{r}, t_0), \tag{20}$$

$$p^{(1)}(\boldsymbol{r}, t_0 + \Delta t) \approx p(\boldsymbol{r}, t_0) + \Delta t\frac{\partial p}{\partial t}(\boldsymbol{r}, t_0). \tag{21}$$

E.2. Die Schritte A bis D werden wiederholt, wobei t_0 durch $t_0 + \Delta t$ zu ersetzen ist. Damit liegen

$$\frac{\partial n^{(1)}}{\partial t}(\boldsymbol{r}, t_0 + \Delta t) \quad \text{und} \quad \frac{\partial p^{(1)}}{\partial t}(r, t_0 + \Delta t) \text{ vor.}$$

E.3.

$$n^{(2)}(\boldsymbol{r}, t_0 + \Delta t) \approx n(\boldsymbol{r}, t_0) + \frac{\Delta t}{2}\left[\frac{\partial n}{\partial t}(\boldsymbol{r}, t_0) + \frac{\partial n^{(1)}}{\partial t}(\boldsymbol{r}, t_0 + \Delta t)\right], \tag{22}$$

$$p^{(2)}(\boldsymbol{r}, t_0 + \Delta t) \approx p(\boldsymbol{r}, t_0) + \frac{\Delta t}{2}\left[\frac{\partial p}{\partial t}(\boldsymbol{r}, t_0) + \frac{\partial p^{(1)}}{\partial t}(\boldsymbol{r}, t_0 + \Delta t)\right]. \tag{23}$$

F. Die Schrittfolge A bis E wird wiederholt, wobei t_0 durch $t_0 + \Delta t$ und $n(\boldsymbol{r}, t_0)$ bzw. $p(\boldsymbol{r}, t_0)$ durch $n^{(2)}(\boldsymbol{r}, t_0 + \Delta t)$ bzw. $p^{(2)}(\boldsymbol{r}, t_0 + \Delta t)$ zu ersetzen sind.

Die Schrittweite Δt läßt sich leicht automatisch steuern. Zur Festlegung bzw. Ermittlung von $n(\boldsymbol{r}, t_0)$ und $p(\boldsymbol{r}, t_0)$ wird im Abschnitt 2.9.6. Stellung genommen. Bei der Darstellung wurde im Interesse der Übersichtlichkeit auf eine Ortsdiskretisierung verzichtet.

2.9.3.2. Sukzessives implizites Verfahren

Während bei expliziten Verfahren entsprechend der Definition im Abschnitt 2.9.2. die Werte für den Zeitpunkt $t_{k+1} = t_0 + (k + 1)\,\Delta t$ (bei konstanter Schrittweite) aus den Werten für vorhergehende Zeitpunkte oder aus einem vorausgehenden Iterationsschritt für denselben Zeitpunkt, also aus bekannten Werten, bestimmt wurde, erfordert die Anwendung eines impliziten Verfahrens für die Integration der Kontinuitätsgleichung (s. Schritt E im Abschnitt 2.9.3.1.) für jeden Zeitpunkt die Lösung eines Gleichungssystems. Als Beispiel wird ein örtlich zweidimensionales Poblem mit n-Leitung betrachtet. Überträgt man das Verfahren, das von *Crank* und *Nicolson* [1] für parabolische Differentialgleichungen angewendet worden ist, auf die Kontinuitätsgleichung, so liegt es nahe, die rechte Seite von Gl. (3) durch ein gewichtetes Mittel für die Zeitebenen k und $k + 1$ und den Differentialquotienten auf der linken Seite dieser Gleichung durch den vorderen Differentialquotienten zu ersetzen. Dabei entsteht

$$n_{i,j,k+1} = n_{i,j,k} + \Delta t \left[(1 - \alpha) \left(\frac{\partial n}{\partial t} \right)_{i,j,k+1} + \alpha \left(\frac{\partial n}{\partial t} \right)_{i,j,k} \right]. \tag{24}$$

Werden die Differentialquotienten nach dem Ort durch zentrale Differenzenquotienten ersetzt, so ergibt sich aus den Gln. (3) und (24)

$$n_{i,j,k+1} = n_{i,j,k} + \Delta t \left[(1 - \alpha) (F_{x,k+1} + F_{y,k+1}) + \alpha (F_{x,k} + F_{y,k}) \right] \tag{25}$$

mit

$$F_{x,k} = -\frac{1}{2\Delta x} [(nv_{nx})_{i+1,j,k} - (nv_{nx})_{i-1,j,k}] + \left(\frac{1}{\Delta x} \right)^2 [(D_n n)_{i+1,j,k} - 2(D_n n)_{i,j,k} + (D_n n)_{i-1,j,k}] \tag{26}$$

und

$$F_{y,k} = -\frac{1}{2\Delta y} [(nv_{ny})_{i,j+1,k} - (nv_{ny})_{i,j-1,k}] + \left(\frac{1}{\Delta x} \right)^2 [(D_n n)_{i,j+1,k} - 2(D_n n)_{i,j,k} + (D_n n)_{i,j-1,k}]. \tag{27}$$

Es sei erwähnt, daß diese zunächst naheliegendste Ortsdikretisierung nicht optimal ist [3]. Für $\alpha = 1$ entsteht ein explizites Verfahren (Polygonzug-Verfahren), dessen Stabilität allerdings gering ist. Bei den von *Crank* und *Nicolson* untersuchten parabolischen Differentialgleichungen hat sich $\alpha = \frac{1}{2}$ bewährt. Damit entspricht (Gl. 24) der Trapezregel. Im Zusammenhang mit der Lösung gewöhnlicher Differentialgleichungen erster Ordnung werden auch α angegeben, die wesentlich von $\frac{1}{2}$ abweichen, z. B. beim Liniger-Willoughby-Verfahren.

Gl. (25) ist für alle i und j innerhalb des vorausgesetzten rechteckigen Gebietes aufzustellen, so daß für $\alpha \neq 1$ ein System von $(N - 1)(M - 1)$ gekoppelten Gleichungen zur Bestimmung der $n_{i,j,k+1}$ vorliegt. Eine Schwierigkeit entsteht dadurch, daß v_n und D_n nicht direkt von n, sondern von E bzw. φ abhängen. Diese Größen sind aber bei sukzessiver Lösung nur bis zum Zeitpunkt t_k, nicht aber zum Zeitpunkt t_{k+1} bekannt, da die Poissonsche Gleichung erst *nach* der Kontinuitätsgleichung gelöst wird. Demzufolge ist ein „exakter" implizirter Ansatz beim sukzessiven Verfahren nicht möglich, sondern es müssen Näherungen eingeführt werden, z. B. $v_{n,k}$ anstelle von $v_{n,k+1}$. Wichtig ist aber, daß das Gleichungssystem unter der genannten Voraussetzung linear ist. Da auch die Poissonsche Gleichung linear ist, besitzen die sukzessiven gegenüber den simultanen Methoden den Vorteil, daß kein Gleichungssystem (im eindimensionalen Fall) oder lediglich ein *lineares* Gleichungssystem (infolge der gemachten notwendigen Vereinfachung), auf jeden Fall kein nichtlineares Gleichungssystem zu lösen ist.

Bei Rekombinationsprozessen entsteht allerdings auch bei dem sukzessiven impliziten Verfahren auf Grund des Terms $n \cdot p$ eine Nichtlinearität, die in ähnlicher

Weise wie oben für v_n beschrieben, beseitigt werden kann. Eine weitere Entkopplung, und zwar der Übergang von $(N-1)(M-1)$ gekoppelten Gleichungen (für Einträgerleitung) zu $M-1$ unabhängigen Gleichungssystemen mit je $N-1$ Unbekannten könnte durch die Methode der alternierenden Richtung erreicht werden. Dieses Verfahren besteht darin, bei einem Zeitschritt nur in einer Richtung, z. B. in x-Richtung, einen impliziten Ansatz zu verwenden und in der anderen, also der y-Richtung, ein explizites Verfahren anzuwenden. Bei nächstem Zeitschritt wird dann in x-Richtung explizit und in y-Richtung implizit approximiert

$$n_{i,j,k+1} = n_{i,j,k} + \Delta t\,[(1-\alpha)\,F_{x,k+1} + \alpha F_{x,k} + F_{y,k}]\,, \tag{28}$$

$$n_{i,j,k+2} = n_{i,j,k+1} + \Delta t\,[F_{x,k+1} + (1-\alpha)\,F_{y,k+2} + \alpha F_{y,k+1}]\,. \tag{29}$$

Ein erheblicher Teil der Rechenzeit, meist mehr als 50%, wird bei sukzessiven Verfahren für die Lösung der Poissonschen Gleichung verbraucht. Deshalb wird diese Problematik im folgenden Abschnitt 2.9.3.3. relativ ausführlich behandelt.

2.9.3.3. Die Lösung der Poisson-Gleichung

2.9.3.3.1. Überblick

Die partielle Dgl.

$$\Delta\varphi = \frac{\varrho}{\varepsilon_H} = r \qquad \text{(Poisson-Gleichung)} \tag{30}$$

stellt in Verbindung mit einer der Randbedingungen

$$\varphi = a(x, y) \text{ für } (x, y) \in \Gamma \text{ (Dirichletsche Randbedingung)}\,, \tag{31}$$

$$\frac{\partial\varphi}{\partial n} = b(x, y) \text{ für } (x, y) \in \Gamma \text{ (Neumannsche Randbedingung)}\,, \tag{32}$$

$$\frac{\partial\varphi}{\partial n} + c(x, y)\,\varphi = b(x, y) \text{ für } (x, y) \in \Gamma \text{ (gemischte Randbedingung)} \tag{33}$$

(Γ ist der Rand des Gebietes G, in welchem die Funktion $\varphi(x, y)$ gesucht ist) eine selbstadjungierte elliptische Randwertaufgabe dar. Dabei können die Randbedingungen (31) und (32) oder (31) und (33) auch gemischt auftreten. Die gestellte Randwertaufgabe ist äquivalent zum Extremalproblem

$$\iint_G [\tfrac{1}{2}(\operatorname{grad}\varphi)^2 + r\varphi]\,dx\,dy + \int_\Gamma [\tfrac{1}{2}c\varphi^2 - b\varphi]\,ds \to \min_\varphi\,. \tag{34}$$

Die Dgl. (30) mit einer der Randbedingungen (31)—(33) ist notwendig und hinreichend dafür, daß $\varphi(x, y)$ das Integral (34) stationär macht. Unter den numerischen Lösungsverfahren lassen sich, je nachdem, ob (30) oder (34) der Ansatzpunkt des Verfahrens ist, zwei Klassen unterscheiden, die *Differenzenverfahren* und die sogenannten *Variationsmethoden.* Die Differenzenverfahren besitzen zunächst den Vorteil, daß unmittelbar für die gesuchten Näherungswerte $\tilde{\varphi}_{ik} \approx \varphi(x_i, y_k)$ nach einfachen Formeln ein lineares Gleichungssystem mit Bandstruktur erhalten wird, während bei den Variationsmethoden a) zuerst Integrale der Form (34) für die Basisfunktionen φ_k des Ansatzes

$$\tilde{\varphi} = \sum_{k=1}^{n} a_k \cdot \varphi_k \tag{35}$$

auszuwerten sind, dann b) das daraus resultierende, i. a. vollbesetzte und stark instabile lineare Gleichungssystem für die Koeffizienten a_k zu lösen ist und schließlich c) die interessierenden Werte $\tilde{\varphi}(x_i, y_j)$ aus (35) durch Summation gebildet werden müssen. Die Variationsmethoden besitzen dafür den Vorteil, daß die natürlichen Randbedingungen der Form (32), (33) automatisch erfüllt werden, während sie bei den Differenzenverfahren durch besondere, die allgemeine Struktur des Gleichungssystems zerstörende Gleichungen berücksichtigt werden müssen. Nachdem in neuester Zeit die genannten „klassischen" Nachteile der Variationsmethoden durch besonders geeignete Ansatzfunktionen beseitigt wurden (Verfahren der finiten Differenzen (s. [14]), erscheinen sie den Differenzenverfahren ebenbürtig.

2.9.3.3.2. Differenzenverfahren

Nach Wahl eines geeigneten Punktgitters (s. z. B. Bild 2) wird der Differentialoperator Δ durch einen Differenzenoperator $\tilde{\Delta}$ approximiert, der als Differenzenstern dargestellt werden kann. Je nach Wahl der am Stern beteiligten Nachbarpunkte von (x_i, y_j) entstehen Formeln unterschiedlicher Approximationsordnung, gemessen an der Differenz $\Delta\varphi_{ij} - \tilde{\Delta}\varphi_{ij}$. Am häufigsten werden folgende Sterne verwendet (s. z. B. [11]):

5-Punkte-Stern

$$\tilde{\Delta}\varphi_{ij} = \frac{1}{h^2}(-4\varphi_{ij} + \varphi_{i-1,j} + \varphi_{i+1,j} + \varphi_{i,j-1} + \varphi_{i,j+1});$$

$$\Delta - \tilde{\Delta} = 0(h^2)\,. \tag{36}$$

9-Punkte-Stern

$$\tilde{\Delta}\varphi_{ij} = \frac{1}{6h^2}[-20\varphi_{ij} + 4(\varphi_{i-1,j} + \varphi_{i+1,j} + \varphi_{i,j-1} + \varphi_{i,j+1}) + \varphi_{i-1,j-1} + \varphi_{i-1,j+1} + \varphi_{i+1,j-1} + \varphi_{i+1,j+1}] - \frac{h^2}{12}\Delta r_{ij};$$

$$\Delta - \tilde{\Delta} = 0(h^4)\,. \tag{37}$$

Der 5-Punkte-Stern kann auch aus dem Integral (34) gewonnen werden. Man diskretisiert den Integranden, wertet das Integral durch Quadratur aus und setzt die partiellen Ableitungen der resultierenden quadratischen Funktion der φ_{ij} gleich Null. Auf diese Weise ergeben sich für die natürlichen Randbedingungen der Form (32), (33) dem 5-Punkte-Stern besonders angepaßte Randsterne, beispielsweise für den Fall homogener Randbedingungen (32)

$$\tilde{\Delta}\varphi_{ij} = \frac{2}{h^2}\left(-2\varphi_{i,j} + \frac{1}{2}\varphi_{i,j+1} + \frac{1}{2}\varphi_{i,j-1} + \varphi_{i+1,j}\right). \tag{38}$$

Nach Anwendung derartiger Differenzenformeln auf alle Gitterpunkte entsteht ein lineares Gleichungssystem, welches bei geeigneter Anordnung der Gleichungen positiv definit und symmetrisch ist und Bandgestalt aufweist. Die mit der Verfeinerung des Gitters quadratisch wachsende Variablenzahl und die schlechte Kondition der Systemmatrix lassen die numerische Behandlung dieses Gleichungssystems problematisch werden. Aus diesem Grund sind von vielen Autoren spezielle Lösungsverfahren vorgeschlagen worden. Auf die effektivsten Verfahren wird im Folgenden eingegangen. Tabelle 1 vermittelt einen Überblick über den Rechenaufwand der Verfahren für das sogenannte Modellproblem: Dirichletsche Randbedingungen und Verwendung des 5-Punkte-Sterns.

2.9.3.3.3. Spezielle Lösungsverfahren für Differenzen-Gleichungssysteme

Auf dem Gaußschen Algorithmus beruhende Eliminationsverfahren scheiden auf Grund des für dichte Gitter nicht zu bewältigenden Rechen- und Speicheraufwandes praktisch aus. Das Cholesky-Verfahren (die für symmetrische positiv definite Gleichungssysteme von Bandgestalt ökonomischste Variante) wurde trotzdem in die Tabelle 1 aufgenommen, um das Versagen solcher Verfahren für große N zu demonstrieren. Aus diesem Grund werden vorrangig *iterative* Verfahren verwendet. Jedoch existieren auch *direkte* Verfahren, welche die spezielle Struktur der Differenzengleichungen ausnützen. Einen weiteren Komplex stellen die *stochastischen* Simulationsverfahren (Monte-Carlo-Verfahren) dar.

Tabelle 1. Vergleich von Verfahren zur Lösung der Poisson-Gleichung

	SOR	ADI	CHOLB	T	F	MCM	MCMI
Aufwand (arithm. Operat.)	$2pN^3$	$35pN^2 \log N$	N^4	$2N^3$	$\frac{N^3}{2}$	$\frac{C}{\varepsilon^2} N^4$	$\frac{C}{\varepsilon^2} N^2 \log N$
Speicherplatz	$2N^2$	$3N^2$	N^3	$2N^2$	N^2	$2N^2$	$2N^2$

SOR — Überrelaxation (**S**uccessive **O**vrerelaxation)
ADI — Alternierende Richtungen (**A**lternating **D**irection **I**mplizit Method)
CHOLB — **Chol**esky-Verfahren für **B**andmatrizen
T — **T**ensorproduktmethode
F — **F**ourierreihenmethode nach *Hockney*
p — Verfahrensende bei Abnahme des Anfangsfehlers um Faktor 10^{-p}
ε — Verfahrensende bei absolutem Fehler $\leqq \varepsilon$.

Hinweis: Bei den MCM- und MCMI-Verfahren sind Aufwand und Speicherplatz nur bis auf einen i. a. unbekannten Proportionalitätsfaktor C angebbar.

2.9.3.3.3.1. Iterationsverfahren

Überrelaxation (SOR). Bezeichnet e_{ij} den Fehler der zur Unbekannten φ_{ij} gehörigen Gleichung, die das Diagonalelement a_{ij} besitze, so wird die neue Näherung $\varphi_{ij}^{(q+1)}$ aus der alten Näherung $\varphi_{ij}^{(q)}$ gemäß

$$\varphi_{ij}^{(q+1)} = \varphi_{ij}^{(q)} - \omega \frac{e_{ij}^{(q)}}{a_{ij}} \tag{39}$$

berechnet. Die Konvergenz dieses Verfahrens hängt entscheidend von der Wahl von ω ab. Werden die Gleichungen in einer sogenannten konsistenten Reihenfolge abgearbeitet (falls es eine solche gibt, z. B. ist für den 9-Punkte-Stern keine bekannt, vgl. [19]), bei Verwendung des 5-Punkte-Sterns beispielsweise schachbrettartig oder nach Schrägzeilen, so gilt

$$\omega_{\text{opt}} = \frac{2}{1 + \sqrt{1 - \lambda_1^2}}, \tag{40}$$

wobei λ_1 der dominante Eigenwert der Iterationsmatrix des zugehörigen Gesamtschrittverfahrens ist. Der Eigenwert λ_1 kann in gewissen Fällen exakt angegeben werden, z. B. gilt beim Dirichlet-Problem, wenn man den 5-Punkte-Stern verwendet,

$$\lambda_1 = \frac{1}{2}\left(\cos\frac{\pi}{N} + \cos\frac{\pi}{M}\right). \tag{41}$$

Steht ein solcher exakter Wert nicht zur Verfügung, kann die Iteration zunächst mit einem geschätzten ω, $1 < \omega < \omega_{\text{opt}}$, gestartet und aus den Fehlervektoren aufeinanderfolgender Iterationsschritte ein Näherungswert $\tilde{\lambda}_1$ für λ_1 bestimmt werden. Eine Weiterentwicklung dieses Verfahrens ist die sogenannte Block-Überrelaxation. Die Gleichungen jeweils einer Zeile (oder Spalte) werden zu einem „Block" zusammengefaßt, in sie die aktuellen φ_{ij} der Nachbarzeilen eingesetzt und durch ein direktes Verfahren aufgelöst, wobei sich wegen der Symmetrie der Block-Gleichungen das Cholesky-Verfahren für Bandmatrizen besonders eignet. Da sich außer in den Randzeilen nur die Absolutglieder der Gleichungen ändern, speichert man die bei der Cholesky-Zerlegung entstehende Dreiecksmatrix und hat nur noch die Rechnung mit den Absolutgliedern wiederholt auszuführen. Bei diesem Verfahren kann ω_{opt} für eine größere Klasse von Differenzengleichungssystemen bestimmt werden, unter anderem auch für die aus der Anwendung des 9-Punkte-Sterns entstehenden Systeme.

Bei der symmetrischen Überrelaxation (SSOR) werden anschließend an einen normalen Iterationsschritt die Zeilen in umgekehrter Reihenfolge abgearbeitet. Durch die Symmetrie dieses Verfahrens können konvergenzbeschleunigende Modifizierungen vorgenommen werden, siehe [21].

Bezüglich weiterer Einzelheiten wird auf [19], [20] und [34] verwiesen.

Alternierende Richtungen (ADI). Die rechentechnische Durchführung dieses Verfahrens ähnelt dem Verfahren der Block-Relaxation. Es ist nur auf Differenzengleichungen anwendbar, die wie der 5-Punkte-Stern die Unbekannten aus nur einer Zeile und einer Spalte des Gitters enthalten .Durch geeignete Wahl der in das Verfahren eingehenden Parameter können eminente Verbesserungen der Konvergenz erzielt werden.

Der 5-Punkte-Stern wird in seine den beiden Differentialausdrücken $\partial^2/\partial x^2$ und $\partial^2/\partial y^2$ entsprechenden Anteile

$$H\varphi_{ij} = (\varphi_{i-1,j} - 2\varphi_{ij} + \varphi_{i+1,j})\,, \tag{42}$$

$$V\varphi_{ij} = (\varphi_{i,j-1} - 2\varphi_{ij} + \varphi_{i,j+1}) \tag{43}$$

zerlegt. Nach Zusammenfassung von $h^2 r_{ij}$ mit eventuellen Randtermen zu b_{ij} und zusätzlicher Einfügung von $s\varphi_{ij}$ bzw. $-s\varphi_{ij}$ (s ist ein Parameter zur Konvergenzbeschleunigung) kann jede der Differenzengleichungen in den beiden Formen

$$(H + s)\,\varphi_{ij} + (V - s)\,\varphi_{ij} = b_{ij}\,, \tag{44}$$

$$(V + s)\,\varphi_{ij} + (H - s)\,\varphi_{ij} = b_{ij} \tag{45}$$

dargestellt werden. Ausgehend von den Werten $\varphi_{ij}^{(q)}$ werden Zwischenwerte $\varphi_{ij}^{(q+1/2)}$ zeilenweise aus den Gleichungen

$$(H + s_k)\,\varphi_{ij}^{(q+1/2)} + (V - s_k)\,\varphi_{ij}^{(q)} = b_{ij} \tag{46}$$

[für $i = 1(1)\,N - 1$ hingeschrieben ergibt (46) ein lineares Gleichungssystem für die $\varphi_{ij}^{(q+1/2)}$ der i-ten Zeile] und anschließend die $\varphi_{ij}^{(q+1)}$ durch spaltenweises Auflösen der Gleichungen

$$(V + s_k)\,\varphi_{ij}^{(q+1)} + (H - s_k)\,\varphi_{ij}^{(q+1/2)} = b_{ik} \tag{47}$$

berechnet. Dabei arbeitet man mit einem gewissen Satz von Parametern $s_1, s_2, \ldots, s_p$, die man zyklisch wiederholt verwendet. In [20], s. a. [19], [35], ist die Berechnung von optimalen Parametersätzen beschrieben, wobei die Kenntnis von unteren und oberen Schranken der zu (44) und (45) gehörigen Systemmatrizen $\boldsymbol{H}$ und $\boldsymbol{V}$ vorausgesetzt wird. Sind $0 < a < b$ solche Schranken für beide Matrizen $\boldsymbol{H}$ und $\boldsymbol{V}$, so stellen die Werte

$$s_k = a\left(\frac{b}{a}\right)^{(2k-1)/2p} \qquad (k = 1(1)\,p) \tag{48}$$

gute Näherungen für einen optimalen p-elementigen Parametersatz dar.

2.9.3.3.3.2. Direkte Verfahren

Tensorproduktmethode (T). Dieses Verfahren geht auf *Stephanos* (1900) und *Egervary* (1954, 1960) zurück und wurde in [17] und [18] verbessert. Es beruht im wesentlichen darauf, daß die Systemmatrix i. a. mit Hilfe eines geeignet definierten Matrizenprodukts als aus ihren charakteristischen Untermatrizen gebildetes Matrizenpolynom dargestellt werden kann. Falls die Eigenwerte und Eigenvektoren der Untermatrizen bekannt sind, kann die Invertierung der Systemmatrix und damit die Auflösung des Gleichungssystems explizit durchgeführt werden.
Bei Verwendung des 5-Punkte- oder 9-Punkte-Sterns stellt die geforderte Lösung des Eigenwertproblems für die Untermatrizen keine Einschränkung dar, da sich diese Aufgaben durch elementare Funktionen ebenfalls explizit lösen lassen. Ein gewisser Vorteil der Tensorproduktmethode besteht darin, daß sie die Berechnung der Lösung an einzelnen Gitterpunkten ermöglicht. Der Aufwand verringert sich dabei allerdings nur um einen von N unabhängigen Faktor.
Fourier-Reihen-Methode (F). Die Idee, das Differenzengleichungssystem durch einen diskreten Fourier-Ansatz auf Gleichungen für die Fourier-Koeffizienten zu transformieren, stammt von *Hyman* (1952) und führt bei Verwendung zweidimensionaler Fourier-Reihen auf die Tensorproduktmethode. Falls entweder in x- oder y-Richtung homogene Randbedingungen (31), (32) oder periodische Randbedingungen der Form $\varphi(x, 0) = \varphi(x, d)$ vorliegen, kann nach *Hockney* [16] äußerst effektiv mit eindimensionalen Fourier-Reihen längs der die homogenen Randbedingungen aufweisenden Zeilen oder Spalten gearbeitet werden.
Wir schildern das Verfahren für ein quadratisches Gebiet mit den Randbedingungen (31), die an den beiden Rändern $x = 0$ und $x = d$ homogen seien (infolge dieser Randbedingungen treten nur Sinus-Reihen auf). Es wird $N = M = 2n$ gesetzt, die Absolutglieder der aus dem 5-Punkte-Stern entstehenden Differenzengleichungen seien b_{ij}.

Schritt 1. Für alle geraden Zeilen $j = 2(2)\,N-2$ berechnet man

$$b_{ij}^* = b_{i,j-1} - \beta_i b_{ij} + b_{i,j+1} \qquad \left(i = 1(1)\,N-1\right), \tag{49}$$

wobei $\beta_i = -2\left(2 - \cos\frac{\pi i}{N}\right)$ zu setzen ist.

Schritt 2. Zeilenweise Fourier-Entwicklung der b_{ij}^* für alle geraden Zeilen:

$$\bar{b}_{ij}^* = \frac{1}{n}\sum_{l=1}^{N-1} b_{lj}^* \sin\frac{\pi i l}{N} \qquad \begin{matrix}\left(i = 1(1)\,N-1\right),\\ \left(j = 2(2)\,N-2\right).\end{matrix} \tag{50}$$

Schritt 3. Zeilenweise Berechnung der Fourier-Koeffizienten $\bar{\varphi}_{ij}$ der $\tilde{\varphi}_{ij}$ für alle geraden Zeilen aus den Gleichungen

$$\alpha_i\bar{\varphi}_{i2} + \bar{\varphi}_{i4} = \bar{b}_{i2}^*, \quad \left(i = 1(1)\,N-1\right), \tag{51}$$

$$\bar{\varphi}_{i,j-2} + \alpha_i\bar{\varphi}_{ij} + \bar{\varphi}_{i,j+2} = \bar{b}_{ij}^*, \quad \left(i = 1(1)\,N-1, \quad j = 4(2)\,N-4\right), \tag{52}$$

$$\bar{\varphi}_{i,N-4} + \alpha_i\bar{\varphi}_{i,N-2} = \bar{b}_{i,N-2}^*, \quad \left(i = 1(1)\,N-1\right), \tag{53}$$

wobei $\alpha_l = -2\left(8 - 8\cos\frac{\pi i}{N} + \cos\frac{2\pi i}{N}\right)$ ist. Für festes i ist das ein tridiagonales symmetrisches lineares Gleichungssystem mit $N - 1$ Gleichungen, das mit dem Cholesky-Verfahren für Bandmatrizen gelöst werden kann.
Schritt 4. Fourier-Synthese der gesuchten $\tilde{\varphi}_{ij}$ für alle geraden Zeilen:

$$\tilde{\varphi}_{ij} = \sum_{l=1}^{N-1} \bar{\varphi}_{lj} \sin\frac{\pi i l}{N} . \tag{54}$$

Schritt 5. Berechnung der $\tilde{\varphi}_{ij}$ für alle ungeraden Zeilen aus den zu diesen Zeilen gehörigen Differenzengleichungen. Es ergeben sich n tridiagonale symmetrische Gleichungssysteme aus je $N - 1$ Gleichungen, die wieder mit dem Cholesky-Verfahren gelöst werden.
Das Verfahren wird besonders effektiv, wenn man mit $N = 12 \cdot 2^\alpha$ (α ganz) arbeitet, da für diese Fälle besondere, die Symmetrie der Sinusfunktion ausnützende, Formelsätze zur Durchführung von (50), (54) bekannt sind (Senkung des Aufwandes auf 25%), gleiches gilt für die Tensorproduktmethode). Dies wurde in der Aufwandtabelle berücksichtigt.

2.9.3.3.3.3. Die Monte-Carlo-Methoden

Die Monte-Carlo-Methoden gehören zu den Simulationsverfahren. Sie benutzen die statistischen Eigenschaften von Zufallszahlen zur Lösung der verschiedenartigsten Probleme, z. B. auch von Problemen deterministischer Natur aus dem Gebiet der Numerischen Mathematik wie die genäherte Bestimmung von Integralen oder die Lösung des Rand- und Eigenwertproblems von Differential- und Integralgleichungen (siehe z. B. [28]). Die Aufgabe besteht in einem solchen Fall darin, einen geeigneten Zufallsprozeß zu finden, dessen Monte-Carlo-Nachbildung Wahrscheinlichkeitsverteilungen liefert, die Näherungslösungen des vorgegebenen deterministischen Problems sind.
Es gibt viele Möglichkeiten von Monte-Carlo-Prozessen. Die geeignete Methode wird meist entscheidend von der Natur des Problems bestimmt. Es ist deshalb schwierig, die Monte-Carlo-Methode allgemein zu definieren und Rezepte für eine erfolgreiche Anwendung derselben zu geben.
Gewöhnlich wird bei der Behandlung von linearen Randwertaufgaben von der Differentialgleichung auf ein zugehöriges System von Differenzengleichungen übergegangen. Beispielsweise erhält man für die Randwertaufgabe der Poisson-Gleichung mit Dirichletscher Randbedingung als diskretes Analogon

$$\frac{1}{h^2}[u(P_1) + u(P_2) + u(P_3) + u(P_4) - 4u(P)] = r(P) \tag{55}$$

bzw.

$$u(P) = \frac{1}{4}[u(P_1) + u(P_2) + u(P_3) + u(P_4)] - \frac{h^2}{4} \cdot r(P) \tag{56}$$

für die inneren Gitterpunkte P. P_1, P_2, P_3, P_4 sind die Nachbarpunkte von P. Für Punkte Q_i auf dem Gitterrand gelte

$$u(Q_i) = a(Q_i) . \tag{57}$$

Die $u(P)$ sind somit Näherungen für die Lösung φ der gestellten Randwertaufgabe in den Punkten P.

(56) ist ein Spezialfall der Differenzengleichung

$$u(P) = \sum_{k=1}^{n} p_k u(P_k) + g(P) . \tag{58}$$

Erfüllen die Koeffizienten p_k die Bedingungen

$$p_k \neq 0 \qquad (k = 1, \dots, n) , \tag{59}$$

$$\sum_{k=1}^{n} p_k = 1 , \tag{60}$$

so lassen sie sich als Wahrscheinlichkeiten deuten, und dem Differenzenproblem kann ein sogenanntes *Irrfahrtproblem* zur Ermittlung einer Näherungslösung der zugehörigen Randwertaufgabe zugeordnet werden. Für das Beipsiel (56), (57) bedeutet das folgenden Prozeß:

Als sogenannter Startwert wird der Punkt P gewählt, der zunächst die Gutschrift (Kennzahl) $-\frac{h^2}{4} r(P)$ erhält. Mit Hilfe von Zufallszahlen wird ein Schritt einer Irrfahrt j zu einem der Nachbarpunkte P_k $(k = 1, 2, 3, 4)$ festgelegt. Ist P_k kein Randpunkt, wird dem Startpunkt $-\frac{h^2}{4} r(P_k)$ gutgeschrieben, und anschließend wird die Irrfahrt j auf gleiche Weise von P_k aus zu einem von dessen Nachbarpunkten forgesetzt usw. Die Irrfahrt wird beendet, wenn ein Randpunkt Q_i erreicht wird. Dabei erhält der Punkt P zum Abschluß den Wert $a(Q_i)$ gutgeschrieben. Die insgesamt erhaltene Summe von Gutschriften für den Punkt P durch die Irrfahrt j werde mit S_j bezeichnet. Es läßt sich mit Hilfe der Methoden der Wahrscheinlichkeitsrechnung zeigen, daß der Erwartungswert der auf solche Weise erhaltenen Gutschrift S_j für einen Punkt P die Lösung von (56) mit (57) darstellt. Konstruiert man also weitere Irrfahrten vom Punkt P aus, beispielsweise insgesamt m solche Fahrten, so erhält man mit

$$u(P) = \frac{1}{m} \sum_{j=1}^{m} S_j \tag{61}$$

eine Näherung für die Lösung der vorgegebenen Randwertaufgabe für die Poisson-Gleichung mit Dirichletscher Randbedingung im Punkt P.

Die auf diese Weise entstehenden Schätzverfahren wurden in der Hauptsache für die Lösung von Randwertproblemen linearer elliptischer Differentialgleichungen zweiter Ordnung herangezogen. Erweiterungen auf parabolische Anfangswertprobleme und auf spezielle Randwertprobleme für elliptische Differentialgleichungen vierter Ordnung findet man beispielsweise bei *Filippi* [13].

Den Erfordernissen entsprechend kann als Vor- oder Nachteil angesehen werden, daß das beschriebene Monte-Carlo-Verfahren (MCM) in einem Rechengang nur für einen einzigen Punkt eine Näherungslösung liefert. Bezüglich des Arbeitsaufwandes, der für die Bestimmung von Näherungslösungen im ganzen Gebiet B erforderlich ist, sind die angegebenen Methoden den Iterationsverfahren weit unterlegen. Der mittlere wahrscheinliche Fehler eines Monte-Carlo-Ergebnisses ist proportional zu

$$\frac{1}{\sqrt{m}} , \tag{62}$$

wobei m die Anzahl der Irrfahrten bedeutet. Daraus ist ersichtlich, daß zur Steigerung der Genauigkeit um eine Stelle ungefähr die hundertfache Anzahl von Irrwegen simuliert werden muß. Eine gewisse Einschätzung der Monte-Carlo-Methoden in Abhängigkeit von der verwendeten Schrittweite findet man bei *Filippi* [12].

Zur Behandlung der linearen Randwertprobleme für elliptische Differentialgleichungen sind jedoch verbesserte Monte-Carlo-Methoden entwickelt worden, die den Vergleich mit den Iterationsverfahren nicht zu scheuen brauchen. Die sogenannte Monte-Carlo-Methode mit Informationsspeicherung (MCMI) betrachtet jeden Punkt, der von einer Irrfahrt getroffen wird, als Startpunkt einer weiteren Irrfahrt, der damit ebenfalls entsprechende Gutschriften erhält. Die Simulation von einer gewissen Anzahl Irrfahrten ergibt folglich für jeden Punkt, der von mindestens einem Irrweg getroffen wird, eine Näherungslösung, die gegebenenfalls durch Mittelung der Gutschriften bestimmt wird. Ein weiteres Verfahren, die sequentielle Monte-Carlo-Methode mit Informationsspeicherung (SMCMI), geht von einer durch die MCMI gewonnenen Näherung aus und verbessert dieselbe durch wiederholte Anwendung der MCMI auf das mittels der jeweiligen Näherungslösung gebildete Fehlergleichungssystem. Das Verfahren konvergiert aufwandsparend gegen die Lösung (vgl. *Amann* [8] und [9]).

Im Falle von Randwertaufgaben für spezielle lineare elliptische Differentialgleichungen hat man Monte-Carlo-Methoden konstruiert die den Umweg über die Differenzengleichungen nicht erfordern und die eine Beschleunigung des Lösungsverfahrens im Vergleich zu dem anfangs angegebenen Verfahren ergeben (s. z. B. *Buslenko-Schreider* [10] und *Gopolsamy-Aggarwala* [15]). Diese Methoden sind jedoch häufig an Eigenschaften der speziellen Differentialgleichungen geknüpft, so daß sie sich kaum verallgemeinern lassen.

2.9.4. Simultane Lösung

Bei diesem Verfahren erfolgt eine simultane Lösung von Poisson- und Kontinuitätsgleichungen. Wir werden uns zunächst mit einer örtlich simultanen Lösung beschäftigen. Bei diesem Verfahren wird die simultane Lösung durch eine Ortsdiskretisierung erreicht. Die einzelnen Zeitebenen werden nacheinander berechnet. Im Gegensatz dazu liefert ein *total simultanes* Verfahren in *einem* Lösungsgang (Auflösung eines nichtlinearen Gleichungssystems) alle Werte der Zustandsvariablen n, p, E an jedem Ortspunkt zu jedem Zeitpunkt.

2.9.4.1. Die kanonische Form der Kontinuitäts-, Stromdichte- und Poissongleichung

Wir demonstrieren das Verfahren für die eindimensionale Darstellung (Ansatz zur zweidimensionalen Analyse s. [7]) unter Vernachlässigung der zeitlichen Änderung des Ladungszustandes der Donator- und Akzeptorniveaus (Trap- bzw. Rekombinationszentren). Diese Voraussetzungen schränken die Allgemeingültigkeit der folgenden Aussagen in keiner Weise ein, lassen das Wesentliche aber deutlicher erkennen. Als Kombination der zu berechnenden Zustandsvariablen konnen (φ, p, n), (E, p, n), (φ, p), (φ, n), (E, p), (E, n) und (p, n) in Frage. Dabei sind (φ, p) und (φ, n) sowie (E, p) und (E, n) im allgemeinen äquivalent. In Abschnitt 2.9.3. hatte sich (φ, p, n) für die zweidimensionale Analyse als vorteilhaft erwiesen. Bei der hier darzustellenden simultanen Lösung ist die Kombination (p, E) bzw. (n, E) vorteilhaft.

Ziel der folgenden Darstellungen ist es, die Kontinuitäts-, Stromdichte- und Poisson-Gleichung durch Ortsdiskretisierung in ein gewöhnliches explizites DG-System der

Form

$$\dot{\boldsymbol{y}} = \boldsymbol{F}(\boldsymbol{y}, t) \tag{63}$$

mit

$$\boldsymbol{y} = (p_1, E_1, p_2, \dots, p_{N-1}, E_{N-1}) \tag{64}$$

(N = Nummer des Ortsdiskretisierungspunktes, p_i = Löcherdichte am i-ten Diskretisierungspunkt, E_i = Feldstärke am i-ten Diskretisierungspunkt) zu verwandeln. Dazu betrachten wir ein Halbleitergebiet zwischen den Kontakten bei $x = 0$ und $x = d$, welches an m-Stellen zusätzlich kontaktiert ist (Bild 3). Die Diskretisierung erfolgt aufgrund der speziellen Symmetrie der Kontinuitäts-, Stromdichte- und Poisson-Gleichung so, daß die elektrische Feldstärke E und die Stromdichte S an den jeweiligen Grenzen der Diskretisierungsbereiche $x_1, x_2, \dots, x_{N-1}$, die Ladungsträgerdichten n, p in der Mitte dieser Bereiche berechnet werden. Die zusätzlichen Kontaktebenen liegen ebenfalls in der Mitte der Diskretisierungsbereiche (s. Bild 3).

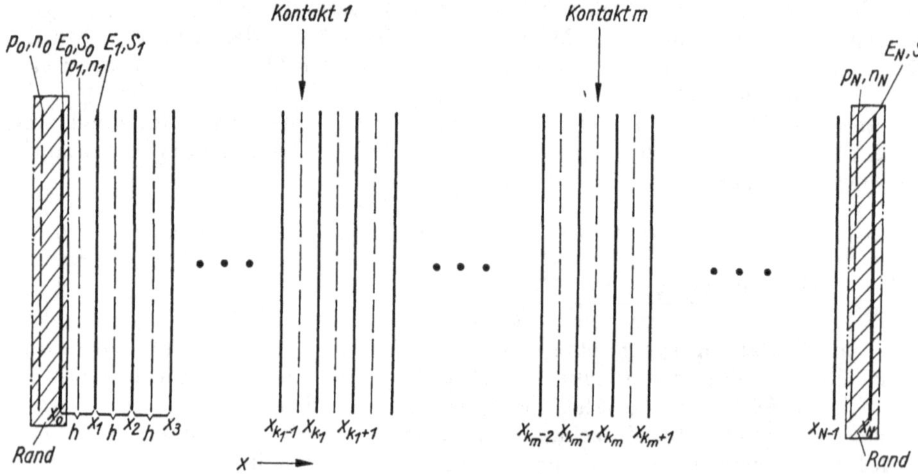

Bild 3. Diskretisierung eines Halbleitergebietes (eindimensional) mit m Zwischenkontakten

Dadurch wird es möglich, stets mit dem zentralen Differenzenquotienten bezüglich des Ortes zu rechnen. Wird jedoch an der i-ten Grenze eines Diskretisierungsbereiches einmal die Ladungsträgerkonzentration benötigt, so kann diese aus der Mittelwertbildung $(p_{i+1} + p_i)/2$ bestimmt werden. Ebenso ergibt sich die elektrische Feldstärke (bzw. Stromdichte) in der i-ten Mitte eines Diskretisierungsbereiches aus dem folgenden Mittelwert $(E_i + E_{i-1})/2$. Unter Berücksichtigung dieser Tatsachen liefert die Diskretisierung der Grundgleichungen (gemäß den gemachten Voraussetzungen: eindimensional, keine zeitliche Änderung der Ladung in Donator- bzw. Akzeptorzentren) für das System (p, E),

$$\varepsilon_H \frac{\partial E}{\partial t} = S - S_n - S_p\,, \tag{65}$$

$$e \frac{\partial p}{\partial t} = -\frac{\partial S_p}{\partial x} - e(R - G)\,, \tag{66}$$

$$n = p - \frac{\varepsilon_H}{e} \cdot \frac{\partial E}{\partial x} - N(x)\,, \tag{67}$$

die folgende kanonische Form:

$$\frac{\partial E_i}{\partial t} = \frac{1}{\varepsilon_H}\left[S_i + e(D_p - D_n)\frac{p_{i+1} - p_i}{h} - e\big(v_p(E_i) + v_n(E_i)\big)\frac{p_{i+1} + p_i}{2}\right]$$

$$+ D_n \frac{E_{i+1} - 2E_i + E_{i-1}}{h^2} + v_n(E_i)\frac{E_{i+1} - E_{i-1}}{2h} + \frac{1}{\varepsilon_H} g_i \qquad (68)$$

mit

$$g_i = eD_n \frac{N_{i+1} - N_i}{h} + ev_n(E_i)\frac{N_{i+1} + N_i}{2}, \qquad (69)$$

$$\frac{\partial p_i}{\partial t} = \frac{D_p}{h^2}(p_{i+1} - 2p_i + p_{i-1}) - \frac{1}{2h}\big(v_p(E_i)(p_{i+1} + p_i)$$

$$- v_p(E_{i-1})(p_i + p_{i-1})\big) - (R_i - G_i). \qquad (70)$$

Für Shockley-Read-Rekombination ist beispielsweise ohne zusätzliche Generation ($G = 0$)

$$R_i - G_i = \frac{p_i\left(p_i - N_i - \frac{\varepsilon_H}{e}\cdot\frac{E_i - E_{i-1}}{h}\right) - n_I^2}{\tau_{p0}\left(p_i - N_i - \frac{\varepsilon_H}{e}\cdot\frac{E_i - E_{i-1}}{h} + N_I\right) - \tau_{n0}(p_i + p_I)}. \qquad (71)$$

Es ist in (68) für

$$\begin{aligned} 0 &\leqq i \leqq K_1 - 1 & S_i &= S_{(1)}, \\ K_1 &\leqq i \leqq K_2 - 1 & S_i &= S_{(2)}, \\ K_{m-1} &\leqq i \leqq K_m - 1 & S_i &= S_{(m)}, \\ K_m &\leqq i \leqq N & S_i &= S_{(m+1)} \end{aligned} \qquad (72)$$

zu setzen, da über die m zusätzlichen Kontakte Ströme fließen. (68) und (70) stellen $2N - 2$ Gleichungen zur Berechnung der $2N - 2$ Unbekannten $p_1, E_1, \ldots, p_{N-1}, E_{N-1}$ dar (die Größen p_0, E_0 und p_N, E_N werden als *Randwerte* betrachtet und müssen in der Regel vorgegeben sein; Ausnahmen, wo auch die Randwerte zeitvariable Größen sind und berechnet werden müssen, werden im Abschnitt 2.9.7. diskutiert). Sind die $m + 1$ Ströme $S_{(1)}$ bis $S_{(m+1)}$ ebenfalls unbekannt, so ist die Zahl der Unbekannten $2N - 2 + (m + 1)$. Es sind also außer (68) und (70) noch $m + 1$ Gleichungen erforderlich. Diese sind durch die folgenden $m + 1$ Vorspannungsbedingungen gegeben:

$$\begin{aligned} 0 &= U_{OK_1} - \left(\sum_{i=0}^{K_1-1} E_i h\right) - U_{DOK_1}, \\ 0 &= U_{K_1K_2} - \left(\sum_{i=K_1}^{K_2-1} E_i h\right) - U_{DK_1K_2}, \\ &\;\vdots \\ 0 &= U_{K_{m-1}K_m} - \left(\sum_{i=K_{m-1}}^{K_m-1} E_i h\right) - U_{DK_{m-1}K_m}, \\ 0 &= U_{K_mN} - \left(\sum_{i=K_m}^{N-1} E_i h\right) - U_{DK_mN}. \end{aligned} \qquad (73)$$

Die Spannungen U_{DOK_1}, $U_{DK_1K_2}$, ... sind die Diffusionsspannungen zwischen den Kontakten (innere Spannungsabfälle ohne äußere angelegte Spannung). Diese werden in Abschnitt 2.9.5. berechnet.
Zusammenfassend kann festgestellt werden, daß durch Ortsdiskretisierung der simultane Lösungsansatz für Kontinuitäts-, Stromdichte- und Poisson-Gleichung auf ein gewöhnliches DG-System der Form

$$\dot{\boldsymbol{y}} = \boldsymbol{F}(\boldsymbol{y}, t) \tag{74}$$

mit bekanntem Anfangsvektor $\boldsymbol{y}(t_0)$ führt (die Ermittlung der Anfangswerte wird im Abschnitt 2.9.6. diskutiert).
Die Lösung von Gl. (74) ist ein Sonderfall der Aufgabenstellung, die bei der Lösung nichtlinearer Netzwerke durch das implizite Gleichungssystem

$$\boldsymbol{G}(\dot{\boldsymbol{y}}, \boldsymbol{y}, t) = 0 \tag{75}$$

vorliegt. Deshalb werden wir zur Lösung unseres Problemes (74) nicht neue mathematische Verfahren entwickeln, sondern die bereits erprobten Netzwerkanalyseverfahren anwenden. Nachfolgend geben wir einen groben Überblick über die besonderen Merkmale eines modernen Netzwerkanalyseprogrammes.

2.9.4.2. Allgemeiner Aufbau eines Netzwerkanalyseprogrammes

Aufgabe der Netzwerkanalyse ist die Berechnung der Ströme und Spannungen eines durch einen Grafen und die u-i-Relationen seiner Zweige gegebenen Netzwerkes. Faßt man den Vektor aller Spannungen u und Ströme i in einem Vektor $\boldsymbol{y}$ zusammen, so führt die eben formulierte Aufgabenstellung auf die Lösung des folgenden Gleichungssystems

$$\boldsymbol{G}(\dot{\boldsymbol{y}}, \boldsymbol{y}, t) = 0\,. \tag{76}$$

Dieses implizite Gleichungssystem läßt sich nur in Sonderfällen auf seine explizite Normalform

$$\dot{\boldsymbol{y}} = \boldsymbol{F}(\boldsymbol{y}, t) \tag{77}$$

bringen. Als Integrationsformeln könnten beispielsweise Einschrittverfahren, z. B. die bekannten Beziehungen
Euler vorwärts

$$y_{n+1} = y_n + h\dot{y}_n\,, \tag{78}$$

Euler rückwärts

$$y_{n+1} = y_n + h\dot{y}_{n+1}\,, \tag{79}$$

Trapezregel

$$y_{n+1} = y_n + \frac{h}{2}(\dot{y}_n + \dot{y}_{n+1}) \tag{80}$$

oder in allgemeinerer Form die Formel von Liniger und Willoughby

$$y_{n+1} = y_n + \frac{h}{2}\left(\alpha\dot{y}_n + (1-\alpha)\,\dot{y}_{n+1}\right) \tag{81}$$

prinzipiell verwendet werden.
(78) ist eine explizite Integrationsformel, während (79) bis (81) implizite Integrationsformeln sind. Da bei Netzwerken Vorgänge mit sehr unterschiedlichen

Zeitkonstanten vorkommen können, sind aus Gründen der numerischen Stabilität explizite Integrationsformeln im allgemeinen wenig geeignet, da diese u. U. zu sehr großen Rechenzeiten führen [22]. Bei impliziten Integrationsformeln kann dagegen dann die Zeitschrittweite entsprechend erhöht werden, wenn der (die) Vorgäng(e) mit kleinen Zeitkonstanten abgeklungen ist (sind). Bezüglich weiterer Einzelheiten der Lösung dieser sogenannten „steifen Differentialgleichungssysteme“, der Schrittweitensteuerung, komplexer Eigenwerte und numerischer Stabilität sei auf die Bücher von *Gear* [23], *Lapidus/Seinfeld* [24], *Grigorieff* [30] und *Lambert* [29] verwiesen.

In den vergangenen Jahren wurden verschiedene Verfahren zur automatischen Integration von Differentialgleichungssystemen erarbeitet. Hier seien besonders die Rückwärts-Differentiationsformeln mit gesteuerter Ordnung von *Hachtel, Brayton* und *Gustavson* [25] und der Algorithmus von *Gear* [26] hervorgehoben. Mit diesen Integrationsformeln läßt sich die direkte Integration eines impliziten Differentialgleichungssystems auf ähnliche Weise wie z. B. mit der Euler-Rückwärtsregel auf die Auflösung eines nichtlinearen (transzendenten) Gleichungssystems zurückführen. Für die Auflösung dieses Gleichungssystems hat sich das Newton-Verfahren bewährt [27], [36]. Nach diesem Verfahren werden die Lösungen des Gleichungssystems

$$[F(x)] = 0 \tag{82}$$

durch die folgende Iterationsvorschrift gefunden:

$$[x^{(q+1)}] = [x^{(q)}] + [\Delta x^{(q)}] \tag{83}$$

mit

$$[J(x^{(q)})]\,[\Delta x^{(q)}] = [F(x^{(q)})]\,. \tag{84}$$

In (84) bedeutet $[J(x^{(q)})]$ die Jacobi-Matrix

$$[J(x^{(q)})] = \left[\frac{\partial f_m(x^{(q)})}{\partial x_n}\right] \qquad m, n = 1, 2, 3, \dots, N\,. \tag{85}$$

Die Eigenschaft des Newton-Verfahrens verlangt, daß die Anfangsnäherung $[x^{(0)}]$ hinreichend nahe an der gesuchten Lösung $[x]$ liegt. Das Auffinden dieser Anfangsnäherung ist oft problematisch, allgemeine Rezepte können nicht angegeben werden. Jedoch kann hier die Kombination mit Gradientenverfahren bzw. die Anwendung des gedämpften Newton-Verfahrens hilfreich sein, [37]. Da die impliziten Integrationsverfahren bei jedem Zeitschritt die Auflösung eines nichtlinearen Gleichungssystems erfordert und jeder Iterationsschritt die Berechnung der inversen Jacobi-Matrix nötig hat, sind diese Verfahren ohne Kunstgriffe kaum durchzustehen. Trotzdem haben sie sich in letzer Zeit durchgesetzt, indem man nicht bei jedem Iterationsschritt die Jacobi-Matrix neu berechnet, sondern nur dann, wenn das Verfahren schlecht konvergiert (vereinfachtes Newton-Verfahren) und in dem man die sogenannte Technik der schwach besetzten Matrizen (sparse matrix) anwendet [28]. Die Technik schwach besetzter Matrizen geht davon aus, daß in der Regel die Jacobi-Matrix prozentual um so schwächer besetzt ist, je größer die Dimension des entsprechenden Gleichungssystems ist (z. B. weniger als 10% von Null verschiedene Elemente).

Die Sparse-Matrix-Technik ist eine Regieanweisung für die optimale (minimale Rechenzeit!) Auflösung des bei der Newtoniteration entstehenden linearen Gleichungssystems mit schwachbesetzten Matrizen (symbolisches Programm). Die

Sparse-Matrix-Technik und das vereinfachte Newton-Verfahren machen die Anwendung impliziter Integrationsverfahren in größerem Ausmaß überhaupt erst möglich.

2.9.5. Diffusionsspannungen

Unter Berücksichtigung der Tatsache, daß die von außen angelegte Spannung gleich der Differenz der Majoritätsträgerquasiferminiveaus ist, folgen für die Diffusionsspannungen zwischen den Ortspunkten $i = K_{j-1}$ und $i = K_j$ bei nichtentarteten Halbleitern (Boltzmann-Verteilung gültig) für:

n–n^+-Übergang

$$U_{DK_{j-1}K_j} = U_T \ln \frac{n(x_{Kj-1})}{n(x_{K_j})} \lesssim 0 \tag{86}$$

(entsprechendes gilt für p–p^+-Übergang).

p-n-Übergang

$$U_{DK_{j-1}K_j} = U_T \ln \frac{n_I^2}{n(x_{K_j})\, p(x_{K_{j-1}})} < 0\,. \tag{87}$$

n–p-Übergang

$$U_{DK_{j-1}K_j} = U_T \ln \frac{n(x_{K_{j-1}})\, p(x_{K_j})}{n_I^2} > 0\,. \tag{88}$$

2.9.6. Anfangsverteilungen

Sowohl für die simultane als auch für die sukzessive Lösung ist die Kenntnis einer Anfangsverteilung $n(x, t_0)$, $p(x, t_0)$, $E(x, t_0)$ nötig. Sie kann, soweit es sich um einen statischen Anfangszustand handelt ($\partial p/\partial t = \partial n/\partial t = 0$), durch Lösung eines entsprechenden gewöhnlichen Differentialgleichungssystems bzw. nach entsprechender Diskretisierung (kanonische Form) durch Lösung eines nichtlinearen Gleichungssystems ermittelt werden. Der in Abschn. 2.9.3. beschriebene sukzessive Algorithmus kann aber auch zur Berechnung dieses statischen Zustandes eingesetzt werden. Dabei werden zunächst Anfangsverteilungen vorgegeben, die physikalisch vernünftig sind und die Randbedingungen erfüllen, ansonsten aber willkürlich sind. Die Lösung dieses Vorganges geht dann für $t \to \infty$ in den statischen Zustand über. Mit den bekannten Anfangsverteilungen ist dann auch der für die simultane Lösung notwendige Anfangsvektor $\boldsymbol{y}(t_0)$ gegeben.

2.9.7. Randbedingungen

2.9.7.1. Einbau von Randbedingungen in den Algorithmus

Randwerte können durch die folgenden Größen gegeben sein: n_R, p_R (Elektronen- bzw. Löcherdichte am Rand); div $\boldsymbol{E}_R$ (Raumladungsdichte am Rand); $\boldsymbol{E}_R$ (Feldstärke am Rand); S_{nR}, S_{pR} (Elektronen- bzw. Löcherstromdichte am Rand).

Wir demonstrieren den Einbau dieser Randbedingungen in den Algorithmus der Übersichtlichkeit halber am eindimensionalen Fall. Durch Diskretisierung wird

$$\frac{\partial E_R}{\partial x} = \frac{E_R - E_{R-1}}{h}\,, \tag{89}$$

$$S_{pR} = -\,eD_p \frac{p_{R+1} - p_R}{h} + ev_p(E_R)\,\frac{p_{R+1} + p_R}{2}\,, \tag{90}$$

$$S_{nR} = eD_n \frac{n_{R+1} - n_R}{h} + ev_n(E_R)\,\frac{n_{R+1} + n_R}{2}\,. \tag{91}$$

Diese Beziehungen können zur Umrechnung von p_{R+1} bzw. n_{R+1} in p_R bzw. n_R sowie von E_{R-1} in E_R verwendet werden. Je nachdem, ob der Rand bei $x = 0$ oder $x = Nh$ liegt, sind die $p_{R-1}, n_{R-1}, E_{R-1}$ oder $p_{R+1}, n_{R+1}, E_{R+1}$ nicht erklärte Größen, die unbedingt aus der Rechnung mit Hilfe der Randbedingungen z. B. auch unter Zuhilfenahme der Beziehungen (89) bis (91) eliminiert werden müssen. Außerdem ist zu unterscheiden, ob die Randwerte p_R, n_R, E_R selbst Variable, d. h. zeitabhängige Größen, sein müssen. Das trifft zu, wenn z. B. als Randwerte S_{nR} und S_{pR} oder $\partial E_R/\partial x$ gegeben sind.

Beispiele:

1. Rand bei $x = 0$

— Gegeben ist $(S_{n0}, S_{p0}) = (a, b)$.

$$\frac{\partial E_0}{\partial t} = \frac{1}{\varepsilon_H}(S_0 - a - b)\,, \tag{92}$$

$$\frac{\partial p_1}{\partial t} = \frac{D_p}{h^2}(p_2 - p_1) - v_p(E_1)\cdot\frac{p_2 + p_1}{2h} - b - (R_1 - G_1)$$

(entsprechend $\partial n_1/\partial t$).

— Gegeben ist $\left(\frac{\partial E_0}{\partial x}, p_0\right) = (a, b)$.

$$\begin{aligned}\frac{\partial E_0}{\partial t} = \frac{1}{\varepsilon_H}\left[S_0 + e(D_p - D_n)\frac{p_1 - b}{h} - e\big(v_p(E_0) + v_n(E_0)\big)\frac{p_1 + b}{2}\right] \\ + D_n\frac{E_1 - 2E_0 + E_0 - ha}{h^2} + v_n(E_0)\,\frac{E_1 + E_0 - ha}{2h} + g_0\cdot\frac{1}{\varepsilon_H}\,,\end{aligned} \tag{93}$$

$$\begin{aligned}\frac{\partial p_1}{\partial t} = \frac{D_p}{h^2}(p_2 - 2p_1 + b) - \frac{1}{2h}\big(v_p(E_1)\,(p_2 + p_1) \\ - v_p(E_0)\,(p_1 + p_0)\big) - (R_1 - G_1)\,.\end{aligned} \tag{94}$$

Für Shockley-Read-Rekombination ohne zusätzliche Generationen

$$R_1 - G_1 = \frac{p_1\left(p_1 - N_1 - \frac{\varepsilon_H}{e}a\right) - n_I^2}{\tau_{p0}\left(p_1 - N_1 - \frac{\varepsilon_H}{e}a + N_I\right) - \tau_{n0}(p_1 + P_I)}\,.$$

2. Rand bei $x = Nh$

— Gegeben ist $(S_{nN}, S_{pN}) = (a, b)$.

$$\frac{\partial E_N}{\partial t} = \frac{1}{\varepsilon_H}(S_N - a - b)\,, \tag{95}$$

$$\frac{\partial p_N}{\partial t} = -\,b - \frac{D_p}{h^2}(p_N - p_{N-1}) + v_p(E_{N-1})\,\frac{p_N + p_{N-1}}{2h} - (R_N - G_N) \tag{96}$$

(entsprechend $\partial n_N/\partial t$).

— Gegeben ist $\left(\dfrac{\partial E_N}{\partial x}, p_N\right) = (a, b)$.

$$\begin{aligned}\frac{\partial E_{N-1}}{\partial t} = \frac{1}{\varepsilon_H}\Bigg[&S_{N-1} + e(D_p - D_n)\,\frac{b - p_{N-1}}{h}\\ &- e\big(v_p(E_{N-1}) + v_n(E_{N-1})\big)\,\frac{b + p_{N-1}}{2}\Bigg]\\ &+ D_n\,\frac{E_{N-1} + ha - 2E_{N-1} + E_{N-2}}{h^2}\\ &+ v_n(E_{N-1})\,\frac{E_{N-1} + ha - E_{N-2}}{2h} + g_N\,\frac{1}{\varepsilon_H}\,,\end{aligned}$$

$$\begin{aligned}\frac{\partial p_{N-1}}{\partial t} = \frac{D_p}{h^2}(b - 2p_{N-1} + p_{N-2}) - \frac{1}{2h}\big(&v(E_{N-1})\,(b + p_{N-1})\\ &- v(E_{N-2})\,(p_{N-1} + p_{N-2}) - (R_N - G_N)\big)\,.\end{aligned} \tag{97}$$

2.9.7.2. Elektronische Randmodelle

1. Idealer Ohmscher Kontakt mit unendlicher Rekombinationsgeschwindigkeit

$$n_R = n_{(0)};\ p_R = p_{(0)};\ \operatorname{div} \boldsymbol{E}_R = 0;$$

$n_{(0)}, p_{(0)}$ = Gleichgewichtsdichten der Elektronen und Löcher.

2. Schottky-Kontakt (und Heteroübergang mit festgeklemmter Fermi-Kante) mit unendlicher Rekombinationsgeschwindigkeit

$$n_R = N_C \exp -\frac{V_B}{U_T}\,;\quad p_R = N_V \exp -\frac{U_g - V_B}{U_T}\,;$$

$$\operatorname{div} \boldsymbol{E}_R = \frac{e}{\varepsilon_H}\left(N_V \exp -\frac{U_g - V_B}{U_T} - N_C \exp -\frac{V_B}{U_T} - N_R\right)$$

(s. auch Bild 4).

3. n^+-n-Übergang

$$n_R = n^+_{(0)};\ E_R = 0\,.$$

4. p^+p-Übergang

$$p_R = p^+_{(0)};\ E_R = 0\,.$$

5. p^+-n-Übergang

$$p_R = p^+_{(0)};\ E_R = 0\,.$$

6. n^+-p-Übergang

$$n_R = n^+_{(0)};\ E_R = 0\,.$$

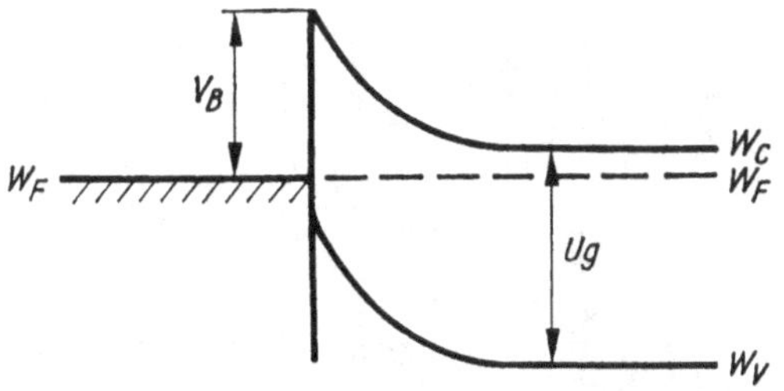

Bild 4. Bändermodell eines Metall-Halbleiter-Überganges mit Verarmungsrandschicht

7. Isolierte rekombinationsfreie Oberfläche (bzw. Isolator-Halbleiterübergang; Zwischenschicht)

$$S_{pR} = S_{nR} = 0\,.$$

8. Isolierte Oberfläche (bzw. Zwischenschicht) mit Rekombination (Rekombinationsgeschwindigkeit v_{or})

$$S_{nR} + S_{pR} = 0;\ -S_{nR} = S_{pR} = (p_R - p_{(0)})\, ev_{0r} = (n_R - n_{(0)})\, ev_{0r}\,.$$

9. Idealer Ohmscher Kontakt mit endlicher Rekombinationsgeschwindigkeit

$$-S_{nR} = ev_{0r}(n_R - n_{(0)});\ S_{pR} = ev_{0r}(p_R - p_{(0)})\,.$$

2.9.8. Einschätzung

Eine Vorstellung vom notwendigen Rechenaufwand für die einzelnen in diesem Beitrag behandelten Verfahren gibt Tabelle 2. Der Rechenaufwand wird für den Einsatz der Verfahren mit entscheidend sein.
Besonders in den letzten drei Jahren ist eine Fülle von Arbeiten veröffentlicht worden, in denen sowohl sukzessive explizite und implizite Algorithmen als auch simultane implizite Algorithmen beschrieben werden und z. T. auch auf Halbleiterbauelemente angewendet werden [38] bis [91]. Im Vordergrund stehen dabei Untersuchungen von Bipolartransistoren, MIS-Transistoren und Impatt-Bauelementen, die die bisherigen Erkenntnisse erweitern sowie Berechnungen an Gunn-Elemen-

Tabelle 2. Zahl der pro Zeitschritt entstehenden Gleichungen bei unterschiedlichen Verfahren zur Lösung des partiellen Differentialgleichungssystems der inneren Elektronik (Mindestzahl)

Ortsabhängigkeit	Einträgerstromfluß				Zweiträgerstromfluß			
	sukzessiv		simultan		sukzessiv		simultan	
	explizit	implizit	implizit	total implizit	explizit	implizit	implizit	total implizit
eindimensional	—	n*)	n**)	nK**)	—	$2n$*)	$2n$**)	$2nK$**)
zweidimensional	nm (Poisson-gleichung)	nm (Poissongl.) nm (Kontinuitätsgleichung)	nm**)	nmK**)	nm (Poissongl.)	nm (Poissongl.) $2nm$* (Kontinuitätsgleichung)	$2nm$**)	$2nmK$**)
dreidimensional	nmq (Poisson-gleichung)	nmq (Poisson) nmq (Kontinuitätsgleichung)	nmq**)	$nmqK$**)	nmq (Poisson)	nmq (Poisson) $2nmq$ (Kontinuitätsgleichung)	$2nmq$**)	$2nmqK$**)

Bemerkung: $n = N - 1$; $m = M - 1$; $q = Q - 1$

*) linearisierte Gleichungen durch Näherungsansatz
**) nichtlineare Gleichungen

total implizit ≙ Nur ein Gleichungssystem für sämtliche Orts- und Zeitpunkte.

ten, bei denen die numerische Analyse erst die entscheidenden Erkenntnisse ermöglicht hat. In zunehmendem Maße werden auch örtlich mehrdimensionale Probleme (vor allem quasizweidimensionale und zweidimensionale) behandelt und auch Lastkreise einbezogen. Ein universelles Programm, das für alle denkbaren Bauelementestrukturen und -typen in optimaler Weise anwendbar ist, zeichnet sich noch nicht ab. Zweifellos kann man aber bereits seit einiger Zeit völlig verschiedene Bauelemente, z.B. Bipolartransistoren und Gunn-Elemente, mit einem Programm berechnen.

Um die Rechenzeit und-genauigkeit zu optimieren, wird man verstärkt automatische Orts- und Zeitschrittweitensteuerungen einbauen.

Total implizite Verfahren wurden bisher nicht erprobt. Tabelle 2 gibt zwar einen gewissen Überblick über Zahl und Art der entstehenden Gleichungen, die pro Zeitschrift vorliegen, läßt aber damit noch keinen echten Rückschluß auf den Rechenaufwand zu, da dieser u. a. natürlich auch von den Zeit- und Ortsschrittweiten und der Besetztheit der entstehenden Matrizen bzw. der Zahl notwendiger Iterationen abhängt. Vergleicht man die sukzessiven expliziten Verfahren mit den simultanen impliziten Verfahren, so stellt man folgende Vorteile der expliziten Verfahren fest:

— der Aufwand bei der Problemaufbereitung und Programmierung ist kleiner
— es entsteht ein lineares Gleichungssystem
— der Aufwand pro Zeitschritt ist kleiner
— der Speicherplatzbedarf ist kleiner.

Nachteile gegenüber den impliziten Verfahren treten vor allem bei Stiffproblemen auf, die u. a. bei hohen Störstellendichten (kleine dielektrische Relaxationszeit) entstehen können. Sie äußern sich in Instabilität bei Überschreitung einer bestimmten sehr kleinen Zeitschrittweite. U. U. kann dadurch ein explizites Verfahren durch sehr kleine Zeitschrittweiten uneffektiv oder bei ungünstiger Fehlerfortpflanzung sogar unbrauchbar werden. Implizite Verfahren sind also als der sicherere Weg anzusehen. Allerdings gelingt es derzeit noch nicht, sie in jedem Fall speicherplatzmäßig auf dem Rechner unterzubringen. Das gilt vor allem für manche örtlich mehrdimensionalen Probleme (z. B. Berechnung der zweidimensionalen Gunn-Domänendynamik auf der BSM 6), für die explizite Verfahren bereits seit einigen Jahren erfolgreich angewendet werden.

2.9.9. Anhang · Beispiele für numerische Rechnungen

Zur Gunn-Elektronik und in geringerem Umfange zu Bipolartransistoren wurden Rechnungen zu örtlich eindimensionalen, quasizweidimensionalen und zweidimensionalen statischen und dynamischen Problemen angestellt [3] bis [6]. Dabei wurden z. T. einfache Lastkreise einbezogen. Im Vordergrund standen sukzessive Verfahren. Als Beispiele seien gezeigt:

1a) der Aufbau, die stationäre Wanderung und der Abbau einer Hochfeld-Dipoldomäne bei vorgegebener Störstellenverteilung (s. Bild A.1),

1b) der dazugehörige Stromverlauf (s. Bild A.2),

2) die Querausbreitung von Domänen (s. Bild A.3).

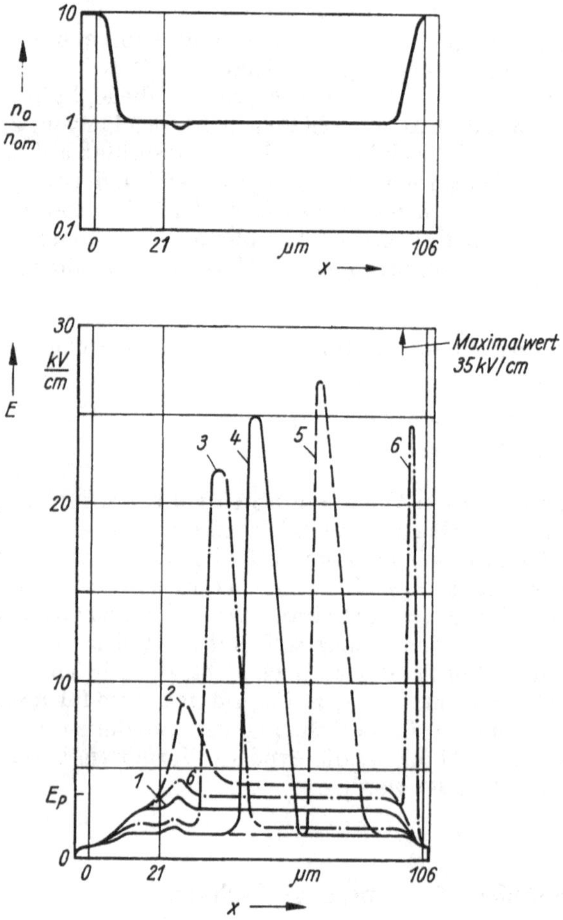

Bild A.1.

a) Störstellenprofil eines Gunn-Elementes mit Dotierungskerbe ($n_{0m} = 2{,}5 \cdot 10^{14}$ cm^{-3}, Kerbe $\Delta n_0 = -2{,}5 \cdot 10^{13}$ cm^{-3})

b) Der zeitliche Aufbau von Hochfeld-Dipoldomänen in einem Gunn-Element (Feldstärke als Funktion des Ortes zu unterschiedlichen Zeiten: 1 – unterkritische Lösung für $\overline{E} = 3$ kV/cm; 2 bis 6 – überkritische Lösung nach Spannungssprung auf $\overline{E} = 4$ kV/cm zum Zeitpunkt $t = 0$ (2 – 20 ps, 3 – 100 ps, 4 – 150 ps, 5 – 450 ps, 6 – 690 ps))

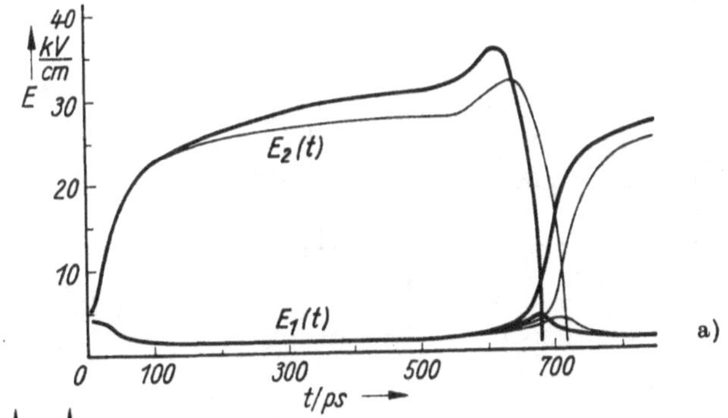

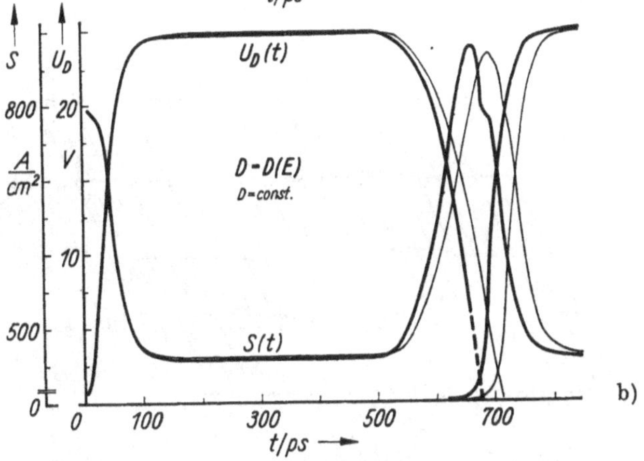

Bild A.2.

a) Zeitlicher Verlauf der Außenfeldstärke E_1 und der Maximalfeldstärke E_2 für ein überkritisch vorgespanntes Gunn-Element

b) Zeitlicher Verlauf der Domänenüberschußspannung $U_D(t)$, und der Stromdichte S für ein überkritisch vorgespanntes Gunn-Element

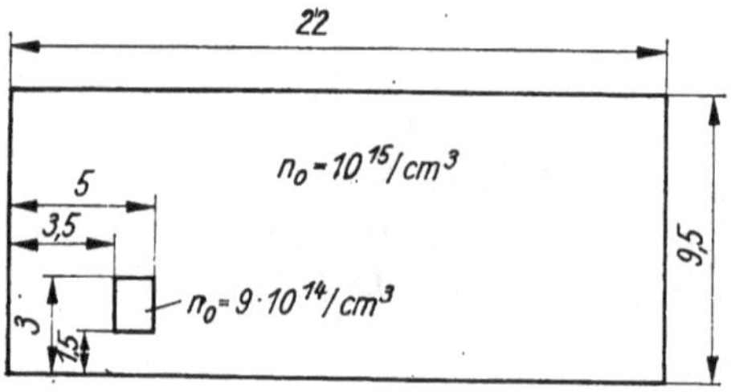

22
$n_0 = 10^{15}/cm^3$
5
3,5
3
1,5
$n_0 = 9\cdot10^{14}/cm^3$
9,5

a)

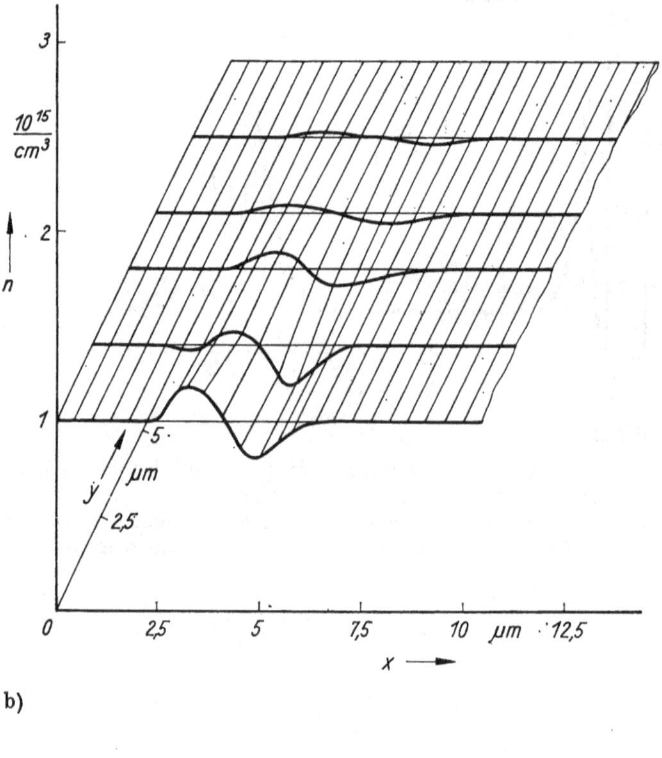

3
$\frac{10^{15}}{cm^3}$
2
n
1
5
μm
y
2,5
0
2,5
5
7,5
10
μm
12,5
x

b)

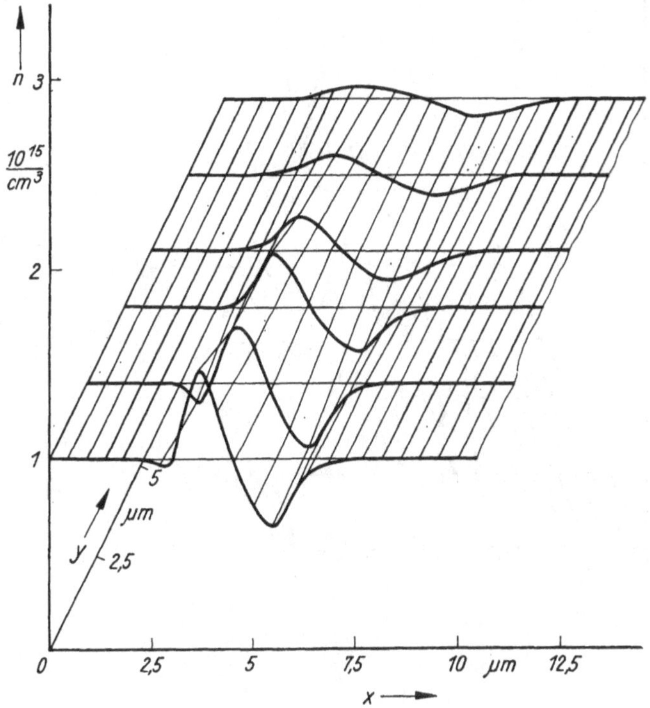

n
3
10^15
cm^3
2
1
5
µm
y
2,5
0
2,5
5
7,5
10 µm
12,5
x

c)

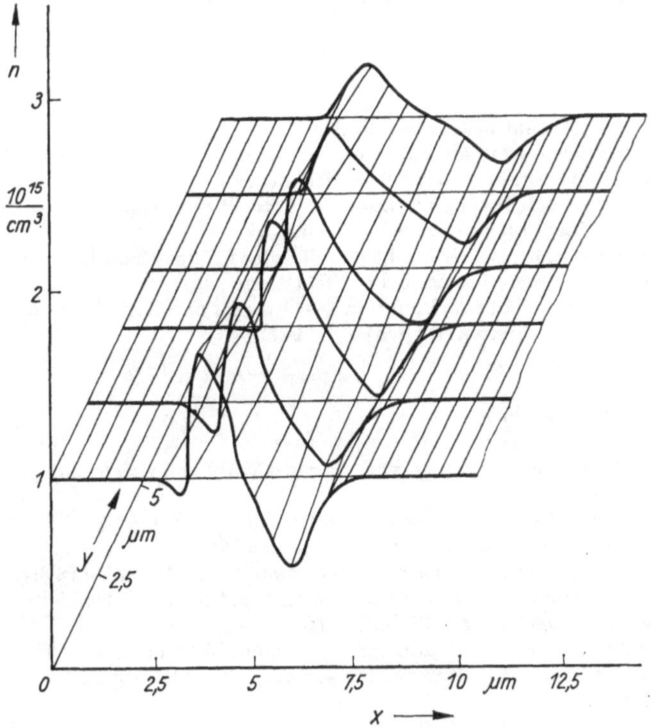

n
3
10^15
cm^3
2
1
5
µm
y
2,5
0
2,5
5
7,5
10 µm
12,5
x

d)

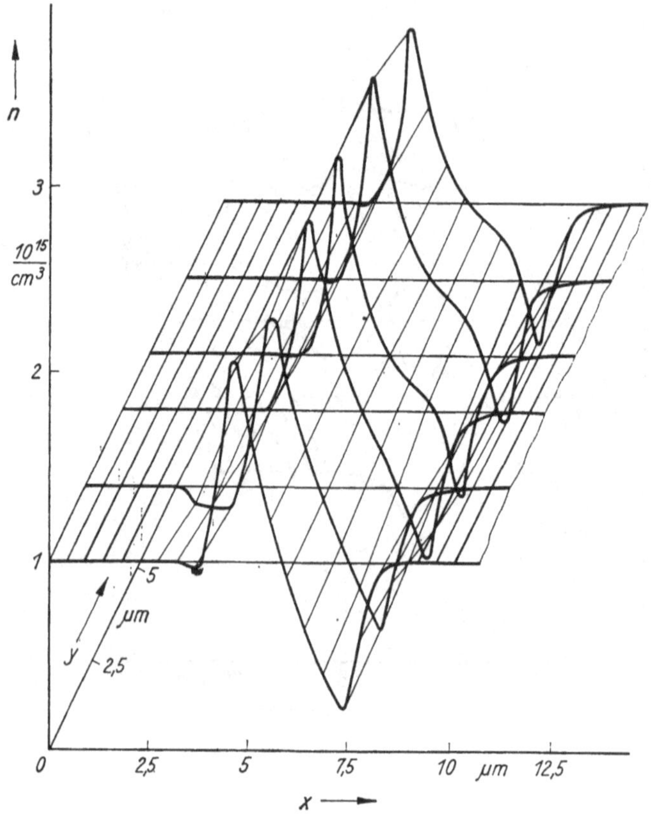

e)

Bild A.3.

a) Gunn-Element mit Dotierungskerbe
b) Elektronendichte als Funktion des Ortes für das Gunn-Element nach a) 7 ps nach Überschreiten der Schwellfeldstärke
c) Elektronendichte als Funktion des Ortes für das Gunn-Element nach a) 10 ps nach Überschreiten der Schwellfeldstärke
d) Elektronendichte als Funktion des Ortes für das Gunn-Element nach a) 13 ps nach Überschreiten der Schwellfeldstärke
e) Elektronendichte als Funktion des Ortes für das Gunn-Element nach a) 22 ps nach Überschreiten der Schwellfeldstärke

Literaturverzeichnis

[1] *Smith, G. D.*: Numerische Lösung von partiellen Differentialgleichungen. Akademie-Verlag, Berlin 1971

[2] *Elschner, H.*: Gunn-Elektronik. Dissertation (B), TU Dresden 1973

[3] *Becker, W.* u. *Geiler, A.*: Diplomarbeit, TU Dresden 1971

[4] *Barth, K.*, *Diener, K.-H.*, *Elschner, H.*, *Landgraf-Dietz, D.*, *Möschwitzer, A.*: Anwendung eines Algorithmus zur Analyse der inneren Elektronik von Halbleiterbauelementen (Teil 1). Nachrichtentechnik **23** (1973), Nr. 12

[5] *Stahr, H.*: Multidomänentransit in Gunn-Elementen, Dissertation (A), TU Dresden 1973

[6] *Elschner, H.*, *Hofmann, K.*: Untersuchungen zur Gunn-Elektronik. Nachrichtentechnik **22** (1972) 1055–1060

[7] *Götze, R., Ritz, S., Schüffny, R.*: Über die Anwendung simultaner numerischer Verfahren zur zweidimensionalen Analyse. Wiss. Z. d. TU Dresden (1974) (in Vorb.)
[8] *Amann, H.*: Monte-Carlo-Methoden und lineare Randwertprobleme. ZAMM 48 (1968) 109–116
[9] *Amann, H.*: Der Rechenaufwand bei der Monte-Carlo-Methode mit Informationsspeicherung. ZAMM 48 (1968) 128–131
[10] *Buslenko, N. P., Schreider, J. A.*: Die Monte-Carlo-Methode und ihre Verwirklichung mit elektronischen Digitalrechnern. B. G. Teubner Verlagsgesellschaft, Leipzig 1964
[11] *Collatz, L.*: Numerische Behandlung von Differentialgleichungen. Springer-Verlag, Berlin–Göttingen–Heidelberg 1955
[12] *Filippi, S.*: Bemerkungen zur Monte-Carlo-Methode. Elektronische Datenverarbeitung 6 (1964) 49–54
[13] *Filippi, S.*: Erweiterung der Anwendungsmöglichkeiten der Monte-Carlo-Methode. Elektronische Datenverarbeitung 6 (1964) 145–148
[14] *George, J. A.*: Computer implementation of the finite element method. Report CS 208 Computer Science Department, Stanford University 1971
[15] *Gopolsamy, K., Aggarwala, B. D.*: On a Monte Carlo method for biharmonic boundary value equations. ZAMM 53 (1973) 293–298
[16] *Hockney, R. W.*: A fast direct solution of Poisson's equation using Fourier analysis. J. Ass. Comp. Mach. 12 (1965) 95–113
[17] *Lynch, R. E., Rice, J. R., Thomas, D. H.*: Direct solution of partial difference equations by tensor product methods. Num. Math. 6 (1964) 185–199
[18] *Rozsa, P., Toth, I.*: Eine direkte Methode zur numerischen Lösung der Poissonschen Differentialgleichung mit Hilfe des 9-Punkte-Verfahrens. ZAMM 50 (1970) 713–720
[19] *Schwarz, H. R., Rutishauser, H., Stiefel, E.*: Numerik symmetrischer Matrizen. Teubner Verlag, Leipzig 1969
[20] *Varga, R. S.*: Matrix iterative analysis. Prentice-Hall, Englewood Cliffs, New York 1962
[21] *Young, D. M.*: Convergence properties of the symmetric and unsymmetric successive overrelaxation methods and related methods. Math. of Comp. 24 (1970) 793–808
[22] *Reibiger, A.*: Verfahren zur Analyse nichtlinearer Netzwerke. Z. elektr. Informations- und Energiet. 1974, im Druck
[23] *Gear, C. W.*: Numerical initial value problems in ordinary differential equations. Englewood Cliffs, Prentice Hall, New York 1971
[24] *Lapidus, L., Seinfeld, J. H.*: Numerical solution of ordinary differential equations. Academic Press, New York 1971
[25] *Brayton, R. K., Gustavson, F. G., Hachtel, G. D.*: A new efficient algorithm for solving differential-algebraic systems using implicit backward differentiation formulas. Proc. IEEE 60 (1972) 98
[26] *Gear, C. W.*: Simultaneous numerical solution of differential algebraic equations. IEEE Trans CT 18 (1971) 89–95
[27] *Ortega, J. M., Rheinboldt, W. C.*: Iterative solution of nonlinear equations in several variables. Academic Press, New York 1970
[28] *Sobol', I. M.*: Čislennye metody Monte-Karlo. Izd. Nauka, Moskva 1973
[29] *Lambert, J. D.*: Computational methods in ordinary differential equations. John Wiley and Sons, 1973
[30] *Grigorieff, R. D.*: Numerik gewöhnlicher Differentialgleichungen, Bd. 1: Einschrittverfahren. B. G. Teubner, Stuttgart 1972
[31] *Dahlquist, G.*: Problems related to the numerical treatment of stiff differential equations, in A. Günther et al. (eds.). International Computing Symposium 1973, North-Holland Publ. Co., 1974
[32] *Stoer, J., Burlirsch, R.*: Einführung in die Numerische Mathematik II. Springer-Verlag, Berlin–Heidelberg–New York 1973
[33] *Zienkewicz, O. C.*: The finite element method in anfineering science. McGraw-Hill, London 1971
[34] *Kincaid, D. R.*: Norms of the successive overrelaxation Method. Math. Comp. 26 (1972) 345–358

[35] *Saylor, P. E., Sebastian, J. D.*: Calculation of optimum parameters for alternating direction implicit procedures [D 3]. Algorithm 460. Comm. of acm **16** (1973) 633–635
[36] *Schwetlick, H.*: Über die Realisierung und Konvergenz von Mehrschrittverfahren zur iterativen Lösung nichtlinearer Gleichungen. ZAMM **54** (1974) 479–493
[37] *Schwetlick, H.*: Minimizing nonlinear functions by descent Methods. Information Processing 74, North-Holland Publ. Co., 74, (1974) 562–568
[38] *Gummel, H. K.*: A self consistent scheme for one-dimensional steady state transistor calculations. IEEE Trans. Electron Devices, ED-**11** (Okt. 1964) 455–465
[39] *Mock, M. S.*: On the convergence of the Gummels numerical algorithm. Solid State Electronics **15** (1972) 1–4
[40] *Seidmann, T. L., Choo, S. C.*: Iterative scheme for computer simulation of semiconductor devices. Solid State Electronics **15** (1972) 1229–1235
[41] *De Mari, A.*: An accurate numerical steady-state one-dimensional solution of the p-n-junction. Solid State Electronics **11** (1968) 38–58
[42] *De Mari, A.*: An accurate numerical one-dimensional solution of the p–n-junction under arbitary transient conditions. Solid State Electronics **11** (1969) 1021–1053
[43] *Arandjelovic, V.*: General iterative scheme for one-dimensional calculations of steady-state electrical properties of transistors. Int. J. Electron. **27** (1968) 459–478
[44] *Arandjelovic, V.*: Accurate numerical steady-state solution for a diffused one-dimensional junction diode. Solid State Electronics, **13** (1970) 865–971
[45] *Scharfetter, D. L., Gummel, H. K.*: Large signal analysis of a silicon read diode oscillator. IEEE Trans. Electron. Devices, ED-**16** (Jan. 1969) 64–67
[46] *Peterson, O. G., Rikoski, R. A., Cowles, W. W.*: Numerical methode for the solution of the transient behavior of bipolar semiconductor devices. Solid State Electronics **16** (1973) 239–251
[47] *Gokal, B. V.*: Numerical solution for a one-dimensional silicon n–p–n transistor. IEEE Trans. Electron. Devices ED-**17** (Aug. 1970) 594–602
[48] *Choo, S. C.*: Numerical analysis of a forward-biased step-junction P–L–N diode. IEEE Trans. Electron. Devices ED-**18** (Aug. 1971) 574–586
[49] *Gosh, H. N., de la Moneta, P. H., Dono, N. R.*: Computer aided transistor design characterization and optimation. Solid State Electronics **10** (1967) 705–726
[50] *Roulston, D. J., Chamberlain, S. G., Seghal, J.*: High level asymptotic variation of transistor base resistance and current gain. Electron. Lett. **7** (Juli 1971) 438–440
[51] *Shah, P. L., Robson, T. A.*: Effect of various boundary conditions of the instabilities in transferred electron bulk oscillators. J. of Appl. Phys. **12** (Febr. 1971) 783–396
[52] *Tomizawa, Kazutaka*: Static negative resistance due to geometrical effect of bulk Element. IEEE Trans. Electron Devices ED-**19** (Dez. 1972) 1299–1300
[53] *Collins, T. W.*: Two-dimensional numerical analysis of integrated bipolar transistors. Int. Electron Devices Meeting, P.C. Washington 1968
[54] *Calzolari, P. U., Graffi, S.*: Two-dimensional theory of the uniform base transistor at any injection level. Alta Freq. **38** (Febr. 1969) 126–134
[55] *Kennedy, D. P., O'Brien, R. R.*: Two-dimensional mathematical analysis of a planar type junction field effect transistor. IBM J. Res. Develop. **13** (Nov. 1969) 662–674
[56] *Kennedy, D. P., O'Brien, R. R.*: Computer — aided two dimensional analysis of the junction field-effect transistor. IBM J. Res. Develop. **14** (Nov. 1970) 95–116
[57] *Kennedy, D. P., O'Brien, R. R.*: Two-dimensional analysis of J.F.E.T. structures containing a low-conductivity substrate. Electron. Lett. **7** (Dez. 1971) 714–716
[58] *Kim, C. K., Yong, E. S.*: An analysis of current saturation mechanism of junction field-effect transistors. IEEE Trans. Electron Devices ED-**17** (Febr. 1970) 120–129
[59] *Heydmann, J. H.*: Methode numerique d'étude des structures MOST. Electron-Lett. **6** (Nov. 1970) 735–737
[60] *von Drope, D., Xuong, N. H.*: Mathematical 2-dimensional model of semiconductor devices. Electron. Lett. **7** (Jan. 1971) 47–50
[61] *Dubock, P.*: Numerical analysis of forward an reverse bias potential distribution in a two-dimensional p–n-junction with applications to capacitance calculations. Electron. Lett. **5** (May 1969) 236–238

[62] *Loeb, H. W., Anorew, R., Love, W.*: Application of two-dimensional solutions of the Shockley-Poisson equation to inversion layer MOST devices. Electron. Lett. **4** (Aug. 1969) 352—354

[63] *Wassershom, E., McKeund, J.*: The potential due to a charged metallic ship on a semiconductor surface. Bell Syst. Tech. J. **49** (May 1970) 853—877

[64] *Lewis, J. A.*: The flat plate problem for a semiconductor. Bell Syst. Techn. J. **49** (Sept. 1970) 1484—1490

[65] *Reiser, M.*: Two-dimensional analysis of substrate effects in junction f.e.t.s. Electronic Lett. **6** (1970) 493—494

[66] *Fulkerson, D. E.*: A 2-dimensional model for the calculation of common-emitter current gains of lateral p—n—p transistors. Solid State Electronics **11** (1968) 821—826

[67] *Klipatrick, J. A., Ryan, W. D.*: Two-dimensional analysis of lateral-based transistors. Electron. Lett. 7 (May 1971) 226—227

[68] *Dubock, P.*: D. C. numerical model for arbitary biased bipolar transistors in two dimensional. Electron. Lett. **6** (Febr. 1970) 53—55

[69] *Greenspan, D.*: Numerical studies of property cavity flow problems. Comput. J. **12** (1969) 88—93

[70] *Mock, M. S.*: A two-dimensional mathematical model of the insulated gate-field-effect transistor. Solid State Electronics **16** (1973) 601—609

[71] *Himsworth, B.*: A computer aided two-dimensional analysis of gallium arsenid an silicon junction field effect transistor. Int. J. Electronics **31**, 4 (1971) 365—371

[72] *Armstrong, G. A., Mayowana, J. A., Ryan, W. D.*: Two-dimensional solution of the d.c. characteristics for the M.O.S.T. Electronics Lett. **5**, 17 (1969) 406—408

[73] *Forsyte, G. E., Wason, W. R.*: Finite-difference methods for partial differential equations. Wiley, New York 1960

[74] *van Drope, D., Borel, J., Merkel, G., Saintot, P.*: An accurate two-dimensional numerical analysis of the transistor. Solid State Electronics **15** (1972) 547—557

[75] *Suzuki, N., Yanai, H., Ikoma, T.*: Simpl eAnalysis and Computer simulation on lateral spreading of space charge in bulk GaAs. IEEE Trans. on ED-19 (März 1972) 364—375

[76] *Katakao, S., Tateno, H., Kawashima, M.*: Two-dimensional computer analysis of dielectric-surface load GaAs bulk element. Electronics Lett. **6** (März 1970) 169—171

[77] *Reiser, M.*: Zweidimensionale Lösung der instationären Halbleitertransportgleichungen für Feldeffekttransistoren. Diss. Nr. 4661, Eidgenössische Technische Hochschule, Zürich 1971

[78] *Reiser, M.*: A two-dimensional numerical FET-model for d.c., a.c. and large-signal analyse. IEEE Trans. Electron. Devices, ED-**20** (Jan. 1971) 35—44

[79] *Reiser, M.*: Difference methode for solution of the time-deependent semiconductor flow equations. Electronics Lett. 7 (Juni 1971) 353—355

[80] *Slotboom, J. W.*: Iterative scheme for 1- and 2-dimensional d.c. transistor simulation. Electronics Lett. **5** (Dez. 1969) 677—678

[81] *Slotboom, J. W.*: Computer-aided two-dimensional analysis of bipolar transistors. IEEE Trans. Electron. Devices ED-**20** (Aug. 1973) 669—679

[82] *Wachspress, E. L.*: Iterative solution of elliptic systems. Englewood Cliffs, Prentice Hall, New York 1966

[83] *Niethammer, W.*: Iterationsverfahren und allgemeine Eulerverfahren. Math. Z. **102** (Juni 1967) 288—317

[84] *Heydemann, M.*: Solutio numerique dimensionelle des equations generales de transport dans les semiconducteurs en regime permanent. L'Onde Electc. **52** (Apr. 1972) 185—191

[85] *Stone, H. L.*: Iterative solution of implicit approximations of multidimensional partial differential equations. SIAM J. Num., Anal. **5** (Sept. 1968) 530—558

[86] *Heimeier, H. H.*: A two-dimensional numerical analysis of a silicon n—p—n transistor. IEEE Trans. Electron. Devices ED-**20** (1973) 708—714

[87] *Hockney, R. W.*: The potential calculation and some applications. Methods Comp. Phys. (1970) 135—211

[88] *Fawcett, W.*, *Boardman, A. D.*, *Swain, S.*: Monte Carlo determination of electron transport properties in gallium arsenide. J. Phys. Chem. Solids **31** (Juli 1970) 1963—1990
[89] *Kurosawa, T.*: Monte Carlo calculation of hot electron problems. Proc. of the Internat. Conf. Phys. Semiconductors, Kyoto 1966. J. Phys. Society of Japan **21**, Supplement (1966)
[90] *Elst, G.*: Auflösung schwach besetzter, linearer algebraischer Gleichungssysteme und ihre Anwendung bei der Analyse elektrischer Netzwerke. NT 9 (1973) 342—344
[91] *Hoffmann, K.*: Beitrag zur numerischen Analyse von Gunn-Elementen im Hochfeld-Dipol- sowie im bistabilen Modus. Dissertationsschrift, TU Dresden, Sektion Informationstechnik, 1974

2.10. Halbleiter-Heteroübergänge

Von *S. Pfüller*

Technische Hochschule Karl-Marx-Stadt, Sektion Physik/Elektronische Bauelemente

2.10.1. Einleitung; Historische Entwicklung

Unter Halbleiter-Heteroübergängen versteht man im Gegensatz zu den sogenannten Halbleiter-Homoübergängen einen elektronisch wirksamen Übergang oder Kontakt zwischen zwei verschiedenen, in der Regel einkristallinen, Halbleitern. Es liegen also zwei verschiedene Materialien vor, welche mit ihren verschiedenen Wirtsgittern aneinanderstoßen und an der Berührungsfläche den Übergang bilden. Da bei den Halbleiter-Homoübergängen auf beiden Seiten das gleiche, nur unterschiedlich bzw. verschieden dotierte Material vorliegt, sind hier einige neue Phänomene zu erwarten, welche das physikalische Verhalten des Heteroübergangs charakterisieren.

Grundsätzlich wird sich bei Halbleiter-Heteroübergängen eine Zwischenzone ausbilden, welche durch eine hohe Dichte von Grenzflächenzuständen charakterisiert wird. Dabei wird die Konzentration dieser Zustände, welche als Rekombinationszentren wirken, von den beiden verwendeten Materialien abhängen und das physikalische Verhalten sowie die elektronischen Eigenschaften der Übergänge entscheidend beeinflussen.

Man unterscheidet auch hier wie beim *pn*-Übergang Anordnungen, deren Leitungstyp verschieden und gleich ist. Erstere sind das Analogon zu den bekannten Homo-*pn*-Übergängen und heißen anisotype Heteroübergänge; letztere sind Dichteübergänge; man nennt sie isotype Heteroübergänge. Im Gegensatz zu den Homo-Dichteübergängen, die keine ausgeprägten Gleichrichtereigenschaften aufweisen, sind bei Hetero-Dichteübergängen entsprechende Eigenschaften zu erwarten.

Schon 1950/51 gab *Gubanov* [19], [20] theoretische Ansätze zur Berechnung anisotyper und isotyper Heteroübergänge an und entwickelte ein Modell, dessen experimentelle Verifizierung mangels technologischer Möglichkeiten nicht möglich war. Er arbeitete mit dem Boltzmann-Gleichgewicht und begrenzte damit seine Aussagen auf kleine angelegte Spannungen.

Erst zehn Jahre später war die Epitaxie als eine repräsentative Herstellungsmethode soweit entwickelt, daß *Anderson* [3] Ge/GaAs-Heteroübergänge herstellen konnte und dazu ein neues, aussagefähiges Modell angab, welches er 1963 [8] noch erweiterte.

Damit wurde in den nächsten Jahren eine große Zahl von Veröffentlichungen ausgelöst, die zeigte, daß an vielen verschiedenen Stellen mit ziemlichem Aufwand an diesen Problemen gearbeitet wurde.

1963 untersuchte *Oldham* [1], [2] Ge/Si-Heteroübergänge mit Zwischenschichtdefekten, *Dolega* [4] wandte das Heteroübergangsmodell auf die Theorie der Selengleichrichter an und *Long* [24] diskutierte den Einsatz von Heteroübergängen bzw. Heterokristallen in der Mikroelektronik. Gleichzeitig wurden technologische Pro-

bleme dargestellt [5], [6], wobei besonders das von *Sirtl* [7] entwickelte Sandwich-Verfahren zur Herstellung von Heteroübergängen erwähnt werden muß.
1964 erschienen Arbeiten [17], [18] von *Esaki* et al., welche sich ebenfalls mit Zwischenschichtproblemen beschäftigen, gleichzeitig stellten *Brownson* [12] und *Hampshire* [22] durch Legierung hergestellte Si/Ge-*nn*-Heterodioden vor, welche außerordentlich schnell waren. Durch *Lopez* und *Anderson* [26] wurden die optoelektronischen Eigenschaften von Ge/GaAs-Heteroübergängen diskutiert und durch *van Ruyen* [32], *Yawata* [38] und *Rediker* [34] 1965 forgesetzt.
Im Jahr 1965 wurden auch zum ersten Mal Heterotransistoren durch *Brojdo* [11], *Perlmann* und *Feucht* [29] sowie Dünnfilm-Heterodioden durch *Muller* und *Zuleeg* [40] beschrieben.
Gleichzeitig wurden die Untersuchungen auch auf Materialien über die Kombinationen Ge/GaAs und Ge/Si hinaus ausgedehnt.
Yamato beschrieb Ge/ZnSe-Heteroübergänge [39], *Weinstein* [37] diskutierte GaAs/GaP, GaAs/Ge und GaP/Ge-Heteroübergänge und *Nakai* [28] gab elektronische Eigenschaften von CdSe/Ge-Heteroübergängen an. In Rumänien wurden durch *Grigorovici* [21] Heteroübergänge zwischen amorphem Ge und einkristallinem Si untersucht, *Chang* [13], [14] diskutierte Ge/$GaAs_{1-x}P_x$ Heteroübergänge.
Diese Untersuchungen wurden in den folgenden Jahren (bis etwa 1970) weiter ausgedehnt, sie dienten offenbar alle dem Ziel, brauchbare Heterostrukturen hoher Effizienz für die Optoelektronik zu schaffen. *Cusano* beschrieb Solarzellen, *Bercht-hold, Ruge* und *Sigmund* [41] diskutierten 1968 die technischen Anwendungsmöglichkeiten, wobei besonders vielseitige Verwendungen für die Optoelektronik angegeben werden. Zur gleichen Zeit diskutieren *Zeidenbergs* und *Anderson* [42] den Hetero-Feldeffekttransistor und *Tansley* [43] gibt schnelle Heterophotodioden an.
In den letzten Jahren wurde es um den Halbleiter-Heteroübergang etwas ruhiger, offensichtlich hatte man bestimmte Anwendungsgebiete abgesteckt und die Grenzen der Realisierung sowie der technischen Anwendung erkannt. Dabei spielen die laufenden Verbesserungen der diskreten Halbleiterbauelemente und der integrierten Schaltungen mit Homoübergängen eine Rolle, außerdem sind natürlich auch ökonomische Gesichtspunkte entscheidend. Nicht vergessen werden sollte, daß Forschungen auf diesem Gebiet meist unter einem gewissen Geheimhaltungsgrad stehen und damit zwangsläufig wenig veröffentlicht werden kann.
Insgesamt läßt sich feststellen, daß nach einer sehr explosiven Phase in den Jahren 1960 bis 1968 zur Zeit eine relative Ruhe und Abrundung der Arbeiten auf dem Gebiet der Heteroübergänge zu verzeichnen ist.

2.10.2. Unterschiede zum Homoübergang

Da die elektronischen Eigenschaften des Heteroüberganges von den Raumladungsverhältnissen in der Umgebung der Grenzfläche, von den Zwischenschichtdefekten oder Grenzflächenzustandsdichten selbst und von den Transportmechanismen in den angrenzenden Bahngebieten bestimmt werden, sind einige gravierende Unterschiede zum Homoübergang — bedingt durch die Kombination zweier verschiedener Halbleitermaterialien — zu erwarten.

Dabei sollen bei allen Betrachtungen folgende *Voraussetzungen* gelten:

a) Die Störstellenkonzentrationen sind in beiden Materialien konstant, ihre Höhe kann gleich oder verschieden sein (symmetrische und unsymmetrische Übergänge).

b) Am Übergang selbst wird eine abrupte Änderung des Störstellenprofils angenommen.
c) Auch die Bahngebiete sind homogen dotiert und werden als unendlich lang angenommen.
d) Der Eigenschaftswechsel wird ebenfalls als abrupt angenommen, es werden also keine Graduierungseffekte vorausgesetzt.
e) Alle Oberflächeneinflüsse werden vernachlässigt.

Die Unterschiede zum Homoübergang können durch folgende Parameter der verschiedenen Materialien charakterisiert werden:

α) *Gitterkonstanten*

Da sich an der Grenzfläche Materialien mit verschiedenem Wirtsgitter gegenüberstehen, treten auch unterschiedliche Gitterkonstanten in Erscheinung. Dadurch werden natürlich die Transporteigenschaften der Ladungsträger beeinträchtigt, es sind andere Transportmechanismen wirksam und es wird zu starken Reflexionen und Rekombinationen der Ladungsträger kommen.
Man definiert eine relative Abweichung durch

$$|a_{\text{rel}}| = 2 \cdot \frac{a_2 - a_1}{a_2 + a_1} \cdot 100(\%) \,. \tag{1}$$

Mit den Werten der Tabelle 1 erhält man damit beispielsweise

$$|a_{\text{rel}}| \approx 0{,}07\% \text{ für Ge/GaAs}, \; |a_{\text{rel}}| \approx 4\% \text{ für Si/Ge} \,,$$

$$|a_{\text{rel}}| \approx 0{,}36\% \text{ für Si/GaP und } |a_{\text{rel}}| \approx 7\% \text{ für Si/InP};$$

also Heteroübergänge mit kleinen (Ge/GaAs) und großen (Si/InP) Gitterstörungen.

Tabelle 1. **Einige Materialien für Heteroübergänge mit ihren typischen Parametern**

Material	W_g/eV	a/nm	α/°C^{-1}	λ_{rel}	W_χ/eV	W_φ/eV
Ge	0,66	0,568	$6{,}1 \times 10^{-6}$	16	4,3	4,58
Si	1,12	0,543	$2{,}33 \times 10^{-6}$	11,8	4,01	4,7
GaAs	1,43	0,564	$5{,}5 \times 10^{-6}$	11,1	4,07	4,32
GaP	2,24	0,545	$5{,}3 \times 10^{-6}$	8,4	3,0	4,3

Die Ungleichheit der verschiedenen Wirtsgitter, repräsentiert durch die unterschiedlichen Werte der Gitterkonstanten, produziert *Grenzflächen-* oder *Zwischenschichtzustände,* welche als Rekombinationszentren wirken. Beim Homoübergang fehlen diese auf Grund der Gittergleichheit.

β) *Lineare thermische Ausdehnungskoeffizienten*

Diese Werte sind ein Maß für die auftretende mechanische Beanspruchung bei thermischer Belastung; sie rufen ihrerseits wieder zusätzliche Grenzflächenzustände hervor.
Mit der Definition einer relativen Abweichung nach Gl. (1) erhält man beispielsweise (mit den Werten der Tabelle 1) $|\alpha_{\text{rel}}| \approx 7\%$ für Ge/GaAs und $|\alpha_{\text{rel}}| \approx 42\%$ für Ge/Si.

γ) *Bandabstände*

Durch die verschiedenen Materialien liegen a priori Banddiskontinuitäten vor, die zu vom Homoübergang abweichenden Darstellungen der Bändermodelle führen werden, andererseits aber wiederum die Erklärung für eine Reihe elektronisch-physikalischer Eigenschaften liefern.

δ) *Elektronenaffinitäten* W_x

Auch hier liegen unterschiedliche Werte vor, welche die Transportmechanismen an der Zwischenschicht ziemlich beeinflussen.

ε) *Austrittsarbeiten* W_φ

Da auch die Austrittsarbeiten unterschiedliche Werte haben, ergeben sich für die Ladungsträger in der Zwischenschicht neue Komplikationen.

ζ) *Dielektrizitätskonstanten*

Nicht zuletzt liefern die unterschiedlichen Werte der relativen Dielektrizitätskonstanten rechts und links der Grenzfläche an derGrenzfläche selbst eine *Feldstärkeinhomogenität*, da nur die Normalkomponente des Verschiebungsflusses stetig ist, nicht aber die Feldstärke:

$$\varepsilon_1 \cdot \boldsymbol{E}_1 = \varepsilon_2 \cdot \boldsymbol{E}_2 \,. \qquad (2)$$

Damit ist eine wichtige Randbedingung für den Heteroübergang formuliert.

2.10.3. Bändermodelle

Es ist sofort einzusehen, daß auf Grund der verschiedenen Materialien und der verschiedenen bzw. unterschiedlichen Leitungstypen eine große Zahl von Kombinationsmöglichkeiten und damit auch von Bändermodellen besteht. Je nach den Werten der Austrittsarbeit und der Elektronenaffinität ergeben sich paarweise *Verarmungs-* oder *Anreicherungsrandschichten* an beiden Seiten des Übergangs oder jeweils eine Verarmungs- und Anreicherungsrandschicht. Wenn auch hier zwischen niedrigen und hohen Grenzflächenzuständen unterschieden wird, so kann man diffusions- und emissionsbegrenzte Ströme als Strommechanismen annehmen, wobei die Trägernachlieferung durch Emission und Tunnelung, der Trägerabtransport durch das Wechselspiel von Diffusion und Rekombination im Bahngebiet geschieht.
Bei hohen Grenzflächenzuständen dominieren ausschließlich Rekombinationsprozesse an der Zwischenschicht. Jetzt erfolgt eine totale Stromübernahme am Übergang selbst, ein Injektionsmechanismus wie oben fehlt völlig, es tritt immer nur der Strom einer Trägersorte auf (keine Minoritäten!).
Mit diesen grundsätzlichen Bemerkungen und unter Beachtung der allgemeinen Gesichtspunkte lassen sich dann für den stromlosen Fall die Bändermodelle angeben, wie es die Bilder 1 bis 3 zeigen. Es wurden ein *anisotyper pn-Typ* und *zwei isotype* nn_1- bzw. pp_1-*Typen* ausgewählt, die das Wesentliche zeigen. Da das Makropotential noch stetig verläuft, sind zwar Banddiskontinuitäten vorhanden, aber keine Zwischenschichtdefekte.
Bezieht man in die Betrachtung diese mit ein, so erhält man ein Bändermodell nach Bild 4. Hier ist ein Sprung im Verlauf des Makropotentials zu erkennen, an der Zwischenschicht erfolgt totale Stromübernahme, es existieren keine Injektionsschwänze und damit keine Minoritäten. Damit ist ein geringer Transmissionsfaktor vorhanden, der bis zu 10% absinken kann (bei Heteroübergängen mit geringen Zwischenschichtzuständen beträgt er etwa 60%). Dies zeigt die Grenzen der Anwendungsmöglichkeiten von Heteroübergängen in deutlicher Form!

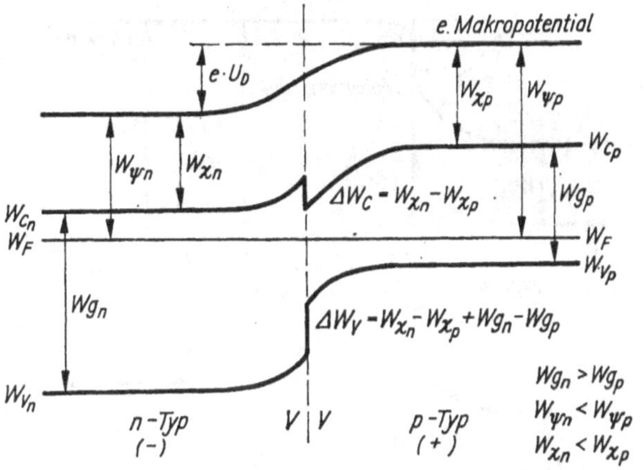

Bild 1. Bändermodell eines anisotypen Heteroüberganges vom pn-Typ

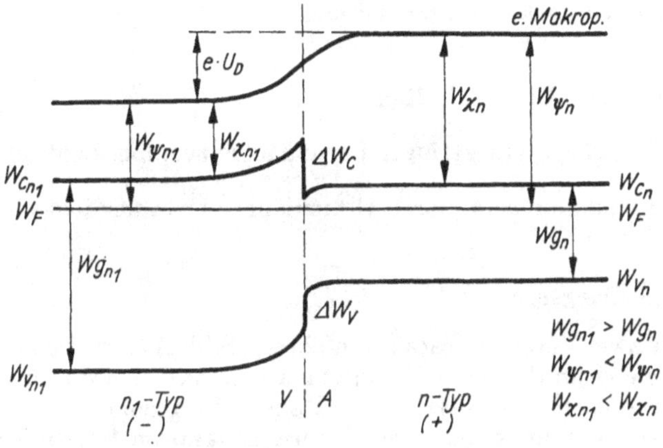

Bild 2. Bändermodell eines isotypen Heteroüberganges vom nn_1-Typ

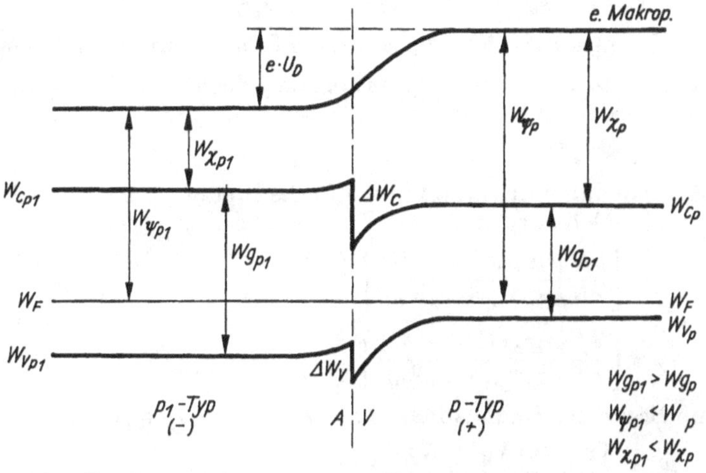

Bild 3. Bändermodell eines isotypen Heteroüberganges vom pp_1-Typ

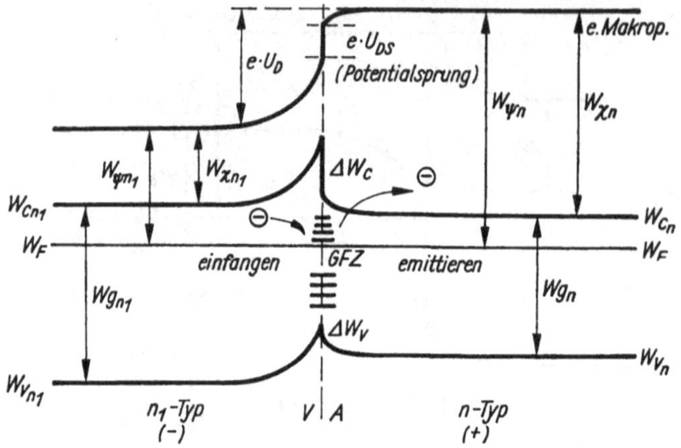

Bild 4. Bändermodell eines isotypen nn_1-Heteroüberganges unter Berücksich gung hoher Grenzflächenzustandsdichten

2.10.4. Elektronische Eigenschaften

2.10.4.1. Heteroübergänge mit geringer Grenzflächenzustandsdichte

Dies sollen solche Strukturen sein, deren Grenzflächenzustandsdichte unter einem Wert von 10^{12} cm^{-2} liegt.

2.10.4.1.1. Anisotype Übergänge

Für diesen Typ mit zwei Verarmungsrandschichten (Bild 1) lehnt sich die Behandlungsmethodik sehr eng an den Homoübergang an, so daß sich durch Lösung der *Poisson-Gleichung* für das n- und p-Gebiet der Raumladungszone mit den folgenden Randbedingungen die aus der klassischen Theorie bekannten Ergebnisse ergeben:

a) $$\frac{d^2\varphi_n}{dx^2} = -\frac{eN_D}{\varepsilon_n\varepsilon_0}, \qquad \frac{d^2\varphi_p}{dx^2} = +\frac{eN_A}{\varepsilon_p\varepsilon_0}. \tag{3}$$

Es wird also der klassische Fall der abrupten Störstellenverteilung angenommen.

b) Das Potential ist bei $x = 0$ stetig, es können jedoch zu beiden Seiten der Grenzfläche verschiedene Krümmungen auftreten (Knick im Verlauf).

c) $$\varepsilon_n \boldsymbol{E}_n = \varepsilon_p \boldsymbol{E}_p .$$

Damit erhält man durch Integration von (3) die Breiten x_n und x_p der Raumladunzone im n- und p-Gebiet zu

$$x_n = \left[\frac{2N_A\varepsilon_n\varepsilon_p\varepsilon_0(U_D - U)}{eN_D(\varepsilon_p N_A + \varepsilon_n N_D)}\right]^{1/2}, \tag{4}$$

$$x_p = \left[\frac{2N_D\varepsilon_n\varepsilon_p\varepsilon_0(U_D - U)}{eN_A(\varepsilon_p N_A + \varepsilon_n N_D)}\right]^{1/2}. \tag{5}$$

Die gesamte Breite der Raumladungszone $W_s = x_n + x_p$ wird dann

$$W_s = \left[\frac{2\varepsilon_n\varepsilon_p\varepsilon_0(N_A + N_D)^2\,(U_D - U)}{eN_AN_D(\varepsilon_p N_A + \varepsilon_n N_D)}\right]^{1/2}. \tag{6}$$

Bei Anwendung des Modells des Plattenkondensators wird die Sperrschichtkapazität

$$C_s = A\left[\frac{e\varepsilon_n\varepsilon_p N_A N_D}{2(N_A\varepsilon_p + N_D\varepsilon_n)\,(U_D - U)}\right]^{1/2}. \tag{7}$$

Für das Verhältnis der Diffusionsspannungen bekommt man

$$\frac{U_{Dn}}{U_{Dp}} = \frac{N_A \cdot \varepsilon_n}{N_D \cdot \varepsilon_p} \tag{8}$$

und

$$U_D = U_{Dn} + U_{Dp}\,, \tag{9}$$

wobei sich der Wert von U_D aus dem Bändermodell entnehmen läßt.
Zur *Kennliniendarstellung* ist zu beachten, daß Elektronen- und Löcheremission auftritt und im Gegensatz zum Homoübergang die Emissionsfähigkeit des Heteroübergangs den Strom begrenzt. Es erfolgt auch hier im Flußfall eine Anhebung und im Sperrfall ein Absenken der Trägerdichte, so daß man sagen kann, daß die Elektronen- und Löchernettostromdichten vom Emissionsmechanismus des Übergangs selbst und vom Transportmechanismus in den Bahngebieten abhängen. Nach Rechnung [3] ergibt sich für die Kennliniengleichung allgemein

$$S = \frac{S_n(e^{U/U_T} - 1)}{1 + \frac{S_n}{S_{nD}}} + \frac{S_p\left(e^{\frac{U\eta}{U_T(1+\eta)}} - e^{-\frac{U}{(1+\eta)\,U_T}}\right)}{1 + \frac{S_p}{S_{pD}} \cdot e^{-\frac{U}{(1+\eta)\,U_T}}}, \tag{10}$$

$S_{n/p}$ — Nettosättigungsstromdichten der Elektronen bzw. Löcher,
$S_{n/pD}$ — entsprechende Diffusionssättigungsstromdichten,
$\eta = \frac{\varepsilon_n \cdot n_n}{\varepsilon_p \cdot p_p}$ Reduktionsfaktor, wobei n_n und p_p die Ausgangsträgerdichten darstellen.

Bei Annahme eines nur *diffusionsbegrenzten Stromflusses*, wie er gewöhnlich beim Homoübergang vorliegt, werden $S_{nD} \ll S_n$ und $S_{pD} \ll S_p$. Dann geht die Beziehung Gl. (10) in die Kennlinie des normalen Homoübergangs über:

$$S = (S_{nD} + S_{pD})\,(e^{U/U_T} - 1)\,. \tag{11}$$

Dabei sind S_{nD} und S_{pD} die bekannten Sättigungsstromdichten. Nimmt man jedoch einen reinen *emissionsbegrenzten Stromfluß* an, so läßt sich zeigen, daß in den Bahngebieten keine Minoritätsträgerdichteanhebung eintritt, sondern durch den Übergang selbst laufend eine entsprechende Begrenzung vorherrscht.
Welches der beiden Modelle vorzuziehen ist, entscheidet die Materialkombination, für die Paarung Ge/GaAs beispielsweise ist das Diffusionsmodell sehr aussagefähig.

2.10.4.1.2. Isotype Übergänge

Erinnert man sich der Bändermodelle (Bilder 2 und 3), so erkennt man, daß bei den isotypen Heteroübergängen beiderseits der Grenzfläche jeweils eine Verarmungs- und eine Anreicherungsrandschicht auftreten. Dies bedeutet für die Lösung der *Poisson-Gleichung* die Berücksichtigung der beweglichen Majoritätsträger in der Anreicherungsschicht, so daß man für diesen Fall erhält

$$\frac{d^2\varphi_n}{dx^2} = -\frac{eN_D}{\varepsilon_n\varepsilon_0} \quad \text{und} \quad \frac{d^2\varphi_p}{dx^2} = +\frac{e(N_A - p)}{\varepsilon_n\varepsilon_0} \tag{12}$$

oder

$$\frac{d^2\varphi_n}{dx^2} = -\frac{e(N_D - n)}{\varepsilon_n\varepsilon_0} \quad \text{und} \quad \frac{d^2\varphi_p}{dx^2} = +\frac{eN_A}{\varepsilon_n\varepsilon_0}. \tag{13}$$

Bekanntlich ist eine geschlossene Lösung dann nicht mehr möglich, so daß in den meisten Fällen die Anreicherungsrandschicht vernachlässigt wird, da ja doch das elektrische Verhalten des Heteroüberganges die Verarmungsrandschicht bestimmt.

2.10.4.2. Heteroübergänge mit hoher Grenzflächenzustandsdichte

Darunter sollen alle Übergänge verstanden werden, welche Werte von 10^{12} cm^{-2} und darüber der *Grenzflächenzustandsdichte* besitzen. Aus der Kombination Ge/GaAs sind dies faktisch alle Heteroübergangstypen, so daß den folgenden Betrachtungen eine prinzipielle Wichtigkeit zukommt.
Aus Bild 4 ist zu erkennen, daß, abhängig vom Charakter und der Dichte der Zwischenschichtzustände, Verarmungs- und Anreicherungsschichten auftreten können. Außerdem kann die Zwischenschicht der Sitz von Dipolladungen sein, so daß an der Trennfläche ein Sprung U_{DS} des Makropotentials möglich ist, der sehr schwer theoretisch oder experimentell zu erfassen ist, das Verhalten des Übergangs jedoch entscheidend beeinflußt.

2.10.4.2.1. Anisotype Übergänge

Zunächst ist festzustellen, daß sich auch hier keine geschlossenen Ausdrücke für die Breite der Raumladungszone und die Sperrschichtkapazität angeben lassen.
Unter der Annahme eines emissionsbegrenzten Stromflusses (schmale Raumladungszone) ohne Minoritätsträgerinjektion lassen sich hier Ergebnisse des Metall-Halbleiterüberganges sinnvoll anwenden. Man erhält damit für die Kennlinie in der allgemeinen Form

$$S = \frac{1}{2}(S_p + S_n)\left\{\left[1 + \frac{4S_nS_p}{(S_n + S_p)^2}\left(e^{U/U_T} - 1\right)\right]^{1/2} - 1\right\}. \tag{14}$$

Ein stark *unsymmetrischer anisotyper Heteroübergang* mit hoher Grenzflächenzustandsdichte (z. B. $S_n \gg S_p$) verhält sich wie ein Metall-Halbleiterübergang, wobei der hochdotierte Halbleiter die Rolle des Metalls übernimmt, aus dem die Ladungsträger in die Zwischenschicht driften.
Dafür erhält man für die Kennlinie

$$S \approx S_p\left(e^{U/U_T} - 1\right), \tag{15}$$

also nur den Verlauf für den niedrigdotierten p-Halbleiter.
Ein *symmetrischer Übergang* ($S_n = S_p = S_0$) verhält sich dagegen wie zwei entgegengesetzt in Reihe geschaltete Metall-Halbleiterübergänge, hier bekommt man für die Kennlinie

$$S = S_0\left(e^{U/2U_T} - 1\right). \tag{16}$$

Gewöhnlich wird mit den Näherungen Gln. (15) und (16) gearbeitet, da sich ja alle vorkommenden Fälle auf eine der beiden Beziehungen reduzieren lassen.
Dolega [4] gibt eine zusammenfassende theoretische Darstellung der Verhältnisse des pn-Heteroüberganges mit hoher Grenzflächenzustandsdichte, so daß für diesen Fall darauf verwiesen werden kann.

2.10.4.2.2. Isotype Übergänge

Bei isotypen Heteroübergängen treten durch die starken Grenzflächenzustandsdichten vielfach zwei Verarmungsrandschichten auf. Daher kann die gesamte Struktur durch zwei gegeneinander geschaltete *Schottky-Dioden* beschrieben werden (HL 1—M 1—M 2—HL 2), jeweils von *n*- oder *p*-Typ. Diese *Doppeldioden-Kennlinie* läßt eine Stromsättigung nach beiden Seiten hin erwarten, ein Effekt, der das Gleichrichterverhalten dieser Strukturen entscheidend beeinflußt.
Man erhält hier durch Anwendung der Emissionstheorie als Kennlinie in der allgemeinsten Form [1]

$$S = \frac{2S_1S_2 \sinh^{U/U_T}}{S_1 \exp\left(\frac{U}{2U_T}\right) + S_2 \exp\left(-\frac{U}{2U_T}\right)}, \tag{17}$$

wobei S_1 und S_2 die Sättigungsstromdichten der beiden Halbleiter (nn_1 oder pp_1) darstellen. Bild 5 zeigt den Verlauf, man erhält für große Spannungen in Flußrichtung für S den Grenzwert S_2 mit dem konstanten Wert für U_1 zu $U_T \cdot \ln(1 + S_2/S_1)$. Die Grenzwertbetrachtung für die Sperrichtung liefert für S den Grenzwert $-S_1$, die Spannung U_2 erreicht dabei den Wert $-U_T \cdot \ln(1 + S_1/S_2)$.

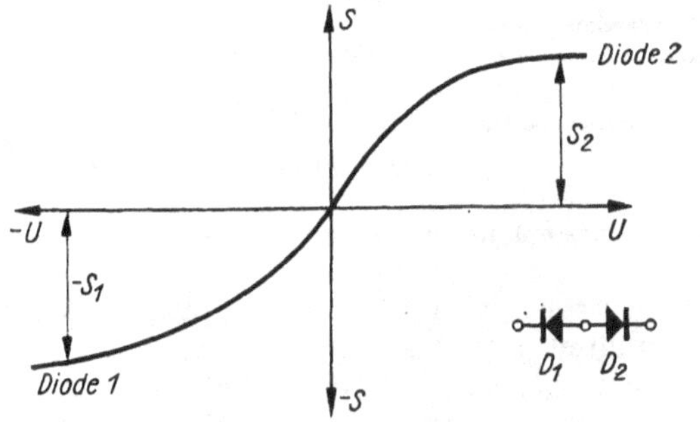

Bild 5. Kennlinie des isotypen Heteroüberganges mit hoher Grenzflächenzustandsdichte, als Dioppeldiode aufgefaßt

Somit ist von diesen Strukturen kein ausgeprägtes Gleichrichterverhalten zu erwarten, vielmehr ist mit einem fast symmetrischen Verhalten zu rechnen. Dies begrenzt natürlich die Anwendung dieser Strukturen von vornherein auf spezielle Fälle, die jedoch in der Praxis kaum vorkommen [2].

2.10.5. Anwendung von Heteroübergängen

Auf den ersten Blick lassen die vielfältig auftretenden physikalischen Phänomene einen universellen Einsatz erwarten, sind doch beim Heteroübergang eine Reihe von Eigenschaften vorhanden, die der Homoübergang nicht aufweist.
Bei näheren Untersuchungen stellt man jedoch fest, daß die als entscheidende neue Konsequenz auftretenden hohen Dichten der Grenzflächenzustände die Anwendungsgebiete stark einengen, da die Transmissionsfaktoren doch sehr klein werden.
Im folgenden werden einige typische Möglichkeiten angegeben, wobei das Prinzipielle im Vordergrund stehen soll.

a) *Hoher Emitterwirkungsgrad beim Transistor*

Dieser schon von *Kroemer* 1957 prognostizierte *wide-gap-emitter* mit einem hohen *Emitterwirkungsgrad* γ läßt sich durch Heteroübergänge verwirklichen.
Für einen *npn-Transistor* ergibt sich z. B. für γ der Wert

$$\gamma = \frac{I_n}{I_p + I_n} \approx \frac{n_p}{p_n + n_p} = \frac{\dfrac{n_{ip}^2}{N_A}}{\dfrac{n_{in}^2}{N_D} + \dfrac{n_{ip}^2}{N_A}} \approx \frac{n_{ip}^2}{n_{in}^2 + n_{ip}^2} \tag{18}$$

für $n_n \approx N_D \approx p_p \approx N_A$.
Damit γ den Wert Eins erreicht, muß $n_{ip} \gg n_{in}$ werden. Das bedeutet aber $W_{g_n} \gg W_{g_p}$, d. h., das n-Material muß einen größeren Bandabstand als das p-Material haben. Dies läßt sich bei Heterostrukturen durch die verschiedenen Materialien relativ einfach verwirklichen, bei Homoübergängen wird dieser Effekt bekanntlich durch eine hohe Dotierung des Emitters im Vergleich zur Basis erreicht. Aber hier zeigen sich die Grenzen der Heterostrukturen deutlich, da niedrige Transmissionsgrade die Effizienz sofort herabsetzen.

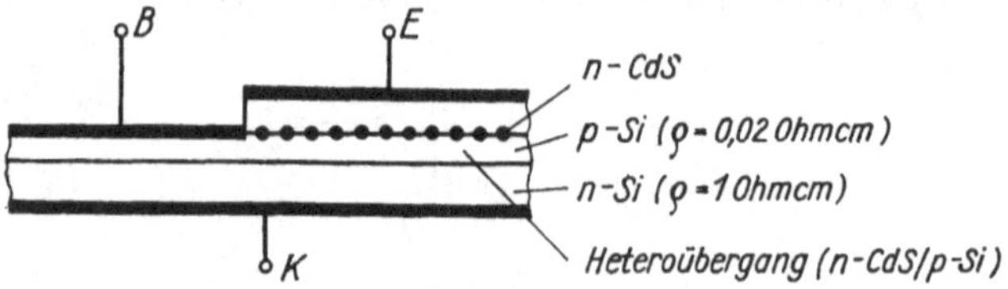

Bild 6. Prinzipskizze eines möglichen Heterotransistors

Bild 6 zeigt einen solchen Transistor mit einem aufgedampften n-CdS-Emitter auf einer durch Diffusion hergestellten p-Si-Basis (Basisweite 1 µm). Da der Bandabstand des CdS etwa 2,4 eV beträgt, der des Si nur 1,2 eV, wurden hier bei einem Transmissionsfaktor von 80% eine statische Stromverstärkung von 10 und eine Steilheit von 1,5 mA/V erreicht [30].

b) *Hetero-Feldeffekttransistor*

Analog zum SFET lassen sich Strukturen unter Verwendung eines Heteroübergangs konzipieren [42]. Dabei liegt die Besonderheit dieses Hetero-FET darin, daß bei geeigneter Dotierung eine Ladungsträgerinversion im schmalbandigen Gebiet

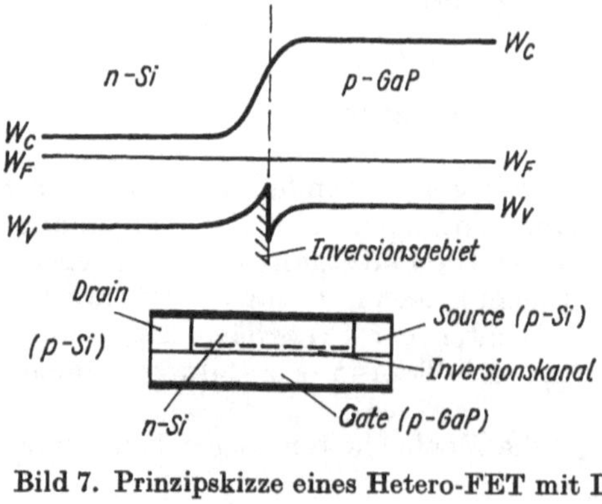

Bild 7. Prinzipskizze eines Hetero-FET mit Inversionskanal

an der Hetero-Grenzfläche auftritt. Die Anordnung (Bild 7) besitzt einen relativ niedrigen Eingangswiderstand im Vergleich zum MOS-FET und benötigt durch den Inversionskanal keine Oxidschicht.

c) *Schnelle Dioden und Photodioden*

Da bei isotypen Heteroübergängen mit hoher Grenzflächenzustandsdichte keine Minoritäten auftreten, werden keine Speichereffekte beobachtet. Die Dioden sind daher sehr schnell, Signalverzögerungszeiten unter 1 ns wurden erreicht [9].
Noch beeindruckender werden die Verhältnisse bei *Photodioden*, welche zur Demodulation von optischen Signalen Grenzfrequenzen im GHz-Bereich erfordern.
Das Frequenzverhalten wird durch eine Zeitkonstante der Ladungsträgeransammlung (Diffusion und Drift in der Raumladungszone) und durch die RC-Zeitkonstante bestimmt. Bei Heteroübergängen wird der Fenstereffekt ausgenutzt.
Eine einfallende Strahlung, in diesem Falle Licht, fällt über die breitbandige transparente Materialseite ein und wird vollständig im schmalbandigen Material absorbiert, wenn der Spektralbereich des Fensters zwischen den beiden Werten der Grundgitterabsorptionswellenlängen liegt:

$$\frac{h \cdot c}{W_{g1}} \leqq \lambda \leqq \frac{h \cdot c}{W_{g2}} . \qquad (19)$$

Dies bedeutet eine direkte Absorption der Ladungsträger in der Raumladungszone, den Wegfall von Diffusion und Drift und damit extrem kleine Zeitkonstanten, sie liegen etwa bei 10^{-10} s.
Bild 8 zeigt diesen für Heteroübergänge typischen Fenstereffekt nochmals im Bändermodell.

d) *Solarzellen*

Ein maßgebender Anstoß für die Untersuchung von Heteroübergängen ging von der Erwartung aus, *Solarelemente* mit hohem Wirkungsgrad unter Ausnützung des Fenstereffektes zu bauen, da bei der Verwendung von Si- oder GaAs-Solarelementen

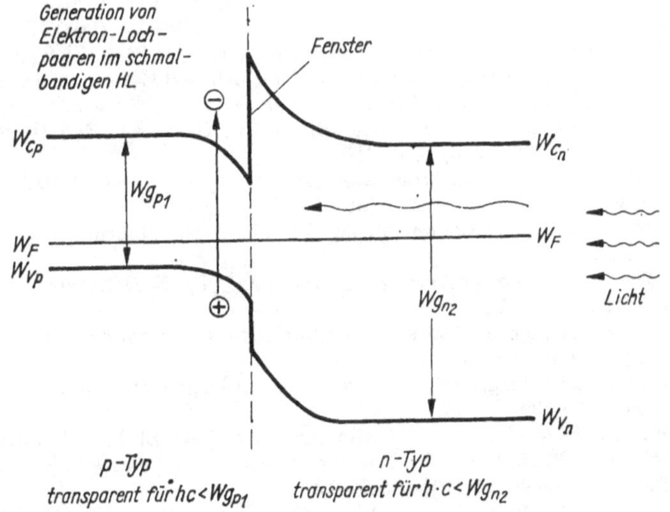

Bild 8. Zum Fenstereffekt bei Heteroübergängen

mit Homo-*pn*-Übergängen der Wirkungsgrad auf Grund der nur teilweisen Ausnutzung des Sonnenspektrums begrenzt ist [41]. Dies hat sich auch bestätigt; wenn man für Si- und GaAs-Solarelemente Wirkungsgrade von $\eta = 20\%$ bzw. $\eta = 23\%$ maximal erreichte, lagen die Werte für einen n^+p-Ge-Si-Heteroübergang bei $\eta = 30\%$, für einen n^+p-Ge-GaAs-Heteroübergang bei $\eta \approx 40\%$.

e) *Optisch wirksamer Kollektor eines Transistors*

Hier wirkt ein infrarotemittierender GaAs-*pn*-Homoübergang als Emitter, ein *pn*-Ge/GaAs-Heteroübergang als Kollektor. Damit erfolgt die Signalübertragung auf optischem Wege vom Emitter zum Kollektor; diese sogenannten *optischen Transistoren* sind sehr schnell und besitzen einen hohen Wirkungsgrad.

f) *Mikroelektronik*

Durch den gezielten Einsatz von verschiedenen Materialien bei der Integration von Bauelementen lassen sich für spezifische Bauelemente oder Schaltungen optimale Bedingungen verwirklichen. Diese *Heterokristalle* wurden jedoch im Moment noch nicht voll technologisch beherrscht, so daß dieses Anwendungsgebiet der Zukunft vorbehalten bleibt [24].

Literaturverzeichnis

[1] *Oldham, G., Milnes, W.*: Interface States in Abrupt Semiconductor Heterojunctions. Solid State El. **5** (1963) 93–106

[2] *Oldham, G., Milnes, W.*: N–N Heterojunctions. Solid State El. **6** (1963) 121–123

[3] *Anderson, L.*: Germanium–Gallium–Arsenide Heterojunctions. IBM Journal Res. Dev. **4** (1960) 283–287

[4] *Dolega, U.*: Theorie des PN-Kontaktes zwischen Halbleitern mit verschiedenen Kristallgittern. Zeitschrift für Naturforschung **18**a, 5 (1963) 653–666

[5] *Robinson, W.*: Transport of Gallium–Arsenide by a Closed Spaced Technique. RCA Review **12** (1963) 574–578

[6] *Gottlieb, S., Corboy, O.*: Epitaxial Growth of GaAs using Water Vapor. RCA Review **12** (1963) 585–589

[7] *Sirtl, E.*: Die „Sandwich-Methode" – ein neues Verfahren zur Herstellung epitaktisch gewachsener Halbleiterschichten. Journal Phys. Chem. Solids **24** (1963) 1285–1289

[8] *Anderson, L.*: Experiments on Ge-GaAs-Heterojunctions. Solid State El. **6** (1963) 341–351

[9] *Brownson, A.*: High Speed Germanium–Silicon N–N Alloyed Heterodiodes. Trans. of the Metallurgial Soc. of AIME **233**, 3 (1965) 450–456

[10] *Agusta, L., Anderson, L.*: Opto-Electric Effects in Ge–GaAs PnP-Heterojunctions. Journal of Appl. Phys. **36** (1965) 206–210

[11] *Brojdo, R.*: The Heterojunction transistor and the space-charge-limited triode. Brit. Journal Appl. Phys. **16**, 4 (1965) 133–136

[12] *Brownson, A.*: Alloyed Germanium–Silicon Heterojunctions. Journal Appl. Phys. **35**, 4 (1964) 1356–1357

[13] *Chang, Q.*: The conduction proberties of Ge–$GaAs_{1-x}P_x$ N–N-Heterojunctions. Solid State El. **8**, 5 (1965) 721–728

[14] *Chang, Q.*: Field dependence of surface mobility at N–N-Heterojunction interface. Solid State El. **8**, 1 (1965) 86–88

[15] *Donnelly, T.*: The epitaxial growth of Ge on Si by solution growth techniques. J. electroch. Soc. **3**, 4 (1966) 297–299

[16] *Dale, O., Jash, E.*: Heterojunctions by Alloying. Solid State El. 8, 1 (1965) 1–5

[17] *Esaki, W., Howard, F., Heer, B.*: The Interface Transport Properties of Ge–AsGa-Heterojunctions. Surface Science **2**, 2 (1964) 127–135

[18] *Esaki, W., Howard, F., Heer, B.*: The Field-Effect Interface Conductance in Ga-GaAs N–N Heterojunctions. Appl. Phys. Letters **4**, 1 (1964) 3–4

[19] *Gubanow, R.*: Kontakttheorie zweier Halbleiter mit verschiedenem Leitungstyp. J. techn. Phys. UdSSR **20** (1950) 1287–1301
[20] *Gubanow, R.*: Kontakttheorie zweier Halbleiter mit gemeinsamem Leitungstyp. J. techn. Phys. UdSSR **21** (1951) 304–315
[21] *Grigorovici, L.*: Heterojunctions between amorphouse Ge and N-Si Single crystals. Rev. Roum. Phys. **10**, 6 (1965) 641–647
[22] *Hampsphire, K., Wright, G.*: The Silicon-Germanium N–P Heterojunction. Brit. Journal Appl. Phys. **15**, 6 (1964) 1331–1340
[23] *Howard, F., Fang, M.*: Effect of Crystal Orientation on Ge-GaAs Heterojunctions. Journal of Appl. Phys. **35**, 3 (1964) 612–617
[24] *Long, A.*: Heterocrystals for Microelectronics. El. Rel. and Microm. **2**, 4 (1963) 107–113
[25] *Longini, W., Feucht, T.*: Semiconductor Heterojunctions. Trans. of the Metallurgial Soc. of AIME, **233**, 3 (1965) 443–449
[26] *Lopez, A., Anderson, L.*: Photocurrent spectra of Ge–GaAs Heterojunctions. Solid State El. **7**, 6 (1964) 695–700
[27] *Newman, L., Wakefield, R.*: Vapor Growth of Germanium–Silicon Alloy Films on Germanium Substrates (abstract). Journal El. Soc. **109**, 4 (1962) 2010–2018
[28] *Nakai, W.*: CdSe–Ge Heterojunctions. Jap. Journal Appl. Phys. **7**, 6 (1965) 545–546
[29] *Perlman, A., Feucht, T.*: P-N Heterojunctions. Solid State El. **7**, 12 (1964) 911–923
[30] *Perlman, A., Feucht, T.*: Abrupt Heterojunction Emitters for Transistors. Int. Journal Electronics **18**, 2 (1965) 159–163
[31] *van Ruyen, W.*: The Position of the Fermi-Level at a Heterojunction Interface. phys. stat. sol. **5**, 2 (1964) 109–111
[32] *van Ruyen, W.*: Optical Properties in Ge–GaP-Heterojunctions. Solid State El. **8**, 8 (1965) 631–640
[33] *Riben, K.*: Preparation of Ge/Si and Ge/GaAs-Heterojunctions. Journal el. Soc. **3**, 4 (1966) 245–249
[34] *Rediker, H.*: Electrical and Electro-Optical Proporties of Interface-Alloy Heterojunctions. Trans. of the Metallurgical Soc. of AIME **233**, 3 (1965) 463–467
[35] *Rediker, H.*: Interface-Alloy Epitaxial Heterojunctions. Solid State El. **7**, 6 (1964) 621–629
[36] *Shewchun, A., Wei, Y.*: Germanium–Silicon Alloy Heterojunctions. Journal el. Soc. **111**, 9 (1964) 1145–1149
[37] *Weinstein, K.*: Preparation and Properties of GaAs–GaP, GaAs–Ge and GaP–Ge Heterojunctions. Journal of el. Soc. **111**, 6 (1964) 674–682
[38] *Yawata, O., Anderson, L.*: Optical Modulation of Current in Ge–Si N–N Heterojunctions. phys. stat. sol. **12**, 3 (1965) 297–304
[39] *Yamato, C., Toshimi, D.*: Ge–ZnSe Heterojunctions. Jap. Journal of appl. Phys. **4**, 7 (1965) 541–542
[40] *Muller, N., Zuleeg, I.*: Vapor Deposited, Thin Film Heterojunction Diodes. Journal of Appl. Phys. **35**, 5 (1964) 1550–1556
[41] *Berchthold, K., Ruge, I., Sigmund, H.*: Zur technischen Anwendung von Heteroübergängen. NTZ **10** (1968) 621–624
[42] *Zeidenbergs, G., Anderson, R. L.*: A proposed heterojunction-field-effect-transistor. Proc. IEEE **54** (1966) 12
[43] *Tansley, T. L.*: Forward current injection modulation of photocurrent in pn-heterojunctions. Phys. Stat. sol. **24** (1967) 615

2.11. Halbleiterbauelemente für Richtfunknetze

Von *S. Bedöcs*

Institut für Fernmeldewesen, Budapest

2.11.1. Einleitung

Es ist üblich, Richtfunksysteme – ihrer Übertragungskapazität entsprechend – in drei Gruppen einzuteilen:

- Schmalbandsysteme, die für etwa 120 Sprechkreise ausgerüstet sind,
- Systeme mittlerer Bandbreite für etwa 960 Sprechkreise oder Schwarz-Weiß-Fernsehen mit Ton,
- Breitbandsysteme für die gleichzeitige Übertragung von 1800 bis 2700 Ferngesprächen oder von einem Farbfernseh-Programm und 4 Tonprogrammen.

Systeme der ersten beiden Gruppen sind heutzutage beinahe ausschließlich mit Halbleitern bestückt. Bei den Breitbandsystemen ist das noch nicht der Fall: diese enthalten sehr oft noch Wanderfeldröhrenverstärker. Das ist darauf zurückzuführen, daß, verglichen mit einem 960-Kanal-System, ein 1800-Kanal-System eine um etwa 9 dB erhöhte Sendeleistung erfordert, um ähnliche Rauschverhältnisse zu erreichen.
Neulich gelang es, Systeme der dritten Gruppe zu entwickeln, die im Frequenzbereich 4···6,2 GHz arbeiten und ebenfalls ausschließlich mit Halbleitern bestückt sind. Das war nur durch die stürmische Entwicklung entsprechender Halbleiter-Bauelemente möglich. Wie in allen Gebieten der Elektronik, wird auch hier die dialektische Wechselwirkung zwischen Bauelementen und Systementwurf bemerkt: der Bedarf nach Abmessungsverkleinerung und Erhöhung der Zuverlässigkeit gilt als Antrieb für die Weiterentwicklung der Bauelemente, gleichzeitig veranlaßt das Erscheinen von Bauelementen verbesserter Qualität die Konstrukteure von Systemen und Stromkreisen, neue Konzeptionen auszuarbeiten.
Die entscheidenden Forderungen für neue Halbleiter-Bauelemente lauten:

- hohe Leistungen im Mikrowellenbereich mit gutem Wirkungsgrad und niedrigem Rauschpegel,
- Verstärkung und Mischung von Mikrowellen, ebenfalls bei niedrigem Rauschpegel,
- Schaltung, Begrenzung und Frequenzumsetzung.

Zielstellung des folgenden Berichtes ist, ohne Vollständigkeitsanspruch eine Übersicht über die Entwicklung in den letzten Jahren sowie ein Bild darüber zu geben, in welchem Maße sich Halbleiter in die Richtfunktechnik eingebürgert haben.
Ein gegebenes Bauelement kann für unterschiedliche Aufgaben verwendet werden: Tunnel-Dioden, bipolare Transistoren, Feldeffekttransistoren, Gunn- und Lawinendioden lassen sich sowohl als Oszillator wie auch Verstärker oder Schalter einsetzen. Nachfolgend wird die Behandlung dem Funktionsmechanismus der verschiedenen Bauelemente entsprechend gegliedert einschließlich Behandlung der wichtigsten

schaltungstechnischen Verwendungsmöglichkeiten unter besonderer Beachtung der Elektronentransfer- und Lawinenlaufzeitdiode.
Gestreift werden weiterhin Bauelemente, die, obwohl in den letzten Jahren nicht besonders gravierend weiterentwickelt, doch für bestimmte Anwendungen heute und in absehbarer Zeit die beste Lösung darstellen: Varactordioden (einschließlich Step-Recovery-Dioden), bipolare Transistoren und Schottky-Dioden.
Feldeffekttransistoren werden nicht erwähnt. Da sie zwar gegenüber den über 8 GHz bipolaren Transistoren wesentliche Vorteile aufweisen, jedoch ihre Herstellungstechnologie sehr aufwendig ist und die Richtfunknetze, von speziellen Gebieten abgesehen, wahrscheinlich unterhalb der erwähnten Frequenz arbeiten werden, ist der Autor der Meinung, daß sie in den nächsten Jahren noch keinen breiten Einsatz in der Richtfunktechnik finden werden.
Technologische Einzelheiten kommen nur zur Sprache, sofern sie in wesentlichem Zusammenhang mit der heute erzielten Entwicklung stehen.

2.11.2. Elektronentransfer-Bauelemente

Die dynamisch rasche Verbreitung der Elektronentransfer-Bauelemente seit der Entdeckung des Gunn-Effekts 1963 [1] gehört wohl zu den eindrucksvollsten Ergebnissen der Halbleiterentwicklung der letzten Jahre.
Über die bis 1971 erzielten Ergebnisse auf dem Gebiet des Gunn-Effekts gaben *Petzel* [2] bzw. *Berson* [3] sehr gründliche zusammenfassende Übersichten, die hier als bekannt vorausgesetzt werden sollen. Die Entwicklung und Untersuchung der Elektronentransfer-Elemente ging in der Zwischenzeit weiter. Bild 1 repräsentiert den Stand des Jahres 1973.
Ein Vergleich der Oszillator-Ausgangsleistungen von 1966 bzw. 1970 zeigt, daß sich diese besonders über 20 GHz erhöht haben. Dieser Trend, der sich seitdem auch hielt, ist ein greifbares Ergebnis der eingehenden Untersuchung der Wirkungsweisen verschiedener Betriebsarten von GaAs-Dioden. Gunn-Dioden werden heute

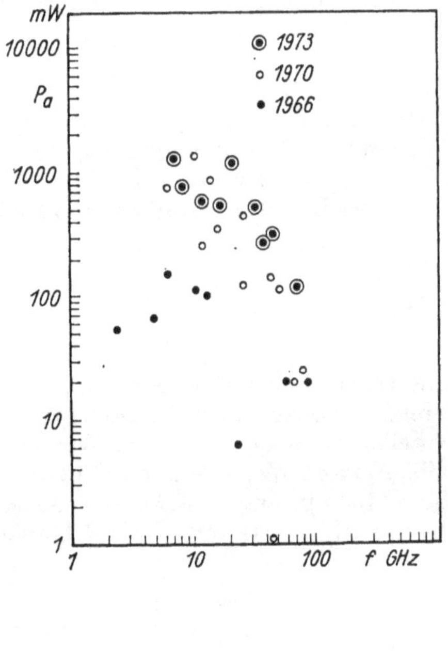

Bild 1. Leistungs-Frequenzdarstellung von Gunn-Dioden nach verschiedenen Quellen

im Frequenzbereich 4–60 GHz sehr verbreitet verwendet: als Pumpquellen für parametrische Verstärker, als Sender in Richtfunknetzen, als Lokal-Oszillatoren und als Verstärker. Bei 9–10 GHz ist nach neuesten Angaben ein Oszillator-Wirkungsgrad von 10–12% erreichbar [4]. Nach höheren Frequenzen hin fallen übereinstimmend mit theoretischen Überlegungen sowohl Leistung als auch Wirkungsgrad.

Es mag hier angebracht sein, die technologische Entwicklung kurz zu streifen. Die übliche Dotierungskonzentration beträgt $10^{13}-10^{16}$ pro cm^3, die Dicke der Epitaxialschicht zwischen 2 und 100 μm. Letztere werden sowohl in der Gas- wie auch in der flüssigen Phase hergestellt [5].

Die ohmsche Kontaktierung der Dioden wurde durch einen n^+-n-n^+ Aufbau erfolgreich gelöst. Dadurch werden die stark dotierten Schichten kontaktiert, was technologisch einfacher ist [6], [7]. Übliche Kontaktmaterialien sind Au–Ge, Au–Sn und Ag–Sn.

Gunn-Dioden besitzen eine Betriebsleistungsdichte von etwa 10^7 W/cm^2. Dies erfordert eine optimale Verkapselungstechnologie mit guter Abfuhr der Verlustleistung und Vermeidung parasitärer Effekte, die die Hochfrequenzleistung erniedrigen.

Die Abstimmung der Gunn-Oszillatoren erfolgt üblicherweise durch Varactoren [8]. Solche integrierte, linear abstimmbare Oszillatoren mit hohem Gütefaktor und niedrigem Rauschpegel können in Sendern von Richtfunknetzen verwendet werden. Auf diesem Gebiet ist zur Zeit eine intensive Entwicklung im Gange. So sind stabile, zuverlässige Quellen für die Richtfunktechnik auch für Sender mittlerer Leistungen von etwa 1,5–2 W [9] zu erwarten.

In Jahre 1970 verwiesen *Hilsum* und *Rees* [10] auf die Verwendung von InP in Elektronentransfer-Elementen. Im Vergleich zu GaAs bieten sich gewisse Vorteile. Die Versuchsergebnisse dieser Dreiniveauoszillatoren scheinen die theoretischen Folgerungen zu bestätigen. Dennoch ist es unwahrscheinlich, daß sich InP durchsetzen wird, da der Gewinn gegen GaAs nur gering ist und den zu erwartenden hohen Entwicklungskosten der neuen Werkstofftechnologie in keiner Weise entspricht.

Bekanntlich ermöglicht der sog. LSA-Modus (Limited Space-charge Accumulation Mode) den Entwurf von Mikrowellenoszillatoren mit sehr vorteilhaften Eigenschaften. Bei der „klassischen" LSA-Betriebsart liegt die Frequenz durch die Bedingung

$$n_0/f < 2 \cdot 10^5 \text{ s/cm}^3$$

fest, wobei die Dotierungskonzentration n_0 wegen der Gegebenheiten der Epitaxial-Technologie nicht beliebig erhöht werden kann. *Jeppson* und *Jeppesen* [11] zeigten, daß im sog. LSA-Relaxationsmodus der n_0/f-Wert wesentlich höher liegt und diese Betriebsart gegen Ungleichmäßigkeiten des Dotierungsgradienten verhältnismäßig unempfindlich ist.

2.11.3. Lawinenlaufzeitdioden

Im Jahre 1958 zeigte *Read* auf Grund theoretischer Überlegungen, daß eine Struktur, in der sich eine Driftzone mittlerer Feldstärke an eine lokale Lawinenzone hoher Feldstärke anschließt, einen Mikrowellenoszillator mit gutem Wirkungsgrad darstellt [12]. Mit der damaligen Halbleitertechnologie war die Realisierung dieses Prinzips nicht möglich; erst im Jahre 1965 gelang es *Johnston* und Mitarbeitern [13], zu zeigen, daß man mit Hilfe speziell gefertigter Si-p-n-Übergänge Mikrowellen-Impulse erzeugen kann.

Als Ergebnis der Untersuchungen zum Read-Prinzip sowie der Entwicklung der Halbleitertechnologie haben die Lawinenlaufzeitdioden, auch als IMPATT (Impact Avalanche Transit Time)-Dioden bekannt, einen hohen Entwicklungsstand erreicht. Ihre Anwendungsmöglichkeiten wurden durch die Verwendung von GaAs wesentlich erweitert. So gehören sie heute zu den bedeutendsten Festkörper-Bauelementen der Mikrowellentechnik.

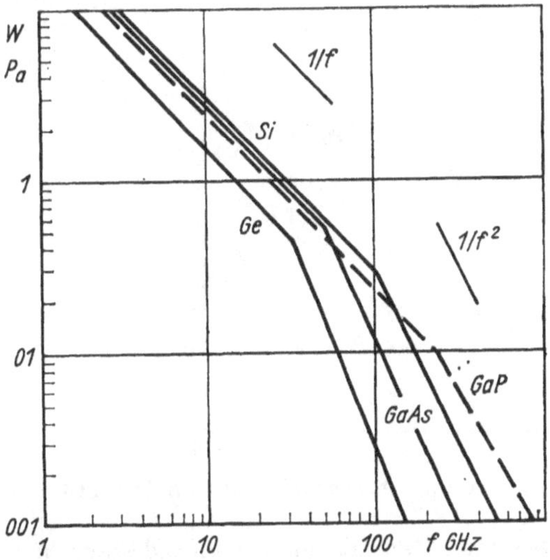

Bild 2. Leistungs-Frequenzdarstellung von IMPATT-Dioden

Die berechnete Leistung von IMPATT-Dioden als Funktion der Frequenz zeigt Bild 2 [14]. Man sieht, und das bestätigen auch bisherige experimentelle Untersuchungen, daß Si größere Leistungen als GaAs erlaubt. GaAs besitzt aber eine wesentlich größere Wärmeleitfähigkeit und grundsätzlich bessere Rauscheigenschaften. Der letztgenannte Umstand ist darauf zurückzuführen, daß die Ionisierungsgeschwindigkeit in GaAs für Elektronen- bzw. Löcherbildung ungefähr denselben Wert hat, während in Si diese beiden Werte um einen Faktor von 5 bis 12 unterschiedlich sind. Der erreichbare Wirkungsgrad liegt bei GaAs höher.
Mit der Epitaxialtechnologie ist es heute schon ohne Schwierigkeiten möglich, Epitaxialstrukturen mit einem dem gewünschten Effekt angepaßten Profil zu fertigen. Die kürzlich angegebenen „Zweifachdriftzonen"-Strukturen haben einen annähernd symmetrischen p^+-p-n-n^+-Aufbau. Dadurch haben die in der zentralen Lawinenzone erzeugten Elektronen bzw. Löcher separate Driftzonen. Auf diese Weise reduziert sich die Driftzonenkapazität, was eine Flächenerhöhung ermöglicht. Das Produkt aus Leistung und Impedanz erreicht bei diesen neuen Elementen ungefähr den 4fachen Wert [15], [16].
Bild 3 zeigt die zeitliche Zunahme der Ausgangsleistung von GaAs-Lawinenlaufzeitdioden im Dauerstrichbetrieb. Auffällig ist der sprungartige Aufstieg seit den 70er Jahren [17].
Eine wesentliche Leistungserhöhung brachte die Einführung der Ionenimplantationstechnik und der Schottky-Kontakte in die Fertigungstechnologie von GaAs-IMPATT-Dioden [18]. Ein Schottky-Kontakt ist im Grunde ein oberflächennaher Übergang und kann als solcher in unmittelbarer Berührung mit den Wärme-

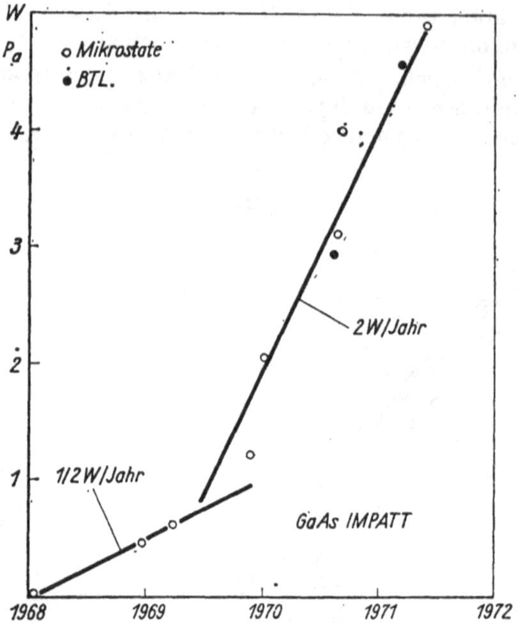

Bild 3. Zeitliche Zunahme der Ausgangsleistung für IMPATT-Dioden

abfuhrelementen stehen. Dies setzt den Wärmewiderstand stark herab. Die Herstellungskosten von Schottky-Übergängen sind niedriger als die von anderen Typen, so daß dadurch die ganze Diode billiger wird. Es ist allerdings zu erwähnen, daß IMPATT-Dioden mit Schottky-Barrieren, bedingt durch Oberflächenzustände, eine größere Rauschzahl haben.

Die Fertigung von IMPATT-Dioden mit Schottky-Barrieren ist mit Si schwieriger als mit GaAs, da die Herstellung von homogenen, zwischenschichtfreien und stabilen Übergängen Probleme birgt. *Sze* und Mitarbeiter [19] haben Schottky-Barrieren IMPATT-Dioden auf Si-Basis mit der neulich entwickelten Pt–Si-Kontaktierung hergestellt; dennoch sind noch Verbesserungen der Ergebnisse zu erwarten.

Eine Berechnung der Ausgangsleistung von IMPATT-Dioden ergibt, daß die Ausgangsleistung dem Verhältnis $\Delta T/R_{th}$ proportional ist, wobei ΔT den Temperaturunterschied zwischen Übergang und Wärmeabfuhrelement und R_{th} den thermischen Widerstand bedeuten. Die Aufgabe besteht also darin, ΔT zu erhöhen und gleichzeitig den Wärmewiderstand zu erniedrigen. Diesbezüglich gibt es zwei wesentliche Entwicklungstendenzen: Die eine ist die „flip-chip"-Technik [20]. Diese Technik wurde später unter Verwendung von Diamanten-Wärmeabfuhrelementen ergänzt, die bekanntlich eine sehr hohe Wärmeleitung aufweisen [21].

Die zweite Variante mit der wahrscheinlich größeren Bedeutung besteht in der Entwicklung sog. „plattierter Wärmeabfuhrelemente" (PHS = Plated Heat Sink, [22]). Sie ermöglicht eine Verteilung der Übergangsflächen und so eine Verminderung des Wärmewiderstandes.

Als Ergebnis der intensiven Entwicklungstätigkeit ist bei den modernen IMPATT-Hochleistungsdioden im Frequenzbereich 4 ··· 30 GHz ein sehr wesentlicher Fortschritt festzustellen. Bild 4 zeigt den heutigen Stand; für Vergleichszwecke sind auch Angaben von *Sze* und *Ryder* [23] aus dem Jahre 1971 dargestellt.

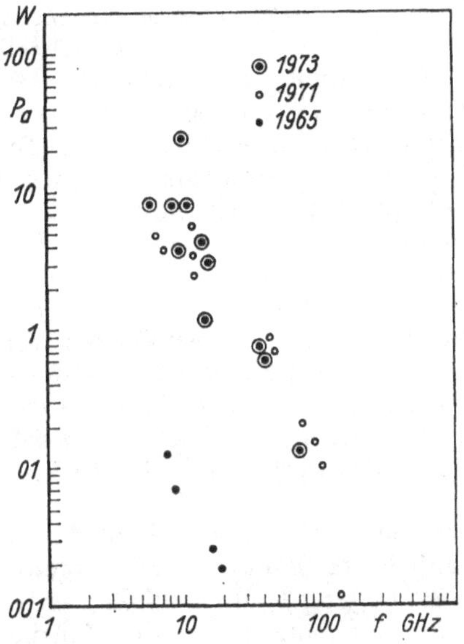

Bild 4. Leistungs-Frequenzdarstellung von IMPATT-Dioden

Die IMPATT-Diode mit einer Ausgangsleistung von einigen W bei 4 ··· 5 GHz ist heute schon technische Realität. Bei niedrigeren Mikrowellenfrequenzen besitzen GaAs-Dioden bessere Eigenschaften, bei höheren Frequenzen ist die Verbesserung des Wirkungsgrades an eine Verschlechterung der Rauschleistung gekoppelt. Dieser Umstand führte zu Si-IMPATT-Dioden, bei denen eine Verbesserung sowohl des Wirkungsgrades wie auch der Rauschleistung möglich ist. *Su* und *Sze* zeigten mittels Computer-Berechnungen, daß spezielle Komplementärstrukturen, wie p^+-n_1-n_2-n^+, n^+-p_1-p_2-p^+, oder die Schottkysche Metall-n_1-n_2-n^+-Struktur, eine Erhöhung des Wirkungsgrades über 20% ohne Verschlechterung der Rauscheigenschaften ermöglichen [24].

2.11.4. Andere Halbleiterbauelemente

Der schon in der Einleitung erwähnten Zielsetzung dieses Berichtes entsprechend werden derzeit bewährte Halbleiterbauelemente der Richtfunktechnik betrachtet, deren Entwicklung, wenn auch nicht abgeschlossen, doch zu einem gewissen Stillstand gekommen ist. Eine kurze Übersicht der wichtigsten Vertreter dieser Klasse ist notwendig, um ein klares Bild darüber zu besitzen, in welchem Maße heute die unterschiedlichsten schaltungstechnischen Aufgaben auch auf diesem Gebiet durch Halbleiterbauelemente lösbar sind.

2.11.4.1. Varactordioden

Varactordioden sind Halbleiterbauelemente, die über eine veränderliche, spannungsabhängige Reaktanz, die Kapazität des p-n-Übergangs, verfügen. Ihr Wert ändert sich in Abhängigkeit von der verwendeten Sperrvorspannung. In der Richtfunktechnik finden sie als Abstimmungselemente, Verstärker, Vervielfacher und (seltener) als Schalter Anwendung. Speziell als Vervielfacher haben sie besondere Bedeutung wegen der spektralen Frequenzeinheit und Stabilität der Frequenz.

Varactordioden werden durch vier wesentliche Parameter beschrieben: die Kapazität des Überganges, ihre Spannungsabhängigkeit (die Regelsteilheit), den Reihenwiderstand und die Durchbruchsspannung. Der Entwurf eines Varactors für eine bestimmte Aufgabe stellt dem Konstrukteur eine optimierungsaufgabe dieser vier Parameter. Zwei Parameter, nämlich Kapazität und Durchbruchsspannung, liegen allgemein durch die gegebene Schaltung eindeutig fest. Dann besteht die Entwicklungsaufgabe in erster Linie in der optimalen Einstellung des Reihenwiderstandes und der Spannungsabhängigkeit der Kapazität. Alle vier Parameter weisen natürlich, bedingt durch die Materialkenndaten und die Geometrie, eine gegenseitige Abhängigkeit auf.

Schon heute stehen Typenreihen zur Verfügung, die gemäß der verschiedenen Anwendungen weitgehend optimiert sind. Eine spezielle Abart ist einer eingehenderen Behandlung würdig: die „Step-Recovery"-Diode (SRD). Ihre Wirkungsweise begründet sich auf die Ladungsspeichereigenschaften des *p-n*-Überganges. Letztere sind durch zwei Parameter charakterisierbar: die Minoritätsträgerlebensdauer (τ) und die Übergangszeit (t_t).

Die Lebensdauer der Minoritätsträger soll möglichst groß sein, damit ein großer Anteil der in der Durchlaßperiode injizierten Ladungen zurückgewonnen wird. Bei Frequenzvervielfachern muß die Bedingung $f_{\text{in}}\tau \gg 1$ erfüllt werden. Dennoch können nur Harmonische mit der Frequenz f_{out} erzeugt werden, für die $t_t \ll 1$ gilt. Für die Übergangszeit ist also ein möglichst niedriger Wert erwünscht.

Herstellungstechnisch sind hier der spezifische Widerstand, die Epitaxialschichtdicke und die Gestaltung des Diffusionsübergangs unter Berücksichtigung beider obengenannten Bedingungen zu optimieren.

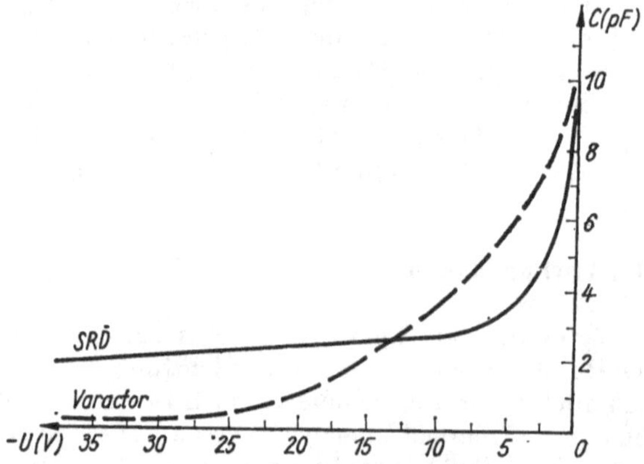

Bild 5. Kapazitäts-Spannungskennlinie von Varactor- und Step-Recovery-Diode

Die Spannungsabhängigkeit der Kapazität unterscheidet sich bei SR-Dioden sehr von üblichen Varactoren (Bild 5). Die Kennlinie der SR-Diode weist einen Knickpunkt auf, während die Kapazität gewöhnlicher Varactoren mit zunehmender Sperrspannung gleichmäßig sinkt. So erfolgt eine sprungartige Impedanzänderung bei sinusförmiger Erregung der SR-Diode, die Stromwellenform enthält viele Harmonische. Die Anwendung von SR-Dioden erfolgt vor allem in Vervielfachern mit hohem Wirkungsgrad.

2.11.4.2. Bipolare Transistoren

Den heutigen Stand von bipolaren Transistoren zeigt Bild 6 [25]. Als Leistungsquellen für einige Watt sind sie im 1—3 GHz Bereich allgemein verbreitet, bei 4—5 GHz ist noch eine Leistungsabgabe von 1 W möglich. Als rauscharme Verstärker haben bipolare Transistoren in Si-Planar-Ausführung bis etwa 4 GHz eine tragende Bedeutung mit einer Rauschzahl von 2 dB und einer Verstärkung von etwa 12 dB.
Der übliche Aufbau rauscharmer Mikrowellentransistoren erfolgt in der allgemein bekannten „Planar-interdigital"-Anordnung. Die Emitter dieser Aufbauten haben heute eine „Streifenbreite" unter 3 μm.

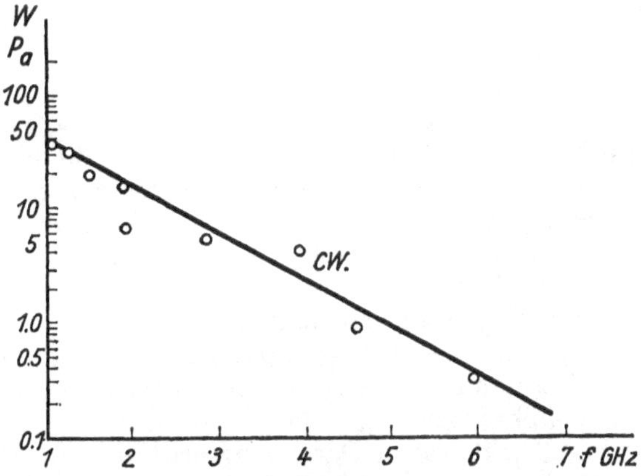

Bild 6. Leistungs-Frequenzdarstellung von Bipolartransistoren

Verbesserte Epitaxie und Diffusion, Ionenimplantation, Elektronenstrahlbearbeitung usw. haben dazu geführt, daß man durch entsprechende Gestaltung des Dotierungsprofils verbesserte Eigenschaften erreichen konnte [26]. So ergab z. B. die Verwendung von oxydierten Isolierschichten, einem As-diffundierten Emitter, einer B-diffundierten inaktiven p^+-Basiszone und einer ionenimplantierten aktiven Basiszone folgende Verbesserungen [27]:

- Oxydierte Isolierschichten ermöglichen eine Verminderung der Rückkopplungskapazität zwischen Basis und Kollektor,
- die stark dotierte inaktive Basiszone erniedrigt den inaktiven Basiswiderstand,
- die seitliche Diffusion der inaktiven Basiszone erniedrigt die effektive Ermitterbreite unter die 1 μm Dicke der Masse der Emitterdiffusion,
- der flache Emitter erhöht die Grenzfrequenz und erniedrigt auf diese Weise die Rauschzahl.

2.11.4.3. Schottky-Dioden

Trotz der Fortschritte auf dem Gebiet der Verstärkertechnik (z. B. parametrische Verstärker und rauscharme Transistoren) haben die meisten Empfänger in der Eingangsstufe noch immer einen Dioden-Abwärtsumsetzer. Spitzendioden sind als Mischer und Gleichrichter noch immer sehr verbreitet, alle neuen Konstruktionen verwenden jedoch Schottky-Dioden. Darunter werden Metall-Halbleiter-Planarstrukturen verstanden (obwohl einige Spitzendioden bekanntlich einen

echten Metall-Halbleiterkontakt darstellen und im allgemeineren Sinn ebenfalls als Schottky-Dioden gelten könnten). Sie werden entweder aus Si oder aus GaAs gefertigt. Beide Ausführungen sind sowohl als Mischer wie auch als vorgespannte Detektoren verwendet worden. Bis etwa 10 GHz gibt es zwischen Si und GaAs keinen wesentlichen Unterschied, darüber aber haben GaAs-Dioden eine kleinere Rauschzahl (etwa 5,5 dB bei 10 GHz), wobei die theoretische Grenze bei 4,5 dB liegt (Spitzendioden haben eine Rauschzahl von etwa 7 dB).
Ein weiterer Vorteil von Schottky-Dioden ist der, daß ihre äußere Form sehr gut für den Einbau in moderne Stromkreisauslegungen (stripline, microstrip, LID) geeignet ist. In „beam-lead"-Ausführung sind sie in Mischern bis 100 GHz verwendbar; dieser Bereich liegt aber heute noch weit außerhalb der Richtfunktechnik.

2.11.5. Zusammenfassung

Diese wenn auch unvollständigen Ausführungen sollten denjenigen, die auf anderen Gebieten der Halbleitertechnik tätig sind, einen Einblick über die heutigen Einsatzmöglichkeiten von Halbleiterbauelementen in Richtfunknetzen geben. Bei den verschiedenen Hochfrequenz-Halbleiterbauelementen wurde kurz auf die Herstellungstechnologien hingewiesen. Zusammenfassend sei hervorgehoben, daß diese Typen in vielen Fällen andere, dem letzten Stand der Technik entsprechende, Technologien benötigen. Im Gegensatz zu normalen Halbleiterbauelementen müssen genaue, kontrollierte und verwickelte Epitaxieverfahren, Ionenimplantation anstatt Diffusion, die Ersetzung der konventionellen Masken- und Photolitographie durch Elektronenstrahlbearbeitung, neue Kontaktmaterialien eingesetzt werden, um die gewünschten elektrischen Parameter erreichen zu können. Die Messung der Materialeigenschaften und elektrischen Kenngrößen benötigt in vielen Fällen Einrichtungen, die in konventioneller Halbleitertechnik nur selten oder überhaupt nicht Anwendung finden. Daher erklärt sich auch der um 1–2 Größenordnungen höhere Preis dieser Elemente, verglichen mit handelsüblichen Si-Epitaxie-Planar-Dioden und Transistoren.
Der heute Stand der Entwicklung und Produktion dieser Bauelemente-Typen macht es aber schon möglich, vollständige Breitband-Richtfunksysteme ausschließlich mit Halbleitern zu bestücken.

Literaturverzeichnis

[1] *Gunn, J. B.*: IBM Journ. Res. Dev. **8** (1964) 141
[2] *Petzel, B.*: Grundlagen aktiver elektronischer Bauelemente. Leipzig 1972, S. 165
[3] *Berson, Be. E.*: Proc. 1971 European Microwave conference Stockholm. 1971. Al/S:1.
[4] *Ramachandran, T. B., Walline, E.E.*: 1973 National Telecomm. Conf. Rec. Vol. 2. 23 D 1/5
[5] *Nelson, H.*: RCA Review **24** (1963)
[6] *Harris, J. S.*: J. Appl. Phys. **40** (1969) 4575
[7] *Pada, C. R.*: Solid State Elect. **13** (1970) 1189
[8] *Downing, B. J., Myers, F. A.*: Elect. Lett. **7** (1971) 407
[9] *Ivanek, F.*: Microwave Journ. **17** (1974) 52
[10] *Hilsum, C., Rees, H. D.*: Elect. Letters **6** (1970) 277
[11] *Jeppsson, B. J., Jeppesen, P.*: IEEE Trans. ED-18 (1971) 439
[12] *Read, W. T. Jr.*: Bell System Techn. J. **37** (1958) 401
[13] *Johnston, R. L., De Loach, B. C., Jr.* und *Cohen, B. G.*: Bell System Tech. J. **44** (1965) 369
[14] *Scharfetter, D. L., Evans, W. J., Johnson, R. L.*: Proc. IEEE **58** (1970) 1131
[15] *Seidel, T. E., Danis, R. E.* und *Iglesias, D. E.*: 1970 IEEE. Int'l Elec. Dec. Meeting, Washington D.C.

[16] *Omari, M.*, *Rosztoczy, F.* and *Hayashi, R* : Proc. IEEE **61** (1973) 255
[17] *Matthei, W. G.*,: Microwave Journ. **16** (1973) 29
[18] *Seidel, T. E.*, *Davis, R. E.* und *Iglesias, D. E.*: 1970. Int'l Elec. Dev. Meeting IEEE. Washington
[19] *Sze, S. M.*, *Lepselter, M. P.*, *MacDonald, R. W.*: Solid State Elect. **11** (1968)
[20] *Swan, C. B.*, *Misawa, T.* und *Mavinaccio, L. P.*: IEEE. Trans. on Elect. Dev. ED-**14** (1967) 584
[21] *Swan, C. B.*: Proc. IEEE. **55** (1967) 1617
[22] *Kim, C. K.*, *Matthei, W. G.*: IEEE. Int'l Conv. Digest., New York 1971, S. 284
[23] *Sze, S. M.*, *Ryder, R. M.*: Proc. IEEE. **59** (1971) 1140
[24] *Su, S.*, *Sze, S. M.*: IEEE. Trans. on Elec. Dev. ED-**20** (1973) 755
[25] Microwave Journal Jan. 1974
[26] *Archer, J. A.*: Electronics Letters **8** (1972) 499
[27] *Vendelin, G. D.*, *Archer, J. A.*, *Bechtel, N. G.*: Microwave Journ. **19** (1974) 47

3. Nichtelektrisch steuerbare Halbleiterbauelemente

3.1. Wirkprinzipien nichtelektrisch steuerbarer Halbleiterbauelemente

Von *J. Auth* und *K. H. Herrmann*

Humboldt-Universität Berlin, Sektion Physik

Nichtelektrisch steuerbare elektrotechnische bzw. elektronische Bauelemente haben mit der Entwicklung der Automatisierungstechnik eine wachsende Bedeutung erlangt. Lichtschranken oder elektromechanische Mikroschalter ermitteln den mechanischen Zustand eines Systems, melden das Durchlaufen eines Werkstückes berührungslos oder mit möglichst geringer Belastung des abzutastenden Objektes, setzen den mechanischen Zustand in ein elektrisches Signal um und speisen es in das informationsverarbeitende Teilsystem der automatisierten Anlage ein. Handelt es sich um eine Anlage der chemischen Industrie, so wird neben mechanischen Daten wie Druck, Strömungsgeschwindigkeit, Füllstandshöhe u. a., die Erfassung thermischer Größen, vor allem von Temperaturen interessieren. Aber auch die chemische Zusammensetzung von strömenden Gasen und Flüssigkeiten mit Meßfühlern zu ermitteln, kann von großer Wichtigkeit sein. Hier wird man meistens auf indirekte Verfahren angewiesen sein, die auf einem bekannten Zusammenhang zwischen chemischer Zusammensetzung und solchen physikalischen Größen wie Absorptionskoeffizient, elektrische Leitfähigkeit, Wärmeleitfähigkeit u. a. beruhen. Sehr oft wird es aber darum gehen, eine nichtelektrische Größe in ein elektrisches Signal umzuwandeln. In der Analysenmeßtechnik wird es sich dabei in den allermeisten Fällen um die Umwandlung einer elektromagnetischen Strahlung in ein elektrisches Signal handeln. Für die konkrete Wahl des Nachweisprinzips spielt dabei die Wellenlänge der nachzuweisenden Strahlung eine Rolle, die vom Röntgenbereich, etwa bei einer mit der Anregung der charakteristischen Röntgenstrahlung arbeitenden Mikrosonde, bis in den mittleren und fernen Infrarotbereich, etwa bei einem Infrarotabsorptionsspektrometer reichen kann. Aber auch die Messung eines Magnetfeldes bei der Anwendung magnetochemischer Methoden kann notwendig sein. In all diesen Fällen brauchen wir nichtelektrisch steuerbare elektronische Bauelemente, die hier die Rolle eines Wandlers zwischen der zur Verfügung stehenden Meßgröße und dem für die weitere Informationsverarbeitung notwendigen elektrischen Signal spielen. Die Trägheit, mit der diese Wandlung erfolgt, die Zeitkonstante des Wandlers, wird eine weitere zu beachtende Eigenschaft sein.

Aber nicht nur, um primär zur Verfügung stehende physikalische Meßgrößen zu erfassen, können nichtelektrisch steuerbare elektronische Bauelemente interessieren. In manchen Fällen kann es auch nützlich sein, streckenweise auf die elektrische Signalübertragung zu verzichten, z. B. um elektrische Störungen, Einstreuungen zu vermeiden, und mit einem anderen Medium zu arbeiten. Hierfür kommt vor allem das Licht in Frage, das entweder frei durch die Luft oder über Lichtleiter zur Signalübermittlung benutzt werden kann. Wenn wir von elektrischer Signalübertragung auf ein anderes Medium übergehen wollen, so werden auch Wandlertypen

interessant, die elektrische Signale in andere physikalische Erscheinungen umwandeln. Vorrangig interessiert hier eine Umwandlung in elektromagnetische Strahlung. Das gilt auch für die Übermittlung von Signalen direkt an den Menschen, hier ist dann eine Umwandlung in elektromagnetische Strahlung des sichtbaren Spektralbereiches oder in optisch wahrnehmbare Zustandsänderungen eines Anzeigeelementes erforderlich. Die große Bedeutung, die gerade diese Signalumwandlung praktisch besitzt, hat hier zur Entwicklung einer Fülle technischer Lösungen geführt, von einer einfachen elektromechanisch gesteuerten Anzeige über Ziffernanzeige mit Gasentladungen, mit Kathodolumineszenz bis zur Verwendung der elektrisch steuerbaren Lichtstreuung durch Flüssigkristalle. Immer wieder neue Varianten werden gesucht, um solche Lösungswege zu finden, die bezüglich Leistungsverbrauch, Spannungspegel, Zeitverhalten, mechanischen Abmessungen möglichst gut in das Gesamtsystem einpaßbar sind. Waren z. B. die auf dem Prinzip der Gasentladung beruhenden Ziffernanzeigeröhren relativ gut an die Röhrentechnik angepaßt, so paßten sie überhaupt nicht in die moderne Halbleiter-Mikroelektronik. Die dieser entsprechende technische Lösung wurde in den auf Injektionslumineszenz beruhenden Halbleiterbauelementen gefunden.
Von diesen anwendungstechnischen Betrachtungen ausgehend, wollen wir uns mit Wirkprinzipien nichtelektrisch steuerbarer Halbleiterbauelemente befassen. Die besondere Orientierung auf Halbleiterbauelemente läßt sich dabei zumindest teilweise aus der Forderung nach Anpassung an die bestehende moderne Halbleiter-Mikroelektronik begründen. Aus dem bisher Gesagten wird auch deutlich, daß wir uns besonders für optisch steuerbare Bauelemente interessieren werden, und daß auch stets die Umkehrungen der betrachteten Effekte, soweit sie möglich sind, mit in Betracht zu ziehen sind.

3.1.1. Übersicht über mögliche Wirkprinzipien

Wir haben in Tab. 1 versucht, ohne jeden Anspruch auf Vollständigkeit eine Übersicht über mögliche Wirkprinzipien der Signalumwandlung zu geben. Ähnliche Übersichten finden sich in [1]. In die Felder der matrixartigen Tabelle haben wir bekannte Wirkprinzipien, Effekte oder Bauelemente eingetragen, die eine entsprechende Umwandlung bewirken. Der Versuch einer solchen Darstellung wirft, wenn wir bestrebt sind, exakt und systematisch vorzugehen, manche Abgrenzungs- und Definitionsproblematik auf. Auf diese wollen wir hier aber nicht weiter eingehen, da wir nicht irgendeine perfekte Systematisierung, sondern eine praktische Übersicht über mögliche Wirkprinzipien anstreben.
Bei der Angabe der Wirkprinzipien haben wir uns nicht auf halbleiterphysikalische Lösungen beschränkt, da stets die Einordnung in den festkörperphysikalischen Zusammenhang im Auge behalten werden sollte. Erst auf Grund einer Analyse des für eine konkrete Bauelementefunktion ausgewählten Effektes kann die Entscheidung getroffen werden, welche physikalischen Eigenschaften des Materials optimale Funktion des Bauelements gewährleisten. Hier ist es die große Variationsbreite vieler Eigenschaften innerhalb der Stoffklasse der Halbleiter (Konzentration und Beweglichkeit der Ladungsträger, Breite der verbotenen Zone, Dielektrizitätskonstante, Relaxationszeiten u. ä.), die es erlaubt — innerhalb naturgegebener Grenzen — die Substanzen dem angestrebten Verwendungszweck anzupassen. Unverkennbar trägt auch der hohe Entwicklungsstand der Technologie für Si, Ge, GaAs und ähnliche Materialien in Einzelfällen dazu bei, daß festkörperphysikalische Prinzipien gerade mit diesen Halbleitern realisiert werden, sofern die Material-

Tabelle 1

Eingang		Ausgang: elektrisch – Strom	elektrisch – Spannung	elektromagnetische Strahlung – γ- bzw. Röntgen-	elektromagnetische Strahlung – UV- und VIS.-	elektromagnetische Strahlung – IR-	Temperatur	Druck	Magnetfeld
elektrisch	Strom	Verstärker bipolarer Transistor	Impedanzwandler		Leuchtdioden Schwarze Strahlg.		Peltier-Element Joulesche Wärme	Magneto-Striktion u. el.-mech. Piezoeffekt	Spule
	Spannung	Impedanzwandler Feldeffekt-Transistor	Verstärker		Destriau-Lumineszenz elektrooptischer Modulator				
elektromagnetische Strahlung	γ- bzw. Röntgen	Kristallzähler			Lumineszenz	(Lumineszenz)			
	UV und VIS.	Photodiode Photowiderstand			Lumineszenz Lichtverstärkung NLO, SHG		Absorption		
	IR.	Photodiode Photowiderstand Thermosäule Bolometer			Frequenzumsetzung			(Goley-Zelle)	
Temperatur, Wärme		Thermoelement thermoelektrischer Generator		Temperaturstrahlung				thermische Ausdehnung	
Druck		Piezowiderstand	Piezo-Elektrizität						
Magnetfeld		Hall-Effekt magnetische Widerstandsänderung (Induktion)							(Transport magnetischer Bläschen)
Schallfeld		akustoelektrischer Effekt			akustooptischer Modulator				

parameter hier die Wahl eines Halbleiters oder anderen Festkörpers gleichermaßen zulassen. Die vielfältigen halbleiterphysikalischen Wirkprinzipien einigermaßen vollständig zu beschreiben, ist im Rahmen dieser Arbeit natürlich nicht möglich, wir verweisen bezüglich der Grundlagen auf die Lehrbücher der Festkörper- und Halbleiterphysik (siehe z. B. [2] ··· [7]).

Der durch Tab. 1 vermittelte Überblick ist notwendig ein grober. Die Bereitstellung einer Hilfsenergie ist, wo nötig, stillschweigend vorausgesetzt. Nicht erfaßt ist das Einschwingverhalten der Effekte bzw. die Frage nach einer Phasenverschiebung zwischen Eingang und Ausgang bei zeitlich periodischen Signalen. Wie entscheidend diese Frage für die Anwendungen sein kann, zeigt das Beispiel der elektromagnetischen Induktion[1]) und ihrer Anwendung in der Regelungstechnik (siehe z. B. [8]). Nicht zum Ausdruck kommt ferner die Komplexität der betreffenden Anordnung. Wenn z. B. in einem Kristallzähler die Absorption eines γ-Quants bestimmter Energie zur Erzeugung eines Stromimpulses mit ganz bestimmter Ladungsmenge führt, so handelt es sich hier um einen recht komplexen Prozeß, der inhomogen in einem räumlich relativ ausgedehnten Festkörperbereich abläuft. Der Nachweis infraroter elektromagnetischer Strahlung mit einem Bolometer ist ein Beispiel für einen Stufenprozeß. Zunächst wird die Strahlung absorbiert und erzeugt eine Temperaturerhöhung, diese bedingt dann ihrerseits eine Widerstandsänderung, die sich mit einer Hilfsspannungsquelle und einem Vorwiderstand in einer Strom- bzw. Spannungsänderung auswirkt. Wirkprinzipien, Bauelemente, die im Sinne eines Stufenprozesses auf einem bereits in der Tabelle enthaltenen Teilprozeß beruhen, wurden mit Klammern versehen.

Die Tabelle ist recht unsymmetrisch um ihre Diagonale. Das bedeutet, daß viele der Wirkprinzipien nicht umkehrbar sind, dies gilt besonders für die sehr komplexen, auf Stufenprozessen beruhenden, Wirkprinzipien. Sie enthalten meist wesentlich Relaxationsprozesse. Andererseits gibt es durchaus auch Wirkprinzipien, die als quasiumkehrbar anzusprechen sind. So ist zum Beispiel die Leuchtdiode eine Umkehrung der Photodiode und das Peltierkühlelement eine Umkehrung des Thermoelements.

Die Tabelle ließe sich übersichtlicher und systematischer gestalten, wenn man sie in zwei Tabellen zerlegt, die im Sinne einer Matrizen„multiplikation" zu verknüpfen wären. Wir müssen uns dazu nur vergegenwärtigen, daß die Steuerung mit einem Bauelement oft folgendermaßen verläuft: 1. die steuernde Einwirkung (Eingangsgröße) erzeugt eine Eigenschaftsänderung in dem „aktiven" Teil des Bauelements, 2. die Eigenschaftsänderung bewirkt eine Änderung im Ausgangskreis und erzeugt so das Ausgangssignal. Der Begriff der „Eigenschaften" ist dabei sehr weit zu fassen, und auch hier können wir wegen der Vielfalt der zu beachtenden Zusammenhänge eine Systematik nur für ein Beispiel geben. Die vielfach bei nichtelektrisch gesteuerten Halbleiterbauelementen genutzte Steuerung der Breite der verbotenen Zone W_g kann z. B. als eine Absorptionsänderung, als eine Änderung

[1]) Zur Aufnahme der Induktion in unsere Tabelle, über die sich vielleicht mancher wundern wird, weil es sich doch nicht um ein festkörperphysikalisches Wirkprinzip, sondern um ein bereits aus den *Maxwell*schen Gleichungen folgendes Grundprinzip handelt, weisen wir darauf hin, daß die Nutzung dieses Prinzips aber sehr wesentliche festkörperphysikalische Aspekte beinhaltet. Geht es doch darum, mit möglichst guten magnetischen Werkstoffen (hohe Permeabilitäten, geringe Verluste) zu arbeiten. Daß historisch die Entwicklung der Elektrotechnik sich zunächst nicht als festkörperphysikalisches Problem zeigte, hängt wohl damit zusammen, daß seit Jahrhunderten zwei Werkstoffe bereits als Massenwerkstoffe technologisch für den Anfang ausreichend beherrscht wurden: das Eisen mit seiner hohen Permeabilität μ und das Kupfer mit seiner hohen Leitfähigkeit σ.

Tabelle 2

steuernde Einwirkung (Eingang)	beeinflußte Eigenschaft: Temperatur (1)	Breite der verbotenen Zone W_g (2)	Majoritätsträgerkonzentration (3)	Minoritätsträgerkonzentration (4)	Beweglichkeiten (5)
(1) Temperatur T	—	als Folge der thermischen Ausdehnung und der Temperaturverbreiterung von Termen	bei Eigenleitung mit $n = p = n_i$ als Folge der Statistik		als Folge der T-Abhängigkeit der Streuprozesse
			Bei Störstellenreserve als Folge der Statistik	bei Störleitung im Erschöpfungsfall wegen $n \cdot p = n_i^2$	
(2) Druck, hydrostatischer	—	als Folge der Änderung der Gitterkonstanten	bei Eigenleitung mit $n = p = n_i$ als Folge von (2,2)		—
			—	Bei Störleitung im Erschöpfungsfall wegen $n \cdot p = n_i^2$	
(3) Druck, uniaxial		als Folge der Änderung der Gitterkonstanten	bei Eigenleitung mit $n = p = n_i$ als Folge von (3,2)		mittlere Beweglichkeit in Vieltalhalbleitern durch Umbesetzung
				Bei Störleitung im Erschöpfungsfall wegen $n \cdot p = n_i^2$	
(4) elektrischer Strom	durch Joulesche Wärme	als Folge von (4,1)	als Folge von (4,1) und als Folge von (4,2) bei Eigenleitung		als Folge von (4,1)
(5) elektrischer Strom		—	als Folge von (5,4)	durch Injektion im pn-Übergang	
(6) elektrisches Feld		durch Franz-Keldysh-Effekt	im Prinzip als Folge von (6,2), aber unwesentlich		
(7) elektrisches Feld		—	durch Influenz bei Feldeffekt und raumladungsbegrenzten Strömen		
(8) elektrisches Feld	—	—	durch Stoßionisation (mit Lawinenbildung)		Effekte heißer Elektronen

Taballe 2 (Fortsetzung)

steuernde Einwirkung (Eingang)	beeinflußte Eigenschaft: Temperatur (1)	Breite der verbotenen Zone W_g (2)	Majoritätsträgerkonzentration (3)	Minoritätsträgerkonzentration (4)	Beweglichkeiten (5)
(9) elektromagnetische Strahlung $h\nu$ beliebig	durch entstehende Wärme				
(10) Strahlung $h\nu < W_g$	durch entstehende Wärme	—	durch Störstellenabsorption		Photo-Effekte heißer Ladungsträger
(11) Strahlung $h\nu > W_g$	durch entstehende Wärme	effektives E_g durch Moss-Burstein-Verschiebung	durch Interbandabsorption		

der Ladungsträgerkonzentration bei Eigenleitung, als eine Änderung der Minoritätsträgerkonzentration bei Störleitung, aber auch als eine Beweglichkeitsänderung in Erscheinung treten. Tabelle 2 gibt hierzu eine Übersicht über einige wichtige Zusammenhänge. Die für die moderne Halbleiterelektronik entscheidenden Prozesse wurden fett, die sonstigen praktisch wichtigen Prozesse schwach umrandet. Zum Nachweis der Eigenschafts- bzw. Zustandsänderungen (1) bis (5) aus Tab. 2 können nun wieder verschiedene physikalische Zusammenhänge ausgenutzt werden. Hierzu versuchen wir mit Tabelle 3 einen Einblick zu geben. Die Umrandungen der Felder haben die gleiche Bedeutung wie in Tab. 2. Wenn wir mit $(i, k)_E$ den in Tab. 2 aufgeführten Zusammenhang zwischen der i-ten Art von Einwirkung (i-te Zeile) mit der k-ten Eigenschaft (k-te Spalte) symbolisieren und analog das Symbol $(l, m)_A$ bezogen auf Tab. 3 verstehen wollen (l-te Eigenschaft verknüpft mit m-ter Art Auswirkung am Ausgang), so gibt uns jede Verknüpfung von $(i, k)_E$ mit $(k, m)_A$ eine Art Bauelementeprinzip. In unserer Bezeichnung wäre dann der übliche bipolare Transistor durch $(5, 4)_E$ $(4, 2)_A$ zu symbolisieren, der Feldeffekttransistor durch $(7{,}3)_E$ $(3{,}1)_A$, mit $(11{,}4)_E$ $(4{,}2)_A$ die Photodiode, mit $(5{,}4)_E$ $(4{,}3)_A$ die Lumineszenz- und die Laserdiode, mit $(9{,}1)_E$ $(1{,}1)_A$ ein Strahlungsbolometer usw. Wir sehen, daß unser Schema eine Möglichkeit gibt, eine gewisse systematische Ordnung in die Vielfalt nichtelektrisch steuerbarer Bauelemente zu bringen. Bei optimistischer Beurteilung können wir es als heuristische Hilfe ansehen, um neue Bauelementeprinzipien zu finden.

Ob man einen bestimmten Effekt in unser Schema einordnen kann oder nicht, hängt letzten Endes davon ab, wie es gelingt, die „richtigen" Eingangs- und Ausgangsgrößen zu finden. Dabei lassen sich vor allem die mehrstufigen Prozesse (z. B. die mit Stoßionisation verknüpften) weniger gut einordnen.

Für zweistufige Prozesse läßt sich gut das Zusammenwirken von Nebeneffekten verdeutlichen, wenn wir die Regel der Matrizenmultiplikation $(i, m)_{EA} = \sum_k (i, k)_E \times (k, m)_A$ formal anwenden. So tritt z. B. in allen photoelektrischen Bauelementen auch ein Bolometereffekt in Erscheinung: $(9, 1)_{EA} = (9{,}1)_E\,(1{,}1)_A + (9{,}3)_E\,(3{,}1)_A$, wobei der erste Anteil den inneren Photoeffekt, der zweite die Leitfähigkeits-

Tabelle 3

Eigenschaft	Auswirkung am Ausgang			
	Ohmscher Widerstand 1	Sperrstrom eines *pn*-Überganges 2	Lichtemission 3	Lichtabsorption 4
(1) Temperatur	Widerstandsthermometer		Temperatur-Strahler	–
(2) Breite der verbotenen Zone W_g	–	Sperrstromerhöhung bei Verringerung von W_g	–	Verschiebung der Absorptionskante
(3) Majoritätsträgerkonzentration	Leitfähigkeitsmodulation	–	–	freie Ladungsträgerabsorption
(4) Minoritätsträgerkonzentration	–	Sperrstromerhöhung durch Minoritätsträger	strahlende Rekombination	–
(5) Beweglichkeit	Leitfähigkeitsmodulation			

änderung durch Temperaturerhöhung beschreibt, die nicht von der eigentlichen Photoleitfähigkeit zu trennen ist, wenn man nicht das Zeitverhalten berücksichtigt [9]. Für den ersten Teilprozeß ist das Zeitverhalten durch die Rekombinationslebensdauer der Nichtgleichgewichtsträger, für den zweiten durch die thermische Zeitkonstante der Probe bestimmt.

Nachdem wir mit diesen allgemeinen Bemerkungen sichtbar gemacht haben, wie problematisch es ist, angesichts der Breite der Thematik eine alle Aspekte erfassende Systematik aufzustellen, wollen wir uns auf eine sehr viel engere Gruppe nichtelektrisch steuerbarer Bauelemente beschränken, nämlich auf optoelektronische und damit eng verwandte Halbleiterbaulemente zum Strahlungsnachweis im Bereich der Röntgen- und γ-Strahlen.

In üblichen Büchern über Halbleiterbauelemente [10], [11] treten die nichtelektrisch gesteuerten Halbleiterbauelemente naturgemäß hinter den elektrisch gesteuerten zurück. Daneben existieren Monographien über spezielle Typen von Halbleiterbauelementen und ihre Anwendungen:

Bez. Halbleiter-Dehnmeßstreifen siehe [12],
bez. galvanomagnetischer Bauelemente [13],
bez. Halbleiter-Thermoelemente [14], [15],
bez. photoelektrischer Bauelemente (Quantendetektoren) [16],
zu Solarzellen [17],
bez. anderer Halbleiter-Wirkprinzipien für Strahlungsempfänger [18], [19],
bez. Kernstrahlungsdetektoren [20].

Tabelle 4. Wirkprinzipien optisch gesteuerter optischer Halbleiterbauelemente

Wirkprinzip		Bauelement	Anwendung
innerer Photoeffekt	+ nichtlineare Interbandanregung + Lumineszenz (induzierte Transparenz)	Impulsformer	optische Nachrichtenübertragung
	Interbandanregung + Lumineszenz	optisch gepumpter Halbleiterlaser	Strahlungserzeugung
		optisch gesteuerter Injektionlaser Halbleiterlaser (-verstärker)	optische Nachrichtenübertragung optische Rechentechnik
	Interbandanregung (Zweiquantenabsorption) + Lumineszenz	nichtlinearer Detektor	Strahlungsnachweis
	nichtlineare Absorption zwischen Subbändern	nichtlinearer Absorber, Begrenzer	Güteschaltung, Modensynchronisation von Lasern
nichtlineare Suszeptibilität 2. Ordnung		Harmonischen-Generator Frequenzumsetzer IR + VIS	Strahlungserzeugung Strahlungsnachweis

Tabelle 5. Photoelektrische Halbleiterbauelemente

Wirkprinzip		Bauelement	Anwendung
innerer Photoeffekt bei	Interbandabsorption (Grundgitter)	Photowiderstand PEM-Detektor Photodiode[1]) Solarzelle	UV, VIS, IR $\lambda < 40\ \mu m$
	Störstellenabsorption (Ausläufer)	Photowiderstand	IR, FIR $\lambda < 1$ mm
Erhöhung der Elektronentemperatur bei	Intrabandabsorption	Photowiderstand (μ-Photoleitung)	FIR
	Übergang zwischen Landauniveaus	Zyklotronresonanzdetektor	IR
Erhöhung der Gittertemperatur durch Lichtabsorption		Strahlungsthermoelement Thermosäule Bolometer Nernst-Ettingshausen-Detektor	VIS, IR
Lichtdruck auf quasifreie Ladungsträger		photon-drag-Detektor	IR

[1]) Innere Verstärkung möglich (Phototransistor, Lawinenphotodiode)

3.1.2. Optisch gesteuerte Halbleiterbauelemente

3.1.2.1. Grundprinzip

Die gemeinsame Grundlage für die überwiegende Mehrzahl der optisch gesteuerten Halbleiterbauelemente (Tab. 4) ist der innere Photoeffekt. Dies gilt auch für die photoelektrischen Halbleiterbauelemente (Tab. 5). Beim inneren Photoeffekt wird durch die Absorption eines Lichtquants ein quasifreies Elektron im Leitfähigkeitsband, ein quasifreies Loch im Valenzband oder gleichzeitig ein Elektron und ein Loch erzeugt [21], [22]. Wegen der quantenhaften Wechselwirkung und der Wirksamkeit der Erhaltungssätze für Energie und Quasiimpuls der beteiligten Teilchen bestehen enge Zusammenhänge zwischen dem Absorptionsspektrum eines Halbleiters und seiner Energiebandstruktur, sowie der Lage der durch Störstellen bedingten Energieniveaus in der verbotenen Zone (Bild 1). Damit ist die spektrale

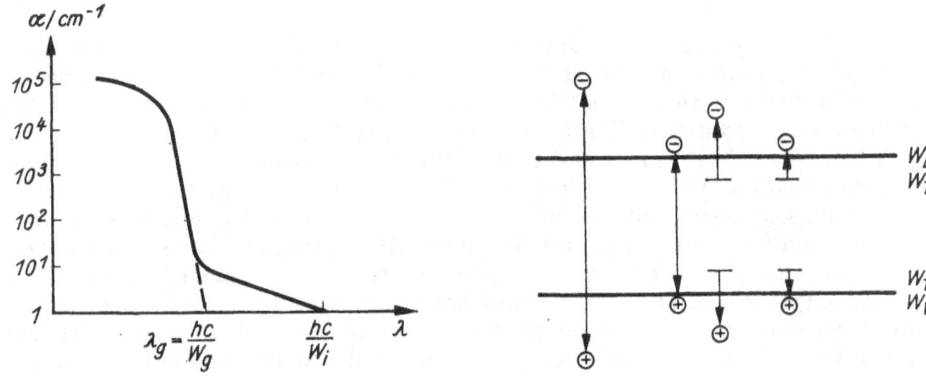

Bild 1. Schematische Darstellung des beim inneren Photoeffekt wirksamen Absorptionsspektrums $\alpha(\lambda)$ eines Halbleiters und der mit der Absorption verknüpften Elektronenübergänge im Bänderschema. hc/W_g — Grenzwellenlänge für Interbandabsorption (Grundgitteranregung), hc/W_i — Grenzwellenlänge für Störstellenabsorption (Ausläuferanregung), $W_g = W_L - W_V$; $W_i = W_L - W_T$ bzw. $W'_T - W_V$

Empfindlichkeit optisch gesteuerter Halbleiterbauelemente untrennbar mit dem energetischen Spektrum der erlaubten Elektronenzustände verbunden. Wichtig für die Beurteilung der Steuerbarkeit des Halbleitermaterials durch Licht vorgegebener Wellenlänge λ ist die Größe des Absorptionskoefficzienten $\alpha(\lambda)$. Für das Gebiet der Grundgitterabsorption (Interbandübergänge Valenzband → Leitungsband) mit

$$h\nu \geqq h\nu_g = W_g \qquad \text{bzw.} \qquad \lambda \leqq \lambda_g = \frac{hc}{W_g} \tag{1}$$

sind Absorptionskoeffizienten α der Größenordnung $10^4 \cdots 10^5\ \text{cm}^{-1}$ charakteristisch.

Im Gebiet der sogenannten Ausläuferabsorption (Übergänge zwischen Störstellen und Bändern) mit

$$h\nu < W_g \qquad \text{bzw.} \qquad \lambda > \lambda_g \tag{2}$$

dagegen sind die Absorptionskoeffizienten wesentlich kleiner. Bei gut kristallinen Halbleitermaterialien mit Störstellenkonzentrationen, wie sie für viele praktische

Beispiele charakteristisch sind, von größenordnungsmäßig 10^{15} oder 10^{16} cm^{-3} betragen sie etwa 1 bis 10 cm^{-1}. Man kann diese Größenordnung sofort verstehen, wenn man davon ausgeht, daß der optische Absorptionsquerschnitt von Störstellen ihrem geometrischen Querschnitt von 10^{-15} cm^2 nahekommen sollte. Damit wird klar, daß Photoempfänger eines hohen Wirkungsgrades mit Schichtdicken, wie sie für moderne Halbleiterbauelemente akzeptabel sind (auf jeden Fall unter 1 mm), nur realisierbar sind, wenn die Grundgitterabsorption ausgenutzt wird. Ausnahmen wird man nur dann machen, wenn Halbleiter eines geeigneten Bandabstandes W_g nicht zur Verfügung stehen. Bezogen auf den Nachweis infraroter Strahlung haben wir dieses Problem in [23] diskutiert. Eine grundsätzliche Reduzierung der Effektivität der Strahlungsdetektoren ergibt sich aus der Reflexion der nachzuweisenden Strahlung an der Grenzfläche Luft—Halbleiter. Für den Reflexionskoeffizienten R gilt bekanntlich nach der Fresnelschen Theorie [24]

$$R = \left(\frac{n-1}{n+1}\right)^2. \tag{3}$$

Da der Brechungsindex n in Halbleitern relativ hohe Werte annehmen kann (siehe Tab. 6), kann R relativ groß und der in den Halbleiter eintretende Strahlungsanteil deutlich kleiner als Eins werden. Für $n = 4$ (Ge) ist $1 - R = 0{,}64$. Will man die hierdurch bedingten Verluste vermeiden, so muß man die aus der Optik bekannten Verfahren zur Verminderung der Reflexion mit dielektrischen Zwischenschichten anwenden, die letzten Endes nichts anderes als ein Analogon zur Leistungsanpassung mit einem Transformator in der Elektronik darstellen.
Wenn wir von Verlusten durch unvollständige Absorption und Reflexion absehen, ist die Quantenausbeute bei der Grundgitterabsorption im allgemeinen gleich Eins. Die innere Quantenausbeute η_i, die uns angibt, wieviel Elektron-Loch-Paare bei Absorption eines Lichtquants entstehen, hat somit ihren theoretisch möglichen Maximalwert. Wenn wir also nach Kriterien für die Materialauswahl für Strahlungsempfänger fragen, werden wir in erster Linie von der Breite der verbotenen Zone ausgehen (Tab. 6). Will man für den Nachweis von Strahlung eines bestimm-

Tabelle 6. Eigenschaften einiger Halbleiter

Material	W_g/eV 300 K	W_g/eV 0 K	n_{opt} ¹)	ε_{stat}	λ_g/nm ²)
Diamant	5,2	5,41	2,4	5,5	240
SiC	2,8	3,02	2,7	6,7	440
Si	1,106	1,153	3,4	11,7 ± 0,2	1120
Ge	0,67	0,75	4,0	16 ± 0,2	1860
BN (kub.)	6,4 ± 0,5		>1,74		190
AlP		3,0	3,4	11,6	410
GaAs	1,38	1,53	3,6	11,1	900
InSb	0,16	0,25	4,1	15,7	7700
Se	1,8		⊥ 3,7 ∥ 5,6³)		690
Te	0,346	0,335	⊥ 4,8 ∥ 6,3	⊥ 33 ∥ 53	3600
β-ZnS		3,6	2,3	15,8	340
CdS	2,58		2,3	11,6	480
CdSe	1,74	1,85			710
CdTe	1,51	1,59	2,75	10,6	820
$Pb_{0,8}Sn_{0,2}Te$	0,15	0,09	6,75	>100	8000

¹) Brechungsindex im Ausläufergebiet (noch schwach wellenlängenabhängig)
²) $\lambda_g = hc/W_g$ (300 K); falls W_g (300 K) nicht angegeben, wurde W_g (0 K) zugrundegelegt.
³) Bei Polarisation der Welle ⊥ bzw. ∥ zur optischen Achse.

ten Spektralbereiches den bestgeeigneten Halbleiter auswählen, so muß man darauf achten, daß die Differenz zwischen der Quantenenergie der nachzuweisenden Strahlung $h\nu_s$ und der für die Bildung eines Elektron-Loch-Paares notwendigen Energie W_g nicht zu groß wird, da unter üblichen Bedingungen diese überschüssige Energie $h\nu - W_g$ sofort im Halbleiter in Wärme umgesetzt wird (sofort bedeutet hier etwa 10^{-12} s) und praktisch nichts zum Strahlungsnachweis oder zum optischen Steuerungseffekt beiträgt. Dies hat zur Folge, daß bei einer auf konstante einfallende Energie bezogenen Empfindlichkeitskurve, diese für $\lambda < \lambda_g$ bei allen Quantendetektoren mit abnehmender Wellenlänge abfällt (Gl. (9), (10)). (Auf die für Spezialanwendungen interessierende sogenannte μ-Photoleitung oder Pseudophotoleitung wird in [23] eingegangen.) Ferner ist zu beachten, daß mit zunehmender Differenz $h\nu_s - W_g$ der Absorptionskoeffizient α nach

$$\alpha = \text{const}\,(h\nu - W_g)^a \tag{4}$$

zunimmt ($a = 1/2$ bei direkten, $a = 2$ bei indirekten Halbleitern, siehe z. B. [25]). Das hat zur Folge, daß im Bereich größerer Quantenenergien die Absorption immer mehr dicht unter der Oberfläche des Halbleiters stattfindet, was zu zusätzlichen Verlustmechanismen führen kann [31], wenn nicht eine ideale Diodenstruktur realisiert ist. Die bisherigen Ausführungen weisen darauf hin, daß die für die Technik auch sonst so wichtigen Halbleiter Silizium und GaAs auch für optisch gesteuerte Bauelemente und für den Umsatz elektromagnetischer Strahlung in elektrische Energie besonders wichtig sind, sofern wir den sichtbaren Spektralbereich und die spektrale Verteilung der Sonnenstrahlung im Auge haben. Breite Anwendung finden in bestimmten Bereichen auch Photowiderstände auf der Basis von CdS. Hier liegt die Absorptionskante im gelben Spektralbereich. Übliche Bauelemente arbeiten allerdings nicht mit einkristallinem Material, sondern mit Sinterschichten, die einen sehr hohen Störstellengehalt haben und darum auch im Ausläuferabsorptionsgebiet hohe Absorption und damit hohe Nachweisempfindlichkeiten bieten.

Die so unmittelbare Verknüpfung der spektralen Empfindlichkeit von optisch gesteuerten Bauelementen mit der Breite der verbotenen Zone W_g ist der Ausdruck eines tiefen gesetzmäßigen Zusammenhanges, den *Einstein* 1905 in bezug auf den äußeren Photoeffekt erkannte [26]. Hierbei formulierte er die Lichtquantenhypothese und legte damit neben *Max Planck* den entscheidenden Grundstein für die Quantenphysik. Das Wesen dieser Erkenntnis bestand darin, daß die Möglichkeit, Elektronen (im Falle des äußeren Photoeffekts) aus dem Metall durch Absorption von Licht herauszulösen, nicht von der Intensität des Lichtes, sondern nur von der Wellenlänge des Lichtes abhängt. Heute wissen wir, nachdem mit Impulslasern uns Lichtquellen von früher unvorstellbar hoher Intensität zur Verfügung stehen, daß die Aussage nicht absolut, d. h. unter allen Umständen oder Bedingungen richtig ist. Bei sehr hohen Lichtintensitäten können Mehrquantenprozesse auftreten, die dazu führen, daß auch bei $\lambda > \lambda_g$ der äußere bzw. der innere Photoeffekt auftritt.

Bei optisch gesteuerten Halbleiterbauelementen ist grundsätzlich zwischen Photowiderständen und Photodioden zu unterscheiden. Bei den Photowiderständen wird die Erhöhung der elektrischen Leitfähigkeit durch die Erhöhung der Konzentration von quasifreien Ladungsträgern zum Strahlungsnachweis ausgenutzt. Dabei ist es unerheblich, ob die Konzentration der Löcher oder der Elektronen oder beide Konzentrationen sich erhöhen. Entscheidend ist lediglich, daß die Leitfähigkeitsänderung

$$\Delta\sigma = e\mu_n\,\Delta n + e\mu_p\,\Delta p \tag{5}$$

genügend groß im Vergleich zur „Dunkelleitfähigkeit"

$$\sigma_0 = e\mu_n n_0 + e\mu_p p_0 \tag{6}$$

ist. Hierin sind μ_n, μ_p die Beweglichkeiten und n_0, p_0 die Gleichgewichts- (d. h. die „Dunkel-") Konzentrationen der Elektronen bzw. Löcher. Mit Δn bzw. Δp bezeichnen wir die durch die Strahlung hervorgerufene Abweichung der betreffenden Trägerkonzentrationen n bzw. p vom Gleichgewichtswert n_0 bzw. p_0 (Konzentration der Nichtgleichgewichtsträger). Δn bzw. Δp werden, wenn die sie hervorrufende Störung (hier die Strahlung) abgeschaltet wird, mit bestimmten charakteristischen Zeiten abgebaut. Es gilt dann

$$\frac{\partial n}{\partial t} = -\frac{\Delta n}{\tau_n} \quad \text{bzw.} \quad \frac{\partial p}{\partial t} = -\frac{\Delta p}{\tau_p}. \tag{7}$$

τ_n bzw. τ_p sind die sogenannten Rekombinationslebensdauern der Elektronen bzw. der Löcher (Bild 2). Im allgemeinen Fall können τ_n und τ_p durchaus voneinander verschieden sein und sie können auch vom Anregungszustand (d. h. von Δn und Δp) selbst abhängig sein, dann wird im allgemeinen auch $\Delta n \neq \Delta p$ sein. Damit Δn von Δp sich wesentlich unterscheiden kann, müssen entsprechend viel Terme in der verbotenen Zone vorhanden sein, da die in diesen lokalisierten Elektronen die Ladungsneutralität wiederherstellen müssen. Beträgt die Konzentration der lokalisierten Elektronen n_T und die Änderung gegenüber dem Gleichgewichtswert

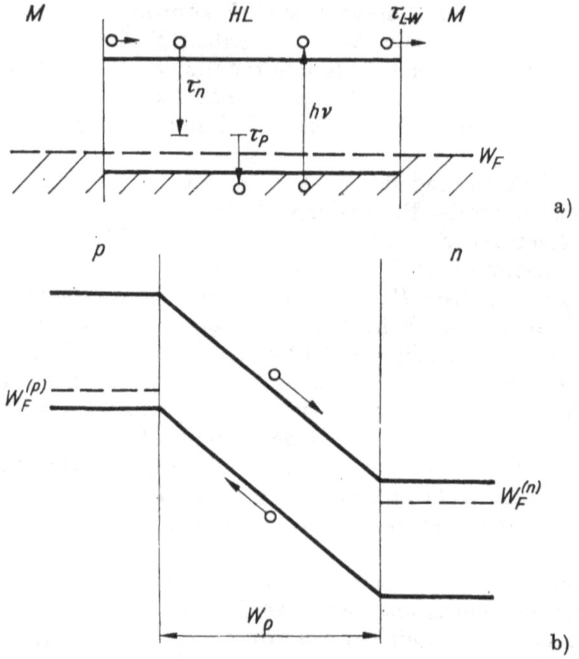

Bild 2. Vergleich von Photowiderstand (a) und Photodiode (b). Aufgetragen ist die Lage der Energiebänder in Abhängigkeit vom Ort. Beim Photowiderstand ist ein schwaches elektrisches Feld angenommen, bei der Photodiode Sperrvorspannung. M — metallischer Kontaktwerkstoff, HL — Halbleiter; W_F — Fermi-Energie; W_ϱ — Weite der Raumladungszone

n_{T0} bei Wirken der Störung $\Delta n_T = n_T - n_{T0}$, so verlangt die Raumladungsneutralität

$$\Delta n - \Delta p = \Delta n_T . \tag{8}$$

Bei Anregung im Grundgitter (großer Absorptionskoeffizient) ist die Anregung auch nicht ortsunabhängig, wir müssen dann noch neben dem Wirken des von außen an den Photowiderstand angelegten Feldes innere Felder und Diffusionsvorgänge berücksichtigen, und die Behandlung des im Prinzip so einfachen Photowiderstandes wird zu einem komplizierten nichtlinearen Problem, für das dann auch nicht mehr die Raumladungsneutralität (8) a priori gilt (s. hierzu z. B. [29]).
Bei CdS unterscheiden sich z. B. τ_p und τ_n extrem. Es ist $\tau_n \gg \tau_p$, und folglich ist auch $\Delta n \gg \Delta p$, wie z. B. in [30] experimentell nachgewiesen wurde. Das bedeutet, daß die Löcher, die bei der Anregung im Gebiet der Grundgitterabsorption entstehen, sofort in Störstellen eingefangen werden und damit nicht mehr am Ladungstransport teilnehmen. Hierdurch wird zwar die Photoleitung (das $\Delta\sigma$ aus (5)) zunächst verringert, gleichzeitig werden aber die Möglichkeiten zur Rekombination verringert. Da die Löcher im Inneren des Halbleiters lokalisiert sind, kann keine Rekombination an den Oberflächen und an den Kontakten erfolgen. Dann ist es möglich, daß die effektive Lebensdauer τ_n der einen Trägersorte, die man durch Mittelung über den ganzen Kristall erhält, sehr viel größer als die Laufzeit τ_{LW} der Elektronen durch den Photowiderstand werden kann. Das bedeutet eine Verstärkung des durch die absorbierte Strahlung der Intensität $\mathfrak{J}$ erzeugten „primären" Photostromes I_p

$$I_p = \mathfrak{J}e/h\nu \tag{9}$$

um den Faktor τ_n/τ_{LW} (häufig als „sekundärer" Photostrom bezeichnet). Bezüglich der quantitativen Zusammenhänge siehe [23]. Wie dort ausgeführt, nimmt die Trägheit des Strahlungsnachweises mit wachsendem τ_n und damit mit wachsender Verstärkung τ_n/τ_{LW} bei durch Geometrien und zulässige Feldstärken festgelegtem τ_{LW} entstprechend zu. Aus einem ideal scharfen Nadelimpuls wird ein Impuls der Länge τ_n mit entsprechend abgeflachten Flanken. Photowiderstände werden also überall dort mit Gewinn einzusetzen sein, wo man eine entsprechend hohe Trägheit zulassen kann und wo die durch hohe τ_n erzielbaren Verstärkungen wirklich von Interesse sind. Die CdS-Photowiderstände, die für photoelektrische Belichtungsmesser und für automatische Photokameras Verwendung finden, sind ein gutes Beispiel hierfür. Aus dem Gesagten wird auch klar, daß für die Funktion eines Photowiderstandes völlig unerheblich ist, ob die Anregung im Grundgittergebiet oder im Ausläufer erfolgt, d. h. ob Elektron-Loch-Paare erzeugt und dann eine Trägersorte in Zentren lokalisiert wird, oder ob von Anfang an die Anregung aus Zentren erfolgt und dann eine Trägersorte lokalisiert bleibt. Entscheidend für die Brauchbarkeit eines Photowiderstandes ist auch das Verhältnis $\Delta\sigma/\sigma_0$, d. h. das Verhältnis von Photoleitung zu Dunkelleitfähigkeit. σ_0 bestimmt die anlegbaren Feldstärken und damit τ_{LW}, σ_0 bestimmt wesentlich das Rauschen. Hat der Halbleiter eine genügend breite verbotene Zone und ist die Quantenenergie der nachzuweisenden Strahlung hinreichend groß im Verhältnis zur thermischen Energie, so wird σ_0 i. a. keine besonderen Schwierigkeiten machen. Wir können daher erwarten, daß sich für den Infrarotnachweis hier besondere Probleme ergeben. Die in [23] erhaltenen Ergebnisse sind im Prinzip natürlich auch für andere Spektralbereiche gültig.
In Photodioden ist grundsätzlich die „effektive" Lebensdauer der Ladungsträgerpaare mit ihrer Laufzeit durch die Raumladungszone im wesentlichen identisch. Hier fließt nur der „primäre" Photostrom, bei vollständiger Absorption von Licht

der Intensität $\mathfrak{I}$ kann maximal der Photostrom I

$$I_{ph\text{-max}} = \frac{e\mathfrak{I}}{h\nu} = I_p \tag{10}$$

fließen. Die Trägheit des Photostromes wird für die ideale Photodiode durch die Laufzeit τ_{LD} der Träger durch die Raumladungszone

$$\tau_{LD} = \frac{W_Q}{v_{sc\,\max}} \tag{11}$$

und die RC-Zeitkonstante in der Schaltung gegeben. $v_{sc\,\max}$ ist die maximal in Gebieten sehr hoher Feldstärke erreichbare Driftgeschwindigkeit. Für die meisten Halbleiter ist sie von der Größenordnung 10^7 cm/s. Für die quantitative Diskussion und die umfassende Erörterung der Faktoren, die die charakteristischen Daten einer Photodiode bestimmen, verweisen wir wieder auf [23]. Die Vorteile der Photodiode gegenüber dem Photowiderstand lassen sich in zwei Punkten zusammenfassen:

- erhebliche Senkung des Dunkelstromes und entsprechende Erhöhung des Innenwiderstandes,
- sehr geringe Trägheit des Steuereffektes.

Ursächlich verbunden mit diesen Vorteilen ist allerdings der Nachteil, daß nur eine relativ geringe Stromempfindlichkeit prinzipiell möglich ist, die durch Gl. (10) ihre obere theoretische Grenze hat. Sie beträgt für $h\nu = 1$ eV (Licht der Wellenlänge $\lambda = 1{,}24$ µm) 1 A pro W eingestrahlter Leistung.
Ferner muß hier betont werden, daß die Nutzung eines *pn*-Überganges zum Strahlungsnachweis an die Erzeugung von Elektron-Loch-Paaren und damit im allgemeinen an das Vorhandensein eines Halbleitermaterials mit $W_g \leqq h\nu$ gebunden ist.
Wir gingen in [23] davon aus, daß eine ideale Photodiode vorliegt. Häufig wird das jedoch nicht der Fall sein, dann kann die effektive Quantenausbeute wesentlich von 1 abweichen und der Photostrom erheblich unter der in (10) gegebenen Grenze liegen, siehe hierzu z. B. [16].

3.1.2.2. Innere Verstärkungsmechanismen für den Photostrom durch pn-Übergänge

Wie wir im vorigen Abschnitt sahen, ist die Stromempfindlichkeit des *pn*-Überganges als optisch gesteuertes Halbleiterbauelement relativ gering. Es ist darum naheliegend, nach Verstärkungsmechanismen zu suchen, die sich gut an den *pn*-Übergang anpassen oder gar in ihm realisieren lassen. Hier kommen, solange wir eine annähernd lineare Steuerung im Auge haben, die Nutzung des Transistoreffektes und die Nutzung der Ladungsträgervervielfachung durch Stoßionisation in Frage. Geht es uns nur um die Übertragung digitaler Signale oder des Zeitpunktes des Einsetzens eines Lichtimpulses, so ist auch die Nutzung des Thyristoreffektes möglich. Die entsprechenden Bauelemente sind Phototransistor, Lawinenphotodiode und Photothyristor. Mit den beiden erstgenannten Bauelementen wollen wir uns etwas näher beschäftigen.

3.1.2.2.1. Der Phototransistor

Bekanntlich erfährt in einem Transistor der Sperrstrom, der durch den Kollektor-Basis-Übergang bei Anlegen einer Sperrspannnung fließt, eine im Inneren des Transistors erfolgende Verstärkung, wenn wir den Transistor in Emitter-Schaltung betreiben. Diese innere Verstärkung ist die Ursache für die aus jedem Transistor-Datenblatt entnehmbare Erscheinung, daß der Kollektorstrom in Basisschaltung erheblich niedriger liegt als in Emitterschaltung ($|I_{CEO}| \gg |I_{CBO}|$). Die Ursache hierfür liegt bekanntlich in folgendem: Wenn zwischen Emitter und Kollektor eine Spannung so angelegt wird, daß der Kollektor-Basis-Übergang in Sperrichtung vorgespannt ist (üblicher Transistorbetriebsfall), so führt das Fließen des durch Generation in den an Trägern verarmten Gebieten (Volumen und Oberflächen- bzw. Kontaktzonen) des Kollektor-Basis-Überganges entstehenden Sperrstromes dazu, daß am Emitter-Basis-Übergang eine, wenn auch kleine, Spannung in Flußrichtung liegt. Diese führt dazu, daß durch den Emitter-Basis-Übergang nun ebenfalls ein Strom (hier ein Strom in Flußrichtung) fließt, der im wesentlichen als Minoritätsträgerstrom in die Basis injiziert wird. Ist die Stromverstärkung des Transistors in Basisschaltung α nur wenig kleiner als 1, so wird dieser Minoritätsträgerstrom fast vollständig auch den Kollektor-Basis-Übergang erreichen und als Minoritätsträgerstrom den in Sperrichtung vorgespannten *pn*-Übergang ungehindert passieren können. Damit ist aber auch wieder ein weiterer Stromfluß durch den Emitter-Basis-Übergang möglich. Um die quantitativen Zusammenhänge besser überschauen zu können, betrachten wir die folgende einfache Strombilanz und Bild 3. Der vom Emitter injizierte Minoritätsträgerstrom, der den

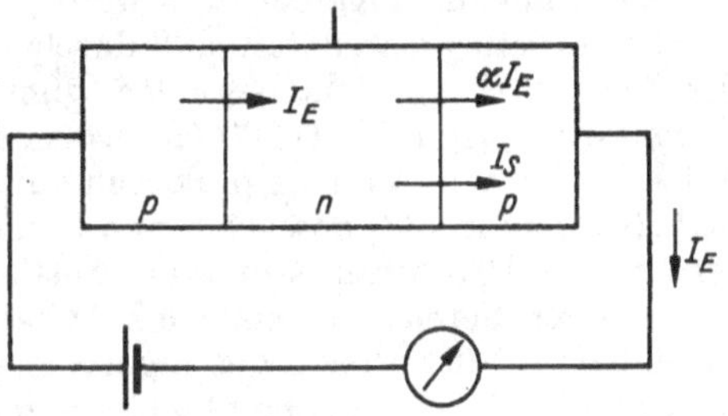

Bild 3. Zur Strombilanz eines Transistors in Emitterschaltung bei offenem Basisanschluß

Kollektor-Basis-Übergang erreicht, ist αI_E, wenn I_E der Gesamtstrom durch den Emitter-Basis-Übergang und damit der Gesamtstrom durch den Transistor überhaupt ist (offene Basis bedeutet Basisstrom $I_B = 0$). Der Kollektorstrom I_C wird gebildet durch den injizierten Minoritätsträgerstrom αI_E und den im Kollektor-Basis-Gebiet erzeugten Sperrstrom I_S. Wegen $I_B = 0$ muß dann gelten

$$I_C = \alpha I_E + I_S = I_E \tag{12}$$

oder

$$I_E = \frac{1}{1-\alpha} I_S \quad \text{bzw.} \quad I_{CEO} = \frac{1}{1-\alpha} I_{CBO}\,, \tag{13}$$

wenn wir beachten, daß I_S natürlich dem zwischen Kollektor und Basis bei offenem Emitter gemessenen Kollektorreststrom I_{CBO} entsprechen muß und I_E unter den hier angenommenen Bedingungen der Größe I_{CEO} entspricht.

Zum Phototransistor kommen wir nun, wenn wir bedenken, daß ein im Kollektor-Basis-Übergang erzeugter primärer Photostrom I_p, der ja auch aus dort erzeugten Elektron-Loch-Paaren besteht, sich ganz genauso verhält wie der oben betrachtete Sperrstrom. Ein Unterschied besteht lediglich in der Entstehung des Stromes; während der Sperrstrom I_S durch thermische Anregung erzeugt wird, entsteht der primäre Photostrom I_p durch optische Anregung. Wir dürfen deshalb erwarten, daß der Strom I_p ebenfalls um den Faktor $\frac{1}{1-\alpha}$, der für $\alpha \approx 1$ der Stromverstärkung des Transistors in Emitterschaltung $\beta \equiv h_{FE}$ praktisch gleich ist, verstärkt wird.

Wenn wir die Stromempfindlichkeit eines Phototransistors mit derjenigen einer Photodiode vergleichen, können wir also Erhöhungen um den Faktor β erwarten, der bei guten Transistorkonstruktionen durchaus >100 sein wird. Zwecks Erzielung möglichst hoher primärer Photoströme I_p ist es notwendig, den Transistor so zu konstruieren, daß das nachzuweisende (steuernde) Licht möglichst vollständig in der Raumladungszone des Kollektor-Basis-Überganges und in beiderseitig angrenzenden Schichten mit Dicken, die klein gegen die jeweilige Minoritätsträgerdiffusionslänge sind, absorbiert wird. Diese Forderung bedeutet, daß die Rekombinationsverluste klein gehalten werden. Sie ist den für die Diode gefundenen Bedingungen völlig analog. Außerdem kommt es natürlich auch hier darauf an, die Reflexionsverluste klein zu halten.

Für das Zeitverhalten (die Trägheit) eines Phototransistors ist im wesentlichen das Zeitverhalten der entsprechenden Transistorstruktur maßgeblich. Darum muß bei der Optimierung der Konstruktion zur Verringerung der Rekombinationsverluste natürlich auch immer das Zeitverhalten mit im Auge behalten werden. Daß dann hier Kompromisse geschlossen werden, erkennt man daran, daß durchaus moderne Phototransistoren bezüglich ihres Zeitverhaltens nicht besonders günstige Werte aufweisen. Setzt man z. B. den Phototransistor MRD 300 Motorola für Zählaufgaben mit Lichtimpulsen ein, so bleibt die Zählfrequenz praktisch auf das Gebiet bis und um 1 kHz beschränkt [32]. Bei dem in [33] beschriebenen Grundtyp eines optischen Kopplers hat der verwendete Phototransistor eine Anstiegszeit von 2 bis 5 μs, d. h. wir wären hier auch auf den Bereich von einigen kHz beschränkt.

Wir haben herausgearbeitet, daß mit dem Wirkprinzip des bipolaren Transistors Sperrströme und allgemeiner im Kollektor-Basis-Übergangsgebiet erzeugte Minoritätsträgerströme direkt verstärkt werden können. Wir wollen hier nur kurz erwähnen, daß es dann so auch möglich ist, Druckänderungen mit erhöhter Empfindlichkeit nachzuweisen. Hierbei wird die Abhängigkeit der thermischen Sperrstromgeneration von der Breite der verbotenen Zone W_g, die ihrerseits druckabhängig ist (vgl. Tab. 2 und 3), ausgenutzt. Das entsprechende Bauelement ist der Piezotransistor (s. z. B. [67]).

3.1.2.2.2. Die Lawinenphotodiode

Wir haben im vorigen Abschnitt gesehen, daß die Verstärkung des primären Photostroms im Phototransistor oft keine idealen Ergebnisse bez. des Zeitverhaltens bringt. Darum ist es naheliegend, nach einem anderen Verstärkungsmechanismus zu suchen. Hier bietet sich die Ladungsträgermultiplikation durch Stoßionisation an, die zur Auslösung von Ladungsträgerlawinen durch die einzelnen zu Anfang vorhandenen Ladungsträger führt. Der hier auszunutzende physikalische Prozeß ist aus der Physik der Halbleiterbauelemente gut bekannt, er bestimmt bei den Gleichrichterdioden den Beginn des Durchbruchs und bestimmt damit als schädlicher Störprozeß die Anwendungsgrenzen des betreffenden Bauelements. Als bewußt genutztes Wirkprinzip bestimmt er in den allermeisten Z-Dioden (ab ca. 7 V Stabilisierungsspannung für Si) das Anwachsen des Sperrstromes bei Erreichen der Stabilisierungsspannung, begrenzt er in Gleichrichtern mit kontrolliertem Lawinendurchbruch die maximal auftretenden Spannungen oder bestimmt er die Mikrowellenerzeugung in Lawinen-Laufzeit-Dioden. Der physikalische Grundprozeß besteht darin, daß die Träger im Halbleiter bei Bestehen eines (hinreichend großen) elektrischen Feldes E bei dem ungestörten Durchlaufen einer Strecke l die Energie $elE = W$ aufnehmen. Ist die Energie W gleich oder größer als die für eine Paarerzeugung durch Stoßionisation notwendige Energie W_p, so wird mit einer bestimmten Wahrscheinlichkeit ein Stoßionisationsprozeß erfolgen. Insgesamt wird die Wahrscheinlichkeit von Paarerzeugungsprozessen durch Stoßionisation aber der Wahrscheinlichkeit $\mathfrak{W}(l)$ proportional sein, daß das Elektron eine Strecke l ungestört zurücklegt. Bekanntlich ist

$$\mathfrak{W}(l) \sim \exp\left(\frac{-l}{l_F}\right), \tag{14}$$

wobei l_F die mittlere freie Weglänge zwischen zwei Stößen ist (als Stöße zählen hier Wechselwirkungsprozesse, die entweder einen starken Energieverlust oder eine bedeutende Richtungsänderung des Trägers bewirken).

Man beschreibt die Stoßionisation in Halbleitern ganz analog wie in der Gasentladungsphysik mit einem Ionisierungskoeffizienten $\alpha(F)$, der angibt, wieviel Elektron-Loch-Paare der Träger pro cm zurückgelegten Weges im elektrischen Feld E erzeugt. α_n ist der Ionisierungskoeffizient für die Elektronen, α_p der für die Löcher. Mit (14) können wir dann leicht plausibel machen, wenn wir l für $W = W_p$ zu $l = \frac{W_p}{eE}$ bestimmen, daß

$$\alpha(F) \sim \exp\left(\frac{-W_p}{eEl_F}\right) \tag{14a}$$

gelten müßte. Unterschiedliche Werte α_p und α_n erhalten wir, wenn wir beachten, daß beide Trägersorten natürlich verschiedene freie Weglängen und verschiedene Faktoren vor der Exponentialfunktion haben. Die Beziehung (14a) beschreibt in bestimmten Grenzen für E den wirklichen Sachverhalt ganz gut, sollen jedoch bessere Übereinstimmungen Theorie—Experiment erzielt werden, so ist eine erheblich tiefgründigere theoretische Betrachtung nötig, hierzu sei z. B. auf [34], [35] verwiesen. Wir wollten hier nur deutlich machen, daß α_p und α_n offenbar sehr stark feldabhängige Größen sein müssen.

Bei der Berechnung des Multiplikationsfaktors M, der angibt, wieviel Elektron-Loch-Paare aus einem anfänglich vorhandenen Träger entstehen, ist zu beachten, daß die erzeugten Elektron-Loch-Paare natürlich ihrerseits auch wieder Stoßionisationsprozesse bewirken und Elektron-Loch-Paare erzeugen. Bei einer vereinfachten Betrachtung setzen wir $\alpha_n = \alpha_p$ und gehen von dem folgenden Gleichungssystem und Bild 4 aus:

$$-\frac{dI_n(x)}{dx} = \alpha I\,, \qquad +\frac{dI_p(x)}{dx} = \alpha I\,; \tag{15}$$

I_n und I_p sind die elektrischen Teilströme, die von den Elektronen bzw. Löchern transportiert werden, daher gilt natürlich $I_n + I_p = I$ für jeden Ort x, wenn I der elektrische Strom ist. Nehmen wir an, daß bei $x = 0$ der Löcherstrom $I_p(0)$ ein-

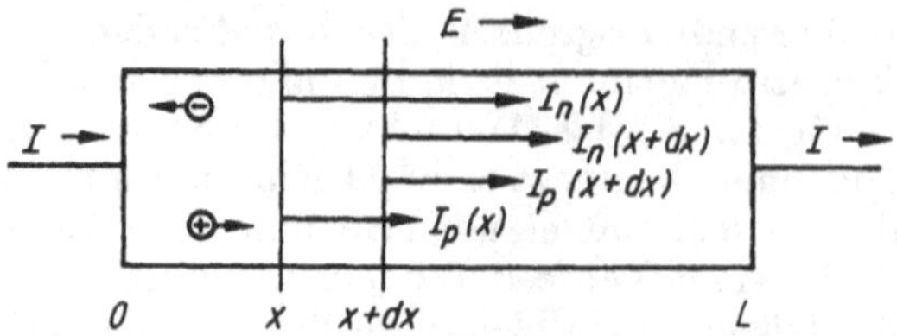

Bild 4. Zur Berechnung der Ladungsträgermultiplikation durch Stoßionisation. Hat das Feld die Richtung der positiven x-Achse, so fließen die pro Zeiteinheit in dem Gebiet $(x, x + dx)$ erzeugten Löcher $I \cdot \alpha \cdot dx/e$ in positiver x-Richtung und erhöhen den Teilstrom I_p bei $x + dx$ um den Betrag $i\alpha dx$. Daher ist $I_p(x + dx) - I_p(x) = I\alpha dx$. Die Elektronen dagegen fließen in negativer x-Richtung ab und erhöhen den Strom bei x um den Betrag $I\alpha dx$. Daher ist $I_n(x) - I_n(x + dx) = I\alpha dx$. Hieraus ergibt sich Gl. (15). I, I_n, I_p bezeichnen den elektrischen Gesamtstrom bzw. die elektrischen Teilströme, es ist $I = I_n + I_p$

strömt und $I_n(L) = 0$ ist, so haben wir die Randbedingungen zur Lösung von (15). Wir erhalten

$$I_p(x) = I_p(0) + I \int_0^x \alpha(x')\, dx'$$

und

$$I_n(x) = I \int_x^L \alpha(x')\, dx' \,. \tag{16}$$

Mit $\alpha(x')$ berücksichtigen wir, daß α über das elektrische Feld E ortsabhängig sein kann. Da $I_n(L) = 0$, ist $I = I_p(L)$, und wir erhalten den Multiplikationsfaktor M, der angibt, um welchen Faktor der bei $x = 0$ eingespeiste Löcherstrom sich durch die Stoßionisationslawinenbildung erhöht, zu

$$M = \frac{I_p(L)}{I_p(0)} = \frac{1}{1 - \int_0^L \alpha\, dx} \,. \tag{17}$$

Für $\alpha_n \neq \alpha_p$, was den realen Verhältnissen z. B. in Silizium entspricht, sind die durchzuführenden Rechnungen wesentlich komplizierter, eine aktuelle Darstellung dieser Problematik findet sich z. B. bei [36]. Wird das Integral in (17) zu Eins, so wird M unendlich, d. h. der pn-Übergang bricht durch. Um nun gute Lawinenphotodioden zu erreichen, muß man möglichst große Werte von M bei Spannungen, die noch genügend weit unter der Durchbruchsspannung liegen, erreichen. Hierzu ist es nötig, das Störstellenprofil in der Diode zweckmäßig zu gestalten. Die Ionenimplantation [37] bietet heute die Möglichkeit, zusammen mit Diffusionsprozessen Dotierungsprofile sehr gezielt herzustellen und entsprechend zu optimieren, interessante Ergebnisse hierzu sind ebenfalls in [36] enthalten. Für das Zeitverhalten einer Lawinenphotodiode ist die Zeit, die zum Aufbau der Lawine benötigt wird, maßgeblich, sie dürfte größenordnungsmäßig wieder mit der Laufzeit eines Trägers durch das Multiplikationsgebiet übereinstimmen. Gehen wir von 100 µm Weg durch das Multiplikationsgebiet aus, etwa in einer pin-Diode, und beachten wir, daß in diesem Gebiet hoher Feldstärke eine durch die Streuung begrenzte Maximalgeschwindigkeit der Träger von 10^7 cm/s erreicht ist, so erhalten wir Zeitkonstanten der Größenordnung Nanosekunden.
Eine gute Lawinenphotodiode erhalten wir natürlich nur dann, wenn der Multiplikationsfaktor M über den ganzen Querschnitt des pn-Überganges konstant ist.

Das bedingt, daß wir sehr hohe Forderungen bez. der Qualität der Kristalle und der Homogenität der Dotierung stellen müssen. Das war bereits auch von den Lawinenlaufzeitdioden der Mikrowellentechnik bekannt. Auch hier bietet die Ionenimplantation dann echte Vorteile.

3.1.2.3. Sonderanwendungen der Photodiode zur Energiegewinnung

Bisher betrachteten wir die Photodiode als ein optisch gesteuertes Bauelement zur Signalübertragung bzw. Signalgewinnung. Dabei gingen wir vom Photostrom bei Vorspannung der Diode in Sperrichtung aus. Bekanntlich entsteht aber bei Belichtung in einer Photodiode auch eine elektromotorische Kraft (EMK). Das Entstehen dieser EMK versteht man leicht, wenn man bedenkt, daß bei offenen Diodenkontakten der elektrische Gesamtstrom verschwinden muß. Wird die Diode beleuchtet, so existieren aber in der Raumladungszone zusätzliche Ladungsträger. Sie ergeben im Feld des *pn*-Überganges einen Strom I_{ph}. Nur dann führen sie im elektrischen Feld, das in dieser Zone existiert, nicht zu einem zusätzlichen Feldstrom und damit zu einem von Null verschiedenen Gesamtstrom, wenn dieses elektrische Feld gegenüber dem Gleichgewichtsfall abgebaut wird (Bild 5b).

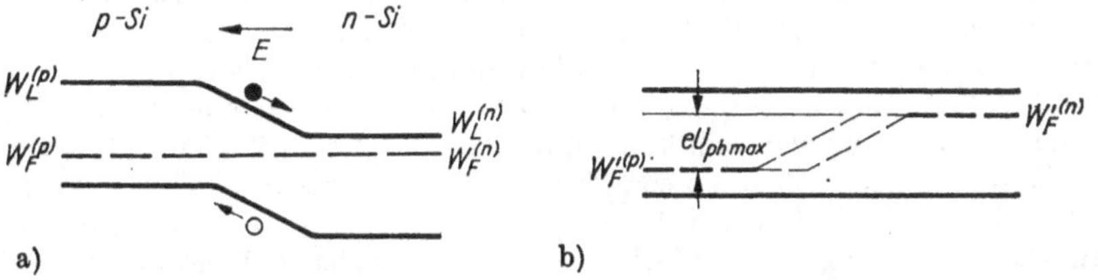

Bild 5

a) Örtlicher Verlauf der Energiebänder in der Photodiode bei kurzgeschlossenen Kontakten. Der Photostrom hat seinen Maximalwert: $I_{ph} = I_{ph\,max}$, für die Spannung an der Diode gilt $U_{ph} = W_F^{(n)} - W_F^{(p)} = 0$.

b) dgl. für den Leerlauffall: $I_{ph} = 0$; die Spannung nimmt den maximal möglichen Wert $U_{ph} = U_{ph\,max} = (W_F'^{(n)} - W_F'^{(p)})/e$ an. $W_F'^{(n)}$, $W_F'^{(p)}$ — Fermi-Niveaus in Kontaktnähe (lokales Gleichgewicht vorausgesetzt); im Innern der Diode gibt es kein einheitliches Ferminiveau, die Quasiferminiveaus für Elektronen und Löcher sind verschieden (gestrichelte dünne Linien).

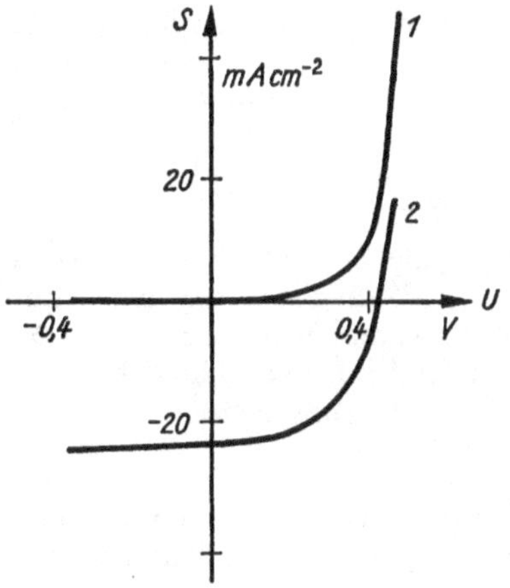

Bild 6. Kennlinie einer Siliziumsolarzelle, (1) ohne, (2) mit Beleuchtung (Zahlenwerte für $\mathfrak{J} = 137$ mW/cm² und eine spektrale Zusammensetzung entsprechend dem Sonnenlicht außerhalb der Erdatmosphäre)

Hierdurch wird die Kennlinie der Diode in den rechten unteren Quadranten des I–U-Koordinatensystems verschoben, und die Diode kann elektrische Leistung abgeben (Bild 6). Die maximal mögliche Spannung $U_{\max}$ erhalten wir, wenn das Feld im Innern des pn-Überganges vollständig abgebaut ist. Wir haben dann horizontal durch den pn-Übergang verlaufende Bandkanten und erhalten

$$U_{\max} \approx \frac{(W_{Ln} - W_{Fn}) - (W_{Lp} - W_{Fp})}{e} . \tag{18}$$

Hierbei ist $W_{Ln} - W_{Fn}$ bzw. $W_{Lp} - W_{Fp}$ der Abstand des Fermi-Niveaus im n- bzw. im p-Gebiet von der Kante des Leitfähigkeitsbandes im n- bzw. im p-Gebiet. $U_{\max}$ ist damit auf Werte, die W_g/e nahekommen, beschränkt.

Will man einen beleuchteten pn-Übergang als eine effektive Quelle von elektrischer Energie benutzen, so müssen die Verluste möglichst klein gehalten werden. Das gilt hier sowohl für die Reflexions- und Rekombinationsverluste, als auch für die elektrischen Verluste durch Joulesche Wärme in den Kontaktbahnen.

Erste Silizium-Solarzellen (so bezeichnet man gewöhnlich die zur Erzeugung von Elektronenenergie aus Sonnenlicht konstruierten Siliziumdioden) wurden in den Jahren 1954/1955 geschaffen [38]. Für die Langzeit-Stromversorgung von Erdsatelliten haben diese Bauelemente eine große Bedeutung erhalten. Man ist heute in der Lage, dank der Fortschritte in der Siliziumbauelemente-Technologie diese Bauelemente in großen Stückzahlen herzustellen. Allerdings sind die Kosten beträchtlich. Man muß beachten, daß bei diesem Bauelement die Fläche die aufgefangene Sonnenstrahlung bestimmt. Darum ist der Weg zur Kostensenkung, der bei Festkörperschaltkreisen so erfolgreich war — die radikale Senkung des spezifischen Flächenbedarfs pro aktives Bauelement — hier nicht gangbar. Deshalb sind auch alle Bemühungen, auf diesem Wege Energieprobleme in größerem Umfang zu lösen, wie das gelegentlich immer wieder vorgeschlagen wird, mit großer Skepsis zu beurteilen. Ob andere Lösungswege, die ebenfalls auf dem Diodenprinzip beruhen [39], die aber mit den Mitteln der Dünnschichttechnik und damit vielleicht kostengünstiger zu realisieren wären, aussichtsreicher sind, ist u. E. ebenfalls sehr fraglich.

Mit Silizium-Solarzellen lassen sich heute energetische Wirkungsgrade von 10···20% verwirklichen. Aktuelle, praktisch wichtige Fragen, mit denen man sich gegenwärtig beschäftigt, betreffen die Herstellungstechnologie, die Erzeugung von Kontaktstrukturen (Gitter) auf der belichteten Elektrode und von Dotierungsprofilen, die einen möglichst geringen Bahnwiderstand und hohen Wirkungsgrad bedingen [42], Fragen der Abhängigkeit des Wirkungsgrades vom Einfallswinkel des Lichtes [40], Fragen der Zerstörung der Zellen durch energiereiche Strahlungsquanten bzw. Korpuskularstrahlung und der Vermeidung solcher Effekte [41].

3.1.2.4. Kristallzähler

Wir sahen in Abschnitt 3.1.2.2., daß Träger, die eine hohe Energie besitzen, ihrerseits durch Stoßionisation wieder neue Elektron-Loch-Paare erzeugen können. Wird in einem Halbleiter ein elektromagnetisches Strahlungsquant mit $h\nu \gg W_g$ absorbiert, so besitzen das neu entstehende Elektron und Loch erhebliche kinetische Energien W_n und W_p, dabei muß wegen der Energieerhaltung gelten

$$W_n + W_p + W_g = h\nu , \tag{19}$$

die „kinetischen" Energien sind dabei einfach die Energie der Träger, gezählt vom unteren Rand des Leitfähigkeitsbandes W_L bzw. vom oberen Rand des Valenzbandes W_V; es ist der Teil der Energie der Träger, die sie dank der Existenz genügend dicht beieinanderliegender besetzbarer Terme in den Bändern in beliebigen Portionen abgeben können. Wie sich die Energie des Strahlungsquants auf die beiden Träger verteilt, bestimmt der Impulssatz, oder besser der Satz von der Erhaltung des Quasiimpulses, der durch den reduzierten Ausbreitungsvektor $\boldsymbol{k}$, der die Träger beschreibenden *Bloch*schen Welle $e^{i\boldsymbol{k}\boldsymbol{r}}u_{\boldsymbol{k}}(\boldsymbol{r})$ bestimmt ist. Da die Quanten der elektromagnetischen Strahlung mit $h\nu/c$ einen vernachlässigbar kleinen Impuls besitzen, bedeutet Impulserhaltung hier einfach

$$\boldsymbol{k}_n = \boldsymbol{k}_p \,, \tag{20}$$

d. h. die Ausbreitungsvektoren des im Elementarprozeß erzeugten neuen Elektrons $\boldsymbol{k}_n$ und des Loches $\boldsymbol{k}_p$ müssen gleich sein.

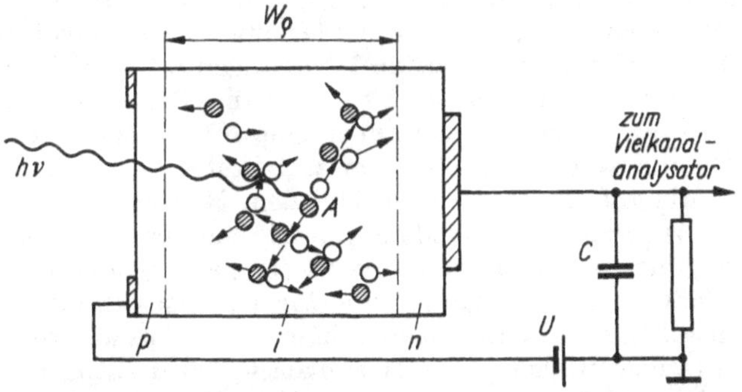

Bild 7. pin-Kristallzähler. Das Strahlungsquant $h\nu$ wird an der Stelle A absorbiert. Es erzeugt ein Elektron-Loch-Paar mit hoher kinetischer Energie. Das Elektron und das Loch erzeugen ihrerseits neue Elektron-Loch-Paare usw. Die Träger werden durch das Feld in der Raumladungszone U/W_ϱ abgesaugt, hierbei lädt sich der Kondensator C pro Elektron-Loch-Paar um die Ladungsmenge e auf. Typische Werte für W_ϱ sind 100 μm bis einige mm, für den Durchmesser des Halbleiterkörpers 1 mm bis mehrere cm. [////] Kontaktschichten

Das so im ersten Elementarakt erzeugte Elektron-Loch-Paar kann nun durch Stoßionisation weitere Elektron-Loch-Paare erzeugen. Die entsprechenden Träger können wiederum, sofern ihre kinetische Energie ausreicht, neue Elektron-Loch-Paare erzeugen (Bild 7). So erzeugt in einem Stufenprozeß jedes Quant der Energie $h\nu$ eine ganze Kaskade von N Elektron-Loch-Paaren. Aus der Erhaltung der Energie folgt sofort, daß $N \leqq h\nu/W_g$ sein muß, da ja für jedes Elektron-Loch-Paar mindestens die Energie zur Überwindung der Bandlücke aufgebracht werden muß. In Wirklichkeit wird aber im Mittel pro Elektron-Loch-Paar noch eine wesentlich größere Energie benötigt, denn die Energieabgabe erfolgt ja nicht nur durch Ionisierung anderer Träger sondern auch durch Wechselwirkungen mit den Gitterschwingungen. Insbesondere kann jeder Träger, dessen Energie nicht mehr ausreicht, ein neues Trägerpaar zu erzeugen, seine Energie nur durch Wechselwirkungen mit den Gitterschwingungen und durch Stöße mit anderen Trägern abgeben. Die Emission optischer Phononen ist ein besonders wichtiger Energieabgabeprozeß. Den mittleren Energiebetrag, der zur Erzeugung eines Elektron-Loch-Paares benötigt wird, bezeichnen wir mit W_{ion},

$$W_{\text{ion}} = \frac{h\nu}{N} \tag{21}$$

Tabelle 7. [20], [43]

	W_{ion} (eV)	W_g (eV)	W_{ion}/W_g
Si	3,5	1,09	3,23
Ge	2,8	0,75	3,73
GaAs	6,3	1,35	4,67
CdS	7,3	2,5	2,92
CdTe	4,6	1,5	3,06
PbO	8,0	3,0	2,66

ist eine charakteristische Größe für das jeweilige Halbleitermaterial. Tab. 7 gibt entsprechende Werte für einige Stoffe an. Ein Kristall- oder Halbleiterzähler beruht nun darauf, daß man die so erzeugten Elektron-Loch-Paare für den Stromtransport ausnutzt. Auch hier kann man wieder mit einem homogenen Kristall (analog zum Photowiderstand) oder mit *pn*-Übergängen arbeiten. Wenn man sich das Ziel setzt, mit dem Nachweisgerät nicht nur die Tatsache, daß ein Quant absorbiert wurde, zu registrieren, sondern auch eine Information über die Energie des absorbierten Quants haben will, so kommt es darauf an, aus dem entstehenden Stromimpuls eindeutig auf die Größe N zu schließen. Hier empfiehlt es sich dann, mit *pn*-Übergängen zu arbeiten. Besonders günstig sind pin-Strukturen (Bild 7). Sollen einfallende γ-Strahlungsquanten zuverlässig gezählt und bezüglich ihrer Energie richtig erfaßt werden — das ist eine für viele Anwendungen besonders wichtige Aufgabenstellung, auf deren Behandlung wir uns in unserem Beitrag im wesentlichen beschränken wollen — so ist zunächst erforderlich, daß der Strahlungsempfänger solche Abmessungen hat, daß die Absorption der Quanten mit hinreichender Sicherheit erfolgt. Die Dicke der benutzten Halbleiterscheibe muß also groß gegen den reziproken Absorptionskoeffizienten für die betreffende γ-Strahlung sein. Neben dem Photoeffekt, den wir oben ausführlicher besprochen haben und der bei niederen Energien als Wechselwirkungsprozeß Strahlung—Halbleiter überwiegt, spielen der Compton-Effekt und im Prinzip oberhalb 1,02 MeV auch noch die Elektron-Positron-Paarbildung eine Rolle. Die durch den Photoeffekt bedingte Absorption hängt sehr stark von der Kernladungszahl des absorbierenden Materials ab, sie ist proportional Z^4 bis Z^5, je nach Energiebereich. Damit ist Silizium ($Z = 14$) eigentlich kein besonders günstiger Halbleiterwerkstoff für diesen Zweck. Um einen Begriff für die auftretenden Größenordnungen zu geben, erwähnen wir, daß der Absorptionskoeffizient für 40 keV-γ-Strahlung etwa 1 cm^{-1} beträgt, er nimmt mit zunehmender Energie stark ab, ab 100 kVe wird jedoch die Comptonstreuung merklich und sichert, daß bis etwa 1 MeV der Wert von 0,1 cm^{-1} nicht unterschritten wird. Da jedoch Silizium dank der entwickelten Halbleitertechnik so hervorragend beherrscht wird, wird es dennoch in starkem Maße für Kristallzähler verwendet. Germanium mit $Z = 32$ hat erheblich größere Absorptionskoeffizienten, der Wert von 1 cm^{-1} wird hier erst etwa ab 150 keV unterschritten, der Compton-Effekt sichert Werte von 0,1 cm^{-1} bis 6 MeV. Andererseits ist bei Germanium natürlich der Sperrstrom durch den *pn*-Übergang wesentlich höher (kleineres W_g!), was eine Kühlung der Empfänger notwendig werden läßt. Wichtig ist andererseits, daß in den Halbleitern keines der erzeugten Elektron-Loch-Paare für den Ladungstransport verlorengeht. Jeder Verlust bedeutet ja eine falsche Bestimmung von N und damit der Energie des γ-Quants. Das stellt hohe Anforderungen an die Kristallqualität; die Rekombination im Kristallinneren muß gering, die Abmessungen des Kristalls müssen zur Vermeidung von Oberflächenrekombination groß sein. Zur Sicherung eines weiten felderfüllten Raumes

(i-Gebiet der Dicke W_ϱ in Bild 7) muß die Dotierung gering bzw. müssen vorhandene Dotierungen gut kompensiert sein (z. B. Anwendung der Li-Drift). Um die Laufzeiten in dem relativ weiten i-Gebiet klein zu halten, müssen die anlegbaren Felder und damit die Durchbruchsspannungen möglichst hoch sein. Alles das stellt extreme Anforderungen an die Halbleitertechnologie. Ein Maß für die Qualität des Halbleiterzählers ist das Energieauflösungsvermögen. Dieses hängt von den oben genannten Faktoren, die die Eigenschaften des Zählers bestimmen, ab, ferner vom Rauschen sowohl des Sperrstromes des Zählers als auch der Eingangsstufe des angeschlossenen Verstärkers. Darum gibt man das Rauschen auch häufig in Form eines Energiewertes an. So wird z. B. in [44] über einen Germanium-γ-Strahlungsdetektor mit pin-Struktur berichtet, der durch Ionenimplantation hergestellt wurde (Implantation von P^+, B^+ und As^+ von 30 keV bei 400 °C, $W_\varrho = 4$ mm, Fläche 1 bis 3 cm²), der bei 77 K ein Rauschen von nur 1,5 keV besaß und für ^{137}Cs-γ-Quanten (662 keV) ein Auflösungsvermögen von 1 bis 3% (bzw. 6 bis 16,5 keV) besaß. Bei besonders guter Kristallqualität lassen sich aber noch wesentlich bessere Werte erreichen. So fand man in [45] ein Auflösungsvermögen von 0,2% für die ^{137}Cs-Linie.
Aktuelle Fragestellungen sind heute die quantitative Behandlung des Einflusses verschiedener Störprozesse (wie Generation und Haften) auf die Amplitudenform des Signals [46], die Natur von Störeffekten (wie Polarisation) [47] oder der Übergang zu anderen Halbleitermaterialien mit höherem Z und höherem W_g (wie CdTe) [48]. Obwohl bei Halbleitern wie CdTe sich die technologische Reife der Materialbeherrschung natürlich noch in keiner Weise mit der bei Germanium oder Silizium erreichten messen kann, wurden hier immerhin schon 5% Auflösung (bezogen auf ^{137}Cs-Linie bei 662 keV) erreicht, und das bei erheblich kleinerem Empfängervolumen und bei Zimmertemperatur [43], [48].
Die energieauflösenden oder energiedispersiven Halbleiterstrahlungsdetektoren für Röntgen- und γ-Strahlung haben eine große Bedeutung für die Entwicklung der Analysenmeßtechnik. Einerseits ist es möglich, hochkomplizierte Mechanik, wie sie für Röntgenspektrometer mit Kristallen als Beugungsgitter benötigt wird, durch serienmäßig einfach herzustellende Elektronik zu ersetzen. Dabei ist zu beachten, daß zusätzlich noch die Form, in der das Signal anfällt, viel besser an die Erfordernisse der heute üblichen elektronischen Datenverarbeitung angepaßt ist. Außerdem ist es nicht nötig, ein Spektrum konsekutiv abzutasten, sondern stets wird simultan das ganze Spektrum erfaßt. Dies bedingt größere Empfindlichkeiten und erheblich höhere Arbeitsgeschwindigkeiten. So ist es beispielsweise möglich, die Ausnutzung von kostspieligen Großgeräten, wie z. B. von Elektronen-Mikrostrahl-Analysatoren, um etwa eine Größenordnung zu verbessern. Aber auch andere interessante Möglichkeiten bieten sich, etwa die relativ einfache Auswertung der charakteristischen Röntgenstrahlung in einem Rasterelektronenmikroskop. Alles das kann entscheidende Veränderungen in der Analysenmeßtechnik und in der Metallmikroskopie herbeiführen.

3.1.3. Elektrisch gesteuerte Lichtemitter

Alle gegenwärtig technisch bedeutenden Lichtquellen beruhen auf der Umwandlung von elektrischer Energie in Licht. Sie sind also sämtlich über die eingespeiste Leistung „elektrisch steuerbar". Allerdings ist die Modulierbarkeit meist auf tiefe Frequenzen beschränkt, oberhalb einer charakteristischen Frequenz sinkt der Modulationsgrad wie $1/\omega$. Thermische Strahler, wie z. B. Glühlampen, lassen sich nur mit wenigen Hz modulieren, Gasentladungslampen immerhin durchaus im kHz-Bereich, aber auch dort ist wegen der großen Massen der beteiligten Ionen die Modulationsmöglichkeit recht begrenzt. Bei Bogenentladungen kommt hinzu, daß die thermische Strahlung der Elektroden anders moduliert ist als das Licht der eigentlichen Bogenentladung. Nachteilig für einen Einsatz zur Signalübertragung bzw. -anzeige in der heutigen Elektronik ist auch, daß sich z. B. Glühlampen für ausreichend kleine Leistungen nicht gut fertigen lassen und daß Gasentladungslampen relativ hohe Spannungen benötigen. Den für viele Anwendungen sehr wichtigen Weg, die Steuerung eines von einer Lichtquelle ausgehenden Lichtstromes durch Modulatoren auf der Basis elektrooptischer Effekte, akustooptischer Effekte oder der Steuerung der optischen Eigenschaften von *pn*-Übergängen, wollen wir hier nicht betrachten, obwohl mit ihnen zum großen Teil interessante halbleiterphysikalische Probleme verknüpft sind und auch hier neue halbleiterphysikalische Bauelemente entstehen, siehe dazu die Monographie [55] sowie [12], Kap. 16. Auch die zahlreichen Anwendungen von Halbleitereffekten in der nichtlinearen Optik (z. B. Germanium als nichtlineares Medium zur Modensynchronisation beim CO_2-TEA-Laser) wollen wir hier ausklammern. Wir wollen uns vielmehr konzentrieren auf die Injektionslumineszenz [49], [50], [51], [52], [53], die für die Entwicklung und Vervollständigung der modernen Halbleitertechnik-Mikroelektronik eine ganz herausragende Bedeutung hat.

3.1.3.1. Zum Grundprinzip der Injektionslumineszenz

Wenn in einem Halbleiter Elektronen und Löcher gleichzeitig vorhanden sind, so können diese bekanntlich miteinander rekombinieren. Diese Rekombination kann sowohl strahlend, d. h. unter Aussendung elektromagnetischer Strahlung, als auch strahlungslos erfolgen. Welchen Anteil dabei die strahlende Rekombination besitzt, hängt davon ab, ob die entsprechenden Übergänge erlaubt oder verboten sind. Ein wichtiges Kriterium ist hierfür die Erhaltung des Quasiimpulses $\hbar \boldsymbol{k}$, wobei $\boldsymbol{k}$ der Ausbreitungsvektor der jeweils beteiligten „Teilchen“: Elektronen, Löcher, Photonen und gegebenenfalls auch Phononen ist. Der einfachste Fall ist gegeben, wenn wir es nur mit Elektronen, Löchern und Photonen zu tun haben. Hier ist die Quasiimpulsbilanz durch

$$\hbar \boldsymbol{k}_n = \hbar \boldsymbol{k}_p + \hbar \boldsymbol{k}_{ph} \qquad (22)$$

gegeben. Wenn wir beachten, daß, wie oben schon erwähnt, der Quasiimpuls der Photonen mit $\hbar k_{ph} = \frac{h\nu}{c}$ im Vergleich zu dem der Elektronen und Löcher ($\hbar \boldsymbol{k}_n$ bzw. $\hbar \boldsymbol{k}_p$) verschwindend klein ist, bedeutet das, daß nur Elektronen und Löcher miteinander rekombinieren können, die sich an der gleichen Stelle des $\boldsymbol{k}$-Raumes befinden. Beachten wir weiter, daß Elektronen und Löcher sich in nennenswerten Konzentrationen nur an energetisch günstigen Punkten des $\boldsymbol{k}$-Raumes befinden werden, so ist für das Auftreten der strahlenden Rekombination ein wesentlicher Faktor, ob sich das Minimum der $W(\boldsymbol{k})$-Funktion für das Leitfähigkeitsband an der gleichen Stelle im $\boldsymbol{k}$-Raum befindet wie das Maximum der $W(\boldsymbol{k})$-Funktion für das Valenzband. Ist das der Fall, so ist eine direkte Rekombination Elektron-Loch unter Aussendung eines Photons möglich. Es ist darum heute üblich geworden, Halbleiter mit einer solchen Elektronenstruktur als direkte Halbleiter zu bezeichnen. GaAs ist wohl das bekannteste Beispiel. Im entgegengesetzten Fall heißt der Halbleiter indirekt; Ge und Si sind z. B. indirekte Halbleiter. Bild 8 zeigt

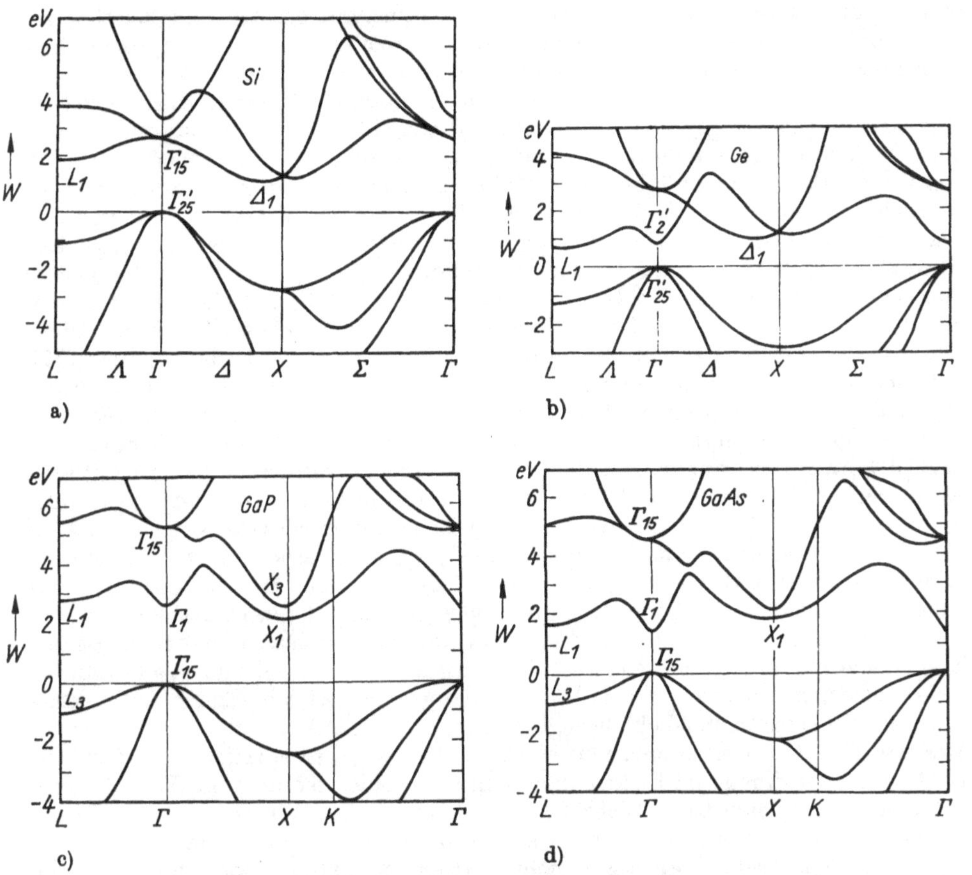

Bild 8. Bandstruktur von Si (a), Ge (b), GaP (c) und GaAs (d). Die Maxima der Funktion $W(\boldsymbol{k})$ für das Valenzband liegen in allen vier Fällen in $\Gamma(\boldsymbol{k} = (0, 0, 0))$. Die Minima der Funktion $W(\boldsymbol{k})$ für das Leitfähigkeitsband liegen für Ge bei $L(\boldsymbol{k} = (2\pi/a)\,(1/2, 1/2, 1/2))$, für Si bei $\boldsymbol{k} = (2\pi/a)\,(0, 0, 0{,}85)$, für GaP bei $X(\boldsymbol{k} = (2\pi/a)\,(1, 0, 0))$., für GaAs bei Γ. Hier ist nur GaAs ein ‚direkter' Halbleiter

entsprechende Bandstrukturen. Auch in indirekten Halbleitern ist allerdings strahlende Rekombination im Prinzip möglich. Einmal verfügen indirekte Halbleiter auch über ein relatives Minimum im Valenzband bei $\boldsymbol{k} = (0, 0, 0)$, das unter bestimmten Voraussetzungen teilweise besetzt sein könnte. Zum anderen könnte eine Rekombination unter Beteiligung eines weiteren Teilchens, eines Phonons, das die Impulsbilanz (22) wieder in Ordnung bringt, erfolgen. Das wäre allerdings ein Wechselwirkungsprozeß 2. Ordnung (Wechselwirkung mit Photon und Phonon), der natürlich sehr viel schwächer ist, und darum wäre ein solcher Effekt sehr schwach.

Eine andere Möglichkeit, strahlende Rekombination in indirekten Halbleitern zu erzielen, erhält man, wenn man Störstellen mit einbezieht. Bei Rekombinationsprozessen an Störstellen braucht die Impulserhaltung nicht mehr erfüllt zu sein. Diese Möglichkeit wird ausgenutzt bei den N(Stickstoff)-dotierten GaP-Leuchtdioden. In welchem Umfang strahlende Rekombinationsprozesse tatsächlich stattfinden, hängt weiter natürlich vom Besetzungszustand des Leitfähigkeitsbandes und des Valenzbandes ab. Entspricht die Besetzung dem thermodynamischen Gleichgewicht, so gibt es natürlich grundsätzlich auch strahlende Rekombinationsakte. Diese stehen mit dem thermischen Strahlungsfeld (Schwarzer Strahler, Plancksches Strahlungsgesetz) im Gleichgewicht, für jedes durch strahlende Rekombination erzeugte Lichtquant wird ein Quant aus der thermischen Strahlung absorbiert. Damit ist bezüglich der Strahlung nichts gewonnen. Führt man diese Betrachtung quantitativ durch, so hat man hier übrigens die Möglichkeit, aus dem Planckschen Strahlungsgesetz und dem experimentell relativ gut zugänglichen Absorptionskoeffizienten die strahlende Rekombination für konkrete Halbleiter abzuschätzen. So fanden *Shockley* und *van Roosbroeck* [56], daß die in Germanium und Silizium beobachteten Lebensdauern von Nichtgleichgewichtsträgern nicht durch die strahlende Rekombination bedingt sein konnten, siehe hierzu auch [57]. Soll eine merkliche strahlende Rekombination auftreten, so ist eine starke Abweichung der Besetzungszahlen vom thermodynamischen Gleichgewicht nötig. Wir brauchen große Nichtgleichgewichtskonzentrationen, um das zu erreichen. Grundsätzlich können diese auf verschiedenen Wegen erzeugt werden, z. B. durch optische Anregung (Photolumineszenz) oder durch Elektronenstrahlanregung (Kathodolumineszenz). Ein besonders effektiver Weg ist jedoch in *pn*-Übergängen realisierbar. Wir wissen, daß beim Betreiben eines *pn*-Überganges in Durchlaßrichtung Minoritätsträger in das *p*- bzw. *n*-Gebiet injiziert werden, das bedeutet ja nichts anderes, als daß dort hohe Nichtgleichgewichtsträgerkonzentrationen erzeugt werden. Die Lumineszenz, die bei der strahlenden Rekombination dieser injizierten Träger entsteht, bezeichnet man als Injektionslumineszenz. Gelänge es, alle anderen Rekombinationsprozesse zu unterdrücken, was grundsätzlich bezüglich der Rekombination an Zentren möglich, bezüglich solcher Prozesse wie Rekombination im Dreierstoß (Auger-Rekombination) nicht möglich wäre, so erschiene eine fast verlustlose Umwandlung von Elektroenergie in Licht eines bestimmten Wellenlängengebietes (z. B. in sichtbares Licht) im Prinzip erreichbar. Wenn wir auch von der fast verlustlosen Umwandlung noch sehr weit entfernt sind, so kann man doch auf diese Weise sehr brauchbare lichtemittierende Dioden oder Leuchtdioden herstellen (LED).

3.1.3.2. Lumineszenz- und Laserdioden

Mit der Injektionslumineszenz ist es auch möglich, eine Laserwirkung zu erzielen, wir sprechen dann von Injektionslasern. Voraussetzung für einen Lasereffekt ist bekanntlich, daß die erzwungene Emission die spontane Emission und natürlich erst recht die Absorptionsprozesse übertrifft. Für die erzwungenen Emissionsprozesse pro Zeiteinheit gilt bekanntlich, daß sie der Konzentration der emittierenden Systeme im oberen Energiezustand N_2 und der Konzentration der Lichtquanten n, die beim Übergang von Zustand 2 nach Zustand 1 entstehen, proportional ist (Bild 9). Da die entsprechenden Übergangswahrscheinlichkeiten B_{21} und B_{12}, wie man zeigen kann, einander gleich sind, gilt

$$\frac{dn}{dt} = A_{21}N_2 + B_{21}(N_2 - N_1)\, nh\nu/\Delta\nu\,. \tag{23}$$

Die Division durch $\Delta\nu$ berücksichtigt, daß die entstehenden Lichtquanten sich auf ein bestimmtes Frequenzintervall verteilen (spektrale Linienbreite). $nh\nu/\Delta\nu$ ist dann die spektrale Energiedichte $\varrho(\nu)$, die bei der üblichen Definition von B_{21} als

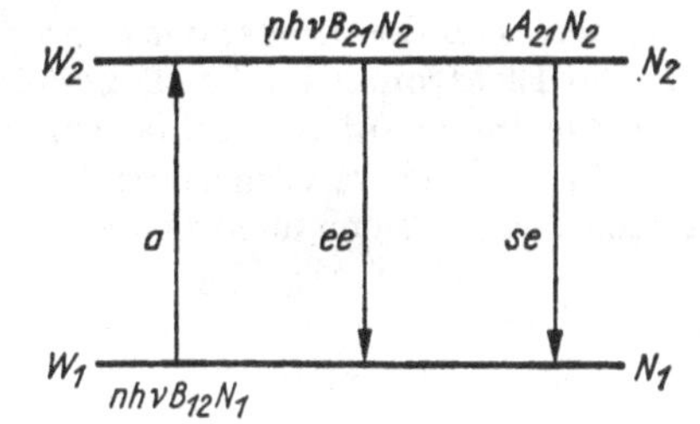

Bild 9. Übergänge zwischen zwei Energieniveaus (W_1, W_2; Besetzungszahlen N_1, N_2) bei Wechselwirkung mit einem Strahlungsfeld mit n Quanten pro cm³ und der Quantenenergie $h\nu = W_2 - W_1$. a — Absorption, ee — erzwungene Emission, se — spontane Emission

Faktor zu verwenden ist. Wenn man von der berühmten Einsteinschen Ableitung des Planckschen Strahlungsgesetzes (s. z. B. [58]) ausgeht, bei der *Einstein* 1916 erstmals die erzwungene Emission postulierte und damit eine entscheidende Grundlage für die Entwicklung des Laserprinzips schuf [59], findet man leicht den Zusammenhang zwischen den Übergangswahrscheinlichkeiten für die erzwungene B_{21} und die spontane Emission A_{21}

$$B_{21} = \frac{c^3}{8\pi h\nu^3} A_{21} \,. \tag{24}$$

Wir erkennen sofort, daß ein Strahlungsgewinn, der über die spontane Emission hinausgeht, nur dann zu erreichen ist, wenn $N_2 - N_1 > 0$ ist. Das heißt, daß im Gegensatz zu den im thermischen Gleichgewicht vorliegenden Verhältnissen der energetisch höher liegende Term stärker besetzt sein muß als der tiefer liegende: Es muß eine Besetzungsinversion vorliegen; manchmal spricht man hier auch von „negativen absoluten Temperaturen". Wir wenden uns nun wieder unserem Injektionfall zu. Zur Vereinfachung nehmen wir an, daß an der Diode eine so große Vorspannung in Durchlaßrichtung anliegt, daß die Diffusionsspannung am pn-Übergang annähernd abgebaut ist (horizontal durchlaufende Bänder, Bild 10). $N_2 > N$

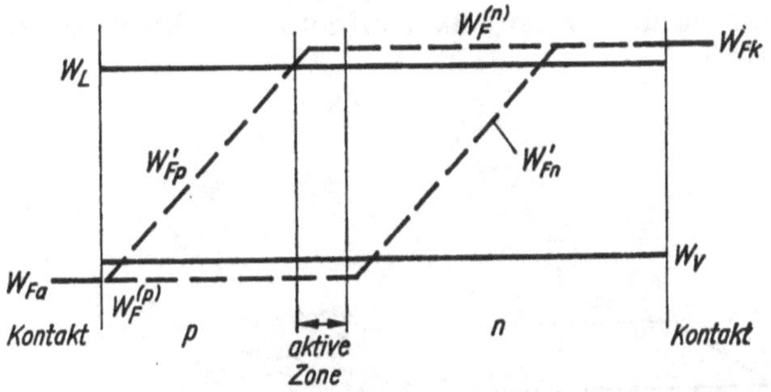

Bild 10. Bänderschema für einen Injektionslaser, starke Flußvorspannung angenommen. Die Quasiferminiveaus W'_{Fn} bzw. W'_{Fp} gehen in Kontaktnähe in die Fermi-Niveaus für den Gleichgewichtsfall im n- bzw. p-Gebiet ($W_F^{(n)}$ bzw. $W_F^{(p)}$) über, die ihrerseits stetig an die Fermi-Niveaus der Kontaktmetalle an Katode und Anode (W_{Fk} abzw. W_{Fa}) anschließen. $(W_{Fk} - W_{Fa})/e$ ist die anliegende Spannung U

bedeutet in unserem Fall, daß in irgendeinem Teil der Diode, der dann die aktive Zone wäre, die Verteilungsfunktion für die Elektronen im Leitfähigkeitsband f_L größer als die Verteilungsfunktion für die *Elektronen* (nicht die Löcher) im Valenzband f_V sein müßte. Benutzen wir die Vorstellung von Quasiferminiveaus W_{Fn} und W_{Fp} und nehmen an, daß in der aktiven Zone sie noch nicht merklich abgesenkt sind, so folgt

$$f_L = \frac{1}{1 + \exp\frac{W_L - W_{Fn}}{kT}}, \qquad (25a)$$

$$f_V = \frac{1}{1 + \exp\frac{W_V - W_{Fp}}{kT}}. \qquad (25b)$$

Aus $f_L > f_V$ folgt dann sofort als Forderung für das Bestehen von Inversion, daß

$$W_V - W_{Fp} > W_L - W_{Fn} \quad \text{oder}$$

$$W_{Fn} - W_{Fp} > W_L - W_V = W_g \qquad (26)$$

sein muß. Mindestens eine Seite (entweder die n- oder die p-Seite) des Übergangs muß also so dotiert sein, daß die Fermigrenze im Band liegt, also Entartung besteht. Wenn wir unsere vereinfachenden Annahmen fallen lassen, würde das eine Verschärfung der Bedingungen (26) bewirken. Daraus können wir schließen, daß unsere Forderung (26) in jedem Fall gültig ist.
Wollen wir nun wissen, wie groß $N_2 - N_1$ sein muß, damit im Laser die erzwungene Emission alle Verluste überwiegt, dann müssen wir beachten, daß noch weitere Verluste auftreten. Durchläuft das emittierte Licht den Kristall parallel zum pn-Übergang in der in Bild 11 charakterisierten Weise, so tritt einmal ein zusätzlicher Absorptionsverlust (der nicht zur Anregung in das höhere Niveau führt) z. B. durch freie Träger auf. Wenn der entsprechende Absorptionskoeffizient α hinreichend klein ist, so können wir ihn durch αl charakterisieren, wobei l die Länge des Lichtweges im Kristall ist. Ferner ist das nicht an den Stirnflächen des Kristalls reflektierte Licht, das wir natürlich im Endeffekt nützen wollen, vom Standpunkt der Vorgänge im Kristallinneren ein Verlust. Ihn charakterisieren wir mit $(1 - R)$, wobei R der Reflexionskoeffizient der Stirnflächen S bzw. S' ist (Bild 11). Beachten wir, daß die Quanten für die Strecke l die Laufzeit l/c benötigen, so ergibt das pro Zeiteinheit die Verluste

$$-\left.\frac{dn}{dt}\right|_{\text{verl}} = c\left(\alpha + \frac{1}{l}\ln\frac{1}{R}\right) n\,. \qquad (27)$$

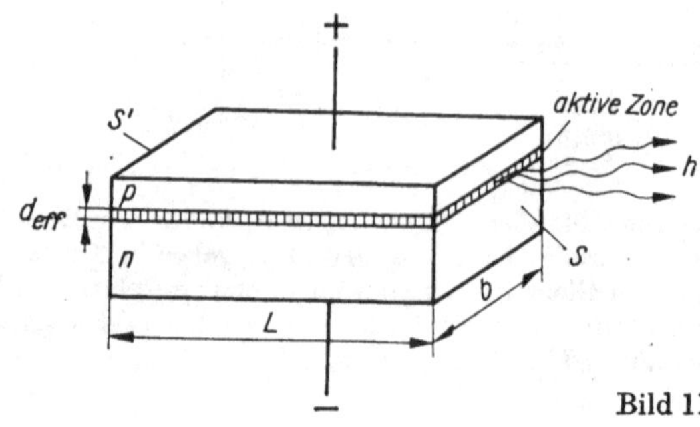

Bild 11. Schema eines Diodenlasers

Damit erhalten wir zusammen mit (23) die Gesamtänderung der Quantenkonzentration im Kristall

$$\left.\frac{dn}{dt}\right|_{\text{ges}} = \frac{N_2}{\tau} + \left[\frac{c^3}{\tau 8\pi\nu^2 \Delta\nu}(N_2 - N_1) - c\left(\alpha + \frac{1}{l}\ln\frac{1}{R}\right)\right] n\,. \tag{28}$$

Hierbei haben wir statt des Koeffizienten der spontanen Emission A_{21} die Lebensdauer $\tau = 1/A_{21}$ eingeführt.
Soll nun ein Gewinn außer durch spontane Emission auftreten, so muß die eckige Klammer in (28) größer als Null sein:

$$(N_2 - N_1)\frac{c^2}{8\pi\nu^2\tau\Delta\nu} > \left(\alpha + \frac{1}{l}\ln\frac{1}{R}\right). \tag{29}$$

Hierbei ist zu beachten, daß c die Lichtgeschwindigkeit in dem betreffenden Halbleiter ist ($c = c_{\text{vac}}/n_\lambda$; n_λ — Brechungsindex). Wollen wir nun wissen, bei welchem Injektionsstrom (29) erfüllt sein könnte, so müssen wir davon ausgehen, daß N_2 der injizierten Minoritätsträgerdichte entspricht. Ist die innere Quantenausbeute bei spontaner Emission η, so kommen auf einen Emissionsakt $1/\eta$ Rekombinationsakte. Befinden sich in der aktiven Zone N_{2t} Elektronen pro cm^3, so werden sie pro Zeiteinheit insgesamt $\frac{N_{2t} \cdot l \cdot b \cdot d_{\text{eff}}}{\eta \cdot \tau}$ Emissionsakte durchführen. Sie ergeben also, kurz vor Einsetzen der erzwungenen Emission eine Stromdichte

$$S_t = \frac{eN_{2t}d_{\text{eff}}}{\eta\tau}\,. \tag{30}$$

Aus (30) und (29) folgt, wenn wir N_1 vereinfachend gegenüber N_2 vernachlässigen, für die Schwellstromdichte S_t, bei der die Laserwirkung einsetzen kann:

$$S_t \geqq \frac{ed_{\text{eff}}}{c^2\eta} \cdot 8\pi\nu^2\Delta\nu\left(\alpha + \frac{\ln 1/R}{l}\right). \tag{31}$$

Will man gute Halbleiterlaser mit niedrigen Schwellstromwerten herstellen, so bedeutet das nach (31), daß man eine große innere Quantenausbeute η und geringe Gesamtverluste (α, $1 - R$, Streuung) anstreben muß.

3.1.3.3. Anwendungen und daraus resultierende Fragestellungen

Die GaAs-Dioden emittieren entsprechend der Breite der verbotenen Zone im nahen infraroten Spektralgebiet. Will man Leuchtdioden zur optischen Signalausgabe an den Menschen verwenden, so muß man selbstverständlich eine Emission im sichtbaren Spektralbereich zur Verfügung haben. Bei speziellen Anwendungen ist es sogar nötig, die üblichen Signalfarben rot, gelb, grün und blau gesondert zur Verfügung zu haben. Wenn wir hier von der Möglichkeit absehen, mit einem stufenweise anregbaren Luminophor die Infrarotstrahlung in sichtbares Licht umzusetzen (das geht z. B. mit Yb^{3+} dotiertem LaF_3, das mit Er^{3+} aktiviert wurde [60], [61], wir erhalten hier eine grüne Emission bei Anregung mit $\lambda = 975$ nm), so entsteht hieraus die Forderung nach Halbleitern mit einer breiteren verbotenen Zone als GaAs. Die Halbleiter sollten möglichst direkte Halbleiter sein, damit die strahlende Rekombination begünstigt ist, und sie müssen amphoter dotierbar sein, damit die Injektionslumineszenz realisierbar ist. Es ist daher naheliegend, unter den $A^{III}B^{V}$-Verbindungen zu suchen. Tab. 8 gibt hier eine Übersicht, die direkten Halbleiter wurden eingerahmt. Wir sehen, daß in dieser Zusammenstellung direkte Halb-

Tabelle 8. W_g (0K) für $A^{III}B^{V}$-Halbleiter [5, S. 290]

AlN	3,8 eV*)				
AlP	3,0 eV*)	GaN	3,84 eV		
AlAs	2,4 eV*)	GaP	2,34 eV		
AlSb	1,8 eV*)	GaAs	1,52 eV	InP	1,42 eV
		GaSb	0,813 eV	InAs	0,43 eV
				InSb	0,2355 eV

*) Werte bei 300 K
Direkte Halbleiter umrahmt

leiter mit $W_g > W_g$(GaAs) nicht auftreten. Bei $A^{II}B^{VI}$-Verbindungen gibt es dagegen viele direkte Halbleiter mit $W_g > 1{,}5$ eV (z. B. ZnS (3,7 eV), ZnSe (2,7 eV), ZnTe (2,4 eV), CdS (2,5 eV), CdSe (1,9 eV), CdTe (1,6 eV)). Hier macht jedoch die amphotere Dotierung Schwierigkeiten. Einen Weg, vom GaAs wenigstens in den sichtbaren Spektralbereich zu kommen, stellen die $GaAs_{1-x}P_x$-Mischkristalle dar. Da GaAs und GaP das gleiche Gitter mit nicht zu unterschiedlichen Gitterkonstanten (5,6534 Å (GaAs), 5,4505 Å (GaP)) aufweisen, bilden sie lückenlose Mischkristalle. Die Breite der verbotenen Zone kann man dabei näherungsweise durch lineare Interpolation gewinnen. Man muß aber eben beachten, daß E_g für GaAs der Bandabstand $W_{\Gamma 1} - W_{\Gamma 15}$ und für GaP der Bandabstand $W_{X1} - W_{\Gamma 15}$ ist (vgl. Bild 8). Mit den entsprechenden Werten ergibt sich die Interpolation gemäß Bild 12. Für einen Anteil von 44% GaP erhalten wir den Übergang zum indirekten Halb-

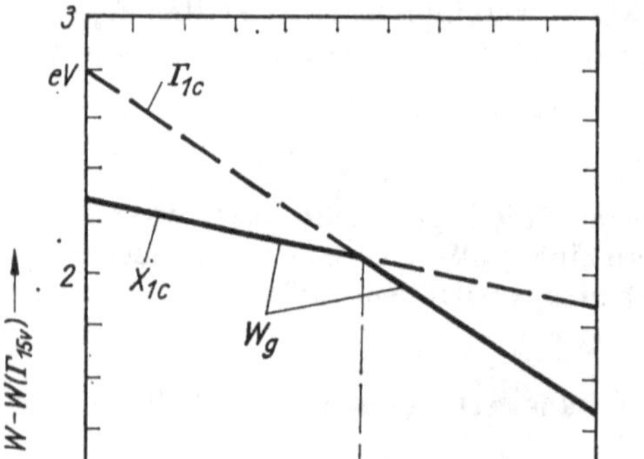

Bild 12. Übergang von der indirekten Bandlücke (GaP) zur direkten Bandlücke (GaAs) im Mischkristallsystem $GaP_{1-x}As_x$. Bei den der Darstellung zugrundegelegten Energiewerten für die Randkomponenten erfolgt der Übergang bei $x_c \approx 0{,}5$, der genaue Wert beträgt 0,56.

leiter, W_g ist dann etwa 2 eV, d. h. die Diode leuchtet rot. Eine andere Möglichkeit finden wir im System $Ga_{1-x}Al_xAs$ (s. hierzu z. B. [62]).
Es gelingt jedoch nicht, auf diese Weise etwa blau oder grün leuchtende Dioden zu erzeugen. Hier sind wir dann auf die Störstellenlumineszenz, die natürlich auch in den oben erwähnten Fällen bereits eine Rolle spielen kann, in indirekten Halbleitern angewiesen. Ein praktisch sehr wichtiges Beispiel ist das Stickstoff(N)-dotierte GaP. Wir erhalten hier eine sehr starke Lumineszenz dicht unter dem Wert W_g (etwa zwischen 2,25 und 2,32 eV), die von an der N-Störstelle lokalisierten Excitonen herrührt [63]. Diese Dioden leuchten grün. N in GaP ist ein Spezialfall der sogenannten isoelektronischen Störstellen. Der Name rührt daher, daß hier das als Substitutionsstörstelle eingebaute Fremdatom (hier N) die gleiche Anzahl Valenzelektronen besitzt wie das im ungestörten Gitter vorhandene Atom. Solche isoelektronischen Störstellen können oft in sehr großen Konzentrationen eingebaut werden (z. B. 10^{19} cm^{-3} N in GaP), siehe hierzu auch [63], [64]. LED's,wie wir sie oben beschrieben haben, haben den Vorteil, daß sie sich mit dem Diodenstrom modulieren lassen. Ihr Zeitverhalten entspricht dem entsprechender Halbleiterbauelemente. Auch die zu ihrem Betrieb nötigen Ströme und Spannungen entsprechen den üblichen Größen in der Halbleiterelektronik. Man kann sagen, daß dieses Bauelement bereits von seinem Wirkprinzip her, sozusagen natürlich an die Halbleitertechnik angepaßt ist. Das ist für seine Anwendung ein großer Vorteil.
Allerdings müssen wir bei hochfrequent modulierten spontan emittierenden LED beachten, daß die Phasenlage der Modulation in der Diode ortsabhängig sein kann, weil die Trägerinjektion eine entsprechende raumzeitliche Abhängigkeit aufweist. Zu dieser Phaseninhomogenität siehe [62] oder z. B. [65].

Symbolanzeige

Will man eine Symbolanzeige mit dem Wirkprinzip der LED realisieren, so geben dazu die Planartechnik und die Ionenimplantation entsprechende Möglichkeiten. Sollen z. B. Zahlen angezeigt werden, wie das für Taschenrechner notwendig ist, so brauchen die LED's nur in Form von Segmenten der bekannten 7-Segment-Zahlenanzeige ausgebildet werden. Bild 13 zeigt die prinzipielle Struktur einer

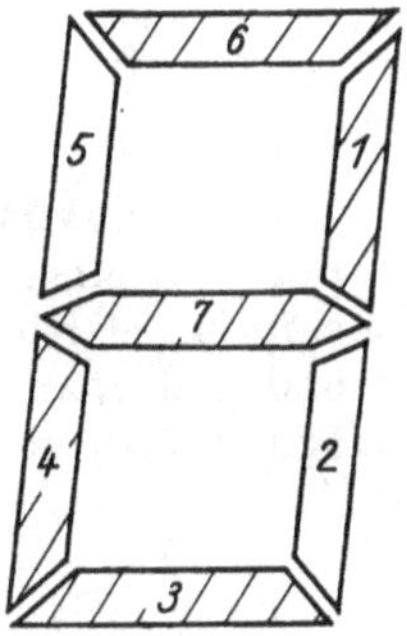

a)

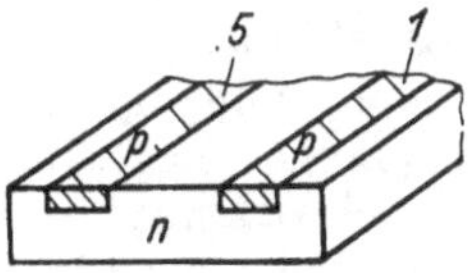

b)

Bild 13. a) 7-Segment-Symbolanzeigeelement zur Darstellung der Ziffern 0, 1 ··· 9. Schraffiert dargestellt ist als Beispiel der Schaltzustand für die Ziffer 2. Die Segmente sind entweder *pn*-Übergänge in einem monolithischen Halbleiterblock (Bild b) oder balkenförmige Einzeldioden, die zu dem Anzeigeelement zusammenmontiert werden solchen Symbolanzeige, die mit einer entsprechenden Halbleiterschaltung angesteuert wird. Diese Anzeigeelemente haben für die moderne Halbleiterelektronik als komplettierendes Element eine sehr große Bedeutung.

Optische Koppler

Die Kombination einer GaAs-LED mit einer Siliziumphotodiode ergibt einen ziemlich idealen optischen Koppler, der z. B. zur Potentialtrennung eingesetzt werden kann [67]. Bei Verwendung von Lichtleitern kann dabei sogar eine breitbandige Signalübertragung innerhalb eines Gerätesystems störungsfrei erfolgen. Lichtleitfasern bestehen entweder aus einem Kern von 20 ··· 70 μm Durchmesser aus einem Glas höheren Brechungsindexes und einem Mantel von 1 ··· 2 μm Dicke geringeren Brechungsindexes (hierdurch entsteht an dem umhüllenden Mantel Totalreflexion) oder werden als Gradientenfasern hergestellt. Die vom VEB Carl Zeiss Jena gelieferten Lichtleiter gestatten eine Übertragungsbandbreite bei 50 MHz bei 10 m Länge, haben bei 2 m Länge eine Transmission von 35%. Auch Plastlichtleiter können verwendet werden [66]. Der Vorteil der störungsfreien Übertragung beinhaltet sowohl, daß auf dem Übertragungsweg keine Störungen kapazitiv oder induktiv eingefangen werden, als auch daß keine Störungen abgestrahlt werden.

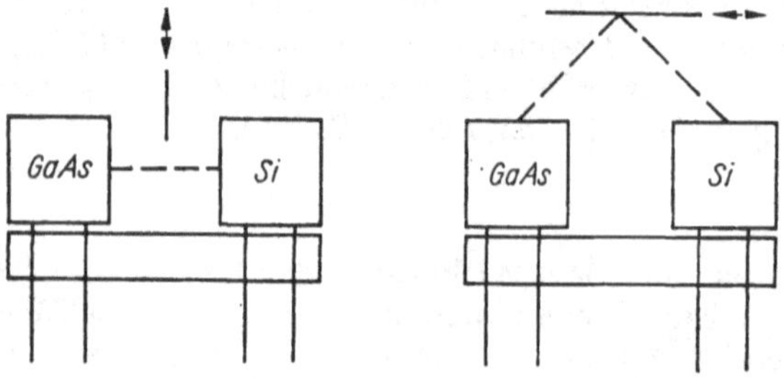

a) b)

Bild 14. Offene Kopplertypen. a) Gabelkoppler, b) Reflexkoppler. Die Pfeile geben die Bewegungsrichtung des abzutastenden Objekts wieder.

Die Kombination GaAs—Strahlungsemitter mit einem Si-Strahlungsempfänger ist darum recht vorteilhaft, weil dann die emittierte Strahlung in einem günstigen Absorptionsbereich des Empfängers liegt. Weitere Vorteile optischer Koppler bestehen darin, daß absolute Rückwirkungsfreiheit besteht und daß Spannungsfestigkeiten z. B. von 60 kV gut erreichbar sind. Die Übertragung läßt, je nach Empfängertyp, Übertragungsbandbreiten von 0 Hz bis 10^8 Hz zu. Das Stromübertragungsverhältnis liegt je nach Empfängertyp zwischen 10^{-4} und 0,1, wobei Si-Lawinenphotodioden hier bezüglich Übertragungsverhältnis bei gleichzeitig hoher Bandbreite die besten Werte ergeben dürften. Für Spezialanwendungen sind sogenannte offene Koppler als Gabelkoppler oder als Reflexkoppler möglich (Bild 14). Hier kann der Lichtweg durch äußere Einwirkungen unterbrochen bzw. geschlossen werden. Solche Bauelemente können z. B. zur Bandsteuerungsüberwachung in Magnetbandspeichern, zur Druckbogenüberwachung in der polygraphischen Industrie, als Endschalter für Maschinensteuerung oder als Geberelement bei vollelektronischer Zündung von Otto-Motoren verwendet werden [33].

Optische Rechner

Koppelt man mehrere Injektionslaser optisch (z. B. indem man mehrere elektrisch isolierte *pn*-Übergänge innerhalb eines optischen Resonators anordnet), so kann man die Laser wechselseitig optisch steuern. Es gibt erste Ansätze, mittels integrierter optoelektronischer Schaltungen Bausteine für eine rein optische Rechentechnik zu schaffen (s. z. B. [68]).

3.1.4. Schlußbemerkungen

Die vorliegende Arbeit sollte eine grobe Übersicht über die Wirkprinzipien nichtelektrisch steuerbarer bzw. steuernder Bauelemente geben und den Anschluß an damit zusammenhängende physikalische Probleme herstellen. Eine genauere Darstellung von Konstruktionsformen und technologischen Problemen ihrer Verwirklichung war in diesem Rahmen nicht möglich. Sie muß spezielleren und entsprechend thematisch eingeschränkteren Arbeiten vorbehalten bleiben (s. weitere Artikel dieses Bandes). Wir wollten mit dieser Übersicht zeigen, daß die hier behandelten Bauelemente eine wichtige Ergänzung der rein elektrischen Bauelemente der modernen Halbleitertechnik-Mikroelektronik darstellen.
Zu den gegebenen Literaturhinweisen müssen wir feststellen, daß sie lediglich dem Leser den Zugang zur Originalliteratur sowie zu spezielleren Übersichtsarbeiten erleichtern sollen und entsprechende eigene Studien anregen sollen. Sie sind in diesem Sinne nur eine fragmentarische Auswahl, stellen aber Ansatzpunkte für eine weitere Verfolgung der Thematik dar. Bei der anwachsenden Informationsflut und den damit entstehenden immer größeren Schwierigkeiten, die entsprechenden Quellen tatsächlich zur Verfügung zu haben, hielten wir es für zweckmäßig, bei der Auswahl der Literaturangaben auch so etwas wie die regionale Zugänglichkeit mit als Auswahlkriterium heranzuziehen.

Literaturverzeichnis

[1] *Köhler, E.*: Elektronische Bauelemente und integrierte Schaltungen. Feingerätetechnik 23, 10 (1974) 447–454

[2] *Kittel, Ch.*: Einführung in die Festkörperphysik. Akad. Verl.-Ges. Geest & Portig, Leipzig 1973

[3] *Kirejew, P. S.*: Physik der Halbleiter. Akademie-Verlag, Berlin 1974

[4] *Brauer, W.* und *Streitwolf, H.-W.*: Theoretische Grundlagen der Halbleiterphysik. Akademie-Verlag, Berlin 1973 (WTB-Band 119)

[5] *Cidil'kovskij, I. M.*: Elektronen und Löcher in Halbleitern (russ.). Izd. Nauka, Moskau 1972

[6] *Paul, R.*: Halbleiterphysik. Verlag Technik, Berlin 1974

[7] *Seeger, K.*: Semiconductor Physics. Springer-Verlag, Wien u. New York 1973

[8] Lehrbuch der Automatisierungstechnik. Verlag Technik, Berlin 1965

[9] *Behrendt, R., Genzow, D., Herrmann, K. H., Hoerstel, W., Link, R., Vogel, R.*: Thermally modulated conductivity of Tellurium. phys. stat. sol. (a) 1, K25 (1970)

[10] *Frank, H.* und *Šnejdar, V.*: Halbleiterbauelemente, Band I, II. Akademie-Verlag, Berlin 1964

[11] *Sze, S. M.*: (russ. Zi), Fizika poluprovodnikovych priborov. Izd. Energija, Moskva 1973

[12] *Erler, W.* und *Walther, L.*: Elektrisches Messen nichtelektrischer Größen. Verlag Technik, Berlin 1971

[13] *Weiß, H.*: Physik und Anwendung galvanomagnetischer Bauelemente. Akad. Verl.-Ges. Geest & Portig, Leipzig 1969; Galvanomagnetische Bauelemente. Festkörperprobleme 7 (1967) 200

[14] *Joffé, A. F.*: Halbleiter-Thermoelemente. Akademie-Verlag, Berlin 1957
[15] *Šeftel', I. T.*: Termoresistory, Izd. Nauka, Moskva 1973
[16] *Ambrozjak*: Konstrukcija i technologija poluprovodnikovych fotoelektričeskich priborov. Izd. Sovetskoe radio, Moskva 1970
[17] *Vasil'ev, A. M., Landsman, A. P.*: Poluprovodnikovye fotopreobrazovateli. Izd. Sovetskoe radio, Moskva 1971
[18] *Putley, E. H.*: Solid State Devices for Infra-red Detection. J. sci. Instr. **43** (1966) 857—868; Far-Infra-Red Photoconductivity. phys. stat. sol. **6** (1964) 571
[19] *Vystavkin, A. N.* und *Migulin, V. V.*: Priemniki millimetrovych i submillimetrovych voln. Radiotechnika i elektronika **12** (1967) 1989—2005
[20] *Kuhn, A.*: Halbleiter- u. Kristallzähler. Akad. Verl.-Ges. Geest & Portig, Leizig 1969
[21] *Ryvkin, S. M.*: Photoelektrische Erscheinungen in Halbleitern. Akademie-Verlag, Berlin 1965
[22] *Görlich, P.*: Photoeffekte. I. Historische Entwicklung. Photoemission der Metalle. II. Experimentelle Photoleitung. III. Erzeugung photoelektrischer Kräfte. Akad. Verl.-Ges. Geest & Portig, Leipzig 1962/66
[23] *Auth, J.*: Halbleiterstrahlungsempfänger für den infraroten Spektralbereich. Physikalische Grundlagen und Probleme ihrer Weiterentwicklung. In diesem Band, S. 427
[24] Siehe z. B. *Joos, G.*: Lehrbuch der theoretischen Physik. Akad. Verl-Ges. Geest & Portig, Leipzig 1950, S. 313
[25] *Pankove, J. I.*: Optical processes in semiconductors. Englewood Cliffs, New Yersey, Prentice Hall, Inc. 1971; russ. Übers.: *Pankov, Ž.*: Optičeskie processy v poluprovodnikach. Izd. Mir, Moskau 1973
[26] *Einstein, A.*: Über einen die Erzeugung und Verwandlung des Lichtes betreffenden heuristischen Gesichtspunkt. Ann. d. Physik **17** (1905) 132. (Abgedruckt in *ter Haar, D.*: Quantentheorie. Akademie-Verlag, Berlin 1969, S. 119—138 (WTB-Texte-Band 56))
[27] *Herrmann, K. H.*: Zur Erzeugung hochangeregter Ladungsträger in Halbleitern durch Laserstrahlung, untersucht am Beispiel der photoelektrischen Effekte in Tellur bei Anregung mit einem CO_2-Laser. Dissertation B, Humboldt-Universität Berlin 1975
[28] *Gelmont, B. L., Dyakonov, M. I., Ivanov-Omskij, V. I., Kolomiets, B. T., Ogorodnikov, V. K., Smekalova, L. P.*: Impurity states in gapless semiconductors. Proc. 11 Intern. Conf. Physics fo Semicond., Warschau 1972, p. 938—943
[29] *Auth, J.*: Zur Diffusion der Ladungsträger in Photoleitern unter Berücksichtigung von Lokalniveaus. Ann. d. Physik (6) **20** (1957) 210—214
[30] *Auth, J.*: Untersuchungen über den Photo-Magneto-Elektrischen Effekt und die Eigenschaften der Löcher in CdS. Z. phys. Chemie (Leipzig) **217** (1961) 159—187
[31] *Li, S. S.* und *Lindholm, F. A.*: Quantum Yield of p–i–n Photodiodes. phys. stat. sol. (a) **15** (1973) 237—245
[32] *Yen, Th. T.*, Two component light sensor has high voltage output. Electronics **47**, 19 (1974) 110
[33] *Wallbrecht, W.*: Anwendung optoelektronischer Koppler. Nachrichtentechnik. Elektronik **24**, 12 (1974) 470—472
[34] *Shockley, W.*: Solid-State Electronics **2** (1961) 35
[35] *Mönch, W.*: On the Physics of Avalanche Breakdown in Semiconductors. phys. stat. sol. **36** (1969) 9—48; Über die Physik des Lawinendurchbruchs in Halbleitern. Festkörperprobleme 9 (1969) 172—206
[36] *Behrendt, R.*: Multiplication Factors and Breakdown Voltages of Silicon Read Diodes with Wide Depletion Regions. phys. stat. sol. (a) **27**, 2 (1975) 489
[37] *Ruge, I., Müller, H., Ryssel, H.*: Die Ionenimplantation als Dotiertechnologie. Festkörperprobleme **12** (1972) 23—106
[38] *Wolf, M.* and *Prince, M. B.*: New Developments in Silicon Photovoltaic Devices and their Application to Electronics. Solid State Physics in Electronics and Telecommunications. Proc. of the Intern. Conf. Brussels, June 2—7, 1958, p. 1180—1196

[39] *Pulfrey, D. L., McOuat, R. F.*: Schottky-barrier Solar-cell Calculations. Appl. Phys. Letters 24, 4 (1974) 167—169
[40] *Bhaskara Rao, A.* und *Radmanabhan, G. R.*: Effect of Angle of Incidence on the Performance of a Silicon Solar Cell. phys. stat. sol. (a) 1 (1970) K29—K32
[41] *Larue, J. C.*: Lithium Diffusion in Silicon with Respect to Si Solar Cells. phys. stat. sol. (a) 6 (1971) 143—151
[42] *Gavrilova, I. R., Evdokimova, V. M., Koltun, M. M., Matveev, V. P., Makarova, E. S.*: Halbleiterphotoelemente erhöhter Effektivität mit einem Driftfeld im Dotierungsgebiet (russ.). Fiz. techn. poluprov. 8 (1974) 119—124
[43] *Kalugina, L. I., Pavlova, G. S., Mitin, V. I., Rodionov, Ju. F., Kireev, P. S., Vanjukov, A. V.*: Spektrometereigenschaften von CdTe-Kernstrahlungsdetektoren (russ.). Fiz. techn. poluprov. 5 (1971) 1836—1839
[44] *Guseva, M. I., Mansurova, A. N., Sacharov, A. N., Staricin, K. V., Chusainov, A. Ch.*: Germanium-Strahlungsdetektoren mit ionenimplantierten Kontakten (russ.). Fiz. techn. poluprov. 5 (1971) 1154—1157
[45] *Ludnik, E. P., Eremin, V. K., Levinzon, D. I., Ryvkin, S. M., Strokan, N. B., Subašieva, V. P., Tisnek, N. I.*: Zähler mit hohem Auflösungsvermögen aus Germanium mit Strahlungsdefekten (russ.). Fiz. techn. poluprov. 6 (1972) 779—781
[46] *Katkov, V. P., Krupman, A. I., Taksar, I. M.*: Berechnung des Amplitudenspektrums von Halbleiter-Detektoren für γ-Strahlung (russ.). Fiz. techn. poluprov. 7 (1973) 2283 bis 2288
[47] *Zatoloka, S. I., Karpenko, V. P., Kašerinikov, P. G., Matveev, O. A., Protasov, I. I., Chrunov, V. S.*: Physikalische Prozesse in Halbleiter-γ-Quantendetektoren, die zu ihrer Polarisation führen (russ.). Fiz. techn. poluprov. 8 (1974) 1021—1023
[48] *Alekseenko, M. V., Arkad'eva, E. N., Kisilenko, V. S., Maslova, L. V., Matveev, O. A., Prokof'ev, S. V., Ryvkin, S. M., Chusainov, A. Ch.*: Halbisolierende CdTe-Kristalle und spektrometrische γ-Quantendetektoren auf ihrer Grundlage (russ.). Fiz. techn. poluprov. 8 (1974) 550—555
[49] *Haken, H.*: Der heutige Stand der Theorie der Injektionslaser. Festkörperprobleme 4 (1965) 1 —26
[50] *Heywang, W.* und *Winstel, G.*: Injektionslaser, Aufbau und Physikalische Eigenschaften. Festkörperprobleme 4 (1965) 27—44
[51] *Grimmeiss, H. G.*: Elektrolumineszenz in III—V-Verbindungen. Festkörperprobleme 5 (1966) 221—248
[52] *Gumlich, H. E.*: Elektrolumineszenz in II—VI-Verbindungen. Festkörperprobleme 5 (1966) 249—282
[53] *Keyes, R. W.*: Optoelectronic devices. Festkörperprobleme 7 (1967) 217—263
[54] *Geisler, D.*: Halbleiterinjektionslaser. Probleme der Festkörperelektronik 2 (1970) 165 bis 202
[55] *Mustel', E. R.* und *Parygin, V. N.*: Metody moduljacii i skanirovanija sveta. Izd. Nauka, Moskva 1970
[56] *van Roosbroeck, W.* und *Shockley, W.*: Photon-Radiative Recombination of Electrons and Holes in Germanium. Phys. Rev. 94 (1954) 1558
[57] *Unger, K.*: Rekombinationsstrahlung in Halbleitern. Fortschritte der Physik 13 (1965) 701—754
[58] *Schpolski, E. W.*: Atomphysik, Teil I. Deutscher Verlag der Wissenschaften, Berlin 1957
[59] *Einstein, A.*: Zur Quantentheorie der Strahlung. Phys. Z. 18 (1917) 121 (Abgedruckt in: *ter Haar, D.*, Quantentheorie. Akademie-Verlag, Berlin 1969, S. 209—228, WTB-Texte-Band 56)
[60] *Ovsjakin, V. V.* und *Feofilov, P. P.*: Ž. eksper. teor. Fiz. — Pis'ma 3 (1966) 494—497
[61] *Hewes, R. A.* und *Sarver, J. F.*: Bull. Amer. Phys. Soc. Ser. II, 13 (1968) 687—688
[62] *Zehe, A.*: Beiträge zur Untersuchung optischer und optoelektronischer Erscheinungen in $A^{III}B^{V}$-Halbleitern. Dissertation zur Promotion B. Karl-Marx-Universität, Leipzig 1974
[63] *Czaja, W.*: Isoelectronic Impurities in Semiconductors. Festkörperprobleme 11 (1971) 65—85

[64] *Herbst, H.-J.* und *Huth, F.*: Störstellen in GaAs. Probleme der Festkörperelektronik 5 (1973) 7–114

[65] *Butter, E., Jacobs, B., Jacobs, K., Unger, K., Zehe, A.*: Local scanning of the Emission Delay Time of Epitaxial (Ga, Al)As/GaAs Luminescence Diodes. phys. stat. sol. (a) 12 (1971) K111–K113

[66] *Löffler, W.*: Möglichkeiten der optoelektronischen Informationsübertragung innerhalb von Gerätesystemen. Nachrichtentechnik-Elektronik **24**, 12 (1974) 469–470

[67] *Rindner, W.*: Piezo-junctions: elements of a new class of semiconductor devices. Proc. IRE **50**, 10 (1962) 2106

[68] *Goldobin, I. S., Dobkin, A. S., Kurnosov, V. D., Lapickaja, G. A., Pleškov, A. A., Prozorov, O. N., Rivlin, L. A., Solodkov, A. F., Šil'djaev, V. S.*: Kvantovo-optičeskie integral'nye schemy iz arsenida gallija. Fiz. techn. poluprov. **5**, 1 (1971) 170–172

3.2. Physikalische Grundlagen thermoelektrischer Bauelemente

Von *K. Stecker* und *H. Süssmann*

Martin-Luther-Universität Halle/Saale, Sektion Physik

3.2.1. Einleitung

Die den thermoelektrischen Bauelementen (Thermogenerator; Kühl- und Heizelement) zugrunde liegenden physikalischen Effekte wurden bereits vor ca. 150 Jahren phänomenologisch beschrieben (*Seebeck, T. J.* 1822; *Peltier* 1834). Der von *Seebeck* entdeckte Effekt, daß in einem geschlossenen Kreis aus zwei verschiedenen elektrischen Leitern mit unterschiedlich temperierten Lötstellen ein Strom fließt, ermöglicht die direkte Umwandlung von Wärme in elektrische Energie ohne den Umweg über mechanische Energie (Prinzip des Thermogenerators). Der von *Peltier* beschriebene, dazu inverse Effekt, daß durch einen (Gleich-)Stromfluß im Zweileiterkreis Wärme von einer Kontaktstelle zur anderen transportiert wird, ist die Grundlage für den Bau von Kühlgeräten bzw. Wärmepumpen mit strombetriebenen Festkörperbauelementen ohne mechanisch bewegte Teile und ohne Dichtungen. Eine technische Ausnutzung dieser Effekte wurde erst in den Jahren nach 1950 sinnvoll, als mit der gezielten Entwicklung geeigneter Halbleiter Materialien mit genügend großem Leistungsvermögen (Effektivität) zur Verfügung standen. Die Effektivität der gegenwärtig bekannten thermoelektrischen Halbleiter läßt bei größeren Leistungen hinsichtlich des Wirkungsgrades bzw. der Kühlleistungsziffer keine Konkurrenz zu den konventionellen Verfahren zu, aber die spezifischen Vorzüge thermoelektrischer Bauelemente sichern ihnen eine immer breiter werdende Anwendung im Sinne einer Ergänzung zu den herkömmlichen technischen Lösungen.

3.2.2. Thermodynamische Theorie

3.2.2.1. Thermoelektrische Effekte

Zur quantitativen Beschreibung der Effekte werden entsprechende Materialkoeffizienten definiert. Diese Koeffizienten geben die Kopplung zwischen thermischen und elektrischen Strömen als eine Materialeigenschaft an, die naturgemäß temperaturabhängig ist. Der *Seebeck*-Koeffizient S_{AB} der Zweileiterkombination AB (Bild 1) ist als die differentielle Thermospannung des offenen Leiterkreises definiert:

$$S_{AB} = \frac{dU_{AB}}{dT} \,. \tag{1}$$

Anstelle des Begriffs *Seebeck*-Koeffizient oder differentielle Thermospannung ist die Bezeichnung Thermokraft weitverbreitet, obwohl der *Seebeck*-Koeffizient eine thermisch erzeugte elektrische Spannung und nicht eine Kraft (als Ursache einer Beschleunigung) beschreibt.

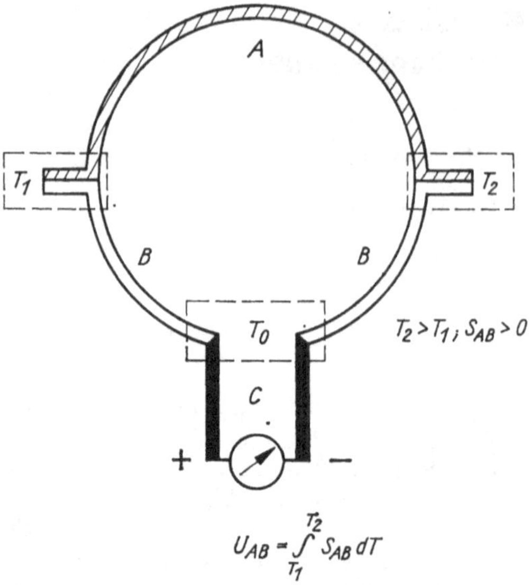

Bild 1. Der *Seebeck*-Effekt im Zweileiterkreis AB. Die gestrichelt umrandeten Bereiche symbolisieren Wärmevorratsbehälter mit den Temperaturen T_0, T_1, T_2. Der als Zuleitung zum Meßinstrument dienende dritte Leiter C verändert die durch die Temperaturdifferenz $(T_2 - T_1)$ hervorgerufene Thermospannung U_{AB} nicht, wenn dessen Kontaktstellen mit dem Leiter B sich auf gleicher Temperatur T_0 befinden

Das Vorzeichen des Koeffizienten verknüpft die Polarität der Thermospannung mit der Richtung der Temperaturdifferenz. Das positive Vorzeichen wird gewählt, wenn die zum kälteren Kontakt führende Leitung den Pluspol bildet (Bild 1).
Fließt durch den Zweileiterkreis ein Strom (Bild 2), so erfolgt an den Kontaktstellen ein Wärmeaustausch mit der Umgebung (Wärmevorratsbehälter). Der *Peltier*-Koeffizient π_{AB} gibt das Verhältnis der an den Kontaktstellen reversibel aufgenommenen bzw. abgegebenen Wärmemengen pro Zeiteinheit $\dot{Q}_\pi$ zur fließenden Stromstärke I an:

$$\dot{Q}_\pi = \pi_{AB} \cdot I \,. \tag{2}$$

Dem *Peltier*-Koeffizienten π_{AB} wird das positive Vorzeichen zugeordnet, wenn bei konventioneller Stromrichtung von B nach A Wärme absorbiert wird (absorbierte Wärmeleistung wird positiv gezählt).
Seebeck- und *Peltier*-Effekt sind keine voneinander getrennte, sondern miteinander gekoppelte Erscheinungen. Ein geschlossener Zweileiterkreis (strombelastetes Thermoelement) mit der Temperaturdifferenz $(T_2 - T_1)$ wird durch den Strom I aus dem Wärmevorratsbehälter bei T_2 ständig Wärme absorbieren zur Aufrechterhaltung des Thermostromes und an den Wärmevorratsbehälter bei T_1 die nicht in elektrische Energie umgesetzte Wärme abgeben. Der fließende Thermostrom sucht die vorhandene Temperaturdifferenz auszugleichen. Umgekehrt wird durch einen von einer äußeren Stromquelle hervorgerufenen Stromfluß im zuvor gleich temperierten Zweileiterkreis eine Temperaturdifferenz erzeugt, die eine der äußeren angelegten Spannung entgegengerichtete Thermospannung zur Folge hat und dem Stromfluß mit dem damit verbundenen Wärmetransport entgegenwirkt. Mit Umkehr der Stromrichtung kehrt sich auch die Richtung des Wärmestromes um.

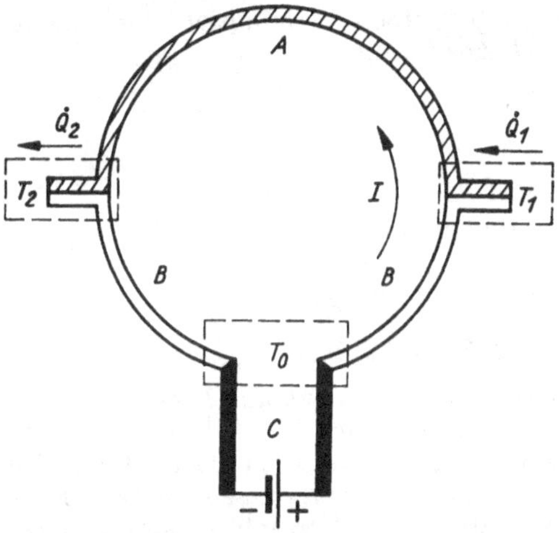

Bild 2. Der *Peltier*-Effekt im Zweileiterkreis AB. $\dot{Q}_1$ ist die pro Zeiteinheit an der Kontaktstelle bei T_1 entzogene Wärmemenge; $\dot{Q}_2$ die bei T_2 an der anderen Kontaktstelle pro Zeiteinheit abgegebene Wärmemenge, wenn bei positivem Vorzeichen von π_{AB} der konventionelle Strom von B nach A fließt

Außer diesen an inhomogenen Systemen (Zweileiterkombination) beschriebenen Effekten gibt es aber auch an einem homogenen stromdurchflossenen Leiter, an dem ein Temperaturgradient herrscht, einen Wärmeaustausch mit der Umgebung. Dieser von *Thomson* (später Lord *Kelvin*) 1854 theoretisch vorhergesagte und experimentell bestätigte Effekt wird durch den *Thomson*-Koeffizienten τ beschrieben:

$$d\dot{Q}_{TH} = I\tau \frac{\partial T}{\partial x} dx \, . \tag{3}$$

Der *Thomson*-Koeffizient ist positiv, wenn der Strom I in Richtung des Temperaturgradient $\partial T/\partial x$ fließt und auf dem Leiterabschnitt dx pro Zeiteinheit die Wärmemenge $d\dot{Q}_{TH}$ *absorbiert* wird.

Die durch den *Peltier*- und *Thomson*-Effekt beschriebenen Wärmeströme sind reversibel ausgetauschte Wärmen. Gleichzeitig treten mit dem Stromfluß die *Joule*-Wärme und bei Vorhandensein eines Temperaturgradienten die Wärmeleitung als irreversible Effekte auf. Eine exakte Verknüpfung zwischen den thermoelektrischen Koeffizienten liefert die Anwendung der Thermodynamik der irreversiblen Effekte mit den *Onsager*schen Reziprozitätsbeziehungen. Die Beziehungen zwischen den Wärme- und Elektronenstromdichten und den herrschenden Temperatur- und Potentialgradienten ergeben durch Vergleich mit den definierten thermoelektrischen Koeffizienten folgende als *Thomson*-Gleichungen oder *Kelvin*-Relationen bekannten Verknüpfungen:

$$\pi_{AB} = S_{AB} \cdot T \, , \tag{4}$$

$$\tau_A - \tau_B = T \frac{dS_{AB}}{dT} \, . \tag{5}$$

Die zweite *Kelvin*-Relation (5) gestattet die Definition eines absoluten, nur auf ein Material bezogenen *Seebeck*-Koeffizienten

$$S_A = \int_0^T \frac{\tau_A}{T} dT \,. \tag{6}$$

Der relative, auf eine Materialkombination bezogene Koeffizient ergibt sich nun als die Differenz der absoluten

$$S_{AB} = S_A - S_B \,,$$

$$\pi_{AB} = \pi_A - \pi_B = T(S_A - S_B) \,. \tag{7}$$

Experimentell läßt sich der *Seebeck*-Koeffizient aus Thermospannungsmessungen immer nur relativ an einer Zweileiterkombination bestimmen. Zur Festlegung der Absolutwerte nach Gl. (6) muß für mindestens ein Material der *Thomson*-Koeffizient in einem großen Temperaturbereich gemessen werden. Eine Konsequenz des 3. Hauptsatzes der Thermodynamik (*Nernst*-Theorem) ist, daß mit $T \to 0$ auch $S \to 0$ geht, wenn die elektrische Leitfähigkeit $\sigma > 0$ ist. Für Supraleiter ist $S = 0$ bei $T < T_S$, der Sprungtemperatur. Das *Nernst*-Theorem führt zur Bedingung $(\sigma \cdot S) \to 0$ bei $T \to 0$ [1]. Im Temperaturbereich unterhalb der Sprungtemperatur von Supraleitern kann ein solcher als Bezugsmaterial mit $S = 0$ benutzt werden. Solche Messungen sind schwierig und nicht sehr genau. Dagegen kann aus der elektronentheoretischen Beschreibung der Koeffizienten gefolgert werden, daß der absolute *Seebeck*-Koeffizient Null wird, wenn (bei gleicher Beweglichkeit von Elektronen und Löchern) der *Hall*-Koeffizient Null wird. Das ist für die Metalle Pb und Sn annähernd der Fall, bei denen der *Hall*-Koeffizient sehr klein und von verschiedenem Vorzeichen ist. Pb–Sn-Legierungen sind daher geeignete Bezugssubstanzen mit verschwindend kleiner absoluter differentieller Thermospannung. Die *Kelvin*-Relationen wurden von *Thomson* 1854 – vier Jahre nach der Formulierung des 2. Hauptsatzes der Thermodynamik durch *Clausius* – durch Anwendung des 1. und 2. Hauptsatzes auf einen Thermoelementkreis aufgestellt, wobei er die reversibel ablaufenden Vorgänge als unabhängig von den gleichzeitig auftretenden irreversiblen annehmen mußte. *Thomson* war sich der Unzulänglichkeit dieser Annahme bewußt, die besonders von *Boltzmann* kritisiert wurde. Erst die strenge Behandlung durch die Theorie der irreversiblen Effekte nach *Onsager* bestätigte die Ergebnisse *Thomson's*.

3.2.2.2. Das stationäre Betriebsverhalten thermoelektrischer Bauelemente

Der Aufbau von Halbleiter-Thermoelementen entspricht grundsätzlich den in Bild 1 und 2 skizzierten Anordnungen. Um den *Seebeck*-Koeffizienten eines Elementes möglichst groß zu machen, werden reine Löcher (p)- und Elektronen (n)-Leiter als Thermoelementschenkel kombiniert, da das Vorzeichen der absoluten *Seebeck*-Koeffizienten beim p-Leiter positiv und beim n-Leiter negativ ist (s. Abschnitt 3, Bild 8). Von technischer Bedeutung ist auch die Tatsache, an den Schenkelenden weitere gleichtemperierter Leiter (elektrisch und thermisch gut leitende Metalle) als Kontaktbrücke und als Stromzuführungen einfügen zu können, ohne daß sich die Thermoelementeigenschaften ändern. Dadurch wird die Ankopplung der Wärmequellen bzw. -senken mittels Wärmeaustauscher möglich. Auf den für die Gerätekonstruktion wichtigen Einfluß des Wärmeübergangs zwischen den Kontaktstellen (Metallbrücken) des Thermoelementes und der Umgebung, auf die optimale Bemessung der Wärmeaustauscher für ein Anwendungsproblem kann und braucht bei den vorzunehmenden grundlegenden Betrachtungen nicht eingegangen zu werden. Hier muß auf die Spezialliteratur verwiesen werden [2]–[7].

Aus den Energiebilanzen der reversiblen thermoelektrischen Effekte und der mit diesen konkurrierenden irreversiblen Effekte der Stromwärme und der Wärmeleitung ergeben sich die Forderungen an die Materialeigenschaften für hohe Leistungskennziffern und die für gegebene Materialeigenschaften optimalen Betriebsbedingungen. Die phänomenologische Theorie dafür wurde bereits 1911 von *Altenkirch* ausführlich dargelegt.

Bei den i. a. an einem Thermoelement herrschenden großen Temperaturgradienten müßte streng genommen die Temperaturabhängigkeit der Materialeigenschaften *Seebeck*-Koeffizient S, elektrische Leitfähigkeit σ, Wärmeleitfähigkeit $\varkappa$ berücksichtigt werden und damit auch die *Thomson*-Wärme. Das führt zu einer nichtlinearen Temperaturverteilung, und es können nur spezielle Lösungen für bestimmte Temperaturabhängigkeiten bzw. numerische Lösungen für bestimmte Materialien angegeben werden. Zur Vereinfachung werden daher konstante Mittelwerte von S, σ und $\varkappa$ angenommen, so daß der *Thomson*-Effekt unberücksichtigt bleiben kann. Genauere Rechnungen sowie Vergleiche zwischen Theorie und Experiment zeigen, daß bei den heutigen thermoelektrischen Substanzen die Abweichungen gegenüber den Rechnungen mit konstanten Materialgrößen unterhalb 10% bleiben [8]–[11].

Bild 3 zeigt schematisch die Betriebsgrößen an einem Kühl- oder Heizelement (*Peltier*-Element) und an einem Thermogenerator (*Seebeck*-Element).

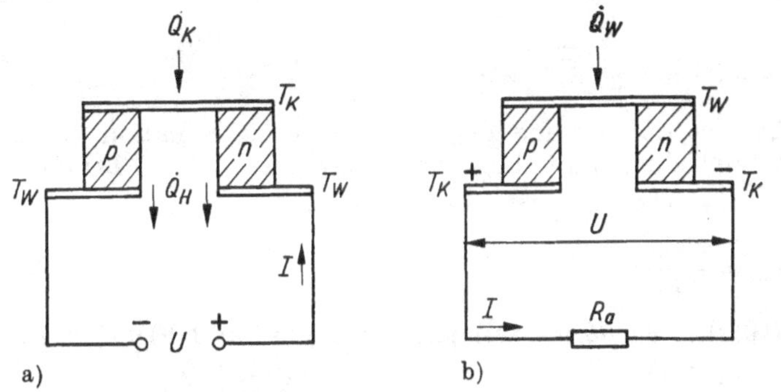

Bild 3. Betriebsgrößen an einem
a) Kühl- und Heizelement
b) Thermogenerator
Erläuterungen im Text

Die Eigenschaften des Thermoelements sind gegeben durch die über der Temperaturdifferenz $\Delta T = T_W - T_K$ als konstant angenommenen Werte des

Seebeck-Koeffizienten $\quad S = S_p - S_n$,

elektrischen Widerstandes $\quad R = R_p + R_n; \quad R_{p,n} = \left(\frac{1}{\sigma}\frac{L}{A}\right)_{p,n}$

und des Wärmeleitwertes $\quad K = K_p + K_n; \quad K_{p,n} = \left(\varkappa \frac{A}{L}\right)_{p,n}$,

wobei $A_{p,n}$ und $L_{p,n}$ die Querschnitte und die Längen des p- bzw. n-Schenkels bedeuten.

3.2.2.2.1. Kühl- und Heizelement (Peltier-Element)

Für ein Kühl- oder Heizelement (Bild 3a) ergeben sich folgende Energiebilanzen an der kalten und warmen Kontaktstelle, wobei die bei der Temperatur T_K der Umgebung entzogene Wärmeleistung $\dot{Q}_K$ Nutzkühlleistung und die bei der Temperatur T_W an die Umgebung abgegebene Wärmeleistung $\dot{Q}_H$ Heizleistung genannt wird:

$$\dot{Q}_K = SIT_K - \tfrac{1}{2} I^2R - K\,\Delta T\,, \tag{8}$$

$$\dot{Q}_H = SIT_W + \tfrac{1}{2} I^2R - K\,\Delta T\,. \tag{9}$$

Dabei wurde zur weiteren Vereinfachung angenommen, daß jeweils die Hälfte der erzeugten Stromwärme an der kalten und der warmen Kontaktstelle bilanziert werden kann. Die Differenz zwischen der bei T_W abgegebenen Heizleistung $\dot{Q}_H$ und der bei T_K abgeführten Nutzkühlleistung $\dot{Q}_K$ ist die aufgewendete elektrische Leistung $P = U \cdot I$

$$\dot{Q}_H - \dot{Q}_K = I^2R + SI\,\Delta T = P = U \cdot I\,. \tag{10}$$

Gl. (10) verdeutlicht, daß neben der *Joule*-Leistung der Strom gegen die Thermospannung $S \cdot \Delta T$ arbeiten muß. Gegenüber der reinen elektrischen Widerstandsheizung kann mit einem *Peltier*-Element ein Wärmestrom $\dot{Q}_K$ gegen eine Temperaturdifferenz ΔT über $(U \cdot I)$ hinaus an die warmen Kontaktstellen gepumpt werden (Verwendung als Heizelement). Der Leistungsfaktor ε für den Kühl- bzw. Heizbetrieb ist das Verhältnis der Nutzwärmeleistung zur aufgewendeten elektrischen Leistung

$$\varepsilon_{K,H} = \frac{\dot{Q}_{K,H}}{I^2R + SI\,\Delta T}\,. \tag{11}$$

Gl. (8) für die Nutzkühlleistung zeigt, daß diese als Funktion der Stromstärke einen Maximalwert durchläuft. Diese optimale Stromstärke — bei der beim jeweiligen ΔT dann $\dot{Q}_K$ maximal wird — ergibt sich zu

$$I_m = \frac{ST_K}{R} \tag{12}$$

und mit Gl. (10) die zugehörige optimale Spannung (für 1 Element) zu

$$U_m = ST_W\,. \tag{12a}$$

(Bei den derzeitig üblichen Materialien für *Peltier*-Elemente auf der Basis von $(BiSb)_2(TeSe)_3$-Mischkristallen beträgt bei $T_W = 300$ K $S \approx 0{,}4$ mVK^{-1} und damit $U_m \approx 0{,}1$ V.)
Die mit I_m bei ΔT erzielbare optimale Nutzkühlleistung wird

$$\dot{Q}_{K\,\mathrm{opt}} = \frac{1}{2}\,\frac{S^2T_K^2}{R} - K\,\Delta T\,. \tag{13}$$

Als maximale Nutzkühlleistung wird der bei $\Delta T = 0$ erreichte Wert bezeichnet:

$$\dot{Q}_{K\,\max} = \frac{1}{2}\,\frac{S^2T^2}{R} \qquad (T_K = T_W = T)\,. \tag{13a}$$

Bezüglich der Geometrie der Thermoelementschenkel wird

$$\dot{Q}_{K\,\mathrm{opt}} \sim \frac{A}{L}\,, \tag{13b}$$

und die auf das Volumen bezogene spezifische Nutzkühlleistung umgekehrt proportional dem Quadrat der Länge. Zur Erzielung eines hohen Materialausnutzungsgrades wird man also bestrebt sein, die Länge des Schenkels so klein wie möglich zu machen. Die optimalen Betriebsstromstärken lassen sich dann noch durch den Querschnitt anpassen, falls die Daten einer Stromquelle vorgegeben sind (wie z. B. bei Kraftfahrzeugen).
Die mit einer Materialkombination größtmögliche Temperaturdifferenz $\Delta T_{\max}$ erhält man bei adiabatischem Abschluß der kalten Kontaktstelle ($\dot{Q}_K = 0$ und $I = I_m$). Dann steht der reversible *Peltier*-Wärmestrom im Gleichgewicht mit dem irreversiblen Wärmestrom durch *Joule*-Wärme und Wärmeleitung. Aus Gl. (13) ergibt sich

$$\Delta T_{\max} = \frac{1}{2} \frac{S^2}{RK} T_K^2 . \tag{14}$$

Der die Materialeigenschaften charakterisierende Faktor

$$\frac{S^2}{RK} = Z_E \tag{15}$$

wird als thermoelektrische Effektivität bezeichnet. Im Bereich der Raumtemperatur werden Effektivitätswerte von ca. $3 \cdot 10^{-3} K^{-1}$ erreicht. Der geometrieabhängige Nenner (RK) in der Effektivität eines Elementes läßt sich bei unterschiedlicher elektrischer und thermischer Leitfähigkeit des p- und n-Schenkels durch die Wahl der Schenkelabmessungen minimieren.
Aus der Minimumbedingung für (RK) ergibt sich das optimierte Geometrieverhältnis zu

$$\frac{L_n}{L_p} \frac{A_p}{A_n} = \sqrt{\frac{\sigma_n \varkappa_n}{\sigma_p \varkappa_p}} \tag{15a}$$

und hiermit die von der Materialkombination her erreichbare (geometrie-optimierte) Elementeffektivität zu

$$Z = \frac{(S_p - S_n)^2}{\left(\sqrt{\frac{\varkappa_p}{\sigma_p}} + \sqrt{\frac{\varkappa_n}{\sigma_n}}\right)^2} , \tag{15b}$$

die nun allein die Material-Koeffizienten in einer Kombination enthält, die die Konkurrenz von reversiblen und irreversiblen Prozessen im Thermoelement widerspiegelt. Die mit einer Materialkombination größtmögliche Temperaturdifferenz (Gl. 14) wird also eigentlich erst erreicht, wenn außer dem adiabatischem Abschluß der kalten Kontaktstelle auch die Geometriebedingung (15a) erfüllt ist. Bei den in der Praxis verwendeten Substanzen unterscheidet sich $(\sigma \cdot \varkappa)$ der p- und n-Materialien so wenig, daß sich der technologische Aufwand für eine Herstellung und Verarbeitung von Schenkeln unterschiedlicher Querschnitte z. B. nicht lohnt, um eine Effektivitätsverbesserung in der Größe von Prozent zu erhalten. Eine so große Abweichung vom optimalen Verhältnis (Gl. 15a) wie das 1,5fache ergibt erst eine Effektivitätsminderung um 4% gegenüber der geometrieoptimierten Gl. (15b).
Die Wirtschaftlichkeit des Betriebszustandes wird durch das Leistungsverhältnis ε (Gl. (11)) gekennzeichnet. Bei vorgegebener Effektivität Z_E und festen Tempera-

turen T_K, T_W ergibt die Optimierung in bezug auf die Stromstärke

$$\varepsilon_{K\,\mathrm{opt}} = \frac{T_K}{\Delta T} \cdot \frac{M - \dfrac{T_W}{T_K}}{M + 1}, \tag{16}$$

$$\varepsilon_{H\,\mathrm{opt}} = \frac{T_W}{\Delta T}\left(1 - 2 \cdot \frac{M - 1}{Z_E \cdot T_W}\right), \tag{16a}$$

mit der Abkürzung

$$M = \sqrt{1 + \frac{T_W + T_K}{2} Z_E}. \tag{16b}$$

Die zugehörige optimale Stromstärke ist

$$I_{\varepsilon\,\mathrm{opt}} = \frac{S \cdot \Delta T}{R(M - 1)}. \tag{16c}$$

Die entsprechende optimale Betriebsspannung wird

$$U_{\varepsilon\,\mathrm{opt}} = S\,\Delta T\,\frac{M}{M - 1}. \tag{16d}$$

Der Betrieb mit optimalem Leistungsverhältnis wird nicht immer der wirtschaftlich günstigste sein, weil die pro Element abgeführte Nutzkühlleistung bei $I = I_{\varepsilon\,\mathrm{opt}}$ jetzt proportional zu ΔT wird (Gl. (16) ist mit den Gln. (16c) und (16d) zu multiplizieren). Bei vorgegebener abzuführender Kälteleistung steigt mit kleiner werdendem ΔT dann die Zahl der Elemente, die thermisch parallel und elektrisch in Reihe als eine Batterie zu schalten wären (zu hoher Materialeinsatz).

Für den Betriebszustand mit I_m für optimale Nutzkühlleistung $\dot{Q}_{K\,\mathrm{opt}}$ ergibt sich der Kühlleistungsfaktor zu

$$\varepsilon_{\dot{Q}_{K\,\mathrm{opt}}} = \frac{1}{2}\,\frac{T_K}{T_W}\left(1 - \frac{\Delta T}{\Delta T_{\mathrm{max}}}\right). \tag{17}$$

Für den Betrieb mit optimaler Nutzkühlleistung wird also das Leistungsverhältnis $\leqq 0{,}5$ (Bild 5) und an den warmen Lötstellen muß eine Wärmeleistung $\dot{Q}_H \geqq 3\dot{Q}_{K\,\mathrm{opt}}$ abgeführt werden.

Bild 4 zeigt das als relative thermische Belastung β bezeichnete Verhältnis der Nutzkühlleistung $\dot{Q}_K$ zum Maximalwert $\dot{Q}_{K\,\mathrm{max}}$ in Abhängigkeit des Stromverhältnisses I/I_m mit der Temperaturdifferenz als Parameter. Für die Elementeffektivität wurde der gegenwärtig als Höchstwert für industrielle Herstellung anzusehende Betrag von $3 \cdot 10^{-3} K^{-1}$ angenommen und für die Temperatur der warmen Kontaktstelle 300 K. Bild 5 zeigt die entsprechende Abhängigkeit des Leistungsverhältnisses.

Aus den Bildern 4 und 5 ist ersichtlich, daß es in den meisten Anwendungsfällen der thermoelektrischen Kühlung zweckmäßig sein wird, $I \approx (0{,}5$ bis $0{,}7)\,I_m$ zu wählen, wodurch bei noch günstigen Betriebswerten $\dot{Q}_K$ $\left(\text{bzw. } \beta = \dfrac{\dot{Q}_K}{\dot{Q}_{K\,\mathrm{max}}}\right)$ und ΔT die an den warmen Kontaktstellen abzuführende Wärmeleistung erheblich geringer wird.

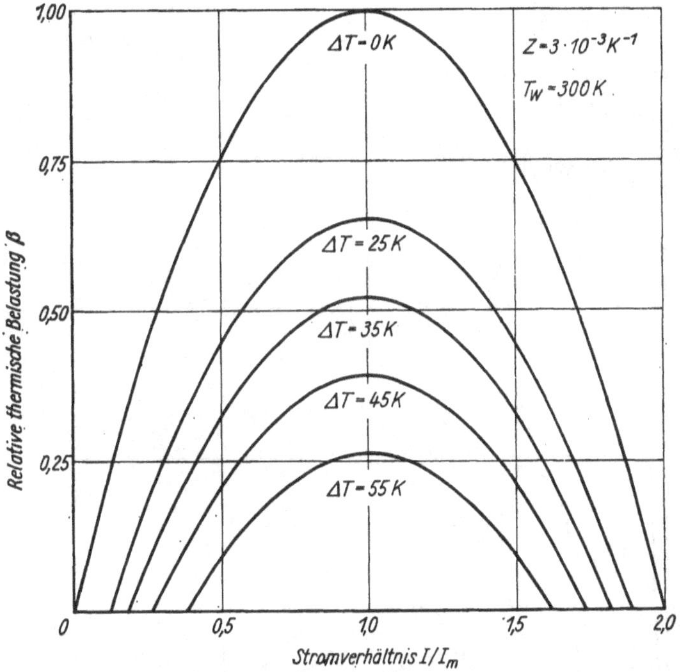

Bild 4. Die relative thermische Belastung β in Abhängigkeit vom Stromverhältnis I/I_m für verschiedene Temperaturdifferenzen ΔT zwischen den Kontaktstellen eines Kühlelementes. Für die Temperatur der warmen Kontaktstelle wurde $T_W = 300$ K und für die Elementeffektivität $Z = 3 \cdot 10^{-3}$ K^{-1} angenommen

Besonders günstige Leistungsverhältnisse erhält man für die thermoelektrische Heizung (Wärmepumpen gegen einen Temperaturgradienten). Aus Gl. (16a) ergibt sich für $Z_E = 3 \cdot 10^{-3}\, K^{-1}$, $T_W = 300$ K und $\Delta T = 20$ K ein Heizleistungsfaktor von 3, d. h. gegenüber der reinen elektrischen Widerstandsheizung erhält man mit thermoelektrischer Heizung die dreifache Wärmeleistung.

In der Praxis muß man durch hier nicht berücksichtigte thermische Nebenschlüsse, notwendige Temperaturdifferenzen für den Wärmeübergang an Wärmetauschern, Isolierschichten zwischen Kontaktbrücken und Wärmetauschern mit etwas geringeren Werten als den angegebenen rechnen.

3.2.2.2.2. Thermogenerator (Seebeck-Element)

Beim Thermogenerator interessieren die abgegebene elektrische Leistung und der Wirkungsgrad in bezug auf den äußeren Verbraucherwiderstand R_a (Bild 3b). Die Stromstärke und Spannung ergeben sich zu

$$I = \frac{S\,\Delta T}{R + R_a}\,, \tag{18}$$

$$U = S\,\Delta T\,\frac{R_a}{R + R_a}\,. \tag{18a}$$

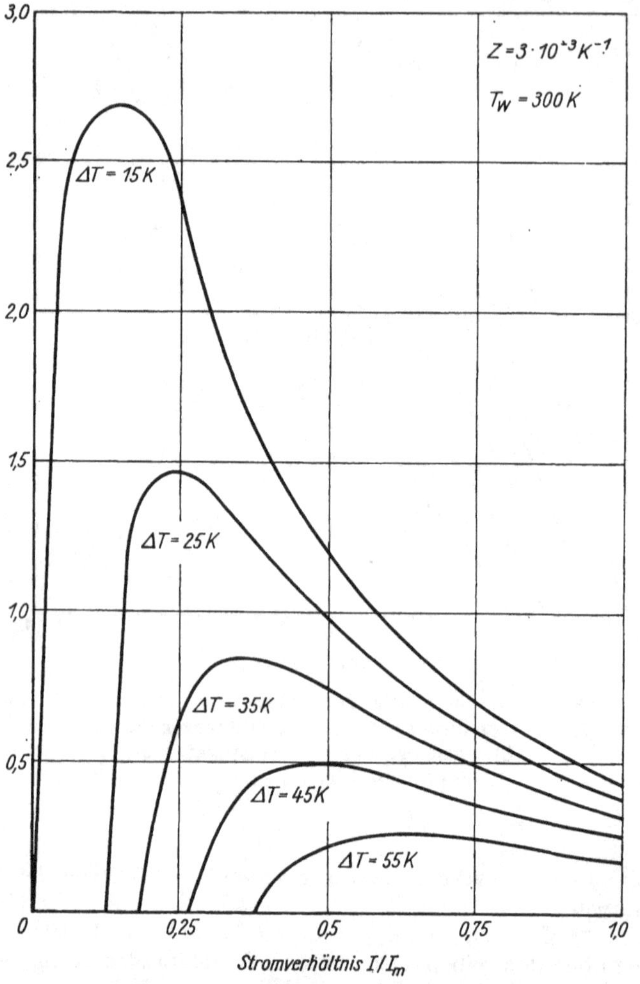

Bild 5. Das Leistungsverhältnis ε_K in Abhängigkeit vom Stromverhältnis I/I_m für verschiedene Temperaturdifferenzen ΔT zwischen den Kontaktstellen eines Kühlelementes. Für die Temperatur der warmen Kontaktstelle wurde $T_W = 300$ K und für die Elementeffektivität $Z = 3 \cdot 10^{-3}$ K^{-1} angenommen

Die abgegebene Leistung beträgt

$$P_a = \frac{S^2 \, \Delta T^2}{R} \cdot \frac{m}{(m+1)^2} \tag{19}$$

mit

$$m = \frac{R_a}{R} \tag{19a}$$

als dem Verhältnis von Außenwiderstand und Innenwiderstand der Stromquelle. Für den Einfluß der Geometrie des Thermoelements auf die auf das Volumen bezogene spezifische Leistung ergibt sich wieder die umgekehrte Proportionalität mit dem Quadrat der Schenkellänge.

Der Wirkungsgrad

$$\eta = \frac{P_a}{\dot{Q}_W} \tag{20}$$

ist bezüglich des Widerstandsverhältnisses m maximierbar. Mit der von der heißen Kontaktstelle abgeführten Wärmeleistung

$$\dot{Q}_W = SIT_W - \tfrac{1}{2} I^2R + K \, \Delta T \tag{21}$$

ergibt sich mit Gl. (19) und (18)

$$\eta_{\max} = \frac{\Delta T}{T_W} \cdot \frac{M - 1}{M + \dfrac{T_K}{T_W}}, \tag{22}$$

wobei

$$m_{\text{opt}} = \left(\frac{R_a}{R}\right)_{\text{opt}} = M = \sqrt{1 + \frac{T_W + T_K}{2} Z_E} \tag{23}$$

ist. Neben dem *Carnot*-Wirkungsgrad einer idealen Wärmekraftmaschine charakterisiert die Elementeffektivität Z auch bei der Stromerzeugung das energetische Verhalten des Thermoelementes. Man kann im Temperaturbereich zwischen 100 und 1000 K als empirisch gefundenen Maximalwert für die dimensionslose Materialgütezahl $(T \cdot Z) \approx 1$ annehmen. Für die optimale Widerstandsanpassung beträgt dann $M \approx 1{,}4$ und es ergeben sich gegenüber der Leistungsanpassung mit $m = 1$ $(R_a = R)$ nur geringe Unterschiede ($<3\%$). Mit $M = 1{,}4$ ergäbe sich ein theoretischer Wirkungsgrad von ca. 11% bei z. B. $T_W = 600$ K und $\Delta T = 300$ K. Technische ausgeführte Generatoren zeigen i. a. Gesamtwirkungsgrade zwischen 4 und 8%.

3.2.2.2.3. Schlußfolgerungen für die Bauelementeentwicklung

In allen Anwendungsfällen: Kühlung, Heizung, Stromerzeugung sind für hohe spezifische Leistung und Wirtschaftlichkeit Materialeigenschaften S, σ, $\varkappa$ anzustreben, die zu einer möglichst großen Effektivität Z führen. Die Verarbeitung der Materialien sollte die Anwendung möglichst kleiner Schenkellängen ohne Effektivitätsminderungen gestatten, wobei anwendungstechnische Forderungen hinsichtlich der Stromstärken oder der Leistungen pro Element durch entsprechende Querschnitte der Schenkel erfüllbar sein sollen.

3.2.3. Festkörperphysikalische Aspekte der Materialauswahl

Für die Suche nach effektiven thermoelektrischen Materialien ist es zweckmäßig, die in Gl. (15b) definierte Materialeffektivität eines Elementes auch analog für ein einzelnes Material als charakteristische Gütegröße zu benutzen:

$$Z = \frac{S^2\sigma}{\varkappa}. \tag{24}$$

Aus den gegenläufigen Forderungen, in einem Material hohe differentielle Thermospannung S bei ebenfalls hoher elektrischer Leitfähigkeit σ und dabei niedriger Wärmeleitfähigkeit $\varkappa$ zu erhalten, ergibt sich bereits qualitativ, daß nur Störstellen-

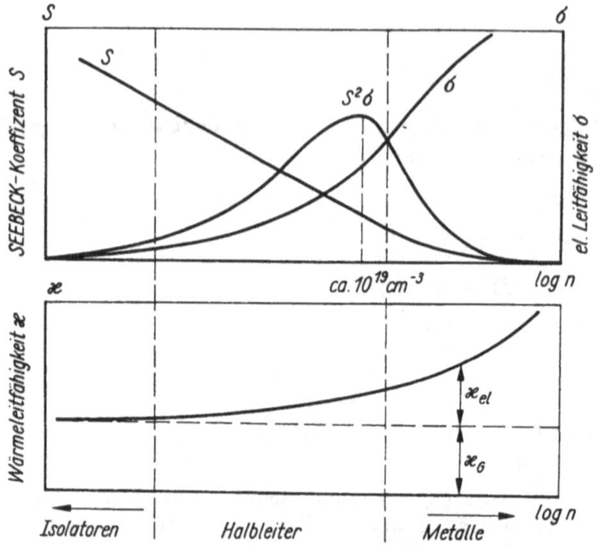

Bild 6. Schematische Darstellung der Abhängigkeit der effektivitätsbestimmenden Materialkoeffizienten von der Ladungsträgerkonzentration n. Die Wärmeleitfähigkeit $\varkappa$ setzt sich additiv aus einem Gitteranteil $\varkappa_G$ und einem elektrischen Anteil $\varkappa_{el}$ zusammen, wobei der Gitteranteil $\varkappa_G$ vereinfacht als konstant für alle Materialgruppen angenommen wurde

halbleiter als Substanzen hoher Materialeffektivität Z in Betracht kommen, in denen sich eine bestimmte optimale Ladungsträgerkonzentration n_{opt} einstellen läßt (Bild 6).

Die Verknüpfung der phänomenologischen thermoelektrischen Koeffizienten π bzw. S mit den charakteristischen Energiegrößen der Ladungsträger in den Halbleitern läßt sich durch den *Peltier*-Effekt an einem vereinfachten Metall-Halbleiter-Übergang gut veranschaulichen (Bild 7). Bild 7 zeigt das Energieschema der Leitungselektronen eines Thermoelements mit (nicht-entarteten) n- und p-leitenden Schenkeln, die durch eine metallische Brücke verbunden sind und über metallische Anschlußstücke an eine Stromquelle angeschlossen sind. Am Leiterkreis sind zunächst wie in Bild 7 dargestellt, gleiche Temperaturen angenommen, und es liegt die Potentialdifferenz U an. In den Metallen kann die mittlere kinetische Energie der Leitungselektronen gleich der *Fermi*-Energie W_F gesetzt werden, wobei eine statistische Verteilung der Elektronen gemäß der *Fermi*-Verteilungsfunktion um die *Fermi*-Energie auf alle Energiezustände ohne Energielücken (verbotene Zonen) möglich ist. Im n-Halbleiter sind nur Energiewerte oberhalb des unteren Randes des Leitungsbandes W_{Ln} durch die die elektrische Leitung bewirkenden Elektronen besetzbar. Die Elektronenenergie setzt sich aus potentieller Energie $W_{pot,n} = W_{Ln} - W_F$ und mittlerer kinetischer Energie $W_{kin,n}$ der Leitungselektronen zusammen, wobei diese durch einen Streuparameter r und durch die thermische Energie kT bestimmt ist (k – *Boltzmann*-Konstante):

$$W_{kin,n} = (r + \tfrac{5}{2})\, kT\,. \tag{25}$$

Für die meist vorherrschende Streuung an akustischen Gitterschwingungen gilt $r = -\frac{1}{2}$. Der Streuparameter r ist durch die Energieabhängigkeit der Relaxations-

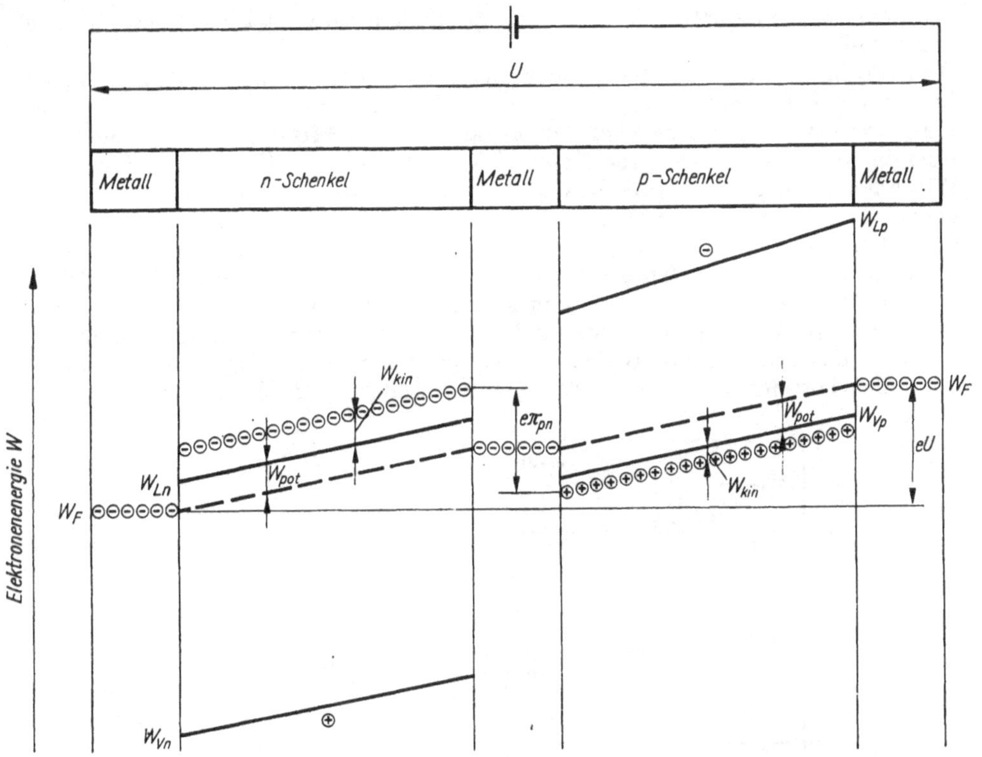

Bild 7. Veranschaulichung des *Peltier*-Effektes im vereinfachten Energieschema eines Thermoelementes mit (nicht-entarteten) n- und p-leitenden Halbleiter-schenkeln, die durch eine Metallbrücke verbunden sind und über metallische Anschlüsse mit einer Stromquelle verbunden sind. In der Darstellung ist eine konstante Temperatur am Leiterkreis angenommen. Am Leiterkreis liegt die Potentialdifferenz U an. Weitere Erläuterungen im Text

zeit τ bei der Ladungsträgerstreuung gegeben:

$$\tau = \tau_0(T)\, W^r\,.$$

Jede Elementarladung e, die vom mittleren Metallstück zum n-Halbleiter übergeht, entzieht dem Metall die Energiemenge $(W_{\mathrm{kin}} - W_{\mathrm{pot}})_n$, die gleich der pro Elementarladung umgesetzten *Peltier*-Wärme*menge* ist:

$$-e\pi_n = -eS_nT = W_{\mathrm{kin},n} - W_{\mathrm{pot},n} = (r + \tfrac{5}{2})\, kT - (W_{Ln} - W_F)\,. \quad (26)$$

Mit Einführung des auf kT reduzierten *Fermi*-Niveaus $\eta_n = \dfrac{W_{Ln} - W_F}{kT}$ ergibt sich für den *Seebeck*-Koeffizienten eines nicht-entarteten n-Halbleiters:

$$S_n = -\frac{k}{e}\left(r + \frac{5}{2} - \eta\right)_n. \quad (27)$$

Analog erhält man für den nicht-entarteten p-Halbleiter

$$S_p = +\frac{k}{e}\left(r + \frac{5}{2} - \eta\right)_p, \quad (27\mathrm{a})$$

wobei $\eta_p = \dfrac{W_F - W_{Vp}}{kT}$ ist.

Die *Seebeck*-Koeffizienten der Metalle sind in dem vereinfachten Energieschema gleich Null.

Während dem mittleren Metallstück über den n-Halbleiter Elektronen hoher Energie der *Fermi*-Verteilung – im Mittel auf dem Niveau $(W_{kin} - W_{pot})_n$ – entzogen werden, werden ihm über den p-Halbleiter im Mittel Elektronen niedriger Energie auf dem Niveau der Defektelektronen $(W_{kin} - W_{pot})_p$ zugeführt. Die Wiederherstellung des thermischen Gleichgewichts zwischen Elektronen- und Phononensystem führt insgesamt zur Abkühlung der mittleren Kontaktstelle bei der angenommenen Stromrichtung. An den anderen Kontakten Halbleiter/Metall führt die Abgabe der entsprechenden Energien einschließlich der durch die Potentialdifferenz U aufgebrachten zur Erwärmung. Mit der Ausbildung von Temperaturgradienten über die Halbleiter entsteht durch die Neuverteilung der Ladungsträger in das energetische Gleichgewicht die Thermospannung, deren Polarität durch das Vorzeichen der Ladungsträger bestimmt wird (Bild 8).

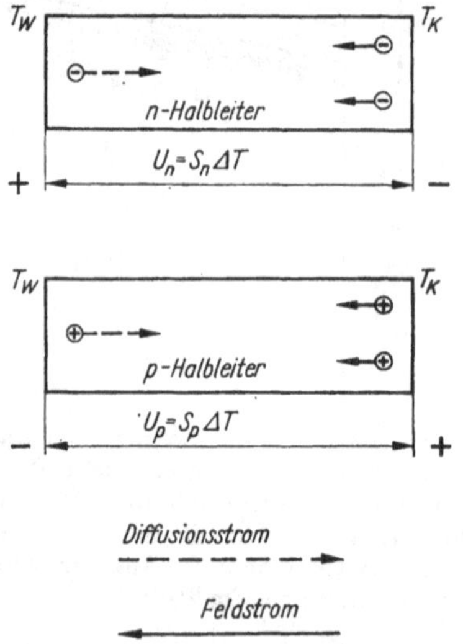

Bild 8. Erklärung der Polarität der Thermospannung am (isolierten) n- und p-Halbleiter. Auf Grund der erhöhten Energie (und evtl. höheren Konzentration) diffundieren die beweglichen Ladungsträger zum kälteren Ende und erzeugen eine Raumladung, die solange anwächst, bis der dadurch bedingte elektrische Feldstrom den Diffusionsstrom kompensiert. In einem Eigenhalbleiter mit gleicher Beweglichkeit der Elektronen und Löcher kann wegen der bipolaren Diffusion sich keine Raumladung ausbilden und die differentielle Thermospannung S ist Null

Wegen der Verknüpfung der *Peltier*-Koeffizienten mit dem *Seebeck*-Koeffizienten durch die erste *Kelvin*-Relation (Gl. (4)) erübrigt sich eine Darstellung des Energieschemas eines Halbleiter-Thermoelements mit Temperaturdifferenz. Während Bild 8 gleichfalls qualitativ die Existenz der absoluten *Seebeck*-Koeffizienten eines Einzelmaterials veranschaulicht, macht das Schema in Bild 7 nochmals deutlich, daß der *Peltier*-Effekt auf dem Energieunterschied der Leitungselektronen in zwei verschiedenen Leitern beruht. Die in Gl. (7) aufgrund der *Kelvin*-Relation formal eingeführten absoluten *Peltier*-Koeffizienten für ein Einzelmaterial bedeuten damit lediglich den Bezug auf die *Fermi*-Energie W_F als Referenzenergie, und das für p- und n-Leitung entgegengesetzte Vorzeichen berücksichtigt die entgegengesetzte Richtung des elektrischen Stromes bei gleicher Richtung des Energiestromes.

Aus Bild 6 ist bereits zu erwarten, daß für effektive Materialien die in Bild 7 und Gl. (25) vorausgesetzte Nicht-Entartung nicht zutreffen wird. Für eine Betrachtung der Abhängigkeit der Effektivität Z (eines Einzelmaterials, z. B. n-leitend) von den charakteristischen Größen des Festkörpers, die die Transportkoeffizienten S, σ und $\varkappa$ bestimmen, müssen die durch die *Fermi*-Statistik gegebenen Ausdrücke für einen Störstellenhalbleiter verwendet werden.

Es wird Einbandleitung mit parabolischer Energieabhängigkeit (vom Wellenzahlvektor) vorausgesetzt. Für die Bandstruktur wird ein Vieltalmodell mit ellipsoiden Isoenergieflächen angenommen. Dann ist die effektive Masse der Zustandsdichte $m_D = N_V^{2/3}(m_1 m_2 m_3)^{1/3}$, wobei N_V die Zahl der Täler (Energieminima) und m_1, m_2, m_3 die effektiven Massen in Richtung der Ellipsoidhauptachsen bedeuten. Während die Zustandsdichtemasse m_D in die Ladungsträgerkonzentration eingeht, wird die Beweglichkeit durch die sogenannte Leitfähigkeits- oder Impulsmasse m_L bestimmt, die je nach Kristallsymmetrie und Lage der Isoenergieellipsoide zu den Kristallachsen mit den effektiven Massen m_1, m_2, m_3 verknüpft ist und in den verschiedenen Kristallrichtungen verschieden sein kann.

Bei kubischer Symmetrie und isotroper Relaxationszeit ist auch die Beweglichkeit isotrop und $\dfrac{1}{m_L} = \dfrac{1}{3}\left(\dfrac{1}{m_1} + \dfrac{1}{m_2} + \dfrac{1}{m_3}\right)$. Die Relaxationszeit wird als isotrop angenommen mit der Energieabhängigkeit $\tau = \tau_0(T) \cdot W^r$, wobei der Streuparameter r hier im wesentlichen nur für die beiden Fälle akustische Gitterstreuung ($r = -\frac{1}{2}$) und Streuung an ionisierten Störstellen ($r = \frac{3}{2}$) von Interesse ist. Die Faktoren $\tau_0(T)$ hängen je nach Streumechanismus in verschiedener Weise von m_D und m_L ab (neben anderen in τ_0 eingehende Größen). Mit den *Fermi*-Integralen $F_r(\eta) = \int_0^\infty x^r[1 + \exp(x - \eta)]^{-1}\, dx$ und dem *Planck*schen Wirkungsquantum h ergeben sich folgende Beziehungen:

Seebeck-Koeffizient

$$S = \frac{k}{e}\left[\frac{(r + \frac{5}{2})\, F_{r+3/2}}{(r + \frac{3}{2})\, F_{r+1/2}} - \eta\right], \tag{28}$$

elektrische Leitfähigkeit

$$\sigma = enu \qquad (n \gg p), \tag{29}$$

Ladungsträgerkonzentration

$$n = \frac{4}{\sqrt{\pi}}\,(2\pi m_D\, kT/h^2)^{3/2}\, F_{1/2}, \tag{30}$$

$$n = \frac{2}{\sqrt{\pi}}\,(2\pi m_D\, kT/h^2)^{3/2} \exp\eta \qquad \text{für} \qquad \eta < -2, \tag{30a}$$

Beweglichkeit

$$u = \frac{e}{m_L}\langle\tau\rangle, \qquad \text{wobei} \qquad \langle\tau\rangle \tag{31}$$

den Mittelwert über die Energieverteilung bedeutet.

Wärmeleitfähigkeit

$$\varkappa = \varkappa_G + L\sigma T, \tag{32}$$

Wiedemann-Franz-Zahl

$$L = \left(\frac{k}{e}\right)^2 \left\{\frac{(r+\frac{7}{2})\,F_{r+5/2}}{(r+\frac{3}{2})\,F_{r+1/2}} - \left[\frac{(r+\frac{5}{2})\,F_{r+3/2}}{(r+\frac{3}{2})\,F_{r+1/2}}\right]^2\right\}, \tag{33}$$

$$L_{\text{n.-ent.}} = \left(r+\frac{5}{2}\right)\left(\frac{k}{e}\right)^2 \quad \text{für} \quad \eta < -2\,, \tag{33a}$$

$$L_{\text{ent.}} = \frac{\pi^2}{3}\left(\frac{k}{e}\right)^2 \quad \text{für} \quad \eta > +5\,. \tag{33b}$$

In Gleichung (32) wurden Anteile der Wärmeleitfähigkeit durch bipolare Diffusion von Elektronen und Löchern sowie durch Strahlung (Photonenleitung) vernachlässigt, da einerseits unipolare Leitung vorausgesetzt wird und andererseits nur hohe Ladungsträgerkonzentrationen hier relevant sind, bei denen die Photonenwärmeleitung durch das Material keine Rolle spielt.
Mit den Ausdrücken der Gl. (28) bis (33) läßt sich die Effektivität Z darstellen als Funktion des reduzierten *Fermi*-Niveaus η, des Streuparameters r und durch einen materialspezifischen Faktor G, der dann durch die Beweglichkeit u, die Gitterwärmeleitfähigkeit $\varkappa_G$ und die effektive Zustandsdichtemasse m_D bestimmt ist:

$$Z = G \cdot f(r, \eta)\,, \tag{34}$$

$$G = 2\,\frac{k^2}{e}\left(\frac{2\pi m_0\,kT}{h^2}\right)^{3/2} \cdot \frac{\left(\frac{m_D}{m_0}\right)^{3/2} u_{kl}}{\varkappa_G}\,. \tag{35}$$

In Gl. (35) bedeutet m_0 die Ruhmasse des freien Elektrons und u_{kl} die auf den klassischen Fall der *Boltzmann*-Statistik bezogene, von η unabhängige Beweglichkeit. Entsprechend Gl. (31) und mit $\tau = \tau_0(T) \cdot W^r$ und der Mittelwertbildung gilt

$$u = \frac{\Gamma(\frac{1}{2})\,F_{r+1/2}}{\Gamma\,(r+\frac{3}{2})\,F_{1/2}} \cdot u_{kl} \tag{36}$$

und

$$u_{kl} = \frac{2e}{3m_L}\,\tau_0(T)\,\frac{(r+\frac{1}{2})\,\Gamma\,(r+\frac{3}{2})}{\Gamma(\frac{1}{2})}\,(kT)^r\,, \tag{36a}$$

wobei Γ die Gammafunktion ist.
Die Funktion $f(r, \eta)$ in Gl. (34) ist so beschaffen, daß für jeden vorgegebenen Materialfaktor G und Streuparameter r ein optimales reduziertes *FERMI*-Niveau η_{opt} existiert, bei dem die Effektivität Z maximal wird. Um mit einem bestimmten, durch G und r charakterisierten Material maximal mögliche Effektivität Z erhalten zu können, muß das zugehörige η_{opt} durch Dotierung einstellbar sein.
Die Forderung, für maximale Effektivität ein optimales *Fermi*-Niveau einstellen zu können, verdeutlicht die Notwendigkeit der Halbleitereigenschaften von effektivem thermoelektrischem Material. Für die theoretische Bestimmung von η_{opt} wird vorausgesetzt, daß G und r in einem gewissen Bereich unabhängig von η sind, d. h. unabhängig von der notwendigen Dotierung zur Einstellung von η_{opt}.
Eine Vergrößerung von G wäre allerdings ein erwünschter Effekt. Außerdem wird vorausgesetzt, daß eine genügende Löslichkeit von — bezüglich G und r günstigen — Dotierungssubstanzen vorliegt, um η_{opt} auch erreichen zu können. Ausscheidungen zweiter Phasen müssen vermieden werden, da diese in jedem Fall die thermoelektrische Effektivität verschlechtern. Durch thermoelektrische Ringströme zwischen beiden Phasen verringert sich die differentielle Thermospannung und es erhöht sich die Wärmeleitfähigkeit [12]—[14].

In Bild 9 ist die theoretisch berechnete dimensionslose Materialgütezahl ($Z \cdot T$) — d. h. die mit T multiplizierte Gl. (34) — als Funktion des reduzierten *Fermi*-Niveaus η für den Streuparameter $r = -\frac{1}{2}$ (akustische Gitterstreuung) dargestellt. Der in Bild 9 verwendete Kurvenparameter g hängt mit dem durch Gl. (35) gegebenen Materialfaktor G zusammen: $T \cdot G = 0{,}894 \cdot g$.

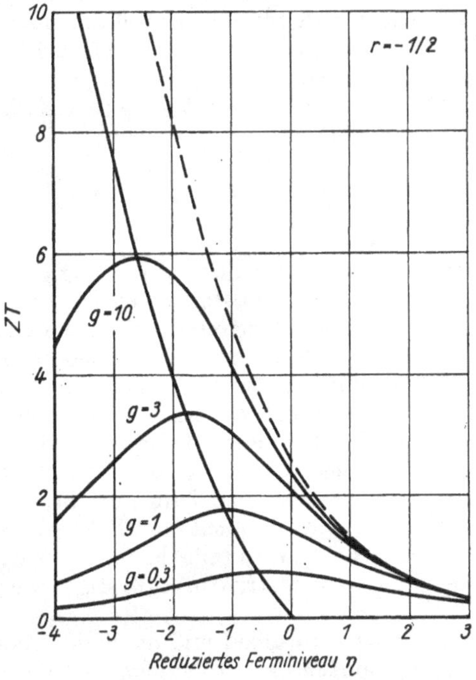

Bild 9. Abhängigkeit der Materialgütezahl ($Z \cdot T$) vom reduzierten *FERMI*-Niveau η für akustische Gitterstreuung ($r = -\frac{1}{2}$). Der Kurvenparameter g ist durch den Materialfaktor G und die Temperatur T gegeben: $g = \frac{G \cdot T}{0{,}894}$. Die annähernd die Maxima durchlaufende Kurve erhält man mit der Extremwertbedingung aus Gl. (34), wenn für die Funktion $f(r, \eta)$ die Näherungsausdrücke bei Nicht-Entartung für S, σ und L (Gl. 27, 30a, 36a, 33a) verwendet werden (analytische Lösung). Die gestrichelte Kurve ergibt sich als Grenzfall für ein hypothetisches Material mit $\varkappa_G = 0$, wobei dann ($Z \cdot T$) nur noch von r und η abhängt (weil dann (ZT) nur noch von S und L abhängt: $ZT = S^2/L$)

Für die gegenwärtig bekannten effektiven thermoelektrischen Materialien liegt das optimale reduzierte *Fermi*-Niveau zwischen -1 und $+0{,}5$ und $(ZT)_{max}$ ungefähr bei 1. Die zu η_{opt} gehörenden Ladungsträgerkonzentrationen (Gl. (30)) liegen im Bereich (10^{18} bis 10^{20}) cm^{-3} (für $\eta_{opt} = 0$; $T = 300$ K; $m_D = m_0$ ist $\eta_{opt} = 2 \cdot 10^{19}\ cm^{-3}$).
Das ist günstig hinsichtlich der Reinheitsforderungen an die Ausgangssubstanzen, die nur 4- bis 5-Neunerqualität haben müssen. Die optimalen *Seebeck*-Koeffizienten liegen nach Gl. (28) für $\eta_{opt} = 0$ und $r = -\frac{1}{2}$ bei $S_{opt} \approx 0{,}2$ m V K^{-1}, was nach Gl. (12a) und (18a) bedeutet, daß einzelne Halbleiterthermoelemente immer bei relativ kleinen Spannungen arbeiten. Nimmt man neben $\eta_{opt} = 2 \cdot 10^{19}\ cm^{-3}$ noch

für $u_{kl} \approx 400\,cm^2\,V^{-1}\,s^{-1}$ bei 300 K an, so ergibt sich $\sigma = 1100\,\Omega^{-1}\,cm^{-1}$ und nach Gl. (12) für die optimale Stromstärke von Kühlelementen bei $T_W = 300$ K $\frac{I_m}{A} = 132 \cdot \left(\frac{\text{Querschnitt/cm}^2}{\text{Länge/cm}}\right)$.

Bei den z. Z. bekannten effektiven thermoelektrischen Halbleitern sind gegenüber den obigen Abschätzungen keine großen Änderungen der Werte möglich, so daß diese abgeschätzten Materialeigenschaften als typisch anzusehen sind, und z. B. die Betriebsstromstärken von Kühlelementen praktisch nur durch das Querschnitts-Längen-Verhältnis verändert werden können.

Der η_{opt} bestimmende Materialfaktor G sollte für ein thermoelektrisches Material so groß wie möglich sein. Nach Gl. (35) ist

$$G \sim \frac{m_D^{3/2} u_{kl}}{\varkappa_G}. \tag{35a}$$

Auch die in Gl. (35a) eingehenden Größen sind nicht unabhängig voneinander, aber der komplexe Zusammenhang zwischen Kristallstruktur, Gitterwärmeleitfähigkeit, Bandstruktur (effektive Massen) und Streuung kann noch nicht genügend theoretisch formuliert werden, um etwa die Frage nach einer theoretischen oberen Grenze der thermoelektrischen Effektivität beantworten zu können. Bezüglich der Abhängigkeiten der Beweglichkeit von den effektiven Massen für die verschiedenen Streumechanismen (r-Parameter) und des Einflusses der Bandstruktur (Viel-Tal-Modell) auf den Materialfaktor G muß hier wieder auf die Spezialliteratur verwiesen werden [15]. Die Diskussion dieser Zusammenhänge ergibt, daß als grobe Tendenz die Effektivität etwa umgekehrt proportional der effektiven Masse wird, d. h. es sind Substanzen bzw. Kristallrichtungen mit kleiner effektiver Masse erwünscht. Außerdem ist eine Vieltal-Bandstruktur günstig (wegen $m_D = N_V^{2/3}(m_1 m_2 m_3)^{1/3}$).

Auf Grund der hohen Ladungsträgerkonzentrationen und damit i. a. hohen Dotierungsmengen kann die Streuung an ionisierten Störstellen bedeutend werden (Kleine effektive Massen, d. h. große freie Weglängen unterstützen den Übergang von der Gitterstreuung zur Störstellenstreuung.). Nach den Abhängigkeiten der durch die Gl. (28), (33), (36a) beschriebenen Ausdrücke vom Streuparameter r wäre ein positiver hoher Wert ($r = \frac{3}{2}$) für hohes Z günstig, aber die Beweglichkeit sinkt dennoch so stark ab, daß auch Z sinkt. Es ist nämlich für Störstellenstreuung $\tau_0 \sim 1/N_i$, wobei N_i die Störstellenkonzentration ist. Im allgemeinen ist Streuung an ionisierten Störstellen effektivitätsmindernd. Da aber bei diesem Streutyp τ_0 (und damit auch u_{kl}) proportional dem Quadrat der Dielektrizitätskonstanten ist, sind Substanzen mit einer hohen relativen Dielektrizitätskonstanten — wie z. B. Bi_2Te_3 mit ca. 85 — günstig.

Ein besonders wichtiges Auswahlprinzip zur Erreichung hoher Materialfaktoren G ist, gleichzeitig mit hoher Ladungsträgerbeweglichkeit geringe Gitterwärmeleitfähigkeit $\varkappa_G$ zu erreichen. Je schwerer die Gitterbausteine und je geringer die Bindungsfestigkeit, um so kleiner wird die Gitterwärmeleitfähigkeit sein. Bi_2Te_3 ist die Verbindung mit der größten Molmasse, die noch halbleitende Eigenschaften besitzt, die auch der Hauptwerkstoff für Halbleiterthermoelemente im Bereich der Raumtemperatur ist. Bi_2Te_3 und analoge Verbindungen wie Sb_2Te_3 bilden hexagonale Schichtengitter, die zwischen den hexagonalen Basisflächen (Spaltflächen) nur durch schwache *Van-der-Waal*sche Kräfte gebunden sind. Obwohl die Gitterwärmeleitfähigkeit längs der Spaltflächen (a-Achsen), d. h. in Richtung der höheren Bindungsfestigkeit, größer ist als senkrecht zu den Spaltflächen (c-Achse), ist die Effektivität von Bi_2Te_3 in Richtung der Spaltflächen größer, weil dies die Richtung der kleineren effektiven Masse ist (Für Sb_2Te_3 sind die Fragen der Anisotropie der Effektivität wie auch die der Bandstruktur und Streuung noch nicht geklärt [16], [17.]).

Eine Folge der erwünschten geringen Gitterwärmeleitfähigkeit ist aber auch eine geringe mechanische Festigkeit der Materialien. Die Forderung nach hoher Molmasse bedingt auch kleine Bandabstände $W_G = W_L - W_V$. Da mit kleinen Bandabständen in einer homologen Serie von Verbindungen (z. B. III—VI-; V—VI-Verbindungen) auch kleine effektive Massen verbunden sind, kommt dies dem Interesse an hohen Beweglichkeiten entgegen. Andererseits begrenzt der Bandabstand die obere Einsatztemperatur der Substanzen, da durch die beginnende Eigenleitung der *Seebeck*-Koeffizient gesenkt und die Wärmeleitfähigkeit erhöht wird. Um den effektivitätsmindernden Einfluß bipolarer Effekte kleiner als 10% zu halten, muß der Bandabstand $W_G \geqq 4\,kT$ sein [18]. Eine Ausnahme sind die Substanzen, bei denen die Beweglichkeit der Minoritätsträger sehr viel kleiner (mindestens um den Faktor 70) als die der Majoritätsträger ist, wie z. B. bei den n-leitenden III—V-Verbindungen. Da die Elektronenbeweglichkeit stets größer als die Löcherbeweglichkeit ist, sind p-leitende Materialien empfindlicher bezüglich bipolarer Einflüsse.

Als Auswahlprinzip für thermoelektrische Halbleiter folgt, daß der Bandabstand nur so groß sein muß, um schädliche bipolare Effekte zu vermeiden. Der Temperaturbereich für eine thermoelektrische Substanz, in dem die Effektivität genügend groß ist für technische Anwendungen, wird also ziemlich begrenzt sein. Für Bi_2Te_3 beträgt $W_G = 0{,}15$ eV, so daß thermoelektrische Halbleiter auf der Basis von Bi_2Te_3 nur bis zu ca. 500 K einsetzbar sind. Im Bereich von 500 bis 800 K werden daher Substanzen auf der Grundlage von PbTe und GeTe, im Bereich oberhalb 800 K bis 1200 K Ge–Si-Legierungen verwendet. Die Rolle des Bandabstandes gibt eine qualitative Deutung der empirischen Regel $(Z \cdot T) \approx$ const, da nach den geschilderten Tendenzen Substanzen mit größerem Bandabstand kleinere Effektivitäten ergeben.

Als wichtigste Werkstofforderungen für thermoelektrische Bauelemente ergeben sich:

1. Es müssen Halbleiter von n- als auch p-leitendem Typ zur Verfügung stehen, die optimal dotierbar sind (zur Einstellung von η_{opt}).

2. Der Bandabstand W_G sollte annähernd 4 kT sein, wenn T die obere Einsatztemperatur des Materials ist.

3. Die Gitterwärmeleitfähigkeit $\varkappa_G$ soll so klein wie möglich sein.

Die von *A. F. Joffe* vorgeschlagene Verwendung von Mischkristallen ermöglicht, diese Hauptforderungen in günstigerer Weise als mit reinen Element- oder Verbindungshalbleitern zu erfüllen. Der wichtigste Effekt der Mischkristallbildung liegt in der Herabsetzung der Gitterwärmeleitfähigkeit $\varkappa_G$ ohne gleich starke Reduzierung der Beweglichkeit u. Durch Ersetzen der einen Atomart durch ein chemisch ähnliches Element mit anderer relativer Atommasse werden geringe Gitterverzerrungen geschaffen, die nur im Bereich der Atomabstände liegen. Dadurch werden die Wärmeenergiequanten, die sogenannten Phononen, stark gestreut, weil die Wellenlänge der Phononen nur über etwa einen Atomabstand reicht. Dagegen werden Elektronen, deren Wellenlängen über mehrere Atomabstände reichen, durch diese kleinen Gitterverzerrungen weniger gestreut, und eine Vergrößerung des Materialfaktors G ist als Folge der Mischkristallbildung zu erwarten. Die Voraussetzungen zur Bildung halbleitender Mischkristalle sind, daß die Randkomponenten

die gleiche Gitterstruktur besitzen,

der Atomradienunterschied kleiner als 15% ist

und

eine chemische bzw. bindungsmäßige Verwandtschaft

besteht.

Aus der Vorstellung, daß sich in einer halbleitenden Verbindung die Elektronen über das Metallionensubgitter bewegen und die Löcher über das Anionensubgitter, leitet sich als allgemeine Regel für die Substitution ab:

Im n-leitenden Material wird die Nicht-Metallkomponente ersetzt, im p-leitenden die Metallkomponente.

Tatsächlich wird z. B. beim Bi_2Te_3-Typ die höchste n-Effektivität in Mischkristallen erreicht, bei denen das Tellur teilweise durch Selen ersetzt ist, die höchste p-Effektivität dagegen in Mischkristallen, in denen das Wismut teilweise durch Antimon ersetzt ist. Die Gitterwärmeleitfähigkeit des Bi_2Te_3 kann dadurch um ca. 30% gesenkt werden.

Alle heute bekannten thermoelektrischen Materialien mit hohen Effektivitäten sind Mischkristalle mit mehr oder weniger komplizierter Zusammensetzung. Die Effektivitätssteigerung gegenüber den Randkomponenten liegt im allgemeinen (mit Ausnahme der Ge–Si-Legierungen) zwischen 10 und 25%; sie ist verständlicherweise geringer als die Senkung der Gitterwärmeleitfähigkeit.

Allein durch die Mischkristallbildung zwischen Germanium und Silizium konnten diese Substanzen zu brauchbaren thermoelektrischen Werkstoffen bei hohen Temperaturen werden (800 bis 1200 K). Die hohe Gitterwärmeleitfähigkeit von Silizium konnte dadurch um etwa den Faktor 10 gesenkt werden. Das Minimum der Gitterwärmeleitfähigkeit liegt bei ca. 70 Atomprozent Silizium. Bei optimaler Dotierung ist die Beweglichkeit bis ca. 50 At.-% Si praktisch unabhängig von der Mischkristallbildung konstant (Streuung an ionisierten Störstellen überwiegt), so daß im System Si–Ge die maximale Effektivität bei 70 At.-% Si liegt.

Da gewöhnlich die Randkomponenten verschiedene Bandabstände haben, bietet die Mischkristallbildung auch die Möglichkeit zur günstigen Veränderung des Bandabstandes. Beispiele dieser Art sind die Systeme Bi_2Te_3–Bi_2Se_3 und InAs–InP. Der Bandabstand des Wismuttellurids steigt z. B. von 0,15 eV auf 0,31 eV bei 30 Mol.-% Wismutselenid-Anteil.

In einigen Substanzen, die Aussichten für eine hohe Effektivität haben, kann wegen der Unlöslichkeit der erforderlichen Dotierungselemente nicht die optimale Ladungsträgerkonzentration eingestellt werden. Durch die Mischkristallbildung kann in manchen Fällen eine genügende Löslichkeit und optimale Dotierung erreicht werden. Ein Beispiel hierfür ist GeTe, das erst durch den Zusatz von 5 Mol-% Bi_2Te_3 die optimale Ladungsträgerkonzentration erreicht.

Die in den letzten 25 Jahren intensiv betriebene Suche nach hocheffektiven thermoelektrischen Materialien hat seit etwa 1960 keine Steigerung der maximalen $(Z \cdot T)$-Werte (im Labor) mehr ergeben. Als rein empirische ungefähre Grenze ist der mehrfach erwähnte Wert $(Z \cdot T)_{max} \approx 1$ anzusehen. Es gibt gegenwärtig weder aus der Theorie noch aus der experimentellen Praxis einen Anhaltspunkt, der eine wesentliche $(Z \cdot T)$-Steigerung erwarten ließe.

Für die bekannten effektiven thermoelektrischen Substanzen — wie z. B. Sb_2Te_3 und dessen Mischkristalle mit Bi_2Te_3 — besteht aber noch eine Reihe von ungeklärten festkörperphysikalischen Fragen, deren Beantwortung auch für ihre Nutzung als thermoelektrische Werkstoffe (z. B. bei der Entwicklung besserer Technologien) von Bedeutung sein kann.

3.2.4. Herstellung und Verarbeitung thermoelektrischer Materialien

Eine genügend hohe Materialeffektivität reicht nicht aus, damit eine Substanz für thermoelektrische Bauelemente industriell verwendet werden kann. Es muß eine günstige Technologie bei der Herstellung der Legierungen, der Formgebung zu Thermoelementschenkeln, der Kontaktierung an die metallischen Anschlüsse (Brükken) möglich sein und eine chemische und mechanische Stabilität bei den Betriebstemperaturen gewährleistet sein. Gegenwärtig sind diese Bedingungen in ausreichendem Maß eigentlich nur für 2 Substanzgruppen erfüllt: im Bereich der Raumtemperatur für die Telluride und Selenide von Wismut und Antimon (bis 500 K) und bei hohen Temperaturen (bis 1200 K) für die Ge–Si-Mischkristalle. Die im Temperaturbereich von 500 bis 1000 K effektivitätsmäßig günstigen Telluride des Blei und Germanium sind oberhalb 750 K infolge Abdampfen von Tellur chemisch und mechanisch instabil, was zur schnellen Zerstörung der heißen Kontaktstelle führt.
Thermoelemente aus Telluriden müssen bei hohen Temperaturen daher gekapselt unter hohem Schutzgasdruck verwendet werden. Ge–Si-Mischkristalle sind vor allem deshalb so hervorragend als Thermogeneratormaterial geeignet, weil sie bei hohen Temperaturen oxydationsbeständig sind, genügende mechanische Festigkeit besitzen, einfach herstellbar und kontaktierbar sind. Im Temperaturbereich 500 bis 1000 K sind außer PbTe und GeTe (mit 5 Mol.-% Bi_2Te_3) noch Mischkristalle aus III–V-Verbindungen effektivitätsmäßig günstiger als Ge–Si-Legierungen. Wegen Präparationsschwierigkeiten bleibt von den vielen möglichen Mischkristallen allein die n-leitende Legierung InSb + 35 Mol.-% GaSb [19] als verwendbar zurück.
Zur Herstellung der thermoelektrischen Halbleiter werden — nach der Reaktion der Komponenten und der Dotierung zur Legierung — heute fast ausschließlich Kristallisationsverfahren (gerichtetes Erstarren, Zonenschmelzen, Zonenleveling) angewendet, um gemäß den Eigenarten der speziellen Zustandsdiagramme eine für hohe Materialeffektivität notwendige chemische Homogenität zu erreichen und bei den anisotropen Mischkristallen auf der Basis von Bi_2Te_3 außerdem eine Texturierung des Materials (Ausrichtung der hexagonalen Basisflächen, Spaltflächen längs der Stromrichtung). Einkristalle sind nicht erforderlich und bei dem leicht spaltbaren Bi_2Te_3-Materialtyp wegen der geringen mechanischen Festigkeit unerwünscht.
Für PbTe und die Mischkristallsysteme Bi_2Te_3–Bi_2Se_3, Bi_2Te_3–Sb_2Te_3 sind auch pulvermetallurgische Verfahren anwendbar, bei denen die Verbindung bzw. Legierung gemahlen (Korngröße bis 100 µm), kalt gepreßt (4 bis 10 t/cm²) und unterhalb der Schmelztemperatur in Schutzgasatmosphäre gesintert und evtl. nachverdichtet wird. Die Vorteile des Verfahrens liegen in der bei der Herstellung möglichen endgültigen Formgebung (Länge und Querschnitt) der Thermoelementschenkel ohne weitere mit Materialverlusten verbundene Bearbeitung. Die Materialeffektivitäten der gesinterten Materialien sind kleiner als bei kristallisierten, das trifft besonders für das n-leitende $Bi_2Te_{3-x}Se_x$ ($x < 0{,}5$) mit Halogendotierung wegen der starken Anisotropie der Materialeigenschaften zu [20]—[24].
Eine günstige schmelzmetallurgische Technologie wurde in der DDR für die Herstellung von thermoelektrischen Halbleitern auf der Basis von $(BiSb)_2(TeSe)_3$-

Mischkristallen entwickelt. Während des Legierens der Komponenten in einer Wasserstoff-Atmosphäre erfolgt eine Formgebung zu zylindrischen Stäben, die dann in innenkalibrierten, einseitig offenen Quarzampullen unter Schutzgas einem vertikalen Zonenschmelzprozeß unterworfen werden [25]. Diese Herstellungstechnologie kommt ohne Abschmelzen und zerstörendes Öffnen von Ampullen aus. Die kristallisierten Stäbe können den kalibrierten Ampullen ohne Zerstörung der Ampullen und ohne wesentliche mechanische Beanspruchung des Materials entnommen werden. Durch Trennschleifen erfolgt die Formgebung der Schenkel (Länge 3 mm, Querschnitt zwischen 1,8 mm × 1,8 mm und entsprechend 10 mm Durchmesser). Nach dem Trennschleifen auf die gewünschte Schenkellänge erfolgt die Kontaktierung der Stirnflächen mit einem Bi–Sn–Sb-Lot, das sich in Verbindung mit speziellem Flußmittel als geeignet erwiesen hat (für Anwendung bis zu 350 K).
Da thermoelektrische Halbleiter prinzipiell eine hohe Leitfähigkeit besitzen, und kleine Schenkellängen angestrebt werden (s. Abschnitt 2.2) kommt der niederohmigen Verbindung Halbleiter-Metall große Bedeutung zu, damit die elektrischen und thermischen Übergangswiderstände an den Kontakten auf wenige Prozent der Schenkelwiderstände begrenzt bleiben. Auch darf durch die Kontaktierung selbst und durch Diffusion und Reaktionen bei den Betriebstemperaturen die Materialeffektivität nicht verschlechtert werden und das Schenkelmaterial bzw. der Kontakt nicht zerstört werden. Für die Ge–Si-Elemente wurde das Problem der in jeder Hinsicht stabilen Kontaktierung folgendermaßen gelöst (Bild 10) [26]. An

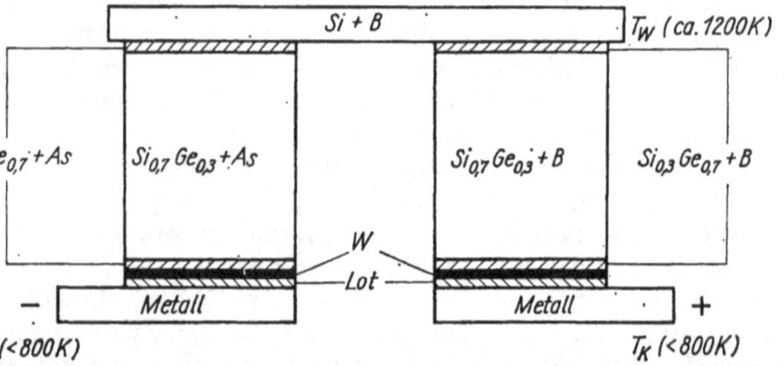

Bild 10. Aufbau eines Ge–Si-Hochtemperaturthermoelements nach *Birkholz* [26]. Erläuterungen im Text

der heißen Kontaktstelle (ca. 1200 K) wird als Brückenmaterial hochdotiertes Silizium verwendet, an den kälteren Kontakten ($\leq$800 K) wird über Wolframelektroden ein löttechnischer Anschluß an metallische Zuleitungen ermöglicht (Wolframelektroden sind nur bis ca. 1000 K mit dem Si–Ge-Material beständig, außerdem ist die Si-Brücke oxydationsbeständig.). Zwischen den W- bzw. Si-Elektroden lassen sich gut benetzende, temperaturbeständige Legierungskontakte mit dem Schenkelmaterial $Si_{0,7}Ge_{0,3}$ herstellen, wobei als Kontaktmaterial eine Zusammensetzung $Si_{0,3}Ge_{0,7}$ gewählt wird, die nach dem Phasendiagramm mit ihrer Liquidustemperatur gerade unter der Solidustemperatur der Schenkelzusammensetzung liegt.
Mit den bereits erwähnten Beschränkungen der Einsatztemperatur sind für PbTe-Materialien Druck- und Lötkontakte an Eisen- bzw. Eisenlegierungen verwendbar; bei Bi_2Te_3-Materialien oberhalb 350 K Bi/Sb-Lote, wobei aber bei Verwendung von Cu als Brückenmaterial dieses mit einer diffusionshemmenden Schicht (z. B. Ni)

überzogen werden muß. Die Legierungs- und Brückenmaterialien müssen außerdem hinsichtlich ihrer thermischen Ausdehnungskoeffizienten an die mechanische Festigkeit des Thermoelementaufbaues angepaßt sein, damit die mit der thermischen Wechselbeanspruchung auftretenden Kräfte nicht zur mechanischen Zerstörung führen.

Da die Einzelelemente nur relativ kleine Leistungen haben (insbesondere bei der Verwendung kleiner Schenkelquerschnitte zur Anpassung an kleine Stromstärken) (s. Abschnitt 2.2.), ist für die meisten Anwendungen die Zusammenschaltung zu Batterien notwendig, wobei sich die in Bild 11 skizzierte Bauweise allgemein

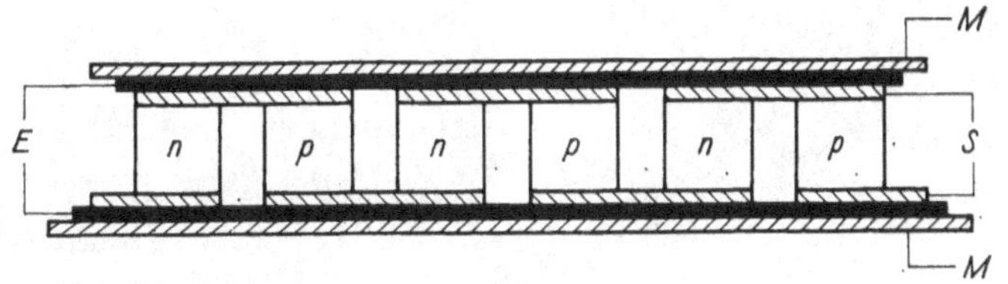

Bild 11. Schematischer Aufbau einer thermoelektrischen Batterie in Blockbauweise. *S* — metallische Strombrücken, *E* — elektrisch isolierende Zwischenschichten, *M* — Deck- und Montageplatten

durchgesetzt hat. Die Einzelelemente werden elektrisch in Reihe und thermisch parallel geschaltet, so daß alle Metallbrücken der heißen bzw. kalten Kontaktstellen jeweils in einer Ebene liegen. Über elektrisch isolierende aber thermisch möglichst gut leitende Zwischenschichten (z. B. eloxiertes Aluminium, Glimmer u. ä.) wird das Batteriegerüst zwischen zwei i. a. metallischen Deckplatten so befestigt, daß einerseits die Ankopplung der Wärmeströme (Montage der Wärmeaustauscher) in einfacher Weise möglich wird, und andererseits das mechanisch empfindliche Batteriegerüst durch die Batteriemontage und den Betrieb nicht unzulässig stark mechanisch beansprucht wird. Bild 12 zeigt industriell gefertigte Ausführungsformen von *Peltier*-Batterien. Thermische Nebenschlüsse durch Montagehilfen, Vergußmassen, Verschraubungen u. ä. zwischen heißen und kalten Kontaktstellen müssen möglichst vermieden werden. Auf die vielfältigen konstruktiven Möglichkeiten und technologischen Probleme beim Batterie- und Gerätebau kann im Rahmen dieses Beitrages nicht eingegangen werden. Insgesamt wird durch die Kontaktwiderstände, thermischen Widerstände der Isolierschichten, unvollkommene Ankopplung der Wärmeströme, thermische Nebenschlüsse zwischen heißen und kalten Kontaktstellen die Leistungsfähigkeit der Thermoelemente herabgesetzt. Das in Abschnitt 2.2. beschriebene Betriebsverhalten wird dann nicht durch die Materialeffektivität der Thermoelemente, sondern durch eine je nach Güte des Batterieaufbaues mehr oder weniger herabgesetzte Batterieeffektivität bestimmt. Für die serienmäßig gefertigten thermoelektrischen Batterien muß man gegenwärtig noch (20 bis 30)% Effektivitätseinbuße gegenüber der serienmäßig erreichten Materialeffektivität in Kauf nehmen.

Außer der Summierung der Leistungen eines Einzelelements durch Batterieschaltung ist auch eine Kaskadierung (mehrstufiger Betrieb durch thermische Reihenschaltung) zur Erzielung größerer Temperaturdifferenzen bei der thermoelektrischen Kühlung und zur Steigerung des Wirkungsgrades bei Thermogeneratoren möglich. Lohnend sind nur zweistufige Kaskaden. Wegen des großen Materialaufwandes bleibt die Verwendung von Kaskaden auf Spezialfälle der thermoelektrischen Kühlung beschränkt, wo bei kleinen Kälteleistungen größere Temperatur-

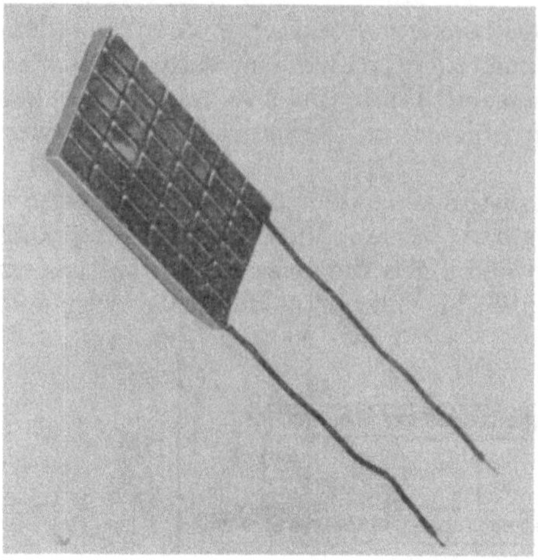

a)

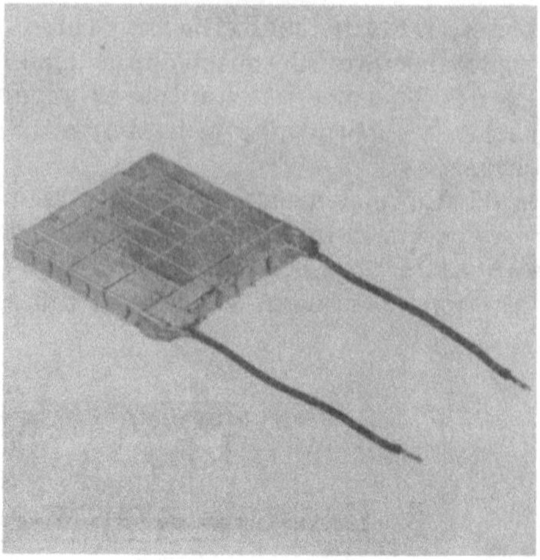

b)

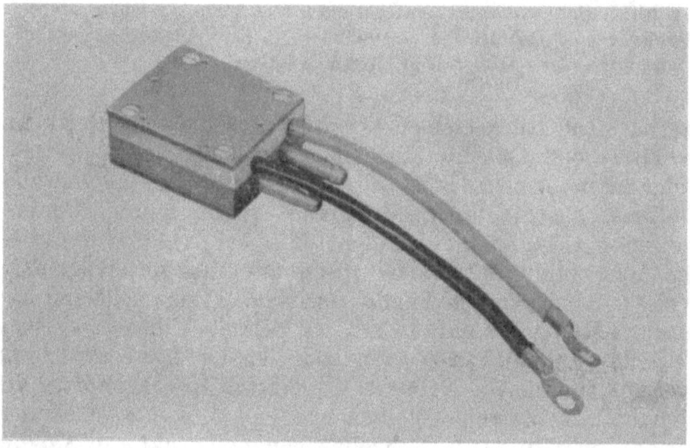

c)

Bild 12. Ansichten industriell gefertiger *Peltier*-Kühlbatterien (Hersteller: VEB Kältetechnik, 324 Haldensleben)

a) *Peltier*-Kühlbatterie Typ 4/8 E mit 36 Elementen (Querschnitt 1,8 mm × × 1,8 mm; Länge 3 mm). Optimale Stromstärke ca. 4 A; maximale Kälteleistung ca. 8 W bei 300 K. Die Deckplatten bestehen aus einer entsprechend der Strombrückenanordnung geprägten eloxierten Aluminiumfolie, die gleichzeitig die Funktion der isolierenden Zwischenschicht erfüllt.

b) Batteriegerüst (ohne Deckplatten) der *Peltier*-Kühlbatterie Typ 9/20 E mit 32 Elementen. Die Elementschenkel bestehen aus Viertelsegmenten von zylindrischen Scheiben mit 7 mm Durchmesser und 4 mm Länge. An den Seitenflächen sind die Stege eines Kunststoffgitters als Montagehilfe beim Batteriebau zu sehen. Optimale Stromstärke ca. 9 A; maximale Kälteleistung ca. 20 W bei 300 K.

c) *Peltier*-Kühlbatterie Typ 40/20 EW mit 8 Elementen (zylindrische Schenkel von 7 mm Durchmesser und 4 mm Länge). Optimale Stromstärke ca. 40 A, maximale Kälteleistung ca. 20 W bei 300 K. Das mit Schaumpolysterol ummantelte Batteriegerüst ist über Glimmerfolien und Silikonfett mit Kunststoffschrauben elektrisch isoliert zwischen eine Montageplatte (Aluminium) an der Kaltseite und einem Wasserwärmeaustauscher an der Seite der warmen Kontaktstelle verschraubt differenzen nötig sind (>70 K) als gegenwärtig mit einer Batteriestufe erzielbar. Bei Thermogeneratoren werden zur Erhöhung der mittleren Effektivität über die angewendete Temperaturdifferenz auch segmentierte Elementschenkel aus verschiedenen Substanzen benutzt. Der Zweistufen-Thermogenerator hat aber dagegen den Vorteil, daß jede Stufe in ihrem Temperaturbereich mit den ihr entsprechenden optimierten Lastbedingungen betrieben werden kann. Eine zweistufige Thermogeneratorkaskade mit $(BiSb)_2(TeSe)_3$-Material von 300 bis 500 K und Si-Ge-Elementen bis 1300 K als zweite Stufe (elektrisch und thermisch in Reihe) erreichte experimentell einen Gesamtwirkungsgrad (des Gerätes) von 13,5% bei $T_W = 1300$ K. Von den Materialeigenschaften her waren 15,8% Wirkungsgrad für diese Kaskade berechnet worden, während für einen Ge-Si-Generator allein bei $T_W = 1300$ K knapp 10% Wirkungsgrad gemessen wurden [27].

3.2.5. Anwendungen

Die technische Verwendung thermoelektrischer Bauelemente hängt — eine genügende technologische Reife der Serienfertigung vorausgesetzt — davon ab, wie groß die Wirtschaftlichkeit des Betriebes und wie hoch die Anlagenkosten im Vergleich zu anderen Verfahren sind und welche spezifischen Vorzüge die thermoelektrischen Bauelemente gegenüber anderen technischen Lösungen bieten. Bezüglich des wirtschaftlichen Betriebes (Wirkungsgrad der Thermogeneratoren, Kühlleistungsfaktor der Kühlelemente) und der Anlagekosten können thermoelektrische Geräte bei großen und mittleren Leistungen nicht mit herkömmlichen Verfahren konkurrieren. Die thermoelektrischen Kühlanlagen sind zwar im Kühlleistungsfaktor mit Absorptionskältemaschinen (eines Haushaltkühlschrankes) vergleichbar (bei $Z = 2{,}5 \cdot 10^{-3}\,K^{-1}$ wird $\varepsilon_{K\,opt} \approx 0{,}06$ bei $T_K = 268$ K und $\Delta T = 45$ K erreicht), aber die Anlagekosten sind zu hoch, um bei Kälteleistungen von mehr als 20 Watt mit Absorber- oder gar Kompressoraggregaten konkurrieren zu können (Ein mit Kompressoranlagen vergleichbarer Kühlleistungsfaktor wird erst bei $Z > 6 \cdot 10^{-3}\,K^{-1}$ möglich. Für die Realisierung einer so hohen Effektivität bestehen keine Aussichten). Bei kleinen Leistungen können thermoelektrische Aggregate — unabhängig von ihren spezifischen Vorzügen — auch hinsichtlich der Anlagekosten wirtschaftlicher werden [28]. Analoges gilt für die thermoelektrische Stromerzeugung. In den USA werden gasbeheizte Thermogeneratoren bis zu 300 W als die wirtschaftlichste Stromquelle (gegenüber Primärelementen und Dieselgeneratoren) eingeschätzt [29].
Mit Radioisotopen und Kernreaktoren als Wärmequellen wird auf Grund spezifischer Vorzüge die Verwendung von Thermogeneratoren bis zu einigen 10^4 Watt elektrische Leistung für sinnvoll angesehen [27], [30]. Vorzüge der langen, wartungsfreien Lebensdauer (keine bewegten Teile), des robusten, kompakten Aufbaus (unempfindlich gegen Erschütterungen), des lageunabhängigen Betriebes, die Unempfindlichkeit der Bauelemente gegen energiereiche Strahlung, geringes Masse/Leistungsverhältnis prädestinieren die Thermogeneratoren als Stromquellen für Raumfahrzeuge [30], [31]. Auf der Erde ergeben sich trotz niedrigen Wirkungsgrades und hohen Investitionskosten überall dort günstige Anwendungen, wo an schwer zugänglichen Stellen eine zentrale Energieversorgung fehlt, und relativ geringe elektrische Leistungen benötigt werden. Es seien nur einige typische Anwendungsbereiche aufgezählt: katodischer Schutz von Pipelines, VHF-Relaisstationen; unbemannte meteorologische Stationen, Leuchtbojen [32].

Die Anpassungsfähigkeit der thermoelektrischen Aggregate an die geforderten Leistungen sichert auch der thermoelektrischen Kühlung und Heizung vielfältige Anwendung. Das geringe Gewicht und die kleinen Abmessungen machen die thermoelektrische Kühlung besonders gut geeignet für Kühlzwecke auf eng begrenztem Raum („Punkt"-Kühlung mit einem einzelnen Thermoelement möglich). Neben den bereits bei den Thermogeneratoren aufgezählten spezifischen Vorzügen haben thermoelektrische Kühl- und Heizaggregate noch weitere, die auch für Anwendungen im Bereich größerer thermischer Leistungen (Raumklimatisierung z. B.) ausschlaggebend sein können:

- geräuschloser Betrieb,
- leichte Regelbarkeit der thermischen Leistung durch die Betriebsstromstärke,
- Umkehr der Wärmestromrichtung durch Umkehr der elektrischen Stromrichtung.

Aus den Hauptanwendungsgebieten der thermoelektrischen Kühlung und Heizung seien wieder einige wichtige praktizierte Anwendungsbeispiele aufgezählt:

Konsumsektor	Kühlboxen (bis ca. 30 Liter) Flaschenkühler Auto-Camping-Kühlboxen Barfächer in Wohnmöbeln Klimageräte Eiswürfelbereiter
Labor- und BMSR-Technik	Taupunkthygrometer Eispunkt-Thermostate für Referenzstellen von Thermoelementen Mikroskoptischkühler und -heizer Thermostate und Klimakammern im Bereich −25 bis +80 °C (Kleinstthermostate bis −70 °C) Kühlfallen (Buffles) Gastrocknungsgeräte Kühlplatten Tauchkühler
Medizintechnik	Mikrotomkühler neurochirurgische Kühlplatten Kryoextraktor für die Ophthalmochirurgie Kühlbehälter für Blut- und Serumtransport dermatologische Kühlplatten Gefriertrocknung
Elektrotechnik	Temperaturstabilisierung von Bauelementen insbesondere in Frequenzgeneratoren Kühlung von Strahlungsempfängern (bis −100 °C mit Kaskaden) Lufttrocknung von Transformatoren

Bild 13 zeigt als ein Beispiel die technische Ausführung eines der thermo-elektrischen Geräte aus der DDR-Produktion. Bis auf die Raumklimatisierung betreffen die aufgezählten Anwendungen Sondergebiete, die eine Produktion von Baule-

Bild 13. Thermoelektrische Kühlbox ABC 15 (Hersteller: VEB Kältetechnik Haldensleben) mit 15 Liter Kühlrauminhalt. Es werden Geräte für sowohl 6 V- als auch 12 V-Gleichstromanschluß (Autobatterie) hergestellt. Bei Umgebungstemperaturen zwischen +16 °C und +32 °C liegt die Innentemperatur zwischen 0 °C und 10 °C bei reinem Gleichstrombetrieb, zwischen 0 °C und +15 °C beim Betrieb über ein Netzgerät (welliger Gleichstrom). Die Abmessungen betragen 555 mm × 255 mm × 395 mm, die Masse ist ca. 7 kg

menten mit nur relativ kleinen Stückzahlen erfordern. Das wiederum behindert die Kostensenkung, die für eine breitere Anwendung auf dem Konsumsektor mit großen Stückzahlen notwendig ist.
Aussichten für einen Durchbruch zur Großproduktion bietet die Raumklimatisierung mit *Peltier*-Wärmepumpen, die in den letzten Jahren verstärkt hinsichtlich ihres vorteilhaften und wirtschaftlichen Einsatzes diskutiert und untersucht werden [33], [34]. Die spezifischen Vorzüge von *Peltier*-Klimageräten: geräuschloser Betrieb (bis auf Gebläse für die Luftströme), leichte Umsteuerbarkeit und Regelbarkeit der Wärmeströme, Wartungsfreiheit und große Lebensdauer (Senkung der Amortisationskosten), Verwendbarkeit als systemunabhängige Einzelgeräte, wirtschaftlicher Energieausgleich in Großräumen (Nord-Süd-Seite; Kern-Randzonen) werden so hoch bewertet, daß auch etwas geringere Leistungsziffern gegenüber konventionellen Kompressoranlagen den Einsatz rechtfertigen. Auch in der DDR werden durch das Institut für Heizungs-, Lüftungs- und Sanitärtechnik der Bauakademie der DDR neben Sonderanwendungen wie Klimatisierung von Fahrzeugkabinen, Arbeitsplatzklimageräte (Luftdusche), Entwicklungen für Raumklimageräte und Wohnungswärmepumpen (mit Warmwasserbereitumg) mit *Peltier*-Batterien betrieben und bezüglich ihrer Wirtschaftlichkeit untersucht.
Die wirtschaftlichen Aussichten für die Anwendungen thermoelektrischer Bauelemente außerhalb der Sonderanwendungen können noch nicht exakt beurteilt werden, obwohl die Beurteilungstendenz in Hinsicht auf *Peltier*-Wärmepumpen positiv ist. Anfang der 60er Jahre wurden diese Aussichten übertrieben optimistisch beurteilt [35]. Auf Grund der schnellen Entwicklung von effektiven Halbleiterwerkstoffen wurde unzulässig eine weitere Effektivitätssteigerung bis größer $6 \cdot 10^{-3}\ K^{-1}$ extrapoliert. Mit der Stagnation in der Effektivitätsentwicklung bei ca. $3 \cdot 10^{-3}\ K^{-1}$

blieb die erwartete großtechnische Anwendung zunächst aus und dementsprechend die technologische Vervollkommnung bei der Herstellung der Bauelemente und der Gerätefertigung. Es erscheint uns daher ungerechtfertigt, die ökonomische Beurteilung thermoelektrischer Geräte allein nach ihren gegenwärtigen Preisen — verglichen mit denen der technologisch ausgereiften konventionellen Geräte — vorzunehmen.

Literaturverzeichnis

Bücher, Monographien, Übersichtsartikel:

Joffe, A. F.: Halbleiter-Thermoelemente. Akademie-Verlag, Berlin 1957

Heikes, R. R. and *Ure, R. W.*: Thermoelectricity: Science and Engineering. Interscience Publisher Inc., New York – London 1961

Goldsmid, H. J.: Applications of Thermoelectricity. Methnen & Co. Ltd., London 1960

Goldsmid, H. J.: Thermoelectric Refrigeration. Heywood & Co. Ltd., London 1964

Egli, P. H.: Thermoelectricity. Wiley & Sons, New York 1960

Cadoff, I. B. and *Miller, E.*: Thermoelectric Materials and Devices. Reinhold Publishing Corp., New York 1960

Tauc, J.: Photo and Thermoelectric Effects in Semiconductors. Pergamon Press, Oxford-London – New York – Paris 1962

Drabble, J. R. and *Goldsmid, H. J.*: Thermal Conduction in Semiconductors. Pergamon Press, Oxford – London – New York – Paris 1961

Euler, K. J.: Energie-Direktumwandlung. Verlag Karl Thiemig KG., München 1967

Bloss, W.: Elektronische Energiewandler. Wiss. Verlagsges. MBH, Stuttgart 1968

Wagner, S.: Direkte Gewinnung elektrischer Energie. VEB Verlag Technik, Berlin 1973

Коленко, Е. А.: Термоэлектрические охлаждающие приборы. (Издание второе, переработанное и дополненное). Издательство ,,Наука'', Ленинградское отделение, Ленинград 1967

Бурштейн, А. И.: Физические основы расчета полупроводниковых термоэлектрических устройств. Государственное издательство физико-математической литературы, Москва 1962

Жузе, В. П., Гусенкова, Е. И.: Библиография по термоэлектричеству. Издательство Академии Наук СССР, Москва 1963

Justi, E.: Leitungsmechanismus und Energieumwandlung in Festkörpern. Vandenhoeck & Ruprecht, Göttingen 1965

Stecker, K.: Thermoelektrische Kühlung Teil 1 und 2. radio und fernsehen **13**, H. 15 u. 16 (1964) 455–457; 494–501

Lechner, W.: Peltier-Kühlung. Philips' Techn. Rundschau **26**, Nr. 8 (1965) 205–223

Sagel, K.: Grundlagen und Probleme der thermoelektrischen Kälteerzeugung. VDI-Z. 104, Nr. 7 (1962) 325–340

Rosi, F. D.: Thermoelectricity and Thermoelectric Power Generation. Solid-St. Electron. **11** (1968) 833–868

Pushkarsky, A. S., *Okhotin, A. S.*: Radioisotopic and Reactor Thermoelectric Converters of Energy. Atomic Energy Rev. (Wien) **9**, H. 2 (1971) 251–346

Ure, R. W.: Theory of Materials for Thermoelectric and Thermomagnetic Devices. Proc. IEEE may 1963, S. 699–713

Historische Arbeiten (Auswahl)

Seebeck, T. J.: Magnetische Polarisation der Metalle und Erze durch Temperaturdifferenzen. Abhandl. Königl. Akad. Wiss. Berlin, Phys. Kl. 1825, S. 265–373

Peltier, M.: Novelles expériences sur la caloricité des courants électriques. Ann. chimie phys. 2 Serie 56 (1834) 371–386

Thomson, W.: On thermo-electric currents in linear conductors of crystalline substance. Trans. Roy. Soc. Edinburgh **21** (1857) part I, S. 153–159

Thomson, W.: Thermoelectric currents. Fundamental principles of general thermo-dynamics recapitulated. Mathematical and physical papers Cambridge, **1**, §§ 97–101 (1882) 232–237
Boltzmann, L.: Sitz. Ber. Akad. Wiss. Wien, Math. Naturw. Kl. II, **96** (1887) 1258
Altenkirch, E.: Elektrothermische Kälteerzeugung und reversible elektrische Heizung. Physik. Z. **12**, H. 21 (1911) 920–924

Zitierte Arbeiten

[1] *Kohler, A.*: Abhandl. Brauns. Wiss. Ges. **3** (1951) 49
[2] *Birkholz, U.*: Kältetechnik **13**, H. 10 (1961) 335–339
[3] *Feldmann, Ch. L.*: Ashrae Journal, Febr. 1962, S. 68–71
[4] *Ybarrondo, L. J.*: Solid-St. Electron. **6** (1963) 357–364
[5] *Rollinger, Ch. N., Sunderland, J. E.*: Solid-St. Electron. **6** (1963) 47–57
[6] *Müller, H.*: Kältetechnik **15**, H. 5 (1963) 137–142.
[7] *Goldsmid, H. J.*: Solid-St. Electron. **8** (1965) 109–112
[8] *Poganski, S.*: Kältetechnik **13**, H. 7 (1961) 245–249
[9] *Norwood, M. H.*: J. appl. Phys. **32** (1961) 2559–2563
[10] *Dunerland, J. E., Burak, N. T.*: Solid-St. Electron. 7 (1964) 465–471
[11] *Lee, J. S.*: Energy Conversion **9** (1969) 91–97
[12] *Liebmann, W. K., Miller, E. A.*: J. appl. Phys. **34** (1963) 2653–2659
[13] *Tamura, H.*: Jap. J. appl. Phys. 7 (1966) 593–601
[14] *Marx, B.*: Bestimmung der Verteilung der eutektischen Ausscheidung und deren Einfluß auf die thermoelektrischen Eigenschaften bei Mischkristallen, bestehend aus 25 Mol-% Wismuttellurid, 75 Mol-% Antimontellurid mit 4 At-% Tellurdotierung. Diplomarbeit Univ. Halle, Sektion Physik, 1973
[15] *Ure, R. W.*: Proc. IEEE May 1963, S. 699–713
[16] *Kühnberger, W., Stordeur, M.*: Untersuchungen zu Transporteigenschaften von Bi_2Te_3 und Sb_2Te_3 unter Berücksichtigung nichtparabolischer Energiebänder. Dissertation Univ. Halle, Sektion Physik, 1973
[17] *Kessler, G.*: Dotierungsabhängigkeit der Anisotropieverhältnisse in thermoelektrischem Material vom Bi_2Te_3-Typ. Diplomarbeit Univ. Halle, Sektion Physik, 1973
[18] *Miller, R. C., Heikes, R. R., Fein. A. E.*: J. appl. Phys. **33** (1962) 1928–1932
[19] *Kudmann, I., Seidel, T. E., Ekstrom, L.*: J. appl. Phys. **38** (1967) 777
[20] *Schreiner, H., Wendler, F.*: Z. Metallk. **52** (1961) 218
[21] *Horne, R. A.*: J. appl. Phys. **30** (1959) 393
[22] *George, R. W., Sharples, R., Thompson, J. E.*: Proc. Phys. Soc. **74** (1959) 768
[23] *Delves, R. T., Bowley, A. E., Hazelden, D. W., Goldsmid, H. J.*: Proc. Phys. Soc. 78 (1961) 838
[24] *Ajrapetjanc, S. V., Efimova, B. A.*: Ž. T. Fiz. **28** (1958) 1768–1774
[25] DDR-WP 50117 (Kl. 12g 17/06) Erteilt 15. 10. 1966. Verfahren und Vorrichtung zur Herstellung von Stäben aus Halbleitermaterial (Erfinder: *W. Eichler, K. Stecker*)
[26] *Birkholz, U.*: Thermoelektrische Stromerzeuger. In: Energie-Direktumwandlung. Hrsg. von Euler, K. J., Thiemig-Taschenbücher Bd. 10, München 1967, S. 87–91
[27] *Rosi, F. D.*: Solid-St. Electron. **11** (1968) 833–868
[28] *Sagel, K.*: VDI-Z. **104**, Nr. 7 (1962) 325–334
[29] *Plevyak, Th. J.*: IEEE Trans. Comm. Technol. **15**, No. 4, (1967) 571–578
[30] *Pushkarsky, A. S., Okotin, A. S.*: Atomic Energy Rev. (Wien) **9**, 2 (1971) 251–346
[31] *Fuschillo, N., Gibson, R.*: Adv. Energy Conversion 7 (1967) 43–52
[32] *Fritts, R. W.*: IEEE Trans. Ind. and Gen. Appl. **3**, No. 5 (1967) 458–462
[33] *Schneider, Ch.*: Energiewirtschaftliche Tagesfragen **19**, H. 10 (1969) 441–446
[34] *Spanke, D.*: Elektrowärme intern. **26**, Nr. 6 (1968) 220–227
[35] *Plank, R.*: Kältetechnik **13**, Nr. 4 (1961) 141 u. 162–166

3.3. Supraleitende Bauelemente

Von *G. Albrecht* und *H.-J. Köhler*

Friedrich-Schiller-Universität Jena, Sektion Physik

3.3.1. Einführung

In den letzten zwei Jahrzehnten sind in zunehmendem Maße die mit der Supraleitung verknüpften Effekte ausgenutzt worden, um spezielle supraleitende Bauelemente für die verschiedensten Anwendungszwecke zu entwickeln. Einerseits führte der Einsatz supraleitender Bauelemente in der Meßtechnik zu einer beachtlichen Steigerung der Nachweisempfindlichkeit, andererseits ist nicht auszuschließen, daß ihr Einsatz in der Informationsverarbeitungstechnik bei einer großen Packungsdichte zu hohen Operationsgeschwindigkeiten und zu einem sehr geringen Energiebedarf führt.
In diesem Artikel werden zunächst die beiden wesentlichsten Wirkprinzipien der Supraleitung dargestellt, die bei der Anwendung supraleitender Bauelemente genutzt werden können. Diese sind der gesteuerte Phasenübergang Supraleitung—Normalleitung und der Josephson-Effekt. Ausgehend von diesen Wirkprinzipien wird eine Reihe spezieller supraleitender Bauelemente vorgestellt, die z. B. als Empfänger für IR-Strahlung (Bolometer), als Schaltelement in der Informationsverarbeitungstechnik (Josephson-Tunnel-Kryotron) oder als Meßelement in der Präzisionsmeßtechnik (Supraleitendes Quanteninterferometer) vorteilhafte Eigenschaften besitzen. Dabei werden die Herstellung, die Wirkungsweise und die Anwendungsmöglichkeiten erläutert [1], [2], [3], [4], [5] und [6].

3.3.2. Grundlagen der verwendeten Wirkprinzipien

3.3.2.1. Der gesteuerte Phasenübergang Supraleitung — Normalleitung

Die Supraleitung ist vor allem dadurch gekennzeichnet, daß bei einer Reihe von Leitern der elektrische Widerstand bei der kritischen Temperatur T_c — auch Übergangs- oder Sprungtemperatur genannt — sprunghaft unmeßbar klein wird. Für einige wichtige Supraleiter, die für Dünnschichtanordnungen besonders gut geeignet sind, sind die kritischen Temperaturen in Tab. 1 enthalten. Wird der Widerstand R z. B. des Bleies als Funktion der Temperatur T dargestellt, so erhält man die Übergangskurve des Bleies (siehe Bild 1a). Dabei ist das auf den Supraleiter einwirkende Magnetfeld $H = 0$. Der Übergang von supraleitenden in den

Tabelle 1. Kritische Temperatur und kritisches Magnetfeld einiger wichtiger Supraleiter

	Al	In	Sn	V	Pb	Nb
T_c [K]	1,2	3,4	3,7	5,4	7,2	9,2
$H_c(0)$ [A/m]	$8{,}35 \cdot 10^3$	$2{,}33 \cdot 10^4$	$2{,}46 \cdot 10^4$	$1{,}13 \cdot 10^5$	$6{,}39 \cdot 10^4$	$1{,}58 \cdot 10^5$

normalleitenden Zustand erfolgt innerhalb eines bestimmten Temperaturbereiches ΔT, der abhängig von der Reinheit und vom Kristallisationszustand der Probe typische Breiten von ca. 0,05 K hat. Die relativ großen Widerstandsänderungen in diesem Übergangsbereich, hervorgerufen durch sehr kleine Temperaturänderungen, werden z. B. beim supraleitenden Bolometer zum Strahlungsnachweis ausgenutzt.

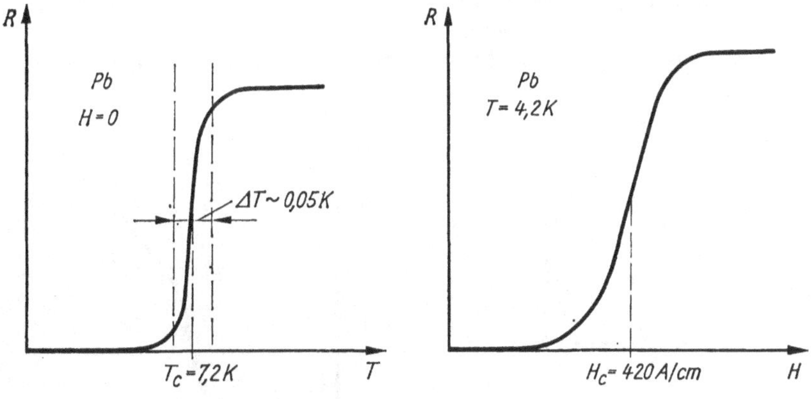

a) b)

Bild 1. Übergangskurven von Blei

a) $R = f(T)$ b) $R = f(H)$

Wirkt unterhalb der kritischen Temperatur T_c ein Magnetfeld auf den Supraleiter ein, so kann mit dessen Hilfe ebenfalls ein Übergang von der Supraleitung in die Normalleitung hervorgerufen werden. Dabei kann das Magnetfeld sowohl von außen auf den Supraleiter einwirken als auch durch den Strom im Supraleiter selbst erzeugt werden. Die magnetische Feldstärke, bei der sich der Übergang vollzieht, bezeichnet man als kritische Feldstärke H_c. Ihr Wert $H_c(0)$ für $T = 0$ K ist für einige wichtige Supraleiter ebenfalls in Tab. 1 enthalten. Die Temperaturabhängigkeit folgt der Beziehung:

$$H_c(T) = H_c(0)\left[1 - \left(\frac{T}{T_c}\right)^2\right]. \qquad (1)$$

Im Falle von Blei ergibt sich bei $T = 4{,}2$ K (flüssiges Helium) eine kritische Feldstärke von $4{,}20 \cdot 10^4$ A/m (siehe Bild 1b). Der durch die Einwirkung eines Magnetfeldes hervorgerufene Übergang von supraleitenden in den normalleitenden Zustand wird beim Dünnschichtkryotron zu Schaltvorgängen ausgenutzt.
Thermodynamisch ist der Übergang von supraleitenden in den normalleitenden Zustand ein Phasenübergang 2. Ordnung. Dieser Phasenübergang vom widerstandslosen Zustand ($R = 0$) in einen widerstandsbehafteten Zustand ($R \neq 0$) — oder umgekehrt — kann folglich durch eine Änderung der Temperatur bei $H = \text{const}$ ($H < H_c$) oder durch eine Änderung des magnetischen Feldes bei $T = \text{const}$ ($T < T_c$) gesteuert werden.

3.3.2.2. Der Josephson-Effekt

3.3.2.2.1. Aufbau und Schaltverhalten von Josephson-Kontakten

Im klassischen Josephson-Effekt [7], [8] tunneln Elektronenpaare — sogenannte Cooper-Paare — als Träger des Suprastromes durch den Josephson-Kontakt hindurch. Dieser Josephson-Kontakt kann durch eine Tunnelbarriere realisiert werden. Die Tunnelbarriere besteht aus einer sehr dünnen Isolationsschicht von 2 bis 3 nm Dicke zwischen 2 gleichen oder 2 verschiedenen Supraleitern (siehe Bild 2a). In dem Beispiel gemäß Bild 2a besteht das Tunnelelement aus Pb–PbO–Pb; die Cooper-Paare tunneln vom Supraleiter 1 in den Supraleiter 2, wenn von

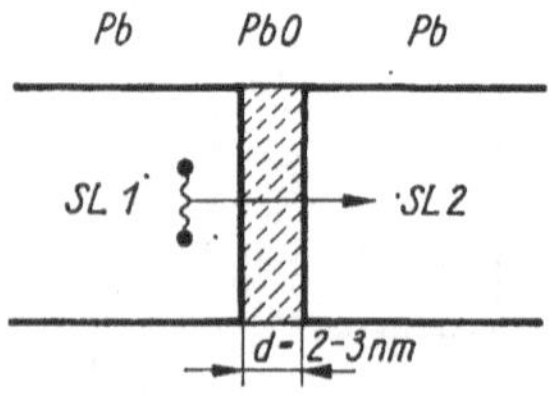

a)

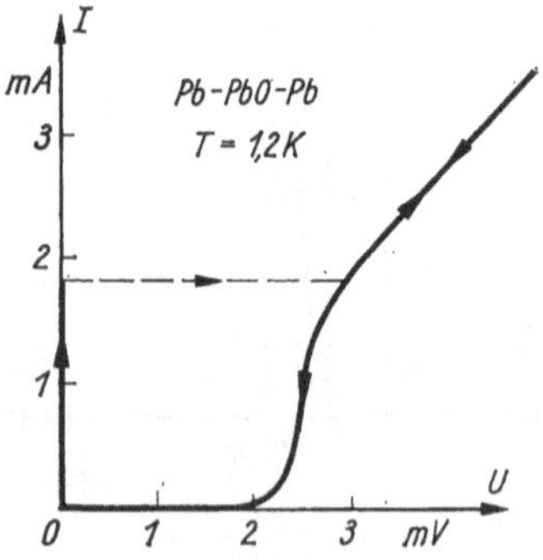

b)

Bild 2.

a) Schematische Darstellung eines Tunnelüberganges

b) I–U-Kennlinie eines Pb–PbO–Pb-Josephson-Tunnelelementes

außen ein Strom aufgeprägt wird. Die I–U-Kennlinie eines solchen Pb-PbO-Pb-Josephson-Tunnelelementes wird in Bild 2b dargestellt. Sie zeigt folgenden Verlauf: Durch die Tunnelbarriere vermag zunächst ein Supraleitungs-Tunnelstrom zu fließen. Man erkennt dies daran, daß über der Barriere kein Spannungsabfall auftritt. Dieser Tunnelstrom kann bis zu einem bestimmten Maximalwert — dem kritischen Strom I_c — vergrößert werden. Dann erfolgt ein sprunghafter Übergang in den Zustand der Normalelektronentunnelung. Die Dauer dieses Überganges kann bei Tunnelelementen kleinen Querschnitts kleiner als 50 ps sein. Die Spannung, die jetzt an der Tunnelbarriere abfällt, ist bei Temperaturen $T < T_c/2$ im wesentlichen abhängig von der Art der verwendeten Supraleiter und wird durch deren Energielücken an der Fermi-Grenze bestimmt. In dem hier dargestellten Beispiel beträgt sie etwa 2,5 mV. An der Sektion Physik der Friedrich-Schiller-Universität werden vor allem Josephson-Tunnelelemente der Typen V–VO_x–Pb und Nb–NbO_x–Pb untersucht. Man hat in Betracht gezogen, Josephson-Tunnelelemente für die Herstellung sehr schneller Schalt- und Speicherelemente zu nutzen. Darüber hinaus können sie auch für die Herstellung von supraleitenden Quanteninterferometern verwendet werden.

Die Herstellung von Josephson-Tunnelbarrieren mit Hilfe solcher sehr dünnen Oxidschichten ist nicht einfach. Aus diesem Grunde hat man sich bemüht, die Tunnelbarriere durch andere Anordnungen zu ersetzen. Dabei berücksichtigt man, daß die wesentliche Funktion eines Josephson-Kontaktes in der schwachen Kopplung zweier Supraleiter besteht, wobei im Bereich schwacher Kopplung nur eine geringe Dichte von Cooper-Paaren existiert, so daß lediglich ein reduzierter Austausch von Cooper-Paaren zwischen den Supraleitern über die Koppelstelle hinweg zustande kommt. An einer solchen Koppelstelle können elektromagnetische Felder angreifen. Die Realisierung dieser schwachen Kopplung durch den Tunneleffekt ist nur eine der Möglichkeiten. Schwache Kopplungen zwischen zwei Supraleitern entsprechend diesen Forderungen lassen sich neben dem Tunnelkontakt auch durch Punktkontakte, Mercereau-Brücken oder Dayem-Brücken realisieren (siehe Bild 3a bis 3c). Man bezeichnet solche Anordnungen als schwache supraleitende Verbindungen. Der Punktkontakt stellt eine relativ einfache Anordnung

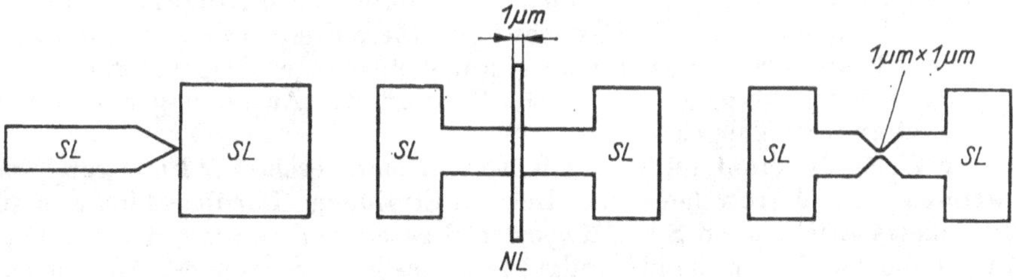

Bild 3.
a) Schematische Darstellung eines Punktkontaktes
b) Schematische Darstellung einer Mercereau-Brücke
c) Schematische Darstellung einer Dayem-Brücke, *SL* — Supraleiter, *NL* = Normalleiter

dar. Hierbei wird lediglich die Spitze eines Supraleiters gegen eine supraleitende Fläche gedrückt und somit eine enge Einschnürung in Abhängigkeit vom Spitzenradius und Anpreßdruck hergestellt. Diese Kontakte haben jedoch den Nachteil der Erschütterungsempfindlichkeit. Bei der Mercereau-Brücke wird über die dünne supraleitende Schicht ein schmaler, normalleitender Streifen (Breite ca. 1 µm) aufgedampft. Dadurch wird mit Hilfe des Proximity-Effektes [9] eine Brücke erzeugt, die unter dem normalleitenden Streifen eine wesentlich geringere Cooper-Paar-Konzentration besitzt. Eine technologisch ebenfalls einfach zu realisierende Variante stellt die Dayem-Brücke dar. Sie besteht aus einer dünnen, aufgedampften Schicht mit einer engen Einschnürung, deren Abmessungen ca. $1 \cdot 1\,\mu m^2$ oder noch kleiner sind.

Die I–U-Kennlinien dieser Anordnungen unterscheiden sich von denen der Tunnelelemente mit dünnen Oxidbarrieren. Eingehender wurde bei uns das Verhalten von Punktkontakten und Dayem-Brücken untersucht. Die Kennlinie einer Dayem-Brücke zeigt zunächst wieder einen Suprastrom, ohne daß ein Spannungsabfall an der Anordnung auftritt. Nach dem Überschreiten des kritischen Stroms I_c tritt jedoch ein kontinuierlicher Übergang in den normalleitenden Zustand auf. Dieses veränderte Übergangsverhalten ist im wesentlichen durch die weitaus geringere Kapazität der Dayem-Brücke und des Punktkontaktes sowie ihrer größeren Induktivität gegenüber einer Tunnelbarriere bedingt [10]. Dayem-Brücken werden an unserer Sektion mit Vorteil für die Herstellung mechanisch stabiler, alterungsbeständiger supraleitender Quanteninterferometer verwendet.

3.3.2.2.2. Wechselstrom-Josephson-Effekt

Aus der Theorie des Josephson-Effektes folgt, daß beim Anlegen einer Spannung an den Josephson-Kontakt eine elektromagnetische Strahlung emittiert wird.

Die Energie, die durch Anlegen der Spannung an die schwache Koppelstelle den Cooper-Paaren zugeführt wird, kann im supraleitenden Zustand nicht an das Gitter abgegeben werden und wird entsprechend der Bohrschen Frequenzbedingung $E = hf$ als elektromagnetische Welle abgestrahlt. Für die Frequenz der abgestrahlten Welle gilt die Beziehung:

$$f_J = \frac{2e}{h} U \,. \tag{2}$$

Der Faktor 2 trägt der Bildung von Cooper-Paaren im supraleitenden Zustand Rechnung. Bei einer Spannung von 1 mV am Josephson-Kontakt wird Strahlung mit einer Frequenz von 485 GHz emittiert. Diese Frequenz entspricht einer langwelligen Ultrarotstrahlung von ca. 600 µm Wellenlänge. Umgekehrt führt die Absorption von Strahlung im Josephson-Kontakt zur Ausbildung einer Spannung an der schwachen Koppelstelle.
Diesen Wechselstrom-Josephson-Effekt nutzt man bereits zur Erzeugung und zum Nachweis von Mikrowellen- und Infrarot-Strahlung. Darüber hinaus kann mit Hilfe dieses Effektes ein Spannungsnormal geschaffen werden, das erstmalig den Anschluß einer elektrischen Grundgröße an das MKS-System gemäß Gleichung (2) gestattet und wobei die hohe Meßgenauigkeit für Frequenzen ausgenutzt wird. Umgekehrt war es möglich, den bisherigen Wert von e/h wesentlich zu präzisieren [11].

3.3.2.2.3. Gleichstrom-Josephson-Effekt

Wirkt auf die Tunnelbarriere parallel zur Isolierschicht ein äußeres magnetisches Feld ein, so zeigt sich, daß der Maximalwert des Tunnelstromes charakteristisch von der Größe des Magnetfeldes abhängt. Dies hat seine Ursache in einer sinusförmigen, räumlichen Variation des Josephson-Tunnelstromes innerhalb der Tunnelbarriere und führt zu einer typischen Interferenzerscheinung, wenn man den maximalen Josephson-Tunnelstrom in Abhängigkeit vom einwirkenden Magnetfeld aufträgt. Die Theorie des Josephson-Effektes liefert hierfür die Beziehung [7], [8], [11]:

$$I_{\max}(H \neq 0) = I_{\max}(H = 0) \left| \frac{\sin \frac{\pi \Phi}{\Phi_0}}{\frac{\pi \Phi}{\Phi_0}} \right| . \tag{3}$$

Dabei ist Φ der die Tunnelbarriere durchsetzende magnetische Fluß und $\Phi_0 = \frac{h}{2e}$ $= 2{,}07 \cdot 10^{-15}$ Vs das Flußquant. Ein Beispiel für diese Abhängigkeit zeigt Bild 4. Die Darstellung zeigt in Übereinstimmung mit Gleichung (3) das Auftreten von Nullstellen des maximalen Josephson-Tunnelstromes. Diese Nullstellen liegen bei Magnetfeldern, für die $\Phi = n\Phi_0$ gilt. Man bezeichnet diese Erscheinung als Gleichstrom-Josephson-Effekt. Eine wichtige Anwendung findet er bei der Herstellung supraleitender Quanteninterferometer zur Messung magnetfeldabhängiger Größen.

3.3.3. Herstellung von supraleitenden Bauelementen

Die Herstellung supraleitender Bauelemente erfolgt vorwiegend mittels der Dünnschichttechnik. Im folgenden wird ausschließlich auf solche Aufbau-Konzeptionen

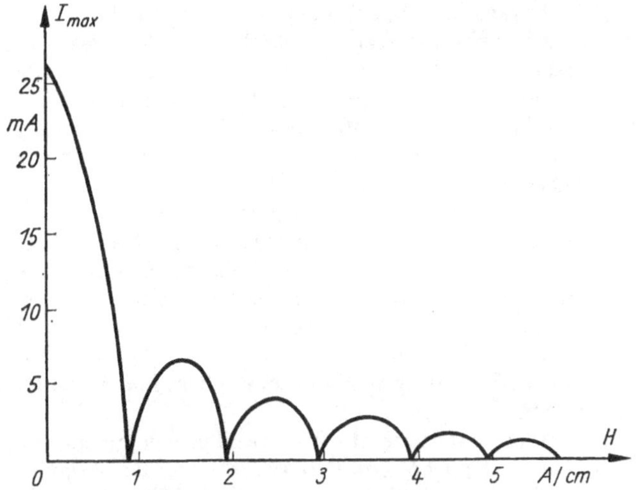

Bild 4. Gemessene Abhängigkeit des maximalen Josephson-Tunnelstromes vom Magnetfeld parallel zur Isolierschicht (Sn–SnO–Sn-Tunnelbarriere) [12]

Bezug genommen. Die dünnen supraleitenden Schichten, deren Dicke in der Größenordnung von 100 nm liegt, werden durch Verdampfung im Hochvakuum (ca. 10^{-6} Torr) oder im Ultrahochvakuum (ca. 10^{-8} Torr) hergestellt. Die Verdampfung von niedrigschmelzenden Supraleitern, z. B. Blei und Indium, erfolgt aus Wolframschiffchen, während die hochschmelzenden Supraleiter, z. B. Vanadium oder Niob, mit Hilfe des Elektronstrahlverfahrens verdampft werden. Die speziellen Supraleitungsparameter dieser Schichten, wie z. B. kritische Temperatur, kritischer Strom und kritisches Magnetfeld, hängen zum Teil erheblich von den Aufdampfbedingungen ab. Entscheidend sind hierbei besonders der bei der Verdampfung eingehaltene Druck, die Menge der pro Zeiteinheit verdampften Substanz sowie die Substrattemperatur.

Entsprechend den Erfordernissen können T_c, H_c und I_c der supraleitenden Schichten gezielt beeinflußt werden. So kann die kritische Temperatur der Schicht grob durch den Einsatz eines geeigneten Materials (siehe Tab. 1) sowie fein durch die Herstellung von Schichtkombinationen unter Ausnutzung des Proximity-Effektes [9] innerhalb bestimmter Grenzen gewählt werden. Dabei wird durch den Proximity-Effekt die kritische Temperatur eines Supraleiters durch den Kontakt mit einem Normalleiter oder einem Supraleiter mit niedrigem T_c stets verkleinert. Stellt man beispielsweise eine Schichtkombination 40 nm Indium – 25 nm Blei – 40 nm Indium her, so ist für dieses Schichtsystem $T_c \approx 5$ K. Die Beeinflussung des kritischen Stromes kann durch Variation der geometrischen Parameter der Schicht vorgenommen werden. So ist der kritische Strom I_c genähert proportional der Breite der stromdurchflossenen supraleitenden Schicht. Darüber hinaus ist er ebenso wie das kritische Magnetfeld von T_c abhängig.

Die Ausbildung der geometrischen Form der Bauelemente erfolgt im einfachsten Fall beim Aufdampfprozeß mit Hilfe von Durchdampfmasken und der Wechselmaskentechnik. Mit Durchdampfmasken lassen sich jedoch nur minimale Abmessungen von ca. 100 µm realisieren. Für kleinere Dimensionen wird die Lackhaftmaskentechnik angewendet. Dabei wird das Substrat mit einer lichtempfindlichen Lackschicht versehen, durch ein die gewünschte Struktur enthaltendes

Fotonegativ im Kontaktverfahren belichtet und entwickelt. Nach der Entwicklung ist die Struktur auf dem Substrat frei von Lack. Das Substrat wird ganzflächig bedampft; anschließend wird der Lack abgelöst, wodurch die über dem Lack liegende Metallschicht mit entfernt wird. Auf dem Substrat verbleibt schließlich allein die strukturierte Metallschicht. Mit dieser Technik ist es möglich, kleinste Strukturelemente von $1 \cdot 1\,\mu m^2$ zu realisieren. In der Literatur wird dieses Verfahren als Fotoresist-Technik bezeichnet.

Will man noch kleinere geometrische Abmessungen erzielen, z. B. für Dayem-Brücken, so muß man den Lack auf dem Substrat mit Hilfe eines Elektronenstrahles belichten. Durch dieses Verfahren sind noch Schichtelemente von $0{,}2 \cdot 0{,}2\,\mu m^2$ herstellbar. Es ist selbstverständlich, daß bei der Herstellung komplizierter supraleitender Dünnschichtanordnungen die Wechselmasken- und die Lackhaftmaskentechnik kombiniert angewendet werden, weil z. B. bei Dayem-Brücken kritische Dimensionen (ca. $1 \cdot 1\,\mu m^2$) aus physikalischen Gründen erreicht oder unterschritten werden müssen.

Die Herstellung der dünnen Isolationsschichten für Tunnelelemente mit einer Dicke von 2 bis 3 nm für die Josephson-Tunnelbarriere wird vorwiegend durch einen Glimmoxydationsprozeß vorgenommen. Nach dem Aufdampfen der ersten supraleitenden Schicht wird diese in einer Glimmentladung unter gleichzeitiger Zufuhr von Sauerstoff oxidiert und danach die zweite supraleitende Schicht aufgedampft. Die reproduzierbare Herstellung dieser dünnen Isolationsschichten mit dem Ziel, vorgegebene Eigenschaften zu erzielen, ist sehr kompliziert. An der Lösung dieses Problems wird z. Z. in einigen Laboratorien intensiv gearbeitet.

Auf spezielle Probleme der Herstellung wird bei der Behandlung der einzelnen supraleitenden Bauelemente eingegangen.

3.3.4. Aufbau und Wirkungsweise einiger supraleitender Bauelemente

Im folgenden wird zunächst auf supraleitende Bauelemente eingegangen, die den gesteuerten Phasenübergang von der Supraleitung zur Normalleitung ausnutzen. Danach werden Elemente behandelt, deren Wirkungsweise auf der Ausnutzung des Josephson-Effektes beruht.

3.3.4.1. Das supraleitende Bolometer

Supraleitende Bolometer sind Bauelemente, bei denen die Widerstandsänderung einer supraleitenden Schicht gemessen wird, die sich als Folge absorbierter Strahlungsleistung und der sich daraus ergebenden Temperaturerhöhung einstellt. Infolge des steilen Verlaufs von $R(T)$ (siehe Bild 1a) sind diese Bolometer sehr vorteilhaft für den Nachweis sehr kleiner Strahlungsenergien im infraroten Bereich einsetzbar. Das Element besteht aus einer dünnen supraleitenden Schicht aus Zinn, Tantal, Niob oder Niobnitrid (Dicke ≈ 100 nm), die auf ein dünnes Glassubstrat aufgedampft wird. Um einen möglichst großen Widerstand im normalleitenden Zustand zu erzeugen, wird mit Hilfe der Lackhaftmaskentechnik ein Mäander erzeugt, das beispielsweise aus 250 µm breiten Streifen besteht, die einen Abstand von 25 µm haben [13]. Das Bolometer wird in einem Helium-Kryostaten mit einem Eintrittsfenster für diese Strahlung angeordnet; sein Arbeitspunkt wird mit einer Einrichtung zur Stabilisierung der Temperatur so eingestellt, daß er sich in der Mitte der Übergangskurve $R(T)$ der supraleitenden Schicht befindet. Gegenüber den bei Raumtemperatur arbeitenden infraroten Strahlungsempfängern zeigen hochohmige supraleitende Bolometer eine sehr große Gleichlichtempfindlichkeit bis zu $5 \cdot 10^3$ V/W bei Zeitkonstanten von $2 \cdot 10^{-3}$ s [13]. Sie sind in der Lage, im Wellenlängenbereich von 1 µm bis 1 mm Strahlungsleistungen bis herab zu 10^{-12} W nachzuweisen. Die nachweisbare Strahlungsleistung ist abhängig von der Apertur des Eintrittsfensters im Kryostaten [14].

3.3.4.2. Supraleitende Dünnschichtbrücke und Digital-Analog-Umsetzer

Dünnschichtbrücken können durch die Einwirkung eines magnetischen Feldes oder der Temperatur vom supraleitenden in den normalleitenden Zustand übergehen. Das magnetische Feld kann dabei durch den Strom in der Schicht oder von außen erzeugt sein. Die Dünnschichtbrücke besteht aus einer dünnen supraleitenden Schicht (Dicke ca. 100 nm) und wird gebildet durch einen schmalen Streifen der zwei Kontaktflächen miteinander verbindet (siehe Bild 5a). Typische Abmessungen des Streifens sind z. B.: Breite $b \approx 10$ µm und Länge $l \approx 100$ µm. Die Herstellung der Dünnschichtbrücken erfordert die Anwendung der Lackhaftmaskentechnik [15], [16].

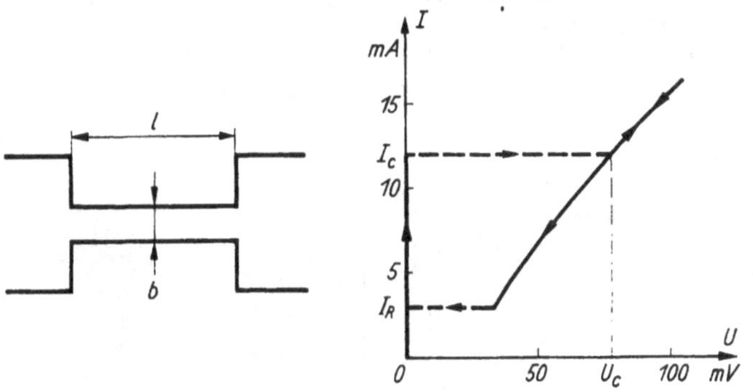

a) b)

Bild 5.

a) Schematische Darstellung einer Dünnschichtbrücke, l Länge und b Breite der Dünnschichtbrücke

b) Darstellung der Strom–Spannungs-Kennlinie einer Dünnschichtbrücke (unterer Stromwert im Diagramm: I_R)

Die Strom–Spannungs-Charakteristik einer Dünnschichtbrücke ist in Bild 5b dargestellt. Sie zeigt, daß zunächst ein Suprastrom ohne Spannungsabfall fließt. Bei einem maximalen Stromwert I_c erfolgt ein sprunghafter Übergang in den normalleitenden Zustand. Die Umschaltzeit ist wesentlich von der Länge der Brücke und vom Stromübersteuerungsverhältnis I/I_c abhängig [17]. Bei Abmessungen der Dünnschichtbrücke von $10 \cdot 10$ µm beträgt die Umschaltzeit ca. 10^{-8} s. Wird der Strom durch die Dünnschichtbrücke wieder erniedrigt, erfolgt erst bei einem geringeren Strom — dem Rücksprungstrom I_R — die Rückkehr in den supraleitenden Zustand. Dieses Verhalten ist durch den Umsatz einer bestimmten Verlustleistung im normalleitenden Zustand der Dünnschichtbrücke bedingt, woraus eine Erhöhung der Temperatur resultiert. Erst wenn mit absinkendem Strom die Verlustleistung so klein wird, daß die Temperatur T der Dünnschichtbrücke die kritische Temperatur T_c der supraleitenden Schicht unterschreitet, kann der Rücksprung in den supraleitenden Zustand erfolgen.

Der kritische Strom I_c und die bei dem sprunghaften Übergang auftretende Spannung U_c können durch die Variation der Breite b und der Länge l der Brücke über einen größeren Bereich verändert werden. Durchgeführte Untersuchungen haben gezeigt, daß I_c in guter Näherung proportional der Breite b ist, und daß die Spannung U_c proportional mit der Länge der Dünnschichtbrücke zunimmt. Für bestimmte Anwendungszwecke ist es somit möglich, vorgegebene Werte von I_c und U_c zu realisieren.
Läßt man durch die Dünnschichtbrücke einen Strom I fließen, dessen Wert zwischen I_c und I_R liegt, und wirkt weiterhin von außen ein Magnetfeld ein, dessen Betrag größer ist als das kritische Magnetfeld H_c der Schicht in diesem stromführenden Zustand, so erfolgt bei Überschreitung von H_c wieder ein Sprung in den normalleitenden Zustand. Das Magnetfeld kann insbesondere auch durch einen Steuerstrom I_s in einem isoliert über der Dünnschichtbrücke liegenden Steuerleiter erzeugt werden. Nach dem durch das Magnetfeld hervorgerufenen sprunghaften Übergang der Dünnschichtbrücke in den normalleitenden Zustand bleibt sie wegen $I_R < I < I_c$ normalleitend, auch wenn das Magnetfeld nicht mehr einwirkt. Auf Grund dieser Eigenschaft sowie der kurzen Umschaltzeiten können Dünnschichtbrücken als schnelle magnetisch gesteuerte Schalter mit zwei stabilen Zuständen verwendet werden.
Mit Hilfe dieser magnetisch gesteuerten Dünnschichtbrücken wurde z. B. in den letzten Jahren ein Digital-Analog-Umsetzer aufgebaut. Den schematischen Aufbau zeigt Bild 6.

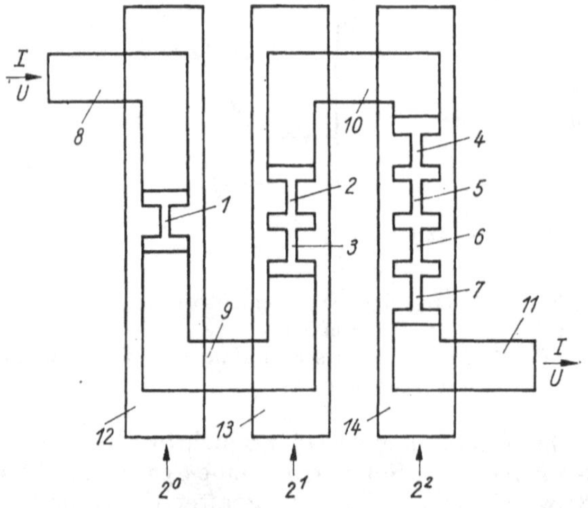

Bild 6. Digital-Analog-Umsetzer. Schema der Anordnung von Dünnschichtbrücken und Steuerleitungen. *1—7* **Dünnschichtbrücken;** *8—11* **Zuleitungen;** *12—14* **Steuerleitungen**

Zur Realisierung des Umsetzungsprozesses werden Dünnschichtbrücken gleicher Abmessungen (in Bild 6 mit *1* bis *7* gekennzeichnet) hintereinander geschaltet und durch entsprechende Zuleitungen (mit *8* bis *11* gekennzeichnet) verbunden. Über der Dünnschichtbrücke *1* ist unter Zwischenschaltung einer Isolierschicht die Steuerleitung *12* angebracht. Analog liegt über der Dünnschichtbrücke *2* und *3* die Steuerleitung *13* und über den Dünnschichtbrücken *4* bis *7* die Steuerleitung *14*. Der Strom durch die Dünnschichtbrücken wird so eingestellt, daß er zwischen I_c

und I_R liegt. Im supraleitenden Zustand fällt zwischen den Zuleitungen *8* und *11* keine Spannung ab. Schickt man jedoch durch die Steuerleitung *12* einen Stromimpuls hinreichender Amplitude, der die Information 2° darstellen soll, so tritt durch den Übergang der Dünnschichtbrücke 1 in den normalleitenden Zustand an den Zuleitungen die Spannung U auf. Ein Impuls durch die Steuerleitung *13*, der die Information 2^1 darstellt, erzeugt durch den gleichzeitigen Übergang der Dünnschichtbrücken *2* und *3* in den normalleitenden Zustand eine Spannung $2U$. Entsprechend erzeugt ein Impuls durch die Steuerleitung *14*, der die Information 2^2 darstellt, die Spannung $4U$. Auf diese Weise kann mit einer solchen Anordnung eine im BCD-Code vorliegende digitale Information durch Einwirkung von zugeordneten Stromimpulsen in ein analoges Signal — hier eine analoge Spannung — mit entsprechender Abstufung umgesetzt werden. In dem aufgebauten Digital-Analog-Umsetzer für 4 Dekaden im BCD-Code sind die Abmessungen der Brücken 10 · 10 µm. Über 16000 Bauelemente sind auf einem Substrat von 30 · 30 mm untergebracht. Auf Grund der an Einzelelementen durchgeführten Messungen wurde eine Umsetzungszeit ≦100 ns konzipiert. Diese Umsetzungszeit liegt etwa 2 Größenordnungen niedriger als die Umsetzungszeiten der zur Zeit üblichen kommerziellen Digital-Analog-Umsetzer. Ein solcher Digital-Analog-Umsetzer auf der Basis supraleitender Bauelemente ist ein Anwendungsbeispiel für ein mikrokryoelektronisches System höheren Integrationsgrades.

3.3.4.3. Das Dünnschichtkryotron

Das Kryotron wurde 1956 zuerst von *Buck* [18] als Draht-Kryotron angegeben und wurde als Schaltelement für den Einsatz in der Informationsverarbeitungstechnik konzipiert. Das Dünnschichtkryotron — 1959 von *Newhouse* und *Bremer* [19] entwickelt — besteht aus dünnen aufgedampften supraleitenden Schichten. Sein Aufbau ist in Bild 7 dargestellt. Auf ein Glassubstrat *1* wird zunächst ein brei-

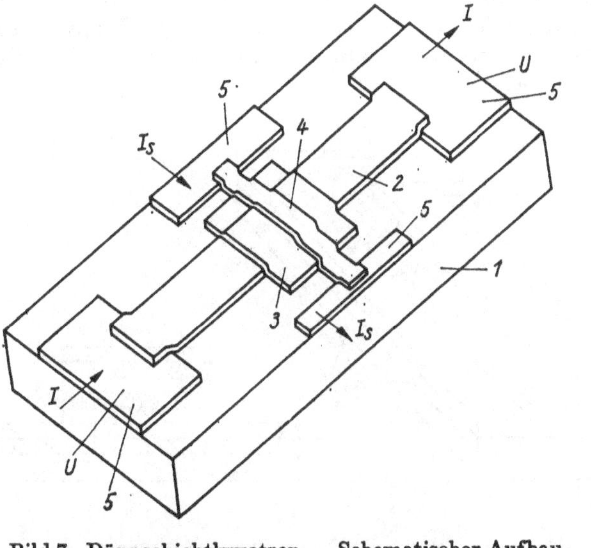

Bild 7. Dünnschichtkryotron — Schematischer Aufbau.

1 **— Glassubstrat,** ***2*** **— Zinnstreifen (Schaltleitung),** ***3*** **— SiO-Isolierschicht,** ***4*** **— Bleistreifen (Steuerleitung),** ***5*** **— Kontakte**

ter Zinnstreifen 2 (Breite einige mm) aufgedampft. Rechtwinklig zu diesem Zinnstreifen wird anschließend unter Zwischenschaltung einer SiO-Isolierschicht 3 ein schmaler Bleistreifen 4 (Breite ca. 20 µm) angeordnet. T_c von Zinn ist 3,72 K; T_c von Blei ist 7,22 K. Das Element wird bei 3,5 K betrieben. Durch den Zinnstreifen fließt ein konstanter Strom I, ohne daß an den Zuleitungskontakten eine Spannung auftritt. Die Wirkungsweise dieses Schaltelementes besteht nun darin, daß bei einem bestimmten Wert des Steuerstromes I_s durch den Bleistreifen (Steuerleitung) das Magnetfeld an der Kreuzung mit dem Zinnstreifen (Schaltleitung) so groß wird, daß der Zinnstreifen normalleitend wird. Dadurch entsteht an den Zuleitungskontakten des Zinnstreifens eine Spannung. Die Schaltzeit eines solchen Kreuzschicht-Kryotrons mit den oben genannten Schichtdimensionen liegt bei ca. 10 ns. Eine Erhöhung der Schaltzeit kann dadurch erreicht werden, daß man vor dem Aufdampfen des eigentlichen Kreuzschicht-Kryotrons zuerst auf das Glassubstrat einen supraleitenden Bleifilm als magnetische Abschirmung und eine darüber liegende Isolierschicht aus SiO aufdampft.

Die bei einem solchen Kreuzschicht-Kryotron auftretenden Spannungen sind relativ klein. Bei $I = 30$ mA durch den Zinnstreifen und $I_s = 200$ mA durch den Bleistreifen liegen sie bei einigen µV [20], [21]. Größere Spannungen (einige mV) können mit Hilfe von Josephson-Tunnel-Kryotrons erhalten werden, deren Aufbau und Wirkungsweise anschließend behandelt wird.

3.3.4.4. Das Josephson-Tunnel-Kryotron

Das Josephson-Tunnel-Kryotron wurde als schnelles Schaltelement für die Informationsverarbeitungstechnik entwickelt. Es besteht im wesentlichen aus einem Josephson-Tunnel-Element und einem darüber liegenden Steuerleiter. Den schematischen Aufbau zeigt Bild 8. Auf ein Glassubstrat *1* wird zunächst eine supraleitende Abschirmschicht *2* (z. B. aus Pb) und danach eine SiO-Schicht *3* zur Isolierung aufgebracht. Anschließend erfolgt das Aufdampfen des 1. Supraleiters des Tunnelelementes *4*, die Glimmoxydation der Oberfläche dieser Schicht zur Formierung der Tunnelbarriere und schließlich das Aufdampfen des 2. Supraleiters. Als letzte Schritte werden nochmals eine Isolierschicht *5* aus SiO sowie die Steuerleitung *6* (z. B. aus Pb) aufgebracht.

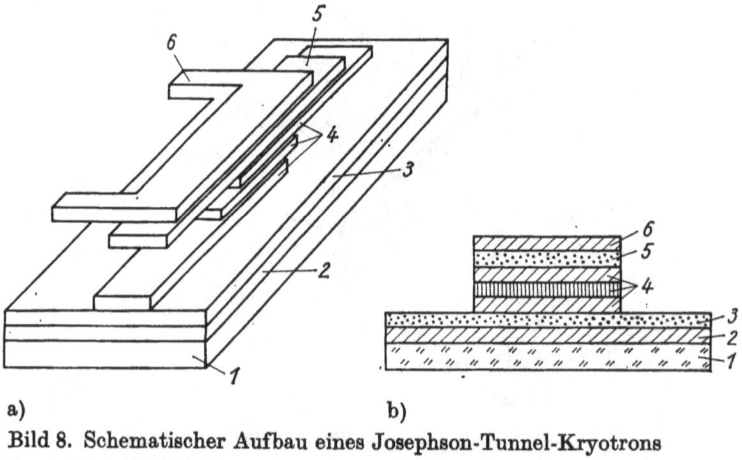

Bild 8. Schematischer Aufbau eines Josephson-Tunnel-Kryotrons

1 — Glassubstrat, *2* — supraleitende Abschirmschicht, *3* — Isolierschicht, *4* — Josephson-Tunnelelement, *5* — Isolierschicht, *6* — Steuerleitung

Die Wirkungsweise der Josephson-Tunnel-Kryotrons beruht darauf, daß mit Hilfe eines durch den Steuerstrom im Steuerleiter erzeugten Magnetfeldes, ein Übergang vom spannungslosen in den spannungsbehafteten Zustand des Elementes erfolgt. Dabei wird jedoch nicht wie bei dem normalen Kryotron (Abschnitt 4.3.) eine der supraleitenden Schichten in den normalleitenden Zustand geschaltet, sondern bei konstantem Betriebsstrom unter Ausnutzung der $I_c(H)$-Abhängigkeit (Bild 4) die supraleitende Kopplung der Schichten über die Barriere hinweg aufgehoben. Dafür werden wesentlich geringere Magnetfelder (ca. 1 A/cm) benötigt. Am Element entsteht dabei eine relativ große Spannung von ca. 1 mV; bisher gemessene Schaltzeiten sind kleiner als 50 ps [22]; der Energiebedarf beträgt nur angenähert 10^{-7} W. Gegenüber integrierten Halbleiterschaltungen auf Si-Basis ist der Faktor Schaltzeit · Energiebedarf um ca. 10^6 kleiner. Durch die supraleitende Abschirmschicht wird erreicht, daß die gegenseitige Beeinflussung benachbarter Elemente reduziert und somit eine hohe Packungsdichte erzielt werden kann.
Allerdings muß hier bemerkt werden, daß Josephson-Tunnel-Kryotrons in großen Stückzahlen noch nicht mit genügender Reproduzierbarkeit ihrer Parameter hergestellt werden können. Man kann jedoch einschätzen, daß ihre Technologie auf der Grundlage von Nb- oder V-Schichten, gegebenenfalls unter Zwischenschaltung von Aluminium unter Ausnutzung des Proximity-Effektes und der bekannten Stabilität von Aluminium–Oxid-Schichten [27] in absehbarer Zeit beherrschbar sein wird. Damit sind auf Grund ihrer extrem kurzen Schaltzeiten und des geringen Energiebedarfes pro bit extrem schnelle Rechner auf dieser Grundlage in Zukunft nicht auszuschließen.

3.3.4.5. Josephson-Detektoren

Unter Ausnutzung des bereits erläuterten Wechselstrom-Josephson-Effektes ist es möglich, das Josephson-Tunnel-Element unmittelbar als Strahlungsempfänger für Mikrowellen und FIR-Strahlung zu verwenden. Unter bestimmten schaltungstechnischen Voraussetzungen kann in der I–U-Kennlinie eines solchen Elementes ein stetiger Übergang vom supraleitenden in den normalleitenden Zustand erreicht werden (siehe Bild 9a). Legt man an das Josephson-Tunnel-Element eine Spannung an und strahlt gleichzeitig z. B. eine Mikrowelle ein, so wird die von dem Element mit der Frequenz $f = \frac{2c}{h} U$ infolge des Josephson-Wechselstromes ausgestrahlte

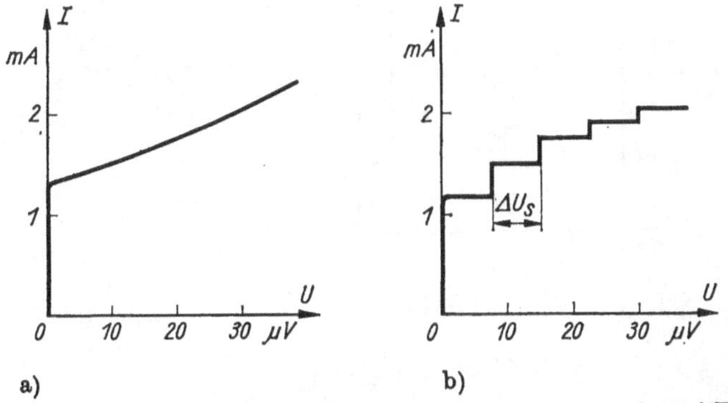

a) b)
Bild 9. Strom-Spannungs-Kennlinie eines Josephson-Tunnel-Elementes. Links ohne und rechts mit Einstrahlung eines Mikrowellenfeldes.

Welle mit der Frequenz der eingestrahlten Welle phasenmoduliert. Wenn die Frequenz des Josephson-Wechselstromes einem ganzzahligen Vielfachen der Mikrowellenfrequenz entspricht, gibt diese Überlagerung durch das Auftreten von Gleichstromkomponenten im phasenmodulierten Strom einen zusätzlichen Josephson-Gleichstrom, der eine Treppenstruktur in der Kennlinie (siehe Bild 9b) verursacht [23].
Unter Ausnutzung dieses Effektes lassen sich äußerst empfindliche und selektiv abstimmbare Empfänger für Mikrowellen und ferne Infrarotstrahlung realisieren. Mit ihnen können Strahlungsleistungen bis zu 10^{-13} W bei einer Frequenz von 70 GHz nachgewiesen werden [24], [25], [26].

3.3.4.6. Supraleitendes Quanteninterferometer

Ein supraleitendes Quanteninterferometer oder SQUID (**S**uperconducting **Q**uantum **I**nterferometer **D**evices) kann realisiert werden, indem 2 Josephson-Kontakte in einem supraleitenden Ring parallelgeschaltet werden. Den schematischen Aufbau zeigt Bild 10. Die Josephson-Kontakte können Josephson-Tunnel-Elemente, Punktkontakte oder Dayem-Brücken sein. Die Größe der von dem supraleitenden Ring umschlossenen Fläche A ist ausschlaggebend für die Empfindlichkeit des SQUID.
Bei diesem Bauelement wird der Gleichstrom-Josephson-Effekt ausgenutzt, um Magnetfeld, Magnetfeldgradienten, Suszeptibilitäten oder Spannungen zu messen. Die Wirkungsweise besteht darin, daß durch die Änderung des magnetischen Flusses Φ_A senkrecht durch die SQUID-Fläche A hindurch, eine periodische Änderung des kritischen Stromes des SQUID bewirkt wird. Für einen einzelnen Tunnelkontakt lieferte der Gleichstrom-Josephson-Effekt für den maximalen Josephson-Strom durch den Kontakt in Abhängigkeit vom magnetischen Fluß folgende Beziehung:

$$I_{\max}(H \neq 0) = I_{\max}(H = 0) \left| \frac{\sin \frac{\pi \Phi_a}{\Phi_0}}{\frac{\pi \Phi_a}{\Phi_0}} \right| . \qquad (4)$$

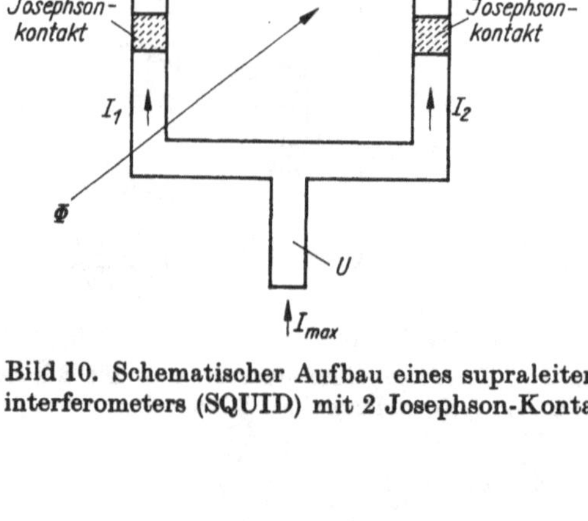

Bild 10. Schematischer Aufbau eines supraleitenden Quanteninterferometers (SQUID) mit 2 Josephson-Kontakten

Dabei ist, wie in Abschnitt 2.3. bereits erläutert, Φ_a der Fluß durch die Isolationsschicht der Tunnelbarriere. Die Berechnung des maximalen Suprastromes durch das SQUID in Abhängigkeit vom magnetischen Fluß ergibt nun:

$$I_{max}(H \neq 0) = 2I_{max}(H = 0) \left| \frac{\sin \frac{\pi \Phi_a}{\Phi_0}}{\frac{\pi \Phi_a}{\Phi_0}} \right| \left| \cos \frac{\pi \Phi_A}{\Phi_0} \right| . \tag{5}$$

Diese Abhängigkeit des maximalen Josephson-Gleichstromes für einen SQUID mit 2 Josephson-Kontakten entspricht ganz der Interferenzfigur, wie sie bei der Beugung einer ebenen Lichtwelle an einem Doppelspalt erzeugt wird. Die Ähnlichkeit mit optischen Interferenzen ist jedoch nicht nur formaler Natur. Vielmehr beruht die Wirkungsweise der SQUID's auf einer Interferenz der kohärenten Teilströme I_1 und I_2 (siehe Bild 10) der Cooper-Paare, deren Phasen durch ein Magnetfeld beeinflußbar sind. Da unter experimentellen Bedingungen die SQUID-Fläche A sehr viel größer als die effektive Fläche a eines Einzelkontaktes ist, variiert der 2. Term in Gleichung (5) mit dem Magnetfeld H viel schneller als der 1. Term. Für den Fall $A \gg a$ gilt deshalb in guter Näherung für den maximalen Suprastrom durch das SQUID bei kleinen Magnetfeldern

$$I_{max}(H \neq 0) = 2I_{max}(H = 0) \left| \cos \frac{\pi \Phi_A}{\Phi_0} \right| . \tag{6}$$

Gleichung (6) besagt, daß der maximale Suprastrom durch das SQUID mit einer Periode oszilliert, die gleich einem Flußquant Φ_0 ist. Ebenso oszilliert die Spannung, die über dem SQUID auftritt bei konstantem Betriebsstrom und überschrittenem I_{max} in Abhängigkeit von H oder Φ.

An der Sektion Physik der Friedrich-Schiller-Universität Jena wurden ebene Dünnschicht-SQUID-Anordnungen entwickelt, bei denen die beiden Josephson-Kontakte durch Dayem-Brücken mit Kerbenabmessungen von $1 \cdot 1\,\mu m$ realisiert werden

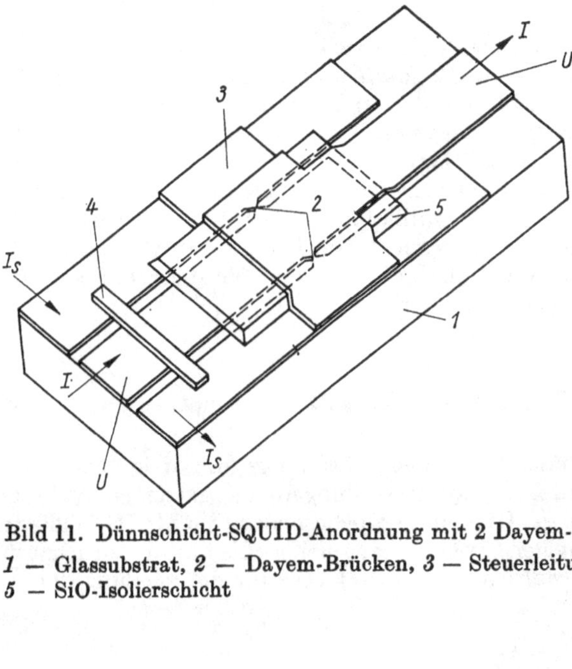

Bild 11. Dünnschicht-SQUID-Anordnung mit 2 Dayem-Brücken

1 — Glassubstrat, *2* — Dayem-Brücken, *3* — Steuerleitung, *4* — Schutzleitung, *5* — SiO-Isolierschicht

[29]. Die Herstellung der gesamten SQUID-Struktur geschieht mit der Lackhaftmaskentechnik. Bild 11 zeigt den schematischen Aufbau einer solchen Anordnung. Auf einem Glassubstrat *1* mit den Abmessungen 4 × 10 mm ist das gesamte SQUID angeordnet. Die Anordnung besteht aus dem supraleitenden Ring, der aus den beiden Dayem-Brücken *2* und einer supraleitenden Schicht *3* gebildet wird. Zwischen den Dayem-Brücken und der supraleitenden Schicht ist eine Isolations- oder Permalloy-Schicht *5* angeordnet, die die SQUID-Fläche *A* darstellt. Der obere Teil des supraleitenden Ringes — die supraleitende Schicht 3 — kann als Steuerleitung genutzt werden. Letztere ermöglicht es, auch sehr kleine Supraströme mit Hilfe des SQUID's zu messen. Weiterhin enthält die Anordnung die Anschlüsse für Strom und Spannung (I, U), für den Steuerstrom (I_s) sowie eine Schutzleitung *4*, die das SQUID vor Überlastungen schützen soll.

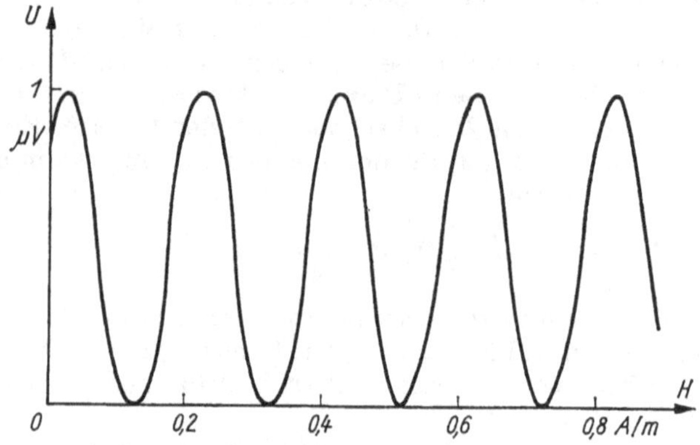

Bild 12. Gemessene Spannung am SQUID in Abhängigkeit vom einwirkenden Magnetfeld

Die Abhängigkeit der an dem SQUID auftretenden Spannung U von einem die SQUID-Fläche durchsetzenden Magnetfeld ist in Bild 12 dargestellt. Mit SQUID-Anordnungen dieses Typs ist es unter zu Hilfenahme einer entsprechenden Nachweiselektronik bisher möglich gewesen, Spannungen bis herab zu 10^{-15} V, Supraströme bis herab zu 10^{-8} A und Magnetfelder bis herab zu 10^{-11} T zu messen. Mit speziellen, mechanisch allerdings nicht so zuverlässigen SQUID-Anordnungen [30] [31] kann sogar eine Spannungsempfindlichkeit von 10^{-18} V sowie eine Magnetfeldempfindlichkeit bis zu 10^{-14} T erreicht werden. Damit werden die Meßgrenzen der gegenwärtig üblichen besten Meßverfahren für diese Größen zum Teil um mehrere Größenordnungen unterschritten.

3.3.5. Stand und Tendenzen des Einsatzes von supraleitenden Bauelementen

Der Einsatz supraleitender Bauelemente erfolgt gegenwärtig noch vorwiegend bei der Lösung meßtechnischer Problemstellungen mit extremen Anforderungen in wissenschaftlichen Labors. Hier sind es insbesondere die SQUID's, die für die Messung magnetfeldabhängiger Größen oder solcher, die darauf zurückzuführen sind, eingesetzt werden. So wurden bereits SQUID's für die Messung der Änderungen

des magnetischen Erdfeldes, zur Messung von magnetischen Suszeptibilitäten, zur Magnetokardiographie des menschlichen Herzens und zur Registrierung der Änderungen des Gravitationsfeldes der Erde verwendet. Spezielle SQUID-Anordnungen werden heute bereits kommerziell angeboten [33], jedoch ist es notwendig, diese Bauelemente bezüglich der Steigerung ihrer Empfindlichkeit und besonders ihrer Zuverlässigkeit weiterzuentwickeln.
Darüber hinaus werden supraleitende Bauelemente im zunehmenden Maße für den Nachweis von Mikrowellen und FIR-Strahlung eingesetzt.
Der Einsatz von supraleitenden Bauelementen in kommerziellen Geräten der Informationsverarbeitungstechnik ist bisher noch nicht erfolgt. Die große Zahl von Veröffentlichungen und Patenten über Schaltungs- und Speicheranordnungen zeigen jedoch, daß auf diesem Gebiet eine anwendungsorientierte Forschung in beachtlichem Umfange betrieben wird. Es ist nicht auszuschließen, daß nach der Lösung der gegenwärtig noch bestehenden technologischen Probleme der Bau von EDV-Anlagen für extreme Anforderungen mit supraleitenden Bauelementen in Angriff genommen wird. Eine Voraussetzung dürfte jedoch sein, daß die Anlagen eine bestimmte Mindestgröße überschreiten, damit der erforderliche kryotechnische Aufwand in vernünftiger Relation zum Gesamtaufwand steht.

Literaturverzeichnis

[1] *Buckel, W.*: Supraleitung. Akademie-Verlag, Berlin 1973
[2] *Rose-Innes, A. C.* und *Rhoderick, E. H.*: Introduction to Superconductivity. Pergamon-Press, Braunschweig 1969
[3] *Lynton, E. A.*: Superconductivity. Methuen's Monographs on Physical Subjects, London 1964
[4] *Newhouse, V. L.*: Applied Superconductivity. Wiley & Sons, New York 1964
[5] Vorträge über Supraleitung herausgegeb. von der Phys. Gesellsch. Zürich, Birkhäuser Verlag, Basel und Stuttgart 1968
[6] *Eder, F. X.*: Moderne Meßmethoden der Physik, Teil 3. VEB Deutscher Verlag der Wissenschaften, Berlin 1972
[7] *Josephson, B. D.*: Phys. Rev. Lett. **1** (1962) 251
[8] *Bardenn, J.*, *Cooper, L. N.*, *Schrieffer, I. R.*: Phys. Rev. **108** (1957) 1175
[9] *Hilsch, P.* und *Hilsch, R.*: Z. Phys. **180** (1964) 10 sowie
Hauser, J. J., *Theurer, H. C.* und *Werthamer, N. R.*: Phys. Lett. **18** (1965) 222
[10] *Richards, P. L.*, *Auracker, F.* und *van Duer, T.*: Proc. IEEE **61** (1973) 36
[11] *Clarke, J.*: Amer. J. Phys. **38** (1970) 1071
[12] *Langenberg, D. N.*, *Scalapino, D. J.* und *Taylor, B. N.*: Proc. IEEE **54** (1960) 560
[13] *Katz, R. M.* und *Rose, K.*: Proc. IEEE **61** (1973) 55
[14] *Martin, D. H.* und *Bloor, D.*: Cryogenics **1** (1961) 159
[15] *Anderson, P. W.* und *Dayem, A. H.*: Phys. Rev. Lett. **13** (1964) 195
[16] *Albrecht, G.*, *Müller, J.*, *Köhler, H.-J.* und *Richter, W.*: Wiss. Zeitschr. FSU Jena, Mat.-Nat. R. **22** (1973) 361
[17] *Schmidt, W. D.*: Exper. Technik d. Physik **22** (1974) 407
[18] *Buck, D. A.*: Proc. IRE **44** (1956) 482
[19] *Newhouse, V. L.* und *Bremer, J. W.*: J. appl. Phys. **30** (1959) 1458
[20] *Newhouse, V. L.* und *Edwards, H. H.*: Proc. IEEE **52** (1964) 1191
[21] *Brennemann, A. E.*: Proc. IEEE **51** (1963) 442
[22] *Jutzi, W.*: Electronics Letters **8** (1972) 589
[23] *Clarke, J.*: Proc. IEEE **61** (1973) 8
[24] *Grimes, C. C.*, *Richards, P. L.*, und *Shapiro, S.*: Phys. Lett. **17** (1966) 431

[25] *Yanson, I. K., Sirstunow, V. M.* und *Dmitrenko, J. M.*: Zh. Eksperim. teor. Fiz. **48** (1965) 976; Sov. Phys. JETP **21** (1966) 650
[26] *Langenberg, D. N., Scalapino, D. J.* und *Taylor, B. N.*: Sci. Amer. **214** (May 1966)
[27] *Albrecht, G.*: DDR-Patent 90170 (1972)
[28] *Zimmermann, J. E.* und *Silver, A. H.*: Phys. Rev. **141** (1966) 367
[29] *Riesenberg, R., Richter, W.* und *Albrecht, G.*: Experim. Technik der Physik **22** (1974) 442
[30] *Silver, A. H.* und *Zimmermann, J. E.*: Phys. Rev. **157** (1967) 317
[31] *Zimmermann, J. E.*: J. Appl. Phys. **42** (1971) 30
[32] Firma S.H.E. Manufacturing Corporation, 3422 Tripp CT, San Diego, California 92121

3.4. Mechanoelektrische Bauelemente

Von *B. Irrgang*

Technische Universität Dresden

3.4.1. Einleitung

Piezoelektronische Bauelemente können in drei Gruppen gegliedert werden:

elektromechanische Wandler
akustoelektrische Bauelemente
mechanoelektrische Wandler.

Elektromechanische Festkörperwandler nutzen zur Umsetzung elektrischer Energie in mechanische Verformungsenergie den piezoelektrischen Effekt. Sie enthalten Wandlerelemente aus piezoelektrischen Kristallen (z. B. Quarz), Keramiken (z. B. PZT) oder Halbleitern (z. B. CdS).
Akustoelektrische Bauelemente besitzen elektrische Ein- und Ausgangsklemmen. Die elektromechanische und anschließende mechanoelektrische Wandlung dient der Filterung, Verzögerung oder Verstärkung des elektrischen Eingangssignales.
Hauptanwendungsgebiet für mechanoelektrische Wandlerelemente ist die Meßwerterfassung mechanischer Parameter wie Drücke, Kräfte und Bewegungsgrößen in der Betriebs- und Labormeßtechnik. Mechanoelektrische Halbleiterwandler sind zur Messung statischer und dynamischer Parameter geeignet. Sie besitzen im Gegensatz zu piezoelektrischen Systemen eine externe elektrische Energiequelle. Nach den Stromflußmechanismen der zugehörigen elektronischen Bauelemente lassen sie sich in folgende Gruppen einteilen:

Halbleiterwandler mit volumengesteuertem Stromfluß

- piezoresistive Elemente
- Glas-Halbleiter, Gunn-Elemente u. a.

Halbleiterwandler mit grenzflächengesteuertem Stromfluß

- Bauelemente mit nicht entarteten Homoübergängen
- Bauelemente mit entarteten Homoübergängen
- Heteroelemente mit aufgedampften piezoelektrischen Halbleitern
- Bauelemente mit MS-, MIS- und sonstigen Heteroübergängen

Halbleiterwandler mit feldeffektgesteuertem Stromfluß

- Sperrschicht-Feldeffektelemente
- MIS-Feldeffektelemente

Zu jeder dieser Gruppen ist eine Vielzahl experimenteller Wandlerstrukturen bekannt. Praktische Bedeutung haben jedoch bisher nur piezoresistive Elemente sowie Bauelemente mit nicht entarteten und entarteten *pn*-Übergängen erlangt. Bild 1 zeigt in den Teilbildern a und b den analogen Aufbau von Kraftaufnehmern mit Drahtdehnmeßstreifen und mit piezoresistiven Halbleiterelementen. Bild 1c

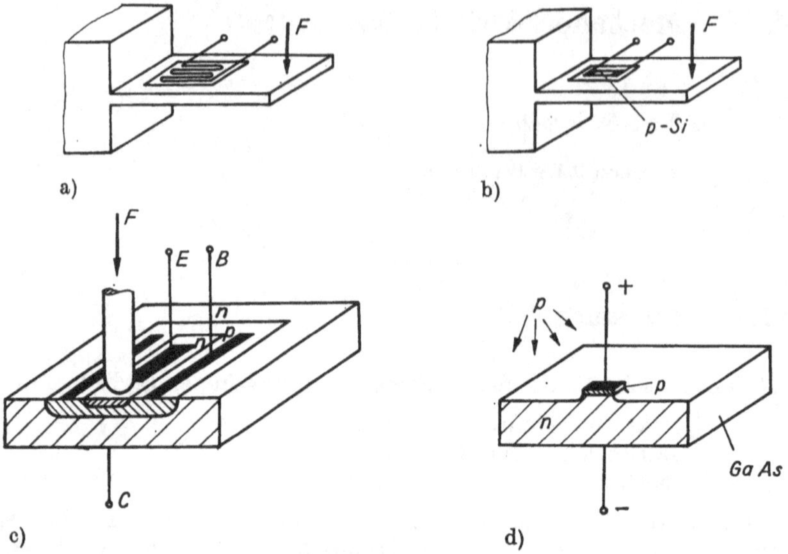

Bild 1. Mechanoelektrische Wandler mit direkter Krafteinleitung

a) Kraftwandler mit Drahtdehnmeßstreifen
b) Kraftwandler mit Halbleiterdehnmeßstreifen
c) Kraftwandler mit Piezotransistor
d) Druckwandler mit Tunneldiode

stellt einen Piezotransistor mit punktförmiger Krafteinleitung dar (nicht entarteter *pn*-Übergang), Bild 1d eine durch hydrostatischen Druck belastete Mesa-Tunneldiode (entarteter *pn*-Übergang).
Neben einer unmittelbaren Deformation kann auch eine Verschiebung des Halbleiters im inhomogenen Magnetfeld oder die Bewegung einer Feldelektrode relativ zum Halbleiterelement eine mechanoelektrische Wandlung bewirken. Bild 2 zeigt als Beispiele zwei halbleitertechnische Entsprechungen zu konventionellen induktiven und kapazitiven Systemen [2], [3], [4].

3.4.2. Deformationspotentialtheorie

3.4.2.1. Bandstrukturen bei mechanischer Belastung

Wird ein Halbleiterkristall mit einer mechanischen Spannung T beaufschlagt, so bewirken die zugehörigen makroskopischen Dehnungen S eine Deformation der Elementarzellen. Damit ist eine Änderung der mikroskopischen Raumladungsdichte im Halbleiter verbunden, die sich auf die Gestalt der Wellenfunktionen $\psi_k(\boldsymbol{r})$ und die zugehörigen Energiewerte $W(\boldsymbol{k})$ auswirken muß. Analog zur Berücksichtigung des periodischen Gitterpotentials durch die Einführung effektiver Massen kann der Einfluß veränderter Gitterparameter durch ein „Deformationspotential" beschrieben werden. Man stellt sich vor, daß dem periodischen Gitterpotential ein elektrostatisches Zusatzpotential überlagert wird, dessen Mikrostruktur sich über eine große Zahl von Elementarzellen nur wenig ändert [5].

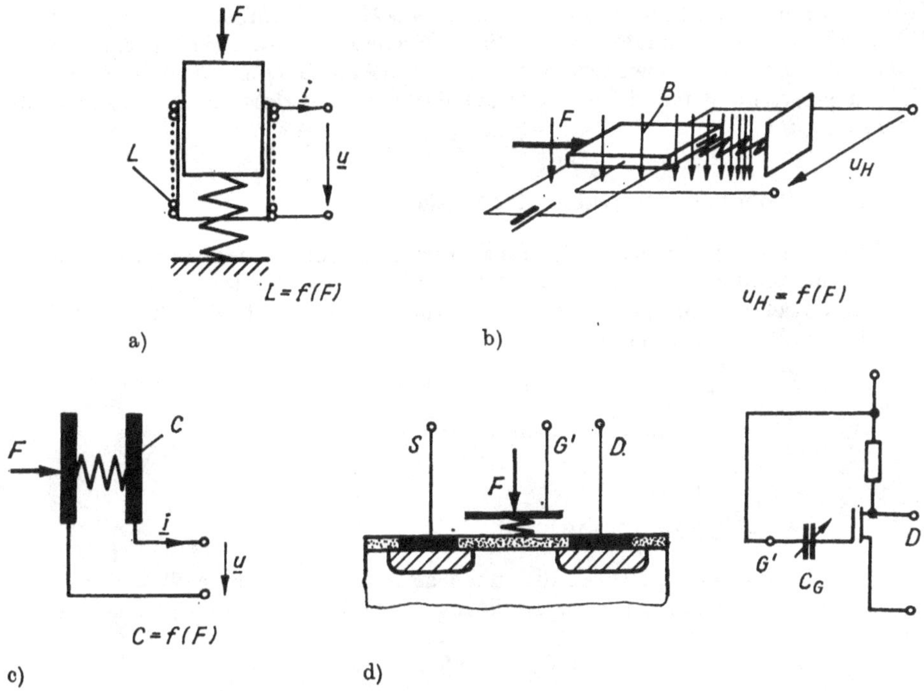

Bild 2. Mechanoelektrische Wandler mit Variation des magnetischen und elektrischen Feldes

a) Induktiver Kraftwandler
b) Halleffekt-Halbleiterwandler nach [1]
c) Kapazitiver Kraftwandler
d) Feldeffekt-Transistor mit beweglicher Gate-Elektrode

Das Deformationspotential Ξ hat Tensorcharakter. Für eine beliebige Valenz- oder Leitbandenergie W^i ist die Energieänderung [6]

$$\Delta W^i = \sum_{r,s=1}^{3} \Xi^i_{rs} S_{rs} \,. \tag{1}$$

Da Dehnungs- und Spannungstensor sowie Deformationspotentialtensor stets symmetrisch sind [6], können mit

$$S_m = \alpha S_{rs} \quad (2)$$

$$T_m = T_{rs} \quad (3)$$

$$\Xi_m = \alpha \Xi_{rs} \quad (4)$$

rs	11	22	33	23, 32	13, 31	12, 21
m	1	2	3	4	5	6
α	1	1	1	2	2	2

indexreduzierte Größen eingeführt werden:

$$\Delta W^i = \sum_{m=1}^{6} \Xi^i_m S_m \,. \tag{5}$$

Die Deformationspotentiale lassen sich prinzipiell durch quantenmechanische Rechnungen auf makroskopisch meßbare Größen wie Beweglichkeiten und elastische

Koeffizienten zurückführen. *Bardeen* und *Shockley* [5] berechneten als erste die Verschiebung des Leitbandes $(W_C)_{\min}$ für kubische Halbleiter bei allseitigem Druck. *Goroff* und *Kleinman* erweiterten die theoretischen Berechnungen auf beliebige Dehnungsverteilungen und für alle in der Bandstruktur des Siliziums auftretenden Energiebänder [7].

3.4.2.2. Deformationspotentiale für Silizium

Als Beispiel soll die Änderung der Leitbandenergie für Silizium in Umgebung des Leitbandminimums $(W_C)_{\min}$ betrachtet werden. Der zugehörige Deformationspotentialtensor hat Hauptachsenstruktur, die entsprechend (4) reduzierte Matrix besitzt nach [6] die Komponenten

$$\Xi_k^i = \Xi_d + \Xi_u \delta_{ik} \qquad \text{für} \qquad i, k = 1 \cdots 3$$

$$\Xi_k^i = 0 \qquad \text{für} \qquad i = 1 \cdots 3\,,\ k = 4 \cdots 6 \tag{6}$$

mit

$$\Xi_d = -3{,}5\ \text{eV}\,,$$

$$\Xi_u = (8{,}5 \pm 0{,}5)\ \text{eV}\,. \tag{7}$$

Auf einen Siliziumkristall wirke die uniachsiale Druckspannung $T_1 < 0$ in Richtung einer Würfelkante des Kristallgitters (Bild 3). Die zugehörigen Dehnungen sind

$$S_1 = s_{11} T_1\,, \qquad S_2 = S_3 = -\nu S_1\,. \tag{8}$$

Für die im Bild 3 gezeichneten Energieminima $(W_C)_{\min}$ folgt mit (5) und (6):

$$\Delta W_C^{(1)} = [\Xi_d(1 - 2\nu) + \Xi_u]\, s_{11} T_1 \tag{9}$$

$$\Delta W_C^{(2)} = \Delta W_C^{(3)} = [\Xi_d(1 - 2\nu) - \nu \Xi_u]\, s_{11} T_1\,.$$

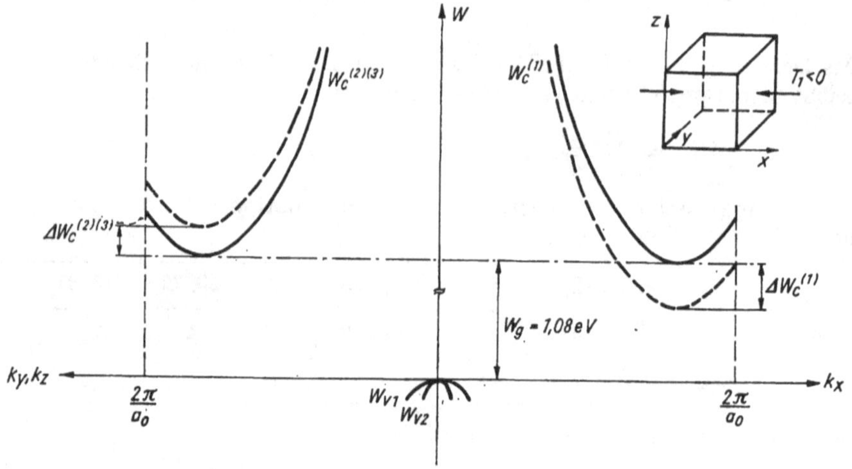

Bild 3. Einfluß einer uniachsialen Druckspannung auf die Leitbandstruktur von Silizium

——— spannungsfreier Zustand
– – – – mit Druckspannung $T_1 < 0$

Die jeweils ersten Terme in eckigen Klammern bewirken eine gemeinsame energetische Absenkung, die zweiten Terme eine energetische Aufspaltung. Das Ergebnis der Rechnung mit den Elastizitätsparametern für Silizium $s_{11} = 0{,}774 \times \times 10^{-11}\ \mathrm{m^2\,N^{-1}}$ und $\nu = \nu_{12} = 0{,}281$ ist in der ersten Zeile der folgenden Tabelle angegeben. Die zweite Zeile berücksichtigt auch die zugehörigen Valenzbandänderungen.

	nach (9)	nach [8]	
$\Delta W_C^{(1)} =$ $\Delta W_C^{(2)} = \Delta W_C^{(3)} =$	6,4 −3	5,66 −3,76	$\mathrm{meV}\,\dfrac{T_1}{\mathrm{kbar}}$
$\Delta W_{V1} =$ $\Delta W_{V2} =$		−5,17 1,73	

(10)

Bild 3 zeigt die unter Wirkung einer Druckspannung $T_1 < 0$ verschobenen Energiefunktionen $W_C(k)$ als gestrichelte Kurven. Da die effektive Elektronenmasse nur wenig druckabhängig ist [6], bleibt die Krümmung der Kurven erhalten.

3.4.2.3. Änderung der Besetzungsdichten

Die Dichten der quasifreien Elektronen und Löcher in Halbleitern sind von den Energieextremwerten W_C und W_V abhängig [9]:

	$n \ll N_C$, $p \ll N_V$ (Nichtentartung)	$n \gg N_C$, $p \gg N_V$ (Entartung)
$n =$	$N_C \exp\left(-\dfrac{W_C - W_F}{k_B\Theta}\right)$	$\dfrac{4}{3\sqrt{\pi}} N_C \left(\dfrac{W_F - W_C}{k_B\Theta}\right)^{3/2}$
$p =$	$N_V \exp\left(-\dfrac{W_F - W_V}{k_B\Theta}\right)$	$\dfrac{4}{3\sqrt{\pi}} N_V \left(\dfrac{W_V - W_F}{k_B\Theta}\right)^{3/2}$

(11)

$N_{C,V} = (10^{19} \dots 10^{20})\ \mathrm{cm^{-3}}$ (effektive Zustandsdichten)
$k_B = 1{,}38 \cdot 10^{-23}\ \mathrm{Ws/grd}$ (*Boltzmann*-Konstante)
$\Theta \dots$ absolute Temperatur

Im unbelasteten n-Silizium verteilen sich die Elektronen gleichmäßig auf drei Paare von Energietälern in den Richtungen $\pm k^i$. Die Elektronendichten je Energiepaar sind durch die Dotierung N_D vorgegeben:

$$n_0 = \frac{N_D}{3}\,. \tag{12}$$

Bei mechanischer Belastung des Kristalls folgt aus (11) für Nichtentartung

$$n^i = n_0 \exp\left(-\frac{\Delta W_C^i}{k_B\Theta}\right) \exp\left(\frac{\Delta W_F}{k_B\Theta}\right). \tag{13}$$

Aus der Gesamtdichte

$$\sum_{i=1}^{3} n^i = N_D \tag{14}$$

ergibt sich mit (13) für die Änderung der *Fermi*-Energie

$$\exp\left(-\frac{\Delta W_F}{k_B\Theta}\right) = \frac{1}{3}\sum_{i=1}^{3}\exp\left(-\frac{\Delta W_C^i}{k_B\Theta}\right). \tag{15}$$

Für kleine Energieänderungen $\delta W \ll k_B\Theta$ ist die aus (13) folgende Dichteänderung

$$\frac{\delta n^i}{n_0} = -\frac{\delta W_C^i - \delta W_F}{k_B\Theta}. \tag{16}$$

Wegen $\sum_{i=1}^{3} \delta n^i = 0$ wird

$$\delta W_F = \frac{1}{3}\sum_{i=1}^{3}\delta W_C^i. \tag{17}$$

3.4.3. Piezoresistive Elemente

3.4.3.1. Grundlagen

Die Stromdichte $\boldsymbol{j}$ in einem homogenen Halbleiter wird durch die mittlere Driftgeschwindigkeit $\boldsymbol{v}_m$ der Ladungsträger bestimmt:

$$\boldsymbol{j} = \varrho_q \boldsymbol{v}_m. \tag{18}$$

ϱ_q ist die räumliche Dichte der beweglichen Ladungsträger:

$$\varrho_q = -en \quad \text{für Elektronen} \tag{19}$$

$$\varrho_q = ep \quad \text{für Löcher.}$$

Die Driftgeschwindigkeit

$$\boldsymbol{v}_m = (\mu)\,\boldsymbol{E} \tag{20}$$

wird bei gegebener Feldstärke $\boldsymbol{E}$ durch die Beweglichkeit (μ) der Ladungsträger bestimmt. Die Komponenten der Beweglichkeit sind den zugehörigen effektiven Massen m_{eff} umgekehrt proportional [9]:

$$\mu = \frac{e\bar{\tau}}{2m_{\text{eff}}}. \tag{21}$$

$\bar{\tau}$ ... mittlere Freiflugzeit.

Stromdichte und Feldstärke sind durch die elektrische Leitfähigkeit verknüpft:

$$\boldsymbol{j} = (\sigma)\,\boldsymbol{E}. \tag{22}$$

Durch Vergleich mit (18) und (20) folgt

$$(\sigma) = \varrho_q(\mu). \tag{23}$$

In mechanisch unbelasteten Kristallen sind (σ) und (μ) symmetrische Tensoren. In belasteten Kristallen gilt (23) jeweils für ein Energietal [6]:

$$(\sigma^i) = \varrho_q^i(\mu^i), \tag{24}$$

die Leitfähigkeitsänderung ist

$$(\delta\sigma^i) = \delta\varrho_q^i(\mu^i) + \varrho_q^i(\delta\mu^i). \tag{25}$$

Mit dem Faktor $\delta \varrho_q^i$ wird die Umverteilung der Ladungsträger zugunsten der jeweils tiefsten Energieniveaus beschrieben; die druckbedingte Änderung $(\delta\mu^i)$ der Beweglichkeitstensoren ist nach (21) auf druckabhängige effektive Massen zurückzuführen.

Jedes Energietal liefert einen Beitrag zum Tensor der Gesamtleitfähigkeit:

$$(\sigma) = \sum_i (\sigma^i) . \tag{26}$$

Piezoresistive Wechselwirkungen äußern sich in von Null verschiedenen Komponenten des Tensors

$$(\delta\sigma) = \sum_i (\delta\sigma^i) . \tag{27}$$

Deformationsbedingte Ladungsträgerumverteilungen $\delta \varrho_q^i$ können von solchen mechanischen Dehnungskomponenten bewirkt werden, die eine energetische Aufspaltung entarteter Energieniveaus nach sich ziehen. Wegen der Neutralitätsbedingung

$$\sum_i \delta \varrho_q^i = 0 \tag{28}$$

sind jedoch derartige Umverteilungen zwischen einzelnen Tälern oder Bändern für das Auftreten piezoresistiver Effekte allein nicht hinreichend. Die zugeordneten Beweglichkeiten (μ^i) müssen sich unterscheiden. Für n-Silizium und n-Germanium bewirken anisotrope effektive Massen entsprechende anisotrope Beweglichkeiten. Bei p-Halbleitern wie p-Si und p-Ge erfolgt eine Umverteilung zwischen den im deformationsfreien Zustand für $k = 0$ entarteten Bändern der „schweren" und „leichten" Löcher W_{V1} und W_{V2}, deren zugeordnete Beweglichkeiten sich um Faktoren unterscheiden.

Für piezoresistive Wechselwirkungen in p-Halbleitern sind teilweise deformationsbedingte Beweglichkeitsänderungen $(\delta\mu^i)$ verantwortlich. So wird von *Bir* und *Pikus* [10] eine Verzerrung der ursprünglich kugelsymmetrischen Tensorflächen $\boldsymbol{r}(m_{\text{eff}})\,\boldsymbol{r} = \text{const}$ der effektiven Massen für Löcher in Silizium bei gerichteter mechanischer Belastung beschrieben.

Für n-Silizium lautet die Komponente σ_{11} der resultierenden Leitfähigkeit (26)

$$\sigma_{11} = -e \sum_{i=1}^{3} n^i \mu_{11}^i . \tag{29}$$

Im Belastungsfall $T_{11} \neq 0$, $T_2 \cdots T_6 = 0$ sind die Richtungen 2 und 3 gleichberechtigt:

$$\sigma_{11} = -e(n^{(1)}\mu_{11}^{(1)} + 2n^{(2)}\mu_{11}^{(2)}) . \tag{30}$$

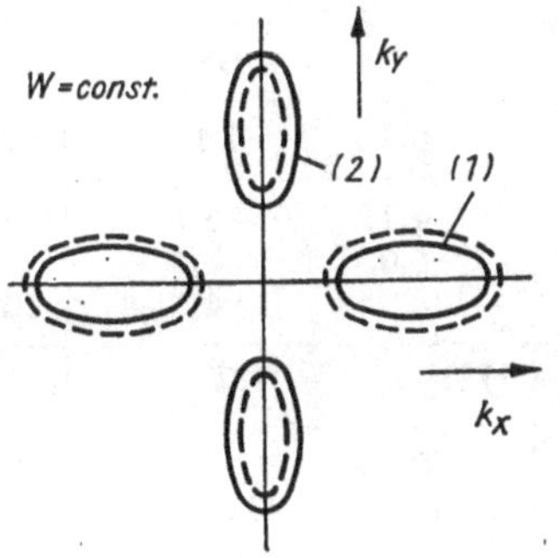

Bild 4. Ellipsen konstanter Energie für Leitungselektronen in Silizium
——— spannungsfreier Zustand
– – – – mit Druckspannung $T_1 < 0$

Die hochgestellten Zahlen beziehen sich auf die Numerierung der Energieellipsoide im Bild 4. Die Leitfähigkeitsänderung ist nach [8]

$$\frac{\delta \sigma_{11}}{\sigma_{11}} = \frac{1}{1 + 2\frac{\mu_{11}^{(2)}}{\mu_{11}^{(1)}}} \left(\frac{\delta n^{(1)}}{n_0} + 2 \frac{\mu_{11}^{(2)}}{\mu_{11}^{(1)}} \frac{\delta n^{(2)}}{n_0} \right) . \tag{31}$$

Für kleine Dehnungen und kleine Energieänderungen $\delta W \ll k_B \Theta$ ist nach (16) und (17)

$$\frac{\delta n^i}{n_0} = - \frac{\delta W_C^i - \frac{1}{3} \sum_{j=1}^{3} \delta W_C^j}{k_B \Theta} . \tag{32}$$

Mit der *Boltzmann*-Energie für Zimmertemperatur $k_B \Theta = 25$ meV und den in (10) angegebenen Energieänderungen [8] wird für $T_1 < 1$ kbar

$$\frac{\delta n^{(1)}}{n_0} = - 25\% \frac{T_1}{\text{kbar}} , \qquad \frac{\delta n^{(2)}}{n_0} = 13\% \frac{T_1}{\text{kbar}} . \tag{33}$$

Mit dem Beweglichkeitsquotienten für Elektronen in Silizium

$$\frac{\mu_{11}^{(2)}}{\mu_{11}^{(1)}} = \frac{m_{\text{eff, long}}}{m_{\text{eff, transv}}} = 5{,}2 \tag{34}$$

ergibt sich für (31)

$$\frac{\delta \sigma_{11}}{\sigma_{11}} = 9{,}4\% \frac{T_1}{\text{kbar}} , \qquad (|T_1| < 1 \text{ kbar}) . \tag{35}$$

Experimentelle Untersuchungen an hochohmigem n-Silizium führen nach Tab. 1 auf

$$\frac{\delta \sigma_{11}}{\sigma_{11}} \approx - \frac{\delta \varrho_{11}}{\varrho_{11}} = 10\% \frac{T_1}{\text{kbar}} . \tag{36}$$

Eine gruppentheoretische Analyse piezoresistiver Wechselwirkungen in technisch bedeutsamen Halbleitern gibt *Keyes* [6].

Tabelle 1. **Piezoresistive Koeffizienten für hochohmiges Silizium und Germanium nach *Thurston* [12] und berechnete Kenngrößen in ausgewählten Kristallrichtungen**

	n-Si	p-Si	n-Ge	p-Ge	Dimension
ϱ	11,7	7,8	9,9	1,1	Ω cm
π_{11}	−102	6,6	− 4,7	−3,7	10^{-11} m² N⁻¹
π_{12}	53,4	−1,1	− 5,0	3,2	10^{-11} m² N⁻¹
π_{44}	− 13,6	138	−138	96,7	10^{-11} m² N⁻¹
Kristallrichtung 1′	[100]	[111]	[111]	[111]	—
π'_{11}	−102	89	− 93	68	10^{-11} m² N⁻¹
s'_{11}	0,774	0,533	0,635	0,635	10^{-11} m² N⁻¹
K'_{11}	−132	167	−146	117	—

3.4.3.2. Phänomenologische Beschreibung des piezoresistiven Effektes

In piezoresistiven Halbleitern tritt zum Tensor des spezifischen Widerstandes (ϱ) ein Summand ($\delta\varrho$), dessen Komponenten den eingeleiteten mechanischen Spannungen proportional sind. In Komponentenschreibweise ist die resultierende elektrische Feldstärke

$$E_j = \sum_{k=1}^{3} \left(\varrho_{jk} + \sum_{l,m=1}^{3} \Pi_{jklm} T_{lm} \right) j_k \,. \tag{37}$$

Da die Tensoren (ϱ) und (σ) = $(\varrho)^{-1}$ nur in der Hauptdiagonalen von Null verschiedene Komponenten besitzen, ist

$$\sum_{j=1}^{3} \sigma_{ij} \varrho_{jk} = \delta_{ik} \,. \tag{38}$$

Mit den piezoresistiven Koeffizienten

$$\Pi_{iklm} = \sum_{j=1}^{3} \sigma_{ij} \pi_{jklm} \tag{39}$$

folgt aus (37) die piezoresistive Grundgleichung

$$\sum_{j=1}^{3} \sigma_{ij} E_j = j_i + \sum_{k,l,m=1}^{3} \pi_{iklm} T_{lm} j_k \,. \tag{40}$$

Silizium und Germanium kristallisieren im kubischen Kristallsystem, das im folgenden ausschließlich betrachtet werden soll. Im kubischen System ist

$$\sigma_{ij} = \delta_{ij} \sigma_{11} = \delta_{ij} \frac{1}{\varrho_{11}} \,. \tag{41}$$

Damit wird aus (40)

$$E_i = \varrho_{11} j_i + \sum_{k=1}^{3} \delta\varrho_{ik} j_k \tag{42}$$

mit

$$\delta\varrho_{ik} = \varrho_{11} \sum_{l,m=1}^{3} \pi_{iklm} T_{lm} \,. \tag{43}$$

Gleichung (42) kann als Vektorgleichung geschrieben werden:

$$\boldsymbol{E} = \varrho_{11} \boldsymbol{j} + (\delta\varrho)\, \boldsymbol{j} \,. \tag{44}$$

Die Komponenten des Tensors erster Stufe ($\delta\varrho$) werden nach (43) durch Tensormultiplikation des Tensors 2. Stufe der piezoresistiven Koeffizienten mit dem Spannungstensor berechnet. Der symmetrische (π)-Tensor kann zu einer Matrix mit 6 × 6 Komponenten reduziert werden:

$$\pi_{rs} = \beta \pi_{iklm} \,. \tag{45}$$

ik, lm	11	22	33	23, 32	13, 31	12, 21
r, s	1	2	3	4	5	6
β	1	1	1	2	2	2

Nach der Reduktion des ($\delta\varrho$)-Tensors auf den Vektor $\boldsymbol{\delta\varrho}$ mit den Komponenten

$$\delta\varrho_r = \delta\varrho_{ik} \tag{46}$$

und des Spannungstensors nach (3) wird

$$\delta\varrho_r = \varrho_{11} \sum_{s=1}^{6} \pi_{rs} T_s \,. \tag{47}$$

Für kubische Systeme folgt aus den allgemeinen Symmetriebedingungen [6] die Form

$$\begin{pmatrix} \delta\varrho_1 \\ \delta\varrho_2 \\ \delta\varrho_3 \\ \delta\varrho_4 \\ \delta\varrho_5 \\ \delta\varrho_6 \end{pmatrix} = \varrho_{11} \begin{pmatrix} \pi_{11} & \pi_{12} & \pi_{12} & 0 & 0 & 0 \\ \pi_{12} & \pi_{11} & \pi_{12} & 0 & 0 & 0 \\ \pi_{12} & \pi_{12} & \pi_{11} & 0 & 0 & 0 \\ 0 & 0 & 0 & \pi_{44} & 0 & 0 \\ 0 & 0 & 0 & 0 & \pi_{44} & 0 \\ 0 & 0 & 0 & 0 & 0 & \pi_{44} \end{pmatrix} \begin{pmatrix} T_1 \\ T_2 \\ T_3 \\ T_4 \\ T_5 \\ T_6 \end{pmatrix} . \tag{48}$$

Experimentelle Ergebnisse für die π-Koeffizienten von Silizium und Germanium enthält Tab. 1.

3.4.3.3. Halbleiter-Dehnmeßstreifen

Bild 5a erläutert die Dehnungseinleitung bei diskreten Dehnmeßstreifen, die mit geeigneten Klebstoffen auf den Verformungskörper appliziert werden. Auf den Dehnmeßstreifen wird nur die Dehnungskomponente S_1' des Verformungskörpers übertragen (eine detaillierte Analyse gibt *Lenk* [11]). Zwischen den Kontakten des Dehnmeßstreifens wird ein Widerstand

$$R = \varrho \frac{l}{bd} \tag{49}$$

gemessen. Seine Änderung ist in guter Näherung

$$\frac{\delta R}{R} \approx \frac{\delta\varrho}{\varrho} = \pi_{11}' T_1' = \frac{\pi_{11}'}{s_{11}'} S_1' \,. \tag{50}$$

Der Quotient π_{11}'/s_{11}' wird als K-Faktor bezeichnet. Der K-Faktor ist von der Orientierung des Dehnmeßstreifens bezüglich seiner kristallografischen Achsen abhängig. Stimmt die Längsachse 1' des Dehnmeßstreifens nicht mit der Kristallrichtung 1 überein, so sind für π_{11}' und s_{11}' transformierte Koeffizienten einzusetzen. Für kubische Halbleiter wie Si und Ge sind die benötigten Transformationsformeln

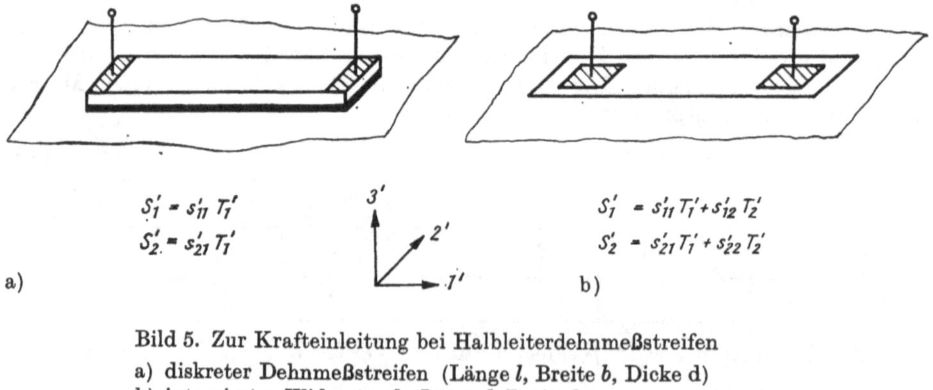

Bild 5. Zur Krafteinleitung bei Halbleiterdehnmeßstreifen
a) diskreter Dehnmeßstreifen (Länge l, Breite b, Dicke d)
b) integrierter Widerstand (Länge l, Breite b)

bei *Lenk* [11] explizit angegeben. Tab. 1 enthält die jeweils maximalen Koeffizienten π'_{11} und K'_{11}.
Für einen diffundierten Widerstand gilt an Stelle von (49)

$$R = \bar{\varrho} \frac{l}{x_0 b}, \tag{51}$$

$\bar{\varrho}$ — mittlerer spezifischer Widerstand,
x_0 — Diffusionstiefe.

Mechanische Längs- und Querspannungen des Verformungskörpers werden in unverminderter Größe in den integrierten Dehnmeßstreifen übertragen, vgl. Bild 5b. Für einen scherspannungsfreien Verformungskörper ($T'_4 \cdots T'_6 = 0$) ist

$$\frac{\delta R}{R} \approx \frac{\delta \bar{\varrho}}{\bar{\varrho}} = \bar{\pi}'_{11} T'_1 + \bar{\pi}'_{12} T'_2 . \tag{52}$$

p-Silizium hat gegenüber n-Silizium den Vorteil einer um etwa den Faktor 2 geringeren Nichtlinearität des piezoresistiven Effektes, weiterhin besitzt p-Si für $\varrho < 10^{-2}$ Ωcm bedeutend geringere Temperaturkoeffizienten des spezifischen Widerstandes als n-Silizium [11].
Für p-Silizium ist nach Tab. 1 nur der Scherkoeffizient π_{44} wesentlich von Null verschieden. Bild 6 zeigt die Abhängigkeit dieses Koeffizienten vom spezifischen Widerstand ϱ bzw. $\bar{\varrho}$ für homogene und diffundierte Strukturen.

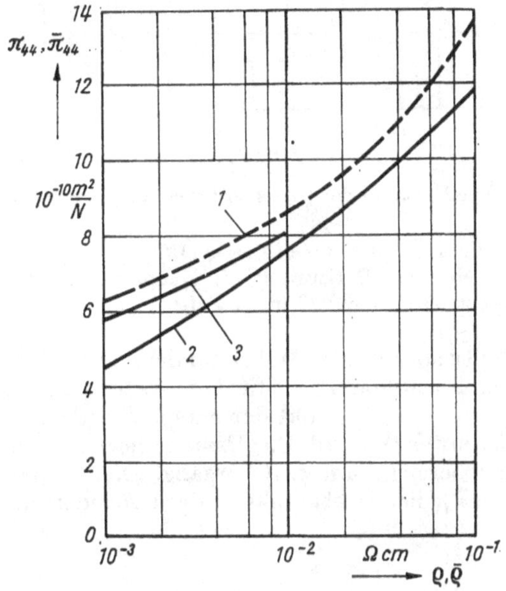

Bild 6. Piezoresistive Koeffizienten π_{44} für homogenes p-Silizium und $\bar{\pi}_{44}$ für diffundiertes p-Silizium

1 — Homogenes Material (nach *Dorsey* [13])
2 — Diffundiertes Material, Dotierungsprofil komplementäre Fehlerfunktion (nach *Tufte* [14])
3 — Diffundiertes Material, Dotierungsprofil Gaußfunktion, aus *1* berechnet

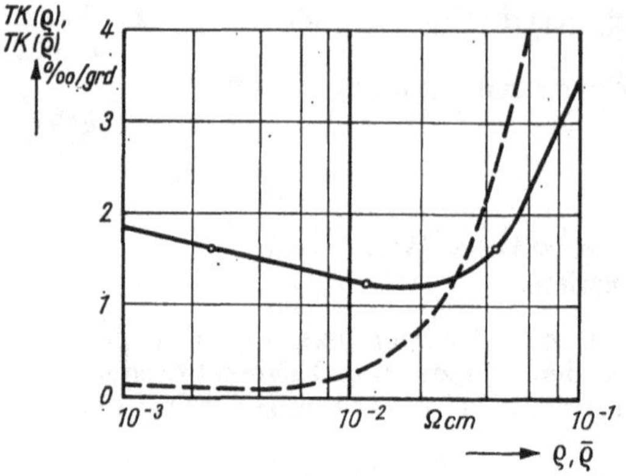

Bild 7. Temperaturkoeffizienten des spezifischen Widerstandes für *p*-Silizium
---- homogenes Material, Temperaturbereich (0···50) °C (nach *Dorsey* [13])
—— diffundiertes Material, Dotierungsprofil komplementäre Fehlerfunktion, Temperaturbereich (0···100) °C (nach *Tufte* [14])

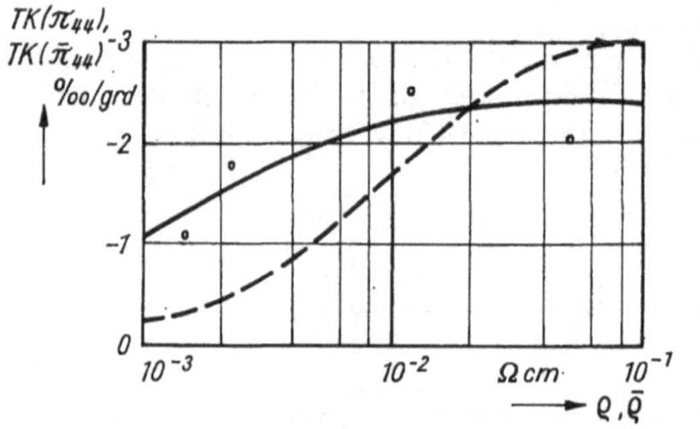

Bild 8. Temperaturkoeffizienten des piezoresistiven Koeffizienten π_{44} für *p*-Silizium
---- homogenes Material, 20 °C (nach *Dorsey* [13])
—— diffundiertes Material, Dotierungsprofil komplementäre Fehlerfunktion, Temperaturbereich (20···80) °C (nach *Tufte* [14])

Die Temperaturkoeffizienten des spezifischen Widerstandes ϱ bzw. $\bar{\varrho}$ sind im Bild 7 dargestellt. Während der Temperaturkoeffizient für homogenes Material bei hohen Dotierungen den Wert 0,1‰/grd erreicht, sinkt der entsprechende Koeffizient für diffundierte Strukturen nicht unter 1‰/grd. Die Ursache liegt in den Einflüssen der hochohmigen Widerstandsbereiche am *pn*-Übergang. Die Temperaturkoeffizienten des Scherkoeffizienten $\bar{\pi}_{44}$ liegen ebenfalls in der Größenordnung ‰/grd, wie Bild 8 ausweist.

3.4.4. Piezojunction-Elemente

3.4.4.1. Druckabhängigkeit des Diffusionsstromes

Bild 9 zeigt einen Querschnitt durch eine Silizium-Planar-Diode. Am *pn*-Übergang kommt es infolge Diffusion der quasifrei beweglichen Majoritätsträger als Minoritätsträger p_n bzw. n_p in das Nachbargebiet zur Ausbildung von Raumladungen und zu einem zugehörigen Diffusionspotential. Das Diffusionspotential hat einen Feldstrom zur Folge, der den Diffusionsstrom beim Fehlen einer äußeren Vorspannung gerade kompensiert. Eine Vorspannung in Durchlaßrichtung der Diode bewirkt eine Verringerung der Potentialschwelle und ein Anwachsen des Stromes.

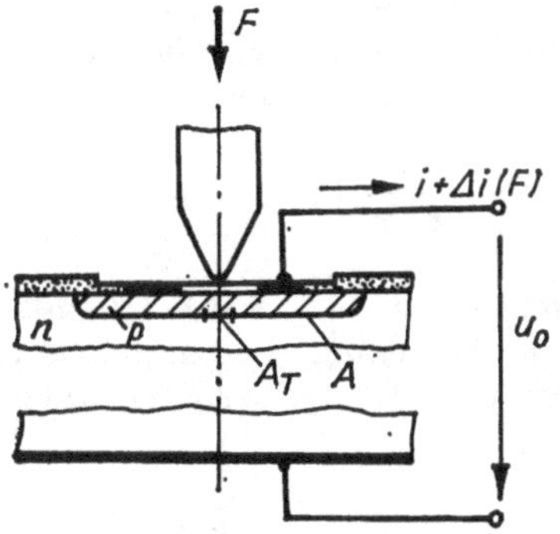

Bild 9. Schematischer Querschnitt durch eine Piezodiode
A_T – belastete Teilfläche des *pn*-Überganges
A – Gesamtfläche des *pn*-Überganges

Die quantitative Analyse des Diffusionsstromes durch einen *pn*-Übergang führt unter vereinfachenden Annahmen [9] auf das Ergebnis

$$i_{\text{Diff}} = i_s \left(\exp \frac{eu}{k_B \Theta} - 1 \right). \tag{53}$$

Der Diffusions-Sättigungsstrom i_s besteht aus einem Löcher- und Elektronenteilstrom:

$$i_s = i_{p0} + i_{n0} \tag{54}$$

mit

$$i_{p0} = A k_B \Theta \frac{\mu_p}{l_p} p_{0n}$$

$$i_{n0} = A k_B \Theta \frac{\mu_n}{l_n} n_{0p}\,.$$

A ist die Fläche des *pn*-Überganges, $\mu_{p,n}$ sind die Trägerbeweglichkeiten und $l_{p,n}$ die zugehörigen Diffusionslängen. Die Minoritätsträgerdichten p_{0n}, n_{0p} werden an den Rändern der Raumladungszone gemessen, ihre Druckabhängigkeit bewirkt den Piezojunction-Effekt.

Die Änderung des Sättigungsstromes (54) als Funktion der an den Rändern der Raumladungszone wirkenden Spannungen T_n bzw. T_p ist nach *Wortman* [8]

$$\frac{\Delta i_s}{i_{s0}} = \frac{i_{p0}}{i_{s0}} \frac{\Delta i_p}{i_{p0}} + \frac{i_{n0}}{i_{s0}} \frac{\Delta i_n}{i_{n0}} \tag{55}$$

mit

$$\frac{\Delta i_p}{i_{p0}} = \frac{A_{Tn}}{A} \frac{\Delta p_n(T_n)}{p_{0n}} = \frac{A_{Tn}}{A} \left(\frac{p_n(T_n)}{p_{0n}} - 1 \right)$$

$$\frac{\Delta i_n}{i_{n0}} = \frac{A_{Tp}}{A} \frac{\Delta n_p(T_p)}{n_{0p}} = \frac{A_{Tp}}{A} \left(\frac{n_p(T_p)}{n_{0p}} - 1 \right).$$

Dabei sind $A_{Tp,n}$ die belasteten Teilflächen des *pn*-Überganges an den Rändern der Raumladungszone. Die Gleichgewichtsdichte p_{0n} wird nach (11) durch die

Energieniveaus des Bändermodells bestimmt:

$$p_{0n} = N_V \exp\left(-\frac{W_F - W_V}{k_B\Theta}\right). \tag{56}$$

Für Silizium ist das Valenzband W_V bei $k = 0$ entartet, vgl. Bild 3. Die Ladungsträger verteilen sich auf die Bänder W_{V1} und W_{V2}. Bei mechanischer Belastung wird die Entartung aufgehoben. Die veränderte Minoritätsträgerdichte ist mit (56)

$$p_n = \frac{p_{0n}}{2} \exp\left(-\frac{\Delta W_F}{k_B\Theta}\right) \sum_{j=1}^{2} \exp\left(\frac{\Delta W_{Vj}}{k_B\Theta}\right). \tag{57}$$

Zur Elimination der Änderung der Fermienergie ΔW_F werden analog zu (13) die Dichteänderungen der Majoritätsträger n_n^i berechnet. Das Ergebnis (15) wird in (57) eingesetzt und ergibt eine resultierende Änderung der Minoritätsträgerdichte

$$\gamma(T) = \frac{p_n(T)}{p_{0n}} = \frac{1}{6} \sum_{i=1}^{3} \exp\left(-\frac{\Delta W_C^i}{k_B\Theta}\right) \sum_{j=1}^{2} \exp\left(\frac{\Delta W_{Vj}}{k_B\Theta}\right). \tag{58}$$

Eine analoge Rechnung für das Verhältnis n_p/n_{0p} führt auf das gleiche Ergebnis. Für eine homogene Spannungsverteilung am *pn*-Übergang ($T_n = T_p$, $A_{Tn} = A_{Tp}$) ist die aus (55) folgende Änderung des Diodenstromes

$$\frac{\Delta i(T)}{i\,(T = 0)} = \frac{A_T}{A}\,[\gamma(T) - 1]. \tag{59}$$

Kleine Energieänderungen ermöglichen eine Reihenentwicklung der Exponentialfunktionen (57) und eine Vernachlässigung von in δW quadratischen Termen:

$$\delta\gamma = \frac{\delta p_n}{p_{0n}} \approx \frac{1}{6}\left(3 \sum_{j=1}^{2} \frac{\delta W_{Vj}}{k_B\Theta} - 2 \sum_{i=1}^{3} \frac{\delta W_C^i}{k_B\Theta}\right). \tag{60}$$

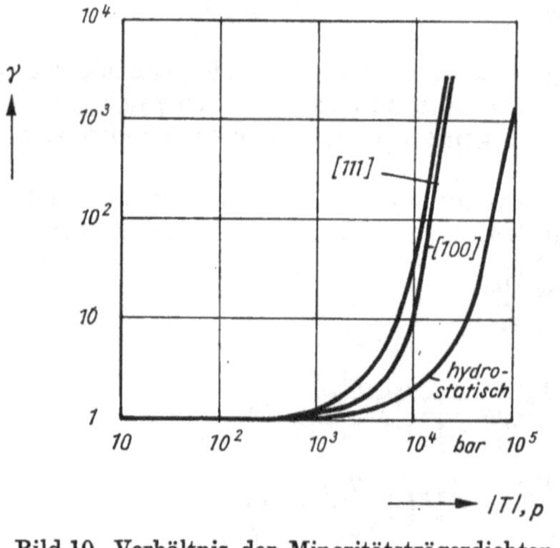

Bild 10. Verhältnis der Minoritätsträgerdichten mit und ohne Druckbelastung des *pn*-Übergangs einer Si-Diode für uniachsiale und hydrostatische Spannungseinleitung (nach *Wortman* [8])

Für eine Spannungseinleitung längs einer Würfelkante des Siliziumgitters ($T_1 \neq 0$, $T_2 \cdots T_6 = 0$) ergibt sich für Raumtemperatur und mit den Energieänderungen (10)

$$\delta\gamma(T_1) = -4{,}4\% \frac{T_1}{\text{kbar}} \qquad (|T_1| < 1\,\text{kbar})\,. \tag{61}$$

Da bei Krafteinleitung über eine Saphirspitze nur ein Teil des *pn*-Überganges belastet wird ($A_T < A$), ist die zugehörige relative Stromänderung (59) kleiner als die in (35) berechnete Leitfähigkeitsänderung für homogenes *n*-Silizium.
Eine Druckspannung $T_1 = -20$ kbar am *pn*-Übergang bewirkt nach (57) ein Anwachsen der Minoritätsträgerdichte um den Faktor

$$\gamma\,(T_1 = -20\,\text{kbar}) \approx 10^3\,. \tag{62}$$

Wortman hat die Änderung der Minoritätsträgerdichten $\gamma(T)$ für unterschiedliche Krafteinleitungen in einem Diagramm dargestellt, vgl. Bild 10. Bei Druckspannungen $|T| > 10$ kbar wächst die Funktion $\gamma(T)$ steil an, so daß hohe mechanoelektrische Übertragungsfaktoren zu erwarten sind.

3.4.4.2. Dioden- und Transistorwandler

Für große Belastungen des *pn*-Überganges ($|\Delta W| > k_B\Theta$) gilt für $\gamma(T)$ die Näherung

$$\gamma(T) = \gamma_0 \exp c_T T\,. \tag{63}$$

Beispielsweise berechnet man für eine Silizium-Diode, $T = T_1$ und $|T_1| > 10$ kbar mit (57)

$$\gamma_0 = \frac{1}{6}\,, \qquad c_{T1} = \frac{44\%}{\text{kbar}}\,. \tag{64}$$

Bei Einführung einer mechanischen Vorspannung T_0 folgt aus (59) durch logarithmisches Differenzieren

$$\frac{1}{\Delta i(T_0)}\left(\frac{\partial i}{\partial T}\right)_{T_0} = \frac{1}{\gamma(T_0)}\left(\frac{\partial \gamma}{\partial T}\right)_{T_0} = c_T\,. \tag{65}$$

Mit $i(T_0) = i_0 + \Delta i(T_0)$ wird

$$\frac{1}{i(T_0)}\left(\frac{\partial i}{\partial T}\right)_{T_0} = \frac{\dfrac{\Delta i(T_0)}{i_0}}{1 + \dfrac{\Delta i(T_0)}{i_0}}\, c_T\,. \tag{66}$$

Einsetzen der Übertragungsfunktion (59) liefert die Übertragungskoeffizienten

$$\frac{1}{i(T_0)}\left(\frac{\partial i}{\partial T}\right)_{T_0} = \begin{cases} c_T \dfrac{A_T}{A} & \text{für} \quad \dfrac{\Delta i(T_0)}{i_0} \ll 1 \\[2ex] c_T & \text{für} \quad \dfrac{\Delta i(T_0)}{i_0} \gg 1\,. \end{cases} \tag{67}$$

Für eine Siliziumdiode mit einer Vorlast $T_0 = -20$ kbar und einem Flächenverhältnis $A_T/A = 10^{-2}$ ist nach (59) ein Stromverhältnis $\Delta i(T_0)/i_0 = 10$ zu erwarten. Der zugehörige Übertragungskoeffizient ist mit (64) und (67)

$$\frac{1}{i\,(T_0 = -20\,\text{kbar})}\frac{\partial i}{\partial T} = \frac{44\%}{\text{kbar}}\,. \tag{68}$$

Aus Messungen von *Wortmann* an punktförmig belasteten Emitter-Basis-Übergängen von Silizium-Planartransistoren [8] ermittelt man für elektrische und mechanische Vorspannungen $u_{BE} = 0{,}4$ V, $T_0 = -(20\cdots40)$ kbar einen die Änderung des Basisstroms beschreibenden Koeffizienten

$$\frac{1}{i_B(T_0)}\left(\frac{\partial i_B}{\partial T}\right)_{T_0} \approx \frac{50\%}{\text{kbar}} . \tag{69}$$

Stolarski untersuchte die Basisstrom-Änderung an Silizium-Mesatransistoren [15]. Für $u_{BE} = 0{,}6$ V und eine Vorspannung $|T_0| = 3{,}3$ kbar am *pn*-Übergang errechnet man aus den veröffentlichten Meßdaten

$$\frac{1}{i_B(T_0)}\left(\frac{\partial i_B}{\partial T}\right)_{T_0} \approx \frac{100\%}{\text{kbar}} . \tag{70}$$

Die Temperaturkoeffizienten des Diffusionsstromes haben die Größenordnung [9]

$$TK(i_{\text{Diff}}) = \frac{6\%}{\text{grd}} . \tag{71}$$

Als Hauptursache kommt die Temperaturabhängigkeit der Minoritätsträgerdichten in Betracht.
Im Bild 1c ist ein Planartransistor dargestellt, dessen Emitter-Basis-Übergang durch eine Punktkraft belastet wird. Die geometrischen Abmessungen der Druckkalotte und das Dotierungsprofil des Transistors bestimmen die Art der Druckverteilung am *pn*-Übergang:

$$\text{a)}\quad T_E \approx T_B \qquad \text{b)}\quad T_B \gg T_E .$$

T_E und T_B sind die mechanischen Spannungen am emitter- bzw. basisseitigen Rand der Raumladungszone. Im Falle a) sind Basis- und Kollektorstrom in gleicher Weise druckabhängig, die Stromverstärkung in Emitterschaltung ist konstant. Im Falle b) ist die Stromverstärkung druckabhängig, so daß mit konstantem Basisstrom (und damit bei erhöhter Temperaturstabilität) gearbeitet werden kann. Eine ausführliche Analyse der Übertragungsfunktionen findet man für a) und b) bei *Wortman* [8] und *Kaszynski* [16] und für b) bei *Djurič* [17]. Die Kenndaten eines kommerziellen Piezotransistors (Pitran) sind in [18] beschrieben.

3.4.5. Piezo-Tunneldioden

3.4.5.1. Druckabhängigkeit des Tunnelstromes

Bei hohen Dotierungskonzentrationen zu beiden Seiten des *pn*-Überganges ($N_{A,D} > 5 \cdot 10^{19}\,\text{cm}^{-3}$) wird der Diffusionsstrom für kleine elektrische Vorspannungen vom Interband-Tunnelstrom übertroffen. Der maximale Tunnelstrom

$$i_{\max} = i_A w \tag{72}$$

wird durch den Strom i_A bestimmt, welcher der Zahl der für den Tunnelvorgang Leitband-Valenzband zur Verfügung stehenden Elektronen und damit der Übergangsfläche A proportional ist. Der Faktor w ist die Tunnelwahrscheinlichkeit, mit der Elektronen im Leitungsband des *n*-Gebietes freie Plätze im Valenzband des *p*-Gebietes erreichen können. Nach *Mason* [19] ist die Tunnelwahrscheinlichkeit exponentiell mit der Energiedifferenz der Bandlücke W_g verknüpft:

$$w = \exp\left(-c_w \sqrt{\frac{m_{eff}}{m_{eff0}} \frac{W_g}{W_{g0}}}\right). \tag{73}$$

c_w ist ein der Breite der Raumladungszone l_{RLZ} proportionaler Materialkoeffizient ($c_w = 0{,}2\, l_{RLZ}/\mathrm{nm}$ für InSb, $c_w = 2{,}1\, l_{RLZ}/\mathrm{nm}$ für Si [19]), m_{eff} die effektive Elektronenmasse. Der Index 0 kennzeichnet jeweils den lastfreien Zustand.

Im Ausdruck (72) für den Tunnelstrom ist nur die Tunnelwahrscheinlichkeit eine Funktion der mechanischen Belastung, der Faktor i_A liegt durch die Dotierungen und die Diodengeometrie fest [19]. Für Verbindungshalbleiter wie GaAs oder GaSb kann die Druckabhängigkeit des Koeffizienten c_w vernachlässigt werden. Aus (73) folgt für kleine Änderungen der Tunnelwahrscheinlichkeit

$$\frac{\delta w}{w} = -\frac{c_w}{2}\left(\frac{\delta m_{eff}}{m_{eff0}} + \frac{\delta W_g}{W_{g0}}\right). \tag{74}$$

Während sich die Druckabhängigkeit der Bandlücke $W_g = W_C - W_V$ aus der Deformationspotentialtheorie ergibt, muß die Änderung der effektiven Masse experimentell bestimmt werden.

Im Unterschied zum piezoresistiven Effekt und zum Piezojunction-Effekt sind die Energieänderungen δW_g beim Tunneleffekt nicht auf die *Boltzmann*-Energie $k_B\Theta \approx 25$ meV bezogen, sondern auf den Bandabstand W_{g0}, dessen Energiedifferenz zwischen 0,17 eV (InSb) und 1,43 eV (GaAs) liegt. Es ist deshalb zu erwarten, daß die Änderungen des Diodenstromes auch bei hydrostatischen Drücken von einigen kbar den Prozentbereich nicht überschreiten.

3.4.5.2. Tunneldiodenwandler

Bild 1d zeigt einen Druckwandler mit hydrostatisch belasteter Tunneldiode. Experimentell ermittelte Änderungen des maximalen Tunnelstromes

$$K_p = \frac{1}{i_{max}} \frac{\partial i_{max}}{\partial p}$$

sind in Tab. 2 zitiert. Man sieht, daß die Verbindungshalbleiter GaAs und GaSb höhere Übertragungskoeffizienten als die Einkomponentenhalbleiter Ge und insbesondere Si besitzen. Die ebenfalls in Tab. 2 enthaltenen Temperaturkoeffizienten des Diodenstromes

$$TK(i_{max}) = \frac{1}{i_{max}} \frac{\partial i_{max}}{\partial \Theta}$$

haben die Größenordnung ‰/grd.

Tabelle 2. Übertragungs- und Temperaturkoeffizienten für Tunneldiodenwandler nach Meßwerten von *Sikorski* [20]

		K_p		TK_t	
Si	(n)[1]	1,8		1	
Ge	(n)	−11		2	
GaAs	(p)	−14	%/kbar	1	‰/grd
GaSb	(p)	−28		5	
GaSb	(n)	−85		5	

[1]) Leitfähigkeitstyp des Ausgangsmaterials

Halbleiterbauelemente mit einem negativen Widerstandsbereich werden in der Schaltungstechnik zum Aufbau von Relaxationsgeneratoren und Oszillatoren eingesetzt. Wird die Oszillatorfrequenz durch mechanische Einwirkung auf das Bauelement verändert, liegt ein mechanoelektrischer Wandler mit frequenzanalogem Ausgangssignal vor. Bild 11 zeigt im linken Teil die Ersatzschaltung einer Tunneldiode im negativen Widerstandsbereich. Durch äußere Beschaltung entsteht eine schwingungsfähige Oszillatorschaltung. Mechanischer Druck auf den *pn*-Übergang

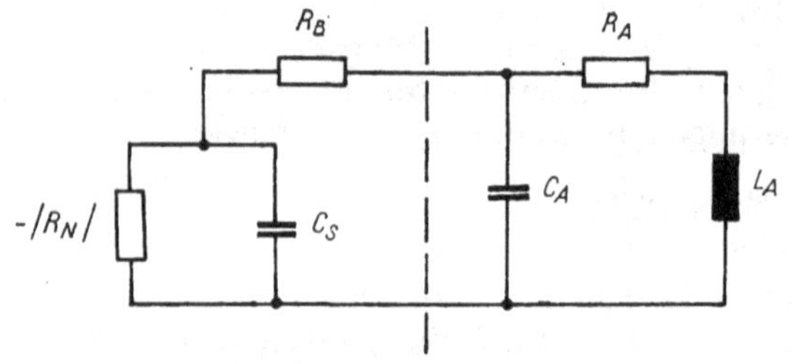

Bild 11. Ersatzschaltung eines Tunneldiodenoszillators

R_N — Mittlerer Widerstand im negativen Kennlinienbereich
C_S — Sperrschichtkapazität
R_B — Bahn- und Leitungswiderstand
C_A, R_A, L_A — äußere Schaltelemente

bewirkt über Änderungen des negativen Widerstandes $\Delta|R_N|$ und der Sperrschichtkapazität ΔC_S eine Frequenzverstimmung des Oszillators. In der angegebenen Schaltungsvariante ist die Änderung $\Delta|R_N|$ ausschlaggebend. Mit einer Schaltung nach Bild 11 erzielte *Voznesenski* [21] bei hydrostatischer Belastung einer geöffneten Tunneldiode AI 301G einen Übertragungskoeffizienten

$$K_p = \frac{1}{f_0}\frac{\partial f}{\partial p} = \frac{17\%}{\text{kbar}}$$

bei einer Grundfrequenz $f_0 = 500$ kHz. Die Reproduzierbarkeit des Übertragungskoeffizienten und der Oszillatorfrequenz bereiten jedoch Schwierigkeiten (*Irrgang* [22]). Als Hauptursache werden hochfrequente parasitäre Schwingungen angesehen, die infolge der nichtlinearen Diodenkennlinie zu sporadischen Richtströmen und Arbeitspunktverschiebungen führen. Beim gegenwärtigen Entwicklungsstand können Tunneldiodenaufnehmer mit Frequenzausgang für Präzisionsmessungen nicht eingesetzt werden.

3.4.6. Vergleichende Wertung

3.4.6.1. Übertragungs- und Temperaturkoeffizienten

Eine vergleichende Analyse der Wandlermechanismen muß von den mechanischen Spannungen T bzw. Dehnungen S ausgehen, die im homogenen Halbleiter bzw. am *pn*-Übergang herrschen. Die Wandlung der Größen Kraft, Druck, Beschleunigung usw. in die Feldgrößen Spannung und Dehnung kann mit den von *Lenk* [23], [24] eingeführten Methoden der mechanischen Netzwerkanalyse berechnet werden. Zur Verallgemeinerung wird mit

$$\nu = S - S_0 \tag{75}$$

bzw.

$$\nu = T - T_0$$

eine mechanische Koordinate ν eingeführt, die den Bezug auf evtl. vorhandene Vordehnungen S_0 bzw. Vorspannungen T_0 enthält.
Anstelle der vollständigen Übertragungsfunktionen

$$\frac{\Delta R}{R_0} = f(\nu) \quad \text{bzw.} \quad \left.\frac{\Delta i}{i_0}\right|_{u=u_0} = \frac{\Delta G}{G_0} = f(\nu) \tag{76}$$

sollen für Vergleichszwecke nur die Übertragungskoeffizienten

$$K_\nu^R = \frac{1}{R_0}\left(\frac{\partial R}{\partial \nu}\right)_{\nu=0} \quad \text{bzw.} \quad K_\nu^G = \frac{1}{G_0}\left(\frac{\partial G}{\partial \nu}\right)_{\nu=0} \tag{77}$$

betrachtet werden. Sie kennzeichnen den linearen Anteil der Übertragungsfunktion.
Die Übertragungsfaktoren

$$B_\nu^u = \frac{u_\nu}{\nu} \quad \text{bzw.} \quad B_\nu^i = \frac{i_\nu}{\nu} \tag{78}$$

sind schaltungsabhängig. Für einen spannungsgespeisten Stromkreis und für spannungsgespeiste Brückenschaltungen sind die Übertragungsfaktoren $B_\nu(\nu \to 0)$ in Tab. 3 angegeben.
Abweichungen der Wandlertemperatur Θ von der (willkürlichen) Bezugstemperatur Θ_0

$$\Delta\Theta = \Theta - \Theta_0 \tag{79}$$

Tabelle 3. **Übertragungs- und Temperaturkoeffizienten für spannungsgespeiste Standardschaltungen**

Schaltung	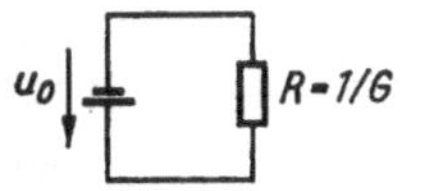 $i_\nu = u_0\,\Delta G(\nu)$	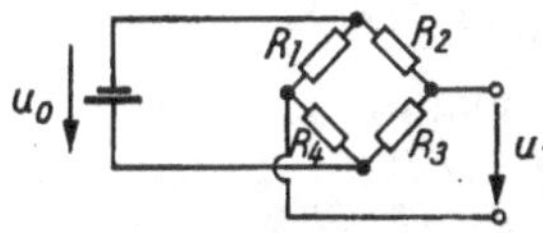 $u_\nu = \left.\begin{matrix}\approx 1/4\\ = 1/2\\ = 1\end{matrix}\right\} u_0\,\frac{\Delta R(\nu)}{R}$	Viertelbrücke Halbbrücke Vollbrücke
Übertragungsfaktoren	$B_\nu^i = u_0 G_0 K_\nu^G$	$B_\nu^u = \left.\begin{matrix}\approx 1/4\\ = 1/2\\ = 1\end{matrix}\right\} u_0 K_\nu^R$	Viertelbrücke Halbbrücke Vollbrücke
	$B_\Theta^i = u_0 G_0 TK_G$	$B_\Theta^u = \left.\begin{matrix}\approx 1/4\\ = 1/2\\ \leq 1\end{matrix}\right\} u_0 \begin{cases}TK_R\\ \delta(TK_R)/2\\ \delta(TK_R)_{\max}/2\end{cases}$	Viertelbrücke Halbbrücke Vollbrücke
Temperaturkoeffizienten	$TK_{\ddot{u}} = TK_G + TK(K_\nu^G)$ $TK_0 = \frac{TK_G}{\nu_N K_\nu^G}$	$TK_{\ddot{u}} = TK(K_\nu^R)$ $TK_0 = \begin{cases}TK_R/\nu_N\, K_\nu^R\\ \delta(TK_R)/2\nu_N\, K_\nu^R\\ \delta(TK_R)_{\max}/2\nu_N\, K_\nu^R\end{cases}$	Viertelbrücke Halbbrücke Vollbrücke

bewirken Temperaturstörungen des Wandlersignals. Die Temperaturdifferenz kann durch wechselnde Umgebungsbedingungen oder durch Eigenerwärmung bedingt sein. Analog zur Definition der Übertragungskoeffizienten (77) werden mit

$$TK_R = \frac{1}{R_0}\frac{\partial R_0}{\partial \Theta} \quad \text{bzw.} \quad TK_G = \frac{1}{G_0}\frac{\partial G_0}{\partial \Theta} \tag{80}$$

Temperaturkoeffizienten des Wandlerwiderstandes bzw. -leitwertes definiert.
Bild 12 zeigt Zweipolersatzschaltbilder für mechanoelektrische Wandler. Die Größe der additiven Temperaturstörungen

$$u_\Theta = B^u_\Theta \Delta\Theta \quad \text{bzw.} \quad i_\Theta = B^i_\Theta \Delta\Theta \tag{81}$$

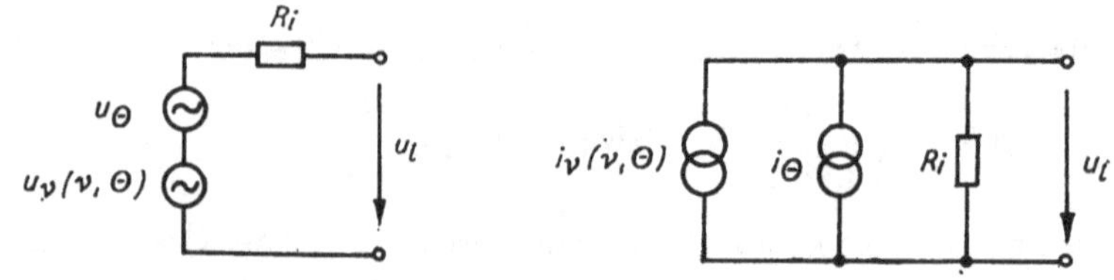

Bild 12. Zweipolersatzschaltbilder für Wandler mit Temperaturstörungen

wird durch die Übertragungsfaktoren B_Θ bestimmt, vgl. Tabelle 3. Zu ihrer Berechnung in Brückenschaltungen wurde angenommen, daß die Temperaturen aller Brückenwiderstände gleich sind. Für Halb- und Vollbrücken tragen deshalb nur die Differenzen der Temperaturkoeffizienten $\delta(TK_R)$ zum Übertragungsfaktor B_Θ bei.
Im Bild 13a ist die Wirkung additiver Temperaturstörungen dargestellt. Anregung ν und Ausgangssignal u_l sind jeweils auf die Nennwerte bezogen. Bild 13b veranschaulicht multiplikative Temperaturstörungen, hervorgerufen durch die Temperaturabhängigkeit des Übertragungsfaktors.
Die temperaturbedingte Änderung der Leerlaufspannung ist

$$\delta u_l = \left(\frac{\partial u_\nu}{\partial \Theta} + \frac{\partial u_\Theta}{\partial \Theta}\right)\delta\Theta\,. \tag{82}$$

Auf die Nennspannung $u_\nu(\nu_N) = u_N$ bezogen ist mit (78) und (81)

$$\frac{\delta u_l}{u_N} = \left(\frac{1}{B_\nu}\frac{\partial B_\nu}{\partial \Theta} + \frac{1}{\nu_N}\frac{B_\Theta}{B_\nu}\right)\partial\Theta$$

$$\frac{\delta u_l}{u_N} = (TK_ü + TK_0)\,\delta\Theta\,. \tag{83}$$

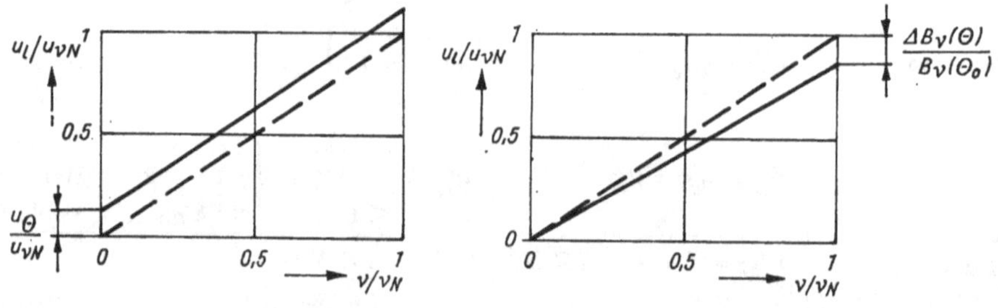

Bild 13. Additive (a) und multiplikative (b) Temperaturstörungen

Für Standardschaltungen sind die Temperaturkoeffizienten des Übertragungsfaktors $TK_{ü}$ und des Nullpunktes TK_0 in Tabelle 3 angegeben. Die Koeffizienten TK_0 sind außer von wandlerspezifischen Kenndaten wie $TK_{R,G}$ und K_ν von der höchstzulässigen mechanischen Belastung ν_N abhängig. Mit wachsendem ν_N steigen die Bruchgefahr des Wandlerelementes und die Nichtlinearität, so daß für ν_N ein wandlerspezifisches Optimum gefunden werden muß (25).

3.4.6.2. Krafteinleitung

Diskrete Dehnmeßstreifen können wie im Bild 5a auf Verformungskörper geklebt werden. Bei einer Formgebung des Wandlerelementes nach Bild 14 sind die Spannungen und Dehnungen im aktiven Wandlergebiet um ein Vielfaches größer als in den verbreiterten Anschluß- und Befestigungszonen. Neben geringen äußeren Kräften F hat diese vorteilhafte Konstruktion deshalb geringe Nachwirkungs- und Hystereseeffekte zur Folge [11].

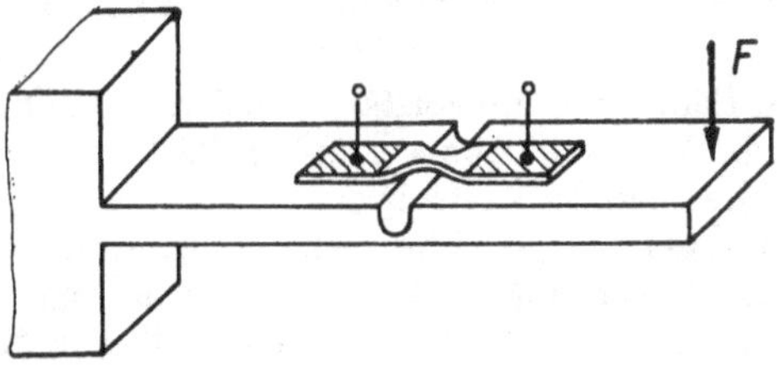

Bild 14. *Pixie*-Kraftaufnehmer mit einem Halbleiterdehnmeßstreifen (nach *Wilner* [W5])

Bei integrierten Dehnmeßstreifen (Bild 5b) wird die Widerstandsänderung unmittelbar durch die mechanischen Längs- und Querspannungen an der Oberfläche des Verformungskörpers hervorgerufen. Bild 15 zeigt als Beispiel die Spannungsverteilung auf der Oberfläche dünner, eingespannter Rechteckplatten, die durch einen hydrostatischen Differenzdruck ausgewölbt sind. Die zugehörigen Widerstandsänderungen für integrierte Dehnmeßstreifen auf (001)-Siliziumplatten zeigt Bild 16a. Die Darstellung läßt erkennen, daß die Streifen entweder am Plattenrand

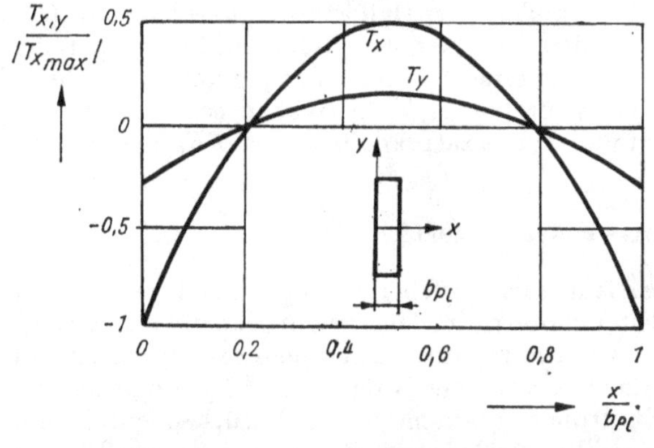

Bild 15. Spannungsverteilung auf der Oberfläche dünner, druckbelasteter Rechteckplatten

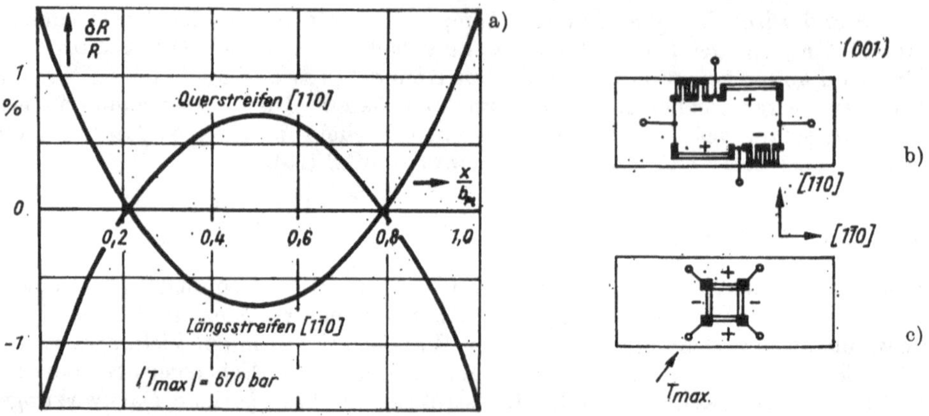

Bild 16. Relative Widerstandsänderungen und Anordnungen integrierter Dehnmeßstreifen auf (001)-Silizium-Rechteckplatten

(Bild 16b) oder in Plattenmitte (Bild 16c) angeordnet werden können. In beiden Fällen ist die Integration einer aktiven Vollbrücke möglich [25].

Diskrete Silizium-Dehnmeßstreifen und Verformungskörper mit integrierten Elementen sind für Zugspannungen $T > 2$ kbar bzw. Dehnungen $S > 1^0/_{00}$ bruchgefährdet. In Planardioden können mit Saphir- oder Diamantspitzen Druckspannungen bis zu $|T| = (50 \cdots 100)$ kbar eingeleitet werden [20]. Die mechanische Konstruktion der Wandler mit Kristallspitzen ist kompliziert, da Fehljustierungen im µm-Bereich den Übertragungsfaktor entscheidend beeinflussen können. Wird der *pn*-Übergang in einem aufwendigen Fertigungsprozeß auf einer Siliziumspitze erzeugt, so entfällt bei Druck gegen eine plane Fläche die Notwendigkeit einer Justage [8]. Technologisch günstiger ist die Herstellung von Maschen- bzw. Rasterdioden mit vorgegebenem Höhenprofil, die nur eine grob justierte Saphirspitze benötigen [16].

Eine hydrostatische Krafteinleitung ist nur für Wandler mit Tunneldioden sinnvoll, da deren Übertragungs- und Temperaturkoeffizienten den Vergleichswerten für hydrostatisch belastete piezoresistive und Piezojunction-Elemente um Faktoren überlegen sind.

Die Nichtlinearitäten für Wandler mit Halbleiterdehnmeßstreifen ($|T| < 1$ kbar) und für Tunneldiodenwandler ($p < 1$ kbar) liegen im Prozentbereich [11], [20]. Diese Wandler werden i. a. ohne mechanische Vorspannung betrieben. Für Piezodioden sind dagegen Vorspannungen $|T| > 10$ kbar erforderlich, um genügend kleine Nichtlinearitäten und Temperaturkoeffizienten TK_0 zu erzielen.

3.4.6.3. Zusammenfassender Vergleich

Tabelle 4 gibt eine Übersicht über die Übertragungs- und Temperaturkoeffizienten der behandelten Halbleiterwandler. Die Übertragungskoeffizienten für Piezodioden liegen zwar um eine Größenordnung über denen piezoresistiver Elemente, dennoch sind deren Temperaturkoeffizienten des Nullpunkts TK_0 auf Grund hoher Temperaturkoeffizienten TK_G größer. Während für Vollbrücken mit Dehnmeßstreifen gegenüber Viertelbrücken Verminderungen der Koeffizienten TK_0 um Faktoren >40 (diskrete Technik) bzw. >400 (integrierte Technik) zu erreichen sind, liegen

Tabelle 4. Übertragungs- und Temperaturkoeffizienten für ausgewählte Halbleiterwandler

	p-Silizium-Dehnmeßstreifen		Piezodiode	Tunneldiode
	diskret $\varrho = 0{,}02$,	integriert[1]) $\bar{\varrho} = 0{,}002\ \Omega\text{cm}$	Si[2]) Vorlast $T_{0[100]} = -20$ kbar	GaAs[3]) hydrostatische Belastung
Nennlast ν_N	$T_{[111]} = 0{,}67$ kbar		$\Delta T_{[100]} = 1$ kbar	$p = 1$ kbar
Übertragungs-koeffizient $K_\nu^{R,G}$	$\frac{6{,}4\%}{\text{kbar}}$	$\frac{3{,}7\%}{\text{kbar}}$	$\frac{44\%}{\text{kbar}}$	$-\frac{14\%}{\text{kbar}}$
Temperatur-koeffizienten				
$TK_{R,G}$	$\frac{0{,}07\%}{\text{grd}}$	$\frac{0{,}16\%}{\text{grd}}$	$\frac{6\%}{\text{grd}}$	$\frac{0{,}1\%}{\text{grd}}$
TK_0 (unkomp.)	$\frac{1{,}6\%}{\text{grd}}$ [4])	$\frac{6{,}5\%}{\text{grd}}$ [4])	$\frac{14\%}{\text{grd}}$ [5])	$\frac{0{,}7\%}{\text{grd}}$ [5])
TK_0 (komp.)	$\frac{0{,}04\%}{\text{grd}}$ [6])	$< \frac{0{,}02\%}{\text{grd}}$ [6])	$\frac{3\%}{\text{grd}}$ [7])	$\frac{0{,}1\%}{\text{grd}}$ [7])
$TK(K_\nu)$	$-\frac{0{,}23\%}{\text{grd}}$	$-\frac{0{,}15\%}{\text{grd}}$	–	–

[1]) Dotierungsprofil – komplementäre Fehlerfunktion
[2]) nach Abschnitt 4.2
[3]) nach Abschnitt 5.2
[4]) Viertelbrücke nach Tabelle 3
[5]) Stromkreis nach Tabelle 3, erste Spalte
[6]) Vollbrücke nach Tabelle 3
[7]) Kompensation mit nicht belasteter Diode

die entsprechenden Faktoren für Dioden bei Temperaturkompensation mit unbelasteten Dioden oder Thermistoren bei 5···10. Für Vollbrücken mit Dehnmeßstreifen wird der Temperaturfehler (82) durch die in der Tabelle angegebenen Temperaturkoeffizienten des Übertragungskoeffizienten bestimmt.
Eine problemarme Krafteinleitung und geringe Temperaturkoeffizienten weisen piezoresistive Wandler in integrierter Technik gegenüber diskreten Wandlern mit Dehnmeßstreifen und insbesondere gegenüber Diodenwandlern als vorteilhaft aus, wenn statische mechanische Größen zu messen sind. Integrierte Wandler werden als Miniaturwandler vor allem in der Medizintechnik, in zunehmendem Maße jedoch auch als BMSR- und Laboraufnehmer zur Messung von Drücken, Kräften und Beschleunigungen eingesetzt. Wandler mit Tunneldioden bieten sich zur Messung hoher statischer Drücke an, jedoch sind bisher nur Labormuster bekannt.

Literaturverzeichnis

[1] *Weiss, H.*: Physik und Anwendung galvanoelektrischer Bauelemente. Geest u. Portig, Leipzig 1969
[2] *Kotenko, G. I.*: Galvanomagnetičeskij mikrometr. Pribory i sistemy upravlenija 7 (1967) 52
[3] *Nalecz, N.*: On accuracy and sensitivity of the hall generator transducer in mechanical measurement. Acta IMEKO, Budapest 1964, Part 2, S. 123–141

[4] *Frobenius, W. D.* u. a.: A microminiature solid-state capacitive blood pressure transducer with improved sensitivity. IEEE Trans. Biomed. Eng. BME **20**, 4 (1973) 312–314
[5] *Bardeen, J., Shockley, W.*: Deformation potentials and mobilities in nonpolar crystals. Phys. Rev. **80**, 1 (1950) 72–80
[6] *Keyes, R. W.*: The effects of elastic deformation on the electrical conductivity of semiconductors. Solid State Physics **11** (1960) 149–221
[7] *Goroff, I., Kleinman, L.*: Deformation potentials in silicon. Phys. Rev. **132**, 3 (1963) 1080–1084
[8] *Wortman, J. J.* u. a.: Effect of mechanical stress on *p-n* junction device characteristics. J. Appl. Phys. **35**, 7 (1964) 2122–2131
[9] *Möschwitzer, A., Lunze, K.*: Halbleiterelektronik. VEB Verlag Technik, Berlin 1973
[10] *Bir, G. L., Pikus, G. E.*: Simmetrija i deformazionnye effekty v poluprovodnikach. Verlag Nauka, Moskva 1972
[11] *Lenk, A.*: Elektromechanische Systeme, Band 3. VEB Verlag Technik, Berlin 1975
[12] *Thurston, R. N.*: Use of semiconductor transducers. In: Mason, W. P.: Physical Acoustics, Vol. IB. Academic Press, New York 1964
[13] *Dorsey, J.*: Semiconductor strain gage handbook. Baldwin Lima Hamilton Electronics Inc., Waltham 1964
[14] *Tufte, O. N., Stelzer, E. L.*: Piezoresistive properties of silicon diffused layers. J. Appl. Phys. **34**, 2 (1963) 313–318
[15] *Stolarski, E.*: Polprzewodnikowe modulatory mechaniczne. Prace ITE Warszawa III/57 (1970)
[16] *Kaszynski, G., Ortmeyer, W.*: Über die Wechseldruckempfindlichkeit von Piezodioden und Piezotransistoren. Fernmeldetechnik **13**, 4 (1973) 205–210
[17] *Djurič, Z.*: The effect of a localized deformation upon the common-emitter transistor current gain. Solid-State-Electronics **14** (1971) 627–637
[18] Elektronische Bauelemente — druckempfindliche Transistoren. München: Tekelec Airtronic m.b.H. (1969)
[19] *Mason, W. P.*: Semiconductor transducers, general considerations. In: Physical Acoustics, Vol. IB. Academic Press, New York 1964
[20] *Sikorski, M. E.*: *p-n* Junction transducers. In: Mason, W.P.: Physical Acoustics, Vol. IB. Academic Press, New York 1964
[21] *Voznesenskij, N. N.* u. a.: Tunnel'nyj diod v rezime generatora. Pribory i technika eksperimenta **1** (1968) 135–137
[22] *Irrgang, B.*: Mechanoelektrische Halbleiterwandler. msr **15**, 8 (1972) 283–287
[23] *Lenk, A.*: Elektromechanische Systeme. Band 1. VEB Verlag Technik, Berlin 1973
[24] *Lenk, A.*: Elektromechanische Systeme, Band 2. VEB Verlag Technik, Berlin 1974
[25] *Irrgang, B.*: Diskrete und integrierte mechanoelektrische Halbleiterwandler. Dissertation B: TU Dresden 1975

3.5. Akustoelektronische Bauelemente — Physikalische Grundlagen und Funktionsprinzipien

Von *H. Gruber*

Technische Hochschule Ilmenau, Sektion Physik und Technik elektronischer Bauelemente

3.5.1. Einführung

Seit dem Jahre 1960 besteht wachsendes Interesse an Bauelementen, die mechanisch-elastische Wellen, d. h. *akustische Gitterschwingungen*, nutzen. Der Beitrag hat das Ziel, auf die physikalischen Grundlagen akustoelektronischer Bauelemente in gebotener Kürze einzugehen und eine Übersicht zu Aufbau und Funktionsweise zu geben.

Vor 1960 wurden akustische Gitterschwingungen für Zwecke der Forschung und Materialuntersuchung eingesetzt (Gitterdynamik, Akustik, Ultraschalldefektoskopie usw.). Seither besteht auch wachsendes Interesse an ihrem Einsatz zur Signalverarbeitung und Signalverstärkung. Diese sog. *Festkörperakustik* ist insbesondere durch die Erforschung der *akustischen Oberflächenwellen* (Rayleigh-Wellen) ermöglicht worden.

Im Quasiteilchenbild nennt man die akustischen Gitterschwingungen *akustische Phononen* [15]. Mikroskopisch lassen sich Gitterschwingungen oder *Phononen* in vier Klassen einteilen: longitudinal-akustische Phononen, longitudinal-optische Phononen, transversal-akustische Phononen und transversal-optische Phononen. Es interessieren im folgenden vorwiegend die akustischen Phononen.

Die übliche *Kontinuumsnäherung* betrachtet allerdings den Kristall nicht als eine periodische Anordnung von Atomen, sondern als homogenes, kontinuierliches Medium [12], [13], [14]. Sie ist normalerweise für elastische Wellen oberhalb einer Wellenlänge $\lambda > 10^{-8}$ m gültig; das entspricht Frequenzen

$$f < (10^{11} \cdots 10^{12})\ \mathrm{Hz}\,.$$

Für das Studium von elastischen Wellen noch höherer Frequenz benutzt man deshalb Methoden der unelastischen Streuung von Photonen, Elektronen usw. (s. [6], [7], [8]).

Es gibt eine große Zahl makroskopischer Wellenformen in elastischer Materie [10]. Genannt seien die *longitudinale Volumenwelle* mit der Ausbreitungsgeschwindigkeit

$$v_l = \sqrt{\frac{E(1-\mu)}{(1+\mu)(1-2\mu)\,\varrho}}\,, \tag{1}$$

wobei E der Elastizitätsmodul, μ die Poissonsche Zahl und ϱ die Dichte ist, die *transversale Volumenwelle* mit der Ausbreitungsgeschwindigkeit

$$v_t = \sqrt{\frac{E}{2(1+\mu)\,\varrho}} \tag{2}$$

und die erwähnte Rayleigh-Welle [1], [12], [14], deren Ausbreitungsgeschwindigkeit sich aus (1) und (2) ergibt:

$$v_R = \frac{0{,}87 + 1{,}12\tau}{1 + \tau} \sqrt{\frac{E}{\varrho} \cdot \frac{1}{2(1 + \tau)}} \approx v_t \left(1 - \frac{1}{24}\right) \tag{3}$$

mit der Zahl

$$\tau = \frac{2 - \left(\frac{v_l}{v_t}\right)^2}{2 - 2\left(\frac{v_l}{v_t}\right)^2} .$$

Für die drei Ausbreitungsgeschwindigkeiten gilt übrigens die Ungleichung

$$v_R < v_t < v_l . \tag{4}$$

Oberflächenwellen sind an freie Oberflächen eines Körpers oder an Grenzflächen zwischen Medien verschiedener elastischer Eigenschaften (verschiedener Elastizitätsmodul usw.) gebunden. Sie pflanzen sich langsamer fort als Raumwellen und sind auf die unmittelbare Nähe der Oberfläche beschränkt. Stets wirken dabei Longitudinalwellen (Kompressionswellen) und Transversalwellen (Torsionswellen) zusammen.

Die Beschränkung der Oberflächenwellen auf die unmittelbare Nähe der Oberfläche hat ihre Ursache in der Diskontinuität der Elastizitätskonstanten beider Medien. Es erfolgt nämlich ein Abfall der Amplitude auf $1/e$ längs der *Eindringtiefe K*. Sie beträgt beim Transversalwellenanteil

$$K_t = \frac{\sqrt{12}}{2\pi} \lambda_R \approx 0{,}55\lambda_R \tag{5}$$

und beim Longitudinalwellenanteil

$$K_l = \frac{\lambda_R}{2\pi} , \tag{6}$$

wobei $\lambda_R = v_R/f$ die Wellenlänge, v_R die Ausbreitungsgeschwindigkeit und f die Frequenz der Rayleigh-Welle darstellt. Die Tiefenausdehnung beider Bestandteile ist verschieden.

Die bei der Berechnung der Oberflächenwellen auftretenden Randbedingungen lassen sich nur durch einen Ansatz beider Wellenarten — Longitudinalwellen und Transversalwellen — befriedigen.

Bild 1 zeigt die Wellenform bei der Ausbreitung einer Rayleigh-Welle in schematischer Darstellung. Es handelt sich um eine elliptisch polarisierte Welle. Rechts ist die Schwingungsellipse mit Umlaufsinn des Teilchens eingezeichnet.

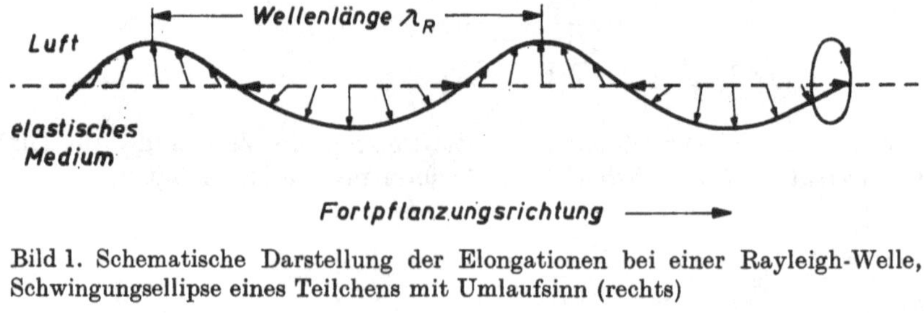

Bild 1. Schematische Darstellung der Elongationen bei einer Rayleigh-Welle, Schwingungsellipse eines Teilchens mit Umlaufsinn (rechts)

Mit Hilfe der Oberflächenwellen sind akustische „Wellenleiter" durch Vorgabe reflektierender Wände oder durch Wege minimaler Phasengeschwindigkeit realisierbar. Sie lassen sich weiter durch Unstetigkeiten der Oberfläche in Form von Stegen oder Kanälen „führen". Die Lösung des entsprechenden Randwertproblems der Differentialgleichung ergibt eine *Kanalisierung* der Oberflächenwellen; sie breiten sich auf den Wegen minimaler Phasengeschwindigkeit aus, wie dies Bild 2 zeigt (stets $v_2 < v_1$). Neben der Erforschung und Anwendung der Rayleigh-Wellen war die Erfindung und Anwendung der elektro-akustischen Anregung (elektrostriktiver Effekt) von Oberflächenwellen und ihrer Rückwandlung (piezoelektrischer Effekt) dienenden Interdigitaltransducers von entscheidender Bedeutung. Die Konversionsverluste konnten gegenüber der Anregung von Volumenwellen um mehr als zwei Größenordnungen gesenkt werden.

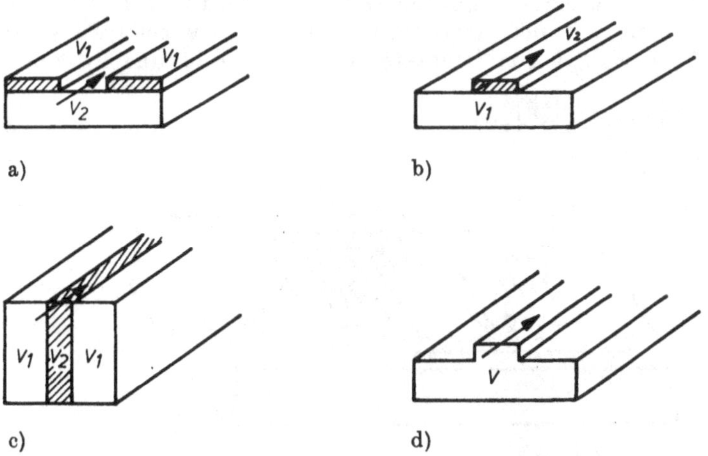

Bild 2. Wellenleiter für akustische Oberflächenwellen; es gilt stets $v_2 < v_1$

a) Spaltleiter
b) Streifenleiter
c) Sandwichleiter
d) Erhabener Reflexionsleiter

Zu den wichtigen physikalischen Grundlagen akustoelektronischer Bauelemente zählen folglich der *piezoelektrische* Effekt [15], der für den eindimensionalen Fall durch die Grundgleichung

$$|\boldsymbol{D}| = \varepsilon_r \varepsilon_0 \, |\boldsymbol{E}| + \frac{d}{E} \sigma_I = \varepsilon_r \varepsilon_0 \, |\boldsymbol{E}| + d \varepsilon_I \tag{7}$$

beschrieben wird, sowie der *elektrostriktive* Effekt, für den die Grundgleichung (eindimensional) lautet:

$$\varepsilon_I = \frac{1}{E} \sigma_I + \frac{d}{E} |\boldsymbol{E}| \, . \tag{8}$$

Es sind hierbei $\boldsymbol{D}$ die dielektrische Verschiebung, $\boldsymbol{E}$ die elektrische Feldstärke, ε_r und ε_0 die relative bzw. absolute Dielektrizitätskonstante, σ_I die Hauptdehnung in der betrachteten x-Richtung, ε_I die Hauptspannung, E der Elastizitätsmodul und d/E der piezoelektrische Koeffizient. Die theoretische Behandlung des akustoelektronischen Verstärkers [2], [3], [4], [5] geht ebenfalls von Gl. (7) und (8) aus.

3.5.2. Der Interdigitaltransducer. Materialfragen und Herstellung

Zur elektrischen Anregung akustischer Oberflächenwellen (Rayleigh-Wellen) dient der Interdigitaltransducer (IT). Er nutzt die Elektrostriktion aus. Auf der ebenen Oberfläche eines Piezoelektrikums befinden sich zwei kammartige Elektroden, die aus dünnen Metallschichten bestehen (s. Bild 3). Wählt man

$$a = 2b = 4c = \lambda_R\,, \tag{9}$$

so wird die Feldverteilung zwischen den Elektroden — bei Anlegen einer Gleichspannung an diese — gemäß Bild 4 durch die Treppenfunktion gegeben, die man sich in einiger Entfernung von den Kamm-Elektroden zur Sinusfunktion „verschliffen" vorzustellen hat. Erfaßt man diese räumlich-periodische Ortsabhängigkeit in komplexer Darstellung durch e^{-ikx}, dann wird klar, daß bei Anlegen einer Wechselspannung mit der Kreisfrequenz ω, also der Zeitabhängigkeit $e^{i\omega t}$, die Orts-Zeit-Abhängigkeit den Charakter einer in x-Richtung fortlaufenden Welle bekommt:

$$e^{-ikx}e^{i\omega t} = e^{i(\omega t - kx)}\,. \tag{10}$$

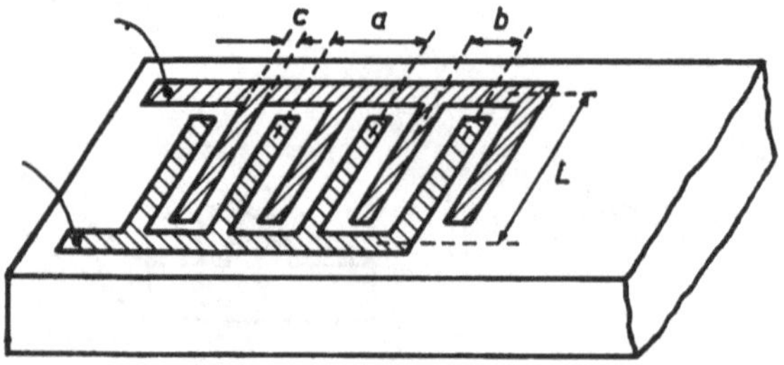

Bild 3. Interdigitaltransducer (IT); $a = 2b = 4c = \lambda_R$

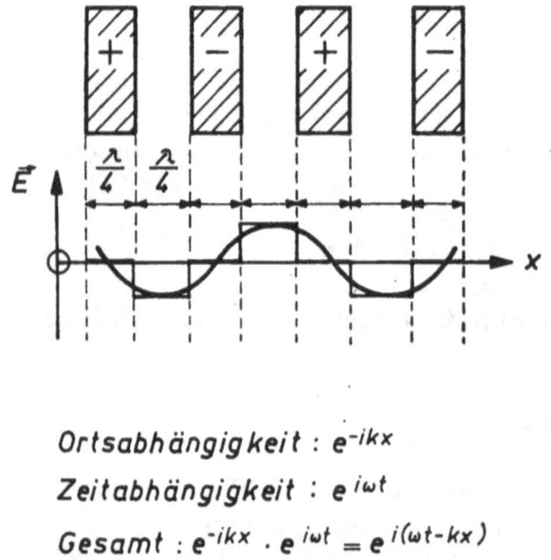

Bild 4. Feldverteilung beim Interdigitaltransducer zur Erklärung der Wellenabstrahlung

Der Interdigitaltransducer strahlt Rayleigh-Wellen ab. Dasselbe Gebilde ist andererseits — infolge des piezoelektrischen Effektes — geeignet, akustische Wellen (Rayleigh-Wellen) wieder in elektrische Signale zu überführen.
Geeignete piezoelektrische Materialien sind u. a. Lithiumniobat ($LiNbO_3$), Quarz (SiO_2), Kadmiumsulfid (CdS), Zinkoxyd (ZnO), Galliumarsenid (GaAs), Aluminiumnitrid (AlN) als einkristalline Materialien und Blei-Zirkonat-Titanat als polykristallines Material (Keramik). Gute piezoelektrische Eigenschaften liegen vor, wenn der elektromechanische Kopplungsfaktor groß ist. Dies ist insbesondere bei $LiNbO_3$ der Fall, das z. B. einen 10mal größeren Kopplungsfaktor als Quarz besitzt. Gute akustische Eigenschaften besitzt ein Material, dessen Transmissionsdämpfung gering ist. Dies gilt vorzüglich für Quarz. Die Transmissionsdämpfungen einkristalliner Materialien beträgt

$$D_{te} = (0{,}1 \cdots 1)\,\frac{\text{dB}}{\mu\text{s}}\,, \tag{11}$$

für polykristalline Materialien dagegen

$$D_{tp} = (1 \cdots 10)\,\frac{\text{dB}}{\mu\text{s}}\,. \tag{12}$$

CdS, ZnO, GaAs und AlN sind darüber hinaus auch noch halbleitend, was für Oberflächenwellenverstärker interessant ist. Während man früher bei der Anregung von *Volumenwellen* mit einer hohen elektro-akustischen Dämpfung, dem *Konversionsverlust* D_{KV} rechnen mußte, $D_{KV} = (30 \cdots 50)$ dB, gelingt es, Oberflächenwellen mit einem Konversionsverlust $D_{KO} \approx 2$ dB sehr dämpfungsarm anzuregen (bei einer Frequenz von ca. 100 MHz). Beim Interdigitaltransducer muß man die echten Umwandlungs- oder Konversionsverluste $D_K = (1 \cdots 2)$ dB von den „Geometrie-Verlusten" $D_G = 3$ dB, die durch die Abstrahlung der Schallwellen nach beiden Richtungen entstehen, unterscheiden. Mit Hilfe sog. „parasitärer Wandler" [9] kann man die Gesamtverluste auf den durch $D_{KO} \approx 2$ dB gegebenen Wert bringen. Die Herstellung von Interdigitaltransducern erfolgt z. B. durch Aufdampfung von Metallschichten (Au oder Al) in einer Schichtdicke von 100 nm···300 nm auf das piezoelektrische Substrat mit anschließender Fotolithographie. So lassen sich Frequenzen bis zu 1 GHz erreichen.
Bei den genannten Materialien liegt die Ausbreitungsgeschwindigkeit v_R der Rayleigh-Welle im Bereich

$$v_R = (2000 \cdots 3500)\,\frac{\text{m}}{\text{s}} \approx 10^{-5}\,c\,,$$

wenn c die Lichtgeschwindigkeit ist. Daraus folgt, daß für eine Frequenz $f = 1$ GHz die Wellenlänge $\lambda_R = \frac{v_R}{f} = (2 \cdots 3{,}5)\ \mu\text{m}$ beträgt.
Die Oberflächenbeschaffenheit beim Aufbau eines Interdigitaltransducers oder anderer akustoelektronischer Bauelemente muß demnach „optischen Anforderungen" genügen!
Die Frequenzcharakteristik des Interdigitaltransducers liegt durch

$$A(\omega) = A_0\,\frac{\sin\left[N\pi\,\dfrac{f - f_0}{f_0}\right]}{N\pi\,\dfrac{f - f_0}{f_0}} \tag{13}$$

fest, wobei N die Anzahl der Finger einer Elektrode und f_0 die Mittenfrequenz der Durchlaßkurve sind. Die relative Bandbreite ist näherungsweise umgekehrt proportional zur Zahl N der Finger einer Elektrode. Mit $LiNbO_3$ wurde eine relative Bandbreite von ca. 23% und mit SiO_2 (Quarz) eine solche von 5% erzielt.
Die Fingerlänge L bestimmt die Impedanz des Interdigitaltransducers. Fingerlängen von $L = (50 \cdots 100)\, \lambda_R$ entsprechen etwa einer Impedanz von $Z \approx 50\ \Omega$.

3.5.3. Passive Bauelemente auf der Basis akustischer Oberflächenwellen

3.5.3.1. Verzögerungsleitung

Bild 5 zeigt die schematische Darstellung einer Verzögerungsleitung. Der Anregung und dem Empfang der Oberflächenwelle dienen je ein IT. Betrachtet man die im Bild schematisch dargestellte Verzögerungsleitung, so breitet sich nicht nur eine Oberflächenwelle vom Eingangs-IT zum Ausgangs-IT aus, sondern es läuft auch eine Welle auf die Substratbegrenzung zu. Diese wird dort reflektiert und gelangt gleichfalls mit einer gewissen Verzögerung zum Ausgangs-IT. Da die reflektierten

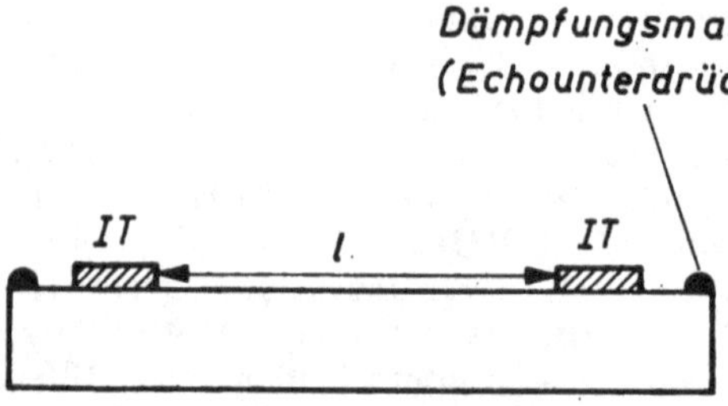

Bild 5. Verzögerungsleitung der Laufstrecke l

Signale störend wirken, ist es notwendig, die rückwärtige Zone mit einer Dämpfungsmasse (Wachs) abzudecken. Die gleiche Maßnahme muß auf der Seite des Ausgangswandlers getroffen werden, da ein Teil der Schallwelle durch den Wandler auf die Begrenzung trifft.
Die mit Hilfe einer solchen Verzögerungsleitung zu realisierende *Verzögerungszeit* t_v ergibt sich, wenn l die Länge der Laufstrecke ist, zu

$$t_v = \frac{l}{v_R}\,. \tag{14}$$

Es lassen sich auf kleinstem Raum große Verzögerungszeiten t_v und damit große Speicherkapazitäten erreichen. Typische Lösungen von Verzögerungsleitungen im 100-MHz-Gebiet sind billig. Sie werden in der Regel durch Fotolithographie auf Lithiumniobat hergestellt. Die relativen Bandbreiten betragen $\frac{b}{f_0} = (10 \cdots 20)\%$, die Verzögerungszeiten $t_v = (5 \cdots 100)\ \mu s$. Große Verzögerungen werden durch spiralige Ausbreitungsstrecken auf zylindrischen Körpern hergestellt. Typische Dämpfungen liegen bei $D_t = (5 \cdots 20)$ dB („Transmission").
Feste Verzögerungsleitungen mit Oberflächenwellen bis hinauf zu 1 GHz werden bereits von einigen Herstellern angeboten.

3.5.3.2. Frequenzfilter für den UKW-Bereich

Es sind die keramischen Filter — mechanische Resonatoren — bekannt, die man in den Zwischenfrequenzbereichen der Rundfunktechnik als Filter einsetzen kann. Die Fernseh-Zwischenfrequenz liegt aber mit 36,4 MHz zu hoch, um in der gleichen Technologie einen Filter realisieren zu können. IT-Strukturen aber lassen sich in diesem Frequenzbereich leicht herstellen. Wie Gl. (13) zeigt, haben die IT selbst Bandpaßcharakter. Auch komplizierte Filter, wie solche, die die Durchlaßkurve eines Farbfernsehfilters realisieren, sind durch „gewichtete" IT herstellbar [9]. Berechnungsunterlagen finden sich in der Literatur (s. [10]). Der Abstand der Finger bestimmt wiederum die Mittenfrequenz der Durchlaßkurve.
Die relative Bandbreite b/f_0 ist umgekehrt proportional zur Zahl der Finger oder zur Anzahl der interdigitalen Perioden N. Die Länge der Finger legt die Impedanz als Funktion der Frequenz fest (s. Abschn. 2). Die Länge der Finger ist nicht konstant, sondern sie nimmt in der Art einer Verteilungsfunktion nach den Seiten hin ab. Durch diese Variation der Fingerlänge läßt sich die Form der Durchlaßkurve über die Fehlanpassung beeinflussen.
Bei geeigneter Wahl der Fingerlänge kann der für die Bild- und Tonübertragung geforderte Dämpfungsverlauf erzielt werden. Vorteile dieses Filters sind der Wegfall des Abgleiches, wobei aber im Herstellungsprozeß die Toleranzen besser als 0,1 µm gehalten werden müssen.
Ein weiterer Vorteil ist die Kleinheit dieses Filters mit Kantenlängen von einigen Millimetern. Als Nachteil ist die hohe Durchlaßdämpfung von ca. 30 dB zu werten, die bei Verwendung von Piezokeramik (PXE 11) als Substrat auftritt. Durch Benutzung von einkristallinem Lithiumniobat läßt sich die Durchlaßdämpfung stark verringern.

3.5.3.3. Richtkoppler mit Wellenleitern für akustische Oberflächenwellen

Wellenleiter für Oberflächenwellen sind durch Stege, durch reflektierende Wände oder durch andere Diskontinuitäten der Oberfläche realisierbar (s. Bild 2 und Abschn. 1). Mittels akustischer Wellenleiter für Oberflächenwellen lassen sich, ganz analog zur Mikrowellentechnik, *Bauelemente* konstruieren, wie z. B. Richtkoppler, Hybridkoppler u. a.

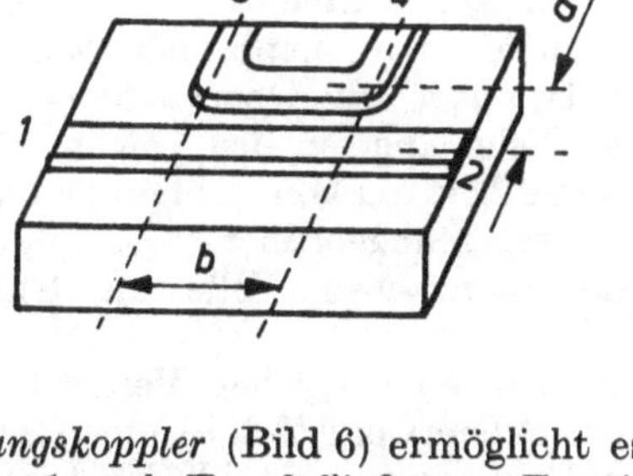

Bild 6. Richtkoppler mit Wellenleitern für Oberflächenwellen

Der *Richtungskoppler* (Bild 6) ermöglicht es, einen Teil der akustischen Energie, die von Tor *1* nach Tor *2* fließt, am Tor *4* zu entnehmen. Bei entgegengesetzter Flußrichtung von Tor *2* nach Tor *1* im „Hauptarm" erscheint die ausgekoppelte Energie im „Nebenarm" am Tor *3*.
Die geschilderten Bauteile können zum Aufbau von Korrelationssystemen, z. B. Optimalfiltern, Verwendung finden (s. [9]).

3.5.4. Der Oberflächenwellenverstärker als aktives akustoelektronisches Bauelement

Eine akustische Longitudinalwelle ist (s. Abschn. 1) eine *Kompressionswelle*; auch die Oberflächenwelle besteht aus einem longitudinalen und einem transversalen Anteil und bewirkt daher Kompression der Materie. Der piezoelektrische Effekt bewirkt aber in einem solchen Fall das Auftreten einer elektrischen Feldstärke. Eine akustische Welle der oben genannten Art wird also von einer *elektrischen Welle* begleitet.

Ist das piezoelektrische Material zugleich halbleitend, so tritt diese elektrische Welle mit den Leitungselektronen in Wechselwirkung. Werden diese Elektronen durch ein äußeres elektrisches Feld beschleunigt, so kann unter bestimmten Bedingungen, die von *G. Weinreich* 1956 [2] aufgestellt wurden, eine Verstärkung der akustischen Welle durch den Elektronenstrahl erfolgen. Von *White* u. a. [3], [4], [5] stammt eine diesbezügliche Kleinsignaltheorie aus dem Jahre 1961. Es handelt sich bei dieser Wechselwirkung um einen Mechanismus analog dem *Wanderfeldprinzip* der Mikrowellentechnik, das in der Wanderfeldröhre (travelling-wave-tube) ausgenutzt wird. In beiden Fällen gibt der Elektronenstrahl Energie an die parallel laufende Welle ab. Es erfolgt im Falle der Wanderfeldröhre (s. [11]) Verstärkung, wenn die Elektronengeschwindigkeit etwas höher als die Phasengeschwindigkeit der Welle ist. Um auf diese Art einen akustischen Verstärker aufzubauen, müßte das Substratmaterial drei Eigenschaften in sich vereinigen:

1. großer piezoelektrischer Kopplungsfaktor,
2. geringe akustische Verluste,
3. gute Halbleitereigenschaften.

Ein Material, das alle diese Vorzüge aufweist, ist bis heute nicht bekannt.

CdS wird bei einem solchen akustischen Verstärker mit *Körperschallwellen* sehr häufig verwendet. CdS ist zwar ein einigermaßen gutes piezoelektrisches Material, jedoch nur ein schlechtes akustisches und zugleich schlechtes halbleitendes Material.

Der Oberflächenwellenverstärker basiert auf der gleichen Wechselwirkung wie der Volumenverstärker. Die elektroakustische Verstärkung von Oberflächenwellen bietet die Möglichkeit, die Eigenschaften 1—3 auf zwei verschiedene Materialien aufzuteilen (s. Bild 7a). Es erfolgt durch die sich nach außerhalb des Piezoelektrikums erstreckenden Longitudinalfelder der Rayleigh-Welle eine Ankopplung an driftende Ladungsträger im Halbleiter. Die Halbleiterschicht befindet sich hierbei über der piezoelektrischen Oberfläche. Dann kann sich zwischen beiden Materialien sogar ein Luftspalt befinden. Das durch die Oberflächenwelle erzeugte elektrische Feld reicht nur knapp eine Wellenlänge in das umgebende Medium hinein. Ist eine halbleitende Schicht in einem Abstand von weniger als einer akustischen Wellenlänge λ_R oberhalb des Substrates angeordnet, so erfolgt über das elektrische Feld die Wechselwirkung der akustischen Welle mit den Leitungselektronen dieser Schicht.

Bild 7 veranschaulicht prinzipiell den Aufbau eines solchen Verstärkers mit getrennter Halbleiterschicht; Teil a) zeigt das Schema und Teil b) eine Realisierungsmöglichkeit. Die elektroakustische Wandlung besorgt ein IT. Nach Durchlaufen der Wechselwirkungsstrecke mit dem Driftstrom der Elektronen erfolgt die akustoelektrische Rückwandlung ebenfalls wieder mit Hilfe des IT.

Der Abstand der Halbleiterschicht vom Piezoelektrikum betrug in einem aufgebauten und untersuchten Verstärker $\Delta_1 \approx 0{,}056\ \mu m$ bzw. in einem anderen Fall

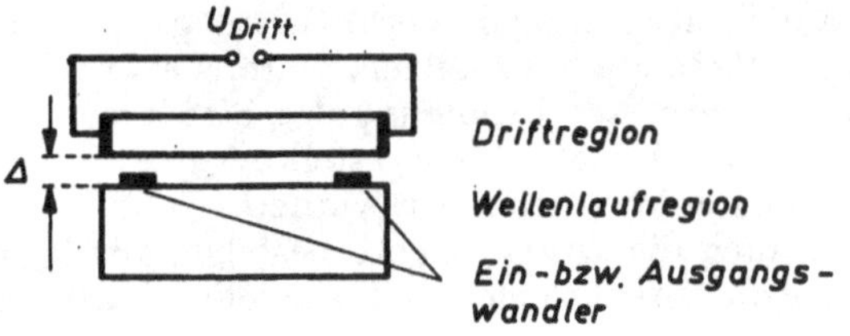

a)

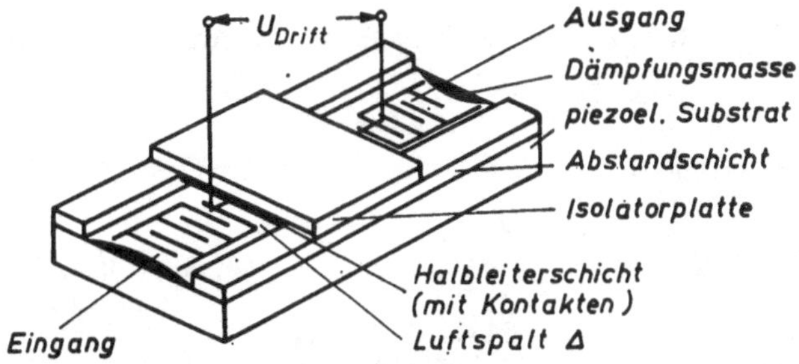

b)

Bild 7. Oberflächenwellenverstärker
a) Schema
b) Realisierungsmöglichkeit

für $f = 100$ MHz $\Delta_2 \approx 5$ nm (s. [9]). Die physikalische Trennung von akustischem Substrat und halbleitender Schicht erlaubt

a) die Wahl eines Substrates mit optimalen piezoelektrischen Eigenschaften und optimalen akustischen Eigenschaften: hoher elektromechanischer Kopplungsfaktor und geringe akustische Verluste (s. Abschn. 2). Als solches piezoelektrisches Substrat dient meist Lithiumniobat ($LiNbO_3$).
b) Für die halbleitende Schicht wird ein Werkstoff mit hoher Beweglichkeit der Elektronen und guter Leitfähigkeit ausgesucht. Die halbleitende Schicht besteht meist aus einem n-leitenden Siliziumkristall. Üblich sind auch Si-Epitaxieschichten auf Saphir mit einer Leitfähigkeit $\sigma_{SiE} \approx (10 \cdots 100)\ \Omega \cdot$ cm.
c) Den geringen Luftspalt zwischen beiden Medien stellt eine Abstandsschicht aus Quarzglas her, die auf das Lithiumniobat in den Bereich außerhalb des Schallstrahles aufgesputtert wird.

In realisierten Oberflächenwellenverstärkern sind Verstärkungen von 30 dB und mehr erzielt worden.

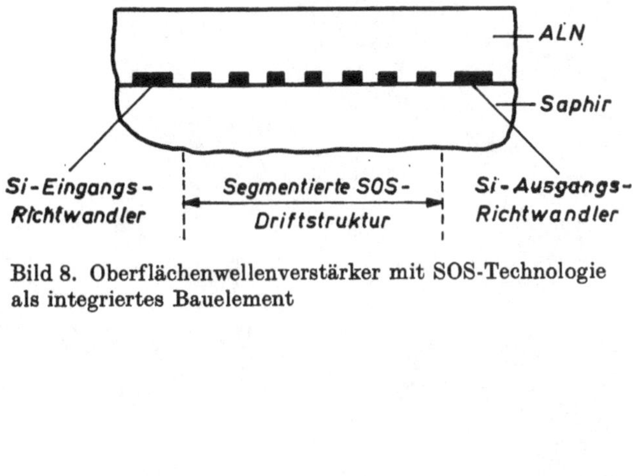

Bild 8. Oberflächenwellenverstärker mit SOS-Technologie als integriertes Bauelement

Günstig ist es im Hinblick auf die abzuführende Verlustleistung, für die Beschleunigung der Elektronen *Segment-Elektroden* einzusetzen. Unter Verwendung von AlN als piezoelektrisches Material und unter Benutzung der SOS-Technik (silicon on saphire) ergibt sich die in Bild 8 schematisch dargestellte Variante [16], [17], die eine Beschleunigungsspannung um 50 V benötigen würde.
Die Elektroden der IT wie auch die Driftsegmente bestehen aus hochdotiertem Silizium. Das integrierte Verstärkerbauelement arbeitet ohne Luftspalt zwischen Drift und Laufstrecke.

Herrn Prof. Dr. Ing. habil. *E. Köhler* möchte ich für die Anregung zu dieser Arbeit danken.

Literaturverzeichnis

[1] *Lord Rayleigh*: Proc. London. Math. Soc. **17**, 4 (1885)
[2] *Weinreich, G.*: Phys. Rev. **104**, H. 2 (1956), Phys. Rev. **106**, H. 5 (1957), Phys. Rev. **107** H. 1 (1957)
[3] *Hutson, A. R., White, D. I.*: J. appl. Phys. **33**, H. 1 (1962)
[4] *White, D. I.*: Phys. Rev. Lett. 7, H. 6 (1961). Appl. Phys. Lett. 7 (1965) 314—316
[5] *White, D. I., Voltmer, X.*: J. appl. Phys. **33** (1962) 314—316
[6] *Rose, A.*: RCA-Rev. XXVII H. 1 und 4 (1966)
[7] *Bilz, K.*: Festkörperprobleme Bd. VI, S. 218, Akademie-Verlag, Berlin 1967
[8] *Bosch, B. G.*: Int. Elektron. Rdsch. **24**, Nr. 3 (1970)
[9] *Terstegge, H.*: Funk-Technik, H. 15 (1970).
[10] *Müller, G. O.*: ZS elektr. Inform. u. Energietechnik **16**, H. 7 (1972)
[11] *Klinger, H. H.*: Elektr. Rdsch. **16**, H. 7 (1962)
[12] *Joos, G.*: Lehrbuch der theoretischen Physik. Akadem. Verlagsgesellschaft Geest & Portig, Leipzig
[13] *Weizel, W.*: Lehrbuch der theoretischen Physik. Springer Verlag, Berlin
[14] *Sommerfeld, A.*: Mechanik der deformierbaren Medien. Akadem. Verlagsgesellsch. Geest & Portig, Leipzig
[15] *Kittel, Ch.*: Einführung in die Festkörperphysik. Oldenbourg-Verlag, München
[16] *Kino, G. S.*: IEEE Trans. on Electron Devices ED-17, H. 3 (1970) 178
[17] *Wöckel, H.*: Diplomarbeit an der TH Ilmenau, Sektion Phyteb, 1973

3.6. Halbleiterstrahlungsempfänger für den infraroten Spektralbereich. Physikalische Grundlagen und Probleme ihrer Weiterentwicklung

Von *J. Auth*

Humboldt-Universität Berlin, Sektion Physik

3.6.1. Einleitung

3.6.1.1. Die Bedeutung der Strahlungsempfänger für Analysenmeßtechnik und Elektronik

In den letzten Jahren ist die optische Nachrichtenübertragung immer stärker in den Vordergrund des Interesses gerückt [1]. Mit der durch die Quantengeneratoren gegebenen Möglichkeit, kohärente Lichtwellen zu erzeugen und zu verstärken, ist die umfassende Nutzung des infraroten und des sichtbaren Teils des Spektrums der elektromagnetischen Strahlung für die Nachrichtentechnik in greifbare Nähe gerückt. Damit bestätigt sich eine Voraussage, die *H. Frühauf* vor etwa 15 Jahren auf der Grundlage einer Analyse der historischen Entwicklung von Maxwell bis zur Gegenwart gemacht hat [2]. Wenn wir hier von „greifbarer Nähe" sprechen, so dürfen wir uns jedoch nicht darüber hinwegtäuschen, daß noch manches sehr wichtige Problem zu lösen ist, um den vollen möglichen Nutzen aus der Verwendung von Licht als Träger zur Informationsübermittlung zu ziehen. Die volle Nutzung der möglichen Bandbreite bzw. Kanalkapazität verlangt vor allem entsprechende, d. h. hinreichend schnelle Modulations- und Demodulationsmittel. Dabei bedeutet „hinreichend schnell" streng genommen, daß die Zeitkonstanten, die Ansprechzeiten dieser Modulations- oder Demodulationsmittel, größenordnungsmäßig in der Nähe der Periodendauer der entsprechenden elektromagnetischen Wellen liegen müssen. Für sichtbares Licht würden damit Zeitkonstanten um $10^{-14} \dots 10^{-15}$ s interessant werden, eine Größenordnung, über deren Realisierung im Augenblick wohl noch jede Vorstellung fehlt. Diese Abschätzung gilt z. B. für „Geradeausempfang"; überträgt man unter Anwendung der Mittel der nichtlinearen Optik das Überlagerungsprinzip auf die optische Nachrichtenübertragung, so kommt man zu eher realisierbaren, aber nichtsdestoweniger sehr aufwendigen, Konzepten. Immer wird man jedoch am Ende einen Demodulator, einen Strahlungsempfänger brauchen, der möglichst schnell und gleichzeitig hinreichend empfindlich sein sollte. Ähnliche Forderungen würden sich aus der Nutzung von Licht für Ortungs- und Entfernungsmeßverfahren nach dem Prinzip eines Licht-Radars ergeben. Schließlich ist auch die Analysenmeßtechnik z. B. für die Ultrakurzzeitspektroskopie an sehr schnellen Strahlungsempfängern interessiert. Wenn es hier auch schon möglich ist, bestimmte Untersuchungen im Subnanosekunden- und Picosekundenbereich vorzunehmen, so sind die bisher vorliegenden Methoden doch keine Echtzeitverfahren; sie beruhen alle auf der Umsetzung von zeitlichen Abläufen über die Laufzeit des Lichtes in räumliche Verteilungen und führen so die Zeitmessung auf eine Längenmessung zurück. Dabei wird der zeitliche Verlauf, ähnlich wie beim Sampling-Oszillographen, punktweise abgetastet.
Wir haben diese einleitenden Bemerkungen vorangeschickt, um unser Interesse an schnellen Strahlungsempfängern deutlicher zu motivieren. Da mit dem CO_2-Laser ein äußerst leistungsfähiger Quantengenerator im Wellenlängenbereich um 10 µm zur Verfügung steht, da die Atmosphäre ein zweites Durchlässigkeitsgebiet

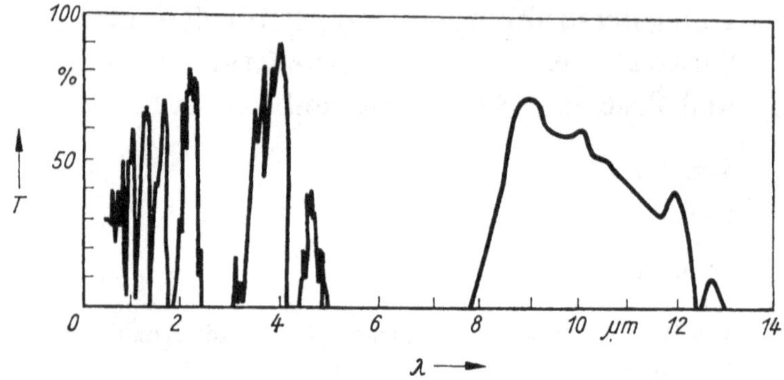

Bild 1. Wellenlängenabhängigkeit der atmosphärischen Transmission (Teststrecke 5,5 km; $T = 300$ K effektive Wassersäule 9,4 cm) nach *Rodot* et al. [35]

im Wellenlängenbereich von 8 bis 13 μm besitzt (Bild 1) und da viele charakteristische Absorptionslinien organischer und anorganischer Moleküle in diesem Spektralbereich liegen, wird neben Strahlungsempfängern für den sichtbaren Spektralbereich ein besonderes Interesse auch an Strahlungsempfängern für den Wellenlängenbereich um 10 μm bestehen. Da die schwarze Strahlung bei Zimmertemperatur ihr Maximum bei 10 μm besitzt, werden Strahlungsempfänger für derartige Wellenlängen auch für die Ausmessung von Temperaturprofilen, für die „Bildaufnahme" mit der thermischen Eigenstrahlung von Objekten bei Zimmertemperatur von besonderem Interesse sein.

3.6.1.2. Übersicht über die Möglichkeiten des Strahlungsnachweises

Eine Übersicht über Möglichkeiten des Strahlungsnachweises gibt Tab. 1. Wir betonen dabei Echtzeitverfahren, weil wir das gesamte Gebiet der Photographie bei der Betrachtung ausgeklammert haben, und weil wir bei der später zu diskutierenden Zeitauflösung der Nachweisverfahren Abtastverfahren, die periodisch sich wiederholende Vorgänge und eine Speicherung voraussetzen, nicht berücksichtigen wollen.
Der Wellenlängenbereich, in dem der äußere Photoeffekt genutzt werden kann, ist durch die praktisch zur Verfügung stehenden Katodenmaterialien nach oben begrenzt; durch die Austrittsarbeit zusammengesetzter Katoden auf der Basis Ag/Cs_2O o. ä. dürfte die Grenze etwa bei 1,2 μm liegen [3]. Damit scheiden sie für den uns interessierenden Spektralbereich um 10 μm von vornherein aus. Die Schnelligkeit von Meßanordnungen, die den äußeren Photoeffekt ausnutzen, wird durch Laufzeiten und kapazitive Effekte, ähnlich wie bei den später zu besprechenden Photodioden, begrenzt. Beide Effekte lassen sich durch entsprechende konstruktive Maßnahmen in der gewünschten Richtung beeinflussen, wobei im Vergleich zu Halbleiterbauelementen die um rund den Faktor 10 geringere Dielektrizitätskonstante des Vakuums und die je nach Betriebsspannung um Größenordnungen höhere Elektronengeschwindigkeit ein Vorteil für die vakuumelektronische Lösung mit dem äußeren Photoeffekt sind. Dieser Vorteil wird allerdings dadurch wieder wesentlich eingeschränkt, daß die Beherrschung so feiner Geometrien, wie sie die moderne Halbleitertechnik kennt, in der Vakuumelektronik nicht ohne weiteres möglich ist. Impedanz- und Anpassungsprobleme an nachfolgende Verstärkerstufen lassen sich organisch durch Verwendung von Sekundärelektronenverviel-

Tabelle 1. Wirkprinzipien für den Echtzeitstrahlungsnachweis im infraroten Spektralbereich (kommerziell gefertigte Empfänger)

physikalischer Effekt	Gerätetyp	typischer λ-Bereich	geeignetes Material	Zitat
	thermische Detektoren			
Temperaturabhängigkeit des Widerstands	Bolometer			[37]
Seebeck-Effekt	Thermoelement, -säule	Breitband	Bi, Sb	[5]
pyroelektr. Effekt	pyroelektr. Det.		TGS	[9]
	Quantendetektoren			
äußerer photoelektr. Effekt	Photozelle, SEV	$\lambda < 1{,}2\ \mu m$	$GaAs/Cs_2O$	[3]
innerer photoelektr. Effekt				[38]
– aus Störstellen	Photowiderstand	$\lambda < 40\ \mu m$	siehe Bild 12	
– Band-Band-Anregung	Photodiode	$\lambda \leqq 15\ \mu m$		
	Lawinen-PD	$\lambda \leqq 5{,}5\ \mu m$		
	Detektoren auf der Basis von Majoritätsträgereffekten			
Pseudophotoleitfähigkeit	Photowiderstand	100 μm ··· 1 mm	InSb, GaAs	[34]
Übergänge zwischen Landauniveaus	Zyklotrondetektor		InSb	[34]
Lichtdruck auf Ladungsträger	Photon-drag-Detektor	10,6 μm	p-Ge	[33]

fachern beheben. Auch das ist ein beachtenswerter Vorteil des Strahlungsnachweises mit dem äußeren Photoeffekt. So ist es auch zu verstehen, daß es möglich wurde, mit Sekundärelektronenvervielfachern in den Picosekundenbereich vorzustoßen [4]. Wir betonen diese partiellen Vorteile des äußeren Photoeffekts bewußt, obwohl er in dem hier interessierenden Spektralbereich nicht anwendbar ist, um in den nachfolgenden Ausführungen über Halbleiterstrahlungsempfänger nicht mißverstanden zu werden.

Keine Einschränkungen in bezug auf den Wellenlängenbereich bestehen bei den auf thermischen Wirkungen beruhenden Empfängern. Es genügt, wenn eine Absorption der betreffenden Strahlung erreicht werden kann. Golay-Zellen, Radiometer u. a. wurden in die Aufstellung in Tab. 1 nicht mit aufgenommen, weil sie primär keine elektrischen Signale ergeben. Nachteilig bei den auf thermischen Wirkungen beruhenden Empfängern ist eine verhältnismäßig große Trägheit, sie kommen als sehr schnelle Empfänger darum weniger in Frage. Allerdings kann festgestellt werden, daß durch Einsatz der technologischen Mittel der Halbleitertechnik und Mikroelektronik, wie z. B. Photolithographie und Elektronenstrahlverdampfung es auch hier gelang, beachtliche Erfolge zu erzielen. So weisen Dünnschicht-Thermo„säulen“, wie sie heute labormäßig hergestellt werden, beachtliche Empfindlichkeiten und geringe äquivalente Rauschleistungen bei Zeitkonstanten im Mikrosekundenbereich auf. Man erreicht das durch extrem geringe Abmessungen, z. B. bringt man 5 Dünnschicht-Thermoelement-Paare auf einer Fläche von $0{,}12 \times 0{,}12\ mm^2$ unter. Bild 2 zeigt die Struktur eines Einzel-

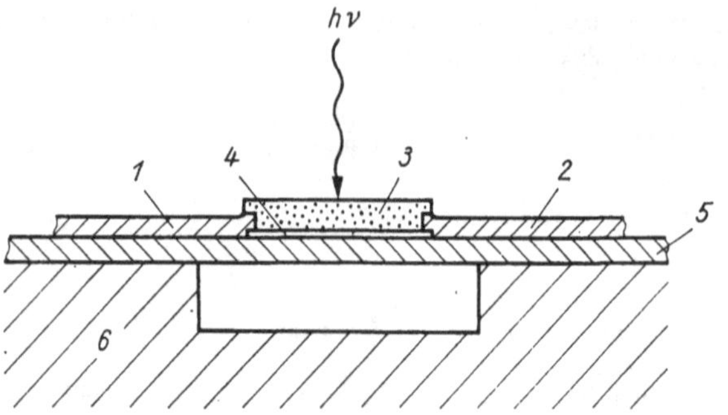

Bild 2. Konstruktion einer Dünnschicht-Thermosäule (Einzelelement) der Fa. Santa Barbara Research Center [5]

1, 2 — thermoelektrische Materialien, *3* — Absorber, *4* — Elektrischer und thermischer Leiter, z. B. Ag; *5* — Filmunterlage; *6* — Wärmesenke, z. B. Saphir

elements. Die äquivalente Rauschleistung ergibt sich zwanglos aus dem Widerstandsrauschen bei $T = 300$ K:

$$\mathrm{NEP} = \frac{\sqrt{4\,kT \cdot Z \cdot \Delta f}}{\Re} \tag{1}$$

zu $3{,}3 \cdot 10^{-11}$ W, wenn wir die für das Bauelement angegebenen Werte der Responsivität $\Re$ (280 V/W), der Impedanz Z (5 kΩ) und $\Delta f = 1$ Hz einsetzen. Die Detektivität erhalten wir zu $3{,}6 \cdot 10^8$ cm $\mathrm{Hz}^{1/2}\,\mathrm{W}^{-1}$ [5]. Diese Werte werden bei einer Zeitkonstante von 13 μs erreicht. Wenn diese Werte auch nicht mit dem vergleichbar sind, was uns Halbleiterstrahlungsempfänger erwarten lassen, so sind sie doch ganz beachtenswert, besonders, wenn man bedenkt, daß sie ohne Kühlung erreicht werden. Unter Verlust an Empfindlichkeit wurden Zeitkonstanten unter 1 μs erreicht. Die in unserer Tab. 1 letztgenannten Strahlungsnachweisverfahren, die Veränderungen der Form der Elektronenverteilungsfunktion durch die Strahlung ausnutzen, zeichnen sich durch besondere Schnelligkeit aus. Charakteristische Zeiten der Größenordnung 10^{-12} s sind hier sozusagen von Natur aus vorhanden. Im Gegensatz zum inneren Photoeffekt bei Halbleitern, wo sich die Elektronenkonzentration oder die Löcherkonzentration im Leitfähigkeitsband, d. h. das Integral über die Verteilungsfunktionen, durch die Strahlung verändert, ändert sich hier nur die Form der Verteilungsfunktionen. Hängt nun die Beweglichkeit der Träger über die effektive Masse m^* oder die Impulsrelaxationszeit τ_p von der Energie W der Träger ab, so kann eine solche Formveränderung zu bestimmten Effekten wie Pseudophotoleitung [6], Pseudo-PEM-Effekt [7] u. a. führen. Die Anwendung solcher Effekte zum sehr schnellen Strahlungsnachweis wurde in [8] vorgeschlagen. Die prinzipielle Schnelligkeit folgt daraus, daß sich Formveränderungen der Verteilungsfunktion in Zeiten ausgleichen, die mit der Impulsrelaxationszeit τ_p (bzw. Energierelaxationszeit τ_E) vergleichbar sind. Wie eine einfache Abschätzung aus üblichen Beweglichkeitswerten zeigt, ist diese Zeit aber sehr klein. Bei einer Beweglichkeit $\mu = 0{,}1\ \mathrm{m^2/Vs}$ und einer effektiven Masse $m^* = m_0 = 9 \cdot 10^{-31}$ kg ergibt sich

$$\tau_p = \frac{m^*}{e} \cdot \mu = \frac{9 \cdot 10^{-31}}{1{,}6 \cdot 10^{-19}} \cdot 0{,}1\ \mathrm{s} \approx 5 \cdot 10^{-13}\ \mathrm{s}\,. \tag{2}$$

Nachteilig ist die geringe Empfindlichkeit dieser Effekte. Sie rührt daher, daß durch die Strahlung nur geringe Veränderungen an der Verteilungsfunktion erreicht werden können, was nur zu sehr geringen Leitfähigkeitsänderungen führt. Am günstigsten ist noch der 1970 entdeckte Photon-drag-Effekt [10], der eine Unsymmetrie der Verteilungsfunktion und damit eine EMK bzw. einen Strom entstehen läßt. Ursache hierfür ist die Impulsübertragung von den absorbierten Photonen auf die Elektronen oder Löcher. Aber auch hier ist die Empfindlichkeit gering. Responsivitäten von $1{,}2 \cdot 10^{-7}$ V/W wurden von uns z. B. an Tellur gemessen. An Germanium, allerdings bei erheblich längerer Probe, wurden 10^{-6} V/W erreicht. Die Probenlänge ist hier erwähnenswert, weil in einem Material mit dem Brechungsindex $n = 4$ (Ge $n = 4{,}01$ bei $\lambda = 6$ μm) die Laufzeit des Lichtes immerhin $\frac{n}{c} = \frac{4}{3} \cdot 10^{-10}$ s/cm $= 0{,}13$ ns/cm beträgt. Ein Photon-drag-Detektor von 5 cm Länge hätte somit eine Integrationszeit von ca. 0,7 ns. Der prinzipielle Vorteil einer hohen Schnelligkeit des Effektes wäre damit völlig zunichte gemacht. Dessen ungeachtet werden heute Photon-drag-Detektoren kommerziell angeboten. Sie sind speziell für den gütegeschalteten CO_2-Laser, der ohnehin hohe Leistungen abgibt, und für die heute gängige Elektronik mit *ns*-Zeitauflösung bestimmt [11]. Arbeitsfähigkeit bei Zimmertemperatur und Linearität in einem weiten Leistungsbereich (1 kW/cm² bis 10^4 kW/cm²) sind erwähnenswerte Vorzüge.

Kommen wir nun zum inneren Photoeffekt. Wir behandeln ihn am Schluß unserer einleitenden Übersicht, weil der Strahlungsnachweis mit Hilfe des inneren Photoeffekts das Hauptthema unseres Beitrages darstellt. Zunächst ist zwischen dem Photoeffekt aus Störstellen und dem Band-Band-Photoeffekt zu unterscheiden. Im ersten Fall wird ein lokalisiertes Elektron aus der Störstelle in das Leitfähigkeitsband (bzw. aus dem Valenzband in die Störstelle) angeregt. Das Ergebnis ist hier *ein* Ladungsträger *eines* Vorzeichens. Beim Band-Band-Übergang wird ein Elektron aus dem Valenzband in das Leitfähigkeitsband gehoben. Gleichzeitig mit dem Leitfähigkeitselektron entsteht ein Defektelektron, ein Loch. Wir haben nun also ein *Paar* von Ladungsträgern mit einander entgegengesetzten Vorzeichen erzeugt. Das ist ein wichtiger Unterschied. Ein weiterer wichtiger Unterschied betrifft die Größe des Absorptionskoeffizienten. Beim Band-Band-Übergang sind *alle* Valenzelektronen beteiligt (ca. 10^{23} cm^{-3}), bei der Störstellenphotoleitung nur die, die sich in entsprechenden Störstellen befinden, z. B. 10^{15} cm^{-3} oder 10^{16} cm^{-3} je nach der durch die Festlöslichkeit begrenzten Störstellenkonzentration. Das hat zur Folge, daß wir im Fall der Band-Band-Rekombination mit Absorptionskonstanten von 10^6 cm^{-1} rechnen können, bei der Störstellenphotoleitung nur mit 1 bis 10 cm^{-1}. Soll das Licht vollständig absorbiert werden, so ergeben sich bei der Störstellenphotoleitung wieder Laufzeitprobleme.

Die langwellige Empfindlichkeitsgrenze λ_{max} ist bei der Band-Band-Photoanregung durch die Breite der verbotenen Zone gegeben: $\lambda_{max} = 1{,}24$ μm/W_g [eV]. Damit wären, wenn wir uns auf die gut untersuchten Elementhalbleiter und auf die ebenfalls gut untersuchten rein binären Systeme etwa vom Typ A^{III}-B^{V} beschränken, folgende langwelligen Grenzen gegeben:

3,9 μm bei Tellur ($W_g = 0{,}32$ eV),

6,9 μm bei InSb ($W_g = 0{,}18$ eV bei 278 K),

4,6 μm bei InSb ($W_g = 0{,}27$ eV bei 0 K),

6,9 μm bei PbTe ($W_g = 0{,}18$ eV bei 12 K).

Damit scheiden diese Halbleitermaterialien und damit zunächst überhaupt die Band-Band-Photoleitung für den Spektralbereich um 10 µm aus.[1])
Anders die Störstellenphotoleitung; man kennt z. B. bei Germanium eine Vielzahl von Störstellen mit Anregungsenergien, die für diesen Spektralbereich geeignet sind. Als bekanntes Beispiel sei an das Cu-dotierte Germanium erinnert, das lange Zeit eines der wichtigsten Materialien für Infrarotstrahlungsempfänger war. Kupfer besitzt in Germanium ein Akzeptorniveau, das 0,045 eV über der oberen Kante des Valenzbandes liegt. Damit würde sich hier eine langwellige Grenze von etwa 27 µm ergeben. Günstig ist auch, daß Cu eine verhältnismäßig große Löslichkeit in Ge von etwa $3{,}5 \cdot 10^{16}$ cm^{-3} besitzt und daß eine nachträgliche Dotierung durch Eindiffusion möglich ist (Diffusionskonstante $\approx 3 \cdot 10^{-5}$ cm^2/s bei 900 °C). Nachteilig ist andererseits bei einer Anwendung im Bereich um 10 µm, daß wegen der geringen, für diese Anwendung übermäßig geringen Anregungsenergie, eine stärkere Kühlung nötig ist, als vom Anwendungszweck her erforderlich wäre. Erheblich günstiger ist hier eine Hg-Dotierung. Das entsprechende Energiniveau von 0,083 eV führt auf eine langwellige Grenze von etwa 15 µm, ist also auch noch ausreichend und kommt mit geringerer Kühlung als Cu in Ge aus (z. B. flüssiges Neon oder H_2 statt flüssiges He). Leider ist die Hg-Dotierung technologisch erheblich schwieriger, was durch den hohen Dampfdruck des Hg über der dotierten Ge-Schmelze bedingt ist.

3.6.1.3. Parameter zur Kennzeichnung von Strahlungsempfängern

Wir haben im vorigen Abschnitt einen groben Vergleich verschiedener Lösungswege zum Infrarot-Strahlungsnachweis vorgenommen und dabei Begriffe wie Empfindlichkeitsbereich, Zeitkonstante, Detektivität, Responsivität benutzt. Es ist zweckmäßig, an dieser Stelle einige Erläuterungen zu diesen Begriffen zu geben. Unter *Empfindlichkeitsbereich* wollen wir den Wellenlängenbereich für die einfallende und nachzuweisende Strahlung verstehen, in dem der Strahlungsempfänger eine für den jeweiligen Einsatzzweck ausreichende Responsivität bzw. Detektivität besitzt. Unter der *Zeitkonstante* τ des Strahlungsempfängers wollen wir eine charakteristische Zeit des Empfängers verstehen, die seine Trägheit beschreibt und die Grenzen für die zeitliche Auflösung schnell ablaufender Vorgänge angibt. Eine genauere Definition halten wir in Zusammenhang mit unserer Fragestellung im Augenblick nicht für notwendig und auch nicht für fruchtbar. Bezüglich des Empfindlichkeitsbereiches ist es nötig, wenn eine präzisere Angabe gewünscht wird, auf eine Angabe der Responsivität und der Detektivität als Funktion der Wellenlänge zurückzugreifen. Bei der Zeitkonstanten werden in dem uns interessierenden Bereich bei jeder Präzisierung die speziellen Meßbedingungen mit angegeben werden müssen.
Die Responsivität $\mathfrak{R}$ gibt in V/W das Verhältnis von Signalspannung am Empfänger zu der auf den Empfänger fallenden Strahlungsleistung an. Auch hier besteht eine Abhängigkeit von der angewendeten Meßschaltung; im allgemeinen wird man Leistungsanpassung voraussetzen. Allerdings ist zu beachten, daß häufig diese Leistungsanpassung mit den geforderten Zeitkonstanten nicht vereinbar ist, wenn nicht besondere Impedanzwandler zur Verfügung stehen. Bei Angaben über Responsivität und Zeitkonstante sollte das immer beachtet werden. Häufig wird es auch zweckmäßig sein, für vergleichende Angaben einen bestimmten Arbeits-

[1]) Wir machen hier die Einschränkung „zunächst", weil, wie wir später sehen werden, bestimmte quasibinäre dreikomponentige Systeme Halbleiter mit schmalen verbotenen Zonen bis zum Wert $W_g = 0$ ergeben.

widerstand, z. B. 50 Ω für unsere üblichen Koaxialleitungen, zugrunde zu legen. Die Detektivität D^* wird wie folgt definiert[1]):

$$D^* = \frac{(A)^{1/2}\,(\Delta f)^{1/2}}{\text{NEP}}\,. \tag{3}$$

NEP ist hierbei abgeleitet aus dem englischen Ausdruck *noise equivalent power*, die äquivalente Rauschleistung, d. h. diejenige auf den Empfänger fallende, nachzuweisende Strahlungsleistung, die eine der Rauschspannung gleiche Signalgröße ergibt. Da das Rauschspannungsquadrat in sehr vielen Fällen proportional der Bandbreite Δf ist (immer dann, wenn in dem Frequenzbereich das Rauschen näherungsweise als weiß, als frequenzunabhängig angesehen werden kann), ist die Normierung von D^* durch Multiplikation von 1/NEP mit $(\Delta f)^{1/2}$ gut verständlich. Daß hier auch mit $A^{1/2}$, wobei A die empfangende Fläche des Strahlungsempfängers ist, multipliziert wird, erklärt sich daraus, daß die Häufigkeit der das Rauschen hervorrufenden Elementarprozesse (Absorption von Quanten der Hintergrundstrahlung, thermische Generations- und Rekombinationsprozesse im Halbleiter) der Fläche A des Strahlungsempfängers proportional ist. Das Rauschen, das den statistischen Schwankungen dieser Häufigkeit entspricht, wird dann der Wurzel aus der Häufigkeit dieser Schwankungen, d. h. $A^{1/2}$ proportional sein. Ein Strahlungsempfänger mit großer Empfängerfläche darf sozusagen auch eine größere NEP besitzen. Die Detektivität D^* wird gewöhnlich in cm $(\text{Hz})^{1/2}\,\text{W}^{-1}$ angegeben.

3.6.2. Photodioden aus Halbleitern mit schmaler verbotener Zone

Wir wollen in diesem Abschnitt deutlicher machen, daß Photodioden aus Halbleitern mit schmaler verbotener Zone ein besonders günstiger Lösungsweg für den schnellen Infrarotnachweis sind. Eine genaue Abgrenzung zwischen Halbleitern mit schmaler verbotener Zone und den normalen Halbleitern ist selbstverständlich nicht möglich; wir verstehen hier unter einem Halbleiter mit schmaler verbotener Zone einen Halbleiter[2]), für den die Breite der verbotenen Zone W_g kleiner als bzw. etwa gleich der Quantenenergie $h\nu$ der uns interessierenden, nachzuweisenden Strahlung ist:

$$W_g \lesssim h\nu \approx 0{,}1\ \text{eV}\,. \tag{4}$$

Mit einem solchen Material ist es möglich, eine für Infrarotstrahlung empfindliche Photodiode herzustellen.

Für die folgende Diskussion wollen wir uns auf eine „ideale“ Photodiode beziehen, die wir als den Grenzfall realer Photodioden verstehen. O. B. d. A. wollen wir uns auf eine p^+n-Photodiode beziehen, bei der das p^+-Gebiet mit der Dicke W_{p^+} beleuchtet wird (Bild 3); die Raumladungszone W_ϱ erstreckt sich dann im wesentlichen ins n-Gebiet, das verbleibende n-Gebiet habe die Dicke W_n. Unter einer idealen Photodiode wollen wir eine Diode verstehen, für die:

a) im p^+-Gebiet keine merklichen Verluste durch Absorption und Rekombination auftreten, d. h. für die

$$W_{p^+} \ll \alpha^{-1}\,,\quad L_n; \tag{5a}$$

[1]) Mitunter verwendet man eine abweichende Definition der Rauschäquivalentleistung. Dann entfällt der Faktor $\sqrt{\Delta f}$ im Zähler.

[2]) Halbleiter mit schmaler verbotener Zone werden oft der Kürze halber deutsch als „Schmalband-Halbleiter“ bezeichnet. Es ist aber zu beachten, daß hier die Bänder (Valenz- bzw. Leitfähigkeitsband) keineswegs schmal zu sein brauchen!

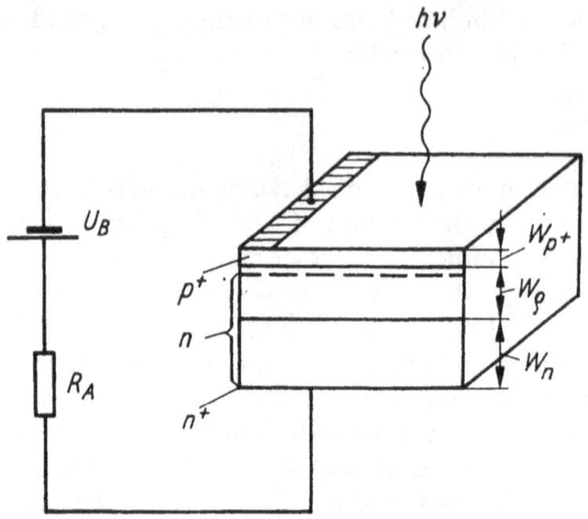

Bild 3. Schema einer p^+n-Photodiode
W_{p^+} – Dicke des p^+-Gebiets; W_ϱ – Dicke der Raumladungsschicht; W_n verbleibende Dicke des n-Gebiets

wobei L_n die Diffusionslänge der Elektronen im p^+-Gebiet und α der Absorptionskoeffizient für die nachzuweisende Strahlung ist.

b) die Reflexion bzw. der Reflexionskoeffizient R verschwindet und die innere Quantenausbeute η für den inneren Photoeffekt Eins ist

$$R = 0\,, \qquad \eta = 1; \tag{5b}$$

c) die Absorption in der Raumladungszone vollkommen ist, d. h.

$$W_\varrho \gg \alpha^{-1} \tag{5c}$$

und

d) keine Rekombination in der Raumladungszone erfolgt.

Ferner ist es als Idealisierung sicher statthaft, das Verhalten der unbeleuchteten Diode entsprechend der üblichen idealen Diodenkennlinie

$$I_d = I_s(e^{eU/kT} - 1)\,, \qquad I_s = S_s \cdot A \tag{6}$$

anzunehmen. Hierin sind I_d der an der unbestrahlten Diode gemessene Strom, U die anliegende Spannung, S_s die Sättigungsstromdichte der Diode. Strom und Spannung in Sperrichtung haben wie üblich negative Vorzeichen.

3.6.2.1. Responsivität, Detektivität und Zeitkonstante von Photodioden im Vergleich zum Photowiderstand

3.6.2.1.1. Die Responsivität

In diesem vereinfachten Modell einer idealen Photodiode wird pro absorbiertes Lichtquant in der Raumladungszone ein Elektron-Loch-Paar erzeugt. Elektron und Loch werden durch das elektrische Feld in der Raumladungszone (äußeres Feld und Diffusionsfeld wirken bei Betrieb in Sperrichtung gleichsinnig) getrennt und in das Gebiet, wo sie jeweils Majoritätsträger darstellen, „abgesaugt“, was ihrer Rekombination gleichkommt. Dabei wird pro absorbiertes Lichtquant die Ladung $|e|$ transportiert (e = elektrische Elementarladung). Der Stromimpuls, der dabei einem absorbierten Lichtquant entspricht, hat etwa die Länge der Laufzeit τ_{LD}, die die Träger für den Durchlauf durch die Raumladungszone benötigen. Wenn $v_{Sc\,max}$ die durch die Streuung begrenzte maximale Geschwindigkeit im Halbleiter (charakteristischer Wert 10^7 cm/s) in Feldrichtung ist, so folgt für hinreichend große Felder in der Raumladungszone

$$\tau_{LD} \approx W_\varrho / v_{Sc\,max} \,. \tag{7}$$

Für die Zeitkonstante der Diode τ_D gilt offenbar $\tau_D \gtrsim \tau_{LD}$. Bei $W_\varrho \approx 10^{-4}$ cm ergäbe sich damit für τ_{LD} die Größenordnung 10^{-11} s, ein immerhin recht interessanter Wert. $W_\varrho \approx 10^{-4}$ cm ist mit (5c) verträglich, wenn man beachtet, daß für Band-Band-Übergänge $\alpha \approx 10^5$ cm^{-1} erreicht werden kann. Die Responsivität läßt sich in diesem Bild einfach zu

$$\mathfrak{R}_D = \frac{eR_A}{h\nu} \quad \text{bzw.} \quad \frac{e\eta'}{h\nu} R_A \tag{8}$$

berechnen, wobei R_A der äußere Arbeitswiderstand und η' gegebenenfalls eine effektive Quantenausbeute mit

$$\eta' = \eta(1 - R)\,(1 - e^{-\alpha d}) \tag{9}$$

bei Verletzung der Voraussetzungen (5b) und (5c) ist. d ist eine effektive Dicke, die angibt, welcher Teil der Photodiode insgesamt zum Photostrom bei Verletzung der Voraussetzung (5c) beiträgt.
Ist $W_n \gg L_p$, so wäre $d \approx W_p + W_\varrho + L_p$, wobei L_p die Diffusionslänge der Löcher im n-Gebiet ist. (Bei Photowiderständen werden wir den Ausdruck η' auch verwenden, dort ist d einfach die Dicke der Photoleiters, d. h. seine Leardimension in Richtung der Lichteinstrahlung.) Mit $R_A = 50\ \Omega$ und $h\nu = 0{,}1$ eV erhalten wir so für $\mathfrak{R}$ den theoretischen Maximalwert von 500 V/W. Da R_i einer Photodiode oft erheblich größer als 50 Ω ist, könnten natürlich unter Verzicht auf Schnelligkeit auch größere $\mathfrak{R}$-Werte erreicht werden.
Wir vergleichen nun die Responsivität der Photodiode mit der eines Photowiderstandes.
Beim Photowiderstand der Dicke d (Bild 4) ergibt sich im Falle der Anpassung ($R_A = R_d$, wobei R_d der Dunkelwiderstand des Photowiderstandes ist)

$$\mathfrak{R}_W = \frac{\eta'(\mu_n\tau_n + \mu_p\tau_p)}{A \cdot d \cdot h\nu(\mu_n n_0 + \mu_p p_0)} \cdot \frac{U_B}{4} \,. \tag{10}$$

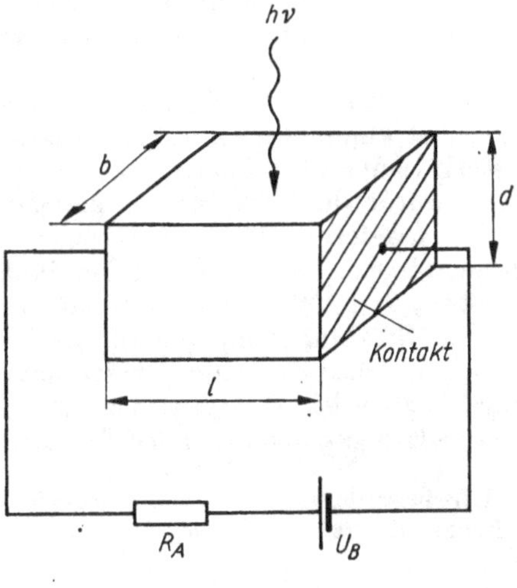

Bild 4.
Schema eines Photowiderstands

Hierin ist μ_n bzw. μ_p die Beweglichkeit und n_0 bzw. p_0 die Konzentration der Elektronen bzw. Löcher ohne Einstrahlung. U_B sei die Betriebsspannung, und es sei die Empfängerfläche $A = l \cdot b$, wobei l die Länge des Photowiderstandes ist, d. h der Kontaktabstand, und b seine Breite. Für Halbleiter mit $n_0 \gg p_0$ und $\tau_n \gg \tau_p$, wie z. B. CdS, vereinfacht sich (10) zu

$$\Re_W = \frac{\eta'}{h\nu \cdot A} \frac{\tau_n}{dn_0} \cdot \frac{U_B}{4} . \tag{10a}$$

Wollen wir die Responsivität eines solchen Photowiderstandes $\Re_W$ mit der einer Photodiode $\Re_D$ vergleichen, und legen wir in beiden Fällen den gleichen Arbeitswiderstand $R_A = R_d$ zugrunde (d. h. der Photowiderstand ist leistungsmäßig angepaßt, jedoch nicht die Photodiode), so folgt mit

$$R_A = R_d = \frac{l}{db\, e\mu_n n_0} \tag{11}$$

aus (8) und (10a)

$$\Re_W / \Re_D = \frac{\tau_n \mu_n U_B}{4 l^2} = \frac{1}{2} \frac{\tau_n}{\tau_{LW}} , \tag{12}$$

wobei τ_{LW} die Laufzeit der Elektronen durch den Photowiderstand ist.[1]) Wir sehen aus dieser Formel (12), daß eine Responsivitätserhöhung gegenüber der idealen Photodiode nur auf Kosten der Schnelligkeit des Strahlungsnachweises möglich ist. Soll mit dem Photowiderstand eine wesentliche Responsivitätserhöhung gegenüber der Diode erreicht werden, so muß wegen (12) $\tau_n \gg \tau_{LW}$ sein. Dann gilt aber auch mit Sicherheit $\tau_W \gg \tau_D$, wobei τ_D und τ_W die Zeitkonstanten von Photodiode und Photowiderstand sind. Hierbei wurde angenommen, daß aus praktischen Gründen selbstverständlich der Kontaktabstand beim Photowiderstand l größer als die Dicke der Raumladungszone W_ϱ bei der Photodiode sein wird. Das grundsätzliche Ergebnis dieser Betrachtung, die wir hier für das Vorherrschen einer Ladungsträgersorte (der Elektronen) durchgeführt haben, ändert sich nicht wesentlich, wenn beide Ladungsträgersorten zu berücksichtigen sind.

8.6.2.1.2. Die Detektivität

Will man Aussagen über die Detektivität eines Strahlungsempfängers machen, so muß man die wichtigsten Ursachen für das Rauschen im Strahlungsempfänger kennen.
Bei Photodiode und Photowiderstand gibt es im wesentlichen zwei: a) den Dunkelstrom und b) den durch die Hintergrundstrahlung hervorgerufene Photostrom. Der Dunkelstrom ist in beiden Fällen stark temperaturabhängig, er ist in jedem Fall durch eine Senkung der Arbeitstemperatur des Strahlungsempfängers herabzusetzen. Bei der Hintergrundstrahlung handelt es sich im wesentlichen um die schwarze Strahlung bei 300 K, die gerade bei $\lambda = 10\,\mu$m ihr Maximum hat. Sie läßt sich nur durch eine Einschränkung des Öffnungswinkels mittels gekühlter Blenden und Filter herabsetzen, was bei Strahlungsempfängern, die für gerichtete oder monochromatische Strahlung (z. B. Laser-Strahlung) bestimmt sind, ohne wesentliche Empfindlichkeitseinbuße möglich ist. Das Rauschen einer Photodiode läßt sich sehr einfach angeben, es handelt sich einfach um das Schrotrauschen des

---

[1]) Der Faktor 1/2 in (12) rührt daher, daß sinnvollerweise bei der Photodiode angenommen wurde Sperrwiderstand $\gg R_A$, beim Photowiderstand jedoch $R_A = R_d$.

Dunkel- bzw. Photostromes. Es ist in dem Frequenzbereich, in dem noch keine Laufzeiteffekte eine Rolle spielen (und nur dieser Bereich ist ja für die Anwendung von Interesse), ein weißes Rauschen, d. h. frequenzunabhängiges Rauschen. Für tiefe Frequenzen ist eventuell ein frequenzabhängiger, von langsamen Oberflächenveränderungen u. ä. herrührender Anteil zu erwarten, den wir jedoch hier nicht berücksichtigen können und auch nicht zu berücksichtigen brauchen. Mit der üblichen Formel für das mit der Bandbreite Δf gemessene mittlere Schwankungsquadrat $\overline{[(\delta i)^2]_{\Delta f}}$ des Stromes i

$$\overline{[(\delta i)^2]_{\Delta f}} = 2ei\,\Delta f \tag{13}$$

erhalten wir für die Detektivität D_D^* einer idealen Photodiode im Falle a) des Sperrstromrauschens

$$D_D^* = \frac{\eta'}{\sqrt{2}\,h\nu}\left(\frac{e}{S_S}\right)^{1/2} \tag{14}$$

im Falle b) des Überwiegens der Hintergrundstrahlung

$$D_{D,HG}^* = \frac{\eta'}{\sqrt{2}\,h\nu}\left[\frac{\Omega c}{4\pi}\int\limits_{W_g/h}^{\infty}\frac{\eta'(h\nu)\,\varrho(\nu,\,T_{HG})}{h\nu}\,d\nu\right]^{-1/2}. \tag{15}$$

Hierbei ist Ω der vom Empfänger verwertete Öffnungsraumwinkel, $\varrho(\nu, T_{HG})$ die Energiedichte der Hohlraumstrahlung bei der Temperatur des Hintergrundes T_{HG}, c die Lichtgeschwindigkeit. Bei vollständiger Idealisierung wäre wieder $\eta'(\nu) = 1$ für $\nu > W_g/h$ zu setzen.

Etwas komplizierter ist die Berechnung des Rauschens bei Photowiderständen (vgl. hierzu Anhang); wir beschränken uns wieder der Kürze wegen auf den Fall $n_0 \gg p_0$, $\tau_n \gg \tau_p$. Hier erhalten wir für den Fall a) des thermisch bedingten Generations-Rekombinations-Rauschens des Dunkelstromes nach Formel (A.12)

$$D_W^* = \frac{\eta'}{2h\nu}\left(\frac{\tau_n}{dn_0}\right)^{1/2}. \tag{16}$$

Für den Fall b) ist an Stelle von n_0 die durch die Hintergrundstrahlung erzeugte Ladungsträgerkonzentration zu setzen, die dann wieder den Winkel Ω und η' enthält.

Bei allen Überlegungen zum Rauschen wurde von uns angenommen, daß das stromunabhängige Widerstandsrauschen nach der Nyquistformel gegenüber dem Schrotrauschen vernachlässigbar ist. Die Gültigkeit dieser Voraussetzung ist durch hinreichend große Vorspannungen im Falle des Photowiderstandes stets erzwingbar. Ferner wurde angenommen, daß das Kontaktrauschen durch entsprechend gute Kontaktierungstechnologien soweit herabgesetzt wurde, daß es ohne Einfluß bleibt. Durch eine genügend starke Kühlung läßt sich auch das verbleibende Generations-Rekombinations-Rauschen soweit herabsetzen, daß es gegenüber dem Rauschen durch die Hintergrundstrahlung vernachlässigt werden kann. In diesem Falle spricht man von einem hintergrundbegrenzten Strahlungsempfänger (engl. Background-Limited Infrared Photoconductor = BLIP).

Wenn wir die Ausdrücke (14) und (16) miteinander vergleichen, so fällt zunächst der Unterschied in den Faktoren $\frac{1}{\sqrt{2}}$ bzw. $\frac{1}{2}$ auf. Hierin kommt zum Ausdruck, daß bei der Photodiode zwar die Generation eines Trägers in der Raumladungszone (bzw. eines Minoritätsträgers in den Bahngebieten) ein stochastischer Prozeß ist, daß jedoch das Verschwinden dieser Träger deterministisch mit ihrer Erzeugung über eine feste und darüber hinaus vernachlässigbare Laufzeit verbunden ist. Bei dem Photowiderstand ist also die Anzahl der statistisch voneinander unabhängigen Akte (Gesamtzahl der Rekombinations- und Generationsakte) doppelt so groß wie bei der Photodiode. Die Schwankungserscheinungen sind darum um den Faktor $\sqrt{2}$ höher.

Interpretiert man den Sperrstrom der Diode im Sinne der klassischen Shockleyschen Theorie für verschwindende Generation oder Rekombination in der Raumladungszone, so ist S_s in (14) proportional dem Quadrat der Eigenleitungskonzentration n_i. Damit erhalten wir eine sehr starke Temperaturabhängigkeit. Wir können dann erwarten

$$D_D^* \sim \left(\frac{1}{S_s}\right)^{1/2} \sim \frac{1}{n_i} \sim e^{W_g/2kT} . \tag{17}$$

Andererseits kann n_0 höchstens so stark wie n_i von der Temperatur abhängen

$$D_W^* \sim \frac{1}{n_i^{1/2}} \sim e^{+W_g/4kT} . \tag{18}$$

Das bedeutet, daß eine bestimmte Temperatursenkung bei der Photodiode einen wesentlich stärkeren Einfluß auf die Erhöhung von D^* hat, als beim Photowiderstand. Hieraus ergibt sich ein anwendungstechnischer Vorteil der Diodenvariante. Nehmen wir nun an, daß der Sperrstrom durch Generation in einer Schicht der Photodiode der Dicke d_{eff} mit einer Generationsrate n_i/τ_i erzeugt wird, so zeigt ein Vergleich von (14) und (16), daß erst für

$$\frac{dn_0}{\tau_n} < \frac{1}{2} \frac{d_{\text{eff}} n_i}{\tau_i} \tag{19}$$

eine Überlegenheit des Photowiderstandes erreichbar wäre. Beachtet man, daß d_{eff} in der Größenordnung der Raumladungszonendicke liegen dürfte, so wird auch der große technologische Vorteil der Diodenvariante gegenüber der Widerstandsvariante sichtbar.

3.6.2.1.3. Die Zeitkonstante

Wir haben bereits angedeutet, daß bei der idealen Photodiode die Zeitkonstante τ_D durch die Laufzeit τ_{LD} der Träger durch die Raumladungszone nach unten begrenzt wird. Ein weiterer Beitrag zur Zeitkonstanten ergibt sich aus der Kapazität der Photodiode C_D, die für ihre Umladung ebenfalls eine endliche Zeit RC_D benötigt; der Widerstand R setzt sich dabei als Serienschaltung aus Arbeitswiderstand R_A und den Widerständen der Bahngebiete R_p und R_n zusammen. Letztere sind aber bei zweckmäßiger Gestaltung der geometrischen Struktur der Diode vernachlässigbar. Es gilt

$$C_D = \frac{\varepsilon\varepsilon_0 A}{W_\varrho} . \tag{20}$$

Damit erhalten wir unter der vereinfachenden Annahme einer additiven Zusammensetzung von Laufzeit- und Kapazitätseffekt

$$\tau_D = \frac{W_\varrho}{v_{sc\,\max}} + \frac{\varepsilon\varepsilon_0 A}{W_\varrho} \cdot R_A , \tag{21}$$

was uns einen Hinweis zur Optimierung von W_ϱ gibt. Wir erhalten minimale Werte von τ_D für

$$W_\varrho = (v_{sc\,\max} \cdot \varepsilon\varepsilon_0 A R_A)^{1/2} . \tag{22}$$

Für Photowiderstände ist die Zeitkonstante durch die Trägerlebensdauer begrenzt. Zusammen mit den Betrachtungen in den Abschnitten 3.6.2.1.1. und 3.6.2.1.2. ergibt sich die Überlegenheit von Photodioden sofort, wenn möglichst kleine Zeitkonstanten angestrebt werden.

Bei nichtidealen Photodioden, die wir hier aber nicht näher betrachten können, wird die Zeitkonstante häufig durch die Diffusionszeit der Träger im Bahngebiet auf der bestrahlten Seite bestimmt. Bei unserer Anordnung würde dann zu den Termen in (21) noch W_p^2/D_n hinzukommen, sofern unter Verletzung von (5a) die Trägererzeugung hauptsächlich an der bestrahlten Oberfläche erfolgen würde.

3.6.2.2. Halbleiter mit schmaler verbotener Zone

Wir haben in den vorangehenden Abschnitten die Überlegenheit der Photodioden als schnelle Strahlungsempfänger gegenüber den Photowiderständen herausgearbeitet. Ihre Realisierung als Infrarot-Strahlungsempfänger setzt allerdings amphoter dotierbare Halbleiter mit $W_g < h\nu$ voraus, d. h. Halbleiter mit schmaler verbotener Zone. Wenn wir nach solchen Halbleitern suchen, so geben uns empirische Regeln den Hinweis, daß wir im Gebiet hoher Kernladungszahlen suchen müssen. Denken wir z. B. an die Reihe Diamant, Silizium, Germanium, graues Zinn, so sehen wir deutlich, wie W_g mit wachsendem Z abnimmt. Besonders interessant sind dabei solche Fälle wie der Übergang von Germanium zu grauem Zinn – oder auch von CdTe zu HgTe – wo die Bandlücke W_g auf Werte in der Nähe von Null abnimmt; eine genaue Betrachtung zeigt sogar, daß es sich bei grauem Zinn und HgTe um Halbmetalle handelt, d. h.

$$W_g < 0 .$$

Wie experimentelle Untersuchungen gezeigt haben, ist es darüber hinaus möglich, durch die Herstellung von quasibinären Mischkristallen, etwa $Hg_{1-x}Cd_xTe$, den ganzen Wertebereich für W_g zwischen den durch die beiden binären Komponenten gesetzten Grenzen zu überdecken [12]. Das Verschwinden der Bandlücke mit wachsendem Z hat seine Ursache in relativistischen Effekten und in der Spin-Bahn-Kopplung, die sämtlich stark Z-abhängig sind. Führt man eine einfache halbqualitative, halbklassische Betrachtung durch, so läßt sich leicht verstehen, daß die relativistischen Korrekturen mit wachsendem Z an Einfluß zunehmen [13]. Relativistische Effekte bei der Bewegung eines Elektrons werden immer dann von Einfluß sein, wenn seine (kinetische) Energie mit der Ruheenergie mc^2 vergleichbar wird. Bewegt sich also ein Elektron im Coulomb-Feld einer Kernladung Z, so wird für Abstände $r < r_c$ zwischen Elektron und Kern mit

$$r_c = \frac{Ze^2}{4\pi\varepsilon_0 mc^2} \tag{23}$$

der Einfluß relativistischer Effekte besonders deutlich werden. Vergleicht man r_c mit dem Bohrschen Bahnradius für eine Kernladung Z

$$r_B(Z) = \frac{4\pi\varepsilon_0\hbar^2}{Zme^2} , \tag{24}$$

der ein Maß für den mittleren tatsächlichen Abstand zwischen Elektron und Kern ist, so erhalten wir

$$\frac{r_c}{r_B(Z)} = \left(\frac{Ze^2}{4\pi\varepsilon_0\hbar c}\right)^2 = (Z\alpha)^2 . \tag{25}$$

Hier ist e und m wie üblich Ladung und Ruhmasse des Elektrons, c die Lichtgeschwindigkeit und $\hbar = h/2\pi$ mit dem Planckschen Wirkungsquantum h. α ist die Sommerfeldsche Feinstrukturkonstante, $\alpha \approx 1/137$. Will man den Einfluß der relativistischen Korrekturen etwas quantitativer erfassen, so muß man bei der quantenmechanischen Beschreibung von dem Hamilton-Operator H mit relativistischen Korrekturen ausgehen (s. hierzu z. B. [14])

$$H = \frac{\hat{\boldsymbol{p}}^2}{2m} + V(\boldsymbol{r}) - \frac{\hat{\boldsymbol{p}}^4}{8m^3c^2} + \frac{\hbar^2}{8m^2c^2}\left(\Delta V(\boldsymbol{r})\right) - \frac{e\hbar}{4m^2c^2}\,\boldsymbol{\sigma}(\boldsymbol{E} \times \hat{\boldsymbol{p}}) . \tag{26}$$

Hier sind $\hat{\boldsymbol{p}}$ der Impulsoperator $\left(= \frac{\hbar}{i}\,\text{grad}\,...\right)$, $V(\boldsymbol{r})$ das Potential als Funktion des Ortsvektors $\boldsymbol{r}$ und Δ der Laplace-Operator (= div grad ...), der hier nur auf das Potential $V(\boldsymbol{r})$ wirken soll, $\boldsymbol{\sigma}$ sind die Paulischen Spinmatrizen und $\boldsymbol{E}$ der elektrische Feldvektor.

Anschaulich beschreibt das Glied mit $\hat{\boldsymbol{p}}^4$ die relativistische Abhängigkeit der Masse von der Geschwindigkeit, das Glied mit $\Delta V(\boldsymbol{r})$ ist der sogenannte Darwin-Term (C. G. Darwin 1928) und das Glied mit $\boldsymbol{\sigma}$ die Spin-Bahn-Kopplung, letztere ist näherungsweise proportional Z^4 (vgl. hierzu [15]). Ein einfaches Beispiel, um den Einfluß der verschiedenen Terme deutlich zu machen, gibt der Vergleich von Germanium Ge und grauem Zinn α-Sn (Bild 5). Die Korrektur, die dem Darwin-Term

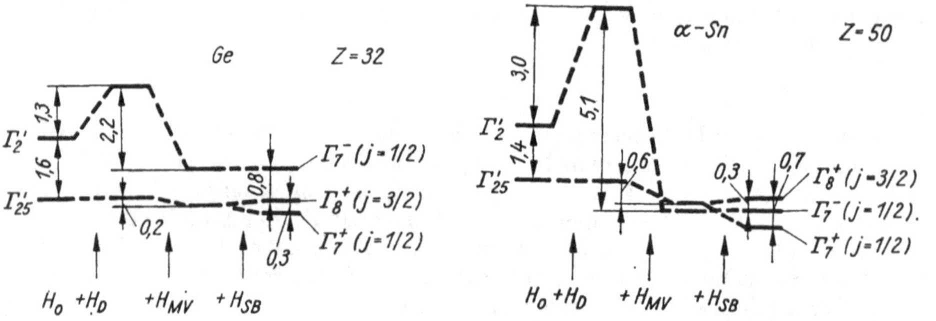

Bild 5. Energieeigenwerte von Germanium und α-Zinn bei $k = [000]$; energetische Abstände in eV; nach *Herman* et al. [16], (zur Symbolik siehe Text)

H_D entspricht, gibt bei einem anziehenden Potential mit einer Singularität bei $\boldsymbol{r} = 0$ einen positiven Term, der der Aufenthaltswahrscheinlichkeit des Elektrons bei $\boldsymbol{r} = 0$ proportional ist. Er wird also nur bei s-Zuständen, wie sie dem Leitfähigkeitsband bei Ge entsprechen, besonders groß sein. Die Geschwindigkeits-Massen-Korrektur H_{MV} gibt dagegen einen negativen Beitrag, auch sie ist für s-Zustände am größten. Wir sehen, daß bei α-Sn dies zu einer Umkehr der Termfolge führt, ein relativistischer Effekt ist hier also so stark, daß er zu einer *qualitativen* Veränderung, Übergang vom Halbleiter zum Halbmetall, führt. Letzteres ergibt sich daraus, daß die p-artigen Valenzbandzustände 6fach, die s-artigen Leitungsbandzustände nur 2fach entartet sind. Eine weitere Modifikation bringt die Spin-

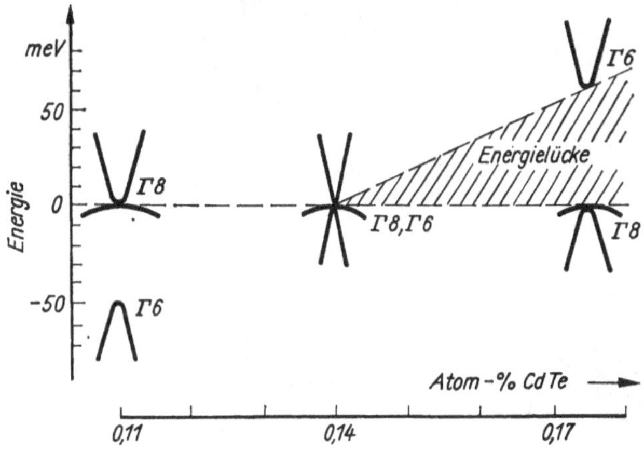

Bild 6. Schema der Energiebandstruktur von $Hg_{1-x}Cd_xTe$ im Bereich $0{,}11 \leqq x \leqq 0{,}18$ nach *Vérié* [13], $T = 77$ K

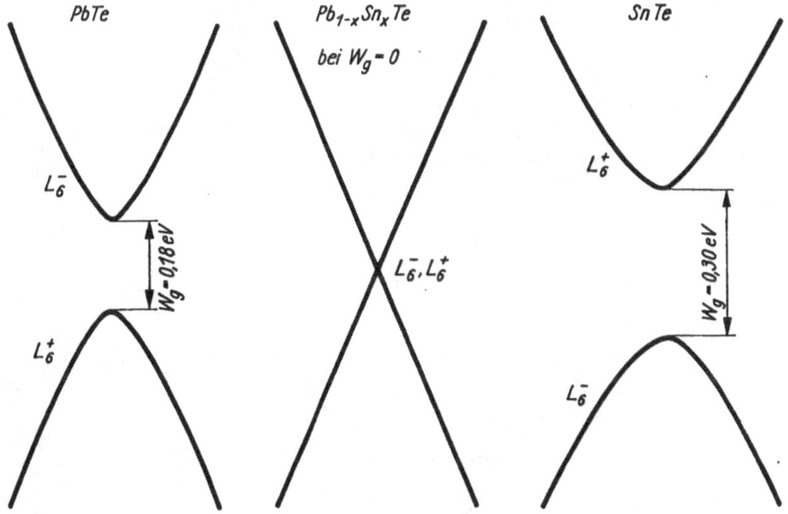

Bild 7. Schema der Energiebandstruktur von $Pb_{1-x}Sn_xTe$ nach *Dimmock* et al. [36]

Bahn-Aufspaltung, die wiederum für die p-artigen Terme wesentlich ist [16], [17]. Ein anderes wichtiges Beispiel für die Umkehr der energetischen Anordnung gibt Bild 6. Hier ist die Funktion $W(k)$, d. h. die Abhängigkeit der Energie vom Quasiimpuls der Elektronen aufgetragen.
Es ist jedoch auch möglich, daß zwei Terme beim Übergang zu höheren Z ihre Reihenfolge auf der Energieskala verändern, ohne daß sich dabei am Auftreten einer endlichen positiven Bandlücke etwas ändert. Ein Beispiel hierfür ist PbTe im Verhältnis zu SnTe (Bild 7). Das ist dann der Fall, wenn die Terme, die ihre Anordnung vertauschen, den gleichen Entartungsgrad aufweisen. Die Erfahrung zeigt, daß die energetische Lage der einzelnen Terme bei Mischkristallen näherungs-

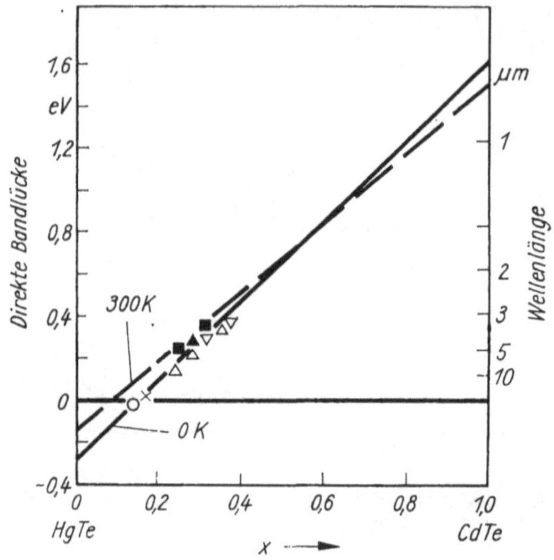

Bild 8. x-Abhängigkeit des Bandabstands $\Gamma_6 - \Gamma_8$ im System $Hg_{1-x}Cd_xTe$ nach *Long* und *Schmidt* [20]

○ — Interband-Magnetoreflexion, $T = 77$ K
× — dgl., $T = 4$ K
■ — optische Absorption, $T = 300$ K
△, ▲ — photovoltaischer Effekt, $T = 77$ K bzw. 300 K
▽ — Photolumineszenz, $T = 12$ K

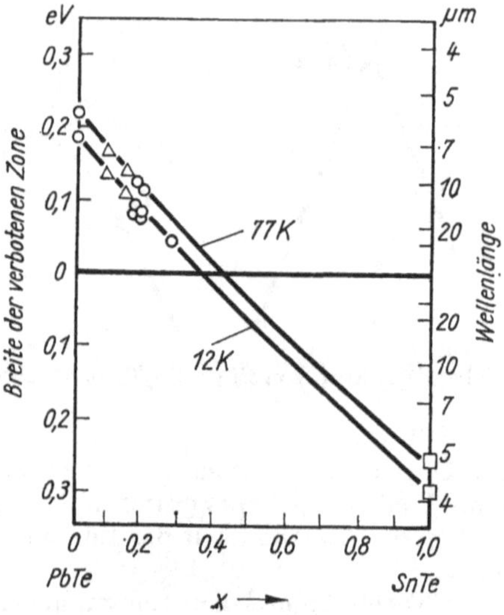

Bild 9. x-Abhängigkeit der Breite der verbotenen Zone im System $Pb_{1-x}Sn_xTe$ nach *Melngailis* und *Harman* [19]

○ — Laseremission
△ — Photovoltaischer Effekt
□ — Tunneleffekt

weise linear von der Zusammensetzung abhängt. Das hat zur Folge, daß man in beiden Fällen, z. B. bei den Mischkristallen $Hg_{1-x}Cd_xTe$ und $Pb_{1-x}Sn_xTe$ eine linear von x abhängige Breite der verbotenen Zone $W_g(x)$ erhält, die von den Maximalwerten bis zum Wert Null variiert (vgl. dazu Bild 8 und Bild 9). Nach dem gleichen Prinzip lassen sich viele weitere Halbleiter mit schmaler Bandlücke herstellen; hier sei jedoch auf die zitierte Literatur verwiesen [12], [13], [19], [20].

3.6.2.3. Technologische Probleme

Will man solche Halbleiter wie $Pb_{1-x}Sn_xTe$ oder $Hg_{1-x}Cd_xTe$ für Halbleiterstrahlungsempfänger einsetzen, so entsteht zunächst die Frage, wie man das dazu notwendige Halbleitermaterial in der ausreichenden Qualität herstellen kann und was in unserem Fall unter ausreichender Qualität zu verstehen ist. Steht die Zeitkonstante im Vordergrund des Interesses, so kann man die Beantwortung der zweiten Frage versuchen, indem man von den Gleichungen (21) bzw. (22) ausgeht. Nehmen wir an, R_A sei durch Anpassungsforderungen an die nachfolgende Elektronik (50 Ω-Kabel) auf 50 Ω festgelegt und A sei durch die Nutzung üblicher Mittel für die Erzeugung der lateralen Struktur des Strahlungsempfängers mit 10^{-4} cm² nach unten begrenzt, so erhalten wir bei Kenntnis der Materialkonstanten sofort untere Grenzen für W_ϱ. Setzen wir $v_{sc\,max} = 10^7$ cm/s und benutzen wir die bekannten Dielektrizitätskonstanten von $Pb_{1-x}Sn_xTe$ bzw. $Hg_{1-x}Cd_xTe$ $\varepsilon = 400$ bzw. 16 [18], so folgen aus (22) die notwendigen Minimalwerte von W_ϱ

$$W_{\varrho\,min} \approx (\varepsilon)^{1/2} \cdot 0{,}66 \cdot 10^{-4}\ \text{cm} = \begin{matrix} 2{,}7\ \mu\text{m für } Hg_{1-x}Cd_xTe\,, \\ 13{,}2\ \mu\text{m für } Pb_{1-x}Sn_xTe\,. \end{matrix}$$

Wird $W_{\varrho\,min}$ in der realisierten Photodiode unterschritten, so ist der durch die RC-Zeitkonstante gegebene Anteil von τ_D größer als der Laufzeitanteil. Das mögliche Minimum von τ_D wird dann nicht erreicht, die Diode ist in ihrer Schnelligkeit „RC-begrenzt". Bei Realisierung der Minimalwerte von W_ϱ erhalten wir für

$$\tau_D = \begin{matrix} 5{,}4 \cdot 10^{-11}\ \text{s für } Hg_{1-x}Cd_xTe\,, \\ 2{,}6 \cdot 10^{-10}\ \text{s für } Pb_{1-x}Sn_xTe\,. \end{matrix}$$

Wir erkennen hier die prinzipielle Überlegenheit von $Hg_{1-x}Cd_xTe$ als Strahlungsempfänger wegen seiner erheblich geringeren Dielektrizitätskonstanten ε. Allerdings ist zu bemerken, daß bei unserem Beispiel die Bedingung (5c) unter Umständen nur sehr unvollkommen erfüllt ist. Falls wegen (5c) die τ_D-Optimierung bei $Hg_{1-x}Cd_xTe$ nicht voll realisiert werden kann, und wählt man z. B. $W_\varrho = 3W_{\varrho\,min}$, so verringert sich der Vorteil von $Hg_{1-x}Cd_xTe$. Die Zeitkonstante wird dann um den Faktor 1,7 größer, wir erhalten statt $5{,}4 \cdot 10^{-11}$ s rund 10^{-10} s.
Ob der Wert $W_{\varrho\,min}$ technologisch tatsächlich erreicht werden kann, hängt wesentlich von der Störstellenkonzentration im Halbleitermaterial ab. Gehen wir von der üblichen Formel für abrupte unsymmetrische p^+n-Übergänge aus,

$$W_\varrho = \sqrt{\frac{2\varepsilon\varepsilon_0(U_D - U)}{eN_D}}\,, \tag{27}$$

so finden wir bei entsprechenden Annahmen über die anliegende Sperrspannung $U < 0$ und die Diffusionsspannung U_D die entsprechende Dotierungskonzentration N_D für das n-Gebiet. Mit (22) folgt für die maximal zulässige Donatorenkonzentration im n-Gebiet

$$N_{D\,\max} = \frac{2\varepsilon\varepsilon_0(U_D - U)}{e \cdot v_{sc\,\max}\varepsilon\varepsilon_0 A R_A}\,. \tag{28}$$

Hier kürzt sich die ε-Abhängigkeit heraus. Wenn $(U_D - U) = 1$ V und die übrigen Größen wie vorn angegeben, so erhalten wir

$$N_{D\,\max} = \frac{2}{1{,}6 \cdot 10^{-19} \cdot 10^7 \cdot 10^{-4} \cdot 50}\ \mathrm{cm}^{-3} = 2{,}5 \cdot 10^{14}\ \mathrm{cm}^{-3}\,,$$

einen für diese Materialien sehr geringen Wert, der bisher wohl noch nicht erreicht wurde. Wir sehen, daß bei einer Verringerung von A sich $N_{D\,\max}$ entsprechend vergrößert. Ebenso führt eine Vergrößerung von $(U_D - U)$ zu einer entsprechenden Vergrößerung von $N_{D\,\max}$.
Aus diesen Überlegungen lassen sich zusammenfassend die folgenden besonderen technologischen Zielstellungen für die Herstellung von Photodioden als schnelle Infrarotstrahlungsempfänger ableiten:

a) Beherrschung der Stöchiometrie und der Reinheit der quasibinären Verbindung, um Dotierungskonzentrationen bis in den Bereich von 10^{14} cm^{-3} zu ermöglichen,
b) Erzielung möglichst geringer Sperrströme und hoher zulässiger Sperrspannungen,
c) Beherrschung kleinster Empfängerflächen A im Bereich von $(100\,\mu\mathrm{m})^2$ und darunter,
d) Geringe Dicke des p^+-Gebietes W_{p^+} im Bereich um 0,5 µm und darunter,
e) Beherrschung der Zusammensetzung der quasibinären Verbindung, um W_g wunschgemäß einstellen zu können.

Bis auf die Zielstellung e) sind das alles Probleme, wie wir sie bereits aus der bisherigen Halbleitertechnik bei der Herstellung hochwertiger Dioden kennen. Die Zielstellung b) hilft uns etwas die Forderungen in a) entschärfen und bewirkt gleichzeitig die Erhöhung der Detektivität. d) soll bewirken, daß näherungsweise die Bedingungen einer idealen Photodiode vorliegen. e) dient schließlich der Einstellung des gewünschten Empfindlichkeitsbereiches. Dabei ist zu beachten, daß der Absorptionskoeffizient α keineswegs schlagartig für $h\nu > W_g$ einen hohen Wert im Bereich $10^4 \cdots 10^5$ cm^{-1} annimmt, sondern daß

$$\alpha \sim (h\nu - W_g)^{1/2} \tag{29}$$

gilt [26], [29]. Damit $\alpha \gg W_g^{-1}$ erfüllt ist, muß also das W_g des verwendeten Halbleiters genügend weit unter dem $h\nu$ der nachzuweisenden Strahlung liegen. Um den Widerstand des n-Bahngebietes nicht zu groß werden zu lassen, ist es unter Umständen nötig, Epitaxieverfahren einzusetzen und an Stelle eines homogen dotierten n-Gebietes eine nn^+-Struktur zu verwenden.
Die Herstellung von Blei–Zinn-Chalkogeniden und ihre Verwendung für Strahlungsempfänger sind ausführlich in [19] beschrieben. Eine entsprechende Darstellung für Quecksilber–Kadmium-Tellurid gibt [20].
Zur Herstellung dieser Halbleitermaterialien eignen sich die verschiedenen bekannten Kristallzüchtungsverfahren wie z. B. das Bridgman-Verfahren, das Czochralsky-Verfahren oder auch Methoden, die mit einer Kristallisation aus der Gasphase arbeiten. Auf Grund der Besonderheiten der Phasendiagramme lassen sich bezüglich der Metallanteile hinreichend gleichmäßige Einkristalle bei Blei–Zinn-Tellurid verhältnismäßig gut und bei Quecksilber–Kadmium-Tellurid nur sehr schwer herstellen. Bei der erstgenannten Verbindung fallen Liquidus und Solidus nur wenig auseinander. Bei der zweiten sind die Unterschiede erheblich, ferner wird durch

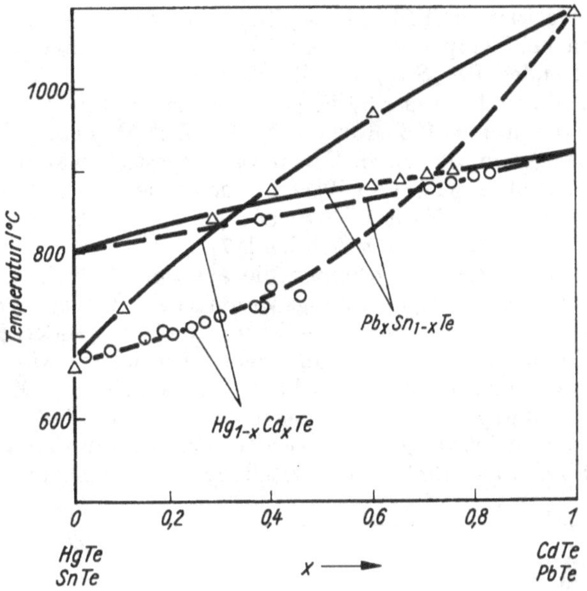

Bild 10. Phasendiagramm von $Hg_{1-x}Cd_xTe$ und $Pb_xSn_{1-x}Te$ nach *Melngailis* [18]

○ — Solidus,

△ — Liquidus

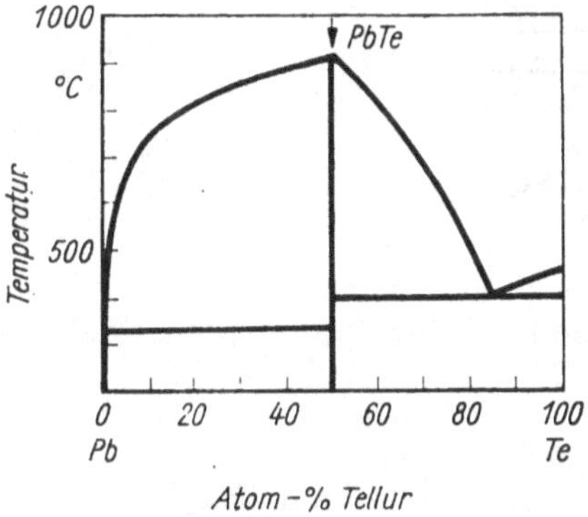

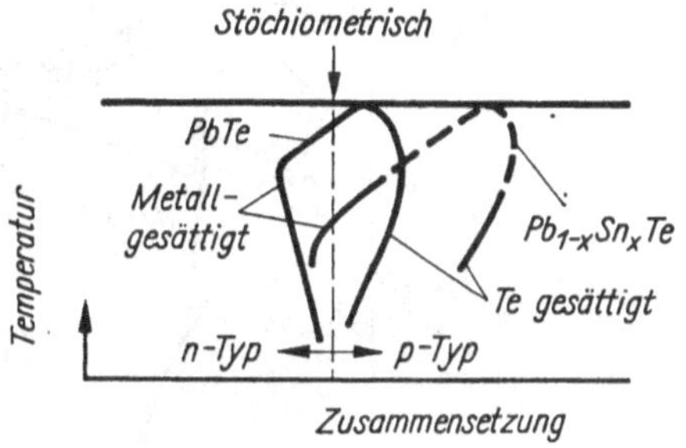

Bild 11. Phasendiagramm von PbTe nach *Melngailis* und *Harman* [19]

a) Übersicht

b) Detail für nahezu stöchiometrische Zusammensetzung (PbTe bzw. $Pb_{1-x}Sn_xTe$)

den hohen Dampfdruck des Quecksilbers eine zusätzliche Schwierigkeit wirksam (Bild 10).

Bei $Pb_{1-x}Sn_xTe$ ist zu beachten, daß diese quasibinäre Verbindung im Gleichgewicht nicht stöchiometrisch kristallisiert, vielmehr entsteht ein Tellurüberschuß [19], der zu p-Leitung führt (Bild 11). Durch Temperbehandlungen lassen sich dann Kristallmaterialien mit geringerer Löcherkonzentration bzw. mit n-Leitung herstellen. Dazu werden 0,25 mm-dicke Scheiben in einer Pb–Sn-reichen Atmosphäre, die durch pulverisiertes $(Pb_{1-x}Sn_x)_{0,51}Te_{0,49}$ hergestellt wird, über einige 100 bis 1000 Stunden bei Temperaturen von 500 bis 800 °C getempert [19]. So gelang es z. B., p-leitendes $Pb_{0,8}Sn_{0,2}Te$ mit ca. $p = 10^{19}$ cm^{-3} durch 4tägiges Tempern bei 650 °C und nachfolgendes 63tägiges Tempern bei 500 °C in n-leitendes Material umzuwandeln mit $n = 9{,}2 \cdot 10^{16}$ cm^{-3} [19]. Auf ähnliche Weise wurde aus Kristallen, die nach dem Bridgman-Verfahren hergestellt waren, n-Material mit einer Trägerkonzentration von $1{,}8 \cdot 10^{15}$ cm^{-3} gewonnen [21]. Durch eine Bi-Dotierung läßt sich ebenfalls n-Material erzeugen [22]. Typische Werte für den erreichten Stand bei $Hg_{1-x}Cd_xTe$ finden sich bei [27].

Zur Herstellung des pn-Überganges kommen die aus der Halbleitertechnik allgemein bekannten Verfahren in Frage. Anfangs wurde häufig das sogenannte Interdiffusionsverfahren zur Herstellung von n^+p-Strukturen angewendet. Durch den vorn beschriebenen Temperprozeß in metallreicher Atmosphäre wird dabei das p-leitende Ausgangsmaterial in einer oberflächennahen Schicht in n-Material umgewandelt. Die Beschränkung auf die Oberfläche erreicht man dadurch, daß die Temperzeiten entsprechend kürzer gewählt werden. Die Eindiffusion von Fremdatomen wie Bi oder Sb kann ebenfalls zur Herstellung von n-Schichten ausgenutzt

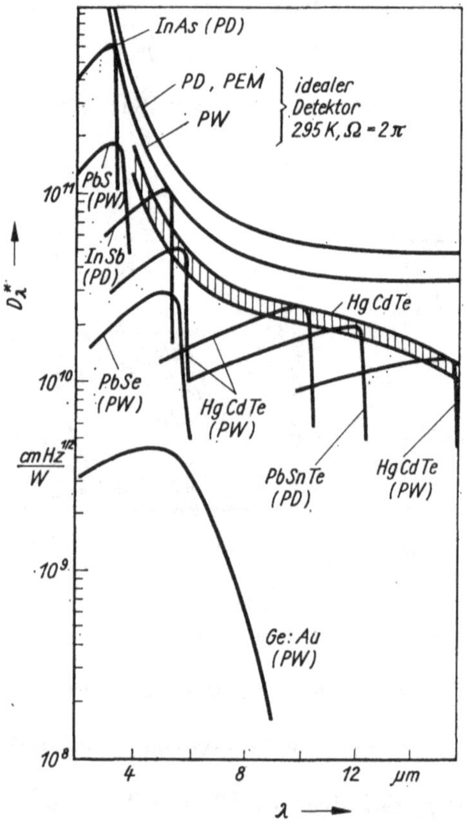

Bild 12. Detektivität von Halbleiter-Strahlungsempfängern mit Arbeitstemperatur $T = 77$ K. Werte für $Hg_{1-x}Cd_xTe$ nach *Melngailis* [18].
PW — Photowiderstand, *PD* — Photodiode, *PEM* — Detektor auf der Basis des photoelektromagnetischen Effekts

werden. Wir haben weiter oben betont, daß sehr geringe Eindringtiefen des *pn*-Überganges wünschenswert sind, um den Fall der idealen Photodiode möglichst weitgehend anzunähern, ferner kam es darauf an, kleine Empfängerflächen A zu realisieren. Unter Beachtung dieser besonderen Forderungen bietet sich der Protonenbeschuß zur gezielten Strukturveränderung bzw. die Ionenimplantation als Dotierungsmethode an. Die Geometrie kann durch Anwendung von SiO_2-Deckschichten und photolithographischer Techniken entsprechend beherrscht werden [18], [23]. Hier wurde in Bridgman-gezogenem $Pb_{0,88}Sn_{0,12}Te$-Ausgangsmaterial mit einer Löcherkonzentration von $p = 8 \cdot 10^{17}$ cm^{-3} und einer Hallbeweglichkeit von 13000 cm^2/Vs durch einen Protonenbeschuß (200 keV, 0,2 µA/cm^2, 500 s) der Dosis $5 \cdot 10^{18}$ Protonen/cm^2 an der Oberfläche eine Elektronenkonzentration von $n \approx 10^{14}$ cm^{-3} erzeugt. Die Fläche A betrug (400 µm)^2. Zur Begrenzung der Kontaktfenster wurde eine 100 nm dicke SiO_2-Schicht (bei 340 °C mit einer Silan-Sauerstoff-Reaktion abgeschieden) verwendet, als Kontakte dienten 50 nm dicke Goldschichten. Beide Schichten sind so dünn, daß der Ionenbeschuß durch sie hindurch erfolgen kann. Die Begrenzung der zu beschießenden Empfängerfläche A erfolgte durch die Photolackschicht. Ähnlich wurde bei der Implantation von 400 keV-Sb-Ionen vorgegangen, hierbei ergaben sich wesentlich geringere Sperrstromwerte S_s. Mit einer Dosis von $1 \cdots 2 \cdot 10^{14}$ Ionen/cm^2 in *p*-Material mit Konzentrationen von $1 \cdots 7 \cdot 10^{18}$ cm^{-3} und Beweglichkeiten von 10···20000 cm^2/Vs bei 77 K, wurden Widerstandsflächenprodukte für $U = 0$ von $2{,}1 \cdot 10^4$ Ωcm^2 ebenfalls bei 77 K erreicht. Maximale Detektivitäten bei $\lambda = 4{,}4$ µm von $1{,}4 \cdot 10^{11}$ cm(Hz)$^{1/2}$/W wurden für 77 K bei einem η' von 40% erreicht. λ_{max} war dabei 5,1 µm. Zum Abschluß dieses technologischen Abschnitts zeigen wir in Bild 12 eine Übersicht über Detektivitäten, die mit verschiedenen Halbleiterstrahlungsempfängern bei 77 K erreicht wurden. Als Beispiel dafür, wie es gelingt, hohe Detektivitäten mit sehr kurzen Zeitkonstanten zu verbinden, sei auf diffundierte $Hg_{1-x}Cd_xTe$-Dioden verwiesen, über die in [25] berichtet wird. Bei einer Grenzfrequenz der Dioden $\gtrsim 1$ GHz wurden bei $\lambda = 10$ µm und 77 K Detektivitäten $D^* = 1 \cdots 5 \cdot 10^{10}$ cm(Hz)$^{1/2}$/W erreicht; η' war bei diesen Dioden $\geqq 0{,}9$.

3.6.3. Einsatz von Halbleitern mit schmaler verbotener Zone

3.6.3.1. Lumineszenz- und Laserdioden im Infraroten

Wie bereits die Bilder 6 und 7 zeigten, handelt es sich bei $Hg_{1-x}Cd_xTe$ und $Pb_{1-x}Sn_xTe$ um Halbleiter, bei denen das Minimum der Funktion $E(\boldsymbol{k})$, also der Abhängigkeit des Energieeigenwertes vom Ausbreitungsvektor $\boldsymbol{k}$ der Elektronen im Festkörper, für das Leitfähigkeitsband an der gleichen Stelle im $\boldsymbol{k}$-Raum liegt wie das Maximum für das Valenzband. Da im Gleichgewichtsfall die Elektronen sich an der energetisch tiefsten „Stelle" und die Löcher sich an der energetisch höchsten Stelle des $\boldsymbol{k}$-Raumes befinden, sind hier strahlende Rekombinationsprozesse, bei denen sich $\boldsymbol{k}$ fast nicht ändern darf, möglich. Bekanntlich gilt für den strahlenden Rekombinationsprozeß die Impulserhaltung für die beteiligten Teilchen Elektron ($\boldsymbol{k}_1$), Loch ($\boldsymbol{k}_2$) und Photon ($\boldsymbol{k}_{pht}$)

$$\boldsymbol{k}_2 = \boldsymbol{k}_1 + \boldsymbol{k}_{pht} \tag{30}$$

mit

$$|\boldsymbol{k}_{pht}| = \frac{2\pi}{\lambda_{pht}} \ll |\boldsymbol{k}_1| = \frac{2\pi}{\lambda_{el}} ,$$

λ_{pht} ist die Wellenlänge der Photonen (z. B. 10 µm) ,
λ_{el} ist die Wellenlänge der Elektronen (z. B. 10^{-7} cm) .

Man kann daher erwarten, daß mit diesen Materialien Injektionslaser möglich sind, insbesondere als nach der Formel [28]

$$G = \frac{c^2h^2\eta S}{8\pi e^2 n^2 W_g^2 \cdot d_{\text{eff}}\, \Delta\nu} \,. \tag{31}$$

Halbleiter mit schmaler Bandlücke W_g besonders große Lichtverstärkungen erwarten lassen. Hier ist n der Brechungsindex, η die innere Quantenausbeute für die strahlende Emission, d_{eff} die Dicke der aktiven Zone, $\Delta\nu$ die Linienbreite der spontanen Emission und S die Stromdichte durch den pn-Übergang. Dieser Ausdruck läßt sich einfach ableiten aus der bekannten Einsteinschen Betrachtung über den Zusammenhang von spontaner und erzwungener Emission und der Annahme, daß die Injektionsdichte S mit der injizierten Konzentration n_2 über

$$S = \frac{en_2 d}{\tau_n} = \frac{en_2 d_{\text{eff}}}{\tau_{21}\eta} \tag{32}$$

zusammenhängt. $1/\tau_{21}$ ist die Wahrscheinlichkeit für die spontane Emission. Mit der Bedingung für das Erreichen der Laser-Schwelle

$$G - \alpha \approx \frac{1}{l} \ln \frac{1}{R} \tag{33}$$

(l = Länge des Resonators, R = Reflexionsfaktor an den Enden des Resonators, α = totale Schwächung der Strahlung pro Längeneinheit, z. B. Absorptionskoeffizient) folgt für die Schwellstromdichte S_t [21]

$$S_t = \frac{8\pi e n^2 W_g^2 d_{\text{eff}}}{c^2h^2\eta} \left(\alpha + \frac{1}{l} \ln \frac{1}{R}\right) \tag{34}$$

und für die nach beiden Seiten der Laserdiode ausgesendete Laserstrahlungsleistung P

$$P = \frac{\eta W_g l b (S - S_t) \ln 1/R}{e(\alpha l + \ln 1/R)} \,. \tag{35}$$

Halbleiter-Laserdioden haben typische Abmessungen von z. B. $l = 500\,\mu$m, $b = 250\,\mu$m, $d = 200\,\mu$m. d_{eff} kann Werte wie z. B. 40 µm haben. Die Resonatorflächen werden durch Spalten, die übrigen Flächen durch die in der Halbleitertechnik üblichen Bearbeitungs- und Poliermethoden hergestellt.

Mit $Pb_{1-x}Sn_xTe$ gelang es tatsächlich, hervorragende Injektionslaser herzustellen. Für $x = 0{,}18$ (entsprechend einer emittierten Wellenlänge von 14 µm) wurden extrem niedrige Schwellstromwerte von 20 A/cm² bei 12 K erreicht [21]. Bei folgenden Werten bzw. Annahmen waren die gemessenen Werte mit Formel (34) konsistent: $n = 6$, $d_{\text{eff}} = 40\,\mu$m, $W_g = 0{,}088$ eV, $h\Delta\nu = 2 \cdot 10^{-3}$ eV, $R = 0{,}5$, $l = 500\,\mu$m, $\alpha = 0$, $\eta = 1$. Für diese Werte ergibt sich eine untere Grenze für S_t von $\approx 1{,}2$ A/cm². Ist entsprechend den durchgeführten Messungen $\alpha = 10\ \text{cm}^{-1}$, so folgt aus dem gemessenen S_t ein $\eta = 0{,}15$. Wegen der Burstein-Verschiebung sind so kleine Werte hier zu erwarten, sie werden hauptsächlich durch die Absorption der quasifreien Träger (Elektronen oder Löcher) bedingt:

$$\alpha_{fT} = Ne^3\lambda^2/4\pi^2 n c^3 \varepsilon_0 \mu_T m_T^{*2} \,. \tag{36}$$

Hier ist N die Konzentration, μ_T die Beweglichkeit und m_T^* die effektive Masse der Träger. Bei 77 K sind S_t-Werte von 1000···2000 A/cm² typisch [32].

Für das Erreichen niedriger Schwellstromdichten ist die Kristallqualität von großer Bedeutung. Bi-Dotierung und das Züchten der Kristalle aus der Dampfphase sowie Abschreck- und Temperbehandlungen haben hier eine große Bedeutung.
Daß es bisher unseres Wissens nicht gelang, aus $Hg_{1-x}Cd_xTe$ Injektionslaser herzustellen, liegt möglicherweise daran, daß es hier bisher nicht gelang, die notwendige Homogenität zu erreichen. Lediglich für $x = 0{,}32$ und 0,355 wurde Laseremission bei optischem Pumpen mit einem GaAs-Laser beobachtet [30]. Eine andere mögliche Ursache könnte sein [21], daß bei $Hg_{1-x}Cd_xTe$ wegen des Fehlens der Inversionssymmetrie die Extrema z. B. des Valenzbandes nicht exakt bei $\boldsymbol{k} = 0$ liegen. Ein derartiger Effekt [31] wurde bei InSb gefunden.
Derartige Injektionslaser könnten vielfältige Anwendungen in der Spektroskopie [31], der Analysenmeßtechnik und für den Strahlungsnachweis mit Überlagerungsmethoden finden. Hervorzuheben ist die außerordentlich geringe Halbwertsbreite der emittierten Linie und die verhältnismäßig leichte Durchstimmbarkeit durch Beeinflussung von W_g z. B. über den Druck oder die Temperatur. Für die einzelne Mode wurden z. B. 54 kHz gemessen.

3.6.3.2. Physikalische Aspekte

Aus den bisherigen Ausführungen folgt, daß vom Standpunkt der Anwendung die Halbleiter mit schmaler verbotener Zone hochinteressante Materialien sind. Darüber hinaus gibt es aber noch viele andere rein physikalische Aspekte, die sie zu einem für die festkörperphysikalische Grundlagenforschung sehr wichtigen Forschungsgegenstand werden lassen.
Eine wichtige prinzipielle Frage besteht darin, welchen Einfluß die starke Fehlordnung durch die beiden unterschiedlichen Legierungsbestandteile in der quasibinären Verbindung (z. B. Pb und Sn in $Pb_{1-x}Sn_xTe$) auf solche Konzepte wie Bändermodell, Spektrum der Phononen u. a. Elementaranregungen besitzt.
Ein anderer Gesichtspunkt ist die Möglichkeit, W_g gegen Null gehen zu lassen, durch Druck, Temperatur, Magnetfeld zu variieren und dabei die Wechselwirkungen der Elektronen mit dem Gitter u. ä. zu untersuchen.
Der Einfluß der relativistischen Korrekturen auf Bandstrukturberechnungen ist ebenfalls eine hier gut zu untersuchende physikalische Fragestellung.

3.6.4. Zusammenfassung und Ausblick

Wir wollten mit unseren Ausführungen zeigen, daß Photodioden in dem heute besonders interessierenden Subnanosekundenbereich für den Echtzeitstrahlungsnachweis eine besonders erfolgreiche Variante darstellen. Mit bestimmten Mischkristallsystemen, die auf Halbleiter mit schmaler verbotener Zone führen, ist es möglich, derartige Photodioden auch für den infraroten Spektralbereich herzustellen. Mit den gleichen Materialien können dann auch Injektionslaser als abstimmbar monochromatische Strahlungsquellen hergestellt werden.
Es ist zu erwarten, daß die Halbleiter mit schmaler verbotener Zone, die auch an sich von großem physikalischen Interesse sind, wesentlichen Einfluß auf die zukünftige Entwicklung der Spektroskopie, der Analysenmeßtechnik, der optischen Nachrichtenübertragung u. ä. Gebiete nehmen werden.
Ich danke Herrn Dr. *S. Raab* für die Überlassung zweier wichtiger Preprints.

Anhang

Das Generations-Rekombinations-Rauschen von Photowiderständen

Wir gehen, das Problem vereinfachend, von der Bilanzgleichung

$$\frac{\partial \delta n}{\partial t} = g(t) - r(t) - \frac{\delta n}{\tau_n} \tag{A.1}$$

aus. Hierbei soll $g(t)$ die tatsächliche, stochastische Generationsrate sein; $r(t)$ ist die entsprechende Rekombinationsrate vermindert um den in (A.1) gesondert berücksichtigten deterministisch mit der statistischen Schwankung von n zusammenhängenden Anteil $\delta n/\tau_n$. Es ist $\delta n(t) = n(t) - \bar{n}$, die Abweichung der Elektronenkonzentration zur Zeit t vom zeitlichen Mittelwert $\bar{n}$. In unserer nachfolgenden Rechnung werden wir näherungsweise $\overline{\left(r(t) + \frac{\delta n}{\tau_n}\right)} = \overline{r(t)}$ und $\overline{\left(r(t) + \frac{\delta n}{\tau_n}\right)^2} = \overline{r(t)^2}$ setzen. Das ist zulässig, solange die Schwankung δn klein gegen $\bar{n}$ bleibt. Machen wir in Analogie zu der in [1]) gegebenen Behandlung von Fluktuationen für $\sigma(t) \equiv g(t) - r(t)$ den Ansatz

$$\sigma(t) = \int_{-\infty}^{+\infty} \sigma_\omega e^{-i\omega t}\, d\omega\,. \tag{A.2}$$

So ist mit (A.1)

$$\delta n(t) = \int_{-\infty}^{+\infty} \frac{\sigma_\omega \tau_n}{1 - i\omega\tau_n} e^{-i\omega t}\, d\omega \tag{A.3}$$

und

$$\overline{(\delta n(t))^2} = \int_{-\infty}^{+\infty} \frac{(\sigma^2)_\omega \tau_n^2}{1 + (\omega\tau_n)^2}\, d\omega\,. \tag{A.4}$$

Dabei ist $(\sigma^2)_\omega$ definiert durch die Beziehung

$$\overline{\sigma_\omega \sigma_{\omega'}} = (\sigma^2)_\omega\, \delta(\omega + \omega')\,, \tag{A.5}$$

wobei $\delta(\omega + \omega')$ die Diracsche Deltafunktion ist und $\overline{\sigma^2} = \int (\sigma^2)_\omega\, d\omega$ gilt; um nun eine Aussage über $(\sigma^2)_\omega$ zu erhalten, berechnen wir

$$S(t) \equiv V \int_{t-\frac{\Delta t}{2}}^{t+\frac{\Delta t}{2}} \sigma(t)\, dt\,. \tag{A.6}$$

Δt ist die Zeit und V das Volumen, über das wir die Schwankungen integrieren. Mit (A.2) erhalten wir

$$S(t) = 2V \int_{-\infty}^{+\infty} \frac{\sigma_\omega}{\omega} \sin\frac{\omega\, \Delta t}{3}\, e^{-i\omega t}\, d\omega\,. \tag{A.7}$$

---

[1]) *Landau, L. D., Lifschitz, E. M.*: Theoretische Physik, Bd. V, Akademie-Verlag, Berlin 1966, S. 403.

Da Rekombination und Generation voneinander statistisch unabhängige Prozesse sind und $(g(t))^2 = g_0 = (r(t))^2$ im thermodynamischen Gleichgewicht sein muß, folgt nach elementaren Wahrscheinlichkeitsbetrachtungen

$$\overline{|S(t)|^2} = 2g_0 \cdot V \cdot \Delta t \,. \tag{A.8}$$

Andererseits ist

$$\overline{|S(t)|^2} = \int_{-\infty}^{+\infty} (S^2)_\omega \, d\omega \tag{A.9}$$

entsprechend der Definition von $(S^2)_\omega$ analog zu (A.5). Schließlich folgt aus (A.5) und (A.7)

$$(S^2)_\omega = 4(\sigma^2)_\omega V^2 \sin^2\left(\frac{\omega \, \Delta t}{2}\right) \cdot \frac{1}{\omega^2} \,. \tag{A.10}$$

Mit $\int_{-\infty}^{+\infty} (\sin^2 x/x^2) \, dx = \pi$ und unter Benutzung der Tatsache, daß für ein weißes Spektrum der Rekombinations- und Generationsfluktuationen $(\sigma^2)_\omega$ konstant sein muß, folgt

$$(\sigma_\omega^2) = \frac{g_0}{V \cdot \pi} \,. \tag{A.11}$$

Wenn wir uns nun auf eine Messung mit der Bandbreite Δf (mit $\omega = 2\pi f$) beziehen und nur mit positiven Frequenzen rechnen, so folgt aus (A.4) mit (A.11)

$$\left((\delta n(t))^2\right)_{\Delta f} = \frac{4g_0}{V} \frac{\tau_n^2}{1 + (\omega\tau_n)^2} \cdot \Delta f \,. \tag{A.12}$$

Beschränken wir uns auf den Fall $\omega\tau_n \ll 1$, so ist andererseits bei Einfall der Strahlung P die erzeugte Zusatzkonzentration im Mittel

$$\overline{\delta n_p} = \frac{\eta' P \tau_n}{h\nu \cdot V} \,. \tag{A.13}$$

Setzen wir $[\overline{(\delta n(t))^2_{\Delta f}}]^{1/2} = \overline{\delta n_p}$, so erhalten wir die äquivalente Rauschleistung

$$P = \text{NEP} = \frac{2h\nu V^{1/2}}{\eta'} g_0^{1/2} (\Delta f)^{1/2} \,. \tag{A.14}$$

Beachten wir, daß $V = A \cdot d$ und $g_0 = \dfrac{n_0}{\tau_n}$, so erhalten wir für die Detektivität des Photowiderstandes

$$D_w^* = \frac{A^{1/2} (\Delta f)^{1/2}}{\text{NEP}} = \frac{\eta'}{2h\nu} \left(\frac{\tau_n}{dn_0}\right)^{1/2} . \tag{A.15}$$

Literaturverzeichnis

[1] *Junge, K.*: Physikalische Probleme der optischen Nachrichtenübertragung. Vortrag im Mittwochkolloquium der Physikalischen Gesellschaft der DDR, Berlin 26. 9. 1973

[2] *Frühauf, H.*: Zur Perspektive der Nachrichtentechnik. Nachrichtentechnik **14**, 1 (1964) 3

[3] *Melchior, H., Fischer, M. B., Arams, F. R.*: Photodetectors for optical communication systems. Proc. IEEE 58, 10 (1970) 1466

[4] *Bernhard, F.*: persönliche Mitteilung

[5] *Stevens, N. B.*: Radiation Thermopiles. In: Semiconductors and Semimetals. Ed. by R. K. Willardson, A. Beer. Vol. 5, Infrared Detectors. New York/London 1970, S. 287

[6] *Moss, T. S.*: Unusual photoconductive effects. Proc. Intern. Conf. on Photoconductivity New York 1961. J. Phys. Chem. Solids **22** (1961) 117
[7] *Auth, J.*: Über den Einfluß von Temperatur und äußerer Umgebung auf den PEM-Effekt bei CdS. J. Phys. Chem. Solids **18** (1961) 261
[8] *Auth, J., Friedrich, H., Thiessen, K.*: DDR-Wirtschaftspatent 76748 (angemeldet 8. 10. 1968)
[9] *Putley, E. H.*: The pyroelectric detector. in: Semiconductors and Semimetals. Ed. by R. K. Willardson, A. Beer. Vol. 5, Infrared Detectors. New York/London 1970, S. 259
[10] *Grinberg, A. A.*: Teorija fotoelectričeskogo i fotomagnitnogo effektov, obuslovlennych davleniem sveta, Žurn. eksper. i teor. fiz. **58** (1970) 589
[11] Firmenschrift der Rofin Quality Optics 1971
[12] *Rodot, M.*: Two new classes of semiconducting materials: narrow bandgap alloys and ferromagnetic semiconductors. Proc. IX Intern. Conf. Phys. of Semicond. Moscow 1968. Verlag Nauka, Leningrad 1968, S. 639
[13] *Vérié, Ch.*: Narrow bandgap semiconductors. Festkörperprobleme Bd. X, S. 1. Akademie-Verlag, Berlin 1970
[14] *Landau, L., Lifschitz, E. M.*: Theoretische Physik, Band IVa, S. 131, Akademie-Verlag, Berlin 1971
[15] *Schpolski, E. W.*: Atomphysik Teil II, S. 175. VEB Deutscher Verlag der Wissenschaften, Berlin 1956
[16] *Herman, F., Kuglin, Ch. D., Cuff, K. F., Kortum, R. L.*: Relativistic corrections to the band structure of tetrahedrally bonded semiconductors. Phys. Rev. Letters **11** (1963) 541
[17] *Groves, S., Paul, W.*: Proc. 7th Intern. Conf. Physics of Semicond. Paris 1964, S. 41. Band structure of gray tin
[18] *Melngailis, I.*: Small Bandgap Semiconductor Infrared Detectors. J. of Luminescence **7** (1973) 501
[19] *Melngailis, I., Harman, T. C.*: Single-crystal Lead-Tin Chalcogenides. In: Semiconductors and Semimetals. Ed. by R. K. Willardson, A. C. Beer, Vol. 5, Infrared Detectors, S. 111. Academic Press, New York/London 1970
[20] *Long, D., Schmit, L.*: Mercury-Cadmium Telluride and Closely Related Alloys, ebenda S. 175
[21] *Harman, T. C.*: Narrow-Gap Semiconductor Lasers. In: The Physics of Semimetals and Narrow Gap Semiconductors. Proc. of Conf. Dallas, Texas 20—21 March 1970. Ed. D. L. Carter, R. T. Bate. Pergamon Press, New York 1971, S. 363
[22] *Zoutendyk, P. I. A.*: Carrier Concentration and Hall Mobility in As-Grown Bismuth-Doped $Pb_{0,8}Sn_{0,2}Te$, ebenda, S. 421
[23] *Donnelly, J. P., Calawa, A. R., Harman, T. C., Foyt, A. G., Lindley, W. T.*: $Pb_{1-x}Sn_xTe$ photovoltaic diodes and diode lasers produced by proton bombardment. Solid State Electronics **15** (1972) 403
[24] *Donnelly, J. P., Harman, T. C., Foyt, A. G., Lindley, W. T.*: Proc. Conf. on the Physics of IV—VI Compounds and Alloys, March 1972 (to be published in J. of Nonmetals)
[25] *Vérié, Ch., Sirieix, M.*: Gigahertz Cutoff frequency of CdHgTe photovoltaic detectors at 10.6 μm. IEEE J. of Quantum Electronics QE-8 (1972) 180
[26] *Drabkin, I. A., Morgovskij, L. Ja., Nelson, I. V., Ravič, Ju. I.*: Sobstvennoe pogloščenie sveta v oblasti neparaboličnosti zon v PbTe i tverdych rastvorach PbTe–SnTe. Fiz. i Tech. Poluprov. **6**, 7 (1972) 1323
[27] *Kireev, P. S., Ptašinskij, V. V., Sokolov, A. M., Kovalev, V. G.*: Tenzorezistivnyj effekt v tverdom rastvore $Cd_xHg_{1-x}Te$ pri odnoosnom sžatii. Fiz. i tech. poluprov. **7**, 2 (1973) 376
[28] *Pilkuhn, M. H.*: The injection laser. phys. stat. sol. **25** (1968) 9
[29] *Scott, M. W.*: Energy gap in $Hg_{1-x}Cd_xTe$ by optical absorption. J. Appl. Phys. **40** (1969) 4077
[30] *Wiley, J. D., Dexter, R. N.*: Helicons and nonresonant cyclotron absorption in semiconductors. II. $Hg_{1-x}Cd_xTe$. Phys. Rev. **181** (1969) 1181
[31] *Robinson, M. L. A.*: Evidence from cyclotron-resonance measurement for spin-degeneracy splitting of the valence band of InSb near $k = 0$. Phys. Rev. Letters **17** (1966) 963

[32] *Calawa, A. R.*: Small bandgap Lasers and their uses in Spectroscopy. Preprint
[33] *Agafonov, V. G., Valov, P. M., Ryvkin, B. S., Jarošeckij, I. D.*: Fotopriemniki na osnove effekta uvlečenija svetom nositelej toka v poluprovodnikach, Fiz. i tech. poluprov. 7, 12 (1973) 2316
[34] *Putley, E. H., Martin, D. H.*: Detectors. In: Spectroscopic Techniques for far infra-red, submillimetre and millimetre waves, ed. D. H. Martin. North-Holland Publishing Company, Amsterdam 1967
[35] *Rodot, M., Vérié, Ch., Marfaing, Y., Besson, J., Lebloch, H.*: Semiconductor lasers and fast detectors in the infrared (3 to 15 Microns). IEEE J. of Quant. Electr. QE-2, 9 (1966) 586
[36] *Dimmock, J. O., Melngailis, I., Strauss, A. J.*: Band structure and laser action in $Pb_{1-x}S_xTe$. Phys. Rev. Letters 16, 26 (1966) 1193
[37] *Soa, E. A.*: Strahlungsempfänger für den infraroten Wellenlängenbereich. Exper. Tech. Physik XX (1972) 525
[38] *Ambrozjak, A.*: Konstrukcija i technologija poluprovodnikovych fotoelektričeskich priborov. Sovetskoe radio, Moskau 1970
[39] *Hudson, Richard D.*: Infrared System Engineering, Wiley-Interscience, New York 1969 (russ. Izd. Mir, Moskva 1972)

3.7. Optoelektronische Koppler

Von *G. Zech* und *J. Puhlmann*

VEB Werk für Fernsehelektronik

3.7.1. Einleitung

Optoelektronische Koppler sind Bauelemente, bei denen Photonen als Informationsträger zwischen Eingang und Ausgang dienen. Sie bestehen dementsprechend aus einem Lumineszenzbauelement und einem Strahlungsempfänger, die durch ein lichtleitendes Medium miteinander verbunden sind. Fließt durch das Lumineszenzbauelement ein Strom, werden von diesem Photonen emittiert. Sie gelangen auf den Empfänger und erzeugen dort Ladungsträger, die die elektrischen Eigenschaften des Empfängers beeinflussen: So kann sich z. B. der Ausgangsstrom erhöhen oder ein anderer Schaltzustand einstellen.

Die Entwicklung und Anwendung dieser Koppler hat in den letzten Jahren eine bemerkenswerte Bedeutung erlangt. Nach ersten Arbeiten, bei denen noch vorwiegend Glühlampen oder Glimmröhren als Lichtquellen benutzt wurden, wurde die Koppler-Entwicklung seit 1963/64 durch eine starke industrielle Entwicklung von Halbleiterlichtquellen gefördert [1]. Heute sind Koppler unter vielen Marktbezeichnungen (z. B. Lumistor, photonengekoppelter Isolator, funktionalelektrischer Block, integriertes optoelektronisches System, Optron oder Fotorelais u. a.) bekannt. In der DDR werden sie meist als optoelektronische Koppler oder kurz als Koppler bezeichnet.

Koppler haben gegenüber herkömmlichen elektronischen Bauelementen einige neuartige Eigenschaften:

- galvanische Trennung von Eingang und Ausgang,
- hohe Isolationsspannung zwischen Eingang und Ausgang,
- absolute Rückwirkungsfreiheit,
- hohe Bandbreite des Übertragungskanals von 0 Hz, also Gleichstrom, bis in den MHz-Bereich,
- hohe für Halbleiterbauelemente charakteristische Zuverlässigkeit.

Es soll im Rahmen dieser Arbeit auf die wesentlichste Voraussetzung für das Funktionieren eines Kopplers, die Abstimmung des Emissionsspektrums der Lumineszenzdiode und der spektralen Empfindlichkeit des Fotoempfängers, einige Konstruktionsprinzipien, Wirkungsweise und Eigenschaften sowie Anwendungsmöglichkeiten dieser Bauelemente eingegangen werden.

3.7.2. Bauelemente in Kopplern

3.7.2.1. Spektrale Anpassung der Bauelemente

Es werden zunächst optoelektronische Koppler betrachtet, bei denen nur das von der Lichtquelle ausgesendete Licht den Empfänger beeinflußt. Daneben gibt es noch andere Kopplervarianten, z. B. Reflexions- und Unterbrecherkoppler, bei denen das Licht auf dem Wege vom Sender zum Empfänger durch äußere Medien beeinflußt wird. Derartige Bauelemente werden zur Lochkartenabtastung, zum Erkennen von Farbmarkierungen in der polygraphischen Industrie usw. benutzt. Dabei sind Fälle denkbar, bei denen die Wellenlänge der ausgesandten Strahlung für bestimmte Anwendungszwecke nicht frei wählbar ist. Bei den hier betrachteten Kopplern spielt die Wellenlänge der emittierten Strahlung keine Rolle, und es kann deshalb für den Koppleraufbau das geeignetste Material gewählt werden.

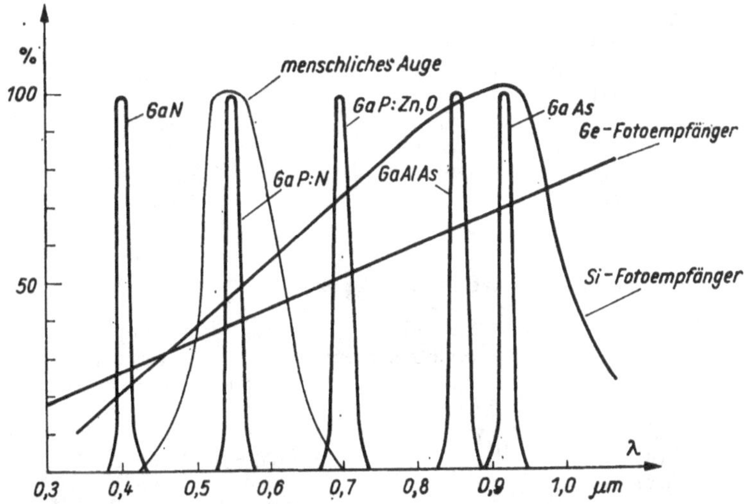

Bild 1. Spektrale Empfindlichkeit von Si- und Ge-Strahlungsempfängern und Emissionsspektren einiger Halbleiterstrahler

Bild 1 zeigt die Emissionsspektren einiger Strahler und die spektrale Empfindlichkeit von Si- und Ge-Strahlungsempfängern. Ge-Strahlungsempfänger erreichen ihre maximale spektrale Empfindlichkeit erst bei $\lambda \approx 1500$ nm und sind deshalb für die Kopplung mit Halbleiterstrahlern ungeeignet. Die Strahler auf der Basis von GaAs und GaAlAs liegen gut im Empfindlichkeitsmaximum der Si-Strahlungsempfänger. Sie eignen sich deshalb gut für den Koppleraufbau. Da die Si-Empfänger auch im sichtbaren Bereich noch gute Empfindlichkeit haben, sind auch in diesem Spektralbereich Koppleraufbauten möglich. Voraussetzung für die Auswahl geeigneter Materialien für Strahler und Empfänger in Kopplern sind demnach ein geeigneter Bandabstand, damit die vom Empfänger absorbierte Strahlung auch freie Ladungsträger erzeugt, eine große Beweglichkeit zur Erreichung einer hohen Grenzfrequenz und beim Strahler eine hohe Quantenausbeute, d. h. eine Bandstruktur mit direktem Übergang.
Tabelle 1 enthält oben Elemente der 4. Gruppe des periodischen Systems mit Germanium und Silizium als den am besten untersuchten Materialien und darunter einige III—V-Mischverbindungen. Angegeben sind die Breite der verbotenen Zone W_g, die Beweglichkeit μ und die Art des Überganges. Für Si-Empfänger sind InP- und GaAs-Strahler als Partner zu erkennen. InP wird jedoch großtechnisch nicht beherrscht. Daher hat nur die Kombination GaAs–Si Bedeutung. An dem bei Ge-Empfängern möglichen Partner GaSb besteht ebenfalls kein Interesse, da diese Verbindung für nichtoptische Bauelemente keine besseren Eigenschaften als Ge besitzt. Tabelle 1 enthält die Mischverbindungen, wie z. B. GaAsP, InAsP, InGaAs

Tabelle 1. Gegenüberstellung von Halbleitermaterialien

Typ		W_g/eV	direkter Übergang	$\sqrt{\mu_n \mu_p}$ cm²/Vs
Si	IV	1,11		1000
Ge	IV	0,67		2600
α-Sn	IV	0,08	×	2400
AlP	III–V	2,5		
AlAs	III–V	2,3		500
GaP	III–V	2,24		200
AlSb	III–V	1,6		300
GaAs	III–V	1,35	×	1900
InP	III–V	1,26	×	900
GaSb	III–V	0,67	×	2300
InAs	III–V	0,35	×	3900
InSb	III–V	0,17	×	7600

Tabelle 2. Kopplerwirkungsgrad mit Si-Empfängern

	äußere Quantenausbeute (%)	λ_{max} (nm)	Koppler-wirkungsgrad (normiert)
GaAs (Si)	7	950	100
GaAs (Zn)	1	900	30
GaAl As	3	880	90
GaP (rot)	1	690	20
GaP (grün)	0,04	565	0,5
GaP (gelb)	0,02	590	0,3
GaAsP	0,2	650	4

und GaAlAs nicht. Von ihnen wird durch unterschiedliche Zusammensetzung ein breiter Spektralbereich überstrichen und einige haben ebenfalls große technische Bedeutung erlangt ([2] bis [6]). Die meisten binären III–V-Verbindungen mit direktem Bandabstand haben Energieabstände, die kleiner als 1,72 eV sind. Sie strahlen deshalb im Infrarotbereich. Bei der Kombination mit einer zweiten binären Verbindung mit einem größeren Bandabstand, z. B. $GaAs_{1-x}P_x$ aus GaAs und GaP wird die direkte Bandstruktur des Materials mit dem kleineren Bandabstand monoton erhöht, wenn man den Gehalt der zweiten Verbindung erhöht [2].
Neben der Anpassung der emittierten und absorbierten Wellenlänge sind natürlich die absolute Strahlungsleistung der Lumineszenzdiode und die absolute Empfindlichkeit der Empfänger von entscheidender Bedeutung für den möglichen Wirkungsgrad eines Kopplers. Tabelle 2 enthält ihn für verschiedene Strahler und Si als Strahlungsempfänger. Der Koppelwirkungsgrad ist dabei das Verhältnis von Eingangsstrom zu Ausgangsstrom im Koppler; er wird wesentlich durch die Strahlungsleistung der Lumineszenzdiode beeinflußt, die durch die erreichte äußere Quantenausbeute charakterisiert ist. Der Koppelwirkungsgrad wurde auf die Kombination GaAs(Si)-Si normiert. Man erkennt, daß neben GaAs vor allem GaAlAs und mit einigem Abstand GaP für Koppler interessant sind. In der Praxis wird in Kopplern nahezu immer die Kombination einer IR-LED auf Basis von GaAs oder GaAlAs mit einem Si-Strahlungsempfänger benutzt.

Tabelle 3. Rekombinationskoeffizienten für repräsentative Halbleiter mit direktem und indirektem Bandabstand [7]

Material	Energiebänder-Typ	Rekombinationskoeffizient (cm^3/s)
Si	indirekt	$1{,}79 \times 10^{-15}$
Ge	indirekt	$5{,}25 \times 10^{-14}$
GaP	indirekt	$5{,}37 \times 10^{-14}$
GaAs	direkt	$7{,}21 \times 10^{-10}$
GaSb	direkt	$2{,}39 \times 10^{-10}$
InAs	direkt	$8{,}5 \times 10^{-11}$
InSb	direkt	$4{,}58 \times 10^{-11}$

Obwohl GaP indirekten Bandübergang und deshalb auch einen sehr kleinen Rekombinationskoeffizienten besitzt (Tab. 3), weist es nach Tabelle 2 eine bemerkenswerte Elektrolumineszenz auf. Diese Tatsache wurde erstmals 1964 erwähnt [8]. Bekanntlich kann in einem Halbleiter mit indirektem Bandabstand eine effektive strahlende Rekombination dadurch erhalten werden, daß einer der Ladungsträger an einem Verunreinigungszentrum lokalisiert wird und dadurch entsprechend der Heisenbergschen Unschärferelation eine Verschmierung des Kristallimpulses über einen großen Bereich erfolgt, wodurch der Impulsunterschied bei dem indirekten Übergang mit einem entgegengesetzt geladenen Träger verschwindet [9].
Nähere Angaben zu den verschiedenen Rekombinationsmechanismen in GaP sind in [10] bis [14] zu finden.

3.7.2.2. Lumineszenzdioden

Bei der Herstellung der unterschiedlichsten Lumineszenzdioden werden die von *Kroemer* [15] formulierten Bedingungen ausgenutzt, wonach die Injektionswirksamkeit hoch sein muß und insbesondere durch Heteroübergänge erhöht werden kann. Möglichst viele der injizierten Minoritätsladungsträger müssen in einem lichtemittierenden Prozeß rekombinieren, entweder über das ganze verbotene Band hinweg oder in zwei Stufen über Donatoren nahe dem Leitungsband bzw. Akzeptoren nahe dem Valenzband. Hierbei ist es notwendig, daß die Ladungsträger in der nur wenige µm-dicken Sperrschicht rekombinieren und deshalb kaum nichtstrahlende Rekombinationsverluste auftreten. Weiterhin sind die optischen Verluste durch geringe Absorption auf ein Minimum zu senken. Diese Bedingungen können bei der Herstellung von Zn-dotierten GaAs-Lumineszenzdioden nicht erfüllt werden, da GaAs für das mit $\lambda \approx 900$ nm ausgestrahlte Licht einen zu hohen Absorptionskoeffizienten besitzt. Nach der in Bild 2 dargestellten Abhängigkeit der energetischen Lage des Emissionsmaximums von der Dotierung ist es möglich, die äußere Quantenausbeute dadurch zu verbessern, daß das Licht in einem höher dotierten p-Gebiet erzeugt und durch schwächer dotiertes n-Gebiet ausgestrahlt wird. Das im p-Gebiet mit $N_A > 10^{19}$ cm^{-3} erzeugte Licht besitzt gemäß Bild 2 ein Maximum bei einer kleineren Energie, so daß dieses langwelligere Licht schwächer absorbiert wird. Bei hoher Akzeptorkonzentration tritt durch die Verunreinigungen eine Verringerung der Bandbreite auf, während bei hoher n-Dotierung das Licht infolge der Bandauffüllung bei höherer Energie abgestrahlt wird [65].
Eine Verbesserung bringt das weitverbreitete Verfahren der Aufbringung von Mischverbindungen auf GaAs- oder GaP-Einkristallen [16], [17]. Besonderer Wert muß hierbei auf die Oberflächenrekombination gelegt werden, denn nach [18] ist

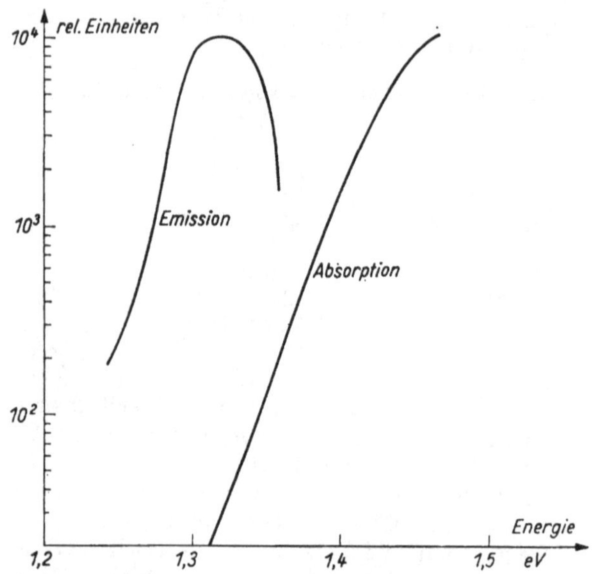

Bild 2. Darstellung von Emissions- und Absorptionsspektren einer Si- dotierten GaAs-Diode

dieser durch strahlungslose Übergänge effizienzmindernde Effekt um so größer, je größer das Verhältnis von Randlänge zu Fläche ist. Die Autoren bestimmten die Oberflächenrekombinationsgeschwindigkeit bei $GaAs_{0,6}P_{0,4}$-Dioden zu ca. 10^6 cm/s.

Im Falle von Mischverbindungen hängt die Gitterkonstante von der Zusammensetzung ab. Das vom Gesichtspunkt der Gitterkonstantenanpassung beste Material ist $Al_xGa_{1-x}As$, da AlAs und GaAs fast identische Gitterkonstanten besitzen.

Für die Herstellung von Materialien für LED's finden sowohl die Flüssigphasenepitaxie (LPE) als auch die Gasphasenepitaxie (VPE) Anwendung. Die verschiedenen Verfahren sind in der Arbeit von *Schulz* [19] beschrieben. Jede Technik hat besondere Vorteile bei den verschiedenen Materialien. Der *pn*-Übergang kann durch epitaktisches Wachstum oder durch Diffusion von z. B. Zn in eine *p*-Typ-Schicht erzeugt werden. Für optoelektronische Bauelemente eignet sich besonders die von *Nelson* [20] angeführte Liquid-Epitaxie-Technik [21], [22].

Durch Aufbringung einer Mischverbindung mit einem größeren Bandabstand auf das GaAs-Substratmaterial mit dem lichtemittierenden Übergang wird erreicht, daß das Licht relativ ungehindert aus dem Kristall austreten kann. Derselbe Effekt läßt sich auch bei einer Si-Dotierung von GaAs erzielen. Als besonders günstige Kombination sind nach [4] folgende Varianten anzusehen:

1. GaAs:Si(*n*-Typ)–GaAs:Si(*p*-Typ),
2. GaAs(*n*-Typ)–$GaAl_{1-x}As$(*p*-Typ),
3. $Al_xGa_{1-x}As$(*n*-Typ)–Ga_xAs(*p*-Typ)–$Al_xGa_{1-x}As$(*n*-Typ).

Die höchsten Strahlungsleistungen ergeben sich bei der 1. Kombination (Tab. 2), der deshalb beim Aufbau vom LED's für Koppler häufig der Vorzug gegeben wird. Mit Hilfe der Liquid-Epitaxie-Technik wird das *n*-GaAs mit Si dotiert, wobei das amphotere Si zuerst entsprechend der eingestellten Temperatur Donatoren (Si auf einem Ga-Platz) und danach Akzeptoren (Si auf einem As-Platz) bildet. Es

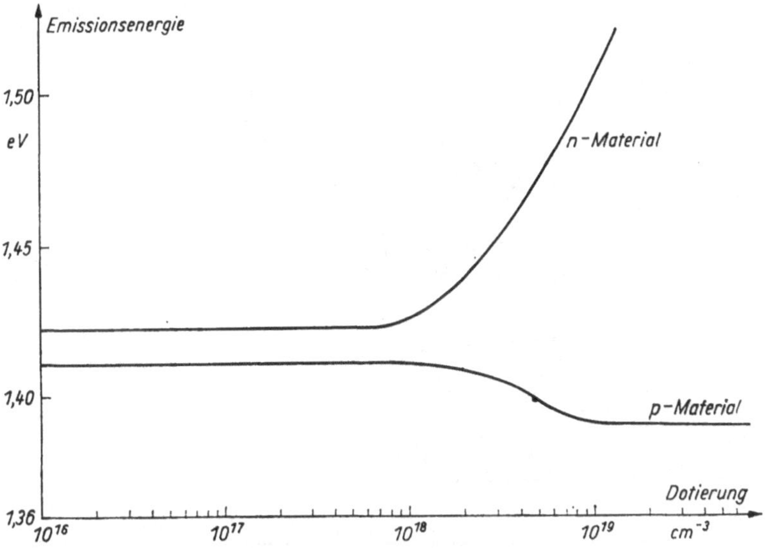

Bild 3. Abhängigkeit der Lage des Emissionsmaximums von der Dotierung in GaAs [64]

tritt hierbei kein Gitterunterschied auf, da es sich um den gleichen Halbleiter und um die gleiche Dotierungssubstanz handelt. Da das Si eine strahlende Rekombination vom Leitungsband zum Akzeptor-Niveau ermöglicht, wird dadurch die Wellenlänge der emittierenden Strahlung auf 950 nm erhöht, und das Licht wird im übrigen Kristallgebiet schwächer absorbiert als z. B. das bei normaler Zn-Dotierung am *pn*-Übergang emittierte Licht mit $\lambda \approx 900$ nm [63].

In Bild 3 ist für eine Si-dotierte GaAs-Diode die Verschiebung des Emissionsspektrums zu höheren Wellenlängen zu erkennen. Da die Si-Akzeptoren einen energetischen Abstand von 0,03 eV (bzw. 0,1 eV) vom Valenzband und die Si-Donatoren einen Abstand von 0,005 eV vom Leitungsband haben, absorbiert die *p*-Schicht die Strahlung stärker, und es wird deshalb die *n*-Seite des GaAs-Substrates als Lichtaustrittsöffnung benutzt. Das *n*-GaAs-Substrat ist außerdem auch nur schwach dotiert ($N_0 \approx 10^{17}$ cm^{-3}), so daß das *n*-Gebiet wie ein Fenster für das am *pn*-Übergang erzeugte Licht wirkt.

Da der Absorptionskoeffizient von GaAs stark von der Dotierung abhängig ist, muß diese Tatsache bei der Wahl der Grunddotierung des *n*-GaAs-Substrates beachtet werden. In Bild 4 wurde der Absorptionskoeffizient von *p*-GaAs für verschiedene Dotierungen dargestellt.

Die optimalen Dotierungskonzentrationen müssen empirisch bestimmt werden, wobei sie nicht zu klein sein dürfen, da die Rekombinationswahrscheinlichkeit für einen injizierten Minoritätsträger direkt proportional zur Konzentration der Majoritätsträger ist, und zu kleine Trägerkonzentrationen auch einen höheren Serienwiderstand zur Folge haben. Bei zu hohen Dotierungen des Halbleiters stellen sich metallurgische Störungen ein, die zu nichtstrahlenden Rekombinationszentren führen. Es werden im allgemeinen Konzentrationen von 10^{17} bis 10^{19}cm^{-3} benutzt.

Ein $0,35 \times 0,35$ mm^2 großes GaAs-Element, das für den Aufbau von Lumineszenzdioden (Type VQ 110) benutzt wird, zeigt Bild 5 zusammen mit einigen Fotodetektorelementen. Da die Lumineszenzdioden in Flußrichtung betrieben werden

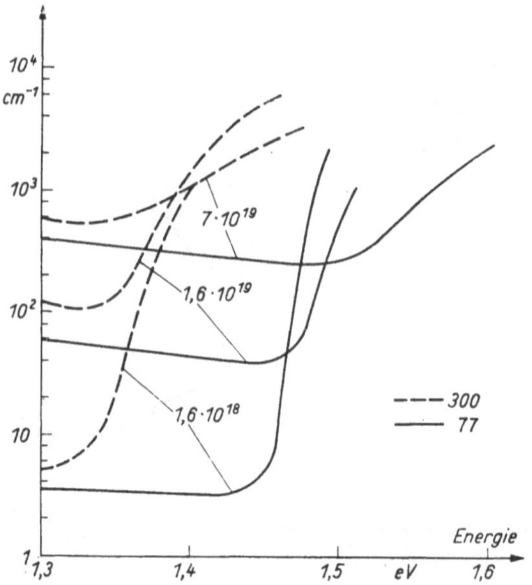

Bild 4. Darstellung des Absorptionskoeffizienten von p-GaAs als Funktion der Photonenenergie bei verschiedenen Dotierungen [66]

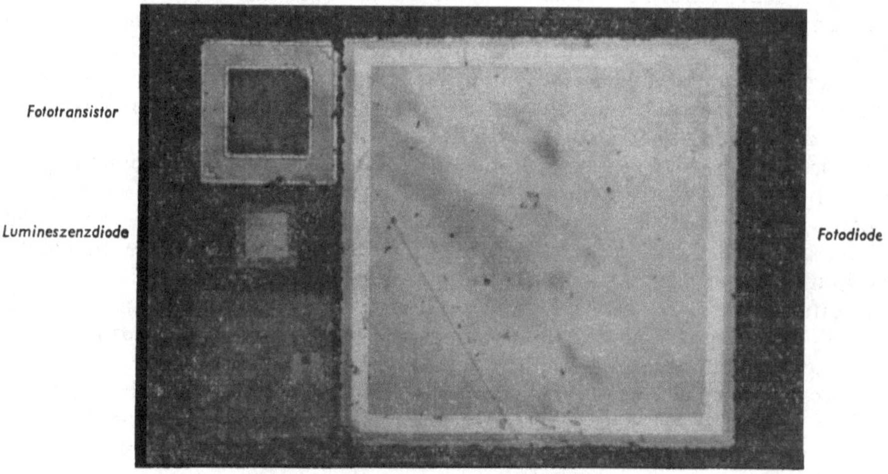

Bild 5. GaAs-Element im Vergleich zu Fotodetektorelementen

und die Sperrseiten keinen hohen Anforderungen ausgesetzt sind, erfüllt diese einfache Mesastruktur mit dem am Rand des Elementes freiliegenden pn-Übergang alle Bauelementeanforderungen.

Ein Problem bei allen Halbleiterlichtquellen stellt dagegen das Altern dar. Empirisch findet man, daß die Abnahme der Strahlungsleistung in erster Näherung proportional zur Gesamtladung, die den pn-Übergang in Flußrichtung durchquert, ist. Ursachen dafür sind die Zunahme der nichtstrahlenden Rekombination an tiefen Zentren, Frenkel-Defekten, Versetzungen, Abweichungen von der Stöchiometrie, Mikrorissen u. a. sowie ein Oberflächenstrom, der als Nebenschluß wirkt [23], [24], [25]. Die Temperatur spielt hierbei eine wesentliche Rolle. *Elsharkawi* und *Kao* [26] haben für n-GaAs den Einfluß der Temperatur auf die Strominstabilitäten im Gebiet des negativen differentiellen Widerstandes untersucht und bei steigender Temperatur eine Erhöhung der Frequenz und eine Verringerung der Amplitude festgestellt. Das kontinuierliche Einwirken von mechanischem Druck [27], das z. B. bei schlecht angepaßten Ausdehnungskoeffizienten auftreten kann, erhöht die Degradationsrate bei Betrieb um mehr als eine Größenordnung gegenüber Bauelementen, die keiner mechanischen Beanspruchung ausgesetzt wurden.

Experimentelle Untersuchungen haben gezeigt, daß die Zunahme der nicht strahlenden Rekombination die Hauptursache für das Altern ist, wenn auch ein tieferes theoretisches Verständnis noch aussteht. Dementsprechend unvollkommen sind die Maßnahmen zur Verhinderung des Alterns. Durch Auflöten der pn-übergangsnahen Seite auf massive Systemträger wird z. B. eine Wärmeableitung ermöglicht. Eine möglichst gute Anpassung der Ausdehnungskoeffizienten der benutzten Materialien ist weiterhin eine Voraussetzung zur Vermeidung von Spannungen, obgleich das bei Verwendung von Plasten nicht sehr gut gelingt. Relativ gering altern Elemente, die bei geringer Stromdichte betrieben werden. Sie ist auch noch aus einem anderen Grund anzustreben: Nach Bild 6 erhöht sich die emittierte Wellenlänge bei steigender Stromdichte. Die Anpassung an die spektrale Empfindlichkeit des Empfängers wird dadurch verschlechtert.

Bild 7 stellt die spektrale Verteilung von Sender und Empfänger dar. Kurve 4 ist die LED und Kurve 3 zeigt einen üblicherweise verwendeten Fototransistor. Die maximale Wellenlänge λ_{max} der LED liegt bei 920 nm, und die Empfindlichkeit des Fototransistors ist bei dieser Wellenlänge bereits auf 60% abgesunken. Mit einer Verschiebung von λ_{max} auf 950 nm sinkt die Empfindlichkeit des Detektors bereits auf 40% und bei 1000 nm auf 10%.

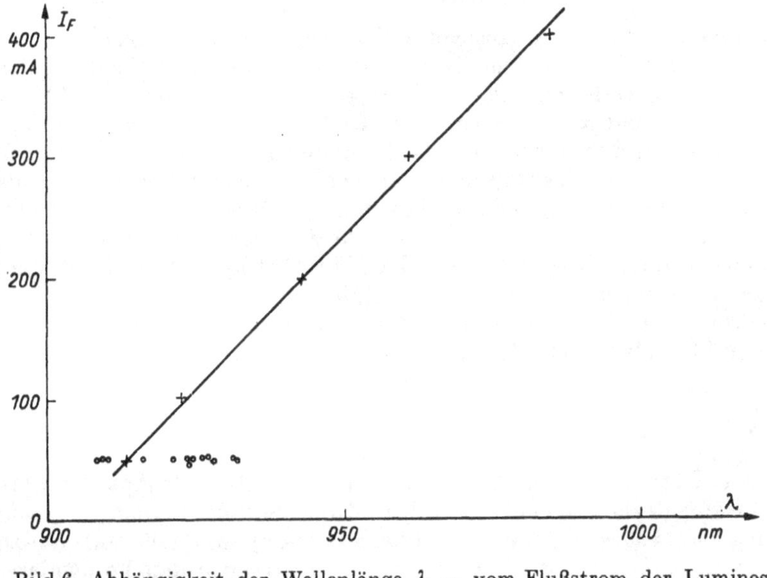

Bild 6. Abhängigkeit der Wellenlänge λ_{max} vom Flußstrom der Lumineszenzdiode (Type VQ 110)

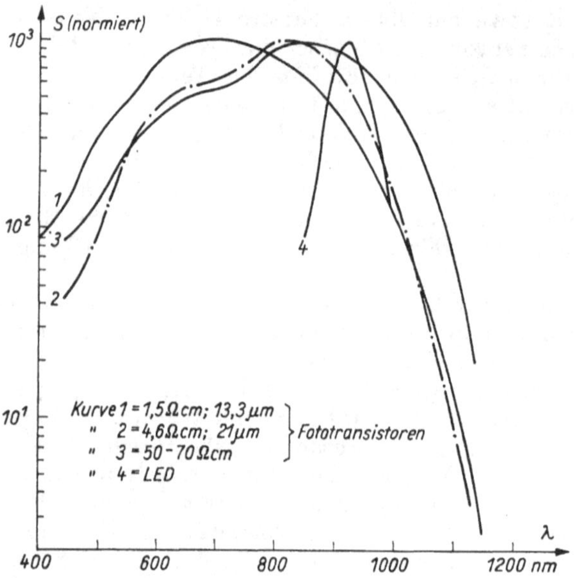

Bild 7. Spektrale Verteilung von Sender und Empfänger

Neben der inneren Quantenausbeute, die sowohl bei Si- als auch Zn-dotierten GaAs-Lumineszenzdioden ca. 50% beträgt, ist die äußere Quantenausbeute η_{ext} der Lumineszenzdioden von entscheidender Bedeutung. Äußere und innere Quantenausbeute η_{int} hängen zusammen [9].

$$\eta_{ext} = \frac{\eta_{int}}{1 + (\alpha V / T_m A)} \,. \tag{1}$$

Hierbei ist α der mittlere Absorptionskoeffizient in der Diode, V ist das Diodenvolumen, A die Fläche der emittierenden Oberfläche und T_m das mittlere Transmissionsvermögen der Oberfläche. Es müssen also α verringert (z. B. $\alpha = 200\ \text{cm}^{-3}$ bei GaAs: Si und $\alpha = 1000\ \text{cm}^{-3}$ bei GaAs:Zn-Dioden) und T erhöht werden. Letzteres erfolgt durch eine spezielle Diodenform mit halbkugelförmiger Lichtaustrittsöffnung, durch Verkappung der Dioden mit durchsichtigem Material mit hohem Brechungsindex und durch Verwendung von Antireflexionsschichten. Im Abschnitt 3 kommen diese Probleme noch ausführlicher zur Sprache, da die äußere Quantenausbeute und damit auch der Koppelwirkungsgrad durch die Konstruktion der Bauelemente wesentlich beeinflußt werden. Umfangreiche Betrachtungen zur Theorie und Technologie der GaAs-Bauelemente sind unter anderem in den Arbeiten [39], [40], [41] enthalten.

3.7.2.3. Fotodetektoren

Halbleiter-Fotodetektoren stellen die zweite wichtige Gruppe der optoelektronischen Halbleiterbauelemente dar. Ihre Konstruktion beruht teils auf der Ausnutzung der Fotoleitfähigkeit (Fotowiderstände) und teils auf Fotospannungseffekten in *pn*-Übergängen. Die bei der Belichtung in den Fotowiderständen erzeugten Ladungsträger ändern den spezifischen Widerstand um 3–4 Größen-

ordnungen. Die ersten Koppler wurden mit CdS- und CdSe-Detektoren aufgebaut. Diese Bauelemente altern sehr schnell. Da Fotodetektoren mit *pn*-Übergängen erhebliche Vorteile gegenüber Fotowiderständen besitzen, werden in der Praxis überwiegend Fotodioden, Fototransistoren und Fotothyristoren für den Kockleraufbau benutzt.
Während die Halbleiterlichtquellen auf Rekombinationseffekten beim Abbau der Überschußladungsträger fungieren, basieren fotoelektrische Bauelemente auf Wechselwirkung der Lichtstrahlen mit dem Material. Sie werden daher durch Absorptionskoeffizienten u. ä. charakterisiert. Ein umfassender Überblick über die fotoelektrischen Erscheinungen in Halbleitern wird von *Rywkin* [28] gegeben. Grundmaterialien für die Herstellung von Fotodetektoren sind Silizium, Germanium sowie A III—B V und A II—B VI-Verbindungen. Für den Koppleraufbau werden jedoch ausschließlich Fotodetektoren aus Si benutzt. Je nach gewünschter Grenzfrequenz, Empfindlichkeit bzw. innerer fotoelektrischer Stromverstärkung kann zwischen den unterschiedlichen Bauelementetypen gewählt werden.

Tabelle 4. Verstärkung und Funktionsgeschwindigkeit von Si-Fotodetektoren unterschiedlicher Typen [29]

Fotodetektor	Stromverstärkung	Funktionsgeschwindigkeit (s)
Fotodiode	0,5—0,7	10^{-8}
Fotowiderstand	$5 \cdot 10—10^5$	$10^{-4}—10^{-6}$
Fototransistor	200—600	$10^{-5}—10^{-4}$
FET-Fototransistor	10^2	10^{-3}
Lawinen-Fotodiode	10^6	10^{-9}
Fotothyristor	$10^3—10^4$	$10^{-5}—10^{-6}$

Tabelle 4 enthält bisher erreichte Werte der Verstärkung und Funktionsgeschwindigkeit für Si-Fotodetektoren. Die beiden am häufigsten benutzten Detektoren, die Si-Fotodiode und der Si-Fototransistor, unterscheiden sich hierbei sehr stark in ihren Werten, so daß jedem der Bauelemente eine spezifische Anwendung zukommt. Die mit Fotodioden arbeitenden Koppler besitzen kleine Schaltzeiten und große Linearität. Sie erreichen mit mehr als 5 MHz die höchsten Grenzfrequenzen, wobei pin-Fotodioden [30] verwendet werden. Ladungsträger durchlaufen eine *pin*-Schicht schneller als einen *pn*-Übergang. Diese Koppler haben jedoch den Nachteil geringerer Empfindlichkeit. Der typische Stromübertragungsfaktor CTR (CTR = Current Transfer Ratio) beträgt 0,2%. Eine Verbesserung dieses Übertragungsfaktors kann durch Nachverstärkung oder durch Avalanche-Fotodioden erreicht werden. Durch Nachverstärkung mit einem Schottky-Transistor ist es z. B. gelungen, unter Beibehaltung der Grenzfrequenz den Übertragungsfaktor auf 7% anzuheben. Avalanche-Fotodioden [31], [32] arbeiten bei höheren Spannungen und sind relativ teuer, so daß sie nur in speziellen Koppelanordnungen Anwendung finden. Von *Krumpholz* [33], [34] wird eine Avalanche-Mesafotodiode mit Quereinstrahlung beschrieben, die in Verbindung mit einem Laser in der Nachrichtentechnik eingesetzt wird. Der Vorteil dieser Dioden besteht darin, daß das Laser-Licht direkt vom Umfang her in den *pn*-Übergang eindringt und daher keine Ladungsträger in den feldfreien Gebieten entstehen. Für das Licht steht dabei ein langer Absorptionsweg zur Verfügung, wobei die guten Demodulationseigenschaften unabhängig von der Lichtwellenlänge bis zur Bandkante des Halbleitermaterials erhalten bleiben.

Die größte Bedeutung für Koppler haben Fototransistoren erlangt. Neben dem Einsatz von Si-Fototransistoren ist auch der Einsatz von GaAs-Fototransistoren mit n^+-p-n_i-n^+ oder p^+-n-p_i-n^+-Schichtenfolgen [35] oder Fotoempfängern mit Unijunction-Transistor [36], [37] möglich.
Ein Koppler mit einem Unijunction-Transistor verfügt über universelle Eigenschaften, da er in Abhängigkeit von der Schaltung als Koppler mit Fotowiderstand, mit Fotodiode oder mit Unijunction-Fototransistor eingesetzt werden kann. Den schematischen Aufbau eines Kopplers mit Unijunction-Fototransistor enthält Bild 8b. Sein Wirkprinzip besteht in einer Leitfähigkeitsmodulation des Gebietes zwischen Emitter E und Basis B 1.
Der schematische Aufbau eines Fototransistors ist in Bild 8a und die entsprechende Bänderstruktur in Bild 9 dargestellt. Die durch das Licht in der Basis erzeugten Minoritätsträger (bei einem *npn*-Übergang die Elektronen) diffundieren zum Kollektorübergang, während sich die Löcher als Majoritätsträger in einer Potentialmulde befinden und in der Basis verbleiben. Es ändert sich dadurch die Ladung des Basisgebietes, und die Potentialschwelle des Emitter-Basis-Überganges wird verringert. An diesem *pn*-Übergang liegt jetzt praktisch eine Flußspannung, so daß die Elektronen, entsprechend der jeweiligen Beleuchtungsstärke, vom Emitter in die Basis injiziert werden und dabei versuchen, die Überschußlöcher zu neutrali-

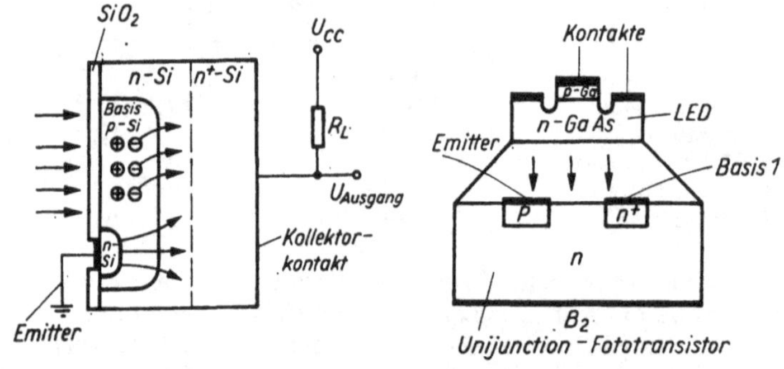

a) b)

Bild 8a) Schema eines Fototransistors mit äußerer Beschaltung
Bild 8b) Schema eines Kopplers mit Unijunction-Transistor [37]

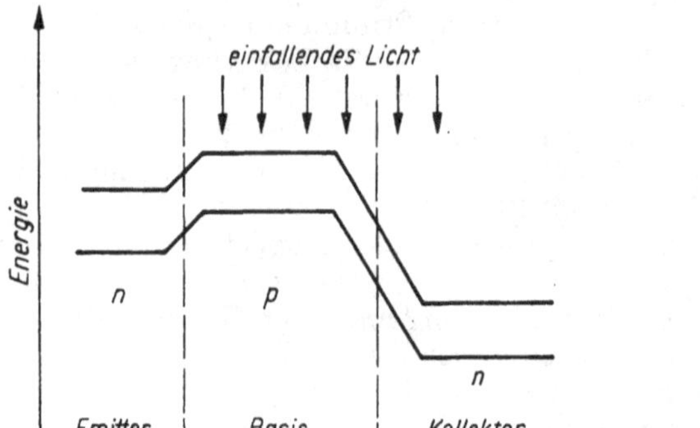

Bild 9. Bänderstruktur (Energie gegen x aufgetragen) eines *npn*-Fototransistors bei angelegter Spannung $+U_{CE}$

sieren. Auf Grund der kleinen Basisweite des Fototransistors gelangen die Elektronen sofort zum Kollektorübergang und bewirken so einen um den Stromverstärkungsfaktor β vergrößerten Fotostrom. Dieser Gewinn an Empfindlichkeit ist mit einer starken Vergrößerung der Schaltzeit verbunden. Wird der in Bild 8a dargestellte Fototransistor durch einen Emitter-Basis-Kurzschluß als Fotodiode betrieben, so verursacht der vom Kollektor zur Basis fließende Strom am Lastwiderstand R_L einen Spannungsabfall und die Kollektor-Basis-Kapazität C_{CB} des *pn*-Überganges bedingt die Zeitkonstante $R_L C_{CB}$ des Ausgangskreises. Die entsprechenden Anstiegs- und Abfallzeiten betragen einige *ns* (siehe auch Tab. 4). Bei dem Fototransistor ist die Spannungsänderung um den Faktor β größer und die Zeitkonstante erhöht sich dadurch wesentlich, da die Sperrschichtkapazität C_{CB} ebenso wie bei der Fotodiode nur durch den ursprünglichen Fotostrom umgeladen werden kann. Der dem Bipolartransistor zur Verfügung stehende Basisstrom zum Umladen der Sperrschichtkapazitäten wird beim Fototransistor durch den Fotostrom ersetzt und führt daher zu Anstiegs- und Abfallzeiten von einigen µs. Die Laufzeit der Träger hängt außer von den Ladezeitkonstanten für Emitter- und Kollektorübergang von der Laufzeit durch die Basis ($W_B^2/2D_{nB}$, W_B — Basisweite, D_{nB} — Diffusionskoeffizient der Elektronen in Basis) und der Laufzeit durch die Basis-Kollektor-Raumladungsschicht ab. Durch konstruktive Maßnahmen wie Verkleinerung der Basis- und Emitterfläche, die Verringerung der Basisweite und geeignete Wahl der Dotierungskonzentration kann ein gewisser Einfluß auf die Schaltzeiten des Fototransistors ausgeübt werden, wobei mit Aufrechterhaltung der Empfindlichkeit und $R_L = 1\,\mathrm{k}\Omega$ die Anstiegs- und Abfallzeiten von 1—2 µs nicht unterschritten werden.
Bei Schaltung gemäß Bild 10a ist das Kopplerausgangskennlinienfeld mit einem Transistorkennlinienschreiber darstellbar (Bild 10b). Anstelle des einige µA betragenden Basissteuerstromes beim Bipolartransistor erscheint hier der Flußstrom der Lumineszenzdiode ($I_F = 5—35$ mA) als Parameter.

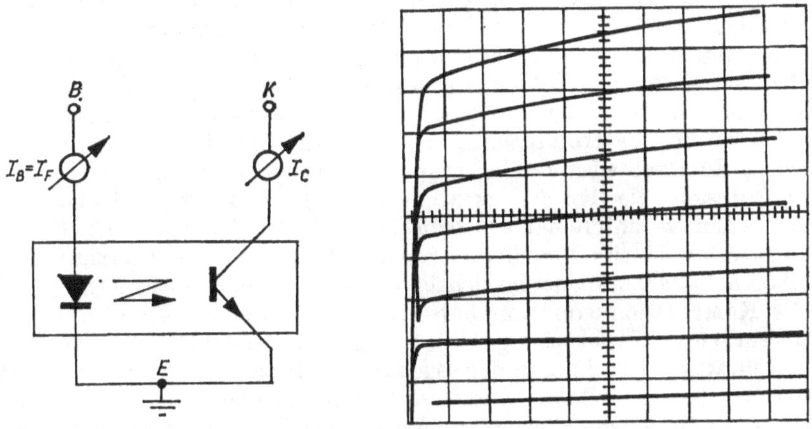

a) b)

Bild 10. Ausgangscharakteristik von aus Fototransistor und LED aufgebautem Koppler MB 101

a) Schaltung
b) Kennlinien
Parameter: $I_F = 5—35$ mA in 5 Stufen
Abszisse: U_{CE} von 0 bis 20 V
Ordinate: I_C von 0 bis 5 mA

Die mit Fototransistoren aufgebauten Koppler können ein Übertragungsverhältnis größer 100% und Grenzfrequenzen von ca. 200 kHz erreichen. Vorteilhaft ist es, wenn bei dem Fototransistor der Basisanschluß mit herausgeführt ist, da damit der Arbeitspunkt des Transistors stabilisiert, Empfindlichkeit und Schaltzeit beeinflußt und ein Transistorkoppler auch als Diodenkoppler eingesetzt werden kann.
Eine Erweiterung des Transistorkopplers stellt der Koppler mit Fotodarlington dar, Bild 11. Dabei wird das Signal des Fototransistors durch einen nachgeschalteten Transistor weiter verstärkt und so ein Übertragungsverhältnis bis 500% erreicht. Nachteilig ist ein weiteres Absinken der Grenzfrequenz auf etwa 10 kHz.

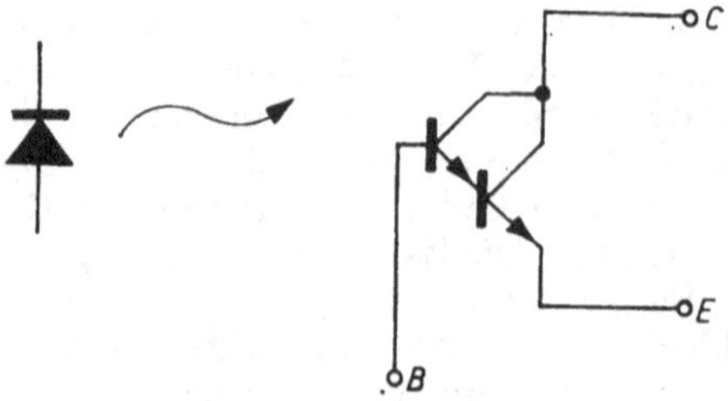

Bild 11.
Koppler mit Fotodarlington

Ein ebenfalls wichtiger Fotoempfänger im Koppler ist der Fotothyristor, bei dem die Zündung durch eine entsprechende Beleuchtung mit einer Lumineszenzdiode vorgenommen wird. Die Funktion des Gates wird durch den Fotostrom in diesem *pn*-Übergang ersetzt, wobei die Empfindlichkeit über einen Widerstand zwischen dem Gate und der Katode eingestellt werden kann. Die Ausgangskennlinie ist der eines Thyristors äquivalent. Erreicht werden maximale Verstärkungen des Eingangssinals.
Große Bedeutung haben in letzter Zeit Fotodiodenkoppler mit nachgeordneten digitalen integrierten Schaltungen erlangt, wobei monolithisch oder hybrid integriert werden kann. Bei ihnen nützt man die hohe Schaltgeschwindigkeit der Fotodioden aus, um mit Hilfe der integrierten Schaltung ein im Ein- und Ausgang TTL kompatibles Bauelement aufbauen zu können. Vorteilhafterweise werden dabei die optoelektronischen Bauelemente in CDI-Technik hergestellt [38]. Auf dem *p*-Substrat wird hierbei eine *p*-Epitaxieschicht abgeschieden, während die n^+-Diffusion, die den Kollektor darstellt, gleichzeitig die Isolation der Einzelkomponenten untereinander bildet. Durch Veränderung der Sperrschichttiefe steht wahlweise eine Fotodiode mit einem Empfindlichkeitsmaximum im infraroten (800 nm bis 900 nm) oder im sichtbaren Bereich (400 nm bis 700 nm) zur Verfügung.
Die Kombination von Kopplern mit integrierten Schaltungen wird in Zukunft wesentlich an Bedeutung gewinnen. Es ist zu erwarten, daß Kopplerfunktionen und integrierte Technik in der sogenannten integrierten Optik [42], [43] miteinander verschmelzen. Dabei handelt es sich um eine Optik in monolithischer Integrationstechnik, die die Erzeugung, Schaltung, Kopplung, Filterung, Modulation und den Empfang von Licht in einem Festkörperbauelement vereint.
Als letztes sollen noch Foto-Feldeffekt-Transistoren erwähnt werden. Sie entsprechen in ihrer Wirkungsweise Fototransistoren und schaltungstechnisch anderen Feldeffekttransistoren. Neben einer relativ hohen Empfindlichkeit gestatten sie Modulationsfrequenzen bis zu etwa 100 kHz [44] und sind wegen des geringen Rauschens für Wechsellichtübertragung geeignet. Der Schaltpunkt kann durch den Gate-Widerstand eingestellt werden.

3.7.3. Konstruktionsprinzipien

3.7.3.1 Einfluß der Zwischenschicht auf den Lichtübertragungskoeffizienten

Im Abschn. 2.2 wurde bereits einiges zur äußeren Quantenausbeute beim GaAs ausgeführt. Ein kleiner Absorptionskoeffizient und ein großes Transmissionsvermögen der Oberfläche sind Voraussetzungen für eine hohe äußere Quantenausbeute. An dem Übergang Halbleiter—Umgebungsmedium tritt je nach dem Umgebungsmaterial (Luft, Kunststoff, Glas, hochbrechendes Glas) entsprechend

$$\sin \varphi_1 = \frac{n_2}{n_1} \quad \text{bzw.} \quad \varphi_1 = \arc \sin \frac{n_2}{n_1} \tag{2}$$

ein unterschiedlicher Winkel der Totalreflexion auf.

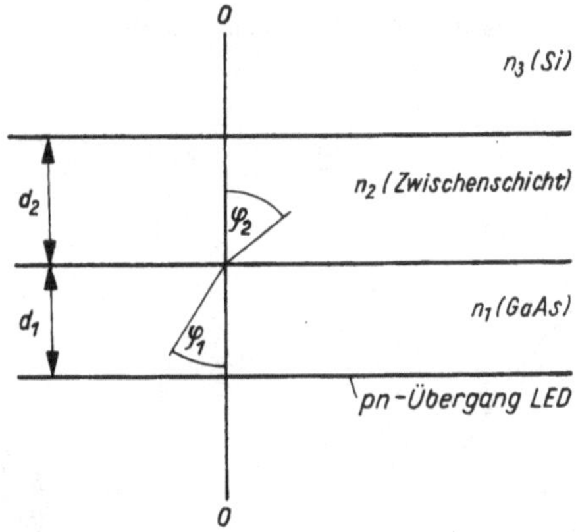

Bild 12.
Koppelanordnung mit $n_1 > n_2$

Die zugehörige Koppelanordnung enthält Bild 12. Es gehen durch die Grenzschicht LED-Zwischenschicht nur die Strahlen hindurch, die unter einem kleineren Winkel als dem Grenzwinkel der Totalreflexion auffallen. Dieser Winkel beträgt für den Übergang GaAs-Luft 16° und für GaAs-SiO_2 23°.
Für die Reflexion der Strahlung, die innerhalb des kritischen Raumwinkels

$$\Omega = 2\pi \left(1 - \sqrt{1 - (n_2/n_1)^2}\right) \tag{3}$$

auf die Halbleiteroberfläche der Leuchtdiode trifft, gilt

$$R = \left(\frac{n_1 - n_2}{n_1 + n_2}\right)^2. \tag{4}$$

Diese Beziehung gilt streng genommen nur für senkrecht auftretendes Licht, aber für das innerhalb des Winkels der Totalreflexion wirksame Licht kann das Reflexionsvermögen mit hinreichender Genauigkeit auf diese Art beschrieben werden.
In Bild 13 ist die nichtreflektierte Komponente der Strahlung in Abhängigkeit von n_2/n_1 dargestellt. Man muß demnach den Brechungskoeffizienten der Zwischenschicht heraufsetzen, da durch den Übergang Zwischenschicht—Fotoempfänger ein weiterer Reflexionsverlust eintritt. Die Berechnung des Lichtübertragungskoeffizienten wurde von *Kruglov* und *Moma* [45] gemäß Bild 12 vorgenommen. Für eine Leuchtdiode mit einem Radius von 0,15 mm, $d_1 = 0{,}15$ mm und $d_2 = 0{,}05$ mm erhielten die Autoren das in Bild 14 dargestellte Ergebnis. Bei Vergrößerung des Brechungsindexes der Zwischenschicht wächst die Flußdichte

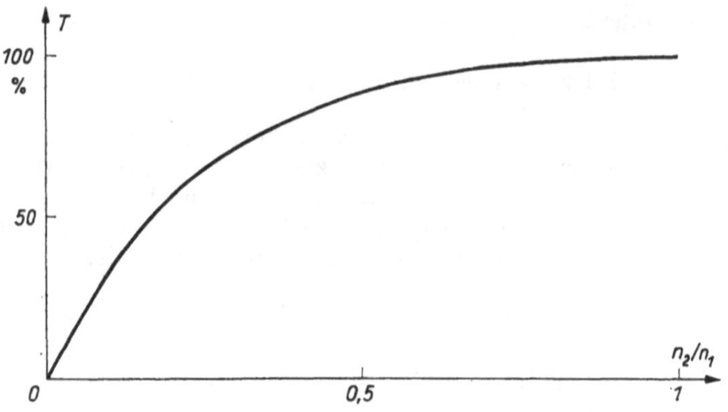

Bild 13. Transmission als Funktion der Brechungskoeffizienten

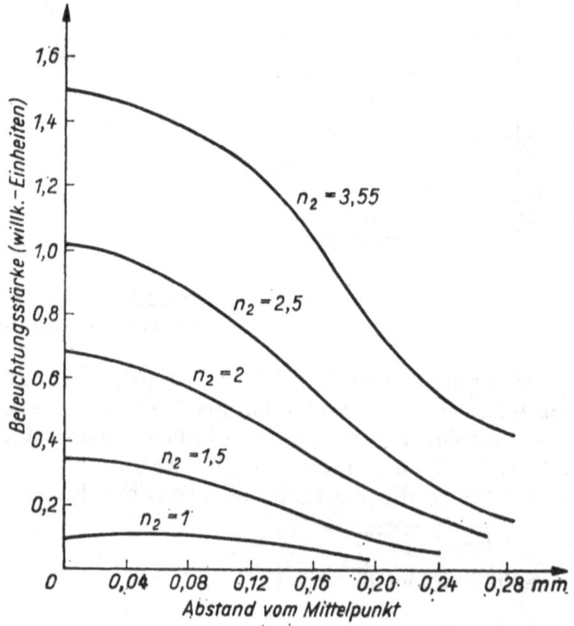

Bild 14. Beleuchtungsstärke des Fotoempfängers hervorgerufen durch eine Leuchtdiode mit 15 μm Radius [45]

der auf den Fotoempfänger auftreffenden Photonen äußerst steil an. *Nosov* u. a. [46] erreichten bei Diodenkopplern mit einem organischen Kleber ($n = 1{,}5$) einen Stromübertragungsfaktor $K = 3{,}5-4\%$, während sie bei Verwendung von Chalkogen-Gläsern ($n = 2{,}4-2{,}7$) $K = 6-7\%$ erreichten.
Ein weiterer Gewinn kann bei dem Lichtübertragungskoeffizienten neben der Verringerung der Dicke d_1 in der Leuchtdiode durch die Verringerung von d_2 erreicht werden. Die Verringerung der Dicke der Zwischenschicht wird durch die gewünschte Hochspannungsfestigkeit begrenzt. Bei den gemäß Bild 12 ausgeführten Koppleraufbauten ist wegen des geringen Abstandes von Strahler und Empfänger nur eine mittlere Hochspannungsfestigkeit bei großem Lichtüber-

tragungskoeffizienten vorhanden. Eine weitere Möglichkeit zur Erhöhung des Lichtübertragungskoeffizienten besteht in einer Verminderung der Reflexion mittels Antireflexionsschichten. Bei einer dünnen Zwischenschicht mit n wird

$$R = \left(\frac{n_1 n_2 - n^2}{n_1 n_2 + n^1} \right)^2 . \tag{5}$$

Minimale Reflexion tritt auf, wenn die Zwischenschicht mit dem Brechungskoeffizienten n_3 der Beziehung

$$n_1 n_2 = n^2 \tag{6}$$

genügt, wobei außerdem noch

$$nd = (2m + 1) \frac{\lambda}{4}, \qquad m = \text{ganze Zahl}$$

gelten muß. d ist die Dicke der Zwischenschicht und nd ist die optische Weglänge in dieser Schicht. Bei Einhaltung dieser Bedingungen tritt das Licht optimal aus dem Halbleiter heraus bzw. gelangt in ihn hinein. Für die bei $T = 300$ K gegebene Wellenlänge der Strahlung und bei einer Zusammensetzung der Antireflexionsschicht aus $T_iO_2 + SiO_2$ ($n = 1{,}85$) beträgt die so ermittelte Schichtstärke $d = 0{,}225$ µm [47], [48]. In [49] wird angeführt, daß Bleiglas mit $n = 1{,}8$ bis 1,9 und Glasselen mit $n = 2{,}4$ bis 2,6 zwei Wirkstoffe sind, die als Verbindungsmedium eine große Perspektive haben.
Neben einem hohen Brechungskoeffizienten der Zwischenschicht ist es erforderlich, daß diese Schicht gut an der Oberfläche der Emissionsquelle und an der Oberfläche des Fotodetektors anhaftet. Bei Nichteinhaltung dieser Forderung können Luftschichten entstehen und der Effekt der Zwischenschicht würde nicht zur Geltung kommen. Zwischen den Wärmeausdehnungskoeffizienten der Lichtquelle, des Detektors, der Zwischenschicht und des Gehäusematerials dürfen keine großen Unterschiede existieren, da sonst beim Aufbau der Koppler wie auch beim Betrieb durch Erwärmen der Lichtquelle oder der Umgebung Spannungen auftreten. Die Ausdehnungskoeffizienten einiger typischer Materialien betragen: α (Si) $= 2{,}6 \cdot 10^{-6}\,\mathrm{grd}^{-1}$, α (GaAs) $= 5{,}9 \cdot 10^{-6}\,\mathrm{grd}^{-1}$, α (Epoxidharze) $= 60 \cdot 10^{-6}\,\mathrm{grd}^{-1}$ und α (Keramik) $= 9 \cdot 10^{-6}\,\mathrm{grd}^{-1}$. Niedrigschmelzende Gläser mit großen Brechungskoeffizienten und hoher Durchschlagfestigkeit haben neben dem besser angepaßten Brechungskoeffizienten den Vorteil eines im Vergleich zu Plasten wesentlich besseren Temperaturverhaltens. Bei durchsichtigen Plasten stellt man bei Temperaturen über 80 °C oft eine Trübung fest, und der zulässige Temperaturbereich der Bauelemente muß von den Herstellern deshalb stark eingeschränkt werden.
In den Patentschriften [50], [51] werden optoelektronische Koppler angegeben, bei denen der Raum zwischen Sender und Empfänger mit einem durchsichtigen Kunststoff ausgefüllt ist. Bild 15a zeigt eine solche Anordnung, bei der Leuchtdioden- und Fototransistorelement auf Transistorgehäusen befestigt wurden. Durch Auffüllen des Zwischenraumes mit durchsichtigem Kunststoff entsteht der optoelektronische Koppler, der noch mit einer lichtundurchlässigen Masse zu umgeben ist.

3.7.3.2. Verwendung von Linsenstrukturen und Lichtleitern

Die Beeinflussung des Lichtweges zwischen Strahler und Empfänger kann durch Linsenkombinationen, durch Lichtleiter und gezielte Reflexion an inneren Bauteilen vorgenommen werden. Bei Linsenkombinationen ist eine Anordnung anzu-

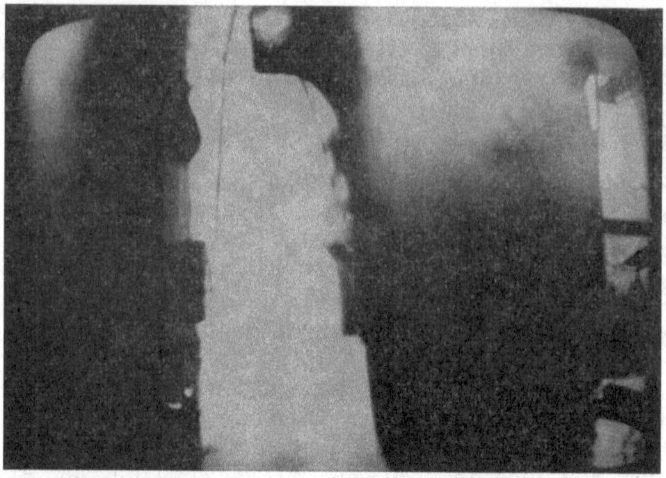

a)

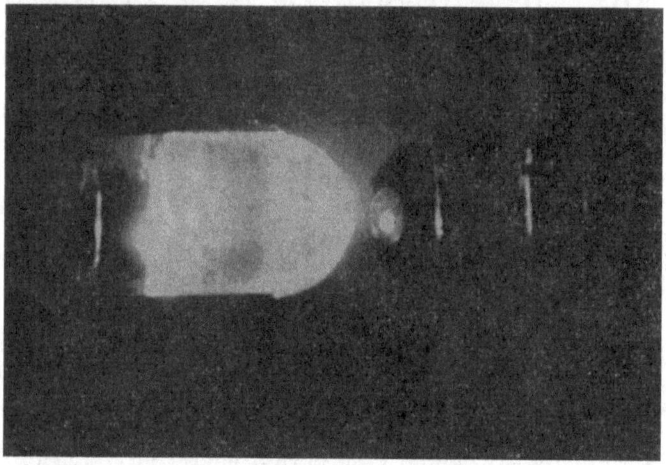

b)

Bild 15. Aus Infrarotlumineszenzdiode und Fototransistor bestehende Koppleranordnung

a) TO — 18 Aufbauten

b) Linsenaufbauten

streben, die Strahler und Empfänger in den Brennpunkt rückt. Da Koppler mit Linsenkombinationen immer mit großen Abständen zwischen den Elementen arbeiten, ist das bei den Dimensionen der Elemente ($0{,}2 \times 0{,}2\ \text{mm}^2$ bis $0{,}8 \times 0{,}8\ \text{mm}^2$) auch mit hinreichender Genauigkeit möglich. Häufig begnügt man sich aber aus ökonomischen Gründen mit halbkugelförmigen oder anderen einfachen Linsen, die dann nur geringe Lichtbündelung zur Folge haben.
Bild 15b enthält eine aus einer GaAs-LED und einem Fototransistor bestehende Koppelanordnung ohne Gehäuse (Infrarotaufnahme). Bei einem Lichtaustrittswinkel der Leuchtdiode von ca. 20° gelangt hier bereits der größte Teil des vorn austretenden Lichtes zum Fotoempfänger. Das Helligkeitsmaximum am hinteren Ende der Leuchtdiode ist auf die bei einer Mesadiode seitlich austretende Kantenstrahlung, die für das Übertragungsverhältnis keinen Beitrag liefern kann, zurückzu-

führen. Wenn die im Bild 15b dargestellten Bauelemente (Abstand der Halbleiterplättchen ca. 8 mm) voneinander entfernt werden, so ergibt sich für den Übertragungskoeffizienten die in Bild 16 Kurve 2 dargestellte Abhängigkeit vom Abstand. Auf Grund der Linsenwirkung folgt diese Kurve nicht dem quadratischen Abstandsgesetz, wie z. B. die für das Zwischenmedium Luft geltende Kurve 4 bei größeren Abständen. Kurve 4 wurde mit der in Bild 15a gezeigten Koppelanordnung gemessen.

Bei Benutzung einer sphärischen GaAs-Diode, bei der das Licht stets senkrecht auf die Oberfläche des Halbleitermaterials auftrifft und deshalb vollständig austreten kann, und eines planaren Fotoempfängers tritt bereits eine Erhöhung des Übertragungskoeffizienten um den Faktor 10—12 gegenüber einer planaren Diode auf [49]. Dieser Faktor würde sogar 26 betragen, wenn nicht durch die sphärische Domstruktur der GaAs-Diode die innere Absorption erhöht werden würde.

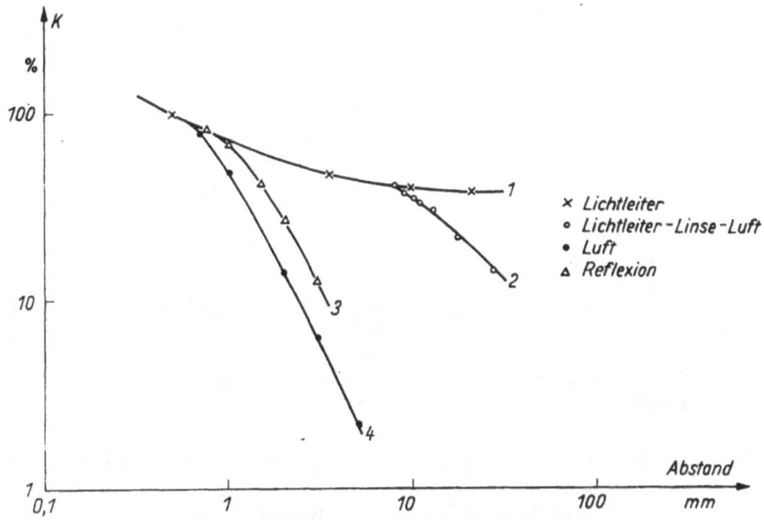

Bild 16. Übertragungskoeffizient in Abhängigkeit vom Abstand

Die Verwendung von Lichtleitern in optoelektronischen Kopplern dient zur Erhöhung des Übertragungsverhältnisses und der Hochspannungsfestigkeit. In Patentschriften wird die Verwendung von transparenten, elastisch-plastischen Materialien [57] bzw. semiisolierender GaAs:Cr-Lichtleiter [53] beschrieben. Beim GaAs:Cr-Lichtleiter ist zwar der Brechungskoeffizient von Lichtleiter und Halbleitermaterialien vergleichbar, aber es tritt eine erhöhte Absorption im Lichtleiter auf. Durch entsprechende Cr-Dotierung kann dieser Absorptionskoeffizient für das Licht der Lumineszenzdiode stark verringert werden. Aus Kurve 1, Bild 16 ersieht man, daß bei Verwendung von Lichtleitern als Zwischenmedium der geringste Abfall des Stromübertragungskoeffizienten bei Vergrößerung des Abstandes der Einzelelemente auftritt. Die Absorption des Lichtleiters, die besonders bei polymeren Lichtleitern im Infrarotbereich auftritt, spielt bei Glaslichtleitern wegen ihrer linearen Spektralkennlinien keine Rolle. Polymere Lichtleiter sind durch Absorptionsbänder gekennzeichnet und weisen bei $\lambda = 0{,}9\ \mu m$ eine erhöhte IR-Absorption auf [54]. Bei den hier betrachteten kleinen Abständen zwischen Sender und Empfänger spielt dieser Effekt jedoch keine Rolle.

Der Stromübertragungsfaktor wird entscheidend durch den Lichtleiterdurchmesser beeinflußt (Bild 17). Bei einer Vergrößerung des Lichtleiterdurchmessers verringert sich die Totalreflektion innerhalb des als Lichtleiter benutzten Quarzstabes, und es wird eine zu große Fläche auf der Detektorseite ausgeleuchtet. Die in Bild 17 dargestellte Kurve wurde mit einer in Bild 15a gezeigten Koppelanordnung gemessen, wobei zwischen LED und Fototransistor verschiedene einfache Quarzstäbchen als Lichtleiter angebracht waren. Wegen der kleinen Halbleiterplättchen sind hierbei genaue Justierung und sorgfältiges Verkleben notwendig, um unnötige Verluste zu vermeiden.

Glasfaser-Lichtleiter besitzen einen höher brechenden Glaskern und einen niedriger brechenden Glasmantel [55]. Auch Gradientenfasern [56] kommen zum Ein-

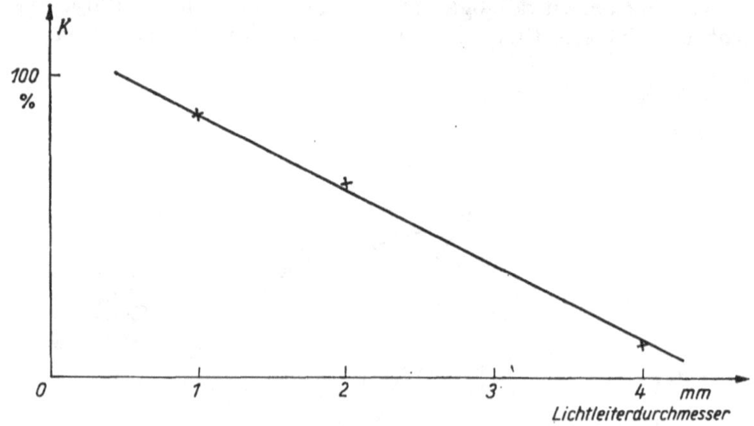

Bild 17. Abhängigkeit des Übertragungskoeffizienten vom Lichtleiterdurchmesser

satz, die einen von innen nach außen gemäß einer Parabelfunktion abnehmenden Brechungskoeffizienten besitzen. In einfachen Glasfaser-Lichtintensitätsleitern, die einen 20 bis 70 μm dicken Faserkern besitzen, treten Laufzeitunterschiede auf, so daß für spezielle Anwendungen Glasfaser-Lichtwellenleiter mit einem Kerndurchmesser in der Größenordnung der Lichtwellenlänge eingesetzt werden [57], [58], [59].

Bei Benutzung von Lichtleitern resultiert für das System Strahler—Lichtleiter—Fotoempfänger folgender Ausdruck für den Ausgangsstrom des Kopplers I_{Ausg} [54]:

$$I_{\text{Ausg}} = P_{\text{Eing}} \cdot \tau_\lambda \cdot \tau_T \cdot \tau_S \cdot S_F \tag{7}$$

mit P_{Eing}-Strahlungsleistung der Injektionsdiode, τ_λ — Anpassungsgrad der Spektralkennlinien der Kopplerkomponenten, τ_T — Transparenz einer Lichtleitereinheitsfaser, τ_S — Ausfüllungsfaktor der Lichtleiterstirnflächen, S_F — Spektralempfindlichkeit der Fotodiode. Der Anpassungsgrad der Spektralkennlinien des Strahlers $P(\lambda)$, des Lichtleiters $T(\lambda)$ und des Fotoempfängers $S(\lambda)$ kann gemäß

$$\tau_\lambda = \frac{\int_{\lambda_1}^{\lambda_2} P(\lambda)\, T(\lambda)\, S(\lambda)\, d\lambda}{\int_{\lambda_1}^{\lambda_2} P(\lambda)\, d\lambda} \tag{8}$$

bestimmt werden. λ_1, λ_2 sind die kurzwellige bzw. langwellige Grenze der Spektralkennlinien des Fotoempfängers. Für den Korrelationskoeffizienten der Spektralkennlinien ergibt sich bei Verwendung von GaAs-Lumineszenzdioden und Si-Fotodetektoren $\tau_\lambda \approx 0{,}8$ während CdSe- oder CdS-Fotowiderstände auf $\tau_\lambda = 0{,}6-0{,}65$ führen [29]. Der von $T(\lambda)$ stammende Beitrag zur Verringerung des Anpassungskoeffizienten ist bei Verwendung von Glaslichtleitern kleiner Länge sehr gering. Die optischen Verluste in Gläsern werden durch Streuung und Absorption verursacht, wobei ungelöste Partikel und Mikro-Inhomogenitäten eine dem Gesetz von Rayleigh folgende Streuung (umgekehrt proportional der zweiten Potenz der Wellenlänge) und Verunreinigungen wie z. B. Cr, Mn, Fe, u. a. das Auftreten von schwachen Absorptionsbanden bewirken [60]. Diese Effekte spielen erst bei großen Entfernungen eine Rolle, und es wurden bereits Gläser mit Verlusten von 10 dB/km hergestellt [61]. Die Transparenz der Lichtleiterfaser τ_T in Gl. (7) wird durch einen komplizierten Ausdruck beschrieben, in dem die Winkelverteilung der auftreffenden Strahlung, die Fresnel-Reflexion an den Stirnflächen, der Koeffizient der vollständigen inneren Reflexion an der Grenzfläche—Seele-Umhüllung, die Anzahl der vollständigen inneren Reflexionen des Lichtes in der Faser, der natürliche Abschwächungsindex des optischen Signals und die Lichtleiterlänge eingehen. Gl. (7), die die Ausgangsstromgröße des Kopplers definiert, sieht daher in allgemeiner Form sehr umständlich aus und muß für ingenieurmäßige Berechnungen vereinfacht werden. In der Praxis sind die Verarbeitbarkeit der benutzten Lichtleiter, das Justierungsproblem beim Koppleraufbau und andere Probleme zu berücksichtigen — bei gleichzeitiger Wahrung der Bauelementeökonomie.

3.7.3.3. Aufbau von Kopplern mit nachgeschaltetem Verstärker

Von den in Abschn. 2.3 angegebenen Fotodetektoren für Koppler erlangen Fotodioden mit nachgeschalteten Verstärkern zunehmend an Bedeutung. Die Fotodiode garantiert eine hohe Grenzfrequenz, während der Verstärker z. B. ein TTL-kompatibles Ausgangssignal liefert. Eine einfache Schaltung für einen Fotodiodenkoppler mit Verstärker zeigt Bild 18. Hierbei werden die Fotodiode und die integrierte Schaltung zweckmäßig monolithisch auf einem Chip integriert, wobei die CDI-Technik (Collector Diffusion Isolation Process) besondere Vorteile bietet [38]. Es besteht auch die Möglichkeit, erst einen Fotodiodenkoppler aufzubauen und anschließend eine Verstärkerschaltung anzubringen, wobei erheblich größerer Aufwand erforderlich wird. Das Problem bei solchem Koppleraufbau besteht in der genauen Justierung von Leucht- und Fotodiode und damit in der Erreichung eines optimalen Eingangskennlinienfeldes. Bei einem maximalen Flußstrom der Lumines-

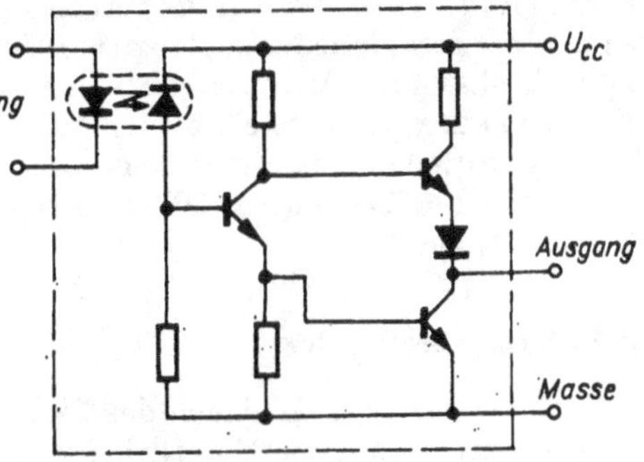

Bild 18. Fotodiodenkoppler mit nachgeschaltetem Verstärker [67]

zenzdiode von $I_F = 16$ mA, die einem TTL-Gatter entnommen werden kann, muß der Fotodiodenstrom ausreichend sein, um z. B. ein TTL-Gatter umzuschalten und wiederum einen Ausgangsstrom von 16 mA zu ermöglichen. Da der Fotodioden strom hierbei nur einige µA beträgt (Bild 19), werden auch hohe Anforderungen an die integrierte Schaltung gestellt. Die in Bild 19 mit dem Abstand $d = 1$ mm zwischen Leuchtdiode und Fotodiode aufgenommene Kennlinie hat noch keinen ausreichenden Übertragungskoeffizienten ($K = 0,1\%$ bei $I_F = 16$ mA). Vielmehr ist ein wesentlich geringerer Abstand zwischen Sender und Empfänger einzustellen und die geometrischen und optoelektronischen Eigenschaften der Einzelbauelemente sind zu optimieren. Der Vorteil eines Transistorkopplers geht aus Bild 19 anhand des Vergleiches von Dioden- und Transistorkennlinien hervor, wobei die mehr als hundertfache Empfindlichkeitssteigerung des Transistors mit einer extremen Verschlechterung der Schaltzeiten einhergeht.

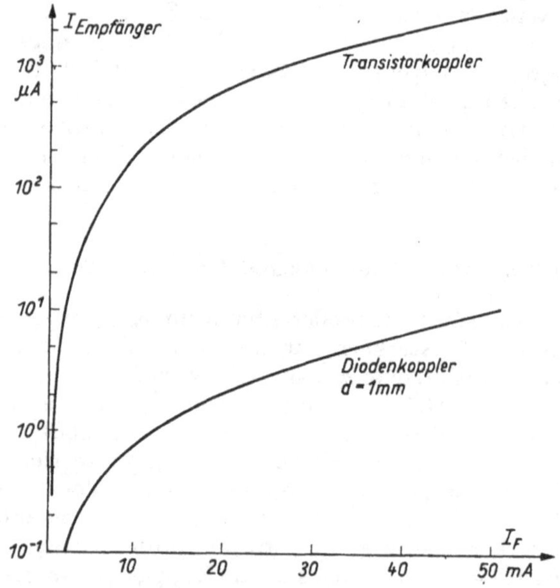

Bild 19. Ausgangsstrom als Funktion des Eingangsstromes bei Kopplern

Ein besonders gutes Übertragungsverhältnis wird in der Arbeit [68] bei Verwendung eines GaAsP-Emitters mit einer Strahlungswellenlänge von 700 nm angegeben. Bei dieser Wellenlänge läßt sich eine gute Anpassung an den Fotodetektor mit einer Photonensammlungstiefe von nur 8 µm, wie sie bei der Integration von Fotodiode und integrierter Schaltung vorhanden ist, erreichen. Die Verwendung von GaAlAs-Strahlern wird auch wegen der kleinen ca. 30 ns betragenden Schaltzeit [69] als perspektivisch bedeutsam angesehen.

3.7.3.4. Reflexions- und Unterbrecherkoppler

Große Bedeutung haben die Koppler erlangt, bei denen das Licht auf seinem Weg von der Quelle zum Empfänger extern moduliert werden kann. Bei Reflexionskopplern sind Emitter und Empfänger in einem bestimmten Winkel zueinander

angebracht und können nur über eine äußere reflektierende Fläche miteinander in Wechselwirkung treten. Eine weitere Möglichkeit für den Aufbau von Reflexionskopplern besteht darin, die beiden Einzelbauelemente in einem gemeinsamen strahlungsdurchlässigen Gehäuse so einzubauen, daß bei einer Änderung des Brechungskoeffizienten (z. B. Flüssigkeit) infolge Verringerung des reflektierten Lichtes eine Änderung des Fotodetektorstromes auftritt [70].
Bei Gabellichtschranken oder Unterbrecherkopplern kann der Lichtweg durch von außen zugeführte Gegenstände unterbrochen werden. Je nach Dicke und Beschaffenheit der Materialien tritt durch Absorption ein Energieverlust $-d\Phi$ beim Lichtstrom auf, der der Schichtdicke dx und dem ursprünglichen Lichtstrom proportional ist.

$$d\Phi = -K\Phi\, dx\,, \qquad K = \text{Extinktionskonstante}\,.$$

Anstelle des Lichtstromes Φ (fotometrische Größe) kann auch die radiometrische Größe Strahlungsleistung oder Strahlungsfluß Φ_e benutzt werden. Die Strahlungsleistung ist die gesamte in Form von Strahlung auftretende Leistung (in Watt gemessen), während der Lichtstrom den spektralen Anteil der Strahlungsleistung, für den das Auge empfindlich ist, darstellt. Damit ergibt sich $\Phi = \Phi_0\, e^{-Kd}$. Hierbei ist Φ_0 die bei $x = 0$ eindringende Strahlungsenergie, während Φ die aus der Substanz wieder austretende Energie darstellt. Es besteht somit die Möglichkeit, die Transmission eines Stoffes sowohl rechnerisch als auch meßtechnisch zu bestimmen, um dann optimale Konstruktionsparameter festzulegen. In der Praxis wird in den meisten Fällen die meßtechnische Bestimmung des Transmissionswertes erforderlich sein, da bei kleinen Durchlässigkeiten der Fehler in der Extinktionskonstanten rasch steigt. Der einfachste Fall liegt bei Lochkartenabtastungen u. ä. Anwendungen vor, da dort nur Ja—Nein-Aussagen benötigt werden, und das Ergebnis nicht von einer veränderlichen Dicke des untersuchten Materials abhängt.
Die auf Kreide normierten Reflexionswerte verschiedener Materialien enthält Tabelle 5. Diese mit einem Reflexionskoppler gemessenen Werte sind ein Maß für

Tabelle 5. Reflexion

Material	normierte Reflexion
Kreide	100%
Aluminiumoxid-Keramik, weiß	90%
Papier	65%
Teflon	50%
Aluminiumoxid-Keramik, grau	35%
Forsterit	25%
poliertes Si	15%
EGK 19-Platte, 6 mm dick	2,5%

die Größe des Fotodetektorstromes und zeigen z. B. für das als Lochstreifen benutzte Papier einen recht großen Wert. Tabelle 5 enthält weiterhin einige Keramiken, die in Kopplern verwendet werden.
Bei der Konstruktion verfolgt man als Ziel, durch Anordnung geeigneter reflektierender Flächen den Übertragungskoeffizienten zu erhöhen. Einen Hinweis auf die ebenfalls recht starke Abhängigkeit des Übertragungskoeffizienten eines Reflexionskopplers vom Abstand des reflektierenden Mediums enthält in Bild 16 Kurve 3. Bei größeren Abständen zwischen Koppler und reflektierendem Medium muß deshalb im Impulsbetrieb mit nachfolgender Verstärkung gearbeitet werden.

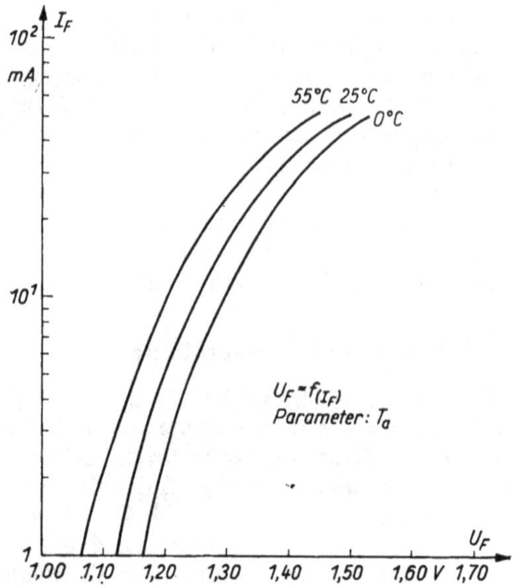

Bild 20. Flußkennlinie einer Infrarot-Lumineszenzdiode bei verschiedenen Temperaturen

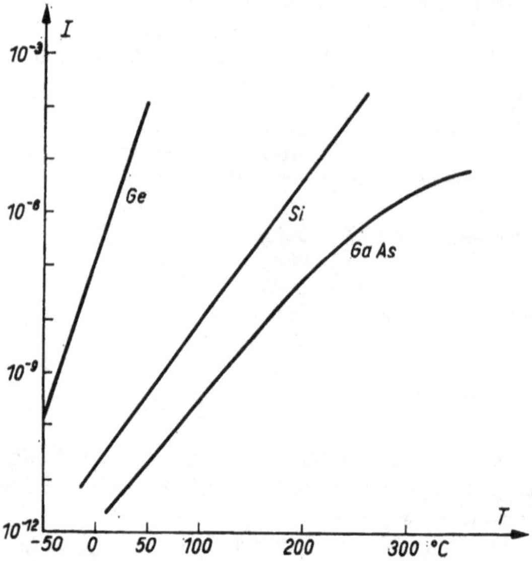

Bild 21. Sperrströme von Halbleiterdioden [71]

3.7.4. Kopplerkennlinien

Das Eingangskennlinienfeld eines optoelektronischen Kopplers wird durch die Lumineszenzdiode bestimmt. In Bild 20 ist für eine Infrarot-Lumineszenzdiode der Flußstrom als Funktion der Flußspannung bei verschiedenen Temperaturen aufgetragen. Bei dieser auch für andere Dioden typischen Kennlinie fällt die Spannung bei konstantem Flußstrom mit wachsender Temperatur. Das Sperrverhalten von GaAs-Eingangsdioden und Si- oder Ge-Ausgangsdioden ist in Bild 21 dargestellt. Bei einer Temperaturerhöhung von 8 °C verdoppelt sich hierbei der Sperrstrom. Die thermischen Probleme von Dioden und Transistoren sind z. B. ausführlich in der Arbeit von *Paul* [71] enthalten und sollen deshalb nicht weiter diskutiert werden. Erforderlich sind aber auch Fotodetektoren mit geringen Dunkelströmen für den Koppleraufbau, da sonst das Übertragungsverhältnis K gemäß

$$K = \frac{I_{\text{Ausg}} - I_{\text{Dunkel}}}{I_F} \tag{9}$$

sinkt. I_{Ausg} ist hierbei der Ausgangsstrom beim Flußstrom I_F und I_{Dunkel} der Strom bei $I_F = 0$.

Das Ausgangskennlinienfeld eines aus Lumineszenzdiode und Fototransistor aufgebauten optoelektronischen Kopplers (Bild 22) entspricht der Strom-Spannungskennlinie eines Fototransistors, wobei der Flußstrom der Leuchtdiode bzw. die Beleuchtungsstärke als Parameter gewählt werden. Entsprechendes gilt auch für den mit einer Fotodiode aufgebauten Koppler, wobei die Unterschiede zwischen den beiden Fotodetektortypen bereits in Abschn. 2.3 und anhand von Bild 19 diskutiert wurden.

Eine besondere Bedeutung hat beim Koppler das Übertragungsverhältnis, das sich je nach Fotodetektortyp und Konstruktion von 0,2 bis 300% erstrecken kann. In Bild 23 wurde für einen Fototransistorkoppler die Temperaturabhängigkeit des

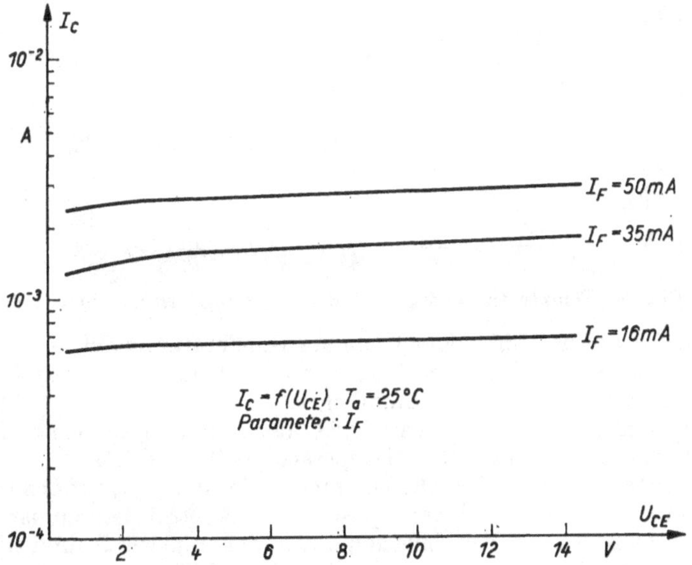

Bild 22. Ausgangskennlinienfeld eines Fototransistorkopplers

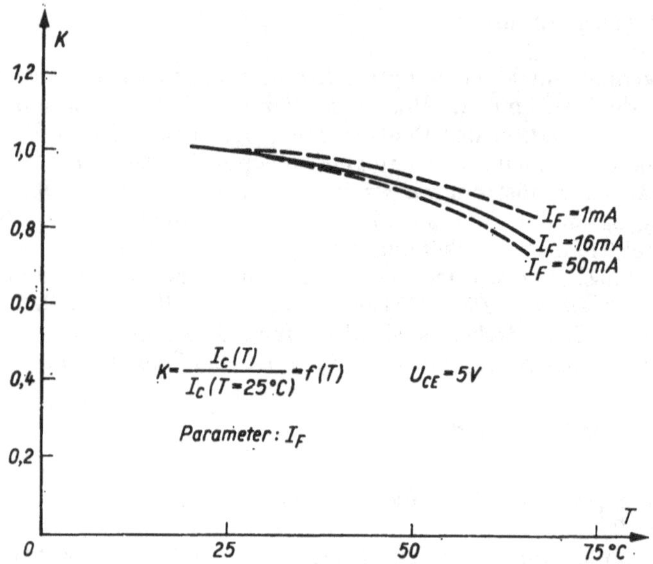

Bild 23. Temperaturabhängigkeit des Übertragungsfaktors

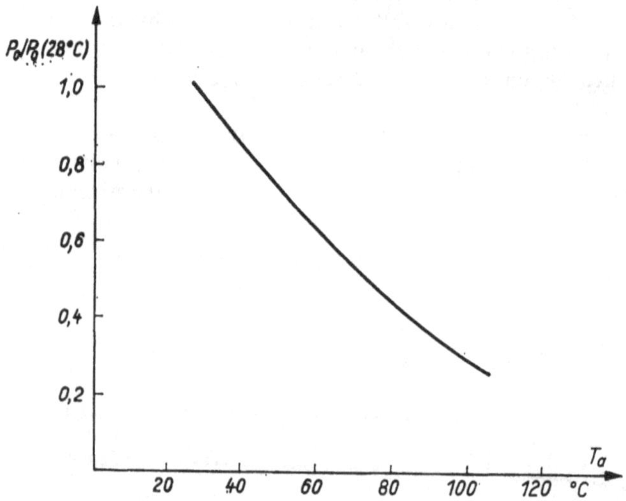

Bild 24. Temperaturabhängigkeit der Strahlungsleistung einer GaAs-Diode

Übertragungsfaktors in Abhängigkeit von der Temperatur aufgetragen. Diese relative Temperaturunabhängigkeit von K ergibt sich aus der Gegenläufigkeit der Temperaturgänge von Sender und Empfänger.

Bild 24 enthält die normierte Abhängigkeit der Strahlungsleistung einer GaAs-Diode über der Temperatur. Der Temperaturkoeffizient der Ausgangsleistung beträgt im Mittel $-0{,}8\%\ \mathrm{grd}^{-1}$. Die entsprechende Abhängigkeit des Fotostromes von der Temperatur verschiedener *npn*-Si-Planarfototransistoren ist in Bild 25 dargestellt, so daß aus der Kombination der in den Bildern 24 und 25 gezeigten Verhältnissen der relativ temperaturunabhängige K-Wert des Kopplers hervorgeht. Bei größeren Flußströmen der Eingangsdiode verringert sich der Ausgangs-

strom des Kopplers durch Erwärmung der GaAs-Diode und dadurch bedingter Verringerung der Strahlungsleistung. Diesen in Bild 26 dargestellten Sachverhalt vermeidet man durch Impulsbetrieb. Das Bild zeigt bei Flußströmen $I_F > 20$ mA je nach Betriebsart (Impuls- oder Gleichstrombetrieb) bereits deutliche Unterschiede im Ausgangsstrom.
Bei dem Betrieb des Kopplers müssen deshalb auch die oft unterschiedlichen maximalen Verlustleistungen von Eingang und Ausgang beachtet werden (die in Kenndaten vom Bauelementehersteller angegeben werden).

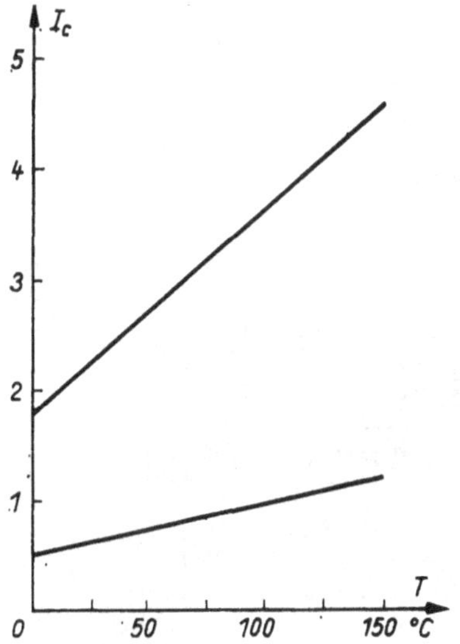

Bild 25. Temperaturabhängigkeit des Fotostromes von Si-Fototransistoren

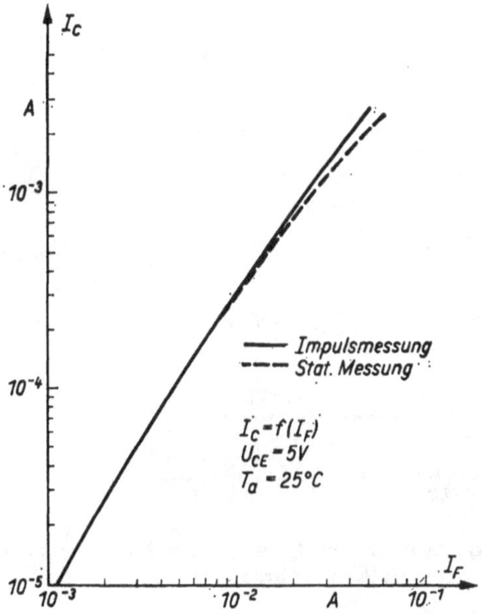

Bild 26. Abhängigkeit des Ausgangsstromes I_c eines Kopplers bei Impuls- und statischem Betrieb [72]

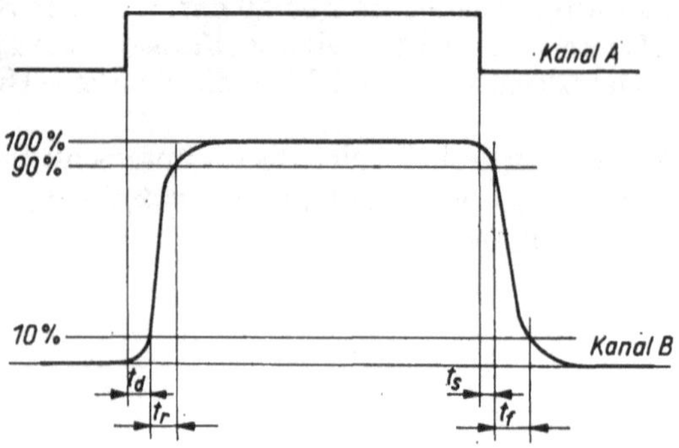

Bild 27. Definition der Schaltzeiten

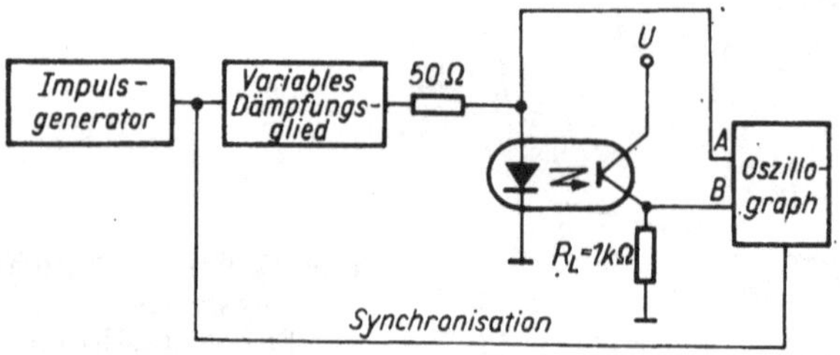

Bild 28. Meßschaltung zur Bestimmung von t_r, t_f, t_s, t_d

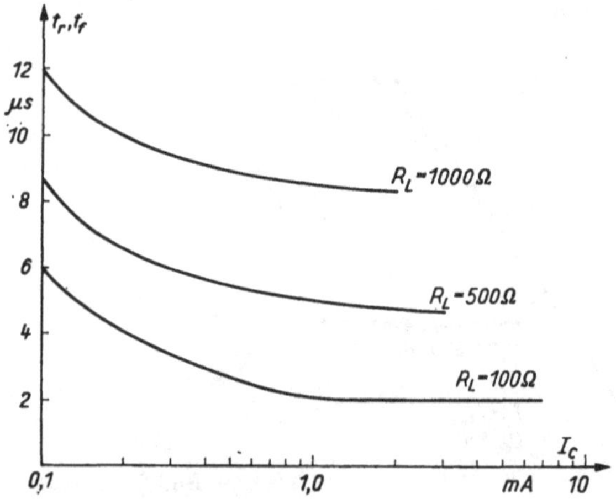

Bild 29. Abhängigkeit der Schaltzeiten t_r und t_f vom Ausgangsstrom I_c eines Fototransistorkopplers mit R_L als Parameter

Als letzter Parameter soll die Schaltzeit von Kopplern diskutiert werden. Die Bestimmung von t_d — Verzögerungszeit, t_r — Anstiegszeit, t_s — Speicherzeit, t_f — Abfallzeit kann mittels des in Bild 27 dargestellten Verlaufs von Eingangsimpuls (Kanal A) und Ausgangsimpuls (Kanal B) am Oszillographen vorgenommen werden. Die Meßschaltung ist in Bild 28 dargestellt, wobei der Lastwiderstand R_L reduziert werden kann. Es ergibt sich hierbei das bei Transistoren und Dioden bekannte Schaltverhalten [71], [72] und damit für die größeren Schaltzeiten t_r und t_f die in Bild 29 dargestellte Abhängigkeit von Kollektorstrom I_C und Lastwiderstand R_L. Ein größerer Lastwiderstand vergrößert die Schaltzeiten, da die Entladung der Sperrschichtkapazitäten über den Außenkreis langsamer erfolgt. Der Lastwiderstand R_L wirkt sich dementsprechend auch auf das Frequenzverhalten des Kopplers aus.
In Bild 30 ist die Abhängigkeit des Übertragungsfaktors K von der Frequenz dargestellt. Es zeigt sich, daß Fototransistorkoppler für viele Anwendungen eine zu niedrige Grenzfrequenz besitzen. Dort muß dann eine Fotodiode als Detektor eingesetzt werden und eventuell eine Nachverstärkung erfolgen.

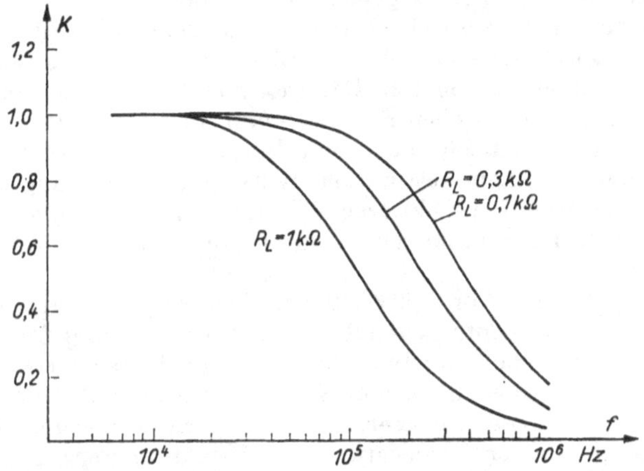

Bild 30. Abhängigkeit des Übertragungskoeffizienten von der Frequenz mit R_L als Parameter

3.7.5. Anwendung von Kopplern

Optoelektronische Koppler werden überall dort eingesetzt [72], wo Stromkreise galvanisch voneinander getrennt werden müssen, gleichzeitig aber eine Informationsübertragung mit hoher Bandbreite und Geschwindigkeit erfolgen muß.
Spezielle Anwendungsfälle liegen auf den Gebieten der

— Steuerungs- und Regelungstechnik,
— Elektromedizin,
— Datenverarbeitung,
— Automatisierungstechnik [1], [44], [74], [75].

In der Steuerungs- und Regelungstechnik werden überwiegend Relais durch optoelektronische Koppler ersetzt. Hier erfolgt der Einsatz wegen der erreichbaren größeren Zuverlässigkeit und Wartungsfreiheit von Kopplern gegenüber den herkömmlichen Bestückungsvarianten. Bei Anwendungen auf dem Gebiet der Starkstromtechnik werden Koppler in erster Linie zur galvanischen Trennung von Kreisen

benutzt, zwischen deren Endpunkten im Falle von Havarien oder großen Schaltspitzen Erdpotential-Differenzen von 1000 V und mehr auftreten können.
Anwendungen auf dem Gebiet der Elektromedizin nutzen die mit einfachen Mitteln erreichbare Potentialtrennung zwischen Stromkreisen aus.
Auf dem Gebiet der Datenverarbeitung werden Koppler ebenfalls zur gleichstrommäßigen Trennung verschiedener Kreise benötigt. Hier treten aber wegen der relativ kleinen Entfernung zwischen Rechner und peripheren Geräten geringere Potentialdifferenzen auf, so daß die Anforderungen an die Spannungsfestigkeit des Kopplers geringer sind als bei den erstgenannten Anwendungsgebieten. Allerdings spielt hier die Forderung nach hoher Übertragungsbreite wegen der wesentlich größeren zu übertragenden Informationsmenge je Zeiteinheit eine Hauptrolle. Dabei müssen die Koppler, die in unmittelbarer Nähe des Rechners arbeiten, die besten dynamischen Eigenschaften besitzen, da hier die zu übertragende Informationsmenge wesentlich größer ist als z. B. an einem Schnelldrucker am Ende einer Übertragungskette. Außerdem tritt beim Einsatz auf dem Gebiet der Datenverarbeitung die Forderung hinzu, daß die Koppler kompatibel mit TTL-Schaltkreisen sein sollen oder mindestens an diese angepaßt werden können.
Spezielle Kopplervarianten lassen sich vorteilhaft auf dem Gebiet der Automatisierungstechnik einsetzen. Solche Varianten werden für spezielle Anwendungsfälle als Reflex- und Gabelkoppler angeboten. Dadurch gestatten sie die Beeinflussung der Informationsübertragung zwischen Eingangs- und Ausgangskreis durch mechanische Mittel ähnlich einer Lichtschranke. Beim Reflexionskoppler sind Strahlungsemitter und -empfänger in einem bestimmten Winkel zueinander angeordnet und können nur über eine äußere reflektierende Fläche in Verbindung treten. In Gabelkopplern läßt sich der Strahlungsweg durch von außen zugeführte Gegenstände unterbrechen.
Relativ gering ist der Einsatz von optoelektronischen Kopplern auf dem Gebiet der Unterhaltungselektronik. Entscheidend für die Zurückhaltung der Anwenderindustrie dürften überwiegend ökonomische, aber auch technische Probleme sein. Eine Möglichkeit der Anwendung von Kopplern würde z. B. in der Realisierung des Tonbandanschlusses bei Fernsehempfängern bestehen. Technische Probleme treten dabei bei der Realisierung der Versorgungsspannung für den Ausgangstransistor auf [76]. Weiterhin sind evtl. Maßnahmen zur Frequenzkorrektur an der oberen Frequenzgrenze erforderlich, wenn die anschließende Verstärkerschaltung nicht entsprechend niederohmig gehalten werden kann.

Literaturverzeichnis

[1] *Limann, O.*: Optoelektronische Koppelelemente. Funkschau H. 10 (1965) 251

[2] *Thiessen, K.*: Probleme optoelektronischer Bauelemente. Vortrag 1. Problemseminar „Aktive Bauelemente" Karl-Marx-Stadt (26. 10.—20. 11. 1970). VEB Deutscher Verlag für Grundstoffindustrie, Leipzig 1972

[3] *Matare, H. F.*: Moderne Halbleiterlichtquellen. Intern. Elektron. Rundschau **25**, 1 (1971) 1

[4] *Matare, H. F.*: Lichtemittierende Dioden und ihre Anwendungen. Internat. Elektron. Rundschau **26**, 8 (1972) 177

[5] *Dierschke, E. G.*, *Stone, C. E.*, und *Haisty, R. W.*: Efficient electroluminescence from zinc-diffused $Ga_{1-x}Al_xA_S$ diodes at 25 °C. Appl.-Phys. Letters **19**, 4 (1971) 98

[6] *Blum, J. M.*, und *Shih, K. K.*: Discrete and planar monolithic structures of III—V compounds and alloys. Luminescence 7 (1973) 162

[7] *Varshni, I. P.*: Band-to-band radiative recombinative in groups IV, VI and III—V semiconductors (I). phys. stat. sol. **19** (1967) 459

[8] *Grimmeis, H. G.*, und *Scholz, H.*: Efficiency of recombination in GaP. Phys. Letters 8 (1964) 233
[9] *Nuese, C. J.*, *Kressel, H.*, und *Ladany, J.*: The future for LED's. JEEE spectrum 9, 5 (1972) 28
[10] *Logan, R. A.*, *White, H. G.*, und *Wiegmann, W.*: Efficient green electroluminescent junctions in GaP. Solid-State Electron. **14** (1971) 55
[11] *Cuthbert, J. O.*, *Henry, C. H.*, und *Dean, P. J.*: Temperature dependent radiative recombination mechanisms in GaP(Zn, O) and GaP(Cd, O). Phys. Rev. **170** (1968) 739
[12] *Morgan, T. N.*, *Walker, B.*, und *Bhargava, R. N.*: Optical properties of Cd–O and Zn–O complexes in GaP. Phys. Rev. **166** (1968) 751
[13] *Dean, P. J.*, *Gershenzon, M.*, und *Kaminsky, G.*: Green electroluminescence from gallium phosphide diodes near room temperature. J. Appl. Phys. **38** (1967) 5532
[14] *Logan, R. A.*, *White, H. G.*, und *Trumbore, F. A.*: P–N-junctions in GaP with external electroluminescence efficiency 2% at 25 °C. Appl. Phys. Letters **10**, 7 (1967) 206
[15] *Kroemer, H.*: A proposed class of heterojunction injection lasers. Proc. JEEE **51**, 12 (1963) 1782
[16] *Hayashi, J.*, und *Panish, M. B.*: GaAs–$Ga_xAl_{1-x}As$ heterostructure injection lasers with exhibit low threshold at room temperature. J. Appl. Phys. **41**, 1 (1970) 150
[17] *Kressel, H.*, *Nelson, H.*, und *Hawrylo, F. Z.*: Control of optical losses in p-junction lasers by use of heterojunction: theory and Experiment. J. Appl. Phys. **41**, 5 (1970) 2019
[18] *Leistik, O.*, und *Bittmann, C. A.*: Surface effects of $GaAs_{0,6}P_{0,4}$ LED's. Solid state Electronics **16**, 12 (1973) 1321
[19] *Schulz, M.*: Verfahrensgrundlagen der Epitaxie-Planartechnik. Vortrag f. Problemseminar, „Aktive Bauelemente" Karl-Marx-Stadt (26. 10.—20. 11. 1970), VEB Deutscher Verlag der Grundstoffindustrie, Leipzig 1972
[20] *Nelson, H.*: Epitaxial growth from liquid state and its application to the fabrication of tunnel and laser diodes. RCA Review **24**, 12 (1963) 603
[21] *Ladany, J.*: Gallium phosphide double-epitaxial diodes. J. Electrochem. Soc. **116** (1969) 993
[22] *Hicks, H. G. B.*, und *Mantey, O. F.*: High purity GaAs by liquid phase epitaxy. Solid state Communicat. 7 (1969) 1463
[23] *Lanza, C.*, *Konnerth, L. K.*, und *Kelly, C. E.*: Aging effects in GaAs electroluminescent diodes. Solid-State Electron. **110**, 1 (1967) 21
[24] *Kressel, H.*, *Byer, N. E.*, u. a.: Evidence for the role of certain metallurgical flaws in accelerating electroluminescent diode degradation. Metallurgical Trans. **1** (1970) 835
[25] *Schade, H.*, *Nuese, C. J.*, und *Gannon, J. J.*: Direct evidence for the generation of defect centers during forward-bias degradation of $GaAs_{1-x}P_x$ electroluminescent-diodes. J. Appl. Phys. **42** (1971) 5102
[26] *Elsharkawi, A. R.*, und *Kao, K. C.*: Effects of temperature on current instabilities caused by recombination centers in semiconductors. Solid-State Electronics **16** (1973) 1355
[27] *Brantley, W. A.*, und *Harrison, D. A.*: Degradation studies of diffused GaAs electroluminescent diodes subjected to mechanical stress. 11th Annual Proceedings, Reliability Physics 1973 Las Vegas, Newada, 3.—5. 4. 1973
[28] *Rywkin, S. M.*: Photoelektrische Erscheinungen in Halbleitern. Akademie-Verlag, Berlin 1965
[29] *Mroziewicz, B.*: Perspektywy rozwojowe półprzewodnikowych przyrzadów optoelektronicznych. Elektronika, Warszawa **14**, 9 (1973) 374
[30] *Warlamow, J. W.*, u. a.: Der Einfluß der Dichte des *i*-Gebietes und der Lichtintensität auf die Schaltgeschwindigkeit von *p–i–n*-Fotodioden. Tr. Mosk., Fiz. techn. in-ta 1971 (1972) 28
[31] *Wegrzecka, J.*: Messungen des Foto-Vervielfältigungsfaktors Si-Avalanche-Fotodioden. Electron Technology, Warszawa **5**, 1 (1972) 71
[32] *Kaneda, T.*, und *Takanashi, H.*: Avalanche-Aufbauzeit einer Ge-Avalanche-Fotodiode. Jap. J. Appl. Phys., Tokyo **12**, 7 (1973) 1091
[33] *Krumpholz, O.*, und *Maslowski, S.*: Avalanche Mesaphotodioden mit Quereinstrahlung. Wiss. Ver. AEG-Telefunken **44**, 2 (1971) 73

[34] *Krumpholz, O.*: Signal/Rausch-Verhältnis bei Avalanche-Photodioden. Wiss. Ber. AEG-Telefunken **44**, 2 (1971) 80
[35] *Avtonomov, V. A.*, u. a.: Fototransistor für optoelektronische Bauelemente. Mikroelektronika **3**, 3 (1974) 208
[36] *Vikulin, J. M.*, u. a.: Fotoempfänger mit Unijunction-Transistor. Pribory i technika eksperimenta, Moskau, H. 1 (1974) 187
[37] *Garsenin, V. V.*, u. a.: Optron na odnoperechodom fototransistore. Electron. prom. H. 1 (1972) 43
[38] *Windemann, H.*: Optoelektronische Bauelemente in CDI-Technik. Elektronik H. 6 (1973) 201
[39] *Muench, W.*: Technologie der GaAs-Bauelemente. Springer-Verlag, Berlin/Heidelberg/New York 1969
[40] *Glicksman, R.*: Technology and Design of GaAs Laser and Non-Coherent IR-Emitting Diodes. Solid State Technology H. 9 (1970) 29; Solid State Technology H. 10 (1970) 39
[41] *Bergh, A. D.*, und *Dean, P. J.*: Light-Emitting Diodes. Proceeding of the JEEE **60**, 2 (1972) 156—223
[42] *Kersten, R. Th.*: Grundlagen und Anwendungsmöglichkeiten der integrierten Optik. Intern. Elektron. Rdsch. **27**, 12 (1973) 261
[43] *Kersten, R. Th.*, und *Rauscher, W.*: Versuche zur Technologie von Systemen der integrierten Optik. Intern. Elektron. Rdsch. **28**, 1 (1974) 17
[44] *Witt, D.*: Fotodetektoren und optoelektronische Koppelelemente. Elektronik H. 4 (1973) 123
[45] *Kruglov, J. J.*, und *Moma, Ju. A.*: Berechnung des Lichtübertragungskoeffizienten.
[46] *Nosov, Ju. R.*, *Ber, A. Ju.*, u. a.: Ein schnelles Diodenoptron — Grundbaustein einer Reihe optoelektronischer Bauelemente zur galvanischen Entkopplung. Vortrag Kiew 1973
[47] *Sirokšina, K.*: Vergrößerung der Strahlungsintensität von GaAs-Niederspannungs-Elektrolumineszenzdioden. Optika i spektroskopija **XX**, 1 (1966) 173
[48] *Janaček, J.*, *Havel, J.*, und *Mišek, J.*: Optoelektronika. Slaboproudý obzor **28**, 9 (1967) 482
[49] *Biard, J. R.*, *Bonin, E. L.*, *Matzen, W. T.*, und *Marryman, J. D.*: Optoelectronics as Applied to Functional Electronic Blocks. Proc. JEEE H. 12 (1964) 1529
[50] *Zizelmann, W.*: Optoelektronische Koppelanordnung. BRD-Offenlegungsschrift 1614879
[51] *Zizelmann, W.*: Optoelektronische Koppelanordnung. BRD-Offenlegungsschrift 1614880
[52] *Touchy, W.*: Optoelektronische Anordnung. BRD-Offenlegungsschrift 1948843
[53] *Winstel, C.*, u. a.: Optoelektronische Halbleiteranordnung. BRD-Offenlegungsschrift 1564730
[54] *Nosov, Ju. R.*, u. a.: Optoisolatoren. Vortrag Kiew 1973
[55] *Kao, K. C.*, und *Hockham, G. A.*: Dielectric fibre surface waveguides for optical frequencies. Proc. JEE **113**, 7 (1966) 1151
[56] *Pearson, A. D.*, *French, W. G.*, und *Rawson, E. G.*: Preparation of a light focussing glass rod by ion exchange techniques. Appl. Phys. Lett. **15**, 2 (1969) 76
[57] *Krumpholz, O.*: Modenreine Glasfaser-Lichtwellenleiter. Wiss. Ber. AEG-Telefunken **44**, 2 (1971) 64
[58] *Börner, M.*: Ein optisches Nachrichtenübertragungssystem mit Glasfaser-Wellenleitern. Wiss. Ber. AEG-Telefunken **44**, 2 (1971) 41
[59] *Jacobson, A.*: Probleme bei der Herstellung dielektrischer Lichtwellenleiter. Wiss. Ber. AEG-Telefunken **44**, 2 (1971) 71
[60] *Jacobsen, A.*, *Neuroth, N.*, und *Reitmayer, F.*: Absorption and scattering losses in glasses and fibres for light guidance. J. Am. Ceram. Soc. **54**, 4 (1971) 186
[61] *Daglish, H. N.*: Light scattering in selected optical glasses. Glass technol. **11**, 2 (1970) 30
[62] *Casey, H. C.*, und *Trumbore, F. A.*: Single crystal electroluminescent materials. Mat. Sci Eng. **6**, 8 (1970) 66
[63] *Rupprecht, H.*, *Woodall, J. M.*, u. a.: Efficient electroluminescence from GaAs diodes at 300 °K. Appl. phys. Lett. 9 (1966) 221
[64] *Cusano, D. A.*: Radiative recombination from GaAs directly excited by electron beams. Solid State commun. 2 (1964) 353

[65] *Nelson, D. F., Gershenzon, M.*, u. a.: Band-filling model for GaAs injection luminescence. Appl. Phys. Lett. **2** (1963) 182

[66] *Turner, W. J.*, und *Reese, W. E.*: Absorption Data of Laser-Type GaAs at 300 K and 77 °K. J. Appl. Phys. **35** (1964) 350

[67] *Nosov, Ju. R.*: Integrierte Optronschaltungen. Elektronnaja Promischlennost H. 2 (1973) 46

[68] — Optischer Isolator mit hoher Geschwindigkeit mit TTL-Schaltungen integriert. Electronics **45**, 5 (1972) 33

[69] *Nosov, Ju. R., Ber, A. Ju.*, u. a.: Schnelle integrierte Optronschaltkreise. Vortrag Kiew 1973

[70] *Zizelmann, W.*: Optoelektronische Halbleiteranordnung. BRD-Offenlegungsschrift 1614865

[71] *Paul, R.*: Grundlagen der elektronischen Bauelemente. Lehrbriefe, VEB Verlag Technik, Berlin 1972

[72] *Galow, M., Stadt, P.*, und *Zech, G.*: Kenngrößen von optoelektronischen Kopplern. Vortrag auf der Fachtagung Mikroelektronik Suhl (23. 10.—25. 10. 1974)

[73] *Paul, R.*: Transistoren. VEB Verlag Technik, Berlin 1969

[74] *Stadt, P.*: Optoelektronische Koppler — moderne Bauelemente der Elektronik. Radio Fernsehen Elektronik **22**, 15 (1973) 485

[75] *Wisotzky, W.*: Ein regelnder Meßverstärker mit optoelektronischem Koppler. Elektronik H. 2 (1972) 45

[76] *Jakubaschk, H.*: Optisch-elektrischer NF-Übertrager für Magnettonaufnahmen an Fernsehgeräten. Radio Fernsehen Elektronik **32**, 1 (1973) 27

Namenverzeichnis

Sachwortverzeichnis

Kolibri 360 GmbH
Ferdinand-Jühlke-Straße 7
99095 Erfurt, Deutschland
produktsicherheit@kolibri360.de